A. N. Širjaev

Wahrscheinlichkeit

Hochschulbücher für Mathematik

Gegründet von H. Grell, K. Maruhn und W. Rinow

Band 91

Wahrscheinlichkeit

von A. N. Širjaev

In deutscher Sprache herausgegeben
von H. J. Engelbert

Mit 41 Abbildungen

VEB Deutscher Verlag der Wissenschaften
Berlin 1988

А. Н. Ширяев
Вероятность
„Наука“
Москва 1980

Die Übersetzung aus dem Russischen besorgten:
R. Manthey und W. Schmidt

ISBN 3-326-00195-9

ISSN 0073-2842

Verlagslektor: Erika Arndt, Brigitte Mai
Verlagshersteller: Birgit Burkhardt, Norma Braun
Gestalter für Einband und Umschlag: Frank Becher

Lizenz-Nr. 206 · 435/130/88
Printed in the German Democratic Republic
Gesamtherstellung: VEB Druckhaus „Maxim Gorki“, 7400 Altenburg
LSV 1074
Bestellnummer 571 560 8
06280

Vorwort zur deutschen Ausgabe

Im Jahre 1980 erschien im Moskauer Verlag „Nauka“ das Buch von A. N. Širjaev „Wahrscheinlichkeit“ („Вероятность“). Es dauerte nicht lange, und die Auflage war vergriffen. Bereits 1983 wurde eine englische Übersetzung dieses Buches herausgegeben. Worauf beruht die große Popularität, die das Buch in so kurzer Zeit gewann?

A. N. Širjaev ist einer der führenden Vertreter der sowjetischen wahrscheinlichkeitstheoretischen Schule und hat wesentlichen Anteil an der stürmischen Entwicklung der Theorie zufälliger Prozesse in den letzten Jahrzehnten. Seine wissenschaftlichen Leistungen machten ihn über die Grenzen seines Landes hinaus in aller Welt bekannt. Er führte eine beachtliche Anzahl von Schülern aus allen Teilen der Sowjetunion und des Auslandes zur Promotion. Unter den auf dem Gebiet der Wahrscheinlichkeitsrechnung und Mathematischen Statistik arbeitenden Spezialisten sind die Monographien von A. N. Širjaev „Statistische Sequentialanalyse“ („Статистический последовательный анализ“) (1. Auflage 1969, 2. Auflage 1976) und von R. Š. Lipcer und A. N. Širjaev „Statistik zufälliger Prozesse“ („Статистика случайных процессов“) (1974) gut bekannt und werden in der wissenschaftlichen Literatur häufig zitiert. Beide Bücher wurden ebenfalls in englischer Sprache verlegt.

Das nunmehr in deutscher Sprache vorliegende Lehrbuch „Wahrscheinlichkeit“ baut auf den reichen Erfahrungen des Autors in Lehre und Forschung, auf einer über zwanzigjährigen Lehrtätigkeit an der Moskauer Staatlichen Lomonossov-Universität (MGU) auf. Bereits Ende der sechziger und Anfang der siebziger Jahre wurden wesentliche Teile vom Universitätsverlag der MGU herausgegeben. Auf dieser Grundlage entstand ein gut ausgereiftes und mit pädagogischem Feingefühl geschriebenes Lehrbuch über Wahrscheinlichkeitstheorie.

Viele einfache Beispiele illustrieren komplizierte theoretische Sachverhalte. Im Rahmen der abstrakten Behandlung werden stets grundlegende Spezialfälle abgeleitet.

Das Buch beginnt in Kapitel I mit einer Darlegung der sogenannten elementaren Wahrscheinlichkeitsrechnung, um den Leser bereits an dieser Stelle mit den wesentlichen inhaltlichen Fragen vertraut zu machen, ohne den eigentlichen Inhalt durch die Heranziehung der abstrakten Maßtheorie und anderer technischer Hilfsmittel zu verdunkeln. Erst danach werden in Kapitel II eingehender die mathematischen

Grundlagen mit besonderer Einfühlsamkeit behandelt. Das Buch stützt sich auf die moderne Maßtheorie, wobei allerdings auf einige kompliziertere Beweise zu Recht verzichtet wird. Kapitel II enthält in gewisser Hinsicht mehr als ein Standardprogramm über die Grundlagen der Wahrscheinlichkeitstheorie, da bereits wichtige Bezüge zu zufälligen Prozessen (u. a. Satz von KOLMOGOROV) hergestellt werden.

Der besondere Wert des Buches besteht darin, daß die Dynamik zufälliger Erscheinungen, die Theorie zufälliger Prozesse, in den Mittelpunkt gerückt wird. Diese Betrachtungsweise zieht sich durch den gesamten Band. In einfacher und klarer Darstellung werden Problemkreise behandelt, die in der Lehrbuchliteratur wenig verbreitet sind: Gesetz vom iterierten Logarithmus, Ergodentheorie und Mischungseigenschaften, Filter von KALMAN-BUCY, Martingale u. a. m. Insbesondere sind die abschließenden Kapitel VII und VIII der Theorie der Martingale und der Theorie der Markov-Prozesse gewidmet. Dabei ist das Vorgehen des Autors äußerst geschickt. Indem er sich auf Prozesse mit diskreter Zeit beschränkt, vermeidet er komplizierte technische Probleme, ohne auf Inhalt (im Rahmen eines Lehrbuches) verzichten zu müssen. Trotzdem gelingt es dem Autor, weitgehend Material aus der Forschung der letzten 10 bis 15 Jahre und eigene Forschungsergebnisse einzubeziehen, indem er teilweise eine Übertragung auf diskrete Zeit vornimmt. Damit wird das Lehrbuch ein Beispiel dafür, wie man Lehre und Forschung auf hohem Niveau verbinden kann. Kapitel VII stellt eine gelungene Einführung in die Theorie der Martingale dar, die auch in der Lehre zunehmend an Bedeutung gewinnt. Dabei wurde modernen Entwicklungen dieser Theorie Rechnung getragen.

Große Teile des Buches sind geeignet für Studenten sowohl als ergänzende Lektüre zu Vorlesungen über Wahrscheinlichkeitstheorie und Mathematische Statistik sowie zufällige Prozesse als auch für das Selbststudium. Das Buch enthält darüber hinaus reichhaltiges Material für Forschungsstudenten, Aspiranten und Nachwuchswissenschaftler, die auf dem Gebiet der Wahrscheinlichkeitstheorie promovieren oder sich auf diesem Gebiet weiterbilden wollen. Es ist weiterhin für den Fortgeschrittenen nützlich, z. B. als Leitfaden für die Gestaltung einer Vorlesung.

Das Buch ist sehr gut dazu geeignet, etwas vom modernen Gehalt der Wahrscheinlichkeitstheorie in bezug auf Inhalt, Standpunkte und Methoden weiterzuvermitteln.

Der Autor brachte der Herausgabe seines Buches in deutscher Sprache großes Interesse entgegen. Die deutsche Übersetzung stellt eine wesentliche Überarbeitung des russischen Originals dar. Dazu übergab uns der Autor zahlreiche Ergänzungen und Korrekturen. Einige der wichtigsten inhaltlichen Änderungen sind die folgenden: In Kapitel III wurden der § 4 über den zentralen Grenzwertsatz für Summen unabhängiger zufälliger Größen völlig neu geschrieben und die §§ 6 und 7 über die Konvergenzgeschwindigkeiten im zentralen Grenzwertsatz und im Grenzwertsatz von POISSON dem Original hinzugefügt. Kapitel VII wurde durch den neuen § 8 über den zentralen Grenzwertsatz für Summen abhängiger zufälliger Größen erweitert. Die nach jedem Paragraphen folgenden Aufgaben und Probleme wurden an verschiedenen Stellen ergänzt.

Übersetzer und Herausgeber waren bemüht, die Diktion des Originals weitgehend zu bewahren. Wir haben allerdings darauf verzichtet, all die Stellen zu kennzeichnen, wo kleinere Änderungen und Verbesserungen sowohl vom Autor als auch von den

Übersetzern und dem Herausgeber eingebracht worden sind, da dies nur das Lesen des Buches erschweren würde.

Wir danken dem VEB Deutscher Verlag der Wissenschaften für die Edition der deutschen Ausgabe. Besonders bedanken wir uns bei der Lektorin Frau B. Mai für die gute Zusammenarbeit und bei der Druckerei für den ausgezeichneten Satz der schwierigen Materie. Wir glauben, daß die Herausgabe des Werkes in deutscher Sprache zur internationalen Verständigung beiträgt, und wünschen ihm eine gute Aufnahme beim deutschsprachigen Leser.

Jena, im Frühjahr 1988 H. J. Engelbert

Vorwort zur russischen Ausgabe

Diesem Lehrbuch liegt eine dreisemestrige Vorlesung zu Grunde, die ich im Laufe mehrerer Jahre an der Mechanisch-Mathematischen Fakultät der Staatlichen Moskauer Universität gehalten habe. Teilweise ist diese Vorlesung in Rotaprint-Form unter dem Titel „Wahrscheinlichkeit, Statistik, Zufällige Prozesse, I, II" im Moskauer Universitätsverlag erschienen.

Der Tradition entsprechend befaßt sich der erste Teil des Vorlesungszyklus (ca. ein Semester) mit der elementaren Wahrscheinlichkeitstheorie (Kapitel I). Die Darlegung beginnt mit der Konstruktion wahrscheinlichkeitstheoretischer Modelle mit endlich vielen Versuchsausgängen und der Einführung der grundlegenden wahrscheinlichkeitstheoretischen Begriffe wie elementares Ereignis, Ereignis, Wahrscheinlichkeit, Unabhängigkeit, zufällige Größe, Erwartungswert, Korrelation, bedingte Wahrscheinlichkeit u. a.

Viele wahrscheinlichkeitstheoretisch-statistische Gesetzmäßigkeiten werden bereits am Beispiel der einfachsten, vom Bernoulli-Schema erzeugten zufälligen Irrfahrt illustriert. In diesem Zusammenhang werden sowohl klassische Resultate (Gesetz der großen Zahlen, lokaler und integraler Satz von DE MOIVRE-LAPLACE) als auch modernere Ergebnisse (beispielsweise das Arkussinus-Gesetz) behandelt.

Der erste Abschnitt wird mit der Betrachtung abhängiger zufälliger Größen, die ein Martingal oder eine Markov-Kette bilden, abgeschlossen.

Die Kapitel II bis IV sind eine erweiterte Fassung des zweiten Teils der Vorlesung, die im zweiten Semester gehalten wurde. In Kapitel II werden die heute allgemein anerkannte, von A. N. KOLMOGOROV geschaffene Axiomatik der Wahrscheinlichkeitstheorie eingeführt und der mathematische Apparat bereitgestellt, der das Arsenal der Hilfsmittel der modernen Wahrscheinlichkeitstheorie ausmacht (σ-Algebren, Maße und Arten ihrer Vorgabe, das Lebesgue-Integral, zufällige Größen, zufällige Elemente, charakteristische Funktionen, bedingte Erwartungswerte bezüglich σ-Algebren, Gaußsche Systeme u. a.). Es sei erwähnt, daß zwei Resultate der Maßtheorie — der Satz con CARATHÉODORY über die Fortsetzung eines Maßes und der Satz von RADON-NIKODYM — ohne Beweis benutzt werden.

Das dritte Kapitel ist Fragen der schwachen Konvergenz von Verteilungsgesetzen und der Methode der charakteristischen Funktionen beim Beweis von Grenzwertsätzen gewidmet. Es werden die Begriffe der relativen Kompaktheit und der Straffheit von Familien von Verteilungsgesetzen eingeführt und der Satz von JU. V. PRO-

CHOROV über die Äquivalenz dieser Begriffe (für den Fall der Zahlengeraden) bewiesen.

Zu diesem Teil des Vorlesungszyklus gehört auch die Betrachtung von Eigenschaften „mit Wahrscheinlichkeit 1" für Folgen und Summen unabhängiger zufälliger Größen (Kapitel IV). Es werden die Null-Eins-Gesetze von KOLMOGOROV und HEWITT-SAVAGE und Konvergenzkriterien für Reihen behandelt sowie Bedingungen für die Gültigkeit des starken Gesetzes der großen Zahlen angegeben. Das Gesetz vom iterierten Logarithmus wird für beliebige Folgen unabhängiger identisch verteilter zufälliger Größen mit endlichem zweiten Moment formuliert und unter der Voraussetzung bewiesen, daß diese zufälligen Größen normalverteilt sind.

Der dritte Teil des Vorlesungszyklus (Kapitel V bis VIII) ist schließlich zufälligen Prozessen mit diskreter Zeit (zufälligen Folgen) vorbehalten. Die Kapitel V und VI sind der Theorie stationärer zufälliger Folgen gewidmet, wobei die Stationarität sowohl im engeren als auch im weiteren Sinne verstanden wird. Die Darlegung der Theorie im engeren Sinne stationärer zufälliger Folgen geschieht unter Benutzung von Begriffen der Ergodentheorie wie maßtreue Transformation, Ergodizität, Mischungseigenschaft usw. Es wird ein einfacher Beweis des maximalen Ergodensatzes angegeben, der auf A. GARSIA zurückgeht und seinerseits einen einfachen Beweis des Ergodensatzes von BIRKHOFF-CHINČIN ermöglicht.

Die Betrachtung der im weiteren Sinne stationären zufälligen Folgen beginnt mit dem Beweis der Spektraldarstellung für die Kovarianzfunktion. Anschließend werden orthogonale Maße und auf sie bezogene Integrale eingeführt, und es wird die Spektraldarstellung für die Folgen selbst bewiesen. Außerdem wird eine Reihe statistischer Aufgaben betrachtet: Schätzung der Kovarianzfunktion und der Spektraldichte, Extrapolation, Interpolation und Filtration. In dieses Kapitel sind auch Aussagen über das Kalman-Bucy-Filter und seine Verallgemeinerungen einbezogen worden.

Im siebenten Kapitel werden die grundlegenden Resultate der Theorie der Martingale und verwandter Begriffe behandelt. Erst seit verhältnismäßig kurzer Zeit wurde damit begonnen, den hier dargelegten Stoff in die traditionellen Vorlesungen der Wahrscheinlichkeitstheorie einzubeziehen. Im letzten Kapitel, welches Markov-Ketten gewidmet ist, wird das Hauptaugenmerk auf das asymptotische Verhalten von Markov-Ketten mit abzählbarer Zustandsmenge gelegt.

Am Ende jedes Paragraphen werden Aufgaben gestellt, die von unterschiedlicher Wichtigkeit sein können. In den einen wird der Beweis von Behauptungen verlangt, die im Text formuliert, jedoch nicht bewiesen wurden. Andere enthalten Behauptungen, die in der folgenden Darlegung benutzt werden, dritte verfolgen das Ziel, zusätzliche Informationen zu einem betrachteten Fragenkomplex zu liefern, und letztlich tragen einige von ihnen den Charakter einfacher Übungsaufgaben.

Bei der Ausarbeitung der Vorlesungen und des vorliegenden Lehrbuches benutzte der Autor verschiedenartige Literatur zur Wahrscheinlichkeitstheorie. In den historisch-bibliografischen Hinweisen werden sowohl die Quellen der angeführten Ergebnisse als auch Zusatzliteratur zu den betrachteten Problemkreisen angegeben.

Im Buch wird folgendes System der Numerierung und Bezugnahme benutzt. Jeder Paragraph enthält seine Numerierung der Sätze, Lemmata und Formeln (ohne Hinweis auf die Nummer des Kapitels und des Paragraphen). Bei Zitaten entsprechender

Resultate aus einem anderen Paragraphen desselben Kapitels wird eine zweifache Numerierung angewandt, wobei sich die erste Ziffer auf die Nummer des Paragraphen bezieht. (Der Verweis auf die Formel (2.10) bedeutet Formel (10) aus § 2.) Bei Zitaten von Resultaten aus einem anderen Kapitel wird eine dreifache Numerierung benutzt. (Formel (II.4.3) bedeutet Formel (3) aus § 4 von Kapitel II.)

An dieser Stelle möchte ich die Gelegenheit wahrnehmen, A. N. Kolmogorov, B. V. Gnedenko und Ju. V. Prochorov, bei denen ich studierte, die mich die Wahrscheinlichkeitstheorie lehrten und deren Ratschläge ich mich stets bedienen konnte, meinen Dank auszusprechen. Ferner möchte ich auch gegenüber den Mitarbeitern des Lehrstuhls für Wahrscheinlichkeitstheorie und Mathematische Statistik der Mechanisch-Mathematischen Fakultät der Moskauer Staatlichen Lomonossow-Universität und den Mitarbeitern der Abteilung für Wahrscheinlichkeitstheorie des V. A. Steklov-Instituts für Mathematik der Akademie der Wissenschaften der UdSSR meine Dankbarkeit für Diskussionen und Ratschläge zum Ausdruck bringen.

Moskau, Dezember 1979 A. Širjaev

Inhalt

Einführung

Gegenstand der Wahrscheinlichkeitstheorie ist die mathematische Analyse zufälliger Erscheinungen, d. h. solcher empirischer Phänomene, die — bei einem gegebenen Komplex von Bedingungen — folgendermaßen charakterisiert werden können:

Sie besitzen keine deterministische Regularität (Beobachtungen dieser Erscheinungen führen nicht immer zu ein und denselben Resultaten.)

Gleichzeitig gilt:

Sie besitzen eine gewisse statistische Regularität (die sich in der statistischen Stabilität der relativen Häufigkeiten ausdrückt).

Wir wollen das Gesagte am klassischen Beispiel des „fairen" Wurfes einer „unverfälschten" Münze erläutern. Offensichtlich ist es unmöglich, mit Bestimmtheit das Ergebnis jedes Wurfes vorauszusagen. Die Ausgänge der einzelnen Experimente besitzen einen höchst irregulären Charakter (einmal „Wappen", ein anderes Mal „Zahl"), und es scheint, daß dies uns die Möglichkeit nimmt, irgendwelche Gesetzmäßigkeiten in Zusammenhang mit diesen Versuchen zu erkennen. Falls man allerdings eine große Anzahl „unabhängiger" Würfe durchführt, bemerkt man, daß für eine „unverfälschte" Münze eine vollständig bestimmte statistische Regularität zu beobachten ist: Die relative Häufigkeit des Auftretens von „Wappen" liegt „nahe" bei 1/2.

Die statistische Stabilität der relativen Häufigkeiten macht die Hypothese glaubhaft, daß es möglich ist, die „Zufälligkeit" dieses oder jenes Ereignisses A, das im Ergebnis von Experimenten realisierbar ist, quantitativ zu bewerten. Davon ausgehend postuliert die Wahrscheinlichkeitstheorie für ein Ereignis A die Existenz einer bestimmten zahlenmäßigen Charakteristik $\mathsf{P}(A)$, welche die Wahrscheinlichkeit dieses Ereignisses genannt wird, deren natürliche Eigenschaft darin bestehen muß, daß sich mit wachsender Zahl „unabhängiger" Versuche (Experimente) die relative Häufigkeit des Auftretens von A dem Wert $\mathsf{P}(A)$ nähert.

Angewandt auf das betrachtete Beispiel bedeutet dies, daß die Wahrscheinlichkeit des Ereignisses A, welches im Auftreten von „Wappen" beim Wurf einer „unverfälschten" Münze besteht, natürlicherweise gleich 1/2 zu setzen ist.

Man kann ohne Schwierigkeiten eine Vielzahl ähnlicher Beispiele angeben, bei denen man sehr leicht eine intuitive Vorstellung über den Zahlenwert der Wahrscheinlichkeit eines Ereignisses gewinnt. Sie besitzen jedoch alle einen ähnlichen Charakter und werden von (bisher) nicht definierten Begriffen wie „fairer" Wurf, „unverfälschte" Münze, „Unabhängigkeit" u. a. begleitet.

Zum Studium der quantitativen Charakteristika des „Zufalls" berufen, wurde die Wahrscheinlichkeitstheorie wie jede exakte Wissenschaft erst dann zu einer solchen, als der Begriff des wahrscheinlichkeitstheoretischen Modells genau formuliert war, als ihre Axiomatik geschaffen wurde. In diesem Zusammenhang gehört es zum Selbstverständnis, wenigstens kurz auf die grundlegenden Etappen der Entstehung der Wahrscheinlichkeitstheorie einzugehen.

Die Wahrscheinlichkeitstheorie als Wissenschaft entstand in der Mitte des 17. Jahrhunderts. Dieses Ereignis ist mit den Namen Pascal (1623—1662), Fermat (1601 bis 1665) und Huygens (1620—1695) verbunden. Obwohl einzelne Aufgaben zur Berechnung von Chancen in Glücksspielen schon früher, nämlich im 15. und 16. Jahrhundert durch italienische Mathematiker (Cardano, Pacioli, Tartaglia u. a.), betrachtet wurden, kam es zur Entwicklung erster allgemeiner Methoden zur Lösung solcher Aufgaben wahrscheinlich erst im berühmten Briefwechsel zwischen Pascal und Fermat, beginnend mit dem Jahr 1654, und im ersten Buch zur Wahrscheinlichkeitstheorie „De Ratiociniis in Aleae Ludo" („Über Berechnungen im Glücksspiel"), veröffentlicht von Huygens im Jahre 1657. Gerade in dieser Periode werden der wichtige Begriff des „Erwartungswertes" herausgearbeitet und die Sätze über Addition und Multiplikation von Wahrscheinlichkeiten aufgestellt.

Die eigentliche Geschichte der Wahrscheinlichkeitstheorie beginnt mit der Arbeit von Jakob Bernoulli (1654—1705) „Ars Conjectandi", veröffentlicht 1713, in welcher der erste Grenzwertsatz der Wahrscheinlichkeitstheorie — das Gesetz der großen Zahlen — vollkommen streng bewiesen wurde, und der Arbeit von de Moivre (1667—1754) „Miscellanea Analytica Supplementum" (eine ungefähre Übersetzung könnte „Analytische Methoden" lauten) aus dem Jahre 1730, in der erstmals der sogenannte zentrale Grenzwertsatz formuliert und (für das symmetrische Bernoulli-Schema) bewiesen wurde.

Jakob Bernoulli war wahrscheinlich der erste, der die Wichtigkeit der Betrachtung von unendlichen Folgen wiederholter Versuche klar erkannte und einen exakten Unterschied zwischen dem Begriff der Wahrscheinlichkeit eines Ereignisses und seiner relativen Häufigkeit machte. De Moivre gehört das Verdienst an der Definition solcher Begriffe wie Unabhängigkeit, Erwartungswert, bedingte Wahrscheinlichkeit.

Im Jahre 1812 erscheint die große Abhandlung von Laplace (1749—1827) „Théorie Analytique des Probabilités" („Analytische Wahrscheinlichkeitstheorie"), in der er seine eigenen und die Resultate seiner Vorgänger auf dem Gebiet der Wahrscheinlichkeitstheorie darlegt. Unter anderem verallgemeinerte Laplace den Satz von de Moivre auf den allgemeinen (nichtsymmetrischen) Fall des Bernoulli-Schemas. Damit deckte er in vollständigerer Weise die Bedeutung der Resultate von de Moivre auf.

Überaus bedeutend ist der Beitrag von Laplace in der Anwendung wahrscheinlichkeitstheoretischer Methoden auf die Theorie der Beobachtungsfehler. Er äußerte nämlich die fruchtbringende Idee, daß ein Beobachtungsfehler als resultierender

Effekt der Überlagerung einer großen Anzahl unabhängiger elementarer Fehler betrachtet werden muß. Daraus folgte, daß bei hinreichend allgemeinen Bedingungen die Beobachtungsfehler zumindest näherungsweise normalverteilt sein müssen.

Zu dieser Entwicklungsperiode der Wahrscheinlichkeitstheorie, als im Mittelpunkt der Untersuchungen Grenzwertsätze standen, gehören auch die Arbeiten von Poisson (1781—1840) und Gauss (1777—1855).

Mit dem Namen Poisson sind in der modernen Wahrscheinlichkeitstheorie der Begriff des Verteilungsgesetzes und der des Prozesses verbunden, die seinen Namen tragen. Gauss hat sich um die Schaffung der Fehlertheorie verdient gemacht, insbesondere begründete er eines ihrer Grundprinzipien — die Methode der kleinsten Quadrate.

Die nächste wichtige Periode in der Entwicklung der Wahrscheinlichkeitstheorie steht im Zeichen von P. L. Čebyšev (1821—1894), A. A. Markov (1856—1922) und A. M. Ljapunov (1857—1918), die effektive Beweismethoden für Grenzwertsätze über Summen unabhängiger beliebig verteilter zufälliger Größen schufen. Die Anzahl der Publikationen von Čebyšev zur Wahrscheinlichkeitstheorie ist nicht groß — es sind nur vier. Aber ihre Rolle in der Wahrscheinlichkeitstheorie und bei der Schaffung der klassischen russischen wahrscheinlichkeitstheoretischen Schule kann man nicht hoch genug einschätzen.

„Aus methodologischer Sicht besteht die von Čebyšev vollzogene grundlegende Wende nicht nur darin, daß er als erster mit großer Beharrlichkeit absolute Strenge beim Beweis von Grenzwertsätzen forderte..., sondern hauptsächlich in seinem ständigen Streben nach genauen Abschätzungen der Abweichungen von den Grenzgesetzmäßigkeiten, die bei zwar großer, aber dennoch endlicher Anzahl von Versuchen möglich ist, in der Form von Ungleichungen, die bei beliebiger Versuchsanzahl stimmen.“ (A. N. Kolmogorov [3]). Vor Čebyšev war das hauptsächliche Interesse an der Wahrscheinlichkeitstheorie mit der Berechnung von Wahrscheinlichkeiten zufälliger Ereignisse verknüpft. Er jedoch verstand und benutzte als erster die ganze Stärke des Begriffs der zufälligen Größe und ihres Erwartungswertes.

Der beste Verfechter der Ideen Čebyševs war sein ihm nächster Schüler Markov, dem zweifelsohne das Verdienst gebührt, die Resultate seines Lehrers bis zur vollen Klarheit weiterentwickelt zu haben. Ein bedeutender Beitrag Markovs zur Wahrscheinlichkeitstheorie besteht in der von ihm begonnenen Untersuchung von Grenzwertsätzen für Summen abhängiger zufälliger Größen und in der Schaffung eines neuen Gebietes der Wahrscheinlichkeitstheorie — der Theorie abhängiger zufälliger Größen, die (wie man heute sagt) in einer Markov-Kette verbunden sind.

„... der klassische Kurs der Wahrscheinlichkeitsrechnung von A. A. Markov und seine originellen Abhandlungen, die ein Muster an Genauigkeit und Klarheit in der Darstellung sind, trugen in großem Maße dazu bei, daß die Wahrscheinlichkeitstheorie zu einem der vollkommensten Gebiete der Mathematik wurde und die Denkrichtungen und Methoden Čebyševs eine weite Verbreitung fanden.“ (S. N. Bernstein [1])

Zum Beweis des zentralen Grenzwertsatzes der Wahrscheinlichkeitstheorie (über die Konvergenz gegen die Normalverteilung) wandten Čebyšev und Markov die sogenannte Momentenmethode an. Unter allgemeineren Bedingungen und mit einer einfacheren Methode — der Methode der charakteristischen Funktionen — erhielt LJAPUNOV diesen Satz. Die nachfolgende Entwicklung der Theorie hat gezeigt, daß die Methode der charakteristischen Funktionen ein leistungsfähiges analytisches Hilfsmittel beim Beweis der verschiedenartigsten Grenzwertsätze ist.

Die moderne Entwicklungsperiode der Wahrscheinlichkeitstheorie beginnt mit der Einführung ihrer Axiomatik. Die ersten Arbeiten in dieser Richtung stammen von S. N. BERNSTEIN (1880—1968), R. v. MISES (1883—1953) und E. BOREL (1871 bis 1956). Im Jahre 1933 erschien das Buch „Die Grundbegriffe der Wahrscheinlichkeitsrechnung" von A. N. KOLMOGOROV, in dem eine Axiomatik vorgeschlagen wurde, die allgemeine Anerkennung erhielt und die es nicht nur ermöglichte, alle klassischen Gebiete der Wahrscheinlichkeitstheorie zu erfassen, sondern auch eine strenge Grundlage für die Entwicklung neuer Gebiete zu schaffen, die durch Bedürfnisse der Naturwissenschaften hervorgerufen wurden und mit unendlichdimensionalen Verteilungen zusammenhängen.

Die Darstellung im vorliegenden Lehrbuch gründet sich auf den axiomatischen Zugang KOLMOGOROVS. Damit die formal-logische Seite der Angelegenheit die intuitiven Vorstellungen nicht verhüllt, beginnen wir mit der elementaren Wahrscheinlichkeitstheorie, wobei das „Elementare" darin besteht, daß in den entsprechenden wahrscheinlichkeitstheoretischen Modellen nur Experimente mit endlich vielen möglichen Versuchsausgängen betrachtet werden. Danach stellen wir die Grundlagen der Wahrscheinlichkeitstheorie in ihrer allgemeinsten Form vor.

Beginnend mit den zwanziger und dreißiger Jahren entwickelt sich in der Wahrscheinlichkeitstheorie eines ihrer neuen Gebiete — die Theorie zufälliger Prozesse, die sich mit dem Studium sich zeitlich entwickelnder Familien zufälliger Größen beschäftigt. Geschaffen wurden die Theorie von Markov-Prozessen, die Theorie stationärer Prozesse, die Theorie der Martingale, die Theorie der Grenzwertsätze für zufällige Prozesse. In die jüngere Vergangenheit gehört die Entstehung der Informationstheorie.

In diesem Buch wird das Hauptaugenmerk zufälligen Prozessen mit diskreter Zeit (den zufälligen Folgen) geschenkt. Allerdings bildet das im zweiten Kapitel dargestellte Material ein gründliches Fundament (hauptsächlich logischen Charakters), das für das Studium der allgemeinen Theorie zufälliger Prozesse notwendig ist.

In die zwanziger und dreißiger Jahre fällt auch die Geburt der mathematischen Statistik als selbständige mathematische Disziplin. In gewissem Sinne beschäftigt sich die mathematische Statistik mit Aufgaben, die zu denen der Wahrscheinlichkeitstheorie entgegengesetzt sind. Besteht das Hauptziel der Wahrscheinlichkeitstheorie in der Berechnung der Wahrscheinlichkeiten komplizierter Ereignisse für das gegebene wahrscheinlichkeitstheoretische Modell, so stellt sich die mathematische Statistik die umgekehrte Aufgabe: die Aufklärung der Struktur der wahrscheinlichkeitstheoretisch-statistischen Modelle auf der Grundlage der Resultate von Beobachtungen zufälliger Ereignisse.

Einzelne Aufgaben und Methoden der mathematischen Statistik werden ebenfalls in diesem Buch behandelt. Hinreichend vollständig werden allerdings nur die Wahrscheinlichkeitstheorie und die Theorie zufälliger Prozesse mit diskreter Zeit dargestellt.

I. Elementare Wahrscheinlichkeitstheorie

§ 1. Ein wahrscheinlichkeitstheoretisches Modell für ein Experiment mit endlich vielen Versuchsausgängen

1. Wir betrachten ein Experiment, dessen denkbare Ausgänge durch endlich viele verschiedene Versuchsausgänge $\omega_1, \ldots, \omega_N$ beschrieben werden. Die reale Beschaffenheit dieser Versuchsausgänge ist für uns unwesentlich. Wichtig ist allein, daß ihre Anzahl N endlich ist.

Die Versuchsausgänge $\omega_1, \ldots, \omega_N$ nennen wir *elementare Ereignisse* und ihre Gesamtheit

$$\Omega = \{\omega_1, \ldots, \omega_N\}$$

den (endlichen) *Raum der elementaren Ereignisse* oder *Raum der Versuchsausgänge.*

Die Bestimmung des Raumes der elementaren Ereignisse stellt den ersten Schritt bei der Formulierung des Begriffs des wahrscheinlichkeitstheoretischen Modells eines Experiments dar. Wir betrachten einige Beispiele für die Beschreibung der Struktur des Raumes der elementaren Ereignisse.

Beispiel 1. Beim einmaligen Wurf einer Münze besteht der Raum der Versuchsausgänge aus zwei Elementen,

$$\Omega = \{W, Z\},$$

wobei W „Wappen" und Z „Zahl" bezeichnet. (Wir schließen Möglichkeiten wie „die Münze fiel auf die Kante" oder „die Münze verschwand" aus.)

Beispiel 2. Beim n-maligen Wurf einer Münze ist der Raum der elementaren Ereignisse

$$\Omega = \{\omega : \omega = (a_1, \ldots, a_n), a_i = W \text{ oder } Z\},$$

und die Anzahl der Versuchsausgänge beträgt 2^n.

Beispiel 3. Es wird zunächst eine Münze geworfen. Falls dabei „Wappen" fällt, wird mit einem Würfel (mit den Ziffern 1, 2, 3, 4, 5, 6) gewürfelt. Fällt hingegen „Zahl", so wird nochmal geworfen. Der Raum der elementaren Ereignisse dieses Experiments sieht folgendermaßen aus:

$$\Omega = \{W1, W2, W3, W4, W5, W6, ZW, ZZ\}.$$

Wir betrachten nun kompliziertere Beispiele, die mit den verschiedenen Möglichkeiten der Auswahl von n Kugeln aus einer M verschiedene Kugeln enthaltenden Urne verbunden sind.

2. Beispiel 4. *Auswahl mit Zurücklegen.* So nennt man ein Experiment, bei dem nach jedem Schritt die gezogene Kugel wieder zurückgelegt wird. In diesem Fall kann jede Stichprobe von n Kugeln in der Form $(a_1, \ldots, a_n)$ aufgeschrieben werden, wobei a_i die Nummer der im i-ten Schritt gezogenen Kugel ist. Es ist klar, daß im Fall der Auswahl mit Zurücklegen jedes a_i einen beliebigen Wert aus den M Werten $1, 2, \ldots, M$ annehmen kann. Die Beschreibung des Raumes der elementaren Ereignisse hängt wesentlich davon ab, ob wir die Stichproben gleicher Zusammensetzung (beispielsweise (4, 1, 2, 1) und (1, 4, 2, 1)) als verschieden oder als gleich ansehen. In diesem Zusammenhang ist es üblich, zwei Fälle zu unterscheiden: *geordnete* Stichproben und *ungeordnete* Stichproben. Im ersten Fall werden Stichproben, die aus den gleichen Elementen bestehen, sich jedoch in der Reihenfolge dieser Elemente unterscheiden, als verschieden erklärt. Im zweiten Fall wird die Reihenfolge der Elemente außer acht gelassen, und solche Stichproben werden als identisch erklärt. Um zu unterstreichen, welche Stichproben wir konkret betrachten, benutzen wir für geordnete Stichproben die Bezeichnung $(a_1, \ldots, a_n)$ und für ungeordnete $[a_1, \ldots, a_n]$.

Im Fall geordneter Stichproben hat der Raum der elementaren Ereignisse die folgende Struktur:

$$\Omega = \{\omega\colon \omega = (a_1, \ldots, a_n),\ a_i = 1, \ldots, M\}.$$

Die Anzahl der (verschiedenen) Versuchsausgänge beträgt

$$N(\Omega) = M^n. \tag{1}$$

Falls wir aber ungeordnete Stichproben betrachten, folgt

$$\Omega = \{\omega\colon \omega = [a_1, \ldots, a_n],\ a_i = 1, \ldots, M\}.$$

Es ist klar, daß die Anzahl $N(\Omega)$ (verschiedener) ungeordneter Stichproben kleiner ist als die Anzahl geordneter. Wir zeigen für diesen Fall

$$N(\Omega) = \binom{M + n - 1}{n}, \tag{2}$$

wobei $\binom{k}{l} = \dfrac{k!}{l!(k-l)!}$ die Anzahl der Kombinationen von k Elementen zur l-ten Klasse ohne Wiederholung ist.

Den Beweis werden wir durch vollständige Induktion führen. Wir bezeichnen mit $N(M, n)$ die Anzahl der uns interessierenden Versuchsausgänge. Offensichtlich ist für alle $k \leqq M$

$$N(k, 1) = k = \binom{k}{1}.$$

Wir setzen nun $N(k, n) = \binom{k + n - 1}{n}$, $k \leqq M$, voraus und zeigen, daß diese Formel beim Übergang von n zu $n + 1$ ihre Gültigkeit behält. Bei der Betrachtung ungeordneter Stichproben $[a_1, \ldots, a_{n+1}]$ kann man annehmen, daß ihre Elemente der Größe nach geordnet sind: $a_1 \leqq a_2 \leqq \cdots \leqq a_{n+1}$. Offensichtlich ist die Anzahl der ungeordneten Stichproben mit $a_1 = 1$ gleich $N(M, n)$, mit $a_1 = 2$ gleich $N(M - 1, n)$ usw. Folglich gilt

$$\begin{aligned} N(M, n+1) &= N(M, n) + N(M-1, n) + \cdots + N(1, n) \\ &= \binom{M+n-1}{n} + \binom{M-1+n-1}{n} + \cdots + \binom{n}{n} \\ &= \left(\binom{M+n}{n+1} - \binom{M+n-1}{n+1}\right) \\ &\quad + \left(\binom{M-1+n}{n+1} - \binom{M-1+n-1}{n+1}\right) + \cdots \\ &\quad + \left(\binom{n+1}{n+1} - \binom{n}{n}\right) + \binom{n}{n} = \binom{M+n}{n+1}, \end{aligned}$$

wobei wir die folgende leicht nachprüfbare Eigenschaft der Binomialkoeffizienten benutzt haben:

$$\binom{k}{l-1} + \binom{k}{l} = \binom{k+1}{l}.$$

Beispiel 5. *Auswahl ohne Zurücklegen.* Wir wollen nun voraussetzen, daß $n \leqq M$ ist und die gezogenen Kugeln nicht wieder zurückgelegt werden. In diesem Fall betrachtet man ebenfalls zwei Möglichkeiten, die mit der Unterscheidung zwischen geordneten und ungeordneten Stichproben zusammenhängen.

Im Fall einer geordneten Auswahl ohne Zurücklegen ergibt sich für den Raum der Versuchsausgänge

$$\Omega = \{\omega \colon \omega = (a_1, \ldots, a_n),\ a_k \neq a_l,\ k \neq l;\ a_i = 1, \ldots, M\},$$

und die Anzahl der Elemente dieser Menge (genannt *Variationen*) ist gleich $M(M-1)\cdots(M-n+1)$. Für diese Zahl benutzt man die Bezeichnung $(M)_n$ oder A_M^n, die die „Anzahl der Variationen zu je n von M verschiedenen Elementen" genannt wird.

Im Fall ungeordneter Stichproben (*Kombinationen* genannt) besteht der Raum der Versuchsergebnisse,

$$\Omega = \{\omega \colon \omega = [a_1, \ldots, a_n],\ a_k \neq a_l,\ k \neq l;\ a_i = 1, \ldots, M\},$$

aus

$$N(\Omega) = \binom{M}{n} \tag{3}$$

Elementen, denn aus jeder ungeordneten Stichprobe $[a_1, \ldots, a_n]$, die aus voneinander verschiedenen Elementen besteht, erhält man nämlich genau $n!$ geordnete Stichproben. Folglich gilt

$$N(\Omega) \cdot n! = (M)_n,$$

und das bedeutet

$$N(\Omega) = \frac{(M)_n}{n!} = \binom{M}{n}.$$

Die Resultate bezüglich der Anzahl der Versuchsausgänge im Fall einer n-maligen Auswahl aus einer Urne mit M Kugeln sind in Tabelle 1 zusammengestellt.

Tabelle 1

M^n	$\binom{M+n-1}{n}$	mit Zurücklegen
$(M)_n$	$\binom{M}{n}$	ohne Zurücklegen
geordnet	ungeordnet	Auswahl / Stichprobe

Für den Fall $M = 3$ und $n = 2$ führen wir die Struktur der entsprechenden Räume der elementaren Ereignisse in Tabelle 2 auf.

Tabelle 2

(1,1) (1,2) (1,3) (2,1) (2,2) (2,3) (3,1) (3,2) (3,3)	[1,1] [2,2] [3,3] [1,2] [1,3] [2,3]	mit Zurücklegen
(1,2) (1,3) (2,1) (2,3) (3,1) (3,2)	[1,2] [1,3] [2,3]	ohne Zurücklegen
geordnet	ungeordnet	Auswahl / Stichprobe

Beispiel 6. *Die Verteilung von Teilchen auf Boxen.* Wir behandeln nun die Frage nach der Struktur des Raumes der elementaren Ereignisse bei der Aufgabe der Verteilung von n Teilchen (Kugeln o. ä.) auf M Boxen (Kästchen o. ä.). In der statistischen Physik entsteht eine gleichartige Aufgabe bei der Untersuchung der Aufteilung von n Teilchen (dies können Protonen, Elektronen usw. sein) auf M Zustände (dies können Energieniveaus sein).

Den Boxen seien die Nummern 1, 2, ..., M zugeordnet, und wir setzen zunächst voraus, daß die Teilchen unterscheidbar sind (und die Nummern 1, 2, ..., n haben). Dann wird die Verteilung von n Teilchen auf M Boxen vollständig durch eine (geordnete) Stichprobe $(a_1, \ldots, a_n)$ beschrieben, wobei a_i die Nummer der Box ist, in die das Teilchen mit der Nummer i gelangt ist. Falls hingegen die betrachteten Teilchen nicht unterscheidbar sind, wird ihre Verteilung auf die M Boxen vollständig durch eine (ungeordnete) Stichprobe $[a_1, \ldots, a_n]$ beschrieben, wobei a_i die Nummer der Box ist, in die das Teilchen im i-ten Schritt gelangt ist.

Vergleichen wir die betrachtete Situation mit den Beispielen 4 und 5, so sehen wir, daß folgende Beziehungen gelten:

geordnete Stichproben $\leftrightarrow$ *unterscheidbare Teilchen*

ungeordnete Stichproben $\leftrightarrow$ *nicht unterscheidbare Teilchen.*

Dies bedeutet, daß dem Fall geordneter (bzw. ungeordneter) Stichproben bei der Aufgabe der Auswahl von n Kugeln aus einer Urne mit M Kugeln genau der Fall der Aufteilung unterscheidbarer (bzw. nicht unterscheidbarer) Teilchen bei der Aufgabe der Verteilung von n Teilchen auf M Boxen entspricht.

Einen analogen Sinn haben auch die folgenden Beziehungen:

Auswahl mit Zurücklegen $\leftrightarrow$ *In einer Box darf eine beliebige Anzahl von Teilchen sein,*

Auswahl ohne Zurücklegen $\leftrightarrow$ *In einer Box darf höchstens ein Teilchen sein.*

Aus diesen Beziehungen kann man Zuordnungen der folgenden Art konstruieren:

Ungeordnete Stichproben in der Aufgabe der Auswahl ohne Zurücklegen $\leftrightarrow$ *Nicht unterscheidbare Teilchen in der Aufgabe ihrer Aufteilung auf Boxen, wenn in jede Box höchstens ein Teilchen gelangen kann*

usw. Das gibt uns die Möglichkeit, die Beispiele 4 und 5 zu benutzen, um die Struktur der Räume der elementaren Ereignisse in der Aufgabe der Verteilung von unterscheidbaren und nicht unterscheidbaren Teilchen auf Boxen mit Einschränkung (in einer Box darf höchstens ein Teilchen sein) und ohne Einschränkung (in einer Box dürfen beliebig viele Teilchen sein) zu beschreiben.

Tabelle 3 zeigt die Struktur der Anordnung von zwei Teilchen auf drei Boxen. Im Fall unterscheidbarer Teilchen werden diese mit W (weiß) und S (schwarz) bezeichnet. Im Fall nicht unterscheidbarer Teilchen wird ihr Vorhandensein in einer Box durch + gekennzeichnet.

Die oben erläuterte Dualität zwischen den betrachteten Aufgaben erlaubt es uns, auf eine offensichtliche Weise die Anzahl der Versuchsausgänge in der Aufgabe der Verteilung von Teilchen auf Boxen zu ermitteln. Die entsprechenden Resultate, die auch die Ergebnisse aus Tabelle 1 einschließen, sind in Tabelle 4 zusammengestellt.

Die statistische Physik lehrt, daß unterscheidbare (bzw. nicht unterscheidbare) Teilchen, die sich nicht dem Ausschließungsprinzip (Pauli-Prinzip) unterwerfen, der

Tabelle 3

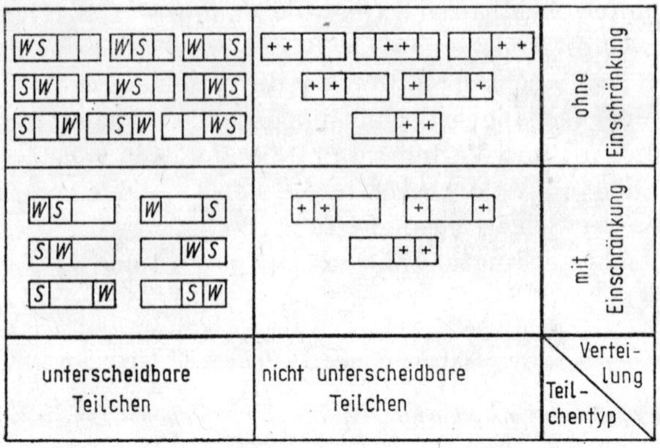

(physikalischen) Maxwell-Boltzmann-Statistik (bzw. der Bose-Einstein-Statistik) genügen. Sind hingegen die Teilchen nicht unterscheidbar und unterwerfen sie sich dem Ausschließungsprinzip, so genügen sie der Fermi-Dirac-Statistik (siehe Tabelle 4). Bekanntlich werden zum Beispiel Elektronen, Protonen und Neutronen durch die Fermi-Dirac-Statistik erfaßt, Photonen und π-Mesonen durch die Bose-Einstein-Statistik. Es ist auch bekannt, daß der Fall unterscheidbarer Teilchen, die sich dem Ausschließungsprinzip unterwerfen, in der Physik nicht vorkommt.

3. Neben dem Begriff des Raumes der elementaren Ereignisse führen wir nun den wichtigen Begriff des *Ereignisses* ein.

Tabelle 4

$N(\Omega)$ beim Problem der Verteilung von n Teilchen auf M Boxen			
Verteilung \ Teilchentyp	unterscheidbare Teilchen	nicht unterscheidbare Teilchen	
ohne Einschränkung	M^n (Maxwell-Boltzmann-Statistik)	$\binom{M+n-1}{n}$ (Bose-Einstein-Statistik)	mit Zurücklegen
mit Einschränkung	$(M)_n$	$\binom{M}{n}$ (Fermi-Dirac-Statistik)	ohne Zurücklegen
	geordnet	ungeordnet	Stichprobe \ Auswahl
	$N(\Omega)$ beim Problem der Auswahl von n Kugeln aus einer Urne mit M Kugeln		

Den Experimentator interessiert gewöhnlich nicht, welchen konkreten Ausgang der Versuch nimmt, sondern ob das Versuchsergebnis in der einen oder anderen Teilmenge aller Versuchsausgänge liegt. Alle die Teilmengen $A \subseteq \Omega$, für die nach den Versuchsbedingungen eine der Aussagen „der Versuchsausgang ω gehört zu A ($\omega \in A$)" oder „der Versuchsausgang gehört nicht zu A ($\omega \notin A$)" möglich ist, nennen wir *Ereignisse.*

Wir betrachten als Beispiel das dreimalige Werfen einer Münze. Der Raum der Versuchsergebnisse Ω besteht aus acht Elementen:

$$\Omega = \{WWW, WWZ, \ldots, ZZZ\}.$$

Wenn wir in der Lage sind, die Resultate aller drei Würfe zu vermerken (zu fixieren, „zu messen" u. ä.), so ist zum Beispiel die Menge

$$A = \{WWW, WWZ, WZW, ZWW\}$$

ein Ereignis. Es besteht darin, daß mindestens zweimal „Wappen" fällt. Können wir jedoch nur das Resultat des ersten Wurfes fixieren, so darf man bei der betrachteten Menge A nicht von einem Ereignis sprechen, da man weder eine positive noch eine negative Antwort auf die Frage erhalten kann, ob ein konkreter Versuchsausgang ω zu A gehört oder nicht.

Ausgehend von einem gewissen Mengensystem, dessen Elemente Ereignisse sind, kann man neue Ereignisse durch Konstruktionen von Aussagen mit den logischen Funktoren „oder", „und" und „nicht" bilden, was in der Sprache der Mengentheorie den Operationen „Vereinigung", „Durchschnitt" bzw. „Komplement" entspricht.

Es seien A und B zwei Mengen. Unter ihrer *Vereinigung* versteht man die Menge aller der Elemente, die zu mindestens einer der Mengen A oder B gehören:

$$A \cup B = \{\omega \in \Omega\colon \omega \in A \text{ oder } \omega \in B\}.$$

In der Sprache der Wahrscheinlichkeitstheorie ist $A \cup B$ das Ereignis, das darin besteht, daß mindestens eines der Ereignisse A oder B eintritt.

Der *Durchschnitt* zweier Mengen A und B (bezeichnet mit $A \cap B$ oder AB) ist die Menge aller der Elemente, die sowohl zu A als auch zu B gehören:

$$A \cap B = \{\omega \in \Omega\colon \omega \in A \text{ und } \omega \in B\}.$$

Das Ereignis $A \cap B$ besteht darin, daß gleichzeitig das Ereignis A und das Ereignis B eingetreten ist.

Es sei $A = \{WW, WZ, ZW\}$ und $B = \{ZZ, ZW, WZ\}$. Dann ist

$$A \cup B = \{WW, WZ, ZW, ZZ\} \qquad (= \Omega)$$

und

$$A \cap B = \{ZW, WZ\}.$$

Unter dem *Komplement* einer Teilmenge A von Ω versteht man die Menge aller der Elemente von Ω, die nicht zu A gehören. Das Komplement von A wird mit $\bar{A}$ bezeichnet.

Bezeichnen wir mit $B \setminus A$ die *Differenz* der Mengen B und A (d. h. die Menge aller der Elemente von B, die nicht zu A gehören), so folgt $\bar{A} = \Omega \setminus A$. In der Sprache der Wahrscheinlichkeitstheorie besteht das Ereignis $\bar{A}$ im Nichteintreten des Ereignisses A. Für das Ereignis $A = \{WW, WZ, ZW\}$ besteht das Ereignis $\bar{A} = \{ZZ\}$ aus dem zweimal hintereinander auftretenden Erscheinen von „Zahl".

Die Mengen A und $\bar{A}$ besitzen keine gemeinsamen Elemente, und folglich ist die Menge $A \cap \bar{A}$ leer. Für die leere Menge benutzen wir die Bezeichnung $\emptyset$. In der Wahrscheinlichkeitstheorie heißt die Menge $\emptyset$ das *unmögliche* Ereignis. Die Menge Ω nennt man natürlicherweise das notwendige oder *sichere* Ereignis.

Die Vereinigung $A \cup B$ der Mengen A und B heißt im Falle ihres leeren Durchschnitts ($AB = \emptyset$) *Summe* der Mengen A und B und wird mit $A + B$ bezeichnet.

Betrachtet man ein System $\mathcal{A}_0$ von Mengen $A \subseteq \Omega$, so kann man mit Hilfe der mengentheoretischen Operationen $\cap$, $\cup$ und $\setminus$ aus den Elementen von $\mathcal{A}_0$ ein neues Mengensystem konstruieren, dessen Elemente ebenfalls Ereignisse sind. Fügt man diesen Ereignissen das unmögliche und das sichere Ereignis, $\emptyset$ und Ω, hinzu, so erhält man ein Mengensystem $\mathcal{A}$, das eine *Algebra* ist, d. h. ein System von Teilmengen der Menge Ω mit den Eigenschaften

1. $\Omega \in \mathcal{A}$,

2. ist $A, B \in \mathcal{A}$, so gehören die Mengen $A \cup B$, $A \cap B$ und $A \setminus B$ ebenfalls zu $\mathcal{A}$.

Aus dem Gesagten folgt, daß es zweckmäßig ist, als Ereignissysteme solche Mengensysteme zu wählen, die Algebren sind. Im weiteren werden wir gerade solche Ereignissysteme betrachten.

Wir wenden uns zunächst einigen Beispielen von Ereignisalgebren zu:

a) $\{\Omega, \emptyset\}$ ist das Mengensystem, welches nur aus Ω und der leeren Menge besteht (die sogenannte *triviale* Algebra).

b) $\{A, \bar{A}, \Omega, \emptyset\}$ ist die Algebra, die durch die Menge A erzeugt wird.

c) $\mathcal{A} = \{A : A \subseteq \Omega\}$ bezeichne die Gesamtheit *aller* (einschließlich der leeren Menge $\emptyset$) Teilmengen von Ω.

Man stellt leicht fest, daß man alle diese Ereignisalgebren nach dem folgenden Prinzip erhält.

Wir nennen das Mengensystem

$$\mathcal{D} = \{D_1, \ldots, D_n\}$$

eine *Zerlegung* der Menge Ω und D_i die *Atome* dieser Zerlegung, falls die Mengen D_i nichtleer sowie paarweise disjunkt sind und ihre Summe gleich Ω ist:

$$D_1 + \cdots + D_n = \Omega.$$

Besteht beispielsweise die Menge Ω aus drei Elementen $\Omega = \{1, 2, 3\}$, so existieren fünf verschiedene Zerlegungen:

$$\mathcal{D}_1 = \{D_1\} \quad \text{mit} \quad D_1 = \{1, 2, 3\};$$

$$\mathcal{D}_2 = \{D_1, D_2\} \quad \text{mit} \quad D_1 = \{1, 2\},\ D_2 = \{3\};$$

$$\mathcal{D}_3 = \{D_1, D_2\} \quad \text{mit} \quad D_1 = \{1, 3\},\ D_2 = \{2\};$$

$$\mathcal{D}_4 = \{D_1, D_2\} \quad \text{mit} \quad D_1 = \{2, 3\}, D_2 = \{1\};$$

$$\mathcal{D}_5 = \{D_1, D_2, D_3\} \quad \text{mit} \quad D_1 = \{1\}, D_2 = \{2\}, D_3 = \{3\}.$$

(Bezüglich der Gesamtzahl der Zerlegungen einer endlichen Menge siehe Aufgabe 2.)

Betrachten wir alle möglichen Vereinigungen von Mengen aus $\mathcal{D}$, so ergibt das erhaltene Mengensystem zusammen mit der leeren Menge eine Algebra, welche die *durch die Zerlegung $\mathcal{D}$ erzeugte Algebra* genannt und mit $\alpha(\mathcal{D})$ bezeichnet wird. Die Elemente von $\alpha(\mathcal{D})$ sind also die leere Menge und Summen von Atomen der Zerlegung $\mathcal{D}$.

Somit wird jeder Zerlegung $\mathcal{D}$ in eindeutiger Weise eine Algebra $\mathcal{B} = \alpha(\mathcal{D})$ zugeordnet.

Es gilt auch die umgekehrte Aussage. Es sei $\mathcal{B}$ eine Algebra von Teilmengen eines endlichen Raumes Ω. Dann existiert eine eindeutige Zerlegung $\mathcal{D}$, deren Atome Elemente von $\mathcal{B}$ sind und für die $\mathcal{B} = \alpha(\mathcal{D})$ gilt. Zum Beweis betrachten wir Mengen $D \in \mathcal{B}$ mit der Eigenschaft, daß für jedes $B \in \mathcal{B}$ die Menge $D \cap B$ entweder mit D identisch oder leer ist. Dann bildet die Gesamtheit dieser Mengen D eine Zerlegung $\mathcal{D}$ mit der geforderten Eigenschaft $\alpha(\mathcal{D}) = \mathcal{B}$. Im Fall von Beispiel a) ist $\mathcal{D}$ die triviale Zerlegung, die aus einer Menge $D_1 = \Omega$ besteht; im Fall b) gilt $\mathcal{D} = \{A, \bar{A}\}$. Die feinste Zerlegung $\mathcal{D}$, die aus den einelementigen Mengen $\{\omega_i\}$, $\omega_i \in \Omega$, gebildet wird, erzeugt die Algebra in Beispiel c), d. h. die Algebra aller Teilmengen von Ω.

Es seien $\mathcal{D}_1$ und $\mathcal{D}_2$ zwei Zerlegungen. Wir sagen, daß die Zerlegung $\mathcal{D}_2$ feiner ist als die Zerlegung $\mathcal{D}_1$, falls $\alpha(\mathcal{D}_1) \subseteqq \alpha(\mathcal{D}_2)$ gilt, und bezeichnen dies mit $\mathcal{D}_1 \precsim \mathcal{D}_2$.

Wir zeigen nun: Falls der Raum Ω, wie oben angenommen wurde, aus endlich vielen Elementen $\omega_1, \ldots, \omega_N$ besteht, ist die Anzahl $N(\mathcal{A})$ der Elemente des Mengensystems $\mathcal{A}$ aller Teilmengen von Ω gleich 2^N. Jede nichtleere Menge $A \in \mathcal{A}$ kann in der Form $A = \{\omega_{i_1}, \ldots, \omega_{i_k}\}$ mit $\omega_{i_j} \in \Omega$, $1 \leqq k \leqq N$, dargestellt werden. Wir ordnen dieser Menge nun eine Folge zu, die aus Nullen und Einsen besteht,

$$(0, \ldots, 0, 1, 0, \ldots, 0, 1, \ldots),$$

wobei an den Stellen $i_1, \ldots, i_k$ Einsen und an den übrigen Stellen Nullen stehen. Bei fixiertem k stimmt dann die Anzahl der verschiedenen Mengen A der Form $\{\omega_{i_1}, \ldots, \omega_{i_k}\}$ mit der Anzahl der Möglichkeiten überein, k Einsen (k nicht unterscheidbare Teilchen) auf N Stellen (auf N Boxen) zu verteilen. Gemäß Tabelle 4 (siehe rechten unteren Block) ist die Anzahl dieser Möglichkeiten gleich $\binom{N}{k}$. Daraus erhalten wir (unter Berücksichtigung der leeren Menge)

$$N(\mathcal{A}) = 1 + \binom{N}{1} + \cdots + \binom{N}{N} = (1 + 1)^N = 2^N.$$

4. Bisher haben wir die ersten beiden Schritte zur Definition eines wahrscheinlichkeitstheoretischen Modells für ein Experiment mit endlich vielen Versuchsausgängen getan: Wir haben den Raum der elementaren Ereignisse und ein Mengensystem $\mathcal{A}$ seiner Teilmengen konstruiert, die eine Algebra bilden und die Ereignisse genannt werden. Nun vollziehen wir den letzten Schritt: Jedem elementaren Ereignis (Versuchsausgang) $\omega_i \in \Omega$, $i = 1, \ldots, N$, schreiben wir ein gewisses „Gewicht" zu, das

mit $p(\omega_i)$ bezeichnet und *Wahrscheinlichkeit* des Versuchsausganges ω_i genannt wird und von dem wir annehmen, daß es den folgenden Bedingungen genügt:

a) $0 \leqq p(\omega_i) \leqq 1$ (*Nichtnegativität*),

b) $p(\omega_1) + \cdots + p(\omega_N) = 1$ (*Normiertheit*).

Ausgehend von den gegebenen Wahrscheinlichkeiten $p(\omega_i)$ der Versuchsausgänge ω_i definieren wir die *Wahrscheinlichkeit* $\mathbf{P}(A)$ eines beliebigen Ereignisses $A \in \mathcal{A}$ durch die Formel

$$\mathbf{P}(A) = \sum_{\{i:\, \omega_i \in A\}} p(\omega_i). \tag{4}$$

Schließlich sagen wir, daß das Tripel

$$(\Omega, \mathcal{A}, \mathbf{P}),$$

wobei $\Omega = \{\omega_1, \ldots, \omega_n\}$, $\mathcal{A}$ eine Algebra von Teilmengen von Ω und $\mathbf{P} = \{\mathbf{P}(A): A \in \mathcal{A}\}$ ist, ein *wahrscheinlichkeitstheoretisches Modell* oder einen *Wahrscheinlichkeitsraum* eines Experiments mit einem (endlichen) Raum von Versuchsausgängen und der Ereignisalgebra $\mathcal{A}$ definiert (vorgibt).

Aus der Definition (4) leiten sich folgende Eigenschaften der Wahrscheinlichkeiten ab:

$$\mathbf{P}(\emptyset) = 0, \tag{5}$$

$$\mathbf{P}(\Omega) = 1, \tag{6}$$

$$\mathbf{P}(A \cup B) = \mathbf{P}(A) + \mathbf{P}(B) - \mathbf{P}(A \cap B). \tag{7}$$

Falls insbesondere $A \cap B = \emptyset$ gilt, folgt

$$\mathbf{P}(A + B) = \mathbf{P}(A) + \mathbf{P}(B) \tag{8}$$

und daher

$$\mathbf{P}(\bar{A}) = 1 - \mathbf{P}(A). \tag{9}$$

5. Beim Aufbau eines wahrscheinlichkeitstheoretischen Modells in konkreten Situationen ist die Konstruktion des Raumes der elementaren Ereignisse Ω und der Ereignisalgebra $\mathcal{A}$ im allgemeinen keine schwierige Aufgabe. Dabei wählt man in der elementaren Wahrscheinlichkeitstheorie als Algebra $\mathcal{A}$ gewöhnlich die Algebra *aller* Teilmengen von Ω. Schwieriger ist es mit der Frage, wie man die Wahrscheinlichkeiten der elementaren Ereignisse bestimmen soll. Die Antwort auf diese Frage liegt ihrem Wesen nach außerhalb des Rahmens der Wahrscheinlichkeitstheorie. Wir werden uns damit nicht ausführlich beschäftigen, da wir der Auffassung sind, daß unsere Hauptaufgabe nicht darin besteht, zu klären, wie man den einzelnen Versuchsausgängen diese oder jene Wahrscheinlichkeiten zuschreibt, sondern in der Berechnung der Wahrscheinlichkeiten von zusammengesetzten Ereignissen (von Ereignissen aus $\mathcal{A}$) aus den Wahrscheinlichkeiten der elementaren Ereignisse.

Vom mathematischen Standpunkt aus ist klar, daß man im Falle eines endlichen Raumes von elementaren Ereignissen mit Hilfe der den Versuchsergebnissen $\omega_1, \ldots,$

ω_n zugeordneten nichtnegativen Zahlen $p_1, \ldots, p_n$ mit der Bedingung $p_1 + \cdots + p_n = 1$ alle denkbaren (endlichen) Wahrscheinlichkeitsräume erfaßt.

Die Richtigkeit der in einer konkreten Situation angesetzten Werte $p_1, \ldots, p_N$ kann bis zu einem bestimmten Grad unter Zuhilfenahme des später betrachteten Gesetzes der großen Zahlen überprüft werden, gemäß dem in einer langen Serie „unabhängiger" Experimente, die unter gleichen Bedingungen ablaufen, die relativen Häufigkeiten des Auftretens der elementaren Ereignisse ihren Wahrscheinlichkeiten „nahe" kommen.

Im Zusammenhang mit den Schwierigkeiten, die beim Auffinden der Wahrscheinlichkeiten der Versuchsergebnisse auftreten, bemerken wir, daß es viele praktische Situationen gibt, in denen es aus Symmetriegründen vernünftig ist, alle denkbaren Versuchsergebnisse als gleichwahrscheinlich anzusehen. Besteht der Raum der elementaren Ereignisse aus den Elementen $\omega_1, \ldots, \omega_N$, $N < \infty$, so setzt man aus diesem Grunde

$$p(\omega_1) = \cdots = p(\omega_N) = 1/N,$$

und folglich gilt für ein beliebiges Ereignis $A \in \mathcal{A}$

$$\mathsf{P}(A) = N(A)/N, \tag{10}$$

wobei $N(A)$ die Anzahl der elementaren Ereignisse ist, die in A enthalten sind.

Eine solche Vorgabe der Wahrscheinlichkeiten trägt die Bezeichnung *klassisches* Verfahren. Es ist klar, daß sich in diesem Falle die Berechnung der Wahrscheinlichkeiten $\mathsf{P}(A)$ auf die Bestimmung der Anzahl der Versuchsausgänge reduziert, die zum Ereignis A führen. Man führt dies dann gewöhnlich mit kombinatorischen Methoden durch, was der *Kombinatorik* auf endlichen Mengen einen bedeutenden Platz in der Wahrscheinlichkeitsrechnung einräumt.

Beispiel 7. *Die Übereinstimmung der Geburtstage.* Eine Urne enthalte M Kugeln, die mit den Ziffern $1, 2, \ldots, M$ numeriert sind. Es wird eine Auswahl vom Umfang n mit Zurücklegen durchgeführt. Dabei werden die betrachteten Stichproben als geordnet angenommen. In diesem Fall gilt offenbar

$$\Omega = \{\omega \colon \omega = (a_1, \ldots, a_n),\ a_i = 1, \ldots, M\}$$

und $N(\Omega) = M^n$. Nach dem klassischen Verfahren der Vorgabe von Wahrscheinlichkeiten nehmen wir an, daß alle M^n Versuchsausgänge gleichwahrscheinlich sind, und stellen die Frage nach der Wahrscheinlichkeit des Ereignisses

$$A = \{\omega \in \Omega \colon a_i \neq a_j,\ i \neq j\},$$

d. h. des Ereignisses, welches im Nichtauftreten von Wiederholungen besteht. Selbstverständlich ist $N(A) = M(M-1) \cdots (M-n+1)$, und das bedeutet

$$\mathsf{P}(A) = \frac{(M)_n}{M^n} = \left(1 - \frac{1}{M}\right)\left(1 - \frac{2}{M}\right) \cdots \left(1 - \frac{n-1}{M}\right). \tag{11}$$

Diese Aufgabe besitzt folgende interessante Interpretation. Zu einer Klasse mögen n Schüler gehören. Wir nehmen an, daß der Geburtstag jedes Schülers auf einen von

365 Tagen fällt und alle Tage gleichmöglich sind. Es entsteht die Frage: Wie groß ist die Wahrscheinlichkeit, daß sich in der Klasse mindestens zwei Schüler mit dem gleichen Geburtstag finden? Wenn wir die Auswahl des Geburtstages als Auswahl einer Kugel aus einer Urne mit $M = 365$ Kugeln ansehen, dann erhalten wir entsprechend (11)

$$P_n = 1 - \frac{(365)_n}{365^n}.$$

Die folgende Tabelle gibt die Wahrscheinlichkeiten P_n für einige n an:

n	4	16	22	23	40	64
P_n	0,016	0,284	0,476	0,507	0,891	0,997

Es ist interessant, daß (überraschenderweise) die Stärke der Klasse, in der man mit Wahrscheinlichkeit 1/2 mindestens zwei Schüler mit dem gleichen Geburtstag findet, nicht sehr groß ist: Sie beträgt nicht mehr als gerade 23.

Beispiel 8. *Der Lotteriegewinn.* Wir betrachten eine nach folgendem Prinzip aufgebaute Lotterie. Von M vorhandenen, mit den Zahlen 1 bis M numerierten Losen gewinnen n mit den Nummern 1 bis n ($M \geqq 2n$). Sie kaufen n Lose und fragen, wie groß die Wahrscheinlichkeit ist (wir bezeichnen sie mit P), daß mindestens ein Los gewinnt.

Da die Reihenfolge, in der die Lose gezogen werden, vom Standpunkt des Vorhandenseins oder Fehlens von Gewinnlosen in der gekauften Losmenge keine Rolle spielt, müssen wir die folgende Struktur des Raumes der elementaren Ereignisse annehmen:

$$\Omega = \{\omega\colon \omega = [a_1, \ldots, a_n];\ a_i \neq a_j,\ i \neq j;\ a_i = 1, \ldots, M\}.$$

Nach Tabelle 1 ist $N(\Omega) = \binom{M}{n}$. Es sei nun

$$A_0 = \{\omega\colon \omega = [a_1, \ldots, a_n],\ a_i \neq a_j,\ i \neq j;\ a_i = n+1, \ldots, M\}$$

das Ereignis, welches darin besteht, daß alle gekauften Lose Nieten sind. Wieder gilt gemäß Tabelle 1 die Beziehung $N(A_0) = \binom{M-n}{n}$. Deshalb folgt

$$\mathbf{P}(A_0) = \frac{\binom{M-n}{n}}{\binom{M}{n}} = \frac{(M-n)_n}{(M)_n} = \left(1 - \frac{n}{M}\right)\left(1 - \frac{n}{M-1}\right)\cdots\left(1 - \frac{n}{M-n+1}\right),$$

und das bedeutet

$$P = 1 - \mathbf{P}(A_0) = 1 - \left(1 - \frac{n}{M}\right)\left(1 - \frac{n}{M-1}\right)\cdots\left(1 - \frac{n}{M-n+1}\right).$$

Im Fall $M = n^2$ und $n \to \infty$ gilt $\mathbf{P}(A_0) \to e^{-1}$ und

$$P \to 1 - e^{-1} \approx 0{,}632,$$

wobei die Konvergenz recht schnell verläuft: Schon bei $n = 10$ ist $P = 0{,}670$.

6. Aufgaben

1. Man beweise folgende Eigenschaft der Operationen $\cup$ und $\cap$:

$$A \cup B = B \cup A,\ AB = BA \text{ (Kommutativität)},$$
$$A \cup (B \cup C) = (A \cup B) \cup C,\ A(BC) = (AB)\,C \text{ (Assoziativität)},$$
$$A(B \cup C) = AB \cup AC,\ A \cup (BC) = (A \cup B)\,(A \cup C) \text{ (Distributivität)},$$
$$A \cup A = A,\ AA = A \text{ (Idempotenz)}.$$

Man zeige ebenfalls

$$\overline{A \cup B} = \bar{A} \cap \bar{B}, \qquad \overline{AB} = \bar{A} \cup \bar{B}.$$

2. Die Menge Ω bestehe aus N Elementen. Man zeige, daß die Gesamtzahl $d(N)$ verschiedener Zerlegungen der Menge Ω durch die Formel

$$d(N) = e^{-1} \sum_{k=0}^{\infty} \frac{k^N}{k!} \tag{12}$$

bestimmt ist. (Hinweis. Man beweise

$$d(N) = \sum_{k=0}^{N-1} \binom{N-1}{k} d(k) \quad \text{mit} \quad d(0) = 1$$

und überprüfe danach, daß die Reihen in (12) diesen rekurrenten Beziehungen genügen.)

3. Für jede endliche Folge von Mengen $A_1, \ldots, A_n$ gilt

$$\mathbf{P}(A_1 \cup \ldots \cup A_n) \leqq \mathbf{P}(A_1) + \cdots + \mathbf{P}(A_n).$$

4. Es seien A und B zwei Ereignisse. Man zeige, daß $A\bar{B} \cup B\bar{A}$ das Ereignis ist, das im Auftreten von genau einem der Ereignisse A oder B besteht. Dabei gilt

$$\mathbf{P}(A\bar{B} \cup B\bar{A}) = \mathbf{P}(A) + \mathbf{P}(B) - 2\mathbf{P}(AB).$$

5. Es seien $A_1, \ldots, A_n$ Ereignisse. Die Größen $S_0, S_1, \ldots, S_n$ seien folgendermaßen definiert:

$$S_0 = 1, \qquad S_r = \sum_{J_r} \mathbf{P}(A_{k_1} \cap \ldots \cap A_{k_r}), \qquad 1 \leqq r \leqq n,$$

wobei sich die Summation über die ungeordneten Teilmengen $J_r = [k_1, \ldots, k_r]$ der Menge $\{1, \ldots, n\}$ erstreckt.
Es sei B_m das Ereignis, das im Eintreten von genau m Ereignissen der $A_1, \ldots, A_n$ besteht. Man zeige

$$\mathbf{P}(B_m) = \sum_{r=m}^{n} (-1)^{r-m} \binom{r}{m} S_r.$$

Insbesondere gilt für $m = 0$

$$\mathbf{P}(B_0) = 1 - S_1 + S_2 - \cdots \pm S_n.$$

Man zeige ebenfalls, daß die Wahrscheinlichkeit für das gleichzeitige Eintreten von mindestens m der Ereignisse $A_1, \ldots, A_n$ gleich

$$\mathbf{P}(B_m) + \cdots + \mathbf{P}(B_n) = \sum_{r=m}^{n} (-1)^{r-m} \binom{r-1}{m-1} S_r$$

ist. Insbesondere ist die Wahrscheinlichkeit für das Eintreten von mindestens einem der Ereignisse $A_1, \ldots, A_n$

$$\mathbf{P}(B_1) + \cdots + \mathbf{P}(B_n) = S_1 - S_2 + \cdots \pm S_n.$$

§ 2. Einige klassische Modelle und Verteilungen

1. Die Binomialverteilung. Wir stellen uns vor, daß eine Münze n Mal geworfen wird und alle Beobachtungsergebnisse in Form einer geordneten Stichprobe $(a_1, \ldots, a_n)$ fixiert werden, wobei $a_i = 1$ „Wappen" („Erfolg") und $a_i = 0$ „Zahl" („Mißerfolg") bedeuten. Der Raum aller Versuchsergebnisse besitzt die folgende Struktur:

$$\Omega = \{\omega : \omega = (a_1, \ldots, a_n),\ a_i = 0, 1\}.$$

Jedem elementaren Ereignis $\omega = (a_1, \ldots, a_n)$ ordnen wir die Wahrscheinlichkeit

$$p(\omega) = p^{\Sigma a_i} q^{n - \Sigma a_i}$$

zu. Dabei sind die nichtnegativen Zahlen p und q so gewählt, daß $p + q = 1$ gilt. Zunächst zeigen wir, daß diese Definition der „Gewichte" $p(\omega)$ tatsächlich korrekt ist. Dazu genügt es, die Beziehung $\sum_{\omega \in \Omega} p(\omega) = 1$ zu überprüfen. Zu diesem Zweck betrachten wir für ein $k = 0, 1, \ldots, n$ alle die Versuchsergebnisse $\omega = (a_1, \ldots, a_n)$, für die $\sum_i a_i = k$ gilt. Gemäß Tabelle 4 (es handelt sich um die Verteilung von k nicht unterscheidbaren „Einsen" auf n Stellen) ist die Anzahl dieser Versuchsausgänge gleich $\binom{n}{k}$. Deshalb haben wir

$$\sum_{\omega \in \Omega} p(\omega) = \sum_{k=0}^{n} \binom{n}{k} p^k q^{n-k} = (p + q)^n = 1.$$

Also definiert der Raum Ω gemeinsam mit dem System $\mathcal{A}$ aller seiner Teilmengen und den Wahrscheinlichkeiten $\mathbf{P}(A) = \sum_{\omega \in A} p(\omega)$, $A \in \mathcal{A}$, ein wahrscheinlichkeitstheoretisches Modell. Naturgemäß nennen wir es das wahrscheinlichkeitstheoretische Modell zur Beschreibung des n-maligen Münzwurfs.

Im Fall $n = 1$, wenn der Raum der elementaren Ereignisse lediglich aus zwei Elementen $\omega = 1$ („Erfolg") und $\omega = 0$ („Mißerfolg") besteht, nennen wir die Wahrscheinlichkeit $p(1) = p$ Erfolgswahrscheinlichkeit. Im weiteren werden wir sehen, daß sich das betrachtete wahrscheinlichkeitstheoretische Modell zur Beschreibung des n-maligen Münzwurfes als Ergebnis von n „unabhängigen" Versuchen mit der Erfolgswahrscheinlichkeit p in jedem Schritt ergibt.

Wir führen nun die Ereignisse

$$A_k = \{\omega\colon \omega = (a_1, \ldots, a_n),\ a_1 + \cdots + a_n = k\},$$
$$k = 0, 1, \ldots, n,$$

ein, die bedeuten, daß genau k „Erfolge“ eintreten. Aus den obigen Betrachtungen folgt

$$\mathbf{P}(A_k) = \binom{n}{k} p^k q^{n-k}, \tag{1}$$

wobei $\sum_{k=0}^{n} \mathbf{P}(A_k) = 1$ gilt.

Das n-Tupel $(\mathbf{P}(A_0), \ldots, \mathbf{P}(A_n))$ heißt *Binomialverteilung* (der Anzahl der „Erfolge“ in einer Auswahl vom Umfang n). Diese Verteilung spielt eine außerordentlich wichtige Rolle in der Wahrscheinlichkeitstheorie, da sie in den verschiedenartigsten wahrscheinlichkeitstheoretischen Modellen auftritt. Wir führen die Bezeichnung $P_n(k) = \mathbf{P}(A_k)$, $k = 0, 1, \ldots, n$, ein. Abb. 1 stellt die Binomialverteilung für den Fall $p = 1/2$ („symmetrische“ Münze) und $n = 5, 10, 20$ dar.

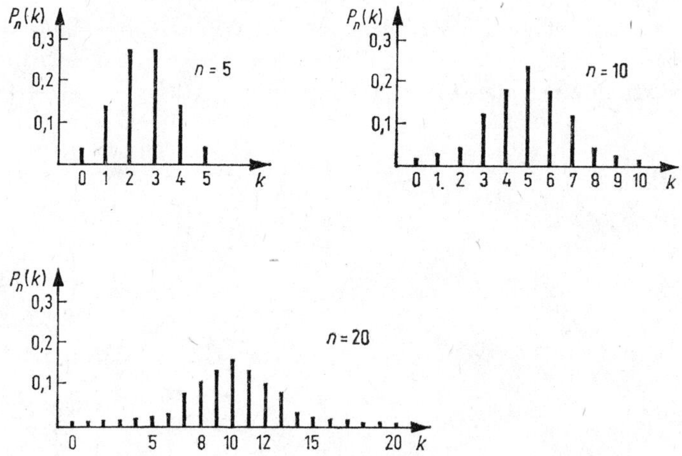

Abb. 1
Darstellung der binomialen Wahrscheinlichkeiten $P_n(k)$ für $n = 5, 10, 20$

Wir führen nun ein weiteres Modell ein, das im wesentlichen dem vorhergehenden äquivalent ist und die zufällige Irrfahrt eines „Teilchens“ beschreibt.

Ein Teilchen starte in Null und lege in jeder Zeiteinheit einen Schritt nach oben oder nach unten zurück (Abb. 2).

Auf diese Weise gelangt das Teilchen in n Schritten maximal n Einheiten nach oben oder n Einheiten nach unten. Offensichtlich kann jede „Trajektorie“ ω der Bewegung des Teilchens vollständig durch ein n-Tupel $(a_1, \ldots, a_n)$ beschrieben werden, wobei $a_i = +1$, falls sich das Teilchen im i-ten Schritt nach oben bewegt, und $a_i = -1$, falls sich das Teilchen nach unten bewegt, gesetzt wird. Wir ordnen jeder Trajektorie ω das „Gewicht" $p(\omega) = p^{\nu(\omega)} q^{n-\nu(\omega)}$ zu, wobei $\nu(\omega)$ angibt, wie oft $+1$ im n-Tupel $\omega = (a_1, \ldots, a_n)$ auftritt, d. h. $\nu(\omega) = \frac{(a_1 + \cdots + a_n) + n}{2}$. Die nichtnegativen Zahlen p und q sind so gewählt, daß $p + q = 1$ ist.

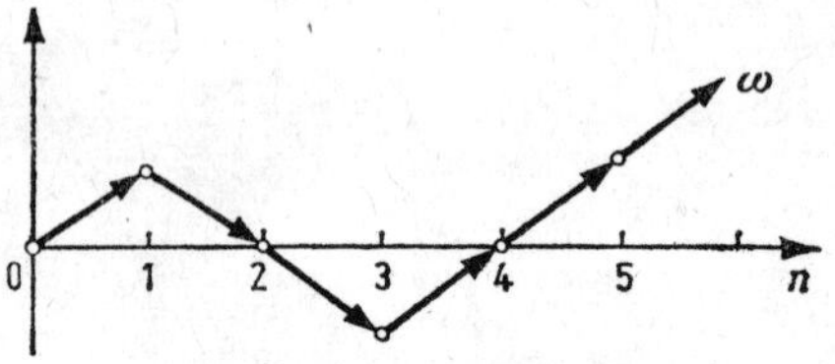

Abb. 2

Aufgrund der Beziehung $\sum_{\omega \in \Omega} p(\omega) = 1$ definieren die Wahrscheinlichkeiten $p(\omega)$ gemeinsam mit dem Raum Ω der Trajektorien $\omega = (a_1, \ldots, a_n)$ und aller seiner Teilmengen tatsächlich ein wahrscheinlichkeitstheoretisches Modell für die Bewegung eines Teilchens in n Schritten.

Wir stellen uns nun die Frage: Wie groß ist die Wahrscheinlichkeit des Ereignisses A_k, daß sich das Teilchen nach n Schritten im Punkt mit der Ordinate k befindet? Dieser Bedingung genügen alle Trajektorien ω, für die $\nu(\omega) - (n - \nu(\omega)) = k$, d. h.

$$\nu(\omega) = \frac{n+k}{2}$$

erfüllt ist. Die Anzahl dieser Trajektorien (siehe Tabelle 4) beträgt $\binom{n}{\frac{n+k}{2}}$. Folglich gilt

$$\mathsf{P}(A_k) = \binom{n}{\frac{n+k}{2}} p^{\frac{n+k}{2}} q^{\frac{n-k}{2}}.$$

Somit beschreibt die Binomialverteilung $(\mathsf{P}(A_{-n}), \ldots, \mathsf{P}(A_0), \ldots, \mathsf{P}(A_n))$ die Wahrscheinlichkeitsverteilung für den Aufenthaltsort des Teilchens nach n Schritten.

Wir bemerken, daß im „symmetrischen" Fall ($p = q = 1/2$), wenn also die Wahrscheinlichkeit einer einzelnen Trajektorie gleich 2^{-n} ist, die Beziehung

$$\mathsf{P}(A_k) = \binom{n}{\frac{n+k}{2}} \cdot 2^{-n}$$

gilt. Wir betrachten nun das asymptotische Verhalten dieser Wahrscheinlichkeiten bei großen n.

Beträgt die Schrittanzahl $2n$, so folgt aus Eigenschaften der Binomialkoeffizienten, daß unter den Wahrscheinlichkeiten $\mathbf{P}(A_k)$, $|k| \leqq 2n$,

$$\mathbf{P}(A_0) = \binom{2n}{n} \cdot 2^{-2n}$$

maximal ist.

Aus der Stirlingschen Formel (vgl. Formel (6) in Nr. 4) folgt

$$n! \sim \sqrt{2\pi n}\, e^{-n} n^n.$$[1]

Deshalb gilt

$$\binom{2n}{n} = \frac{(2n)!}{(n!)^2} \sim 2^{2n} \cdot \frac{1}{\sqrt{\pi n}}$$

und somit für große n

$$\mathbf{P}(A_0) \sim \frac{1}{\sqrt{\pi n}}.$$

Abb. 3 vermittelt eine Vorstellung über das Entstehen der Binomialverteilung bei der Bewegung des Teilchens in $2n$ Schritten. (Im Unterschied zu Abb. 2 ist die Zeitachse hier nach oben gerichtet.)

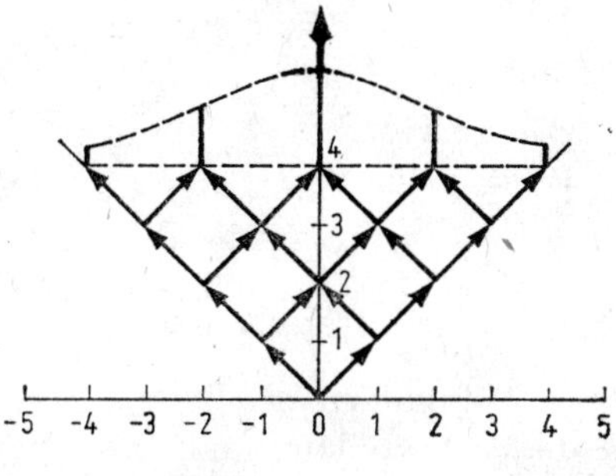

Abb. 3
Die Entstehung der Binomialverteilung

2. Die Multinomialverteilung. In Verallgemeinerung des vorhergehenden Modells wollen wir nun für den Raum der elementaren Ereignisse die folgende Struktur annehmen:

$$\Omega = \{\omega : \omega = (a_1, \ldots, a_n),\ a_i = b_1, \ldots, b_r\},$$

wobei $b_1, \ldots, b_r$ vorgegebene Zahlen sind. Es sei $\nu_i(\omega)$ die Anzahl der Elemente des n-Tupels $\omega = (a_1, \ldots, a_n)$, die gleich b_i sind, $i = 1, \ldots, r$. Die Wahrscheinlichkeit des elementaren Ereignisses ω definieren wir durch die Formel

$$p(\omega) = p_1^{\nu_1(\omega)} \cdots p_r^{\nu_r(\omega)}$$

[1]) Die Beziehung $f(n) \sim g(n)$ bedeutet $f(n)/g(n) \to 1$ für $n \to \infty$.

mit $p_i \geqq 0$ und $p_1 + \cdots + p_r = 1$. Bezeichnet $C_n(n_1, \ldots, n_r)$ die Anzahl der n-Tupel $(a_1, \ldots, a_n)$, in denen das Element b_i jeweils n_i-mal auftritt, $i = 1, 2, \ldots, r$, dann ergibt sich

$$\sum_{\omega \in \Omega} p(\omega) = \sum_{\substack{n_1 \geqq 0, \ldots, n_r \geqq 0, \\ n_1 + \cdots + n_r = n}} C_n(n_1, \ldots, n_r)\, p_1^{n_1} \cdots p_r^{n_r}.$$

Wir haben $\binom{n}{n_1}$ Möglichkeiten, n_1 Elemente b_1 auf n Stellen zu verteilen, $\binom{n - n_1}{n_2}$ Möglichkeiten, n_2 Elemente auf die verbleibenden $n - n_1$ Stellen zu setzen, usw. Folglich ist

$$C_n(n_1, \ldots, n_r) = \binom{n}{n_1} \cdot \binom{n - n_1}{n_2} \cdots \binom{n - (n_1 + \cdots + n_{r-1})}{n_r}$$

$$= \frac{n!}{n_1!(n - n_1)!} \cdot \frac{(n - n_1)!}{n_2!(n - n_1 - n_2)!} \cdots 1 = \frac{n!}{n_1! \cdots n_r!},$$

und deshalb gilt

$$\sum_{\omega \in \Omega} p(\omega) = \sum_{\substack{n_1 \geqq 0, \ldots, n_r \geqq 0, \\ n_1 + \cdots + n_r = n}} \frac{n!}{n_1! \cdots n_r!} p_1^{n_1} \cdots p_r^{n_r} = (p_1 + \cdots + p_r)^n = 1.$$

Das betrachtete Verfahren zur Definition der Wahrscheinlichkeiten ist also korrekt.

Es sei

$$A_{n_1, \ldots, n_r} = \{\omega : \nu_1(\omega) = n_1, \ldots, \nu_r(\omega) = n_r\}.$$

Dann gilt

$$\mathbf{P}(A_{n_1, \ldots, n_r}) = C_n(n_1, \ldots, n_r)\, p_1^{n_1} \cdots p_r^{n_r}. \tag{2}$$

Die Gesamtheit dieser Wahrscheinlichkeiten,

$$\{\mathbf{P}(A_{n_1, \ldots, n_r})\},$$

trägt die Bezeichnung *Multinomialverteilung* (Polynomialverteilung).

Wir unterstreichen, daß das Auftreten dieser Verteilung und ihres Spezialfalles, der Binomialverteilung, mit der Auswahl *mit Zurücklegen* verbunden ist.

3. Die mehrdimensionale hypergeometrische Verteilung entsteht in Aufgaben der Auswahl *ohne Zurücklegen*.

Als Beispiel betrachten wir eine Urne, in der sich M mit den Zahlen $1, \ldots, M$ numerierten Kugeln befinden, von welchen M_i Kugeln die „Farbe“ b_i, $i = 1, \ldots, r$, besitzen; $M_1 + \cdots + M_r = M$. Es finde eine Auswahl vom Umfang $n < M$ ohne Zurücklegen statt. Der Raum der elementaren Ereignisse ist

$$\Omega = \{\omega : \omega = (a_1, \ldots, a_n),\ a_k \neq a_l,\ k \neq l;\ a_i = 1, \ldots, M\}$$

und $N(\Omega) = (M)_n$. Wir nehmen an, daß die elementaren Ereignisse gleichwahrscheinlich sind, und bestimmen die Wahrscheinlichkeit des Ereignisses $B_{n_1, \ldots, n_r}$, daß n_i

Kugeln die Farbe b_i besitzen, $i = 1, 2, \ldots, r$; $n_1 + \cdots + n_r = n$. Man zeigt leicht

$$N(B_{n_1,\ldots,n_r}) = C_n(n_1, \ldots, n_r)\,(M_1)_{n_1} \cdots (M_r)_{n_r},$$

und demzufolge erhalten wir

$$\mathbf{P}(B_{n_1,\ldots,n_r}) = \frac{N(B_{n_1,\ldots,n_r})}{N(\Omega)} = \frac{\binom{M_1}{n_1}\cdots\binom{M_r}{n_r}}{\binom{M}{n}}. \tag{3}$$

Die Gesamtheit der Wahrscheinlichkeiten $\{\mathbf{P}(B_{n_1,\ldots,n_r})\}$ heißt *mehrdimensionale hypergeometrische Verteilung.* Für $r = 2$ nennt man diese Verteilung einfach *hypergeometrisch* im Zusammenhang damit, daß die sogenannte erzeugende Funktion dieser Verteilung eine hypergeometrische Funktion ist.

Die Struktur der mehrdimensionalen hypergeometrischen Verteilung ist recht kompliziert. So enthält die Wahrscheinlichkeit

$$\mathbf{P}(B_{n_1,n_2}) = \frac{\binom{M_1}{n_1}\cdot\binom{M_2}{n_2}}{\binom{M}{n}}, \qquad n_1 + n_2 = n,\; M_1 + M_2 = M, \tag{4}$$

neun Fakultäten. Man kann allerdings leicht zeigen, daß die Konvergenz

$$\mathbf{P}(B_{n_1,n_2}) \to \binom{n_1 + n_2}{n_1} p^{n_1}(1 - p)^{n_2} \tag{5}$$

eintritt, falls M und M_1 so gegen ∞ streben, daß M_1/M gegen p (und folglich M_2/M gegen $1 - p$) konvergiert.

Mit anderen Worten wird bei den formulierten Voraussetzungen die hypergeometrische Verteilung durch die Binomialverteilung approximiert, was intuitiv verständlich ist, denn bei großen M und M_1 muß eine (endliche) Auswahl ohne Zurücklegen fast dasselbe Resultat zeigen wie eine Auswahl mit Zurücklegen.

Beispiel. Wir benutzen die Formel (4) zur Bestimmung der Wahrscheinlichkeit für das Erraten der sechs „Glückszahlen" im Spiel „6 aus 49". Das Wesen dieses Lottospieles besteht in folgendem.

Von 49 mit den Zahlen 1, 2, ..., 49 numerierten Kugeln können sechs getippt werden. Es wird eine Auswahl von sechs Kugeln ohne Zurücklegen durchgeführt. Wie groß ist die Wahrscheinlichkeit, daß alle sechs ausgewählten Kugeln gerade die getippten sind? Wir setzen $M = 49$, $M_1 = 6$, $n_1 = 6$, $n_2 = 0$ und sehen, daß das uns interessierende Ereignis

$$B_{6,0} = \{\text{„Die sechs ausgewählten Kugeln sind die vorher getippten"}\}$$

gemäß (4) die Wahrscheinlichkeit

$$\mathsf{P}(B_{6,0}) = 1 \Big/ \binom{49}{6} \approx 7{,}2 \cdot 10^{-8}$$

besitzt.

4. Die Zahl $n!$ wächst mit zunehmendem n außerordentlich schnell. So ist

$$10! = 3\,628\,800, \qquad 15! = 1\,307\,674\,368\,000,$$

und 100! besitzt bereits 158 Stellen. Deshalb ist sowohl vom theoretischen als auch vom numerischen Standpunkt die folgende Stirlingsche Formel bedeutend:

$$n! = \sqrt{2\pi n} \left(\frac{n}{e}\right)^n \exp\left(\frac{\theta_n}{12n}\right), \qquad 0 < \theta_n < 1. \tag{6}$$

Den Beweis dieser Formel findet man in den meisten Lehrbüchern der Analysis (siehe auch W. Feller [1]).

5. Aufgaben

1. Man beweise die Formel (5).

2. Man zeige, daß bei der Multinomialverteilung $\{\mathsf{P}(A_{n_1}, \ldots, n_{n_r})\}$ der maximale Wert der Wahrscheinlichkeiten in dem Punkt $(k_1, \ldots, k_r)$ erreicht wird, der die Ungleichungen

$$np_i - 1 < k_i \leqq (n + r - 1)\, p_i, \qquad i = 1, \ldots, r,$$

erfüllt.

3. *Das eindimensionale Ising-Modell.* In den Punkten $1, 2, \ldots, n$ befinden sich n Teilchen. Wir nehmen an, daß jedes dieser Teilchen zu einer von zwei Sorten gehört, wobei es von der ersten Sorte n_1 und von der zweiten n_2 Teilchen gibt ($n_1 + n_2 = n$). Alle $n!$ Anordnungen der Teilchen seien gleichwahrscheinlich.
Man konstruiere ein entsprechendes wahrscheinlichkeitstheoretisches Modell und bestimme die Wahrscheinlichkeit des Ereignisses $A_n(m_{11}, m_{12}, m_{21}, m_{22}) = \{\nu_{11} = m_{11}, \ldots, \nu_{22} = m_{22}\}$, wobei ν_{ij} die Anzahl der Teilchen der Sorte i ist, die nach den Teilchen der Sorte j folgen ($i, j = 1, 2$).

4. Man zeige unter Ausnutzung wahrscheinlichkeitstheoretischer Überlegungen die Gültigkeit der folgenden Identitäten:

$$\sum_{k=0}^{n} \binom{n}{k} = 2^n,$$

$$\sum_{k=0}^{n} \binom{n}{k}^2 = \binom{2n}{n},$$

$$\sum_{k=0}^{n} (-1)^{n-k} \binom{m}{k} = \binom{m-1}{n}, \qquad m \geqq n + 1,$$

$$\sum_{k=0}^{n} k(k-1) \binom{m}{k} = m(m-1) \cdot 2^{m-2}, \qquad m \geqq 2.$$

§ 3. Bedingte Wahrscheinlichkeiten. Unabhängigkeit

1. Der Begriff der Wahrscheinlichkeit eines Ereignisses gibt uns die Möglichkeit, Fragen folgenden Typs zu beantworten: Wie groß ist die Wahrscheinlichkeit $\mathbf{P}(A)$ des Ereignisses A, aus einer Urne, die M_1 weiße und M_2 schwarze Kugeln enthält ($M_1 + M_2 = M$), eine weiße zu ziehen? Im klassischen Zugang erhalten wir $\mathbf{P}(A) = M_1/M$.

Der nachfolgend einzuführende Begriff der *bedingten Wahrscheinlichkeit* gestattet auf eine Frage folgenden Typs zu antworten: Wie groß ist die Wahrscheinlichkeit dafür, daß die zweite gezogene Kugel weiß ist (Ereignis B), unter der Bedingung, daß die zuerst gezogene Kugel ebenfalls weiß war (Ereignis A)? (Es wird eine Auswahl ohne Zurücklegen betrachtet.)

Wir können hier folgendermaßen argumentieren: Wenn die zuerst ausgewählte Kugel weiß ist, haben wir vor der zweiten Auswahl eine Urne mit $M - 1$ Kugeln, von denen $M_1 - 1$ Kugeln weiß und M_2 Kugeln schwarz sind. Aus diesem Grund erscheint es zweckmäßig anzunehmen, daß die uns interessierende (bedingte) Wahrscheinlichkeit gleich $\dfrac{M_1 - 1}{M - 1}$ ist.

Wir geben jetzt eine Definition des Begriffes der bedingten Wahrscheinlichkeit, die mit der intuitiven Vorstellung über sie in Einklang steht.

Es sei $(\Omega, \mathcal{A}, \mathbf{P})$ ein (endlicher) Wahrscheinlichkeitsraum und A ein Ereignis (d. h. $A \in \mathcal{A}$).

Definition 1. Die Größe

$$\frac{\mathbf{P}(AB)}{\mathbf{P}(A)} \tag{1}$$

heißt *bedingte Wahrscheinlichkeit* des Ereignisses B unter der Bedingung des Ereignisses A mit $\mathbf{P}(A) > 0$ und wird mit $\mathbf{P}(B \mid A)$ bezeichnet.

Bei der klassischen Methode der Definition der Wahrscheinlichkeiten ist $\mathbf{P}(A) = N(A)/N(\Omega)$, $\mathbf{P}(AB) = N(AB)/N(\Omega)$ und folglich

$$\mathbf{P}(B \mid A) = \frac{N(AB)}{N(A)}. \tag{2}$$

Die folgenden Eigenschaften der bedingten Wahrscheinlichkeiten lassen sich unmittelbar aus Definition 1 herleiten:

$$\mathbf{P}(A \mid A) = 1,$$

$$\mathbf{P}(\emptyset \mid A) = 0,$$

$$\mathbf{P}(B \mid A) = 1, \qquad B \supseteq A,$$

$$\mathbf{P}(B_1 + B_2 \mid A) = \mathbf{P}(B_1 \mid A) + \mathbf{P}(B_2 \mid A).$$

Aus diesen Eigenschaften folgt, daß bei fixierter Menge A die bedingte Wahrscheinlichkeit $\mathbf{P}(. \mid A)$ im Raum $(\Omega \cap A, \mathcal{A} \cap A)$ dieselben Eigenschaften besitzt wie die ursprüngliche Wahrscheinlichkeit $\mathbf{P}(.)$ auf $(\Omega, \mathcal{A})$. Dabei ist $\mathcal{A} \cap A = \{B \cap A : B \in \mathcal{A}\}$.

Wir vermerken, daß

$$\mathbf{P}(B \mid A) + \mathbf{P}(\bar{B} \mid A) = 1$$

gilt. Allerdings haben wir im allgemeinen

$$\mathbf{P}(B \mid A) + \mathbf{P}(B \mid \bar{A}) \neq 1,$$

$$\mathbf{P}(B \mid A) + \mathbf{P}(\bar{B}) \mid \bar{A}) \neq 1.$$

Beispiel 1. Wir betrachten Familien mit zwei Kindern. Wie groß ist die Wahrscheinlichkeit, daß beide Kinder Jungen sind, unter der Voraussetzung, daß

a) das ältere Kind ein Junge ist?

b) mindestens ein Kind ein Junge ist?

Der Raum der elementaren Ereignisse hat die Gestalt

$$\Omega = \{JJ, JM, MJ, MM\},$$

wobei JM bedeutet, daß das ältere Kind ein Junge und das jüngere ein Mädchen ist usw. Wir nehmen die Gleichwahrscheinlichkeit der elementaren Ereignisse an:

$$\mathbf{P}(JJ) = \mathbf{P}(JM) = \mathbf{P}(MJ) = \mathbf{P}(MM) = 1/4.$$

Es sei A das Ereignis „das ältere Kind ist ein Junge“, B das Ereignis „das jüngere Kind ist ein Junge“. Dann ist $A \cup B$ das Ereignis „mindestens ein Kind ist ein Junge“ und AB das Ereignis „beide Kinder sind Jungen“. Die uns interessierende Wahrscheinlichkeit ist im Fall a) gleich $\mathbf{P}(AB \mid A)$ und im Fall b) gleich $\mathbf{P}(AB \mid A \cup B)$.

Wir finden nun leicht

$$\mathbf{P}(AB \mid A) = \frac{\mathbf{P}(AB)}{\mathbf{P}(A)} = \frac{1/4}{1/2} = \frac{1}{2},$$

$$\mathbf{P}(AB \mid A \cup B) = \frac{\mathbf{P}(AB)}{\mathbf{P}(A \cup B)} = \frac{1/4}{3/4} = \frac{1}{3}.$$

2. Die folgende einfache, aber wichtige Formel (3), die den Namen „Formel der totalen Wahrscheinlichkeit“ trägt, ist das grundlegende Hilfsmittel bei der Berechnung von Wahrscheinlichkeiten zusammengesetzter Ereignisse unter Benutzung bedingter Wahrscheinlichkeiten.

Wir betrachten eine Zerlegung $\mathcal{D} = \{A_1, \ldots, A_n\}$ mit $\mathbf{P}(A_i) > 0$, $i = 1, \ldots, n$. (Oft nennt man eine solche Zerlegung auch vollständiges System unvereinbarer Ereignisse.) Offensichtlich gilt

$$B = BA_1 + \cdots + BA_n$$

und demzufolge

$$\mathbf{P}(B) = \sum_{i=1}^{n} \mathbf{P}(BA_i).$$

Es ist jedoch auch

$$\mathbf{P}(BA_i) = \mathbf{P}(B \mid A_i)\,\mathbf{P}(A_i)$$

erfüllt. Somit gilt die Formel der totalen Wahrscheinlichkeit

$$\mathbf{P}(B) = \sum_{i=1}^{n} \mathbf{P}(B \mid A_i)\,\mathbf{P}(A_i). \tag{3}$$

Ist insbesondere $0 < \mathbf{P}(A) < 1$, so erhalten wir

$$\mathbf{P}(B) = \mathbf{P}(B \mid A)\,\mathbf{P}(A) + \mathbf{P}(B \mid \bar{A})\,\mathbf{P}(\bar{A}). \tag{4}$$

Beispiel 2. In einer Urne befinden sich M Kugeln, unter denen m „glücksbringende“ sind. Wie groß ist die Wahrscheinlichkeit dafür, daß bei der zweiten Auswahl eine „glücksbringende“ Kugel gezogen wird? (Dabei wird eine Auswahl ohne Zurücklegen vom Umfang $n = 2$ angenommen und vorausgesetzt, daß über die zuerst gezogene Kugel nichts bekannt ist. Alle Versuchsausgänge sind gleichwahrscheinlich.) Es sei A das Ereignis „die erste Kugel ist ‚glücksbringend‘“ und B das Ereignis „die zweite Kugel ist ‚glücksbringend‘“. Dann haben wir

$$\mathbf{P}(B \mid A) = \frac{\mathbf{P}(BA)}{\mathbf{P}(A)} = \frac{\dfrac{m(m-1)}{M(M-1)}}{\dfrac{m}{M}} = \frac{m-1}{M-1},$$

$$\mathbf{P}(B \mid \bar{A}) = \frac{\mathbf{P}(B\bar{A})}{\mathbf{P}(\bar{A})} = \frac{\dfrac{m(M-m)}{M(M-1)}}{\dfrac{M-m}{M}} = \frac{m}{M-1}$$

und

$$\mathbf{P}(B) = \mathbf{P}(B \mid A)\,\mathbf{P}(A) + \mathbf{P}(B \mid \bar{A})\,\mathbf{P}(\bar{A})$$
$$= \frac{m-1}{M-1}\cdot\frac{m}{M} + \frac{m}{M-1}\cdot\frac{M-m}{M} = \frac{m}{M}.$$

Interessanterweise ist die Wahrscheinlichkeit $\mathbf{P}(A)$ ebenfalls gleich m/M. Somit hat der Umstand, daß die Eigenschaft der ersten Kugel unbekannt geblieben ist, keinen Einfluß auf die Wahrscheinlichkeit dafür ausgeübt, daß die zweite Kugel sich als „glücksbringend“ erwies.

Aus der Definition der bedingten Wahrscheinlichkeit $\big(\mathbf{P}(A) > 0\big)$ ergibt sich

$$\mathbf{P}(AB) = \mathbf{P}(B \mid A)\,\mathbf{P}(A). \tag{5}$$

Diese Beziehung, die *Multiplikationsformel für Wahrscheinlichkeiten* heißt, wird (durch vollständige Induktion) folgendermaßen verallgemeinert: Es seien $A_1, \ldots, A_{n-1}$ Ereignisse mit $\mathbf{P}(A_1 \cdots A_{n-1}) > 0$. Dann gilt

$$\mathbf{P}(A_1 \cdots A_n) = \mathbf{P}(A_1)\,\mathbf{P}(A_2 \mid A_1) \cdots \mathbf{P}(A_n \mid A_1 \cdots A_{n-1}) \tag{6}$$

(hierbei ist $A_1 \cdots A_n = A_1 \cap \ldots \cap A_n$).

3. Wir setzen voraus, daß A und B Ereignisse mit $\mathsf{P}(A) > 0$ und $\mathsf{P}(B) > 0$ sind. Neben (5) gilt dann auch die Formel

$$\mathsf{P}(AB) = \mathsf{P}(A \mid B)\, \mathsf{P}(B). \tag{7}$$

Aus (5) und (7) erhalten wir die *Bayessche Formel*

$$\mathsf{P}(A \mid B) = \frac{\mathsf{P}(A)\, \mathsf{P}(B \mid A)}{\mathsf{P}(B)}. \tag{8}$$

Falls die Ereignisse $A_1, \ldots, A_n$ eine Zerlegung von Ω bilden, folgt aus (3) und (8) der *Satz von* BAYES:

$$\mathsf{P}(A_i \mid B) = \frac{\mathsf{P}(A_i)\, \mathsf{P}(B \mid A_i)}{\sum\limits_{j=1}^{n} \mathsf{P}(A_j)\, \mathsf{P}(B \mid A_j)}. \tag{9}$$

In statistischen Anwendungen nennt man die Ereignisse $A_1, \ldots, A_n$ $(A_1 + \cdots + A_n = \Omega)$ häufig „Hypothesen" und $\mathsf{P}(A_i)$ *a-priori*-Wahrscheinlichkeit der Hypothese A_i. Die bedingte Wahrscheinlichkeit $\mathsf{P}(A_i \mid B)$ wird als *a-posteriori*-Wahrscheinlichkeit der Hypothese A_i nach dem Auftreten des Ereignisses B aufgefaßt.

Beispiel 3. In einer Urne befinden sich zwei Münzen: Die Münze A_1 ist symmetrisch, d. h., mit Wahrscheinlichkeit 1/2 fällt „Wappen". A_2 ist eine asymmetrische Münze, bei der die Wahrscheinlichkeit für „Wappen" 1/3 beträgt. Auf gut Glück wird eine Münze aus der Urne gezogen und geworfen. Dabei fällt „Wappen". Wie groß ist die Wahrscheinlichkeit dafür, daß es sich bei der gezogenen Münze um die symmetrische handelt?

Wir konstruieren das zugehörige wahrscheinlichkeitstheoretische Modell. Als Raum der elementaren Ereignisse wählen wir naturgemäß die Menge $\Omega = \{A_1W, A_1Z, A_2W, A_2Z\}$, die alle Versuchsausgänge der Auswahl und des Werfens beschreibt. (Dabei bedeutet beispielsweise A_1W, daß die symmetrische Münze gezogen wurde und beim Wurf „Wappen" fiel.) Die Wahrscheinlichkeiten $p(\omega)$ müssen so vorgegeben sein, daß gemäß den Voraussetzungen der Aufgabe die Bedingungen

$$\mathsf{P}(A_1) = \mathsf{P}(A_2) = 1/2$$

und

$$\mathsf{P}(W \mid A_1) = 1/2, \qquad \mathsf{P}(W \mid A_2) = 1/3$$

erfüllt sind. Durch diese Forderungen sind die Wahrscheinlichkeiten der Versuchsergebnisse eindeutig festgelegt:

$$\mathsf{P}(A_1W) = 1/4, \quad \mathsf{P}(A_1Z) = 1/4, \quad \mathsf{P}(A_2W) = 1/6, \quad \mathsf{P}(A_2Z) = 1/3.$$

Aus der Bayesschen Formel ergibt sich dann für die uns interessierende Wahrscheinlichkeit

$$\mathsf{P}(A_1 \mid W) = \frac{\mathsf{P}(A_1)\, \mathsf{P}(W \mid A_1)}{\mathsf{P}(A_1)\, \mathsf{P}(W \mid A_1) + \mathsf{P}(A_2)\, \mathsf{P}(W \mid A_2)} = 3/5$$

und folglich

$$\mathsf{P}(A_2 \mid W) = 2/5.$$

4. Der Begriff der *Unabhängigkeit*, der in diesem Abschnitt eingeführt wird, spielt in einem bestimmten Sinne eine zentrale Rolle in der Wahrscheinlichkeitstheorie: Gerade dieser Begriff legt die Eigenheit fest, welche die Wahrscheinlichkeitstheorie aus der allgemeinen Theorie von Maßen auf meßbaren Räumen herauslöst.

Wenn A und B zwei Ereignisse sind, ist es natürlich zu sagen, daß das Ereignis B nicht von A abhängt, falls das Eintreten des Ereignisses A in keiner Weise auf die Wahrscheinlichkeit des Eintretens des Ereignisses B Einfluß nimmt. Mit anderen Worten, „B hängt nicht von A ab", falls

$$\mathbf{P}(B \mid A) = \mathbf{P}(B) \tag{10}$$

gilt. (Wir setzen hierbei $\mathbf{P}(A) > 0$ voraus.)

Wegen

$$\mathbf{P}(B \mid A) = \frac{\mathbf{P}(AB)}{\mathbf{P}(A)}$$

erhalten wir aus (10)

$$\mathbf{P}(AB) = \mathbf{P}(A)\,\mathbf{P}(B). \tag{11}$$

Wenn $\mathbf{P}(B) > 0$ ist, dann ist es genauso natürlich zu sagen, daß „A nicht von B abhängt", falls

$$\mathbf{P}(A \mid B) = \mathbf{P}(A)$$

gilt. Daraus erhalten wir wieder die Beziehung (11), die in A und B symmetrisch ist und auch dann ihren Sinn behält, wenn die Wahrscheinlichkeit dieser Ereignisse gleich 0 ist.

Ausgehend davon gelangen wir zu folgender

Definition 2. Die Ereignisse A und B heißen *unabhängig* oder *statistisch unabhängig* (bezüglich der Wahrscheinlichkeit $\mathbf{P}$), falls

$$\mathbf{P}(AB) = \mathbf{P}(A)\,\mathbf{P}(B)$$

gilt.

In der Wahrscheinlichkeitstheorie muß man häufig nicht nur die Unabhängigkeit von Ereignissen (Mengen), sondern auch von Ereignissystemen (Mengensystemen) betrachten.

Entsprechend lautet

Definition 3. Zwei Ereignisalgebren (Mengenalgebren) $\mathcal{A}_1$ und $\mathcal{A}_2$ heißen *unabhängig* oder *statistisch unabhängig* (bezüglich der Wahrscheinlichkeit $\mathbf{P}$), falls zwei beliebige Mengen A_1 und A_2 aus $\mathcal{A}_1$ bzw. $\mathcal{A}_2$ unabhängig sind.

Als Beispiel betrachten wir die zwei Algebren

$$\mathcal{A}_1 = \{A_1, \bar{A}_1, \emptyset, \Omega\} \quad \text{und} \quad \mathcal{A}_2 = \{A_2, \bar{A}_2, \emptyset, \Omega\},$$

wobei A_1 und A_2 Teilmengen von Ω sind. Es ist leicht zu zeigen, daß $\mathcal{A}_1$ und $\mathcal{A}_2$ genau dann unabhängig sind, wenn die Ereignisse A_1 und A_2 unabhängig sind. Tatsächlich bedeutet die Unabhängigkeit von $\mathcal{A}_1$ und $\mathcal{A}_2$ die Unabhängigkeit von 16 Ereignissen: A_1 und A_2, A_1 und $\bar{A}_2, \ldots, \Omega$ und Ω. Folglich sind A_1 und A_2 unabhängig. Sind umgekehrt A_1 und A_2 unabhängig, so muß man die Unabhängigkeit der verbleibenden 15 Paare von Ereignissen zeigen. Wir überprüfen als Beispiel die Unabhängigkeit von A_1 und $\bar{A}_2$. Wir haben

$$\begin{aligned}\mathbf{P}(A_1\bar{A}_2) &= \mathbf{P}(A_1) - \mathbf{P}(A_1A_2) = \mathbf{P}(A_1) - \mathbf{P}(A_1)\,\mathbf{P}(A_2) \\ &= \mathbf{P}(A_1)\cdot\big(1 - \mathbf{P}(A_2)\big) = \mathbf{P}(A_1)\,\mathbf{P}(\bar{A}_2).\end{aligned}$$

Die Unabhängigkeit der restlichen Paare wird analog gezeigt.

5. Der Begriff der Unabhängigkeit von zwei Ereignissen bzw. zwei Mengenalgebren läßt sich auf den Fall einer beliebigen endlichen Anzahl von Mengen bzw. Mengensystemen ausdehnen:

Man sagt nämlich, daß die Mengen $A_1, \ldots, A_n$ in der Gesamtheit *unabhängig* oder *statistisch unabhängig* (bezüglich der Wahrscheinlichkeit $\mathbf{P}$) sind, falls für beliebige $k = 1, \ldots, n$ und $1 \leqq i_1 < i_2 < \ldots < i_k \leqq n$ die Beziehung

$$\mathbf{P}(A_{i_1} \ldots A_{i_k}) = \mathbf{P}(A_{i_1}) \ldots \mathbf{P}(A_{i_k}) \tag{12}$$

gilt.

Die Mengenalgebren $\mathcal{A}_1, \ldots, \mathcal{A}_n$ heißen in der Gesamtheit *unabhängig* oder *statistisch unabhängig* (bezüglich der Wahrscheinlichkeit $\mathbf{P}$), falls beliebige n Mengen $A_1 \in \mathcal{A}_1, \ldots, A_n \in \mathcal{A}_n$ unabhängig sind.

Wir vermerken, daß aus der *paarweisen Unabhängigkeit* von Ereignissen *nicht* ihre Unabhängigkeit folgt. Zur Illustration wählen wir $\Omega = \{\omega_1, \omega_2, \omega_3, \omega_4\}$. Alle elementaren Ereignisse seien gleichwahrscheinlich. Es ist leicht zu überprüfen, daß die paarweise Unabhängigkeit der Ereignisse

$$A = \{\omega_1, \omega_2\}, \qquad B = \{\omega_1, \omega_3\} \quad \text{und} \quad C = \{\omega_1, \omega_4\}$$

vorliegt, jedoch

$$\mathbf{P}(ABC) = 1/4 \neq (1/2)^3 = \mathbf{P}(A)\,\mathbf{P}(B)\,\mathbf{P}(C)$$

gilt.

Wir betonen ferner, daß aus der Gültigkeit von

$$\mathbf{P}(ABC) = \mathbf{P}(A)\,\mathbf{P}(B)\,\mathbf{P}(C)$$

für gewisse Ereignisse A, B und C in keiner Weise auf deren paarweise Unabhängigkeit geschlossen werden kann. Es sei beispielsweise Ω die Menge der 36 geordneten Paare (i, j) mit $i, j = 1, \ldots, 6$. Alle diese Paare seien gleichwahrscheinlich. Für $A = \{(i, j): j = 1, 2 \text{ oder } 5\}$, $B = \{(i, j): j = 4, 5 \text{ oder } 6\}$ und $C = \{(i, j): i + j = 9\}$

haben wir dann

$$\mathbf{P}(AB) = \frac{1}{6} \neq \frac{1}{4} = \mathbf{P}(A)\,\mathbf{P}(B),$$

$$\mathbf{P}(AC) = \frac{1}{36} \neq \frac{1}{18} = \mathbf{P}(A)\,\mathbf{P}(C),$$

$$\mathbf{P}(BC) = \frac{1}{12} \neq \frac{1}{18} = \mathbf{P}(B)\,\mathbf{P}(C),$$

während jedoch

$$\mathbf{P}(ABC) = 1/36 = \mathbf{P}(A)\,\mathbf{P}(B)\,\mathbf{P}(C)$$

erfüllt ist.

6. Wir betrachten nun vom Standpunkt des Unabhängigkeitsbegriffs das zum Auftreten der Binomialverteilung führende und in § 2 eingeführte klassische Modell $(\Omega, \mathcal{A}, \mathbf{P})$ ausführlicher.

In diesem Modell sind

$$\Omega = \{\omega : \omega = (a_1, \ldots, a_n),\ a_i = 0, 1\}, \qquad \mathcal{A} = \{A : A \subseteq \Omega\}$$

und

$$p(\omega) = p^{\Sigma a_i} q^{n - \Sigma a_i}. \tag{13}$$

Es sei $A \subseteq \Omega$ ein Ereignis. Wir sagen, daß dieses Ereignis nur vom Versuchsausgang im k-ten Schritt abhängt, falls es durch den Wert a_k bestimmt wird. Beispiele solcher Ereignisse sind

$$A_k = \{\omega : a_k = 1\}, \qquad \bar{A}_k = \{\omega : a_k = 0\}.$$

Wir betrachten die Folge von Algebren $\mathcal{A}_1, \mathcal{A}_2, \ldots, \mathcal{A}_n$, wobei $\mathcal{A}_k = \{A_k, \bar{A}_k, \emptyset, \Omega\}$ ist, und zeigen für den Fall (13) die Unabhängigkeit dieser Algebren.

Offensichtlich gilt

$$\begin{aligned}\mathbf{P}(A_k) &= \sum_{\{\omega : a_k = 1\}} p(\omega) = \sum_{\{\omega : a_k = 1\}} p^{\Sigma a_i} q^{n - \Sigma a_i} \\ &= p \sum_{(a_1, \ldots, a_{k-1}, a_{k+1}, \ldots, a_n)} p^{a_1 + \ldots + a_{k-1} + a_{k+1} + \ldots + a_n} q^{(n-1) - (a_1 + \ldots + a_{k-1} + a_{k+1} + \ldots + a_n)} \\ &= p \sum_{l=0}^{n-1} C_{n-1}^l p^l q^{(n-1)-l} = p.\end{aligned}$$

Eine analoge Rechnung zeigt, daß $\mathbf{P}(\bar{A}_k) = q$ und für $k \neq l$

$$\mathbf{P}(A_k A_l) = p^2, \qquad \mathbf{P}(A_k \bar{A}_l) = pq, \qquad \mathbf{P}(\bar{A}_k A_l) = q^2$$

erfüllt ist. Daraus läßt sich die Unabhängigkeit der Algebren $\mathcal{A}_k$ und $\mathcal{A}_l$ für $k \neq l$ leicht ableiten.

Genauso wird gezeigt, daß die Algebren $\mathcal{A}_1, \ldots, \mathcal{A}_n$ unabhängig sind. Auf dieser Grundlage nennen wir den Wahrscheinlichkeitsraum $(\Omega, \mathcal{A}, \mathbf{P})$ das Modell, welches

„n unabhängigen Versuchen mit zwei Versuchsausgängen und der ‚Erfolgswahrscheinlichkeit‘ p“ entspricht. J. BERNOULLI untersuchte als erster systematisch dieses Modell und zeigte dafür die Gültigkeit des Gesetzes der großen Zahlen (vgl. § 5). In diesem Zusammenhang spricht man auch vom Bernoulli-Schema (mit zwei Versuchsausgängen „Erfolg“ und „Mißerfolg“ und der „Erfolgswahrscheinlichkeit“ p).

Eine detaillierte Betrachtung des Wahrscheinlichkeitsraumes im Bernoulli-Schema zeigt, daß dieser die Struktur eines „direkten Produktes von Wahrscheinlichkeitsräumen“ besitzt, die in folgendem besteht:

Wir setzen voraus, daß eine Folge von endlichen Wahrscheinlichkeitsräumen $(\Omega_1, \mathcal{B}_1, \mathbf{P}_1), \ldots, (\Omega_n, \mathcal{B}_n, \mathbf{P}_n)$ gegeben ist. Wir bilden die Menge $\Omega = \Omega_1 \times \Omega_2 \times \ldots \times \Omega_n$ der Punkte $\omega = (a_1, \ldots, a_n)$ mit $a_i \in \Omega_i$. Wir bezeichnen mit $\mathcal{A} = \mathcal{B}_1 \otimes \ldots \otimes \mathcal{B}_n$ die Algebra von Teilmengen der Menge Ω, die aus Summen von Mengen der Gestalt $A = B_1 \times \ldots \times B_n$ mit $B_i \in \mathcal{B}_i$ besteht. Schließlich setzen wir $p(\omega) = p_1(a_1) \ldots p_n(a_n)$ für $\omega = (a_1, \ldots, a_n)$ und definieren $\mathbf{P}(A)$ für Mengen $A = B_1 \times B_2 \times \ldots \times B_n$ durch die Formel

$$\mathbf{P}(A) = \sum_{\{a_1 \in B_1, \ldots, a_n \in B_n\}} p_1(a_1) \cdots p_n(a_n).$$

Es ist leicht zu überprüfen, daß $\mathbf{P}(\Omega) = 1$ gilt, und folglich stellt das Tripel $(\Omega, \mathcal{A}, \mathbf{P})$ einen Wahrscheinlichkeitsraum dar. Diesen Raum nennt man *direktes Produkt der Wahrscheinlichkeitsräume* $(\Omega_1, \mathcal{B}_1, \mathbf{P}_1), \ldots, (\Omega_n, \mathcal{B}_n, \mathbf{P}_n)$.

Wir wollen nun eine leicht überprüfbare Eigenschaft des direkten Produktes von Wahrscheinlichkeitsräumen erwähnen: Bezüglich der Wahrscheinlichkeit $\mathbf{P}$ sind die Ereignisse

$$A_1 = \{\omega : a_1 \in B_1\}, \ldots, A_n = \{\omega : a_n \in B_n\}$$

mit $B_i \in \mathcal{B}_i$ unabhängig. Genauso sind die Algebren

$$\mathcal{A}_1 = \{A_1 : A_1 = \{\omega : a_1 \in B_1\},\ B_1 \in \mathcal{B}_1\},$$
$$\cdots\cdots\cdots\cdots\cdots\cdots\cdots\cdots$$
$$\mathcal{A}_n = \{A_n : A_n = \{\omega : a_n \in B_n\},\ B_n \in \mathcal{B}_n\}$$

unabhängig.

Die angeführten Konstruktionen machen deutlich, daß sich das Bernoulli-Schema

$$\Omega(, \mathcal{A}, \mathbf{P}) \quad \text{mit} \quad \Omega = \{\omega : \omega = (a_1, \ldots, a_n),\ a_i = 0, 1\},$$
$$\mathcal{A} = \{A : A \subseteq \Omega\} \quad \text{und} \quad p(\omega) = p^{\Sigma a_i} q^{n - \Sigma a_i}$$

als direktes Produkt der Wahrscheinlichkeitsräume $(\Omega_i, \mathcal{B}_i, \mathbf{P}_i)$, $i = 1, 2, \ldots, n$, ergibt, wobei

$$\Omega_i = \{0, 1\}, \qquad \mathcal{B}_i = \big\{\{0\}, \{1\}, \emptyset, \Omega_i\big\},$$
$$\mathbf{P}_i(\{1\}) = p, \qquad \mathbf{P}_i(\{0\}) = q$$

gilt.

7. Aufgaben

1. Man führe Beispiele an, die zeigen, daß im allgemeinen die Gleichheiten

$$\mathbf{P}(B \mid A) + \mathbf{P}(B \mid \bar{A}) = 1 \quad \text{und} \quad \mathbf{P}(B \mid A) + \mathbf{P}(\bar{B} \mid \bar{A}) = 1$$

nicht gelten.

2. Eine Urne enthalte M Kugeln, davon M_1 weiße. Es wird eine Auswahl vom Umfang n vorgenommen. Es sei B_j das Ereignis, daß die im j-ten Schritt gezogene Kugel weiß ist, und A_k das Ereignis, daß in der Stichprobe vom Umfang n genau k weiße Kugeln enthalten sind. Man zeige, daß sowohl bei der Auswahl mit Zurücklegen als auch bei der Auswahl ohne Zurücklegen

$$\mathbf{P}(B_j \mid A_k) = k/n$$

gilt.

3. Es seien $A_1, \ldots, A_n$ unabhängige Ereignisse. Dann folgt

$$\mathbf{P}\left(\bigcup_{i=1}^{n} A_i\right) = 1 - \prod_{i=1}^{n} \mathbf{P}(\bar{A}_i).$$

4. Es seien $A_1, \ldots, A_n$ unabhängige Ereignisse mit $\mathbf{P}(A_i) = p_i$. Dann läßt sich die Wahrscheinlichkeit P_0 dafür, daß überhaupt keines der Ereignisse eintritt, durch die Formel

$$P_0 = \prod_{i=1}^{n} (1 - p_i)$$

bestimmen.

5. Es seien A und B unabhängige Ereignisse. Man stelle die Wahrscheinlichkeit der Ereignisse in Termen mit $\mathbf{P}(A)$ und $\mathbf{P}(B)$ dar, die darin bestehen, daß genau k, mindestens k bzw. höchstens k der Ereignisse A und B eintreten ($k = 0, 1, 2$).

6. Es sei A ein Ereignis, das nicht von sich selbst abhängt, d. h., A und A sind unabhängig. Man zeige, daß dann $\mathbf{P}(A)$ entweder gleich 0 oder gleich 1 ist.

7. Das Ereignis A möge entweder die Wahrscheinlichkeit 0 oder 1 besitzen. Man zeige, daß A und ein beliebiges Ereignis B unabhängig sind.

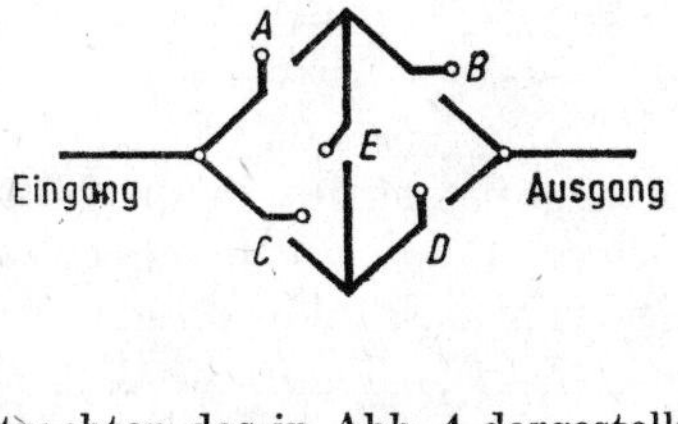

Abb. 4

8. Wir betrachten das in Abb. 4 dargestellte Schema einer elektrischen Schaltung: Jedes der unabhängig arbeitenden Relais A, B, C, D, E öffnet und schließt sich jeweils mit der Wahrscheinlichkeit p bzw. q. Wie groß ist die Wahrscheinlichkeit dafür, daß ein am „Eingang" eingegebenes Signal den „Ausgang" erreicht? Wie groß ist die bedingte Wahrscheinlichkeit dafür, daß das Relais E geöffnet war, wenn das Signal den „Ausgang" erreicht?

§ 4. Zufällige Größen und ihre Charakteristika

1. Es sei $(\Omega, \mathcal{A}, \mathbf{P})$ ein wahrscheinlichkeitstheoretisches Modell eines Experiments mit endlich vielen Versuchsausgängen $\left(N(\Omega) < \infty\right)$ und $\mathcal{A}$ die Algebra aller Teilmengen von Ω. In den früher betrachteten und mit der Berechnung von Wahrscheinlichkeiten von Ereignissen $A \in \mathcal{A}$ verbundenen Beispielen konnte man feststellen, daß eigentlich der Charakter des Raumes der elementaren Ereignisse Ω keinerlei Interesse hervorrief. In der Hauptsache ging es lediglich um gewisse zahlenmäßige Kenngrößen, deren Wert von den elementaren Ereignissen abhing. So interessierten wir uns für die Wahrscheinlichkeit einer bestimmten Anzahl von Erfolgen in einer Serie von n Versuchen, für die Wahrscheinlichkeitsverteilung der Anzahl von auf Boxen verteilter Teilchen usw.

Der Begriff der zufälligen Größe, den wir nun (und später in allgemeinerer Form) einführen werden, dient der Definition von Größen, die einer „Messung" in Experimenten mit zufälligem Ausgang zugänglich sind.

Definition 1. Jede auf einem (endlichen) Raum von elementaren Ereignissen Ω definierte reellwertige Funktion $\xi = \xi(\omega)$ heißt (einfache) *zufällige Größe*. (Die Herkunft des Termins „einfache" zufällige Größe wird nach der Einführung des allgemeinen Begriffs einer zufälligen Größe in § 4 des Kapitels II klar.)

Beispiel 1. Im Modell des zweimaligen Münzwurfs mit dem Raum der Versuchsergebnisse $\Omega = \{WW, WZ, ZW, ZZ\}$ definieren wir eine zufällige Größe $\xi = \xi(\omega)$ mit Hilfe der Tabelle

ω	WW	WZ	ZW	ZZ
$\xi(\omega)$	2	1	1	0

Hierbei ist $\xi(\omega)$ inhaltlich nichts anderes als die Anzahl der „Wappen" im jeweiligen Versuchsausgang ω.

Ein anderes sehr einfaches Beispiel für eine zufällige Größe ξ ist die *Indikatorfunktion* (auch *charakteristische Funktion*) einer Menge $A \in \mathcal{A}$:

$$\xi = I_A(\omega)$$

mit

$$I_A(\omega) = \begin{cases} 1, & \omega \in A, \\ 0, & \omega \notin A. \end{cases}$$

Hat ein Experimentator es mit einer zufälligen Größe zu tun, die bestimmte Merkmale beschreibt, so interessiert ihn hauptsächlich die Frage, mit welcher Wahrscheinlichkeit diese zufällige Größe bestimmte Werte annimmt. Von diesem Standpunkt ist nicht die Wahrscheinlichkeitsverteilung $\mathbf{P}$ auf $(\Omega, \mathcal{A})$, sondern die Wahrscheinlichkeitsverteilung auf dem Wertebereich der zufälligen Größe bedeutsam. Da die Menge Ω im augenblicklich betrachteten Fall aus endlich vielen Elementen besteht, ist auch der Wertebereich X der zufälligen Größe ξ endlich. Es sei $X = \{x_1, \ldots, x_m\}$, wobei durch die (verschiedenen) Zahlen $x_1, \ldots, x_m$ alle Werte von ξ ausgeschöpft werden.

Mit $\mathscr{X}$ bezeichnen wir die Gesamtheit aller Teilmengen von X. Es sei $B \in \mathscr{X}$. Die Menge B kann ebenfalls als ein gewisses Ereignis gedeutet werden, wenn der Raum der elementaren Ereignisse gerade X, der Wertebereich von ξ, ist.

Wir betrachten auf $(X, \mathscr{X})$ die Wahrscheinlichkeit $P_\xi(.)$, die durch die zufällige Größe ξ vermöge der Beziehung

$$P_\xi(B) = \mathbf{P}\{\omega : \xi(\omega) \in B\}, \qquad B \in \mathscr{X},$$

induziert wird. Offensichtlich werden die Werte dieser Wahrscheinlichkeiten vollständig durch die Wahrscheinlichkeiten

$$P_\xi(x_i) = \mathbf{P}\{\omega : \xi(\omega) = x_i\}, \qquad x_i \in X,$$

bestimmt.

Die Gesamtheit $\{P_\xi(x_1), \ldots, P_\xi(x_m)\}$ heißt *Wahrscheinlichkeitsverteilung der zufälligen Größe* ξ.

Beispiel 2. Eine zufällige Größe ξ, welche die zwei Werte 1 und 0 mit den Erfolgs- bzw. Mißerfolgswahrscheinlichkeiten p bzw. q annimmt, heißt *Bernoullisch*[1]). Es ist klar, daß für sie

$$P_\xi(x) = p^x q^{1-x}, \qquad x = 0, 1, \tag{1}$$

gilt.

Eine zufällige Größe ξ, welche die $n + 1$ Werte $0, 1, \ldots, n$ mit den Wahrscheinlichkeiten

$$P_\xi(x) = \binom{n}{x} p^x q^{n-x}, \qquad x = 0, 1, \ldots, n, \tag{2}$$

annimmt, heißt *binomiale* (oder binomialverteilte) *zufällige Größe*.

Wir bemerken, daß wir in diesen wie in vielen noch folgenden Beispielen den zugrunde liegenden Wahrscheinlichkeitsraum nicht konkretisieren, sondern uns nur für die Werte der zufälligen Größen und deren Wahrscheinlichkeitsverteilung interessieren.

Die wahrscheinlichkeitstheoretische Struktur der zufälligen Größe ξ wird vollständig durch die Wahrscheinlichkeitsverteilung $\{P_\xi(x_i), i = 1, \ldots, m\}$ beschrieben. Der Begriff einer Verteilungsfunktion, der jetzt eingeführt wird, stellt eine äquivalente Beschreibung der wahrscheinlichkeitstheoretischen Struktur einer zufälligen Größe dar.

Definition 2. Es sei $x \in R^1$. Die Funktion

$$F_\xi(x) = \mathbf{P}\{\omega : \xi(\omega) \leqq x\}$$

heißt *Verteilungsfunktion* der zufälligen Größe ξ.

---

[1]) Gewöhnlich spricht man in der Literatur, statt die hier verwendeten Ausdrücke „Bernoullische, binomiale, Poissonsche, Gaußsche zufällige Größe" zu benutzen, von *zufälligen Größen, die eine Bernoulli-, Binomial-, Poisson-* bzw. *Normalverteilung besitzen.*

Offensichtlich gilt

$$F_\xi(x) = \sum_{\{i: x_i \leq x\}} P_\xi(x_i)$$

und

$$P_\xi(x_i) = F_\xi(x_i) - F_\xi(x_i-),$$

wobei $F_\xi(x-) = \lim\limits_{y \uparrow x} F_\xi(y)$ ist.

Wenn wir $x_1 < x_2 < \ldots < x_m$ und $F_\xi(x_0) = 0$ annehmen, haben wir

$$P_\xi(x_i) = F_\xi(x_i) - F_\xi(x_{i-1}), \qquad i = 1, \ldots, m.$$

Die nachfolgenden graphischen Darstellungen (Abb. 5) vermitteln eine Vorstellung über $P_\xi(x)$ und $F_\xi(x)$ bei binomialen zufälligen Größen.

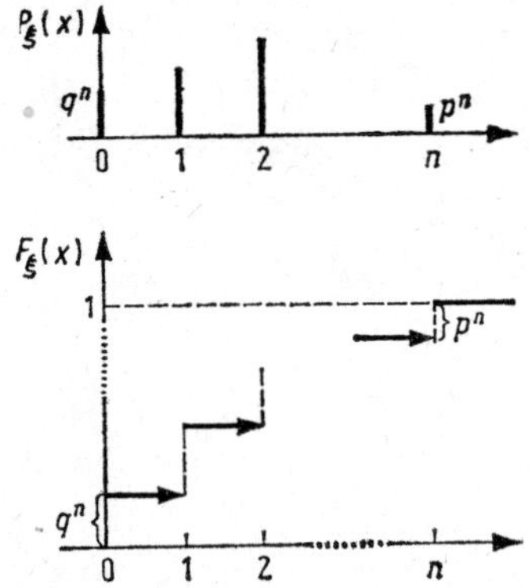

Abb. 5

Unmittelbar aus Definition 2 lassen sich folgende Eigenschaften der Verteilungsfunktion $F_\xi = F_\xi(x)$ herleiten:

(1) $F_\xi(-\infty) = 0$, $F_\xi(+\infty) = 1$;

(2) F_ξ ist rechtsseitig stetig $\big(F_\xi(x+) = F_\xi(x)\big)$ und stückweise konstant.

Neben zufälligen Größen muß man oft *zufällige Vektoren* $\xi = (\xi_1, \ldots, \xi_r)$ betrachten, deren Komponenten zufällige Größen sind. Beispielsweise hatten wir es beim Studium der Multinomialverteilung mit zufälligen Vektoren $\nu = (\nu_1, \ldots, \nu_r)$ zu tun, wobei $\nu_i = \nu_i(\omega)$ für $i = 1, \ldots, r$ die Anzahl der Elemente in der Folge $\omega = (a_1, \ldots, a_n)$ ist, die gleich b_i sind.

Die Gesamtheit der Wahrscheinlichkeiten

$$P_\xi(x_1, \ldots, x_r) = \mathsf{P}\{\omega: \xi_1(\omega) = x_1, \ldots, \xi_r(\omega) = x_r\},$$

wobei $x_i \in X_i$ (Wertebereich der ξ_i) ist, heißt *Wahrscheinlichkeitsverteilung des zufälligen Vektors* ξ. Die Funktion

$$F_\xi(x_1, \ldots, x_r) = \mathsf{P}\{\omega: \xi_1(\omega) \leqq x_1, \ldots, \xi_r(\omega) \leqq x_r\}$$

mit $x_i \in R^1$ wird *Verteilungsfunktion des zufälligen Vektors* $\xi = (\xi_1, \ldots, \xi_r)$ genannt.

So gilt für den oben erwähnten Vektor $\nu = (\nu_1, \ldots, \nu_r)$

$$P_\nu(n_1, \ldots, n_r) = C_n(n_1, \ldots, n_r)\, p_r^{n_1} \cdots p_r^{n_r}$$

(vgl. (2.2)).

2. Es seien $\xi_1, \ldots, \xi_r$ zufällige Größen mit Werten in einer (endlichen) Menge $X \subseteq R^1$. Mit $\mathscr{X}$ bezeichnen wir die Algebra aller Teilmengen von X.

Definition 3. Die zufälligen Größen $\xi_1, \ldots, \xi_r$ heißen *unabhängig* (*unabhängig in ihrer Gesamtheit*), falls für beliebige $x_1, \ldots, x_r \in X$

$$\mathbf{P}\{\xi_1 = x_1, \ldots, \xi_r = x_r\} = \mathbf{P}\{\xi_1 = x_1\} \cdots \mathbf{P}\{\xi_r = x_r\}$$

oder die dazu äquivalente Beziehung

$$\mathbf{P}\{\xi_1 \in B_1, \ldots, \xi_r \in B_r\} = \mathbf{P}\{\xi_1 \in B_1\} \cdots \mathbf{P}\{\xi_r \in B_r\}$$

für beliebige $B_1, \ldots, B_r \in \mathscr{X}$ erfüllt ist.

Ein sehr einfaches Beispiel für unabhängige zufällige Größen kann man aus dem Bernoulli-Schema erhalten. Es sei dazu

$$\Omega = \{\omega : \omega = (a_1, \ldots, a_n),\ a_i = 0, 1\}, \qquad p(\omega) = p^{\Sigma a_i} q^{n - \Sigma a_i}$$

und $\xi_i(\omega) = a_i$ für $\omega = (a_1, \ldots, a_n)$, $i = 1, \ldots, n$. Dann sind die zufälligen Größen $\xi_1, \ldots, \xi_n$ unabhängig, was aus der in § 3 festgestellten Unabhängigkeit der Ereignisse $A_1 = \{\omega : a_1 = 1\}, \ldots, A_n = \{\omega : a_n = 1\}$ folgt.

3. Im weiteren werden wir oft mit der Frage nach der Verteilung von zufälligen Größen konfrontiert werden, die Funktionen $f(\xi_1, \ldots, \xi_r)$ der zufälligen Größen $\xi_1, \ldots, \xi_r$ sind. An dieser Stelle betrachten wir lediglich die Bestimmung der Verteilung einer Summe von zufälligen Größen $\zeta = \xi + \eta$.

Wenn ξ Werte aus der Menge $X = \{x_1, \ldots, x_k\}$ und η Werte aus $Y = \{y_1, \ldots, y_l\}$ annimmt, dann liegen die Werte der zufälligen Größe $\zeta = \xi + \eta$ in $Z = \{z : z = x_i + y_j,\ i = 1, \ldots, k;\ j = 1, \ldots, l\}$, und offensichtlich gilt

$$P_\zeta(z) = \mathbf{P}\{\zeta = z\} = \mathbf{P}\{\xi + \eta = z\} = \sum_{\{(i,j) : x_i + y_j = z\}} \mathbf{P}\{\xi = x_i, \eta = y_j\}.$$

Besonders wichtig ist der Fall unabhängiger zufälliger Größen ξ und η. Dann gilt

$$\mathbf{P}\{\xi = x_i, \eta = y_j\} = \mathbf{P}\{\xi = x_i\}\, \mathbf{P}\{\eta = y_j\},$$

und folglich haben wir für alle $z \in Z$

$$P_\zeta(z) = \sum_{\{(i,j) : x_i + y_j = z\}} P_\xi(x_i)\, P_\eta(y_j) = \sum_{i=1}^{k} P_\xi(x_i)\, P_\eta(z - x_i), \tag{3}$$

wobei in der letzten Summe $P_\eta(z - x_i)$ gleich 0 gesetzt wird, falls $z - x_i$ nicht zu Y gehört.

Sind beispielsweise ξ und η unabhängige Bernoullische zufällige Größen, die jeweils die Werte 1 und 0 mit den Wahrscheinlichkeiten p bzw. q annehmen, so ist

$Z = \{0, 1, 2\}$, und es gilt

$$P_\zeta(0) = P_\xi(0)\, P_\eta(0) = q^2,$$
$$P_\zeta(1) = P_\xi(0)\, P_\eta(1) + P_\xi(1)\, P_\eta(0) = 2pq,$$
$$P_\zeta(2) = P_\xi(1)\, P_\eta(1) = p^2.$$

Durch vollständige Induktion kann man leicht feststellen, daß die zufällige Größe $\zeta = \xi_1 + \cdots + \xi_n$ bei unabhängigen Bernoullischen zufälligen Größen $\xi_1, \ldots, \xi_n$ mit $\mathbf{P}\{\xi_i = 1\} = p$ und $\mathbf{P}\{\xi_i = 0\} = q$ binomialverteilt ist:

$$P_\zeta(k) = \binom{n}{k} p^k q^{n-k}, \qquad k = 0, 1, \ldots, n. \tag{4}$$

4. Wir kommen nun zum wichtigen Begriff des Erwartungswertes oder des Mittelwertes von zufälligen Größen.

Es sei $(\Omega, \mathcal{A}, \mathbf{P})$ ein (endlicher) Wahrscheinlichkeitsraum und $\xi = \xi(\omega)$ eine zufällige Größe mit Werten in der Menge $X = \{x_1, \ldots, x_k\}$. Setzen wir $A_i = \{\omega: \xi = x_i\}$, $i = 1, \ldots, k$, so läßt sich ξ offensichtlich in der Form

$$\xi(\omega) = \sum_{i=1}^{k} x_i I(A_i) \tag{5}$$

darstellen, wobei die Mengen $A_1, \ldots, A_k$ eine Zerlegung von Ω bilden (d. h., sie sind paarweise disjunkt, und ihre Summe ergibt Ω; vgl. § 1.3).

Es sei $p_i = \mathbf{P}\{\xi = x_i\}$. Intuitiv ist klar, daß bei der Beobachtung der Werte der zufälligen Größe ξ in „n unabhängigen Wiederholungen des Versuchs" der Wert x_i ungefähr np_i-mal erscheinen muß, $i = 1, \ldots, k$. Demzufolge ist der mittlere Wert auf der Grundlage der Resultate von n Versuchen etwa

$$\frac{1}{n}\,[np_1 x_1 + \cdots + np_k x_k] = \sum_{i=1}^{k} p_i x_i.$$

Diese Bemerkung macht uns die folgende Definition verständlich.

Definition 4. Die Zahl

$$\mathbf{M}\xi = \sum_{i=1}^{k} x_i P(A_i) \tag{6}$$

heißt *Erwartungswert* der zufälligen Größe $\xi = \sum_{i=1}^{k} x_i I(A_i)$.

Wegen $A_i = \{\omega: \xi(\omega) = x_i\}$ und $P_\xi(x_i) = \mathbf{P}(A_i)$ erhalten wir

$$\mathbf{M}\xi = \sum_{i=1}^{k} x_i P_\xi(x_i). \tag{7}$$

Erinnern wir uns an die Definition der Verteilungsfunktion $F_\xi = F_\xi(x)$ und führen die Bezeichnung

$$\Delta F_\xi(x) = F_\xi(x) - F_\xi(x-)$$

ein, so finden wir die Beziehung $P_\xi(x_i) = \Delta F_\xi(x_i)$ und folglich die Darstellung

$$\mathbf{M}\xi = \sum_{i=1}^{k} x_i \Delta F_\xi(x_i). \tag{8}$$

Bevor wir zu den Eigenschaften des Erwartungswertes übergehen, bemerken wir, daß man es oft mit verschiedenen Darstellungen der zufälligen Größe ξ in der Form

$$\xi(\omega) = \sum_{j=1}^{l} x_j' I(B_j)$$

zu tun hat, wobei $B_1 + \cdots + B_l = \Omega$ gilt, aber im allgemeinen unter den x_j' gleiche Werte sein können. In diesem Fall kann man $\mathbf{M}\xi$ nach der Formel $\sum_{j=1}^{l} x_j' \mathbf{P}(B_j)$ berechnen, ohne daß man zur Darstellung (5) übergeht, in der alle x_i verschieden sind. Tatsächlich erhalten wir

$$\sum_{\{j:x_j'=x_i\}} x_j' \mathbf{P}(B_j) = x_i \sum_{\{j:x_j'=x_i\}} \mathbf{P}(B_j) = x_i \mathbf{P}(A_i)$$

und folglich

$$\sum_{j=1}^{l} x_j' \mathbf{P}(B_j) = \sum_{i=1}^{k} x_i \mathbf{P}(A_i).$$

5. Wir formulieren nun die grundlegenden Eigenschaften des Erwartungswertes:

1. *Für* $\xi \geqq 0$ *gilt* $\mathbf{M}\xi \geqq 0$.
2. $\mathbf{M}(a\xi + b\eta) = a\,\mathbf{M}\xi + b\,\mathbf{M}\eta$; a und b sind Konstanten.
3. *Für* $\xi \geqq \eta$ *ist* $\mathbf{M}\xi \geqq \mathbf{M}\eta$.
4. $|\mathbf{M}\xi| \leqq \mathbf{M}|\xi|$.
5. *Falls* ξ *und* η *unabhängig sind, gilt* $\mathbf{M}\xi\eta = \mathbf{M}\xi\,\mathbf{M}\eta$.
6. $(\mathbf{M}\,|\xi\eta|)^2 \leqq \mathbf{M}\xi^2\mathbf{M}\eta^2$ (*Cauchy-Bunjakovskijsche Ungleichung*).
7. *Für* $\xi = I(A)$ *ist* $\mathbf{M}\xi = \mathbf{P}(A)$.

Die Eigenschaften 1 und 7 sind klar. Zum Beweis von Eigenschaft 2 gelte

$$\xi = \sum_i x_i I(A_i), \qquad \eta = \sum_j y_j I(B_j).$$

Dann ergibt sich

$$\begin{aligned} a\xi + b\eta &= a \sum_{i,j} x_i I(A_i \cap B_j) + b \sum_{i,j} y_j I(A_i \cap B_j) \\ &= \sum_{i,j} (ax_i + by_j)\, I(A_i \cap B_j) \end{aligned}$$

und

$$\begin{aligned} \mathbf{M}(a\xi + b\eta) &= \sum_{i,j} (ax_i + by_j)\, \mathbf{P}(A_i \cap B_j) \\ &= \sum_i ax_i \mathbf{P}(A_i) + \sum_j by_j \mathbf{P}(B_j) \\ &= a \sum_i x_i \mathbf{P}(A_i) + b \sum_j y_j \mathbf{P}(B_j) = a\,\mathbf{M}\xi + b\,\mathbf{M}\eta. \end{aligned}$$

Die Eigenschaft 3 folgt aus den Eigenschaften 1 und 2. Eigenschaft 4 gilt wegen

$$|\mathbf{M}\xi| = \left|\sum_i x_i \mathbf{P}(A_i)\right| \leqq \sum_i |x_i| \; \mathbf{P}(A_i) = \mathbf{M}\,|\xi|$$

offensichtlich. Wir beweisen die Eigenschaft 5 folgendermaßen:

$$\begin{aligned}\mathbf{M}\xi\eta &= \mathbf{M}\left(\sum_i x_i I(A_i)\right)\left(\sum_j y_j I(B_j)\right) = \mathbf{M}\sum_{i,j} x_i y_j I(A_i \cap B_j)\\ &= \sum_{i,j} x_i y_j \mathbf{P}(A_i \cap B_j) = \sum_{i,j} x_i y_j \mathbf{P}(A_i)\,\mathbf{P}(B_j)\\ &= \left(\sum_i x_i \mathbf{P}(A_i)\right)\cdot\left(\sum_j y_j \mathbf{P}(B_j)\right) = \mathbf{M}\xi\mathbf{M}\eta.\end{aligned}$$

Dabei haben wir benutzt, daß für unabhängige zufällige Größen die Ereignisse

$$A_i = \{\omega : \xi(\omega) = x_i\} \quad \text{und} \quad B_j = \{\omega : \xi(\omega) = y_j\}$$

unabhängig sind: $\mathbf{P}(A_i \cap B_j) = \mathbf{P}(A_i)\,\mathbf{P}(B_j)$.

Um die Eigenschaft 6 zu beweisen, bemerken wir, daß die Beziehungen

$$\xi^2 = \sum_i x_i^2 I(A_i), \qquad \eta^2 = \sum_j y_j^2 I(B_j)$$

und

$$\mathbf{M}\xi^2 = \sum_i x_i^2 \mathbf{P}(A_i), \qquad \mathbf{M}\eta^2 = \sum_j y_j^2 \mathbf{P}(B_j)$$

gelten. Es sei $\mathbf{M}\xi^2 > 0$, $\mathbf{M}\eta^2 > 0$. Wir setzen

$$\tilde{\xi} = \frac{\xi}{\sqrt{\mathbf{M}\xi^2}}, \qquad \tilde{\eta} = \frac{\eta}{\sqrt{\mathbf{M}\eta^2}}.$$

Wegen $2\,|\tilde{\xi}\tilde{\eta}| \leqq \tilde{\xi}^2 + \tilde{\eta}^2$ folgt $2\mathbf{M}\,|\tilde{\xi}\tilde{\eta}| \leqq \mathbf{M}\tilde{\xi}^2 + \mathbf{M}\tilde{\eta}^2 = 2$. Somit haben wir $\mathbf{M}\,|\tilde{\xi}\tilde{\eta}| \leqq 1$ und $(\mathbf{M}\cdot|\xi\eta|)^2 \leqq \mathbf{M}\xi^2\mathbf{M}\eta^2$.

Gilt nun beispielsweise $\mathbf{M}\xi^2 = 0$, so bedeutet das: $\sum_i x_i^2 \mathbf{P}(A_i) = 0$. Folglich ist unter den von ξ angenommenen Werten die Zahl 0, wobei $\mathbf{P}\{\omega : \xi(\omega) = 0\} = 1$ erfüllt sein muß. Falls also wenigstens eine der Größen $\mathbf{M}\xi^2$ oder $\mathbf{M}\eta^2$ gleich 0 ist, gilt offensichtlich $\mathbf{M}\,|\xi\eta| = 0$, und demzufolge ist die Cauchy-Bunjakovskijsche Ungleichung ebenfalls erfüllt.

Bemerkung. Die Eigenschaft 5 kann leicht auf eine beliebige endliche Anzahl von zufälligen Größen verallgemeinert werden: Falls $\xi_1, \ldots, \xi_r$ unabhängig sind, gilt

$$\mathbf{M}\xi_1 \ldots \xi_r = \mathbf{M}\xi_1 \cdots \mathbf{M}\xi_r.$$

Den Beweis kann man genau wie im Fall $r = 2$ oder durch vollständige Induktion führen.

Beispiel 3. Es sei ξ eine Bernoullische zufällige Größe, die die Werte 1 und 0 mit den Wahrscheinlichkeiten p bzw. q annimmt. Dann erhalten wir

$$\mathbf{M}\xi = 1 \cdot \mathbf{P}\{\xi = 1\} + 0 \cdot \mathbf{P}\{\xi = 0\} = p.$$

Beispiel 4. Es seien $\xi_1, \ldots, \xi_n$ n Bernoullische zufällige Größen mit $\mathbf{P}\{\xi_i = 1\} = p$, $\mathbf{P}\{\xi_i = 0\} = q$ und $p + q = 1$. Für

$$S_n = \xi_1 + \cdots + \xi_n$$

finden wir dann

$$\mathbf{M}S_n = np.$$

Zu diesem Resultat kann man auch auf einem anderen Weg gelangen. Man sieht leicht, daß sich der Wert $\mathbf{M}S_n$ nicht verändert, wenn man die Unabhängigkeit der Bernoullischen zufälligen Größen $\xi_1, \ldots, \xi_n$ voraussetzt. Unter dieser Annahme folgt aus (4)

$$\mathbf{P}(S_n = k) = \binom{n}{k} p^k q^{n-k}, \qquad k = 0, 1, \ldots, n.$$

Deshalb gilt

$$\mathbf{M}S_n = \sum_{k=0}^{n} k\mathbf{P}(S_n = k) = \sum_{k=0}^{n} k \binom{n}{k} p^k q^{n-k} = \sum_{k=0}^{n} k \cdot \frac{n!}{k!(n-k)!} p^k q^{n-k}$$

$$= np \sum_{k=1}^{n} \frac{(n-1)!}{(k-1)!\,\big((n-1)-(k-1)\big)!} p^{k-1} q^{(n-1)-(k-1)}$$

$$= np \sum_{l=0}^{n-1} \frac{(n-1)!}{l!\big((n-1)-l\big)!} p^l q^{n(-1)-l} = np.$$

Jedoch führt die erste Methode schneller zum Ziel als die zweite.

6. Es sei $\xi = \sum_i x_i I(A_i)$ mit $A_i = \{\omega : \xi(\omega) = x_i\}$, und $\varphi = \varphi\big(\xi(\omega)\big)$ sei eine Funktion von $\xi(\omega)$. Ist $B_j = \big\{\omega : \varphi\big(\xi(\omega)\big) = y_j\big\}$, so erhalten wir

$$\varphi\big(\xi(\omega)\big) = \sum_j y_j I(B_j)$$

und demzufolge

$$\mathbf{M}\varphi = \sum_j y_j \mathbf{P}(B_j) = \sum_j y_j \mathbf{P}_\varphi(y_j). \tag{9}$$

Aber ebenfalls ist klar, daß

$$\varphi\big(\xi(\omega)\big) = \sum_i \varphi(x_i)\, I(A_i)$$

gilt. Deshalb kann man zur Berechnung des Erwartungswertes der zufälligen Größe $\varphi = \varphi(\xi)$ neben (9) auch die Formel

$$\mathbf{M}\varphi(\xi) = \sum_i \varphi(x_i)\, P_\xi(x_i)$$

benutzen.

7. Der folgende wichtige Begriff der Varianz einer zufälligen Größe ξ charakterisiert den Grad der Streuung der Werte von ξ um ihren Erwartungswert.

Definition 5. Die Zahl

$$\mathbf{D}\xi = \mathbf{M}(\xi - \mathbf{M}\xi)^2$$

heißt *Varianz* der zufälligen Größe ξ. Der Wert $\sigma = +\sqrt{\mathbf{D}\xi}$ heißt *Streuung* (Standardabweichung).

Wegen

$$\mathbf{M}(\xi - \mathbf{M}\xi)^2 = \mathbf{M}\big(\xi^2 - 2\xi \cdot \mathbf{M}\xi + (\mathbf{M}\xi)^2\big) = \mathbf{M}\xi^2 - (\mathbf{M}\xi)^2$$

ergibt sich

$$\mathbf{D}\xi = \mathbf{M}\xi^2 - (\mathbf{M}\xi)^2.$$

Offensichtlich ist $\mathbf{D}\xi \geqq 0$. Aus der Definition der Varianz folgt ebenfalls für Konstanten a und b

$$\mathbf{D}(a + b\xi) = b^2\mathbf{D}\xi.$$

Insbesondere erhalten wir $\mathbf{D}a = 0$ und $\mathbf{D}(b\xi) = b^2\mathbf{D}\xi$.

Es seien ξ und η zwei zufällige Größen. Dann gilt

$$\begin{aligned}\mathbf{D}(\xi + \eta) &= \mathbf{M}\big((\xi - \mathbf{M}\xi) + (\eta - \mathbf{M}\eta)\big)^2 \\ &= \mathbf{D}\xi + \mathbf{D}\eta + 2\mathbf{M}(\xi - \mathbf{M}\xi)(\eta - \mathbf{M}\eta).\end{aligned}$$

Wir benutzen die Bezeichnung

$$\operatorname{cov}(\xi, \eta) = \mathbf{M}(\xi - \mathbf{M}\xi)(\eta - \mathbf{M}\eta).$$

Diese Zahl heißt *Kovarianz* der zufälligen Größen ξ und η. Im Fall $\mathbf{D}\xi > 0$ und $\mathbf{D}\eta > 0$ nennt man den Wert

$$\varrho(\xi, \eta) = \frac{\operatorname{cov}(\xi, \eta)}{\sqrt{\mathbf{D}\xi \cdot \mathbf{D}\eta}}$$

den *Korrelationskoeffizienten* der zufälligen Größen ξ und η. Für $\varrho(\xi, \eta) = \pm 1$ kann man leicht zeigen (vgl. auch Aufgabe 7), daß die zufälligen Größen ξ und η linear abhängig sind:

$$\eta = a\xi + b;$$

dabei erhalten wir $a > 0$ für $\varrho(\xi, \eta) = 1$ und $a < 0$ für $\varrho(\xi, \eta) = -1$.

Man sieht sofort, daß im Fall der Unabhängigkeit von ξ und η auch die zufälligen Größen $\xi - \mathbf{M}\xi$ und $\eta - \mathbf{M}\eta$ unabhängig sind. Also gilt entsprechend der Eigenschaft 5 des Erwartungswertes

$$\operatorname{cov}(\xi, \eta) = \mathbf{M}(\xi - \mathbf{M}\xi) \cdot \mathbf{M}(\eta - \mathbf{M}\eta) = 0.$$

Unter Berücksichtigung der für die Kovarianz eingeführten Bezeichnung ergibt sich

$$\mathbf{D}(\xi + \eta) = \mathbf{D}\xi + \mathbf{D}\eta + 2\operatorname{cov}(\xi, \eta). \qquad (10)$$

Falls nun ξ und η unabhängig sind, ist die Varianz der Summe $\xi + \eta$ gleich der Summe der Varianzen:

$$\mathbf{D}(\xi + \eta) = \mathbf{D}\xi + \mathbf{D}\eta. \tag{11}$$

Wie aus (10) folgt, bleibt die Eigenschaft (11) auch bei geringeren Voraussetzungen als der Unabhängigkeit von ξ und η erfüllt. Es ist nämlich dafür bereits hinreichend, daß ξ und η unkorreliert sind, d. h. $\operatorname{cov}(\xi, \eta) = 0$ gilt.

Bemerkung. Aus der Unkorreliertheit von ξ und η folgt im allgemeinen nicht ihre Unabhängigkeit. Wir bringen dazu das folgende einfache Beispiel. Die zufällige Größe α nehme die Werte $0, \pi/2$ und π jeweils mit der Wahrscheinlichkeit $1/3$ an. Dann sind $\xi = \sin\alpha$ und $\eta = \cos\alpha$ unkorreliert, gleichzeitig sind sie nicht nur stochastisch abhängig (d. h. nicht unabhängig bezüglich der Wahrscheinlichkeit $\mathbf{P}$):

$$\mathbf{P}\{\xi = 1, \eta = 1\} = 0 \neq 1/9 = \mathbf{P}\{\xi = 1\}\,\mathbf{P}\{\eta = 1\},$$

sondern auch funktional abhängig: $\xi^2 + \eta^2 = 1$.

Die Eigenschaften (10) und (11) kann man offensichtlich auf beliebig viele zufällige Größen $\xi_1, \ldots, \xi_n$ ausdehnen:

$$\mathbf{D}\left(\sum_{i=1}^{n} \xi_i\right) = \sum_{i=1}^{n} \mathbf{D}\xi_i + 2 \sum_{i>j} \operatorname{cov}(\xi_i, \xi_j). \tag{12}$$

Sind insbesondere die zufälligen Größen $\xi_1, \ldots, \xi_n$ paarweise unabhängig (hinreichend ist bereits ihre paarweise Unkorreliertheit), so gilt

$$\mathbf{D}\left(\sum_{i=1}^{n} \xi_i\right) = \sum_{i=1}^{n} \mathbf{D}\xi_i. \tag{13}$$

Beispiel 5. Für eine Bernoullische zufällige Größe ξ, welche die zwei Werte 1 und 0 mit den Wahrscheinlichkeiten p bzw. q annimmt, ergibt sich

$$\mathbf{D}\xi = \mathbf{M}(\xi - \mathbf{M}\xi)^2 = \mathbf{M}(\xi - p)^2 = (1 - p)^2\, p + p^2 q = pq.$$

Ist $\xi_1, \ldots, \xi_n$ eine Folge unabhängiger (identisch verteilter) Bernoullischer zufälliger Größen und $S_n = \xi_1 + \cdots + \xi_n$, so folgt daraus

$$\mathbf{D}S_n = npq. \tag{14}$$

8. Wir betrachten zwei zufällige Größen ξ und η. Dazu wollen wir annehmen, daß nur ξ beobachtbar ist. Falls ξ und η korreliert sind, kann man erwarten, daß die Kenntnis der Werte von ξ auch ein gewisses Urteil über die Werte der nicht beobachtbaren Größe η gestattet.

Jede Funktion f von ξ nennen wir *Schätzung* für η. Weiterhin sagen wir, daß *eine Schätzung* $f^* = f^*(\xi)$ *optimal im Quadratmittel ist,* falls

$$\mathbf{M}(\eta - f^*(\xi))^2 = \inf_f \mathbf{M}(\eta - f(\xi))^2$$

gilt.

Wir zeigen, wie man eine optimale Schätzung in der Klasse der linearen Schätzungen $\lambda(\xi) = a + b\xi$ findet. Zu diesem Zweck betrachten wir die Funktion $g(a, b) = \mathbf{M}(\eta - (a + b\xi))^2$. Indem wir $g(a, b)$ nach a und b differenzieren, erhalten wir

$$\frac{\partial g(a, b)}{\partial a} = -2\mathbf{M}([\eta - (a + b\xi)], \qquad \frac{\partial g(a, b)}{\partial b} = -2\mathbf{M}\big[\big(\eta - (a + b\xi)\big)\,\xi\big].$$

Setzen wir die Ableitungen gleich 0, so finden wir die im Quadratmittel optimale lineare Schätzung $\lambda^*(\xi) = a^* + b^*\xi$ mit

$$a^* = \mathbf{M}\eta - b^*\mathbf{M}\xi, \qquad b^* = \frac{\operatorname{cov}(\xi, \eta)}{\mathbf{D}\xi}. \tag{15}$$

Anders ausgedrückt erhalten wir

$$\lambda^*(\xi) = \mathbf{M}\eta + \frac{\operatorname{cov}(\xi, \eta)}{\mathbf{D}\xi}(\xi - \mathbf{M}\xi). \tag{16}$$

Die Größe $\mathbf{M}\big(\eta - \lambda^*(\xi)\big)^2$ heißt *Quadratmittelfehler der Schätzung.* Eine einfache Rechnung zeigt, daß dieser Fehler gleich

$$\Delta^* = \mathbf{M}\big(\eta - \lambda^*(\xi)\big)^2 = \mathbf{D}\eta - \frac{\operatorname{cov}^2(\xi, \eta)}{\mathbf{D}\xi} = \mathbf{D}\eta[1 - \varrho^2(\xi, \eta)] \tag{17}$$

ist.

Demzufolge ist der Quadratmittelfehler Δ^* der Schätzung um so kleiner, je größer der Korrelationskoeffizient $\varrho(\xi, \eta)$ von ξ und η (betragsmäßig) ist. Insbesondere wird $\Delta^* = 0$, falls $|\varrho(\xi, \eta)| = 1$ gilt (vgl. mit dem Resultat der Aufgabe 7). Sind dagegen die zufälligen Größen ξ und η unkorreliert $\big(\varrho(\xi, \eta) = 0\big)$, so folgt $\lambda^*(\xi) = \mathbf{M}\eta$, d. h., bei fehlender Korrelation zwischen ξ und η ist die beste Schätzung von η auf der Grundlage von ξ einfach $\mathbf{M}\eta$ (vgl. Aufgabe 4).

9. Aufgaben

1. Man weise folgende Eigenschaften von Indikatorfunktionen $I_A = I_A(\omega)$ nach:

$$I_\emptyset = 0, \qquad I_\Omega = 1, \qquad I_A + I_{\bar{A}} = 1,$$

$$I_{AB} = I_A \cdot I_B, \qquad I_{A \cup B} = I_A + I_B - I_{AB},$$

$$I_{\bigcup_{i=1}^n A_i} = 1 - \prod_{i=1}^n (1 - I_{A_i}), \qquad I_{\overline{\bigcup_{i=1}^n A_i}} = \prod_{i=1}^n (1 - I_{A_i}),$$

$$I_{\sum_{i=1}^n A_i} = \sum_{i=1}^n I_{A_i}, \qquad I_{A \triangle B} = (I_A - I_B)^2,$$

wobei $A \triangle B$ die *symmetrische Differenz* der Mengen A und B, d. h. die Menge $(A \setminus B) \cup (B \setminus A)$, ist.

2. Es seien $\xi_1, \ldots, \xi_n$ unabhängige zufällige Größen und

$$\xi_{\min} = \min(\xi_1, \ldots, \xi_n), \qquad \xi_{\max} = \max(\xi_1, \ldots, \xi_n).$$

Man zeige die Gültigkeit der Beziehungen

$$\mathbf{P}\{\xi_{\min} \geqq x\} = \prod_{i=1}^{n} \mathbf{P}\{\xi_i \geqq x\}, \qquad \mathbf{P}\{\xi_{\max} < x\} = \prod_{i=1}^{n} \mathbf{P}\{\xi_i < x\}.$$

3. Es seien $\xi_1, \ldots, \xi_n$ unabhängige Bernoullische zufällige Größen mit

$$\mathbf{P}\{\xi_i = 0\} = 1 - \lambda_i \Delta, \qquad \mathbf{P}\{\xi_i = 1\} = \lambda_i \Delta,$$

wobei $\Delta > 0$ eine kleine Zahl ist und $\lambda_i > 0$ gilt.
Man zeige

$$\mathbf{P}\{\xi_1 + \cdots + \xi_n = 1\} = \left(\sum_{i=1}^{n} \lambda_i\right) \Delta + O(\Delta^2),$$

$$\mathbf{P}\{\xi_1 + \cdots + \xi_n > 1\} = O(\Delta^2).$$

4. Man zeige, daß $\inf\limits_{-\infty<a<\infty} \mathbf{M}(\xi - a)^2$ bei $a = \mathbf{M}\xi$ angenommen wird und folglich die Beziehung

$$\inf_{-\infty<a<\infty} \mathbf{M}(\xi - a)^2 = \mathbf{D}\xi$$

erfüllt ist.

5. Es sei ξ eine zufällige Größe mit der Verteilungsfunktion $F_\xi(x)$, und m_e sei Median von $F_\xi(x)$, d. h. ein solcher Punkt, daß

$$F_\xi(m_e-) \leqq 1/2 \leqq F_\xi(m_e)$$

gilt. Man zeige

$$\inf_{-\infty<a<\infty} M\,|\xi - a| = M\,|\xi - m_e|.$$

6. Es sei $P_\xi(x) = \mathbf{P}\{\xi = x\}$ und $F_\xi(x) = \mathbf{P}\{\xi \leqq x\}$. Man zeige, daß für $a > 0$ und $-\infty < b < \infty$ die Beziehungen

$$P_{a\xi+b}(x) = P_\xi\left(\frac{x-b}{a}\right), \qquad F_{a\xi+b}(x) = F_\xi\left(\frac{x-b}{a}\right)$$

gelten. Falls $y \geqq 0$ ist, folgt

$$F_{\xi^2}(y) = F_\xi\left(+\sqrt{y}\right) - F_\xi\left(-\sqrt{y}\right) + P_\xi\left(-\sqrt{y}\right).$$

Es sei $\xi^+ = \max(\xi, 0)$. Man zeige, daß

$$F_{\xi^+}(x) = \begin{cases} 0, & x < 0, \\ F_\xi(0), & x = 0, \\ F_\xi(x), & x > 0, \end{cases}$$

gilt.

7. Es seien ξ und η zwei zufällige Größen mit $\mathbf{D}\xi > 0$, $\mathbf{D}\eta > 0$, und $\varrho = \varrho(\xi, \eta)$ sei ihr Korrelationskoeffizient. Man zeige, daß $|\varrho| \leqq 1$ folgt. Gilt dabei $|\varrho| = 1$, so existieren Konstanten a und b derart, daß $\eta = a\xi + b$ erfüllt ist. Darüber hinaus zeige man für $\varrho = 1$ die Beziehung

$$\frac{\eta - \mathbf{M}\eta}{\sqrt{\mathbf{D}\eta}} = \frac{\xi - \mathbf{M}\xi}{\sqrt{\mathbf{D}\xi}}$$

(und somit $a > 0$) sowie für $\varrho = -1$

$$\frac{\eta - \mathbf{M}\eta}{\sqrt{\mathbf{D}\eta}} = -\frac{\xi - \mathbf{M}\xi}{\sqrt{\mathbf{D}\xi}}$$

(und somit $a < 0$).

8. Es seien ξ und η zwei zufällige Größen mit $\mathsf{M}\xi = \mathsf{M}\eta = 0$, $\mathsf{D}\xi = \mathsf{D}\eta = 1$ und dem Korrelationskoeffizienten $\varrho = \varrho(\xi, \eta)$. Man beweise die Ungleichung

$$\mathsf{M} \max(\xi^2, \eta^2) \leqq 1 + \sqrt{1 - \varrho^2}.$$

9. Man beweise unter Ausnutzung der Gleichheit

$$I_{\overline{\bigcup_{i=1}^{n} A_i}} = \prod_{i=1}^{n} (1 - I_{A_i})$$

die Formel $\mathsf{P}(B_0) = 1 - S_1 + S_2 + \cdots \pm S_n$ aus § 1, Aufgabe 4.

10. Es seien $\xi_1, \ldots, \xi_n$ unabhängige zufällige Größen und $\varphi_1 = \varphi_1(\xi_1, \ldots, \xi_k)$ und $\varphi_2 = \varphi_2(\xi_{k+1}, \ldots, \xi_n)$ zwei Funktionen von $\xi_1, \ldots, \xi_k$ bzw. $\xi_{k+1}, \ldots, \xi_n$. Man beweise die Unabhängigkeit der zufälligen Größen φ_1 und φ_2.

11. Man zeige, daß die zufälligen Größen $\xi_1, \ldots, \xi_n$ dann und nur dann unabhängig sind, wenn für alle $x_1, \ldots, x_n$

$$F_{\xi_1,\ldots,\xi_n}(x_1, \ldots, x_n) = F_{\xi_1}(x_1) \cdots F_{\xi_n}(x_n)$$

gilt, wobei $F_{\xi_1,\ldots,\xi_n}(x_1, \ldots, x_n) = \mathsf{P}\{\xi_1 \leqq x_1, \ldots, \xi_n \leqq x_n\}$ ist.

12. Man zeige, daß die zufällige Größe ξ genau dann von sich selbst nicht abhängt (d. h. ξ und ξ unabhängig sind), wenn $\xi = \text{const}$ ist.

13. Unter welchen Bedingungen sind die zufälligen Größen ξ und $\sin \xi$ unabhängig?

14. Es seien ξ und η unabhängige zufällige Größen und $\eta \neq 0$. Man drücke die Wahrscheinlichkeiten $\mathsf{P}\{\xi\eta \leqq z\}$ und $\mathsf{P}\{\xi/\eta \leqq z\}$ durch die Wahrscheinlichkeiten $P_\xi(x)$ und $P_\eta(y)$ aus.

§ 5. Das Bernoulli-Schema
I. Das Gesetz der großen Zahlen

1. In Übereinstimmung mit den früher angegebenen Definitionen wurde das Tripel

$$(\Omega, \mathcal{A}, \mathsf{P}) \quad \text{mit} \quad \Omega = \{\omega : \omega = (a_1, \ldots, a_n), a_i = 0, 1\},$$
$$\mathcal{A} = \{A : A \subseteqq \Omega\}, \quad p(\omega) = p^{\Sigma a_i} q^{n - \Sigma a_i}$$

wahrscheinlichkeitstheoretisches Modell zur Beschreibung von n unabhängigen Versuchen mit zwei Versuchsausgängen oder Bernoulli-Schema genannt.

In diesem und im nächsten Paragraphen werden wir einige Eigenschaften des Grenzverhaltens von Bernoulli-Schemen untersuchen. (In welchem Sinne der Limes gemeint ist, soll im folgenden präzisiert werden.) Es wird sich dabei als günstig erweisen, diese Eigenschaften in der Sprache der zufälligen Größen und von Wahrscheinlichkeiten mit ihnen zusammenhängender Ereignisse zu formulieren.

Wir führen die zufälligen Größen $\xi_1, \ldots, \xi_n$ ein, indem wir $\xi_i(\omega) = a_i$ für $\omega = (a_1, \ldots, a_n)$ und $i = 1, \ldots, n$ setzen. Wie wir bereits gesehen haben, sind die Bernoullischen Größen ξ_i unabhängig und identisch verteilt:

$$\mathsf{P}\{\xi_i = 1\} = p, \quad \mathsf{P}\{\xi_i = 0\} = q, \quad i = 1, \ldots, n.$$

Es ist klar, daß die zufällige Größe ξ_i das Resultat des Versuchs im i-ten Schritt (im i-ten Zeitpunkt) charakterisiert.

Wir setzen $S_0(\omega) = 0$ und

$$S_k = \xi_1 + \cdots + \xi_k, \qquad k = 1, \ldots, n.$$

Wie wir bereits wissen, gilt $\mathbf{M}S_n = np$ und folglich

$$\mathbf{M}\,\frac{S_n}{n} = p. \tag{1}$$

Mit anderen Worten: Der Mittelwert der relativen Häufigkeit des Auftretens von „Erfolg", d. h. S_n/n, stimmt mit der Erfolgswahrscheinlichkeit p überein. Daraus entsteht natürlich die Frage, wie groß die Abweichungen der relativen Häufigkeit S_n/n von der Erfolgswahrscheinlichkeit p sind.

Vor allem wollen wir hervorheben, daß man nicht damit rechnen darf, daß bei hinreichend kleinen $\varepsilon > 0$ auch für große n die Abweichungen der relativen Häufigkeit S_n/n von der Wahrscheinlichkeit p kleiner als ε für alle ω wird, d. h. die Ungleichung

$$\left|\frac{S_n(\omega)}{n} - p\right| \leqq \varepsilon, \qquad \omega \in \Omega, \tag{2}$$

erfüllt wird.

Tatsächlich erhalten wir für $0 < p < 1$

$$\mathbf{P}\left\{\frac{S_n}{n} = 1\right\} = \mathbf{P}\{\xi_1 = 1, \ldots, \xi_n = 1\} = p^n,$$

$$\mathbf{P}\left\{\frac{S_n}{n} = 0\right\} = \mathbf{P}\{\xi_1 = 0, \ldots, \xi_n = 0\} = q^n,$$

woraus folgt, daß die Ungleichung (2) für hinreichend kleine $\varepsilon > 0$ nicht gilt.

Allerdings stellen wir fest, daß bei großen n die Wahrscheinlichkeiten der Ereignisse $\{S_n/n = 1\}$ und $\{S_n/n = 0\}$ klein sind. Daher ist der Gedanke natürlich, daß die Gesamtwahrscheinlichkeit aller Versuchsausgänge ω mit $|S_n(\omega)/n - p| > \varepsilon$ bei hinreichend großen n ebenfalls klein wird.

Daher werden wir bestrebt sein, die Wahrscheinlichkeit des Ereignisses $\{\omega\colon |S_n(\omega)/n - p| > \varepsilon\}$ abzuschätzen, wofür wir die folgende Ungleichung benutzen, die von P. L. Čebyšev entdeckt wurde.

Die Čebyševsche Ungleichung. *Es sei $(\Omega, \mathcal{A}, \mathbf{P})$ ein Wahrscheinlichkeitsraum und $\xi = \xi(\omega)$ eine nichtnegative zufällige Größe. Dann gilt für jedes $\varepsilon > 0$*

$$\mathbf{P}\{\xi \geqq \varepsilon\} \leqq \frac{\mathbf{M}\xi}{\varepsilon}. \tag{3}$$

Beweis. Wir haben

$$\xi = \xi I(\xi \geqq \varepsilon) + \xi I(\xi < \varepsilon) \geqq \xi I(\xi \geqq \varepsilon) \geqq \varepsilon I(\xi \geqq \varepsilon),$$

wobei $I(A)$ der Indikator der Menge A ist. Deshalb folgt nach den Eigenschaften des Erwartungswertes

$$\mathbf{M}\xi \geqq \varepsilon \mathbf{M} I(\xi \geqq \varepsilon) = \varepsilon \mathbf{P}(\xi \geqq \varepsilon),$$

was (3) beweist.

Folgerung. Ist ξ eine beliebige zufällige Größe, so ergibt sich für $\varepsilon > 0$

$$\begin{aligned} &\mathbf{P}\{|\xi| \geqq \varepsilon\} \leqq \frac{\mathbf{M}\,|\xi|}{\varepsilon}, \\ &\mathbf{P}\{|\xi| \geqq \varepsilon\} = \mathbf{P}\{\xi^2 \geqq \varepsilon^2\} \leqq \frac{\mathbf{M}\xi^2}{\varepsilon^2}, \\ &\mathbf{P}\{|\xi - \mathbf{M}\xi| \geqq \varepsilon\} \leqq \frac{\mathbf{D}\xi}{\varepsilon^2}. \end{aligned} \tag{4}$$

Wir benutzen die letzte Ungleichung für $\xi = S_n/n$. Dann erhalten wir unter Berücksichtigung von (4.14)

$$\mathbf{P}\left\{\left|\frac{S_n}{n} - p\right| \geqq \varepsilon\right\} \leqq \frac{\mathbf{D}\left(\dfrac{S_n}{n}\right)}{\varepsilon^2} = \frac{\mathbf{D}S_n}{n^2\varepsilon^2} = \frac{npq}{n^2\varepsilon^2} = \frac{pq}{n\varepsilon^2}.$$

Also gilt

$$\mathbf{P}\left\{\left|\frac{S_n}{n} - p\right| \geqq \varepsilon\right\} \leqq \frac{pq}{n\varepsilon^2} \leqq \frac{1}{4n\varepsilon^2}, \tag{5}$$

woraus ersichtlich ist, daß bei großen n die Wahrscheinlichkeit für das Abweichen der relativen Häufigkeit S_n/n von der Erfolgswahrscheinlichkeit p um mehr als ε hinreichend klein wird.

Wir führen für alle $n \geqq 1$ und $0 \leqq k \leqq n$ die Bezeichnung

$$P_n(k) = \binom{n}{k} p^k q^{n-k}$$

ein. Dann gilt

$$\mathbf{P}\left\{\left|\frac{S_n}{n} - p\right| \geqq \varepsilon\right\} = \sum_{\left\{k: \left|\frac{k}{n} - p\right| \geqq \varepsilon\right\}} P_n(k),$$

und wir haben genau genommen die Beziehung

$$\sum_{\left\{k: \left|\frac{k}{n} - p\right| \geqq \varepsilon\right\}} P_n(k) \leqq \frac{pq}{n\varepsilon^2} \leqq \frac{1}{4n\varepsilon^2} \tag{6}$$

hergeleitet, d. h., wir haben eine Ungleichung bewiesen, die man auch, ohne wahrscheinlichkeitstheoretische Interpretationen zu benutzen, analytisch erhalten könnte.

Aus (6) ist klar, daß

$$\sum_{\left\{k:\left|\frac{k}{n}-p\right|\geqq\varepsilon\right\}} P_n(k) \to 0 \qquad \text{für} \qquad n \to \infty \tag{7}$$

erfüllt ist.

Diese Behauptung läßt sich graphisch folgendermaßen verdeutlichen. Wir stellen die Binomialverteilung $\{P_n(k), 0 \leqq k \leqq n\}$ wie in Abb. 6 dar. Mit wachsendem n „zerfließt" das gesamte Bild in die Breite, während es in der Höhe „zusammengedrückt" wird. Jedoch strebt die Summe der Größen $P_n(k)$ über alle k mit $np - n\varepsilon \leqq k \leqq np + n\varepsilon$ gegen 1.

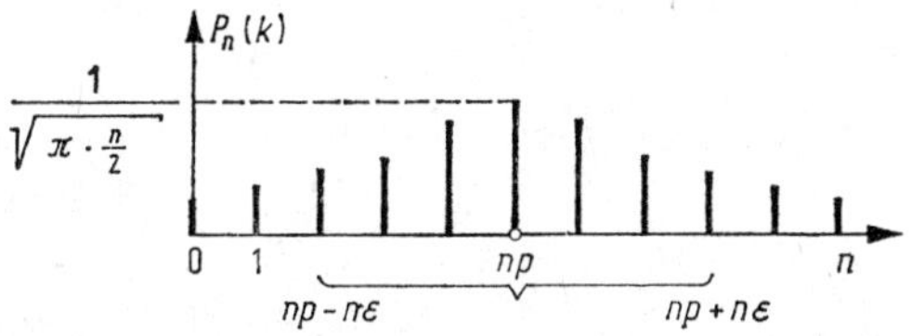

Abb. 6

Wir stellen nun die Folge der zufälligen Größen $S_0, S_1, \ldots, S_n$ als *Trajektorie* eines umherirrenden Teilchens dar. In diesem Fall bedeutet das Resultat (7) folgendes.

Wir betrachten die Geraden kp, $k(p + \varepsilon)$ und $k(p - \varepsilon)$. Die Trajektorie verläuft dann längs der Geraden kp, und für ein beliebiges $\varepsilon > 0$ kann man behaupten, daß für hinreichend große n der die Lage des Teilchens zum Zeitpunkt n charakterisierende Punkt S_n mit hoher Wahrscheinlichkeit im Intervall $[n(p - \varepsilon), n(p + \varepsilon)]$ liegen wird (vgl. Abb. 7).

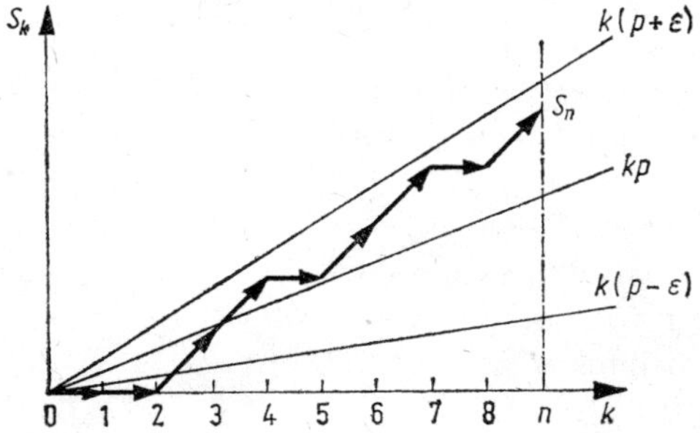

Abb. 7

Man möchte nun Aussage (7) in folgender Form aufschreiben:

$$\mathbf{P}\left\{\left|\frac{S_n}{n} - p\right| \geqq \varepsilon\right\} \to 0, \qquad n \to \infty. \tag{8}$$

Aber man muß hier eine bestimmte Feinheit berücksichtigen. Diese Schreibweise wäre völlig gerechtfertigt, wenn die Wahrscheinlichkeit $\mathbf{P}$ auf einem Raum $(\Omega, \mathcal{A})$ gegeben wäre, auf dem eine *unendliche* Folge unabhängiger Bernoullischer zufälliger

Größen $\xi_1, \xi_2, \ldots$ definiert ist. Man kann diese Objekte auch tatsächlich konstruieren und damit der Aussage (8) einen vollkommen strengen wahrscheinlichkeitstheoretischen Sinn verleihen (siehe auch Folgerung 1 zu Satz 1 in Kapitel II, § 9). Wollen wir die analytische Aussage (7) in der Sprache der Wahrscheinlichkeitstheorie beschreiben, so haben wir bis jetzt nur folgendes bewiesen.

Es sei $(\Omega^{(n)}, \mathcal{A}^{(n)}, \mathbf{P}^{(n)})$, $n \geqq 1$, eine Folge von Bernoulli-Schemen mit

$$\Omega^{(n)} = \{\omega^{(n)} : \omega^{(n)} = (a_1^{(n)}, \ldots, a_n^{(n)}),\ a_i^{(n)} = 0, 1\},$$

$$\mathcal{A}^{(n)} = \{A : A \subseteqq \Omega^{(n)}\},$$

$$p^{(n)}(\omega^{(n)}) = p^{\Sigma a_i^{(n)}} q^{n - \Sigma a_i^{(n)}}$$

und

$$S_k^{(n)}(\omega^{(n)}) = \xi_1^{(n)}(\omega^{(n)}) + \cdots + \xi_k^{(n)}(\omega^{(n)}),$$

wobei $\xi_1^{(n)}, \ldots, \xi_n^{(n)}$ für jedes $n \geqq 1$ eine Folge unabhängiger identisch verteilter Bernoullischer zufälliger Größen ist. Dann gilt

$$\mathbf{P}^{(n)}\left\{\omega^{(n)} : \left|\frac{S_n^{(n)}(\omega^{(n)})}{n} - p\right| \geqq \varepsilon\right\} = \sum_{\left\{k : \left|\frac{k}{n} - p\right| \geqq \varepsilon\right\}} P_n(k) \to 0, \qquad n \to \infty. \tag{9}$$

Aussagen der Gestalt (7) bis (9) tragen den Namen **Gesetz der großen Zahlen von Jakob Bernoulli.** Wir erwähnen, daß der Beweis von BERNOULLI gerade auch im Nachweis der Aussage (7) bestand, was von ihm völlig streng unter Benutzung von Abschätzungen der „Restwahrscheinlichkeiten" $P_n(k)$ (für alle k mit $|k/n - p| \geqq \varepsilon$) ausgeführt wurde. Die unmittelbare Berechnung der Summe $\sum_{\{k : |k/n - p| \geqq \varepsilon\}} P_n(k)$ der „Restwahrscheinlichkeit" der Binomialverteilung stellt für große n eine ziemlich aufwendige Angelegenheit dar. Außerdem sind die dabei erzielten Formeln wenig geeignet zu praktischen Abschätzungen der Wahrscheinlichkeit dafür, daß die relativen Häufigkeiten S_n/n von p um weniger als ε abweichen. Gerade aus diesem Grunde hatten die von DE MOIVRE (für $p = 1/2$) und danach von LAPLACE (für beliebiges $0 < p < 1$) erzielten einfachen asymptotischen Formeln für die Wahrscheinlichkeiten $P_n(k)$ eine große Bedeutung. Sie erlaubten nicht nur einen neuen Beweis für das Gesetz der großen Zahlen, sondern führten auch zu seinen Verfeinerungen, den sogenannten lokalen und integralen Grenzwertsätzen, deren Wesen darin besteht, daß für große n und zumindest für $k \approx np$ die Beziehungen

$$P_n(k) \sim \frac{1}{\sqrt{2\pi npq}}\, \mathrm{e}^{-\frac{(k-np)^2}{2npq}}$$

und

$$\sum_{\left\{k : \left|\frac{k}{n} - p\right| \geqq \varepsilon\right\}} P_n(k) \sim \frac{1}{\sqrt{2\pi}} \int_{-\varepsilon\sqrt{n/pq}}^{\varepsilon\sqrt{n/pq}} \mathrm{e}^{-\frac{x^2}{2}}\, \mathrm{d}x$$

gelten.

2. Der nächste Paragraph ist den genauen Formulierungen und den Beweisen dieser Aussagen vorbehalten. Doch jetzt wollen wir bei der Frage nach dem realen Sinn des Gesetzes der großen Zahlen und seiner empirischen Interpretation verweilen.

Wir gehen davon aus, daß eine große Anzahl, sagen wir N, Versuchsserien durchgeführt wird. Jede Serie besteht aus „n unabhängigen Versuchen mit der Wahrscheinlichkeit p des uns interessierenden Ereignisses C“. Es sei S_n^i/n die relative Häufigkeit des Auftretens des Ereignisses C in der i-ten Serie und N_ε die Anzahl der Serien, in denen die relativen Häufigkeiten um weniger als ε von p abweichen:

N_ε ist gleich der Anzahl der i, für die $|S_n^i/n - p| \leqq \varepsilon$ ist.

Dann gilt

$$N_\varepsilon/N \sim P_\varepsilon \tag{10}$$

mit $P_\varepsilon = \mathbf{P}\{|S_n^1/n - p| \leqq \varepsilon\}$.

Es ist wichtig hervorzuheben, daß der Versuch einer Präzisierung der Beziehung (10) unweigerlich zur Notwendigkeit der Benutzung eines Wahrscheinlichkeitsmaßes führt, ebenso wie sich die Abschätzung der Abweichungen der relativen Häufigkeit S_n/n von p nur nach der Heranziehung eines Wahrscheinlichkeitsmaßes $\mathbf{P}$ als möglich erweist.

3. Wir benutzen die bereits erzielte Abschätzung

$$\mathbf{P}\left\{\left|\frac{S_n}{n} - p\right| \geqq \varepsilon\right\} = \sum_{\left\{k:\left|\frac{k}{n}-p\right|\geqq\varepsilon\right\}} P_n(k) \leqq \frac{1}{4n\varepsilon^2} \tag{11}$$

zur Beantwortung der folgenden, für die mathematische Statistik typischen Frage: Wie groß muß mindestens die Anzahl n der Beobachtungen sein, damit (für beliebiges $0 < p < 1$)

$$\mathbf{P}\left\{\left|\frac{S_n}{n} - p\right| \leqq \varepsilon\right\} \geqq 1 - \alpha \tag{12}$$

gilt, wobei α eine vorgegebene (gewöhnlich kleine) Zahl ist?

Aus (11) folgt, daß diese Zahl gleich dem kleinsten ganzen n ist, für das die Ungleichung

$$n \geqq 1/4\varepsilon^2\alpha \tag{13}$$

erfüllt ist. Wenn beispielsweise $\alpha = 0{,}05$ und $\varepsilon = 0{,}02$ beträgt, gewährleisten 12500 Beobachtungen die Gültigkeit der Ungleichung (12), unabhängig vom Wert des unbekannten Parameters p.

Im weiteren werden wir sehen (vgl. § 6.5), daß diese Anzahl von Beobachtungen stark überhöht ist. Das erklärt sich daraus, daß die Čebyševsche Ungleichung eine sehr grobe Abschätzung der Wahrscheinlichkeit $P\{|S_n/n - p| \geqq \varepsilon\}$ nach oben darstellt.

4. Es sei

$$C(n, \varepsilon) = \left\{\omega : \left|\frac{S_n(\omega)}{n} - p\right| \leqq \varepsilon\right\}.$$

Aus dem bewiesenen Gesetz der großen Zahlen folgt, daß für jedes $\varepsilon > 0$ die Wahrscheinlichkeit der Menge $C(n, \varepsilon)$ bei hinreichend großen n nahe bei 1 liegt. In diesem Sinne ist es natürlich, Trajektorien (Realisierungen) ω aus $C(n, \varepsilon)$ *typisch* (oder (n, ε)-typisch) zu nennen.

Wir stellen nun folgende Frage: Wie groß ist die Anzahl der typischen Realisierungen und das Gewicht $p(\omega)$ jeder typischen Realisierung?

Zu diesem Zweck stellen wir zunächst fest, daß die Gesamtanzahl der Elemente $N(\Omega) = 2^n$ ist und für die Fälle $p = 0$ oder $p = 1$ die Menge $C(n, \varepsilon)$ überhaupt nur aus einer Trajektorie $(0, 0, \ldots, 0)$ oder $(1, 1, \ldots, 1)$ besteht. Für $p = 1/2$ ist intuitiv klar, daß „fast alle" Trajektorien (mit Ausnahme von $(0, 0, \ldots, 0)$ und $(1, 1, \ldots, 1)$) typisch sind und somit ihre Anzahl nahe bei 2^n liegen muß.

Es zeigt sich, daß man auf die gestellte Frage eine erschöpfende Antwort für beliebige $0 < p < 1$ finden kann. Dabei stellt sich heraus, daß sowohl die Anzahl der typischen Realisierungen als auch ihre Wahrscheinlichkeit $p(\omega)$ durch eine spezielle Funktion von p bestimmt wird, die Entropie heißt.

Um tiefer in den Inhalt des entsprechenden Ergebnisses einzudringen, ist es nützlich, das Schema aus § 2.2 zu betrachten, welches etwas allgemeiner als das Bernoulli-Schema ist.

Es sei $(p_1, \ldots, p_r)$ eine endliche Wahrscheinlichkeitsverteilung, d. h. eine Gesamtheit nichtnegativer Zahlen mit der Eigenschaft $p_1 + \cdots + p_r = 1$. Die Größe

$$H = -\sum_{i=1}^{r} p_i \ln p_i \tag{14}$$

$(0 \cdot \ln 0 = 0)$ heißt *Entropie* dieser Verteilung. Offensichtlich gilt $H \geqq 0$, wobei der Fall $H = 0$ genau dann vorliegt, wenn alle Wahrscheinlichkeiten p_i außer einer verschwinden. Die Funktion $f(x) = -x \ln x$, $0 \leqq x \leqq 1$, ist konkav. Bekanntlich gilt dann

$$\frac{f(x_1) + \cdots + f(x_r)}{r} \leqq f\left(\frac{x_1 + \cdots + x_r}{r}\right).$$

Folglich erhalten wir

$$H = -\sum_{i=1}^{r} p_i \ln p_i \leqq -r \cdot \frac{p_1 + \cdots + p_r}{r} \cdot \ln\left(\frac{p_1 + \cdots + p_r}{r}\right) = \ln r.$$

Mit anderen Worten: Die Entropie nimmt ihren maximalen Wert für $p_1 = \ldots = p_r = 1/r$ an (vgl. Abb. 8 für die Funktion $H = H(p)$ im Fall $r = 2$).

Wenn wir die Wahrscheinlichkeitsverteilung $(p_1, \ldots, p_r)$ als Wahrscheinlichkeiten für das Eintreten gewisser Ereignisse, sagen wir, $A_1, A_2, \ldots, A_r$ ansehen, ist völlig klar, daß der „Unbestimmtheitsgrad" bezüglich des Eintretens eines Ereignisses für verschiedene Verteilungen unterschiedlich ist. Zum Beispiel liegt für die Verteilung $p_1 = 1$, $p_2 = p_3 = \ldots = 0$ offensichtlich keine Unbestimmtheit vor: Mit völliger Sicherheit kann man voraussagen, daß im Ergebnis des Versuchs das Ereignis A_1 eintreten wird. Ist jedoch $p_1 = \dots = p_r = 1/r$, so besitzt diese Verteilung die maximale Unbestimmtheit in dem Sinne, daß es unmöglich ist, diesem oder jenem Ereignis in der Realisierung den Vorzug zu geben.

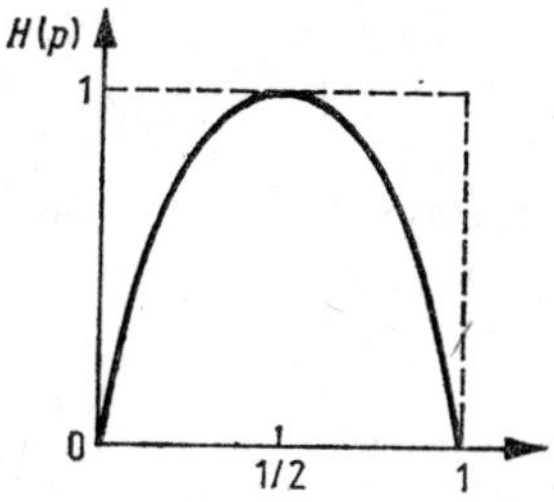

Abb. 8
Die Funktion $H(p) = -p \ln p - (1-p) \ln (1-p)$

Deshalb ist es wichtig, über eine quantitative Charakteristik für den Unbestimmtheitsgrad verschiedener Wahrscheinlichkeitsverteilungen zu verfügen, was gestatten würde, sie unter diesem Gesichtspunkt zu vergleichen. Als eine solche geeignete Charakteristik des Unbestimmtheitsgrades erwies sich die Entropie, die eine wesentliche Rolle in der statistischen Mechanik und in vielen wichtigen Aufgaben der Kodierungstheorie und der Nachrichtentechnik spielt.

Wir setzen nun voraus, daß der Raum der elementaren Ereignisse die Gestalt

$$\Omega = \{\omega : \omega = (a_1, \dots, a_n),\ a_i = 1, \dots, r\}$$

besitzt und $p(\omega) = p_1^{\nu_1(\omega)} \cdots p_r^{\nu_r(\omega)}$ gilt, wobei $\nu_i(\omega)$ die Anzahl der Elemente i in der Folge ω und $(p_1, \dots, p_r)$ eine gewisse Wahrscheinlichkeitsverteilung ist.

Für $\varepsilon > 0$ und $n = 1, 2, \dots$ setzen wir

$$C(n, \varepsilon) = \left\{\omega : \left|\frac{\nu_i(\omega)}{n} - p_i\right| < \varepsilon,\ i = 1, \dots, r\right\}.$$

Offensichtlich ergibt sich

$$\mathbf{P}\big(C(n, \varepsilon)\big) \geqq 1 - \sum_{i=1}^{r} \mathbf{P}\left\{\left|\frac{\nu_i(\omega)}{n} - p_i\right| \geqq \varepsilon\right\},$$

und für hinreichend große n gilt nach dem Gesetz der großen Zahlen, welches auf die zufälligen Größen

$$\xi_k(\omega) = \begin{cases} 1, & a_k = i, \\ 0, & a_k \neq i, \end{cases} \qquad k = 1, \dots, n,$$

angewandt wird, daß die Wahrscheinlichkeiten $\mathbf{P}\{|\nu_i(\omega)/n - p_i| \geqq \varepsilon\}$ hinreichend klein werden. Somit liegt die Wahrscheinlichkeit des Ereignisses $C(n, \varepsilon)$ für große n nahe bei 1. Deshalb werden wir, wie schon für $r = 2$, die Trajektorien aus $C(n, \varepsilon)$ typisch nennen.

Sind alle p_i positiv, so ergibt sich für jedes $\omega \in \Omega$

$$p(\omega) = \exp\left\{-n \sum_{k=1}^{r} \left(-\frac{\nu_k(\omega)}{n} \ln p_k\right)\right\}.$$

Also gilt für typische Trajektorien ω

$$\left|\sum_{k=1}^{r}\left(-\frac{\nu_k(\omega)}{n}\ln p_k\right) - H\right| \leqq -\sum_{k=1}^{r}\left|\frac{\nu_k(\omega)}{n} - p_k\right| \ln p_k \leqq -\varepsilon \sum_{k=1}^{r} \ln p_k .$$

Daraus folgt, daß für typische Trajektorien die Wahrscheinlichkeit $p(\omega)$ ungefähr e^{-nH} ist, und da infolge des Gesetzes der großen Zahlen die typischen Trajektorien für große n die Menge Ω „fast" ausschöpfen, muß die Anzahl dieser Trajektorien in der Größenordnung e^{nH} liegen. Diese Überlegungen führen zu folgender Aussage.

Satz (McMillan). *Es sei* $p_i > 0$, $i = 1, \ldots, r$, *und* $0 < \varepsilon < 1$. *Dann existiert ein* $n_0 = n_0(\varepsilon; p_1, \ldots, p_r)$ *derart, daß für alle* $n > n_0$

a) $e^{n(H-\varepsilon)} \leqq N(C(n, \varepsilon_1)) \leqq e^{n(H+\varepsilon)}$;

b) $e^{-n(H+\varepsilon)} \leqq p(\omega) \leqq e^{-n(H-\varepsilon)}, \qquad \omega \in C(n, \varepsilon_1)$;

c) $\mathbf{P}(C(n, \varepsilon_1)) = \sum_{\omega \in C(n,\varepsilon_1)} p(\omega) \to 1,\ n \to \infty \qquad$ *mit* $\qquad \varepsilon_1 = \min\left(\varepsilon, \dfrac{\varepsilon}{-2\sum_{k=1}^{r} \ln p_k}\right)$

gilt.

Beweis. Die Behauptung c) folgt aus dem Gesetz der großen Zahlen. Zum Beweis der anderen Behauptungen stellen wir fest, daß für $\omega \in C(n, \varepsilon_1)$ die Ungleichungen

$$np_k - \varepsilon_1 n < \nu_k(\omega) < np_k + \varepsilon_1 n, \qquad k = 1, \ldots, r,$$

gelten und damit die Beziehung

$$p(\omega) = \exp\{-\sum \nu_k \ln p_k\} < \exp\{-n \sum p_k \ln p_k - \varepsilon_1 n \sum \ln p_k\}$$
$$\leqq \exp\left\{-n\left(H - \frac{\varepsilon}{2}\right)\right\}$$

erfüllt ist. Analog erhalten wir

$$p(\omega) > \exp\{-n(H + \varepsilon/2)\}.$$

Demzufolge ist die Aussage b) bewiesen.

Weiterhin gelangen wir auf Grund der Ungleichung

$$\mathbf{P}(C(n, \varepsilon_1)) \geqq N(C(n, \varepsilon_1)) \cdot \min_{\omega \in C(n,\varepsilon_1)} p(\omega)$$

zu den Beziehungen

$$N(C(n, \varepsilon_1)) \leqq \frac{\mathbf{P}(C(n, \varepsilon_1))}{\min\limits_{\omega \in C(n,\varepsilon_1)} p(\omega)} < \frac{1}{e^{-n\left(H+\frac{\varepsilon}{2}\right)}} = e^{n\left(H+\frac{\varepsilon}{2}\right)}$$

und analog zu

$$N(C(n, \varepsilon_1)) \geqq \frac{\mathbf{P}(C(n, \varepsilon_1))}{\max\limits_{\omega \in C(n,\varepsilon_1)} p(\omega)} > \mathbf{P}(C(n, \varepsilon_1))\, e^{n\left(H - \frac{\varepsilon}{2}\right)}.$$

Wegen $\mathbf{P}(C(n, \varepsilon_1)) \to 1$ für $n \to \infty$ existiert ein n_1 derart, daß für alle $n > n_1$ die Ungleichung $\mathbf{P}(C(n, \varepsilon_1)) > 1 - \varepsilon$ und folglich

$$N(C(n, \varepsilon_1)) \geqq (1 - \varepsilon) \exp\left\{n\left(H - \frac{\varepsilon}{2}\right)\right\}$$

$$= \exp\left\{n(N - \varepsilon) + \left(\frac{n\varepsilon}{2} + \ln (1 - \varepsilon)\right)\right\}$$

gilt. Es sei n_2 so gewählt, daß für alle $n > n_2$ die Beziehung

$$n\varepsilon/2 + \ln (1 - \varepsilon) > 0$$

erfüllt ist. Dann haben wir für $n \geqq n_0 = \max (n_1, n_2)$

$$N(C(n, \varepsilon_1)) \geqq e^{n(H-\varepsilon)}.$$

Damit ist der Satz bewiesen.

5. Das Gesetz der großen Zahlen für das Bernoulli-Schema gestattet, einen einfachen und eleganten Beweis des bekannten Satzes von Weierstrass über die Approximation stetiger Funktionen durch Polynome zu führen.

Es sei $f = f(p)$ eine stetige Funktion auf dem Intervall $[0, 1]$. Wir führen die Polynome

$$B_n(p) = \sum_{k=0}^{n} f(k/n) \binom{n}{k} p^k q^{n-k}$$

ein, die nach dem Autor des nachfolgenden Beweises des Satzes von Weierstrass *Bernstein-Polynome* genannt werden.

Für jede Folge $\xi_1, \ldots, \xi_n$ unabhängiger Bernoullischer zufälliger Größen mit $\mathbf{P}\{\xi_i = 1\} = p$, $\mathbf{P}\{\xi_i = 0\} = q$ und $S_n = \xi_1 + \cdots + \xi_n$ gilt

$$\mathbf{M} f(S_n/n) = B_n(p).$$

Da die auf $[0, 1]$ stetige Funktion $f = f(p)$ gleichmäßig stetig ist, existiert für jedes $\varepsilon > 0$ ein $\delta > 0$ derart, daß $|f(x) - f(y)| \leqq \varepsilon$ erfüllt ist, falls $|x - y| \leqq \delta$ gilt. Außerdem ist klar, daß eine solche Funktion beschränkt ist: $|f(x)| \leqq M < \infty$.

Unter Berücksichtigung dieser Eigenschaften und der Ungleichung (5) erhalten wir

$$|f(p) - B_n(p)| = \left| \sum_{k=0}^{n} \left[f(p) - f\left(\frac{k}{n}\right)\right] \binom{n}{k} p^k q^{n-k} \right|$$

$$\leqq \sum_{\left\{k: \left|\frac{k}{n} - p\right| \leqq \delta\right\}} \left| f(p) - f\left(\frac{k}{n}\right)\right| \binom{n}{k} p^k q^{n-k}$$

$$+ \sum_{\left\{k: \left|\frac{k}{n} - p\right| > \delta\right\}} \left| f(p) - f\left(\frac{k}{n}\right)\right| \binom{n}{k} p^k q^{n-k}$$

$$\leqq \varepsilon + 2M \sum_{\left\{k: \left|\frac{k}{n} - p\right| > \delta\right\}} \binom{n}{k} p^k q^{n-k} \leqq \varepsilon + \frac{2M}{4n\delta^2} = \varepsilon + \frac{M}{2n\delta^2}.$$

Daraus folgt

$$\lim_{n\to\infty} \max_{0 \leqq p \leqq 1} |f(p) - B_n(p)| = 0,$$

was die Aussage des Satzes von WEIERSTRASS darstellt.

6. Aufgaben

1. Es seien ξ und η zwei zufällige Größen mit dem Korrelationskoeffizienten ϱ. Man zeige die Gültigkeit des folgenden zweidimensionalen Analogons der Čebyševschen Ungleichung:

$$\mathbf{P}\left\{|\xi - \mathbf{M}\xi| \geqq \varepsilon \sqrt{\mathbf{D}\xi} \quad \text{oder} \quad |\eta - \mathbf{M}\eta| \geqq \varepsilon \sqrt{\mathbf{D}\eta}\right\} \leqq \frac{1}{\varepsilon^2} \left(1 + \sqrt{1 - \varrho^2}\right).$$

(Hinweis. Man benutze das Ergebnis der Aufgabe 8 aus § 4.)

2. Es sei $f = f(x)$ eine nichtnegative gerade Funktion, die für positive x nicht fällt. Dann gilt für eine zufällige Größe ξ mit $|\xi(\omega)| \leqq C$

$$\frac{\mathbf{M}f(\xi) - f(\varepsilon)}{f(C)} \leqq \mathbf{P}\{|\xi - \mathbf{M}\xi| \geqq \varepsilon\} \leqq \frac{\mathbf{M}f(\xi - \mathbf{M}\xi)}{f(\varepsilon)}.$$

Insbesondere ist für $f(x) = x^2$

$$\frac{\mathbf{M}\xi^2 - \varepsilon^2}{C^2} \leqq \mathbf{P}\{|\xi - \mathbf{M}\xi| \geqq \varepsilon\} \leqq \frac{\mathbf{D}\xi}{\varepsilon^2}.$$

3. Es sei $\xi_1, \ldots, \xi_n$ eine Folge unabhängiger zufälliger Größen mit $\mathbf{D}\xi_i \leqq C$. Man beweise, daß dann

$$\mathbf{P}\left\{\left|\frac{\xi_1 + \cdots + \xi_n}{n} - \frac{\mathbf{M}(\xi_1 + \cdots + \xi_n)}{n}\right| \geqq \varepsilon\right\} \leqq \frac{C}{n\varepsilon^2} \tag{15}$$

gilt. (Unter den gleichen Vorbehalten, wie sie bereits in bezug auf (8) gemacht wurden, folgt aus der Ungleichung (15) die Gültigkeit des Gesetzes der großen Zahlen für eine allgemeinere Situation als das Bernoulli-Schema.)

4. Es seien $\xi_1, \ldots, \xi_n$ unabhängige Bernoullische zufällige Größen mit $\mathbf{P}\{\xi_i = 1\} = p > 0$ und $\mathbf{P}\{\xi_i = -1\} = 1 - p$. Es gilt die folgende *Bernsteinsche Ungleichung*: Es existiert ein $a > 0$, so daß

$$\mathbf{P}\left\{\left|\frac{S_n}{n} - (2p - 1)\right| \geqq \varepsilon\right\} \leqq 2e^{-a\varepsilon^2 n}$$

für $S_n = \xi_1 + \cdots + \xi_n$ und $\varepsilon > 0$ erfüllt ist.

§ 6. Das Bernoulli-Schema II. Lokaler Grenzwertsatz, Grenzwertsätze von de Moivre-Laplace und Poisson

1. Wie im vorangegangenen Paragraphen sei $S_n = \xi_1 + \cdots + \xi_n$. Dann erhalten wir

$$\mathbf{M}\,\frac{S_n}{n} = p \tag{1}$$

und aufgrund von (4.14)

$$\mathbf{M}(S_n/n - p)^2 = pq/n. \tag{2}$$

Aus der Formel (1) folgt $S_n/n \sim p$, wobei das Äquivalenzzeichen eine präzise Interpretation durch das Gesetz der großen Zahlen in Form einer Abschätzung für die Wahrscheinlichkeiten $\mathbf{P}\{|S_n/n - p| \geqq \varepsilon\}$ erhalten hat. Dabei entsteht der natürliche Gedanke, daß man auf analoge Weise der aus (2) folgenden Beziehung

$$\left|\frac{S_n}{n} - p\right| \sim \sqrt{\frac{pq}{n}} \tag{3}$$

ebenfalls einen exakten wahrscheinlichkeitstheoretischen Sinn geben kann, indem man beispielsweise Wahrscheinlichkeiten vom Typ

$$\mathbf{P}\left\{\left|\frac{S_n}{n} - p\right| \leqq x\sqrt{\frac{pq}{n}}\right\}, \qquad x \in R^1,$$

oder (was wegen $\mathbf{M}S_n = np$ und $\mathbf{D}S_n = npq$ das gleiche ist)

$$\mathbf{P}\left\{\left|\frac{S_n - \mathbf{M}S_n}{\sqrt{\mathbf{D}S_n}}\right| \leqq x\right\}$$

betrachtet.

Setzen wir wie oben für $n \geqq 1$

$$P_n(k) = \binom{n}{k} p^k q^{n-k}, \qquad 0 \leqq k \leqq n,$$

so ergibt sich für diese Wahrscheinlichkeit

$$\mathbf{P}\left\{\left|\frac{S_n - \mathbf{M}S_n}{\sqrt{\mathbf{D}S_n}}\right| \leqq x\right\} = \sum_{\left\{k:\left|\frac{k-np}{\sqrt{npq}}\right|\leqq x\right\}} P_n(k). \tag{4}$$

Wir stellen uns nun die Aufgabe, für die Wahrscheinlichkeiten $P_n(k)$ und ihre Summen über alle die k, die der Bedingung auf der rechten Seite von (4) genügen, geeignete asymptotische Formeln für $n \to \infty$ aufzufinden.

Das folgende Resultat gibt eine Antwort nicht nur für diese k (d. h. solche mit $|k - np| = O(\sqrt{npq})$), sondern auch für solche, die der Bedingung $|k - np| = o(npq)^{2/3}$ genügen.

Lokaler Grenzwertsatz. *Es sei $0 < p < 1$. Dann gilt gleichmäßig für alle k mit $|k - np| = o(npq)^{2/3}$*

$$P_n(k) \sim \frac{1}{\sqrt{2\pi npq}}\, \mathrm{e}^{-\frac{(k-np)^2}{2npq}}, \tag{5}$$

d. h., für $n \to \infty$ ergibt sich

$$\sup_{\{k:|k-np|\leqq\varphi(n)\}} \left|\frac{P_n(k)}{\frac{1}{\sqrt{2\pi npq}}\, \mathrm{e}^{-\frac{(k-np)^2}{2npq}}} - 1\right| \to 0, \tag{6}$$

wobei $\varphi(n) = o(npq)^{2/3}$ ist.

Beweis. Der Beweis stützt sich wesentlich auf die Stirlingsche Formel (2.6)

$$n! = \sqrt{2\pi n}\, \mathrm{e}^{-n} n^n \big(1 + R(n)\big)$$

mit $R(n) \to 0$ für $n \to \infty$.

Für $n \to \infty$, $k \to \infty$, $n - k \to \infty$ haben wir dann

$$\begin{aligned}\binom{n}{k} &= \frac{n!}{k!(n-k)!}\\ &= \frac{\sqrt{2\pi n}\, \mathrm{e}^{-n} n^n}{\sqrt{2\pi k \cdot 2\pi(n-k)}\, \mathrm{e}^{-k} k^k \cdot \mathrm{e}^{-(n-k)}(n-k)^{n-k}} \cdot \frac{1 + R(n)}{\big(1 + R(k)\big)\big(1 + R(n-k)\big)}\\ &= \frac{1}{\sqrt{2\pi n \frac{k}{n}\left(1 - \frac{k}{n}\right)}} \cdot \frac{1 + \varepsilon(n, k, n-k)}{\left(\frac{k}{n}\right)^k \left(1 - \frac{k}{n}\right)^{n-k}},\end{aligned}$$

wobei die auf offensichtliche Weise bestimmbare Funktion $\varepsilon = \varepsilon(n, k, n - k)$ für $n \to \infty$, $k \to \infty$, $n - k \to \infty$ gegen 0 konvergiert.

Deshalb folgt

$$P_n(k) = \binom{n}{k} p^k q^{n-k} = \frac{1}{\sqrt{2\pi n \frac{k}{n}\left(1 - \frac{k}{n}\right)}} \cdot \frac{p^k(1-p)^{n-k}}{\left(\frac{k}{n}\right)^k \left(1 - \frac{k}{n}\right)^{n-k}} (1 + \varepsilon).$$

Mit $k/n = \hat{p}$ erhalten wir

$$\begin{aligned} P_n(k) &= \frac{1}{\sqrt{2\pi n \hat{p}(1-\hat{p})}} \left(\frac{p}{\hat{p}}\right)^k \left(\frac{1-p}{1-\hat{p}}\right)^{n-k} (1+\varepsilon) \\ &= \frac{1}{\sqrt{2\pi n \hat{p}(1-\hat{p})}} \exp\left\{k \ln \frac{p}{\hat{p}} + (n-k) \ln \frac{1-p}{1-\hat{p}}\right\} \cdot (1+\varepsilon) \\ &= \frac{1}{\sqrt{2\pi n \hat{p}(1-\hat{p})}} \exp\left\{n\left[\frac{k}{n} \ln \frac{p}{\hat{p}} + \left(1 - \frac{k}{n}\right) \ln \frac{1-p}{1-\hat{p}}\right]\right\} (1+\varepsilon) \\ &= \frac{1}{\sqrt{2\pi n \hat{p}(1-\hat{p})}} \exp\{-nH(\hat{p})\} (1+\varepsilon), \end{aligned}$$

wobei

$$H(x) = x \ln \frac{x}{p} + (1-x) \ln \frac{1-x}{1-p}$$

gesetzt wurde.

Nun sind die betrachteten Werte k derart, daß $|k - np| = o(npq)^{2/3}$ gilt und demzufolge $p - \hat{p}$ für $n \to \infty$ gegen 0 strebt.

Wegen

$$\begin{aligned} H'(x) &= \ln \frac{x}{p} - \ln \frac{1-x}{1-p}, \\ H''(x) &= \frac{1}{x} + \frac{1}{1-x}, \\ H'''(x) &= -\frac{1}{x^2} + \frac{1}{(1-x)^2} \end{aligned}$$

für $0 < x < 1$ finden wir durch Anwendung der Taylor-Formel auf die Funktion $H(\hat{p}) = H\big(p + (\hat{p} - p)\big)$ für hinreichend große n die Beziehung

$$\begin{aligned} H(\hat{p}) &= H(p) + H'(p)(\hat{p} - p) + \frac{1}{2} H''(p)(\hat{p} - p)^2 + O(|\hat{p} - p|^3) \\ &= \frac{1}{2}\left(\frac{1}{p} + \frac{1}{q}\right)(\hat{p} - p)^2 + O(|\hat{p} - p|^3). \end{aligned}$$

Infolgedessen gilt

$$P_n(k) = \frac{1}{\sqrt{2\pi n \hat{p}(1-\hat{p})}} \exp\left\{-\frac{n}{2pq}(\hat{p} - p)^2 + nO(|\hat{p} - p|^3)\right\} (1+\varepsilon).$$

Aus den Gleichheiten

$$\frac{n}{2pq}(\hat{p}-p)^2 = \frac{n}{2pq}\left(\frac{k}{n}-p\right)^2 = \frac{(k-np)^2}{2npq}$$

erhalten wir

$$P_n(k) = \frac{1}{\sqrt{2\pi npq}}\,\mathrm{e}^{-\frac{(k-np)^2}{2npq}}\left(1+\varepsilon'(n,k,n-k)\right)$$

mit

$$1+\varepsilon'(n,k,n-k) = \left(1+\varepsilon(n,k,n-k)\right)\mathrm{e}^{nO(|p-\hat{p}|^3)}\sqrt{\frac{p(1-p)}{\hat{p}(1-\hat{p})}}.$$

Daraus kann man leicht auf die Konvergenz

$$\sup|\varepsilon'(n,k,n-k)| \to 0, \quad n\to\infty,$$

schließen, wobei das Supremum über alle die k gebildet wird, für die

$$|k-np| \leqq \varphi(n), \quad \varphi(n) = o(npq)^{2/3}$$

gilt. Damit ist der Satz bewiesen

Folgerung. Die Aussage des lokalen Grenzwertsatzes kann in folgende äquivalente Fassung gebracht werden: Für alle $x \in R^1$ mit $x = o(npq)^{1/6}$ und ganze Zahlen $np + x\sqrt{npq}$ aus der Menge $\{0, 1, \ldots, n\}$ gilt

$$P_n\left(np + x\sqrt{npq}\right) \sim \frac{1}{\sqrt{2\pi npq}}\,\mathrm{e}^{-\frac{x^2}{2}}, \tag{7}$$

d. h. für $n\to\infty$

$$\sup_{\{x:\,|x|\leqq\psi(n)\}}\left|\frac{P_n\left(np+x\sqrt{npq}\right)}{\frac{1}{\sqrt{2\pi npq}}\,\mathrm{e}^{-\frac{x^2}{2}}}-1\right| \to 0 \tag{8}$$

mit $\psi(n) = o(npq)^{1/6}$.

Unter Berücksichtigung der Bemerkungen zur Beziehung (5.8) kann man die erzielten Resultate folgendermaßen in die Sprache der Wahrscheinlichkeitstheorie umformulieren:

$$\mathsf{P}\{S_n = k\} \sim \frac{1}{\sqrt{2\pi npq}}\,\mathrm{e}^{-\frac{(k-np)^2}{2npq}}, \qquad |k-np| = o(npq)^{2/3}, \tag{9}$$

$$\mathsf{P}\left\{\frac{S_n-np}{\sqrt{npq}} = x\right\} \sim \frac{1}{\sqrt{2\pi npq}}\,\mathrm{e}^{-\frac{x^2}{2}}, \qquad x = o(npq)^{1/6}. \tag{10}$$

(In der letzten Formel wird $np + x\sqrt{npq} \in \{0, 1, \ldots, n\}$ vorausgesetzt.)

Setzen wir $t_k = \dfrac{k - np}{\sqrt{npq}}$ und $\Delta t_k = t_{k+1} - t_k = \dfrac{1}{\sqrt{npq}}$, so kann man die letzte Beziehung auf die Form

$$\mathbf{P}\left\{\frac{S_n - np}{\sqrt{npq}} = t_k\right\} \sim \frac{\Delta t_k}{\sqrt{2\pi}}\, \mathrm{e}^{-t_k^2/2}, \qquad t_k = o(npq)^{1/6}, \tag{11}$$

bringen.

Für $n \to \infty$ tritt offensichtlich die Konvergenz $\Delta t_k = \dfrac{1}{\sqrt{npq}} \to 0$ ein, und das System der Punkte $\{t_k\}$ scheint sich zur gesamten reellen Achse zu „verdichten“. Aus diesem Grunde liegt der Gedanke nahe, daß die Beziehung (11) zur Gewinnung einer „integralen“ Formel

$$\mathbf{P}\left\{a < \frac{S_n - np}{\sqrt{npq}} \leqq b\right\} \sim \frac{1}{\sqrt{2\pi}} \int_a^b \mathrm{e}^{-x^2/2}\, \mathrm{d}x,$$

$$-\infty < a \leqq b < \infty.$$

verwendet werden kann.

Wir wollen nun zu den exakten Formulierungen übergehen.

2. Es sei für $-\infty < a \leqq b < \infty$

$$P_n(a, b] = \sum_{a < x \leqq b} P_n\left(np + x\sqrt{npq}\right),$$

wobei sich die Summation über jene x erstreckt, für die der Audruck $np + x\sqrt{npq}$ ganzzahlig ist.

Aus dem lokalen Grenzwertsatz (vgl. auch (11)) folgt für alle t_k, die aus der Gleichheit $k = np + t_k\sqrt{npq}$ definiert werden und der Bedingung $|t_k| \leqq T < \infty$ genügen, die Beziehung

$$P_n\left(np + t_k\sqrt{npq}\right) = \frac{\Delta t_k}{\sqrt{2\pi}}\, \mathrm{e}^{-t_k^2/2}\, [1 + \varepsilon(t_k, n)], \tag{12}$$

wobei für $n \to \infty$ die Konvergenz

$$\sup_{|t_k| \leqq T} |\varepsilon(t_k, n)| \to 0 \tag{13}$$

eintritt.

Folglich erhalten wir für feste a und b mit $-T \leqq a \leqq b \leqq T$

$$\sum_{a < t_k \leqq b} P_n\left(np + t_k\sqrt{npq}\right) = \sum_{a < t_k \leqq b} \frac{\Delta t_k}{\sqrt{2\pi}}\, \mathrm{e}^{-t_k^2/2} + \sum_{a < t_k \leqq b} \varepsilon(t_k, n)\, \frac{\Delta t_k}{\sqrt{2\pi}}\, \mathrm{e}^{-t_k^2/2}$$

$$= \frac{1}{\sqrt{2\pi}} \int_a^b \mathrm{e}^{-x^2/2}\, \mathrm{d}x + R_n^{(1)}(a, b) + R_n^{(2)}(a, b). \tag{14}$$

Dabei ist

$$R_n^{(1)}(a, b) = \sum_{a<t_k\leqq b} \frac{\Delta t_k}{\sqrt{2\pi}} e^{-t_k^2/2} - \frac{1}{\sqrt{2\pi}} \int_a^b e^{-x^2/2} \, dx,$$

$$R_n^{(2)}(a, b) = \sum_{a<t_k\leqq b} \varepsilon(t_k, n) \frac{\Delta t_k}{\sqrt{2\pi}} e^{-t_k^2/2}.$$

Aus bekannten Eigenschaften von Integralsummen ergibt sich

$$\sup_{-T\leqq a\leqq b\leqq T} |R_n^{(1)}(a, b)| \to 0, \qquad n \to \infty. \tag{15}$$

Außerdem ist klar, daß

$$\sup_{-T\leqq a\leqq b\leqq T} |R_n^{(2)}(a, b)| \leqq \sup_{|t_k|\leqq T} |\varepsilon(t_k, n)| \cdot \sum_{|t_k|\leqq T} \frac{\Delta t_k}{\sqrt{2\pi}} e^{-t_k^2/2}$$

$$\leqq \sup_{|t_k|\leqq T} |\varepsilon(t_k, n)| \left[\frac{1}{\sqrt{2\pi}} \int_{-T}^{T} e^{-x^2/2} \, dx + \sup_{-T\leqq a\leqq b\leqq T} |R_n^{(1)}(a, b)| \right] \to 0 \tag{16}$$

gilt, wobei die Konvergenz der rechten Seite gegen 0 aus (15) und der aus der Analysis bekannten Tatsache

$$\frac{1}{\sqrt{2\pi}} \int_{-T}^{T} e^{-x^2/2} \, dx \leqq \frac{1}{\sqrt{2\pi}} \int_{-\infty}^{\infty} e^{-x^2/2} \, dx = 1 \tag{17}$$

folgt.

Wir führen die Bezeichnung

$$\Phi(x) = \frac{1}{\sqrt{2\pi}} \int_{-\infty}^{x} e^{-t^2/2} \, dt$$

ein. Die Beziehungen (14) bis (16) implizieren dann die Konvergenz

$$\sup_{-T\leqq a\leqq b\leqq T} \left| P_n(a, b] - \big(\Phi(b) - \Phi(a)\big) \right| \to 0, \qquad n \to \infty. \tag{18}$$

Wir zeigen nun, daß dieses Resultat nicht nur für endliche T, sondern auch für $T = \infty$ gilt. Infolge der Beziehung (17) existiert zu jedem vorgegebenen $\varepsilon > 0$ ein endliches $T = T(\varepsilon)$ derart, daß die Ungleichung

$$\frac{1}{\sqrt{2\pi}} \int_{-T}^{T} e^{-x^2/2} \, dx > 1 - \frac{\varepsilon}{4} \tag{19}$$

erfüllt ist. Gemäß (18) können wir außerdem auf die Existenz eines N schließen, so daß für alle $n > N$ und $T = T(\varepsilon)$ die Beziehung

$$\sup_{-T\leqq a\leqq b\leqq T} \left|P_n(a, b] - \big(\Phi(b) - \Phi(a)\big)\right| < \frac{\varepsilon}{4} \tag{20}$$

gilt. Hieraus und aus (19) folgt $P_n(-T, T] > 1 - \varepsilon/2$ und damit

$$P_n(-\infty, T] + P_n(T, \infty) \leqq \varepsilon/2,$$

wobei $P_n(-\infty, T] = \lim\limits_{S\downarrow-\infty} P_n(S, T]$ und $P_n(T, \infty) = \lim\limits_{S\uparrow\infty} P_n(T, S]$ ist.

Wir erhalten somit für beliebige $-\infty \leqq a \leqq -T < T \leqq b \leqq \infty$

$$\left|P_n(a, b] - \frac{1}{\sqrt{2\pi}}\int_a^b e^{-x^2/2}\,dx\right| \leqq \left|P_n(-T, T] - \frac{1}{\sqrt{2\pi}}\int_{-T}^{T} e^{-x^2/2}\,dx\right|$$

$$+ \left|P_n(a, -T] - \frac{1}{\sqrt{2\pi}}\int_a^{-T} e^{-x^2/2}\,dx\right| + \left|P_n(T, b] - \frac{1}{\sqrt{2\pi}}\int_T^b e^{-x^2/2}\,dx\right|$$

$$\leqq \frac{\varepsilon}{4} + P_n(-\infty, -T] + \frac{1}{\sqrt{2\pi}}\int_{-\infty}^{-T} e^{-x^2/2}\,dx + P_n(T, \infty) + \frac{1}{\sqrt{2\pi}}\int_T^{\infty} e^{-x^2/2}\,dx$$

$$\leqq \frac{\varepsilon}{4} + \frac{\varepsilon}{2} + \frac{\varepsilon}{8} + \frac{\varepsilon}{8} = \varepsilon.$$

Daraus kann man in Verbindung mit (18) leicht auf die gleichmäßige Konvergenz von $P_n(a, b]$ gegen $\Phi(b) - \Phi(a)$ für $-\infty \leqq a < b \leqq \infty$ schließen.

Wir haben damit die folgende Aussage bewiesen:

Integraler Grenzwertsatz von de Moivre-Laplace. *Es sei* $0 < p < 1$,

$$P_n(k) = \binom{n}{k} p^k q^{n-k} \qquad \textit{und} \qquad P_n(a, b] = \sum_{a<x\leqq b} P_n\big(np + x\sqrt{npq}\big).$$

Dann gilt

$$\sup_{-\infty\leqq a<b\leqq\infty} \left|P_n(a, b] - \frac{1}{\sqrt{2\pi}}\int_a^b e^{-x^2/2}\,dx\right| \to 0, \qquad n \to \infty. \tag{21}$$

Bis auf genau dieselben Bemerkungen, die bezüglich der Beziehung (5.8) gemacht wurden, kann man das Ergebnis (21) wahrscheinlichkeitstheoretisch folgendermaßen formulieren:

$$\sup_{-\infty\leqq a<b\leqq\infty} \left|\mathbf{P}\left\{a < \frac{S_n - \mathbf{M}S_n}{\sqrt{\mathbf{D}S_n}} \leqq b\right\} - \frac{1}{\sqrt{2\pi}}\int_a^b e^{-x^2/2}\,dx\right| \to 0, \qquad n \to \infty.$$

Aus dieser Formel folgt für $n \to \infty$ sofort die Konvergenz

$$\mathbf{P}\{A < S_n \leqq B\} - \left[\Phi\left(\frac{B - np}{\sqrt{npq}}\right) - \Phi\left(\frac{A - np}{\sqrt{npq}}\right)\right] \to 0 \tag{22}$$

für beliebige $-\infty \leqq A < B \leqq \infty$.

Beispiel. Ein regelmäßiger Würfel werde 12000mal geworfen. Wie groß ist die Wahrscheinlichkeit P, daß die Anzahl der Sechsen im Intervall (1800, 2100] liegen wird?

Die gesuchte Wahrscheinlichkeit ist gleich

$$P = \sum_{1800 < k \leqq 2100} \binom{12000}{k} (1/6)^k (5/6)^{12000-k}.$$

Selbstverständlich stellt die genaue Berechnung dieser Summe eine äußerst aufwendige Arbeit dar. Wenn wir jedoch den integralen Grenzwertsatz benutzen, dann finden wir, daß die uns interessierende Wahrscheinlichkeit P ungefähr gleich ($n = 12000$, $p = 1/6$, $A = 1800$, $B = 2100$)

$$\Phi\left(\frac{2100 - 2000}{\sqrt{12000 \cdot \frac{1}{6} \cdot \frac{5}{6}}}\right) - \Phi\left(\frac{1800 - 2000}{\sqrt{12000 \cdot \frac{1}{6} \cdot \frac{5}{6}}}\right) = \Phi\left(\sqrt{6}\right) - \Phi\left(-2\sqrt{6}\right)$$

$$\approx \Phi(2{,}449) - \Phi(-4{,}898) \approx 0{,}992$$

ist, wobei die Werte $\Phi(2{,}449)$ und $\Phi(-4{,}898)$ Tabellen für die Funktion $\Phi(x)$ (der Verteilungsfunktion der sogenannten Normalverteilung, siehe Nr. 6 weiter unten) entnommen sind.

3. Wir wollen die binomialen Wahrscheinlichkeiten $P_n\left(np + x\sqrt{npq}\right)$ (x ist dabei so gewählt, daß $np + x\sqrt{npq}$ ganzzahlig wird) graphisch darstellen (vgl. Abb. 9).

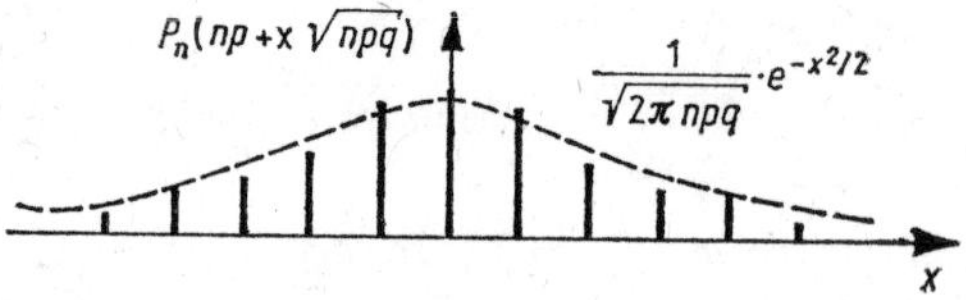

Abb. 9

Der lokale Grenzwertsatz sagt dann aus, daß sich für $x = o(npq)^{1/6}$ die Wahrscheinlichkeiten $P_n\left(np + x\sqrt{npq}\right)$ gut an die Kurve $\frac{1}{\sqrt{2\pi pq}}\, e^{-x^2/2}$ „anschmiegen". Der integrale Grenzwertsatz behauptet hingegen, daß die Wahrscheinlichkeit

$$P_n(a, b] = \mathbf{P}\left\{a\sqrt{npq} < S_n - np \leqq b\sqrt{npq}\right\}$$
$$= \mathbf{P}\left\{np + a\sqrt{npq} < S_n \leqq np + b\sqrt{npq}\right\}$$

gut durch das Integral $\frac{1}{\sqrt{2\pi}} \int_a^b e^{-x^2/2}\, dx$ approximiert wird.

Wir führen die Bezeichnung

$$F_n(x) = P_n(-\infty, x] \quad \left(= \mathbf{P}\left\{\frac{S_n - np}{\sqrt{npq}} \leqq x\right\}\right)$$

ein. Aus (21) folgt dann

$$\sup_{-\infty \leqq x \leqq \infty} |F_n(x) - \Phi(x)| \to 0, \qquad n \to \infty. \tag{23}$$

Dabei entsteht natürlicherweise die Frage, wie schnell bei wachsendem n die Konvergenz gegen 0 in (21) und (23) verläuft. Wir führen (ohne Beweis) ein Resultat an, das sich hierauf bezieht und einen Spezialfall des sogenannten Satzes von Berry-Esseen (vgl. Kapitel III, § 6) darstellt:

$$\sup_{-\infty \leqq x \leqq \infty} |F_n(x) - \Phi(x)| \leqq \frac{p^2 + q^2}{\sqrt{npq}}. \tag{24}$$

Es ist wichtig zu betonen, daß die Ordnung $1/\sqrt{npq}$ der Abschätzung nicht verbessert werden kann. Das aber bedeutet, daß die Approximation von $F_n(x)$ durch die Funktion $\Phi(x)$ für Werte p nahe 0 oder 1 sogar bei großen n schlecht sein kann. Deshalb entsteht die Frage, ob es nicht für kleine p oder q eine bessere Approximation für die uns interessierenden Wahrscheinlichkeiten als die sogenannte normale gibt, die der lokale und integrale Grenzwertsatz anbieten. Dazu bemerken wir, daß die Binomialverteilung $\{P_n(k)\}$ zum Beispiel für $p = 1/2$ eine symmetrische Form besitzt (Abb. 10). Jedoch nimmt die Binomialverteilung für kleine Werte p eine asymmetrische Form an, und aus diesem Grunde darf man nicht erwarten, daß die Normalverteilung eine gute Approximation darstellt.

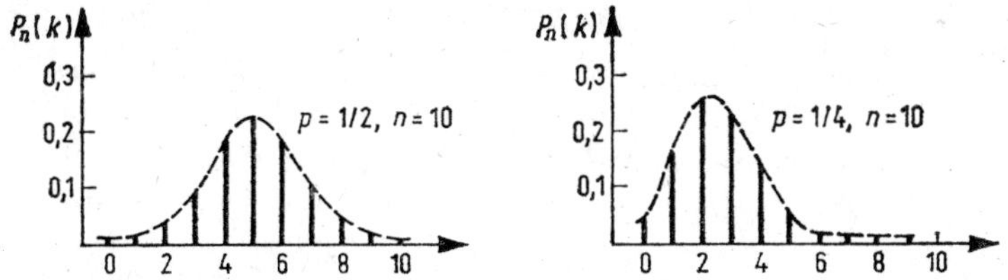

Abb. 10

4. Es erweist sich, daß für kleine p die sogenannte Poisson-Verteilung eine gute Approximation für $\{P_n(k)\}$ ergibt.

Es sei nun

$$P_n(k) = \begin{cases} \binom{n}{k} p^k q^{n-k}, & k = 0, 1, \ldots, n, \\ 0, & k = n+1, n+2, \ldots, \end{cases}$$

und wir setzen voraus, daß p eine Funktion von n ist, $p = p(n)$.

Satz von Poisson. *Es möge $p(n)$ für $n \to \infty$ derart gegen 0 konvergieren, daß dabei $np(n)$ gegen $\lambda > 0$ strebt. Dann gilt für beliebige $k = 0, 1, \ldots$*

$$P_n(k) \to \pi_k, \qquad n \to \infty \tag{25}$$

mit

$$\pi_k = \frac{\lambda^k e^{-\lambda}}{k!}, \qquad k = 0, 1, \ldots \tag{26}$$

Beweis. Er ist sehr einfach. Da nach Voraussetzung $p(n) = \lambda/n + o(1/n)$ gilt, haben wir für jedes feste $k = 0, 1, \ldots$ und hinreichend große n

$$P_n(k) = \binom{n}{k} p^k q^{n-k}$$
$$= \frac{n(n-1)\cdots(n-k+1)}{k!}\left[\frac{\lambda}{n} + o\left(\frac{1}{n}\right)\right]^k \cdot \left[1 - \frac{\lambda}{n} + o\left(\frac{1}{n}\right)\right]^{n-k}.$$

Nun gilt aber

$$n(n-1)\cdots(n-k+1)\left[\frac{\lambda}{n} + o\left(\frac{1}{n}\right)\right]^k$$
$$= \frac{n(n-1)\cdots(n-k+1)}{n^k}[\lambda + o(1)]^k \to \lambda^k, \qquad n \to \infty$$

und

$$\left[1 - \frac{\lambda}{n} + o\left(\frac{1}{n}\right)\right]^{n-k} \to e^{-\lambda}, \qquad n \to \infty,$$

was (25) beweist.

Die Gesamtheit der Zahlen $\{\pi_k, k = 0, 1, \ldots\}$ bildet die sogenannte *Poisson-Verteilung* $\left(\pi_k \geqq 0, \sum_{k=0}^{\infty} \pi_k = 1\right)$. Wir bemerken, daß alle bisher betrachteten (diskreten) Verteilungen lediglich auf endlich vielen Punkten konzentriert waren. Die Poisson-Verteilung ist für uns das erste Beispiel einer auf abzählbar unendlich vielen Punkten konzentrierten diskreten Wahrscheinlichkeitsverteilung.

Wir wollen das folgende Ergebnis von Ju. V. Prochorov (ohne Beweis) anführen, das zeigt, mit welcher Geschwindigkeit die Größen $P_n(k)$ gegen π_k für $n \to \infty$ konvergieren: Es sei $np(n) = \lambda > 0$. Dann gilt

$$\sum_{k=0}^{\infty} |P_n(k) - \pi_k| \leqq \frac{2\lambda}{n} \cdot \min(2, \lambda). \tag{27}$$

(vgl. Kapitel III, § 7).

5. Wir kehren nun zum Grenzwertsatz von de Moivre-Laplace zurück und zeigen, wie aus ihm das Gesetz der großen Zahlen (unter den bezüglich (5.8) gemachten Vorbehalten) folgt. Wegen

$$\mathbf{P}\left\{\left|\frac{S_n}{n} - p\right| \leqq \varepsilon\right\} = \mathbf{P}\left\{\left|\frac{S_n - np}{\sqrt{npq}}\right| \leqq \varepsilon\sqrt{\frac{n}{pq}}\right\}$$

erhält man aus (21) für $\varepsilon > 0$

$$\mathbf{P}\left\{\left|\frac{S_n}{n} - p\right| \leqq \varepsilon\right\} - \frac{1}{\sqrt{2\pi}} \int\limits_{-\varepsilon\sqrt{n/pq}}^{\varepsilon\sqrt{n/pq}} \mathrm{e}^{-x^2/2}\,\mathrm{d}x \to 0, \qquad n \to \infty. \tag{28}$$

Daraus ergibt sich

$$\mathbf{P}\left\{\left|\frac{S_n}{n} - p\right| \leqq \varepsilon\right\} \to 1, \qquad n \to \infty,$$

was die Aussage des Gesetzes der großen Zahlen darstellt.

Aus (28) erhalten wir

$$\mathbf{P}\left\{\left|\frac{S_n}{n} - p\right| \leqq \varepsilon\right\} \sim \frac{1}{\sqrt{2\pi}} \int\limits_{-\varepsilon\sqrt{n/pq}}^{\varepsilon\sqrt{n/pq}} \mathrm{e}^{-x^2/2}\,\mathrm{d}x, \qquad n \to \infty, \tag{29}$$

während die Čebyševsche Ungleichung lediglich die Abschätzung

$$\mathbf{P}\left\{\left|\frac{S_n}{n} - p\right| \leqq \varepsilon\right\} \geqq 1 - \frac{pq}{n\varepsilon^2}$$

ergeben hatte. Am Ende von § 5 wurde gezeigt, daß für die Gültigkeit der Beziehung $\mathbf{P}\left\{\left|\frac{S_n}{n} - p\right| \leqq \varepsilon\right\} \geqq 1 - \alpha$ die Čebyševsche Ungleichung folgende Abschätzung für die notwendige Anzahl von Beobachtungen liefert:

$$n \geqq 1/4\varepsilon^2\alpha.$$

So sind für $\varepsilon = 0{,}02$ und $\alpha = 0{,}05$ auf diese Weise 12500 Beobachtungen erforderlich.

Wir benutzen nun zur Lösung der gleichen Aufgabe die Approximation (29). Wir bestimmen die Zahl $k(\alpha)$ aus der Beziehung

$$\frac{1}{\sqrt{2\pi}} \int\limits_{-k(\alpha)}^{k(\alpha)} \mathrm{e}^{-x^2/2}\,\mathrm{d}x = 1 - \alpha.$$

Da $\varepsilon \sqrt{\frac{n}{pq}} \geqq 2\varepsilon\sqrt{n}$ gilt, erhalten wir für die kleinste ganze Zahl n, die der Ungleichung

$$2\varepsilon\sqrt{n} \geqq k(\alpha) \tag{30}$$

genügt, die Beziehung

$$\mathbf{P}\left\{\left|\frac{S_n}{n} - p\right| \leqq \varepsilon\right\} \gtrapprox 1 - \alpha. \tag{31}$$

Aus (30) schließen wir, daß das kleinste ganze n, welches die Ungleichung

$$n \geqq \frac{k^2(\alpha)}{4\varepsilon^2}$$

erfüllt, die Gültigkeit von (31) garantiert, wobei die Genauigkeit der Approximation leicht aus (24) bestimmt werden kann.

Für $\varepsilon = 0{,}02$ und $\alpha = 0{,}05$ stellen wir fest, daß tatsächlich lediglich 2500 Beobachtungen ausreichen und nicht 12500 notwendig sind, wie aus der Čebyševschen Ungleichung folgte. Die Werte $k(\alpha)$ können Tabellen entnommen werden. Wir wollen eine Reihe von Werten $k(\alpha)$ für einige α angeben:

α	$k(\alpha)$
0,50	0,675
0,3173	1,000
0,10	1,645
0,05	1,960
0,0454	2,000
0,01	2,576
0,0027	3,000

6. Die weiter oben eingeführte Funktion

$$\Phi(x) = \frac{1}{\sqrt{2\pi}} \int_{-\infty}^{x} e^{-t^2/2}\, dt, \tag{32}$$

die im integralen Grenzwertsatz von DE MOIVRE-LAPLACE auftritt, spielt in der Wahrscheinlichkeitstheorie eine außerordentlich wichtige Rolle. Diese Funktion heißt *Normalverteilung* oder *Gauß-Verteilung* auf der Zahlengeraden mit der Gaußschen Dichte

$$\varphi(x) = \frac{1}{\sqrt{2\pi}} e^{-x^2/2}, \qquad x \in R^1.$$

Wir sind bereits häufig (diskreten) Verteilungen, die auf endlichen und abzählbaren Mengen von Punkten konzentriert sind, begegnet. Die Normalverteilung gehört zu einem anderen wichtigen Typ von Verteilungen, die in der Wahrscheinlichkeitstheorie auftreten. Ihre weiter oben erwähnte herausragende Rolle erklärt sich vor allem dadurch, daß sich unter hinreichend allgemeinen Voraussetzungen die Verteilung von Summen einer großen Anzahl unabhängiger (nicht notwendigerweise Bernoullischer!) zufälliger Größen gut durch die Normalverteilung approximiert wird (vgl. Kapitel III, § 4). Wir verweilen nun bei einigen der einfachsten Eigenschaften der Funktionen $\varphi(x)$ und $\Phi(x)$, deren Graphen in Abb. 11 bzw. 12 dargestellt sind.

Die Funktion $\varphi(x)$ stellt eine symmetrische glockenartige Kurve dar, die mit wachsendem $|x|$ sehr schnell fällt: Es ist $\varphi(1) = 0{,}24197$, $\varphi(2) = 0{,}053991$, $\varphi(3) = 0{,}004432$, $\varphi(4) = 0{,}000134$ und $\varphi(5) = 0{,}000016$. Das Maximum dieser Kurve wird im Punkt $x = 0$ erreicht und ist gleich $(2\pi)^{-1/2} \approx 0{,}399$.

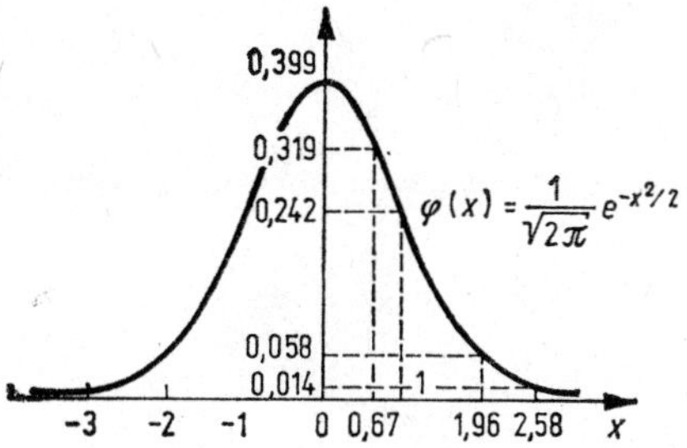

Abb. 11
Bild der Dichte $\varphi(x)$ der Normalverteilung

Die Funktion $\Phi(x) = \frac{1}{\sqrt{2\pi}} \int\limits_{-\infty}^{x} e^{-t^2/2}\, dt$ strebt mit wachsendem x schnell gegen 1:

$\Phi(1) = 0{,}841\,345$, $\Phi(2) = 0{,}977\,250$, $\Phi(3) = 0{,}998\,650$, $\Phi(4) = 0{,}999\,968$, $\Phi(4{,}5) = 0{,}999\,997$.

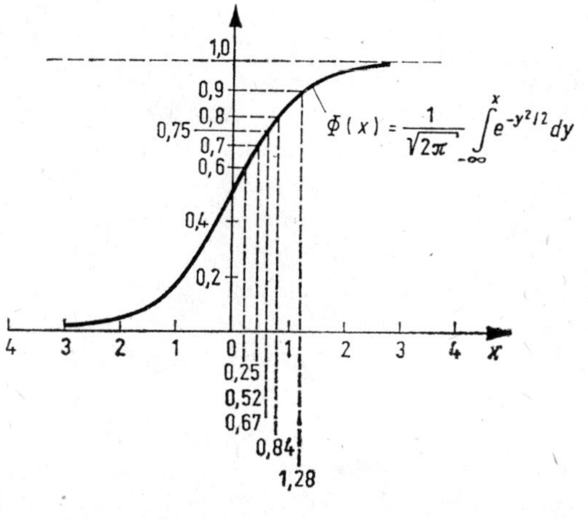

Abb. 12
Bild der Verteilungsfunktion $\Phi(x)$ der Normalverteilung

Tabellen von $\varphi(x)$ und $\Phi(x)$ sowie anderer grundlegender Funktionen, die in der Wahrscheinlichkeitstheorie und mathematischen Statistik benutzt werden, findet man in L. N. Bol'šev und N. V. Smirnov [1].

7. Aufgaben

1. Es sei $n = 100$, $p = 1/10$, $2/10$, $3/10$, $4/10$, $5/10$. Man vergleiche unter Benutzung von Tabellen (beispielsweise aus L. N. Bol'šev und N. V. Smirnov [1]) der Poisson- und der Normalverteilung die Wahrscheinlichkeiten

$$\mathbf{P}\{10 < S_{100} \leqq 12\}, \quad \mathbf{P}\{20 < S_{100} \leqq 22\}, \quad \mathbf{P}\{33 < S_{100} \leqq 35\},$$
$$\mathbf{P}\{40 < S_{100} \leqq 42\}, \quad \mathbf{P}\{50 < S_{100} \leqq 52\}$$

mit den entsprechenden Werten der normalen und der Poissonschen Approximationen.

2. Es sei $p = 1/2$ und $Z_n = 2S_n - n$ (die Differenz zwischen der Anzahl der Einsen und der Anzahl der Nullen in n Versuchen). Man zeige

$$\sup_j \left| \sqrt{\pi n}\, P\{Z_{2n} = j\} - e^{-j^2/4n} \right| \to 0, \qquad n \to \infty.$$

3. Man beweise die folgende Konvergenzgeschwindigkeit im Poissonschen Grenzwertsatz:

$$\sup_k \left| P_n(k) - \frac{\lambda^k e^{-\lambda}}{k!} \right| \leqq \frac{2\lambda^2}{n}.$$

§ 7. Die Schätzung der Erfolgswahrscheinlichkeit im Bernoulli-Schema

1. In den vorangegangenen Betrachtungen des Bernoulli-Schemas

$$(\Omega, \mathcal{A}, \mathbf{P}) \quad \text{mit} \quad \Omega = \{\omega : \omega = (x_1, \ldots, x_n), x_i = 0, 1\}, \quad \mathcal{A} = \{A : A \subseteqq \Omega\}$$

und

$$p(\omega) = p^{\Sigma x_i} q^{n - \Sigma x_i}$$

wurde vorausgesetzt, daß die Zahl p (die Erfolgswahrscheinlichkeit) bekannt ist.

Wir stellen uns nun vor, daß p im voraus unbekannt ist, und wollen es auf der Grundlage der Beobachtungen der Versuchsausgänge oder, was das gleiche ist, aus der Beobachtung der zufälligen Größen $\xi_1, \ldots, \xi_n$ mit $\xi_i(\omega) = x_i$ bestimmen. Dieses für die mathematische Statistik typische Problem läßt verschiedene Aufgabenstellungen zu. Im weiteren betrachten wir zwei von ihnen: das Problem der *Schätzung* und das Problem der *Konstruktion von Konfidenzintervallen.*

Wie in der mathematischen Statistik üblich, bezeichnen wir den unbekannten Parameter p mit θ, wobei wir a priori annehmen, daß die Werte von θ in der Menge $\Theta = [0, 1]$ liegen. Wir sagen, daß das Tripel $(\Omega, \mathcal{A}, \mathbf{P}_\theta; \theta \in \Theta)$ mit $p_\theta(\omega) = \theta^{\Sigma x_i}(1 - \theta)^{n - \Sigma x_i}$ ein *wahrscheinlichkeitstheoretisch-statistisches Modell* vorgibt (das „n unabhängigen Versuchen" mit der Erfolgswahrscheinlichkeit $\theta \in \Theta$ entspricht), und jede Funktion $T_n = T_n(\omega)$ mit Werten in Θ nennen wir *Schätzung.*

Setzen wir $S_n = \xi_1 + \cdots + \xi_n$ und $T_n^* = S_n/n$, so folgt aus dem Gesetz der großen Zahlen, daß die Schätzung T_n^* *konsistent* in dem Sinne ist, daß für $\varepsilon > 0$

$$\mathbf{P}_\theta\{|T_n^* - \theta| \geqq \varepsilon\} \to 0, \qquad n \to \infty \tag{1}$$

gilt.

Außerdem ist diese Schätzung *erwartungstreu*: Für jedes $\theta \in \Theta$ gilt

$$\mathbf{M}_\theta T_n^* = \theta, \tag{2}$$

wobei $\mathbf{M}_\theta$ der Erwartungswert ist, der dem Wahrscheinlichkeitsmaß $\mathbf{P}_\theta$ entspricht.

Die Eigenschaft einer Schätzung, erwartungstreu zu sein, ist etwas völlig natürliches: Sie spiegelt die Tatsache wider, daß jede vernünftige Schätzung zumindest „im Mittel" zum gewünschten Resultat führen muß. Man kann jedoch leicht feststellen, daß T_n^* keineswegs die einzige erwartungstreue Schätzung ist. Beispielsweise sind alle

$$T_n = \frac{b_1 x_1 + \cdots + b_n x_n}{n}$$

mit $b_1 + \cdots + b_n = n$ ebenfalls erwartungstreu. Zudem gilt für solche Schätzungen auch das Gesetz der großen Zahlen (1) (zumindest falls $|b_i| \leqq k < \infty$ ist; vgl. Aufgabe 2 in Kapitel III, § 3). Somit sind die Schätzungen T_n genauso „gut“ wie T_n^*.

In diesem Zusammenhang taucht die Frage auf, wie verschiedene erwartungstreue Schätzungen miteinander zu vergleichen und welche unter ihnen als beste, optimale zu bezeichnen sind.

Der Sinn einer Schätzung selbst macht klar, daß sie um so besser ist, je weniger sie vom zu schätzenden Parameter abweicht. Davon ausgehend nennen wir eine Schätzung $\tilde{T}_n$ *effektiv* (in der Klasse der erwartungstreuen Schätzungen T_n), falls

$$\mathbf{D}_\theta \tilde{T}_n = \inf_{T_n} \mathbf{D}_\theta T_n, \qquad \theta \in \Theta, \tag{3}$$

gilt, wobei $\mathbf{D}_\theta T_n$ die Varianz der Schätzung T_n, d. h. $\mathbf{M}_\theta (T_n - \theta)^2$, ist.

Wir wollen nun zeigen, daß die oben betrachtete Schätzung T_n^* effektiv ist. Wir haben

$$\mathbf{D}_\theta T_n^* = \mathbf{D}_\theta \left(\frac{S_n}{n}\right) = \frac{\mathbf{D}_\theta S_n}{n^2} = \frac{n\theta(1-\theta)}{n^2} = \frac{\theta(1-\theta)}{n}. \tag{4}$$

Aus diesem Grunde ist zum Nachweis der Effektivität von T_n^* bereits die Gültigkeit der Ungleichung

$$\inf_{T_n} \mathbf{D}_\theta T_n \geqq \frac{\theta(1-\theta)}{n} \tag{5}$$

hinreichend. Für $\theta = 0$ oder 1 ist diese Abschätzung offensichtlich. Es sei $\theta \in (0, 1)$ und $p_\theta(x_i) = \theta^{x_i}(1-\theta)^{1-x_i}$. Dann gilt

$$p_\theta(\omega) = \prod_{i=1}^{n} p_\theta(x_i).$$

Wir führen die Bezeichnung

$$L_\theta(\omega) = \ln p_\theta(\omega)$$

ein und erhalten

$$L_\theta(\omega) = \ln \theta \cdot \sum x_i + \ln (1-\theta) \cdot \sum (1 - x_i)$$

sowie

$$\frac{\partial L_\theta(\omega)}{\partial \theta} = \frac{\sum (x_i - \theta)}{\theta(1-\theta)}.$$

Wegen $1 \equiv \mathbf{M}_\theta 1 = \sum_\omega p_\theta(\omega)$ und infolge der Erwartungstreue der Schätzung T_n,

$$\theta \equiv \mathbf{M}_\theta T_n = \sum_\omega T_n(\omega)\, p_\theta(\omega),$$

finden wir durch Differentiation nach θ

$$0 = \sum_\omega \frac{\partial p_\theta(\omega)}{\partial \theta} = \sum_\omega \frac{\left(\frac{\partial p_\theta(\omega)}{\partial \theta}\right)}{p_\theta(\omega)} p_\theta(\omega) = \mathbf{M}_\theta \left[\frac{\partial L_\theta(\omega)}{\partial \theta}\right],$$

$$1 = \sum T_n \frac{\left(\frac{\partial p_\theta(\omega)}{\partial \theta}\right)}{p_\theta(\omega)} p_\theta(\omega) = \mathbf{M}_\theta \left[T_n \frac{\partial L_\theta(\omega)}{\partial \theta}\right].$$

Folglich gilt

$$1 = \mathbf{M}_\theta \left[(T_n - \theta) \frac{\partial L_\theta(\omega)}{\partial \theta}\right]$$

und, gemäß der Cauchy-Bunjakovskijschen Ungleichung,

$$1 \leqq \mathbf{M}_\theta [T_n - \theta]^2 \cdot \mathbf{M}_\theta \left[\frac{\partial L_\theta(\omega)}{\partial \theta}\right]^2.$$

Daraus ergibt sich

$$\mathbf{M}_\theta [T_n - \theta]^2 \geqq \frac{1}{I_n(\theta)}, \tag{6}$$

wobei die Größe $I_n(\theta) = \mathbf{M}_\theta \left[\frac{\partial L_\theta(\omega)}{\partial \theta}\right]^2$ den Namen *Fishersche Information* trägt.

Wir erhalten aus (6) einen Spezialfall der sogenannten Rao-Cramérschen Ungleichung für erwartungstreue Schätzungen T_n:

$$\inf_{T_n} \mathbf{D}_\theta T_n \geqq \frac{1}{I_n(\theta)}. \tag{7}$$

Im betrachteten Fall gilt

$$I_n(\theta) = \mathbf{M}_\theta \left[\frac{\partial L_\theta(\omega)}{\partial \theta}\right]^2 = \mathbf{M}_\theta \left[\frac{\sum (\xi_i - \theta)}{\theta(1-\theta)}\right]^2 = \frac{n\theta(1-\theta)}{[\theta(1-\theta)]^2} = \frac{n}{\theta(1-\theta)},$$

was die Ungleichung (5) beweist, aus der, wie bereits erwähnt, die Effektivität der erwartungstreuen Schätzung $T_n^* = S_n/n$ für den unbekannten Parameter θ folgt.

2. Es ist klar, daß wir bei der Betrachtung von T_n^* als ,,Punktschätzung“ für die Größe θ einen bestimmten Fehler machen. Dabei kann es sogar vorkommen, daß sich der nach den beobachteten Werten $x_1, \ldots, x_n$ berechnete zahlenmäßige Wert von T_n^* vom wahren Wert θ stark unterscheidet. Aus diesem Grunde wäre es zweckmäßig, noch die Größe des Fehlers anzugeben.

Es ist sinnlos zu hoffen, daß die Größen $T_n^*(\omega)$ für alle elementaren Ereignisse nur geringfügig vom wirklichen Wert des unbekannten Parameters θ abweichen. Wir wissen jedoch aus dem Gesetz der großen Zahlen, daß für jedes $\delta > 0$ und hinreichend große n die Wahrscheinlichkeit des Ereignisses $\{|\theta - T_n^*(\omega)| > \delta\}$ beliebig klein wird.

Gemäß der Čebyševschen Ungleichung gilt

$$\mathbf{P}_\theta\{|\theta - T_n^*| > \delta\} \leqq \frac{\mathbf{D}_\theta T_n^*}{\delta^2} = \frac{\theta(1-\theta)}{n\delta^2}$$

und folglich für jedes $\lambda > 0$

$$\mathbf{P}_\theta\left\{|\theta - T_n^*| \leqq \lambda \sqrt{\frac{\theta(1-\theta)}{n}}\right\} \geqq 1 - \frac{1}{\lambda^2}.$$

Wählen wir beispielsweise $\lambda = 3$, so tritt mit der $\mathbf{P}_\theta$-Wahrscheinlichkeit größer als 0,8888 ($1 - 1/3^2 = 8/9 \approx 0{,}8888$) das Ereignis

$$|\theta - T_n^*| \leqq 3 \sqrt{\frac{\theta(1-\theta)}{n}}$$

und erst recht das Ereignis

$$|\theta - T_n^*| \leqq \frac{3}{2\sqrt{n}}$$

ein, da $\theta(1-\theta) \leqq 1/4$ gilt.

Somit folgt

$$\mathbf{P}_\theta\left\{|\theta - T_n^*| \leqq \frac{3}{2\sqrt{n}}\right\} = \mathbf{P}_\theta\left\{T_n^* - \frac{3}{2\sqrt{n}} \leqq \theta \leqq T_n^* + \frac{3}{2\sqrt{n}}\right\} \geqq 0{,}8888.$$

Mit anderen Worten: Wir können behaupten, daß der wirkliche Wert des Parameters θ mit einer Wahrscheinlichkeit größer als 0,8888 im Intervall $\left[T_n^* - 3/2\sqrt{n},\ T_n^* + 3/2\sqrt{n}\right]$ liegt. Manchmal schreibt man diese Aussage symbolisch in der folgenden Form:

$$\theta \cong T_n^* \pm 3/2\sqrt{n} \qquad (\geqq 88\%),$$

wobei „$\geqq 88\%$" bedeutet: in mehr als 88% der Fälle.

Das Intervall $\left[T_n^* - 3/2\sqrt{n},\ T_n^* + 3/2\sqrt{n}\right]$ ist ein Beispiel sogenannter Konfidenzintervalle für den unbekannten Parameter.

Definition. Ein Intervall der Gestalt

$$[\psi_1(\omega),\ \psi_2(\omega)],$$

wobei $\psi_1(\omega)$ und $\psi_2(\omega)$ zwei Funktionen elementarer Ereignisse sind, nennen wir *Konfidenzintervall mit dem Konfidenzniveau* $1 - \delta$ (oder mit der *Irrtumswahrscheinlichkeit* δ), falls für alle $\theta \in \Theta$

$$\mathbf{P}_\theta\{\psi_1(\omega) \leqq \theta \leqq \psi_2(\omega)\} \geqq 1 - \delta$$

gilt.

Die vorangehenden Überlegungen zeigen, daß das Intervall $\left[T_n^* - \lambda/2\sqrt{n}, T_n^* + \lambda/2\sqrt{n}\right]$ ein Konfidenzniveau von $1 - 1/\lambda^2$ besitzt. Tatsächlich liegt dieses Konfidenzniveau wesentlich höher, was damit verbunden ist, daß die Benutzung der Čebyševschen Ungleichung nur eine sehr grobe Abschätzung der Wahrscheinlichkeit der Ereignisse ergibt.

Zur Gewinnung eines genaueren Resultats bemerken wir, daß

$$\left\{\omega\colon |\theta - T_n^*| \leqq \lambda \sqrt{\frac{\theta(1-\theta)}{n}}\right\} = \{\omega : \psi_1(T_n^*, n) \leqq \theta \leqq \psi_2(T_n^*, n)\}$$

gilt, wobei $\psi_1 = \psi_1(T_n^*, n)$ und $\psi_2 = \psi_2(T_n^*, n)$ die Wurzeln der quadratischen Gleichung

$$(\theta - T_n^*)^2 = \frac{\lambda^2}{n}\,\theta(1-\theta)$$

für eine Ellipse sind, die in Abb. 13 dargestellt ist. Wir setzen jetzt

$$F_\theta^n(x) = \mathbf{P}_\theta\left\{\frac{S_n - n\theta}{\sqrt{n\theta(1-\theta)}} \leqq x\right\}.$$

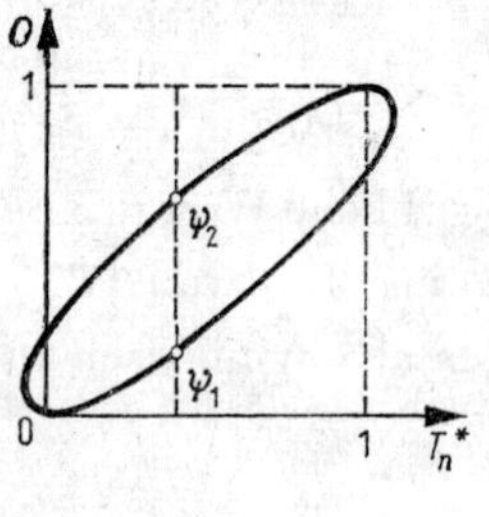

Abb. 13

Dann erhalten wir aus (6.24)

$$\sup_x |F_\theta^n(x) - \Phi(x)| \leqq \frac{1}{\sqrt{n\theta(1-\theta)}}.$$

Falls nun a priori bekannt ist, daß

$$0 < \Delta \leqq \theta \leqq 1 - \Delta \leqq 1$$

gilt, wobei Δ eine gewisse Konstante ist, ergibt sich deshalb

$$\sup_x |F_\theta^n(x) - \Phi(x)| \leqq \frac{1}{\Delta\sqrt{n}}$$

und folglich

$$\mathbf{P}_\theta\{\psi_1(T_n^*, n) \leqq \theta \leqq \psi_2(T_n^*, n)\} = \mathbf{P}_\theta \left\{|\theta - T_n^*| \leqq \lambda \sqrt{\frac{\theta(1-\theta)}{n}}\right\}$$

$$= \mathbf{P}_\theta \left\{\frac{|S_n - n\theta|}{n\theta(1-\theta)} \leqq \lambda\right\}$$

$$\geqq \big(2\Phi(\lambda) - 1\big) - 2/\varDelta \sqrt{n}.$$

Es sei λ^* das kleinste λ mit

$$\big(2\Phi(\lambda) - 1\big) - 2/\varDelta \sqrt{n} \geqq 1 - \delta^*,$$

wobei δ^* die vorgegebene Irrtumswahrscheinlichkeit ist. Bezeichnen wir mit δ die Größe $\delta^* - 2/\varDelta \sqrt{n}$, so ergibt sich, daß λ^* Lösung der Gleichung

$$\Phi(\lambda) = 1 - \delta/2$$

ist. Für große n kann man das Glied $2/\varDelta \sqrt{n}$ vernachlässigen und annehmen, daß λ^* der Beziehung

$$\Phi(\lambda^*) = 1 - \delta^*/2$$

genügt.

Insbesondere erhalten wir für $\lambda^* = 3$ den Wert $1 - \delta^* = 0{,}9973$. Somit gelten mit einer Wahrscheinlichkeit von ungefähr 0,9973 die Ungleichungen

$$T_n^* - 3 \sqrt{\frac{\theta(1-\theta)}{n}} \leqq \theta \leqq T_n^* + 3 \sqrt{\frac{\theta(1-\theta)}{n}}. \tag{8}$$

Nach Iteration und dem Vernachlässigen von Gliedern der Ordnung $o(n^{-3/4})$ finden wir

$$T_n^* - 3 \sqrt{\frac{T_n^*(1-T_n^*)}{n}} \leqq \theta \leqq T_n^* + 3 \sqrt{\frac{T_n^*(1-T_n^*)}{n}}. \tag{9}$$

Demzufolge besitzt das Konfidenzintervall

$$\left[T_n^* - 3/2\sqrt{n},\ T_n^* + 3/2\sqrt{n}\right] \tag{10}$$

(bei großen n) ein Konfidenzniveau von 0,9973 (wogegen die Benutzung der Čebyševschen Ungleichung lediglich ein Konfidenzniveau von ungefähr 0,8888 ergab).

Daraus kann man folgende praktische Schlußfolgerung ziehen. Angenommen, es wird eine lange Reihe von N Versuchsserien durchgeführt. In jeder Serie wird auf der Grundlage von n Beobachtungen der Parameter p geschätzt. In ungefähr 99,73% von N Serien wird sich dann die Schätzung nur um höchstens $3/2\sqrt{n}$ vom wirklichen Wert des Parameters unterscheiden. (Vgl. hierzu auch das Ende von § 5.)

3. Aufgaben

1. Es sei a priori bekannt, daß der Parameter θ seine Werte in der Menge $\Theta_0 \subseteqq [0, 1]$ annimmt. Man konstruiere eine erwartungstreue Schätzung mit Werten, die ausschließlich in Θ_0 liegen.
2. Man finde unter den Voraussetzungen der vorangehenden Aufgabe ein Analogon zur Rao-Cramérschen Ungleichung und betrachte die Frage nach effektiven Schätzungen.
3. Unter den Voraussetzungen der ersten Aufgabe betrachte man die Frage der Konstruktion von Konfidenzintervallen für θ.

§ 8. Bedingte Wahrscheinlichkeiten und Erwartungswerte bezüglich einer Zerlegung

1. Es sei $(\Omega, \mathcal{A}, \mathsf{P})$ ein endlicher Wahrscheinlichkeitsraum und $\mathcal{D} = \{D_1, \ldots, D_k\}$ eine Zerlegung von $\Omega (D_i \in \mathcal{A}, \mathsf{P}(D_i) > 0, i = 1, \ldots, k$, und $D_1 + \cdots + D_k = \Omega)$. Weiterhin sei A ein Ereignis aus $\mathcal{A}$ und $\mathsf{P}(A \mid D_i)$ die bedingte Wahrscheinlichkeit des Ereignisses A bezüglich des Ereignisses D_i. Aus der Gesamtheit der bedingten Wahrscheinlichkeiten $\{\mathsf{P}(A \mid D_i), i = 1, \ldots, k\}$ kann man eine neue zufällige Größe

$$\pi(\omega) = \sum_{i=1}^{k} \mathsf{P}(A \mid D_i) \, I_{D_i}(\omega) \tag{1}$$

(vgl. (4.5)) aufbauen, die auf den Atomen D_i der Zerlegung die Werte $\mathsf{P}(A \mid D_i)$ annimmt. Um den Zusammenhang dieser *zufälligen Größe* mit der Zerlegung $\mathcal{D}$ zu unterstreichen, bezeichnet man sie mit

$$\mathsf{P}(A \mid \mathcal{D}) \quad \text{oder} \quad \mathsf{P}(A \mid \mathcal{D})(\omega)$$

und nennt sie *bedingte Wahrscheinlichkeit des Ereignisses A bezüglich der Zerlegung $\mathcal{D}$*.

Dieser Begriff, aber auch der im folgenden einzuführende allgemeinere Begriff der bedingten Wahrscheinlichkeit bezüglich einer σ-Algebra, spielt in der Wahrscheinlichkeitstheorie eine wichtige Rolle. Die nachfolgenden Darlegungen werden dies schrittweise verdeutlichen.

Zunächst werden wir uns mit den einfachsten Eigenschaften der bedingten Wahrscheinlichkeiten vertraut machen:

Es gilt

$$\mathsf{P}(A + B \mid \mathcal{D}) = \mathsf{P}(A \mid \mathcal{D}) + \mathsf{P}(B \mid \mathcal{D}); \tag{2}$$

falls $\mathcal{D}$ die triviale Zerlegung ist, ergibt sich

$$\mathsf{P}(A \mid \mathcal{D}) = \mathsf{P}(A). \tag{3}$$

Die Definition der bedingten Wahrscheinlichkeit als zufällige Größe gibt uns die Möglichkeit, von ihrem Erwartungswert zu sprechen, unter dessen Ausnutzung man die *Formel der totalen Wahrscheinlichkeit* (3.3) in folgende kompakte Form bringen kann:

$$\mathsf{MP}(A \mid \mathcal{D}) = \mathsf{P}(A). \tag{4}$$

Wegen

$$\mathsf{P}(A \mid \mathscr{D}) = \sum_{i=1}^{k} \mathsf{P}(A \mid D_i)\, I_{D_i}(\omega)$$

erhalten wir gemäß der Definition des Erwartungswertes (siehe (4.5) und (4.6)) tatsächlich

$$\mathsf{MP}(A \mid \mathscr{D}) = \sum_{i=1}^{k} \mathsf{P}(A \mid D_i)\ \mathsf{P}(D_i) = \sum_{i=1}^{k} \mathsf{P}(AD_i) = \mathsf{P}(A).$$

Es sei nun $\eta = \eta(\omega)$ die zufällige Größe

$$\eta(\omega) = \sum_{j=1}^{k} y_j I_{D_j}(\omega),$$

welche die Werte $y_1, \ldots, y_k$ mit positiver Wahrscheinlichkeit annimmt, wobei $D_j = \{\omega : \eta(\omega) = y_j\}$ ist. Die Menge $\mathscr{D}_\eta = \{D_1, \ldots, D_k\}$ heißt die von der zufälligen Größe η erzeugte Zerlegung. Im weiteren werden wir die bedingte Wahrscheinlichkeit $\mathsf{P}(A \mid \mathscr{D}_\eta)$ mit $\mathsf{P}(A \mid \eta)$ oder $\mathsf{P}(A \mid \eta)\,(\omega)$ bezeichnen und sie *bedingte Wahrscheinlichkeit des Ereignisses A bezüglich der zufälligen Größe* η nennen. Wir vereinbaren gleichfalls, daß wir unter $\mathsf{P}(A \mid \eta = y_j)$ die bedingte Wahrscheinlichkeit $\mathsf{P}(A \mid D_j)$ mit $D_j = \{\omega : \eta(\omega) = y_j\}$ verstehen.

Sind $\eta_1, \eta_2, \ldots, \eta_m$ zufällige Größen und ist $\mathscr{D}_{\eta_1,\ldots,\eta_m}$ die von ihnen erzeugte Zerlegung mit den Atomen

$$D_{y_1,y_2,\ldots,y_m} = \{\omega : \eta_1(\omega) = y_1, \ldots, \eta_m(\omega) = y_m\},$$

so bezeichnen wir in analoger Weise $\mathsf{P}(A \mid D_{\eta_1,\ldots,\eta_m})$ mit $\mathsf{P}(A \mid \eta_1, \ldots, \eta_m)$ und sprechen von der *bedingten Wahrscheinlichkeit des Ereignisses A bezüglich der zufälligen Größen* $\eta_1, \ldots, \eta_m$.

Beispiel 1. Es seien ξ und η zwei unabhängige identisch verteilte zufällige Größen, welche die Werte 0 und 1 mit den Wahrscheinlichkeiten p bzw. q annehmen. Wir wollen für $k = 0, 1, 2$ die bedingten Wahrscheinlichkeiten $\mathsf{P}(\xi + \eta = k \mid \eta)$ des Ereignisses $A = \{\omega : \xi + \eta = k\}$ bezüglich η bestimmen.

Zu diesem Zweck erwähnen wir zunächst die folgende allgemeine nützliche Tatsache: Sind ξ und η zwei unabhängige zufällige Größen mit Werten x bzw. y, so gilt

$$\mathsf{P}(\xi + \eta = z \mid \eta = y) = \mathsf{P}(\xi + y = z). \tag{5}$$

Es ergibt sich nämlich

$$\mathsf{P}(\xi + \eta = z \mid \eta = y) = \frac{\mathsf{P}(\xi + \eta = z, \eta = y)}{\mathsf{P}(\eta = y)} = \frac{\mathsf{P}(\xi + y = z, \eta = y)}{\mathsf{P}(\eta = y)}$$

$$= \frac{\mathsf{P}(\xi + y = z)\ \mathsf{P}\eta = y}{\mathsf{P}(\eta = y)} = \mathsf{P}(\xi + y = z).$$

Unter Ausnutzung dieser Formel erhalten wir im betrachteten Fall

$$\begin{aligned}\mathsf{P}(\xi + \eta = k \mid \eta) &= \mathsf{P}(\xi + \eta = k \mid \eta = 0)\, I_{\{\eta=0\}}(\omega) \\ &\quad + \mathsf{P}(\xi + \eta = k \mid \eta = 1)\, I_{\{\eta=1\}}(\omega) \\ &= \mathsf{P}(\xi = k)\, I_{\{\eta=0\}}(\omega) + \mathsf{P}(\xi = k-1)\, I_{\{\eta=1\}}(\omega).\end{aligned}$$

Also haben wir

$$\mathsf{P}(\xi + \eta = k \mid \eta) = \begin{cases} qI_{\{\eta=0\}}(\omega), & k = 0, \\ pI_{\{\eta=0\}}(\omega) + qI_{\{\eta=1\}}(\omega), & k = 1, \\ pI_{\{\eta=1\}}(\omega), & k = 2, \end{cases} \tag{6}$$

oder, was dasselbe ist,

$$\mathsf{P}(\xi + \eta = k \mid \eta) = \begin{cases} q(1-\eta), & k = 0, \\ p(1-\eta) + q\eta, & k = 1, \\ p\eta, & k = 2. \end{cases} \tag{7}$$

2. Es sei $\xi = \xi(\omega)$ eine zufällige Größe mit dem Wertebereich $X = \{x_1, \ldots, x_l\}$:

$$\xi = \sum_{j=1}^{l} x_j I_{A_j}, \qquad A_j = \{\omega : \xi = x_j\},$$

und $\mathscr{D} = \{D_1, \ldots, D_k\}$ sei eine gewisse Zerlegung. Ähnlich wie der Erwartungswert

$$\mathsf{M}\xi = \sum_{j=1}^{l} x_j \mathsf{P}(A_j) \tag{8}$$

der zufälligen Größe ξ mittels der Wahrscheinlichkeiten $P(A_j)$, $j = 1, \ldots, l$, definiert wurde, gelangt man auch mit Hilfe der bedingten Wahrscheinlichkeiten $\mathsf{P}(A_j \mid \mathscr{D})$, $j = 1, \ldots, l$, auf natürliche Weise zur Definition des *bedingten Erwartungswertes der zufälligen Größe ξ bezüglich der Zerlegung $\mathscr{D}$*, bezeichnet mit $\mathsf{M}(\xi \mid \mathscr{D})$ oder mit $\mathsf{M}(\xi \mid \mathscr{D})(\omega)$, indem man

$$\mathsf{M}(\xi \mid \mathscr{D}) = \sum_{j=1}^{l} x_j \mathsf{P}(A_j \mid \mathscr{D}) \tag{9}$$

setzt.

Entsprechend dieser Definition ist der bedingte Erwartungswert $\mathsf{M}(\xi \mid \mathscr{D})(\omega)$ eine zufällige Größe, die für alle elementaren Ereignisse aus ein und demselben Atom D_i ein und denselben Wert $\sum_{j=1}^{l} x_j \mathsf{P}(A_j \mid D_i)$ annimmt. Diese Bemerkung macht deutlich, daß man an die Definition des bedingten Erwartungswertes auch anders herangehen könnte, und zwar indem man zuerst den bedingten Erwartungswert $\mathsf{M}(\xi \mid D_i)$ von ξ bezüglich des Ereignisses D_i durch die Beziehung

$$\mathsf{M}(\xi \mid D_i) = \sum_{j=1}^{l} x_j \mathsf{P}(A_j \mid D_i) \left(= \frac{\mathsf{M}[\xi I_{D_i}]}{\mathsf{P}(D_i)} \right) \tag{10}$$

definiert und danach definitionsgemäß

$$\mathbf{M}(\xi \mid \mathcal{D})(\omega) = \sum_{i=1}^{k} \mathbf{M}(\xi \mid D_i)\, I_{D_i}(\omega) \tag{11}$$

setzt (siehe Abb. 14).

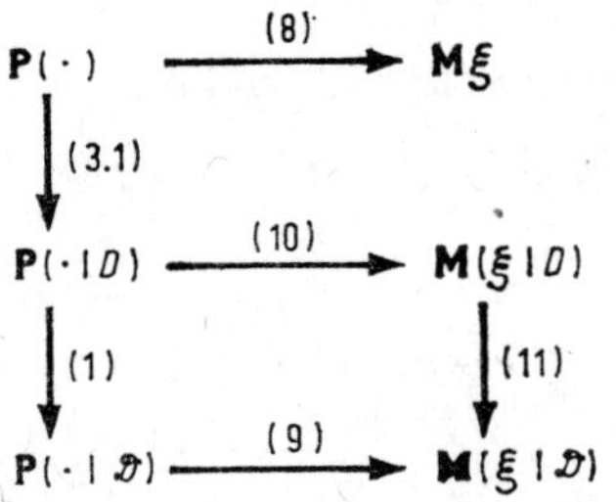

Abb. 14

Es ist ebenfalls nützlich darauf hinzuweisen, daß die Werte $\mathbf{M}(\xi \mid D)$ und $\mathbf{M}(\xi \mid \mathcal{D})$ nicht von der Art der Darstellung der zufälligen Größe ξ abhängen.

Die im folgenden angeführten Eigenschaften bedingter Erwartungswerte ergeben sich unmittelbar aus ihrer Definition:

$$\mathbf{M}(a\xi + b\eta \mid \mathcal{D}) = a\mathbf{M}(\xi \mid \mathcal{D}) + b\mathbf{M}(\eta \mid \mathcal{D}), \qquad a \text{ und } b \text{ konstant}; \tag{12}$$

$$\mathbf{M}(\xi \mid \Omega) = \mathbf{M}\xi; \tag{13}$$

$$\mathbf{M}(C \mid \mathcal{D}) = C, \qquad C \text{ konstant}; \tag{14}$$

für $\xi = I_A(\omega)$ erhalten wir

$$\mathbf{M}(\xi \mid \mathcal{D}) = \mathbf{P}(A \mid \mathcal{D}). \tag{15}$$

Die letzte Gleichheit zeigt insbesondere, daß sich die Eigenschaften der bedingten Wahrscheinlichkeiten direkt aus den Eigenschaften der bedingten Erwartungswerte gewinnen lassen.

Die folgende wichtige Eigenschaft verallgemeinert die *Formel der totalen Wahrscheinlichkeit* (5):

$$\mathbf{MM}(\xi \mid \mathcal{D}) = \mathbf{M}\xi. \tag{16}$$

Für den Beweis genügt es zu bemerken, daß gemäß (5)

$$\mathbf{MM}(\xi \mid \mathcal{D}) = \mathbf{M} \sum_{j=1}^{l} x_j \mathbf{P}(A_j \mid \mathcal{D}) = \sum_{j=1}^{l} x_j \mathbf{MP}(A_j \mid \mathcal{D}) = \sum_{j=1}^{l} x_j \mathbf{P}(A_j) = \mathbf{M}\xi$$

gilt.

Es sei $\mathcal{D} = \{D_1, \ldots, D_k\}$ eine Zerlegung und $\eta = \eta(\omega)$ eine zufällige Größe. Wir nennen η *meßbar bezüglich dieser Zerlegung* oder *$\mathcal{D}$-meßbar*, falls $\mathcal{D}_\eta \leqq \mathcal{D}$ gilt, d. h. $\eta = \eta(\omega)$ in der Form

$$\eta(\omega) = \sum_{i=1}^{k} y_i I_{D_i}(\omega)$$

darstellbar ist, wobei unter den Werten y_i auch gleiche sein können. Mit anderen Worten: Eine zufällige Größe ist genau dann $\mathscr{D}$-meßbar, wenn sie auf den Atomen von $\mathscr{D}$ konstante Werte annimmt.

Beispiel 2. Bezüglich der trivialen Zerlegung $\mathscr{D} = \{\Omega\}$ ist η dann und nur dann meßbar, falls $\eta \equiv C$ gilt, wobei C eine Konstante ist. Jede zufällige Größe η ist bezüglich der Zerlegung $\mathscr{D}_\eta$ meßbar.

Setzen wir voraus, daß die zufällige Größe η $\mathscr{D}$-meßbar ist, so erhalten wir

$$\mathbf{M}(\xi\eta \mid \mathscr{D}) = \eta\mathbf{M}(\xi \mid \mathscr{D}) \tag{17}$$

und insbesondere

$$\mathbf{M}(\eta \mid \mathscr{D}) = \eta \qquad (\mathbf{M}(\eta \mid \mathscr{D}_\eta) = \eta). \tag{18}$$

Zum Beweis von (17) stellen wir fest, daß für $\xi = \sum_{j=1}^{l} x_j I_{A_j}$

$$\xi\eta = \sum_{j=1}^{l} \sum_{i=1}^{k} x_j y_i I_{A_j D_i}$$

und infolgedessen

$$\begin{aligned} \mathbf{M}(\xi\eta \mid \mathscr{D}) &= \sum_{j=1}^{l} \sum_{i=1}^{k} x_j y_i \mathbf{P}(A_j D_i \mid \mathscr{D}) \\ &= \sum_{j=1}^{l} \sum_{i=1}^{k} x_j y_i \sum_{m=1}^{k} \mathbf{P}(A_j D_i \mid D_m)\, I_{D_m}(\omega) \\ &= \sum_{j=1}^{l} \sum_{i=1}^{k} x_j y_i \mathbf{P}(A_j D_i \mid D_i)\, I_{D_i}(\omega) \\ &= \sum_{j=1}^{l} \sum_{i=1}^{k} x_j y_i \mathbf{P}(A_j \mid D_i)\, I_{D_i}(\omega) \end{aligned} \tag{19}$$

gilt. Andererseits erhalten wir unter Berücksichtigung der Beziehungen $I_{D_i}^2 = I_{D_i}$ und $I_{D_i} \cdot I_{D_m} = 0,\ i \neq m$,

$$\begin{aligned} \eta\mathbf{M}(\xi \mid \mathscr{D}) &= \left[\sum_{i=1}^{k} y_i I_{D_i}(\omega)\right] \cdot \left[\sum_{j=1}^{l} x_j \mathbf{P}(A_j \mid \mathscr{D})\right] \\ &= \left[\sum_{i=1}^{k} y_i I_{D_i}(\omega)\right] \cdot \sum_{m=1}^{k} \left[\sum_{j=1}^{l} x_j \mathbf{P}(A_j \mid D_m)\right] \cdot I_{D_m}(\omega) \\ &= \sum_{i=1}^{k} \sum_{j=1}^{l} y_i x_j \mathbf{P}(A_j \mid D_i) \cdot I_{D_i}(\omega). \end{aligned}$$

Das beweist zusammen mit (19) die Aussage (17).

Wir zeigen nun eine weitere wichtige Eigenschaft bedingter Erwartungswerte. Es seien $\mathscr{D}_1$ und $\mathscr{D}_2$ zwei Zerlegungen, die in der Beziehung $\mathscr{D}_1 \leqq \mathscr{D}_2$ stehen (d. h., die Zerlegung $\mathscr{D}_2$ ist „feiner" als $\mathscr{D}_1$). Dann gilt

$$\mathbf{M}[\mathbf{M}(\xi \mid \mathscr{D}_2) \mid \mathscr{D}_1] = \mathbf{M}(\xi \mid \mathscr{D}_1). \tag{20}$$

Zum Beweis sei

$$\mathscr{D}_1 = \{D_{11}, \ldots, D_{1m}\} \quad \text{und} \quad \mathscr{D}_2 = \{D_{21}, \ldots, D_{2n}\}.$$

Mit $\xi = \sum_{j=1}^{l} x_j I_{A_j}$ erhalten wir

$$\mathsf{M}(\xi \mid \mathscr{D}_2) = \sum_{j=1}^{l} x_j \mathsf{P}(A_j \mid \mathscr{D}_2),$$

und es ist nun hinreichend, lediglich die Gleichheit

$$\mathsf{M}[\mathsf{P}(A_j \mid \mathscr{D}_2) \mid \mathscr{D}_1] = \mathsf{P}(A_j \mid \mathscr{D}_1) \tag{21}$$

festzustellen. Wegen

$$\mathsf{P}(A_j \mid \mathscr{D}_2) = \sum_{q=1}^{n} \mathsf{P}(A_j \mid D_{2q})\, I_{D_{2q}}$$

folgt

$$\begin{aligned}
\mathsf{M}[\mathsf{P}(A_j \mid \mathscr{D}_2) \mid \mathscr{D}_1] &= \sum_{q=1}^{n} \mathsf{P}(A_j \mid D_{2q})\, \mathsf{P}(D_{2q} \mid \mathscr{D}_1) \\
&= \sum_{q=1}^{n} \mathsf{P}(A_j \mid D_{2q}) \left[\sum_{p=1}^{m} \mathsf{P}(D_{2q} \mid D_{1p})\, I_{D_{1p}}\right] \\
&= \sum_{p=1}^{m} I_{D_{1p}} \cdot \sum_{q=1}^{n} \mathsf{P}(A_j \mid D_{2q})\, \mathsf{P}(D_{2q} \mid D_{1p}) \\
&= \sum_{p=1}^{m} I_{D_{1p}} \cdot \sum_{\{q:\, D_{2q} \subseteq D_{1p}\}} \mathsf{P}(A_j \mid D_{2q})\, \mathsf{P}(D_{2q} \mid D_{1p}) \\
&= \sum_{p=1}^{m} I_{D_{1p}} \cdot \sum_{\{q:\, D_{2q} \subseteq D_{1p}\}} \frac{\mathsf{P}(A_j D_{2q})}{\mathsf{P}(D_{2q})} \cdot \frac{\mathsf{P}(D_{2q})}{\mathsf{P}(D_{1p})} \\
&= \sum_{p=1}^{m} I_{D_{1p}} \cdot \mathsf{P}(A_j \mid D_{1p}) = \mathsf{P}(A_j \mid \mathscr{D}_1).
\end{aligned}$$

Damit ist (21) bewiesen.

Falls die Zerlegung $\mathscr{D}$ durch die zufälligen Größen $\eta_1, \ldots, \eta_k$ ($\mathscr{D} = \mathscr{D}_{\eta_1, \ldots, \eta_k}$) erzeugt wird, so bezeichnen wir den bedingten Erwartungswert $\mathsf{M}(\xi \mid \mathscr{D}_{\eta_1, \ldots, \eta_k})$ mit $\mathsf{M}(\xi \mid \eta_1, \ldots, \eta_k)$ oder $\mathsf{M}(\xi \mid \eta_1, \ldots, \eta_k)(\omega)$ und nennen ihn *bedingten Erwartungswert von ξ bezüglich $\eta_1, \ldots, \eta_k$*.

Unmittelbar aus der Definition von $\mathsf{M}(\xi \mid \eta)$ erhalten wir für unabhängige zufällige Größen ξ und η

$$\mathsf{M}(\xi \mid \eta) = \mathsf{M}\xi. \tag{22}$$

Aus (18) folgt ebenfalls

$$\mathsf{M}(\eta \mid \eta) = \eta. \tag{23}$$

Die Eigenschaft (22) erlaubt folgende Verallgemeinerung. Die zufällige Größe ξ möge nicht von der Zerlegung $\mathscr{D}$ abhängen (d. h., für alle $D_i \in \mathscr{D}$ seien die zufälligen Größen ξ und I_{D_i} unabhängig). Dann erhalten wir

$$\mathbf{M}(\xi \mid \mathscr{D}) = \mathbf{M}\xi. \tag{24}$$

Aus (20) gelangen wir insbesondere zu folgender nützlichen Formel:

$$\mathbf{M}[\mathbf{M}(\xi \mid \eta_1, \eta_2) \mid \eta_1] = \mathbf{M}(\xi \mid \eta_1). \tag{25}$$

Beispiel 3. Für die in Beispiel 1 betrachteten zufälligen Größen ξ und η bestimmen wir $\mathbf{M}(\xi + \eta \mid \eta)$. Infolge von (22) und (23) ergibt sich

$$\mathbf{M}(\xi + \eta \mid \eta) = \mathbf{M}\xi + \eta = p + \eta.$$

Dieses Resultat kann man auch aus der Beziehung (8) herleiten:

$$\mathbf{M}(\xi + \eta \mid \eta) = \sum_{k=0}^{2} k\mathbf{P}(\xi + \eta = k \mid \eta) = p(1 - \eta) + q\eta + 2p\eta = p + \eta.$$

Beispiel 4. Es seien ξ und η unabhängige identisch verteilte zufällige Größen. Dann gilt

$$\mathbf{M}(\xi \mid \xi + \eta) = \mathbf{M}(\eta \mid \xi + \eta) = \frac{\xi + \eta}{2}. \tag{26}$$

Zum Beweis nehmen wir der Einfachheit halber an, daß ξ und η die Werte $1, 2, \ldots, m$ annehmen, und finden dann (für $1 \leqq k \leqq m$, $2 \leqq l \leqq 2m$)

$$\begin{aligned}\mathbf{P}(\xi = k \mid \xi + \eta = l) &= \frac{\mathbf{P}(\xi = k, \xi + \eta = l)}{\mathbf{P}(\xi + \eta = l)} = \frac{\mathbf{P}(\xi = k, \eta = l - k)}{\mathbf{P}(\xi + \eta = l)} \\ &= \frac{\mathbf{P}(\xi = k)\, P(\eta = l - k)}{\mathbf{P}(\xi + \eta = l)} = \frac{\mathbf{P}(\eta = k)\, \mathbf{P}(\xi = l - k)}{\mathbf{P}(\xi + \eta = l)} \\ &= \mathbf{P}(\eta = k \mid \xi + \eta = l).\end{aligned}$$

Damit ist die erste Gleichheit in (26) bewiesen. Für den Beweis der zweiten Gleichheit genügen nun folgende Feststellungen:

$$2\mathbf{M}(\xi \mid \xi + \eta) = \mathbf{M}(\xi \mid \xi + \eta) + \mathbf{M}(\eta \mid \xi + \eta) = \mathbf{M}(\xi + \eta \mid \xi + \eta) = \xi + \eta.$$

3. Bereits in § 1 hatten wir hervorgehoben, daß jeder Zerlegung $\mathscr{D} = \{D_1, \ldots, D_k\}$ der endlichen Menge Ω eine Algebra $\alpha(\mathscr{D})$ von Teilmengen von Ω entspricht. Genauso gilt umgekehrt, daß jede Algebra $\mathscr{B}$ von Teilmengen der endlichen Menge Ω durch eine gewisse Zerlegung $\mathscr{D}$ $\big(\mathscr{B} = \alpha(\mathscr{D})\big)$ erzeugt wird. Auf diese Weise besteht zwischen Algebren und Zerlegungen der endlichen Menge eine eineindeutige Zuordnung. Diesen Umstand gilt es in Verbindung mit dem im weiteren einzuführenden Begriff des bedingten Erwartungswertes bezüglich spezieller Mengensysteme, den sogenannten σ-Algebren, zu beachten.

Im Fall endlicher Räume stimmen die Begriffe Algebra und σ-Algebra überein. Dabei erweist es sich, daß der im weiteren (Kapitel II, § 7) einzuführende bedingte

Erwartungswert $\mathsf{M}(\xi \mid \mathscr{B})$ der zufälligen Größe ξ bezüglich der Algebra $\mathscr{B}$ einfach mit dem bedingten Erwartungswert $\mathsf{M}(\xi \mid \mathscr{D})$ bezüglich derjenigen Zerlegung $\mathscr{D}$ übereinstimmt, die $\mathscr{B}$ erzeugt $(\mathscr{B} = \alpha(\mathscr{D}))$. In diesem Sinne werden wir im weiteren keinen Unterschied zwischen $\mathsf{M}(\xi \mid \mathscr{B})$ und $\mathsf{M}(\xi \mid \mathscr{D})$ machen und unter $\mathsf{M}(\xi \mid \mathscr{B})$ stets nach Definition $\mathsf{M}(\xi \mid \mathscr{D})$ verstehen.

4. Aufgaben

1. Man finde ein Beispiel für zwei zufällige Größen ξ und η, welche nicht unabhängig sind, für die aber dennoch

$$\mathsf{M}(\xi \mid \eta) = \mathsf{M}\xi$$

gilt (vgl. mit Aussage (22)).

2. Die zufällige Größe

$$\mathsf{D}(\xi \mid \mathscr{D}) = \mathsf{M}[(\xi - \mathsf{M}(\xi \mid \mathscr{D}))^2 \mid \mathscr{D}]$$

heißt bedingte Varianz von ξ bezüglich der Zerlegung $\mathscr{D}$. Man zeige die Gleichheit

$$\mathsf{D}\xi = \mathsf{MD}(\xi \mid \mathscr{D}) + \mathsf{DM}(\xi \mid \mathscr{D}).$$

3. Von der Beziehung (17) ausgehend zeige man, daß der bedingte Erwartungswert $\mathsf{M}(\xi \mid \eta)$ für jede Funktion $f = f(\eta)$ die Eigenschaft

$$\mathsf{M}[f(\eta)\, \mathsf{M}(\xi \mid \eta)] = \mathsf{M}[\xi f(\eta)]$$

besitzt.

4. Es seien ξ und η zufällige Größen. Man zeige, daß $\inf \mathsf{M}(\eta - f(\xi))^2$ in der Funktion $f^*(\xi) = \mathsf{M}(\eta \mid \xi)$ angenommen wird. (Somit ist die gemäß ξ im Quadratmittel optimale Schätzung von η gerade der bedingte Erwartungswert $\mathsf{M}(\eta \mid \xi)$.)

5. Es seien $\xi_1, \ldots, \xi_n, \tau$ unabhängige zufällige Größen, wobei $\xi_1, \ldots, \xi_n$ identisch verteilt seien und τ die Werte $1, 2, \ldots, n$ annehme. Man zeige, daß für die Summe $S_\tau = \xi_1 + \cdots + \xi_\tau$ einer zufälligen Anzahl zufälliger Größen die Beziehungen

$$\mathsf{M}(S_\tau \mid \tau) = \tau \mathsf{M}\xi_1, \qquad \mathsf{D}(S_\tau \mid \tau) = \tau \mathsf{D}\xi_1$$

und

$$\mathsf{M}S_\tau = \mathsf{M}\tau \mathsf{M}\xi_1, \qquad \mathsf{D}S_\tau = \mathsf{M}\tau \mathsf{D}\xi_1 = \mathsf{D}\tau(\mathsf{M}\xi_1)^2$$

gelten.

6. Man beweise die Gleichheit (24).

§ 9. Zufällige Irrfahrt
I. Wahrscheinlichkeit des Ruins und durchschnittliche Spieldauer beim Münzwurf

1. Die Bedeutung der in § 6 aufgestellten Grenzwertsätze erschöpft sich bei weitem nicht in der Bereitstellung geeigneter Formeln zur Berechnung der Wahrscheinlichkeiten $\mathsf{P}(S_n = k)$ und $\mathsf{P}(A < S_n \leqq B)$. Die Rolle dieser Sätze besteht vor allem auch darin, daß sie universellen Charakter tragen, d. h., daß sie nicht nur für unabhängige Bernoullische zufällige Größen $\xi_1, \ldots, \xi_n$, die insgesamt nur zwei Werte annehmen, ihre

Gültigkeit behalten, sondern auch für zufällige Größen von viel allgemeinerer Natur. In diesem Sinne stellte das Bernoulli-Schema ein einfaches Modell dar, mit dem viele wahrscheinlichkeitstheoretische Gesetzmäßigkeiten erfaßt wurden, die auch wesentlich allgemeineren Modellen eigen sind.

In diesem und im nächsten Paragraphen wird eine Reihe neuer wahrscheinlichkeitstheoretischer Gesetzmäßigkeiten untersucht, die mitunter völlig unerwartete Besonderheiten besitzen. Alle Betrachtungen werden wieder für das Bernoulli-Schema durchgeführt, obwohl die meisten Schlußfolgerungen über die zufälligen Fluktuationen für zufällige Irrfahrten allgemeinerer Art gültig bleiben.

2. Wir betrachten das Bernoulli-Schema $(\Omega, \mathcal{A}, \mathbf{P})$, wobei $\Omega = \{\omega : \omega = (x_1, \ldots, x_n), x_i = \pm 1\}$, $\mathcal{A}$ das System aller Teilmengen von Ω und $p(\omega) = p^{\nu(\omega)} q^{n-\nu(\omega)}$, $\nu(\omega) = \dfrac{\sum x_i + n}{2}$ ist. Es sei $\xi_i(\omega) = x_i$, $i = 1, \ldots, n$. Wie wir schon wissen, ist dann $\xi_1, \ldots, \xi_n$ eine Folge unabhängiger Bernoullischer zufälliger Größen:

$$\mathbf{P}(\xi_i = 1) = p, \qquad \mathbf{P}(\xi_i = -1) = q, \qquad p + q = 1.$$

Wir setzen $S_0 = 0$, $S_k = \xi_1 + \cdots + \xi_k$, $1 \leqq k \leqq n$. Die Folge $S_0, S_1, \ldots, S_n$ kann man als eine Trajektorie der zufälligen Irrfahrt eines Teilchens ansehen, welches in 0 startet. Dabei ist $S_{k+1} = S_k + \xi_k$, d. h., wenn sich das Teilchen zum Zeitpunkt k im Punkt S_k befindet, bewegt es sich zum Zeitpunkt $k + 1$ entweder um eine Einheit nach oben (mit der Wahrscheinlichkeit p) oder um eine Einheit nach unten (mit der Wahrscheinlichkeit q).

Es seien A und B zwei ganze Zahlen $A \leqq 0 \leqq B$. Eine der interessanten Aufgaben, die mit der betrachteten zufälligen Irrfahrt zusammenhängen, besteht in der Untersuchung der Frage, mit welcher Wahrscheinlichkeit das umherirrende Teilchen in n Schritten das Intervall (A, B) verläßt. Interessant ist gleichfalls die Frage, mit welcher Wahrscheinlichkeit der Austritt aus (A, B) im Punkt A oder B erfolgt.

Die Natürlichkeit dieser Fragestellungen wird besonders verständlich, wenn wir die folgende Interpretation als Spiel verwenden. Wir stellen uns zwei Spieler (der „erste" und der „zweite" genannt) mit dem Anfangskapital $-A$ bzw. B vor. Bei $\xi_i = +1$ muß der zweite Spieler eine Einheit seines Kapitals dem ersten auszahlen; bei $\xi_i = -1$ jedoch zahlt umgekehrt der erste dem zweiten. Somit kann man $S_k = \xi_1 + \cdots + \xi_k$ als Größe des Gewinns des ersten Spielers beim zweiten (bei $S_k < 0$ handelt es sich eigentlich um die Größe des Verlusts des ersten Spielers gegenüber dem zweiten) nach k Spielen auffassen.

In jenem Zeitpunkt $k \leqq n$, in dem zuerst $S_k = B$ $(S_k = A)$ eintritt, ist das Kapital des zweiten (ersten) Spielers gleich 0, er ist ruiniert. (Falls $k < n$ gilt, muß man den Abbruch des Spiels zum Zeitpunkt k annehmen, obwohl die Irrfahrt selbst bis zum Zeitpunkt n einschließlich definiert bleibt.)

Bevor wir zu den exakten Fragestellungen übergehen, führen wir einige Bezeichnungen ein.

Es sei x eine ganze Zahl aus dem Intervall $[A, B]$, und für $0 \leqq k \leqq n$ sei $S_k^x = x + S_k$ sowie

$$\tau_k^x = \min\{0 \leqq l \leqq k : S_l^x = A \text{ oder } B\}, \tag{1}$$

wobei wir nach Vereinbarung $\tau_k^x = k$ setzen, falls $A < S_l^x < B$ für alle $0 \leqq l \leqq k$ erfüllt ist.

Für jedes $0 \leqq k \leqq n$ und $x \in [A, B]$ ist der Zeitpunkt τ_k^x, genannt *Stoppzeit* (vgl. § 11), eine ganzzahlige zufällige Größe, die auf dem Raum Ω der elementaren Ereignisse definiert ist. (Die Abhängigkeit der Größe τ_k^x von ω wird nicht explizit angegeben.)

Es ist klar, daß für alle $l \leq k$ die Menge $\{\omega : \tau_k^x = l\}$ das Ereignis ist, das darin besteht, daß die zum Zeitpunkt 0 im Punkt x beginnende zufällige Irrfahrt $\{S_i^x : 0 \leqq i \leqq k\}$ das Intervall (A, B) zum Zeitpunkt l verläßt. Außerdem ist klar, daß für $l \leqq k$ die Ereignisse $\{\omega : \tau_k^x = l, S_l^x = A\}$ und $\{\omega : \tau_k^x = l, S_l^x = B\}$ bedeuten, daß das umherirrende Teilchen zum Zeitpunkt l das Intervall (A, B) im Punkt A bzw. B verläßt.

Wir setzen für alle $0 \leqq k \leqq n$

$$\mathcal{A}_k^x = \sum_{0 \leqq l \leqq k} \{\omega : \tau_k^x = l, S_l^x = A\}, \qquad \mathcal{B}_k^x = \sum_{0 \leqq l \leqq k} \{\omega : \tau_k^x = l, S_l^x = B\}. \tag{2}$$

Es seien

$$\alpha_k(x) = \mathbf{P}(\mathcal{A}_k^x) \quad \text{und} \quad \beta_k(x) = \mathbf{P}(\mathcal{B}_k^x)$$

die Austrittswahrscheinlichkeiten aus dem Intervall (A, B) im Punkt A bzw. B im Zeitraum $[0, k]$. Für diese Wahrscheinlichkeiten kann man Rekursionsbeziehungen aufstellen, aus denen sich schrittweise $\alpha_1(x), \ldots, \alpha_n(x)$ und $\beta_1(x), \ldots, \beta_n(x)$ errechnen lassen.

Es sei also $A < x < B$. Selbstverständlich gilt $\alpha_0(x) = \beta_0(x) = 0$. Für $1 \leqq k \leqq n$ erhalten wir nach Formel (8.5)

$$\begin{aligned}\beta_k(x) = \mathbf{P}(\mathcal{B}_k^x) &= \mathbf{P}(\mathcal{B}_k^x \mid S_1^x = x + 1)\,\mathbf{P}(\xi_1 = 1) \\ &\quad + \mathbf{P}(\mathcal{B}_k^x \mid S_1^x = x - 1)\,\mathbf{P}(\xi_1 = -1) \\ &= p\mathbf{P}(\mathcal{B}_k^x \mid S_1^x = x + 1) + q\mathbf{P}(\mathcal{B}_k^x \mid S_1^x = x - 1).\end{aligned} \tag{3}$$

Wir zeigen jetzt

$$\mathbf{P}(\mathcal{B}_k^x \mid S_l^x = x + 1) = \mathbf{P}(\mathcal{B}_{k-1}^{x+1}) \quad \text{und} \quad \mathbf{P}(\mathcal{B}_k^x \mid S_l^x = x - 1) = \mathbf{P}(\mathcal{B}_{k-1}^{x-1}).$$

Zu diesem Zweck bemerken wir, daß die Menge $\mathcal{B}_k^x$ in der Form

$$\mathcal{B}_k^x = \{\omega : (x, x + \xi_1, \ldots, x + \xi_1 + \cdots + \xi_k) \in B_k^x\}$$

dargestellt werden kann, wobei B_k^x die Menge aller Trajektorien der Gestalt

$$(x, x + x_1, \ldots, x + x_1 + \cdots + x_k)$$

mit $x_l = \pm 1$ ist, die im Zeitraum $[0, k]$ das erste Mal das Intervall (A, B) im Punkt B verlassen (Abb. 15).

Wir stellen die Menge B_k^x in der Form $B_k^{x,x+1} + B_k^{x,x-1}$ dar, wobei $B_k^{x,x+1}$ und $B_k^{x,x-1}$ jene Trajektorien aus B_k^x enthalten, für die $x_1 = +1$ bzw. $x_1 = -1$ gilt.

Wir sehen, daß jede Trajektorie $(x, x + 1, x + 1 + x_2, \ldots, x + 1 + x_2 + \cdots + x_k)$ aus $B_k^{x,x+1}$ in eineindeutiger Beziehung zu der Trajektorie $(x + 1, x + 1 + x_2, \ldots,$

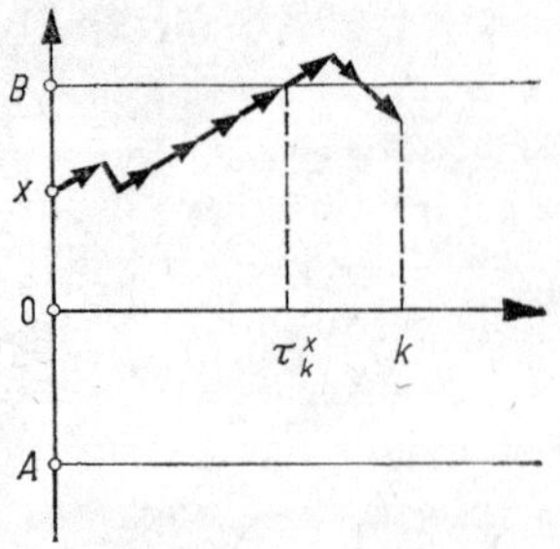

Abb. 15
Beispiel für eine Trajektorie aus der Menge B_k^x

$x + 1 + x_2 + \cdots + x_k$) aus B_{k-1}^{x+1} steht. Dasselbe gilt auch für Trajektorien aus $B_k^{x,x-1}$. Unter Berücksichtigung dieser Tatsachen, aber auch der Unabhängigkeit, der identischen Verteilung von $\xi_1, \ldots, \xi_k$ und der Formel (8.6) erhalten wir

$$\begin{aligned}\mathsf{P}(\mathcal{B}_k^x \mid S_1^x = x + 1) &= \mathsf{P}(\mathcal{B}_k^x \mid \xi_1 = 1) \\ &= \mathsf{P}\{(x, x + \xi_1, \ldots, x + \xi_1 + \cdots + \xi_k) \in B_k^x \mid \xi_1 = 1\} \\ &= \mathsf{P}\{(x + 1, x + 1 + \xi_2, \ldots, x + 1 + \xi_2 + \cdots + \xi_k) \\ &\quad \in B_{k-1}^{x+1}\} \\ &= \mathsf{P}\{(x + 1, x + 1 + \xi_1, \ldots, x + 1 + \xi_1 + \cdots + \xi_{k-1}) \\ &\quad \in B_{k-1}^{x+1}\} \\ &= \mathsf{P}(\mathcal{B}_{k-1}^{x+1}).\end{aligned}$$

Genau auf die gleiche Weise ergibt sich

$$\mathsf{P}(\mathcal{B}_k^x \mid S_1^x = x - 1) = \mathsf{P}(\mathcal{B}_{k-1}^{x-1}).$$

Somit gilt infolge von (3) für $x \in (A, B)$ und $k \leqq n$

$$\beta_k(x) = p\beta_{k-1}(x + 1) + q\beta_{k-1}(x - 1) \tag{4}$$

mit

$$\beta_l(B) = 1 \quad \text{und} \quad \beta_l(A) = 0, \qquad 0 \leqq l \leqq n. \tag{5}$$

Analog erhält man

$$\alpha_k(x) = p\alpha_{k-1}(x + 1) + q\alpha_{k-1}(x - 1) \tag{6}$$

mit

$$\alpha_l(A) = 1 \quad \text{und} \quad \alpha_l(B) = 0, \qquad 0 \leqq l \leqq n.$$

Wegen $\alpha_0(x) = \beta_0(x) = 0$, $x \in (A, B)$, können die erhaltenen Rekursionsbeziehungen (zumindest prinzipiell) für das Auffinden der Wahrscheinlichkeiten $\alpha_1(x), \ldots, \alpha_n(x)$ und $\beta_1(x), \ldots, \beta_n(x)$ genutzt werden. Wir lassen die konkrete Berechnung dieser Wahrscheinlichkeiten beiseite und fragen nach ihren Werten für große n.

Zu diesem Zweck bemerken wir, daß wegen $\mathcal{B}_{k-1}^x \subset \mathcal{B}_k^x$ für $k \leqq n$ die Ungleichung $\beta_{k-1}(x) \leqq \beta_k(x) \leqq 1$ folgt. Deshalb ist es natürlich zu erwarten (und so ist es dann auch; vgl. Nr. 3), daß die Wahrscheinlichkeit $\beta_n(x)$ für hinreichend große n nahe der Lösung $\beta(x)$ der Gleichung

$$\beta(x) = p\beta(x + 1) + q\beta(x - 1) \tag{7}$$

mit den Randbedingungen

$$\beta(B) = 1 \quad \text{und} \quad \beta(A) = 0 \tag{8}$$

liegt, die durch einen formalen Grenzübergang aus (4) und (5) gewonnen werden.

Zur Lösung der Aufgabe (7), (8) setzen wir zunächst $p \neq q$ voraus. Man sieht leicht, daß die betrachtete Gleichung zwei spezielle Lösungen a und $b(q/p)^x$ mit Konstanten a und b besitzt. Deshalb suchen wir die Lösung $\beta(x)$ in der Form

$$\beta(x) = a + b(q/p)^x. \tag{9}$$

Unter Berücksichtigung von (8) ergibt sich für alle $A \leqq x \leqq B$

$$\beta(x) = \frac{(q/p)^x - (q/p)^A}{(q/p)^B - (q/p)^A}. \tag{10}$$

Wir wollen zeigen, daß das die *eindeutige* Lösung der betrachteten Aufgabe ist. Zu diesem Zweck genügt es zu zeigen, daß alle Lösungen der Aufgabe (7), (8) in der Form (9) dargestellt werden können.

Es sei $\tilde{\beta}(x)$ eine Lösung mit $\tilde{\beta}(A) = 0$ und $\tilde{\beta}(B) = 1$. Dann existieren stets Konstanten $\tilde{a}$ und $\tilde{b}$, so daß

$$\tilde{a} + \tilde{b}\,(q/p)^A = \tilde{\beta}(A) \quad \text{und} \quad \tilde{a} + \tilde{b}(q/p)^{A+1} = \tilde{\beta}(A+1)$$

gilt. Aus (7) folgt nun

$$\tilde{\beta}(A+2) = \tilde{a} + \tilde{b}(q/p)^{A+2}$$

und allgemein

$$\tilde{\beta}(x) = \tilde{a} + \tilde{b}(q/p)^x.$$

Demzufolge ist die gefundene Lösung (10) die eindeutige Lösung der betrachteten Aufgabe.

Analoge Überlegungen zeigen, daß die eindeutige Lösung der Gleichung

$$\alpha(x) + p\alpha(x+1) + q\alpha(x-1), \qquad x \in (A, B), \tag{11}$$

mit den Randbedingungen

$$\alpha(A) = 1 \quad \text{und} \quad \alpha(B) = 0 \tag{12}$$

durch die Formel

$$\alpha(x) = \frac{(q/p)^B - (q/p)^x}{(q/p)^B - (q/p)^A}, \qquad A \leqq x \leqq B, \tag{13}$$

gegeben ist.

Falls jedoch $p = q = 1/2$ gilt, sind die eindeutigen Lösungen $\beta(x)$ und $\alpha(x)$ der Aufgaben (7), (8) und (11), (12)

$$\beta(x) = \frac{x - A}{B - A} \tag{14}$$

bzw.

$$\alpha(x) = \frac{B - x}{B - A}. \tag{15}$$

Wir sehen, daß für beliebiges $0 \leqq p \leqq 1$

$$\alpha(x) + \beta(x) = 1 \tag{16}$$

gilt.

Man ist geneigt, die Größen $\alpha(x)$ und $\beta(x)$ Ruinwahrscheinlichkeiten des ersten bzw. zweiten Spielers bei unbegrenzter Spielanzahl zu nennen (wenn das Startkapital des ersten Spielers $x - A$ und des zweiten $x - B$ ist). Das setzt selbstverständlich die Existenz einer unendlichen Folge unabhängiger Bernoullischer zufälliger Größen $\xi_1, \xi_2, \ldots$ voraus, wobei $\xi_i = +1$ als Gewinn des ersten Spielers und $\xi_i = -1$ als sein Verlust gedeutet wird. Der zu Beginn dieses Paragraphen eingeführte Wahrscheinlichkeitsraum $(\Omega, \mathcal{A}, \mathbf{P})$ erweist sich jedoch für die Existenz einer solchen unendlichen Folge unabhängiger zufälliger Größen als zu „arm". Im weiteren werden wir sehen, daß man eine solche Folge wirklich konstruieren kann und die Größen $\beta(x)$ und $\alpha(x)$ tatsächlich die Ruinwahrscheinlichkeiten bei unbegrenzter Schrittzahl sind.

Wir wenden uns nun einigen Folgerungen zu, die man aus den erhaltenen Formeln ableiten kann.

Setzen wir $A = 0$, $0 \leqq x \leqq B$, so ist die Funktion $\beta(x)$ sinngemäß die Wahrscheinlichkeit dafür, daß das aus dem Zustand x startende Teilchen den Punkt B früher als den Punkt 0 erreicht. Aus den Beziehungen (10) und (14) folgt (Abb. 16)

$$\beta(x) = \begin{cases} x/B, & p = q = 1/2, \\ \dfrac{(q/p)^x - 1}{(q/p)^B - 1}, & p \neq q. \end{cases} \tag{17}$$

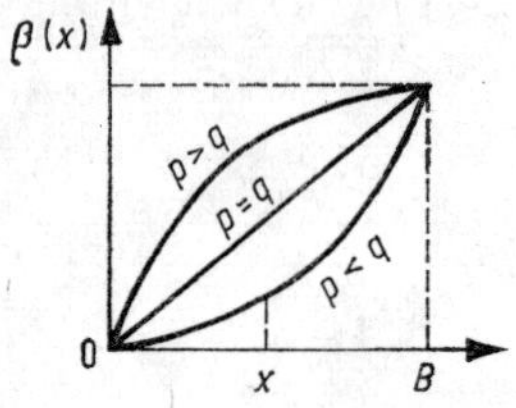

Abb. 16
Bild der Funktion $\beta(x)$, der Wahrscheinlichkeit dafür, daß das in x startende Teilchen den Punkt B früher als den Punkt 0 erreicht

Es sei weiter $q > p$. Das bedeutet, für den ersten Spieler ist das Spiel ungünstig. Im Grenzfall ergibt sich für seine Ruinwahrscheinlichkeit $\alpha = \alpha(0)$

$$\alpha = \frac{(q/p)^B - 1}{(q/p)^B - (q/p)^A}.$$

Wir nehmen nun eine Änderung der Spielbedingungen an: Das Kapital der Spieler beträgt wie vorher $-A$ und B, nur sei der Einsatz nun 1/2 und nicht 1 wie früher. Anders ausgedrückt sei nun $\mathbf{P}(\xi_i = 1/2) = p$ und $\mathbf{P}(\xi_i = -1/2) = q$. Wir bezeichnen für diesen Fall den Grenzwert der Ruinwahrscheinlichkeit des ersten Spielers mit $\alpha_{1/2}$. Dann erhält man

$$\alpha_{1/2} = \frac{(q/p)^{2B} - 1}{(q/p)^{2B} - (q/p)^{2A}}$$

und folglich

$$\alpha_{1/2} = \alpha \frac{(q/p)^B + 1}{(q/p)^B + (q/p)^A} > \alpha$$

für $q > p$.

Daraus ergibt sich der folgende Schluß: *Ist für den ersten Spieler das Spiel ungünstig (d. h. $q > p$), so verringert eine Verdoppelung des Einsatzes die Wahrscheinlichkeit seines Ruins.*

3. Wir wollen uns nun der Frage zuwenden, mit welcher Geschwindigkeit $\alpha_n(x)$ und $\beta_n(x)$ gegen ihre Grenzwerte $\alpha(x)$ bzw. $\beta(x)$ konvergieren.

Der Einfachheit halber setzen wir $x = 0$ voraus und führen die Bezeichnungen

$$\alpha_n = \alpha_n(0),\ \beta_n = \beta_n(0) \quad \text{und} \quad \gamma_n = 1 - (\alpha_n + \beta_n)$$

ein.

Offenbar ist

$$\gamma_n = \mathbf{P}\{A < S_k < B,\ 0 \leqq k \leqq n\},$$

wobei $\{A < S_k < B,\ 0 \leqq k \leqq n\}$ das Ereignis

$$\bigcap_{0 \leqq k \leqq n} \{A < S_k < B\}$$

bezeichnet. Für ganzzahlige r und m sei $n = rm$ und

$$\begin{aligned} \zeta_1 &= \xi_1 + \cdots + \xi_m, \\ \zeta_2 &= \xi_{m+1} + \cdots + \xi_{2m}, \\ &\cdots\cdots\cdots\cdots\cdots\cdots \\ \zeta_r &= \xi_{m(r-1)+1} + \cdots + \xi_{rm}. \end{aligned}$$

Falls $C = |A| + B$ gilt, überzeugt man sich leicht von der Inklusion

$$\{A < S_k < B,\ 1 \leqq k \leqq rm\} \subseteqq \{|\zeta_1| < C, \ldots, |\zeta_r| < C\}.$$

Folglich gilt aufgrund der Unabhängigkeit von $\zeta_1, \ldots, \zeta_r$ und ihrer identischen Verteilung

$$\begin{aligned} \gamma_n &\leqq \mathbf{P}\{|\zeta_1| < C, \ldots, |\zeta_r| < C\} \\ &= \prod_{i=1}^{r} \mathbf{P}\{|\zeta_i| < C\} = (\mathbf{P}\{|\zeta_1| < C\})^r. \end{aligned} \tag{18}$$

Wir bemerken, daß die Beziehung $\mathbf{D}\zeta_1 = m[1 - (p - q)^2]$ erfüllt ist. Deshalb erhalten wir für $0 < p < 1$ und hinreichend große m

$$\mathbf{P}\{|\zeta_1| < C\} \leqq \varepsilon_1 \tag{19}$$

mit $\varepsilon_1 < 1$, da für $\mathbf{P}\{|\zeta_1| < C\} = 1$ die Ungleichung $\mathbf{D}\zeta_1 \leqq C^2$ gilt.

Für $p = 0$ oder $p = 1$ erhält man bei hinreichend großen m die Beziehung $\mathbf{P}\{|\zeta_1| < C\} = 0$, und infolgedessen gilt (19) für alle $0 \leqq p \leqq 1$.

Aus (18) und (19) folgt für hinreichend große n

$$\gamma_n \leqq \varepsilon^n \tag{20}$$

mit $\varepsilon = \varepsilon_1^{1/m} < 1$.

Nach (16) ist $\alpha + \beta = 1$. Deshalb gilt

$$(\alpha - \alpha_n) + (\beta - \beta_n) = \gamma_n$$

und wegen $\alpha \geqq \alpha_n$, $\beta \geqq \beta_n$ auch

$$0 \leqq \alpha - \alpha_n \leqq \gamma_n \leqq \varepsilon^n, \qquad 0 \leqq \beta - \beta_n \leqq \gamma_n \leqq \varepsilon^n, \qquad \varepsilon < 1.$$

Analoge Abschätzungen sind auch für die Differenzen $\alpha(x) - \alpha_n(x)$ und $\beta(x) - \beta_n(x)$ gültig.

4. Wir wenden uns nun der Frage nach der *durchschnittlichen Dauer* der zufälligen Irrfahrt zu.

Es sei $m_k(x) = \mathbf{M}\tau_k^x$ der Erwartungswert der Stoppzeit τ_k^x, $k \leqq n$. Indem wir wie bei der Herleitung der Rekursionsbeziehungen für $\beta_k(x)$ verfahren, erhalten wir für $x \in (A, B)$

$$\begin{aligned}
m_k(x) &= \mathbf{M}\tau_k^x = \sum_{1 \leqq l \leqq k} l\mathbf{P}(\tau_k^x = l) \\
&= \sum_{1 \leqq l \leqq k} l \cdot [p\mathbf{P}(\tau_k^x = l \mid \xi_1 = 1) + q\mathbf{P}(\tau_k^x = l \mid \xi_1 = -1)] \\
&= \sum_{1 \leqq l \leqq k} l \cdot [p\mathbf{P}(\tau_{k-1}^{x+1} = l - 1) + q\mathbf{P}(\tau_{k-1}^{x-1} = l - 1)] \\
&= \sum_{0 \leqq l \leqq k-1} (l + 1) [p\mathbf{P}(\tau_{k-1}^{x+1} = l) + q\mathbf{P}(\tau_{k-1}^{x-1} = l)] \\
&= pm_{k-1}(x + 1) + qm_{k-1}(x - 1) \\
&\quad + \sum_{0 \leqq l \leqq k-1} [p\mathbf{P}(\tau_{k-1}^{x+1} = l) + q\mathbf{P}(\tau_{k-1}^{x-1} = l)] \\
&= pm_{k-1}(x + 1) + qm_{k-1}(x - 1) + 1.
\end{aligned}$$

Somit genügt die Funktion $m_k(x)$ für $x \in (A, B)$ und $0 \leqq k \leqq n$ den Rekursionsgleichungen

$$m_k(x) = 1 + pm_{k-1}(x + 1) + qm_{k-1}(x - 1), \tag{21}$$

wobei $m_0(x) = 0$ ist. Aus diesen Gleichungen erhält man mit den Randbedingungen

$$m_k(A) = m_k(B) = 0 \tag{22}$$

schrittweise $m_1(x), \ldots, m_n(x)$.

Da $m_k(x) \leqq m_{k+1}(x)$ gilt, existiert der Grenzwert $m(x) = \lim_{n\to\infty} m_n(x)$, der infolge (21) der Gleichung

$$m(x) = 1 + pm(x + 1) + qm(x - 1) \tag{23}$$

mit den Randbedingungen

$$m(A) = m(B) = 0 \tag{24}$$

genügt. Um die Lösung dieser Gleichung zu finden, setzen wir zunächst

$$m(x) < \infty, \qquad x \in (A, B), \tag{25}$$

voraus. Dann ist für $p \neq q$ der Ausdruck $\dfrac{x}{q-p}$ eine spezielle Lösung, und die allgemeine Lösung (vgl. (9)) hat die Form

$$m(x) = \frac{x}{q-p} + a + b(q/p)^x.$$

Hieraus finden wir unter Berücksichtigung der Randbedingungen $m(A) = m(B) = 0$

$$m(x) = \frac{1}{p-q}\,[B\beta(x) + A\alpha(x) - x], \tag{26}$$

wobei $\beta(x)$ und $\alpha(x)$ aus den Beziehungen (10) und (13) bestimmt werden. Für $p = q = 1/2$ jedoch hat die allgemeine Lösung der Gleichung (23) die Form

$$m(x) = a + bx - x^2,$$

und da $m(A) = m(B) = 0$ gilt, ergibt sich

$$m(x) = (B - x)\,(x - A). \tag{27}$$

Wenn beide Spieler über dasselbe Startkapital verfügen ($B = -A$), ergibt sich daraus insbesondere

$$m(0) = B^2.$$

Wir wählen nun $B = 10$ und nehmen an, daß jedes Spiel eine Sekunde dauert. Dann ist die durchschnittliche Spieldauer (im Limes) bis zum Ruin eines Spielers recht hoch; sie beträgt 100 Sekunden.

Die Beziehungen (26) und (27) wurden unter der Voraussetzung $m(x) < \infty$, $x \in (A, B)$, gewonnen. Wir zeigen nun, daß tatsächlich $m(x)$ für alle $x \in (A, B)$ endlich ist. Dabei beschränken wir uns auf den Fall $x = 0$. Im allgemeinen Fall verlaufen die Überlegungen analog.

Es sei $p = q = 1/2$. Mit der Folge $S_0, S_1, \ldots, S_n$ und der Stoppzeit $\tau_n = \tau_n^0$ verknüpfen wir die zufällige Größe S_{τ_n}, die durch die Gleichheit

$$S_{\tau_n} = \sum_{k=0}^{n} S_k I_{\{\tau_n = k\}}(\omega) \tag{28}$$

definiert wird. Der anschauliche Sinn dieser Größe ist klar: Dies ist der Wert der Irrfahrt zur Stoppzeit τ_n. Dabei gilt $S_{\tau_n} = A$ oder B für $\tau_n < n$ und $A \leqq S_{\tau_n} \leqq B$ für $\tau_n = n$.

Für $p = q = 1/2$ beweisen wir nun die Beziehungen

$$\mathbf{M} S_{\tau_n} = 0 \tag{29}$$

und

$$\mathbf{M}S_{\tau_n}^2 = \mathbf{M}\tau_n. \tag{30}$$

Zum Beweis der ersten Gleichheit stellen wir fest, daß

$$\begin{aligned}\mathbf{M}S_{\tau_n} &= \sum_{k=0}^{n} \mathbf{M}[S_k I_{\{\tau_n=k\}}(\omega)] \\ &= \sum_{k=0}^{n} \mathbf{M}[S_n I_{\{\tau_n=k\}}(\omega)] + \sum_{k=0}^{n} \mathbf{M}[(S_k - S_n)\, I_{\{\tau_n=k\}}(\omega)] \\ &= \mathbf{M}S_n + \sum_{k=0}^{n} \mathbf{M}[(S_k - S_n)\, I_{\{\tau_n=k\}}(\omega)] \end{aligned} \tag{31}$$

folgt, wobei offensichtlich $\mathbf{M}S_n = 0$ gilt. Wir zeigen jetzt

$$\sum_{k=0}^{n} \mathbf{M}[(S_k - S_n)\, I_{\{\tau_n=k\}}(\omega)] = 0.$$

Zu diesem Zweck bemerken wir, daß für $0 \leqq k < n$ die Gleichheit

$$\{\tau_n > k\} = \{A < S_1 < B, \ldots, A < S_k < B\}$$

erfüllt ist. Offenbar läßt sich das Ereignis $\{A < S_1 < B, \ldots, A < S_k < B\}$ in der Form

$$\{\omega : (\xi_1, \ldots, \xi_k) \in A_k\} \tag{32}$$

darstellen, wobei A_k eine gewisse Teilmenge von $\{-1, +1\}^k$ ist. Mit anderen Worten: Diese Menge ist bereits durch die Werte der zufälligen Größen $\xi_1, \ldots, \xi_k$ bestimmt und hängt nicht von den Werten der Größen $\xi_{k+1}, \ldots, \xi_n$ ab. Aufgrund der Darstellung

$$\{\tau_n = k\} = \{\tau_n > k-1\} \setminus \{\tau_n > k\}$$

ist $\{\tau_n = k\}$ ebenfalls eine Menge der Form (32). Infolge der Unabhängigkeit der zufälligen Größen $\xi_1, \ldots, \xi_n$ und Aufgabe 9 aus § 4 folgt daraus für $0 \leqq k < n$ die Unabhängigkeit der zufälligen Größen $S_n - S_k$ und $I_{\{\tau_n=k\}}$. Deshalb gilt

$$\mathbf{M}[(S_n - S_k)\, I_{\{\tau_n=k\}}] = \mathbf{M}[S_n - S_k]\, \mathbf{M}I_{\{\tau_n=k\}} = 0.$$

Damit ist die Beziehung (29) gezeigt.

Mit derselben Methode wird auch die Beziehung (30) bewiesen:

$$\begin{aligned}\mathbf{M}S_{\tau_n}^2 &= \sum_{k=0}^{n} \mathbf{M}S_k^2 I_{\{\tau_n=k\}} = \sum_{k=0}^{n} \mathbf{M}[S_n + (S_k - S_n)]^2\, I_{\{\tau_n=k\}} \\ &= \sum_{k=0}^{n} [\mathbf{M}S_n^2 I_{\{\tau_n=k\}} + 2\mathbf{M}S_n(S_k - S_n)\, I_{\{\tau_n=k\}} \\ &\quad + \mathbf{M}(S_n - S_k)^2\, I_{\{\tau_n=k\}}] \\ &= \mathbf{M}S_n^2 - \sum_{k=0}^{n} \mathbf{M}(S_n - S_k)^2\, I_{\{\tau_n=k\}} \\ &= n - \sum_{k=0}^{n} (n-k)\, \mathbf{P}(\tau_n = k) = \sum_{k=0}^{n} k\mathbf{P}(\tau_n = k) = \mathbf{M}\tau_n. \end{aligned}$$

Also sind für $p = q = 1/2$ die Beziehungen (29) und (30) gültig.

Im Fall beliebiger p und q $(p + q = 1)$ beweist man analog

$$\mathbf{M}S_{\tau_n} = (p - q) \cdot \mathbf{M}\tau_n \tag{33}$$

und

$$\mathbf{M}[S_{\tau_n} - \tau_n \cdot \mathbf{M}\xi_1]^2 = \mathbf{D}\xi_1 \cdot \mathbf{M}\tau_n, \tag{34}$$

wobei $\mathbf{M}\xi_1 = p - q$ und $\mathbf{D}\xi_1 = 1 - (p - q)^2$ gilt.

Mit Hilfe der gewonnenen Beziehungen weisen wir nun $\lim\limits_{n\to\infty} m_n(0) = m(0) < \infty$ nach.

Falls $p = q = 1/2$ ist, ergibt sich aus (30)

$$\mathbf{M}\tau_n \leqq \max(A^2, B^2). \tag{35}$$

Für $p \neq q$ erhalten wir aus (33)

$$\mathbf{M}\tau_n \leqq \frac{\max(|A|, B)}{|p - q|}, \tag{36}$$

woraus offensichtlich $m(0) < \infty$ folgt.

Gleichfalls sehen wir im Fall $p = q = 1/2$

$$\mathbf{M}\tau_n = \mathbf{M}S_{\tau_n}^2 = A^2 \cdot \alpha_n + B^2 \cdot \beta_n + \mathbf{M}[S_n^2 I_{\{A < S_n < B\}}]$$

und infolgedessen

$$A^2 \cdot \alpha_n + B^2 \cdot \beta_n \leqq \mathbf{M}\tau_n \leqq A^2 \cdot \alpha_n + B^2 \cdot \beta_n + \max(A^2, B^2) \cdot \gamma_n .$$

Zusammen mit der Ungleichung (20) folgt hieraus, daß $\mathbf{M}\tau_n$ für $n \to \infty$ gegen den Grenzwert

$$m(0) = A^2\alpha + B^2\beta = A^2 \cdot \frac{B}{B - A} - B^2 \cdot \frac{A}{B - A} = |AB|$$

mit exponentieller Geschwindigkeit konvergiert.

Ein analoges Resultat ist auch im Fall $p \neq q$ gültig: Mit exponentieller Geschwindigkeit gilt $\mathbf{M}\tau_n \to m(0) = \dfrac{\alpha A + \beta B}{p - q}$.

5. Aufgaben

1. Man zeige, daß in Verallgemeinerung der Beziehungen (33) und (34) folgende Formeln gelten:

$$\mathbf{M}S_{\tau_n}^x = x + (p - q)\,\mathbf{M}\tau_n^x, \qquad \mathbf{M}[S_{\tau_n^x} - \tau_n^x \cdot \mathbf{M}\xi_1]^2 = \mathbf{D}\xi_1 \cdot \mathbf{M}\tau_n^x + x^2.$$

2. Man untersuche, gegen welche Werte die Größen $\alpha(x)$, $\beta(x)$ und $m(x)$ streben, wenn für das Niveau $A \downarrow -\infty$ gilt.
3. Es sei im Bernoulli-Schema $p = q = 1/2$. Welche Größenordnung besitzt $\mathbf{M}\,|S_n|$ bei großen n?
4. Zwei Spieler werfen unabhängig voneinander (jeder seine) symmetrische Münzen. Man zeige, daß die Wahrscheinlichkeit dafür, daß sie nach n Würfen die gleiche Anzahl Wappen haben werden, $2^{-2n} \sum\limits_{k=0}^{n} \binom{n}{k}^2$ beträgt. Man leite daraus die Gleichheit $\sum\limits_{k=0}^{n} \binom{n}{k}^2 = \binom{2n}{n}$ ab.

Es sei σ_n der erste Zeitpunkt, in dem bei einem der beiden Spieler die Anzahl der geworfenen Wappen mit der des anderen Spielers übereinstimmt. (Es werden n Würfe durchgeführt; existiert ein solcher Zeitpunkt nicht, setzen wir $\sigma_n = n + 1$). Man bestimme $\mathbf{M} \min(\sigma_n, n)$.

§ 10. Zufällige Irrfahrt II. Das Spiegelungsprinzip und das Arkussinus-Gesetz

1. Wie schon im vorangegangenen Paragraphen setzen wir voraus, daß $\xi_1, \ldots, \xi_{2n}$ eine Folge unabhängiger identisch verteilter Bernoullischer zufälliger Größen mit

$$\mathbf{P}(\xi_i = 1) = p, \qquad \mathbf{P}(\xi_i = -1) = q$$

und

$$S_k = \xi_1 + \cdots + \xi_k, \quad 1 \leqq k \leqq 2n; \; S_0 = 0$$

ist.

Wir führen die Bezeichnung

$$\sigma_{2n} = \min \{1 \leqq k \leqq 2n : S_k = 0\}$$

ein, wobei wir $\sigma_{2n} = \infty$ setzen, falls $S_k \neq 0$ für alle $1 \leqq k \leqq 2n$ gilt.

Anschaulich bedeutet σ_{2n} den Zeitpunkt der ersten Rückkehr zum Nullpunkt. In diesem Paragraphen werden wir Eigenschaften dieser zufälligen Größe untersuchen. Dabei setzen wir die Symmetrie der betrachteten zufälligen Irrfahrt voraus, d. h. $p = q = 1/2$.

Für $0 \leqq k \leqq n$ bezeichnen wir

$$u_{2k} = \mathbf{P}(S_{2k} = 0), \qquad f_{2k} = \mathbf{P}(\sigma_{2n} = 2k). \tag{1}$$

Offensichtlich ist $u_0 = 1$ und

$$u_{2k} = \binom{2k}{k} \cdot 2^{-2k}.$$

Wir zeigen nun zunächst, daß sich für $1 \leqq k \leqq n$ die Wahrscheinlichkeit f_{2k} durch die Beziehung

$$f_{2k} = \frac{1}{2k} u_{2(k-1)} \tag{2}$$

bestimmen läßt. Für $1 \leqq k \leqq n$ gilt offenbar

$$\{\sigma_{2n} = 2k\} = \{S_1 \neq 0, S_2 \neq 0, \ldots, S_{2k-1} \neq 0, S_{2k} = 0\}$$

und aus Symmetriegründen

$$\begin{aligned} f_{2k} &= \mathbf{P}\{S_1 \neq 0, \ldots, S_{2k-1} \neq 0, S_{2k} = 0\} \\ &= 2\mathbf{P}\{S_1 > 0, \ldots, S_{2k-1} > 0, S_{2k} = 0\}. \end{aligned} \tag{3}$$

Wir nennen die Zahlenfolge $(S_0, \ldots, S_k)$ *Pfad der Länge k* und bezeichnen mit $L_k(A)$ die Anzahl aller Pfade der Länge k, die die Eigenschaft A besitzen. Dann erhalten wir

$$f_{2k} = 2 \sum_{(a_{2k+1},\ldots,a_n)} L_{2n}(S_1 > 0, \ldots, S_{2k-1} > 0, S_{2k} = 0,$$
$$S_{2k+1} = a_{2k+1}, \ldots, S_{2n} = a_{2k+1} + \cdots + a_{2n}) \cdot 2^{-2n}$$
$$= 2L_{2k}(S_1 > 0, \ldots, S_{2k-1} > 0, S_{2k} = 0) \cdot 2^{-2k}, \tag{4}$$

wobei über alle $(a_{2k+1}, \ldots, a_{2n})$ mit $a_i = \pm 1$ summiert wird.

Folglich reduziert sich die Bestimmung der Wahrscheinlichkeit f_{2k} auf die Berechnung der Anzahl der Pfade $L_{2k}(S_1 > 0, \ldots, S_{2k-1} > 0, S_{2k} = 0)$.

Lemma 1. *Es seien a und b nichtnegative ganze Zahlen mit $a - b > 0$ und $k = a + b$. Dann gilt*

$$L_k(S_1 > 0, \ldots, S_{k-1} > 0, S_k = a - b) = \frac{a-b}{k}\binom{k}{a}. \tag{5}$$

Beweis. Wir haben

$$L_k(S_1 > 0, \ldots, S_{k-1} > 0, S_k = a - b)$$
$$= L_k(S_1 = 1, S_2 > 0, \ldots, S_{k-1} > 0, S_k = a - b)$$
$$= L_k(S_1 = 1, S_k = a - b)$$
$$- L_k(S_1 = 1, S_k = a - b; \exists i, 2 \leqq i \leqq k - 1, \text{ so daß } S_i \leqq 0). \tag{6}$$

Das bedeutet, daß die Anzahl der positiven Pfade $(S_1, \ldots, S_k)$, die in $(1, 1)$ starten und im Punkt $(k, a - b)$ enden, mit der Anzahl aller der Pfade übereinstimmt, die in $(1, 1)$ beginnen und in $(k, a - b)$ enden, jedoch weder die Zeitachse schneiden noch berühren.[1])

Wir sehen nun, daß die Beziehung

$$L_k(S_1 = 1, S_k = a - b; \exists i, 2 \leqq i \leqq k - 1, \text{ so daß } S_i \leqq 0)$$
$$= L_k(S_1 = -1, S_k = a - b) \tag{7}$$

erfüllt ist, d. h., die Anzahl aller in $\alpha = (1, 1)$ startenden und im Punkt $\beta = (k, a - b)$ endenden Pfade, die entweder die Zeitachse berühren oder sie schneiden, ist gleich der Anzahl aller Pfade, die von $\alpha^* = (1, -1)$ ausgehen und in $\beta = (k, a - b)$ enden. Diese Aussage wird *Spiegelungsprinzip* genannt. Sie läßt sich aus der eineindeutigen Beziehung zwischen den Pfaden $A = (S_1, \ldots, S_a, S_{a+1}, \ldots, S_k)$, die die Punkte α und β verbinden, und den Pfaden $B = (-S_1, \ldots, -S_a, S_{a+1}, \ldots, S_k)$ aus dem Punkt α^* nach β ableiten (vgl. Abb. 17). Dabei ist a der erste Punkt, in dem die Pfade A und B die Zeitachse treffen.

---

[1]) Ein Pfad $(S_1, \ldots, S_k)$ heißt *positiv* (bzw. *nichtnegativ*), falls $S_i > 0$ (bzw. $S_i \geqq 0$) für alle i $(1 \leqq i \leqq k)$ ist. Ein Pfad heißt *die Zeitachse berührend*, falls für alle j $(1 \leqq j \leqq k)$ entweder $S_j \geqq 0$ oder $S_j \leqq 0$ gilt und ein $i \in \{1, \ldots, k\}$ mit $S_i = 0$ existiert. Ein Pfad heißt *die Zeitachse schneidend*, falls zwei Zeitpunkte i und j existieren, für die $S_i > 0$ und $S_j < 0$ gilt.

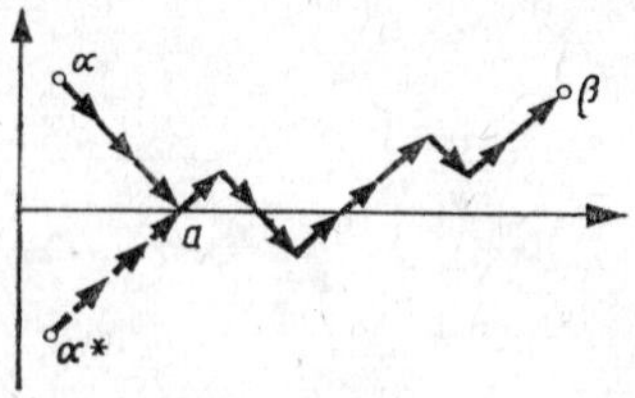

Abb. 17
Zum Spiegelungsprinzip

Aus (6) und (7) gewinnen wir

$$\begin{aligned}&L_k(S_1 > 0, \ldots, S_{k-1} > 0, S_k = a - b)\\&= L_k(S_1 = 1, S_k = a - b) - L_k(S_1 = -1, S_k = a - b)\\&= \binom{k-1}{a-1} - \binom{k-1}{a} = \frac{a-b}{k}\binom{k}{a},\end{aligned}$$

womit die Behauptung (5) bewiesen ist.

Wir kehren nun zur Berechnung der Wahrscheinlichkeit f_{2k} zurück und erhalten aus (4) und (5) für $a = k$ und $b = k - 1$

$$\begin{aligned}f_{2k} &= 2L_{2k}(S_1 > 0, \ldots, S_{2k-1} > 0, S_{2k} = 0) \cdot 2^{-2k}\\&= 2L_{2k-1}(S_1 > 0, \ldots, S_{2k-1} = 1) \cdot 2^{-2k}\\&= 2 \cdot 2^{-2k} \frac{1}{2k-1}\binom{2k-1}{k} = \frac{1}{2k} u_{2(k-1)}.\end{aligned}$$

Auf diese Weise haben wir die Beziehung (2) bewiesen.

Wir geben nun einen weiteren Beweis dieser Formel an, der auf folgender Bemerkung begründet ist. Durch unmittelbares Überprüfen finden wir

$$\frac{1}{2k} u_{2(k-1)} = u_{2(k-1)} - u_{2k}. \tag{8}$$

Gleichzeitig ist klar, daß

$$\begin{aligned}&\{\sigma_{2n} = 2k\} = \{\sigma_{2n} > 2(k-1)\} \setminus \{\sigma_{2n} > 2k\},\\&\{\sigma_{2n} > 2l\} = \{S_1 \neq 0, \ldots, S_{2l} \neq 0\}\end{aligned}$$

und infolgedessen

$$\{\sigma_{2n} = 2k\} = \{S_1 \neq 0, \ldots, S_{2(k-1)} \neq 0\} \setminus \{S_1 \neq 0, \ldots, S_{2k} \neq 0\}$$

gilt. Deshalb ergibt sich

$$f_{2k} = \mathbf{P}\{S_1 \neq 0, \ldots, S_{2(k-1)} \neq 0\} - \mathbf{P}\{S_1 \neq 0, \ldots, S_{2k} \neq 0\}.$$

Folglich ist nach (8) für den Beweis der Gleichheit $f_{2k} = \frac{1}{2k} u_{2(k-1)}$ bereits hinreichend,

$$L_{2k}(S_1 \neq 0, \ldots, S_{2k} \neq 0) = L_{2k}(S_{2k} = 0) \tag{9}$$

zu zeigen.

Zu diesem Zweck bemerken wir die offensichtliche Beziehung

$$L_{2k}(S_1 \neq 0, \dots, S_{2k} \neq 0) = 2L_{2k}(S_1 > 0, \dots, S_{2k} > 0).$$

Demzufolge ist zum Nachweis von (9) lediglich erforderlich, die Beziehungen

$$2L_{2k}(S_1 > 0, \dots, S_{2k} > 0) = L_{2k}(S_1 \geqq 0, \dots, S_{2k} \geqq 0) \tag{10}$$

und

$$L_{2k}(S_1 \geqq 0, \dots, S_{2k} \geqq 0) = L_{2k}(S_{2k} = 0) \tag{11}$$

zu überprüfen.

Der Beweis für die Gleichheit (10) ist dann erbracht, wenn wir eine eineindeutige Zuordnung zwischen den Pfaden, für die mindestens ein $S_i = 0$ ist, und allen positiven Pfaden $B = (S_1, \dots, S_{2k})$ herstellen können.

Es sei $A = (S_1, \dots, S_{2k})$ ein nichtnegativer Pfad, der zum ersten Mal im Punkt a die Zeitachse trifft (d. h. $S_a = 0$). Wir lassen im Punkt $(a, 2)$ die Trajektorie $(S_a + 2, S_{a+1} + 2, \dots, S_{2k} + 2)$ beginnen (in Abb. 18 ist sie durch die gestrichelte Linie gekennzeichnet). Auf diese Weise ist der Pfad $(S_1, \dots, S_{a-1}, S_a + 2, \dots, S_{2k} + 2)$ positiv.

Ist umgekehrt $B = (S_1, \dots, S_{2k})$ ein positiver Pfad und b der letzte Zeitpunkt mit $S_b = 1$ (vgl. Abb. 19), so wird der Pfad $A = (S_1, \dots, S_b, S_{b+1} - 2, \dots, S_{2k} - 2)$ nichtnegativ. Aus den angeführten Konstruktionen folgt die Existenz einer eineindeutigen Zuordnung zwischen allen positiven Pfaden und allen nichtnegativen Pfaden mit mindestens einem $S_i = 0$. Damit ist die Beziehung (10) gezeigt.

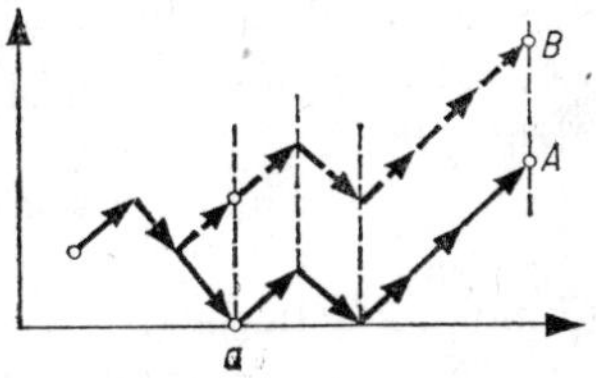

Abb. 18

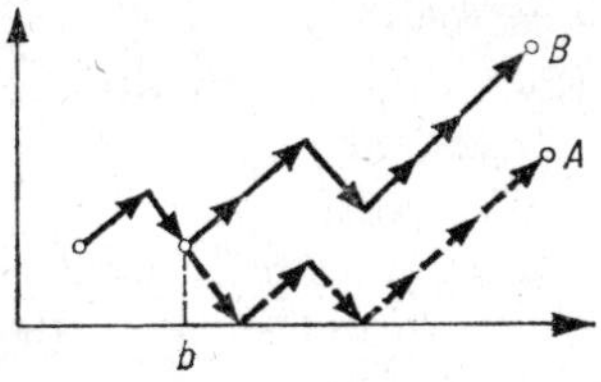

Abb. 19

Wir beweisen nun die Gültigkeit der Gleichheit (11). Aus Symmetriegründen und wegen (10) ist dazu der Nachweis der Beziehung

$$\begin{aligned} &L_{2k}(S_1 > 0, \dots, S_{2k} > 0) \\ &+ L_{2k}(S_1 \geqq 0, \dots, S_{2k} \geqq 0 \text{ und } \exists i,\ 1 \leqq i \leqq 2k, \text{ so daß } S_i = 0) \\ &= L_{2k}(S_{2k} = 0) \end{aligned}$$

bereits hinreichend.

Die Menge aller Pfade mit $S_{2k} = 0$ läßt sich als Summe zweier Mengen $\mathcal{C}_1$ und $\mathcal{C}_2$ darstellen, wobei $\mathcal{C}_1$ alle Pfade $(S_0, \dots, S_{2k})$ enthält, deren Minimum in nur einem Punkt angenommen wird, und $\mathcal{C}_2$ die Pfade, welche ihr Minimum in mindestens zwei Punkten erreichen.

Es sei $C_1 \in \mathscr{C}_1$ (vgl. Abb. 20), und γ sei der Punkt, in dem das Minimum angenommen wird. Wir setzen nun den Pfad $C_1 = (S_0, S_1, \ldots, S_{2k})$ in Beziehung zu einem positiven Pfad C_1^*, der wie folgt konstruiert wird (vgl. Abb. 21). Wir spiegeln die Trajektorie $(S_0, S_1, \ldots, S_l)$ an der vertikalen Linie, die durch den Punkt $(l, 0)$ verläuft, und schieben die dadurch gewonnene Trajektorie nach rechts oben, so daß sie im Punkt $(2k, 0)$ startet. Danach verlegen wir den Koordinatenursprung in den Punkt $(l, -m)$. Die so konstruierte Trajektorie C_1^* ist ein positiver Pfad.

Für Pfade $C_2 \in \mathscr{C}_2$ verfahren wir analog und ordnen ihnen in eineindeutiger Weise nichtnegative Pfade C_2^* zu.

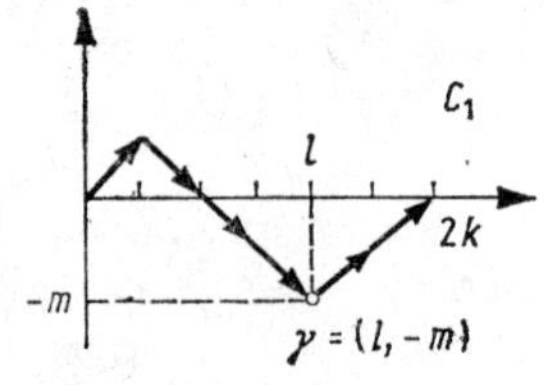

Abb. 20

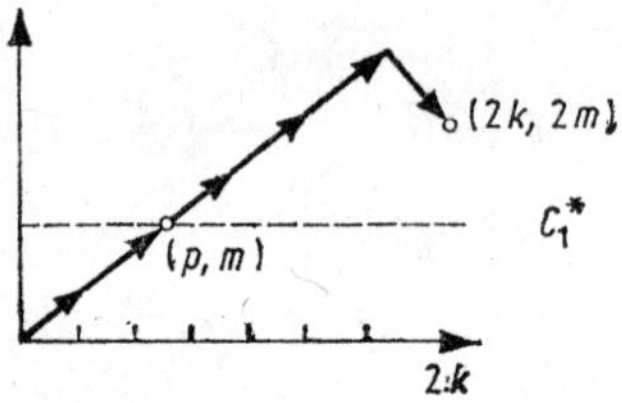

Abb. 21

Es sei nun $C_1^* = (S_1 > 0, \ldots, S_{2k} > 0)$ ein positiver Pfad mit $S_{2k} = 2m$ (siehe Abb. 21). Wir ordnen ihm in folgender Weise einen Pfad C_1 zu. Es sei p der letzte Punkt mit $S_p = m$. Wir spiegeln $(S_p, \ldots, S_{2m})$ an der vertikalen Achse $x = p$ und schieben die erhaltene Trajektorie so nach links unten, daß ihr rechtes Ende in den Punkt $(0, 0)$ gelangt. Dann verlegen wir den Koordinatenursprung in das linke Ende des gewonnenen Pfades (dies wird dann genau der in Abb. 20 dargestellte Pfad sein). Der auf diese Weise erhaltene Pfad $C_1 = (S_0, \ldots, S_{2k})$ besitzt ein Minimum, außerdem ist $S_{2k} = 0$. Angewandt auf die Pfade ($S_1 \geqq 0, \ldots, S_{2k} \geqq 0$ und $\exists\, i,\ 1 \leqq i \leqq 2k$ mit $S_i = 0$) führt eine analoge Konstruktion zu solchen Pfaden, die mindestens zwei Minima und den Wert $S_{2k} = 0$ besitzen. Somit ist eine eineindeutige Zuordnung hergestellt, und das geforderte Resultat (11) ist bewiesen.

Dementsprechend ist die Gleichheit (9) und als Folge die Beziehung $f_{2k} = u_{2(k-1)} - u_{2k} = \frac{1}{2k} u_{2(k-1)}$ gezeigt.

Aus der Stirlingschen Formel erhalten wir

$$u_{2k} = \binom{2k}{k} \cdot 2^{-2k} \sim \frac{1}{\sqrt{\pi k}}, \qquad k \to \infty.$$

Deshalb gilt

$$f_{2k} \sim \frac{1}{2\sqrt{\pi} k^{3/2}}, \qquad k \to \infty.$$

Daraus folgt, daß der Erwartungswert der Zeit der ersten Rückkehr in den Nullpunkt,

$$\mathbf{M} \min(\sigma_{2n}, 2n) = \sum_{k=1}^{n} 2k\mathbf{P}(\sigma_{2n} = 2k) + 2nu_{2n} = \sum_{k=1}^{n} u_{2(k-1)} + 2nu_{2n},$$

sich als ziemlich groß erweist.

Darüber hinaus gilt $\sum_{k=1}^{\infty} u_{2(k-1)} = \infty$. Demzufolge ist der Grenzwert der mittleren Rückkehrzeit der Irrfahrt in den Nullpunkt (bei unbegrenzter Schrittzahl) gleich ∞.

Diese Tatsache erklärt viele unerwartete Eigenschaften der betrachteten symmetrischen zufälligen Irrfahrt. Beispielsweise wäre es natürlich zu erwarten, daß beim Spiel zweier gleichstarker Spieler ($p = q = 1/2$) die Anzahl der Zeitpunkte i mit unentschiedenem Spielstand, d. h. mit $S_i = 0$, proportional zur Spieldauer $2n$ ist. Jedoch besitzt die Anzahl der Zeitpunkte mit unentschiedenem Spielstand tatsächlich die Ordnung $\sqrt{2n}$ (vgl. W. Feller [1]). Daraus folgt insbesondere, daß im Gegensatz zu unserer Vorstellung die „typischen" Realisierungen der Irrfahrt $(S_0, S_1, \ldots, S_n)$ nicht sinusförmigen Charakter besitzen müssen (demzufolge das Teilchen ungefähr die Hälfte der Zeit auf der positiven Seite und die andere Hälfte auf der negativen Seite verbringt), sondern den Charakter langer gedämpfter Wellen. Die exakte Formulierung dieser Behauptung liefert das Arkussinus-Gesetz, zu dessen Behandlung wir nun übergehen.

2. Wir bezeichnen mit $P_{2k,2n}$ die Wahrscheinlichkeit dafür, daß das Teilchen im Zeitraum $[0, 2n]$ genau $2k$ Zeiteinheiten auf der positiven Seite verbringt.[1])

Lemma 2. *Es sei $u_0 = 1$ und $0 \leqq k \leqq n$. Dann gilt*

$$P_{2k,2n} = u_{2k} \cdot u_{2n-2k}. \tag{12}$$

Beweis. Früher haben wir bereits festgestellt, daß $f_{2k} = u_{2(k-1)} - u_{2k}$ gilt. Nun zeigen wir

$$u_{2k} = \sum_{r=1}^{k} f_{2r} \cdot u_{2(k-r)}. \tag{13}$$

Aus $\{S_{2k} = 0\} \subseteqq \{\sigma_{2n} \leqq 2k\}$ folgt

$$\{S_{2k} = 0\} = \{S_{2n} = 0\} \cap \{\sigma_{2n} \leqq 2k\} = \sum_{1 \leqq l \leqq k} \{S_{2k} = 0\} \cap \{\sigma_{2n} = 2l\}.$$

Daraus erhalten wir

$$\begin{aligned} u_{2k} &= \mathbf{P}(S_{2k} = 0) = \sum_{1 \leqq l \leqq k} \mathbf{P}(S_{2k} = 0, \sigma_{2n} = 2l) \\ &= \sum_{1 \leqq l \leqq k} \mathbf{P}(S_{2k} = 0 \mid \sigma_{2n} = 2l)\, \mathbf{P}(\sigma_{2n} = 2l). \end{aligned}$$

Nun ist jedoch

$$\begin{aligned} \mathbf{P}(S_{2k} = 0 \mid \sigma_{2n} = 2l) &= \mathbf{P}(S_{2k} = 0 \mid S_1 \neq 0, \ldots, S_{2l-1} \neq 0, S_{2l} = 0) \\ &= \mathbf{P}(S_{2l} + (\xi_{2l+1} + \cdots + \xi_{2k}) = 0 \mid S_1 \neq 0, \ldots, S_{2l-1} \neq 0, S_{2l} = 0) \\ &= \mathbf{P}(S_{2l} + (\xi_{2l+1} + \cdots + \xi_{2k}) = 0 \mid S_{2l} = 0) \\ &= \mathbf{P}(\xi_{2l+1} + \cdots + \xi_{2k} = 0) = \mathbf{P}(S_{2(k-l)} = 0), \end{aligned}$$

[1]) Wir sagen, daß das Teilchen sich im Intervall $[m - 1, m]$ auf der positiven Seite der Achse befindet, wenn mindestens einer der Werte S_{m-1} oder S_m positiv ist.

und deshalb gilt

$$u_{2k} = \sum_{1 \leqq l \leqq k} \mathbf{P}(S_{2(k-l)} = 0)\, \mathbf{P}(\sigma_{2n} = 2l).$$

Damit ist (13) bewiesen.

Wir kommen nun zum Beweis der Beziehung (12). Bei $k = 0$ und $k = n$ ist sie offenbar gültig. Es sei nun $1 \leqq k \leqq n - 1$. Wenn das Teilchen nur $2k$ Zeiteinheiten auf der positiven Seite verbringt, schneidet es die Null. Es sei $2r$ der erste Zeitpunkt der Rückkehr zur Null. Dann sind zwei Fälle möglich: einmal $S_k \geqq 0$ für $k \leqq 2r$ und zum anderen $S_k \leqq 0$ für $k \leqq 2r$.

Man sieht leicht, daß die Anzahl der dem ersten Fall entsprechenden Pfade gleich

$$\left(\frac{1}{2}\, 2^{2r} f_{2r}\right) \cdot 2^{2(n-r)} P_{2(k-r),2(n-r)} = \frac{1}{2} \cdot 2^{2n} \cdot f_{2r} \cdot P_{2(k-r),2(n-r)}$$

ist. Im zweiten Fall erhält man für die entsprechende Anzahl von Pfaden

$$\frac{1}{2} \cdot 2^{2n} \cdot f_{2r} \cdot P_{2k,2(n-r)}.$$

Infolgedessen haben wir für $1 \leqq k \leqq n - 1$

$$P_{2k,2n} = \frac{1}{2} \sum_{r=1}^{k} f_{2r} \cdot P_{2(k-r),2(n-r)} + \frac{1}{2} \sum_{r=1}^{k} f_{2r} \cdot P_{2k,2(n-r)}. \tag{14}$$

Setzen wir die Gültigkeit der Gleichheit $P_{2k,2m} = u_{2k} u_{2m-2k}$ für $m = 1, \ldots, n - 1$ voraus, so können wir aus (13) und (14) auf

$$P_{2k,2n} = \frac{1}{2} u_{2n-2k} \cdot \sum_{r=1}^{k} f_{2r} \cdot u_{2k-2r} + \frac{1}{2} u_{2k} \cdot \sum_{r=1}^{k} f_{2r} \cdot u_{2n-2r-2k}$$
$$= \frac{1}{2} u_{2n-2k} \cdot u_{2k} + \frac{1}{2} u_{2k} \cdot u_{2n-2k} = u_{2k} \cdot u_{2n-2k}$$

schließen. Damit ist das Lemma bewiesen.

Es sei jetzt $\gamma(2n)$ die Anzahl der Zeiteinheiten, die das Teilchen auf der positiven Achse im Zeitraum $[0, 2n]$ verbringt. Dann gilt für $x < 1$

$$\mathbf{P}\left\{\frac{1}{2} < \frac{\gamma(2n)}{2n} \leqq x\right\} = \sum_{\left\{k:\frac{1}{2} < \frac{2k}{2n} \leqq x\right\}} \mathbf{P}_{2k,2n}.$$

Da für $k \to \infty$ die Beziehung $u_{2k} \sim \dfrac{1}{\sqrt{\pi k}}$ erfüllt ist, erhalten wir

$$P_{2k,2n} = u_{2k} \cdot u_{2(n-k)} \sim \frac{1}{\pi \sqrt{k(n-k)}}$$

für $k \to \infty$, $n - k \to \infty$. Daraus ergibt sich

$$\sum_{\left\{k:\frac{1}{2}<\frac{2k}{2n}\leqq x\right\}} P_{2k,2n} - \sum_{\left\{k:\frac{1}{2}<\frac{2k}{2n}\leqq x\right\}} \frac{1}{\pi n}\cdot\left[\frac{k}{n}\left(1-\frac{k}{n}\right)\right]^{-1/2} \to 0, \qquad n \to \infty$$

und folglich

$$\sum_{\left\{k:\frac{1}{2}<\frac{2k}{2n}\leqq x\right\}} P_{2k,2n} - \frac{1}{\pi}\int_{1/2}^{x} \frac{\mathrm{d}t}{\sqrt{t(1-t)}} \to 0, \qquad n \to \infty.$$

Aus Symmetriegründen schließen wir auf

$$\sum_{\left\{k:\frac{k}{n}\leqq\frac{1}{2}\right\}} P_{2k,2n} \to \frac{1}{2}$$

und

$$\frac{1}{\pi}\int_{1/2}^{x} \frac{\mathrm{d}t}{\sqrt{t(1-t)}} = \frac{2}{\pi}\arcsin\sqrt{x} - \frac{1}{2}.$$

Auf diese Weise haben wir die folgende Aussage bewiesen.

Satz (Arkussinus-Gesetz). *Die Wahrscheinlichkeit dafür, daß die relative Aufenthaltsdauer des Teilchens auf der positiven Seite der Achse kleiner als x ist, strebt gegen* $2\pi^{-1}\arcsin\sqrt{x}$:

$$\sum_{\left\{k:\frac{k}{n}\leqq x\right\}} P_{2k,2n} \to 2\pi^{-1}\arcsin\sqrt{x}. \tag{15}$$

Wir bemerken, daß der Integrand $p(t)$ in

$$\frac{1}{\pi}\int_{0}^{x} \frac{\mathrm{d}t}{\sqrt{t(1-t)}}$$

eine U-förmige Kurve ergibt, die für die Punkte $t = 0$ und $t = 1$ unendlich wird. Daraus erhalten wir für große n die Ungleichung

$$\mathbf{P}\left\{0 < \frac{\gamma(2n)}{2n} \leqq \Delta\right\} > \mathbf{P}\left\{\frac{1}{2} < \frac{\gamma(2n)}{2n} \leqq \frac{1}{2} + \Delta\right\}.$$

Es ist also wahrscheinlicher, daß die relative Aufenthaltsdauer des Teilchens auf der positiven Seite der Achse nahe 0 oder 1 liegt als bei dem scheinbar zu erwartenden Wert 1/2.

Unter Benutzung von Tabellen für die Funktion arcsin und dem Umstand, daß die Konvergenzgeschwindigkeit in (15) sehr groß ist, findet man

$$\mathsf{P}\left\{\frac{\gamma(2n)}{2n} \leqq 0{,}024\right\} \approx 0{,}1,$$

$$\mathsf{P}\left\{\frac{\gamma(2n)}{2n} \leqq 0{,}1\right\} \approx 0{,}2,$$

$$\mathsf{P}\left\{\frac{\gamma(2n)}{2n} \leqq 0{,}2\right\} \approx 0{,}3,$$

$$\mathsf{P}\left\{\frac{\gamma(2n)}{2n} \leqq 0{,}65\right\} \approx 0{,}6.$$

So verbringt beispielsweise für $n = 1000$ das Teilchen in einem von 10 Fällen nur 24 Zeiteinheiten auf der positiven, dagegen jedoch den größten Teil, nämlich 976 Zeiteinheiten, auf der negativen Seite der Achse.

3. Aufgaben

1. Mit welcher Geschwindigkeit konvergiert $\mathsf{M}\min(\sigma_{2n}, 2n)$ für $n \to \infty$ gegen ∞?

2. Es sei $\tau_n = \min\{1 \leqq k \leqq n: S_k = 1\}$, wobei wir $\tau_n = \infty$ vereinbaren, falls $S_k < 1$ für alle $1 \leqq k \leqq n$ gilt. Gegen welchen Wert konvergiert $\mathsf{M}\min(\tau_n, n)$ für $n \to \infty$ für die symmetrische ($p = q = 1/2$) bzw. die unsymmetrische ($p \neq q$) Irrfahrt?

§ 11. Martingale und einige Anwendungen auf die zufällige Irrfahrt

1. Die in den vorangehenden Paragraphen betrachteten Bernoullischen zufälligen Größen $\xi_1, \ldots, \xi_n$ hatten eine Folge *unabhängiger* zufälliger Größen gebildet. In diesem und im nächsten Paragraphen werden wir zwei wichtige Klassen *abhängiger* Folgen zufälliger Größen einführen, die ein Martingal bzw. eine Markov-Kette bilden.

Die Martingaltheorie wird in Kapitel VII detailliert dargestellt. Wir beschränken uns an dieser Stelle auf die notwendigen Definitionen, den Beweis eines Satzes über die Erhaltung der Martingaleigenschaft für Stoppzeiten sowie dessen Anwendung zur Herleitung des sogenannten Satzes über die geheime Abstimmung. Dieser Satz wird seinerseits dann zu einem neuen Beweis der Aussage (10.5) benutzt, die bereits mit dem Spiegelungsprinzip bewiesen wurde.

2. Es sei $(\Omega, \mathcal{A}, \mathsf{P})$ ein endlicher Wahrscheinlichkeitsraum und $\mathcal{D}_1 \lesssim \mathcal{D}_2 \lesssim \cdots \lesssim \mathcal{D}_n$ eine Folge von Zerlegungen.

Definition 1. Eine Folge von zufälligen Größen $\xi_1, \ldots, \xi_n$ heißt *Martingal* bezüglich der Zerlegungen $\mathcal{D}_1 \lesssim \mathcal{D}_2 \lesssim \cdots \lesssim \mathcal{D}_n$), falls gilt:

1. ξ_k ist $\mathcal{D}_k$-meßbar.
2. $\mathsf{M}(\xi_{k+1} \mid \mathcal{D}_k) = \xi_k, \qquad 1 \leqq k \leqq n-1.$

Um zu unterstreichen, bezüglich welches Systems von Zerlegungen die zufälligen Größen $\xi_1, \ldots, \xi_n$ ein Martingal bilden, werden wir die Bezeichnung

$$\xi = (\xi_k, \mathscr{D}_k)_{1 \leqq k \leqq n} \tag{1}$$

verwenden, wobei wir aus Gründen der Einfachheit den Hinweis darauf, daß $1 \leqq k \leqq n$ gilt, oft weglassen werden.

Für den Fall, daß die Zerlegungen $\mathscr{D}_k$ durch die Größen $\xi_1, \ldots, \xi_k$ erzeugt werden, d. h.

$$\mathscr{D}_k = \mathscr{D}_{\xi_1, \ldots, \xi_k}$$

gilt, werden wir einfach sagen, daß die Folge $\xi = (\xi_k)$ ein Martingal bildet, und nicht die Bezeichnung $\xi = (\xi_k, \mathscr{D}_k)$ verwenden.

Wir betrachten nun zunächst einige Beispiele von Martingalen.

Beispiel 1. Es seien $\eta_1, \ldots, \eta_n$ unabhängige Bernoullische zufällige Größen mit

$$\mathbf{P}(\eta_k = 1) = \mathbf{P}(\eta_k = -1) = 1/2,$$

$$S_k = \eta_1 + \cdots + \eta_k \quad \text{und} \quad \mathscr{D}_k = \mathscr{D}_{\eta_1, \ldots, \eta_k}.$$

Die Struktur der Zerlegung $\mathscr{D}_k$ ist einfach:

$$\mathscr{D}_1 = \{D^+, D^-\}$$

mit $D^+ = \{\omega : \eta_1 = +1\}$, $D^- = \{\omega : \eta_1 = -1\}$

sowie

$$\mathscr{D}_2 = \{D^{++}, D^{+-}, D^{-+}, D^{--}\}$$

mit

$$D^{++} = \{\omega : \eta_1 = +1, \eta_2 = +1\}, \ldots, D^{--} = \{\omega : \eta_1 = -1, \eta_2 = -1\}$$

usw.

Außerdem sieht man leicht, daß die Gleichheit $\mathscr{D}_{\eta_1, \ldots, \eta_k} = \mathscr{D}_{S_1, \ldots, S_k}$ erfüllt ist.

Wir zeigen nun, daß die Folge $(S_k, \mathscr{D}_k)$ ein Martingal bildet. Die zufälligen Größen S_k sind $\mathscr{D}_k$-meßbar, und aus den Beziehungen (8.12), (8.18) und (8.24) folgt

$$\begin{aligned}\mathbf{M}(S_{k+1} \mid \mathscr{D}_k) &= \mathbf{M}(S_k + \eta_{k+1} \mid \mathscr{D}_k) \\ &= \mathbf{M}(S_k \mid \mathscr{D}_k) + \mathbf{M}(\eta_{k+1} \mid \mathscr{D}_k) = S_k + \mathbf{M}\eta_{k+1} = S_k.\end{aligned}$$

Setzen wir $S_0 = 0$ und wählen wir die triviale Zerlegung $\mathscr{D}_0 = \{\Omega\}$, so bildet die Folge $(S_k, \mathscr{D}_k)_{0 \leqq k \leqq n}$ ebenfalls ein Martingal.

Beispiel 2. Es seien $\eta_1, \ldots, \eta_n$ unabhängige Bernoullische zufällige Größen mit $\mathbf{P}(\eta_i = 1) = p$ und $\mathbf{P}(\eta_i = -1) = q$. Gilt $p \neq 0$, so bildet jede der Folgen $\xi = (\xi_k)$ mit

$$\xi_k = \left(\frac{q}{p}\right)^{S_k}, \ \xi_k = S_k - k(p - q) \qquad \text{mit} \qquad S_k = \eta_1 + \cdots + \eta_k,$$

ein Martingal.

Beispiel 3. Es sei η eine zufällige Größe, $\mathscr{D}_1 \leqq \dots \leqq \mathscr{D}_n$ eine Folge von Zerlegungen und

$$\xi_k = \mathbf{M}(\eta \mid \mathscr{D}_k). \tag{2}$$

Dann bildet die Folge $\xi = (\xi_k, \mathscr{D}_k)$ ein Martingal. Die $\mathscr{D}_k$-Meßbarkeit von $\mathbf{M}(\eta \mid \mathscr{D}_k)$ ist nämlich evident, und auf Grund von (8.20) erhalten wir

$$\mathbf{M}(\xi_{k+1} \mid \mathscr{D}_k) = \mathbf{M}[\mathbf{M}(\eta \mid \mathscr{D}_{k+1}) \mid \mathscr{D}_k] = \mathbf{M}(\eta \mid \mathscr{D}_k) = \xi_k .$$

In diesem Zusammenhang erwähnen wir, daß sich für ein beliebiges Martingal $\xi = (\xi_k, \mathscr{D}_k)$ infolge der Formel (8.20) die Beziehungen

$$\begin{aligned} \xi_k &= \mathbf{M}(\xi_{k+1} \mid \mathscr{D}_k) = \mathbf{M}[\mathbf{M}(\xi_{k+2} \mid \mathscr{D}_{k+1}) \mid \mathscr{D}_k] \\ &= \mathbf{M}(\xi_{k+2} \mid \mathscr{D}_k) = \dots = \mathbf{M}(\xi_n \mid \mathscr{D}_k). \end{aligned} \tag{3}$$

ergeben.

Demzufolge wird die Menge aller Martingale $\xi = (\xi_k, \mathscr{D}_k)$ durch Martingale der Form (2) ausgeschöpft. (Wir werden sehen, daß dies für unendliche Folgen $\xi = (\xi_k, \mathscr{D}_k)_{k \geqq 1}$ im allgemeinen nicht mehr der Fall ist; vgl. Aufgabe 7 in Kapitel VII, § 1).

Beispiel 4. Es sei $\eta_1, \dots, \eta_n$ eine Folge unabhängiger, identisch verteilter zufälliger Größen, $S_k = \eta_1 + \dots + \eta_k$ und $\mathscr{D}_1 = \mathscr{D}_{S_n}$, $\mathscr{D}_2 = \mathscr{D}_{S_n, S_{n-1}}, \dots, \mathscr{D}_n = \mathscr{D}_{S_n, \dots, S_1}$. Wir wollen zeigen, daß die Folge $\xi = (\xi_k, \mathscr{D}_k)$ mit $\xi_1 = S_n/n$, $\xi_2 = S_{n-1}/(n-1), \dots$, $\xi_k = S_{n+1-k}/(n+1-k), \dots, \xi_n = S_1$ ein Martingal bildet. Zunächst ist klar, daß $\mathscr{D}_k \leqq \mathscr{D}_{k+1}$ gilt und ξ_k wirklich $\mathscr{D}_k$-meßbar ist. Infolge der Symmetrie gilt für $j \leqq n - k + 1$

$$\mathbf{M}(\eta_j \mid \mathscr{D}_k) = \mathbf{M}(\eta_1 \mid \mathscr{D}_k) \tag{4}$$

(vgl. mit (8.26)). Deshalb erhalten wir

$$(n - k + 1)\, \mathbf{M}(\eta_1 \mid \mathscr{D}_k) = \sum_{j=1}^{n-k+1} \mathbf{M}(\eta_j \mid \mathscr{D}_k) = \mathbf{M}(S_{n-k+1} \mid \mathscr{D}_k) = S_{n-k+1}$$

und folglich

$$\xi_k = S_{n-k+1}/(n - k + 1) = \mathbf{M}(\eta_1 \mid \mathscr{D}_k).$$

Die Martingaleigenschaft der Folge $\xi = (\xi_k, \mathscr{D}_k)$ folgt nun aus Beispiel 3.

Beispiel 5. Es seien $\eta_1, \dots, \eta_n$ unabhängige Bernoullische zufällige Größen mit

$$\mathbf{P}(\eta_i = +1) = \mathbf{P}(\eta_i = -1) = 1/2$$

und $S_k = \eta_1 + \dots + \eta_k$. Weiter seien A und B zwei ganze Zahlen mit $A < 0 < B$. Dann ist die Folge $\xi = (\xi_k, \mathscr{D}_k)$ mit $\mathscr{D}_k = \mathscr{D}_{S_1, \dots, S_k}$ und

$$\xi_k = (\cos \lambda)^{-k} \exp \left\{ i\lambda \left(S_k - \frac{B + A}{2} \right) \right\} \tag{5}$$

für jedes $\lambda \in (0, \pi/2)$ ein komplexes Martingal (d. h., Real- und Imaginärteil von ξ_k sind Martingale).

3. Aus der Definition eines Martingals folgt, daß die Erwartungswerte $\mathbf{M}\xi_k$ für alle k gleich sind:

$$\mathbf{M}\xi_k = \mathbf{M}\xi_1 .$$

Es erweist sich nun, daß diese Eigenschaft erhalten bleibt, wenn man anstelle des Zeitpunktes k einen zufälligen Zeitpunkt betrachtet. Zur Formulierung dieser Eigenschaft führen wir die folgende Definition ein.

Definition 2. Eine zufällige Größe $\tau = \tau(\omega)$ mit den Werten $1, 2, \ldots, n$ heißt *Stoppzeit* (bezüglich der Folge von Zerlegungen $(\mathcal{D}_k)_{1 \leqq k \leqq n}$, $\mathcal{D}_1 \lesssim \mathcal{D}_2 \lesssim \cdots \lesssim \mathcal{D}_n$), falls die zufälligen Größen $I_{\{\tau = k\}}(\omega)$ für alle $k = 1, 2, \ldots, n$ $\mathcal{D}_k$-meßbar sind.

Wenn wir $\mathcal{D}_k$ als die Zerlegung auffassen, die von den Beobachtungen innerhalb der ersten k Schritte erzeugt wird (die Zerlegung $\mathcal{D}_k = \mathcal{D}_{\eta_1, \ldots, \eta_k}$ beispielsweise wird von den Größen $\eta_1, \ldots, \eta_k$ erzeugt), dann bedeutet die $\mathcal{D}_k$-Meßbarkeit der Größe $I_{\{\tau = k\}}(\omega)$, daß die Realisierung oder Nichtrealisierung des Ereignisses $\{\tau = k\}$ lediglich durch die Beobachtungen der ersten k Schritte bestimmt wird (und nicht von der „Zukunft" abhängt).

Gilt $\mathcal{B}_k = \alpha(\mathcal{D}_k)$, so ist die $\mathcal{D}_k$-Meßbarkeit der Größe $I_{\{\tau = k\}}(\omega)$ der Aussage

$$\{\tau = k\} \in \mathcal{B}_k \tag{6}$$

äquivalent. Konkreten Beispielen von Stoppzeiten sind wir bereits begegnet: Von dieser Art sind die zufälligen Größen τ_k^x und σ_{2n}, die in §§ 9 und 10 eingeführt wurden. Diese zufälligen Zeitpunkte erweisen sich als Spezialfälle von Stoppzeiten des Typs

$$\begin{aligned} \tau^A &= \min \{0 < k \leqq n : \xi_k \in A\}, \\ \sigma^A &= \min \{0 \leqq k \leqq n : \xi_k \in A\}, \end{aligned} \tag{7}$$

welche die Zeitpunkte des ersten Erreichens nach Null bzw. des ersten Erreichens der Menge A durch die Folge $\xi_0, \xi_1, \ldots, \xi_n$ darstellen.

4. Satz 1. *Es sei $\xi = (\xi_k, \mathcal{D}_k)_{1 \leqq k \leqq n}$ ein Martingal und τ eine Stoppzeit bezüglich der Zerlegung $(\mathcal{D}_k)_{1 \leqq k \leqq n}$. Dann gilt*

$$\mathbf{M}(\xi_\tau \mid \mathcal{D}_1) = \xi_1 \tag{8}$$

mit

$$\xi_\tau = \sum_{k=1}^{n} \xi_k I_{\{\tau = k\}}(\omega) \tag{9}$$

und

$$\mathbf{M}\xi_\tau = \mathbf{M}\xi_1 . \tag{10}$$

Beweis (vgl. Beweis von (9.29)). Es sei $D \in \mathscr{D}_1$. Unter Benutzung der Eigenschaften bedingter Erwartungswerte und der Beziehung (3) erhalten wir dann

$$\begin{aligned}
\mathbf{M}(\xi_\tau \mid D) &= \frac{\mathbf{M}(\xi_\tau I_D)}{\mathbf{P}(D)} \\
&= \frac{1}{\mathbf{P}(D)} \cdot \sum_{l=1}^{n} \mathbf{M}(\xi_l \cdot I_{\{\tau=l\}} \cdot I_D) \\
&= \frac{1}{\mathbf{P}(D)} \sum_{l=1}^{n} \mathbf{M}[\mathbf{M}(\xi_n \mid \mathscr{D}_l) \cdot I_{\{\tau=l\}} \cdot I_D] \\
&= \frac{1}{\mathbf{P}(D)} \sum_{l=1}^{n} \mathbf{M}[\mathbf{M}(\xi_n I_{\{\tau=l\}} \cdot I_D \mid \mathscr{D}_l)] \\
&= \frac{1}{\mathbf{P}(D)} \sum_{l=1}^{n} \mathbf{M}[\xi_n I_{\{\tau=l\}} \cdot I_D] \\
&= \frac{1}{\mathbf{P}(D)} \mathbf{M}(\xi_n I_D) = \mathbf{M}(\xi_n \mid D)
\end{aligned}$$

und folglich

$$\mathbf{M}(\xi_\tau \mid \mathscr{D}_1) = \mathbf{M}(\xi_n \mid \mathscr{D}_1) = \xi_1 .$$

Die Gleichheit $\mathbf{M}\xi_\tau = \mathbf{M}\xi_1$ ergibt sich hieraus unmittelbar, und der Beweis ist beendet.

Folgerung. Für das Martingal $(S_k, \mathscr{D}_k)_{1 \leqq k \leqq n}$ aus Beispiel 1 und eine beliebige Stoppzeit τ (bezüglich $(\mathscr{D}_k)$) gelten die Beziehungen

$$\mathbf{M}S_\tau = 0 \quad \text{und} \quad \mathbf{M}S_\tau^2 = \mathbf{M}\tau, \tag{11}$$

die *Waldsche Identitäten* genannt werden (vgl. (9.29) und (9.30) sowie Aufgabe 1 und Satz 3 aus Kapitel VII, § 2).

5. Wir benutzen Satz 1 nun zum Beweis der folgenden Aussage.

Satz 2 (Satz über die geheime Abstimmung). *Es sei $\eta_1, \ldots, \eta_n$ eine Folge unabhängiger identisch verteilter zufälliger Größen mit nichtnegativen ganzzahligen Werten und $S_k = \eta_1 + \cdots + \eta_k$, $1 \leqq k \leqq n$. Dann gilt*

$$\mathbf{P}\{S_k < k \textit{ für alle } 1 \leqq k \leqq n \mid S_n\} = (1 - S_n/n)^+ , \tag{12}$$

wobei $a^+ = \max(a, 0)$ ist.

Beweis. Auf der Menge $\{\omega : S_n \geqq n\}$ ist die Aussage trivial. Wir beweisen (12) deshalb nur für elementare Ereignisse mit $S_n < n$.

Dazu betrachten wir das im Beispiel 4 eingeführte Martingal $\xi = (\xi_k, \mathscr{D}_k)_{1 \leqq k \leqq n}$ mit $\xi_k = S_{n+1-k}/(n + 1 - k)$ und $\mathscr{D}_k = \mathscr{D}_{S_{n+1-k}, \ldots, S_n}$.

Wir definieren

$$\tau = \min\{1 \leqq k \leqq n : \xi_k \geqq 1\}$$

und setzen dabei $\tau = n$ auf der Menge $\{\xi_k < 1$ für alle $1 \leqq k \leqq n\} = \left\{\max_{1\leqq l\leqq n} S_l/l < 1\right\}$. Es ist klar, daß auf dieser Menge $\xi_\tau = \xi_n = S_1 = 0$ gilt und folglich die Beziehungen

$$\left\{\max_{1\leqq l\leqq n} \frac{S_l}{l} < 1\right\} = \left\{\max_{1\leqq l\leqq n} \frac{S_l}{l} < 1,\ S_n < n\right\} \subseteqq \{\xi_\tau = 0\} \tag{13}$$

erfüllt sind.

Nun betrachten wir alle die elementaren Ereignisse, für die gleichzeitig die Ungleichungen $\max_{1\leqq l\leqq n} S_l/l \geqq 1$ und $S_n < n$ eintreten, und führen die Bezeichnung $\sigma = n + 1 - \tau$ ein. Es ist leicht zu sehen, daß

$$\sigma = \max\{1 \leqq k \leqq n: S_k \geqq k\}$$

ist und demzufolge (wegen $S_n < n$) die Ungleichungen $\sigma < n$, $S_\sigma \geqq \sigma$ und $S_{\sigma+1} < \sigma + 1$ erfüllt sind. Wir können also auf $\eta_{\sigma+1} = S_{\sigma+1} - S_\sigma < (\sigma + 1) - \sigma = 1$, d. h. $\eta_{\sigma+1} = 0$, schließen. Deshalb haben wir $\sigma \leqq S_\sigma = S_{\sigma+1} < \sigma + 1$. Somit gelten die Beziehungen $S_\sigma = \sigma$ und

$$\xi_\tau = \frac{S_{n+1-\tau}}{n+1-\tau} = \frac{S_\sigma}{\sigma} = 1.$$

Auf diese Weise haben wir die Inklusion

$$\left\{\max_{1\leqq l\leqq n} \frac{S_l}{l} \geqq 1,\ S_n < n\right\} \subseteqq \{\xi_\tau = 1\} \tag{14}$$

nachgewiesen.

Aus (13) und (14) ergibt sich

$$\left\{\max_{1\leqq l\leqq n} \frac{S_l}{l} \geqq 1,\ S_n < n\right\} = \{\xi_\tau = 1\} \cap \{S_n < n\}.$$

Aus diesem Grunde erhalten wir auf der Menge $\{S_n < n\}$

$$\mathbf{P}\left\{\max_{1\leqq l\leqq n} \frac{S_l}{l} \geqq 1 \mid S_n\right\} = \mathbf{P}\{\xi_\tau = 1 \mid S_n\} = \mathbf{M}(\xi_\tau \mid S_n),$$

wobei die letzte Gleichheit aus der Tatsache folgt, daß ξ_τ nur die Werte 0 und 1 annehmen kann.

Wir bemerken nun, daß $\mathbf{M}(\xi_\tau \mid S_n) = \mathbf{M}(\xi_\tau \mid \mathscr{D}_1)$ gilt, und infolge von Satz 1 ergibt sich $\mathbf{M}(\xi_\tau \mid \mathscr{D}_1) = \xi_1 = S_n/n$. Folglich haben wir auf der Menge $\{S_n < n\}$ die Gleichheit $\mathbf{P}(S_k < k$ *für alle* $1 \leqq k \leqq n \mid S_n) = 1 - S_n/n$ nachgewiesen.

Damit ist der Beweis des Satzes beendet.

Wir wollen diesen Satz nun anwenden, um einen anderen Beweis von Lemma 1 aus § 10 zu führen, und seinen Namen „Satz über die geheime Abstimmung" erläutern.

Es seien $\xi_1, \ldots, \xi_n$ unabhängige Bernoullische zufällige Größen mit $\mathbf{P}(\xi_i = 1) = \mathbf{P}(\xi_i = -1) = 1/2$; ferner sei $S_k = \xi_1 + \cdots + \xi_k$, und a, b seien nichtnegative ganze Zahlen derart, daß $a - b > 0$ und $a + b = n$ gilt. Wir zeigen, daß dann die Gleichheit

$$\mathsf{P}\{S_1 > 0, \ldots, S_n > 0 \mid S_n = a - b\} = \frac{a - b}{a + b} \tag{15}$$

erfüllt ist.

Tatsächlich erhalten wir infolge der Symmetrie

$$\begin{aligned}
&\mathsf{P}\{S_1 > 0, \ldots, S_n > 0 \mid S_n = a - b\} \\
&= \mathsf{P}\{S_1 < 0, \ldots, S_n < 0 \mid S_n = -(a - b)\} \\
&= \mathsf{P}\{S_1 + 1 < 1, \ldots, S_n + n < n \mid S_n + n = n - (a - b)\} \\
&= \mathsf{P}\{\eta_1 < 1, \ldots, \eta_1 + \cdots + \eta_n < n \mid \eta_1 + \cdots + \eta_n = n - (a - b)\} \\
&= \left[1 - \frac{n - (a - b)}{n}\right]^+ = \frac{a - b}{n} = \frac{a - b}{a + b},
\end{aligned}$$

wobei wir $\eta_k = \xi_k + 1$ gesetzt und die Gleichheit (12) benutzt haben.

Die Beziehung (15) führt offensichtlich zur Formel (10.5), die in Lemma 1 aus § 10 durch Anwendung des Spiegelungsprinzips gewonnen wurde.

Wir wollen nun $\xi_i = +1$ als eine auf einer Wahl abgegebene Stimme für den Kandidaten A und $\xi_i = -1$ als Stimme für den Kandidaten B interpretieren. Dann ist S_k die Differenz zwischen den für A und B jeweils abgegebenen Stimmen, wenn sich k Wähler an der Abstimmung beteiligen, und $\mathsf{P}\{S_1 > 0, \ldots, S_n > 0 \mid S_n = a - b\}$ die Wahrscheinlichkeit dafür ist, daß der Kandidat A ständig vor B lag, wenn für A insgesamt a und für B insbesamt b Stimmen mit $a + b > 0$ und $a + b = n$ abgegeben wurden. Nach (15) ist diese Wahrscheinlichkeit gleich $\frac{a - b}{n}$.

6. Aufgaben

1. Es sei $\mathscr{D}_0 \leqq \mathscr{D}_1 \leqq \cdots \leqq \mathscr{D}_n$ eine Folge von Zerlegungen, $\mathscr{D}_0 = \{\Omega\}$ und η_k eine $\mathscr{D}_k$-meßbare zufällige Größe, $1 \leqq k \leqq n$. Man beweise, daß $\xi = (\xi_k, \mathscr{D}_k)$ mit

$$\xi_k = \sum_{l=1}^{k} [\eta_l - \mathsf{M}(\eta_l \mid \mathscr{D}_{l-1})]$$

ein Martingal ist.

2. Es seien zufällige Größen $\eta_1, \ldots, \eta_k$ so gewählt, daß $\mathsf{M}(\eta_k \mid \eta_1, \ldots, \eta_{k-1}) = 0$ gilt. Man beweise, daß die Folge $\xi = (\xi_k)_{1 \leqq k \leqq n}$ mit $\xi_1 = \eta_1$ und

$$\xi_{k+1} = \sum_{i=1}^{k} \eta_{i+1} f_i(\eta_1, \ldots, \eta_i),$$

wobei f_i irgendwelche Funktionen sind, ein Martingal bildet.

3. Man zeige, daß jedes Martingal $\xi = (\xi_k, \mathscr{D}_k)$ unkorrelierte Zuwächse besitzt: Für $k < l < m < n$ gilt

$$\operatorname{cov}(\xi_n - \xi_m, \xi_l - \xi_k) = 0.$$

4. Es sei $\xi = (\xi_1, \ldots, \xi_n)$ eine Folge von zufälligen Größen mit der Eigenschaft, daß ξ_k $\mathscr{D}_k$-meßbar ist ($\mathscr{D}_1 \leqq \mathscr{D}_2 \leqq \cdots \leqq \mathscr{D}_n$). Man zeige, daß $(\xi_k, \mathscr{D}_k)$ genau dann ein Martingal ist, wenn für jede Stoppzeit (bezüglich des Systems $(\mathscr{D}_k)$) die Beziehung $\mathbf{M}\xi_\tau = \mathbf{M}\xi_1$ gilt. (Die Formulierung „für jede Stoppzeit" kann man durch „für jede zweiwertige Stoppzeit" ersetzen.)

5. Es sei $\xi = (\xi_k, \mathscr{D}_k)_{1 \leq k \leq n}$ ein Martingal und τ eine Stoppzeit. Man zeige, daß dann für beliebiges k die Beziehung

$$\mathbf{M}[\xi_n I_{\{\tau = k\}}] = \mathbf{M}[\xi_k I_{\{\tau = k\}}]$$

gilt.

6. Für zwei Martingale $\xi = (\xi_k, \mathscr{D}_k)$ und $\eta = (\eta_k, \mathscr{D}_k)$ mit $\xi_1 = \eta_1 = 0$ beweise man

$$\mathbf{M}\xi_n\eta_n = \sum_{k=2}^{n} \mathbf{M}(\xi_k - \xi_{k-1})(\eta_k - \eta_{k-1})$$

und insbesondere

$$\mathbf{M}\xi_n^2 = \sum_{k=2}^{n} \mathbf{M}(\xi_k - \xi_{k-1})^2.$$

7. Es seien $\eta_1, \ldots, \eta_n$ unabhängige identisch verteilte zufällige Größen mit $\mathbf{M}\eta_i = 0$. Man zeige, daß die Folgen $\xi = (\xi_k)$ mit

$$\xi_k = \left(\sum_{i=1}^{k} \eta_i\right)^2 - k\mathbf{M}\eta_i^2,$$

$$\xi_k = \frac{\exp \lambda(\eta_1 + \cdots + \eta_k)}{(\mathbf{M} \exp \lambda\eta_1)^k}$$

Martingale sind.

8. Es seien $\eta_1, \ldots, \eta_n$ unabhängige identisch verteilte zufällige Größen mit Werten in der endlichen Menge Y. Weiter sei $f_0(y) = \mathbf{P}(\eta_1 = y)$, $y \in Y$, und $f_1(y)$ sei eine nichtnegative Funktion mit $\sum_{y \in Y} f_1(y) = 1$. Man zeige, daß die Folge $\xi = (\xi_k, \mathscr{D}_k^\eta)$ mit $\mathscr{D}_k^\eta = \mathscr{D}_{\eta_1, \ldots, \eta_k}$ und

$$\xi_k = \frac{f_1(\eta_1) \cdots f_1(\eta_k)}{f_0(\eta_1) \cdots f_0(\eta_k)}$$

ein Martingal bildet. (Die zufälligen Größen ξ_k, die *Likelihood-Quotient* genannt werden, spielen eine außerordentlich wichtige Rolle in der mathematischen Statistik.)

§ 12. Markov-Ketten: Ergodensatz und strenge Markov-Eigenschaft

1. Im von uns bereits betrachteten Bernoulli-Schema mit

$$\Omega = \{\omega : \omega = (x_1, \ldots, x_n),\ x_i = 0, 1\}$$

wurde die Wahrscheinlichkeit $p(\omega)$ jedes elementaren Ereignisses durch die Formel

$$p(\omega) = p(x_1) \cdots p(x_n) \tag{1}$$

mit $p(x) = p^x q^{1-x}$ vorgegeben. Unter dieser Bedingung erwiesen sich die zufälligen Größen $\xi_1, \ldots, \xi_n$ mit $\xi_i(\omega) = x_i$ als unabhängig und identisch verteilt mit

$$\mathbf{P}(\xi_1 = x) = \ldots = \mathbf{P}(\xi_n = x) = p(x), \qquad x = 0, 1.$$

Wenn wir anstelle von (1)

$$p(\omega) = p_1(x_1) \cdots p_n(x_n)$$

mit $p_i(x) = p_i^x(1 - p_i)^{1-x}$ für $0 \leqq p_i \leqq 1$ setzen, sind die zufälligen Größen ebenfalls *unabhängig*, sie sind jedoch im allgemeinen *nicht mehr identisch verteilt*:

$$\mathbf{P}(\xi_1 = x) = p_1(x), \ldots, \mathbf{P}(\xi_n = x) = p_n(x).$$

Wir betrachten nun eine Verallgemeinerung dieser Folgen, die zu *abhängigen* zufälligen Größen führt, welche eine sogenannte Markov-Kette bilden.

Es sei X eine endliche Menge. Wir setzen

$$\Omega = \{\omega : \omega = (x_0, x_1, \ldots, x_n), x_i \in X\}.$$

Weiterhin seien nichtnegative Funktionen $p_0(x), p_1(x, y), \ldots, p_n(x, y)$ vorgegeben, so daß

$$\sum_{x \in X} p_0(x) = 1, \qquad \sum_{y \in X} p_k(x, y) = 1, \quad k = 1, \ldots, n;\ y \in X, \tag{2}$$

gilt. Für jedes elementare Ereignis $\omega = (x_0, x_1, \ldots, x_n)$ definieren wir

$$p(\omega) = p_0(x_0)\, p_1(x_0, x_1) \cdots p_n(x_{n-1}, x_n). \tag{3}$$

Es ist leicht zu überprüfen, daß $\sum_{\omega \in \Omega} p(\omega) = 1$ gilt, und folglich bildet die Gesamtheit dieser Zahlen gemeinsam mit dem Raum Ω und dem System aller Teilmengen von Ω ein wahrscheinlichkeitstheoretisches Modell, welches eine *Folge von Versuchen* beschreibt, *die in einer sogenannten Markov-Kette miteinander verknüpft sind.*

Wir führen die zufälligen Größen $\xi_0, \xi_1, \ldots, \xi_n$ mit $\xi_i(\omega) = x_i$ ein. Eine einfache Rechnung zeigt

$$\mathbf{P}(\xi_0 = a) = p_0(a), \qquad \mathbf{P}(\xi_0 = a_0, \ldots, \xi_k = a_k) = p_0(a_0)\, p_1(a_0, a_1) \cdots p_k(a_{k-1}, a_k). \tag{4}$$

Für die bedingten Wahrscheinlichkeiten weisen wir nun die folgende wichtige Eigenschaft nach:

$$\mathbf{P}\{\xi_{k+1} = a_{k+1} \mid \xi_k = a_k, \ldots, \xi_0 = a_0\} = \mathbf{P}\{\xi_{k+1} = a_{k+1} \mid \xi_k = a_k\} \tag{5}$$

(unter der Voraussetzung $\mathbf{P}(\xi_k = a_k, \ldots, \xi_0 = a_0) > 0$).

Infolge von (4) gilt

$$\mathbf{P}\{\xi_{k+1} = a_{k+1} \mid \xi_k = a_k, \ldots, \xi_0 = a_0\} = \frac{\mathbf{P}\{\xi_{k+1} = a_{k+1}, \ldots, \xi_0 = a_0\}}{\mathbf{P}\{\xi_k = a_k, \ldots, \xi_0 = a_0\}} = \frac{p_0(a_0)\, p_1(a_0, a_1) \cdots p_{k+1}(a_k, a_{k+1})}{p_0(a_0) \cdots p_k(a_{k-1}, a_k)} = p_{k+1}(a_k, a_{k+1}).$$

Analog überprüft man die Gleichheit

$$\mathbf{P}(\xi_{k+1} = a_{k+1} \mid \xi_k = a_k) = p_{k+1}(a_k, a_{k+1}), \tag{6}$$

was die Eigenschaft (5) beweist.

Es sei $\mathscr{D}_k^\xi = \mathscr{D}_{\xi_0,\ldots,\xi_k}$ die von den zufälligen Größen $\xi_1, \ldots, \xi_k$ erzeugte Zerlegung und $\mathscr{B}_k^\xi = \alpha(\mathscr{D}_k^\xi)$. Entsprechend den in § 8 eingeführten Bezeichnungen folgt dann aus (5)

$$\mathbf{P}(\xi_{k+1} = a_{k+1} \mid \mathscr{B}_k^\xi) = \mathbf{P}(\xi_{k+1} = a_{k+1} \mid \xi_k) \tag{7}$$

oder

$$\mathbf{P}(\xi_{k+1} = a_{k+1} \mid \xi_0, \ldots, \xi_k) = \mathbf{P}(\xi_{k+1} = a_{k+1} \mid \xi_k).$$

Benutzt man die offensichtliche Gleichheit

$$\mathbf{P}(AB \mid C) = \mathbf{P}(A \mid BC)\, \mathbf{P}(B \mid C),$$

so ergibt sich aus (7)

$$\mathbf{P}\{\xi_n = a_n, \ldots, \xi_{k+1} = a_{k+1} \mid \mathscr{B}_k^\xi\} = \mathbf{P}\{\xi_n = a_n, \ \ldots, \xi_{k+1} = a_{k+1} \mid \xi_k\} \tag{8}$$

oder

$$\mathbf{P}\{\xi_n = a_n, \ldots, \xi_{k+1} = a_{k+1} \mid \xi_0, \ldots, \xi_k\} = \mathbf{P}\{\xi_n = a_n, \ldots, \xi_{k+1} = a_{k+1} \mid \xi_k\}. \tag{9}$$

Diese Gleichheit erlaubt die folgende anschauliche Interpretation. Wir wollen die zufällige Größe ξ_k als Position eines Teilchens in der „Gegenwart", $(\xi_0, \ldots, \xi_{k-1})$ und $(\xi_{k+1}, \ldots, \xi_n)$ als Positionen dieses Teilchens in der „Vergangenheit" bzw. in der „Zukunft" auffassen. Dann bedeutet (9), daß die „Zukunft" $(\xi_{k+1}, \ldots, \xi_n)$ bei fixierter „Vergangenheit" $(\xi_0, \ldots, \xi_{k-1})$ und „Gegenwart" ξ_k nur von der „Gegenwart" ξ_k und nicht davon abhängt, wie das Teilchen in den Punkt ξ_k glangt ist, d. h., daß sie von der „Vergangenheit" unabhängig ist.

Wir setzen $Z = \{\xi_n = a_n, \ldots, \xi_{k+1} = a_{k+1}\}$, $G = \{\xi_k = a_k\}$ und $V = \{\xi_{k-1} = a_{k-1}, \ldots, \xi_0 = a_0\}$. Dann folgt aus (9)

$$\mathbf{P}(Z \mid GV) = \mathbf{P}(Z \mid G),$$

woraus man leicht

$$\mathbf{P}(ZV \mid G) = \mathbf{P}(Z \mid G)\, \mathbf{P}(V \mid G) \tag{10}$$

erhält.

Mit anderen Worten: (7) impliziert die Unabhängigkeit von „Zukunft" Z und „Vergangenheit" V bei fixierter „Gegenwart" G. Es ist nicht schwer, auch die umgekehrte Aussage zu beweisen: Aus (10) folgt für beliebiges $k = 0, 1, \ldots, n-1$ die Eigenschaft (7) für jedes $k = 0, 1, \ldots, n-1$.

Die Eigenschaft der Unabhängigkeit von „Zukunft" und „Vergangenheit" oder, was das gleiche ist, von „Vergangenheit" und „Zukunft" bei fixierter „Gegenwart" nennt man gewöhnlich die *Markov-Eigenschaft* und die entsprechende Folge der zufälligen Größen $\xi_0, \ldots, \xi_n$ eine *Markov-Kette*.

Sind also die Wahrscheinlichkeiten $p(\omega)$ der elementaren Ereignisse durch (3) gegeben, so bildet die Folge $\xi = (\xi_0, \ldots, \xi_n)$ mit $\xi_i(\omega) = x_i$ eine Markov-Kette.

In Verbindung damit ist auch die folgende Definition verständlich.

Definition. Es sei $(\Omega, \mathscr{A}, \mathbf{P})$ ein (endlicher) Wahrscheinlichkeitsraum und $\xi = (\xi_0, \ldots, \xi_n)$ eine Folge von zufälligen Größen mit Werten in einer endlichen Menge X. Die Folge $\xi = (\xi_0, \ldots, \xi_n)$ heißt (endliche) *Markov-Kette*, wenn die Bedingung (7) erfüllt ist.

Die Menge X heißt *Phasenraum* oder *Zustandsraum* der Kette. Die Gesamtheit der Wahrscheinlichkeiten $(p_0(x))$, $x \in X$, mit $p_0(x) = \mathbf{P}(\xi_0 = x)$ heißt *Anfangsverteilung*, und die Matrix $\|p_k(x, y)\|$, $x, y \in Y$ mit $p_k(x, y) = \mathbf{P}(\xi_k = y \mid \xi_{k-1} = x)$ nennen wir *Matrix der Übergangswahrscheinlichkeiten* oder einfach *Übergangsmatrix* (aus dem Zustand x in den Zustand y) im Moment $k = 1, \ldots, n$.

Wenn die Übergangswahrscheinlichkeiten $p_k(x, y)$ nicht von k abhängen, d. h. $p_k(x, y) = p(x, y)$ gilt, heißt die Folge $\xi = (\xi_0, \ldots, \xi_n)$ *homogene* Markov-Kette mit der Übergangsmatrix $\|p(x, y)\|$.

Die Matrix $\|p(x, y)\|$ ist *stochastisch*: Ihre Elemente sind nichtnegativ, und jede Zeilensumme ist gleich 1, d. h. $\sum_y p(x, y) = 1$, $x \in X$.

Wir nehmen an, daß der Phasenraum X eine endliche Menge ganzzahliger Punkte ist (z. B. $X = \{0, 1, 2, \ldots, N\}$, $X = \{0, \pm 1, \ldots, \pm N\}$ u. a.), und führen die traditionellen Bezeichnungen $p_i = p_0(i)$ und $p_{ij} = p(i, j)$ ein.

Es ist klar, daß alle Eigenschaften einer homogenen Markov-Kette vollständig durch die Anfangsverteilung (p_i) und die Übergangswahrscheinlichkeiten p_{ij} bestimmt werden. In konkreten Fällen benutzt man zur Beschreibung der Entwicklung der Kette anstelle der expliziten Angabe der Matrix $\|p_{ij}\|$ einen (orientierten) Graphen, dessen Knoten Zustände aus X sind. Der Pfeil

aus dem Zusand i in den Zustand j mit der Zahl p_{ij} zeigt, daß aus dem Punkt i mit der Wahrscheinlichkeit p_{ij} ein Übergang in den Punkt j möglich ist. Im Fall $p_{ij} = 0$ werden die Zustände nicht durch einen Pfeil verbunden.

Beispiel 1. Es sei $X = \{0, 1, 2\}$ und

$$\|p_{ij}\| = \begin{pmatrix} 1 & 0 & 0 \\ \frac{1}{2} & 0 & \frac{1}{2} \\ \frac{2}{3} & 0 & \frac{1}{3} \end{pmatrix}.$$

Dieser Matrix entspricht der folgende Graph:

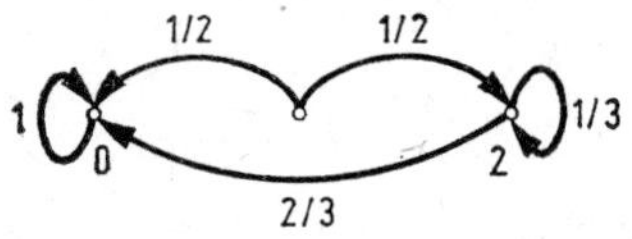

Den Zustand 0 nennt man absorbierend: Gelangt ein Teilchen in diesen Zustand, so bleibt es wegen $p_{00} = 1$ dort sitzen. Aus dem Zustand 1 gelangt das Teilchen gleichwahrscheinlich in die benachbarten Zustände 0 und 2. Im Zustand 2 verbleibt das

Teilchen mit der Wahrscheinlichkeit 1/3, und es springt mit der Wahrscheinlichkeit 2/3 in den Zustand 0.

Beispiel 2. Es sei $X = \{0, \pm 1, \ldots, \pm N\}$, $p_0 = 1$, $p_{NN} = p_{(-N)(-N)} = 1$. Für $|i| < N$ setzen wir

$$p_{ij} = \begin{cases} p, & j = i + 1, \\ q, & j = i - 1, \\ 0 & \text{sonst}. \end{cases} \tag{11}$$

Die einer solchen Kette entsprechenden Übergänge lassen sich folgendermaßen graphisch darstellen ($N = 3$):

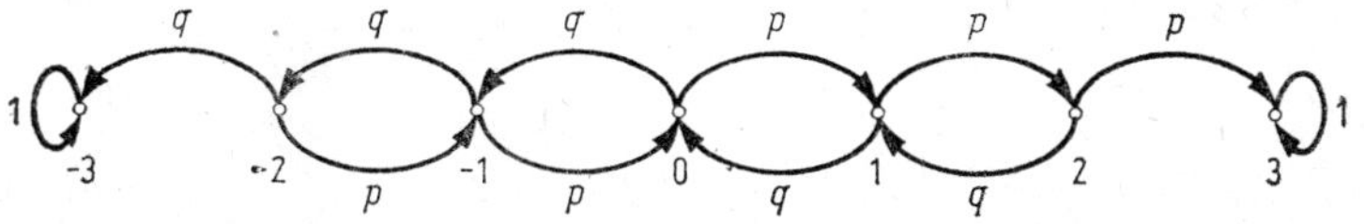

Diese Kette entspricht dem früher von uns untersuchten Spiel mit zwei Teilnehmern, bei dem jeder von ihnen das Anfangskapital N besitzt und der erste Spieler in jeder Runde mit der Wahrscheinlichkeit p eine Einheit des Kapitals seines Gegners gewinnt bzw. mit der Wahrscheinlichkeit q eine Einheit seines Kapitals verliert. Fassen wir den Zustand i als Größe des Gewinns des ersten Spielers auf, so bedeutet das Erreichen der Punkte N und $-N$ den Ruin des zweiten bzw. des ersten Spielers.

Tatsächlich bildet für unabhängige Bernoullische zufällige Größen $\eta_1, \ldots, \eta_n$ mit $\mathbf{P}(\eta_i = 1) = p$ und $\mathbf{P}(\eta_i = -1) = q$ die Folge $S_0, S_1, \ldots, S_n$ der Gewinne des ersten Spielers mit $S_0 = 0$ und $S_k = \eta_1 + \cdots + \eta_k$ eine Markov-Kette mit $p_0 = 1$ und der Matrix der Übergangswahrscheinlichkeiten (11); es gilt nämlich

$$\begin{aligned} &\mathbf{P}\{S_{k+1} = j \mid S_k = i_k, S_{k-1} = i_{k-1}, \ldots\} \\ &= \mathbf{P}\{S_k + \eta_{k+1} = j \mid S_k = i_k, S_{k-1} = i_{k-1}, \ldots\} \\ &= \mathbf{P}\{S_k + \eta_{k+1} = j \mid S_k = i_k\} = \mathbf{P}\{\eta_{k+1} = j - i_k\}. \end{aligned}$$

Die Markov-Kette $S_0, S_1, \ldots, S_n$ besitzt eine sehr einfache Struktur:

$$S_{k+1} = S_k + \eta_{k+1}, \qquad 0 \leqq k \leqq n - 1,$$

wobei $\eta_1, \eta_2, \ldots, \eta_n$ eine Folge unabhängiger zufälliger Größen ist.

Die gleichen Überlegungen zeigen, daß die Folge $\xi_0, \xi_1, \ldots, \xi_n$ mit

$$\xi_{k+1} = f_k(\xi_k, \eta_{k+1}), \qquad 0 \leqq k \leqq n - 1, \tag{12}$$

eine Markov-Kette bildet, wenn die zufälligen Größen $\xi_0, \eta_1, \ldots, \eta_n$ unabhängig sind.

In diesem Zusammenhang ist es nützlich, darauf hinzuweisen, daß man die so konstruierte Markov-Kette in natürlicher Weise als stochastisches Analogon der (determinierten) Folge $x = (x_0, \ldots, x_n)$, definiert durch die Rekursionsbeziehungen

$$x_{k+1} = f_k(x_k),$$

auffassen kann.

Wir führen nun noch ein Beispiel für Markov-Ketten vom Typ (12) an. Diese Kette tritt in der Bedienungstheorie auf.

Beispiel 3. An einem Taxistand trifft zu jedem ganzzahligen Zeitpunkt jeweils ein Taxi ein. Wartet dort niemand, so fährt das Taxi sofort weiter. Wir bezeichnen mit η_k die Anzahl der Wartenden, die zum Zeitpunkt k den Stand erreicht haben, und setzen voraus, daß $\eta_1, \ldots, \eta_n$ unabhängige zufällige Größen sind. Weiter sei ξ_k die Länge der Warteschlange zum Zeitpunkt k, $\xi_0 = 0$. Gilt nun $\xi_k = i$, so ergibt sich für die Länge der Warteschlange ξ_{k+1} im darauffolgenden Moment $k + 1$

$$j = \begin{cases} \eta_{k+1}, & \text{falls } i = 0, \\ i - 1 + \eta_{k+1}, & \text{falls } i \geqq 1, \end{cases}$$

oder anders ausgedrückt

$$\xi_{k+1} = (\xi_k - 1)^+ + \eta_{k+1}, \qquad 0 \leqq k \leqq n - 1,$$

wobei $a^+ = \max(a, 0)$ ist, und somit bildet die Folge $\xi = (\xi_0, \ldots, \xi_n)$ eine Markov-Kette.

Beispiel 4. Dieses Beispiel entstammt der *Theorie der Verzweigungsprozesse.* Unter einem Verzweigungsprozeß mit diskreter Zeit verstehen wir eine Folge von zufälligen Größen $\xi_0, \xi_1, \ldots, \xi_n$, wobei ξ_k als die Anzahl der zum Zeitpunkt k existierenden Teilchen gedeutet wird und der Geburts- und Todesprozeß der Teilchen wie folgt abläuft: Jedes Teilchen verwandelt sich mit der Wahrscheinlichkeit p_j unabhängig von den anderen und der „Vorgeschichte" des Prozesses in j Teilchen für $j = 0, 1, \ldots, M$.

Wir wollen annehmen, daß zum Anfangszeitpunkt lediglich ein Teilchen vorhanden ist, d. h. $\xi_0 = 1$. Wenn es zum Zeitpunkt k insgesamt ξ_k Teilchen (mit den Nummern $1, 2, \ldots, \xi_k$) gibt, dann kann man, entsprechend dem beschriebenen Vorgang, ξ_{k+1} in Form einer zufälligen Anzahl von zufälligen Größen darstellen:

$$\xi_{k+1} = \eta_1^{(k)} + \cdots + \eta_{\xi_k}^{(k)}.$$

Dabei ist $\eta_i^{(k)}$ die Anzahl der vom i-ten Teilchen erzeugten Nachkommen. Offenbar ist für $\xi_k = 0$ auch $\xi_{k+1} = 0$. Die Unabhängigkeit aller zufälligen Größen $\eta_j^{(k)}$, $k \geqq 0$, $j \geqq 1$, voraussetzend, finden wir

$$\begin{aligned} &\mathsf{P}\{\xi_{k+1} = i_{k+1} \mid \xi_k = i_k, \xi_{k-1} = i_{k-1}, \ldots\} \\ &= \mathsf{P}\{\xi_{k+1} = i_{k+1} \mid \xi_k = i_k\} = \mathsf{P}\{\eta_1^{(k)} + \cdots + \eta_{i_k}^{(k)} = i_{k+1}\}. \end{aligned}$$

Daraus ist ersichtlich, daß die Folge $\xi_0, \xi_1, \ldots, \xi_n$ eine Markov-Kette bildet.

Von besonderem Interesse ist der Fall, daß jedes Teilchen mit der Wahrscheinlichkeit q stirbt oder sich mit der Wahrscheinlichkeit p in zwei neue Teilchen verzweigt, wobei $p + q = 1$ gilt. Für diesen Fall ergibt sich durch einfache Rechnung für

$$p_{ij} = \mathsf{P}(\xi_{k+1} = j \mid \xi_k = i)$$

die Formel

$$p_{ij} = \begin{cases} \binom{i}{j/2} p^{j/2} q^{i-j/2}, & j = 0, \ldots, 2i, \\ 0 & \text{in den anderen Fällen.} \end{cases}$$

2. Mit $\xi = (\xi_k, \mathbf{\Pi}, \mathbb{P})$ bezeichnen wir im folgenden eine homogene Markov-Kette mit der Anfangsverteilung $\mathbf{\Pi} = (p_i)$ und der Übergangsmatrix $\mathbb{P} = \|p_{ij}\|$. Dann gilt offensichtlich

$$p_{ij} = \mathsf{P}(\xi_1 = j \mid \xi_0 = i) = \ldots = \mathsf{P}(\xi_n = j \mid \xi_{n-1} = i).$$

Wir bezeichnen mit

$$p_{ij}^{(k)} = \mathsf{P}(\xi_k = j \mid \xi_0 = i) \qquad \big(= \mathsf{P}(\xi_{k+l} = j \mid \xi_l = i)\big)$$

die Wahrscheinlichkeit dafür, in k Schritten aus dem Zustand i in den Zustand j zu gelangen, und mit

$$p_j^{(k)} = \mathsf{P}(\xi_k = j)$$

die Aufenthaltswahrscheinlichkeit des Teilchens im Punkt j zur Zeit k. Weiter setzen wir

$$\mathbf{\Pi}^{(k)} = \|p_i^{(k)}\| \qquad \text{und} \qquad \mathbb{P}^{(k)} = \|p_{ij}^{(k)}\|.$$

Wir wollen zeigen, daß die Übergangswahrscheinlichkeiten $p_{ij}^{(k)}$ der *Chapman-Kolmogorov-Gleichung*

$$p_{ij}^{(k+l)} = \sum_\alpha p_{i\alpha}^{(k)} p_{\alpha j}^{(l)}, \tag{13}$$

in Matrizenschreibweise

$$\mathbb{P}^{(k+l)} = \mathbb{P}^{(k)} \cdot \mathbb{P}^{(l)}, \tag{14}$$

genügen.

Der Beweis ist überaus einfach: Wir benutzen die Formel der totalen Wahrscheinlichkeit und erhalten unter Berücksichtigung der Markov-Eigenschaft

$$p_{ij}^{(k+l)} = \mathsf{P}(\xi_{k+l} = j \mid \xi_0 = i) = \sum_\alpha \mathsf{P}(\xi_{k+l} = j, \xi_k = \alpha \mid \xi_0 = i)$$
$$= \sum_\alpha \mathsf{P}(\xi_{k+l} = j \mid \xi_k = \alpha)\, \mathsf{P}(\xi_k = \alpha \mid \xi_0 = i) = \sum_\alpha p_{\alpha j}^{(l)} p_{i\alpha}^{(k)}.$$

Besonders wichtig sind zwei Spezialfälle der Gleichung (13): die *Rückwärtsgleichung*

$$p_{ij}^{(l+1)} = \sum_\alpha p_{i\alpha} p_{\alpha j}^{(l)} \tag{15}$$

und die *Vorwärtsgleichung*

$$p_{ij}^{(k+1)} = \sum_\alpha p_{i\alpha}^{(k)} p_{\alpha j} \tag{16}$$

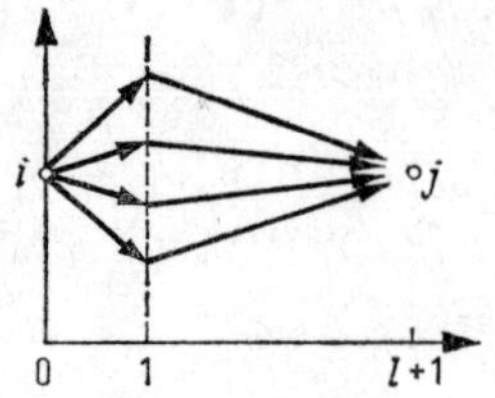

Abb. 22
Zur Rückwärtsgleichung

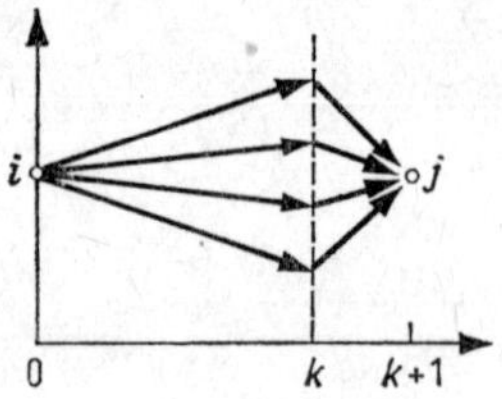

Abb. 23
Zur Vorwärtsgleichung

(siehe Abb. 22 und 23). In Matrizenschreibweise lauten diese Gleichungen entsprechend

$$\mathbb{P}^{(k+1)} = \mathbb{P}^{(k)} \cdot \mathbb{P} \tag{17}$$

und

$$\mathbb{P}^{(k+1)} = \mathbb{P} \cdot \mathbb{P}^{(k)}. \tag{18}$$

Für die (unbedingten) Wahrscheinlichkeiten $p_j^{(k)}$ erhalten wir analog

$$p_j^{(k+l)} = \sum_\alpha p_\alpha^{(k)} p_{\alpha j}^{(l)}, \tag{19}$$

oder in Matrizenschreibweise

$$\mathbb{\Pi}^{(k+l)} = \mathbb{\Pi}^{(k)} \cdot \mathbb{P}^{(l)}.$$

Insbesondere ergeben sich die Beziehungen

$$\mathbb{\Pi}^{(k+1)} = \mathbb{\Pi}^{(k)} \cdot \mathbb{P}$$

(Vorwärtsgleichung) und

$$\mathbb{\Pi}^{(k+1)} = \mathbb{\Pi}^{(1)} \cdot \mathbb{P}^{(k)}$$

(Rückwärtsgleichung). Aus $\mathbb{P}^{(1)} = \mathbb{P}$ und $\mathbb{\Pi}^{(1)} = \mathbb{\Pi}$ schließen wir mit Hilfe dieser Beziehungen auf

$$\mathbb{P}^{(k)} = \mathbb{P}^k \qquad \text{und} \qquad \mathbb{\Pi}^{(k)} = \Pi \mathbb{P}^{k-1}.$$

Demzufolge sind die Übergangswahrscheinlichkeiten $p_{ij}^{(k)}$ und die Wahrscheinlichkeiten $p_j^{(k)}$ Elemente der k-ten Potenz der Matrix $\mathbb{P}$ bzw. Elemente des Vektors $\mathbb{\Pi} \cdot \mathbb{P}^{k-1}$. Aus diesem Grunde lassen sich viele Eigenschaften homogener Markov-Ketten mit Methoden der Matrizenrechnung untersuchen.

Beispiel. Wir betrachten eine homogene Markov-Kette mit den zwei Zuständen 0 und 1 und der Matrix

$$\mathbb{P} = \begin{pmatrix} p_{00} & p_{01} \\ p_{10} & p_{11} \end{pmatrix}.$$

Man errechnet leicht

$$\mathbb{P}^2 = \begin{pmatrix} p_{00}^2 + p_{01}p_{10} & p_{01}(p_{00} + p_{11}) \\ p_{10}(p_{00} + p_{11}) & p_{11}^2 + p_{01}p_{10} \end{pmatrix}$$

und durch Induktion

$$\mathbb{P}^n = \frac{1}{2 - p_{00} - p_{11}} \begin{pmatrix} 1 - p_{11} & 1 - p_{00} \\ 1 - p_{11} & 1 - p_{00} \end{pmatrix} + \frac{(p_{00} + p_{11} - 1)^n}{2 - p_{00} - p_{11}} \begin{pmatrix} 1 - p_{00} & -(1 - p_{00}) \\ -(1 - p_{11}) & 1 - p_{11} \end{pmatrix}$$

unter der Voraussetzung $|p_{00} + p_{11} - 1| < 1$.

Daraus ist ersichtlich, daß für $|p_{00} - p_{11} - 1| < 1$ (dies ist insbesondere der Fall, wenn alle Übergangswahrscheinlichkeiten positiv sind) für $n \to \infty$ die Konvergenz

$$\mathbb{P} \to \frac{1}{2 - p_{00} - p_{11}} \begin{pmatrix} 1 - p_{11} & 1 - p_{00} \\ 1 - p_{11} & 1 - p_{00} \end{pmatrix} \tag{20}$$

eintritt. Folglich gilt

$$\lim_n p_{i0}^{(n)} = \frac{1 - p_{11}}{2 - p_{00} - p_{11}} \quad \text{und} \quad \lim_n p_{i1}^{(n)} = \frac{1 - p_{00}}{2 - p_{00} - p_{11}}.$$

Sind also die Elemente von $\mathbb{P}$ so beschaffen, daß $|p_{00} - p_{11} - 1| < 1$ erfüllt ist, dann ist das Verhalten der betrachteten Markov-Kette folgender Gesetzmäßigkeit unterworfen: Der Einfluß des Anfangszustandes auf die Aufenthaltswahrscheinlichkeit des Teilchens in einem beliebigen Zustand verschwindet mit wachsender Zeitdauer. (Die Übergangswahrscheinlichkeiten $p_{ij}^{(n)}$ konvergieren *unabhängig* von i gegen Grenzwerte π_j, die eine Wahrscheinlichkeitsverteilung bilden: $\pi_0, \pi_1 \geqq 0$, $\pi_0 + \pi_1 = 1$.) Sind außerdem alle p_{ij} positiv, so gilt für die Grenzwerte $\pi_0, \pi_1 > 0$.

3. Der folgende Satz beschreibt eine große Klasse von Markov-Ketten, welche die sogenannte *Ergodeneigenschaft* besitzen, d. h., die Grenzwerte $\pi_j = \lim_n p_{ij}^{(n)}$ existieren nicht nur, sind unabhängig von i und bilden eine Wahrscheinlichkeitsverteilung $\left(\pi_j \geqq 0,\ \sum_j \pi_j = 1\right)$, sondern für sie gilt darüber hinaus noch $\pi_j > 0$ für alle j. Solche Verteilungen (π_j) heißen *ergodisch*.

Satz 1 (Ergodensatz). *Es sei* $\mathbb{P} = \|p_{ij}\|$ *die Übergangsmatrix einer Markov-Kette mit endlichem Zustandsraum* $X = \{1, 2, \ldots, N\}$.

a) *Wenn es ein* n_0 *gibt, für das*

$$\min_{i,j} p_{ij}^{(n_0)} > 0 \tag{21}$$

gilt, dann existieren Zahlen $\pi_1, \ldots, \pi_N$ *mit den Eigenschaften*

$$\pi_j > 0 \quad \textit{und} \quad \sum_j \pi_j = 1 \tag{22}$$

und derart, daß für jedes $i \in X$ *die Konvergenz*

$$p_{ij}^{(n)} \to \pi_j, \qquad n \to \infty \tag{23}$$

eintritt.

b) *Existieren umgekehrt Zahlen* $\pi_1, \ldots, \pi_N$, *die den Bedingungen* (22) *und* (23) *genügen, so gibt es ein* n_0 *derart, daß* (21) *erfüllt ist.*

c) *Die Zahlen* $(\pi_1, \ldots, \pi_N)$ *genügen dem Gleichungssystem*

$$\pi_j = \sum_\alpha \pi_\alpha p_{\alpha j}, \qquad i = 1, \ldots, N. \tag{24}$$

Beweis. a) Zunächst führen wir die Bezeichnungen

$$m_j^{(n)} = \min_i p_{ij}^{(n)} \qquad \text{und} \qquad M_j^{(n)} = \max_i p_{ij}^{(n)}$$

ein. Aus

$$p_{ij}^{(n+1)} = \sum_\alpha p_{i\alpha} p_{\alpha j}^{(n)} \tag{25}$$

schließen wir auf

$$m_j^{(n+1)} = \min_i p_{ij}^{(n+1)} = \min_i \sum_\alpha p_{i\alpha} p_{\alpha j}^{(n)} \geqq \min_i \sum_\alpha p_{i\alpha} \min_\alpha p_{\alpha j}^{(n)} = m_j^{(n)}.$$

Daraus erhält man $m_j^{(n)} \leqq m_j^{(n+1)}$ und analog $M_j^{(n)} \geqq M_j^{(n+1)}$. Aus diesem Grunde ist es für den Beweis von (23) bereits hinreichend,

$$M_j^{(n)} - m_j^{(n)} \to 0, \quad n \to \infty, \quad j = 1, \ldots, N,$$

zu zeigen.

Es sei $\varepsilon = \min_{i,j} p_{ij}^{(n_0)} > 0$. Dann gilt

$$p_{ij}^{(n_0+n)} = \sum_\alpha p_{i\alpha}^{(n_0)} p_{\alpha j}^{(n)} = \sum_\alpha [p_{i\alpha}^{(n_0)} - \varepsilon p_{\alpha j}^{(n)}]\, p_{\alpha j}^{(n)} + \varepsilon \sum_\alpha p_{j\alpha}^{(n)} p_{\alpha j}^{(n)}$$

$$= \sum_\alpha [p_{i\alpha}^{(n_0)} - \varepsilon p_{j\alpha}^{(n)}]\, p_{\alpha j}^{(n)} + \varepsilon p_{jj}^{(2n)}.$$

Nun ist jedoch $p_{i\alpha}^{(n_0)} - \varepsilon p_{j\alpha}^{(n)} \geqq 0$ und deshalb

$$p_{ij}^{(n_0+n)} \geqq m_j^{(n)} \cdot \sum_\alpha [p_{i\alpha}^{(n_0)} - \varepsilon p_{j\alpha}^{(n)}] + \varepsilon p_{jj}^{(2n)} = m_j^{(n)}(1 - \varepsilon) + \varepsilon p_{jj}^{(2n)}.$$

Folglich erhält man

$$m_j^{(n_0+n)} \geqq m_j^{(n)}(1 - \varepsilon) + \varepsilon p_{jj}^{(2n)}$$

und analog

$$M_j^{(n_0+n)} \leqq M_j^{(n)}(1 - \varepsilon) + \varepsilon p_{jj}^{(2n)}.$$

Die Vereinigung dieser Ungleichungen ergibt

$$M_j^{(n_0+n)} - m_j^{(n_0+n)} \leqq (M_j^{(n)} - m_j^{(n)}) \cdot (1 - \varepsilon).$$

Demzufolge gilt

$$M_j^{(kn_0+n)} - m_j^{(kn_0+n)} \leqq (M_j^{(n)} - m_j^{(n)})\, (1 - \varepsilon)^k \downarrow 0, \qquad k \to \infty.$$

Also tritt für eine gewisse Teilfolge $\{n_\beta\}$ die Konvergenz $M_j^{(n_\beta)} - m_j^{(n_\beta)} \to 0$ für $n_\beta \to \infty$ ein. Die Differenz $M_j^{(n)} - m_j^{(n)}$ ist jedoch monoton in n. Dies ergibt $M_j^{(n)} - m_j^{(n)} \to 0$

für $n \to \infty$. Mit der Bezeichnung $\pi_j = \lim\limits_n m_j^{(n)}$ folgt aus den gewonnenen Abschätzungen, daß für $n \geqq n_0$

$$|p_{ij}^{(n)} - \pi_j| \leqq M_j^{(n)} - m_j^{(n)} \leqq (1 - \varepsilon)^{[n/n_0]-1}$$

gilt, d. h., die Konvergenz von $p_{ij}^{(n)}$ gegen π_j verläuft mit geometrischer Geschwindigkeit. Die offensichtlichen Ungleichungen $m_j^{(n)} \geqq m_j^{(n_0)} \geqq \varepsilon > 0$ für $n \geqq n_0$ ergeben schließlich $\pi_j > 0$.

b) Die Bedingung (21) folgt unmittelbar aus (23), da die Anzahl der Zustände endlich ist und $\pi_j > 0$ gilt.

c) Die Gleichung (24) ist eine Folge von (23) und (25).

Damit ist der Satz bewiesen.

4. Das Gleichungssystem (24) spielt eine große Rolle in der Theorie der Markov-Ketten. Jede nichtnegative Lösung $(\pi_1, \ldots, \pi_N)$ dieses Systems, die der Bedingung $\sum\limits_\alpha \pi_\alpha = 1$ genügt, heißt *stationäre* oder *invariante* Verteilung der Markov-Kette mit der Übergangsmatrix $\|p_{ij}\|$. Diese Benennung erklärt sich folgendermaßen:

Wir wählen die Verteilung $(\pi_1, \ldots, \pi_N)$ als Anfangsverteilung. Dann erhalten wir

$$p_j^{(1)} = \sum_\alpha \pi_\alpha p_{\alpha j} = \pi_j$$

und allgemein $p_j^{(n)} = \pi_j$. Mit anderen Worten, wählen wir $(\pi_1, \ldots, \pi_N)$ als Anfangsverteilung, so tritt keine zeitliche Veränderung dieser Verteilung ein, d. h., für alle k gilt

$$\mathbf{P}(\xi_k = j) = \mathbf{P}(\xi_0 = j), \qquad j = 1, \ldots, N.$$

Darüber hinaus wird mit dieser Anfangsverteilung die Markov-Kette *stationär*: Die gemeinsame Verteilung des Vektors $(\xi_k, \xi_{k+1}, \ldots, \xi_{k+l})$ hängt für beliebiges l nicht mehr von k ab. (Wir setzen natürlich $k + l \leqq n$ voraus.)

Die Bedingung (21) garantiert sowohl die Existenz der von i unabhängigen Grenzwerte $\pi_j = \lim\limits_n p_{ij}^{(n)}$ als auch die Existenz der ergodischen Verteilung, d. h. einer Verteilung mit $\pi_j > 0$. Die Verteilung $(\pi_1, \ldots, \pi_N)$ erweist sich außerdem als *stationär*. Wir zeigen nun, daß $(\pi_1, \ldots, \pi_N)$ die *einzige* stationäre Verteilung ist.

Nehmen wir an, es gibt eine zweite stationäre Verteilung $(\tilde{\pi}_1, \ldots, \tilde{\pi}_N)$, dann gilt

$$\tilde{\pi}_j = \sum_\alpha \tilde{\pi}_\alpha p_{\alpha j} = \ldots = \sum_\alpha \tilde{\pi}_\alpha p_{\alpha j}^{(n)}.$$

Wegen $p_{\alpha j}^{(n)} \to \pi_j$ erhalten wir daraus

$$\tilde{\pi}_j = \sum_\alpha (\tilde{\pi}_\alpha \cdot \pi_j) = \pi_j.$$

Wir wollen darauf hinweisen, daß auch für nichtergodische Ketten stationäre Verteilungen (sogar eindeutig bestimmte) existieren können. Dies macht das folgende Beispiel deutlich. Es sei

$$\mathbb{P} = \begin{pmatrix} 0 & 1 \\ 1 & 0 \end{pmatrix}.$$

Dann haben wir

$$\mathbb{P}^{2n+1} = \begin{pmatrix} 0 & 1 \\ 1 & 0 \end{pmatrix} \quad \text{und} \quad \mathbb{P}^{2n} = \begin{pmatrix} 1 & 0 \\ 0 & 1 \end{pmatrix},$$

und infolgedessen existieren die Grenzwerte $\lim_n p_{ij}^{(n)}$ nicht. Andererseits ergibt das System

$$\pi_j = \sum_\alpha \pi_\alpha p_{\alpha j}, \qquad j = 1, 2,$$

die Gleichungen

$$\pi_1 = \pi_2, \qquad \pi_2 = \pi_1,$$

deren einzige Lösung, die der Bedingung $\pi_1 + \pi_2 = 1$ genügt, gerade (1/2, 1/2) ist.

Wir vermerken weiterhin, daß für dieses Beispiel das System (24) die Form

$$\pi_0 = \pi_0 p_{00} + \pi_1 p_{10},$$
$$\pi_1 = \pi_0 p_{01} + \pi_1 p_{11}$$

besitzt, woraus wir unter Berücksichtigung der Bedingung $\pi_0 + \pi_1 = 1$ erhalten, daß die einzige stationäre Lösung (π_0, π_1) mit der bereits gefundenen Lösung übereinstimmt:

$$\pi_0 = \frac{1 - p_{11}}{2 - p_{00} - p_{11}}, \qquad \pi_1 = \frac{1 - p_{00}}{2 - p_{00} - p_{11}}.$$

Wir wenden uns nun einigen Folgerungen aus dem Ergodensatz zu. Es sei A eine Menge von Zuständen, $A \subseteq X$, und

$$I_A(x) = \begin{cases} 1, & x \in A, \\ 0, & x \notin A. \end{cases}$$

Wir betrachten die zufällige Größe

$$\nu_A(n) = \frac{I_A(\xi_0) + \cdots + I_A(\xi_n)}{n + 1}.$$

Dies ist der relative Zeitanteil, den das Teilchen in der Menge A verbracht hat. Aus der Beziehung

$$\mathbf{M}[I_A(\xi_k) \mid \xi_0 = i] = \mathbf{P}(\xi_k \in A \mid \xi_0 = i) = \sum_{j \in A} p_{ij}^{(k)} \left(= p_i^{(k)}(A)\right)$$

folgt

$$\mathbf{M}[\nu_A(n) \mid \xi_0 = i] = \frac{1}{n+1} \sum_{k=0}^{n} p_i^{(k)}(A)$$

und insbesondere

$$\mathbf{M}[\nu_{\{j\}}(n) \mid \xi_0 = i] = \frac{1}{n+1} \sum_{k=0}^{n} p_{ij}^{(k)}.$$

Aus der Analysis ist bekannt (vgl. ebenfalls Lemma 1 aus Kapitel IV, § 3), daß im Fall der Konvergenz $a_n \to a$ auch $\frac{a_0 + \cdots + a_n}{n+1}$ für $n \to \infty$ gegen a strebt. Deshalb erhalten wir die Konvergenzen

$$\mathsf{M}\nu_{\{j\}}(n) \to \pi_j \quad \text{und} \quad \mathsf{M}\nu_A(n) \to \pi_A \quad \text{mit} \quad \pi_A = \sum_{j \in A} \pi_j,$$

falls $p_{ij}^{(k)} \to \pi_j$ für $k \to \infty$ strebt.

Für ergodische Ketten kann man in Wirklichkeit mehr beweisen, nämlich, daß für die Folge $I_A(\xi_0), \ldots, I_A(\xi_n), \ldots$ das schwache Gesetz der großen Zahlen gültig ist.

S c h w a c h e s G e s e t z d e r g r o ß e n Z a h l e n. *Es sei $\xi_0, \xi_1, \ldots$ eine endliche ergodische Markov-Kette. Dann gilt für jedes $\varepsilon > 0$ und jede Anfangsverteilung*

$$\mathsf{P}(|\nu_A(n) - \pi_A| > \varepsilon) \to 0, \qquad n \to \infty. \tag{26}$$

Bevor wir zum Beweis dieser Behauptung kommen, bemerken wir, daß eine unmittelbare Anwendung der Resultate von § 5 auf die Bernoullischen zufälligen Größen $I_A(\xi_0), \ldots, I_A(\xi_n), \ldots$ nicht möglich ist, da diese im allgemeinen abhängig sind. Dennoch kann man den Beweis auf die gleiche Weise führen wie im Fall unabhängiger zufälliger Größen. Dazu benutzen wir wiederum die Čebyševsche Ungleichung und die Tatsache, daß für ergodische Ketten mit endlich vielen Zuständen ein $\varrho \in (0, 1)$ mit der Eigenschaft

$$|p_{ij}^{(n)} - \pi_j| \leqq C \cdot \varrho^n \tag{27}$$

existiert.

Zunächst betrachten wir die Zustände i und j (die auch identisch sein können) und zeigen für $\varepsilon > 0$

$$\mathsf{P}\{|\nu_{\{j\}}(n) - \pi_j| > \varepsilon \mid \xi_0 = i\} \to 0, \qquad n \to \infty. \tag{28}$$

Die Čebyševsche Ungleichung liefert

$$\mathsf{P}\{|\nu_{\{j\}}(n) - \pi_j| > \varepsilon \mid \xi_0 = i\} \leqq \frac{\mathsf{M}\{|\nu_{\{j\}}(n) - \pi_j|^2 \mid \xi_0 = i\}}{\varepsilon^2}.$$

Aus diesem Grunde müssen wir lediglich

$$\mathsf{M}\{|\nu_{\{j\}}(n) - \pi_j|^2 \mid \xi_0 = i\} \to 0, \qquad n \to \infty,$$

nachweisen.

Eine einfache Rechnung zeigt

$$\begin{aligned}\mathsf{M}\{|\nu_{\{j\}}(n) - \pi_j|^2 \mid \xi_0 = i\} &= \frac{1}{(n+1)^2} \cdot \mathsf{M}\left\{\left(\sum_{k=0}^{n} [I_{\{j\}}(\xi_k) - \pi_j]\right)^2 \middle| \xi_0 = i\right\} \\ &= \frac{1}{(n+1)^2} \sum_{k=0}^{n} \sum_{l=0}^{n} m_{ij}^{(k,l)},\end{aligned}$$

wobei

$$m_{ij}^{(k,l)} = \mathbf{M}\{[I_{\{j\}}(\xi_k)\, I_j(\xi_l)] \mid \xi_0 = i\}$$
$$- \pi_j \cdot \mathbf{M}[I_{\{j\}}(\xi_k) \mid \xi_0 = i] - \pi_j \cdot \mathbf{M}[I_{\{j\}}(\xi_l) \mid \xi_0 = i] + \pi_j^2$$
$$= p_{ij}^{(s)} \cdot p_{jj}^{(t)} - \pi_j \cdot p_{ij}^{(k)} - \pi_j \cdot p_{ij}^{(l)} + \pi_j^2,$$
$$s = \min(k, l) \quad \text{und} \quad t = |k - l|$$

gesetzt wurde.

Aus (27) ergibt sich

$$p_{ij}^{(n)} = \pi_j + \varepsilon_{ij}^{(n)}, \qquad |\varepsilon_{ij}^{(n)}| \leqq C\varrho^n,$$

und deshalb

$$|m_{ij}^{(k,l)}| \leqq C_1[\varrho^s + \varrho^t + \varrho^k + \varrho^l],$$

wobei C_1 eine gewisse Konstante ist. Also gilt

$$\frac{1}{(n+1)^2} \sum_{k=0}^{n} \sum_{l=0}^{n} m_{ij}^{(k,l)} \leqq \frac{C_1}{(n+1)^2} \sum_{k=0}^{n} \sum_{l=0}^{n} [\varrho^s + \varrho^t + \varrho^k + \varrho^l]$$
$$\leqq \frac{4C_1}{(n+1)^2} \cdot \frac{2(n+1)}{1-\varrho} = \frac{8C_1}{(n+1)(1-\varrho)} \to 0, \qquad n \to \infty,$$

woraus man die Gültigkeit der Beziehungen (28) und somit schließlich sofort die zu beweisende Aussage (26) erhält.

5. In § 9 hatten wir für die vom Bernoulli-Schema erzeugte zufällige Irrfahrt $S_0, S_1, \ldots$ Rekursionsgleichungen für die Wahrscheinlichkeiten und die Erwartungswerte der Austrittszeiten aus verschiedenen Gebieten (Mengen) aufgestellt. Wir werden jetzt analoge Beziehungen auch für Markov-Ketten ableiten.

Es sei $\xi = (\xi_0, \ldots, \xi_n)$ eine Markov-Kette mit der Übergangsmatrix $\|p_{ij}\|$ und dem Phasenraum $X = \{0, \pm 1, \ldots, \pm N\}$. Weiter seien A und B zwei ganze Zahlen mit $-N \leqq A \leqq 0 \leqq B \leqq N$ und $x \in X$. Wir bezeichnen mit $\mathscr{B}_{k+1}$ die Menge aller Trajektorien $(x_0, x_1, \ldots, x_k)$, $x_i \in X$, die zuerst über die obere Grenze das Intervall (A, B) verlassen, also beim Verlassen von (A, B) in die Menge $(B, B+1, \ldots, N)$ eintreten.

Für $A \leqq x \leqq B$ setzen wir

$$\beta_k(x) = \mathbf{P}\{(\xi_0, \ldots, \xi_k) \in \mathscr{B}_{k+1} \mid \xi_0 = x\}.$$

Zur Bestimmung dieser Wahrscheinlichkeiten des ersten Austritts aus der Menge (A, B) über die obere Grenze benutzen wir die gleiche Methode wie bei der Herleitung der Rückwärtsgleichungen.

Wir haben

$$\beta_k(x) = \mathbf{P}\{(\xi_0, \ldots, \xi_k) \in \mathscr{B}_{k+1} \mid \xi_0 = x\}$$
$$= \sum_y p_{xy} \cdot \mathbf{P}\{(\xi_0, \ldots, \xi_k) \in \mathscr{B}_{k+1} \mid \xi_0 = x, \xi_1 = y\}$$

Nun überzeugt man sich unter Berücksichtigung der Markov-Eigenschaft und der Homogenität der Kette leicht von der Gültigkeit der Beziehungen

$$\mathbf{P}\{(\xi_0, \ldots, \xi_k) \in \mathcal{B}_{k+1} \mid \xi_0 = x, \xi_1 = y\}$$
$$= \mathbf{P}\{(x, y, \xi_2, \ldots, \xi_k) \in \mathcal{B}_{k+1} \mid \xi_0 = x, \xi_1 = y\}$$
$$= \mathbf{P}\{(y, \xi_2, \ldots, \xi_k) \in \mathcal{B}_k \mid \xi_1 = y\}$$
$$= \mathbf{P}\{(y, \xi_1, \ldots, \xi_{k-1}) \in \mathcal{B}_k \mid \xi_0 = y\} = \beta_{k-1}(y).$$

Deshalb folgt für $A < x < B$ und $1 \leqq k \leqq n$

$$\beta_k(x) = \sum_y p_{xy}\beta_{k-1}(y).$$

Dabei ist klar, daß die Gleichheiten

$$\beta_k(x) = 1, \qquad x = B, B+1, \ldots, N,$$

und

$$\beta_k(x) = 0, \qquad x = -N, \ldots, A,$$

gelten.

Analog werden die Gleichungen für die Wahrscheinlichkeiten $\alpha_k(x)$ des ersten Austritts aus (A, B) über die untere Grenze hergeleitet.

Es sei $\tau_k = \min\{0 \leqq l \leqq k: \xi_l \notin (A, B)\}$, wobei $\tau_k = k$ gesetzt wird, falls die Menge $\{.\}$ leer ist. Diesselbe Methode, angewandt auf $m_k(x) = \mathbf{M}(\tau_k \mid \xi_0 = x)$, führt dann zu folgenden Rekursionsgleichungen:

$$m_k(x) = 1 + \sum_y m_{k-1}(y)\, p_{xy}.$$

(Hier ist $1 \leqq k \leqq n$, $A < x < B$.) Dabei gilt

$$m_k(x) = 0, \qquad x \notin (A, B).$$

Falls die Matrix der Übergangswahrscheinlichkeiten durch die Beziehung (11) gegeben ist, gehen die Gleichungen für $\alpha_k(x)$, $\beta_k(x)$ und $m_k(x)$ in die entsprechenden Gleichungen aus § 9 über, wo sie im wesentlichen auf diesselbe Weise hergeleitet worden sind wie hier.

Besonders interessant sind die Anwendungen der gewonnenen Gleichungen in dem Grenzfall, wenn die Irrfahrt zeitlich unbeschränkt abläuft. Genauso wie in § 9 erhält man die entsprechenden Gleichungen durch einen formalen Grenzübergang für $k \to \infty$ aus den oben hergeleiteten Beziehungen.

Als Beispiel betrachten wir eine Markov-Kette mit den Zuständen $\{0, 1, \ldots, B\}$ und den Übergangswahrscheinlichkeiten

$$p_{00} = 1, \qquad p_{BB} = 1$$

und für $1 \leqq i \leqq B-1$

$$p_{ij} = \begin{cases} p_i > 0, & j = i+1, \\ r_i, & j = i, \\ q_i > 0, & j = i-1, \end{cases}$$

wobei wir $p_i + r_i + q_i = 1$ annehmen. Dieser Kette entspricht der Graph

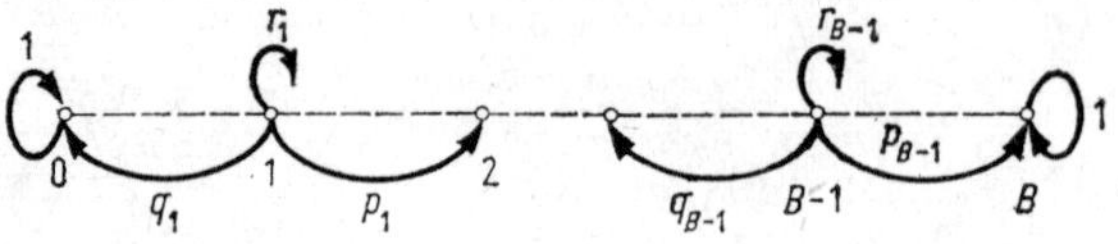

Hieraus erkennt man, daß die Zustände 0 und B „absorbierend" sind, in jedem anderen Zustand das Teilchen mit der Wahrscheinlichkeit r_i verweilt und in den linken oder rechten Nachbarpunkt mit der Wahrscheinlichkeit p_i bzw. q_i springt.

Wir bestimmen nun den Grenzwert $\alpha(x) = \lim\limits_{k\to\infty} \alpha_k(x)$ der Wahrscheinlichkeiten dafür, daß das in x startende Teilchen den Nullpunkt früher erreicht als den Punkt B. Durch den Grenzübergang für $k \to \infty$ in den Gleichungen für α_k erhalten wir für $0 < j < B$

$$\alpha(j) = q_j\alpha(j-1) + r_j\alpha(j) + p_j\alpha(j+1)$$

mit den Randbedingungen

$$\alpha(0) = 1 \quad \text{und} \quad \alpha(B) = 0.$$

Da $r_j = 1 - q_j - p_j$ gilt, ergibt sich

$$p_j\big(\alpha(j+1) - \alpha(j)\big) = q_j\big(\alpha(j) - \alpha(j-1)\big)$$

und infolgedessen

$$\alpha(j+1) - \alpha(j) = \varrho_j\big(\alpha(1) - 1\big) \quad \text{mit} \quad \varrho_j = \frac{q_1 \cdots q_j}{p_1 \cdots p_j}, \qquad \varrho_0 = 1.$$

Andererseits gilt

$$\alpha(j+1) - 1 = \sum_{i=0}^{j} \big(\alpha(i+1) - \alpha(i)\big).$$

Deshalb folgt

$$\alpha(j+1) - 1 = \big(\alpha(1) - 1\big) \cdot \sum_{i=0}^{j} \varrho_i.$$

Für $j = B-1$ ist $\alpha(j+1) = \alpha(B) = 0$ und somit

$$\alpha(1) - 1 = -\frac{1}{\sum\limits_{i=0}^{B-1} \varrho_i},$$

woraus sich

$$\alpha(1) = \frac{\sum_{i=1}^{B-1} \varrho_i}{\sum_{i=0}^{B-1} \varrho_i} \quad \text{und} \quad \alpha(j) = \frac{\sum_{i=j}^{B-1} \varrho_i}{\sum_{i=0}^{B-1} \varrho_i}, \quad j = 1, \ldots, B,$$

ergibt. (Vgl. die entsprechenden Resultate aus § 9.)

Es sei nun $m(x) = \lim_k m_k(x)$ der Grenzwert der mittleren Zeitdauer bis zum Eintritt der Irrfahrt in einen der Zustände 0 oder B. Dann erhalten wir $m(0) = m(B) = 0$ und

$$m(x) = 1 + \sum_y m(y)\, p_{xy}.$$

Im betrachteten Beispiel gilt also

$$m(j) = 1 + q_j m(j-1) + r_j m(j) + p_j m(j+1)$$

für alle $j = 1, \ldots, B-1$. Um $m(j)$ zu bestimmen, führen wir die Bezeichnung

$$M(j) = m(j) - m(j-1), \qquad j = 1, \ldots, B,$$

ein. Dann folgt

$$p_j M(j+1) = q_j M(j) - 1, \qquad j = 1, \ldots, B-1,$$

und wir finden schrittweise

$$M(j+1) = \varrho_j M(1) - R_j$$

mit

$$\varrho_j = \frac{q_1 \cdots q_j}{p_1 \cdots p_j} \quad \text{und} \quad R_j = \frac{1}{p_j}\left[1 + \frac{q_j}{p_{j-1}} + \cdots + \frac{q_j \cdots q_2}{p_j \cdots p_1}\right].$$

Deshalb gilt

$$\begin{aligned} m(j) &= m(j) - m(0) = \sum_{i=0}^{j-1} M(i+1) \\ &= \sum_{i=0}^{j-1} \big(\varrho_i m(1) - R_i\big) = m(1) \sum_{i=0}^{j-1} \varrho_i - \sum_{i=0}^{j-1} R_i. \end{aligned}$$

Nun müssen wir nur noch $m(1)$ finden. Wegen $m(B) = 0$ erhalten wir

$$m(1) = \frac{\sum_{i=0}^{B-1} R_i}{\sum_{i=0}^{B-1} \varrho_i}$$

und für $1 < j \leq B$

$$m(j) = \sum_{i=0}^{j-1} \varrho_i \cdot \frac{\sum_{i=0}^{B-1} R_i}{\sum_{i=0}^{B-1} \varrho_i} - \sum_{i=0}^{j-1} R_i.$$

(Man vergleiche dies mit den entsprechenden Resultaten aus § 9, die dort für $r_i = 0$, $p_i = p$ und $q_i = q$ erzielt wurden.)

6. Wir werden uns jetzt mit einer Verschärfung der Markov-Eigenschaft (8) beschäftigen, die darin besteht, daß in der Markov-Eigenschaft (8) die Zeit k durch einen zufälligen Zeitpunkt ersetzt wird (vgl. im weiteren Satz 2). Die Bedeutung dieser sogenannten *strengen Markov-Eigenschaft* werden wir insbesondere am Beispiel der Herleitung der Rekursionsbeziehungen (38) illustrieren, die eine wesentliche Rolle für die Klassifikation der Zustände einer Markov-Kette spielen (vgl. Kapitel VIII).

Es sei $\xi = (\xi_0, \ldots, \xi_n)$ eine homogene Markov-Kette mit der Übergangsmatrix $\|p_{ij}\|$ und $\mathscr{D}^\xi = (\mathscr{D}_k^\xi)_{0 \leq k \leq n}$ die Folge von Zerlegungen mit $\mathscr{D}_k^\xi = \mathscr{D}_{\xi_0, \ldots, \xi_k}$. Mit $\mathscr{B}_k^\xi$ wollen wir die von $\mathscr{D}_k^\xi$ erzeugte Algebra $\alpha(\mathscr{D}_k^\xi)$ bezeichnen.

Wir bringen die Markov-Eigenschaft (8) zunächst in eine etwas andere Form. Es sei $B \in \mathscr{B}_k^\xi$. Wir zeigen, daß dann

$$\begin{aligned}&\mathsf{P}\{\xi_n = a_n, \ldots, \xi_{k+1} = a_{k+1} \mid B \cap (\xi_k = a_k)\}\\ &= \mathsf{P}\{\xi_n = a_n, \ldots, \xi_{k+1} = a_{k+1} \mid \xi_k = a_k\}\end{aligned} \tag{29}$$

gilt (vorausgesetzt $\mathsf{P}(B \cap \{\xi_k = a_k\}) > 0$): Die Menge B kann man in der Form

$$B = \textstyle\sum^* \{\xi_0 = a_0^*, \ldots, \xi_k = a_k^*\}$$

darstellen, wobei sich die Summation $\sum^*$ über eine gewisse Menge von k-Tupeln $(a_0^*, \ldots, a_k^*)$ erstreckt. Deshalb gilt

$$\begin{aligned}&\mathsf{P}\{\xi_n = a_n, \ldots, \xi_{k+1} = a_{k+1} \mid B \cap (\xi_k = a_k)\}\\ &= \frac{\mathsf{P}\{(\xi_n = a_n, \ldots, \xi_k = a_k) \cap B\}}{\mathsf{P}\{(\xi_k = a_k) \cap B\}}\\ &= \frac{\sum^* \mathsf{P}\{(\xi_n = a_n, \ldots, \xi_k = a_k) \cap (\xi_0 = a_0^*, \ldots, \xi_k = a_k^*)\}}{\mathsf{P}\{(\xi_k = a_k) \cap B\}}.\end{aligned} \tag{30}$$

Aber infolge der Markov-Eigenschaft erhalten wir

$$\begin{aligned}&\mathsf{P}\{(\xi_n = a_n, \ldots, \xi_k = a_k) \cap (\xi_0 = a_0^*, \ldots, \xi_k = a_k^*)\}\\ &= \begin{cases}\mathsf{P}\{\xi_n = a_n, \ldots, \xi_{k+1} = a_{k+1} \mid \xi_0 = a_0^*, \ldots, \xi_k = a_k^*\}\\ \qquad \times \mathsf{P}\{\xi_0 = a_0^*, \ldots, \xi_k = a_k^*\}, \quad \text{falls} \quad a_k = a_k^*,\\ 0, \quad \text{falls} \quad a_k \neq a_k^*,\end{cases}\\ &= \begin{cases}\mathsf{P}\{\xi_n = a_n, \ldots, \xi_{k+1} = a_{k+1} \mid \xi_k = a_k\}\, \mathsf{P}\{\xi_0 = a_0^*, \ldots, \xi_k = a_k^*\},\\ \qquad \text{falls} \quad a_k = a_k^*,\\ 0, \quad \text{falls} \quad a_k \neq a_k^*.\end{cases}\end{aligned}$$

Somit ist die Summe $\sum^*$ in (30) gleich

$$\mathsf{P}\{\xi_n = a_n, \ldots, \xi_{k+1} = a_{k+1} \mid \xi_k = a_k\} \, \mathsf{P}\{(\xi_k = a_k) \cap B\},$$

was die Formel (29) beweist.

Es sei τ eine Stoppzeit (bezüglich der Folge von Zerlegungen $\mathscr{D}^\xi = (\mathscr{D}_k^\xi)_{0 \leq k \leq n}$; vgl. Definition 2 aus § 11).

Definition. Wir sagen, daß die Menge B aus der Algebra $\mathscr{B}_n^\xi$ zum Mengensystem $\mathscr{B}_\tau^\xi$ gehört, falls für jedes $0 \leqq k \leqq n$

$$B \cap \{\tau = k\} \in \mathscr{B}_k^\xi \tag{31}$$

gilt.

Man überprüft leicht, daß die Gesamtheit aller solcher Mengen B eine Algebra (die sogenannte Algebra der bis zur Zeit τ beobachtbaren Ereignisse) bildet.

Satz 2. *Es sei $\xi = (\xi_0, \ldots, \xi_n)$ eine homogene Markov-Kette mit der Übergangsmatrix $\|p_{ij}\|$, τ eine Stoppzeit (bezüglich $\mathscr{D}^\xi$), $B \in \mathscr{B}_\tau^\xi$ und $A = \{\omega : \tau + l \leqq n\}$. Falls $\mathsf{P}\{A \cap B \cap (\xi_\tau = a_0)\} > 0$ gilt, folgt*

$$\mathsf{P}\{\xi_{\tau+l} = a_l, \ldots, \xi_{\tau+1} = a_1 \mid A \cap B \cap (\xi_\tau = a_0)\}$$

$$= \mathsf{P}\{\xi_{\tau+l} = a_l, \ldots, \xi_{\tau+1} = a_1 \mid A \cap (\xi_\tau = a_0)\} \tag{32}$$

und für $\mathsf{P}\{A \cap (\xi_\tau = a_0)\} > 0$

$$\mathsf{P}\{\xi_{\tau+l} = a_l, \ldots, \xi_{\tau+1} = a_1 \mid A \cap (\xi_\tau = a_0)\} = p_{a_0 a_1} \cdots p_{a_{l-1} a_l}. \tag{33}$$

Beweis. Wir führen ihn aus Gründen der Einfachheit nur für den Fall $l = 1$. Wegen $B \cap (\tau = k) \in \mathscr{B}_k^\xi$ gilt auf Grund von (29)

$$\mathsf{P}\{\xi_{\tau+1} = a_1, A \cap B \cap (\xi_\tau = a_0)\}$$

$$= \sum_{k \leqq n-1} \mathsf{P}\{\xi_{k+1} = a_1, \xi_k = a_0, \tau = k, B\}$$

$$= \sum_{k \leqq n-1} \mathsf{P}\{\xi_{k+1} = a_1 \mid \xi_k = a_0, \tau = k, B\} \, \mathsf{P}\{\xi_k = a_0, \tau = k, B\}$$

$$= \sum_{k \leqq n-1} \mathsf{P}\{\xi_{k+1} = a_1 \mid \xi_k = a_0\} \, \mathsf{P}\{\xi_k = a_0, \tau = k, B\}$$

$$= p_{a_0 a_1} \cdot \sum_{k \leqq n-1} \mathsf{P}\{\xi_k = a_0, \tau = k, B\} = p_{a_0 a_1} \cdot \mathsf{P}\{A \cap B \cap (\xi_\tau = a_0)\},$$

was gleichzeitig (32) und (33) beweist. (Im Fall der Beziehung (33) wählen wir $B = \Omega$.)

Bemerkung. Im Fall $l = 1$ ist die strenge Markov-Eigenschaft (32), (33) offensichtlich äquivalent zu der Aussage, daß für jedes $C \subseteqq X$

$$\mathsf{P}\{\xi_{\tau+1} \in C \mid A \cap B \cap (\xi_\tau = a_0)\} = P_{a_0}(C) \tag{34}$$

gilt, wobei $P_{a_0}(C) = \sum_{a_1 \in C} p_{a_0 a_1}$ gesetzt wurde.

Die Beziehung (34) kann ihrerseits folgendermaßen umformuliert werden: Auf der Menge $A = \{\tau \leqq n - 1\}$ gilt

$$\mathbf{P}\{\xi_{\tau+1} \in C \mid \mathscr{B}_\tau^\xi\} = P_{\xi_\tau}(C). \tag{35}$$

Dies ist eine der gebräuchlichsten Formen der strengen Markov-Eigenschaft in der allgemeinen Theorie der Markov-Prozesse.

7. Es sei $\xi = (\xi_0, \ldots, \xi_n)$ eine homogene Markov-Kette mit der Übergangsmatrix $\|p_{ij}\|$, ferner seien

$$f_{ii}^{(k)} = \mathbf{P}(\xi_k = i,\ \xi_l \neq i,\ 1 \leqq l \leqq k - 1 \mid \xi_0 = i) \tag{36}$$

und für $i \neq j$

$$f_{ij}^{(k)} = \mathbf{P}(\xi_k = j,\ \xi_l \neq j,\ 1 \leqq l \leqq k - 1 \mid \xi_0 = i) \tag{37}$$

die Wahrscheinlichkeiten für die erste Rückkehr in den Zustand i und des ersten Eintretens in den Zustand j zum Zeitpunkt k. Wir zeigen

$$p_{ij}^{(n)} = \sum_{k=1}^{n} f_{ij}^{(k)} \cdot p_{jj}^{(n-k)} \quad \text{mit} \quad p_{jj}^{(0)} = 1. \tag{38}$$

Der anschauliche Sinn dieser Formeln ist klar: Um in n Schritten aus dem Zustand i in den Zustand j zu gelangen, muß man zuerst in k Schritten ($1 \leqq k \leqq n$) das erste Mal nach j kommen und anschließend in den verbleibenden $n - k$ Schritten von j nach j gehen.

Für die strenge Herleitung dieser Formel sei j fixiert und

$$\tau = \min\{1 \leqq k \leqq n : \xi_k = j\},$$

wobei wir $\tau = n + 1$ für $\{\cdot\} = \emptyset$ setzen. Dann gilt $f_{ij}^{(k)} = \mathbf{P}(\tau = k \mid \xi_0 = i)$ und

$$\begin{aligned} p_{ij}^{(n)} &= \mathbf{P}\{\xi_n = j \mid \xi_0 = i\} \\ &= \sum_{1 \leqq k \leqq n} \mathbf{P}\{\xi_n = j,\ \tau = k \mid \xi_0 = i\} \\ &= \sum_{1 \leqq k \leqq n} \mathbf{P}\{\xi_{\tau+n-k} = j,\ \tau = k \mid \xi_0 = i\}. \end{aligned} \tag{39}$$

Die letzte Gleichheit folgt dabei aus der Tatsache, daß auf der Menge $\{\tau = k\}$ gerade $\xi_{\tau+n-k} = \xi_n$ erfüllt ist. Weiter stimmt für $1 \leqq k \leqq n$ die Menge $\{\tau = k\}$ mit $\{\tau = k,\ \xi_\tau = j\}$ überein. Deshalb gilt für $\mathbf{P}(\xi_0 = i,\ \tau = k) > 0$ nach Satz 2

$$\begin{aligned} \mathbf{P}\{\xi_{\tau+n-k} = j \mid \xi_0 = i,\ \tau = k\} &= \mathbf{P}\{\xi_{\tau+n-k} = j \mid \xi_0 = i,\ \tau = k,\ \xi_\tau = j\} \\ &= \mathbf{P}\{\xi_{\tau+n-k} = j \mid \xi_\tau = j\} = p_{jj}^{(n-k)} \end{aligned}$$

und, aufgrund von (37),

$$\begin{aligned} p_{ij}^{(n)} &= \sum_{k=1}^{n} \mathbf{P}\{\xi_{\tau+n-k} = j \mid \xi_0 = i,\ \tau = k\}\, \mathbf{P}\{\tau = k \mid \xi_0 = i\} \\ &= \sum_{k=1}^{n} p_{jj}^{(n-k)} f_{ij}^{(k)}. \end{aligned}$$

Damit ist die Beziehung (38) bewiesen.

8. Aufgaben

1. Es sei $\xi = (\xi_0, \ldots, \xi_n)$ eine Markov-Kette mit Werten in X und $f = f(x)$, $x \in X$, eine Funktion. Bildet dann die Folge $(f(\xi_0), \ldots, f(\xi_n))$ eine Markov-Kette? Ist die „umgekehrte" Folge $(\xi_n, \xi_{n-1}, \ldots, \xi_0)$ eine Markov-Kette?

2. Es sei $\mathbb{P} = \|p_{ij}\|$, $1 \leqq i, j \leqq r$, eine stochastische Matrix und λ ein Eigenwert dieser Matrix, d. h. eine Lösung der charakteristischen Gleichung $\det \|P - \lambda E\| = 0$. Man zeige, daß $\lambda_0 = 1$ ein Eigenwert ist und alle anderen Eigenwerte $\lambda_1, \ldots, \lambda_n$ betragsmäßig kleiner als 1 sind. Falls alle Eigenwerte voneinander verschieden sind, gilt für $p_{ij}^{(k)}$ die Darstellung
$$p_{ij}^{(k)} = \pi_j + a_{ij}(1)\,\lambda_1^k + \cdots + a_{ij}(r)\,\lambda_r^k,$$
wobei $\pi_j, a_{ij}(1), \ldots, a_{ij}(r)$ durch Elemente der Matrix P dargestellt werden können. (Aus diesem algebraischen Zugang zur Analyse der Eigenschaften von Markov-Ketten folgt insbesondere, daß im Fall $|\lambda_1| < 1, \ldots, |\lambda_r| < 1$ für jedes j der Grenzwert $\lim\limits_k p_{ij}^{(k)}$ existiert und unabhängig von i ist.)

3. Es sei $\xi = (\xi_0, \ldots, \xi_n)$ eine homogene Markov-Kette mit dem Zustandsraum X und der Übergangsmatrix $\mathbb{P} = \|p_{xy}\|$. Wir setzen
$$T\varphi(x) = \mathbf{M}[\varphi(\xi_1) \mid \xi_0 = x] \qquad \Big(= \sum_y \varphi(y)\,p_{xy}\Big).$$
Weiter sei φ eine nichtnegative Funktion, die der Gleichung
$$T\varphi(x) = \varphi(x), \qquad x \in X,$$
genügt. Man beweise, daß die Folge der zufälligen Größen
$$\zeta = (\zeta_k, \mathcal{D}_k) \quad \text{mit} \quad \zeta_k = \varphi(\xi_k)$$
ein Martingal bildet.

4. Es seien $\xi = (\xi_n, \Pi, \mathbb{P}($ und $\tilde{\xi} = (\tilde{\xi}_n, \tilde{\Pi}, \mathbb{P})$ zwei Markov-Ketten, die sich nur in den Anfangsverteilungen $\Pi = (p_1, \ldots, p_r)$ und $\tilde{\Pi} = (\tilde{p}_1, \ldots, \tilde{p}_r)$ unterscheiden. Es sei ferner $\Pi^{(n)} = (p_1^{(n)}, \ldots, p_r^{(n)})$ und $\tilde{\Pi}^{(n)} = (\tilde{p}_1^{(n)}, \ldots, \tilde{p}_r^{(n)})$. Man zeige, daß für $\min\limits_{i,j} p_{ij} \geqq \varepsilon > 0$
$$\sum_{i=1}^{r} |\tilde{p}_i^{(n)} - p_i^{(n)}| \leqq 2(1 - \varepsilon)^n$$
gilt.

II. Mathematische Grundlagen der Wahrscheinlichkeitstheorie

§ 1. Wahrscheinlichkeitstheoretisches Modell für ein Experiment mit unendlich vielen Versuchsausgängen. Die Kolmogorovsche Axiomatik

1. Die im vorangegangenen Kapitel eingeführten Modelle gestatteten eine wahrscheinlichkeitstheoretisch-statistische Beschreibung von Experimenten mit endlich vielen Versuchsausgängen. So ist das Tripel $(\Omega, \mathcal{A}, \mathbf{P})$ mit $\Omega = \{\omega : \omega = (a_1, \ldots, a_n), a_i = 0, 1\}$, $\mathcal{A} = \{A : A \subseteqq \Omega\}$ und $p(\omega) = p^{\Sigma a_i} q^{n - \Sigma a_i}$ ein Modell für das Experiment, welches im n-maligen „unabhängigen" Werfen einer Münze besteht, wobei p die Wahrscheinlichkeit für das Auftreten von „Wappen" ist. In diesem Modell ist die Anzahl aller Versuchsausgänge, d. h. die Anzahl der Elemente von Ω, endlich und beträgt 2^n.

Wir wollen nun ein wahrscheinlichkeitstheoretisches Modell für das Experiment konstruieren, welches im unendlich oft wiederholten „unabhängigen" Münzwurf besteht. Die Wahrscheinlichkeit für das Auftreten von „Wappen" sei bei jedem Wurf gleich p.

Als Menge der Versuchsausgänge bietet sich in natürlicher Weise die Menge

$$\Omega = \{\omega : \omega = (a_1, a_2, \ldots), a_i = 0, 1\}$$

an, d. h. der Raum aller Folgen $\omega = (a_1, a_2, \ldots)$, deren Elemente nur die Werte 0 oder 1 annehmen.

Wie groß ist nun die Mächtigkeit $N(\Omega)$ der Menge Ω? Es ist wohlbekannt, daß jede Zahl $a \in [0, 1)$ eindeutig als ein (unendlich viele Nullen enthaltender) Dualbruch

$$a = \frac{a_1}{2} + \frac{a_2}{2^2} + \cdots + \qquad (a_i = 0, 1)$$

dargestellt werden kann. Daher ist klar, daß zwischen den Elementen ω der Menge Ω und den Punkten a der Menge $[0, 1)$ eine eineindeutige Beziehung besteht. Demzufolge besitzt Ω die Mächtigkeit des Kontinuums.

Auf diese Weise wird deutlich, daß der Wunsch, wahrscheinlichkeitstheoretische Modelle zur Beschreibung von Experimenten vom Typ des unendlich oft wiederholten Münzwurfs zu konstruieren, auf die Betrachung recht komplizierter Räume Ω führt.

Wir wollen nun versuchen zu verstehen, wie man im Modell des unendlich oft „unabhängig" wiederholten Wurfs einer „unverfälschten" Münze $(p = q = 1/2)$ sinnvollerweise die Wahrscheinlichkeiten vorgeben müßte.

Da wir als Ω die Menge $[0, 1)$ wählen können, kann das uns interessierende Problem als Aufgabe aufgefaßt werden, die Wahrscheinlichkeiten im Modell der „zufälligen

Auswahl eines Punktes der Menge $[0, 1)$“ zu bestimmen. Aus Symmetrieüberlegungen ist klar, daß alle Versuchsausgänge „gleichmöglich“ sein müssen. Die Menge $[0, 1)$ ist jedoch überabzählbar, und wenn man in Betracht zieht, daß ihre Wahrscheinlichkeit gleich 1 ist, muß sich für die Wahrscheinlichkeit $p(\omega)$ jedes Versuchsausganges $\omega \in [0, 1)$ zwangsläufig der Wert 0 ergeben. Allerdings folgt aus diesem Ansatz für die Wahrscheinlichkeiten $\big(p(\omega) = 0,\ \omega \in [0, 1)\big)$ wenig. Das liegt einfach daran, daß wir uns gewöhnlich nicht für die Wahrscheinlichkeiten einzelner elementarer Ereignisse interessieren, sondern vielmehr dafür, mit welcher Wahrscheinlichkeit der Versuchsausgang in der einen oder anderen vorgegebenen Menge von elementaren Ereignissen, einem Ereignis A, liegt. In der elementaren Wahrscheinlichkeitstheorie ist man in der Lage, aus den Wahrscheinlichkeiten $p(\omega)$ die Wahrscheinlichkeit $\mathsf{P}(A)$ eines Ereignisses A zu berechnen: $\mathsf{P}(A) = \sum_{\omega \in A} p(\omega)$. In dem betrachteten Fall ist es nicht möglich, aus $p(\omega) = 0$ für $\omega \in [0, 1)$ die Wahrscheinlichkeit etwa dafür zu bestimmen, daß ein „zufällig ausgewählter Punkt aus $[0, 1)$“ in der Menge $[0, 1/2)$ liegt. Gleichzeitig ist jedoch intuitiv klar, daß diese Wahrscheinlichkeit gleich $1/2$ ist.

Diese Bemerkungen bringen uns auf den Gedanken, daß man bei der Konstruktion wahrscheinlichkeitstheoretischer Modelle im Fall überabzählbarer Räume Ω die Wahrscheinlichkeiten nicht für die einzelnen elementaren Ereignisse, sondern für gewisse Mengen aus Ω vorgeben muß. Die bereits in Kapitel I angeführten Argumente zeigen, daß die Gesamtheit der Mengen, auf denen die Wahrscheinlichkeit vorgegeben wird, bezüglich Vereinigungs-, Durchschnitts- und Komplementbildung abgeschlossen sein muß. In Verbindung damit ist folgende Definition nutzbringend.

Definition 1. Es sei Ω eine Menge von Elementen ω. Ein System $\mathcal{A}$ von Teilmengen von Ω heißt *Algebra*, falls

a) $\Omega \in \mathcal{A}$,

b) $A, B \in \mathcal{A} \Rightarrow A \cup B \in \mathcal{A},\ A \cap B \in \mathcal{A}$,

c) $A \in \mathcal{A} \Rightarrow \bar{A} \in \mathcal{A}$

gilt. (Wir bemerken, daß es in der Bedingung b) bereits hinreichend ist, entweder $A \cup B \in \mathcal{A}$ oder $A \cap B \in \mathcal{A}$ zu fordern, da $A \cup B = \overline{\bar{A} \cap \bar{B}}$ bzw. $A \cap B = \overline{\bar{A} \cup \bar{B}}$ ist.)

Für die Formulierung des Begriffs eines wahrscheinlichkeitstheoretischen Modells benötigen wir die

Definition 2. Es sei $\mathcal{A}$ eine Algebra von Teilmengen von Ω. Eine Mengenfunktion $\mu = \mu(A)$, $A \in \mathcal{A}$, mit Werten in $[0, \infty]$ heißt *endlich-additives Maß* auf $\mathcal{A}$, falls für zwei beliebige disjunkte Mengen A und B aus $\mathcal{A}$

$$\mu(A + B) = \mu(A) + \mu(B) \tag{1}$$

gilt.

Ein endlich-additives Maß μ mit $\mu(\Omega) < \infty$ heißt endlich und im Fall $\mu(\Omega) = 1$ endlich-additives Wahrscheinlichkeitsmaß oder endlich-additive Wahrscheinlichkeit.

2. Wir definieren nun den Begriff eines wahrscheinlichkeitstheoretischen Modells (im erweiterten Sinne).

Definition 3. Eine Gesamtheit von Objekten $(\Omega, \mathcal{A}, \mathbf{P})$ mit

a) einer Menge Ω von Elementen ω,

b) einer Algebra $\mathcal{A}$ von Teilmengen von Ω und

c) einer endlich-additiven Wahrscheinlichkeit $\mathbf{P}$ auf $\mathcal{A}$ heißt *wahrscheinlichkeitstheoretisches Modell im erweiterten Sinne.*

Es erweist sich jedoch, daß dieser Begriff eines wahrscheinlichkeitstheoretischen Modells für den Aufbau einer fruchtbaren mathematischen Theorie zu weit gefaßt ist. Aus diesem Grunde muß man sowohl den zu betrachtenden Klassen von Teilmengen von Ω als auch den Klassen von zugelassenen Wahrscheinlichkeitsmaßen Beschränkungen auferlegen.

Definition 4. Ein System $\mathcal{F}$ von Teilmengen von Ω heißt *σ-Algebra,* wenn es eine Algebra bildet und zusätzlich die folgende Verschärfung der Eigenschaft b) aus Definition 1 erfüllt ist:

b*) Falls $A_n \in \mathcal{F}$, $n = 1, 2, \ldots$, gilt, sind die Beziehungen

$$\bigcup A_n \in \mathcal{F} \quad \text{und} \quad \bigcap A_n \in \mathcal{F}$$

erfüllt.
(In der Bedingung b*) ist es bereits hinreichend, daß entweder $\bigcap A_n \in \mathcal{F}$ oder $\bigcup A_n \in \mathcal{F}$ gilt.)

Definition 5. Ein Raum Ω zusammen mit einer σ-Algebra seiner Teilmengen $\mathcal{F}$ heißt *meßbarer Raum* und wird mit $(\Omega, \mathcal{F})$ bezeichnet.

Definition 6. Ein auf einer Algebra $\mathcal{A}$ von Teilmengen von Ω gegebenes endlich-additives Maß heißt *σ-additiv* (*abzählbar-additiv*) oder einfach Maß, falls für beliebige paarweise disjunkte Mengen $A_1, A_2, \ldots$ aus $\mathcal{A}$ mit $\sum_{n=1}^{\infty} A_n \in \mathcal{A}$ die Beziehung

$$\mu\left(\sum_{n=1}^{\infty} A_n\right) = \sum_{n=1}^{\infty} \mu(A_n)$$

gilt.
Ein endlich-additives Maß μ heißt *σ-endlich,* falls der Raum Ω die Darstellung

$$\Omega = \sum_{n=1}^{\infty} \Omega_n, \qquad \Omega_n \in \mathcal{A},$$

mit $\mu(\Omega_n) < \infty$, $n = 1, 2, \ldots$, gestattet.
Ein σ-additives Maß $\mathbf{P}$ auf einer Algebra $\mathcal{A}$ mit $\mathbf{P}(\Omega) = 1$ heißt *Wahrscheinlichkeitsmaß* oder *Wahrscheinlichkeit* (definiert auf Mengen aus der Algebra $\mathcal{A}$).

Wir führen nun einige Eigenschaften von Wahrscheinlichkeitsmaßen an.
Für die leere Menge $\emptyset$ *gilt*

$$\mathbf{P}(\emptyset) = 0.$$

Für $A, B \in \mathcal{A}$ folgt die Gleichheit

$$\mathbf{P}(A \cup B) = \mathbf{P}(A) + \mathbf{P}(B) - \mathbf{P}(A \cap B).$$

Für $A, B \in \mathcal{A}$ und $B \subseteqq A$ gilt

$$\mathbf{P}(B) \leqq \mathbf{P}(A).$$

Für $A_n \in \mathcal{A}$, $n = 1, 2, \ldots$, und $\bigcup A_n \in \mathcal{A}$ folgt

$$\mathbf{P}(A_1 \cup A_2 \cup \ldots) \leqq \mathbf{P}(A_1) + \mathbf{P}(A_2) + \cdots.$$

Die ersten drei Eigenschaften sind evident. Zum Beweis der letzten Aussage genügt es zu bemerken, daß für die Mengen $B_1 = A_1$, $B_n = \bar{A}_1 \cap \ldots \cap \bar{A}_{n-1} \cap A_n$, $n \geqq 2$, die Beziehungen $\bigcup\limits_{n=1}^{\infty} A_n = \sum\limits_{n=1}^{\infty} B_n$ und $B_i \cap B_j = \emptyset$ für $i \neq j$ gelten, und folglich haben wir

$$\mathbf{P}\left(\bigcup_{n=1}^{\infty} A_n\right) = \mathbf{P}\left(\sum_{n=1}^{\infty} B_n\right) = \sum_{n=1}^{\infty} \mathbf{P}(B_n) \leqq \sum_{n=1}^{\infty} \mathbf{P}(A_n).$$

Der nachfolgende, vielfältige Anwendungen besitzende Satz liefert Bedingungen, unter denen eine endlich-additive Mengenfunktion gleichzeitig auch σ-additiv ist.

Satz. *Es sei $\mathbf{P}$ eine auf der Algebra $\mathcal{A}$ gegebene endlich-additive Mengenfunktion mit $\mathbf{P}(\Omega) = 1$. Dann sind folgende vier Bedingungen äquivalent:*

1. *$\mathbf{P}$ ist σ-additiv (d. h., $\mathbf{P}$ ist eine Wahrscheinlichkeit).*

2. *$\mathbf{P}$ ist stetig von oben, d. h., für beliebige Mengen $A_1, A_2, \ldots \in \mathcal{A}$ mit $A_n \subseteqq A_{n+1}$ und $\bigcup\limits_{n=1}^{\infty} A_n \in \mathcal{A}$ gilt*

$$\lim_n \mathbf{P}(A_n) = \mathbf{P}\left(\bigcup_{n=1}^{\infty} A_n\right).$$

3. *$\mathbf{P}$ ist stetig von unten, d. h., für beliebige Mengen $A_1, A_2, \ldots \in \mathcal{A}$ mit $A_{n+1} \subseteqq A_n$ und $\bigcap\limits_{n=1}^{\infty} A_n \in \mathcal{A}$ gilt*

$$\lim_n \mathbf{P}(A_n) = \mathbf{P}\left(\bigcap_{n=1}^{\infty} A_n\right).$$

4. *$\mathbf{P}$ ist stetig in der leeren Menge, d. h., für beliebige Mengen $A_1, A_2, \ldots \in \mathcal{A}$ mit $A_{n+1} \subseteqq A_n$ und $\bigcap\limits_{n=1}^{\infty} A_n = \emptyset$ gilt*

$$\lim_n \mathbf{P}(A_n) = 0.$$

Beweis. 1. $\Rightarrow$ 2. Wegen

$$\bigcup_{n=1}^{\infty} A_n = A_1 + (A_2 \setminus A_1) + (A_3 \setminus A_2) + \cdots$$

folgt

$$\mathbf{P}\left(\bigcup_{n=1}^{\infty} A_n\right) = \mathbf{P}(A_1) + \mathbf{P}(A_2 \setminus A_1) + \mathbf{P}(A_3 \setminus A_2) + \cdots$$
$$= \mathbf{P}(A_1) + \mathbf{P}(A_2) - \mathbf{P}(A_1) + \mathbf{P}(A_3) - \mathbf{P}(A_2) + \cdots$$
$$= \lim_n \mathbf{P}(A_n).$$

2. $\Rightarrow$ 3. Es sei $n \geqq 1$. Dann gilt

$$\mathbf{P}(A_n) = \mathbf{P}\big(A_1 \setminus (A_1 \setminus A_n)\big) = \mathbf{P}(A_1) - \mathbf{P}(A_1 \setminus A_n).$$

Die Folge der Mengen $(A_1 \setminus A_n)_{n \geq 1}$ ist nichtfallend (siehe Tabelle in Nr. 3), und wir haben

$$\bigcup_{n=1}^{\infty} (A_1 \setminus A_n) = A_1 \setminus \bigcap_{n=1}^{\infty} A_n.$$

Nach Aussage 2 erhalten wir

$$\lim_n \mathbf{P}(A_1 \setminus A_n) = \mathbf{P}\left(\bigcup_{n=1}^{\infty} (A_1 \setminus A_n)\right)$$

und demzufolge

$$\lim_n \mathbf{P}(A_n) = \mathbf{P}(A_1) - \lim_n \mathbf{P}(A_1 \setminus A_n)$$
$$= \mathbf{P}(A_1) - \mathbf{P}\left(\bigcup_{n=1}^{\infty} (A_1 \setminus A_n)\right) = \mathbf{P}(A_1) - \mathbf{P}\left(A_1 \setminus \bigcap_{n=1}^{\infty} A_n\right)$$
$$= \mathbf{P}(A_1) - \mathbf{P}(A_1) + \mathbf{P}\left(\bigcap_{n=1}^{\infty} A_n\right) = \mathbf{P}\left(\bigcap_{n=1}^{\infty} A_n\right).$$

3. $\Rightarrow$ 4. ist offensichtlich.

4. $\Rightarrow$ 1. Es seien $A_1, A_2, \ldots \in \mathcal{A}$ paarweise disjunkt und $\sum_{n=1}^{\infty} A_n \in \mathcal{A}$. Dann gilt

$$\mathbf{P}\left(\sum_{i=1}^{\infty} A_i\right) = \mathbf{P}\left(\sum_{i=1}^{n} A_i\right) + \mathbf{P}\left(\sum_{i=n+1}^{\infty} A_i\right),$$

und wegen $\sum_{i=n+1}^{\infty} A_i \downarrow \emptyset$, $n \to \infty$, erhalten wir schließlich

$$\sum_{i=1}^{\infty} \mathbf{P}(A_i) = \lim_n \sum_{i=1}^{n} \mathbf{P}(A_i) = \lim_n \mathbf{P}\left(\sum_{i=1}^{n} A_i\right)$$
$$= \lim_n \left[\mathbf{P}\left(\sum_{i=1}^{\infty} A_i\right) - \mathbf{P}\left(\sum_{i=n+1}^{\infty} A_i\right)\right]$$
$$= \mathbf{P}\left(\sum_{i=1}^{\infty} A_i\right) - \lim_n \mathbf{P}\left(\sum_{i=n+1}^{\infty} A_i\right) = \mathbf{P}\left(\sum_{i=1}^{\infty} A_i\right).$$

3. Nun können wir das allgemein anerkannte Komogorovsche Axiomensystem formulieren, welches die Grundlage für den Begriff eines Wahrscheinlichkeitsraumes bildet.

Grundlegende Definition. *Das Tripel der Objekte* $(\Omega, \mathcal{F}, \mathbf{P})$ *mit*

a) *einer Menge* Ω *von Elementen* ω,

b) *einer* σ*-Algebra* $\mathcal{F}$ *von Teilmengen von* Ω *und*

c) *einer Wahrscheinlichkeit* $\mathbf{P}$ *auf* $\mathcal{F}$

heißt wahrscheinlichkeitstheoretisches Modell oder Wahrscheinlichkeitsraum. Dabei nennt man Ω *den Raum der Versuchsausgänge oder Raum der elementaren Ereignisse, die Mengen* A *aus* $\mathcal{F}$ *Ereignisse und* $\mathbf{P}(A)$ *die Wahrscheinlichkeit des Ereignisses* A.

Aus der angegebenen Definition ist ersichtlich, daß die Axiomatik der Wahrscheinlichkeitstheorie wesentlich den Apparat der Mengen- und Maßtheorie benutzt. In diesem Zusammenhang erscheint es nützlich, in einer Tabelle zusammenzufassen, wie die verschiedenen Begriffe in der Mengentheorie und in der Wahrscheinlichkeitstheorie interpretiert werden (vgl. Tabelle 5, S. 150/151). Beispiele für die in der Wahrscheinlichkeitstheorie wichtigsten meßbaren Räume und Methoden zur Vorgabe von Wahrscheinlichkeiten auf ihnen werden in § 2 und § 3 angegeben.

4. Aufgaben

1. Es sei $\Omega = \{r : r \in [0, 1]\}$ die Menge der rationalen Zahlen aus $[0, 1]$, $\mathcal{A}$ die Algebra von Mengen, die jeweils eine endliche Summe disjunkter Mengen A vom Typ $\{r : a < r < b\}$, $\{r : a \leqq r < b\}$, $\{r : a < r \leqq b\}$ oder $\{r : a \leqq r \leqq b\}$ sind, und $\mathbf{P}(A) = b - a$. Man zeige, daß $\mathbf{P}(A)$, $A \in \mathcal{A}$, eine endlich-additive, jedoch nicht σ-additive Mengenfunktion ist.

2. Es sei Ω eine abzählbare Menge und $\mathcal{F}$ die Gesamtheit aller ihrer Teilmengen. Wir setzen $\mu(A) = 0$, falls A endlich ist, und $\mu(A) = \infty$, falls A unendlich ist. Man zeige, daß die Mengenfunktion μ endlich-additiv, jedoch nicht σ-additiv ist.

3. Es sei μ ein endliches Maß auf der σ-Algebra $\mathcal{F}$, $A_n \in \mathcal{F}$, $n = 1, 2, \ldots$, und $A = \lim_n A_n$ (d. h. $A = \overline{\lim_n} A_n = \underline{\lim_n} A_n$). Man zeige die Gleichheit

$$\mu(A) = \lim_n \mu(A_n).$$

4. Man zeige die Gültigkeit der Beziehung

$$\mathbf{P}(A \triangle B) = \mathbf{P}(A) + \mathbf{P}(B) - 2\mathbf{P}(A \cap B).$$

5. Man zeige, daß die „Abstände" $\varrho_1(A, B)$ und $\varrho_2(A, B)$, definiert durch die Formeln

$$\varrho_1(A, B) = \mathbf{P}(A \triangle B)$$

und

$$\varrho_2(A, B) = \begin{cases} \mathbf{P}(A \triangle B)/\mathbf{P}(A \cup B), & \text{falls } \mathbf{P}(A \cup B) \neq 0, \\ 0, & \text{falls } \mathbf{P}(A \cup B) = 0, \end{cases}$$

der Dreiecksungleichung genügen.

6. Es sei μ ein endlich-additives Maß auf einer Algebra $\mathcal{A}$. Die Mengen $A_1, A_2, \ldots \in \mathcal{A}$ seien paarweise disjunkt, und es sei $A = \sum_{i=1}^{\infty} A_i \in \mathcal{A}$. Dann gilt $\mu(A) \geqq \sum_{i=1}^{\infty} \mu(A_i)$.

Tabelle 5

Bezeichnung	Interpretation der Mengentheorie	Interpretation der Wahrscheinlichkeitstheorie
ω	Element, Punkt	Versuchsausgang, elementares Ereignis
Ω	Menge von Elementen	Raum der Versuchsausgänge bzw. der elementaren Ereignisse, sicheres Ereignis
$\mathcal{F}$	σ-Algebra von Teilmengen	σ-Algebra von Ereignissen
$A \in \mathcal{F}$	Menge von Elementen	Ereignis (Falls $\omega \in A$ ist, sagt man, daß das Ereignis A eingetreten sei.)
$\bar{A} = \Omega \setminus A$	Komplement der Menge A, d. h. die Menge aller Elemente ω, die nicht zu A gehören	Ereignis, bestehend im Nichteintreten von A
$A \cup B$	Vereinigung der Mengen A und B, d. h. die Menge aller Elemente ω, die mindestens in einer der beiden Mengen liegen	Ereignis, bestehend im Eintreten von wenigstens einem der Ereignisse A und B
$A \cap B$ oder AB	Durchschnitt der Mengen A und B, d. h. die Menge aller Elemente ω, die sowohl in A als auch in B enthalten sind	Ereignis, bestehend im gleichzeitigen Eintreten von A und B
$\emptyset$	leere Menge	unmögliches Ereignis
$A \cap B = \emptyset$	Die Mengen A und B sind durchschnittsfremd (disjunkt).	Die Ereignisse A und B sind unvereinbar (d. h., sie können nicht gleichzeitig eintreten).
$A + B$	Summe von Mengen, d. h. Vereinigung disjunkter Mengen	Ereignis, bestehend im Eintreten von einem der zwei unvereinbaren Ereignisse
$A \setminus B$	Differenz der Mengen A und B, d. h. die Menge aller Elemente ω, die in A, jedoch nicht in B enthalten sind	Ereignis, bestehend im Eintreten von A und im gleichzeitigen Nichteintreten von B
$A \triangle B$	Symmetrische Differenz, d. h. die Menge $(A \setminus B) \cup (B \setminus A)$	Ereignis, bestehend im Eintreten von A oder B, wobei nicht beide Ereignisse gleichzeitig eintreten
$\bigcup_{n=1}^{\infty} A_n$	Vereinigung der Mengen $A_1, A_2, \ldots$	Ereignis, bestehend im Eintreten von mindestens einem der Ereignisse $A_1, A_2, \ldots$
$\sum_{n=1}^{\infty} A_n$	Summe, d. h. Vereinigung paarweise disjunkter Mengen $A_1, A_2, \ldots$	Ereignis, bestehend im Eintreten eines der unvereinbaren Ereignisse $A_1, A_2, \ldots$
$\bigcap_{n=1}^{\infty} A_n$	Durchschnitt der Mengen $A_1, A_2, \ldots$	Ereignis, bestehend im gleichzeitigen Eintreten von $A_1, A_2, \ldots$

Tabelle 5 (Fortsetzung)

Bezeichnung	Interpretation der Mengentheorie	Interpretation der Wahrscheinlichkeitstheorie
$A_n \uparrow A$ (oder $A = \lim_n A_n$)	Wachsende Folge von Mengen A_n, die gegen A konvergiert, d. h. $A_1 \subseteqq A_2 \subseteqq \ldots$ und $A = \bigcup_{n=1}^{\infty} A_n$	Wachsende Ereignisfolge, die gegen das Ereignis A konvergiert
$A_n \downarrow A$ (oder $A = \lim_n A_n$)	Fallende Folge von Mengen A_n, die gegen A konvergiert, d. h. $A_1 \supseteqq A_2 \supseteqq \ldots$ und $A = \bigcap_{n=1}^{\infty} A_n$	Fallende Ereignisfolge, die gegen das Ereignis A konvergiert
$\overline{\lim}_n A_n$ (oder $\limsup A_n$ oder $\{A_n$ u.o.$\}$)	Menge $\bigcap_{n=1}^{\infty} \bigcup_{k=n}^{\infty} A_k$;	Ereignis, bestehend im Eintreten von unendlich vielen der Ereignisse $A_1, A_2, \ldots$
$\underline{\lim}_n A_n$ (oder $\liminf A_n$)	Menge $\bigcup_{n=1}^{\infty} \bigcap_{k=n}^{\infty} A_k$	Ereignis, bestehend im Eintreten aller Ereignisse $A_1, A_2, \ldots$ mit eventueller Ausnahme einer endlichen Anzahl

7. Man beweise die Beziehungen

$$\overline{\limsup A_n} = \liminf \bar{A}_n, \qquad \overline{\liminf A_n} = \limsup \bar{A}_n,$$
$$\liminf A_n \subseteqq \limsup A_n, \qquad \limsup (A_n \cup B_n) = \limsup A_n \cup \limsup B_n,$$
$$\limsup A_n \cap \liminf B_n \subseteqq \limsup (A_n \cap B_n) \subseteqq \limsup A_n \cap \limsup B_n.$$

Falls $A_n \uparrow A$ oder $A_n \downarrow A$ gilt, folgt die Gleichheit

$$\liminf A_n = \limsup A_n.$$

8. Es sei $\{x_n\}$ eine Zahlenfolge und $A_n = (-\infty, x_n)$. Man zeige, daß $x = \limsup x_n$ und $A = \limsup A_n$ auf folgende Weise zusammenhängen: $(-\infty, x) \subseteqq A \subseteqq (-\infty, x]$. Mit anderen Worten: A ist entweder gleich $(-\infty, x)$ oder gleich $(-\infty, x]$.

9. Man führe ein Beispiel an, das zeigt, daß für Maße, die den Wert ∞ annehmen können, aus der σ-Additivität im allgemeinen nicht die Stetigkeit in der leeren Menge $\emptyset$ folgt.

§ 2. Algebren und σ-Algebren. Meßbare Räume

1. Algebren und σ-Algebren sind Bestandteile bei der Konstruktion wahrscheinlichkeitstheoretischer Modelle. Im folgenden führen wir eine Reihe von Beispielen und Resultaten bezüglich dieser Objekte an.

Es sei Ω ein gewisser Raum von elementaren Ereignissen. Offenbar bilden die Mengensysteme

$$\mathcal{F}_* = \{\emptyset, \Omega\}, \qquad \mathcal{F}^* = \{A: A \subseteq \Omega\}$$

sowohl Algebren als auch σ-Algebren. Dabei ist $\mathcal{F}_*$ die triviale, die „ärmste" σ-Algebra, während $\mathcal{F}^*$ die „reichhaltigste" σ-Algebra ist, bestehend aus allen Teilmengen von Ω.

Im Fall endlicher Räume Ω ist die σ-Algebra $\mathcal{F}^*$ vollständig überschaubar, und im allgemeinen betrachtet man gerade sie als „Ereignissystem". Im Fall überabzählbarer Räume erweist sich $\mathcal{F}^*$ allerdings als viel zu groß, da es auf einem solchen Mengensystem nicht immer gelingt, eine Wahrscheinlichkeit auf „verträgliche Weise" vorzugeben.

Ist $A \subseteq \Omega$, so bildet das System

$$\mathcal{F}_A = \{A, \bar{A}, \emptyset, \Omega\}$$

ebenfalls ein Beispiel für eine Algebra (und σ-Algebra), die sogenannte von der Menge A erzeugte Algebra (σ-Algebra).

Dieses Mengensystem ist ein Spezialfall der von Zerlegungen erzeugten Systeme. Ist nämlich $\mathcal{D} = \{D_1, D_2, \ldots\}$ eine abzählbare Zerlegung der Menge Ω in nichtleere Mengen,

$$\Omega = D_1 + D_2 + \cdots, \qquad D_i \cap D_j = \emptyset, \quad i \neq j,$$

dann ist das System $\mathcal{A} = \alpha(\mathcal{D})$, welches aus den endlichen Vereinigungen von Elementen der Zerlegung gebildet wird, eine Algebra.

Das folgende Lemma ist von besonderer Bedeutung, da es die prinzipielle Möglichkeit der Konstruktion minimaler Algebren und σ-Algebren, die ein gegebenes Mengensystem enthalten, feststellt.

Lemma 1. *Es sei $\mathcal{E}$ ein Mengensystem aus Ω. Dann existieren eine minimale Algebra $\alpha(\mathcal{E})$ und eine minimale σ-Algebra $\sigma(\mathcal{E})$, die alle Mengen aus $\mathcal{E}$ enthalten.*

Beweis. Die Klasse aller Teilmengen $\mathcal{F}^*$ des Raumes Ω ist eine σ-Algebra. Somit existieren mindestens eine Algebra und σ-Algebra, die $\mathcal{E}$ enthält. Wir bilden nun das System $\alpha(\mathcal{E})$ (bzw. $\sigma(\mathcal{E})$), das aus allen Mengen besteht, die zu jeder Algebra (bzw. σ-Algebra) gehören, die $\mathcal{E}$ enthält. Man überprüft leicht, daß ein solches Mengensystem eine Algebra (bzw. σ-Algebra) bildet und zudem die kleinste $\mathcal{E}$ enthaltende ist.

Bemerkung. Das System $\alpha(\mathcal{E})$ (bzw. $\sigma(\mathcal{E})$) wird oft die Algebra (bzw. σ-Algebra) genannt, die vom Mengensystem $\mathcal{E}$ erzeugt wird.

Es entsteht oft die Frage, unter welchen zusätzlichen Bedingungen eine Algebra oder irgendein anderes Mengensystem gleichzeitig eine σ-Algebra bildet. Wir wollen einige Resultate in dieser Richtung anführen.

Definition 1. Ein System $\mathcal{M}$ von Teilmengen von Ω heißt *monotone Klasse*, falls aus $A_n \in \mathcal{M}$, $n = 1, 2, \ldots$, und $A_n \uparrow A$ oder $A_n \downarrow A$ stets $A \in \mathcal{M}$ folgt.

Es sei $\mathscr{E}$ ein Mengensystem. Wir bezeichnen mit $\mu(\mathscr{E})$ die kleinste $\mathscr{E}$ enthaltende monotone Klasse. (Die Existenz einer solchen Klasse wird wie in Lemma 1 bewiesen.)

Lemma 2. *Eine Algebra $\mathscr{A}$ bildet genau dann eine σ-Algebra, wenn sie eine monotone Klasse ist.*

Beweis. Jede σ-Algebra ist offenbar eine monotone Klasse. Es sei nun $\mathscr{A}$ eine monotone Klasse und $A_n \in \mathscr{A}$, $n = 1, 2, \ldots$ Dann gilt $B_n = \bigcup_{i=1}^{n} A_i \in \mathscr{A}$ und $B_n \subseteq B_{n+1}$. Folglich erhalten wir nach der Definition einer monotonen Klasse $B_n \uparrow \bigcup_{i=1}^{\infty} A_i \in \mathscr{A}$. Analog beweist man $\bigcap_{i=1}^{\infty} A_i \in \mathscr{A}$.

Unter Benutzung dieses Lemmas beweisen wir nun eine Aussage, die uns zeigt, wie man, ausgehend von einer Algebra $\mathscr{A}$, mit Hilfe monotoner Grenzübergänge zur σ-Algebra $\sigma(\mathscr{A})$ gelangt.

Satz 1. *Es sei $\mathscr{A}$ eine Algebra. Dann gilt*

$$\mu(\mathscr{A}) = \sigma(\mathscr{A}). \tag{1}$$

Beweis. Aus Lemma 2 folgt $\mu(\mathscr{A}) \subseteq \sigma(\mathscr{A})$. Somit ist es bereits hinreichend nachzuweisen, daß $\mu(\mathscr{A})$ eine σ-Algebra ist. Aber das System $\mathscr{M} = \mu(\mathscr{A})$ ist eine monotone Klasse, deshalb ist es wieder nach Lemma 2 ausreichend, lediglich zu überprüfen, daß $\mu(\mathscr{A})$ eine Algebra ist.

Es sei $A \in \mathscr{M}$. Wir zeigen, daß dann $\bar{A}$ auch zu $\mathscr{M}$ gehört. Zu diesem Zweck benutzen wir das auch im weiteren häufig Anwendung findende Prinzip der geeigneten Mengen, welches in folgendem besteht.

Wir bezeichnen mit

$$\tilde{\mathscr{M}} = \{B : B \in \mathscr{M}, \bar{B} \in \mathscr{M}\}$$

alle die Mengen, welche die uns interessierende Eigenschaft besitzen. Offenbar gilt $\mathscr{A} \subseteq \tilde{\mathscr{M}} \subseteq \mathscr{M}$. Wir zeigen nun, daß $\tilde{\mathscr{M}}$ eine monotone Klasse ist.

Es sei $B_n \in \tilde{\mathscr{M}}$. Dann gilt $B_n \in \mathscr{M}$, $\bar{B}_n \in \mathscr{M}$ und deshalb

$$\lim \uparrow B_n \in \mathscr{M}, \quad \lim \downarrow \bar{B}_n \in \mathscr{M}, \quad \text{bzw.} \quad \lim \downarrow B_n \in \mathscr{M}, \quad \lim \uparrow \bar{B}_n \in \mathscr{M}.$$

Folglich erhalten wir

$$\overline{\lim \uparrow B_n} = \lim \downarrow \bar{B}_n \in \mathscr{M}, \quad \text{bzw.} \quad \overline{\lim \downarrow B_n} = \lim \uparrow \bar{B}_n \in \mathscr{M}.$$

Also bildet $\tilde{\mathscr{M}}$ eine monotone Klasse. Nun ist jedoch $\tilde{\mathscr{M}} \subseteq \mathscr{M}$ und $\mathscr{M}$ die kleinste monotone Klasse. Deshalb ergibt sich $\tilde{\mathscr{M}} = \mathscr{M}$, und für alle $A \in \mathscr{M} = \mu(\mathscr{A})$ gilt $\bar{A} \in \mathscr{M}$. Demzufolge ist $\mathscr{M}$ bezüglich der Komplementbildung abgeschlossen.

Wir zeigen nun, daß $\mathscr{M}$ durchschnittsabgeschlossen ist.

Es sei $A \in \mathscr{M}$ und $\mathscr{M}_A = \{B : B \in \mathscr{M}, A \cap B \in \mathscr{M}\}$. Aus den Gleichheiten

$$\lim \downarrow (A \cap B_n) = A \cap \lim \downarrow B_n$$

und

$$\lim \uparrow (A \cap B_n) = A \cap \lim \uparrow B_n$$

folgt, daß $\mathcal{M}_A$ eine monotone Klasse ist.

Weiterhin überprüft man leicht

$$(A \in \mathcal{M}_B) \Leftrightarrow (B \in \mathcal{M}_A). \tag{2}$$

Es sei nun $A \in \mathcal{A}$. Da $\mathcal{A}$ eine Algebra bildet, folgt für jedes $B \in \mathcal{A}$ die Beziehung $A \cap B \in \mathcal{A}$ und somit

$$\mathcal{A} \subseteqq \mathcal{M}_A \subseteqq \mathcal{M}.$$

Nun ist jedoch $\mathcal{M}_A$ eine monotone Klasse (da $\lim \uparrow AB_n = A \lim \uparrow B_n$ und $\lim \downarrow AB_n = A \lim \downarrow B_n$ gilt) und $\mathcal{M}$ die kleinste monotone Klasse. Also haben wir $\mathcal{M}_A = \mathcal{M}$ für jedes $A \in \mathcal{A}$. Somit ergibt sich aber aus (2) für $A \in \mathcal{A}$ und $B \in \mathcal{M}$ die Beziehung

$$(A \in \mathcal{M}_B) \Leftrightarrow (B \in \mathcal{M}_A = \mathcal{M}).$$

Demzufolge gilt für $A \in \mathcal{A}$ und beliebiges $B \in \mathcal{M}$

$$A \in \mathcal{M}_B.$$

Da die Menge $A \in \mathcal{A}$ beliebig gewählt war, folgt hieraus

$$\mathcal{A} \subseteqq \mathcal{M}_B \subseteqq \mathcal{M}.$$

Dies bedeutet für jedes $B \in \mathcal{M}$

$$\mathcal{M}_B = \mathcal{M},$$

d. h., ist $B \in \mathcal{M}$ und $C \in \mathcal{M}$, so folgt auch $C \cap B \in \mathcal{M}$.

Die Klasse $\mathcal{M}$ ist also abgeschlossen bezüglich Durchschnitts- und Komplementbildung (und folglich auch bezüglich Vereinigungen). Somit ist $\mathcal{M}$ eine Algebra, was den Satz beweist.

Definition 2. Es sei Ω eine Menge. Eine Klasse $\mathcal{D}$ von Teilmengen von Ω heißt *d-System*, falls die Eigenschaften

a) $\Omega \in \mathcal{D}$,

b) $A, B \in \mathcal{D},\ A \subseteqq B \Rightarrow B \setminus A \in \mathcal{D}$ und

c) $A_n \in \mathcal{D},\ A_n \subseteqq A_{n+1} \Rightarrow \bigcup A_n \in \mathcal{D}$

erfüllt sind.

Es sei $\mathcal{E}$ ein Mengensystem. Mit $d(\mathcal{E})$ bezeichnen wir das kleinste $\mathcal{E}$ enthaltende d-System.

Satz 2. *Falls $\mathcal{E}$ ein durchschnittsabgeschlossenes Mengensystem ist, gilt*

$$d(\mathcal{E}) = \sigma(\mathcal{E}). \tag{3}$$

Beweis. Jede σ-Algebra ist ein d-System, und folglich gilt $d(\mathcal{E}) \subseteqq \sigma(\mathcal{E})$. Wenn wir nun beweisen, daß $d(\mathcal{E})$ durchschnittsabgeschlossen ist, so bildet $d(\mathcal{E})$ eine σ-Algebra, was die umgekehrte Inklusion $\sigma(\mathcal{E}) \subseteqq d(\mathcal{E})$ zur Folge hat.

Zum Beweis benutzen wir wieder das Prinzip der geeigneten Mengen.

Es sei

$$\mathscr{E}_1 = \{B \in d(\mathscr{E}) : B \cap A \in d(\mathscr{E}) \text{ für alle } A \in \mathscr{E}\}.$$

Ist $B \in \mathscr{E}$, so gilt $B \cap A \in \mathscr{E}$ für alle $A \in \mathscr{E}$, und somit haben wir $\mathscr{E} \subseteqq \mathscr{E}_1$. Nun ist $\mathscr{E}_1$ aber ein d-System. Deshalb ergibt sich $d(\mathscr{E}) \subseteqq \mathscr{E}_1$. Andererseits gilt nach Definition $\mathscr{E}_1 \subseteqq d(\mathscr{E})$ und damit auch

$$\mathscr{E}_1 = d(\mathscr{E}).$$

Es sei weiter

$$\mathscr{E}_2 = \{B \in d(\mathscr{E}) : B \cap A \in d(\mathscr{E}) \text{ für alle } A \in d(\mathscr{E})\}.$$

Wieder überprüft man leicht, daß $\mathscr{E}_2$ ein d-System bildet. Für $B \in \mathscr{E}$ erhalten wir nach Definition von $\mathscr{E}_1$ für alle $A \in \mathscr{E}_1 = d(\mathscr{E})$ auch $B \cap A \in d(\mathscr{E})$. Folglich gilt $\mathscr{E} \subseteqq \mathscr{E}_2$ und $d(\mathscr{E}) \subseteqq \mathscr{E}_2$. Andererseits haben wir $d(\mathscr{E}) \supseteqq \mathscr{E}_2$, und infolgedessen erhalten wir $d(\mathscr{E}) = \mathscr{E}_2$. Also gehört für alle A und B aus $d(\mathscr{E})$ auch die Menge $A \cap B$ zu $d(\mathscr{E})$. Das bedeutet aber gerade die Durchschnittsabgeschlossenheit des Systems $d(\mathscr{E})$.

Damit ist der Satz bewiesen.

Wir kommen nun zur Betrachtung der für die Wahrscheinlichkeitstheorie wichtigsten meßbaren Räume $(\Omega, \mathscr{F})$.

2. Der meßbare Raum $\big(R, \mathscr{B}(R)\big)$. Es sei $R = (-\infty, \infty)$ die reelle Achse und

$$(a, b] = \{x \in R : a < x \leqq b\}$$

für alle $-\infty \leqq a < b \leqq \infty$. Wir vereinbaren, daß wir unter $(a, \infty]$ das Intervall (a, ∞) verstehen wollen. (Diese Vereinbarung ist notwendig, damit das Komplement zum Intervall $(-\infty, b]$ ebenfalls ein Intervall dieses Typs, d. h. links offen und rechts abgeschlossen ist.)

Mit $\mathscr{A}$ bezeichnen wir das Mengensystem in R, das aus endlichen Summen disjunkter Intervalle $(a, b]$ besteht:

$$A \in \mathscr{A}, \qquad \text{falls } A = \sum_{i=1}^{n} (a_i, b_i],\ n < \infty, \text{ ist.}$$

Man überprüft leicht, daß dieses Mengensystem einschließlich der leeren Menge $\emptyset$ eine Algebra bildet, die allerdings keine σ-Algebra ist, da für $A_n = \left(0, 1 - \frac{1}{n}\right] \in \mathscr{A}$ die Menge $\bigcup_n A_n = (0, 1)$ nicht zu $\mathscr{A}$ gehört.

Es sei $\mathscr{B}(R)$ die kleinste σ-Algebra $\sigma(\mathscr{A})$, die das System $\mathscr{A}$ enthält. Diese σ-Algebra, die eine wichtige Rolle in der Analysis spielt, wird *Borelsche σ-Algebra* über der reellen Zahlengeraden genannt, und ihre Elemente heißen *Borel-Mengen*.

Es bezeichne $\mathscr{J}$ das System der Intervalle vom Typ $(a, b]$ und $\sigma(\mathscr{J})$ die kleinste σ-Algebra, die $\mathscr{J}$ enthält. Man überprüft leicht, daß $\sigma(\mathscr{J})$ mit der Borelschen σ-Algebra übereinstimmt. Mit anderen Worten: Man kann, ausgehend vom System $\mathscr{J}$, zur Borelschen σ-Algebra gelangen, ohne die Algebra $\mathscr{A}$ zu verwenden, da $\sigma(\mathscr{J}) = \sigma\big(\alpha(\mathscr{J})\big)$ erfüllt ist.

Wir bemerken, daß die folgenden Beziehungen gültig sind:

$$(a, b) = \bigcup_{n=1}^{\infty} \left(a, b - \frac{1}{n}\right], \qquad a < b,$$

$$[a, b] = \bigcap_{n=1}^{\infty} \left(a - \frac{1}{n}, b\right], \qquad a < b,$$

$$\{a\} = \bigcap_{n=1}^{\infty} \left(a - \frac{1}{n}, a\right].$$

Somit enthält die Borelsche σ-Algebra neben Intervallen der Form $(a, b]$ auch die einpunktigen Mengen $\{a\}$ und ebenfalls Intervalle der folgenden sechs Typen:

$$(a, b], \quad [a, b], \quad [a, b), \quad (-\infty, b), \quad (-\infty, b], \quad (a, \infty). \tag{4}$$

Wir erwähnen außerdem, daß man bei der Konstruktion der Borelschen σ-Algebra $\mathscr{B}(R)$ anstelle von $(a, b]$ auch von einem der sechs in (4) angegebenen Intervalltypen hätte ausgehen können, da alle σ-Algebren, die durch Intervalle von einem dieser Typen erzeugt werden, mit $\mathscr{B}(R)$ übereinstimmen.

Manchmal macht es sich erforderlich, mit der σ-Algebra $\mathscr{B}(\overline{R})$ von Mengen der erweiterten Zahlengeraden $\overline{R} = [-\infty, \infty]$ zu arbeiten. So nennt man die σ-Algebra, die von Intervallen der Gestalt

$$(a, b] = \{x \in \overline{R}: a < x \leqq b\}, \qquad -\infty \leqq a < b \leqq \infty,$$

erzeugt wird, wobei $(-\infty, b] = \{x \in \overline{R}: -\infty \leqq x \leqq b\}$ zu setzen ist.

Bemerkung 1. Für den meßbaren Raum $(R, \mathscr{B}(R))$ werden auch häufig die Bezeichnungen $(R, \mathscr{B})$, $(R^1, \mathscr{B}_1)$ benutzt.

Bemerkung 2. Wir führen auf den reellen Zahlen die Metrik

$$\varrho_1(x, y) = \frac{|x - y|}{1 + |x - y|}$$

ein. (Diese Metrik ist der gewöhnlichen euklidischen Metrik $|x - y|$ äquivalent.) Mit $\mathscr{B}_0(R)$ bezeichnen wir die von den offenen Mengen $S_r(x^0) = \{x \in R: \varrho_1(x, x^0) < r\}$, $r > 0$, $x^0 \in R$, erzeugte σ-Algebra. Dann gilt $\mathscr{B}_0(R) = \mathscr{B}(R)$ (siehe Aufgabe 7).

3. Der meßbare Raum $(R^n, \mathscr{B}(R^n))$. Es sei $R^n = R \times \ldots \times R$ das direkte Produkt von n Exemplaren (Kopien) der Zahlengeraden, d. h. die Menge der *geordneten* Tupel $x = (x_1, \ldots, x_n)$ mit $-\infty < x_k < \infty$, $k = 1, 2, \ldots, n$. Eine Menge $I = I_1 \times \ldots \times I_n$ mit $I_k = (a_k, b_k]$, d. h. die Menge $\{x \in R^n: x_k \in I_k, k = 1, 2, \ldots, n\}$, nennen wir Rechteck und I_k die Seiten dieses Rechtecks. Mit $\mathscr{I}$ bezeichnen wir die Menge aller Rechtecke I. Die σ-Algebra $\sigma(\mathscr{I})$, die vom System $\mathscr{I}$ erzeugt wird, heißt *Borelsche σ-Algebra* in R^n und wird mit $\mathscr{B}(R^n)$ bezeichnet. Wir zeigen jetzt, daß man zu dieser σ-Algebra auch anders gelangen kann.

Neben den Rechtecken $I = I_1 \times \ldots \times I_n$ betrachten wir nun Rechtecke $B = B_1 \times \ldots \times B_n$ mit Borelschen Seiten (B_k sei dabei eine Borel-Menge der Zahlengeraden, die an der k-ten Stelle des direkten Produkts $R \times \ldots \times R$ steht). Die kleinste σ-Algebra, die alle Rechtecke mit Borelschen Seiten enthält, bezeichnen wir mit

$$\mathscr{B}(R) \otimes \ldots \otimes \mathscr{B}(R)$$

und nennen sie *n-faches direktes Produkt* der σ-Algebren $\mathscr{B}(R)$. Wir zeigen nun, daß tatsächlich

$$\mathscr{B}(R^n) = \mathscr{B}(R) \otimes \ldots \otimes \mathscr{B}(R)$$

gilt. Mit anderen Worten: Die σ-Algebren, die von den Rechtecken $I = I_1 \times \ldots \times I_n$ und von der (größeren) Klasse von Rechtecken $B = B_1 \times \ldots \times B_n$ mit Borelschen Seiten erzeugt werden, stimmen überein.

Der Beweis dieser Aussage stützt sich wesentlich auf das folgende Lemma.

Lemma 3. *Es sei $\mathscr{E}$ ein Mengensystem über Ω, $B \subseteqq \Omega$ und nach Definition*

$$\mathscr{E} \cap B = \{A \cap B : A \in \mathscr{E}\}. \tag{5}$$

Dann gilt

$$\sigma(\mathscr{E} \cap B) = \sigma(\mathscr{E}) \cap B. \tag{6}$$

Beweis. Aus $\mathscr{E} \subseteqq \sigma(\mathscr{E})$ erhalten wir

$$\mathscr{E} \cap B \subseteqq \sigma(\mathscr{E}) \cap B. \tag{7}$$

Da $\sigma(\mathscr{E}) \cap B$ eine σ-Algebra bildet, folgt aus (7)

$$\sigma(\mathscr{E} \cap B) \subseteqq \sigma(\mathscr{E}) \cap B.$$

Beim Beweis der umgekehrten Inklusion benutzen wir wieder das Prinzip der geeigneten Mengen. Es bezeichne

$$\mathscr{C}_B = \{A \in \sigma(\mathscr{E}) : A \cap B \in \sigma(\mathscr{E} \cap B)\}.$$

Da $\sigma(\mathscr{E})$ und $\sigma(\mathscr{E} \cap B)$ σ-Algebren sind, bildet $\mathscr{C}_B$ ebenfalls eine σ-Algebra, wobei offenbar

$$\mathscr{E} \subseteqq \mathscr{C}_B \subseteqq \sigma(\mathscr{E})$$

gilt. Daraus folgt $\sigma(\mathscr{E}) \subseteqq \sigma(\mathscr{C}_B) = \mathscr{C}_B \subseteqq \sigma(\mathscr{E})$, also $\sigma(\mathscr{E}) = \mathscr{C}_B$. Deshalb erhalten wir für jede Menge $A \in \sigma(\mathscr{E})$

$$A \cap B \in \sigma(\mathscr{E} \cap B)$$

und demzufolge $\sigma(\mathscr{E}) \cap B \subseteqq \sigma(\mathscr{E} \cap B)$.

Damit ist das Lemma bewiesen.

Beweis der Gleichheit der σ-Algebren $\mathscr{B}(R^n)$ und $\mathscr{B} \otimes \ldots \otimes \mathscr{B}$. Für $n = 1$ stimmen sie offenbar überein. Wir beweisen nun, daß sie für $n = 2$ übereinstimmen.

Aufgrund der Inklusion $\mathscr{B}(R^2) \subseteqq \mathscr{B} \otimes \mathscr{B}$ ist es bereits hinreichend zu zeigen, daß das Borelsche Rechteck $B_1 \times B_2$ zu $\mathscr{B}(R^2)$ gehört.

Es sei $R^2 = R_1 \times R_2$, wobei R_1 und R_2 die „erste" und die „zweite" reelle Achse bezeichnen, $\tilde{\mathscr{B}}_1 = \mathscr{B}_1 \times R_2$ und $\tilde{\mathscr{B}}_2 = R_1 \times \mathscr{B}_2$, wobei $\mathscr{B}_1 \times R_2$ (bzw. $R_1 \times \mathscr{B}_2$) die Gesamtheit der Mengen der Gestalt $B_1 \times R_2$ (bzw. $R_1 \times B_2$) mit $B_1 \in \mathscr{B}_1$ (bzw. $B_2 \in \mathscr{B}_2$) ist. Weiter seien $\mathscr{J}_1$ und $\mathscr{J}_2$ die Gesamtheit der Intervalle in R_1 bzw. R_2 und $\tilde{\mathscr{J}}_1 = \mathscr{J}_1 \times R_2$ sowie $\tilde{\mathscr{J}}_2 = R_1 \times \mathscr{J}_2$. Dann gilt wegen (6)

$$\begin{aligned} B_1 \times B_2 &= \tilde{B}_1 \cap \tilde{B}_2 \in \tilde{\mathscr{B}}_1 \cap \tilde{B}_2 = \sigma(\tilde{\mathcal{J}}_1) \cap \tilde{B}_2 \\ &= \sigma(\tilde{\mathcal{J}}_1 \cap \tilde{B}_2) \subseteq \sigma(\tilde{\mathcal{J}}_1 \cap \tilde{\mathcal{J}}_2) = \sigma(\mathcal{J}_1 \times \mathcal{J}_2), \end{aligned}$$

was zu beweisen war.

Der Fall eines beliebigen $n > 2$ wird analog behandelt.

Bemerkung. Es sei $\mathscr{B}_0(R^n)$ die von den offenen Mengen

$$S_r(x^0) = \{x \in R^n : \varrho_n(x, x^0) < r\}, \qquad x^0 \in R^n,\ r > 0,$$

bezüglich der Metrik

$$\varrho_n(x, x^0) = \sum_{k=1}^{n} 2^{-k} \varrho_1(x_k, x_k^0) \quad \text{mit} \quad x = (x_1, \ldots, x_n) \text{ und } x^0 = (x_1^0, \ldots, x_n^0)$$

erzeugte σ-Algebra. Dann gilt $\mathscr{B}_0(R^n) = \mathscr{B}(R^n)$ (vgl. Aufgabe 7).

4. Der meßbare Raum $(R^\infty, \mathscr{B}(R^\infty))$ spielt in der Wahrscheinlichkeitstheorie eine bedeutende Rolle, da er die Grundlage für die Konstruktion wahrscheinlichkeitstheoretischer Modelle für Experimente mit unendlicher Schrittzahl bildet.

Der Raum R^∞ ist der Raum der geordneten Zahlenfolgen

$$x = (x_1, x_2, \ldots), \qquad -\infty < x_k < \infty, \qquad k = 1, 2, \ldots$$

Mit I_k und B_k bezeichnen wir Intervalle $(a_k, b_k]$ bzw. Borel-Mengen der k-ten Zahlengeraden (mit den Koordinaten x_k).

Wir betrachten die Zylindermengen

$$\mathcal{J}(I_1 \times \ldots \times I_n) = \{x : x = (x_1, x_2, \ldots),\ x_1 \in I_1, \ldots, x_n \in I_n\}, \tag{8}$$

$$\mathcal{J}(B_1 \times \ldots \times B_n) = \{x : x = (x_1, \ldots),\ x_1 \in B_1, \ldots, x_n \in B_n\}, \tag{9}$$

$$\mathcal{J}(B^n) = \{x : (x_1, \ldots, x_n) \in B^n\}, \tag{10}$$

wobei B^n eine Borel-Menge aus $\mathscr{B}(R^n)$ ist. Jeden der „Zylinder" $\mathcal{J}(B_1 \times \ldots \times B_n)$ oder $\mathcal{J}(B^n)$ kann man auch als Zylinder mit der Basis im R^{n+1}, R^{n+2}, ... ansehen, denn es gilt

$$\mathcal{J}(B_1 \times \ldots \times B_n) = \mathcal{J}(B_1 \times \ldots \times B_n \times R), \qquad \mathcal{J}(B^n) = \mathcal{J}(B^{n+1})$$

für $B^{n+1} = B^n \times R$.

Daraus folgt, daß das System von Zylindermengen $\mathcal{J}(B^n)$ eine Algebra bildet. Man überprüft leicht, daß Mengen, die aus Vereinigungen disjunkter Zylindermengen $\mathcal{J}(I_1 \times \ldots \times I_n)$ bzw. $\mathcal{J}(B_1 \times \ldots \times B_n)$ bestehen, ebenfalls Algebren bilden. Mit $\mathscr{B}(R^\infty)$, $\mathscr{B}_1(R^\infty)$ und $\mathscr{B}_2(R^\infty)$ bezeichnen wir die kleinsten σ-Algebren, die entsprechend alle Mengen (8), (9) bzw. (10) enthalten. (Häufig wird die σ-Algebra $\mathscr{B}_1(R^\infty)$ auch mit $\mathscr{B}(R) \otimes \mathscr{B}(R) \otimes \ldots$ bezeichnet.) Offenbar gilt $\mathscr{B}(R^\infty) \subseteqq \mathscr{B}_1(R^\infty) \subseteqq \mathscr{B}_2(R^\infty)$. Tatsächlich stimmen jedoch alle drei σ-Algebren überein.

Zum Beweis führen wir für $n = 1, 2, \ldots$ die Bezeichnung

$$\mathscr{C}_n = \big\{A \in R^n\colon \{x\colon (x_1, \ldots, x_n) \in A\} \in \mathscr{B}(R^\infty)\big\}$$

ein. Es sei $I = I_1 \times \ldots \times I_n$ ein Rechteck mit den Seiten $I_k = (a_k, b_k]$ für $k = 1, \ldots, n$. Aufgrund der Definition von $\mathscr{B}(R^\infty)$ erhalten wir $I \in \mathscr{C}_n$. Da die Gesamtheit aller Rechtecke I mit den genannten Eigenschaften die σ-Algebra $\mathscr{B}(R^n)$ erzeugt, folgt daraus die Beziehung

$$\mathscr{B}(R^n) \subseteqq \sigma(\mathscr{C}_n).$$

Nun ist aber $\mathscr{C}_n$ eine σ-Algebra, und somit gilt

$$\mathscr{B}(R^n) \subseteqq \mathscr{C}_n.$$

Berücksichtigen wir die Definition von $\mathscr{C}_n$ und $\mathscr{B}_2(R^\infty)$, so erhalten wir schließlich

$$\mathscr{B}_2(R^\infty) \subseteqq \mathscr{B}(R^\infty).$$

Folglich gilt $\mathscr{B}(R^\infty) = \mathscr{B}_1(R^\infty) = \mathscr{B}_2(R^\infty)$.

Im weiteren werden wir Mengen aus $\mathscr{B}(R^\infty)$ *Borel-Mengen* (in R^∞) nennen.

Bemerkung. Es sei $\mathscr{B}_0(R^\infty)$ die von den *offenen* Mengen

$$S_r(x^0) = \{x \in R^\infty\colon \varrho_\infty(x, x^0) < r\}, \qquad x^0 \in R,\ r > 0,$$

erzeugte σ-Algebra, wobei ϱ_∞ die Metrik

$$\varrho_\infty(x, x^0) = \sum_{k=1}^{\infty} 2^{-k} \varrho_1(x_k, x_k^0)$$

mit $x = (x_1, x_2, \ldots)$ und $x^0 = (x_1^0, x_2^0, \ldots)$ bezeichnet. Dann erhält man $\mathscr{B}(R^\infty) = \mathscr{B}_0(R^\infty)$ (vgl. Aufgabe 7).

Wir wollen nun einige Beispiele von Borel-Mengen im R^∞ betrachten:

(a) $\{x \in R^\infty\colon \sup x_n > a\}$, $\quad \{x \in R^\infty\colon \inf x_n < a\}$;

(b) $\{x \in R^\infty\colon \overline{\lim}\, x_n \leqq a\}$, $\quad \{x \in R^\infty\colon \underline{\lim}\, x_n > a\}$,

wobei wie gewöhnlich die Bezeichnungen

$$\overline{\lim}\, x_n = \inf_n \sup_{m \geqq n} x_m \quad \text{und} \quad \underline{\lim}\, x_n = \sup_n \inf_{m \geqq n} x_m$$

benutzt werden;

(c) die Menge $\{x \in R^\infty\colon x_n \to\}$ aller $x \in R^\infty$, für die $\lim x_n$ existiert und endlich ist:

(d) $\{x \in R^\infty\colon \lim x_n > a\}$;

(e) $\{x \in R^\infty\colon \sum_{n=1}^{\infty} |x_n| > a\}$;

(f) $\{x \in R^\infty\colon \sum_{k=1}^{n} x_k = 0$ für mindestens ein $n \geqq 1\}$.

Um sich davon zu überzeugen, daß beispielsweise die Mengen aus (a) zum System $\mathscr{B}(R^\infty)$ gehören, genügt es bereits, auf die Beziehungen

$$\{x\colon \sup x_n > a\} = \bigcup_n \{x\colon x_n > a\} \in \mathscr{B}(R^\infty)$$

und

$$\{x\colon \inf x_n < a\} = \bigcup_n \{x\colon x_n < a\} \in \mathscr{B}(R^\infty)$$

hinzuweisen.

5. Der meßbare Raum $\big(R^T, \mathscr{B}(R^T)\big)$, wobei T eine beliebige Menge ist. Der Raum R^T ist die Gesamtheit aller reellen Funktionen $x = (x_t)$, die für $t \in T$ definiert sind.[1]) Uns wird im wesentlichen der Fall interessieren, daß T eine überabzählbare Teilmenge der reellen Achse ist. Deshalb setzen wir aus Gründen der Einfachheit gleich $T = [0, \infty)$ voraus.

Weiter führen wir die folgenden drei Typen von Zylindermengen

$$\mathscr{J}_{t_1,\ldots,t_n}(I_1 \times \ldots \times I_n) = \{x\colon x_{t_1} \in I_1, \ldots, x_{t_n} \in I_n\}, \tag{11}$$

$$\mathscr{J}_{t_1,\ldots,t_n}(B_1 \times \ldots \times B_n) = \{x\colon x_{t_1} \in B_1, \ldots, x_{t_n} \in B_n\}, \tag{12}$$

$$\mathscr{J}_{t_1,\ldots,t_n}(B^n) = \{x\colon (x_{t_1}, \ldots, x_{t_n}) \in B^n\} \tag{13}$$

ein, wobei I_k Mengen der Gestalt $(a_k, b_k]$, B_k Borel-Mengen der reellen Achse und B^n Borel-Mengen des R^n sind.

Die Menge $\mathscr{J}_{t_1,\ldots,t_n}(I_1 \times \ldots \times I_n)$ ist nichts anderes als die Gesamtheit aller Funktionen, die in den Zeitpunkten $t_1, \ldots, t_n$ „durch die Fenster" $I_1, \ldots, I_n$ laufen und zu anderen Zeitpunkten beliebige Werte annehmen (vgl. Abb. 24).

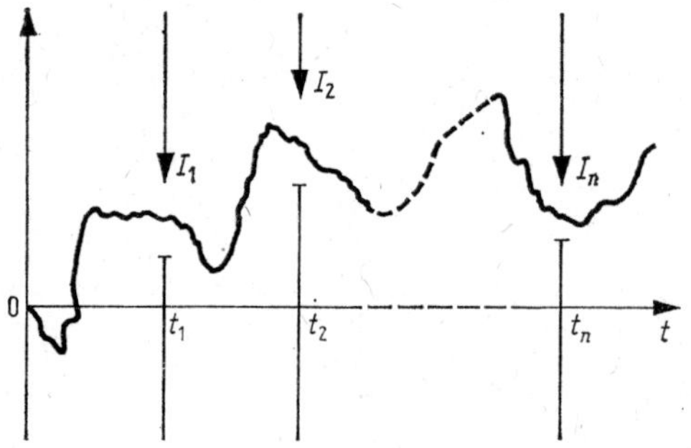

Abb. 24

Mit $\mathscr{B}(R^T)$, $\mathscr{B}_1(R^T)$ und $\mathscr{B}_2(R^T)$ bezeichnen wir die kleinsten σ-Algebren, welche die Zylindermengen (11), (12) bzw. (13) enthalten. Offensichtlich gilt

$$\mathscr{B}(R^T) \subseteq \mathscr{B}_1(R^T) \subseteq \mathscr{B}_2(R^T). \tag{14}$$

[1]) Im weiteren werden für Funktionen aus R^T auch die Bezeichnungen $x = (x_t)_{t\in T}$ oder $x = (x_t)$, $t \in T$, benutzt.

Tatsächlich stimmen jedoch alle drei σ-Algebren überein. Darüber hinaus kann man die Struktur ihrer Elemente vollständig beschreiben.

Satz 3. *Es sei T eine beliebige überabzählbare Menge. Dann gilt $\mathscr{B}(R^T) = \mathscr{B}_1(R^T) = \mathscr{B}_2(R^T)$. Jede Menge $A \in \mathscr{B}(R^T)$ besitzt folgende Struktur: Es existieren nicht mehr als abzählbar viele Punkte $t_1, t_2, \ldots$ aus T und eine Borel-Menge B aus $\mathscr{B}(R^\infty)$ so, daß*

$$A = \{x: (x_{t_1}, x_{t_2}, \ldots) \in B\} \tag{15}$$

gilt.

Beweis. Wir bezeichnen mit $\mathscr{E}$ die Gesamtheit der Mengen vom Typ (15) (für verschiedene Folgen $(t_1, t_2, \ldots)$ und Mengen B aus $\mathscr{B}(R^\infty)$). Für $A_1, A_2, \ldots \in \mathscr{E}$ und entsprechende Folgen $T^{(1)} = (t_1^{(1)}, t_2^{(1)}, \ldots)$, $T^{(2)} = (t_1^{(2)}, t_2^{(2)}, \ldots), \ldots$ kann man die Menge $T^{(\infty)} = \bigcup_k T^{(k)}$ als einheitliches System wählen, so daß alle A_i in der Gestalt

$$A_i = \{x: (x_{\tau_1}, x_{\tau_2}, \ldots) \in B_i\}$$

darstellbar sind, wobei B_i Mengen aus ein und derselben σ-Algebra $\mathscr{B}(R^\infty)$ und $\tau_i \in T^{(\infty)}$ sind.

Daraus folgt, daß das Mengensystem $\mathscr{E}$ eine σ-Algebra bildet. Offenbar enthält diese σ-Algebra alle Zylindermengen der Gestalt (13). Da $\mathscr{B}_2(R^T)$ die kleinste diese Mengen enthaltende σ-Algebra ist, erhalten wir in Verbindung mit (14)

$$\mathscr{B}(R^T) \subseteqq \mathscr{B}_1(R^T) \subseteqq \mathscr{B}_2(R^T) \subseteqq \mathscr{E}. \tag{16}$$

Wir betrachten nun eine Menge A aus $\mathscr{E}$ und eine Darstellung der Form (15). Fixieren wir die Folge $(t_1, t_2, \ldots)$, so zeigen dieselben Überlegungen wie im Fall des Raumes $\big(R^\infty, \mathscr{B}(R^\infty)\big)$, daß die Menge A ein Element der von den Zylindermengen der Gestalt (11) erzeugten σ-Algebra ist. Diese σ-Algebra ist jedoch offensichtlich in $\mathscr{B}(R^T)$ enthalten. Zusammen mit (16) beweist dies beide Behauptungen des Satzes.

Somit wird eine beliebige Borel-Menge A aus der σ-Algebra $\mathscr{B}(R^T)$ durch die den Funktionen $x = (x_t)$, $t \in T$, auferlegten Beschränkungen in höchstens abzählbar vielen Punkten $t_1, t_2, \ldots$ bestimmt. Insbesondere folgt daraus, daß die Mengen

$$A_1 = \{x: \sup x_t < C\},$$

$$A_2 = \{x: x_t = 0 \text{ für mindestens ein } t \in T\},$$

$$A_3 = \{x: x_t \text{ ist in dem fixierten Punkt } t_0 \in T \text{ stetig}\},$$

die vom „Verhalten" der Funktion in überabzählbar vielen Punkten abhängen, nicht unbedingt Borel-Mengen zu sein brauchen. Und tatsächlich gehören alle drei Mengen *nicht zu $\mathscr{B}(R^T)$.*

Wir zeigen dies für die Menge A_1. Ist $A_1 \in \mathscr{B}(R^T)$, so folgt daraus entsprechend dem eben bewiesenen Satz die Existenz von Punkten $(t_1^0, t_2^0, \ldots)$ und einer Menge $B^0 \in \mathscr{B}(R^\infty)$, so daß

$$\left\{x: \sup_t x_t < C\right\} = \left\{x: \left(x_{t_1^0}, x_{t_2^0}, \ldots\right) \in B^0\right\}$$

gilt. Offenbar gehört die Funktion $y_t \equiv C - 1$ zu A_1. Also ergibt sich $\left(y_{t_1^0}, \ldots\right) \in B^0$. Wir definieren nun die Funktion z vermöge

$$z_t = \begin{cases} C - 1, & t \in \{t_1^0, t_2^0, \ldots\}, \\ C + 1, & t \notin \{t_1^0, t_2^0, \ldots\}. \end{cases}$$

Dann gilt offensichtlich

$$\left(y_{t_1^0}, y_{t_2^0}, \ldots\right) = \left(z_{t_1^0}, z_{t_2^0}, \ldots\right).$$

Demzufolge gehört $z = (z_t)$ zur Menge $\left\{x \colon \left(x_{t_1^0}, \ldots\right) \in B^0\right\}$. Es ist jedoch klar, daß z nicht in der Menge $\{x \colon \sup x_t < C\}$ liegt. Der erhaltene Widerspruch zeigt: $A_1 \notin \mathscr{B}(R^T)$.

Die Nichtmeßbarkeit der Mengen A_1, A_2 und A_3 bezüglich der σ-Algebra $\mathscr{B}(R^T)$ auf dem Raum aller Funktionen $x = (x_t)$, $t \in T$, macht deutlich, daß es natürlicher ist, kleinere Funktionenklassen zu betrachten, in denen diese Mengen meßbar werden. Intuitiv ist klar, daß dies der Fall ist, wenn man als Grundraum beispielsweise die Menge aller stetigen Funktionen wählt.

6. Der meßbare Raum $\left(C, \mathscr{B}(C)\right)$. Es sei $T = [0, 1]$, und C sei der Raum der stetigen Funktionen $x = (x_t)$, $0 \leqq t \leqq 1$. Bezüglich der Metrik $\varrho(x, y) = \sup\limits_{t \in T} |x_t - y_t|$ wird C ein metrischer Raum. In C kann man zwei σ-Algebren einführen: die von den Zylindermengen erzeugte σ-Algebra $\mathscr{B}(C)$ und die von den (in der Metrik ϱ) offenen Mengen erzeugte σ-Algebra $\mathscr{B}_0(C)$. Wir zeigen nun, daß diese beiden σ-Algebren in Wirklichkeit übereinstimmen: $\mathscr{B}(C) = \mathscr{B}_0(C)$.

Es sei $B = \{x \colon x_{t_0} < b\}$ eine Zylindermenge. Man überzeugt sich leicht davon, daß B offen ist. Das bedeutet $\{x \colon x_{t_1} < b_1, \ldots, x_{t_n} < b_n\} \in \mathscr{B}_0(C)$, und folglich gilt $\mathscr{B}(C) \subseteqq \mathscr{B}_0(C)$.

Umgekehrt betrachten wir die Menge $B_r = \{y \colon y \in S_r(x^0)\}$, wobei x^0 eine Funktion aus C und $S_r(x^0) = \left\{x \in C \colon \sup\limits_{t \in T} |x_t - x_t^0| < r\right\}$ eine offene Vollkugel mit dem Zentrum in x^0 ist. Aufgrund der Stetigkeit der Funktionen aus C gilt

$$\begin{aligned} B_r &= \{y \in C \colon y \in S_r(x^0)\} = \left\{y \in C \colon \max_t |y_t - x_t^0| < r\right\} \\ &= \bigcup_n \bigcap_{t_k} \left\{y \in C \colon |y_{t_k} - x_{t_k}^0| \leqq r - \frac{1}{n}\right\} \in \mathscr{B}(C), \end{aligned} \tag{17}$$

wobei t_k rationale Zahlen aus $[0, 1]$ sind. Deshalb gilt $\mathscr{B}_0(C) \subseteqq \mathscr{B}(C)$.

7. Der meßbare Raum $\left(D, \mathscr{B}(D)\right)$. Dabei bezeichnet D den Raum aller rechtsseitig stetigen Funktionen $x = (x_t)$, $t \in [0, 1]$ (d. h. $x_t = x_{t+}$ für alle $t < 1$) mit linksseitig existierenden Grenzwerten in jedem Punkt $t > 0$.

Genau wie im Raum C kann man auch in D eine Metrik d so einführen, daß die von den offenen Mengen erzeugte σ-Algebra $\mathscr{B}_0(D)$ mit der von den Zylindermengen erzeugten σ-Algebra $\mathscr{B}(D)$ übereinstimmt. Diese von A. V. Skorochod eingeführte Metrik ist wie folgt definiert:

$$d(x, y) = \inf \left\{\varepsilon > 0 \colon \exists \lambda \in \Lambda \colon \sup_t |x_t - y_{\lambda(t)}| + \sup_t |t - \lambda(t)| \leqq \varepsilon\right\}, \tag{18}$$

wobei Λ die Menge der streng wachsenden auf [0, 1] stetigen Funktionen $\lambda = \lambda(t)$ mit $\lambda(0) = 0$ und $\lambda(1) = 1$ bezeichnet.

8. Der meßbare Raum $\left(\prod_{t\in T} \Omega_t, \bigotimes_{t\in T} \mathcal{F}_t\right)$. Neben dem Raum $(R^T, \mathscr{B}(R^T))$, der das direkte Produkt von T Kopien der reellen Achse mit dem System der Borel-Mengen darstellt, betrachtet man in der Wahrscheinlichkeitstheorie noch die meßbaren Räume $\left(\prod_{t\in T} \Omega_t, \bigotimes_{t\in T} \mathcal{F}_t\right)$, die folgendermaßen gebildet werden.

Es sei T eine beliebige Indexmenge, $(\Omega_t, \mathcal{F}_t)$ seien für alle $t \in T$ meßbare Räume. Wir bezeichnen mit $\Omega = \prod_{t\in T} \Omega_t$ die Menge aller Funktionen $\omega = (\omega_t)$, $t \in T$, mit $\omega_t \in \Omega_t$ für jedes $t \in T$.

Die Gesamtheit aller endlichen Vereinigungen von disjunkten Zylindermengen

$$\mathcal{J}_{t_1,\ldots,t_n}(B_1 \times \ldots \times B_n) = \{\omega : \omega_{t_1} \in B_1, \ldots, \omega_{t_n} \in B_n\}$$

mit $B_{t_i} \in \mathcal{F}_{t_i}$ bildet, wie man leicht sieht, eine Algebra. Die kleinste σ-Algebra, die alle Zylindermengen enthält, bezeichnen wir mit $\bigotimes_{t\in T} \mathcal{F}_t$. Den meßbaren Raum $\left(\prod_{t\in T} \Omega_t, \bigotimes_{t\in T} \mathcal{F}_t\right)$ nennen wir *direktes Produkt der meßbaren Räume* $(\Omega_t, \mathcal{F}_t)$, $t \in T$.

9. Aufgaben

1. Es seien $\mathscr{B}_1$ und $\mathscr{B}_2$ σ-Algebren von Teilmengen des Raumes Ω. Sind die Mengensysteme

$$\mathscr{B}_1 \cap \mathscr{B}_2 \equiv \{A : A \in \mathscr{B}_1 \text{ und } A \in \mathscr{B}_2\} \quad \text{und} \quad \mathscr{B}_1 \cup \mathscr{B}_2 \equiv \{A : A \in \mathscr{B}_1 \text{ oder } A \in \mathscr{B}_2$$

ebenfalls σ-Algebren?

2. Es sei $\mathscr{D} = \{D_1, D_2, \ldots\}$ eine abzählbare Zerlegung von Ω, ferner sei $\mathscr{B} = \sigma(\mathscr{D})$. Ist die Anzahl der Elemente von $\mathscr{B}$ ebenfalls abzählbar?

3. Man zeige: $\mathscr{B}(R^n) \otimes \mathscr{B}(R) = \mathscr{B}(R^{n+1})$.

4. Man zeige, daß die Mengen (b) bis (f) (siehe Nr. 4) zu $\mathscr{B}(R^\infty)$ gehören.

5. Man zeige, daß die Mengen A_2 und A_3 (siehe Nr. 5) nicht zu $\mathscr{B}(R^T)$ gehören.

6. Man beweise, daß die Funktion (15) tatsächlich eine Metrik definiert.

7. Man zeige $\mathscr{B}_0(R^n) = \mathscr{B}(R^n)$ für alle $n \geqq 1$ und $\mathscr{B}_0(R^\infty) = \mathscr{B}(R^\infty)$.

8. Es sei $C = C[0, \infty)$ der Raum der stetigen Funktionen $x = (x_t)$, die für alle $t \geqq 0$ definiert sind. Man zeige, daß C bezüglich der Metrik

$$\varrho(x, y) = \sum_{n=1}^{\infty} 2^{-n} \min \left[\sup_{0 \leqq t \leqq n} |x_t - y_t|, 1 \right], \qquad x, y \in C,$$

ein vollständiger separabler metrischer Raum wird. Ferner beweise man, daß die von den offenen Mengen erzeugte σ-Algebra $\mathscr{B}_0(C)$ mit der von den Zylindermengen erzeugten σ-Algebra $\mathscr{B}(C)$ übereinstimmt.

§ 3. Möglichkeiten der Definition von Wahrscheinlichkeitsmaßen auf meßbaren Räumen

1. Der meßbare Raum $(R, \mathscr{B}(R))$. Es sei $\mathsf{P} = \mathsf{P}(A)$ ein auf den Borel-Mengen A der reellen Achse definiertes Wahrscheinlichkeitsmaß. Wir wählen $A = (-\infty, x]$ und setzen

$$F(x) = \mathsf{P}(-\infty, x], \qquad x \in R. \tag{1}$$

Die so definierte Funktion besitzt folgende Eigenschaften:

1. *$F(x)$ ist monoton nichtfallend.*
2. *$F(-\infty) = 0$, $F(+\infty) = 1$, wobei wir*

$$F(-\infty) = \lim_{x \downarrow -\infty} F(x) \quad \text{und} \quad F(+\infty) = \lim_{x \uparrow \infty} F(x)$$

definieren.

3. *$F(x)$ ist rechtsseitig stetig, und in jedem Punkt $x_0 \in R$ existiert der linksseitige Grenzwert $\lim_{x \to x_0 - 0} F(x)$.*

Die erste Eigenschaft ist evident, die beiden anderen sind eine Folge der Stetigkeit eines Wahrscheinlichkeitsmaßes.

Definition 1. Eine Funktion $F = F(x)$ mit den formulierten Eigenschaften 1 bis 3 heißt *Verteilungsfunktion* (auf der reellen Achse R).

Somit entspricht jedem Wahrscheinlichkeitsmaß P auf $(R, \mathscr{B}(R))$ (gemäß (1)) eine Verteilungsfunktion. Es erweist sich, daß auch die umgekehrte Aussage richtig ist.

Satz 1. *Es sei $F = F(x)$ eine Verteilungsfunktion auf der reellen Achse R. Dann existiert auf $(R, \mathscr{B}(R))$ genau ein Wahrscheinlichkeitsmaß P derart, daß für alle a, b mit $-\infty \leqq a < b < \infty$*

$$\mathsf{P}(a, b] = F(b) - F(a) \tag{2}$$

gilt.

Beweis. Es sei $\mathscr{A}$ die Algebra von Mengen A aus R, die endliche Vereinigungen von disjunkten Intervallen der Gestalt $(a, b]$ sind:

$$A = \sum_{k=1}^{n} (a_k, b_k].$$

Auf diesen Mengen A definieren wir nun vermöge

$$P_0(A) = \sum_{k=1}^{n} F(b_k) - F(a_k), \qquad A \in \mathscr{A}, \tag{3}$$

eine Mengenfunktion P_0. Auf der Algebra $\mathscr{A}$ bestimmt diese Formel offensichtlich in eindeutiger Weise eine endlich-additive Mengenfunktion. Wenn es nun noch gelingt zu zeigen, daß diese Funktion auch σ-additiv auf $\mathscr{A}$ ist, folgt damit die Existenz und Eindeutigkeit des gesuchten Maßes P auf $\mathscr{B}(R)$ unmittelbar aus folgendem allgemeinen Resultat der Maßtheorie (das wir nicht beweisen wollen).

Satz von Carathéodory. *Es sei $\mathcal{A}$ eine Algebra von Teilmengen eines Raumes Ω und $\mathcal{B} = \sigma(\mathcal{A})$ die kleinste $\mathcal{A}$ enthaltende σ-Algebra. Weiter sei μ_0 ein σ-endliches Maß auf $(\Omega, \mathcal{A})$. Dann existiert genau ein Maß μ auf $(\Omega, \mathcal{B})$, das eine Fortsetzung von μ_0 darstellt, d. h.*

$$\mu(A) = \mu_0(A), \qquad A \in \mathcal{A}.$$

Wir zeigen also nun, daß die Funktion $\mathbf{P}_0$ auf der Algebra $\mathcal{A}$ σ-additiv ist. Nach dem Satz aus § 1 reicht dazu bereits aus, die Stetigkeit von $\mathbf{P}_0$ in $\emptyset$, d. h.

$$\mathbf{P}_0(A_n) \downarrow 0, \qquad A_n \downarrow \emptyset,\ A_n \in \mathcal{A},$$

zu zeigen.

Wir wählen zu diesem Zweck eine Folge $A_1, A_2, \ldots$ mit $A_n \downarrow \emptyset$. Dabei setzen wir zunächst voraus, daß alle Mengen A_n einem abgeschlossenen Intervall $[-N, N]$ für $0 < N < \infty$ angehören. Da A_n eine endliche Summe paarweise disjunkter Intervalle des Typs $(a, b]$ ist und infolge der rechtsseitigen Stetigkeit der Funktion $F(x)$

$$\mathbf{P}_0(a', b] = F(b) - F(a') \to F(b) - F(a) = \mathbf{P}_0(a, b]$$

für $a' \downarrow a$ erfüllt ist, können wir für jedes A_n und jedes vorgegebene $\varepsilon > 0$ auf die Existenz einer Menge $B_n \in \mathcal{A}$ schließen, so daß ihr Abschluß $[B_n]$ in A_n enthalten ist und außerdem

$$\mathbf{P}_0(A_n) - \mathbf{P}_0(B_n) \leqq \varepsilon \cdot 2^{-n}$$

gilt.

Nach Voraussetzung haben wir $\bigcap A_n = \emptyset$ und demzufolge auch $\bigcap [B_n] = \emptyset$. Die Mengen $[B_n]$ sind abgeschlossen. Deshalb existiert eine endliche Zahl $n_0 = n_0(\varepsilon)$ derart, daß

$$\bigcap_{n=1}^{n_0} [B_n] = \emptyset \tag{4}$$

gilt. (Diese Aussage ergibt sich folgendermaßen: $[-N, N]$ ist kompakt und das Mengensystem $\{[-N, N] \setminus [B_n]\}_{n \geq 1}$ bildet eine *offene Überdeckung* dieser Menge. Nach dem Lemma von Heine-Borel existiert dann eine endliche Teilüberdeckung:

$$\bigcup_{n=1}^{n_0} ([-N, N] \setminus [B_n]) = [-N, N].$$

Folglich erhält man $\bigcap_{n=1}^{n_0} [B_n] = \emptyset$.)

Unter Berücksichtigung von (4) und $A_{n_0} \subseteqq A_{n_0-1} \subseteqq \ldots \subseteqq A_1$ ergibt sich

$$\begin{aligned}\mathbf{P}_0(A_{n_0}) &= \mathbf{P}_0\left(A_{n_0} \setminus \bigcap_{k=1}^{n_0} B_k\right) + \mathbf{P}_0\left(\bigcap_{k=1}^{n_0} B_k\right)\\ &= \mathbf{P}_0\left(A_{n_0} \setminus \bigcap_{k=1}^{n_0} B_k\right) \leqq \mathbf{P}_0\left(\bigcup_{k=1}^{n_0} (A_k \setminus B_k)\right)\\ &\leqq \sum_{k=1}^{n_0} \mathbf{P}_0(A_k \setminus B_k) \leqq \sum_{k=1}^{n_0} \varepsilon \cdot 2^{-k} \leqq \varepsilon.\end{aligned}$$

Deshalb haben wir $\mathbf{P}_0(A_n) \downarrow 0$ für $n \to \infty$.

Nun lösen wir uns von der Voraussetzung $A_n \subseteqq [-N, N]$ für alle $n \geqq 1$. Dazu geben wir ein $\varepsilon > 0$ vor und wählen N so, daß $\mathbf{P}_0[-N, N] > 1 - \varepsilon/2$ ist. Dann erhalten wir wegen $A_n = A_n \cap [-N, N] + A_n \cap \overline{[-N, N]}$ die Beziehungen

$$\begin{aligned} \mathbf{P}_0(A_n) &= \mathbf{P}_0(A_n \cap [-N, N]) + \mathbf{P}_0(A_n \cap \overline{[-N, N]}) \\ &\leqq \mathbf{P}_0(A_n \cap [-N, N]) + \varepsilon/2. \end{aligned}$$

Tauschen wir nun in den vorangegangenen Überlegungen A_n gegen $A_n \cap [-N, N]$ aus, so ergibt sich für hinreichend große n die Abschätzung $\mathbf{P}_0(A_n \cap [-N, N]) \leqq \varepsilon/2$. Somit gilt wieder $\mathbf{P}_0(A_n) \downarrow 0$ für $n \to \infty$, und der Beweis des Satzes ist erbracht.

Damit besteht zwischen Wahrscheinlichkeitsmaßen $\mathbf{P}$ auf $(R, \mathscr{B}(R))$ und den Verteilungsfunktionen F auf der Zahlengeraden R eine eineindeutige Zuordnung. Das aus der Funktion F konstruierte Maß $\mathbf{P}$ nennt man gewöhnlich Lebesgue-Stieltjes-Wahrscheinlichkeitsmaß, welches der Verteilungsfunktion F entspricht.

Besonders wichtig ist die Funktion

$$F(x) = \begin{cases} 0, & x < 0, \\ x, & 0 \leqq x \leqq 1, \\ 1, & x > 1. \end{cases}$$

In diesem Fall nennt man das entsprechende Wahrscheinlichkeitsmaß (wir bezeichnen es mit λ) *Lebesgue-Maß* auf dem Intervall $[0, 1]$. Offenbar gilt $\lambda(a, b] = b - a$. Mit anderen Worten: Das Lebesgue-Maß des Intervalls $(a, b]$ ist (genau wie das der Intervalle (a, b), $[a, b]$, $[a, b)$) einfach gleich seiner Länge $b - a$.

Wir bezeichnen mit

$$\mathscr{B}([0, 1]) = \{A \cap [0, 1] : A \in \mathscr{B}(R)\}$$

die Gesamtheit der Borel-Mengen des Intervalls $[0, 1]$. Neben diesen Mengen müssen wir auch oft die sogenannten Lebesgue-Mengen aus $[0, 1]$ betrachten. Wir sagen, daß eine Menge $\Lambda \subseteqq [0, 1]$ zum System $\overline{\mathscr{B}}([0, 1])$ gehört, falls zwei Borel-Mengen A und B mit den Eigenschaften $A \subseteqq \Lambda \subseteqq B$ und $\lambda(B \setminus A) = 0$ existieren. Man überprüft leicht, daß das System $\overline{\mathscr{B}}([0, 1])$ eine σ-Algebra ist. Diese σ-Algebra nennt man das *System der Lebesgue-Mengen des Intervalls* $[0, 1]$. Offenbar gilt $\mathscr{B}([0, 1]) \subseteqq \overline{\mathscr{B}}([0, 1])$.

Das Maß λ, das bis jetzt nur für Mengen aus $\mathscr{B}([0, 1])$ definiert ist, kann man auf natürliche Weise auf das System der Lebesgue-Mengen $\overline{\mathscr{B}}([0, 1])$ fortsetzen. Dazu setzen wir $\bar{\lambda}(\Lambda) = \lambda(A)$ für $\Lambda \in \overline{\mathscr{B}}([0, 1])$ und $A \subseteqq \Lambda \subseteqq B$ mit $A, B \in \mathscr{B}([0, 1])$ und $\lambda(B \setminus A) = 0$. Die so definierte Mengenfunktion $\bar{\lambda} = \bar{\lambda}(\Lambda)$, $\Lambda \in \overline{\mathscr{B}}([0, 1])$, ist, wie man leicht überprüft, ein Wahrscheinlichkeitsmaß auf $([0, 1], \overline{\mathscr{B}}([0, 1]))$. Man nennt es ebenfalls *Lebesgue-Maß* (auf dem System der Lebesgue-Mengen).

Bemerkung. Das soeben durchgeführte Verfahren der Vervollständigung (Fortsetzung) des Lebesgue-Maßes erweist sich auch in anderen Fällen als nützlich. Zur Illustration geben wir einen Wahrscheinlichkeitsraum $(\Omega, \mathscr{F}, \mathbf{P})$ vor und bezeichnen mit $\overline{\mathscr{F}}^{\mathbf{P}}$ die Gesamtheit aller Teilmengen A von Ω, für die zwei Mengen $B_1, B_2 \in \mathscr{F}$

mit $B_1 \subseteq A \subseteq B_2$ und $\mathbf{P}(B_2 \setminus B_1) = 0$ existieren. Für Mengen $A \in \bar{\mathcal{F}}^{\mathbf{P}}$ definieren wir $\mathbf{P}(A) = \mathbf{P}(B_1)$. Der auf diese Weise entstandene Wahrscheinlichkeitsraum $(\Omega, \bar{\mathcal{F}}^{\mathbf{P}}, \mathbf{P})$ heißt Vervollständigung des Wahrscheinlichkeitsraumes $(\Omega, \mathcal{F}, \mathbf{P})$ bezüglich des Maßes $\mathbf{P}$.

Ist $\mathbf{P}$ derart beschaffen, daß bereits $\bar{\mathcal{F}}^{\mathbf{P}} = \mathcal{F}$ gilt, so heißt $\mathbf{P}$ *vollständig* und der entsprechende Raum $(\Omega, \mathcal{F}, \mathbf{P})$ *vollständiger Wahrscheinlichkeitsraum.*

Die durch die Gleichheit $\mathbf{P}(a, b] = F(b) - F(a)$ hergestellte Zuordnung zwischen Wahrscheinlichkeitsmaßen $\mathbf{P}$ und Verteilungsfunktionen F ermöglicht es, die verschiedensten Wahrscheinlichkeitsmaße mit Hilfe der entsprechenden Verteilungsfunktionen zu konstruieren.

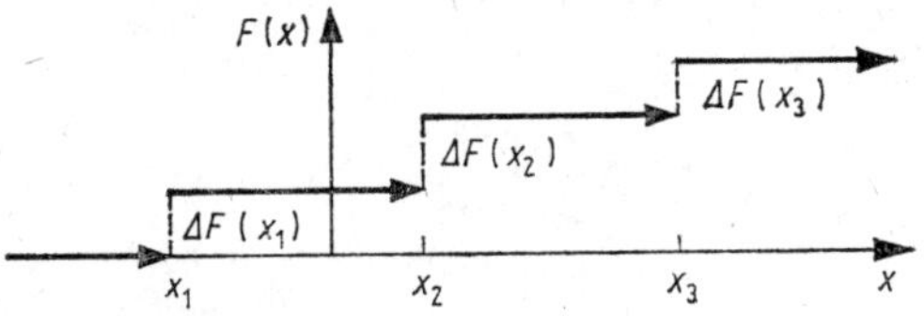

Abb. 25

Diskrete Maße nennt man Maße $\mathbf{P}$, für die die entsprechende Verteilungsfunktion $F = F(x)$ stückweise konstant ist und in den Punkten $x_1, x_2, \dots$ $(\Delta F(x_i) > 0$ mit $\Delta F(x) = F(x) - F(x-))$ ihren Wert verändert (Abb. 25). In diesem Fall ist das Maß $\mathbf{P}$ in den Punkten $x_1, x_2, \dots$ konzentriert:

$$\mathbf{P}(\{x_k\}) = \Delta F(x_k) > 0, \qquad \sum_k \mathbf{P}(\{x_k\}) = 1.$$

Die Gesamtheit der Zahlen $(p_1, p_2, \dots)$ mit $p_k = \mathbf{P}(\{x_k\})$ heißt *diskrete Wahrscheinlichkeitsverteilung*. Die entsprechende Verteilungsfunktion $F = F(x)$ nennt man *diskret.*

Tabelle 6 gibt einen Überblick über die am häufigsten benutzten diskreten Verteilungen und ihre Namen.

Tabelle 6

Verteilung	Wahrscheinlichkeiten p_k	Parameter
Diskrete Gleichverteilung	$1/N,\ k = 1, 2, \dots, N$	$N = 1, 2, \dots$
Bernoulli-Verteilung	$p_1 = p,\ p_0 = q$	$0 \leq p \leq 1,\ q = 1 - p$
Binomialverteilung	$\binom{n}{k} p^k q^{n-k},\ k = 0, 1, \dots, n$	$0 \leq p \leq 1,\ q = 1 - p$ $n = 1, 2, \dots$
Poisson-Verteilung	$e^{-\lambda}\lambda^k/k!,\ k = 0, 1, \dots$	$\lambda > 0$
Geometrische Verteilung	$q^{k-1}p,\ k = 1, 2, \dots$	$0 < p \leq 1,\ q = 1 - p$
Negative Binomialverteilung	$\binom{k-1}{r-1} p^r q^{k-r},\ k = r, r+1, \dots$	$0 < p \leq 1,\ q = 1 - p,$ $r = 1, 2, \dots$

Absolut stetige Maße. Ein Maß heißt absolut stetig, falls die zugehörige Verteilungsfunktion $F = F(x)$ so beschaffen ist, daß eine nichtnegative Funktion $f = f(t)$, $t \in R$, mit der Eigenschaft

$$F(x) = \int_{-\infty}^{x} f(t)\,\mathrm{d}t \tag{5}$$

Tabelle 7

Verteilungstyp	Dichte	Parameter
Gleichverteilung auf $[a, b]$	$\frac{1}{b-a}$, $a \leqq x \leqq b$	$a, b \in R$, $a < b$
Normalverteilung (Gaußsche Verteilung)	$\frac{1}{\sqrt{2\pi}\,\sigma}\,\mathrm{e}^{-\frac{(x-m)^2}{2\sigma^2}}$, $x \in R$	$m \in R$, $\sigma > 0$
Gamma-Verteilung	$\frac{x^{\alpha-1}\,\mathrm{e}^{x/\beta}}{\Gamma(\alpha)\,\beta^{\alpha}}$, $x \geqq 0$	$\alpha > 0$, $\beta > 0$
Beta-Verteilung	$\frac{x^{r-1}(1-x)^{s-1}}{\beta(r, s)}$, $0 \leqq x \leqq 1$	$r > 0$, $s > 0$
Exponentialverteilung (Gamma-Verteilung mit den Parametern $\alpha = 1$, $\beta = 1/\lambda$)	$\lambda\mathrm{e}^{-\lambda x}$, $x \geqq 0$	$\lambda > 0$
Beidseitige Exponentialverteilung	$\frac{\lambda}{2}\,\mathrm{e}^{-\lambda\lvert x\rvert}$, $x \in R$	$\lambda > 0$
χ^2-Verteilung (Gamma-Verteilung mit den Parametern $\alpha = \frac{n}{2}$, $\beta = 2$)	$\frac{1}{2^{n/2}\Gamma(n/2)}\,x^{\frac{n}{2}-1}\,\mathrm{e}^{-\frac{x}{2}}$, $x \geqq 0$	$n = 1, 2, \ldots$
Student-Verteilung	$\frac{\Gamma\left(\frac{n+1}{2}\right)}{\sqrt{n\pi}\,\Gamma\left(\frac{n}{2}\right)}\,\frac{1}{\left(1+\frac{x^2}{n}\right)^{\frac{n+1}{2}}}$, $x \in R$	$n = 1, 2, \ldots$
F-Verteilung	$\frac{\left(\frac{m}{n}\right)^{\frac{m}{2}}}{\beta\left(\frac{m}{2}, \frac{n}{2}\right)}\,\frac{x^{\frac{m}{2}-1}}{\left(1+\frac{mx}{n}\right)^{\frac{m+n}{2}}}$, $x \geqq 0$	$m, n = 1, 2, \ldots$
Cauchy-Verteilung	$\frac{\theta}{\pi(x^2+\theta^2)}$, $x \in R$	$\theta > 0$

existiert. Wir wollen das Integral zunächst als Riemann-Integral auffassen. Im allgemeinen Fall (siehe § 6) werden wir jedoch das Lebesgue-Integral zugrunde legen.

Die Funktion $f = f(x)$, $x \in R$, heißt *Dichte der Verteilungsfunktion* $F = F(x)$ oder auch *Verteilungsdichte* bzw. einfach *Dichte*. Die Verteilungsfunktion $F = F(x)$ selbst nennt man *absolut stetig*.

Offenbar definiert jede nichtnegative Riemann-integrierbare Funktion $f = f(x)$ mit $\int\limits_{-\infty}^{\infty} f(x)\, dx = 1$ vermöge (5) eine gewisse Verteilungsfunktion. In Tabelle 7 sind die für die Wahrscheinlichkeitstheorie und mathematische Statistik besonders wichtigen Beispiele verschiedener Typen von Dichten $f = f(x)$ mit ihren Namen und Parametern zusammengestellt. (Für die in Tabelle 7 nicht aufgeführten Werte von x ist $f(x) = 0$.)

Singulär-stetige Maße. Maße, die eine stetige Verteilungsfunktion besitzen, aber deren Menge der Punkte, in denen sie wächst, das Lebesgue-Maß 0 hat, heißen *singulär-stetig*. Wir wollen bei diesem Fall nicht lange verweilen und beschränken uns auf ein Beispiel solch einer Verteilungsfunktion.

Wir betrachten das Intervall [0, 1] und konstruieren eine Funktion $F(x)$ nach foldendem auf G. Cantor zurückgehendem Verfahren. Wir teilen das Intervall [0, 1] in drei gleiche Teile und setzen (Abb. 26)

$$F_1(x) = \begin{cases} 1/2, & x \in (1/3, 2/3), \\ 0, & x = 0, \\ 1, & x = 1, \end{cases}$$

wobei $F(x)$ für die restlichen Punkte durch lineare Interpolation fortgesetzt wird. Nun teilen wir jedes der Intervalle [0, 1/3] und [2/3, 1] wieder in jeweils drei gleiche Teile und setzen (Abb. 27)

$$F_2(x) = \begin{cases} 1/2, & x \in (1/3, 2/3), \\ 1/4, & x \in (1/9, 2/9), \\ 3/4, & x \in (7/9, 8/9), \\ 0, & x = 0. \\ 1, & x = 1. \end{cases}$$

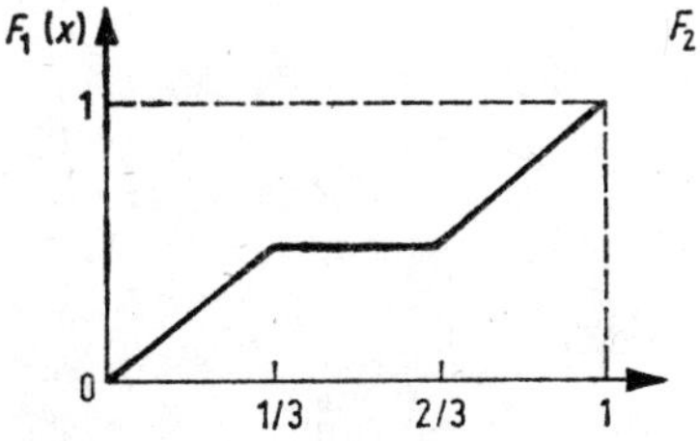

Abb. 26

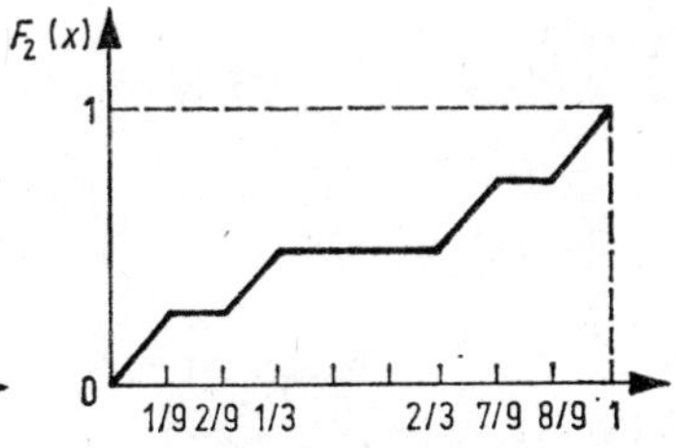

Abb. 27

Die Werte von $F(x)$ in den restlichen Punkten legen wir auch in diesem Fall durch lineare Interpolation fest. Nach Fortsetzung dieses Prozesses erhalten wir eine Folge von Funktionen $F_n(x)$, $n = 1, 2, \ldots$, die gegen eine nichtfallende stetige Funktion $F(x)$ (die sogenannte *Cantor-Funktion*) konvergiert. Die Wachstumspunkte dieser Funktion bilden eine Menge vom Lebesgue-Maß 0. (Ein Punkt x heißt *Wachstumspunkt* von $F(x)$, falls $F(x + \varepsilon) - F(x - \varepsilon) > 0$ für alle $\varepsilon > 0$ folgt.) Aus der Konstruktion von $F(x)$ ist nämlich ersichtlich, daß die Gesamtlänge der Intervalle (1/3, 2/3), (1/9, 2/9), (7/9, 8/9), ..., auf denen die Funktion konstant ist,

$$\frac{1}{3} + \frac{2}{9} + \frac{4}{27} + \cdots = \frac{1}{3} \sum_{n=0}^{\infty} \left(\frac{2}{3}\right)^n = 1 \tag{6}$$

beträgt. Wir bezeichnen die Menge der Wachstumspunkte der Cantor-Funktion $F(x)$ mit $\mathcal{N}$. Aus (6) folgt $\lambda(\mathcal{N}) = 0$. Ist μ das der Cantor-Funktion entsprechende Maß, so gilt $\mu(\mathcal{N}) = 1$. (In diesem Fall nennt man μ *singulär bezüglich des Lebesgue-Maßes* λ.)

Die Frage nach den möglichen Typen von Verteilungsfunktionen soll uns nun nicht weiter interessieren. Wir beschränken uns auf die Feststellung, daß durch die drei angeführten Typen tatsächlich alle möglichen Verteilungsfunktionen erfaßt werden. Präziser ausgedrückt kann jede Verteilungsfunktion in der Gestalt $p_1F_1 + p_2F_2 + p_3F_3$ dargestellt werden. Dabei ist F_1 eine diskrete, F_2 eine absolut stetige und F_3 eine singulär stetige Verteilungsfunktion; p_i sind nichtnegative Zahlen mit $p_1 + p_2 + p_3 = 1$.

2. Satz 1 stellt eine eineindeutige Beziehung zwischen den Wahrscheinlichkeitsmaßen auf $(R, \mathcal{B}(R))$ und den Verteilungsfunktionen auf R her. Bei einer Analyse des Beweises dieses Satzes stellt man fest, daß tatsächlich ein allgemeineres Ergebnis gültig ist. Insbesondere erlaubt dieses Resultat eine Ausdehnung des Lebesgue-Maßes auf die gesamte Zahlengerade.

Es sei μ ein σ-endliches Maß auf $(\Omega, \mathcal{A})$, wobei $\mathcal{A}$ eine Algebra von Teilmengen aus Ω bezeichnet. Es erweist sich, daß die Aussage des Satzes von Carathéodory über die Ausdehnung des Maßes μ von $\mathcal{A}$ auf die kleinste $\mathcal{A}$ enthaltende σ-Algebra $\sigma(\mathcal{A})$ auch für σ-endliche Maße erhalten bleibt. Damit ist uns die Möglichkeit zur Verallgemeinerung von Satz 1 gegeben.

Ein (σ-additives) Maß μ mit $\mu(I) < \infty$ für jedes beschränkte Intervall I nennen wir *Lebesgue-Stieltjes-Maß* auf $(R, \mathcal{B}(R))$. Jede nichtfallende rechtsseitig stetige Funktion $G = G(x)$ mit Werten in $(-\infty, \infty)$ heißt *verallgemeinerte Verteilungsfunktion* auf R.

Man kann nun Satz 1 in folgendem Sinne verallgemeinern: Die Beziehung

$$\mu(a, b] = G(b) - G(a), \qquad a < b,$$

stellt eine eineindeutige Zuordnung zwischen den Lebesgue-Stieltjes-Maßen μ und den verallgemeinerten Verteilungsfunktionen G her.

In der Tat verläuft der für Satz 1 benutzte Beweis unter der Bedingung $G(+\infty) - G(-\infty) < \infty$ ohne jede Änderung, da sich die Situation auf den Fall $G(+\infty) - G(-\infty) = 1$ und $G(-\infty) = 0$ reduzieren läßt.

Es sei nun $G(+\infty) - G(-\infty) = \infty$. Wir setzen

$$G_n(x) = \begin{cases} G(x), & |x| \leqq n, \\ G(n), & x > n, \\ G(-n), & x < -n. \end{cases}$$

Auf der Algebra $\mathcal{A}$ definieren wir ein endlich-additives Maß μ_0 so, daß $\mu_0(a, b] = G(b) - G(a)$ gilt. Weiter seien μ_n die nach Satz 1 bereits konstruierten, den Funktionen $G_n(x)$ entsprechenden σ-additiven Maße.

Auf $\mathcal{A}$ gilt offenbar $\mu_n \uparrow \mu_0$. Es seien nun $A_1, A_2, \ldots$ paarweise disjunkte Mengen aus $\mathcal{A}$ und $A \equiv \sum A_n \in \mathcal{A}$. Dann erhalten wir (vgl. Aufgabe 6 aus § 1)

$$\mu_0(A) \geqq \sum_{n=1}^{\infty} \mu_0(A_n).$$

Für den Fall $\sum_{n=1}^{\infty} \mu_0(A_n) = \infty$ erhalten wir $\mu_0(A) = \sum_{n=1}^{\infty} \mu_0(A_n)$. Wir setzen nun $\sum_{n=1}^{\infty} \mu_0(A_n) < \infty$ voraus. Dann folgt

$$\mu_0(A) = \lim_n \mu_n(A) = \lim_n \sum_{k=1}^{\infty} \mu_n(A_k).$$

Weiter erhalten wir wegen $\sum_{n=1}^{\infty} \mu_0(A_n) < \infty$ und $\mu_n \leqq \mu_0$ die Beziehungen

$$0 \leqq \mu_0(A) - \sum_{k=1}^{\infty} \mu_0(A_k) = \lim_n \left[\sum_{k=1}^{\infty} \left(\mu_n(A_k) - \mu_0(A_k)\right) \right] \leqq 0.$$

Somit ist das σ-endliche endlich-additive Maß μ_0 σ-additiv auf $\mathcal{A}$ und kann (nach dem Satz von Carathéodory) zu einem σ-additiven Maß μ auf $\sigma(\mathcal{A})$ fortgesetzt werden.

Besondere Bedeutung besitzt der Fall $G(x) = x$. Das dieser verallgemeinerten Verteilungsfunktion entsprechende Maß λ heißt *Lebesgue-Maß* auf $(R, \mathcal{B}(R))$. Wie bereits beim Intervall [0, 1] kann man auch hier das System der Lebesgue-Mengen $\overline{\mathcal{B}}(R)$ einführen: Wir setzen $\Lambda \in \overline{\mathcal{B}}(R)$, falls zwei Borel-Mengen A und B mit $A \subseteqq \Lambda \subseteqq B$ und $\lambda(B \setminus A) = 0$ existieren. Für die Lebesgue-Mengen ist ebenfalls ein Lebesgue-Maß $\bar{\lambda}$ definiert, nämlich $\bar{\lambda}(\Lambda) = \lambda(A)$, falls $A \subseteqq \Lambda \subseteqq B$, $\Lambda \in \overline{\mathcal{B}}(R)$ und $\lambda(B \setminus A) = 0$ gilt.

3. Der meßbare Raum $(R^n, \mathcal{B}(R^n))$. Wie im Fall der Zahlengeraden setzen wir voraus, daß P ein Wahrscheinlichkeitsmaß auf $(R^n, \mathcal{B}(R^n))$ ist. Wir führen die Bezeichnung

$$F_n(x_1, \ldots, x_n) = \mathsf{P}\left((-\infty, x_1] \times \ldots \times (-\infty, x_n]\right)$$

oder in kompakterer Form

$$F_n(x) = \mathsf{P}(-\infty, x]$$

ein, wobei $x = (x_1, \ldots, x_n)$ und $(-\infty, x] = (-\infty, x_1] \times \ldots \times (-\infty, x_n]$ gesetzt wurde. Weiter definieren wir den Differenzenoperator $\Delta_{a_i, b_i}\colon R^n \to R$ durch die Beziehung

$$\Delta_{a_i,b_i} F_n(x_1, \dots, x_n) = F_n(x_1, \dots, x_{i-1}, b_i, x_{i+1}, \dots) \\ -F_n(x_1, \dots, x_{i-1}, a_i, x_{i+1}, \dots)$$

$(a_i \leqq b_i)$. Eine einfache Rechnung liefert die Gleichheit

$$\Delta_{a_1,b_1} \dots \Delta_{a_n,b_n} F_n(x_1, \dots, x_n) = \mathsf{P}(a, b] \tag{7}$$

mit $(a, b] = (a_1, b_1] \times \dots \times (a_n, b_n]$. Aus ihr ist unter anderem ersichtlich, daß im Unterschied zum eindimensionalen Fall die Wahrscheinlichkeit $\mathsf{P}(a, b]$ im allgemeinen nicht gleich der Differenz $F_n(b) - F_n(a)$ ist.

Wegen $\mathsf{P}(a, b] \geqq 0$ folgt aus (7) für beliebige $a = (a_1, \dots, a_n)$ und $b = (b_1, \dots, b_n)$ die Beziehung

$$\Delta_{a_1,b_1} \dots \Delta_{a_n,b_n} F_n(x_1, \dots, x_n) \geqq 0. \tag{8}$$

Aus der Stetigkeit der Wahrscheinlichkeit P ergibt sich die Rechtsstetigkeit der Funktion $F_n(x_1, \dots, x_n)$ in der Gesamtheit der Veränderlichen, d. h., ist $x^{(k)} \downarrow x$ mit $x^{(k)} = (x_1^{(k)}, \dots, x_n^{(k)})$, so ergibt sich

$$F_n(x^{(k)}) \downarrow F_n(x), \qquad k \to \infty. \tag{9}$$

Außerdem sind offensichtlich die Beziehungen

$$F_n(+\infty, \dots, +\infty) = 1 \tag{10}$$

und

$$\lim_{x \downarrow y} F_n(x_1, \dots, x_n) = 0 \tag{11}$$

erfüllt, falls mindestens eine Koordinate von y den Wert $-\infty$ annimmt.

Definition 2. Jede Funktion $F = F_n(x_1, \dots, x_n)$, die den Bedingungen (8)—(11) genügt, nennen wir *n-dimensionale Verteilungsfunktion* (im Raum R^n).

Indem wir die gleichen Überlegungen wie im Beweis von Satz 1 benutzen, können wir die Gültigkeit der folgenden Aussage nachweisen.

Satz 2. *Es sei $F = F_n(x_1, \dots, x_n)$ eine Verteilungsfunktion im R^n. Dann existiert auf $(R^n, \mathscr{B}(R^n))$ genau ein Wahrscheinlichkeitsmaß P derart, daß*

$$\mathsf{P}(a, b] = \Delta_{a_1,b_1} \cdots \Delta_{a_n,b_n} F_n(x_1, \dots, x_n) \tag{12}$$

gilt.

Wir wollen uns nun einige Beispiele für n-dimensionale Verteilungsfunktionen ansehen.

Es seien $F^1, \dots, F^n$ eindimensionale Verteilungsfunktionen (auf R) und

$$F_n(x_1, \dots, x_n) = F^1(x_1) \cdots F^n(x_n).$$

Offenbar ist diese Funktion rechtsstetig und erfüllt die Bedingungen (10) und (11). Man überprüft außerdem leicht die Beziehung

$$\Delta_{a_1,b_1} \cdots \Delta_{a_n,b_n} F_n(x_1, \dots, x_n) = \prod [F^k(b_k) - F^k(a_k)] \geqq 0.$$

Folglich ist $F_n(x_1, \dots, x_n)$ eine Verteilungsfunktion.

Von besonderer Bedeutung ist der Fall

$$F^k(x_k) = \begin{cases} 0, & x_k < 0, \\ x_k, & 0 \leqq x_k \leqq 1, \\ 1, & x_k > 1. \end{cases}$$

Es gilt dann für alle $0 \leqq x_k \leqq 1$, $k = 1, \ldots, n$,

$$F_n(x_1, \ldots, x_n) = x_1 \cdots x_n.$$

Das dieser n-dimensionalen Verteilungsfunktion entsprechende Wahrscheinlichkeitsmaß nennt man das *n-dimensionale Lebesgue-Maß auf* $[0, 1]^n$.

Einen großen Vorrat an n-dimensionalen Verteilungsfunktionen erhält man in der Form

$$F_n(x_1, \ldots, x_n) = \int_{-\infty}^{x_1} \cdots \int_{-\infty}^{x_n} f_n(t_1, \ldots, t_n) \, \mathrm{d}t_1 \cdots \mathrm{d}t_n,$$

wobei die $f_n(t_1, \ldots, t_n)$ nichtnegative Funktionen mit der Eigenschaft

$$\int_{-\infty}^{\infty} \cdots \int_{-\infty}^{\infty} f_n(t_1, \ldots, t_n) \, \mathrm{d}t_1 \cdots \mathrm{d}t_n = 1$$

sind und die Integrale als Riemann-Integrale (im allgemeineren Fall als Lebesgue-Integrale) verstanden werden. Die Funktionen $f = f_n(t_1, \ldots, t_n)$ nennt man *Dichten* der n-dimensionalen Verteilungsfunktionen, n-dimensionale Verteilungsdichten oder einfach n-dimensionale Dichten.

Im Fall $n = 1$ ist die Funktion

$$f(x) = \frac{1}{\sqrt{2\pi}\,\sigma} \, \mathrm{e}^{-\frac{(x-m)^2}{2\sigma^2}}, \qquad x \in R,$$

mit $\sigma > 0$ Dichte der (nichtausgearteten) Gaußschen Verteilung oder Normalverteilung. Es existieren natürliche Analogien zu dieser Dichte auch für den Fall $n > 1$.

Es sei $\mathbb{R} = \|r_{ij}\|$ eine nichtnegativ definite symmetrische $(n \times n)$-Matrix:

$$\sum_{i,j=1}^{n} r_{ij}\lambda_i\lambda_j \geqq 0, \qquad \lambda_i \in R, \quad i = 1, \ldots, n; \quad r_{ij} = r_{ji}.$$

Falls $\mathbb{R}$ positiv definit ist, gilt $|\mathbb{R}| \equiv \det \mathbb{R} > 0$. Demzufolge existiert die inverse Matrix $A = \|a_{ij}\|$.

Dann besitzt das (Riemann-) Integral der Funktion

$$f_n(x_1, \ldots, x_n) = \frac{|A|^{1/2}}{(2\pi)^{n/2}} \, \mathrm{e}^{-1/2 \sum a_{ij}(x_i - m_i)(x_j - m_j)} \tag{13}$$

für $m_i \in R$, $i = 1, \ldots, n$, über den gesamten Raum den Wert 1. (Dies wird in § 13 bewiesen.) Da sie außerdem positiv ist, stellt sie eine Dichte dar.

Man nennt diese Funktion *Dichte der n-dimensionalen* (nichtausgearteten) *Normalverteilung* (mit dem Vektor der Erwartungswerte $m = (m_1, \ldots, m_n)$ und der Kovarianzmatrix $\mathbb{R} = A^{-1}$).

Im Fall $n = 2$ kann die Dichte $f_2(x_1, x_2)$ auf die Form

$$f_2(x_1, x_2) = \frac{1}{2\pi\sigma_1\sigma_2\sqrt{1-\varrho^2}} \exp\left\{-\frac{1}{2(1-\varrho^2)}\right.$$

$$\left.\times\left[\frac{(x_1-m_1)^2}{\sigma_1^2} - 2\varrho\,\frac{(x_1-m_1)(x_2-m_2)}{\sigma_1\sigma_2} + \frac{(x_2-m_2)^2}{\sigma_2^2}\right]\right\} \tag{14}$$

mit $\sigma_i > 0$ und $|\varrho| < 1$ gebracht werden. (Der Sinn der Parameter m_i, σ_i und ϱ wird in § 8 erläutert). Abb. 28 vermittelt eine Vorstellung von der Gestalt der zweidimensionalen Dichte der Normalverteilung.

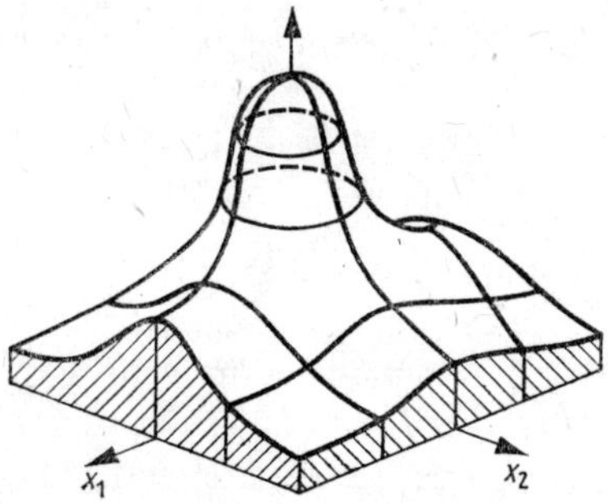

Abb. 28
Die Dichte der zweidimensionalen Normalverteilung

Bemerkung. Wie im Fall $n = 1$ erlaubt Satz 2 eine Verallgemeinerung auf (in analoger Weise definierte) Lebesgue-Stieltjes-Maße im $(R^n, \mathscr{B}(R^n))$ und verallgemeinerte Verteilungsfunktionen im R^n. Ist die verallgemeinerte Verteilungsfunktion $G_n(x_1, \ldots, x_n)$ gleich $x_1 \cdots x_n$, so nennt man das entsprechende Maß *Lebesgue-Maß* auf den Borel-Mengen des R^n. Offenbar gilt für dieses Maß

$$\lambda(a, b] = \prod_{i=1}^{n} (b_i - a_i),$$

d. h., das Lebesgue-Maß des „Rechtecks"

$$(a, b] = (a_1, b_1] \times \ldots \times (a_n, b_n]$$

ist gleich seinem Volumen.

4. Der meßbare Raum $(R^\infty, \mathscr{B}(R^\infty))$. Im Fall des Raumes R^n, $n \geqq 1$, wurden die Wahrscheinlichkeitsmaße nach folgendem Schema aufgebaut: Zuerst konstruierte man sie für elementare Mengen, nämlich für Rechtecke der Gestalt $(a, b]$, danach auf geeignete Weise für Mengen des Typs $A = \sum (a_i, b_i]$ und dann schließlich über den Satz von Carathéodory für Mengen aus $\mathscr{B}(R^n)$.

Ein analoges Konstruktionsprinzip für Wahrscheinlichkeitsmaße ist auch im Raum $(R^\infty, \mathscr{B}(R^\infty))$ gültig.

Es bezeichne

$$\mathcal{J}_n(B) = \{x \in R^\infty : (x_1, \ldots, x_n) \in B\}, \qquad B \in \mathcal{B}(R^n),$$

eine Zylindermenge im Raum R^∞ mit der Basis $B \in \mathcal{B}(R^n)$. Wie wir gleich sehen werden, sind nämlich die Zylindermengen gerade die geeigneten elementaren Mengen im R^∞, aus deren Wahrscheinlichkeiten das Wahrscheinlichkeitsmaß für Mengen aus $\mathcal{B}(R^\infty)$ aufgebaut wird.

Es sei P ein Wahrscheinlichkeitsmaß auf $(R^\infty, \mathcal{B}(R^\infty))$. Für $n = 1, 2, \ldots$ führen wir die Bezeichnung

$$P_n(B) = \mathsf{P}(\mathcal{J}_n(B)), \qquad B \in \mathcal{B}(R^n), \tag{15}$$

ein.

Die Folge von Wahrscheinlichkeitsmaßen $P_1, P_2, \ldots$, die entsprechend auf $(R, \mathcal{B}(R)), (R^2, \mathcal{B}(R^2)), \ldots$ definiert sind, besitzt offenbar folgende Verträglichkeitseigenschaft: Für beliebiges $n = 1, 2, \ldots$ und $B \in \mathcal{B}(R^n)$ gilt

$$P_{n+1}(B \times R) = P_n(B). \tag{16}$$

Es ist außerordentlich bemerkenswert, daß auch die umgekehrte Aussage gilt.

Satz 3 (Satz von Kolmogorov über die Fortsetzung eines Maßes im $(R^\infty, \mathcal{B}(R^\infty))$). *Es sei $P_1, P_2, \ldots$ eine Folge von Wahrscheinlichkeitsmaßen auf $(R, \mathcal{B}(R)), (R^2, \mathcal{B}(R^2)), \ldots$ mit der Verträglichkeitseigenschaft* (16). *Dann existiert genau ein Wahrscheinlichkeitsmaß P auf $(R^\infty, \mathcal{B}(R^\infty))$ derart, daß für jedes $n = 1, 2, \ldots$*

$$\mathsf{P}(\mathcal{J}_n(B)) = P_n(B), \qquad B \in \mathcal{B}(R^n), \tag{17}$$

gilt.

Beweis. Es sei $B^n \in \mathcal{B}(R^n)$, und $\mathcal{J}_n(B^n)$ sei die Zylindermenge mit der Basis B^n. Dieser Zylindermenge ordnen wir ein Maß $\mathsf{P}(\mathcal{J}_n(B^n))$ zu, indem wir $\mathsf{P}(\mathcal{J}_n(B^n)) = P_n(B^n)$ setzen.

Wir zeigen nun, daß diese Definition infolge der Verträglichkeitsbedingung korrekt ist, d. h., daß der Wert $\mathsf{P}(\mathcal{J}_n(B^n))$ nicht von der Art der Darstellung der Zylindermenge $\mathcal{J}_n(B^n)$ abhängt. Wir nehmen also an, daß ein und dieselbe Zylindermenge auf zwei verschiedene Arten darstellbar ist:

$$\mathcal{J}_n(B^n) = \mathcal{J}_{n+k}(B^{n+k}).$$

Daraus folgt für $(x_1, \ldots, x_{n+k}) \in R^{n+k}$ die Beziehung

$$(x_1, \ldots, x_n) \in B^n \Leftrightarrow (x_1, \ldots, x_{n+k}) \in B^{n+k}. \tag{18}$$

Folglich gilt nach (16) und (18)

$$\begin{aligned} P_n(B^n) &= P_{n+1}((x_1, \ldots, x_{n+1}) : (x_1, \ldots, x_n) \in B^n) = \ldots \\ &= P_{n+k}((x_1, \ldots, x_{n+k}) : (x_1, \ldots, x_n) \in B^n) \\ &= P_{n+k}(B^{n+k}). \end{aligned}$$

Es bezeichne nun $\mathcal{A}(R^\infty)$ die Gesamtheit aller Zylindermengen $\hat{B}^n = \mathcal{J}_n(B^n)$, $B^n \in \mathcal{B}(R^n)$, $n = 1, 2, \ldots$ Ferner seien $\hat{B}_1, \ldots, \hat{B}_k$ paarweise disjunkte Mengen aus

$\mathcal{A}(R^\infty)$. Ohne Beschränkung der Allgemeinheit kann man annehmen, daß für ein gewisses n stets $\hat{B}_i = \mathcal{J}(B_i^n)$, $i = 1, \ldots, k$, gilt, wobei die Mengen $B_1^n, \ldots, B_k^n$ aus $\mathcal{B}(R^n)$ paarweise disjunkt sind. Dann folgt

$$\mathbf{P}\left(\sum_{i=1}^k \hat{B}_i\right) = \mathbf{P}\left(\sum_{i=1}^k \mathcal{J}_n(B_i^n)\right) = P_n\left(\sum_{i=1}^k B_i^n\right) = \sum_{i=1}^k P_n(B_i^n) = \sum_{i=1}^k \mathbf{P}(\hat{B}_i),$$

d. h., die Mengenfunktion $\mathbf{P}$ ist auf der Algebra $\mathcal{A}(R^\infty)$ endlich-additiv.

Wir zeigen nun die Stetigkeit von $\mathbf{P}$ in der leeren Menge, d. h., daß für jede Folge von Mengen $\hat{B}_n \in \mathcal{A}(R^\infty)$ mit $\hat{B}_n \downarrow \emptyset$ für $n \to \infty$ die Beziehung $\mathbf{P}(\hat{B}_n) \to 0$, $n \to \infty$, gilt. Dazu nehmen wir das Gegenteil an, also $\lim_n P(\hat{B}_n) = \delta > 0$. Ohne Beschränkung der Allgemeinheit können wir voraussetzen, daß die Glieder der Folge $(\hat{B}_n)$ die Gestalt

$$\hat{B}_n = \{x\colon (x_1, \ldots, x_n) \in B_n\}, \qquad B_n \in \mathcal{B}(R^n),$$

besitzen.

Nun nutzen wir folgende Eigenschaft der Wahrscheinlichkeitsmaße P_n auf $(R^n, \mathcal{B}(R^n))$ aus (siehe Aufgabe 9): Ist $B_n \in \mathcal{B}(R^n)$, so existiert zu jedem vorgegebenen $\delta > 0$ eine kompakte Menge $A_n \in \mathcal{B}(R^n)$ derart, daß $A_n \subseteqq B_n$ und $P_n(B_n \setminus A_n) \leqq \delta/2^{n+1}$ gilt. Für

$$\hat{A}_n = \{x\colon (x_1, \ldots, x_n) \in A_n\}$$

folgt deshalb

$$\mathbf{P}(\hat{B}_n \setminus \hat{A}_n) = P_n(B_n \setminus A_n) \leqq \delta/2^{n+1}.$$

Wir bilden nun $\hat{C}_n = \bigcap_{k=1}^n \hat{A}_k$ und wählen C_n so, daß

$$\hat{C}_n = \{x\colon (x_1, \ldots, x_n) \in C_n\}$$

gilt. Indem wir berücksichtigen, daß die Folge $(\hat{B}_n)$ monoton fallend ist, finden wir

$$\mathbf{P}(\hat{B}_n \setminus \hat{C}_n) \leqq \sum_{k=1}^n P(\hat{B}_n \setminus \hat{A}_k) \leqq \sum_{k=1}^n \mathbf{P}(\hat{B}_k \setminus \hat{A}_k) \leqq \delta/2.$$

Gemäß unserer Voraussetzung ergibt sich $\lim_n \mathbf{P}(\hat{B}_n) = \delta > 0$. Folglich haben wir $\lim_n \mathbf{P}(\hat{C}_n) \geqq \delta/2 > 0$. Wir zeigen nun, daß dies $\hat{C}_n \downarrow \emptyset$ widerspricht.

Dazu wählen wir aus jeder Menge $\hat{C}_n$ einen Punkt $\hat{x}^{(n)} = (x_1^{(n)}, x_2^{(n)}, \ldots)$. Für alle $n \geqq 1$ ist dann $(x_1^{(n)}, \ldots, x_n^{(n)}) \in C_n$.

Es sei (n_1) eine Teilfolge der Folge (n) mit $x_1^{(n_1)} \to x_1^0$, wobei x_1^0 ein Punkt aus C_1 ist. (Eine solche Teilfolge existiert, da alle $x_1^{(n)}$ zu C_1 gehören und C_1 eine kompakte Menge ist.) Aus der Folge (n_1) wählen wir eine Teilfolge (n_2) mit $(x_1^{(n_2)}, x_2^{(n_2)}) \to (x_1^0, x_2^0) \in C_2$ aus. Analog erhalten wir eine Teilfolge (n_k) mit $(x_1^{(n_k)}, \ldots x_k^{(n_k)}) \to (x_1^0, \ldots, x_k^0) \in C_k$. Schließlich bilden wir die diagonale Folge (m_k), wobei m_k das k-te Glied der Folge (n_k) ist. Damit erhalten wir für jedes $i = 1, 2, \ldots$ die Konvergenz $x_i^{(m_k)} \to x_i^0$, $m_k \to \infty$. Dabei gilt $(x_1^0, x_2^0, \ldots) \in \hat{C}_n$ für jedes $n = 1, 2, \ldots$ Dies widerspricht der Voraussetzung $\hat{C}_n \downarrow \emptyset$, $n \to \infty$. Damit ist der Satz bewiesen.

Bemerkung. Im soeben betrachteten Fall erhält man den Raum R^∞ als abzählbares direktes Produkt reeller Achsen, $R^\infty = R \times R \times \ldots$ Deshalb entsteht natürlich die Frage, ob Satz 3 auch für den Fall gilt, wenn anstelle von $(R^\infty, \mathscr{B}(R^\infty))$ das direkte Produkt meßbarer Räume $(\Omega_i, \mathscr{F}_i)$, $i = 1, 2, \ldots$, gewählt wird.

Aus dem oben angeführten Beweis ist ersichtlich, daß die einzige topologische Eigenschaft der reellen Achse, die wesentlich benutzt wurde, darin besteht, daß in jeder Menge aus $\mathscr{B}(R^n)$ zu jedem hinreichend kleinen $\varepsilon > 0$ eine kompakte Menge existiert, deren Wahrscheinlichkeitsmaß sich von dem der Ausgangsmenge nur um höchstens ε unterscheidet. Diese Eigenschaft besitzen jedoch nicht nur die Räume $(R^n, \mathscr{B}(R^n))$, sondern auch beliebige vollständige separable metrische Räume mit der σ-Algebra, die vom System der offenen Mengen erzeugt wird.

Demzufolge gilt Satz 3 auch für Folgen $P_1, P_2, \ldots$ verträglicher Wahrscheinlichkeitsmaße auf $(\Omega_1, \mathscr{F}_1)$, $(\Omega_1 \times \Omega_2, \mathscr{F}_1 \otimes \mathscr{F}_2), \ldots$, wobei alle $(\Omega_i, \mathscr{F}_i)$ vollständige separable metrische Räume mit den von den offenen Mengen erzeugten σ-Algebren $\mathscr{F}_i$ sind. Anstelle von $(R^\infty, \mathscr{B}(R^\infty))$ betrachten wir dann entsprechend $(\Omega_1 \times \Omega_1 \times \ldots, \mathscr{F}_1 \otimes \mathscr{F}_2 \otimes \ldots)$.

In § 9 (Satz 2) werden wir sehen, daß die Aussage von Satz 3 auch für beliebige meßbare Räume $(\Omega_i, \mathscr{F}_i)$ erhalten bleibt, wenn das Maß P_n auf spezielle Art konstruiert ist. Im allgemeinen Fall (ohne irgendwelche Voraussetzungen topologischer Natur über die Struktur der betrachteten meßbaren Räume oder die Struktur der Familie der Maße (P_n)) braucht Satz 3 nicht richtig zu sein. Dies macht das folgende Beispiel deutlich.

Wir betrachten den Raum $\Omega = (0, 1]$, der offensichtlich nicht vollständig ist, und bilden in ihm eine Folge von σ-Algebren $\mathscr{F}_1 \subseteqq \mathscr{F}_2 \subseteqq \ldots$ nach folgendem Konstruktionsprinzip. Es sei für alle $n = 1, 2, \ldots$

$$\varphi_n(\omega) = \begin{cases} 1, & 0 < \omega < 1/n, \\ 0, & 1/n \leqq \omega \leqq 1, \end{cases}$$

$$\mathscr{C}_n = \{A \in \Omega : A = \{\omega : \varphi_n(\omega) \in B\},\ B \in \mathscr{B}(R)\}$$

und $\mathscr{F}_n = \sigma(\mathscr{C}_1 \cup \ldots \cup \mathscr{C}_n)$ die kleinste die Mengensysteme $\mathscr{C}_1, \ldots, \mathscr{C}_n$ enthaltende σ-Algebra. Offenbar gilt $\mathscr{F}_1 \subseteqq \mathscr{F}_2 \subseteqq \ldots$ Es sei $\mathscr{F} = \sigma(\bigcup \mathscr{F}_n)$ die kleinste alle $\mathscr{F}_n$ umfassende σ-Algebra. Wir betrachten nun den meßbaren Raum $(\Omega, \mathscr{F}_n)$ und definieren auf ihm das Wahrscheinlichkeitsmaß P_n auf folgende Weise:

$$P_n(\omega : (\varphi_1(\omega), \ldots, \varphi_n(\omega)) \in B^n) = \begin{cases} 1, & \text{falls } (1, \ldots, 1) \in B^n, \\ 0 & \text{sonst}, \end{cases}$$

wobei B^n zu $\mathscr{B}(R^n)$ gehört. Man sieht leicht, daß die Folge (P_n) verträglich ist: Aus $A \in \mathscr{F}_n$ folgt $P_{n+1}(A) = P_n(A)$. Es existiert jedoch auf $(\Omega, \mathscr{F})$ kein Wahrscheinlichkeitsmaß $\mathbf{P}$ derart, daß seine *Einschränkung* $\mathbf{P} \mid \mathscr{F}_n$ (d. h., $\mathbf{P}$ wird nur auf Mengen aus $\mathscr{F}_n$ betrachtet) mit P_n, $n = 1, 2, \ldots$, übereinstimmt. Nehmen wir an, daß ein solches Maß existiert, dann gilt

$$\mathbf{P}(\omega : \varphi_1(\omega) = \ldots = \varphi_n(\omega) = 1) = P_n(\omega : \varphi_1(\omega) = \ldots = \varphi_n(\omega) = 1) = 1 \quad (19)$$

für alle $n = 1, 2, \ldots$ Andererseits haben wir jedoch

$$\{\omega: \varphi_1(\omega) = \ldots = \varphi_n(\omega) = 1\} = (0, 1/n) \downarrow \emptyset.$$

Dies widerspricht (19) und der Voraussetzung über die σ-Additivität (und folglich der Stetigkeit in $\emptyset$) der Mengenfunktion $\mathbf{P}$.

Wir wollen nun ein Beispiel für ein Wahrscheinlichkeitsmaß auf $(R^\infty, \mathscr{B}(R^\infty))$ betrachten. Es sei $F_1(x), F_2(x), \ldots$ eine Folge eindimensionaler Verteilungsfunktionen. Wir definieren die Funktionen $G(x) = F_1(x)$, $G_2(x_1, x_2) = F_1(x_1) F_2(x_2), \ldots$ und bezeichnen die ihnen entsprechenden Verteilungsgesetze auf $(R, \mathscr{B}(R))$, $(R^2, \mathscr{B}(R^2)), \ldots$ mit $P_1, P_2, \ldots$ Aus Satz 3 folgt dann die Existenz eines Maßes $\mathbf{P}$ auf $(R^\infty, \mathscr{B}(R^\infty))$ mit

$$\mathbf{P}\big(x \in R^\infty: (x_1, \ldots, x_n) \in B\big) = P_n(B), \qquad B \in \mathscr{B}(R^n).$$

Insbesondere gilt

$$\mathbf{P}(x \in R^\infty: x_1 \leqq a_1, \ldots, x_n \leqq a_n) = F_1(a_1) \cdots F_n(a_n).$$

Wir wählen nun für F_i die Bernoulli-Verteilung

$$F_i(x) = \begin{cases} 0, & x < 0, \\ q, & 0 \leqq x < 1, \\ 1, & x \geqq 1. \end{cases}$$

Dann existiert im Raum Ω aller Zahlenfolgen $x = (x_1, x_2, \ldots)$, $x_i \in \{0, 1\}$, ausgestattet mit der σ-Algebra seiner Borel-Mengen $\mathscr{B}(R^\infty) \cap \Omega$, ein Wahrscheinlichkeitsmaß $\mathbf{P}$ derart, daß für beliebige $a_1, \ldots, a_n \in \{0, 1\}$

$$\mathbf{P}(x: x_1 = a_1, \ldots, x_n = a_n) = p^{\Sigma a_i} q^{n - \Sigma a_i}$$

gilt. Wir bemerken, daß uns dieses Resultat in Kapitel I zur Formulierung des Gesetzes der großen Zahlen in der Form (1.5.8) gefehlt hat.

5. Der meßbare Raum $(R^T, \mathscr{B}(R^T))$. Es sei T eine beliebige Indexmenge und R_t die dem Index $t \in T$ entsprechende Zahlengerade. Wir betrachten die Gesamtheit aller $\tau = [t_1, \ldots, t_n]$, wobei $[t_1, \ldots, t_n]$ eine endliche nichtgeordnete Auswahl von verschiedenen Indizes $t_i \in T$, $i = 1, \ldots, n$ $(n \geqq 1)$, ist. Es sei $\{P_\tau\}$ eine Familie von Wahrscheinlichkeitsmaßen P_τ auf $(R^\tau, \mathscr{B}(R^\tau))$ mit $R^\tau = R_{t_1} \times \ldots \times R_{t_n}$.

Wir sagen, daß die Familie $\{P_\tau\}$ *verträglich* ist, falls für beliebige $\tau = [t_1, \ldots, t_n]$ und $\sigma = [s_1, \ldots, s_k]$ mit $\sigma \subseteqq \tau$ für alle $B \in \mathscr{B}(R^\sigma)$

$$\begin{aligned} &P_\sigma\{(x_{s_1}, \ldots, x_{s_k}): (x_{s_1}, \ldots, x_{s_k}) \in B\} \\ &= P_\tau\{(x_{t_1}, \ldots, x_{t_n}): (x_{s_1}, \ldots, x_{s_k}) \in B\} \end{aligned} \tag{20}$$

gilt.

Satz 4 (Satz von Kolmogorov über die Ausdehnung von Maßen auf $(R^T, \mathscr{B}(R^T))$. *Es sei $\{P_\tau\}$ eine Familie verträglicher Wahrscheinlichkeitsmaße P_τ auf $(R^\tau, \mathscr{B}(R^\tau))$. Dann existiert genau ein Wahrscheinlichkeismaß $\mathbf{P}$ auf $(R^T, \mathscr{B}(R^T))$ derart,* *daß*

$$\mathbf{P}(\mathcal{J}_\tau(B)) = P_\tau(B) \tag{21}$$

für jede nichtgeordnete Auswahl $\tau = [t_1, \ldots, t_n]$ *verschiedener Indizes* $t_i \in T$ *und* $B \in \mathcal{B}(R^\tau)$ *gilt, wobei* $\mathcal{J}_\tau(B)$ *die Menge* $\{x \in R^T\colon (x_{t_1}, \ldots, x_{t_n}) \in B\}$ *bezeichnet.*

Beweis. Es sei $\hat{B} \in \mathcal{B}(R^T)$. Entsprechend einem Satz aus § 2 existiert eine höchstens abzählbare Menge $S = \{s_1, s_2, \ldots\} \subseteqq T$ mit $\hat{B} = \{x\colon (x_{s_1}, x_{s_2}, \ldots) \in B\}$, wobei $B \in \mathcal{B}(R^S)$, $R^S = R_{s_1} \times R_{s_2} \times \ldots$, gilt. Die Menge $\hat{B} = \mathcal{J}_S(B)$ ist also eine Zylindermenge mit der Basis $B \in \mathcal{B}(R^S)$.

Auf solchen Zylindermengen $\hat{B} = \mathcal{J}_S(B)$ definieren wir die Funktion $\mathbf{P}$ durch

$$\mathbf{P}(\mathcal{J}_S(B)) = P_S(B), \tag{22}$$

wobei P_S das Wahrscheinlichkeitsmaß ist, dessen Existenz durch Satz 3 gesichert ist. Wir wollen nun zeigen, daß $\mathbf{P}$ das gesuchte Verteilungsgesetz ist. Dafür ist es notwendig zu zeigen, daß erstens die Definition (22) korrekt ist, d. h. zu ein und demselben Wert $\mathbf{P}(\hat{B})$ für verschiedene Möglichkeiten der Darstellung von $\hat{B}$ führt, und zweitens diese Mengenfunktion σ-additiv ist.

Es sei also $\hat{B} = \mathcal{J}_{S_1}(B_1)$ sowie $\hat{B} = \mathcal{J}_{S_2}(B_2)$. Offenbar ist dann auch $\hat{B} = \mathcal{J}_{S_1 \cup S_2}(B_3)$ für ein gewisses $B_3 \in \mathcal{B}(R^{S_1 \cup S_2})$. Aus diesem Grunde brauchen wir uns lediglich davon zu überzeugen, daß für $S \subseteqq S'$ und $B \in \mathcal{B}(R^S)$ die Gleichheit $P_{S'}(B') = P_S(B)$ eintritt, wobei $B' = \{(x_{s_1'}, x_{s_2'}, \ldots)\colon (x_{s_1}, x_{s_2}, \ldots) \in B\}$ mit $S' = \{s_1', s_2', \ldots\}$ und $S = \{s_1, s_2, \ldots\}$ gilt. Diese Gleichheit folgt jedoch unter Berücksichtigung der Verträglichkeitsbedingung (20) unmittelbar aus Satz 3. Damit ist die Unabhängigkeit der Werte $\mathbf{P}(\hat{B})$ von der Art der Darstellung der Menge $\hat{B}$ bewiesen.

Zur Überprüfung der σ-Additivität von $\mathbf{P}$ betrachten wir eine Folge $(\hat{B}_n)$ paarweise disjunkter Mengen aus $\mathcal{B}(R^T)$. Dann existiert eine höchstens abzählbare Menge $S \subseteqq T$ derart, daß für jedes $n \geqq 1$ die Beziehung $\hat{B}_n = \mathcal{J}_S(B_n)$ mit $B_n \in \mathcal{B}(R^S)$ gilt. Da P_S ein Wahrscheinlichkeitsmaß ist, erhalten wir

$$\begin{aligned}\mathbf{P}\left(\sum_n \hat{B}_n\right) &= \mathbf{P}\left(\sum_n \mathcal{J}_S(B_n)\right) = P_S\left(\sum_n B_n\right) = \sum_n P_S(B_n)\\ &= \sum_n \mathbf{P}(\mathcal{J}_S(B_n)) = \sum_n \mathbf{P}(\hat{B}_n).\end{aligned}$$

Schließlich folgt die Eigenschaft (21) aus der Konstruktion des Maßes $\mathbf{P}$ selbst. Damit ist der Satz bewiesen.

Bemerkung 1. Wir betonen, daß T eine *beliebige* Indexmenge ist. Dabei bleibt der Satz richtig, wenn (wie in der Bemerkung zu Satz 3 erläutert) anstelle der reellen Achsen R_t beliebige vollständige separable metrische Räume Ω_t (mit vom System der offenen Mengen erzeugten σ-Algebren) gewählt werden.

Bemerkung 2. Die betrachtete Familie $\{P_\tau\}$ von Wahrscheinlichkeitsmaßen wurde für Parameter τ vorgegeben, die eine *ungeordnete* Auswahl $[t_1, \ldots, t_n]$ verschiedener Indizes darstellen. Manchmal legt man auch eine Familie $\{P_\tau\}$ von Wahrscheinlichkeitsmaßen zugrunde, bei der der Parameter $\tau = (t_1, \ldots, t_n)$ eine *geordnete* Auswahl (ein n-Tupel) verschiedener Indizes ist. In diesem Fall muß für die Gültigkeit der Aussage von Satz 4 zusätzlich zu (20) noch eine Verträglichkeitseigenschaft gefordert werden:

$$P_{(t_1,\ldots,t_n)}(A_{t_1} \times \cdots \times A_{t_n}) = P_{(t_{i_1},\ldots,t_{i_n})}\left(A_{t_{i_1}} \times \cdots \times A_{t_{i_n}}\right); \tag{23}$$

dabei ist $(i_1, \ldots, i_n)$ eine beliebige Permutation der Zahlen $1, \ldots, n$ und $A_{t_i} \in \mathcal{B}(R_{t_i})$. Die Beziehung (23) folgt offensichtlich als notwendige Bedingung für die Existenz eines Wahrscheinlichkeitsmaßes $\mathbf{P}$ aus (21) für $P_{(t_1,\ldots,t_n)}(B)$ anstelle von $P_{[t_1,\ldots,t_n]}(B)$.

Im weiteren setzen wir stets voraus, daß der Parameter τ eine *ungeordnete* Auswahl darstellt. Ist T eine Teilmenge der reellen Zahlen (oder eine geordnete Menge), so kann man ohne Beschränkung der Allgemeinheit annehmen, daß jede betrachtete Auswahl $\tau = [t_1, \ldots, t_n]$ die Eigenschaft $t_1 < t_2 < \ldots < t_n$ besitzt. Infolgedessen ist bereits die Vorgabe aller endlichdimensionalen Verteilungen für solche Parameter $\tau = [t_1, \ldots, t_n]$ ausreichend, die der Bedingung $t_1 < t_2 < \ldots < t_n$ genügen.

Wir interessieren uns nun für den Fall $T = [0, \infty)$. Die Menge R^T ist dann der Raum aller reellen Funktionen $x = (x_t)_{t \geqq 0}$. Ein wichtiges Beispiel für ein Verteilungsgesetz auf $\left(R^{[0,\infty)}, \mathcal{B}(R^{[0,\infty)})\right)$ ist das sogenannte Wiener-Maß, das folgendermaßen konstruiert wird.

Wir betrachten die Familie $\{\varphi_t(y \mid x)\}_{t \geqq 0}$ von Dichten der Normalverteilung (bezüglich y bei fixiertem x),

$$\varphi_t(y \mid x) = \frac{1}{\sqrt{2\pi t}}\, \mathrm{e}^{-(y-x)^2/2t}, \qquad y \in R,$$

und definieren für jede Auswahl $\tau = [t_1, \ldots, t_n]$ mit $t_1 < t_2 < \ldots < t_n$ und Mengen $B = I_1 \times \cdots \times I_n$ mit $I_k = (a_k, b_k)$ das Maß $P_\tau(B)$ vermöge

$$\begin{aligned} &P_\tau(I_1 \times \cdots \times I_n) \\ &= \int_{I_1} \cdots \int_{I_n} \varphi_{t_1}(a_1 \mid 0)\, \varphi_{t_2-t_1}(a_2 \mid a_1) \cdots \varphi_{t_n-t_{n-1}}(a_n \mid a_{n-1})\, \mathrm{d}a_1 \cdots \mathrm{d}a_n. \end{aligned} \tag{24}$$

(Das Integral wird als Riemann-Integral verstanden.) Danach bestimmen wir für jede Zylindermenge $\mathcal{J}_{t_1,\ldots,t_n}(I_1 \times \cdots \times I_n) = \{x \in R^T : x_{t_1} \in I_1, \ldots, x_{t_n} \in I_n\}$ die Mengenfunktion $\mathbf{P}$ gemäß der Formel

$$\mathbf{P}\left(\mathcal{J}_{t_1,\ldots,t_n}(I_1 \times \cdots \times I_n)\right) = P_{[t_1,\ldots,t_n]}(I_1 \times \cdots \times I_n).$$

Der anschauliche Sinn einer solchen Festlegung des Maßes für die Zylindermenge $\mathcal{J}_{t_1,\ldots,t_n}(I_1 \times \cdots \times I_n)$ besteht in folgendem.

Die Menge $\mathcal{J}_{t_1,\ldots,t_n}(I_1 \times \cdots \times I_n)$ vereint alle Funktionen, die zu den Zeitpunkten $t_1, \ldots, t_n$ durch die „Fenster" $I_1, \ldots, I_n$ (vgl. Abb. 24) gelangen. Wir interpretieren nun $\varphi_{t_k - t_{k-1}}(a_k \mid a_{k-1})$ als Wahrscheinlichkeit dafür, daß ein Teilchen, ausgehend vom Punkt a_{k-1}, nach der Zeit $t_k - t_{k-1}$ in die Umgebung des Punktes a_k gerät. Dann bedeutet das Produkt der Dichten in (24) eine gewisse Unabhängigkeit der Zuwächse der Ortsänderung des sich bewegenden Teilchens in den Zeitintervallen $[0, t_1]$, $[t_1, t_2], \ldots, [t_{n-1}, t_n]$.

Die so konstruierte Familie $\{P_\tau\}$ von Maßen ist, wie man leicht überprüft, verträglich und kann infolgedessen zu einem Maß auf $\big(R^{[0,\infty)}, \mathscr{B}(R^{[0,\infty)})\big)$ fortgesetzt werden. Das auf diese Weise gewonnene Maß spielt eine wichtige Rolle in der Wahrscheinlichkeitstheorie. Dieses Maß wurde durch N. Wiener eingeführt und heißt *Wiener-Maß*.

6. Aufgaben

1. Es sei $F(x) = \mathbf{P}(-\infty, x]$. Man beweise die Beziehungen

$$\mathbf{P}(a, b] = F(b) - F(a), \qquad \mathbf{P}(a, b) = F(b-) - F(a),$$

$$\mathbf{P}[a, b] = F(b) - F(a-), \qquad \mathbf{P}[a, b) = F(b-) - F(a-),$$

$$\mathbf{P}\{x\} = F(x) - F(x-),$$

wobei $F(x-) = \lim\limits_{y \uparrow x} F(y)$ gesetzt wurde.

2. Man zeige die Gültigkeit der Beziehung (7).

3. Man beweise Satz 2.

4. Man zeige, daß eine Verteilungsfunktion $F = F(x)$ auf R höchstens abzählbar viele Unstetigkeitsstellen besitzt. Gilt diese Aussage auch für Verteilungsfunktionen auf R^n?

5. Man weise nach, daß jede der Funktionen

$$G(x, y) = \begin{cases} 1, & x + y \geqq 0, \\ 0, & x + y < 0, \end{cases}$$

$$G(x, y) = [x + y] \text{ (größtes Ganzes von } x + y)$$

rechtsstetig und in jeder Veränderlichen wachsend, jedoch keine (verallgemeinerte) Verteilungsfunktion auf R^2 ist.

6. Es sei μ ein Lebesgue-Stieltjes-Maß, daß einer stetigen verallgemeinerten Verteilungsfunktion entspricht. Man zeige, daß aus der Abzählbarkeit einer Menge A die Eigenschaft $\mu(A) = 0$ folgt.

7. Es sei c die Mächtigkeit des Kontinuums. Man zeige, daß die Borel-Mengen im R^n die Mächtigkeit c und die Lebesgue-Mengen die Mächtigkeit 2^c besitzen.

8. Es sei $(\Omega, \mathscr{F}, \mathbf{P})$ ein Wahrscheinlichkeitsraum und $\mathscr{A}$ eine solche Algebra von Teilmengen von Ω, daß $\sigma(\mathscr{A}) = \mathscr{F}$ gilt. Unter Benutzung des Prinzips der geeigneten Mengen beweise man, daß für jedes $\varepsilon > 0$ und $B \in \mathscr{F}$ eine Menge $A \in \mathscr{A}$ mit der Eigenschaft

$$\mathbf{P}(A \triangle B) \leqq \varepsilon$$

existiert.

9. Es sei $\mathbf{P}$ ein Wahrscheinlichkeitsmaß auf $(R^n, \mathscr{B}(R^n))$. Man weise unter Benutzung von Aufgabe 8 nach, daß zu jedem $\varepsilon > 0$ und $B \in \mathscr{B}(R^n)$ eine kompakte Menge $A \in \mathscr{B}(R^n)$ existiert, so daß $A \subseteqq B$ und

$$\mathbf{P}(B \setminus A) \leqq \varepsilon$$

gilt. (Dieses Resultat wird beim Beweis von Satz 1 benutzt.)

10. Man überprüfe die Verträglichkeit der durch die Formeln (24) gegebenen Maße.

§ 4. Zufällige Größen I

1. Es sei $(\Omega, \mathscr{F})$ ein meßbarer Raum und $(R, \mathscr{B}(R))$ die reelle Achse, versehen mit der σ-Algebra der Borel-Mengen $\mathscr{B}(R)$.

Definition 1. Eine auf $(\Omega, \mathscr{F})$ definierte reelle Funktion $\xi = \xi(\omega)$ heißt *$\mathscr{F}$-meßbare Funktion* oder *zufällige Größe*, falls für jedes $B \in \mathscr{B}(R)$

$$\{\omega: \xi(\omega) \in B\} \in \mathscr{F} \tag{1}$$

gilt, was bedeutet, daß das volle Urbild $\xi^{-1}(B) \equiv \{\omega: \xi(\omega) \in B\}$ eine meßbare Teilmenge von Ω ist.

Im Fall $(\Omega, \mathscr{F}) = (R^n, \mathscr{B}(R^n))$ heißen die $\mathscr{B}(R^n)$-meßbaren Funktionen *Borel-Funktionen.*

Das einfachste Beispiel einer zufälligen Größe ist die Indikatorfunktion $I_A(\omega)$ einer beliebigen (meßbaren) Menge $A \in \mathscr{F}$.

Eine zufällige Größe ξ, die sich in der Form

$$\xi(\omega) = \sum_{i=1}^{\infty} x_i I_{A_i}(\omega) \tag{2}$$

mit $\sum A_i = \Omega$ und $A_i \in \mathscr{F}$ darstellen läßt, heißt *diskret.* Falls die Anzahl der Summanden in (2) endlich ist, nennt man eine solche zufällige Größe *einfach.*

Der Interpretation in Kapitel I, § 4, folgend, kann man sagen, daß eine zufällige Größe eine gewisse zahlenmäßige Charakteristik eines Experiments darstellt, deren Wert vom „Zufall" ω abhängt. Dabei ist die Forderung (1) nach der Meßbarkeit aus folgendem Grunde von Bedeutung. Ist auf dem meßbaren Raum $(\Omega, \mathscr{F})$ ein Wahrscheinlichkeitsmaß P definiert, so hat es Sinn, von der Wahrscheinlichkeit des Ereignisses $\{\omega: \xi(\omega) \in B\}$ zu sprechen, welches in der Zugehörigkeit des Wertes der zufälligen Größe zur Borel-Menge B besteht.

In diesem Zusammenhang gelangen wir zur

Definition 2. Das Wahrscheinlichkeitsmaß P_ξ auf $(R, \mathscr{B}(R))$ mit

$$P_\xi(B) = \mathsf{P}(\omega: \xi(\omega) \in B), \qquad B \in \mathscr{B}(R),$$

heißt *Verteilungsgesetz der zufälligen Größe* ξ auf $(R, \mathscr{B}(R))$.

Definition 3. Die Funktion

$$F_\xi(x) = \mathsf{P}(\omega: \xi(\omega) \leqq x), \qquad x \in R,$$

heißt *Verteilungsfunktion der zufälligen Größe* ξ.

Für diskrete zufällige Größen ist das Maß P_ξ auf höchstens abzählbar vielen Punkten konzentriert und kann in der Gestalt

$$P_\xi(B) = \sum_{\{k: x_k \in B\}} p(x_k) \tag{3}$$

mit $p(x_k) = \mathsf{P}(\xi = x_k) = \Delta F_\xi(x_k)$ dargestellt werden.

Offenbar gilt dann auch das Umgekehrte: Ist P_ξ in der Form (3) darstellbar, so ist ξ eine *diskrete* zufällige Größe.

Eine zufällige Größe heißt *stetig verteilt*, falls ihre Verteilungsfunktion stetig in $x \in R$ ist.

Eine zufällige Größe ξ heißt *absolut stetig verteilt*, falls eine nichtnegative Funktion $f = f_\xi(x)$ existiert, so daß

$$F_\xi(x) = \int_{-\infty}^{x} f_\xi(y)\,\mathrm{d}y, \qquad x \in R, \tag{4}$$

gilt. Dabei wird f Dichte der zufälligen Größe genannt. (Das Integral wird als Riemann-Integral und im allgemeineren Fall als Lebesgue-Integral verstanden; siehe im weiteren § 6.)

2. Die Feststellung, ob eine gewisse Funktion $\xi = \xi(\omega)$ eine zufällige Größe ist, erfordert die Überprüfung der Eigenschaft (1) für alle $B \in \mathcal{B}(R)$. Das folgende Lemma verdeutlicht, daß die Klasse solcher „Testmengen“ eingeschränkt werden kann.

Lemma 1. *Es sei $\mathcal{E}$ ein Mengensystem mit $\sigma(\mathcal{E}) = \mathcal{B}(R)$. Eine Funktion $\xi = \xi(\omega)$ ist genau dann $\mathcal{F}$-meßbar, wenn*

$$\{\omega : \xi(\omega) \in E\} \in \mathcal{F} \tag{5}$$

für alle $E \in \mathcal{E}$ erfüllt ist.

Beweis. Die Notwendigkeit der Bedingung ist offensichtlich. Zum Beweis ihrer Hinlänglichkeit benutzen wir wieder das Prinzip der geeigneten Mengen.

Es sei $\mathcal{D}$ das System der Borel-Mengen D aus $\mathcal{B}(R)$, für die $\xi^{-1}(D) \in \mathcal{F}$ ist. Die Operation der Bildung des vollen Urbildes ändert, wie man leicht sieht, die mengentheoretischen Operationen der Vereinigungs-, Durchschnitts- und Komplementbildung nicht:

$$\begin{gathered} \xi^{-1}\Big(\bigcup_\alpha B_\alpha\Big) = \bigcup_\alpha \xi^{-1}(B_\alpha), \\ \xi^{-1}\Big(\bigcap_\alpha B_\alpha\Big) = \bigcap_\alpha \xi^{-1}(B_\alpha), \\ \overline{\xi^{-1}(B_\alpha)} = \xi^{-1}(\overline{B_\alpha}). \end{gathered} \tag{6}$$

Daraus folgt, daß das System $\mathcal{D}$ eine σ-Algebra ist. Also gelten die Beziehungen

$$\mathcal{E} \subseteqq \mathcal{D} \subseteqq \mathcal{B}(R) \quad \text{und} \quad \sigma(\mathcal{E}) \subseteqq \sigma(\mathcal{D}) = \mathcal{D} \subseteqq \mathcal{B}(R).$$

Andererseits haben wir jedoch $\sigma(\mathcal{E}) = \mathcal{B}(R)$ und damit $\mathcal{D} = \mathcal{B}(R)$.

Folgerung. $\xi = \xi(\omega)$ ist genau dann eine zufällige Größe, wenn für alle $x \in R$

$$\{\omega : \xi(\omega) < x\} \in \mathcal{F} \quad \text{oder} \quad \{\omega : \xi(\omega) \leqq x\} \in \mathcal{F}$$

folgt.

Der Beweis dieser Aussage ergibt sich sofort aus der Tatsache, daß jedes der beiden Mengensysteme

$$\mathscr{E}_1 = \{x : x < c,\ c \in R\}, \qquad \mathscr{E}_2 = \{x : x \leqq c,\ c \in R\}$$

die σ-Algebra $\mathscr{B}(R)$ erzeugt: $\sigma(\mathscr{E}_1) = \sigma(\mathscr{E}_2) = \mathscr{B}(R)$ (vgl. § 2).

Das folgende Lemma gibt uns die Möglichkeit, zufällige Größen als Funktionen anderer zufälliger Größen zu konstruieren.

Lemma 2. *Es sei $\varphi = \varphi(x)$ eine Borel-Funktion und $\xi = \xi(\omega)$ eine zufällige Größe. Dann ist die Funktion $\eta = \varphi \circ \xi$ mit $\eta(\omega) = \varphi(\xi(\omega))$ wieder eine zufällige Größe.*

Den Beweis erhält man sofort aus dem Umstand, daß für alle $B \in \mathscr{B}(R)$ die Beziehungen

$$\{\omega : \eta(\omega) \in B\} = \{\omega : \varphi(\xi(\omega)) \in B\} = \{\omega : \xi(\omega) \in \varphi^{-1}(B)\} \in \mathscr{F} \tag{7}$$

gelten, da $\varphi^{-1}(B)$ zu $\mathscr{B}(R)$ gehört.

Ist ξ eine zufällige Größe, dann sind somit auch solche Funktionen wie ξ^n, $\xi^+ = \max(\xi, 0)$, $\xi^- = -\min(\xi, 0)$, $|\xi|$ zufällige Größen, da die entsprechenden Funktionen x^n, x^+, x^- und $|x|$ Borel-Funktionen sind (vgl. Aufgabe 3).

3. Ausgehend von einer gegebenen Folge (ξ_n) von zufälligen Größen, kann man neue Funktionen konstruieren, so beispielsweise $\sum_{k=1}^{\infty} |\xi_k|$, $\overline{\lim}\, \xi_n$, $\underline{\lim}\, \xi_n$ usw. Im allgemeinen nehmen diese Funktionen bereits Werte aus der erweiterten reellen Achse $\overline{R} = [-\infty, \infty]$ an. Deshalb ist es sinnvoll, die Klasse der $\mathscr{F}$-meßbaren Funktionen etwas zu erweitern und zuzulassen, daß sie auch die Werte $\pm\infty$ annehmen können.

Definition 4. Eine auf $(\Omega, \mathscr{F})$ definierte Funktion $\xi = \xi(\omega)$ mit Werten in $\overline{R} = [-\infty, \infty]$ nennt man *erweiterte zufällige Größe*, falls für jede Borel-Menge $B \in \mathscr{B}(\overline{R})$ die Bedingung (1) erfüllt ist.

Der nachfolgende Satz spielt ungeachtet seiner Einfachheit eine Schlüsselrolle bei der Konstruktion des Lebesgue-Integrals (vgl. § 6).

Satz 1. a) *Für jede (auch erweiterte) zufällige Größe $\xi = \xi(\omega)$ existiert eine Folge einfacher zufälliger Größen $\xi_1, \xi_2, \ldots$ derart, daß $|\xi_n| \leqq |\xi|$ und $\xi_n(\omega) \to \xi(\omega)$, $n \to \infty$, für alle $\omega \in \Omega$ gilt.*

b) *Gilt darüber hinaus $\xi(\omega) \geqq 0$, so existiert eine Folge einfacher zufälliger Größen ξ_1, $\xi_2, \ldots$ derart, daß $\xi_n(\omega) \uparrow \xi(\omega)$, $n \to \infty$, für alle $\omega \in \Omega$ erfüllt ist.*

Beweis. Wir beginnen mit dem Beweis der zweiten Behauptung und setzen für $n = 1, 2, \ldots$

$$\xi_n(\omega) = \sum_{k=1}^{n2^n} \frac{k-1}{2^n} I_{\left\{\frac{k-1}{2^n} \leqq \xi(\omega) < \frac{k}{2^n}\right\}}(\omega) + n I_{\{\xi(\omega) \geqq n\}}(\omega).$$

Man überprüft unmittelbar, daß die konstruierte Folge $(\xi_n(\omega))$ die Eigenschaft $\xi_n(\omega) \uparrow \xi(\omega)$, $n \to \infty$, für alle $\omega \in \Omega$ besitzt. Daraus folgt ebenfalls die Richtigkeit der ersten Behauptung, da sich ξ als $\xi = \xi^+ - \xi^-$ darstellen läßt. Damit ist der Satz bewiesen.

Wir zeigen nun, daß die Klasse der erweiterten zufälligen Größen bezüglich der punktweisen Konvergenz abgeschlossen ist. Dazu bemerken wir vor allem, daß für eine Folge erweiterter zufälliger Größen $\xi_1, \xi_2, \dots$ auch die Funktionen $\sup \xi_n$, $\inf \xi_n$, $\overline{\lim}\, \xi_n$ sowie $\underline{\lim}\, \xi_n$ erweiterte zufällige Größen sind. Dies leitet man sofort aus den Beziehungen

$$\{\omega : \sup \xi_n > x\} = \bigcup_n \{\omega : \xi_n > x\} \in \mathcal{F}$$

und

$$\{\omega : \inf \xi_n < x\} = \bigcup_n \{\omega : \xi_n < x\} \in \mathcal{F}$$

sowie $\overline{\lim}\, \xi_n = \inf\limits_n \sup\limits_{m \geqq n} \xi_m$, $\underline{\lim}\, \xi_n = \sup\limits_n \inf\limits_{m \geqq n} \xi_m$ her.

Satz 2. *Es sei $\xi_1, \xi_2, \dots$ eine Folge erweiterter zufälliger Größen und $\xi(\omega) = \lim \xi_n(\omega)$. Dann ist $\xi(\omega)$ ebenfalls eine erweiterte zufällige Größe.*

Beweis. Der Beweis folgt sofort aus den obigen Bemerkungen und den Beziehungen

$$\begin{aligned}\{\omega : \xi(\omega) < x\} &= \{\omega : \lim \xi_n(\omega) < x\} \\ &= \{\omega : \overline{\lim}\, \xi_n(\omega) = \underline{\lim}\, \xi_n(\omega)\} \cap \{\overline{\lim}\, \xi_n(\omega) < x\} \\ &= \Omega \cap \{\overline{\lim}\, \xi_n(\omega) < x\} = \{\overline{\lim}\, \xi_n(\omega) < x\} \in \mathcal{F}.\end{aligned}$$

4. Wir wollen nun bei einigen Eigenschaften sehr einfacher Funktionen von zufälligen Größen verweilen, die auf dem meßbaren Raum $(\Omega, \mathcal{F})$ definiert sind und Werte aus der erweiterten reellen Achse $\overline{R} = [-\infty, \infty]$ annehmen.[1])

Sind ξ und η zwei zufällige Größen, so ergeben $\xi + \eta$, $\xi - \eta$, $\xi\eta$ und ξ/η ebenfalls zufällige Größen (unter der Voraussetzung, daß diese definiert sind, d. h. nicht unbestimmte Ausdrücke des Typs $\infty - \infty$, ∞/∞, $a/0$ entstehen).

Sind nämlich (ξ_n) und (η_n) Folgen von einfachen zufälligen Größen, die gegen ξ bzw. η konvergieren (siehe Satz 1), dann gilt

$$\xi_n \pm \eta_n \to \xi \pm \eta, \qquad \xi_n\eta_n \to \xi\eta$$

und

$$\frac{\xi_n}{\eta_n + \dfrac{1}{n} I_{\{\eta_n = 0\}}(\omega)} \to \frac{\xi}{\eta}.$$

Jede der auf den linken Seiten stehenden Funktionen ist eine einfache zufällige Größe. Nach Satz 2 sind die Grenzfunktionen $\xi \pm \eta$, $\xi\eta$ und ξ/η ebenfalls zufällige Größen.

[1]) Im weiteren treffen wir die gewöhnlichen Vereinbarungen bezüglich der arithmetischen Operationen in $\overline{R}$: Für $a \in R$ sei $a \pm \infty = \pm\infty$, $a/\pm\infty = 0$, $a \cdot \infty = \infty$, falls $a > 0$, und $a \cdot \infty = -\infty$, falls $a < 0$ ist; ferner sei $0 \cdot (\pm\infty) = 0$, $\infty + \infty = \infty$, $-\infty - \infty = -\infty$.

5. Es sei ξ eine zufällige Größe. Wir betrachten Mengen aus $\mathcal{F}$ der Gestalt $\{\omega: \xi(\omega) \in B\}$, $B \in \mathcal{B}(R)$. Diese Mengen bilden eine σ-Algebra, welche die *von der zufälligen Größe* ξ *erzeugte σ-Algebra* genannt und mit $\mathcal{F}_\xi$ bezeichnet wird.

Ist φ eine Borel-Funktion, so ergibt die Funktion $\eta = \varphi \circ \xi$ nach Lemma 2 eine zufällige Größe. Diese ist $\mathcal{F}_\xi$-meßbar, d. h., es gilt $\{\omega: \eta(\omega) \in B\} \in \mathcal{F}_\xi$, $B \in \mathcal{B}(R)$ (siehe (7)). Es erweist sich auch die Umkehrung als richtig.

Satz 3. *Es sei η eine $\mathcal{F}_\xi$-meßbare zufällige Größe. Dann existiert eine Borel-Funktion φ derart, daß $\eta = \varphi \circ \xi$ ist, d. h., für alle $\omega \in \Omega$ gilt $\eta(\omega) = \varphi(\xi(\omega))$.*

Beweis. Es sei Φ die Klasse aller $\mathcal{F}_\xi$-meßbaren Funktionen $\eta = \eta(\omega)$ und $\tilde{\Phi}_\xi$ die Klasse aller $\mathcal{F}_\xi$-meßbaren Funktionen, die sich in der Form $\varphi \circ \xi$ darstellen lassen, wobei φ eine Borel-Funktion ist. Offenbar gilt $\tilde{\Phi}_\xi \subseteq \Phi_\xi$. Die Behauptung des Satzes besagt, daß tatsächlich $\tilde{\Phi}_\xi = \Phi_\xi$ gilt.

Es sei $A \in \mathcal{F}_\xi$ und $\eta(\omega) = I_A(\omega)$. Wir zeigen nun $\eta \in \tilde{\Phi}_\xi$. Tatsächlich existiert ein $B \in \mathcal{B}(R)$ mit $A = \{\omega: \xi(\omega) \in B\}$. Mit der Bezeichnung

$$\chi_B(x) = \begin{cases} 1, & x \in B, \\ 0, & x \notin B, \end{cases}$$

erhalten wir dann $I_A(\omega) = \chi_B(\xi(\omega)) \in \tilde{\Phi}_\xi$. Daraus können wir schließen, daß jede einfache $\mathcal{F}_\xi$-meßbare Funktion $\sum_{i=1}^{n} c_i I_{A_i}(\omega)$, $A_i \in \mathcal{F}_\xi$, ebenfalls zur Klasse $\tilde{\Phi}_\xi$ gehört.

Es sei nun η eine beliebige $\mathcal{F}_\xi$-meßbare Funktion. Nach Satz 1 existiert eine Folge einfacher $\mathcal{F}_\xi$-meßbarer Funktionen (η_n), so daß $\eta_n(\omega)$ für $n \to \infty$ gegen $\eta(\omega)$ für jedes $\omega \in \Omega$ konvergiert. Wie wir soeben festgestellt haben, existieren solche Borel-Funktionen $\varphi_n = \varphi_n(x)$, daß $\eta_n(\omega) = \varphi_n(\xi(\omega))$ gilt. Dabei tritt die Konvergenz $\varphi_n(\xi(\omega)) \to \eta(\omega)$, $n \to \infty$, $\omega \in \Omega$, ein.

Die Menge $B = \left\{x \in R: \lim_n \varphi_n(x) \text{ existiert}\right\}$ ist Borelsch. Aus diesem Grunde besitzt die Funktion

$$\varphi(x) = \begin{cases} \lim_n \varphi_n(x), & x \in B, \\ 0, & x \notin B, \end{cases}$$

dieselbe Eigenschaft (siehe Aufgabe 6).

Dann ist jedoch offensichtlich $\eta(\omega) = \lim_n \varphi_n(\xi(\omega)) = \varphi(\xi(\omega))$ für alle $\omega \in \Omega$. Folglich gilt $\tilde{\Phi}_\xi = \Phi_\xi$.

6. Wir betrachten nun einen Wahrscheinlichkeitsraum $(\Omega, \mathcal{F}, \mathbf{P})$ und eine höchstens abzählbare Zerlegung $\mathcal{D} = \{D_1, D_2, \ldots\}$ von Ω derart, daß alle D_i in $\mathcal{F}$ liegen und $\mathbf{P}(D_i) > 0$ gilt. Weiter setzen wir voraus, daß die Mengen D_i Atome des Maßes $\mathbf{P}$ sind, d. h., für jedes $A \subseteq D_i$, $A \in \mathcal{F}$, folgt entweder $\mathbf{P}(A) = 0$ oder $\mathbf{P}(D_i \setminus A) = 0$.

Lemma 3. *Es sei ξ eine $\mathcal{F}$-meßbare Funktion. Dann ist ξ auf den Elementen der Zerlegung $\mathcal{D}$ konstant, d. h., ξ besitzt die Darstellung*

$$\xi(\omega) = \sum_{k=1}^{\infty} x_k I_{D_k}(\omega) \qquad (\mathbf{P}\text{-f.s.}). \tag{8}$$

(Die Schreibweise „$\xi = \eta$ ($\mathbf{P}$-f.s.)" bedeutet $\mathbf{P}(\xi \neq \eta) = 0$.)

Beweis. Es sei $D \in \mathscr{D}$ ein Atom von $\mathbf{P}$. Wir zeigen, daß die zufällige Größe ξ auf dieser Menge ($\mathbf{P}$-f.s.) konstant ist, d. h., daß $\mathbf{P}(D \cap \{\xi \neq \text{const}\}) = 0$ erfüllt ist.

Es sei $K = \sup \left\{x \in \overline{R}: \mathbf{P}(D \cap \{\xi < x\}) = 0\right\}$. Dann erhalten wir

$$\mathbf{P}(D \cap \{\xi < K\}) = \mathbf{P}\left[\bigcup_{\substack{r<K \\ r \text{ rational}}} \{\omega \in D: \xi(\omega) < r\}\right] = 0,$$

da aus $\mathbf{P}(D \cap \{\xi < x\}) = 0$ sofort $\mathbf{P}(D \cap \{\xi < y\}) = 0$ für alle $y \leqq x$ folgt.

Es sei $x > K$. In diesem Fall gilt $\mathbf{P}(D \cap \{\xi < x\}) > 0$ und somit auch $\mathbf{P}(D \cap \{\xi \geqq x\}) = 0$, da D ein Atom ist. Deshalb ergibt sich

$$\mathbf{P}(D \cap \{\xi > K\}) = \mathbf{P}\left[\bigcup_{\substack{r>K \\ r \text{ rational}}} \{\omega \in D: \xi \geqq r\}\right] = 0.$$

Also folgt

$$\mathbf{P}(D \cap \{\xi > K\}) = \mathbf{P}(D \cap \{\xi < K\}) = 0,$$

und dies bewirkt $\mathbf{P}(D \cap \{\xi \neq K\}) = 0$.

In Anbetracht von $\sum D_i = \Omega$ erhält man daraus die Darstellung (8). Damit ist das Lemma bewiesen.

7. Aufgaben

1. Man zeige, daß eine zufällige Größe ξ genau dann stetig verteilt ist, wenn $\mathbf{P}(\xi = x) = 0$ für alle $x \in R$ gilt.
2. Folgt aus der $\mathscr{F}$-Meßbarkeit von $|\xi|$ die $\mathscr{F}$-Meßbarkeit von ξ?
3. Man beweise, daß die Funktionen x^n, $x^+ = \max(x, 0)$, $x^- = -\min(x, 0)$ und $|x| = x^+ + x^-$ Borelsch sind.
4. Man zeige, daß für $\mathscr{F}$-meßbare ξ und η stets $\{\omega: \xi(\omega) = \eta(\omega)\} \in \mathscr{F}$ gilt.
5. Es seien ξ und η zufällige Größen auf $(\Omega, \mathscr{F})$ und $A \in \mathscr{F}$. Man zeige, daß dann die Funktion
$$\zeta(\omega) = \xi(\omega) \cdot I_A + \eta(\omega) \cdot I_{\bar{A}}$$
eine zufällige Größe ist.
6. Es seien $\xi_1, \ldots, \xi_n$ zufällige Größen, und $\varphi(x_1, \ldots, x_n)$ sei eine Borel-Funktion. Man zeige, daß dann auch $\varphi(\xi_1(\omega), \ldots, \xi_n(\omega))$ eine zufällige Größe ist.
7. Es seien ξ und η zufällige Größen mit den Werten $1, 2, \ldots, N$. Unter der Annahme $\mathscr{F}_\xi = \mathscr{F}_\eta$ zeige man die Existenz einer Permutation $(i_1, i_2, \ldots, i_N)$ der Zahlen $1, 2, \ldots, N$, so daß für jedes $j = 1, 2, \ldots, N$ die Beziehung $\{\omega: \xi = j\} = \{\omega: \eta = i_j\}$ gilt.

§ 5. Zufällige Elemente

1. Neben den zufälligen Größen spielen in der Wahrscheinlichkeitstheorie und ihren Anwendungen auch Objekte allgemeinerer Natur eine Rolle. Zum Beispiel werden zufällige „Punkte", Vektoren, Funktionen, Prozesse, Felder, Mengen, zufällige Maße u. a. betrachtet. In diesem Zusammenhang besteht der Wunsch, den Begriff eines zufälligen Objekts allgemeinen Charakters zu schaffen.

Definition 1. Es seien $(\Omega, \mathcal{F})$ und $(E, \mathcal{E})$ zwei meßbare Räume. Eine Funktion $X = X(\omega)$, die auf Ω definiert ist und Werte in E annimmt, nennen wir *$\mathcal{F}/\mathcal{E}$-meßbare Funktion* oder *zufälliges Element* (mit Werten in E), falls für jedes $B \in \mathcal{E}$

$$\{\omega : X(\omega) \in B\} \in \mathcal{F} \tag{1}$$

gilt.

Manchmal wird für zufällige Elemente (mit Werten in E) auch der Begriff E-wertige zufällige Größe benutzt.

Wir wollen uns nun mit einigen Spezialfällen dieser Definition beschäftigen.

Im Fall $(E, \mathcal{E}) = \big(R, \mathcal{B}(R)\big)$ ist der Begriff des zufälligen Elements mit dem Begriff der zufälligen Größe identisch (vgl. § 4).

Es sei $(E, \mathcal{E}) = \big(R^n, \mathcal{B}(R^n)\big)$. Dann stellt das zufällige Element $X(\omega)$ einen „zufälligen Punkt" im R^n dar. Ist π_k die Projektion des R^n auf die k-te Koordinatenachse, so läßt sich $X(\omega)$ in der Gestalt

$$X(\omega) = \big(\xi_1(\omega), \ldots, \xi_n(\omega)\big) \tag{2}$$

schreiben, wobei $\xi_k = \pi_k \circ X$ gesetzt wurde.

Aus der Bedingung (1) schließen wir, daß die ξ_k gewöhnliche zufällige Größen sind. Tatsächlich gilt für jedes $B \in \mathcal{B}(R)$

$$\begin{aligned}\{\omega : \xi_k(\omega) \in B\} &= \{\omega : \xi_1(\omega) \in R, \ldots, \xi_{k-1} \in R, \xi_k \in B, \xi_{k+1} \in R, \ldots\} \\ &= \{\omega : X(\omega) \in (R \times \ldots \times R \times B \times R \times \ldots \times R)\} \in \mathcal{F},\end{aligned}$$

da die Menge $R \times \ldots \times R \times B \times R \times \ldots \times R$ zu $\mathcal{B}(R^n)$ gehört.

Definition 2. Jedes n-Tupel von zufälligen Größen $\big(\eta_1(\omega), \ldots, \eta_n(\omega)\big)$ nennen wir *n-dimensionalen zufälligen Vektor.*

Im Sinne dieser Definition ist jedes zufällige Element mit Werten im R^n ein n-dimensionaler zufälliger Vektor. Es gilt auch die Umkehrung: Jeder zufällige Vektor $X(\omega) = \big(\xi_1(\omega), \ldots, \xi_n(\omega)\big)$ ist ein zufälliges Element im R^n. Für $B_k \in \mathcal{B}(R)$, $k = 1, \ldots, n$ gilt nämlich

$$\{\omega : X(\omega) \in (B_1 \times \ldots \times B_n) = \bigcap_{k=1}^{n} \{\omega : \xi_k(\omega) \in B_k\} \in \mathcal{F}.$$

Die kleinste, alle diese Mengen $B_1 \times \ldots \times B_n$ enthaltende σ-Algebra stimmt jedoch mit $\mathcal{B}(R^n)$ überein. Somit folgt aus einer offensichtlichen Verallgemeinerung von Lemma 1 aus § 4 sofort, daß die Menge $\{\omega : X(\omega) \in B\}$ für alle $B \in \mathcal{B}(R^n)$ zu $\mathcal{F}$ gehört.

Es sei $(E, \mathcal{E}) = \big(\boldsymbol{Z}, \mathcal{B}(\boldsymbol{Z})\big)$, wobei $\boldsymbol{Z}$ die Menge der komplexen Zahlen $z = x + iy$, $x, y \in R$, und $\mathcal{B}(\boldsymbol{Z})$ die kleinste, alle Mengen der Form $\{z : z = x + iy, a_1 < x \leqq b_1, a_2 < y \leqq b_2\}$ enthaltende σ-Algebra bezeichnet. Aus den vorhergehenden Betrachtungen folgt, daß sich eine komplexwertige zufällige Größe $Z(\omega)$ in der Gestalt $Z(\omega) = X(\omega) + iY(\omega)$ darstellen läßt, wobei $X(\omega)$ und $Y(\omega)$ zufällige Größen sind. Deshalb nennt man $Z(\omega)$ auch *komplexe zufällige Größe*.

Es sei $(E, \mathcal{E}) = \big(R^T, \mathcal{B}(R^T)\big)$ mit $T \subseteqq R$. In diesem Fall läßt sich jedes zufällige Element $X = X(\omega)$ offenbar in der Gestalt $X = (\xi_t)_{t \in T}$ mit $\xi_t = \pi_t \circ X$ darstellen. Man nennt X dann *zufällige Funktion* auf dem Zeitintervall T.

In Analogie zu den zufälligen Vektoren erhält man, daß jede zufällige Funktion gleichzeitig auch ein zufälliger Prozeß im Sinne folgender Definition ist.

Definition 3. Es sei T eine Teilmenge der Zahlengeraden R. Eine Gesamtheit $X = (\xi_t)_{t\in T}$ von zufälligen Größen heißt *zufälliger Prozeß auf dem Zeitintervall* T.

Für $T = \{1, 2, \ldots\}$ heißt $X = (\xi_1, \xi_2, \ldots)$ *zufälliger Prozeß mit diskreter Zeit* oder *zufällige Folge*.

Ist $T = [0, 1]$, $(-\infty, \infty)$, $[0, \infty)$, ..., so nennt man $X = (\xi_t)_{t\in T}$ einen *zufälligen Prozeß mit stetiger Zeit*.

Bei Ausnutzung der Struktur der σ-Algebren $\mathscr{B}(R^T)$ (vgl. § 2) läßt sich leicht zeigen, daß jeder zufällige Prozeß $X = (\xi_t)_{t\in T}$ (im Sinne der Definition 3) gleichzeitig auch eine zufällige Funktion des Raumes $(R^T, \mathscr{B}(R^T))$ ist.

Definition 4. Es sei $X = (\xi_t)_{t\in T}$ ein zufälliger Prozeß. Für jedes fixierte $\omega \in \Omega$ heißt die Funktion $(\xi_t(\omega))_{t\in T}$ *Realisierung* oder *Trajektorie* des Prozesses.

In Analogie zur Definition 2 aus § 4 gelangen wir in natürlicher Weise zu folgender

Definition 5. Es sei $X = (\xi_t)_{t\in T}$ ein zufälliger Prozeß. Das Wahrscheinlichkeitsmaß P_X auf $(R^T, \mathscr{B}(R^T))$ mit

$$P_X(B) = \mathsf{P}(\omega: X(\omega) \in B), \qquad B \in \mathscr{B}(R^T),$$

heißt *Verteilungsgesetz des Prozesses* X. Die Wahrscheinlichkeiten

$$P_{t_1,\ldots,t_n}(B) \equiv \mathsf{P}(\omega: (\xi_{t_1}, \ldots, \xi_{t_n}) \in B)$$

mit $t_1 < t_2 < \ldots < t_n$ und $t_i \in T$ heißen endlichdimensionale *Verteilungen* des Prozesses. Die Funktionen

$$F_{t_1,\ldots,t_n}(x_1, \ldots, x_n) \equiv \mathsf{P}(\omega: \xi_{t_1} \leqq x_1, \ldots, \xi_{t_n} \leqq x_n)$$

für $t_1 < t_2 < \ldots < t_n$ und $t_i \in T$ heißen endlichdimensionale *Verteilungsfunktionen*.

Es sei $(E, \mathscr{E}) = (C, \mathscr{B}_0(C))$, wobei C den Raum der stetigen Funktionen $x = (x_t)_{t\in T}$ auf $T = [0, 1]$ und $\mathscr{B}_0(C)$ die von den offenen Mengen erzeugte σ-Algebra (vgl. § 2) bezeichnet. Wir zeigen nun, daß jedes zufällige Element X des Raumes $(C, \mathscr{B}_0(C))$ gleichzeitig ein zufälliger Prozeß mit stetigen Trajektorien im Sinne der Definition 3 ist.

Wir wissen bereits (vgl. § 2), daß die Menge $A = \{x \in C: x_t < a\}$ offen ist und somit zu $\mathscr{B}_0(C)$ gehört. Deshalb ergibt sich

$$\{\omega: \xi_t(\omega) < a\} = \{\omega: X(\omega) \in A\} \in \mathscr{F}.$$

Es sei nun umgekehrt $X = (\xi_t)_{t\in T}$ ein zufälliger Prozeß (gemäß Definition 3), dessen Trajektorien für jedes $\omega \in \Omega$ stetige Funktionen sind. Nach (2.17) erhalten wir

$$\{x \in C: x \in S_r(x^0)\} = \bigcup_n \bigcap_{t_k} \left\{x \in C: |x_{t_k} - x^0_{t_k}| \leqq r - \frac{1}{n}\right\},$$

wobei (t_k) die rationalen Zahlen aus $[0, 1]$ sind. Deshalb folgt

$$\{\omega: X(\omega) \in S_r(x^0(\omega))\} = \bigcup_n \bigcap_{t_k} \left\{\omega: |\xi_{t_k}(\omega) - x^0_{t_k}(\omega)| \leqq r - \frac{1}{n}\right\} \in \mathcal{F},$$

und wir können somit auf $\{\omega: X(\omega) \in B\} \in \mathcal{F}$ für jedes $B \in \mathcal{B}_0(C)$ schließen.

Analoge Überlegungen zeigen, daß jedes zufällige Element des Raumes $(D, \mathcal{B}_0(D))$ als zufälliger Prozeß mit Trajektorien ohne Unstetigkeiten zweiter Art angesehen werden kann. Diese Aussage läßt sich ebenfalls umkehren.

2. Es sei $(\Omega, \mathcal{F}, \mathbf{P})$ ein Wahrscheinlichkeitsraum, und $(E_\alpha, \mathcal{E}_\alpha)$ seien meßbare Räume, wobei der Index α zu einer beliebigen Menge $\mathfrak{A}$ gehören soll.

Definition 6. Wir sagen, daß eine Familie $(X_\alpha)_{\alpha \in \mathfrak{A}}$ von $\mathcal{F}/\mathcal{E}_\alpha$-meßbaren Funktionen *unabhängig* (oder *unabhängig in ihrer Gesamtheit*) ist, falls für jede endliche Auswahl von Indizes $\alpha_1, \ldots, \alpha_n$ die zufälligen Elemente $X_{\alpha_1}, \ldots, X_{\alpha_n}$ unabhängig sind, d. h.

$$\mathbf{P}(X_{\alpha_1} \in B_{\alpha_1}, \ldots, X_{\alpha_n} \in B_{\alpha_n}) = \mathbf{P}(X_{\alpha_1} \in B_{\alpha_1}) \cdots \mathbf{P}(X_{\alpha_n} \in B_{\alpha_n}) \tag{3}$$

gilt.

Nun sei $\mathfrak{A} = \{1, 2, \ldots, n\}$, die ξ_i $(i \in \mathfrak{A})$ seien zufällige Größen und

$$F_\xi(x_1, \ldots, x_n) = \mathbf{P}(\xi_1 \leqq x_1, \ldots, \xi_n \leqq x_n)$$

sei die n-dimensionale Verteilungsfunktion des Vektors $\xi = (\xi_1, \ldots, \xi_n)$. Weiter sei $F_{\xi_i}(x_i)$ die Verteilungsfunktion der zufälligen Größe ξ_i, $i = 1, \ldots, n$.

Satz. *Die Familie* (ξ_i), $i = 1, \ldots, n$, *ist genau dann unabhängig, wenn für alle* $(x_1, \ldots, x_n) \in R^n$

$$F_\xi(x_1, \ldots, x_n) = F_{\xi_1}(x_1) \cdots F_{\xi_n}(x_n) \tag{4}$$

gilt.

Beweis. Die Notwendigkeit ist offensichtlich. Zum Beweis der Hinlänglichkeit setzen wir $a = (a_1, \ldots, a_n)$, $b = (b_1, \ldots, b_n)$ und

$$P_\xi(a, b] = \mathbf{P}(\omega: a_1 < \xi_1 \leqq b_1, \ldots, a_n < \xi_n \leqq b_n)$$

sowie

$$P_{\xi_i}(a_i, b_i] = \mathbf{P}(a_i < \xi_i \leqq b_i).$$

Wegen (4) und (3.7) ergibt sich dann

$$P_\xi(a, b] = \prod_{i=1}^n [F_{\xi_i}(b_i) - F_{\xi_i}(a_i)] = \prod_{i=1}^n P_{\xi_i}(a_i, b_i]$$

und folglich

$$\mathbf{P}(\xi_1 \in I_1, \ldots, \xi_n \in I_n) = \prod_{i=1}^n \mathbf{P}(\xi_i \in I_i) \tag{5}$$

mit $I_i = (a_i, b_i]$.

Wir fixieren nun $I_2, \ldots, I_n$ und zeigen, daß für jedes $B_1 \in \mathscr{B}(R)$ die Gleichheit

$$\mathsf{P}(\xi_1 \in B_1, \xi_2 \in I_2, \ldots, \xi_n \in I_n) = \mathsf{P}(\xi_1 \in B_1) \prod_{i=2}^{n} \mathsf{P}(\xi_i \in I_i) \tag{6}$$

eintritt. Es sei $\mathscr{M}$ die Gesamtheit aller Mengen aus $\mathscr{B}(R)$, für die (6) erfüllt ist. Zu $\mathscr{M}$ gehört offenbar die Algebra $\mathscr{A}$ der Mengen, die aus Summen paarweise disjunkter Intervalle des Typs $I_1 = (a_1, b_1]$ bestehen, also gelten die Inklusionen $\mathscr{A} \subseteqq \mathscr{M} \subseteqq \mathscr{B}(R)$. Aus der σ-Additivität (und folglich auch der Stetigkeit) des Wahrscheinlichkeitsmaßes ergibt sich, daß $\mathscr{M}$ eine monotone Klasse ist. Daraus folgt (vgl. § 2, Nr. 1)

$$\mu(\mathscr{A}) \subseteqq \mathscr{M} \subseteqq \mathscr{B}(R).$$

Nach Satz 1 aus § 2 erhalten wir andererseits $\mu(\mathscr{A}) = \sigma(\mathscr{A}) = \mathscr{B}(R)$. Also gilt $\mathscr{M} = \mathscr{B}(R)$, und (6) ist bewiesen.

Wir fixieren nun $B_1, I_3, \ldots, I_n$. Wie oben beweist man die Gültigkeit von (6), wenn anstelle von I_2 eine Borel-Menge B_2 gesetzt wird. Bei Fortsetzung dieses Prozesses gelangen wir offensichtlich zur geforderten Gleichheit

$$\mathsf{P}(\xi_1 \in B_1, \ldots, \xi_n \in B_n) = \mathsf{P}(\xi_1 \in B_1) \cdots \mathsf{P}(\xi_n \in B_n),$$

wobei B_i zu $\mathscr{B}(R)$ gehört. Damit ist der Satz bewiesen.

3. Aufgaben

1. Es seien $\xi_1, \ldots, \xi_n$ diskrete zufällige Größen. Man zeige, daß (ξ_i), $i = 1, \ldots, n$, dann und nur dann unabhängig ist, wenn für beliebige reelle $x_1, \ldots, x_n$ die Gleichheit

$$\mathsf{P}(\xi_1 = x_1, \ldots, \xi_n = x_n) = \prod_{i=1}^{n} \mathsf{P}(\xi_i = x_i)$$

gilt.

2. Man beweise, daß jede zufällige Funktion (im Sinne der Definition 1) ein zufälliger Prozeß (im Sinne der Definition 3) ist und umgekehrt.

3. Es seien $X_1, \ldots, X_n$ zufällige Elemente mit Werten in $(E_1, \mathscr{E}_1), \ldots, (E_n, \mathscr{E}_n)$. Weiter seien $(E_1', \mathscr{E}_1'), \ldots, (E_n', \mathscr{E}_n')$ meßbare Räume, und $g_1, \ldots, g_n$ seien $\mathscr{E}_1/\mathscr{E}_1'$-, $\ldots$, $\mathscr{E}_n/\mathscr{E}_n'$-meßbare Funktionen. Man weise nach, daß die Unabhängigkeit von (X_i), $i = 1, \ldots, n$, die Unabhängigkeit von $(g_i \circ X_i)$, $i = 1, \ldots, n$, bewirkt.

§ 6. Das Lebesgue-Integral. Der Erwartungswert

1. Für endliche Wahrscheinlichkeitsräume $(\Omega, \mathscr{F}, \mathsf{P})$ und einfache zufällige Größen

$$\xi(\omega) = \sum_{k=1}^{n} x_k I_{A_k}(\omega) \tag{1}$$

haben wir den Begriff des Erwartungswertes $\mathsf{M}\xi$ bereits in Kapitel I, § 4, definiert. Dieselbe Konstruktion für den Erwartungswert einfacher zufälliger Größen wird auch für den Fall beliebiger Wahrscheinlichkeitsräume $(\Omega, \mathscr{F}, \mathsf{P})$ benutzt: Man definiert

$$\mathsf{M}\xi = \sum_{k=1}^{n} x_k \mathsf{P}(A_k). \tag{2}$$

Die Korrektheit dieser Definition, d. h. die Unabhängigkeit des Wertes $\mathsf{M}\xi$ von der Art der Darstellung der zufälligen Größe ξ in der Form (1), erhält man genau wie im Fall endlicher Wahrscheinlichkeitsräume. Ebenso lassen sich die einfachsten Eigenschaften des Erwartungswertes (vgl. Kapitel I, § 4, Nr. 5) übertragen.

In diesem Paragraphen wollen wir den Erwartungswert einer beliebigen zufälligen Größe definieren und seine Eigenschaften studieren. Vom analytischen Standpunkt ist der Erwartungswert $\mathsf{M}\xi$ nichts anderes als das Lebesgue-Integral der $\mathcal{F}$-meßbaren Funktion $\xi = \xi(\omega)$ bezüglich des Maßes P, für welches (neben $\mathsf{M}\xi$) auch die Bezeichnungen $\int_\Omega \xi(\omega)\, \mathsf{P}(d\omega)$ oder $\int_\Omega \xi\, d\mathsf{P}$ verwendet werden.

2. Es sei $\xi = \xi(\omega)$ eine nichtnegative zufällige Größe. Wir wählen eine Folge einfacher zufälliger Größen $(\xi_n)_{n\geqq 1}$ derart, daß $\xi_n(\omega) \uparrow \xi(\omega)$ für $n \to \infty$ für jedes $\omega \in \Omega$ gilt (vgl. Satz 1 aus § 4).

Aus $\mathsf{M}\xi_n \leqq \mathsf{M}\xi_{n+1}$ (vgl. Eigenschaft 3 aus Kapitel I, § 4, Nr. 5) schließen wir auf die Existenz des Grenzwertes $\lim_n \mathsf{M}\xi_n$, der auch den Wert $+\infty$ annehmen kann.

Definition 1. Die Größe

$$\mathsf{M}\xi = \lim_n \mathsf{M}\xi_n \tag{3}$$

heißt das *Lebesgue-Integral* oder der *Erwartungswert* der zufälligen Größe $\xi = \xi(\omega)$.

Wir zeigen nun die Korrektheit dieser Definition. Dazu müssen wir nachweisen, daß der Wert $\mathsf{M}\xi$ nicht von der Wahl der approximierenden Folge (ξ_n) abhängt. Mit anderen Worten, wir müssen zeigen, daß für Folgen einfacher zufälliger Größen (ξ_n) und (η_m) mit $\xi_n \uparrow \xi$ bzw. $\eta_m \uparrow \xi$ die Gleichheit

$$\lim_n \mathsf{M}\xi_n = \lim_m \mathsf{M}\eta_m \tag{4}$$

erfüllt ist.

Lemma 1. *Es seien η und ξ_n, $n \geqq 1$, einfache zufällige Größen derart, daß*

$$\xi_n \uparrow \xi \geqq \eta$$

gilt. Dann folgt

$$\lim_n \mathsf{M}\xi_n \geqq \mathsf{M}\eta. \tag{5}$$

Beweis. Es sei $\varepsilon > 0$ und

$$A_n = \{\omega : \xi_n \geqq \eta - \varepsilon\}.$$

Offensichtlich gilt $A_n \uparrow \Omega$ und

$$\xi_n = \xi_n I_{A_n} + \xi_n I_{\bar{A}_n} \geqq \xi_n I_{A_n} \geqq (\eta - \varepsilon)\, I_{A_n}.$$

Unter Ausnutzung der Eigenschaften des Erwartungswertes einfacher zufälliger Größen gelangen wir deshalb zu

$$\begin{aligned}\mathsf{M}\xi_n &\geqq \mathsf{M}(\eta - \varepsilon)\, I_{A_n} = \mathsf{M}\eta I_{A_n} - \varepsilon \mathsf{P}(A_n) = \mathsf{M}\eta - \mathsf{M}\eta I_{\bar{A}_n} - \varepsilon \mathsf{P}(A_n)\\ &\geqq \mathsf{M}\eta - C\mathsf{P}(\bar{A}_n) - \varepsilon\end{aligned}$$

mit $C = \max_\omega \eta(\omega)$. Da $\varepsilon > 0$ beliebig gewählt war, erhalten wir daraus die Gültigkeit der gesuchten Ungleichung (5).

Aus diesem Lemma ergibt sich $\lim_n \mathbf{M}\xi_n \geqq \lim_m \mathbf{M}\eta_m$ und aus Symmetriegründen $\lim_m \mathbf{M}\eta_m \geqq \lim_n \mathbf{M}\xi_n$. Dies beweist (4).

Häufig ist die folgende Aussage von Nutzen.

Bemerkung 1. Der Erwartungswert $\mathbf{M}\xi$ einer nichtnegativen zufälligen Größe ξ besitzt die Darstellung

$$\mathbf{M}\xi = \sup_{\{s\in S:\, s \leqq \xi\}} \mathbf{M}s, \tag{6}$$

wobei S die Menge aller nichtnegativen einfachen zufälligen Größen ist (vgl. Aufgabe 1).

Somit haben wir also den Erwartungswert nichtnegativer zufälliger Größen definiert. Wir gehen jetzt zum allgemeinen Fall über.

Es sei ξ eine zufällige Größe und $\xi^+ = \max(\xi, 0)$ sowie $\xi^- = -\min(\xi, 0)$.

Definition 2. Man sagt, daß der Erwartungswert $\mathbf{M}\xi$ der zufälligen Größe ξ *existiert* (oder daß er *definiert* ist), falls mindestens eine der Größen $\mathbf{M}\xi^+$ oder $\mathbf{M}\xi^-$ endlich ist:

$$\min(\mathbf{M}\xi^+, \mathbf{M}\xi^-) < \infty.$$

In diesem Fall setzt man nach Definition

$$\mathbf{M}\xi = \mathbf{M}\xi^+ - \mathbf{M}\xi^-.$$

Den *Erwartungswert* $\mathbf{M}\xi$ nennt man auch *Lebesgue-Integral* (der Funktion ξ bezüglich des Wahrscheinlichkeitsmaßes $\mathbf{P}$).

Definition 3. Man sagt, daß der *Erwartungswert* der zufälligen Größe ξ *endlich* ist, falls sowohl $\mathbf{M}\xi^+ < \infty$ als auch $\mathbf{M}\xi^- < \infty$ erfüllt ist.

Da $|\xi| = \xi^+ + \xi^-$ gilt, ist die Endlichkeit von $\mathbf{M}\xi$ (d. h. $|\mathbf{M}\xi| < \infty$) äquivalent zu $\mathbf{M}\,|\xi| < \infty$. (In diesem Sinne trägt die Lebesgue-Integrierbarkeit „absoluten" Charakter).

Bemerkung 2. Neben dem Erwartungswert $\mathbf{M}\xi$ sind auch die Größen $\mathbf{M}\xi^r$ (falls sie existieren) und $\mathbf{M}\,|\xi|^r$, $r > 0$, wichtige zahlenmäßige Charakteristika einer zufälligen Größe ξ. Sie heißen *Momente* r-ter Ordnung bzw. *absolute Momente* r-ter Ordnung (r-te Momente) der zufälligen Größe ξ.

Bemerkung 3. In der obigen Definition des Lebesgue-Integrals $\int_\Omega \xi(\omega)\, \mathbf{P}(d\omega)$ haben wir vorausgesetzt, daß $\mathbf{P}$ ein Wahrscheinlichkeitsmaß (d. h. $\mathbf{P}(\Omega) = 1$) ist und die $\mathscr{F}$-meßbaren Funktionen (zufällige Größen) ξ Werte in $R = (-\infty, \infty)$ annehmen. Es sei nun μ ein beliebiges Maß auf dem meßbaren Raum $(\Omega, \mathscr{F})$, das auch den Wert $+\infty$ besitzen kann, und $\xi = \xi(\omega)$ eine $\mathscr{F}$-meßbare Funktion mit Werten in $[-\infty, \infty]$ (also eine erweiterte zufällige Größe). In diesem Fall wird das Lebesgue-Integral $\int_\Omega \xi(\omega)\, \mu(\mathrm{d}\omega)$ genauso definiert: zunächst für nichtnegative einfache ξ (gemäß Formel (2), wenn $\mathbf{P}$ durch μ ersetzt wird), danach für beliebige nichtnegative ξ und im allgemeinen Fall nach der Formel

$$\int_\Omega \xi(\omega)\, \mu(\mathrm{d}\omega) = \int_\Omega \xi^+ \mu(\mathrm{d}\omega) - \int_\Omega \xi^- \mu(\mathrm{d}\omega),$$

wenn keine unbestimmten Ausdrücke der Form $\infty - \infty$ entstehen.

Für die Analysis ist besonders der Fall wichtig, daß $(\Omega, \mathcal{F}) = (R, \mathcal{B}(R))$ und μ das Lebesgue-Maß ist. In dieser Situation wird $\int_R \xi(x)\, \mu(\mathrm{d}x)$ auch durch $\int_R \xi(x)\, \mathrm{d}x$ oder $\int_{-\infty}^{\infty} \xi(x)\, \mathrm{d}x$ bzw. (L) $\int_{-\infty}^{\infty} \xi(x)\, \mathrm{d}x$ bezeichnet, um den Unterschied zum Riemann-Integral (R) $\int_{-\infty}^{\infty} \xi(x)\, \mathrm{d}x$ hervorzuheben. Entspricht das Lebesgue-Stieltjes-Maß μ einer verallgemeinerten Verteilungsfunktion $G = G(x)$, so nennt man das Integral $\int_R \xi(x)\, \mu(\mathrm{d}x)$ auch *Lebesgue-Stieltjes-Integral* und bezeichnet es zur Unterscheidung vom Riemann-Stieltjes-Integral (R-S) $\int_R \xi(x)\, G(\mathrm{d}x)$ mit (L-S) $\int_R \xi(x)\, G(\mathrm{d}x)$ (vgl. auch im weiteren Nr. 10).

Wie sich im weiteren (vgl. Eigenschaft D) erweisen wird, folgt aus der Existenz von $\mathbf{M}\xi$ bereits, daß der Erwartungswert $\mathbf{M}\xi I_A$ für alle $A \in \mathcal{F}$ definiert ist. Für $\mathbf{M}\xi I_A$ oder, was dasselbe ist, $\int_\Omega \xi I_A\, \mathrm{d}\mathbf{P}$ benutzt man oft die Bezeichnungen $\mathbf{M}(\xi; A)$ und $\int_A \xi\, \mathrm{d}\mathbf{P}$. Das Integral $\int_A \xi\, \mathrm{d}\mathbf{P}$ nennt man gewöhnlich *Lebesgue-Integral von ξ bezüglich des Maßes $\mathbf{P}$ über der Menge A.*

Analog schreibt man bei beliebigen Maßen μ anstelle von $\int_\Omega \xi \cdot I_A\, \mathrm{d}\mu$ einfach $\int_A \xi\, \mathrm{d}\mu$. Ist insbesondere μ ein n-dimensionales Lebesgue-Stieltjes-Maß und $A = (a_1, b_1] \times \dots \times (a_n, b_n]$, so schreibt man $\int_{a_1}^{b_1} \cdots \int_{a_n}^{b_n} \xi(x_1, \dots, x_n)\, \mu(\mathrm{d}x_1, \dots, \mathrm{d}x_n)$ anstelle von $\int_A \xi\, \mathrm{d}\mu$. Beim Lebesgue-Maß verwendet man anstelle von $\mu(\mathrm{d}x_1, \dots, \mathrm{d}x_n)$ einfach $\mathrm{d}x_1 \cdots \mathrm{d}x_n$.

Wir formulieren nun die wichtigsten Eigenschaften des Erwartungswertes $\mathbf{M}\xi$ einer zufälligen Größe ξ.

A. *Es sei c eine Konstante, und $\mathbf{M}\xi$ existiere. Dann existiert auch $\mathbf{M}(c\xi)$, und es gilt*

$$\mathbf{M}(c\xi) = c\mathbf{M}\xi.$$

B. *Es sei $\xi \leqq \eta$. Dann folgt*

$$\mathbf{M}\xi \leqq \mathbf{M}\eta$$

in dem Sinne, daß

aus $-\infty < \mathbf{M}\xi$ die Beziehungen $-\infty < \mathbf{M}\eta$ und $\mathbf{M}\xi \leqq \mathbf{M}\eta$

oder

$$\textit{aus } \mathbf{M}\eta < \infty \textit{ die Beziehungen } \mathbf{M}\xi < \infty \textit{ und } \mathbf{M}\xi \leqq \mathbf{M}\eta$$

folgen.

C. *Existiert* $\mathbf{M}\xi$, *so gilt*

$$|\mathbf{M}\xi| \leqq \mathbf{M}\,|\xi|.$$

D. *Falls* $\mathbf{M}\xi$ *existiert, folgt daraus für jedes* $A \in \mathcal{F}$ *ebenfalls die Existenz von* $\mathbf{M}\xi I_A$. *Ist* $\mathbf{M}\xi$ *endlich, dann gilt dies auch für* $\mathbf{M}\xi I_A$.

E. *Sind* ξ *und* η *nichtnegative zufällige Größen oder besitzen sie die Eigenschaft* $\mathbf{M}\,|\xi| < \infty$ *und* $\mathbf{M}\,|\eta| < \infty$, *dann gilt*

$$\mathbf{M}(\xi + \eta) = \mathbf{M}\xi + \mathbf{M}\eta.$$

(In Aufgabe 2 wird diese Eigenschaft verallgemeinert.)

Wir führen nun die Beweise für die Eigenschaften A bis E.

A. Für einfache zufällige Größen ist die Behauptung offensichtlich. Es sei $\xi \geqq 0$ und (ξ_n) eine Folge einfacher zufälliger Größen mit $\xi_n \uparrow \xi$ sowie $c \geqq 0$. Dann tritt die Konvergenz $c\xi_n \uparrow c\xi$ ein, und folglich ergibt sich

$$\mathbf{M}(c\xi) = \lim_n \mathbf{M}(c\xi_n) = c \cdot \lim_n \mathbf{M}\xi_n = c \cdot \mathbf{M}\xi.$$

Im allgemeinen Fall benutzt man die Darstellung $\xi = \xi^+ - \xi^-$ und berücksichtigt, daß für $c \geqq 0$ die Beziehungen $(c\xi)^+ = c\xi^+$ und $(c\xi)^- = c\xi^-$ und für $c < 0$ analog $(c\xi^+) = -c\xi^-$ und $(c\xi)^- = -c\xi^+$ gelten.

B. Für $0 \leqq \xi \leqq \eta$ sind $\mathbf{M}\xi$ und $\mathbf{M}\eta$ definiert, und die Ungleichung $\mathbf{M}\xi \leqq \mathbf{M}\eta$ folgt unmittelbar aus (6). Es gelte nun $\mathbf{M}\xi > -\infty$ und somit $\mathbf{M}\xi^- < \infty$. Aus $\xi \leqq \eta$ schließen wir $\xi^+ \leqq \eta^+$ und $\xi^- \geqq \eta^-$. Aus diesem Grunde haben wir $\mathbf{M}\eta^- \leqq \mathbf{M}\xi^- < \infty$. Infolgedessen ist $\mathbf{M}\eta$ definiert, und es gilt $\mathbf{M}\xi = \mathbf{M}\xi^+ - \mathbf{M}\xi^- \leqq \mathbf{M}\eta^+ - \mathbf{M}\eta^- = \mathbf{M}\eta$. Analog behandelt man den Fall $\mathbf{M}\eta < \infty$.

C. Wegen $-|\xi| \leqq \xi \leqq |\xi|$ ergeben die Eigenschaften A und B

$$-\mathbf{M}\,|\xi| \leqq \mathbf{M}\xi \leqq \mathbf{M}\,|\xi|$$

und somit $|\mathbf{M}\xi| \leqq \mathbf{M}\,|\xi|$.

D. Dies folgt aus Eigenschaft B und den Beziehungen

$$(\xi I_A)^+ = \xi^+ I_A \leqq \xi^+$$

und

$$(\xi I_A)^- = \xi^- I_A \leqq \xi^-.$$

E. Es sei $\xi \geqq 0$, $\eta \geqq 0$, und (ξ_n), (η_n) seien Folgen einfacher zufälliger Größen, so daß die Beziehungen $\xi_n \uparrow \xi$ und $\eta_n \uparrow \eta$ erfüllt sind. Dann erhalten wir $\mathbf{M}(\xi_n + \eta_n) = \mathbf{M}\xi_n + \mathbf{M}\eta_n$ und $\mathbf{M}(\xi_n + \eta_n) \uparrow \mathbf{M}(\xi + \eta)$ sowie $\mathbf{M}\xi_n \uparrow \mathbf{M}\xi$, $\mathbf{M}\eta_n \uparrow \mathbf{M}\eta$ und demzufolge $\mathbf{M}(\xi + \eta) = \mathbf{M}\xi + \mathbf{M}\eta$. Der Fall $\mathbf{M}\,|\xi| < \infty$, $\mathbf{M}\,|\eta| < \infty$ läßt sich auf den soeben betrachteten zurückführen, wenn man die Beziehungen $\xi = \xi^+ - \xi^-$, $\eta = \eta^+ - \eta^-$, $\xi^+ \leqq |\xi|$, $\xi^- \leqq |\xi|$ und $\eta^+ \leqq |\eta|$, $\eta^- \leqq |\eta|$ benutzt.

Die folgenden Aussagen über den Erwartungswert sind mit dem Begriff „$\mathbf{P}$-fast sicher" verknüpft. Wir sagen, daß *eine gewisse Eigenschaft „$\mathbf{P}$-fast sicher" erfüllt ist, falls eine Menge $N \in \mathcal{F}$ mit $\mathbf{P}(N) = 0$ existiert, so daß diese Eigenschaft für jeden Punkt $\omega \in \Omega \setminus N$ auftritt.* Anstelle der Worte „$\mathbf{P}$-fast sicher" sagt man auch oft „$\mathbf{P}$-fast überall" oder einfach „fast sicher" (f.s.) bzw. „fast überall" (f.ü.).

F. *Aus $\xi = 0$ (f.s.) folgt $\mathbf{M}\xi = 0$.*

Ist nämlich ξ eine einfache zufällige Größe, $\xi = \sum x_k I_{A_k}(\omega)$ und $x_k \neq 0$, dann gilt nach Voraussetzung $\mathbf{P}(A_k) = 0$. Folglich ergibt sich $\mathbf{M}\xi = 0$. Für $\xi \geqq 0$ und $0 \leqq s \leqq \xi$, wobei s eine einfache zufällige Größe ist, haben wir $s = 0$ (f.s.). Demzufolge gilt $\mathbf{M}s = 0$ und deshalb auch $\mathbf{M}\xi = \sup_{\{s \in S:\, s \leqq \xi\}} \mathbf{M}s = 0$. Der allgemeine Fall läßt sich durch den Übergang zur Darstellung $\xi = \xi^+ - \xi^-$ unter Berücksichtigung von $\xi^+ \leqq |\xi|$, $\xi^- \leqq |\xi|$ und $|\xi| = 0$ (f.s.) auf den soeben betrachteten Fall zurückführen.

G. *Aus $\xi = \eta$ (f.s.) und $\mathbf{M}\,|\xi| < \infty$ folgt $\mathbf{M}\,|\eta| < \infty$ und $\mathbf{M}\xi = \mathbf{M}\eta$* (vgl. auch Aufgabe 3).

Zum Beweis dieser Eigenschaft setzen wir $N = \{\omega : \xi \neq \eta\}$. Dann folgt $\mathbf{P}(\mathcal{N}) = 0$, und es gelten die Beziehungen $\xi = \xi I_N + \xi I_{\bar{N}}$, $\eta = \eta I_N + \eta I_{\bar{N}} = \eta I_N + \xi I_{\bar{N}}$. Aus den Eigenschaften E und F ergibt sich $\mathbf{M}\xi = \mathbf{M}\xi I_N + \mathbf{M}\xi I_{\bar{N}} = \mathbf{M}\xi I_{\bar{N}} = \mathbf{M}\eta I_{\bar{N}}$. Wir haben jedoch $\mathbf{M}\eta I_N = 0$, und deshalb erhalten wir aus der Eigenschaft E die Beziehung $\mathbf{M}\xi = \mathbf{M}\eta I_{\bar{N}} + \mathbf{M}\eta I_N = \mathbf{M}\eta$.

H. *Es seien $\xi \geqq 0$ und $\mathbf{M}\xi = 0$. Dann folgt $\xi = 0$ (f.s.).*

Wir setzen zum Beweis $A = \{\omega : \xi(\omega) > 0\}$ und $A_n = \{\omega : \xi(\omega) \geqq 1/n\}$. Offenbar gilt $A_n \uparrow A$ und $0 \leqq \xi \cdot I_{A_n} \leqq \xi \cdot I_A$. Aus der Eigenschaft B erhalten wir

$$0 \leqq \mathbf{M}\xi I_{A_n} \leqq \mathbf{M}\xi = 0 .$$

Deshalb ergibt sich

$$0 = \mathbf{M}\xi I_{A_n} \geqq \frac{1}{n}\,\mathbf{P}(A_n)$$

und folglich $\mathbf{P}(A_n) = 0$ für alle $n \geqq 1$. Andererseits haben wir $\mathbf{P}(A) = \lim_n \mathbf{P}(A_n)$ und somit $\mathbf{P}(A) = 0$.

I. *Die zufälligen Größen ξ und η seien so beschaffen, daß $\mathbf{M}\,|\xi| < \infty$ und $\mathbf{M}\,|\eta| < \infty$ erfüllt ist und für alle $A \in \mathcal{F}$ die Beziehung $\mathbf{M}\xi I_A \leqq \mathbf{M}\eta I_A$ gilt. Dann folgt $\xi \leqq \eta$ (f.s.).*

Zum Beweis setzen wir $B = \{\omega : \xi(\omega) > \eta(\omega)\}$. Dann erhalten wir $\mathbf{M}\eta I_B \leqq \mathbf{M}\xi I_B \leqq \mathbf{M}\eta I_B$ und somit $\mathbf{M}\xi I_B = \mathbf{M}\eta I_B$. Aufgrund der Eigenschaft E ergibt sich $\mathbf{M}(\xi - \eta)\, I_B = 0$, und aus der Eigenschaft H folgt dann $(\xi - \eta)\, I_B = 0$ (f.s.). Also gilt $\mathbf{P}(B) = 0$.

J. *Es sei ξ eine erweiterte zufällige Größe mit* $\mathsf{M}\,|\xi| < \infty$. *Dann folgt* $|\xi| < \infty$ (*f.s.*).

Für den Nachweis dieser Eigenschaft setzen wir $A = \{\omega : |\xi(\omega)| = \infty\}$ und nehmen $\mathsf{P}(A) > 0$ an. Dann haben wir $\mathsf{M}\,|\xi| \geqq \mathsf{M}(|\xi|\, I_A) = \infty \cdot \mathsf{P}(A) = \infty$. Dies widerspricht unserer Voraussetzung $\mathsf{M}\,|\xi| < \infty$. (Siehe dazu auch Aufgabe 4.)

3. In diesem Abschnitt werden wir uns mit den grundlegenden Sätzen *über den Grenzübergang* unter dem Zeichen des Erwartungswertes (Lebesgue-Integrals) beschäftigen.

Satz 1 (Satz über die monotone Konvergenz). *Es seien η, ξ, ξ_1, ξ_2, … zufällige Größen.*

a) *Ist $\xi_n \geqq \eta$ für alle $n \geqq 1$, $\mathsf{M}\eta > -\infty$ und $\xi_n \uparrow \xi$, so folgt*

$$\mathsf{M}\xi_n \uparrow \mathsf{M}\xi.$$

b) *Ist $\xi_n \leqq \eta$ für alle $n \geqq 1$, $\mathsf{M}\eta < +\infty$ und $\xi_n \downarrow \xi$, so folgt*

$$\mathsf{M}\xi_n \downarrow \mathsf{M}\xi.$$

Beweis. a) Wir setzen zunächst $\eta \geqq 0$ voraus. Für jedes $k \geqq 1$ sei $(\xi_k^{(n)})_{n \geqq 1}$ eine Folge einfacher Funktionen mit $\xi_k^{(n)} \uparrow \xi_k$, $n \to \infty$. In der Bezeichnung $\zeta^{(n)} = \max\limits_{1 \leqq k \leqq n} \xi_k^{(n)}$ folgt

$$\zeta^{(n-1)} \leqq \zeta^{(n)} = \max_{1 \leqq k \leqq n} \xi_k^{(n)} \leqq \max_{1 \leqq k \leqq n} \xi_k = \xi_n.$$

Es sei $\zeta = \lim\limits_n \zeta^{(n)}$. Da für $1 \leqq k \leqq n$

$$\xi_k^{(n)} \leqq \zeta^{(n)} \leqq \xi_n$$

gilt, erhalten wir durch Grenzübergang für $n \to \infty$ für alle $k \geqq 1$

$$\xi_k \leqq \zeta \leqq \xi,$$

und folglich $\xi = \zeta$.

Die zufälligen Größen $\zeta^{(n)}$ sind einfach, und es gilt $\zeta^{(n)} \uparrow \zeta$. Deshalb finden wir

$$\mathsf{M}\xi = \mathsf{M}\zeta = \lim \mathsf{M}\zeta^{(n)} \leqq \lim \mathsf{M}\xi_n.$$

Andererseits gilt wegen $\xi_n \leqq \xi_{n+1} \leqq \xi$ offensichtlich

$$\lim \mathsf{M}\xi_n \leqq \mathsf{M}\xi.$$

Somit ergibt sich $\lim\limits_n \mathsf{M}\xi_n = \mathsf{M}\xi$.

Es sei nun η eine beliebige zufällige Größe mit $\mathsf{M}\eta > -\infty$, und ferner sei $\xi_n \geqq \eta$ für alle $n \geqq 1$. Für $\mathsf{M}\eta = \infty$ erhalten wir aus Eigenschaft B die Gleichheit $\mathsf{M}\xi_n = \mathsf{M}\xi = \infty$, womit die Behauptung bewiesen ist. Es sei also $\mathsf{M}\eta < \infty$. Zusammen mit $\mathsf{M}\eta > -\infty$ ergibt dies $\mathsf{M}\,|\eta| < \infty$. Offenbar gilt $0 \leqq (\xi_n - \eta) \uparrow (\xi - \eta)$ für alle $\omega \in \Omega$. Somit können wir aus dem bereits Bewiesenen $\mathsf{M}(\xi_n - \eta) \uparrow \mathsf{M}(\xi - \eta)$ schlußfolgern. Das zieht jedoch (nach Eigenschaft E und Aufgabe 2) die Konvergenz

$$\mathsf{M}\xi_n - \mathsf{M}\eta \uparrow \mathsf{M}\xi - \mathsf{M}\eta$$

nach sich. Wegen $\mathsf{M}\,|\eta| < \infty$ ergibt dies $\mathsf{M}\xi_n \uparrow \mathsf{M}\xi$, $n \to \infty$.

Der Beweis der Behauptung b) folgt aus a), wenn man die dort betrachteten zufälligen Größen mit negativem Vorzeichen versieht.

Folgerung. Es sei $(\eta_n)_{n\geqq 1}$ eine Folge nichtnegativer zufälliger Größen. Dann gilt

$$\mathbf{M}\sum_{n=1}^{\infty}\eta_n = \sum_{n=1}^{\infty}\mathbf{M}\eta_n.$$

Der Beweis folgt aus der Eigenschaft E (siehe auch Aufgabe 2), dem Satz über die monotone Konvergenz und der Bemerkung, daß $\sum_{n=1}^{k}\eta_n \uparrow \sum_{n=1}^{\infty}\eta_n$, $k\to\infty$, gilt.

Satz 2 (Lemma von Fatou). *Es seien $\eta, \xi_1, \xi_2, \ldots$ zufällige Größen.*

a) *Ist $\xi_n \geqq \eta$ für alle $n \geqq 1$ und $\mathbf{M}\eta > -\infty$, so folgt*

$$\mathbf{M}\,\underline{\lim}\,\xi_n \leqq \underline{\lim}\,\mathbf{M}\xi_n.$$

b) *Ist $\xi_n \leqq \eta$ für alle $n \geqq 1$ und $\mathbf{M}\eta < \infty$, so folgt*

$$\overline{\lim}\,\mathbf{M}\xi_n \leqq \mathbf{M}\,\overline{\lim}\,\xi_n.$$

c) *Ist $|\xi_n| \leqq \eta$ für alle $n \geqq 1$ und $\mathbf{M}\eta < \infty$, so folgt*

$$\mathbf{M}\,\underline{\lim}\,\xi_n \leqq \underline{\lim}\,\mathbf{M}\xi_n \leqq \overline{\lim}\,\mathbf{M}\xi_n \leqq \mathbf{M}\,\overline{\lim}\,\xi_n. \tag{7}$$

Beweis. Es bezeichne $\zeta_n = \inf\limits_{m\geqq n}\xi_m$. Dann erhalten wir

$$\underline{\lim}\,\xi_n = \lim_n \inf_{m\geqq n}\xi_m = \lim_n \zeta_n.$$

Offenbar gilt $\zeta_n \uparrow \underline{\lim}\,\xi_n$ und $\zeta_n \geqq \eta$ für alle $n \geqq 1$. Aus Satz 1 folgt nun

$$\mathbf{M}\,\underline{\lim}\,\xi_n = \mathbf{M}\lim_n \zeta_n = \lim_n \mathbf{M}\zeta_n = \underline{\lim}_n\,\mathbf{M}\zeta_n \leqq \underline{\lim}\,\mathbf{M}\xi_n,$$

was die Aussage a) beweist. Die zweite Aussage ist eine Konsequenz der ersten, die dritte eine Folge der ersten beiden.

Satz 3 (Satz von Lebesgue über die majorisierte Konvergenz). *Es seien $\eta, \xi, \xi_1, \xi_2, \ldots$ zufällige Größen, so daß $|\xi_n| \leqq \eta$ und $\mathbf{M}\eta < \infty$ gilt und die Konvergenz $\xi_n \to \xi$ (f.s.) stattfindet. Dann folgt $\mathbf{M}\,|\xi| < \infty$ und für $n\to\infty$*

$$\mathbf{M}\xi_n \to \mathbf{M}\xi \tag{8}$$

sowie

$$\mathbf{M}\,|\xi_n - \xi| \to 0. \tag{9}$$

Beweis. Nach dem Lemma von Fatou gilt die Beziehung (7). Die Voraussetzung besagt $\underline{\lim}\,\xi_n = \overline{\lim}\,\xi_n = \xi$ (f.s.). Demzufolge können wir gemäß Eigenschaft G folgendermaßen schließen:

$$\mathbf{M}\,\underline{\lim}\,\xi_n = \underline{\lim}\,\mathbf{M}\xi_\eta = \overline{\lim}\,\mathbf{M}\xi_n = \mathbf{M}\,\overline{\lim}\,\xi_n = \mathbf{M}\xi\ .$$

Dies beweist (8). Außerdem gilt offenbar $|\xi| \leqq \eta$ und deshalb $\mathbf{M}\,|\xi| < \infty$.

Die Aussage (9) kann man unter Berücksichtigung von $|\xi_n - \xi| \leqq 2\eta$ genauso beweisen.

Folgerung. Es seien $\eta, \xi, \xi_1, \xi_2, \ldots$ zufällige Größen derart, daß $|\xi_n| \leqq \eta$ gilt, die Konvergenz $\xi_n \to \xi$ (f.s.) stattfindet und ein $p > 0$ existiert, so daß $\mathsf{M}\,|\eta|^p < \infty$ erfüllt ist. Dann folgt $\mathsf{M}\,|\xi|^p < \infty$ und $\lim\limits_n \mathsf{M}\,|\xi - \xi_n|^p = 0$.

Zum Beweis genügt es zu bemerken, daß die Beziehungen

$$|\xi| \leqq \eta \quad \text{und} \quad |\xi - \xi_n|^p \leqq (|\xi| + |\xi_n|)^p \leqq (2\eta)^p$$

gelten.

Die Bedingungen $|\xi_n| \leqq \eta$ und $\mathsf{M}\eta < \infty$, die in die Formulierungen des Lemmas von Fatou und des Satzes von Lebesgue über die majorisierte Konvergenz eingehen und die Gültigkeit der Beziehungen (7) bis (9) sichern, lassen sich etwas abschwächen. Zur Formulierung des entsprechenden Resultats (Satz 4) führen wir die folgende Definition ein.

Definition 4. Eine Folge $(\xi_n)_{n\geqq 1}$ von zufälligen Größen heißt *gleichmäßig integrierbar*, falls

$$\sup_n \int_{\{|\xi_n|>c\}} |\xi_n|\, \mathsf{P}(\mathrm{d}\omega) \to 0, \qquad c \to \infty, \tag{10}$$

oder (in anderer Bezeichnung)

$$\sup_n \mathsf{M}[|\xi_n|\, I_{\{|\xi_n|>c\}}] \to 0, \qquad c \to \infty, \tag{11}$$

gilt.

Sind die zufälligen Größen ξ_n, $n \geqq 1$, so beschaffen, daß $|\xi_n| \leqq \eta$ und $\mathsf{M}\eta < \infty$ gilt, dann ist die Folge $(\xi_n)_{n\geqq 1}$ offensichtlich gleichmäßig integrierbar.

Satz 4. *Es sei* $(\xi_n)_{n\geqq 1}$ *eine Folge gleichmäßig integrierbarer zufälliger Größen.*

a) *Dann folgt*

$$\mathsf{M}\,\underline{\lim}\,\xi_n \leqq \underline{\lim}\,\mathsf{M}\xi_n \leqq \overline{\lim}\,\mathsf{M}\xi_n \leqq \mathsf{M}\,\overline{\lim}\,\xi_n.$$

b) *Gilt darüber hinaus* $\xi_n \to \xi$ *(f.s.), dann ist die zufällige Größe* ξ *integrierbar und*

$$\mathsf{M}\xi_n \to \mathsf{M}\xi, \qquad n \to \infty,$$

$$\mathsf{M}\,|\xi_n - \xi| \to 0, \qquad n \to \infty.$$

Beweis. Für jedes $c > 0$ gilt

$$\mathsf{M}\xi_n = \mathsf{M}[\xi_n I_{\{\xi_n < -c\}}] + \mathsf{M}[\xi_n I_{\{\xi_n \geqq -c\}}]. \tag{12}$$

Aufgrund der gleichmäßigen Integrierbarkeit kann man für jedes $\varepsilon > 0$ die Größe c so wählen, daß

$$\sup_n |\mathsf{M}[\xi_n I_{\{\xi_n < -c\}}]| < \varepsilon \tag{13}$$

erfüllt ist. Nach dem Lemma von Fatou ergibt sich

$$\underline{\lim}\,\mathsf{M}[\xi_n I_{\{\xi_n \geqq -c\}}] \geqq \mathsf{M}[\underline{\lim}\,\xi_n I_{\{\xi_n \geqq -c\}}].$$

Andererseits haben wir $\xi_n I_{\{\xi_n \geqq -c\}} \geqq \xi_n$, und deshalb gilt

$$\underline{\lim}\, \mathsf{M}(\xi_n I_{\{\xi_n \geqq -c\}}) \geqq \mathsf{M}\,(\underline{\lim}\, \xi_n). \tag{14}$$

Aus (12) bis (14) gewinnen wir die Ungleichung

$$\underline{\lim}\, \mathsf{M}\xi_n \geqq \mathsf{M}\,(\underline{\lim}\, \xi_n) - \varepsilon.$$

Da $\varepsilon > 0$ beliebig ist, erhalten wir schließlich $\underline{\lim}\, \mathsf{M}\xi_n \geqq \mathsf{M}\,(\underline{\lim}\, \xi_n)$. Analog beweist man die Ungleichung bezüglich der oberen Grenzwerte. Die Aussage b) folgt aus a) in der gleichen Weise wie in Satz 3.

Der folgende Satz liefert eine notwendige und hinreichende Bedingung für den Grenzübergang unter dem Erwartungswert. In ihm kommt die Bedeutung des Begriffs der gleichmäßigen Integrierbarkeit am klarsten zum Ausdruck.

Satz 5. *Es gelte* $0 \leqq \xi_n \to \xi$ *(f.s.) und* $\mathsf{M}\xi_n < \infty$. *Dann folgt die Konvergenz* $\mathsf{M}\xi_n \to \mathsf{M}\xi < \infty$ *genau dann, wenn die Folge* $(\xi_n)_{n \geqq 1}$ *gleichmäßig integrierbar ist.*

Beweis. Die Hinlänglichkeit ergibt sich bereits aus der Aussage b) von Satz 4. Zum Beweis der Notwendigkeit betrachten wir die (höchstens abzählbare) Menge $A = \{a : \mathsf{P}(\xi = a) > 0\}$. Dann tritt für jedes $a \notin A$ die Konvergenz $\xi_n I_{\{\xi_n < a\}} \to \xi I_{\{\xi < a\}}$ ein, wobei die Folge der zufälligen Größen $(\xi_n I_{\{\xi_n < a\}})_{n \geqq 1}$ gleichmäßig integrierbar ist. Aus der Hinlänglichkeit der Bedingung erhalten wir $\mathsf{M}\xi_n I_{\{\xi_n < a\}} \to \mathsf{M}\xi I_{\{\xi < a\}}$ für $a \notin A$ und folglich

$$\mathsf{M}\xi_n I_{\{\xi_n \geqq a\}} \to \mathsf{M}\xi I_{\{\xi \geqq a\}}, \quad a \notin A, \quad n \to \infty. \tag{15}$$

Wir fixieren nun $\varepsilon > 0$ und wählen zuerst $a_0 \in A$ so groß, daß $\mathsf{M}\xi I_{\{\xi \geqq a_0\}} < \varepsilon/2$ gilt, und danach N_0 derart, daß für alle $n \geqq N_0$ die Ungleichung

$$\mathsf{M}\xi_n I_{\{\xi_n \geqq a_0\}} \leqq \mathsf{M}\xi I_{\{\xi \geqq a_0\}} + \varepsilon/2$$

und folglich $\mathsf{M}\xi_n I_{\{\xi_n \geqq a_0\}} \leqq \varepsilon$ erfüllt ist. Schließlich finden wir ein $a_1 \geqq a_0$, so daß für alle $n \leqq N_0$ die Ungleichung $\mathsf{M}\xi_n I_{\{\xi_n \geqq a_1\}} \leqq \varepsilon$ gilt. Dann erhalten wir

$$\sup_n \mathsf{M}\xi_n I_{\{\xi_n \geqq a_1\}} \leqq \varepsilon,$$

was die gleichmäßige Integrierbarkeit der Folge $(\xi_n)_{n \geqq 1}$ beweist.

4. Nun wenden wir uns einigen Kriterien für die gleichmäßige Integrierbarkeit zu.

Vor allem wollen wir darauf hinweisen, daß aus der gleichmäßigen Integrierbarkeit der Folge (ξ_n) die Eigenschaft

$$\sup_n \mathsf{M}\,|\xi_n| < \infty \tag{16}$$

folgt. Für fixiertes $\varepsilon > 0$ und hinreichend großes $c > 0$ erhalten wir nämlich

$$\sup_n \mathsf{M}\,|\xi_n| = \sup_n\, [\mathsf{M}(|\xi_n|\, I_{\{|\xi_n| \geqq c\}}) + \mathsf{M}(|\xi_n|\, I_{\{|\xi_n| < c\}})]$$

$$\leqq \sup_n \mathsf{M}(|\xi_n|\, I_{\{|\xi_n| \geqq c\}}) + \sup_n \mathsf{M}(|\xi_n|\, I_{\{|\xi_n| < c\}}) \leqq \varepsilon + c,$$

was diese Behauptung sofort beweist.

Es erweist sich nun, daß die Bedingung (16) zusammen mit der sogenannten Bedingung der gleichmäßigen absoluten Stetigkeit notwendig und hinreichend für die gleichmäßige Integrierbarkeit ist.

Lemma 2. *Eine Folge* $(\xi_n)_{n\geqq 1}$ *von zufälligen Größen ist genau dann gleichmäßig integrierbar, wenn* $\mathsf{M}\,|\xi_n|$, $n \geqq 1$, *gleichmäßig beschränkt ist (d. h. Bedingung* (16) *erfüllt ist) und* $\mathsf{M}(|\xi_n|\, I_A)$, $n \geqq 1$, *gleichmäßig absolut stetig ist (d. h.* $\sup_n \mathsf{M}(|\xi_n|\, I_A) \to 0$ *für* $\mathsf{P}(A) \to 0$).

Beweis. *Notwendigkeit.* Die Bedingung (16) wurde bereits oben nachgeprüft. Weiter gilt

$$\begin{aligned}\mathsf{M}\{|\xi_n|\, I_A\} &= \mathsf{M}\{|\xi_n|\, I_{A\cap\{|\xi_n|\geqq c\}}\} + \mathsf{M}\{|\xi_n|\, I_{A\cap\{|\xi_n|<c\}}\}\\ &\leqq \mathsf{M}\{|\xi_n|\, I_{\{|\xi_n|\geqq c\}}\} + c\mathsf{P}(A).\end{aligned} \tag{17}$$

Wir wählen c so groß, daß $\sup_n \mathsf{M}(|\xi_n|\, I_{\{|\xi_n|\geqq c\}}) \leqq \varepsilon/2$ gilt. Ist $\mathsf{P}(A) \leqq \varepsilon/2c$, dann folgt aus (17)

$$\sup_n \mathsf{M}(|\xi_n|\, I_A) \leqq \varepsilon,$$

was die gleichmäßige absolute Stetigkeit beweist.

Hinlänglichkeit. Es sei $\varepsilon > 0$, und wir wählen $\delta > 0$ derart, daß aus der Bedingung $\mathsf{P}(A) < \delta$ die Abschätzung $\mathsf{M}(|\xi_n|\, I_A) \leqq \varepsilon$ gleichmäßig in n folgt. Da für jedes $c > 0$

$$\mathsf{M}\,|\xi_n| \geqq \mathsf{M}\,|\xi_n|\, I_{\{|\xi_n|\geqq c\}} \geqq c\mathsf{P}(|\xi_n| \geqq c)$$

gilt (vgl. mit der Ungleichung von Čebyšev), ergibt sich

$$\sup_n \mathsf{P}(|\xi_n| \geqq c) \leqq \frac{1}{c} \sup \mathsf{M}\,|\xi_n| \to 0, \qquad c \to \infty.$$

Demzufolge kann man für hinreichend große c als Menge A jede der Mengen $\{|\xi_n| \geqq c\}$, $n \geqq 1$, wählen. Aus diesem Grunde erhalten wir $\sup \mathsf{M}(|\xi_n|\, I_{\{|\xi_n|\geqq c\}}) \leqq \varepsilon$, was die gleichmäßige Integrierbarkeit beweist. Damit ist das Lemma bewiesen.

In der folgenden Aussage wird eine handliche hinreichende Bedingung für die gleichmäßige Integrierbarkeit bereitgestellt.

Lemma 3. *Es sei* $\xi_1, \xi_2, \ldots$ *eine Folge integrierbarer zufälliger Größen und* $G = G(t)$ *eine für* $t \geqq 0$ *definierte nichtnegative wachsende Funktion derart, daß die Beziehungen*

$$\lim_{t\to\infty} \frac{G(t)}{t} = \infty \tag{18}$$

und

$$\sup_n \mathsf{M}[G(|\xi_n|)] < \infty \tag{19}$$

gelten. Dann ist die Folge $(\xi_n)_{n\geqq 1}$ *der zufälligen Größen gleichmäßig integrierbar.*

Beweis. Es sei $\varepsilon > 0$, $M = \sup_n \mathbf{M}[G(|\xi_n|)]$ und $a = M/\varepsilon$. Wir wählen c so groß, daß $G(t)/t \geqq a$ für $t \geqq c$ erfüllt ist. Dann gilt

$$\mathbf{M}[|\xi_n|\, I_{\{|\xi_n|\geqq c\}}] \leqq \frac{1}{a}\,\mathbf{M}[G(|\xi_n|)\cdot I_{\{|\xi_n|\geqq c\}}] \leqq \frac{M}{a} = \varepsilon$$

gleichmäßig für alle $n \geqq 1$.

5. Falls ξ und η unabhängige einfache zufällige Größen sind, folgt, wie in Kapitel I, § 4, Nr. 5, bewiesen wurde, daß die Gleichheit $\mathbf{M}\xi\eta = \mathbf{M}\xi\,\mathbf{M}\eta$ gilt. Wir weisen nun die Gültigkeit der analogen Aussage im allgemeinen Fall nach (siehe auch Aufgabe 5).

Satz 6. *Es seien ξ und η unabhängige zufällige Größen mit $\mathbf{M}\,|\xi| < \infty$ und $\mathbf{M}|\eta| < \infty$. Dann folgt $\mathbf{M}\,|\xi\eta| < \infty$, und es gilt*

$$\mathbf{M}\xi\eta = \mathbf{M}\xi\cdot\mathbf{M}\eta. \tag{20}$$

Beweis. Es sei zunächst $\xi \geqq 0$ und $\eta \geqq 0$. Wir setzen

$$\xi_n = \sum_{k=0}^{\infty} \frac{k}{n}\, I_{\left\{\frac{k}{n}\leqq\xi(\omega)<\frac{k+1}{n}\right\}}$$

und

$$\eta_n = \sum_{k=0}^{\infty} \frac{k}{n}\, I_{\left\{\frac{k}{n}\leqq\eta(\omega)<\frac{k+1}{n}\right\}}.$$

Dann haben wir $\xi_n \leqq \xi$, $|\xi_n - \xi| \leqq 1/n$ und $\eta_n \leqq \eta$, $|\eta_n - \eta| \leqq 1/n$. Aufgrund von $\mathbf{M}\xi < \infty$ und $\mathbf{M}\eta < \infty$ erhalten wir aus dem Satz von LEBESGUE über die majorisierte Konvergenz

$$\lim \mathbf{M}\xi_n = \mathbf{M}\xi \quad\text{und}\quad \lim \mathbf{M}\eta_n = \mathbf{M}\eta.$$

Weiter folgt wegen der Unabhängigkeit von ξ und η

$$\begin{aligned}\mathbf{M}\xi_n\eta_n &= \sum_{k,l\geqq 0} \frac{kl}{n^2}\,\mathbf{M}I_{\left\{\frac{k}{n}\leqq\xi<\frac{k+1}{n}\right\}} I_{\left\{\frac{l}{n}\leqq\eta<\frac{l+1}{n}\right\}}\\ &= \sum_{k,l\geqq 0} \frac{kl}{n^2}\,\mathbf{M}I_{\left\{\frac{k}{n}\leqq\xi<\frac{k+1}{n}\right\}}\cdot\mathbf{M}I_{\left\{\frac{l}{n}\leqq\eta<\frac{l+1}{n}\right\}} = \mathbf{M}\xi_n\cdot\mathbf{M}\eta_n.\end{aligned}$$

Nun stellen wir fest, daß

$$\begin{aligned}|\mathbf{M}\xi\eta - \mathbf{M}\xi_n\eta_n| &\leqq \mathbf{M}\,|\xi\eta - \xi_n\eta_n| \leqq \mathbf{M}[|\xi|\cdot|\eta-\eta_n|] + \mathbf{M}[|\eta_n|\cdot|\xi-\xi_n|]\\ &\leqq \frac{1}{n}\,\mathbf{M}\xi + \frac{1}{n}\,\mathbf{M}\left(\eta + \frac{1}{n}\right) \to 0, \qquad n\to\infty,\end{aligned}$$

gilt. Deshalb erhalten wir $\mathbf{M}\xi\eta = \lim_n \mathbf{M}\xi_n\eta_n = \lim \mathbf{M}\xi_n\cdot\lim \mathbf{M}\eta_n = \mathbf{M}\xi\cdot\mathbf{M}\eta$, wobei $\mathbf{M}\xi\eta < \infty$ erfüllt ist. Der allgemeine Fall wird auf den betrachteten zurückgeführt, indem man die Darstellungen $\xi = \xi^+ - \xi^-$, $\eta = \eta^+ - \eta^-$, $\xi\eta = \xi^+\eta^+ - \xi^-\eta^+ - \xi^+\eta^- + \xi^-\eta^-$ benutzt. Damit ist der Satz bewiesen.

6. Die im folgenden angegebenen Ungleichungen für den Erwartungswert werden systematisch sowohl in der Wahrscheinlichkeitstheorie als auch in der Analysis angewandt.

Ungleichung von ČEBYŠEV. *Es sei ξ eine nichtnegative zufällige Größe. Dann gilt für jedes $\varepsilon > 0$*

$$\mathbf{P}(\xi \geqq \varepsilon) \leqq \frac{\mathbf{M}\xi}{\varepsilon}. \tag{21}$$

Der Beweis folgt sofort aus den Beziehungen

$$\mathbf{M}\xi \geqq \mathbf{M}(\xi \cdot I_{\{\xi \geqq \varepsilon\}}) \geqq \varepsilon \mathbf{M} I_{\{\xi \geqq \varepsilon\}} = \varepsilon \mathbf{P}(\xi \geqq \varepsilon).$$

Aus (21) erhalten wir folgende Varianten der Ungleichung von ČEBYŠEV: Ist ξ eine beliebige zufällige Größe, so gilt

$$\mathbf{P}(|\xi| \geqq \varepsilon) \leqq \frac{\mathbf{M}\xi^2}{\varepsilon^2} \tag{22}$$

und

$$\mathbf{P}(|\xi - \mathbf{M}\xi| \geqq \varepsilon) \leqq \frac{\mathbf{D}\xi^2}{\varepsilon^2}, \tag{23}$$

wobei $\mathbf{D}\xi = \mathbf{M}(\xi - \mathbf{M}\xi)^2$ die Varianz der zufälligen Größe ξ ist.

Ungleichung von CAUCHY-BUNJAKOVSKIJ. *Es seien ξ und η zufällige Größen mit $\mathbf{M}\xi^2 < \infty$ und $\mathbf{M}\eta^2 < \infty$. Dann gilt $\mathbf{M}\,|\xi\eta| < \infty$ und*

$$(\mathbf{M}\,|\xi\eta|)^2 \leqq \mathbf{M}\xi^2 \cdot \mathbf{M}\eta^2. \tag{24}$$

Beweis. Wir setzen $\mathbf{M}\xi^2 > 0$ und $\mathbf{M}\eta^2 > 0$ voraus. Dann erhalten wir in den Bezeichnungen $\tilde{\xi} = \frac{\xi}{\sqrt{\mathbf{M}\xi^2}}$ und $\tilde{\eta} = \frac{\eta}{\sqrt{\mathbf{M}\eta^2}}$ infolge der Ungleichung $2\,|\tilde{\xi}\tilde{\eta}| \leqq \tilde{\xi}^2 + \tilde{\eta}^2$ die Beziehung

$$2\mathbf{M}\,|\tilde{\xi}\tilde{\eta}| \leqq \mathbf{M}\tilde{\xi}^2 + \mathbf{M}\tilde{\eta}^2 = 2.$$

Das heißt, es gilt $\mathbf{M}\,|\tilde{\xi}\tilde{\eta}| \leqq 1$, womit (24) bewiesen ist.

Ist nun beispielsweise $\mathbf{M}\xi^2 = 0$, dann erhalten wir aus Eigenschaft I die Gleichheit $\xi = 0$ (f.s.), und aus Eigenschaft F folgt $\mathbf{M}\xi\eta = 0$, d. h., (24) ist ebenfalls erfüllt.

Ungleichung von JENSEN. *Es sei $g = g(x)$ eine konvexe Borel-Funktion und $\mathbf{M}\,|\xi| < \infty$. Dann folgt*

$$g(\mathbf{M}\xi) \leqq \mathbf{M}g(\xi). \tag{25}$$

Beweis. Ist die Funktion $g = g(x)$ konvex, dann existiert zu jedem $x_0 \in R$ eine Zahl $\lambda(x_0)$ derart, daß für alle $x \in R$

$$g(x) \geqq g(x_0) + (x - x_0) \cdot \lambda(x_0) \tag{26}$$

gilt. Wenn wir nun $x = \xi$ und $x_0 = \mathbf{M}\xi$ setzen, erhalten wir aus (26)

$$g(\xi) \geqq g(\mathbf{M}\xi) + (\xi - \mathbf{M}\xi) \cdot \lambda(\mathbf{M}\xi)$$

und folglich $\mathbf{M}g(\xi) \geqq g(\mathbf{M}\xi)$.

Aus der Ungleichung von Jensen läßt sich eine ganze Reihe nützlicher Ungleichungen ableiten. Beispielsweise erhalten wir:

Ungleichung von Ljapunov. *Für* $0 < s < t$ *gilt*

$$(\mathbf{M}\,|\xi|^s)^{1/s} \leqq (\mathbf{M}\,|\xi|^t)^{1/t}. \tag{27}$$

Beweis. Wir führen die Bezeichnung $r = t/s$ ein. Setzen wir dann $\eta = |\xi|^s$, so finden wir durch Anwendung der Ungleichung von Jensen auf die Funktion $g(x) = |x|^r$ die Ungleichung $|\mathbf{M}\eta|^r \leqq \mathbf{M}\,|\eta|^r$, d. h.

$$(\mathbf{M}\,|\xi|^s)^{t/s} \leqq \mathbf{M}\,|\xi|^t,$$

womit (27) bewiesen ist.

Aus der Ungleichung von Ljapunov erhält man die folgende Kette von Ungleichungen zwischen den absoluten Momenten:

$$\mathbf{M}\,|\xi| \leqq (\mathbf{M}\,|\xi|^2)^{1/2} \leqq \ldots \leqq (\mathbf{M}\,|\xi|^n)^{1/n}. \tag{28}$$

Ungleichung von Hölder. *Es sei* $1 < p < \infty$ *und* $1 < q < \infty$ *mit* $\frac{1}{p} + \frac{1}{q} = 1$. *Dann folgen aus* $\mathbf{M}\,|\xi|^p < \infty$ *und* $\mathbf{M}\,|\eta|^q < \infty$ *die Beziehungen* $\mathbf{M}\,|\xi\eta| < \infty$ *und*

$$\mathbf{M}\,|\xi\eta| \leqq (\mathbf{M}\,|\xi|^p)^{1/p}\,(\mathbf{M}\,|\eta|^q)^{1/q}. \tag{29}$$

Für $\mathbf{M}\,|\xi|^p = 0$ oder $\mathbf{M}\,|\eta|^q = 0$ ergibt sich (29) unmittelbar ebenso wie im Fall der Ungleichung von Cauchy-Bunjakovskij, die einen Spezialfall der Ungleichung von Hölder für $q = p = 2$ darstellt.

Es sei nun $\mathbf{M}\,|\xi|^p > 0$ und $\mathbf{M}\,|\eta|^q > 0$ sowie

$$\tilde{\xi} = \frac{\xi}{(\mathbf{M}\,|\xi|^p)^{1/p}} \quad \text{und} \quad \tilde{\eta} = \frac{\eta}{(\mathbf{M}\,|\eta|^q)^{1/q}}.$$

Wir benutzen die Ungleichung

$$x^a y^b \leqq ax + by, \tag{30}$$

die für positive x, y, a, b und $a + b = 1$ gilt. Man erhält (30) unmittelbar aus der Konkavität der Logarithmusfunktion:

$$\ln\,(ax + by) \geqq a \cdot \ln x + b \cdot \ln y = \ln x^a y^b.$$

Setzen wir nun $x = \xi^p$, $y = \bar{\eta}^q$, $a = \frac{1}{p}$ und $b = \frac{1}{q}$, so finden wir

$$\bar{\xi}\bar{\eta} \leqq \frac{1}{p}\,\bar{\xi}^p + \frac{1}{q}\,\bar{\eta}^q,$$

woraus

$$\mathbf{M}\bar{\xi}\bar{\eta} \leqq \frac{1}{p}\,\mathbf{M}\bar{\xi}^p + \frac{1}{q}\,\mathbf{M}\bar{\eta}^q = \frac{1}{p} + \frac{1}{q} = 1$$

folgt. Damit ist (29) bewiesen.

Ungleichung von Minkowski. *Gelten für ein p mit $1 \leqq p < \infty$ die Ungleichungen $\mathbf{M}\,|\xi|^p < \infty$ und $\mathbf{M}\,|\eta|^p < \infty$, so folgt $\mathbf{M}\,|\xi + \eta|^p < \infty$ und*

$$\mathbf{M}(|\xi + \eta|^p)^{1/p} \leqq (\mathbf{M}\,|\xi|^p)^{1/p} + (\mathbf{M}\,|\eta|^p)^{1/p}. \tag{31}$$

Beweis. Zunächst überzeugen wir uns von der Gültigkeit der Ungleichung

$$(a + b)^p \leqq 2^{p-1}(a^p + b^p) \tag{32}$$

für alle $a, b > 0$ und $p \geqq 1$.

Zum Beweis von (32) betrachten wir die Funktion $F(x) = (a + x)^p - 2^{p-1}(a^p + x^p)$. Dann haben wir

$$F'(x) = p(a + x)^{p-1} - 2^{p-1}px^{p-1},$$

und infolge von $p \geqq 1$ ergibt sich $F'(a) = 0$, $F'(x) > 0$ für $x < a$ sowie $F'(x) < 0$ für $x > a$. Deshalb gilt

$$F(b) \leqq \max F(x) = F(a) = 0,$$

woraus sofort die Ungleichung (32) folgt.

Gemäß dieser Ungleichung erhalten wir

$$|\xi + \eta|^p \leqq (|\xi| + |\eta|)^p \leqq 2^{p-1}(|\xi|^p + |\eta|^p), \tag{33}$$

also $\mathbf{M}\,|\xi + \eta|^p < \infty$, falls $\mathbf{M}\,|\xi|^p < \infty$ und $\mathbf{M}\,|\eta|^p < \infty$ gilt.

Für $p = 1$ folgt (31) aus (33).

Nun setzen wir $p > 1$ voraus. Wir wählen $q > 1$ derart, daß $\frac{1}{p} + \frac{1}{q} = 1$ gilt. Dann ergibt sich

$$|\xi + \eta|^p = |\xi + \eta| \cdot |\xi + \eta|^{p-1} \leqq |\xi| \cdot |\xi + \eta|^{p-1} + |\eta|\;|\xi + \eta|^{p-1}. \tag{34}$$

Wegen $(p - 1)\,q = p$ gilt

$$\mathbf{M}(|\xi + \eta|^{p-1})^q = \mathbf{M}\,|\xi + \eta|^p < \infty.$$

Aus der Hölderschen Ungleichung erhalten wir demzufolge

$$\begin{aligned}\mathbf{M}(|\xi|\;|\xi + \eta|^{p-1}) &\leqq (\mathbf{M}\,|\xi|^p)^{1/p}\,(\mathbf{M}\,|\xi + \eta|^{(p-1)q})^{1/q} \\ &= (\mathbf{M}\,|\xi|^p)^{1/p}\,(\mathbf{M}\,|\xi + \eta|^p)^{1/q} < \infty\end{aligned}$$

und ebenso

$$\mathbf{M}(|\eta|\,|\xi + \eta|^{p-1}) \leqq (\mathbf{M}\,|\eta|^p)^{1/p}\,(\mathbf{M}\,|\xi + \eta|^p)^{1/q}.$$

Deshalb folgt vermöge (34)

$$\mathbf{M}\,|\xi + \eta|^p \leqq (\mathbf{M}\,|\xi + \eta|^p)^{1/q}\,\big((\mathbf{M}\,|\xi|^p)^{1/p} + (\mathbf{M}\,|\eta|^p)^{1/p}\big). \tag{35}$$

Für $\mathbf{M}\,|\xi + \eta|^p = 0$ gilt die geforderte Ungleichung (31) offensichtlich. Es sei nun $\mathbf{M}\,|\xi + \eta|^p > 0$. Dann erhalten wir aus (35)

$$(\mathbf{M}\,|\xi + \eta|^p)^{1-\frac{1}{q}} \leqq (\mathbf{M}\,|\xi|^p)^{1/p} + (\mathbf{M}\,|\eta|^p)^{1/p}.$$

Dies ist aber die geforderte Ungleichung, da $1 - \dfrac{1}{q} = \dfrac{1}{p}$ gilt.

7. Es sei ξ eine zufällige Größe, deren Erwartungswert existiert. Gemäß Eigenschaft D ist die Mengenfunktion

$$\mathbf{Q}(A) = \int_A \xi\,\mathrm{d}\mathbf{P}, \qquad A \in \mathcal{F}, \tag{36}$$

wohldefiniert. Wir zeigen nun die σ-Additivität dieser Funktion.

Zunächst setzen wir voraus, daß ξ eine nichtnegative zufällige Größe ist. Für paarweise disjunkte Mengen $A_1, A_2, \ldots$ aus $\mathcal{F}$ und $A = \sum A_n$ erhalten wir aufgrund der Folgerung aus Satz 1

$$\begin{aligned}\mathbf{Q}(A) &= \mathbf{M}(\xi \cdot I_A) = \mathbf{M}(\xi \cdot I_{\sum A_n}) = \mathbf{M}(\textstyle\sum \xi \cdot I_{A_n})\\ &= \textstyle\sum \mathbf{M}(\xi \cdot I_{A_n}) = \sum \mathbf{Q}(A_n).\end{aligned}$$

Ist nun ξ eine beliebige zufällige Größe, für die $\mathbf{M}\xi$ existiert, so folgt die σ-Additivität von $\mathbf{Q}(A)$ aus der Darstellung

$$\mathbf{Q}(A) = \mathbf{Q}^+(A) - \mathbf{Q}^-(A) \tag{37}$$

mit

$$\mathbf{Q}^+(A) = \int_A \xi^+\,\mathrm{d}\mathbf{P} \quad \text{und} \quad \mathbf{Q}^-(A) = \int_A \xi^-\,\mathrm{d}\mathbf{P},$$

der bereits bewiesenen σ-Additivität für nichtnegative zufällige Größen und der Beziehung $\min\big(\mathbf{Q}^+(\Omega), \mathbf{Q}^-(\Omega)\big) < \infty$.

Somit gilt: Existiert $\mathbf{M}\xi$, so ist die Mengenfunktion $\mathbf{Q} = \mathbf{Q}(A)$ ein signiertes Maß, d. h. eine σ-additive Mengenfunktion, die in der Form $\mathbf{Q} = \mathbf{Q}_1 - \mathbf{Q}_2$ darstellbar ist, wobei mindestens eins der Maße $\mathbf{Q}_1$ oder $\mathbf{Q}_2$ endlich ist.

Wir zeigen nun, daß die Mengenfunktion $\mathbf{Q} = \mathbf{Q}(A)$ die folgende wichtige Eigenschaft der *absoluten Stetigkeit* bezüglich $\mathbf{P}$ besitzt:

Aus $\mathbf{P}(A) = 0$ *folgt* $\mathbf{Q}(A) = 0 \qquad (A \in \mathcal{F})$.

(Diese Eigenschaft wird kurz durch das Symbol $\mathbf{Q} \ll \mathbf{P}$ ausgedrückt.)

Für den Beweis ist die Betrachtung nichtnegativer zufälliger Größen hinreichend.

Ist $\xi = \sum_{k=1}^{n} x_k I_{A_k}$ eine einfache nichtnegative zufällige Größe und $\mathbf{P}(A) = 0$, so ergibt sich

$$\mathbf{Q}(A) = \mathbf{M}(\xi \cdot I_A) = \sum_{k=1}^{n} x_k \mathbf{P}(A_k \cap A) = 0.$$

Für Folgen $(\xi_n)_{n \geqq 1}$ nichtnegativer einfacher zufälliger Größen mit $\xi_n \uparrow \xi \geqq 0$ erhalten wir dann aus dem Satz über die monotone Konergenz

$$\mathbf{Q}(A) = \mathbf{M}(\xi \cdot I_A) = \lim \mathbf{M}(\xi_n \cdot I_A) = 0,$$

da für alle $n \geqq 1$ und A mit $\mathbf{P}(A) = 0$ der Erwartungswert $\mathbf{M}(\xi_n \cdot I_A)$ gleich 0 ist.

Somit ist das Lebesgue-Integral $\mathbf{Q}(A) = \int_A \xi \, \mathrm{d}\mathbf{P}$, als Mengenfunktion für $A \in \mathcal{F}$ betrachtet, ein signiertes Maß, das bezüglich des Maßes $\mathbf{P}$ absolut stetig ist ($\mathbf{Q} \ll \mathbf{P}$). Es ist sehr bemerkenswert, daß auch das umgekehrte Resultat gilt.

Satz von Radon-Nikodym. *Es sei $(\Omega, \mathcal{F})$ ein meßbarer Raum, μ ein σ-endliches Maß und λ ein signiertes Maß (d. h. $\lambda = \lambda_1 - \lambda_2$, wobei mindestens eins der Maße λ_1 oder λ_2 endlich ist), das absolut stetig bezüglich μ ist. Dann existiert eine $\mathcal{F}$-meßbare Funktion $f = f(\omega)$ mit Werten in $\overline{R} = [-\infty, \infty]$ derart, daß*

$$\lambda(A) = \int_A f(\omega) \, \mu(\mathrm{d}\omega), \qquad A \in \mathcal{F}, \tag{38}$$

gilt. Bis auf Mengen vom μ-Maß 0 ist die Funktion $f(\omega)$ eindeutig: Ist $h = h(\omega)$ eine andere $\mathcal{F}$-meßbare Funktion mit $\lambda(A) = \int_A h(\omega) \, \mu(\mathrm{d}\omega)$, $A \in \mathcal{F}$, so ergibt sich $\mu\{\omega\colon f(\omega) \neq h(\omega)\} = 0$.

Ist λ ein Maß, so nimmt $f = f(\omega)$ Werte in $\overline{R}_+ = [0, \infty]$ an.

Bemerkung. Die Funktion $f = f(\omega)$ in der Darstellung (38) heißt Radon-Nikodym-Ableitung oder Dichte des Maßes λ bezüglich des Maßes μ und wird mit $\mathrm{d}\lambda/\mathrm{d}\mu$ oder $(\mathrm{d}\lambda/\mathrm{d}\mu)(\omega)$ bezeichnet.

Der Satz von Radon-Nikodym, den wir ohne Beweis angeben, spielt eine Schlüsselrolle bei der Konstruktion des bedingten Erwartungswertes (vgl. § 7).

8. Für einfache zufällige Größen $\xi = \sum_{i=1}^{n} x_i I_{A_i}$ und $A_i = \{\omega\colon \xi = x_i\}$ gilt

$$\mathbf{M} g(\xi) = \sum g(x_i) \, \mathbf{P}(A_i) = \sum g(x_i) \, \Delta F_\xi(x_i). \tag{39}$$

Mit anderen Worten: Zum Errechnen des Erwartungswertes einer (einfachen) zufälligen Größe ist es keineswegs notwendig, das gesamte Wahrscheinlichkeitsmaß $\mathbf{P}$ zu kennen; die Kenntnis von P_ξ oder, was dem äquivalent ist, der Verteilungsfunktion F_ξ der zufälligen Größe ξ ist dazu bereits ausreichend.

Der folgende wichtige Satz verallgemeinert diese Eigenschaft.

Satz 7 (Substitutionsregel für das Lebesgue-Integral). *Es seien $(\Omega, \mathcal{F})$ und $(E, \mathcal{E})$ zwei meßbare Räume, und $X = X(\omega)$ sei eine $\mathcal{F}/\mathcal{E}$-meßbare Funktion mit Werten in E.*

Weiter sei $\mathbf{P}$ *ein Wahrscheinlichkeitsmaß auf* $(\Omega, \mathcal{F})$ *und* P_X *das durch* $X = X(\omega)$ *auf* $(E, \mathcal{E})$ *induzierte Wahrscheinlichkeitsmaß*

$$P_X(A) = \mathbf{P}\{\omega : X(\omega) \in A\}, \qquad A \in \mathcal{E}. \tag{40}$$

Dann gilt für jede $\mathcal{E}$*-meßbare Funktion* $g = g(x)$, $x \in E$,

$$\int_A g(x)\, P_X(\mathrm{d}x) = \int_{X^{-1}(A)} g(X(\omega))\, \mathbf{P}(\mathrm{d}\omega), \qquad A \in \mathcal{E} \tag{41}$$

(in dem Sinne, daß die Existenz eines dieser Integrale die Existenz des anderen bewirkt und beide dann identisch sind).

Beweis. Es sei $A \in \mathcal{E}$ und $g(x) = I_B(x)$ mit $B \in \mathcal{E}$. Dann wird die gesuchte Beziehung (41) in die Gleichheit

$$P_X(AB) = \mathbf{P}(X^{-1}(A) \cap X^{-1}(B)) \tag{42}$$

übergeführt, deren Gültigkeit aus (40) und $X^{-1}(A) \cap X^{-1}(B) = X^{-1}(A \cap B)$ folgt.

Aus (42) leitet sich die Gültigkeit von (41) für nichtnegative einfache Funktionen $g = g(x)$ ab. Demzufolge erhalten wir (41) nach dem Satz über die monotone Konvergenz auch für beliebige nichtnegative $\mathcal{E}$-meßbare Funktionen.

Im allgemeinen Fall muß man die Funktion g in der Form $g^+ - g^-$ darstellen und folgendes bemerken: Da die Gleichheit (41) für die Funktionen g^+ und g^- gilt und aus (beispielsweise) $\int_A g^+(x)\, P_X(\mathrm{d}x) < \infty$ auch $\int_{X^{-1}(A)} g^+(X(\omega))\, \mathbf{P}(\mathrm{d}\omega) < \infty$ folgt, zieht die Existenz von $\int_A g(x)\, P_X(\mathrm{d}x)$ die Existenz des Integrals $\int_{X^{-1}(A)} g(X(\omega))\, \mathbf{P}(\mathrm{d}\omega)$ nach sich.

Folgerung. Es sei $(E, \mathcal{E}) = (R, \mathcal{B}(R))$ und $\xi = \xi(\omega)$ eine zufällige Größe mit der Verteilung P_ξ. Ist dann $g = g(x)$ eine Borel-Funktion und existiert eins der Integrale $\int_A g(x)\, P_\xi(\mathrm{d}x)$ oder $\int_{\xi^{-1}(A)} g(\xi(\omega))\, \mathbf{P}(\mathrm{d}\omega)$, dann folgt

$$\int_A g(x)\, P_\xi(\mathrm{d}x) = \int_{\xi^{-1}(A)} g(\xi(\omega))\, \mathbf{P}(\mathrm{d}\omega).$$

Insbesondere erhalten wir für $A = R$

$$\mathbf{M}g(\xi) = \int_\Omega g(\xi(\omega))\, \mathbf{P}(\mathrm{d}\omega) = \int_R g(x)\, P_\xi(\mathrm{d}x). \tag{43}$$

Das Maß P_ξ kann man eindeutig aus der Verteilungsfunktion F_ξ zurückgewinnen (vgl. Satz 1 aus § 3). Deshalb bezeichnet man die Lebesgue-Integrale $\int_R g(x)\, P_\xi(\mathrm{d}x)$ oft mit $\int_R g(x)\, F_\xi(\mathrm{d}x)$ und nennt sie *Lebesgue-Stieltjes-Integrale* (nach dem der Verteilungsfunktion F_ξ entsprechenden Maß).

Wir betrachten nun den Fall, daß die Verteilungsfunktion $F_\xi(x)$ die Dichte $f_\xi(x)$ besitzt, d. h., es sei

$$F_\xi(x) = \int_{-\infty}^{x} f_\xi(y)\, \mathrm{d}y, \tag{44}$$

wobei $f_\xi = f_\xi(x)$ eine nichtnegative Borel-Funktion ist und das Integral als Lebesgue-Integral bezüglich des Lebesgue-Maßes auf der Menge $(-\infty, x]$ (vgl. Bemerkung 3 aus Nr. 1) verstanden wird. Die Beziehung (43) nimmt unter der Voraussetzung (44) die Gestalt

$$\mathbf{M}g(\xi) = \int_{-\infty}^{\infty} g(x)\, f_\xi(x)\, \mathrm{d}x \tag{45}$$

an. Dabei wird das Integral als Lebesgue-Integral der Funktion $g(x)\, f_\xi(x)$ bezüglich des Lebesgue-Maßes angesehen. Gilt nämlich $g = I_B$ für ein $B \in \mathscr{B}(R)$, so geht die geforderte Beziehung in die Gleichheit

$$P_\xi(B) = \int_B f_\xi(x)\, \mathrm{d}x, \qquad B \in \mathscr{B}(R), \tag{46}$$

über, deren Gültigkeit aus Satz 1 von § 3 und aus der Formel

$$F_\xi(b) - F_\xi(a) = \int_a^b f_\xi(x)\, \mathrm{d}x$$

folgt. Im allgemeinen Fall wird der Beweis wie für Satz 7 geführt.

9. Wir betrachten nun den Spezialfall eines meßbaren Raumes $(\Omega, \mathscr{F})$ mit einem Maß μ, wobei $\Omega = \Omega_1 \times \Omega_2$, $\mathscr{F} = \mathscr{F}_1 \otimes \mathscr{F}_2$ und das Maß μ das direkte Produkt der endlichen Maße μ_1 und μ_2 ist. (Das heißt, μ ist ein solches Maß auf $\mathscr{F}$, daß

$$\mu_1 \times \mu_2(A \times B) = \mu_1(A_1)\, \mu_2(B), \quad A \in \mathscr{F}_1, \quad B \in \mathscr{F}_2,$$

gilt. Die Existenz solcher Maße wird aus dem Beweis von Satz 8 folgen.)

Der folgende Satz spielt die gleiche Rolle wie der aus der Analysis bekannte Satz über die Rückführung eines Riemannschen Doppelintegrales auf die Hintereinanderausführung zweier Integrale.

Satz 8 (Satz von Fubini). *Es sei $\xi = \xi(\omega_1, \omega_2)$ eine $\mathscr{F}_1 \otimes \mathscr{F}_2$-meßbare, bezüglich $\mu_1 \times \mu_2$ integrierbare Funktion:*

$$\int_{\Omega_1 \times \Omega_2} |\xi(\omega_1, \omega_2)|\, \mathrm{d}(\mu_1 \times \mu_2) < \infty. \tag{47}$$

Dann sind die Integrale $\int_{\Omega_1} \xi(\omega_1, \omega_2)\, \mu_1(\mathrm{d}\omega_1)$ und $\int_{\Omega_2} \xi(\omega_1, \omega_2)\, \mu_2(\mathrm{d}\omega_2)$

1. *für alle ω_2 und ω_1 definiert,*
2. *$\mathscr{F}_2$- bzw. $\mathscr{F}_1$-meßbar,*

$$\begin{aligned} &\mu_2 \left\{\omega_2 : \int_{\Omega_1} |\xi(\omega_1, \omega_2)|\, \mu_1(\mathrm{d}\omega_1) = \infty\right\} = 0, \\ &\mu_1 \left\{\omega_1 : \int_{\Omega_2} |\xi(\omega_1, \omega_2)|\, \mu_2(\mathrm{d}\omega_2) = \infty\right\} = 0, \end{aligned} \tag{48}$$

und es gilt

$$3. \int\limits_{\Omega_1 \times \Omega_2} \xi(\omega_1, \omega_2)\, \mathrm{d}(\mu_1 \times \mu_2) = \int\limits_{\Omega_1} \left[\int\limits_{\Omega_2} \xi(\omega_1, \omega_2)\, \mu_2(\mathrm{d}\omega_2) \right] \mu_1(\mathrm{d}\omega_1)$$

$$= \int\limits_{\Omega_2} \left[\int\limits_{\Omega_1} \xi(\omega_1, \omega_2)\, \mu_1(\mathrm{d}\omega_1) \right] \mu_2(\mathrm{d}\omega_2). \qquad (49)$$

Beweis. Zunächst zeigen wir, daß für jedes fixierte $\omega_1 \in \Omega_1$ die Funktion $\xi_{\omega_1}(\omega_2) = \xi(\omega_1, \omega_2)$ bezüglich ω_2 $\mathcal{F}_2$-meßbar ist.

Es sei $F \in \mathcal{F}_1 \otimes \mathcal{F}_2$ und $\xi(\omega_1, \omega_2) = I_F(\omega_1, \omega_2)$. Wir bezeichnen mit

$$F_{\omega_1} = \{\omega_2 \in \Omega_2 : (\omega_1, \omega_2) \in F\}$$

den *Schnitt* der Menge F im Punkt ω_1, und es sei $\mathcal{C}_{\omega_1} = \{F \in \mathcal{F} : F_{\omega_1} \in \mathcal{F}_2\}$. Nun ist zu zeigen, daß für jedes ω_1 die Gleichheit $\mathcal{C}_{\omega_1} = \mathcal{F}$ gilt.

Für $F = A \times B$, $A \in \mathcal{F}_1$, $B \in \mathcal{F}_2$ haben wir

$$(A \times B)_{\omega_1} = \begin{cases} B, & \text{falls } \omega_1 \in A, \\ \emptyset, & \text{falls } \omega_1 \notin A. \end{cases}$$

Aus diesem Grunde gehören die Rechtecke mit meßbaren Seiten zu $\mathcal{C}_{\omega_1}$. Falls $F \in \mathcal{F}$ ist, gilt $(\overline{F})_{\omega_1} = \overline{F}_{\omega_1}$, und wenn $(F^n)_{n \geqq 1}$ Mengen aus $\mathcal{F}$ sind, haben wir $(\bigcup F^n)_{\omega_1} = \bigcup F^n_{\omega_1}$. Daraus folgt $\mathcal{C}_{\omega_1} = \mathcal{F}$.

Es sei nun $\xi(\omega_1, \omega_2) \geqq 0$. Da wir für jedes ω_1 die $\mathcal{F}_2$-Meßbarkeit der Funktion $\xi(\omega_1, \omega_2)$ erhalten, ist das Integral $\int\limits_{\Omega_2} \xi(\omega_1, \omega_2)\, \mu_2(\mathrm{d}\omega_2)$ definiert. Wir zeigen jetzt, daß dieses Integral eine $\mathcal{F}_1$-meßbare Funktion ist und

$$\int\limits_{\Omega_1} \left[\int\limits_{\Omega_2} \xi(\omega_1, \omega_2)\, \mu_2(\mathrm{d}\omega_2) \right] \mu_1(\mathrm{d}\omega_1) = \int\limits_{\Omega_1 \times \Omega_2} \xi(\omega_1, \omega_2)\, \mathrm{d}(\mu_1 \times \mu_2) \qquad (50)$$

gilt. Wir setzen $\xi(\omega_1, \omega_2) = I_{A \times B}(\omega_1, \omega_2)$, $A \in \mathcal{F}_1$, $B \in \mathcal{F}_2$, voraus. Dann ist wegen $I_{A \times B}(\omega_1, \omega_2) = I_A(\omega_1)\, I_B(\omega_2)$

$$\int\limits_{\Omega_2} I_{A \times B}(\omega_1, \omega_2)\, \mu_2(\mathrm{d}\omega_2) = I_A(\omega_1) \int\limits_{\Omega_2} I_B(\omega_2)\, \mu_2(\mathrm{d}\omega_2) \qquad (51)$$

erfüllt, und folglich ist das Integral auf der linken Seite von (51) eine $\mathcal{F}_1$-meßbare Funktion.

Es sei jetzt $\xi(\omega_1, \omega_2) = I_F(\omega_1, \omega_2)$, $F \in \mathcal{F} = \mathcal{F}_1 \otimes \mathcal{F}_2$. Wir zeigen die $\mathcal{F}_1$-Meßbarkeit von $f(\omega_1) = \int\limits_{\Omega_2} I_F(\omega_1, \omega_2)\, \mu_2(\mathrm{d}\omega_2)$. Zu diesem Zweck bezeichne $\mathcal{C}$ die Menge $\{F \in \mathcal{F} :$ $f(\omega_1)$ ist $\mathcal{F}_1$-meßbar$\}$. Nach dem bereits Bewiesenen gehören die Mengen $A \times B$ zu $\mathcal{C}$ $(A \in \mathcal{F}_1, B \in \mathcal{F}_2)$. Infolgedessen liegt die aus endlichen Summen paarweise disjunkter Mengen dieses Typs gebildete Algebra $\mathcal{A}$ ebenfalls in $\mathcal{C}$. Aus dem Satz über die monotone Konvergenz folgt, daß das System $\mathcal{C}$ eine monotone Klasse ist, d. h. $\mathcal{C} = \mu(\mathcal{C})$. Deshalb erhalten wir aus den Inklusionen $\mathcal{A} \subseteqq \mathcal{C} \subseteqq \mathcal{F}$ und Satz 1 aus § 2 die Beziehungen $\mathcal{F} = \sigma(\mathcal{A}) = \mu(\mathcal{A}) \subseteqq \mu(\mathcal{C}) = \mathcal{C} \subseteqq \mathcal{F}$, d. h. $\mathcal{C} = \mathcal{F}$.

Ist schließlich $\xi(\omega_1, \omega_2)$ eine beliebige nichtnegative $\mathcal{F}$-meßbare Funktion, so folgt die $\mathcal{F}_1$-Meßbarkeit des Integrals $\int\limits_{\Omega_2} \xi(\omega_1, \omega_2)\, \mu_2(\mathrm{d}\omega_2)$ aus dem Satz über die monotone Konvergenz und Satz 2 aus § 4.

Wir zeigen nun die Existenz und Eindeutigkeit eines auf $\mathcal{F} = \mathcal{F}_1 \otimes \mathcal{F}_2$ definierten Maßes $\mu = \mu_1 \times \mu_2$ mit der Eigenschaft $\mu_1 \times \mu_2(A \times B) = \mu_1(A)\, \mu_2(B)$.

Dazu setzen wir für $F \in \mathcal{F}$

$$\mu(F) = \int_{\Omega_1} \left[\int_{\Omega_2} I_{F_{\omega_1}}(\omega_2)\, \mu_2(\mathrm{d}\omega_2) \right] \mu_1(\mathrm{d}\omega_1).$$

Wie bereits gezeigt wurde, ist das innere Integral eine $\mathcal{F}_1$-meßbare Funktion. Folglich ist die Mengenfunktion $\mu(F)$ tatsächlich für $F \in \mathcal{F}$ definiert. Offenbar gilt für $F = A \times B$ die Gleichheit $\mu(A \times B) = \mu_1(A)\, \mu_2(B)$. Es seien nun F^n paarweise disjunkte Mengen aus $\mathcal{F}$. Dann folgt

$$\begin{aligned} \mu\left(\sum F^n\right) &= \int_{\Omega_1} \left[\int_{\Omega_2} I_{(\sum F^n)_{\omega_1}}(\omega_2)\, \mu_2(\mathrm{d}\omega_2) \right] \mu_1(\mathrm{d}\omega_1) \\ &= \int_{\Omega_1} \sum_n \left[\int_{\Omega_2} I_{F^n_{\omega_1}}(\omega_2)\, \mu_2(\mathrm{d}\omega_2) \right] \mu_1(\mathrm{d}\omega_1) \\ &= \sum_n \int_{\Omega_1} \left[\int_{\Omega_2} I_{F^n_{\omega_1}}(\omega_2)\, \mu_2(\mathrm{d}\omega_2) \right] \mu_1(\mathrm{d}\omega_1) = \sum_n \mu(F^n). \end{aligned}$$

Das bedeutet: μ ist ein (σ-endliches) Maß auf $\mathcal{F}$.

Aus dem Satz von Carathéodory folgt, daß μ das einzige Maß mit der Eigenschaft $\mu(A \times B) = \mu_1(A)\, \mu_2(B)$ ist.

Nun überzeugen wir uns von der Gültigkeit der Formel (50). Für $\xi(\omega_1, \omega_2) = I_{A \times B}(\omega_1, \omega_2)$, $A \in \mathcal{F}_1$, $B \in \mathcal{F}_2$, erhalten wir

$$\int_{\Omega_1 \times \Omega_2} I_{A \times B}(\omega_1, \omega_2)\, \mathrm{d}(\mu_1 \times \mu_2) = \mu_1 \times \mu_2(A \times B) \tag{52}$$

und wegen $I_{A \times B}(\omega_1, \omega_2) = I_A(\omega_1)\, I_B(\omega_2)$

$$\begin{aligned} \int_{\Omega_1} \left[\int_{\Omega_2} I_{A \times B}(\omega_1, \omega_2)\, \mu_2(\mathrm{d}\omega_2) \right] \mu_1(\mathrm{d}\omega_1) &= \int_{\Omega_1} \left[I_A(\omega_1) \int_{\Omega_2} I_B(\omega_1, \omega_2)\, \mu_2(\mathrm{d}\omega_2) \right] \mu_1(\mathrm{d}\omega_1) \\ &= \mu_1(A)\, \mu_2(B). \end{aligned} \tag{53}$$

Nach Definition des Maßes $\mu_1 \times \mu_2$ gilt jedoch

$$\mu_1 \times \mu_2(A \times B) = \mu_1(A)\, \mu_2(B).$$

Deshalb folgt für $\xi(\omega_1, \omega_2) = I_{A \times B}(\omega_1, \omega_2)$ aus (52) und (53) die Gültigkeit von (50).

Es sei jetzt $\xi(\omega_1, \omega_2) = I_F(\omega_1, \omega_2)$, $F \in \mathcal{F}$. Die Mengenfunktion

$$\lambda(F) = \int_{\Omega_1 \times \Omega_2} I_F(\omega_1, \omega_2)\, \mathrm{d}(\mu_1 \times \mu_2), \qquad F \in \mathcal{F},$$

ist offensichtlich ein σ-endliches Maß. Man prüft leicht nach, daß dies auch für die Mengenfunktion

$$\nu(F) = \int_{\Omega_1} \left[\int_{\Omega_2} I_F(\omega_1, \omega_2)\, \mu_2(\mathrm{d}\omega_2) \right] \mu_1(\mathrm{d}\omega_1)$$

zutrifft. Wie bereits früher festgestellt wurde, sind λ und ν auf Mengen der Gestalt $F = A \times B$ und demzufolge auf der Algebra $\mathcal{A}$ identisch. Daraus folgt nach dem Satz von Carathéodory die Gleichheit von λ und ν für alle $F \in \mathcal{F}$.

Nun gehen wir zum Beweis der eigentlichen Behauptung des Satzes von FUBINI über. Aus (47) ergibt sich

$$\int_{\Omega_1 \times \Omega_2} \xi^+(\omega_1, \omega_2) \, d(\mu_1 \times \mu_2) < \infty, \qquad \int_{\Omega_1 \times \Omega_2} \xi^-(\omega_1, \omega_2) \, d(\mu_1 \times \mu_2) < \infty.$$

Es wurde bereits bewiesen, daß das Integral $\int_{\Omega_2} \xi^+(\omega_1, \omega_2) \, \mu_2(d\omega_2)$ eine $\mathcal{F}_1$-meßbare Funktion von ω_1 ist und die Gleichheit

$$\int_{\Omega_1} \left[\int_{\Omega_2} \xi^+(\omega_1, \omega_2) \, \mu_2(d\omega_2) \right] \mu_1(d\omega_1) = \int_{\Omega_1 \times \Omega_2} \xi^+(\omega_1, \omega_2) \, d(\mu_1 \times \mu_2) < \infty$$

gilt. Deshalb erhält man aus der Lösung der Aufgabe 4 (vgl. auch Eigenschaft J in Nr. 2)

$$\int_{\Omega_2} \xi^+(\omega_1, \omega_2) \, \mu_2(d\omega_2) < \infty \qquad (\mu_1\text{-f.s.})$$

und ebenso auch

$$\int_{\Omega_2} \xi^-(\omega_1, \omega_2) \, \mu_1(d\omega_1) < \infty \qquad (\mu_1\text{-f.s.}).$$

Folglich erhalten wir

$$\int_{\Omega_2} |\xi(\omega_1, \omega_2)| \, \mu_2(d\omega_2) < \infty \qquad (\mu_1\text{-f.s.}).$$

Offenbar gilt mit Ausnahme einer Menge N vom μ_1-Maß 0 die Gleichheit

$$\int_{\Omega_2} \xi(\omega_1, \omega_2) \, \mu_2(d\omega_2) = \int_{\Omega_2} \xi^+(\omega_1, \omega_2) \, \mu_2(d\omega_2) - \int_{\Omega_2} \xi^-(\omega_1, \omega_2) \, \mu_2(d\omega_2). \tag{54}$$

Setzen wir die darin vorkommenden Integrale für $\omega_1 \in N$ gleich 0, so kann man davon ausgehen, daß (54) für alle $\omega_1 \in \Omega_1$ erfüllt ist. Wird nun (54) nach dem Maß μ_1 integriert und dabei (50) berücksichtigt, so erhalten wir

$$\begin{aligned}
\int_{\Omega_1} \left[\int_{\Omega_2} \xi(\omega_1, \omega_2) \, \mu_2(d\omega_2) \right] \mu_1(d\omega_1) &= \int_{\Omega_1} \left[\int_{\Omega_2} \xi^+(\omega_1, \omega_2) \, \mu_2(d\omega_2) \right] \mu_1(d\omega_1) \\
&\quad - \int_{\Omega_1} \left[\int_{\Omega_2} \xi^-(\omega_1, \omega_2) \, \mu_2(d\omega_2) \right] \mu_1(d\omega_1) \\
&= \int_{\Omega_1 \times \Omega_2} \xi^+(\omega_1, \omega_2) \, d(\mu_1 \times \mu_2) \\
&\quad - \int_{\Omega_1 \times \Omega_2} \xi^-(\omega_1, \omega_2) \, d(\mu_1 \times \mu_2) \\
&= \int_{\Omega_1 \times \Omega_2} \xi(\omega_1, \omega_2) \, d(\mu_1 \times \mu_2).
\end{aligned}$$

Auf analoge Weise ergeben sich die erste Beziehung in (48) und die Gleichheit

$$\int_{\Omega_1 \times \Omega_2} \xi(\omega_1, \omega_2) \, d(\mu_1 \times \mu_2) = \int_{\Omega_2} \left[\int_{\Omega_1} \xi(\omega_1, \omega_2) \, \mu_1(d\omega_1) \right] \mu_2(d\omega_2).$$

Damit ist der Satz bewiesen.

Folgerung. Ist die Beziehung $\int\limits_{\Omega_1}\left[\int\limits_{\Omega_2}|\xi(\omega_1, \omega_2)|\,\mu_2(d\omega_2)\right]\mu_1(d\omega_1) < \infty$ erfüllt, so gilt die Aussage des Satzes von Fubini ebenfalls.

Tatsächlich folgt nämlich aus der formulierten Bedingung und (50) die Beziehung (47). Somit sind auch alle Aussagen des Satzes von Fubini gültig.

Beispiel. Es sei (ξ, η) ein Paar von zufälligen Größen, dessen Verteilung eine zweidimensionale Dichte $f_{\xi\eta}(x, y)$ besitzt, d. h., es gilt

$$\mathbf{P}\big((\xi, \eta) \in B\big) = \int\limits_B f_{\xi\eta}(x, y)\,dx\,dy, \qquad B \in \mathscr{B}(R^2),$$

wobei $f_{\xi\eta}(x, y)$ eine nichtnegative $\mathscr{B}(R^2)$-meßbare Funktion ist und das Integral als Lebesgue-Integral bezüglich des zweidimensionalen Lebesgue-Maßes verstanden wird.

Wir zeigen jetzt, daß dann die eindimensionalen Verteilungen von ξ und η ebenfalls Dichten $f_\xi(x)$ bzw. $f_\eta(y)$ besitzen, wobei

$$f_\xi(x) = \int\limits_{-\infty}^{\infty} f_{\xi\eta}(x, y)\,dy \quad \text{und} \quad f_\eta(y) = \int\limits_{-\infty}^{\infty} f_{\xi\eta}(x, y)\,dx \tag{55}$$

erfüllt ist. Für $A \in \mathscr{B}(R)$ gilt nämlich nach dem Satz von Fubini

$$\mathbf{P}(\xi \in A) = \mathbf{P}\big((\xi, \eta) \in A \times R\big) = \int\limits_{A\times R} f_{\xi\eta}(x, y)\,dx\,dy$$
$$= \int\limits_A\left[\int\limits_R f_{\xi\eta}(x, y)\,dy\right]dx.$$

Dies beweist sowohl die Existenz einer Verteilungsdichte für ξ als auch die erste Formel in (55). Analog erhält man die zweite Beziehung.

Aufgrund des Satzes aus § 5 ist für die Unabhängigkeit der zufälligen Größen ξ und η die Gleichheit

$$F_{\xi\eta}(x, y) = F_\xi(x)\,F_\eta(y), \qquad (x, y) \in R^2,$$

notwendig und hinreichend. Wir beweisen nun, daß bei Existenz der zweidimensionalen Dichte $f_{\xi\eta}(x, y)$ die zufälligen Größen ξ und η genau dann unabhängig sind, wenn

$$f_{\xi\eta}(x, y) = f_\xi(x)\,f_\eta(y) \tag{56}$$

gilt. (Die Gleichheit wird fast sicher bezüglich des zweidimensionalen Lebesgue-Maßes verstanden.)

Ist nämlich (56) erfüllt, so erhält man aus dem Satz von Fubini

$$F_{\xi\eta}(x, y) = \int\limits_{(-\infty,x]\times(-\infty,y]} f_{\xi\eta}(a, b)\,da\,db = \int\limits_{(-\infty,x]\times(-\infty,y]} f_\xi(a)\,f_\eta(b)\,da\,db$$
$$= \int\limits_{(-\infty,x]} f_\xi(a)\,da\left(\int\limits_{(-\infty,y]} f_\eta(b)\,db\right) = F_\xi(x)\,F_\eta(y).$$

Demzufolge sind ξ und η unabhängig.

Sind umgekehrt ξ und η unabhängig und besitzen sie die Dichte $f_{\xi\eta}(x, y)$, so ergibt sich wiederum aus dem Satz von FUBINI

$$\int\limits_{(-\infty,x]\times(-\infty,y]} f_{\xi\eta}(a, b)\,\mathrm{d}a\,\mathrm{d}b = \Big(\int\limits_{(-\infty,x]} f_\xi(a)\,\mathrm{d}a\Big)\Big(\int\limits_{(-\infty,y]} f_\eta(b)\,\mathrm{d}b\Big)$$

$$= \int\limits_{(-\infty,x]\times(-\infty,y]} f_\xi(a)\, f_\eta(b)\,\mathrm{d}a\,\mathrm{d}b.$$

Daraus folgt für ein beliebiges $B \in \mathscr{B}(R^2)$

$$\int\limits_B f_{\xi\eta}(x, y)\,\mathrm{d}x\,\mathrm{d}y = \int\limits_B f_\xi(x)\, f_\eta(y)\,\mathrm{d}x\,\mathrm{d}y,$$

und aus der Eigenschaft I schließt man leicht, daß (56) erfüllt ist.

10. Im folgenden werden wir die Beziehungen zwischen Lebesgue- und Riemann-Integralen betrachten.

Zunächst stellen wir fest, daß die Konstruktion des Lebesgue-Integrals nicht davon abhängt, auf welchem meßbaren Raum $(\Omega, \mathscr{F})$ die zu integrierende Funktion gegeben ist. Andererseits ist das Riemann-Integral für abstrakte Räume überhaupt nicht definiert, und für den Fall $\Omega = R^n$ wird es schrittweise konstruiert: zunächst für den R^1, dann erfolgt mit den entsprechenden Änderungen die Verallgemeinerung auf den Fall $n > 1$.

Wir weisen darauf hin, daß den Konstruktionen des Riemann-Integrals und des Lebesgue-Integrals verschiedene Ideen zugrunde liegen. Der erste Schritt bei der Riemannschen Konstruktion besteht darin, die Punkte $x \in R^1$ nach dem Merkmal ihrer Nähe auf der x-Achse zu gruppieren. In der Lebesgueschen Konstruktion (für $\Omega = R^1$) werden dagegen die Punkte $x \in R^1$ nach einem anderen Merkmal geordnet, nämlich nach der Nähe der Werte der zu integrierenden Funktion. Eine Konsequenz dieser verschiedenen Zugänge besteht darin, daß die entsprechenden Riemann-Summen nur für „nicht allzu unstetige" Funktionen einen Grenzwert besitzen, während die Lebesgueschen Integralsummen für eine größere Funktionenklasse konvergieren.

Wir erinnern nun an die Definition des Riemann-Stieltjes-Integrals. Es sei $G = G(x)$ eine verallgemeinerte Verteilungsfunktion auf R (vgl. § 3, Nr. 2) und μ das ihr entsprechende Lebesgue-Stieltjes-Maß. Weiter sei $g = g(x)$ eine beschränkte Funktion, die außerhalb des Intervalls $[a, b]$ verschwindet.

Wir betrachten nun eine Zerlegung $\mathscr{P} = \{x_0, x_1, \ldots, x_n\}$,

$$a = x_0 < x_1 < \ldots < x_n = b,$$

des Intervalls $[a, b]$ und bestimmen die Ober- und Untersumme

$$\overline{\sum}_{\mathscr{P}} = \sum_{i=1}^{n} \bar{g}_i[G(x_{i+1}) - G(x_i)] \quad \text{bzw.} \quad \underline{\sum}_{\mathscr{P}} = \sum_{i=1}^{n} \underline{g}_i[G(x_{i+1}) - G(x_i)],$$

wobei

$$\bar{g}_i = \sup_{x_{i-1} < y \leqq x_i} g(y) \quad \text{und} \quad \underline{g}_i = \inf_{x_{i-1} < y \leqq x_i} g(y)$$

gilt.

Nun definieren wir einfache Funktionen $\bar{g}_{\mathcal{P}}(x)$ und $\underline{g}_{\mathcal{P}}(x)$, indem wir für $x_{i-1} < x \leqq x_i$

$$\bar{g}_{\mathcal{P}}(x) = \bar{g}_i \quad \text{und} \quad \underline{g}_{\mathcal{P}}(x) = \underline{g}_i$$

setzen und die Festlegung $\bar{g}_{\mathcal{P}}(a) = \underline{g}_{\mathcal{P}}(a) = g(a)$ treffen. Offenbar sind dann die Beziehungen

$$\overline{\sum}_{\mathcal{P}} = (\text{L-S}) \int_a^b \bar{g}_{\mathcal{P}}(x)\, G(\mathrm{d}x) \quad \text{und} \quad \underline{\sum}_{\mathcal{P}} = (\text{L-S}) \int_a^b \underline{g}_{\mathcal{P}}(x)\, G(\mathrm{d}x)$$

erfüllt.

Es sei jetzt $(\mathcal{P}_k)$ eine Folge von Zerlegungen mit der Eigenschaft $\mathcal{P}_k \subseteqq \mathcal{P}_{k+1}$. Dann erhalten wir

$$\bar{g}_{\mathcal{P}_1} \geqq \bar{g}_{\mathcal{P}_2} \geqq \cdots \geqq g \geqq \cdots \geqq \underline{g}_{\mathcal{P}_2} \geqq \underline{g}_{\mathcal{P}_1}.$$

Für $|g(x)| \leqq C$ ergibt sich aus dem Satz von LEBESGUE über die majorisierte Konvergenz

$$\lim_{k\to\infty} \overline{\sum}_{\mathcal{P}_k} = (\text{L-S}) \int_a^b \bar{g}(x)\, G(\mathrm{d}x) \quad \text{und} \quad \lim_{k\to\infty} \underline{\sum}_{\mathcal{P}_k} = (\text{L-S}) \int_a^b \underline{g}(x)\, G(\mathrm{d}x), \tag{57}$$

wobei $\bar{g}(x) = \lim\limits_k \bar{g}_{\mathcal{P}_k}(x)$ und $\underline{g}(x) = \lim\limits_k \underline{g}_{\mathcal{P}_k}(x)$ gesetzt wurde.

Falls die Grenzwerte $\lim\limits_k \overline{\sum}_{\mathcal{P}_k}$ und $\lim\limits_k \underline{\sum}_{\mathcal{P}_k}$ *in R existieren und identisch sind und ihr gemeinsamer Wert nicht von der Auswahl der Zerlegungsfolge* $(\mathcal{P}_k)$ *abhängt, heißt* die Funktion $g = g(x)$ *Riemann-Stieltjes-integrierbar.* Den gemeinsamen Grenzwert bezeichnet man mit

$$(\text{R-S}) \int_a^b g(x)\, G(\mathrm{d}x). \tag{58}$$

Im Fall $G(x) = x$ nennt man diesen Wert *Riemann-Integral* und bezeichnet ihn mit

$$(\text{R}) \int_a^b g(x)\, \mathrm{d}x.$$

Es sei nun $(\text{L-S}) \int_a^b g(x)\, G(\mathrm{d}x)$ das entsprechende Lebesgue-Stieltjes-Integral (vgl. Bemerkung 2 in Nr. 2).

Satz 9. *Jede auf* $[a, b]$ *stetige Funktion* $g = g(x)$ *ist dort Riemann-Stieltjes-integrierbar, und es gilt*

$$(\text{R-S}) \int_a^b g(x)\, G(\mathrm{d}x) = (\text{L-S}) \int_a^b g(x)\, G(\mathrm{d}x). \tag{59}$$

Beweis. Aus der Stetigkeit von g schließen wir $\bar{g}(x) = g(x) = \underline{g}(x)$. Wegen (57) haben wir deshalb $\lim\limits_{k\to\infty} \overline{\sum}_{\mathcal{P}_k} = \lim\limits_{k\to\infty} \underline{\sum}_{\mathcal{P}_k}$. Somit ist die stetige Funktion $g = g(x)$ Riemann-Stieltjes-integrierbar, und darüber hinaus ist ihr Integral wieder aufgrund von (57) mit dem Lebesgue-Stieltjes-Integral identisch.

Wir werden nun das Verhältnis zwischen Riemann- und Lebesgue-Integral für den Fall des Lebesgue-Maßes auf der reellen Achse etwas ausführlicher betrachten.

Satz 10. *Es sei $g = g(x)$ eine beschränkte Funktion auf $[a, b]$.*

a) *Die Funktion $g = g(x)$ ist genau dann Riemann-integrierbar auf $[a, b]$, falls sie fast überall stetig ist (bezüglich des Lebesgue-Maßes $\bar{\lambda}$ auf $\bar{\mathscr{B}}([a, b])$).*

b) *Jede Riemann-integrierbare Funktion $g = g(x)$ ist auch Lebesgue-integrierbar, und es gilt*

$$(\mathrm{R}) \int_a^b g(x)\,\mathrm{d}x = (\mathrm{L}) \int_a^b g(x)\,\bar{\lambda}(\mathrm{d}x). \tag{60}$$

Beweis. a) Die Funktion $g = g(x)$ sei Riemann-integrierbar. Vermöge (57) gilt dann

$$(\mathrm{L}) \int_a^b \bar{g}(x)\,\bar{\lambda}(\mathrm{d}x) = (\mathrm{L}) \int_a^b \underline{g}(x)\,\bar{\lambda}(\mathrm{d}x).$$

Wir haben jedoch $\underline{g}(x) \leqq g(x) \leqq \bar{g}(x)$. Deshalb gilt entsprechend Eigenschaft H

$$\underline{g}(x) = g(x) = \bar{g}(x) \qquad (\bar{\lambda}\text{-f.s.}), \tag{61}$$

woraus man leicht schließt, daß die Funktion $g(x)$ fast überall (bezüglich des Maßes $\bar{\lambda}$) stetig ist.

Es sei umgekehrt die Funktion $g = g(x)$ fast überall (bezüglich des Maßes $\bar{\lambda}$) stetig. Dann ist (61) erfüllt, und folglich unterscheidet sich $g(x)$ von der (Borel-) meßbaren Funktion $\bar{g}$ nur auf einer Menge N mit $\bar{\lambda}(N) = 0$. Dann gilt jedoch

$$\begin{aligned}\{x : g(x) \leqq c\} &= \{x : g(x) \leqq c\} \cap \overline{N} + \{x : g(x) \leqq c\} \cap N \\ &= \{x : \bar{g}(x) \leqq c\} \cap \overline{N} + \{x : g(x) \leqq c\} \cap N.\end{aligned}$$

Offenbar gehört die Menge $\{x : \bar{g}(x) \leqq c\} \cap \overline{N}$ zu $\bar{\mathscr{B}}([a, b])$, und die Menge $\{x : g(x) \leqq c\} \cap N$ ist eine Teilmenge der Menge N, deren Lebesgue-Maß gleich 0 ist $\left(\bar{\lambda}(N) = 0\right)$ und somit auch in $\bar{\mathscr{B}}([a, b])$ liegt. Somit erhalten wir die $\bar{\mathscr{B}}([a, b])$-Meßbarkeit der Funktion g, die nun wegen ihrer Beschränktheit Lebesgue-integrierbar ist. Deshalb gilt nach Eigenschaft G

$$(\mathrm{L}) \int_a^b \bar{g}(x)\,\bar{\lambda}(\mathrm{d}x) = (\mathrm{L}) \int_a^b \underline{g}(x)\,\bar{\lambda}(\mathrm{d}x) = (\mathrm{L}) \int_a^b g(x)\,\bar{\lambda}(\mathrm{d}x),$$

womit die Behauptung a) bewiesen ist.

b) Ist die Funktion $g = g(x)$ Riemann-integrierbar, so erhält man aus a) ihre Stetigkeit ($\bar{\lambda}$-f.ü.). Oben wurde bereits gezeigt, daß g dann Lebesgue-integrierbar ist und das Riemann-Integral mit dem Lebesgue-Integral übereinstimmt.

Damit ist der Satz bewiesen.

Bemerkung. Es sei μ ein Lebesgue-Stieltjes-Maß auf $\mathscr{B}([a, b])$. Wir bezeichnen mit $\overline{\mathscr{B}}_\mu([a, b])$ das System der Teilmengen $\Lambda \subseteq [a, b]$, für die solche Mengen A und B aus $\mathscr{B}([a, b])$ existieren, daß $A \subseteq \Lambda \subseteq B$ und $\mu(B \setminus A) = 0$ gilt. Es sei $\bar{\mu}$ die Fortsetzung des Maßes μ auf $\overline{\mathscr{B}}_\mu([a, b])$ ($\bar{\mu}(\Lambda) = \mu(A)$ für Λ mit $A \subseteq \Lambda \subseteq B$ und $\mu(B \setminus A) = 0$). Dann bleibt die Aussage des Satzes erhalten, falls man anstelle des Lebesgue-Maßes $\bar{\lambda}$ das Maß $\bar{\mu}$ betrachtet und statt der Riemann- und Lebesgue-Integrale die entsprechenden Riemann-Stieltjes- und Lebesgue-Stieltjes-Integrale bezüglich $\bar{\mu}$ wählt.

11. Im folgenden führen wir einen hilfreichen Satz über die partielle Integration bei Lebesgue-Stieltjes-Integralen an.

Es seien auf $(R, \mathscr{B}(R))$ zwei verallgemeinerte Verteilungsfunktionen $F = F(x)$ und $G = G(x)$ gegeben.

Satz 11. *Für beliebige reelle a und b mit $a < b$ gilt die Regel der partiellen Integration*

$$F(b)\,G(b) - F(a)\,G(a) = \int_a^b F(s-)\,\mathrm{d}G(s) + \int_a^b G(s)\,\mathrm{d}F(s) \tag{62}$$

oder dazu äquivalent

$$F(b)\,G(b) - F(a)\,G(a) = \int_a^b F(s-)\,\mathrm{d}G(s) + \int_a^b G(s-)\,\mathrm{d}F(s) + \sum_{a<s\leq b} \Delta F(s)\,\Delta G(s), \tag{63}$$

wobei $F(s-) = \lim_{t\uparrow s} F(t)$ und $\Delta F(s) = F(s) - F(s-)$ gesetzt wurde.

Bemerkung 1. Die Formel (62) kann man symbolisch in folgender „differentieller" Form schreiben:

$$\mathrm{d}(FG) = F_-\,\mathrm{d}G + G\,\mathrm{d}F. \tag{64}$$

Bemerkung 2. Die Aussage des Satzes bleibt auch für Funktionen F und G von beschränkter Variation (auf $[a, b]$) gültig. (Jede solche Funktion, die rechtsstetig ist und linksseitige Grenzwerte besitzt, läßt sich als Differenz zweier monoton nichtfallender Funktionen darstellen.)

Beweis. Zunächst sei daran erinnert, daß wir entsprechend der Vereinbarung in Abschnitt 1 unter dem Integral $\int_a^b (\cdot)$ das Integral $\int_{(a,b]} (\cdot)$ verstehen wollen. Deshalb gilt (siehe Formel (2) in § 3)

$$\big(F(b) - F(a)\big)\big(G(b) - G(a)\big) = \int_a^b \mathrm{d}F(s) \int_a^b \mathrm{d}G(t).$$

Bezeichnen wir mit $F \times G$ das direkte Produkt der F und G entsprechenden Maße, so erhalten wir daraus nach dem Satz von FUBINI

$$\begin{aligned}
\big(F(b) - F(a)\big)\big(G(b) - G(a)\big) &= \int\limits_{(a,b]\times(a,b]} \mathrm{d}(F \times G)(s, t) \\
&= \int\limits_{(a,b]\times(a,b]} I_{\{s \geqq t\}}(s, t)\, \mathrm{d}(F \times G)(s, t) + \int\limits_{(a,b]\times(a,b]} I_{\{s<t\}}(s, t)\, \mathrm{d}(F \times G)(s, t) \\
&= \int\limits_{(a,b]} \big(G(s) - G(a)\big)\, \mathrm{d}F(s) + \int\limits_{(a,b]} \big(F(t-) - F(a)\big)\, \mathrm{d}G(t) \qquad (65) \\
&= \int\limits_a^b G(s)\, \mathrm{d}F(s) + \int\limits_a^b F(s-)\, \mathrm{d}G(s) \\
&\quad - G(a)\big(F(b) - F(a)\big) - F(a)\big(G(b) - G(a)\big),
\end{aligned}$$

wobei I_A die Indikatorfunktion der Menge A bezeichnet.

Aus der Beziehung (65) folgt unmittelbar (62). Unter Berücksichtigung der Gleichheit

$$\int\limits_a^b \big(G(s) - G(s-)\big)\, \mathrm{d}F(s) = \sum_{a<s\leqq b} \Delta G(s)\, \Delta F(s) \qquad (66)$$

kann man (63) aus (62) schließen.

Folgerung 1. Sind F und G Verteilungsfunktionen, so gilt

$$F(x)\, G(x) = \int\limits_{-\infty}^{x} F(s-)\, \mathrm{d}G(s) + \int\limits_{-\infty}^{x} G(s)\, \mathrm{d}F(s). \qquad (67)$$

Falls darüber hinaus die Verteilungsfunktion F die Darstellung

$$F(x) = \int\limits_{-\infty}^{x} f(s)\, \mathrm{d}s$$

besitzt, ergibt sich

$$F(x)\, G(x) = \int\limits_{-\infty}^{x} F(s)\, \mathrm{d}G(s) + \int\limits_{-\infty}^{x} G(s)\, f(s)\, \mathrm{d}s. \qquad (68)$$

Folgerung 2. Es sei ξ eine zufällige Größe mit der Verteilungsfunktion F, und es gelte $\mathbf{M}\, |\xi|^n < \infty$. Dann erhalten wir

$$\int\limits_0^\infty x^n\, \mathrm{d}F(x) = n \int\limits_0^\infty x^{n-1}\big(1 - F(x)\big)\, \mathrm{d}x, \qquad (69)$$

$$\int\limits_{-\infty}^{0} |x|^n\, \mathrm{d}F(x) = -\int\limits_0^\infty x^n\, \mathrm{d}F(-x) = n \int\limits_0^\infty x^{n-1} F(-x)\, \mathrm{d}x \qquad (70)$$

und

$$\mathbf{M}\, |\xi|^n = \int\limits_{-\infty}^{\infty} |x|^n\, \mathrm{d}F(x) = n \int\limits_0^\infty x^{n-1}\big(1 - F(x) + F(-x)\big)\, \mathrm{d}x. \qquad (71)$$

Zum Beweis von (69) stellen wir zunächst die Gleichheiten

$$\int_0^b x^n \, \mathrm{d}F(x) = -\int_0^b x^n \, \mathrm{d}\big(1 - F(x)\big)$$

$$= -b^n\big(1 - F(b)\big) + n \int_0^b x^{n-1}\big(1 - F(x)\big) \, \mathrm{d}x \tag{72}$$

fest. Nun wollen wir zeigen, daß aufgrund der Voraussetzung $\mathbf{M}\, |\xi|^n < \infty$ die Beziehung

$$b^n\big(1 - F(b) + F(-b)\big) \leqq b^n \mathbf{P}(|\xi| \geqq b) \to 0, \qquad b \to \infty, \tag{73}$$

gilt. Wir erhalten nämlich

$$\mathbf{M}|\xi|^n = \sum_{k=1}^{\infty} \int_{k-1}^{k} |x|^n \, \mathrm{d}F(x)$$

und demzufolge

$$\sum_{k \geqq b+1} \int_{k-1}^{k} |x|^n \, \mathrm{d}F(x) \to 0, \qquad b \to \infty.$$

Nun gilt jedoch

$$\sum_{k \geqq b+1} \int_{k-1}^{k} |x|^n \, \mathrm{d}F(x) \geqq b^n \mathbf{P}(|\xi| \geqq b).$$

Damit ist (73) bewiesen. Gehen wir in (72) zum Grenzwert für $b \to \infty$ über, so ergibt sich die geforderte Beziehung (69).

Analog führt man den Beweis der Beziehung (70). Die Formel (71) folgt nun ihrerseits aus (69) und (70).

12. Es sei $A = A(t)$, $t \geqq 0$, eine rechtsstetige Funktion mit linksseitig existierenden Grenzwerten, die darüber hinaus lokal (d. h. auf jedem endlichen Intervall $[a, b]$) eine beschränkte Variation besitzt. Wir betrachten die Gleichung

$$Z_t = 1 + \int_0^t Z_{s-} \, \mathrm{d}A(s), \tag{74}$$

die man in differentieller Form in der Gestalt

$$\mathrm{d}Z = Z_- \, \mathrm{d}A, \qquad Z_0 = 1, \tag{75}$$

schreiben kann. Die soeben bewiesene Formel der partiellen Integration erlaubt uns, die explizite Form der Lösung von (74) (in der Klasse der lokal beschränkten Funktionen) anzugeben.

Wir führen die Funktion

$$E_t(A) = \mathrm{e}^{A(t) - A(0)} \prod_{0 \leqq s \leqq t} \big(1 + \Delta A(s)\big) \, \mathrm{e}^{-\Delta A(s)} \tag{76}$$

mit $\Delta A(s) = A(s) - A(s\,-)$ für $s > 0$ und $\Delta A(0) = 0$ ein.

Die Funktion $A(s)$, $0 \leqq s \leqq t$, ist von beschränkter Variation und besitzt folglich höchstens abzählbar viele Unstetigkeitsstellen, und die Reihe $\sum\limits_{0 \leqq s \leqq t} |\Delta A(s)|$ konvergiert. Demzufolge ist die Funktion $\prod\limits_{0 \leqq s \leqq t} \big(1 + \Delta A(s)\big)$ von beschränkter Variation.

Bezeichnen wir mit $A^c(t) = A(t) - \sum\limits_{0 \leqq s \leqq t} \Delta A(s)$ den stetigen Anteil der Funktion $A(t)$, so läßt sich (76) in die Form

$$E_t(A) = e^{A^c(t) - A^c(0)} \prod_{0 \leqq s \leqq t} \big(1 + \Delta A(s)\big) \tag{77}$$

bringen. Nun führen wir die Bezeichnungen

$$F(t) = e^{A^c(t) - A^c(0)} \quad \text{und} \quad G(t) = \prod_{0 \leqq s \leqq t} \big(1 + \Delta A(s)\big)$$

ein. Aus (62) ergibt sich dann

$$\begin{aligned} E_t(A) = F(t)\, G(t) &= 1 + \int_0^t F(s)\, dG(s) + \int_0^t G(s -)\, dF(s) \\ &= 1 + \sum_{0 \leqq s \leqq t} F(s)\, G(s -)\, \Delta A(s) + \int_0^t G(s -)\, F(s)\, dA^c(s) \\ &= 1 + \int_0^t E_{s-}(A)\, dA(s). \end{aligned}$$

Somit ist $E_t(A)$, $t \geqq 0$, eine (lokal beschränkte) Lösung der Gleichung (74). Wir werden jetzt zeigen, daß diese Lösung in der Klasse der lokal beschränkten Lösungen eindeutig ist.

Wir nehmen dazu an, daß es zwei lokal beschränkte Lösungen gibt, und $Y = Y(t)$, $t \geqq 0$, sei ihre Differenz. Dann gilt

$$Y(t) = \int_0^t Y(s -)\, dA(s).$$

Es sei

$$T = \inf \{t \geqq 0 \colon Y(t) \neq 0\},$$

wobei wir $T = \infty$ setzen, falls $Y(t) = 0$ für alle $t \geqq 0$ gilt.

Da $A(t)$, $t \geqq 0$, eine Funktion von lokal beschränkter Variation ist, findet man zwei verallgemeinerte Verteilungsfunktionen $A_1(t)$ und $A_2(t)$ mit $A(t) = A_1(t) - A_2(t)$. Unter der Annahme $T < \infty$ existiert ein endliches $T' > T$ derart, daß die Ungleichung

$$[A_1(T') + A_2(T')] - [A_1(T) + A_2(T)] \leqq 1/2$$

erfüllt ist. Dann folgt aber aus der Gleichung

$$Y(t) = \int_T^t Y(s -)\, dA(s), \qquad t \geqq T,$$

die Abschätzung

$$\sup_{t \leqq T'} |Y(t)| \leqq \frac{1}{2} \sup_{t \leqq T'} |Y(t)|.$$

Wegen $\sup_{t \leqq T'} |Y(t)| < \infty$ ergibt sich $Y(t) = 0$ für alle $T < t \leqq T'$. Dies widerspricht der Definition von T.

Auf diese Weise haben wir die folgende Aussage bewiesen.

Satz 12. *In der Klasse der lokal beschränkten Funktionen besitzt die Gleichung* (74) *genau eine Lösung, die durch* (76) *gegeben ist.*

13. Aufgaben

1. Man beweise die Darstellung (6).
2. Man zeige die Gültigkeit folgender Verallgemeinerung der Eigenschaft E: Es seien ξ und η zufällige Größen, für die $\mathsf{M}\xi$ und $\mathsf{M}\eta$ existieren und der Ausdruck $\mathsf{M}\xi + \mathsf{M}\eta$ Sinn besitzt (d. h. nicht die Form $\infty - \infty$ oder $-\infty + \infty$ hat). Dann folgt
$$\mathsf{M}(\xi + \eta) = \mathsf{M}\xi + \mathsf{M}\eta.$$
3. Man verallgemeinere die Eigenschaft G in folgender Weise: Falls $\xi = \eta$ (f.s.) gilt und $\mathsf{M}\xi$ existiert, existiert auch $\mathsf{M}\eta$, und es folgt $\mathsf{M}\eta = \mathsf{M}\xi$.
4. Es sei ξ eine erweiterte zufällige Größe, μ ein σ-endliches Maß und $\int_\Omega |\xi| \, d\mu < \infty$. Man zeige, daß dann $|\xi| < \infty$ (μ-f.s.) gilt (vgl. Eigenschaft J).
5. Es seien μ ein σ-endliches Maß sowie ξ und η erweiterte zufällige Größen, für die $\mathsf{M}\xi$ und $\mathsf{M}\eta$ definiert sind. Gilt dann für alle $A \in \mathcal{F}$ die Ungleichung $\int_A \xi \, d\mu \leqq \int_A \eta \, d\mu$, so folgt $\xi \leqq \eta$ (μ-f.s.) (vgl. Eigenschaft I).
6. Es seien ξ und η unabhängige nichtnegative zufällige Größen. Man zeige die Gleichheit $\mathsf{M}\xi\eta = \mathsf{M}\xi \cdot \mathsf{M}\eta$.
7. Mit Hilfe des Lemmas von Fatou beweise man
$$\mathsf{P}(\underline{\lim}\, A_n) \leqq \underline{\lim}\, \mathsf{P}(A_n) \quad \text{und} \quad \mathsf{P}\,(\overline{\lim}\, A_n) \geqq \overline{\lim}\, \mathsf{P}(A_n).$$
8. Man gebe ein Beispiel an, das verdeutlicht, daß die Bedingungen $|\xi_n| \leqq \eta$ und $\mathsf{M}\eta < \infty$ im Satz von Lebesgue über die majorisierte Konvergenz im allgemeinen nicht abgeschwächt werden können.
9. Man finde ein Beispiel, das zeigt, daß die Bedingungen $\xi_n \geqq \eta$ und $\mathsf{M}\eta > -\infty$ im Lemma von Fatou im allgemeinen nicht fallengelassen werden können.
10. Man beweise die folgenden Varianten des Lemmas von Fatou: Die Folge der zufälligen Größen $(\xi_n^+)_{n \geqq 1}$ sei gleichmäßig integrierbar, und es existiere $\mathsf{M}\,\overline{\lim}\, \xi_n$. Dann folgt
$$\overline{\lim}\, \mathsf{M}\xi_n \leqq \mathsf{M}\,\overline{\lim}\, \xi_n.$$
Es sei $\xi_n \leqq \eta_n$, $n \geqq 1$, wobei die Folge $(\eta_n)_{n \geqq 1}$ gleichmäßig integrierbar ist und fast sicher (oder nur in Wahrscheinlichkeit, siehe dazu § 10) gegen eine zufällige Größe η konvergiert. Dann gilt $\overline{\lim}\, \mathsf{M}\xi_n \leqq \mathsf{M}\,\overline{\lim}\, \xi_n$.
11. Die auf [0, 1] definierte Dirichlet-Funktion
$$d(x) = \begin{cases} 0, & \text{falls } x \text{ rational}, \\ 1, & \text{falls } x \text{ irrational}, \end{cases}$$
ist Lebesgue-, aber nicht Riemann-integrierbar. Warum?

12. Man finde ein Beispiel für eine Folge Riemann-integrierbarer Funktionen $(f_n)_{n\geqq 1}$ auf dem Intervall $[0, 1]$ derart, daß $|f_n| \leqq 1$ gilt und die Konvergenz $f_n \to f$ fast überall bezüglich des Lebesgue-Maßes stattfindet, jedoch f nicht Riemann-integrierbar ist.

13. Es sei $(a_{ij};\, i, j \geqq 1)$ eine Folge reeller Zahlen mit $\sum_{i,j} |a_{ij}| < \infty$. Man folgere aus dem Satz von FUBINI die Beziehungen

$$\sum_{(i,j)} a_{ij} = \sum_i \Big(\sum_j a_{ij}\Big) = \sum_j \Big(\sum_i a_{ij}\Big). \tag{78}$$

14. Man finde ein Beispiel für eine Folge $(a_{ij};\, i, j \geqq 1)$ mit der Eigenschaft $\sum_{i,j} |a_{ij}| = \infty$, für die die Gleichheiten (78) nicht gelten.

15. Ausgehend von einfachen Funktionen und unter Zuhilfenahme des Satzes über den Grenzübergang unter dem Lebesgue-Integral beweise man die folgende Substitutionsregel. Es sei $h = h(y)$ eine nichtfallende absolut stetige Funktion auf dem Intervall $[a, b]$ und $f(x)$ eine (bezüglich des Lebesgue-Maßes) integrierbare Funktion auf dem Intervall $[h(a), h(b)]$. Dann ist die Funktion $f(h(y))\, h'(y)$ auf $[a, b]$ integrierbar, und es gilt

$$\int_{h(a)}^{h(b)} f(x)\, \mathrm{d}x = \int_a^b f(h(y))\, h'(y)\, \mathrm{d}y.$$

16. Man beweise die Formel (70).

17. Es seien $\xi, \xi_1, \xi_2, \ldots$ nichtnegative integrierbare zufällige Größen derart, daß $\mathsf{M}\xi_n \to \mathsf{M}\xi$ und für jedes $\varepsilon > 0$ außerdem $\mathsf{P}(\xi - \xi_n > \varepsilon) \to 0$ gilt. Man beweise dann die Konvergenz $\mathsf{M}\, |\xi_n - \xi| \to 0$, $n \to \infty$.

18. Es seien ξ, η, ζ und ξ_n, η_n, ζ_n, $n \geqq 1$, zufällige Größen mit

$$\xi_n \xrightarrow{\mathsf{P}} \xi, \qquad \eta_n \xrightarrow{\mathsf{P}} \eta, \qquad \zeta_n \xrightarrow{\mathsf{P}} \zeta, \qquad \eta_n \leqq \xi_n \leqq \zeta_n, \qquad n \geqq 1,$$

und

$$\mathsf{M}\zeta_n \to \mathsf{M}\zeta, \qquad \mathsf{M}\eta_n \to \mathsf{M}\eta.$$

Darüber hinaus seien die Erwartungswerte $\mathsf{M}\xi$, $\mathsf{M}\eta$ und $\mathsf{M}\zeta$ endlich. Man beweise das folgende Lemma von PRATT: $\mathsf{M}\xi_n \to \mathsf{M}\xi$.
Ist außerdem noch $\eta_n \leqq 0 \leqq \zeta_n$ erfüllt, so gilt $\mathsf{M}\, |\xi_n - \xi| \to 0$. Man leite daraus ab, daß aus $\xi_n \xrightarrow{\mathsf{P}} \xi$, $\mathsf{M}\, |\xi_n| \to \mathsf{M}\, |\xi|$ und $\mathsf{M}\, |\xi| < \infty$ die Konvergenz $\mathsf{M}\, |\xi_n - \xi| \to 0$ folgt.

§ 7. Bedingte Wahrscheinlichkeiten und bedingte Erwartungswerte bezüglich σ-Algebren

1. Es sei $(\Omega, \mathcal{F}, \mathsf{P})$ ein Wahrscheinlichkeitsraum und $A \in \mathcal{F}$ ein Ereignis mit $\mathsf{P}(A) > 0$. Wie im Fall endlicher Wahrscheinlichkeitsräume nennen wir die Größe $\mathsf{P}(BA)/\mathsf{P}(A)$ *bedingte Wahrscheinlichkeit des Ereignisses B bezüglich A* (Bezeichnung $\mathsf{P}(B \mid A)$). Entsprechend verstehen wir unter der *bedingten Wahrscheinlichkeit des Ereignisses B bezüglich einer höchstens abzählbaren Zerlegung $\mathcal{D} = \{D_1, D_2, \ldots\}$* mit $\mathsf{P}(D_i) > 0$, $i \geqq 1$, die zufällige Größe $\mathsf{P}(B \mid \mathcal{D})$, die gleich $\mathsf{P}(B \mid D_i)$ für $\omega \in D_i$ und $i \geqq 1$ ist:

$$\mathsf{P}(B \mid \mathcal{D}) = \sum_{i\geqq 1} \mathsf{P}(B \mid D_i)\, I_{D_i}(\omega).$$

Für eine zufällige Größe ξ mit existierendem Erwartungswert $\mathsf{M}\xi$ nennen wir analog die Größe $\mathsf{M}(\xi I_A)/\mathsf{P}(A)$ *bedingten Erwartungswert von ξ bezüglich des Ereignisses A* mit $\mathsf{P}(A) > 0$ und bezeichnen sie mit $\mathsf{M}(\xi \mid A)$ (vgl. mit (1.8.10)).

Die zufällige Größe $\mathsf{P}(B \mid \mathscr{D})$ ist offensichtlich meßbar bezüglich der σ-Algebra $\mathscr{G} = \sigma(\mathscr{D})$. In Verbindung damit bezeichnet man sie auch mit $\mathsf{P}(B \mid \mathscr{G})$ (vgl. Kapitel I, § 8).

In der Wahrscheinlichkeitstheorie wird man auch mit der Notwendigkeit konfrontiert, bedingte Wahrscheinlichkeiten bezüglich Ereignissen mit der Wahrscheinlichkeit *null* zu betrachten.

Ein Beispiel dafür ist das folgende Experiment. Es sei ξ eine auf $[0, 1]$ gleichverteilte zufällige Größe. Falls $\xi = x$ eintritt, wird eine Münze geworfen, bei der die Wahrscheinlichkeit für das Auftreten von „Wappen" gerade x und für das Auftreten von „Zahl" $1 - x$ ist. Es sei ν die aufgetretene Anzahl von „Wappen" bei n unabhängigen Würfen mit dieser Münze. Nun fragen wir nach der „bedingten Wahrscheinlichkeit $\mathsf{P}(\nu = k \mid \xi = x)$". Wegen $\mathsf{P}(\xi = x) = 0$ ist die uns interessierende „bedingte Wahrscheinlichkeit $\mathsf{P}(\nu = k \mid \xi = x)$" vorläufig nicht definiert, obwohl intuitiv klar ist, daß diese Wahrscheinlichkeit gleich $\binom{n}{k} x^k(1 - x)^{n-k}$ sein muß.

Wir wollen nun den bedingten Erwartungswert (und damit insbesondere die bedingte Wahrscheinlichkeit) bezüglich σ-Algebren $\mathscr{G}$, $\mathscr{G} \subseteq \mathscr{F}$, in allgemeiner Form definieren und diesen Begriff mit der Definition aus § 8 in Kapitel I vergleichen, die für endliche Wahrscheinlichkeitsräume aufgestellt wurde.

2. Es sei $(\Omega, \mathscr{F}, \mathsf{P})$ ein Wahrscheinlichkeitsraum, $\mathscr{G}$ eine σ-Algebra, $\mathscr{G} \subseteq \mathscr{F}$ ($\mathscr{G}$ ist eine *Teil-σ-Algebra* von $\mathscr{F}$) und $\xi = \xi(\omega)$ eine zufällige Größe. Wir erinnern daran, daß in § 6 der Erwartungswert in zwei Etappen definiert wurde: zunächst für nichtnegative zufällige Größen ξ und danach im allgemeinen Fall mit Hilfe der Gleichheit

$$\mathsf{M}\xi = \mathsf{M}\xi^+ - \mathsf{M}\xi^-,$$

und zwar unter der Voraussetzung

$$\min(\mathsf{M}\xi^-, \mathsf{M}\xi^+) < \infty.$$

Eine ähnliche zweietappige Konstruktion wird auch bei der Definition des bedingten Erwartungswertes $\mathsf{M}(\xi \mid \mathscr{G})$ angewandt.

Definition 1. 1. *Bedingten Erwartungswert der nichtnegativen zufälligen Größe ξ bezüglich der σ-Algebra $\mathscr{G}$* nennen wir eine nichtnegative erweiterte zufällige Größe, die durch $\mathsf{M}(\xi \mid \mathscr{G})$ oder $\mathsf{M}(\xi \mid \mathscr{G})(\omega)$ bezeichnet wird, mit den folgenden Eigenschaften:

a) $\mathsf{M}(\xi \mid \mathscr{G})$ ist $\mathscr{G}$-meßbar;

b) für jedes $A \in \mathscr{G}$ gilt

$$\int_A \xi \, d\mathsf{P} = \int_A \mathsf{M}(\xi \mid \mathscr{G}) \, d\mathsf{P}. \tag{1}$$

2. Der *bedingte Erwartungswert* $\mathsf{M}(\xi \mid \mathscr{G})$ oder $\mathsf{M}(\xi \mid \mathscr{G})(\omega)$ einer *beliebigen* zufälligen Größe ξ *bezüglich der σ-Algebra $\mathscr{G}$* gilt als definiert, falls P-f.s.

$$\min\left(\mathsf{M}(\xi^+ \mid \mathscr{G}), \mathsf{M}(\xi^- \mid \mathscr{G})\right) < \infty$$

erfüllt ist. Er wird dann durch die Formel

$$\mathbf{M}(\xi \mid \mathscr{G}) = \mathbf{M}(\xi^+ \mid \mathscr{G}) - \mathbf{M}(\xi^- \mid \mathscr{G})$$

bestimmt, wobei auf der Nullmenge (bezüglich $\mathbf{P}$) der elementaren Ereignisse, für die $\mathbf{M}(\xi^+ \mid \mathscr{G}) = \mathbf{M}(\xi^- \mid \mathscr{G}) = \infty$ gilt, die Differenz $\mathbf{M}(\xi^+ \mid \mathscr{G}) - \mathbf{M}(\xi^- \mid \mathscr{G})$ beliebig definiert wird, zum Beispiel indem man sie gleich 0 setzt.

Zunächst wollen wir zeigen, daß $\mathbf{M}(\xi \mid \mathscr{G})$ für nichtnegative zufällige Größen tatsächlich existiert. Nach (6.36) ist die Mengenfunktion

$$\mathbf{Q}(A) = \int_A \xi \, \mathrm{d}\mathbf{P}, \qquad A \in \mathscr{G}, \tag{2}$$

ein Maß auf $(\Omega, \mathscr{G})$, das absolut stetig bezüglich des Maßes $\mathbf{P}$ (betrachtet auf $(\Omega, \mathscr{G})$, $\mathscr{G} \subseteq \mathscr{F}$) ist. Nach dem Satz von RADON-NIKODYM existiert deshalb eine solche nichtnegative $\mathscr{G}$-meßbare erweiterte zufällige Größe $\mathbf{M}(\xi \mid \mathscr{G})$, daß

$$\mathbf{Q}(A) = \int_A \mathbf{M}(\xi \mid \mathscr{G}) \, \mathrm{d}\mathbf{P} \tag{3}$$

gilt. Aus (2) und (3) ergibt sich die Beziehung (1).

Bemerkung 1. Entsprechend dem Satz von RADON-NIKODYM ist der bedingte Erwartungswert $\mathbf{M}(\xi \mid \mathscr{G})$ nur bis auf Mengen vom $\mathbf{P}$-Maß 0 eindeutig bestimmt. Mit anderen Worten kann man anstelle von $\mathbf{M}(\xi \mid \mathscr{G})$ eine beliebige $\mathscr{G}$-meßbare Funktion $f(\omega)$ wählen, für die $\mathbf{Q}(A) = \int_A f(\omega) \, \mathrm{d}\mathbf{P}$, $A \in \mathscr{G}$, gilt. Eine solche Funktion nennt man Version des bedingten Erwartungswertes.

Wir wollen ferner erwähnen, daß entsprechend der Bemerkung zum Satz von RADON-NIKODYM

$$\mathbf{M}(\xi \mid \mathscr{G})(\omega) = \frac{\mathrm{d}\mathbf{Q}}{\mathrm{d}\mathbf{P}}(\omega) \tag{4}$$

gilt, d. h., der bedingte Erwartungswert ist nichts anderes als die Radon-Nikodym-Ableitung des Maßes $\mathbf{Q}$ bezüglich des Maßes $\mathbf{P}$ (beide auf $(\Omega, \mathscr{G})$ betrachtet).

Bemerkung 2. In Verbindung mit der Beziehung (1) stellen wir fest, daß wir im allgemeinen nicht $\mathbf{M}(\xi \mid \mathscr{G}) = \xi$ setzen können, da die zufällige Größe ξ *nicht* $\mathscr{G}$-meßbar *zu sein braucht*.

Bemerkung 3. Wir wollen annehmen, daß für die zufällige Größe ξ der Erwartungswert $\mathbf{M}\xi$ existiert. Dann könnte man $\mathbf{M}(\xi \mid \mathscr{G})$ als eine solche $\mathscr{G}$-meßbare Funktion definieren, für die (1) gilt. Gewöhnlich geht man auch so vor. Die von uns angeführte Definition $\mathbf{M}(\xi \mid \mathscr{G}) = \mathbf{M}(\xi^+ \mid \mathscr{G}) - \mathbf{M}(\xi^- \mid \mathscr{G})$ besitzt den Vorteil, daß sie für die triviale σ-Algebra $\mathscr{G} = \{\emptyset, \Omega\}$ in die Definition von $\mathbf{M}\xi$ übergeht und dabei nicht dessen Existenz voraussetzt. (Wenn ξ zum Beispiel eine zufällige Größe mit $\mathbf{M}\xi^+ = \infty$, $\mathbf{M}\xi^- = \infty$ und $\mathscr{G} = \mathscr{F}$ ist, existiert $\mathbf{M}\xi$ nicht. Im Sinne der Definition 1 ist jedoch die Existenz von $\mathbf{M}(\xi \mid \mathscr{G})$ gewährleistet, und es gilt $\mathbf{M}(\xi \mid \mathscr{G}) = \xi = \xi^+ - \xi^-$.)

Bemerkung 4. Es sei $\mathbf{M}(\xi \mid \mathscr{G})$ definiert. Die zufällige Größe $\mathbf{M}\left[\left(\xi - \mathbf{M}(\xi \mid \mathscr{G})\right)^2 \mid \mathscr{G}\right]$ heißt bedingte Varianz und wird mit $\mathbf{D}(\xi \mid \mathscr{G})$ bzw. $\mathbf{D}(\xi \mid \mathscr{G})(\omega)$ bezeichnet (vgl. die

Definition der bedingten Varianz $\mathsf{D}(\xi \mid \mathscr{D})$ bezüglich der Zerlegung $\mathscr{D}$, die in Kapitel I, § 8, Aufgabe 2, eingeführt wurde.

Definition 2. Es sei $B \in \mathscr{F}$. Der bedingte Erwartungswert $\mathsf{M}(I_B \mid \mathscr{G})$ wird mit $\mathsf{P}(B \mid \mathscr{G})$ oder $\mathsf{P}(B \mid \mathscr{G})(\omega)$ bezeichnet und heißt *bedingte Wahrscheinlichkeit des Ereignisses B bezüglich der σ-Algebra $\mathscr{G}$, $\mathscr{G} \subseteqq \mathscr{F}$.*

Aus den Definitionen 1 und 2 folgt, daß für jedes fixierte $B \in \mathscr{F}$ die bedingte Wahrscheinlichkeit $\mathsf{P}(B \mid \mathscr{G})$ eine zufällige Größe mit folgenden Eigenschaften ist:

a) $\mathsf{P}(B \mid \mathscr{G})$ ist $\mathscr{G}$-meßbar;

b) für alle $A \in \mathscr{G}$ gilt

$$\mathsf{P}(A \cap B) = \int_A \mathsf{P}(B \mid \mathscr{G})\, \mathrm{d}\mathsf{P}. \tag{5}$$

Definition 3. Es sei ξ eine zufällige Größe und $\mathscr{G}_\eta$ die durch ein zufälliges Element η erzeugte σ-Algebra. Dann wird $\mathsf{M}(\xi \mid \mathscr{G}_\eta)$ im Falle seiner Existenz mit $\mathsf{M}(\xi \mid \eta)$ bzw. $\mathsf{M}(\xi \mid \eta)(\omega)$ bezeichnet und *bedingter Erwartungswert von ξ bezüglich η* genannt.

Die bedingte Wahrscheinlichkeit $\mathsf{P}(B \mid \mathscr{G}_\eta)$ bezeichnet man mit $\mathsf{P}(B \mid \eta)$ bzw. $\mathsf{P}(B \mid \eta)(\omega)$ und nennt sie die *bedingte Wahrscheinlichkeit des Ereignisses B bezüglich η.*

3. Wir wollen nun zeigen, daß die hier eingeführte Definition von $\mathsf{M}(\xi \mid \mathscr{G})$ mit der Definition des bedingten Erwartungswertes aus Kapitel I, § 8, verträglich ist.

Es sei $\mathscr{D} = \{D_1, D_2, \ldots\}$ eine höchstens abzählbare Zerlegung mit den Atomen D_i bezüglich der Wahrscheinlichkeit P (d. h. $\mathsf{P}(D_i) > 0$, und für $A \subseteqq D_i$ folgt entweder $\mathsf{P}(A) = 0$ oder $\mathsf{P}(D_i \setminus A) = 0$).

Satz 1. *Es sei $\mathscr{G} = \sigma(\mathscr{D})$, und ξ sei eine zufällige Größe, für die $\mathsf{M}\xi$ existiert. Dann gilt*

$$\mathsf{M}(\xi \mid \mathscr{G}) = \mathsf{M}(\xi \mid D_i) \qquad (\mathsf{P}\text{-}f.s.\ auf\ D_i) \tag{6}$$

oder, was dasselbe ist,

$$\mathsf{M}(\xi \mid \mathscr{G}) = \frac{\mathsf{M}(\xi I_{D_i})}{\mathsf{P}(D_i)} \qquad (\mathsf{P}\text{-}f.s.\ auf\ D_i).$$

(Die Schreibweise „$\xi = \eta$ (P-f.s. auf A)“ oder „$\xi \stackrel{.}{=} \eta$ (A; P-f.s.)“ bedeutet $\mathsf{P}(A \cap \{\xi \neq \eta\}) = 0$.)

Beweis. Entsprechend Lemma 3 aus § 4 erhalten wir auf D_i die Gleichheit $\mathsf{M}(\xi \mid \mathscr{G}) = K_i$, wobei K_i eine Konstante ist. Es gilt jedoch

$$\int_{D_i} \xi\, \mathrm{d}\mathsf{P} = \int_{D_i} \mathsf{M}(\xi \mid \mathscr{G})\, \mathrm{d}\mathsf{P} = K_i \mathsf{P}(D_i),$$

woraus

$$K_i = \frac{1}{\mathsf{P}(D_i)} \int_{D_i} \xi\, \mathrm{d}\mathsf{P} = \frac{\mathsf{M}(\xi I_{D_i})}{\mathsf{P}(D_i)} = \mathsf{M}(\xi \mid D_i)$$

folgt. Damit ist der Satz bewiesen.

Somit ist der in Kapitel I eingeführte Begriff des bedingten Erwartungswertes bezüglich einer endlichen Zerlegung $\mathscr{D} = \{D_1, \ldots, D_n\}$ ein Spezialfall des bedingten Erwartungswertes bezüglich der σ-Algebra $\mathscr{G} = \sigma(\mathscr{D})$.

4. Eigenschaften des bedingten Erwartungswertes. (Wir nehmen im weiteren stets an, daß für alle betrachteten zufälligen Größen die Erwartungswerte existieren und für die σ-Algebra $\mathscr{G}$ die Beziehung $\mathscr{G} \subseteq \mathscr{F}$ gilt.)

A*. *Ist C eine Konstante und gilt $\xi = C$ (f.s.), so folgt*

$$\mathbf{M}(\xi \mid \mathscr{G}) = C \quad (f.s.).$$

B*. *Aus $\xi \leqq \eta$ (f.s.) ergibt sich $\mathbf{M}(\xi \mid \mathscr{G}) \leqq \mathbf{M}(\eta \mid \mathscr{G})$ (f.s.).*

C*. $|\mathbf{M}(\xi \mid \mathscr{G})| \leqq \mathbf{M}(|\xi| \mid \mathscr{G})$ (f.s.).

D*. *Sind a, b Konstanten und existiert $a\mathbf{M}\xi + b\mathbf{M}\eta$, so gilt*

$$\mathbf{M}(a\xi + b\eta) \mid \mathscr{G}) = a\mathbf{M}(\xi \mid \mathscr{G}) + b\mathbf{M}(\eta \mid \mathscr{G}) \qquad (f.s.).$$

E*. *Es sei $\mathscr{F}_* = \{\emptyset, \Omega\}$ die triviale σ-Algebra. Dann folgt*

$$\mathbf{M}(\xi \mid \mathscr{F}_*) = \mathbf{M}\xi \qquad (f.s.).$$

F*. $\mathbf{M}(\xi \mid \mathscr{F}) = \xi \qquad (f.s.)$.

G*. $\mathbf{M}\big(\mathbf{M}(\xi \mid \mathscr{G})\big) = \mathbf{M}\xi$.

H*. *Für $\mathscr{G}_1 \subseteq \mathscr{G}_2$ gilt*

$$\mathbf{M}[\mathbf{M}(\xi \mid \mathscr{G}_2) \mid \mathscr{G}_1] = \mathbf{M}(\xi \mid \mathscr{G}_1) \qquad (f.s.).$$

I*. *Für $\mathscr{G}_1 \supseteq \mathscr{G}_2$ gilt*

$$\mathbf{M}[\mathbf{M}(\xi \mid \mathscr{G}_2) \mid \mathscr{G}_1] = \mathbf{M}(\xi \mid \mathscr{G}_2) \qquad (f.s.).$$

J*. *Es sei ξ eine zufällige Größe, für die $\mathbf{M}\xi$ definiert ist und die von der σ-Algebra $\mathscr{G}$ unabhängig ist (d. h., ξ ist unabhängig von I_B, $B \in \mathscr{G}$). Dann gilt*

$$\mathbf{M}(\xi \mid \mathscr{G}) = \mathbf{M}\xi \qquad (f.s.).$$

K*. *Es sei η eine $\mathscr{G}$-meßbare zufällige Größe mit $\mathbf{M}\,|\eta| < \infty$ und $\mathbf{M}\,|\xi\eta| < \infty$. Dann gilt*

$$\mathbf{M}(\xi\eta \mid \mathscr{G}) = \eta\mathbf{M}(\xi \mid \mathscr{G}) \qquad (f.s.).$$

Wir gehen nun zum Beweis dieser Eigenschaften über.

A*. Die konstante Funktion ist $\mathscr{G}$-meßbar. Deshalb brauchen wir lediglich die Gleichheit

$$\int_A \xi \, d\mathbf{P} = \int_A C \, d\mathbf{P}, \qquad A \in \mathscr{G},$$

nachzuweisen. Infolge der Voraussetzung $\xi = C$ (f.s.) und der Eigenschaft G aus § 6 ist diese Gleichheit jedoch offensichtlich erfüllt.

B*. Gilt $\xi \leqq \eta$ (f.s.), so folgt aus der Eigenschaft B aus § 6

$$\int_A \xi \, d\mathbf{P} \leqq \int_A \eta \, d\mathbf{P}, \qquad A \in \mathcal{G},$$

und demzufolge

$$\int_A \mathbf{M}(\xi \mid \mathcal{G}) \, d\mathbf{P} \leqq \int_A \mathbf{M}(\eta \mid \mathcal{G}) \, d\mathbf{P}, \qquad A \in \mathcal{G}.$$

Die geforderte Ungleichung ergibt sich dann aus der Eigenschaft I von § 6.

C*. Diese Eigenschaft erhält man aus der vorhergehenden, wenn man die Ungleichungen $-|\xi| \leqq \xi \leqq |\xi|$ berücksichtigt.

D*. Gehört die Menge A zu $\mathcal{G}$, so folgt gemäß Aufgabe 2 aus § 6

$$\int_A (a\xi + b\eta) \, d\mathbf{P} = \int_A a\xi \, d\mathbf{P} + \int_A b\eta \, d\mathbf{P} = \int_A a\mathbf{M}(\xi \mid \mathcal{G}) \, d\mathbf{P} + \int_A b\mathbf{M}(\eta \mid \mathcal{G}) \, d\mathbf{P}$$
$$= \int_A [a\mathbf{M}(\xi \mid \mathcal{G}) + b\mathbf{M}(\eta \mid \mathcal{G})] \, d\mathbf{P},$$

wodurch die Eigenschaft D* bewiesen ist.

E*. Diese Eigenschaft ergibt sich aus der $\mathcal{F}_*$-Meßbarkeit von $\mathbf{M}\xi$ und der Tatsache, daß aus $A = \Omega$ oder $A = \emptyset$ offensichtlich

$$\int_A \xi \, d\mathbf{P} = \int_A \mathbf{M}\xi \, d\mathbf{P}$$

folgt.

F*. Aus der $\mathcal{F}$-Meßbarkeit von ξ und der Beziehung

$$\int_A \xi \, d\mathbf{P} = \int_A \xi \, d\mathbf{P}, \qquad A \in \mathcal{F},$$

erhalten wir $\mathbf{M}(\xi \mid \mathcal{F}) = \xi$ (f.s.).

G*. Dies folgt aus den Eigenschaften E* und H*, wenn man $\mathcal{G}_1 = \{\emptyset, \Omega\}$ und $\mathcal{G}_2 = \mathcal{G}$ wählt.

H*. Es sei $A \in \mathcal{G}_1$. Dann gilt

$$\int_A \mathbf{M}(\xi \mid \mathcal{G}_1) \, d\mathbf{P} = \int_A \xi \, d\mathbf{P}.$$

Aus $\mathcal{G}_1 \subseteqq \mathcal{G}_2$ ergibt sich $A \in \mathcal{G}_2$. Das bedeutet

$$\int_A \mathbf{M}[\mathbf{M}(\xi \mid \mathcal{G}_2) \mid \mathcal{G}_1] \, d\mathbf{P} = \int_A \mathbf{M}(\xi \mid \mathcal{G}_2) \, d\mathbf{P} = \int_A \xi \, d\mathbf{P}.$$

Folglich gilt für $A \in \mathcal{G}_1$

$$\int_A \mathbf{M}(\xi \mid \mathcal{G}_1) \, d\mathbf{P} = \int_A \mathbf{M}[\mathbf{M}(\xi \mid \mathcal{G}_2) \mid \mathcal{G}_1] \, d\mathbf{P}$$

und nach Eigenschaft I und Aufgabe 5 aus § 6

$$\mathbf{M}(\xi \mid \mathcal{G}_1) = \mathbf{M}[\mathbf{M}(\xi \mid \mathcal{G}_2) \mid \mathcal{G}_1] \qquad \text{(f.s.)}.$$

I*. Für $A \in \mathscr{G}_1$ gilt nach Definition von $\mathbf{M}[\mathbf{M}(\xi \mid \mathscr{G}_2) \mid \mathscr{G}_1]$

$$\int_A \mathbf{M}[\mathbf{M}(\xi \mid \mathscr{G}_2) \mid \mathscr{G}_1] \,\mathrm{d}\mathbf{P} = \int_A \mathbf{M}(\xi \mid \mathscr{G}_2) \,\mathrm{d}\mathbf{P}.$$

Die Funktion $\mathbf{M}(\xi \mid \mathscr{G}_2)$ ist $\mathscr{G}_2$-meßbar, und wegen $\mathscr{G}_2 \subseteqq \mathscr{G}_1$ erhält man ihre $\mathscr{G}_1$-Meßbarkeit. Daraus folgt, daß $\mathbf{M}(\xi \mid \mathscr{G}_2)$ eine Version des bedingten Erwartungswertes $\mathbf{M}[\mathbf{M}(\xi \mid \mathscr{G}_2) \mid \mathscr{G}_1]$ ist. Dies beweist die Eigenschaft I*.

J*. Da $\mathbf{M}\xi$ eine $\mathscr{G}$-meßbare Funktion ist, müssen wir nur noch für alle $B \in \mathscr{G}$ die Gleichheit

$$\int_B \xi \,\mathrm{d}\mathbf{P} = \int_B \mathbf{M}\xi \,\mathrm{d}\mathbf{P},$$

d. h. $\mathbf{M}(\xi I_B) = \mathbf{M}\xi \mathbf{M} I_B$ nachweisen. Für $\mathbf{M}\,|\xi| < \infty$ folgt dies sofort aus Satz 6 von § 6. Der allgemeine Fall läßt sich durch Anwendung des Resultats der Aufgabe 6 aus § 6 auf diese Situation zurückführen.

Den Beweis für die Eigenschaft K*, der auf der Aussage a) des folgenden Satzes aufbaut, führen wir etwas später.

Satz 2 (über die Konvergenz bedingter Erwartungswerte). *Es sei $(\xi_n)_{n \geqq 1}$ eine Folge von erweiterten zufälligen Größen.*

a) *Aus $|\xi_n| \leqq \eta$, $\mathbf{M}\eta < \infty$ und $\xi_n \to \xi$ (f.s.) folgt*

$$\mathbf{M}(\xi_n \mid \mathscr{G}) \to \mathbf{M}(\xi \mid \mathscr{G}) \qquad (\text{f.s.})$$

und

$$\mathbf{M}(|\xi_n - \xi| \mid \mathscr{G}) \to 0 \qquad (\text{f.s.}).$$

b) *Aus den Beziehungen $\xi_n \geqq \eta$, $\mathbf{M}\eta > -\infty$ und $\xi_n \uparrow \xi$ (f.s.) folgt die Konvergenz*

$$\mathbf{M}(\xi_n \mid \mathscr{G}) \uparrow \mathbf{M}(\xi \mid \mathscr{G}) \qquad (\text{f.s.}).$$

c) *Aus den Beziehungen $\xi_n \leqq \eta$, $\mathbf{M}\eta < \infty$ und $\xi_n \downarrow \xi$ (f.s.) folgt die Konvergenz*

$$\mathbf{M}(\xi_n \mid \mathscr{G}) \downarrow \mathbf{M}(\xi \mid \mathscr{G}) \qquad (\text{f.s.}).$$

d) *Aus den Beziehungen $\xi_n \geqq \eta$, $\mathbf{M}\eta > -\infty$ folgt die Ungleichung*

$$\mathbf{M}(\underline{\lim}\, \xi_n \mid \mathscr{G}) \leqq \underline{\lim}\, \mathbf{M}(\xi_n \mid \mathscr{G}) \qquad (\text{f.s.}).$$

e) *Aus den Beziehungen $\xi_n \leqq \eta$, $\mathbf{M}\eta < \infty$, folgt die Ungleichung*

$$\overline{\lim}\, \mathbf{M}(\xi_n \mid \mathscr{G}) \leqq \mathbf{M}(\overline{\lim}\, \xi_n \mid \mathscr{G}) \qquad (\text{f.s.}).$$

f) *Gilt $\xi_n \geqq 0$, so folgt*

$$\mathbf{M}(\textstyle\sum \xi_n \mid \mathscr{G}) = \sum \mathbf{M}(\xi_n \mid \mathscr{G}) \qquad (\text{f.s.}).$$

Beweis. a) Es sei $\zeta_n = \sup\limits_{m \geqq n} |\xi_m - \xi|$. Wegen $\xi_n \to \xi$ (f.s.) ergibt sich $\zeta_n \downarrow 0$ (f.s.). Die Erwartungswerte $\mathbf{M}\xi_n$ und $\mathbf{M}\xi$ sind endlich. Deshalb gilt infolge der Eigenschaften D* und C* (f.s.)

$$|\mathbf{M}(\xi_n \mid \mathscr{G}) - \mathbf{M}(\xi \mid \mathscr{G})| = |\mathbf{M}(\xi_n - \xi \mid \mathscr{G})| \leqq \mathbf{M}(|\xi_n - \xi| \mid \mathscr{G}) \leqq \mathbf{M}(\zeta_n \mid \mathscr{G}).$$

Aus der Ungleichung $\mathbf{M}(\zeta_{n+1} \mid \mathcal{G}) \leqq \mathbf{M}(\zeta_n \mid \mathcal{G})$ (f.s.) folgt die Existenz des Grenzwertes $h = \lim\limits_n \mathbf{M}(\zeta_n \mid \mathcal{G})$ (f.s.). Dann gilt aber

$$0 \leqq \int\limits_\Omega h \, d\mathbf{P} \leqq \int\limits_\Omega \mathbf{M}(\zeta_n \mid \mathcal{G}) \, d\mathbf{P} = \int\limits_\Omega \zeta_n \, d\mathbf{P} \to 0, \qquad n \to \infty,$$

wobei die letzte Behauptung aufgrund von $0 \leqq \zeta_n \leqq 2\eta$ und $\mathbf{M}\eta < \infty$ aus dem Satz von LEBESGUE über die majorisierte Konvergenz folgt. Also ergibt sich $\int\limits_\Omega h \, d\mathbf{P} = 0$ und somit entsprechend Eigenschaft H auch $h = 0$ (f.s.).

b) Es sei zunächst $\eta \equiv 0$. Wegen $\mathbf{M}(\xi_n \mid \mathcal{G}) \leqq \mathbf{M}(\xi_{n+1} \mid \mathcal{G})$ (f.s.) existiert der Grenzwert $\zeta(\omega) = \lim\limits_n \mathbf{M}(\xi_n \mid \mathcal{G})$ (f.s.). Dann erhalten wir aus der Gleichheit

$$\int\limits_A \xi_n \, d\mathbf{P} = \int\limits_A \mathbf{M}(\xi_n \mid \mathcal{G}) \, d\mathbf{P}, \qquad A \in \mathcal{G},$$

und dem Satz über die monotone Konvergenz

$$\int\limits_A \xi \, d\mathbf{P} = \int\limits_A \zeta \, d\mathbf{P}, \qquad A \in \mathcal{G}.$$

Daraus folgt gemäß Eigenschaft I und der Aufgabe 5 aus § 6 die Identität $\mathbf{M}(\xi \mid \mathcal{G}) = \zeta$ (f.s.).

Zum Beweis im allgemeinen Fall bemerken wir, daß $0 \leqq \xi_n^+ \uparrow \xi^+$ gilt, und aufgrund des bereits Bewiesenen erhalten wir

$$\mathbf{M}(\xi_n^+ \mid \mathcal{G}) \uparrow \mathbf{M}(\xi^+ \mid \mathcal{G}) \quad \text{(f.s.)} \tag{7}$$

Nun gilt jedoch $0 \leqq \xi_n^- \leqq \xi^-$ und $\mathbf{M}\xi^- < \infty$. Deshalb ergibt sich aus a)

$$\mathbf{M}(\xi_n^- \mid \mathcal{G}) \to \mathbf{M}(\xi^- \mid \mathcal{G}),$$

was zusammen mit (7) die Aussage b) beweist.

c) folgt aus b).

d) Es sei $\zeta_n = \inf\limits_{m \geqq n} \xi_m$. Dann gilt $\zeta_n \uparrow \zeta$, wobei $\zeta = \underline{\lim}\, \xi_n$ gesetzt wurde. Aus b) erhalten wir $\mathbf{M}(\zeta_n \mid \mathcal{G}) \uparrow \mathbf{M}(\zeta \mid \mathcal{G})$ (f.s.), also $\mathbf{M}(\underline{\lim}\, \xi_n \mid \mathcal{G}) = \mathbf{M}(\zeta \mid \mathcal{G}) = \lim\limits_n \mathbf{M}(\zeta_n \mid \mathcal{G}) = \underline{\lim}\, \mathbf{M}(\zeta_n \mid \mathcal{G}) \leqq \underline{\lim}\, \mathbf{M}(\xi_n \mid \mathcal{G})$ (f.s.)

e) folgt aus d).

f) Gilt $\xi_n \geqq 0$, so erhalten wir aus der Eigenschaft D*

$$\mathbf{M}\left(\sum_{k=1}^n \xi_k \mid \mathcal{G}\right) = \sum_{k=1}^n \mathbf{M}(\xi_k \mid \mathcal{G}) \qquad \text{(f.s.)},$$

was zusammen mit b) das geforderte Ergebnis beweist.

Damit ist der Satz bewiesen.

Wir wollen nun den Beweis für die Eigenschaft K* führen.

K*. Es sei $\eta = I_B$, $B \in \mathcal{G}$. Dann gilt für jedes $A \in \mathcal{G}$

$$\int\limits_A \xi\eta \, d\mathbf{P} = \int\limits_{A \cap B} \xi \, d\mathbf{P} = \int\limits_{A \cap B} \mathbf{M}(\xi \mid \mathcal{G}) \, d\mathbf{P} = \int\limits_A I_B \mathbf{M}(\xi \mid \mathcal{G}) \, d\mathbf{P} = \int\limits_A \eta \mathbf{M}(\xi \mid \mathcal{G}) \, d\mathbf{P}.$$

Infolge der Additivität des Lebesgue-Integrals bleibt die Gleichheit

$$\int_A \xi\eta \, d\mathbf{P} = \int_A \eta \mathbf{M}(\xi \mid \mathscr{G}) \, d\mathbf{P}, \qquad A \in \mathscr{G}, \tag{8}$$

auch für einfache zufällige Größen $\eta = \sum_{k=1}^{n} y_k I_{B_k}$, $B_k \in \mathscr{G}$, erhalten. Deshalb gilt nach Eigenschaft I aus § 6 für solche zufälligen Größen

$$\mathbf{M}(\xi\eta \mid \mathscr{G}) = \eta \mathbf{M}(\xi \mid \mathscr{G}) \qquad \text{(f.s.)}. \tag{9}$$

Es sei nun η eine beliebige $\mathscr{G}$-meßbare zufällige Größe mit $\mathbf{M}\,|\eta| < \infty$ und $(\eta_n)_{n\geqq 1}$ eine Folge einfacher $\mathscr{G}$-meßbarer zufälliger Größen mit den Eigenschaften $|\eta_n| \leqq \eta$ und $\eta_n \to \eta$. Dann folgt nach (9)

$$\mathbf{M}(\xi\eta_n \mid \mathscr{G}) = \eta_n \mathbf{M}(\xi \mid \mathscr{G}) \qquad \text{(f.s.)}.$$

Offenbar gilt $|\xi\eta_n| \leqq |\xi\eta|$, wobei $\mathbf{M}\,|\xi\eta| < \infty$ erfüllt ist. Deshalb erhalten wir aus der Aussage a) die Konvergenz $\mathbf{M}(\xi\eta_n \mid \mathscr{G}) \to \mathbf{M}(\xi\eta \mid \mathscr{G})$ (f.s.). Weiter ergibt sich aus $\mathbf{M}\,|\xi| < \infty$, daß $\mathbf{M}(\xi \mid \mathscr{G})$ endlich ist (f.s.) (siehe Eigenschaft C* sowie J aus § 6). Aus diesem Grunde folgt die Konvergenz $\eta_n \mathbf{M}(\xi \mid \mathscr{G}) \to \eta \mathbf{M}(\xi \mid \mathscr{G})$ (f.s.). (Die Voraussetzung über die fast sichere Endlichkeit von $\mathbf{M}(\xi \mid \mathscr{G})$ ist wesentlich, da $0 \cdot \infty = 0$ entsprechend der Fußnote auf Seite 185 vereinbart ist, für $\eta_n = 1/n$, $\eta \equiv 0$ jedoch $\frac{1}{n} \cdot \infty \nrightarrow 0 \cdot \infty = 0$ gilt.)

5. Wir wollen nun die Struktur der bedingten Erwartungswerte $\mathbf{M}(\xi \mid \mathscr{G}_\eta)$, für die wir oben ebenfalls die Bezeichnung $\mathbf{M}(\xi \mid \eta)$ gewählt hatten, genauer betrachten.

Da $\mathbf{M}(\xi \mid \eta)$ eine $\mathscr{G}_\eta$-meßbare Funktion ist, ergibt sich nach Satz 3 in § 4 (genauer aus seiner offensichtlichen Verallgemeinerung für erweiterte zufällige Größen) die Existenz einer solchen auf $\overline{R}$ definierten Borel-Funktion $m = m(y)$ mit Werten in $\overline{R}$, daß für alle $\omega \in \Omega$

$$m(\eta(\omega)) = \mathbf{M}(\xi \mid \eta)\,(\omega) \tag{10}$$

gilt. Diese Funktion $m(y)$ werden wir mit $\mathbf{M}(\xi \mid \eta = y)$ bezeichnen und *bedingten Erwartungswert von ξ bezüglich des Ereignisses* $\{\eta = y\}$ oder *bedingten Erwarungswert von ξ unter der Bedingung $\eta = y$* nennen.

Gemäß dieser Definition erhalten wir

$$\int_A \xi \, d\mathbf{P} = \int_A \mathbf{M}(\xi \mid \eta) \, d\mathbf{P} = \int_A m(\eta) \, d\mathbf{P}, \qquad A \in \mathscr{G}_\eta. \tag{11}$$

Aber es gilt nach Satz 7 in § 6 (Substitutionsregel für das Lebesgue-Integral)

$$\int_{\{\omega:\eta\in B\}} m(\eta) \, d\mathbf{P} = \int_B m(y)\, P_\eta(dy), \qquad B \in \mathscr{B}(\overline{R}), \tag{12}$$

wobei P_η das Verteilungsgesetz von η ist. Demzufolge ist $m = m(y)$ eine solche Borel-Funktion, daß für jedes $B \in \mathscr{B}(\overline{R})$

$$\int_{\{\omega:\eta\in B\}} \xi \, d\mathbf{P} = \int_B m(y) \, d\mathbf{P}_\eta \tag{13}$$

folgt.

Diese Bemerkung weist uns darauf hin, daß man auch auf einem anderen Weg zur Definition des bedingten Erwartungswertes $\mathbf{M}(\xi \mid \eta = y)$ gelangen kann.

Definition 3. Es seien ξ und η zufällige Größen (wobei auch erweiterte zugelassen sind), und es existiere $\mathbf{M}\xi$. Jede $\mathscr{B}(\overline{R})$-meßbare Funktion $m = m(y)$, für die

$$\int_{\{\omega:\eta\in B\}} \xi \, d\mathbf{P} = \int_B m(y) \, \mathbf{P}_\eta (dy), \qquad B \in \mathscr{B}(\overline{R}), \tag{14}$$

gilt, nennen wir *bedingten Erwartungswert der zufälligen Größe ξ unter der Bedingung $\eta = y$*.

Die Existenz einer solchen Funktion folgt wieder aus dem Satz von Radon-Nikodym, indem man feststellt, daß die Mengenfunktion

$$\mathbf{Q}(B) = \int_{\{\omega:\eta\in B\}} \xi \, d\mathbf{P}$$

ein bezüglich P_η absolut stetiges signiertes Maß ist.

Wir wollen nun annehmen, daß $m(y)$ bedingter Erwartungswert im Sinne der Definition 3 ist. Indem wir erneut die Substitutionsregel für das Lebesgue-Integral anwenden, ergibt sich

$$\int_{\{\omega:\eta\in B\}} \xi \, d\mathbf{P} = \int_B m(y) \, P_\eta(dy) = \int_{\{\omega:\eta\in B\}} m(\eta) \, d\mathbf{P}, \qquad B \in \mathscr{B}(\overline{R}).$$

Die Funktion $m(\eta)$ ist $\mathscr{G}_\eta$-meßbar, und durch die Mengen $\{\omega : \eta \in B\}$, $B \in \mathscr{B}(\overline{R})$, wird die σ-Algebra $\mathscr{G}_\eta$ ausgeschöpft.

Daraus folgt, daß $m(\eta)$ der bedingte Erwartungswert $\mathbf{M}(\xi \mid \eta)$ ist. Auf diese Weise kann man aus der Kenntnis von $\mathbf{M}(\xi \mid \eta = y)$ den bedingten Erwartungswert $\mathbf{M}(\xi \mid \eta)$ reproduzieren, und umgekehrt kann man aus $\mathbf{M}(\xi \mid \eta)$ den bedingten Erwartungswert $\mathbf{M}(\xi \mid \eta = y)$ bestimmen.

Vom intuitiven Standpunkt ist der bedingte Erwartungswert $\mathbf{M}(\xi \mid \eta = y)$ ein einfacheres und verständlicheres Objekt als $\mathbf{M}(\xi \mid \eta)$. Der Erwartungswert $\mathbf{M}(\xi \mid \eta)$ ist jedoch als $\mathscr{G}_\eta$-meßbare zufällige Größe einfacher zu handhaben.

Wir wollen vermerken, daß sich die oben aufgeführten Eigenschaften A* bis K* und die Aussage des Satzes 2 leicht auf die Erwartungswerte $\mathbf{M}(\xi \mid \eta = y)$ übertragen lassen (wobei „fast sicher" durch „P_η-fast sicher" ersetzt werden muß). So wird die Eigenschaft K* zum Beispiel folgendermaßen umformuliert: Gilt $\mathbf{M}\,|\xi| < \infty$ und $\mathbf{M}\,|\xi f(\eta)| < \infty$, wobei $f = f(y)$ eine $\mathscr{B}(\overline{R})$-meßbare Funktion ist, so folgt

$$\mathbf{M}(\xi f(\eta) \mid \eta = y) = f(y) \, \mathbf{M}(\xi \mid \eta = y) \qquad (P_\eta\text{-f.s.}). \tag{15}$$

Sind weiterhin ξ und η unabhängig, so haben wir

$$\mathbf{M}(\xi \mid \eta = y) = \mathbf{M}\xi \qquad (P_\eta\text{-f.s.})$$

(vgl. Eigenschaft J*).

Ferner erwähnen wir, daß aus $B \in \mathscr{B}(R^2)$ und der Unabhängigkeit von ξ und η die Gleichheit

$$\mathbf{M}[I_B(\xi, \eta) \mid \eta = y] = \mathbf{M} I_B(\xi, y) \qquad (P_\eta\text{-f.s.}) \tag{16}$$

folgt und daß sich für eine $\mathscr{B}(R^2)$-meßbare Funktion $\varphi = \varphi(x, y)$ mit $\mathbf{M}\,|\varphi(\xi, \eta)| < \infty$

$$\mathbf{M}[\varphi(\xi, \eta) \mid \eta = y] = \mathbf{M}[\varphi(\xi, y)] \qquad (P_\eta\text{-f.s.})$$

ergibt.

Zum Beweis von (16) bemerken wir folgendes. Für $B = B_1 \times B_2$ muß für die Gültigkeit von (16) nur noch die Beziehung

$$\int_{\{\omega:\eta\in A\}} I_{B_1\times B_2}(\xi, \eta)\, \mathbf{P}(\mathrm{d}\omega) = \int_{(y\in A)} \mathbf{M} I_{B_1\times B_2}(\xi, y)\, P_\eta(\mathrm{d}y)$$

überprüft werden. Die linke Seite ist jedoch $\mathbf{P}(\xi \in B_1,\ \eta \in A \cap B_2)$ und die rechte $\mathbf{P}(\xi \in B_1)\, \mathbf{P}(\eta \in A \cap B_2)$, und ihre Gleichheit folgt aus der Unabhängigkeit von ξ und η. Im allgemeinen Fall wird der Beweis durch Anwendung von Satz 1 aus § 2 über monotone Klassen geführt (vgl. mit der entsprechenden Stelle im Beweis des Satzes von Fubini).

Definition 4. Die zufällige Größe $\mathbf{M}(I_A \mid \eta = y)$ heißt *bedingte Wahrscheinlichkeit des Ereignisses $A \in \mathscr{F}$ unter der Bedingung $\eta = y$* und wird mit $\mathbf{P}(A \mid \eta = y)$ bezeichnet.

Offenbar wäre es auch möglich gewesen, $\mathbf{P}(A \mid \eta = y)$ als eine $\mathscr{B}(\overline{R})$-meßbare Funktion zu definieren, so daß

$$\mathbf{P}(A \cap \{\eta \in B\}) = \int_B \mathbf{P}(A \mid \eta = y)\, P_\eta(\mathrm{d}y), \qquad B \in \mathscr{B}(\overline{R}), \tag{17}$$

gilt.

6. Wir wollen nun einige Beispiele für die Berechnung von bedingten Erwartungswerten anführen.

Beispiel 1. Es sei η eine diskrete zufällige Größe mit $\mathbf{P}(\eta = y_k) > 0$, $\sum_{k=1}^{\infty} \mathbf{P}(\eta = y_k) = 1$. Dann gilt

$$\mathbf{P}(A \mid \eta = y_k) = \frac{\mathbf{P}(A \cap \{\eta = y_k\})}{\mathbf{P}(\eta = y_k)}, \qquad k \geqq 1.$$

Für $y \notin \{y_1, y_2, \ldots\}$ kann man die bedingte Wahrscheinlichkeit $\mathbf{P}(A \mid \eta = y)$ auf beliebige Weise definieren, beispielsweise indem man sie gleich 0 setzt.

Ist ξ eine zufällige Größe, für die $\mathbf{M}\xi$ existiert, so erhalten wir

$$\mathbf{M}(\xi \mid \eta = y_k) = \frac{1}{\mathbf{P}(\eta = y_k)} \int_{\{\omega:\eta=y_k\}} \xi\, \mathrm{d}\mathbf{P}.$$

Der bedingte Erwartungswert $\mathbf{M}(\xi \mid \eta = y)$ für $y \notin \{y_1, y_2, \ldots\}$ kann beliebig festgelegt werden (beispielsweise durch 0).

Beispiel 2. Es sei (ξ, η) ein Paar von zufälligen Größen, dessen Verteilung die Dichte $f_{\xi\eta}(x, y)$ besitzt:

$$\mathbf{P}\big((\xi, \eta) \in B\big) = \int_B f_{\xi\eta}(x, y)\, \mathrm{d}x\, \mathrm{d}y, \qquad B \in \mathscr{B}(R^2).$$

Weiter seien $f_\xi(x)$ und $f_\eta(y)$ die Dichten der Verteilungen von ξ bzw. η (siehe (6.46), (6.55) und (6.56)). Wir führen die Bezeichnung

$$f_{\xi|\eta}(x \mid y) = \frac{f_{\xi\eta}(x, y)}{f_\eta(y)} \tag{18}$$

ein und setzen dabei $f_{\xi|\eta}(x \mid y) = 0$, falls $f_\eta(y) = 0$ ist.

Dann gilt

$$\mathbf{P}(\xi \in C \mid \eta = y) = \int_C f_{\xi|\eta}(x \mid y)\, dx, \qquad C \in \mathscr{B}(R), \tag{19}$$

d. h., $f_{\xi|\eta}(x \mid y)$ ist die Dichte der bedingten Verteilung.

Zum Beweis von (19) reicht es aus, die Gültigkeit der Formel (17) für $B \in \mathscr{B}(R)$ und $A = \{\xi \in C\}$ nachzuweisen. Aus (6.43), (6.45) und dem Satz von Fubini erhalten wir

$$\begin{aligned}
\int_B \left[\int_C f_{\xi|\eta}(x \mid y)\, dx\right] P_\eta(dy) &= \int_B \left[\int_C f_{\xi|\eta}(x \mid y)\, dx\right] f_\eta(y)\, dy \\
&= \int_{C\times B} f_{\xi|\eta}(x \mid y)\, f_\eta(y)\, dx\, dy = \int_{C\times B} f_{\xi\eta}(x, y)\, dx\, dy \\
&= \mathbf{P}\{(\xi, \eta) \in C \times B\} = \mathbf{P}\{(\xi \in C) \cap (\eta \in B)\},
\end{aligned}$$

womit (17) bewiesen ist.

Analog ergibt sich das folgende Resultat: Falls $\mathbf{M}\xi$ existiert, gilt

$$\mathbf{M}(\xi \mid \eta = y) = \int_{-\infty}^{\infty} x f_{\xi|\eta}(x \mid y)\, dx. \tag{20}$$

Beispiel 3. Wir nehmen an, daß sich die Lebensdauer eines Gerätes durch eine nichtnegative zufällige Größe $\eta = \eta(\omega)$ beschreiben läßt, deren Verteilungsfunktion $F_\eta(y)$ die Dichte $f_\eta(y)$ besitzt. (Natürlicherweise ist $F_\eta(y) = f_\eta(y) = 0$ für $y < 0$.) Wir interessieren uns nun für den bedingten Erwartungswert $\mathbf{M}(\eta - a \mid \eta \geqq a)$, d. h. für die mittlere Zeit, die das Gerät noch funktioniert unter der Bedingung, daß es schon die Zeit a in Betrieb war.

Es sei $\mathbf{P}(\eta \geqq a) > 0$. Dann ergibt sich aus der Definition (siehe Nr. 1) und (6.45)

$$\begin{aligned}
\mathbf{M}(\eta - a \mid \eta \geqq a) &= \frac{\mathbf{M}[(\eta - a)\, I_{\{\eta \geqq a\}}]}{\mathbf{P}(\eta \geqq a)} \\
&= \frac{\int_\Omega (\eta - a)\, I_{\{\eta \geqq a\}} \mathbf{P}(d\omega)}{\mathbf{P}(\eta \geqq a)} = \frac{\int_a^\infty (y - a)\, f_\eta(y)\, dy}{\int_a^\infty f_\eta(y)\, dy}.
\end{aligned}$$

Interessant dabei ist, daß für eine exponentialverteilte zufällige Größe η, d. h. für

$$f_\eta(y) = \begin{cases} \lambda e^{-\lambda y}, & y \geqq 0, \\ 0, & y < 0, \end{cases} \tag{21}$$

die Beziehung $\mathbf{M}\eta = \mathbf{M}(\eta \mid \eta \geqq 0) = 1/\lambda$ gilt und für beliebiges $a > 0$ die Gleichheit $\mathbf{M}(\eta - a \mid \eta \geqq a) = 1/\lambda$ erfüllt ist. Mit anderen Worten, in diesem Fall ist die mittlere Restlebensdauer des Gerätes unter der Voraussetzung, daß es schon die Zeit a in Betrieb war, unabhängig vom Wert a und einfach gleich der mittleren Lebensdauer $\mathbf{M}\eta$.

Unter der Voraussetzung (21) wollen wir nun die bedingte Verteilung $\mathbf{P}(\eta - a \leqq x \mid \eta \geqq a)$ bestimmen.

Wir haben

$$\mathbf{P}(\eta - a \leqq x \mid \eta \geqq a) = \frac{\mathbf{P}(a \leqq \eta \leqq a + x)}{\mathbf{P}(\eta \geqq a)}$$

$$= \frac{F_\eta(a + x) - F_\eta(a) + \mathbf{P}(\eta = a)}{1 - F_\eta(a) + \mathbf{P}(\eta = a)}$$

$$= \frac{[1 - e^{-\lambda(a+x)}] - [1 - e^{-\lambda a}]}{1 - [1 - e^{-\lambda a}]}$$

$$= \frac{e^{-\lambda a}[1 - e^{-\lambda x}]}{e^{-\lambda a}} = 1 - e^{-\lambda x}.$$

Die bedingte Verteilung $\mathbf{P}(\eta - a \leqq x \mid \eta \geqq a)$ stimmt also mit der unbedingten Verteilung $\mathbf{P}(\eta \leqq x)$ überein. Diese bemerkenswerte Eigenschaft der Exponentialverteilung ist für sie charakteristisch: Es existieren keine weiteren Verteilungen mit Dichten mit der Eigenschaft $\mathbf{P}(\eta - a \leqq x \mid \eta \geqq a) = \mathbf{P}(\eta \leqq x)$, $a \geqq 0$, $0 \leqq x < \infty$.

Beispiel 4 (Buffonsches Nadelproblem). Auf einen unendlich langen „Korridor" der Breite 1 in der Ebene (Abb. 29) wird auf „zufällige" Weise eine Nadel der Länge 1 geworfen. Wie groß ist die Wahrscheinlichkeit, daß die Nadel dabei (mindestens) eine Wand des Korridors schneidet?

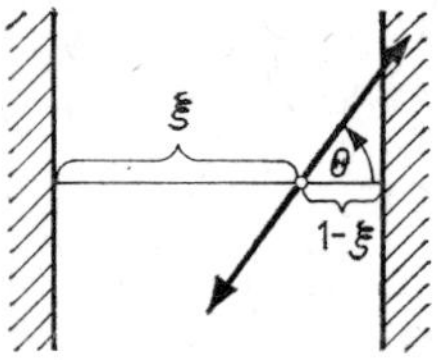

Abb. 29

Zur Lösung dieser Aufgabe definieren wir zunächst, was wir unter „zufälligem" Werfen der Nadel verstehen wollen. Es sei ξ der Abstand der Nadelmitte von der linken Wand. Wir wollen voraussetzen, daß ξ auf dem Intervall $[0, 1]$ und der Winkel θ (siehe Abb. 29) auf $[-\pi/2, \pi/2]$ gleichverteilt ist. Außerdem wollen wir ξ und θ als unabhängig annehmen.

Das Ereignis A bestehe darin, daß die Nadel die Korridorwand schneidet. Man sieht leicht, daß für

$$B = \left\{(a, x) \colon |a| \leqq \pi/2, \quad x \in \left[0, \frac{1}{2}\cos a\right] \cup \left[1 - \frac{1}{2}\cos a, 1\right]\right\}$$

die Gleichheit $A = \{\omega: (\theta, \xi) \in B\}$ gilt. Folglich ergibt sich für die uns interessierende Wahrscheinlichkeit

$$\mathbf{P}(A) = \mathbf{M}I_A = \mathbf{M}I_B(\theta, \xi).$$

Aufgrund von Eigenschaft G* und Formel (16) erhalten wir

$$\begin{aligned}\mathbf{M}I_B(\theta, \xi) &= \mathbf{M}(\mathbf{M}[I_B(\theta, \xi) \mid \theta]) \\ &= \int_\Omega \mathbf{M}[I_B\theta, \xi) \mid \theta]\,(\omega)\;\mathbf{P}(\mathrm{d}\omega) \\ &= \int_{-\pi/2}^{\pi/2} \mathbf{M}[I_B(\theta, \xi) \mid \theta = a]\;P_\theta(\mathrm{d}a) \\ &= \frac{1}{\pi}\int_{-\pi/2}^{\pi/2} \mathbf{M}I_B(a, \xi)\,\mathrm{d}a = \frac{1}{\pi}\int_{-\pi/2}^{\pi/2} \cos a\,\mathrm{d}a = \frac{2}{\pi},\end{aligned}$$

wobei wir die Beziehung

$$\mathbf{M}I_B(a, \xi) = \mathbf{P}\left(\xi \in \left[0, \frac{1}{2}\cos a\right] \cup \left[1 - \frac{1}{2}\cos a, 1\right]\right) = \cos a$$

benutzt haben.

Also ist die Wahrscheinlichkeit dafür, daß die auf ,,zufällige" Weise auf den Korridor geworfene Nadel die Korridorwand schneidet, gleich $2/\pi$. Dieses Ergebnis kann als Grundlage für eine experimentelle Bestimmung des Wertes von π dienen. Nehmen wir nämlich an, daß die Nadel unabhängig N-mal geworfen wird, und definieren wir η_i gleich 1, falls beim i-ten Wurf die Nadel mindestens eine Wand schneidet, und gleich 0, falls dies nicht der Fall ist, so erhalten wir aus dem Gesetz der großen Zahlen (vgl. beispielsweise (I.5.6)) für jedes $\varepsilon > 0$

$$\mathbf{P}\left(\left|\frac{\eta_1 + \cdots + \eta_N}{N} - \mathbf{P}(A)\right| > \varepsilon\right) \to 0, \qquad N \to \infty.$$

In diesem Sinne gilt für die relative Häufigkeit

$$\frac{\eta_1 + \cdots + \eta_N}{N} \approx \mathbf{P}(A) = 2/\pi$$

und folglich

$$\frac{2N}{\eta_1 + \cdots + \eta_N} \approx \pi.$$

Genau diese Formel diente als Grundlage für die statistische Bestimmung des Wertes der Zahl π. Im Jahre 1850 warf der Astronom R. Wolf (Zürich) die Nadel 5000mal und erhielt damit für π den Wert 3,1596. Wahrscheinlich war diese Art der Bestimmung des Wertes von π eine der ersten numerischen Methoden, die wahrscheinlichkeitstheoretisch-statistische Gesetzmäßigkeiten benutzt. (Heute sind diese Verfahren unter der Bezeichnung ,,Monte-Carlo-Methode" bekannt.)

7. Für eine Folge $(\xi_n)_{n\geqq 1}$ nichtnegativer zufälliger Größen gilt gemäß Aussage f) von Satz 2

$$\mathbf{M}(\sum \xi_n \mid \mathcal{G}) = \sum \mathbf{M}(\xi_n \mid \mathcal{G}) \qquad \text{(f.s.)}.$$

Insbesondere erhält man für eine Folge $B_1, B_2, \ldots$ paarweise disjunkter Mengen

$$\mathbf{P}(\sum B_n \mid \mathcal{G}) = \sum \mathbf{P}(B_n \mid \mathcal{G}) \qquad \text{(f.s.)}. \tag{22}$$

Es ist wichtig zu unterstreichen, daß diese Gleichheit nur fast sicher erfüllt ist und man folglich die bedingte Wahrscheinlichkeit $\mathbf{P}(B \mid \mathcal{G})(\omega)$ bei fixiertem ω nicht als Maß bezüglich B betrachten kann. Nun könnte man auf den Gedanken kommen, daß $\mathbf{P}(\cdot \mid \mathcal{G})(\omega)$ für alle ω bis auf eine Menge N vom Maße 0 dennoch ein Maß ist. Dies ist jedoch aufgrund des folgenden Umstands im allgemeinen nicht so. Wir bezeichnen mit $N(B_1, B_2, \ldots)$ die Menge aller elementaren Ereignisse ω, für die bei gegebenen $B_1, B_2, \ldots$ die Eigenschaft der σ-Additivität (22) nicht erfüllt ist. Dann gilt für die Ausnahmemenge N

$$N = \bigcup N(B_1, B_2, \ldots), \tag{23}$$

wobei die Vereinigung über alle paarweise disjunkte Mengen $B_1, B_2, \ldots$ aus $\mathcal{F}$ gebildet wird. Obwohl das $\mathbf{P}$-Maß jeder Menge $N(B_1, B_2, \ldots)$ gleich 0 ist, kann es für die Menge N aufgrund der Überabzählbarkeit der Vereinigung in (23) durchaus von 0 verschieden sein. (Es sei daran erinnert, daß das Lebesgue-Maß eines Punktes verschwindet, das Maß der Menge $N = [0, 1]$, die eine überabzählbare Menge von einzelnen Punkten $\{x\}$, $0 \leqq x < 1$, darstellt, jedoch gleich 1 ist.)

Es wäre nun andererseits zweckmäßig, wenn die bedingte Wahrscheinlichkeit $\mathbf{P}(\cdot \mid \mathcal{G})(\omega)$ für jedes $\omega \in \Omega$ ein Maß sein würde, da man dann die Berechnung der bedingten Erwartungswerte $\mathbf{M}(\xi \mid \mathcal{G})$ einfach durch die Bildung des Erwartungswertes bezüglich des Maßes $\mathbf{P}(\cdot \mid \mathcal{G})(\omega)$ vornehmen könnte (siehe im weiteren Satz 3):

$$\mathbf{M}(\xi \mid \mathcal{G}) = \int_\Omega \xi(\omega)\, \mathbf{P}(d\omega \mid \mathcal{G}) \qquad \text{(f.s.)}$$

(vgl. mit (I.8.10)).

Wir führen folgende Definition ein.

Definition 4. Eine für alle $\omega \in \Omega$ und $B \in \mathcal{F}$ definierte Funktion $P(\omega; B)$ nennen wir *reguläre bedingte Wahrscheinlichkeit* bezüglich $\mathcal{G}$, falls folgendes gilt:

a) Für jedes $\omega \in \Omega$ ist $P(\omega; \cdot)$ ein Maß auf $\mathcal{F}$.

b) Für jedes $B \in \mathcal{F}$ ist $P(\omega; B)$ als Funktion von ω eine Version der bedingten Wahrscheinlichkeit $\mathbf{P}(B \mid \mathcal{G})(\omega)$, d. h. $P(\omega; B) = \mathbf{P}(B \mid \mathcal{G})(\omega)$ (f.s.).

Satz 3. *Es sei $P(\omega; B)$ eine reguläre bedingte Wahrscheinlichkeit bezüglich $\mathcal{G}$ und ξ eine integrierbare zufällige Größe. Dann gilt*

$$\mathbf{M}(\xi \mid \mathcal{G})(\omega) = \int_\Omega \xi(\tilde{\omega})\, P(\omega; d\tilde{\omega}) \qquad (f.s.). \tag{24}$$

Beweis. Für $\xi = I_B$ und $B \in \mathcal{F}$ geht die geforderte Beziehung (24) in die Gleichheit

$$\mathbf{P}(B \mid \mathcal{G})(\omega) = P(\omega; B) \qquad \text{(f.s.)}$$

über, die aufgrund der Definition 4b) erfüllt ist. Demzufolge ist (24) für einfache Funktionen richtig.

Es seien nun $\xi \geqq 0$ und ξ_n, $n \geqq 1$, einfache Funktionen mit $\xi_n \uparrow \xi$. Dann gilt entsprechend Eigenschaft b) von Satz 2 die Beziehung $\mathbf{M}(\xi \mid \mathcal{G})(\omega) = \lim_n \mathbf{M}(\xi_n \mid \mathcal{G})(\omega)$ (f.s.). Da jedoch $\mathbf{P}(\omega; \cdot)$ für alle $\omega \in \Omega$ ein Maß ist, erhalten wir aus dem Satz über die monotone Konvergenz

$$\lim_n \mathbf{M}(\xi_n \mid \mathcal{G})(\omega) = \lim_n \int_\Omega \xi_n(\tilde{\omega})\, P(\omega; d\tilde{\omega}) = \int_\Omega \xi(\tilde{\omega})\, P(\omega; d\tilde{\omega}).$$

Der allgemeine Fall wird mit Hilfe der Darstellung $\xi = \xi^+ - \xi^-$ auf den betrachteten zurückgeführt.

Damit ist der Satz bewiesen.

Folgerung. Es sei $\mathcal{G} = \mathcal{G}_\eta$, wobei η eine zufällige Größe ist und das Paar (ξ, η) die Verteilungsdichte $f_{\xi\eta}(x, y)$ besitzt. Es sei weiter $\mathbf{M} \mid g(\xi)| < \infty$. Dann gilt

$$\mathbf{M}(g(\xi) \mid \eta = y) = \int_{-\infty}^{\infty} g(x)\, f_{\xi|\eta}(x \mid y)\, dx,$$

wobei $f_{\xi|\eta}(x, y)$ die Dichte der bedingten Verteilung bezeichnet (siehe (18)).

Um das Hauptergebnis bezüglich der Existenz regulärer bedingter Verteilungsgesetze formulieren zu können, bedarf es noch der folgenden Definitionen.

Definition 5. Es sei $(E, \mathcal{E})$ ein meßbarer Raum und $X = X(\omega)$ ein zufälliges Element mit Werten in E sowie $\mathcal{G}$ eine Unter-σ-Algebra von $\mathcal{F}$. Eine für $\omega \in \Omega$ und $B \in \mathcal{E}$ definierte Funktion $Q(\omega; B)$ heißt *reguläre bedingte Verteilung von X bezüglich $\mathcal{G}$*, falls

a) $Q(\omega; B)$ für jedes $\omega \in \Omega$ ein Wahrscheinlichkeitsmaß auf $(E, \mathcal{E})$ ist und

b) $Q(\omega; B)$ für jedes $B \in \mathcal{E}$ als Funktion von ω eine Version der bedingten Wahrscheinlichkeit $\mathbf{P}(X \in B \mid \mathcal{G})(\omega)$ ist, d. h.

$$Q(\omega; B) = \mathbf{P}(X \in B \mid \mathcal{G})(\omega) \qquad \text{(f.s.)}$$

gilt.

Definition 6. Es sei ξ eine zufällige Größe. Eine Funktion $F = F(\omega; x)$, $\omega \in \Omega$, $x \in R$, heißt *reguläre bedingte Verteilungsfunktion für ξ bezüglich $\mathcal{G}$*, falls

a) $F(\omega; x)$ für jedes $\omega \in \Omega$ eine Verteilungsfunktion auf R ist und

b) für jedes $x \in R$ die Beziehung $F(\omega; x) = \mathbf{P}(\xi \leqq x \mid \mathcal{G})(\omega)$ (f.s.) gilt.

Satz 4. *Für eine zufällige Größe ξ existieren stets eine reguläre bedingte Verteilungsfunktion und eine reguläre bedingte Verteilung bezüglich $\mathcal{G}$.*

Beweis. Für rationale $r \in R$ führen wir die Bezeichnung $F_r(\omega) = \mathbf{P}(\xi \leqq r \mid \mathcal{G})(\omega)$ ein, wobei $\mathbf{P}(\xi \leqq r \mid \mathcal{G})(\omega) = \mathbf{M}(I_{\{\xi \leqq r\}} \mid \mathcal{G})(\omega)$ irgendeine Version der bedingten Wahrscheinlichkeit des Ereignisses $\{\xi \leqq r\}$ bezüglich $\mathcal{G}$ ist. Es sei $\{r_i\}$ die Menge aller rationalen Zahlen in R. Falls $r_i < r_j$ gilt, ergibt sich gemäß Eigenschaft B* die Ungleichung $\mathbf{P}(\xi \leqq r_i \mid \mathscr{G}) \leqq \mathbf{P}(\xi \leqq r_j \mid \mathscr{G})$ (f.s.). Setzen wir $A_{ij} = \{\omega : F_{r_j}(\omega) < F_{r_i}(\omega)\}$, $A = \bigcup_{r_i < r_j} A_{ij}$, so erhalten wir folglich $\mathbf{P}(A) = 0$. Mit anderen Worten, die Menge aller ω, für die $F_r(\omega)$, $r \in \{r_i\}$, die Monotonie verletzt, besitzt das Maß 0.

Es sei nun $B_i = \left\{\omega : \lim_{n\to\infty} F_{r_i + \frac{1}{n}}(\omega) \neq F_{r_i}(\omega)\right\}$, $B = \bigcup_{i=1}^{\infty} B_i$. Offenbar gilt

$$I_{\left\{\xi \leqq r_i + \frac{1}{n}\right\}} \downarrow I_{\{\xi \leqq r_i\}}, \qquad n \to \infty.$$

Deshalb erhalten wir aus Aussage a) von Satz 2 die Konvergenz $F_{r_i + \frac{1}{n}}(\omega) \to F_{r_i}(\omega)$ (f.s.), und folglich hat die Menge B, auf der die Rechtsstetigkeit (für rationale Zahlen) verletzt ist, ebenfalls das Maß 0:

$$\mathbf{P}(B) = 0.$$

Es sei weiter $C = \left\{\omega : \lim_{n\to\infty} F_n(\omega) \neq 1\right\} \cup \left\{\omega : \lim_{n\to-\infty} F_n(\omega) > 0\right\}$. Dann ist wegen $\{\xi \leqq n\} \uparrow \Omega$, $n \to \infty$, und $\{\xi \leqq n\} \downarrow \emptyset$, $n \to -\infty$, auch $\mathbf{P}(C) = 0$.

Wir setzen nun

$$F(\omega; x) = \begin{cases} \lim_{r \downarrow x} F_r(\omega), & \omega \notin A \cup B \cup C, \\ G(x), & \omega \in A \cup B \cup C, \end{cases}$$

wobei $G(x)$ eine beliebige Verteilungsfunktion auf R ist, und zeigen, daß die Funktion $F(\omega; x)$ der Definition 6 genügt.

Es sei $\omega \notin A \cup B \cup C$. Dann ist $F(\omega; x)$ offenbar eine in x nichtfallende Funktion. Für $x < x' \leqq r$ erhalten wir $F(\omega; x) \leqq F(\omega; x') \leqq F(\omega; r) = F_r(\omega) \downarrow F(\omega; x)$, falls $r \downarrow x$ gilt. Deshalb ist $F(\omega; x)$ rechtsstetig. Analog zeigt man $\lim_{x\to\infty} F(\omega; x) = 1$, $\lim_{x\to-\infty} F(\omega; x) = 0$. Da für $\omega \in A \cup B \cup C$ die Gleichheit $F(\omega; x) = G(x)$ gilt, ist $F(\omega; x)$ für jedes $\omega \in \Omega$ eine Verteilungsfunktion auf R, d. h., die Bedingung a) der Definition 6 ist erfüllt.

Nach Konstruktion gilt $\mathbf{P}(\xi \leqq r \mid \mathscr{G})(\omega) = F_r(\omega) = F(\omega; r)$. Für $r \downarrow x$ findet wegen der bereits festgestellten Rechtsstetigkeit für alle $\omega \in \Omega$ die Konvergenz $F(\omega; r) \downarrow F(\omega; x)$ statt. Aus der Aussage a) von Satz 2 folgt jedoch $\mathbf{P}(\xi \leqq r \mid \mathscr{G})(\omega) \to \mathbf{P}(\xi \leqq x \mid \mathscr{G})(\omega)$ (f.s.). Deshalb erhalten wir $F(\omega; x) = \mathbf{P}(\xi \leqq x \mid \mathscr{G})(\omega)$ (f.s.), womit die Eigenschaft b) aus Definition 6 bewiesen ist.

Nun gehen wir zum Existenzbeweis für die reguläre bedingte Verteilung von ξ bezüglich $\mathscr{G}$ über.

Es sei $F(\omega; x)$ die oben konstruierte Funktion. Wir setzen

$$Q(\omega; B) = \int_B F(\omega; dx),$$

wobei wir das Integral als Lebesgue-Stieltjes-Integral verstehen wollen. Aus dessen Eigenschaften (vgl. § 6, Nr. 7) folgt, daß $Q(\omega; B)$ für jedes fixierte $\omega \in \Omega$ ein Maß bezüglich B ist. Zur Überprüfung, ob $Q(\omega; B)$ eine Version der bedingten Wahrscheinlichkeit $\mathbf{P}(\xi \in B \mid \mathscr{G})(\omega)$ ist, benutzen wir das Prinzip der geeigneten Mengen.

Es sei $\mathscr{C}$ die Gesamtheit aller Mengen B aus $\mathscr{B}(R)$, für die $Q(\omega; B) = \mathsf{P}(\xi \in B \mid \mathscr{G})(\omega)$ (f.s.) gilt. Wegen $F(\omega; x) = \mathsf{P}(\xi \leqq x \mid \mathscr{G})(\omega)$ (f.s.) gehören zum System $\mathscr{C}$ alle Mengen der Form $B = (-\infty, x]$, $x \in R$. Folglich umfaßt $\mathscr{C}$ auch alle Intervalle des Typs $(a, b]$ und die Algebra $\mathscr{A}$, welche aus endlichen Summen disjunkter Mengen der Gestalt $(a, b]$ besteht. Dann ergibt sich aus der Stetigkeitseigenschaft des Maßes $Q(\omega; B)$ (ω ist fixiert) und Aussage b) von Satz 2, daß $\mathscr{C}$ eine monotone Klasse ist. Aufgrund der Inklusionen $\mathscr{A} \subseteqq \mathscr{C} \subseteqq \mathscr{B}(R)$ erhalten wir aus Satz 1 von § 2

$$\mathscr{B}(R) = \sigma(\mathscr{A}) \subseteqq \sigma(\mathscr{C}) = \mu(\mathscr{C}) = \mathscr{C} \subseteqq \mathscr{B}(R),$$

woraus $\mathscr{C} = \mathscr{B}(R)$ folgt.

Damit ist der Satz bewiesen.

Mit Hilfe einfacher topologischer Betrachtungen kann man die Behauptung von Satz 4 über die Existenz regulärer bedingter Verteilungen auf zufällige Elemente mit Werten in sogenannten Borel-Räumen ausdehnen. Dazu führen wir folgende Definition ein.

Definition 7. Ein meßbarer Raum $(E, \mathscr{E})$ heißt *Borel-Raum,* falls er einer Borel-Menge der reellen Achse isomorph ist, d. h., es existiert eine eineindeutige Abbildung $\varphi = \varphi(e)\colon (E, \mathscr{E}) \to (R, \mathscr{B}(R))$ mit den folgenden Eigenschaften:

1. $\varphi(E) = \{\varphi(e)\colon e \in E\}$ ist eine Menge aus $\mathscr{B}(R)$.
2. φ ist $\mathscr{E}$-meßbar (d. h. $\varphi^{-1}(A) \in \mathscr{E}$, $A \in \varphi(E) \cap \mathscr{B}(R)$).
3. φ^{-1} ist $\mathscr{B}(R)/\mathscr{E}$-meßbar (d. h. $\varphi(B) \in \varphi(E) \cap \mathscr{B}(R)$, $B \in \mathscr{E}$).

Satz 5. *Es sei $X = X(\omega)$ ein zufälliges Element mit Werten in einem Borel-Raum $(E, \mathscr{E})$. Dann existiert eine reguläre bedingte Verteilung von X bezüglich $\mathscr{G}$.*

Beweis. Es sei $\varphi = \varphi(e)$ eine Funktion mit den Eigenschaften aus Definition 7. Auf Grund von Eigenschaft 2 in dieser Definition ist $\varphi(X)$ eine zufällige Größe. Deshalb existiert nach Satz 4 eine reguläre bedingte Verteilung $Q(\omega; A)$ der zufälligen Größe $\varphi(X)$ bezüglich $\mathscr{G}$, $A \in \varphi(E) \cap \mathscr{B}(R)$.

Nun führen wir die Funktion $\tilde{Q}(\omega; B) = Q(\omega; \varphi(B))$, $B \in \mathscr{E}$, ein. Aufgrund von Eigenschaft 3 in Definition 7 gilt $\varphi(B) \in \varphi(E) \cap \mathscr{B}(R)$, und folglich ist $\tilde{Q}(\omega; B)$ definiert. Offenbar bildet $\tilde{Q}(\omega; B)$ bei jedem ω ein Maß bezüglich $B \in \mathscr{E}$. Nun fixieren wir $B \in \mathscr{E}$. Aus der Eineindeutigkeit der Abbildung $\varphi = \varphi(e)$ ergibt sich

$$\tilde{Q}(\omega; B) = Q(\omega; \varphi(B)) = \mathsf{P}(\varphi(X) \in \varphi(B) \mid \mathscr{G}) = \mathsf{P}(X \in B \mid \mathscr{G}) \qquad \text{(f.s.)}.$$

Somit ist $\tilde{Q}(\omega; B)$ eine reguläre bedingte Verteilung von X bezüglich $\mathscr{G}$.

Damit ist der Satz bewiesen.

Folgerung. Es sei $X = X(\omega)$ ein zufälliges Element mit Werten in einem *vollständigen separablen metrischen Raum* $(E, \mathscr{E})$. Dann existiert eine reguläre bedingte Verteilung von X bezüglich $\mathscr{G}$. Insbesondere existiert eine solche Verteilung im Fall der Räume $(R^n, \mathscr{B}(R^n))$ und $(R^\infty, \mathscr{B}(R^\infty))$.

Der Beweis dieser Aussage ergibt sich aus Satz 5 und einem bekannten Resultat aus der Topologie, wonach diese Räume Borel-Räume sind.

8. Die oben entwickelte Theorie der bedingten Erwartungswerte erlaubt uns eine Verallgemeinerung des Satzes von BAYES, der in der Statistik seine Anwendung findet.

Wir wollen daran erinnern, daß der Satz von BAYES (I.3.9) für eine Zerlegung $\mathscr{D} = \{A_1, \ldots, A_n\}$ des Raumes Ω mit $\mathbf{P}(A_i) > 0$ die Gleichheit

$$\mathbf{P}(A_i \mid B) = \frac{\mathbf{P}(A_i)\, \mathbf{P}(B \mid A_i)}{\sum\limits_{j=1}^{n} \mathbf{P}(A_j)\, \mathbf{P}(B \mid A_j)} \tag{25}$$

für jedes B mit $\mathbf{P}(B) > 0$ behauptet. Deshalb gilt für eine diskrete zufällige Größe $\theta = \sum\limits_{i=1}^{n} a_i I_{A_i}$ gemäß (I.8.10)

$$\mathbf{M}[g(\theta) \mid B] = \frac{\sum\limits_{i=1}^{n} g(a_i)\, \mathbf{P}(A_i)\, \mathbf{P}(B \mid A_i)}{\sum\limits_{j=1}^{n} \mathbf{P}(A_j)\, \mathbf{P}(B \mid A_j)}, \tag{26}$$

oder

$$\mathbf{M}[g(\theta) \mid B] = \frac{\int\limits_{-\infty}^{\infty} g(a)\, \mathbf{P}(B \mid \theta = a)\, P_\theta(\mathrm{d}a)}{\int\limits_{-\infty}^{\infty} \mathbf{P}(B \mid \theta = a)\, P_\theta(\mathrm{d}a)}. \tag{27}$$

Auf der Grundlage der zu Beginn dieses Paragraphen eingeführten Definition von $\mathbf{M}[g(\theta) \mid B]$ stellt man leicht fest, daß die Beziehung (27) auch für beliebige Ereignisse B mit $\mathbf{P}(B) > 0$, zufällige Größen θ und Funktionen $g = g(a)$ mit $\mathbf{M}\, |g(\theta)| < \infty$ gültig bleibt.

Nun wollen wir ein Analogon zur Beziehung (27) für bedingte Erwartungswerte $\mathbf{M}[g(\theta) \mid \mathscr{G}]$ bezüglich einer σ-Algebra $\mathscr{G} \subseteq \mathscr{F}$ betrachten.

Es sei

$$\mathbf{Q}(B) = \int\limits_B g(\theta)\, \mathbf{P}(\mathrm{d}\omega), \qquad B \in \mathscr{G}. \tag{28}$$

Dann ergibt sich wegen (4)

$$\mathbf{M}[g(\theta) \mid \mathscr{G}](\omega) = \frac{\mathrm{d}\mathbf{Q}}{\mathrm{d}\mathbf{P}}(\omega). \tag{29}$$

Neben der σ-Algebra $\mathscr{G}$ betrachten wir nun noch die σ-Algebra $\mathscr{G}_\theta$. Dann erhalten wir aus (5)

$$\mathbf{P}(B) = \int\limits_\Omega \mathbf{P}(B \mid \mathscr{G}_\theta)\, \mathrm{d}\mathbf{P} \tag{30}$$

oder gemäß der Substitutionsregel für das Lebesgue-Integral

$$\mathbf{P}(B) = \int\limits_{-\infty}^{\infty} \mathbf{P}(B \mid \theta = a)\, \mathbf{P}_\theta(\mathrm{d}a). \tag{31}$$

Die Beziehung

$$\mathbf{Q}(B) = \mathbf{M}[g(\theta)\, I_B] = \mathbf{M}[g(\theta) \cdot \mathbf{M}(I_B \mid \mathcal{G}_\theta)]$$

impliziert

$$\mathbf{Q}(B) = \int_{-\infty}^{\infty} g(a)\, \mathbf{P}(B \mid \theta = a)\, \mathbf{P}_\theta(\mathrm{d}a). \tag{32}$$

Nun wollen wir voraussetzen, daß die bedingten Wahrscheinlichkeiten $\mathbf{P}(B \mid \theta = a)$ regulär sind und die Darstellung

$$\mathbf{P}(B \mid \theta = a) = \int_B \varrho(\omega; a)\, \lambda(\mathrm{d}\omega) \tag{33}$$

erlauben. Dabei ist $\varrho = \varrho(\omega; a)$ eine nichtnegative in beiden Veränderlichen meßbare Funktion und λ ein σ-endliches Maß auf $(\Omega, \mathcal{G})$.

Es sei $\mathbf{M}\, |g(\theta)| < \infty$. Wir wollen nun zeigen, daß ($\mathbf{P}$-f.s.)

$$\mathbf{M}[g(\theta) \mid \mathcal{G}] = \frac{\int_{-\infty}^{\infty} g(a)\, \varrho(\omega; a)\, \mathbf{P}_\theta(\mathrm{d}a)}{\int_{-\infty}^{\infty} \varrho(\omega; a)\, P_\theta(\mathrm{d}a)} \tag{34}$$

gilt (*verallgemeinerter Bayessscher Satz*).

Zum Beweis von (34) behötigen wir das folgende

Lemma. *Es sei $(\Omega, \mathcal{F})$ ein meßbarer Raum.*

a) *Es seien μ und λ σ-endliche Maße mit $\mu \ll \lambda$ und $f = f(\omega)$ eine $\mathcal{F}$-meßbare Funktion. Dann gilt*

$$\int_\Omega f\, \mathrm{d}\mu = \int_\Omega f\, \frac{\mathrm{d}\mu}{\mathrm{d}\lambda}\, \mathrm{d}\lambda \tag{35}$$

(in dem Sinne, daß aus der Existenz eines der beiden Integrale die Existenz des anderen und ihre Gleichheit folgt).

b) *Es seien ν ein signiertes Maß und μ, λ σ-endliche Maße mit $\nu \ll \mu$ und $\mu \ll \lambda$. Dann gelten die Beziehungen*

$$\frac{\mathrm{d}\nu}{\mathrm{d}\lambda} = \frac{\mathrm{d}\nu}{\mathrm{d}\mu} \cdot \frac{\mathrm{d}\mu}{\mathrm{d}\lambda} \qquad (\lambda\text{-}f.s.) \tag{36}$$

und

$$\frac{\mathrm{d}\nu}{\mathrm{d}\mu} = \frac{\mathrm{d}\nu}{\mathrm{d}\lambda} \Big/ \frac{\mathrm{d}\mu}{\mathrm{d}\lambda} \qquad (\mu\text{-}f.s.). \tag{37}$$

Beweis. a) Wegen

$$\mu(A) = \int_A \frac{\mathrm{d}\mu}{\mathrm{d}\lambda}\, \mathrm{d}\lambda, \qquad A \in \mathcal{F},$$

erhalten wir (35) offensichtlich für jede einfache Funktion $f = \sum f_i I_{A_i}$. Der allgemeine Fall ergibt sich aus der Darstellung $f = f^+ - f^-$ und dem Satz über die monotone Konvergenz.

b) Die Aussage a) mit $f = \frac{d\nu}{d\mu}$ impliziert

$$\nu(A) = \int_A \left(\frac{d\nu}{d\mu}\right) d\mu = \int_A \left(\frac{d\nu}{d\mu}\right) \cdot \left(\frac{d\mu}{d\lambda}\right) \cdot d\lambda .$$

Somit gilt $\nu \ll \lambda$ und folglich

$$\nu(A) = \int_A \frac{d\nu}{d\lambda}\, d\lambda .$$

Da die Menge A beliebig gewählt war, erhalten wir in Anbetracht von Eigenschaft I aus § 6 die Beziehung (36). Die Eigenschaft (37) folgt aus (36) und der Gleichheit $\mu\left(\omega : \frac{d\mu}{d\lambda} = 0\right) = \int\limits_{\left\{\omega : \frac{d\mu}{d\lambda} = 0\right\}} \frac{d\mu}{d\lambda}\, d\lambda = 0$ (auf der Menge $\left\{\omega : \frac{d\mu}{d\lambda} = 0\right\}$ kann man die rechte Seite in (37) beliebig definieren, also beispielsweise gleich 0 setzen). Damit ist das Lemma bewiesen.

Zum Beweis von (34) bemerken wir, daß aus dem Satz von FUBINI und der Voraussetzung (33) die Beziehungen

$$\mathbf{Q}(B) = \int_B \left[\int_{-\infty}^{\infty} g(a)\, \varrho(\omega; a)\, P_\theta(da) \right] \lambda(d\omega) \tag{38}$$

und

$$\mathbf{P}(B) = \int_B \left[\int_{-\infty}^{\infty} \varrho(\omega; a)\, P_\theta(da) \right] \lambda(d\omega) \tag{39}$$

folgen. Dann impliziert das Lemma

$$\frac{d\mathbf{Q}}{d\mathbf{P}} = \frac{d\mathbf{Q}/d\lambda}{d\mathbf{P}/d\lambda} \qquad (\mathbf{P}\text{-f.s.}),$$

woraus sich unter Berücksichtigung von (38), (39) und (29) die Beziehung (34) ergibt.

Bemerkung. Die Gültigkeit der Beziehung (34) bleibt bestehen, falls anstelle der zufälligen Größe θ ein zufälliges Element mit Werten in einem meßbaren Raum $(E, \mathscr{E})$ betrachtet wird (wobei die Integration über R durch die Integration über E ersetzt werden muß).

Wir wollen nun bei einigen Spezialfällen der Beziehung (34) verweilen.

Die σ-Algebra $\mathscr{G}$ möge durch eine zufällige Größe ξ erzeugt sein: $\mathscr{G} = \mathscr{G}_\xi$.

Wir setzen voraus, daß

$$\mathbf{P}(\xi \in A \mid \theta = a) = \int_A q(x; a)\, \lambda(\mathrm{d}x), \qquad A \in \mathscr{B}(R), \tag{40}$$

gilt, wobei $q = q(x; a)$ eine nichtnegative, in beiden Veränderlichen meßbare Funktion und λ ein σ-endliches Maß auf $\bigl(R, \mathscr{B}(R)\bigr)$ ist. Dann erhalten wir aus der Substitutionsregel für das Lebesgue-Integral und der Beziehung (34) die Formel

$$\mathbf{M}[g(\theta) \mid \xi = x] = \frac{\int_{-\infty}^{\infty} g(a)\, q(x; a)\, P_\theta(\mathrm{d}a)}{\int_{-\infty}^{\infty} q(x; a)\, P_\theta(\mathrm{d}a)}. \tag{41}$$

Es sei insbesondere (θ, ξ) ein Paar diskreter zufälliger Größen $\theta = \sum a_i I_{A_i}$ und $\xi = \sum x_j I_{B_j}$. Wählen wir in (40) nun für λ das *Zählmaß* $(\lambda(\{x_i\}) = 1,\ i = 1, 2, \ldots)$, so ergibt sich

$$\mathbf{M}[g(\theta) \mid \xi = x_j] = \frac{\sum_i g(a_i)\, \mathbf{P}(\xi = x_j \mid \theta = a_i)\, \mathbf{P}(\theta = a_i)}{\sum_i \mathbf{P}(\xi = x_j \mid \theta = a_i)\, \mathbf{P}(\theta = a_i)} \tag{42}$$

(vgl. mit (26)).

Es sei nun (θ, ξ) ein Paar absolut stetiger zufälliger Größen mit der Dichte $f_{\theta,\xi}(a, x)$. Aus (19) folgt dann, daß die Darstellung (40) mit $q(x; a) = f_{\xi|\theta}(x \mid a)$ und dem Lebesgue-Maß λ erfüllt wird. Deshalb gilt

$$\mathbf{M}[g(\theta) \mid \xi = x] = \frac{\int_{-\infty}^{\infty} g(a)\, f_{\xi|\theta}(x \mid a)\, f_\theta(a)\, \mathrm{d}a}{\int_{-\infty}^{\infty} f_{\xi|\theta}(x \mid a)\, f_\theta(a)\, \mathrm{d}a}. \tag{43}$$

9. Aufgaben

1. Es seien ξ und η unabhängige und identisch verteilte zufällige Größen, und $\mathbf{M}\xi$ existiere. Man zeige die Beziehung

$$\mathbf{M}(\xi \mid \xi + \eta) = \mathbf{M}(\eta \mid \xi + \eta) = \frac{\xi + \eta}{2} \qquad \text{(f.s.)}.$$

2. Es seien $\xi_1, \xi_2, \ldots$ unabhängige und identisch verteilte zufällige Größen mit $\mathbf{M}\,|\xi_i| < \infty$. Man zeige

$$\mathbf{M}(\xi_1 \mid S_n, S_{n+1}, \ldots) = \frac{S_n}{n} \qquad \text{(f.s.)}$$

mit $S_n = \xi_1 + \cdots + \xi_n$.

3. Vorausgesetzt, daß für die zufälligen Elemente (X, Y) eine reguläre Verteilung $P_x(B) = \mathbf{P}(Y \in B \mid X = x)$ existiert, zeige man, daß im Fall $\mathbf{M}\,|g(X, Y)| < \infty$ die Gleichheit

$$\mathbf{M}[g(X, Y) \mid X = x] = \int g(x, y)\, P_x(\mathrm{d}y)$$

P_x-f.s. erfüllt ist.

4. Es sei ξ eine zufällige Größe mit der Verteilungsfunktion $F_\xi(x)$. Man beweise die Beziehung

$$\mathsf{M}(\xi \mid a < \xi \leqq b) = \frac{\int_a^b x \, \mathrm{d}F_\xi(x)}{F_\xi(b) - F_\xi(a)}$$

(unter der Voraussetzung $F_\xi(b) - F_\xi(a) > 0$).

5. Es sei $g = g(x)$ eine konvexe Funktion und $\mathsf{M}\,|g(\xi)| < \infty$. Man zeige, daß für bedingte Erwartungswerte die Ungleichung von Jensen gilt:

$$g(\mathsf{M}(\xi \mid \mathcal{G})) \leqq \mathsf{M}(g(\xi) \mid \mathcal{G}).$$

6. Man beweise: Die zufällige Größe ξ und die σ-Algebra $\mathcal{G}$ sind genau dann unabhängig (d. h., für alle $B \in \mathcal{G}$ sind die zufälligen Größen ξ und I_B unabhängig), wenn für jede Borel-Funktion $g(x)$ mit $\mathsf{M}\,|g(\xi)| < \infty$ die Gleichheit $\mathsf{M}(g(\xi) \mid \mathcal{G}) = \mathsf{M}g(\xi)$ erfüllt ist.

7. Es sei ξ eine nichtnegative zufällige Größe und $\mathcal{G}$ eine σ-Algebra mit $\mathcal{G} \subseteqq \mathcal{F}$. Man beweise, daß die Ungleichung $\mathsf{M}(\xi \mid \mathcal{G}) < \infty$ (f.s.) genau dann gilt, wenn das auf den Mengen $A \in \mathcal{G}$ durch die Beziehung $\mathsf{Q}(A) = \int_A \xi \, \mathrm{d}\mathsf{P}$ definierte Maß σ-endlich ist.

§ 8. Zufällige Größen II

1. Im ersten Kapitel wurden solche Kenngrößen einfacher zufälliger Größen wie die Varianz, die Kovarianz und der Korrelationskoeffizient eingeführt. In entsprechender Weise werden diese Begriffe auch im allgemeinen Fall definiert. Es sei $(\Omega, \mathcal{F}, \mathsf{P})$ ein Wahrscheinlichkeitsraum und $\xi = \xi(\omega)$ eine zufällige Größe, für die der Erwartungswert $\mathsf{M}\xi$ existiert.

Die Größe

$$\mathsf{D}\xi = \mathsf{M}(\xi - \mathsf{M}\xi)^2$$

heißt *Varianz der zufälligen Größe* ξ.

Der Wert $\sigma = +\sqrt{\mathsf{D}\xi}$ wird *Standardabweichung* genannt.

Für eine normalverteilte zufällige Größe ξ mit der Dichte

$$f_\xi(x) = \frac{1}{\sqrt{2\pi}\,\sigma} \mathrm{e}^{-\frac{(x-m)^2}{2\sigma^2}}, \qquad \sigma > 0, \ -\infty < m < \infty, \tag{1}$$

ergibt sich für die in (1) eingehenden Parameter m und σ eine einfache Bedeutung:

$$m = \mathsf{M}\xi \quad \text{und} \quad \sigma^2 = \mathsf{D}\xi.$$

Auf diese Weise ist die Wahrscheinlichkeitsverteilung dieser zufälligen Größe ξ, die sogenannte *Normalverteilung* (oder *Gauß-Verteilung*), durch ihren Erwartungswert m und die Varianz σ^2 vollständig bestimmt. (In diesem Zusammenhang ist auch die dafür gebräuchliche Schreibweise $\xi \backsim \mathcal{N}(m, \sigma^2)$ verständlich.)

Es sei (ξ, η) ein Paar von zufälligen Größen. Der Wert

$$\operatorname{cov}(\xi, \eta) = \mathsf{M}(\xi - \mathsf{M}\xi)(\eta - \mathsf{M}\eta) \tag{2}$$

heißt die *Kovarianz von ξ und η*. (Dabei wird die Existenz des Erwartungswertes vorausgesetzt.)

Im Fall $\operatorname{cov}(\xi, \eta) = 0$ sagt man, daß die zufälligen Größen ξ und η *unkorreliert* sind.

Gilt $\mathbf{D}\xi > 0$ und $\mathbf{D}\eta > 0$, so nennt man die Größe

$$\varrho(\xi, \eta) \equiv \frac{\operatorname{cov}(\xi, \eta)}{\sqrt{\mathbf{D}\xi \cdot \mathbf{D}\eta}} \tag{3}$$

Korrelationskoeffizient der zufälligen Größen ξ und η.

Eigenschaften der Varianz, der Kovarianz und des Korrelationskoeffizienten wurden bereits in Kapitel I, § 4, dargelegt. Im allgemeinen Fall bleiben diese Eigenschaften in analoger Form bestehen.

Es sei $\xi = (\xi_1, \ldots, \xi_n)$ ein zufälliger Vektor, dessen Komponenten ein endliches zweites Moment besitzen. Die $(n \times n)$-Matrix $\mathbb{R} = \|R_{ij}\|$ mit $R_{ij} = \operatorname{cov}(\xi_i, \xi_j)$ nennen wir Kovarianzmatrix des Vektors ξ. Offensichtlich ist $\mathbb{R}$ eine symmetrische Matrix. Außerdem ist sie nichtnegativ definit, d. h., es gilt

$$\sum_{i,j=1}^{n} R_{ij}\lambda_i\lambda_j \geqq 0$$

für beliebige $\lambda_i \in R$, $i = 1, \ldots, n$, da die Beziehung

$$\sum_{i,j=1}^{n} R_{ij}\lambda_i\lambda_j = \mathbf{M}\left[\sum_{i=1}^{n} (\xi_i - \mathbf{M}\xi_i)\,\lambda_i\right]^2 \geqq 0$$

erfüllt ist. Das folgende Lemma zeigt, daß auch die Umkehrung dieser Aussage richtig ist.

Lemma. *Eine $(n \times n)$-Matrix $\mathbb{R}$ ist genau dann Kovarianzmatrix eines Vektors $\xi = (\xi_1, \xi_2, \ldots, \xi_n)$, wenn sie symmetrisch und nichtnegativ definit ist oder, äquivalent dazu, wenn eine $(n \times k)$-Matrix A $(1 \leqq k \leqq n)$ existiert, so daß*

$$\mathbb{R} = AA^*$$

gilt, wobei A^* die zu A transponierte Matrix bezeichnet.

Beweis. Wie bereits gezeigt wurde, ist jede Kovarianzmatrix symmetrisch und nichtnegativ definit.

Es sei umgekehrt $\mathbb{R}$ eine solche Matrix. Aus der linearen Algebra ist bekannt, daß zu jeder symmetrischen, nichtnegativ definiten Matrix $\mathbb{R}$ eine solche orthogonale Matrix $\mathcal{O}$ existiert (d. h. $\mathcal{O}\mathcal{O}^* = E$, E bezeichnet die Einheitsmatrix), daß

$$\mathcal{O}^*\mathbb{R}\mathcal{O} = D$$

gilt, wobei

$$D = \begin{pmatrix} d_1 & & 0 \\ & \ddots & \\ 0 & & d_n \end{pmatrix}$$

eine Diagonalmatrix mit nichtnegativen Elementen d_i, $i = 1, \ldots, n$, ist.

Daraus erhält man

$$\mathbb{R} = \mathcal{O}D\mathcal{O}^* = (\mathcal{O}B)\,(B^*\mathcal{O}^*)$$

mit der Diagonalmatrix B, die aus den Elementen $b_i = +\sqrt{d_i}$, $i = 1, \ldots, n$, besteht. Setzen wir $A = \mathcal{O}B$, so erhalten wir deshalb für die Matrix $\mathbb{R}$ die geforderte Darstellung $\mathbb{R} = AA^*$.

Offenbar ist jede Matrix AA^* symmetrisch und nichtnegativ definit. Deshalb bleibt lediglich zu zeigen, daß $\mathbb{R}$ Kovarianzmatrix eines zufälligen Vektors ist.

Es sei $\eta_1, \eta_2, \ldots, \eta_n$ eine Folge unabhängiger normalverteilter zufälliger Größen mit $\eta_i \sim \mathcal{N}(0, 1)$. (Die Existenz einer solchen Folge ergibt sich beispielsweise aus Folgerung 1 zu Satz 1 von § 9 und kann im wesentlichen auch aus Satz 2 von § 3 hergeleitet werden.) Dann besitzt der zufällige Vektor $\xi = A\eta$ (als Spaltenvektor betrachtet) die geforderte Eigenschaft. Tatsächlich gilt nämlich

$$\mathbf{M}\xi\xi^* = \mathbf{M}(A\eta)\,(A\eta)^* = A \cdot \mathbf{M}\eta\eta^* \cdot A^* = AEA^* = AA^*.$$

(Für eine Matrix $\zeta = \|\zeta_{ij}\|$, deren Elemente zufällige Größen sind, versteht man unter $\mathbf{M}\zeta$ die Matrix $\|\mathbf{M}\zeta_{ij}\|$.)

Damit ist das Lemma bewiesen.

Wir wollen uns nun der zweidimensionalen Normalverteilung mit der Dichte

$$f_{\xi\eta}(x, y) = \frac{1}{2\pi\sigma_1\sigma_2\sqrt{1-\varrho^2}} \exp\left\{-\frac{1}{2(1-\varrho^2)}\left[\frac{(x-m_1)^2}{\sigma_1^2} - 2\varrho\,\frac{(x-m_1)\,(y-m_2)}{\sigma_1\sigma_2} + \frac{(y-m_2)^2}{\sigma_2^2}\right]\right\} \tag{4}$$

zuwenden, die durch fünf Parameter m_1, m_2, σ_1, σ_2 und ϱ (vgl. mit (3.14)) charakterisiert wird, wobei $|m_1| < \infty$, $|m_2| < \infty$, $\sigma_1 > 0$, $\sigma_2 > 0$, $|\varrho| < 1$ gilt. Eine einfache Rechnung erklärt die Bedeutung dieser Parameter:

$$m_1 = \mathbf{M}\xi,\; m_2 = \mathbf{M}\eta,\; \sigma_1^2 = \mathbf{D}\xi,\; \sigma_2^2 = \mathbf{D}\eta,\; \varrho = \varrho(\xi, \eta).$$

In Kapitel I, § 4, wurde deutlich gemacht, daß aus der Unkorreliertheit der zufälligen Größen ξ und η $\big(\varrho(\xi, \eta) = 0\big)$ noch nicht ihre Unabhängigkeit folgt. Falls das Paar (ξ, η) jedoch normalverteilt ist, erhält man aus der Unkorreliertheit von ξ und η deren Unabhängigkeit.

Falls nämlich in (4) $\varrho = 0$ ist, ergibt sich

$$f_{\xi\eta}(x, y) = \frac{1}{2\pi\sigma_1\sigma_2}\, \mathrm{e}^{-\frac{(x-m_1)^2}{2\sigma_1^2}} \cdot \mathrm{e}^{-\frac{(y-m_1)^2}{2\sigma_2^2}}.$$

Aber aufgrund von (6.55) und (4) folgt

$$f_\xi(x) = \int_{-\infty}^{\infty} f_{\xi\eta}(x, y)\,\mathrm{d}y = \frac{1}{\sqrt{2\pi}\,\sigma_1}\, \mathrm{e}^{-\frac{(x-m_1)^2}{2\sigma_1^2}}$$

und

$$f_\eta(y) = \int_{-\infty}^{\infty} f_{\xi\eta}(x, y)\,\mathrm{d}x = \frac{1}{\sqrt{2\pi}\,\sigma_2}\,\mathrm{e}^{-\frac{(y-m_2)^2}{2\sigma_2^2}}.$$

Deshalb finden wir

$$f_{\xi\eta}(x, y) = f_\xi(x) \cdot f_\eta(y),$$

woraus die Unabhängigkeit der zufälligen Größen ξ und η folgt (siehe den Schluß von § 6, Nr. 8).

2. Eine überzeugende Illustration für die Nützlichkeit des in § 7 eingeführten Begriffs des bedingten Erwartungswertes ist dessen Anwendung auf das folgende, zur *Schätztheorie* zählende Problem (vgl. mit Kapitel I, § 4, Nr. 8).

Es sei (ξ, η) ein Paar von zufälligen Größen, von denen ξ beobachtbar ist, η der Beobachtung jedoch nicht unterliegt. Man fragt nun, wie man auf der Grundlage der Beobachtungswerte von ξ die nichtbeobachtbare Komponente η „schätzen" kann.

Zur Präzisierung dieser Aufgabenstellung führen wir den Begriff der Schätzung ein. Es sei $\varphi = \varphi(x)$ eine Borel-Funktion. Die zufällige Größe $\varphi(\xi)$ nennen wir *Schätzung* von η bezüglich ξ und den Wert $\mathbf{M}(\eta - \varphi(\xi))^2$ Fehler (im Quadratmittel) dieser Schätzung. Eine Schätzung $\varphi^*(\xi)$ heißt (im Quadratmittel) *optimal*, falls

$$\varDelta \equiv \mathbf{M}[\eta - \varphi^*(\xi)]^2 = \inf_{\varphi} \mathbf{M}[\eta - \varphi(\xi)]^2 \tag{5}$$

gilt, wobei das Infimum über die Menge aller Borel-Funktionen $\varphi = \varphi(x)$ gebildet wird.

Satz 1. *Es sei $\mathbf{M}\eta^2 < \infty$. Dann existiert eine optimale Schätzung $\varphi^* = \varphi^*(\xi)$, und als $\varphi^*(x)$ kann die Funktion*

$$\varphi^*(x) = \mathbf{M}(\eta \mid \xi = x) \tag{6}$$

gewählt werden.

Beweis. Ohne Beschränkung der Allgemeinheit brauchen wir nur Schätzungen $\varphi(\xi)$ mit $\mathbf{M}\varphi^2(\xi) < \infty$ zu betrachten. Für eine solche Schätzung $\varphi(\xi)$ und $\varphi^*(\xi) = \mathbf{M}(\eta \mid \xi)$ ergibt sich

$$\begin{aligned}\mathbf{M}[\eta - \varphi(\xi)]^2 &= \mathbf{M}\big[\big(\eta - \varphi^*(\xi)\big) + \big(\varphi^*(\xi) - \varphi(\xi)\big)\big]^2 \\ &= \mathbf{M}[\eta - \varphi^*(\xi)]^2 + \mathbf{M}[\varphi^*(\xi) - \varphi(\xi)]^2 \\ &\quad + 2\mathbf{M}\big[\big(\eta - \varphi^*(\xi)\big)\big(\varphi^*(\xi) - \varphi(\xi)\big)\big] \\ &\geqq \mathbf{M}[\eta - \varphi^*(\xi)]^2,\end{aligned}$$

da $\mathbf{M}[\varphi^*(\xi) - \varphi(\xi)]^2 \geqq 0$ gilt und aufgrund der Eigenschaften des bedingten Erwartungswertes

$$\begin{aligned}\mathbf{M}\big[\big(\eta - \varphi^*(\xi)\big)\big(\varphi^*(\xi) - \varphi(\xi)\big)\big] &= \mathbf{M}\big\{\mathbf{M}\big[\big(\eta - \varphi^*(\xi)\big)\big(\varphi^*(\xi) - \varphi(\xi)\big) \mid \xi\big]\big\} \\ &= \mathbf{M}\big\{\big(\varphi^*(\xi) - \varphi(\xi)\big)\,\mathbf{M}\big(\eta - \varphi^*(\xi) \mid \xi\big)\big\} = 0\end{aligned}$$

folgt. Damit ist der Satz bewiesen.

Bemerkung. Aus dem Beweis des Satzes ist ersichtlich, daß seine Aussage nicht nur für zufällige Größen ξ gültig ist, sondern auch für beliebige zufällige Elemente mit Werten in einem meßbaren Raum $(E, \mathscr{E})$. Unter einer Schätzung $\varphi = \varphi(x)$ muß man dann eine $\mathscr{E}/\mathscr{B}(R)$-meßbare Funktion verstehen.

Wir wollen nun die Struktur der Funktion $\varphi^*(x)$ unter der Voraussetzung betrachten, daß (ξ, η) ein zweidimensionaler normalverteilter zufälliger Vektor mit der durch (4) gegebenen Dichte ist.

Aus (1), (4) und (7.18) erhalten wir für die Dichte $f_{\eta|\xi}(y \mid x)$ der bedingten Verteilung

$$f_{\eta|\xi}(y \mid x) = \frac{1}{\sqrt{2\pi(1-\varrho^2)}\,\sigma_2} \mathrm{e}^{-\frac{(y-m(x))^2}{2\sigma_2^2(1-\varrho^2)}} \tag{7}$$

mit

$$m(x) = m_2 + \frac{\sigma_2}{\sigma_1} \varrho \cdot (x - m_1). \tag{8}$$

Dann ergeben sich aus der Folgerung zu Satz 3 von § 7

$$\mathbf{M}(\eta \mid \xi = x) = \int_{-\infty}^{\infty} y f_{\eta|\xi}(y \mid x)\,\mathrm{d}y = m(x) \tag{9}$$

und

$$\begin{aligned}\mathbf{D}(\eta \mid \xi = x) &\equiv \mathbf{M}\big[(\eta - \mathbf{M}(\eta \mid \xi = x))^2 \mid \xi = x\big] \\ &= \int_{-\infty}^{\infty} (y - m(x))^2 f_{\eta|\xi}(y \mid x)\,\mathrm{d}y \\ &= \sigma_2^2(1-\varrho^2).\end{aligned} \tag{10}$$

Wir bemerken, daß die bedingte Varianz $\mathbf{D}(\eta \mid \xi = x)$ nicht von x abhängt, und folglich gilt

$$\Delta = \mathbf{M}(\eta - \mathbf{M}(\eta \mid \xi = x))^2 = \sigma_2^2(1-\varrho^2). \tag{11}$$

Die Beziehungen (9) und (11) ergaben sich unter den Voraussetzungen $\mathbf{D}\xi > 0$ und $\mathbf{D}\eta > 0$. Im Fall $\mathbf{D}\xi > 0$ und $\mathbf{D}\eta = 0$ sind sie jedoch offensichtlich erfüllt.

Somit gilt folgende Aussage (vgl. (I.4.16) und (I.4.17)):

Satz 2. *Es sei (ξ, η) ein normalverteilter zufälliger Vektor mit $\mathbf{D}\xi > 0$. Dann erhält man für die optimale Schätzung von η bezüglich ξ*

$$\mathbf{M}(\eta \mid \xi) = \mathbf{M}\eta + \frac{\operatorname{cov}(\xi, \eta)}{\mathbf{D}\xi} (\xi - \mathbf{M}\xi) \tag{12}$$

und für den Fehler

$$\Delta \equiv \mathbf{M}(\eta - \mathbf{M}(\eta \mid \xi))^2 = \mathbf{D}\eta - \frac{\operatorname{cov}^2(\xi, \eta)}{\mathbf{D}\xi}. \tag{13}$$

Bemerkung. Die Funktion $y(x) = \mathbf{M}(\eta \mid \xi = x)$ heißt *Regressionsfunktion von* η *bezüglich* ξ. Im normalverteilten Fall gilt $\mathbf{M}(\eta \mid \xi = x) = a + bx$, und folglich ist die Regression von η bezüglich ξ *linear*. Deshalb ist es überhaupt nicht verwunderlich, daß die rechten Seiten von (12) und (13) mit denen von (I.4.16) bzw. (I.4.17) für die optimale lineare Schätzung und ihren Fehler übereinstimmen.

Folgerung. Es seien ε_1 und ε_2 unabhängige normalverteilte zufällige Größen mit dem Erwartungswert 0 und der Varianz 1 und

$$\xi = a_1\varepsilon_1 + a_2\varepsilon_2 \quad \text{sowie} \quad \eta = b_1\varepsilon_1 + b_2\varepsilon_2 .$$

Dann erhält man $\mathbf{M}\xi = \mathbf{M}\eta = 0$, $\mathbf{D}\xi = a_1^2 + a_2^2$, $\mathbf{D}\eta = b_1^2 + b_2^2$, $\operatorname{cov}(\xi, \eta) = a_1b_1 + a_2b_2$, und falls $a_1^2 + a_2^2 > 0$ gilt, folgt

$$\mathbf{M}(\eta \mid \xi) = \frac{a_1b_1 + a_2b_2}{a_1^2 + a_2^2}\,\xi \tag{14}$$

und

$$\Delta = \frac{(a_1b_2 - a_2b_1)^2}{a_1^2 + a_2^2}. \tag{15}$$

3. Wir wollen nun die Frage beantworten, wie man die Verteilungsfunktion von zufälligen Größen bestimmt, die selbst Funktionen anderer zufälliger Größen sind.

Es sei ξ eine zufällige Größe mit der Verteilungsfunktion $F_\xi(x)$ (und der Dichte $f_\xi(x)$, falls eine solche existiert), $\varphi = \varphi(x)$ eine Borel-Funktion und $\eta = \varphi(\xi)$. Mit der Bezeichnung $I_y = (-\infty, y)$ ergibt sich

$$F_\eta(y) = \mathbf{P}(\eta \leqq y) = \mathbf{P}\big(\varphi(\xi) \in I_y\big) = \mathbf{P}\big(\xi \in \varphi^{-1}(I_y)\big) = \int\limits_{\varphi^{-1}(I_y)} F_\xi(\mathrm{d}x), \tag{16}$$

womit die Verteilungsfunktion $F_\eta(y)$ durch die Verteilungsfunktion $F_\xi(x)$ und die Funktion φ ausgedrückt ist.

Falls $\eta = a\xi + b$, $a > 0$, gilt, finden wir

$$F_\eta(y) = \mathbf{P}\left(\xi \leqq \frac{y - b}{a}\right) = F_\xi\left(\frac{y - b}{a}\right). \tag{17}$$

Im Fall $\eta = \xi^2$ erhalten wir offenbar $F_\eta(y) = 0$ für $y < 0$, und für $y \geqq 0$ ergibt sich

$$\begin{aligned} F_\eta(y) &= \mathbf{P}(\xi^2 \leqq y) = \mathbf{P}\big(-\sqrt{y} \leqq \xi \leqq \sqrt{y}\big) \\ &= F_\xi\big(\sqrt{y}\big) - F_\xi\big(-\sqrt{y}\big) + \mathbf{P}\big(\xi = -\sqrt{y}\big). \end{aligned} \tag{18}$$

Nun wenden wir uns der Bestimmung der Dichte $f_\eta(y)$ zu.

Wir wollen voraussetzen, daß der Wertebereich der zufälligen Größe ξ das (endliche oder unendliche) offene Intervall $I = (a, b)$ ist und die für $x \in I$ definierte Funktion $\varphi = \varphi(x)$ stetig differenzierbar und entweder streng wachsend oder streng fallend ist. Weiter nehmen wir an, daß $\varphi'(x) \neq 0$ für $x \in I$ gilt.

Wir bezeichnen nun $\varphi^{-1}(y)$ mit $h(y)$ und setzen zur Bestimmheit des Problems voraus, daß $\varphi(x)$ streng wächst. Für $y \in \varphi(I)$ ergibt sich dann

$$F_\eta(y) = \mathbf{P}(\eta \leqq y) = \mathbf{P}\big(\varphi(\xi) \leqq y\big) = \mathbf{P}\big(\xi \leqq \varphi^{-1}(y)\big)$$
$$= \mathbf{P}\big(\xi \leqq h(y)\big) = \int\limits_{-\infty}^{h(y)} f_\eta(y)\,\mathrm{d}x\,. \tag{19}$$

Gemäß Aufgabe 15 aus § 6 gilt

$$\int\limits_{-\infty}^{h(y)} f_\xi(x)\,\mathrm{d}x = \int\limits_{-\infty}^{y} f_\xi\big(h(z)\big)\,h'(z)\,\mathrm{d}z \tag{20}$$

und folglich

$$f_\eta(y) = f_\xi\big(h(y)\big)\,h'(y)\,. \tag{21}$$

Analog erhält man für den Fall, daß die Funktion $\varphi(x)$ streng fällt,

$$f_\eta(y) = f_\xi\big(h(y)\big)\,\big(-h'(y)\big)\,.$$

Somit gilt in beiden Fällen

$$f_\eta(y) = f_\xi\big(h(y)\big)\,|h'(y)|\,. \tag{22}$$

Für $\eta = a\xi + b$, $a \neq 0$, ergeben sich beispielsweise die Beziehungen $h(y) = \dfrac{y-b}{a}$ und $f_\eta(y) = \dfrac{1}{|a|}\,f_\xi\left(\dfrac{y-b}{a}\right)$.

Gilt $\xi \sim \mathcal{N}(m, \sigma^2)$ und $\eta = \mathrm{e}^\xi$, so finden wir aus (22)

$$f_\eta(y) = \begin{cases} \dfrac{1}{\sqrt{2\pi}\,\sigma y} \exp\left[-\dfrac{\ln\left(\dfrac{y}{M}\right)^2}{2\sigma^2}\right], & y > 0, \\ 0, & y \leqq 0, \end{cases} \tag{23}$$

mit $M = e^m$.

Eine Wahrscheinlichkeitsverteilung mit der Dichte (23) heißt *logarithmische Normalverteilung*.

Für nicht streng wachsende oder streng fallende Funktionen φ ist die Formel (22) nicht anwendbar. Allerdings reicht für viele Anwendungen folgende Verallgemeinerung von (22) völlig aus.

Die Funktion $\varphi = \varphi(x)$ sei auf der Menge $\sum\limits_{k-1}^{n} [a_k, b_k]$ definiert und dabei auf jedem offenen Intervall $I_k = (a_k, b_k)$ stetig differenzierbar mit $\varphi'(x) \neq 0$ für $x \in I_k$, d. h. entweder streng wachsend oder streng fallend. Weiterhin sei $h_k = h_k(y)$ die zu $\varphi(x)$, $x \in I_k$, inverse Funktion. Dann gilt folgende Verallgemeinerung der Beziehung (22):

$$f_\eta(y) = \sum_{k=1}^{n} f_\xi\big(h_k(y)\big)\,|h_k'(y)| \cdot I_{D_k}(y)\,, \tag{24}$$

wobei D_k der Definitionsbereich der Funktion h_k ist.

So finden wir beispielsweise für $\eta = \xi^2$, indem wir $I_1 = (-\infty, 0)$ und $I_2 = (0, \infty)$ wählen, die Funktionen $h_1(y) = -\sqrt{y}$ und $h_2(y) = \sqrt{y}$. Das bedeutet

$$f_\eta(y) = \begin{cases} \frac{1}{2\sqrt{y}} [f_\xi(\sqrt{y}) + f_\xi(-\sqrt{y})], & y > 0, \\ 0, & y \leqq 0. \end{cases} \tag{25}$$

Wir bemerken, daß dieses Resultat wegen $\mathbf{P}(\xi = -\sqrt{y}) = 0$ auch aus (18) folgt. Falls nun insbesondere $\xi \sim \mathcal{N}(0, 1)$ gilt, ergibt sich

$$f_{\xi^2}(y) = \begin{cases} \frac{1}{\sqrt{2\pi y}} \mathrm{e}^{-y/2}, & y > 0, \\ 0, & y \leqq 0. \end{cases} \tag{26}$$

Eine einfache Rechnung zeigt ferner

$$f_{|\xi|}(y) = \begin{cases} f_\xi(y) + f_\xi(-y), & y > 0, \\ 0, & y \leqq 0 \end{cases} \tag{27}$$

und

$$f_{+\sqrt{|\xi|}}(y) = \begin{cases} 2y\big(f_\xi(y^2) + f_\xi(-y^2)\big), & y > 0, \\ 0, & y \leqq 0. \end{cases} \tag{28}$$

4. Wir wollen uns nun Funktionen von mehreren zufälligen Größen zuwenden.

Es seien ξ und η zufällige Größen mit der gemeinsamen Verteilungsfunktion $F_{\xi\eta}(x, y)$, und $\varphi = \varphi(x, y)$ sei eine Borel-Funktion. Für $\zeta = \varphi(\xi, \eta)$ erhalten wir sofort die Beziehung

$$F_\zeta(z) = \int\limits_{\{(x,y):\varphi(x,y)\leqq z\}} \mathrm{d}F_{\xi\eta}(x, y). \tag{29}$$

Falls zum Beispiel $\varphi(x, y) = x + y$ gilt und ξ und η unabhängig sind (also $F_{\xi\eta}(x, y) = F_\xi(x)\, F_\eta(y)$ erfüllt ist), erhalten wir durch Anwendung des Satzes von Fubini

$$\begin{aligned} F_\zeta(z) &= \int\limits_{\{(x,y):x+y\leqq z\}} \mathrm{d}F_\xi(x)\, \mathrm{d}F_\eta(y) \\ &= \int\limits_{R_2} I_{\{x+y\leqq z\}}(x, y)\, \mathrm{d}F_\xi(x)\, \mathrm{d}F_\eta(y) \\ &= \int\limits_{-\infty}^{\infty} \mathrm{d}F_\xi(x) \left\{ \int\limits_{-\infty}^{\infty} I_{\{x+y\leqq z\}}(x, y)\, \mathrm{d}F_\eta(y) \right\} = \int\limits_{-\infty}^{\infty} F_\eta(z - x)\, \mathrm{d}F_\xi(x) \end{aligned} \tag{30}$$

und analog

$$F_\zeta(z) = \int\limits_{-\infty}^{\infty} F_\xi(z - y)\, \mathrm{d}F_\eta(y). \tag{31}$$

Es seien F und G zwei Verteilungsfunktionen. Dann nennt man die Funktion

$$H(z) = \int_{-\infty}^{\infty} F(z - x)\,\mathrm{d}G(x)$$

Faltung von F und G und bezeichnet sie mit $F * G$.

Für die Verteilungsfunktion F_ζ der Summe zweier unabhängiger zufälliger Größen ξ und η erhält man also gerade die Faltung ihrer Verteilungsfunktionen F_ξ und F_η:

$$F_\zeta = F_\xi * F_\eta.$$

Es ist klar, daß dabei $F_\xi * F_\eta = F_\eta * F_\xi$ gilt.

Wir wollen nun annehmen, daß die unabhängigen zufälligen Größen ξ und η die Dichten f_ξ und f_η besitzen. Dann gelangen wir mit Hilfe des Satzes von Fubini aus (31) zu

$$F_\zeta(z) = \int_{-\infty}^{\infty} \left[\int_{-\infty}^{z-y} f_\xi(u)\,\mathrm{d}u \right] f_\eta(y)\,\mathrm{d}y$$

$$= \int_{-\infty}^{\infty} \left[\int_{-\infty}^{z} f_\xi(u - y)\,\mathrm{d}u \right] f_\eta(y)\,\mathrm{d}y = \int_{-\infty}^{z} \left[\int_{-\infty}^{\infty} f_\xi(u - y)\, f_\eta(y)\,\mathrm{d}y \right] \mathrm{d}u,$$

woraus

$$f_\zeta(z) = \int_{-\infty}^{\infty} f_\xi(z - y)\, f_\eta(y)\,\mathrm{d}y \tag{32}$$

und analog

$$f_\zeta(z) = \int_{-\infty}^{\infty} f_\eta(z - x)\, f_\xi(x)\,\mathrm{d}x \tag{33}$$

folgt.

Wir betrachten nun einige Beispiele für die Anwendung dieser Formeln.

Es sei $\xi_1, \ldots, \xi_n$ eine Folge unabhängiger identisch verteilter zufälliger Größen mit der Dichte der Gleichverteilung auf $[-1, 1]$

$$f(x) = \begin{cases} 1/2, & |x| \leqq 1, \\ 0, & |x| > 1. \end{cases}$$

Dann erhalten wir aus (32)

$$f_{\xi_1+\xi_2}(x) = \begin{cases} \dfrac{2 - |x|}{4}, & |x| \leqq 2, \\ 0, & |x| > 2, \end{cases}$$

$$f_{\xi_1+\xi_2+\xi_3}(x) = \begin{cases} \dfrac{(3 - |x|)^2}{16}, & 1 \leqq |x| \leqq 3, \\ \dfrac{3 - x^2}{8}, & 0 \leqq |x| \leqq 1, \\ 0, & |x| > 3, \end{cases}$$

und im allgemeinen Fall (nach vollständiger Induktion)

$$f_{\xi_1+\cdots+\xi_n}(x) = \begin{cases} \dfrac{1}{2^n(n-1)!} \sum\limits_{k=0}^{\left[\frac{n+x}{2}\right]} (-1)^k \dbinom{n}{k} (n+x-2k)^{n-1}, & |x| \leqq n, \\ 0, & |x| > n. \end{cases}$$

Es gelte nun $\xi \sim \mathcal{N}(m_1, \sigma_1^2)$ und $\eta \sim \mathcal{N}(m_2, \sigma_2^2)$. Mit der Bezeichnung

$$\varphi(x) = \frac{1}{\sqrt{2\pi}} \mathrm{e}^{-x^2/2}$$

ergibt sich

$$f_\xi(x) = \frac{1}{\sigma_1} \varphi\left(\frac{x-m_1}{\sigma_1}\right) \quad \text{und} \quad f_\eta(x) = \frac{1}{\sigma_2} \varphi\left(\frac{x-m_2}{\sigma_2}\right).$$

Aus (32) gelangen wir leicht zu

$$f_{\xi+\eta}(x) = \frac{1}{\sqrt{\sigma_1^2+\sigma_2^2}} \varphi\left(\frac{x-(m_1+m_2)}{\sqrt{\sigma_1^2+\sigma_2^2}}\right).$$

Somit ist die Summe zweier unabhängiger normalverteilter zufälliger Größen ebenfalls eine normalverteilte zufällige Größe mit dem Erwartungswert $m_1 + m_2$ und der Varianz $\sigma_1^2 + \sigma_2^2$.

Es sei $\xi_1, \ldots, \xi_n$ eine Folge unabhängiger normalverteilter zufälliger Größen mit dem Erwartungswert 0 und der Varianz 1. Mit Hilfe der Beziehung (26) gelangt man leicht durch vollständige Induktion zu

$$f_{\xi_1^2+\cdots+\xi_n^2}(x) = \begin{cases} \dfrac{1}{2^{n/2}\Gamma(n/2)} x^{(n/2)-1}\mathrm{e}^{-x/2}, & x > 0, \\ 0, & x \leqq 0. \end{cases} \tag{34}$$

Gewöhnlich bezeichnet man die Größe $\xi_1^2 + \cdots + \xi_n^2$ mit χ_n^2 und nennt ihr Verteilungsgesetz mit der Dichte (34) *χ^2-Verteilung mit n Freiheitsgraden* (vgl. § 3, Tabelle 2).

Mit der Bezeichnung $\chi_n = +\sqrt{\chi_n^2}$ ergibt sich aus (28) und (34)

$$f_{\chi_n}(x) = \begin{cases} \dfrac{2x^{n-1}\mathrm{e}^{-x^2/2}}{2^{n/2}\Gamma(n/2)}, & x \geqq 0, \\ 0, & x < 0. \end{cases} \tag{35}$$

Eine Wahrscheinlichkeitsverteilung mit dieser Dichte heißt *χ-Verteilung mit n Freiheitsgraden.*

Es seien erneut ξ und η unabhängige zufällige Größen mit den Dichten f_ξ bzw. f_η. Dann erhalten wir

$$F_{\xi\cdot\eta}(z) = \iint\limits_{\{(x,y):xy\leqq z\}} f_\xi(x)\, f_\eta(y)\, \mathrm{d}x\, \mathrm{d}y$$

und

$$F_{\xi/\eta}(z) = \iint\limits_{\{(x,y):x/y \leqq z\}} f_\xi(x)\, f_\eta(y)\, dx\, dy .$$

Daraus leitet man ohne Schwierigkeiten die Beziehungen

$$f_{\xi\cdot\eta}(z) = \int\limits_{-\infty}^{\infty} f_\xi\left(\frac{z}{y}\right) f_\eta(y) \frac{dy}{|y|} = \int\limits_{-\infty}^{\infty} f_\eta\left(\frac{z}{x}\right) f_\xi(x) \frac{dx}{|x|} \tag{36}$$

und

$$f_{\xi/\eta}(z) = \int\limits_{-\infty}^{\infty} f_\xi(zy)\, f_\eta(y)\, |y|\, dy \tag{37}$$

ab.

Setzen wir in (37) $\xi = \xi_0$ und $\eta = \sqrt{\dfrac{\xi_1^2 + \cdots + \xi_n^2}{n}}$, wobei $\xi_0, \xi_1, \ldots, \xi_n$ unabhängige normalverteilte zufällige Größen mit Erwartungswert 0 und Varianz $\sigma^2 > 0$ sind, so gelangen wir mit Hilfe von (35) zu

$$f_{\frac{\xi_0}{\sqrt{\frac{1}{n}(\xi_1^2+\cdots+\xi_n^2)}}}(x) = \frac{1}{\sqrt{\pi n}} \frac{\Gamma\left(\frac{n+1}{2}\right)}{\Gamma\left(\frac{n}{2}\right)} \frac{1}{\left(1 + \frac{x^2}{n}\right)^{\frac{n+1}{2}}}. \tag{38}$$

Die Größe $\dfrac{\xi_0}{\sqrt{\frac{1}{n}(\xi_1^2 + \cdots + \xi_n^2)}}$ bezeichnet man gewöhnlich mit t und nennt ihr Verteilungsgesetz *Student*- oder *t-Verteilung mit n Freiheitsgraden* (vgl. mit § 3, Tabelle 2). Wir bemerken, daß diese Verteilung nicht von σ abhängt.

5. Aufgaben

1. Man weise die Richtigkeit der Beziehungen (9), (10), (24), (27), (28) und (34) bis (38) nach.
2. Es seien $\xi_1, \ldots, \xi_n$, $n \geqq 2$, unabhängige identisch verteilte zufällige Größen mit der Verteilungsfunktion F (und der Dichte f, falls eine solche existiert) und $\bar{\xi} = \max(\xi_1, \ldots, \xi_n)$ sowie $\underline{\xi} = \min(\xi_1, \ldots, \xi_n)$ und $\varrho = \bar{\xi} - \underline{\xi}$. Man zeige

$$F_{\bar{\xi},\underline{\xi}}(y, x) = \begin{cases} (F(y))^n - (F(y) - F(x))^n, & y > x, \\ (F(y))^n, & y \leqq x, \end{cases}$$

$$f_{\bar{\xi},\underline{\xi}}(y, x) = \begin{cases} n(n-1)\,[F(y) - F(x)]^{n-2} f(x)\, f(y), & y > x, \\ 0, & y < x, \end{cases}$$

$$F_\varrho(x) = \begin{cases} n \int\limits_{-\infty}^{\infty} [F(y) - F(y-x)]^{n-1} f(y)\, dy, & x \geqq 0, \\ 0, & x < 0 \end{cases}$$

und

$$f_\varrho(x) = \begin{cases} n(n-1) \int\limits_{-\infty}^{\infty} [F(y) - F(y-x)]^{n-2} f(y-x) f(y) \, dy, & x > 0, \\ 0, & x < 0. \end{cases}$$

3. Es seien ξ_1 und ξ_2 unabhängige Poisson-verteilte zufällige Größen mit den Parametern λ_1 bzw. λ_2. Man beweise, daß dann $\xi_1 + \xi_2$ ebenfalls Poisson-verteilt ist, und zwar mit dem Parameter $\lambda_1 + \lambda_2$.

4. In (4) sei $m_1 = m_2 = 0$. Man weise nach, daß dann

$$f_{\xi/\eta}(z) = \frac{\sigma_1 \sigma_2 \sqrt{1 - \varrho^2}}{\pi(\sigma_2^2 z - 2\varrho\sigma_1\sigma_2 z + \sigma_1^2)}$$

gilt.

5. Die Größe $\varrho^*(\xi, \eta) = \sup\limits_{u,v} \varrho(u(\xi), v(\eta))$ heißt *maximaler Korrelationskoeffizient* von ξ und η. Dabei wird das Supremum über alle Borel-Funktionen $u = u(x)$ und $v = v(x)$ gebildet, für die der Korrelationskoeffizient definiert ist. Man beweise, daß die zufälligen Größen ξ und η genau dann unabhängig sind, wenn $\varrho^*(\xi, \eta) = 0$ gilt.

6. Es seien $\tau_1, \tau_2, \ldots, \tau_n$ unabhängige nichtnegative identisch verteilte zufällige Größen mit der Verteilungsdichte

$$f(t) = \lambda e^{-\lambda t}, \qquad t \geqq 0.$$

Man zeige, daß die Verteilung der zufälligen Größe $\tau_1 + \cdots + \tau_k$ die Dichte

$$\frac{\lambda^k t^{k-1} \, e^{-\lambda t}}{(k-1)!}, \qquad t \geqq 0, \qquad 1 \leqq k \leqq n,$$

besitzt und

$$\mathsf{P}(\tau_1 + \cdots + \tau_k > t) = \sum_{i=0}^{k-1} e^{-\lambda t} \frac{(\lambda t)^i}{i!}$$

gilt.

7. Es gelte $\xi \sim \mathcal{N}(0, \sigma^2)$. Man zeige, daß für jedes $p \geqq 1$

$$\mathsf{M} \, |\xi|^p = C_p \sigma^p$$

mit

$$C_p = \frac{2^{p/2}}{\pi^{1/2}} \Gamma\left(\frac{p+1}{2}\right)$$

erfüllt ist, wobei $\Gamma(s) = \int\limits_0^\infty e^{-x} x^{s-1} \, dx$ die Eulersche Gamma-Funktion ist. Insbesondere erhält man für jedes ganze $n \geqq 1$

$$\mathsf{M}\xi^{2n} = (2n-1)!! \, \sigma^{2n}.$$

§ 9. Konstruktion zufälliger Prozesse zu vorgegebenen endlichdimensionalen Verteilungen

1. Es sei $\xi = \xi(\omega)$ eine auf dem Wahrscheinlichkeitsraum $(\Omega, \mathcal{F}, \mathsf{P})$ gegebene zufällige Größe und

$$F_\xi(x) = \mathsf{P}(\omega \colon \xi(\omega) \leqq x)$$

ihre Verteilungsfunktion. Selbstverständlich ist dann $F_\xi(x)$ eine Verteilungsfunktion auf der reellen Achse im Sinne der Definition 1 aus § 3.

Wir wollen uns nun folgende Frage stellen: Es sei $F = F(x)$ eine Verteilungsfunktion auf R. Existiert dann eine zufällige Größe, die gerade die Funktion F als ihre Verteilungsfunktion besitzt?

Einer der Gründe, die diese Fragestellung rechtfertigen, besteht in folgendem. Viele Aussagen der Wahrscheinlichkeitstheorie beginnen mit den Worten: „Es sei ξ eine zufällige Größe mit der Verteilungsfunktion F, dann ..." Damit Aussagen dieses Typs einen Inhalt erhalten, muß es die Gewißheit geben, daß das betrachtete Objekt auch wirklich existiert. Bei der Definition einer zufälligen Größe muß man vor allen Dingen ihren Definitionsbereich $(\Omega, \mathcal{F})$ angeben. Um von einer Verteilung dieser zufälligen Größe sprechen zu können, benötigt man ein Maß P auf $(\Omega, \mathcal{F})$. Aus diesen Gründen lautet die richtige Fragestellung zur Existenz einer zufälligen Größe zu einer vorgegebenen Verteilungsfunktion F wie folgt:

Existieren ein Wahrscheinlichkeitsraum $(\Omega, \mathcal{F}, \mathsf{P})$ und eine zufällige Größe $\xi = \xi(\omega)$ auf ihm derart, daß

$$\mathsf{P}\big(\omega: \xi(\omega) \leqq x\big) = F(x)$$

gilt?

Wir werden zeigen, daß die Antwort auf diese Frage positiv ist und sie im Grunde genommen bereits in Satz 1 aus § 1 enthalten ist.

Setzen wir nämlich

$$\Omega = R, \qquad \mathcal{F} = \mathcal{B}(R),$$

so ergibt sich aus Satz 1 von § 1, daß auf $\big(R, \mathcal{B}(R)\big)$ ein (eindeutig bestimmtes) Wahrscheinlichkeitsmaß P existiert, für das $\mathsf{P}(a, b] = F(b) - F(a)$, $a < b$, gilt.

Wählen wir $\xi(\omega) \equiv \omega$, so ist

$$\mathsf{P}\big(\omega: \xi(\omega) \leqq x\big) = \mathsf{P}(\omega: \omega \leqq x) = \mathsf{P}(-\infty, x] = F(x)$$

erfüllt.

Auf diese Weise haben wir den geforderten Wahrscheinlichkeitsraum und die gesuchte zufällige Größe konstruiert.

2. Nun wollen wir die entsprechende Fragestellung für zufällige Prozesse behandeln.

Es sei $X = (\xi_t)_{t \in T}$ ein zufälliger Prozeß (im Sinne der Definition 3 aus § 5), der auf dem Wahrscheinlichkeitsraum $(\Omega, \mathcal{F}, \mathsf{P})$ für $t \in T \subseteqq R$ gegeben ist.

Die wichtigste wahrscheinlichkeitstheoretische Kenngröße eines zufälligen Prozesses ist vom physikalischen Standpunkt die Gesamtheit $\{F_{t_1,\ldots,t_n}(x_1, \ldots, x_n)\}$ seiner endlichdimensionalen Verteilungsfunktionen

$$F_{t_1,\ldots,t_n}(x_1, \ldots, x_n) = \mathsf{P}(\omega: \xi_{t_1} \leqq x_1, \ldots, \xi_{t_n} \leqq x_n), \tag{1}$$

die für alle $t_1, \ldots, t_n$ mit $t_1 < t_2 < \ldots < t_n$ gegeben sind.

Aus (1) ist ersichtlich, daß die Funktionen $F_{t_1,\ldots,t_n}$ für jede Folge $t_1, \ldots, t_n$ mit $t_1 < t_2 < \ldots < t_n$ n-dimensionale Verteilungsfunktionen (im Sinne der Definition 2 aus § 3) darstellen und darüber hinaus $\{F_{t_1,\ldots,t_n}\}$ die folgenden Verträglichkeitsbedingungen für $k < n$ erfüllen:

$$F_{t_1,\ldots,t_k}(x_1, \ldots, x_k) = F_{t_1,\ldots,t_n}(x_1, \ldots, x_k, +\infty, \ldots, +\infty). \tag{2}$$

Es ist jetzt die Frage naheliegend, unter welchen Bedingungen eine vorgegebene Familie $\{F_{t_1,\ldots,t_n}(x_1, \ldots, x_n)\}$ von Verteilungsfunktionen $F_{t_1,\ldots,t_n}$ (im Sinne von Definition 2 aus § 3) als Familie der endlichdimensionalen Verteilungsfunktionen eines zufälligen Prozesses angesehen werden kann.

Sehr bemerkenswert ist nun, daß durch die Verträglichkeitsbedingungen (2) alle notwendigen zusätzlichen Forderungen bereits gegeben sind.

Satz 1 (Satz von Kolmogorov über die Existenz zufälliger Prozesse). *Es sei* $\{F_{t_1,\ldots,t_n}\}$, $t_i \in T \subseteqq R$, $t_1 < t_2 < \ldots < t_n$, $n \geqq 1$, *eine vorgegebene Familie endlichdimensionaler Verteilungsfunktionen, die den Verträglichkeitsbedingungen* (2) *genügen. Dann existieren ein Wahrscheinlichkeitsraum* $(\Omega, \mathscr{F}, \mathsf{P})$ *und ein zufälliger Prozeß* $X = (\xi_t)_{t\in T}$, *so daß*

$$\mathsf{P}(\omega: \xi_{t_1} \leqq x_1, \ldots, \xi_{t_n} \leqq x_n) = F_{t_1,\ldots,t_n}(x_1, \ldots, x_n) \tag{3}$$

erfüllt ist.

Beweis. Wir setzen

$$\Omega = R^T \quad \text{und} \quad \mathscr{F} = \mathscr{B}(R^T),$$

d. h., wir wählen als Raum Ω die Menge aller reellen Funktionen $\omega = (\omega_t)_{t\in T}$ und dazu die von den Zylindermengen erzeugte σ-Algebra.

Es sei $\tau = [t_1, \ldots, t_n]$, $t_1 < t_2 < \ldots < t_n$. Gemäß Satz 2 aus § 3 kann man dann im Raum $(R^n, \mathscr{B}(R^n))$ genau ein Wahrscheinlichkeitsmaß P_τ konstruieren, so daß

$$P_\tau\big((\omega_{t_1}, \ldots, \omega_{t_n}): \omega_{t_1} \leqq x_1, \ldots, \omega_{t_n} \leqq x_n\big) = F_{t_1,\ldots,t_n}(x_1, \ldots, x_n) \tag{4}$$

gilt. Aus den Verträglichkeitsbedingungen (2) folgt, daß die Familie $\{P_\tau\}$ ebenfalls verträglich ist (vgl. (3.20)). Nach Satz 4 aus § 3 existiert im Raum $(R^T, \mathscr{B}(R^T))$ ein Wahrscheinlichkeitsmaß P derart, daß

$$\mathsf{P}(\omega: (\omega_{t_1}, \ldots, \omega_{t_n}) \in B) = P_\tau(B)$$

für jede Auswahl $\tau = [t_1, \ldots, t_n]$ mit $t_1 < t_2 < \ldots < t_n$ gilt.

Daraus folgt gleichfalls, daß die Bedingung (4) erfüllt ist. Somit kann man als gesuchten Prozeß $X = \big(\xi_t(\omega)\big)_{t\in T}$ den Prozeß wählen, der auf folgende Weise definiert ist:

$$\xi_t(\omega) = \omega_t, \qquad t \in T. \tag{5}$$

Damit ist der Satz bewiesen.

Bemerkung 1. Den konstruierten Wahrscheinlichkeitsraum $(R^T, \mathscr{B}(R^T), \mathsf{P})$ nennt man oft *kanonischen Wahrscheinlichkeitsraum* und die Definition des Prozesses durch die Gleichheit (5) *koordinatenweise* Konstruktion des Prozesses.

Bemerkung 2. Es seien $(E_\alpha, \mathscr{E}_\alpha)$ vollständige separable metrische Räume, wobei α zu einer beliebigen Indexmenge $\mathfrak{A}$ gehöre. Weiter sei $\{P_\tau\}$ eine verträgliche Familie endlichdimensionaler Verteilungsfunktionen P_τ, $\tau = [\alpha_1, \ldots, \alpha_n]$, auf $(E_{\alpha_1} \times \ldots \times E_{\alpha_n}, \mathscr{E}_{\alpha_1} \otimes \ldots \otimes \mathscr{E}_{\alpha_n})$. Dann existieren ein Wahrscheinlichkeitsraum $(\Omega, \mathscr{F}, \mathbf{P})$ und eine Familie $\mathscr{F}/\mathscr{E}_\alpha$-meßbarer Funktionen $\big(X_\alpha(\omega)\big)_{\alpha \in \mathfrak{A}}$, so daß

$$\mathbf{P}\big((X_{\alpha_1}, \ldots, X_{\alpha_n}) \in B\big) = P_\tau(B)$$

für beliebige $\tau = [\alpha_1, \ldots, \alpha_n]$ und $B \in \mathscr{E}_{\alpha_1} \otimes \ldots \otimes \mathscr{E}_{\alpha_n}$ erfüllt ist.

Dieses Resultat, das die Aussage von Satz 1 verallgemeinert, folgt aus Satz 4 von § 3, indem man $\Omega = \prod_\alpha E_\alpha$, $\mathscr{F} = \bigotimes_\alpha \mathscr{E}_\alpha$ und $X_\alpha(\omega) = \omega_\alpha$ für jedes $\omega = (\omega_\alpha)$, $\alpha \in \mathfrak{A}$, setzt.

Folgerung 1. Es sei $F_1, F_2, \ldots$ eine Folge eindimensionaler Verteilungsfunktionen. Dann existieren ein Wahrscheinlichkeitsraum $(\Omega, \mathscr{F}, \mathbf{P})$ und eine Folge unabhängiger zufälliger Größen $\xi_1, \xi_2, \ldots$ mit der Eigenschaft

$$\mathbf{P}\big(\omega: \xi_i(\omega) \leqq x\big) = F_i(x). \tag{6}$$

Insbesondere gibt es einen Wahrscheinlichkeitsraum $(\Omega, \mathscr{F}, \mathbf{P})$, auf dem eine unendliche Folge Bernoullischer zufälliger Größen definiert ist. (In diesem Zusammenhang vergleiche man mit Kapitel I, § 5, Nr. 2.) Wir bemerken, daß man hier als Ω den Raum

$$\Omega = \{\omega: \omega = (a_1, a_2, \ldots), a_i = 0, 1\}$$

wählen kann (vgl. auch mit Satz 2).

Zum Beweis der Folgerung genügt es, $F_{1,\ldots,n}(x_1, \ldots, x_n) = F_1(x_1) \cdots F_n(x_n)$ zu setzen und Satz 1 anzuwenden.

Folgerung 2. Es sei $T = [0, \infty)$ und $\{P(s, x; t, B)\}$ eine Familie nichtnegativer, für $s, t \in T$, $t > s$, $x \in R$ und $B \in \mathscr{B}(R)$ definierter Funktionen, die folgenden Bedingungen genügen:

a) $P(s, x; t, B)$ ist bei fixierten s, x und t ein *Wahrscheinlichkeitsmaß bezüglich* B.

b) Bei fixierten s, t und B stellt $P(s, x; t, B)$ eine *Borel-Funktion in* x dar.

c) Für alle $0 \leqq s < t < \tau$ und $B \in \mathscr{B}(R)$ ist die *Chapman-Kolmogorov-Gleichung*

$$P(s, x; \tau, B) = \int_R P(s, x; t, \mathrm{d}y)\, P(t, y; \tau, B) \tag{7}$$

erfüllt.

Es sei nun darüber hinaus $\pi = \pi(B)$ ein Wahrscheinlichkeitsmaß auf $\big(R, \mathscr{B}(R)\big)$. Dann existieren ein Wahrscheinlichkeitsraum $(\Omega, \mathscr{F}, \mathbf{P})$ und auf ihm ein zufälliger Prozeß $X = (\xi_t)_{t \geqq 0}$ derart, daß für $0 = t_0 < t_1 < \ldots < t_n$ die Beziehung

$$\mathbf{P}(\xi_{t_0} \leqq x_0, \xi_{t_1} \leqq x_1, \ldots, \xi_{t_n} \leqq x_n)$$

$$= \int_{-\infty}^{x_0} \pi(\mathrm{d}y_0) \int_{-\infty}^{x_1} P(0, y_0; t_1, \mathrm{d}y_1) \cdots \int_{-\infty}^{x_n} P(t_{n-1}, y_{n-1}; t_n, \mathrm{d}y_n) \tag{8}$$

gilt.

Der so konstruierte Prozeß X heißt *Markov-Prozeß mit der Anfangsverteilung* π *und der Familie von Übergangswahrscheinlichkeiten* $P(s, x; t, B)$.

Folgerung 3. Es sei $T = \{0, 1, 2, \ldots\}$ und $\{P_k(x; B)\}$ eine Familie nichtnegativer Funktionen, die für $k \geqq 1$, $x \in R$ und $B \in \mathscr{B}(R)$ und so definiert sind, daß $P_k(x; B)$ bei fixierten k und x in B ein Wahrscheinlichkeitsmaß und bei fixierten k und B bezüglich x meßbar ist. Außerdem sei $\pi = \pi(B)$ ein Wahrscheinlichkeitsmaß auf $(R, \mathscr{B}(R))$.

Dann kann man einen Wahrscheinlichkeitsraum $(\Omega, \mathscr{F}, \mathsf{P})$ und auf ihm eine Familie von zufälligen Größen $X = \{\xi_0, \xi_1, \ldots\}$ angeben, so daß die Beziehung

$$\mathsf{P}(\xi_0 \leqq x_0, \xi_1 \leqq x_1, \ldots, \xi_n \leqq x_n)$$
$$= \int_{-\infty}^{x_0} \pi(\mathrm{d}y_0) \int_{-\infty}^{x_1} P_1(y_0; \mathrm{d}y_1) \cdots \int_{-\infty}^{x_n} P_n(y_{n-1}; \mathrm{d}y_n)$$

erfüllt ist.

3. Gemäß Folgerung 1 existiert eine Folge unabhängiger zufälliger Größen $\xi_1, \xi_2, \ldots$, deren eindimensionale Verteilungsfunktionen genau die vorgegebenen Funktionen $F_1, F_2, \ldots$ sind.

Es seien jetzt $(E_1, \mathscr{E}_1)$, $(E_2, \mathscr{E}_2)$ ... vollständige separable metrische Räume und $P_1, P_2, \ldots$ Wahrscheinlichkeitsmaße auf ihnen. Aus der Bemerkung 2 können wir dann auf die Existenz eines Wahrscheinlichkeitsraunes $(\Omega, \mathscr{F}, \mathsf{P})$ und einer Folge *unabhängiger* Elemente schließen, so daß X_n $\mathscr{F}/\mathscr{E}_n$-meßbar ist und die Gleichheit $\mathsf{P}(X_n \in B) = P_n(B)$, $B \in \mathscr{E}_n$, gilt.

Es erweist sich, daß dieses Resultat auch für den Fall *beliebiger meßbarer Räume* $(R_n, \mathscr{E}_n)$ erhalten bleibt.

Satz 2 (Satz von Ionescu-Tulcea über die Fortsetzung von Maßen und die Existenz zufälliger Folgen). *Es seien $(\Omega_n, \mathscr{F}_n)$, $n = 1, 2, \ldots$, beliebige meßbare Räume und $\Omega = \prod \Omega_n$ sowie $\mathscr{F} = \otimes \mathscr{F}_n$. Auf $(\Omega_1, \mathscr{F}_1)$ möge das Wahrscheinlichkeitsmaß P_1 und für jedes n-Tupel $(\omega_1, \ldots, \omega_n) \in \Omega_1 \times \ldots \times \Omega_n$, $n \geqq 1$, die Wahrscheinlichkeitsmaße $P(\omega_1, \ldots, \omega_n; \cdot)$ auf $(\Omega_{n+1}, \mathscr{F}_{n+1})$ gegeben sein. Wir setzen voraus, daß $P(\omega_1, \ldots, \omega_n; B)$ für jedes $B \in \mathscr{F}_{n+1}$ eine Borel-Funktion von $(\omega_1, \ldots, \omega_n)$ ist, und wir definieren*

$$P_n(A_1 \times \ldots \times A_n)$$
$$= \int_{A_1} P_1(\mathrm{d}\omega_1) \int_{A_2} P(\omega_1; \mathrm{d}\omega_2) \cdots \int_{A_n} P(\omega_1, \ldots, \omega_{n-1}; \mathrm{d}\omega_n), \tag{9}$$
$$A_i \in \mathscr{F}_i, \qquad n \geqq 1.$$

Dann existiert auf $(\Omega, \mathscr{F})$ genau ein Wahrscheinlichkeitsmaß P, so daß für jedes $n \geqq 1$

$$\mathsf{P}(\omega: \omega_1 \in A_1, \ldots, \omega_n \in A_n) = P_n(A_1 \times \ldots \times A_n) \tag{10}$$

erfüllt ist, und eine zufällige Folge $X = (X_1(\omega), X_2(\omega), \ldots)$ derart, daß

$$\mathsf{P}(\omega: X_1(\omega) \in A_1, \ldots, X_n(\omega) \in A_n) = P_n(A_1 \times \ldots \times A_n) \tag{11}$$

für alle $A_i \in E_i$, $i = 1, \ldots, n$, gilt.

Beweis. Der erste Beweisschritt besteht im Nachweis, daß für jedes $n > 1$ die Mengenfunktion P_n, welche auf den Rechtecken $A_1 \times \ldots \times A_n$ mit Hilfe der Beziehung (9) gegeben ist, auf die σ-Algebra $\mathcal{F}_1 \otimes \ldots \otimes \mathcal{F}_n$ fortgesetzt werden kann.

Zu diesem Zweck setzen wir für jedes $n \geqq 2$ und $B \in \mathcal{F}_1 \otimes \ldots \otimes \mathcal{F}_n$

$$P_n(B) = \int\limits_{\Omega_1} P_1(\mathrm{d}\omega_1) \int\limits_{\Omega_2} P(\omega_1; \mathrm{d}\omega_2) \cdots \int\limits_{\Omega_{n-1}} P(\omega_1, \ldots, \omega_{n-2}; \mathrm{d}\omega_{n-1})$$

$$\times \int\limits_{\Omega_n} I_B(\omega_1, \ldots, \omega_n)\, P(\omega_1, \ldots, \omega_{n-1}; \mathrm{d}\omega_n). \tag{12}$$

Wie man leicht sieht, ist die rechte Seite von (12) für $B = A_1 \times \ldots \times A_n$ mit der rechten Seite der Beziehung (9) identisch. Außerdem stellt man für $n = 2$ genau wie im Satz 8 aus § 6 fest, daß P_2 ein Maß ist. Hiermit weist man durch vollständige Induktion unmittelbar nach, daß alle P_n für $n \geqq 2$ Maße sind.

Der nun folgende Beweisschritt wurde auch beim Beweis des Satzes von Kolmogorov über die Fortsetzung eines Maßes auf $(R^\infty, \mathcal{B}(R^\infty))$ vollzogen (vgl. Satz 3 aus § 3). Wir definieren nämlich für jede Zylindermenge $J_n(B) = \{\omega \in \Omega : (\omega_1, \ldots, \omega_n) \in B\}$, $B \in \mathcal{F}_1 \otimes \ldots \otimes \mathcal{F}_n$, die Mengenfunktion $\mathbf{P}$ mit Hilfe von

$$\mathbf{P}(J_n(B)) = P_n(B). \tag{13}$$

Unter Ausnutzung der Beziehung (12) und des Umstands, daß alle $P(\omega_1, \ldots, \omega_k; \cdot)$ Maße sind, überprüft man leicht die Korrektheit der Definition (13) im Sinne der Unabhängigkeit des Wertes $\mathbf{P}(J_n(B))$ von der Art der Darstellung der Zylindermenge.

Daraus ergibt sich, daß die durch (13) auf der Algebra der Zylindermengen definierte Mengenfunktion $\mathbf{P}$ ein endlich-additives Maß ist. Nun müssen wir nur noch ihre σ-Additivität auf dieser Algebra nachweisen und können dann den Satz von Carathéodory anwenden.

Im Beweis von Satz 3 aus § 3 gründete sich der genannte Nachweis darauf, daß man in $(R^n, \mathcal{B}(R^n))$ zu jeder Borel-Menge B eine kompakte Menge $A \subseteqq B$ finden kann, deren Wahrscheinlichkeitsmaß dem Maß der Menge B beliebig nahe kommt. In dem zu betrachtenden Fall wird diese Stelle des Beweises folgendermaßen modifiziert.

Es sei $(\hat{B}_n)_{n \geq 1}$ wie im Beweis von Satz 3 aus § 3 eine Folge von Zylindermengen

$$\hat{B}_n = \{\omega : (\omega_1, \ldots, \omega_n) \in B_n\},$$

die monoton fallend gegen die leere Menge $\emptyset$ konvergiert, für die aber

$$\lim_{n \to \infty} \mathbf{P}(\hat{B}_n) > 0 \tag{14}$$

gilt. Aus (12) erhalten wir für $n > 1$

$$\mathbf{P}(\hat{B}_n) = \int\limits_{\Omega_1} f_n^{(1)}(\omega_1)\, P_1(\mathrm{d}\omega_1),$$

wobei

$$f_n^{(1)}(\omega_1) = \int\limits_{\Omega_2} P(\omega_1; \mathrm{d}\omega_2) \cdots \int\limits_{\Omega_n} I_{B_n}(\omega_1, \ldots, \omega_n)\, P(\omega_1, \ldots, \omega_{n-1}; \mathrm{d}\omega_n)$$

gesetzt wurde. Aus $\hat{B}_{n+1} \subseteqq \hat{B}_n$ ergibt sich $B_{n+1} \subseteqq B_n \times \Omega_{n+1}$ und folglich

$$I_{B_{n+1}}(\omega_1, \ldots, \omega_{n+1}) \leqq I_{B_n}(\omega_1, \ldots, \omega_n)\, I_{\Omega_{n+1}}(\omega_{n+1}).$$

Aus diesem Grunde ist die Funktionenfolge $\big(f_n^{(1)}(\omega_1)\big)_{n\geqq 1}$ monoton fallend. Es sei $f^{(1)}(\omega_1) = \lim\limits_n f_n^{(1)}(\omega_1)$. Dann erhalten wir aus dem Satz von LEBESGUE über die majorisierte Konvergenz

$$\lim_n \mathbf{P}(\hat{B}_n) = \lim_n \int_{\Omega_1} f_n^{(1)}(\omega_1)\, P_1(\mathrm{d}\omega_1) = \int_{\Omega_1} f^{(1)}(\omega_1)\, P_1(\mathrm{d}\omega_1).$$

Nach Voraussetzung gilt $\lim\limits_n \mathbf{P}(\hat{B}_n) > 0$. Deshalb existiert ein $\omega_1^0 \in B_1$ mit $f^{(1)}(\omega_1^0) > 0$, denn aus $\omega_1 \notin B_1$ folgt $f_n^{(1)}(\omega_1) = 0$ für alle $n \geqq 1$.

Weiter gelangen wir für $n > 2$ zu

$$f_n^{(1)}(\omega_1^0) = \int_{\Omega_2} f_n^{(2)}(\omega_2)\, P(\omega_1^0; \mathrm{d}\omega_2), \tag{15}$$

wobei

$$f_n^{(2)}(\omega_2) = \int_{\Omega_3} P(\omega_1^0, \omega_2; \mathrm{d}\omega_3)$$
$$\cdots \int_{\Omega_n} I_{B_n}(\omega_1^0, \omega_2, \ldots, \omega_n)\, P(\omega_1^0, \omega_2, \ldots, \omega_{n-1}, \mathrm{d}\omega_n)$$

gesetzt ist. Wie für die Folge $\big(f_n^{(1)}(\omega_1)\big)$ stellt man fest, daß $\big(f_n^{(2)}(\omega_2)\big)$ monoton fällt. Es sei $f^{(2)}(\omega_2) = \lim\limits_n f_n^{(2)}(\omega_2)$. Dann folgt aus (15) die Beziehung

$$0 < f^{(1)}(\omega_1^0) = \int_{\Omega_2} f^{(2)}(\omega_2)\, P(\omega_1^0; \mathrm{d}\omega_2),$$

und es existiert ein Punkt $\omega_2^0 \in \Omega_2$ mit $f^{(2)}(\omega_2^0) > 0$. Dabei liegt (ω_1^0, ω_2^0) in B_2. Bei Fortsetzung dieses Prozesses erhalten wir für jedes n die Existenz eines Punktes $(\omega_1^0, \ldots, \omega_n^0) \in B_n$. Folglich gilt $(\omega_1^0, \ldots, \omega_n^0, \ldots) \in \bigcap \hat{B}_n$. Gleichzeitig haben wir jedoch nach Voraussetzung $\bigcap \hat{B}_n = \emptyset$. Der erhaltene Widerspruch beweist $\lim\limits_n \mathbf{P}(\hat{B}_n) = 0$.

Somit ist also der Teil des Satzes, der die Existenz des Wahrscheinlichkeitsmaßes $\mathbf{P}$ behauptet, bewiesen. Der verbleibende Teil der Aussage folgt offensichtlich aus dem Vorhergehenden, wenn man $X_n(\omega) = \omega_n$, $n \geqq 1$, setzt.

Folgerung 1. Es seien $(E_n, \mathscr{E}_n)_{n\geqq 1}$ beliebige meßbare Räume und $(P_n)_{n\geqq 1}$ Wahrscheinlichkeitsmaße auf ihnen. Dann existieren ein Wahrscheinlichkeitsraum $(\Omega, \mathscr{F}, \mathbf{P})$ und eine Folge unabhängiger zufälliger Elemente $X_1, X_2, \ldots$ mit Werten in $(E_1, \mathscr{E}_1), (E_2, \mathscr{E}_2), \ldots$, so daß

$$\mathbf{P}\big(\omega\colon X_n(\omega) \in B\big) = P_n(B), \qquad B \in \mathscr{E}_n,\ n \geqq 1,$$

gilt.

Folgerung 2. Es sei $E = \{1, 2, \ldots\}$, und $\{p_k(x; y)\}$ sei eine Familie nichtnegativer Funktionen, $k \geqq 1$, $x, y \in E$, so daß $\sum\limits_{y\in E} p_k(x; y) = 1$ für $x \in E$ und $k \geqq 1$ erfüllt ist.

Außerdem möge $\pi = \pi(x)$ eine Wahrscheinlichkeitsverteilung auf E darstellen (d. h. $\pi(x) \geqq 0$, $\sum_{x \in E} \pi(x) = 1$).

Dann existieren ein Wahrscheinlichkeitsraum $(\Omega, \mathcal{F}, \mathbf{P})$ und eine Folge von zufälligen Größen $X = (\xi_0, \xi_1, \ldots)$ auf ihm, so daß

$$\mathbf{P}(\xi_0 = x_0, \xi_1 = x_1, \ldots, \xi_n = x_n) = \pi(x_0)\, p_1(x_0, x_1) \cdots p_n(x_{n-1}, x_n) \tag{16}$$

für alle $x_i \in E$ und $n \geqq 1$ erfüllt ist (vgl. mit (I.12.4)). Als Ω kann man den Raum

$$\Omega = \{\omega : \omega = (x_0, x_1, \ldots), x_i \in E\}$$

wählen.

Eine Folge von zufälligen Größen $X = (\xi_0, \xi_1, \ldots)$, die der Bedingung (16) genügt, heißt *Markov-Kette* mit der abzählbaren Zustandsmenge E, der Übergangsmatrix $(p_k(x; y))$ und der Anfangsverteilung π (vgl. mit der Definition in Kapitel I, § 12).

4. Aufgaben

1. Es sei $\Omega = [0, 1]$, $\mathcal{F}$ die Klasse der Borel-Mengen in $[0, 1]$ und $\mathbf{P}$ das Lebesgue-Maß auf $[0, 1]$. Man zeige, daß der Raum $(\Omega, \mathcal{F}, \mathbf{P})$ in folgendem Sinne universal ist: Zu jeder Verteilungsfunktion F kann man eine zufällige Größe $\xi = \xi(\omega)$ auf $(\Omega, \mathcal{F}, \mathbf{P})$ definieren, so daß ihre Verteilungsfunktion $F_\xi(x) = \mathbf{P}(\xi \leqq x)$ genau mit der Funktion F identisch ist. (Hinweis. Man wähle $\xi(\omega) = F^{-1}(\omega)$, $0 < \omega < 1$, wobei $F^{-1}(\omega) = \sup\{x : F(x) < \omega\}$ für $0 < \omega < 1$ definiert wird und $\xi(0)$ sowie $\xi(1)$ beliebig gesetzt werden können.)
2. Man überprüfe die Verträglichkeit der in den Folgerungen zu Satz 1 und 2 angeführten Familien von Verteilungen.
3. Man beweise die Aussage der Folgerung 2 zu Satz 2 mit Hilfe von Satz 1.

§ 10. Konvergenzbegriffe für Folgen von zufälligen Größen

1. Wie in der Analysis hat man es auch in der Wahrscheinlichkeitstheorie mit verschiedenen Konvergenzarten für zufällige Größen zu tun. In diesem Paragraphen werden folgende grundlegenden Konvergenzarten betrachtet: *die Konvergenz in Wahrscheinlichkeit, die Konvergenz mit Wahrscheinlichkeit* 1, *die Konvergenz im p-ten Mittel und die Konvergenz in Verteilung.*

Wir wollen mit den Definitionen beginnen. Es seien $\xi, \xi_1, \xi_2, \ldots$ auf einem gemeinsamen Wahrscheinlichkeitsraum $(\Omega, \mathcal{F}, \mathbf{P})$ gegebene zufällige Größen.

Definition 1. Die Folge von zufälligen Größen $\xi_1, \xi_2, \ldots$ konvergiert *in Wahrscheinlichkeit* gegen die zufällige Größe ξ, falls für jedes $\varepsilon > 0$

$$\mathbf{P}(|\xi_n - \xi| > \varepsilon) \to 0, \qquad n \to \infty, \tag{1}$$

gilt. (Dafür schreiben wir: $\xi_n \xrightarrow{\mathbf{P}} \xi$.)

Dieser Konvergenzart sind wir bereits im Zusammenhang mit dem Gesetz der großen Zahlen für das Bernoulli-Schema begegnet, welches die Konvergenz

$$\mathbf{P}(|S_n/n - p| > \varepsilon) \to 0, \qquad n \to \infty,$$

aussagt (siehe die Bezeichnungen in Kapitel I, § 5). In der Analysis nennt man diese Konvergenzart gewöhnlich „Konvergenz dem Maße nach“.

Definition 2. Die Folge von zufälligen Größen $\xi_1, \xi_2, \ldots$ konvergiert *mit Wahrscheinlichkeit* 1 (*fast sicher, fast überall*) gegen die zufällige Größe ξ, falls die Beziehung

$$\mathsf{P}(\omega : \xi_n \nrightarrow \xi) = 0 \tag{2}$$

erfüllt ist, d. h., falls die Menge aller elementaren Ereignisse, für die $\xi_n(\omega)$ nicht gegen $\xi(\omega)$ konvergiert, die Wahrscheinlichkeit 0 besitzt.

Diese Konvergenz bezeichnet man folgendermaßen: $\xi_n \to \xi$ (P-f.s.) oder $\xi_n \xrightarrow{\text{f.s.}} \xi$ oder $\xi_n \xrightarrow{\text{f.ü.}} \xi$.

Definition 3. Die Folge von zufälligen Größen $\xi_1, \xi_2, \ldots$ konvergiert *im p-ten Mittel* ($0 < p < \infty$) gegen die zufällige Größe ξ, falls

$$\mathsf{M}\, |\xi_n - \xi|^p \to 0, \qquad n \to \infty, \tag{3}$$

gilt.

In der Analysis trägt diese Konvergenzart die Bezeichnung L^p-Konvergenz. In diesem Zusammenhang schreibt man (3) gewöhnlich in der Form $\xi_n \xrightarrow{L^p} \xi$. Im Spezialfall $p = 2$ nennt man diese Konvergenz auch Quadratmittel-Konvergenz und schreibt $\xi = \text{l.i.m.}\ \xi_n$ (l.i.m. steht dabei für limit in mean — Konvergenz im Quadratmittel).

Definition 4. Die Folge von zufälligen Größen $\xi_1, \xi_2, \ldots$ konvergiert *in Verteilung* gegen die zufällige Größe ξ, falls für jede stetige und beschränkte Funktion $f = f(x)$

$$\mathsf{M} f(\xi_n) \to \mathsf{M} f(\xi), \qquad n \to \infty, \tag{4}$$

gilt. (Wir schreiben dafür $\xi_n \xrightarrow{d} \xi$.)

Der Name dieser Konvergenzart erklärt sich dadurch, daß, wie in Kapitel III, § 1, gezeigt wird, die Bedingung (4) der Konvergenz der Verteilungsfunktionen F_{ξ_n} gegen die Verteilungsfunktion F_ξ in jedem Stetigkeitspunkt x von F_ξ äquivalent ist. Diese Konvergenz bezeichnet man mit $F_{\xi_n} \Rightarrow F_\xi$.

Wir unterstreichen, daß die Konvergenz in Verteilung von zufälligen Größen nur durch die Konvergenz ihrer Verteilungsfunktionen bestimmt ist. Deshalb kann man auch dann von dieser Konvergenz sprechen, wenn die zufälligen Größen auf verschiedenen Wahrscheinlichkeitsräumen gegeben sind. Diese Konvergenzart wird ausführlich in Kapitel III untersucht, wo insbesondere auch die Tatsache eine Erklärung findet, daß in der Definition der Konvergenz $F_{\xi_n} \Rightarrow F_\xi$ nur die Konvergenz in den Stetigkeitspunkten der Funktion $F_\xi(x)$ und nicht für alle x gefordert wird.

2. In der Analysis erweist es sich als nützlich, für die Entscheidung über die Konvergenz einer gegebenen Funktionenfolge (in irgendeinem Sinne) den Begriff der Fundamental- oder Cauchy-Folge heranzuziehen. Wir wollen die analogen Begriffe für die ersten drei der betrachteten Konvergenzarten für Folgen von zufälligen Größen einführen.

Wir sagen, daß eine Folge von zufälligen Größen $(\xi_n)_{n\geqq 1}$ *fundamental in Wahrscheinlichkeit, mit Wahrscheinlichkeit* 1 oder *im p-ten Mittel* ist, wenn sie folgender jeweils entsprechender Bedingung genügt: Für jedes $\varepsilon > 0$ strebt $\mathbf{P}(|\xi_n - \xi_m| > \varepsilon)$ gegen 0, falls $n, m \to \infty$ gilt; die Folge $(\xi_n(\omega))_{n\geqq 1}$ ist für fast alle $\omega \in \Omega$ fundamental; die Folge $(\xi_n)_{n\geqq 1}$ ist in L^p fundamental, d. h. $\mathbf{M}\,|\xi_n - \xi_m|^p \to 0$, $n, m \to \infty$.

3. Satz 1. a) *Für die Konvergenz* $\xi_n \to \xi$ ($\mathbf{P}$-*f.s.*) *ist die Bedingung*

$$\mathbf{P}\left(\sup_{k\geqq n} |\xi_k - \xi| \geqq \varepsilon\right) \to 0, \qquad n \to \infty, \tag{5}$$

für alle $\varepsilon > 0$ *hinreichend und notwendig.*

b) *Eine Folge* $(\xi_n)_{n\geqq 1}$ *ist genau dann mit Wahrscheinlichkeit* 1 *fundamental, wenn für jedes* $\varepsilon > 0$

$$\mathbf{P}\left(\sup_{\substack{k\geqq n\\ l\geqq n}} |\xi_k - \xi_l| \geqq \varepsilon\right) \to 0, \qquad n \to \infty, \tag{6}$$

oder, äquivalent dazu,

$$\mathbf{P}\left(\sup_{k\geqq 0} |\xi_{n+k} - \xi_n| \geqq \varepsilon\right) \to 0, \qquad n \to \infty, \tag{7}$$

erfüllt ist.

Beweis. a) Es sei $A_n^\varepsilon = \{\omega: |\xi_n - \xi| \geqq \varepsilon\}$, $A^\varepsilon = \overline{\lim}\, A_n^\varepsilon = \bigcap_{n=1}^{\infty} \bigcup_{k\geqq n} A_k^\varepsilon$. Dann gilt

$$\{\omega: \xi_n \nrightarrow \xi\} = \bigcup_{\varepsilon>0} A^\varepsilon = \bigcup_{m=1}^{\infty} A^{1/m}.$$

Wegen

$$\mathbf{P}(A^\varepsilon) = \lim_n \mathbf{P}\left(\bigcup_{k\geqq n} A_k^\varepsilon\right)$$

ergibt sich die Aussage a) dann aus der folgenden Schlußkette:

$$0 = \mathbf{P}\{\omega: \xi_n \nrightarrow \xi\} = \mathbf{P}\left(\bigcup_{\varepsilon>0} A^\varepsilon\right) \Leftrightarrow \mathbf{P}\left(\bigcup_{m=1}^{\infty} A^{1/m}\right) = 0$$

$$\Leftrightarrow \mathbf{P}(A^{1/m}) = 0,\ m \geqq 1 \Leftrightarrow \mathbf{P}(A^\varepsilon) = 0,\ \varepsilon > 0$$

$$\Leftrightarrow \mathbf{P}\left(\bigcup_{k\geqq n} A_k^\varepsilon\right) \to 0,\ n \to \infty \Leftrightarrow \mathbf{P}\left(\sup_{k\geqq n} |\xi_k - \xi| \geqq \varepsilon\right) \to 0,\ n \to \infty.$$

b) Wir führen die Bezeichnungen $B_{k,l}^\varepsilon = \{\omega: |\xi_k - \xi_l| \geqq \varepsilon\}$, $B^\varepsilon = \bigcap_{n=1}^{\infty} \bigcup_{\substack{k\geqq n\\ l\geqq n}} B_{k,l}^\varepsilon$ ein. Dann erhalten wir $\{\omega: (\xi_n(\omega))_{n\geqq 1}$ ist *nicht fundamental*$\} = \bigcup_{\varepsilon>0} B^\varepsilon$, und genau wie in a) zeigt sich die Äquivalenz

$$\mathbf{P}(\omega: (\xi_n(\omega))_{n\geqq 1} \text{ ist nicht fundamental}) = 0 \Leftrightarrow (6).$$

Daß die Aussagen (6) und (7) äquivalent sind, folgt aus den offensichtlichen Ungleichungen

$$\sup_{k\geqq 0} |\xi_{n+k} - \xi_n| \leqq \sup_{\substack{k\geqq 0\\ l\geqq 0}} |\xi_{n+k} - \xi_{n+l}| \leqq 2 \sup_{k\geqq 0} |\xi_{n+k} - \xi_n|.$$

Damit ist der Satz bewiesen.

Folgerung. Aus den Beziehungen

$$\mathsf{P}\left(\sup_{k\geqq n} |\xi_k - \xi| \geqq \varepsilon\right) = \mathsf{P}\left(\bigcup_{k\geqq n} (|\xi_k - \xi| \geqq \varepsilon)\right) \leqq \sum_{k\geqq n} \mathsf{P}(|\xi_k - \xi| \geqq \varepsilon)$$

erhalten wir, daß für die Konvergenz $\xi_n \xrightarrow{\text{f.s.}} \xi$ die Gültigkeit der Bedingung

$$\sum_{k=1}^{\infty} \mathsf{P}(|\xi_k - \xi| \geqq \varepsilon) < \infty \tag{8}$$

für jedes $\varepsilon > 0$ hinreichend ist.

In Verbindung mit Bedingung (8) ist folgende Bemerkung angebracht. Die bei der Herleitung dieser Bedingung angestellten Überlegungen erlauben uns, ein einfaches, aber wichtiges Resultat anzugeben, welches bei der Untersuchung von Eigenschaften mit Wahrscheinlichkeit 1 das grundlegende Hilfsmittel darstellt.

Es sei $A_1, A_2, \ldots$ eine Folge von Ereignissen aus $\mathcal{F}$. Wir erinnern daran (vgl. Tabelle in § 1), daß mit $\{A_n \text{ u. o.}\}$ das Ereignis $\overline{\lim}\, A_n$ bezeichnet wird, das darin besteht, daß unendlich viele der Ereignisse $A_1, A_2, \ldots$ eintreten.

Lemma von BOREL-CANTELLI.

a) *Aus* $\sum \mathsf{P}(A_n) < \infty$ *folgt* $\mathsf{P}(A_n$ *u. o.*$) = 0$.

b) *Aus* $\sum \mathsf{P}(A_n) = \infty$ *und der Unabhängigkeit der Ereignisse* $A_1, A_2, \ldots$ *folgt* $\mathsf{P}(A_n$ *u. o.*$) = 1$.

Beweis. a) Nach Definition gilt

$$\{A_n \text{ u. o.}\} = \overline{\lim}\, A_n = \bigcap_{n=1}^{\infty} \bigcup_{k\geqq n} A_k.$$

Deshalb erhält man

$$\mathsf{P}(A_n \text{ u. o.}) = \mathsf{P}\left(\bigcap_{n=1}^{\infty} \bigcup_{k\geqq n} A_k\right) = \lim \mathsf{P}\left(\bigcup_{k\geqq n} A_k\right) \leqq \lim \sum_{k\geqq n} \mathsf{P}(A_k),$$

woraus a) folgt.

b) Die Unabhängigkeit von $A_1, A_2, \ldots$ zieht die Unabhängigkeit von $\bar{A}_1, \bar{A}_2, \ldots$ nach sich. Dann ergibt sich für jedes $N \geqq n$

$$\mathsf{P}\left(\bigcap_{k=n}^{N} \bar{A}_k\right) = \prod_{k=n}^{N} \mathsf{P}(\bar{A}_k).$$

Daraus leitet man leicht die Gleichheit

$$\mathsf{P}\left(\bigcap_{k=n}^{\infty} \bar{A}_k\right) = \prod_{k=n}^{\infty} \mathsf{P}(\bar{A}_k) \tag{9}$$

her. Mit Hilfe der Ungleichung $\log(1-x) \leqq -x$, $0 \leqq x < 1$, findet man

$$\log \prod_{k=n}^{\infty} [1 - \mathsf{P}(A_k)] = \sum_{k=n}^{\infty} \log [1 - \mathsf{P}(A_k)] \leqq -\sum_{k=n}^{\infty} \mathsf{P}(A_k) = -\infty.$$

Demzufolge gilt für jedes n die Beziehung

$$\mathsf{P}\left(\bigcap_{k=n}^{\infty} \bar{A}_k\right) = 0.$$

Das bedeutet aber gerade $\mathsf{P}(A_n \text{ u. o.}) = 1$.

Damit ist das Lemma bewiesen.

Folgerung 1. Für $A_n^\varepsilon = \{\omega: |\xi_n - \xi| \geqq \varepsilon\}$ ergibt die Bedingung (8) die Beziehung $\sum_{n=1}^{\infty} \mathsf{P}(A_n^\varepsilon) < \infty$, $\varepsilon > 0$, und aus dem Lemma von Borel-Cantelli folgt $\mathsf{P}(A^\varepsilon) = 0$, $\varepsilon > 0$, wobei $A^\varepsilon = \overline{\lim}\, A_n^\varepsilon$ gesetzt ist. Dementsprechend gilt

$$\sum \mathsf{P}\{|\xi_k - \xi| \geqq \varepsilon\} < \infty,\ \varepsilon > 0 \Rightarrow \mathsf{P}(A^\varepsilon) = 0,\ \varepsilon > 0 \Leftrightarrow \mathsf{P}\{\omega: \xi_n \nrightarrow \xi\} = 0,$$

was bereits oben festgestellt wurde.

Folgerung 2. Es sei $(\varepsilon_n)_{n \geqq 1}$ eine Folge positiver Zahlen mit der Eigenschaft $\varepsilon_n \downarrow 0$, $n \to \infty$. Gilt dann

$$\sum_{n=1}^{\infty} \mathsf{P}(|\xi_n - \xi| \geqq \varepsilon_n) < \infty, \tag{10}$$

so erhalten wir die Konvergenz $\xi_n \xrightarrow{\text{f.s.}} \xi$.

Tatsächlich ergibt sich nämlich mit der Bezeichnung $A_n = \{|\xi_n - \xi| \geqq \varepsilon_n\}$ nach dem Lemma von Borel-Cantelli $\mathsf{P}(A_n \text{ u. o.}) = 0$. Das bedeutet, daß für fast jedes elementare Ereignis $\omega \in \Omega$ ein $N = N(\omega)$ existiert, so daß die Ungleichung $|\xi_n(\omega) - \xi(\omega)| \leqq \varepsilon_n$ für alle $n \geqq N(\omega)$ erfüllt ist. Nun gilt jedoch $\varepsilon_n \downarrow 0$ und deshalb für fast alle $\omega \in \Omega$ die Konvergenz $\xi_n(\omega) \to \xi(\omega)$.

4. Satz 2. *Es gelten folgende Implikationen:*

$$\xi_n \xrightarrow{\text{f.s.}} \xi \Rightarrow \xi_n \xrightarrow{\mathsf{P}} \xi, \tag{11}$$

$$\xi_n \xrightarrow{L^p} \xi \Rightarrow \xi_n \xrightarrow{\mathsf{P}} \xi, \qquad p > 0, \tag{12}$$

$$\xi_n \xrightarrow{\mathsf{P}} \xi \Rightarrow \xi_n \xrightarrow{d} \xi. \tag{13}$$

Beweis. Die Aussage (11) folgt aus einem Vergleich der Definition für die Konvergenz in Wahrscheinlichkeit mit dem Kriterium (5), und die Aussage (12) ergibt sich aus der Ungleichung von Čebyšev.

Zum Beweis von (13) sei f eine stetige Funktion mit der Eigenschaft $|f(x)| \leqq c$ und $\varepsilon > 0$. Wir wählen N so, daß $\mathsf{P}(|\xi| > N) \leqq \varepsilon/4c$ gilt. Weiter wählen wir δ derart, daß für alle $|x| \leqq N$ und $|x - y| \leqq \delta$ die Ungleichung $|f(x) - f(y)| \leqq \varepsilon/2$ erfüllt ist.

Dann erhalten wir (vgl. mit dem Beweis des Satzes von WEIERSTRASS in Kapitel I, § 5, Nr. 5)

$$\begin{aligned}\mathbf{M}\,|f(\xi_n) - f(\xi)| &= \mathbf{M}\left(|f(\xi_n) - f(\xi)|;\, |\xi_n - \xi| \leqq \delta,\, |\xi| \leqq N\right)\\ &\quad + \mathbf{M}\left(|f(\xi_n) - f(\xi)|;\, |\xi_n - \xi| \leqq \delta,\, |\xi| > N\right)\\ &\quad + \mathbf{M}\left(|f(\xi_n) - f(\xi)|;\, |\xi_n - \xi| > \delta\right)\\ &\leqq \varepsilon/2 + \varepsilon/2 + 2c\mathbf{P}\{|\xi_n - \xi| > \delta\} = \varepsilon + 2c\mathbf{P}\{|\xi_n - \xi| > \delta\}.\end{aligned}$$

Nun gilt jedoch $\mathbf{P}(|\xi_n - \xi| > \delta) \to 0$ und deshalb $\mathbf{M}\,|f(\xi_n) - f(\xi)| \leqq 2\varepsilon$ für hinreichend große n. Da $\varepsilon > 0$ beliebig gewählt war, beweist dies die Implikation (13).

Wir werden nun eine Reihe von Beispielen anführen, die insbesondere beweisen, daß die umgekehrten Implikationen in (11) und (12) im allgemeinen falsch sind.

Beispiel 1. $\left(\xi_n \xrightarrow{\mathbf{P}} \xi \not\Rightarrow \xi_n \xrightarrow{\text{f.s.}} \xi;\ \xi_n \xrightarrow{L^p} \xi \not\Rightarrow \xi_n \xrightarrow{\text{f.s.}} \xi\right)$. Es sei $\Omega = [0, 1]$, $\mathcal{F} = \mathcal{B}([0, 1])$ und $\mathbf{P}$ das Lebesgue-Maß. Wir setzen

$$A_n^i = \left[\frac{i-1}{n}, \frac{i}{n}\right], \qquad \xi_n^i = I_{A_n^i}(\omega), \qquad i = 1, 2, \ldots, n; \quad n \geqq 1.$$

Dann konvergiert die Folge der zufälligen Größen

$$\{\xi_1^1;\, \xi_2^1, \xi_2^2;\, \xi_3^1, \xi_3^2, \xi_3^3;\, \ldots\}$$

sowohl in Wahrscheinlichkeit als auch im p-ten Mittel, jedoch in keinem Punkt $\omega \in [0, 1]$.

Beispiel 2. $\left(\xi_n \xrightarrow{\text{f.s.}} \xi \Rightarrow \xi_n \xrightarrow{\mathbf{P}} \xi \not\Rightarrow \xi_n \xrightarrow{L^p} \xi,\ p > 0\right)$. Es sei wieder $\Omega = [0, 1]$, $\mathcal{F} = \mathcal{B}([0, 1])$, $\mathbf{P}$ das Lebesgue-Maß und

$$\xi_n(\omega) = \begin{cases} \mathrm{e}^n, & 0 \leqq \omega \leqq 1/n,\\ 0, & \omega > 1/n.\end{cases}$$

Dann konvergiert die Folge (ξ_n) mit Wahrscheinlichkeit 1 (und demzufolge in Wahrscheinlichkeit) gegen 0. Allerdings gilt für jedes $p > 0$

$$\mathbf{M}\,|\xi_n|^p = \mathrm{e}^{np}/n \to \infty, \qquad n \to \infty.$$

Beispiel 3. $\left(\xi_n \xrightarrow{L^p} \xi \not\Rightarrow \xi_n \xrightarrow{\text{f.s.}} \xi\right)$. Es sei (ξ_n) eine Folge unabhängiger zufälliger Größen mit

$$\mathbf{P}(\xi_n = 1) = p_n \quad \text{und} \quad \mathbf{P}(\xi_n = 0) = 1 - p_n.$$

Dann gelangt man leicht zu den Aussagen

$$\xi_n \xrightarrow{\mathbf{P}} 0 \Leftrightarrow p_n \to 0, \qquad n \to \infty, \tag{14}$$

$$\xi_n \xrightarrow{L^p} 0 \Leftrightarrow p_n \to 0, \qquad n \to \infty, \tag{15}$$

$$\xi_n \xrightarrow{\text{f.s.}} 0 \Leftrightarrow \sum_{n=1}^{\infty} p_n < \infty. \tag{16}$$

Insbesondere erhalten wir im Fall $p_n = 1/n$ für jedes $p > 0$ die Konvergenz $\xi_n \xrightarrow{L^p} 0$, und gleichzeitig gilt $\xi_n \overset{\text{f.s.}}{\nrightarrow} 0$.

Im folgenden Satz wird eine interessante Situation aufgezeigt, in der aus der fast sicheren Konvergenz die L^1-Konvergenz folgt.

Satz 3. *Es sei* (ξ_n) *eine Folge nichtnegativer zufälliger Größen mit den Eigenschaften* $\xi_n \xrightarrow{\text{f.s.}} \xi$ *und* $\mathbf{M}\xi_n \to \mathbf{M}\xi < \infty$. *Dann gilt*

$$\mathbf{M}\,|\xi_n - \xi| \to 0, \qquad n \to \infty. \tag{17}$$

Beweis. Für hinreichend große n erhalten wir $\mathbf{M}\xi_n < \infty$, und deshalb gilt dann

$$\begin{aligned}\mathbf{M}\,|\xi - \xi_n| &= \mathbf{M}(\xi - \xi_n)\, I_{\{\xi \geqq \xi_n\}} + \mathbf{M}(\xi_n - \xi)\, I_{\{\xi_n > \xi\}} \\ &= 2\mathbf{M}(\xi - \xi_n)\, I_{\{\xi \geqq \xi_n\}} + \mathbf{M}(\xi_n - \xi).\end{aligned}$$

Nun ist jedoch $0 \leqq (\xi - \xi_n)\, I_{\{\xi \geqq \xi_n\}} \leqq \xi$ erfüllt. Aus diesem Grunde folgt aus dem Satz von Lebesgue über die majorisierte Konvergenz $\lim_{n\to\infty} \mathbf{M}(\xi - \xi_n)\, I_{\{\xi \geqq \xi_n\}} = 0$, was zusammen mit der Voraussetzung $\mathbf{M}\xi_n \to \mathbf{M}\xi$ die Beziehung (17) beweist.

Bemerkung. Der Satz von Lebesgue über die majorisierte Konvergenz bleibt auch dann gültig, wenn man die fast sichere Konvergenz durch die Konvergenz in Wahrscheinlichkeit ersetzt (vgl. Aufgabe 1). Deshalb kann in Satz 3 die Konvergenz „$\xi_n \xrightarrow{\mathbf{P}} \xi$“ anstelle der Konvergenz „$\xi_n \xrightarrow{\text{f.s.}} \xi$“ gewählt werden.

5. Aus der Analysis ist bekannt, daß jede Fundamentalfolge (x_n), $x_n \in R$, konvergent ist (Kriterium von Cauchy). Wir wollen nun die analogen Aussagen für die Konvergenz von Folgen zufälliger Größen angeben.

Satz 4 (Kriterium von Cauchy für die fast sichere Konvergenz). *Eine Folge von zufälligen Größen* $(\xi_n)_{n\geqq 1}$ *konvergiert genau dann mit Wahrscheinlichkeit* 1 (*gegen eine zufällige Größe* ξ), *wenn sie mit Wahrscheinlichkeit* 1 *fundamental ist.*

Beweis. Gilt $\xi_n \xrightarrow{\text{f.s.}} \xi$, so erhalten wir

$$\sup_{\substack{k\geqq n\\ l\geqq n}} |\xi_k - \xi_l| \leqq \sup_{k\geqq n} |\xi_k - \xi| + \sup_{l\geqq n} |\xi_l - \xi|,$$

woraus nach Satz 1 b) die Notwendigkeit der im Satz formulierten Bedingung folgt.

Nun sei die Folge $(\xi_n)_{n\geqq 1}$ mit Wahrscheinlichkeit 1 fundamental. Wir führen die Bezeichnung $N = \{\omega: (\xi_n(\omega))_{n\geqq 1}$ ist nicht fundamental$\}$ ein. Dann ist die reelle Folge $(\xi_n(\omega))\}_{n\geqq 1}$ für alle $\omega \in \Omega \setminus N$ fundamental, und entsprechend dem Kriterium von Cauchy für reelle Folgen existiert $\lim \xi_n(\omega)$. Wir setzen

$$\xi(\omega) = \begin{cases} \lim \xi_n(\omega), & \omega \in \Omega \setminus N, \\ 0, & \omega \in N. \end{cases} \tag{18}$$

Die so definierte Funktion ist eine zufällige Größe, und offensichtlich gilt $\xi_n \xrightarrow{\text{f.s.}} \xi$. Damit ist der Satz bewiesen.

Bevor wir zum Fall der Konvergenz in Wahrscheinlichkeit übergehen, beweisen wir folgende nützliche Aussage.

Satz 5. *Aus jeder Fundamentalfolge* (ξ_n) *bezüglich der Konvergenz in Wahrscheinlichkeit kann man eine Teilfolge auswählen, die bezüglich der fast sicheren Konvergenz fundamental ist.*

Aus jeder in Wahrscheinlichkeit konvergierenden Folge kann man eine Teilfolge auswählen, die mit Wahrscheinlichkeit 1 *konvergiert.*

Beweis. Es sei (ξ_n) eine Fundamentalfolge bezüglich der Konvergenz in Wahrscheinlichkeit. Nach Satz 4 genügt es zu zeigen, daß man aus ihr eine fast sicher konvergierende Teilfolge auswählen kann.

Wir setzen $n_1 = 1$ und definieren n_k als das kleinste $n > n_{k-1}$, für das für alle $s \geqq n$ und $t \geqq n$ die Beziehung

$$\mathsf{P}(|\xi_t - \xi_s| > 2^{-k}) < 2^{-k}$$

erfüllt ist. Dann gilt

$$\sum_k \mathsf{P}(|\xi_{n_{k+1}} - \xi_{n_k}| > 2^{-k}) < \sum 2^{-k} < \infty$$

und nach dem Lemma von Borel-Cantelli

$$\mathsf{P}(|\xi_{n_{k+1}} - \xi_{n_k}| > 2^{-k} \text{ u.o.}) = 0.$$

Deshalb erhalten wir mit Wahrscheinlichkeit 1

$$\sum_{k=1}^{\infty} |\xi_{n_{k+1}} - \xi_{n_k}| < \infty.$$

Es sei $N = \{\omega : \sum |\xi_{n_{k+1}} - \xi_{n_k}| = \infty\}$. Setzen wir dann

$$\xi(\omega) = \begin{cases} \xi_{n_1}(\omega) + \sum\limits_{k=1}^{\infty} \left(\xi_{n_{k+1}}^{(\omega)} - \xi_{n_k}(\omega)\right), & \omega \in \Omega \setminus N, \\ 0, & \omega \in N, \end{cases}$$

so erhalten wir die Konvergenz $\xi_{n_k} \xrightarrow{\text{f.s.}} \xi$.

Falls die ursprüngliche Folge in Wahrscheinlichkeit konvergiert, ist sie bezüglich dieser Konvergenz fundamental (siehe weiter (19)), und demzufolge führt dieser Fall auf die bereits diskutierte Situation zurück. Damit ist der Satz bewiesen.

Satz 6 (Kriterium von Cauchy für die Konvergenz in Wahrscheinlichkeit). *Eine Folge von zufälligen Größen* $(\xi_n)_{n\geq 1}$ *konvergiert genau dann in Wahrscheinlichkeit, wenn sie in Wahrscheinlichkeit fundamental ist.*

Beweis. Aus der Konvergenz $\xi_n \xrightarrow{\mathsf{P}} \xi$ folgt die Beziehung

$$\mathsf{P}(|\xi_n - \xi_m| \geqq \varepsilon) \leqq \mathsf{P}(|\xi_n - \xi| \geqq \varepsilon/2) + \mathsf{P}(|\xi_m - \xi| \geqq \varepsilon/2), \tag{19}$$

und dementsprechend ist die Folge (ξ_n) in Wahrscheinlichkeit fundamental.

Ist umgekehrt (ξ_n) in Wahrscheinlichkeit fundamental, so existieren nach Satz 5 eine Teilfolge (ξ_{n_k}) und eine zufällige Größe ξ, so daß $\xi_{n_k} \xrightarrow{\text{f.s.}} \xi$ gilt. Dann ist jedoch die Beziehung

$$\mathbf{P}(|\xi_n - \xi| \geqq \varepsilon) \leqq \mathbf{P}(|\xi_n - \xi_{n_k}| \geqq \varepsilon/2) + \mathbf{P}(|\xi_{n_k} - \xi| \geqq \varepsilon/2)$$

erfüllt, woraus sich offensichtlich $\xi_n \xrightarrow{\mathbf{P}} \xi$ ergibt. Damit ist der Satz bewiesen.

In Verbindung mit der Konvergenz im p-ten Mittel wollen wir in erster Linie einige Bemerkungen zu L^p-Räumen machen.

Mit $L^p = L^p(\Omega, \mathcal{F}, \mathbf{P})$ werden wir den Raum aller zufälliger Größen $\xi = \xi(\omega)$ mit der Eigenschaft $\mathbf{M}\,|\xi|^p \equiv \int_\Omega |\xi|^p\, dP < \infty$ bezeichnen. Wir setzen $p \geqq 1$ voraus und definieren

$$\|\xi\|_p = (\mathbf{M}\,|\xi|^p)^{1/p}.$$

Offenbar gilt dann

$$\|\xi\|_p \geqq 0, \tag{20}$$

und

$$\|c\xi\|_p = |c|\,\|\xi\|_p, \tag{21}$$

wobei c eine Konstante ist. Aus der Ungleichung von MINKOWSKI (6.31) ergibt sich

$$\|\xi + \eta\|_p \leqq \|\xi\|_p + \|\eta\|_p. \tag{22}$$

Entsprechend den bekannten Definitionen aus der Funktionalanalysis ist die auf L^p definierte und den Bedingungen (20) bis (22) genügende Funktion $\|\cdot\|_p$ (für $p \geqq 1$) eine *Halbnorm*.

Damit diese Funktion eine Norm wird, muß außerdem die Eigenschaft

$$\|\xi\|_p = 0 \Rightarrow \xi = 0 \tag{23}$$

gelten. Diese Eigenschaft ist natürlich nicht erfüllt, da gemäß Eigenschaft H aus § 6 nur die Gleichheit $\xi = 0$ fast sicher behauptet werden kann. Wenn man allerdings unter L^p den Raum versteht, dessen Elemente nicht zufällige Größen ξ mit $\mathbf{M}\,|\xi|^p < \infty$, sondern Klassen äquivalenter zufälliger Größen sind, wird $\|\cdot\|_p$ eine Norm und L^p ein normierter linearer Raum. (ξ heißt zu η äquivalent, falls $\xi = \eta$ fast sicher gilt.) Wählt man nun in jeder Klasse äquivalenter zufälliger Größen einen Vertreter und insbesondere in der Klasse aller fast sicher verschwindenden Funktionen die Funktion, welche identisch 0 ist, dann ist der entstehende (ebenfalls mit L^p bezeichnete) Raum ein linearer normierter Funktionenraum (und kein Raum von Äquivalenzklassen).

Ein wichtiges Ergebnis aus der Funktionalanalysis besteht im Beweis der Vollständigkeit der L^p-Räume, $p \geqq 1$, d. h., jede Fundamentalfolge aus L^p ist dort konvergent. Wir wollen diese Aussage in einer wahrscheinlichkeitstheoretischen Sprache formulieren und beweisen.

Satz 7 (Kriterium von CAUCHY für die Konvergenz im p-ten Mittel). *Eine Folge von zufälligen Größen $(\xi_n)_{n\geq 1}$ aus L^p konvergiert genau dann im p-ten Mittel ($p \geqq 1$) gegen eine zufällige Größe aus L^p, wenn diese Folge im p-ten Mittel fundamental ist.*

Beweis. Die Notwendigkeit leitet sich aus der Ungleichung von MINKOWSKI her. Es sei (ξ_n) fundamental ($\|\xi_n - \xi_m\|_p \to 0$, $n, m \to \infty$). Wie beim Beweis von Satz 5 wählen wir eine Teilfolge (ξ_{n_k}) mit der Eigenschaft $\xi_{n_k} \xrightarrow{\text{f.s.}} \xi$, wobei ξ eine zufällige Größe ist, für die $\|\xi\|_p < \infty$ gilt.

Wir setzen $n_1 = 1$ und definieren induktiv n_k als das kleinste $n > n_{k-1}$, für das für $s \geqq n$ und $t \geqq n$

$$\|\xi_t - \xi_s\|_p < 2^{-2k}$$

erfüllt ist.

Es sei

$$A_k = \{\omega\colon |\xi_{n_{k+1}} - \xi_{n_k}| \geqq 2^{-k}\}.$$

Dann ergibt sich aus der Ungleichung von ČEBYŠEV

$$\mathsf{P}(A_k) \leqq \frac{\mathsf{M}\,|\xi_{n_{k+1}} - \xi_{n_k}|^p}{2^{-kp}} \leqq \frac{2^{-2kp}}{2^{-kp}} = 2^{-kp} \leqq 2^{-k}.$$

Genau wie beim Beweis von Satz 5 leitet man daraus die Existenz einer zufälligen Größe ξ mit $\xi_{n_k} \xrightarrow{\text{f.s.}} \xi$ ab. Daraus wollen wir nun auf die Konvergenz $\|\xi_n - \xi\|_p \to 0$, $n \to \infty$, schließen. Zu diesem Zweck fixieren wir ein $\varepsilon > 0$ und wählen ein $N = N(\varepsilon)$ derart, daß für alle $n, m \geqq N$ die Ungleichung $\|\xi_n - \xi_m\|_p^p < \varepsilon$ erfüllt ist. Für jedes feste $n \geqq N$ erhalten wir aus dem Lemma von FATOU

$$\begin{aligned}\mathsf{M}\,|\xi_n - \xi|^p &= \mathsf{M}\left\{\lim_{n_k\to\infty} |\xi_n - \xi_{n_k}|^p\right\} = \mathsf{M}\left\{\underline{\lim}_{n_k\to\infty} |\xi_n - \xi_{n_k}|^p\right\} \\ &\leqq \underline{\lim}_{n_k\to\infty} \mathsf{M}|\xi_n - \xi_{n_k}|^p = \underline{\lim}_{n_k\to\infty} \|\xi_n - \xi_{n_k}\|_p^p \leqq \varepsilon.\end{aligned}$$

Folglich gilt $\mathsf{M}\,|\xi_n - \xi|^p \to 0$, $n \to \infty$. Außerdem ist wegen $\xi = (\xi - \xi_n) + \xi_n$ klar, daß aus der Ungleichung von MINKOWSKI $\mathsf{M}\,|\xi|^p < \infty$ folgt. Damit ist der Satz bewiesen.

Bemerkung 1. Entsprechend der funktionalanalytischen Terminologie heißen vollständige normierte lineare Räume *Banach-Räume*. Die L^p-Räume sind also für $p \geqq 1$ von diesem Typ.

Bemerkung 2. Für $0 < p < 1$ erfüllt $\|\xi\|_p = (\mathsf{M}\,|\xi|^p)^{1/p}$ nicht die Dreiecksungleichung (22) und ist deshalb keine Norm. Dennoch ist der Raum (der Äquivalenzklassen) L^p, $0 < p < 1$, *vollständig* bezüglich der Metrik $d(\xi, \eta) \equiv \mathsf{M}\,|\xi - \eta|^p$.

Bemerkung 3. Wir bezeichnen mit $L^\infty = L^\infty(\Omega, \mathcal{F}, \mathsf{P})$ den Raum (der Äquivalenzklassen) von zufälligen Größen $\xi = \xi(\omega)$, für die $\|\xi\|_\infty < \infty$ gilt, wobei $\|\xi\|_\infty$

wesentliches Supremum von ξ genannt wird und durch die Formel

$$\|\xi\|_\infty = \text{ess sup } |\xi| = \inf \{0 \leqq c \leqq \infty : \mathbf{P}(|\xi| > c) = 0\}$$

definiert ist.

Die Funktion $\|\cdot\|_\infty$ ist eine Norm, und bezüglich dieser Norm ist der Raum L^∞ vollständig.

6. Aufgaben

1. Unter Benutzung von Satz 5 zeige man, daß in den Sätzen 3 und 4 aus § 6 die fast sichere Konvergenz durch die Konvergenz in Wahrscheinlichkeit ersetzt werden kann.
2. Man beweise die Vollständigkeit von L^∞.
3. Man weise nach, daß aus der gemeinsamen Gültigkeit von $\xi_n \xrightarrow{\mathbf{P}} \xi$ und $\xi_n \xrightarrow{\mathbf{P}} \eta$ die Äquivalenz von ξ und η, d. h. $\mathbf{P}(\xi \neq \eta) = 0$, folgt.
4. Es gelte $\xi_n \xrightarrow{\mathbf{P}} \xi$ sowie $\eta_n \xrightarrow{\mathbf{P}} \eta$, und die zufälligen Größen ξ und η seien äquivalent. Man zeige, daß dann für ein beliebiges $\varepsilon > 0$
$$\mathbf{P}(|\xi_n - \eta_n| \geqq \varepsilon) \to 0, \qquad n \to \infty,$$
erfüllt ist.
5. Es gelte $\xi_n \xrightarrow{\mathbf{P}} \xi$ und $\eta_n \xrightarrow{\mathbf{P}} \eta$. Man weise die Konvergenzen $a\xi_n + b\eta_n \xrightarrow{\mathbf{P}} a\xi + b\eta$ (a und b sind Konstanten), $|\xi_n| \xrightarrow{\mathbf{P}} |\xi|$ und $\xi_n\eta_n \xrightarrow{\mathbf{P}} \xi\eta$ nach.
6. Es sei $(\xi_n - \xi)^2 \xrightarrow{\mathbf{P}} 0$. Man beweise $\xi_n^2 \xrightarrow{\mathbf{P}} \xi^2$.
7. Man beweise: Findet die Konvergenz $\xi_n \xrightarrow{d} C$ statt, wobei C eine Konstante ist, so gilt auch die Konvergenz in Wahrscheinlichkeit:
$$\xi_n \xrightarrow{d} C \Rightarrow \xi_n \xrightarrow{\mathbf{P}} C.$$
8. Es sei $(\xi_n)_{n\geqq 1}$ eine Folge mit der Eigenschaft $\sum\limits_{n=1}^{\infty} \mathbf{M}\, |\xi_n|^p < \infty$ für ein gewisses $p > 0$. Man zeige $\xi_n \to 0$ ($\mathbf{P}$-f.s.).
9. Es sei $(\xi_n)_{n\geqq 1}$ eine Folge unabhängiger identisch verteilter zufälliger Größen. Man beweise
$$\mathbf{M}\, |\xi_1| < \infty \Leftrightarrow \sum_{n=1}^{\infty} \mathbf{P}\{|\xi_1| > \varepsilon \cdot n\} < \infty$$
$$\Leftrightarrow \sum_{n=1}^{\infty} \mathbf{P}\left\{\left|\frac{\xi_n}{n}\right| > \varepsilon\right\} < \infty \Rightarrow \frac{\xi_n}{n} \to 0 \qquad (\mathbf{P}\text{-f.s.}).$$
10. Es sei $(\xi_n)_{n\geqq 1}$ eine Folge von zufälligen Größen. Wir nehmen an, daß eine zufällige Größe ξ und eine Teilfolge (n_k) existieren, so daß $\xi_{n_k} \to \xi$ ($\mathbf{P}$-f.s.) und $\max\limits_{n_{k-1} < l \leqq n_k} |\xi_l - \xi_{n_{k-1}}| \to 0$ ($\mathbf{P}$-f.s.) für $k \to \infty$ gilt. Man zeige, daß dann die Konvergenz $\xi_n \to \xi$ ($\mathbf{P}$-f.s.) eintritt.
11. Wir definieren in der Menge aller zufälliger Größen eine Metrik d, indem wir
$$d(\xi, \eta) = \mathbf{M}\, \frac{|\xi - \eta|}{1 + |\xi - \eta|}$$
setzen und äquivalente zufällige Größen miteinander identifizieren. Man beweise, daß die Konvergenz in Wahrscheinlichkeit der Konvergenz in der Metrik d äquivalent ist.
12. Man weise nach, daß auf der Menge aller zufälligen Größen keine Metrik existiert, so daß die entsprechende Konvergenz äquivalent zur fast sicheren Konvergenz ist.

§ 11. Der Hilbert-Raum der zufälligen Größen mit endlichem zweiten Moment

1. Unter den oben betrachteten Banach-Räumen L^p, $p \geqq 1$, spielt der Raum $L^2 = L^2(\Omega, \mathscr{F}, \mathbf{P})$ der Klassen äquivalenter zufälliger Größen mit endlichem zweiten Moment eine besonders wichtige Rolle.

Für $\xi, \eta \in L^2$ setzen wir

$$(\xi, \eta) = \mathbf{M}\xi\eta. \tag{1}$$

Es ist klar, daß für $\xi, \eta, \zeta \in L^2$ die Beziehungen

$$(a\xi + b\eta, \zeta) = a(\xi, \zeta) + b(\eta, \zeta), \qquad a, b \in R,$$

$$(\xi, \xi) \geqq 0$$

und

$$(\xi, \xi) = 0 \Rightarrow \xi = 0$$

gelten.

Somit ist (ξ, η) ein *Skalarprodukt*. Bezüglich der Norm

$$\|\xi\| = (\xi, \xi)^{1/2}, \tag{2}$$

die durch dieses Skalarprodukt induziert wird, ist der Raum L^2 (wie in § 10 bewiesen wurde) *vollständig*. Gemäß der Terminologie der Funktionalanalysis ist dieser Raum mit dem durch (1) eingeführten Skalarprodukt ein *Hilbert-Raum* von zufälligen Größen (mit endlichem zweiten Moment).

Die Theorie der Hilbert-Räume wird in der Wahrscheinlichkeitstheorie bei der Untersuchung von Eigenschaften, die durch die ersten beiden Momente der betrachteten zufälligen Größen bestimmt sind, in großem Umfang genutzt („L^2-Theorie"). In diesem Zusammenhang wollen wir uns mit den grundlegenden Begriffen und Fakten beschäftigen, die zur Darstellung der L^2-Theorie benötigt werden (vgl. Kapitel VI).

2. Zwei zufällige Größen ξ und η aus L^2 nennen wir zueinander orthogonal ($\xi \perp \eta$), falls ihr Skalarprodukt die Beziehung $(\xi, \eta) = \mathbf{M}\xi\eta = 0$ erfüllt. Entsprechend § 8 heißen die Größen ξ und η unkorreliert, wenn $\operatorname{cov}(\xi, \eta) = 0$, d. h.

$$\mathbf{M}\xi\eta = \mathbf{M}\xi \cdot \mathbf{M}\eta$$

gilt.

Demzufolge sind für zwei zufällige Größen mit verschwindendem Erwartungswert die Begriffe der Orthogonalität und der Unkorreliertheit identisch.

Ein System $M \subseteqq L^2$ wollen wir *System orthogonaler zufälliger Größen* nennen, falls für beliebige $\xi, \eta \in M$ mit $\xi \neq \eta$ die Beziehung $\xi \perp \eta$ gilt.

Wenn außerdem noch alle $\xi \in M$ der Bedingung $\|\xi\| = 1$ genügen, heißt M *orthonormiertes System* von zufälligen Größen.

3. Es sei $M = \{\eta_1, \ldots, \eta_n\}$ ein orthonormiertes System und ξ irgendeine zufällige Größe aus L^2. Wir suchen nun in der Klasse aller linearen Schätzungen der Form

$\sum_{i=1}^{n} a_i \eta_i$ die im Quadratmittel beste Schätzung der zufälligen Größe ξ (vgl. mit § 8, Nr. 2).

Eine einfache Rechnung zeigt

$$\begin{aligned} \mathbf{M} \left| \xi - \sum_{i=1}^{n} a_i \eta_i \right|^2 &\equiv \left\| \xi - \sum_{i=1}^{n} a_i \eta_i \right\|^2 = \left(\xi - \sum_{i=1}^{n} a_i \eta_i, \xi - \sum_{i=1}^{n} a_i \eta_i \right) \\ &= \|\xi\|^2 - 2 \sum_{i=1}^{n} a_i (\xi, \eta_i) + \left(\sum_{i=1}^{n} a_i \eta_i, \sum_{i=1}^{n} a_i \eta_i \right) \\ &= \|\xi^2\| - 2 \sum_{i=1}^{n} a_i (\xi, \eta_i) + \sum_{i=1}^{n} a_i^2 \\ &= \|\xi\|^2 - \sum_{i=1}^{n} |(\xi, \eta_i)|^2 + \sum_{i=1}^{n} |a_i - (\xi, \eta_i)|^2 \\ &\geqq \|\xi\|^2 - \sum_{i=1}^{n} |(\xi, \eta_i)|^2, \end{aligned} \tag{3}$$

wobei wir die Beziehung

$$a_i^2 - 2a_i(\xi, \eta_i) = |a_i - (\xi, \eta_i)|^2 - |(\xi, \eta_i)|^2$$

benutzt haben. Daraus ist ersichtlich, daß das Infimum von $\mathbf{M} |\xi - \sum_{i=1}^{n} a_i \eta_i|^2$ über alle reellen $a_1, \ldots, a_n$ an der Stelle $a_i = (\xi, \eta_i)$, $i = 1, \ldots, n$, erreicht wird.

Somit ist die (im Quadratmittel) optimale lineare Schätzung von ξ aufgrund von $\eta_1, \ldots, \eta_n$ gerade

$$\hat{\xi} = \sum_{i=1}^{n} (\xi, \eta_i)\, \eta_i . \tag{4}$$

Dabei gilt

$$\Delta \equiv \inf \mathbf{M} \left| \xi - \sum_{i=1}^{n} a_i \eta_i \right|^2 = \mathbf{M} |\xi - \hat{\xi}|^2 = \|\xi\|^2 - \sum_{i=1}^{n} |(\xi, \eta_i)|^2 \tag{5}$$

(vgl. mit (I.4.17) und (8.13)).

Aus (3) erhalten wir ebenfalls die folgende *Besselsche Ungleichung*: Für ein orthonormiertes System $M = \{\eta_1, \eta_2, \ldots\}$ und $\xi \in L^2$ gilt

$$\sum_{i=1}^{\infty} |(\xi, \eta_i)|^2 \leqq \|\xi\|^2 . \tag{6}$$

Dabei wird die Gleichheit genau dann angenommen, wenn die Beziehung

$$\xi = \underset{n}{\text{l.i.m.}} \sum_{i=1}^{n} (\xi, \eta_i)\, \eta_i \tag{7}$$

erfüllt ist.

Die *optimale lineare Schätzung* von ξ aufgrund von $\eta_1, \eta_2, \ldots, \eta_n$ bezeichnet man oft mit $\hat{\mathbf{M}}(\xi \mid \eta_1, \ldots, \eta_n)$ und nennt sie *bedingten Erwartungswert* von ξ bezüglich $\eta_1, \ldots, \eta_n$ *im weiteren Sinne.*

Dieser Name erklärt sich folgendermaßen. Betrachtet man alle möglichen Schätzungen $\varphi = \varphi(\eta_1, \ldots, \eta_n)$ der zufälligen Größe ξ auf Grund von $\eta_1, \ldots, \eta_n$ (φ sei eine Borel-Funktion), so ist die optimale Schätzung gerade $\varphi^* = \mathbf{M}(\xi \mid \eta_1, \ldots, \eta_n)$, d. h. der bedingte Erwartungswert von ξ bezüglich $\eta_1, \ldots, \eta_n$ (vgl. Satz 1 aus § 8). Aus diesem Grunde führt man die Bezeichnung $\hat{\mathbf{M}}(\xi \mid \eta_1, \ldots, \eta_n)$ ein und nennt sie bedingten Erwartungswert im weiteren Sinne. In diesem Zusammenhang erwähnen wir, daß für ein Gaußsches System $\eta_1, \ldots, \eta_n$ (siehe im weiteren § 13) $\mathbf{M}(\xi \mid \eta_1, \ldots, \eta_n)$ und $\hat{\mathbf{M}}(\xi \mid \eta_1, \ldots, \eta_n)$ übereinstimmen.

Wir wollen nun die *geometrische Bedeutung* der Schätzung $\hat{\xi} = \hat{\mathbf{M}}(\xi \mid \eta_1, \ldots, \eta_n)$ diskutieren.

Dazu bezeichnen wir mit $\mathscr{L} = \mathscr{L}(\eta_1, \ldots, \eta_n)$ den durch das orthonormierte System der zufälligen Größen $\eta_1, \ldots, \eta_n$ erzeugten *linearen Unterraum* (d. h. die Gesamtheit aller zufälligen Größen der Form $\sum_{i=1}^{n} a_i\eta_i$, $a_i \in R$).

Aus den obigen Darstellungen leitet sich dann die „orthogonale Zerlegung"

$$\xi = \hat{\xi} + (\xi - \hat{\xi})$$

her, wobei $\hat{\xi} \in \mathscr{L}$ und $\xi - \hat{\xi} \perp \mathscr{L}$ in dem Sinne gilt, daß $\xi - \hat{\xi} \perp \lambda$ für jedes $\lambda \in \mathscr{L}$ zutrifft. Deshalb ist es natürlich, $\hat{\xi}$ *Projektion* von ξ auf $\mathscr{L}$ zu nennen (das zu ξ „nächste" Element aus $\mathscr{L}$) und $\xi - \hat{\xi}$ das *Lot* auf $\mathscr{L}$.

4. Die Voraussetzung der Orthonormalität der zufälligen Größen $\eta_1, \ldots, \eta_n$ ermöglichte ein einfaches Auffinden der optimalen linearen Schätzung (Projektion) $\hat{\xi}$ von ξ aufgrund von $\eta_1, \ldots, \eta_n$. Schwieriger wird es, wenn man von der Annahme der Orthonormalität Abstand nimmt. Wie sich im folgenden jedoch herausstellen wird, kann der Fall beliebiger Größen $\eta_1, \ldots, \eta_n$ in einem bestimmten Sinne auf den bereits behandelten Fall orthonormierter Größen zurückgeführt werden. Zur Vereinfachung der weiteren Ausführungen werden wir voraussetzen, daß alle betrachteten zufälligen Größen zentriert sind (d. h. den Erwartungswert 0 besitzen).

Wir werden sagen, daß die zufälligen Größen $\eta_1, \ldots, \eta_n$ linear unabhängig sind, falls die Gleichheit

$$\sum_{i=1}^{n} a_i\eta_i = 0 \qquad (\mathbf{P}\text{-f.s.})$$

nur dann erfüllt ist, wenn alle a_i verschwinden.

Wir betrachten die Kovarianzmatrix

$$\mathbb{R} = \mathbf{M}\eta\eta^*$$

des Vektors $\eta = (\eta_1, \ldots, \eta_n)$. Diese Matrix ist symmetrisch und nichtnegativ definit. Wie in § 8 festgestellt wurde, existiert eine orthogonale Matrix $\mathcal{O}$, die sie auf Diagonalform

$$\mathcal{O}^*\mathbb{R}\mathcal{O} = D = \begin{pmatrix} d_1 & & 0 \\ & \ddots & \\ 0 & & d_n \end{pmatrix} \tag{8}$$

transformiert, wobei D eine Matrix mit nichtnegativen Elementen d_i ist, die genau die Eigenwerte der Matrix $\mathbb{R}$, d. h. die Wurzeln λ der charakteristischen Gleichung $\det(\mathbb{R} - \lambda E) = 0$ sind.

Bei linearer Unabhängigkeit der Größen $\eta_1, \ldots, \eta_n$ verschwindet die Gramsche Determinante (d. h. $\det \mathbb{R}$) nicht, und demzufolge sind alle d_i positiv.

Es sei

$$B = \begin{pmatrix} \sqrt{d_1} & & 0 \\ & \ddots & \\ 0 & & \sqrt{d_n} \end{pmatrix}$$

und

$$\beta = B^{-1}\mathcal{O}^*\eta. \tag{9}$$

Dann erhält man für die Kovarianzmatrix des Vektors β

$$\mathbf{M}\beta\beta^* = B^{-1}\mathcal{O}^*\mathbf{M}\eta\eta^*\mathcal{O}B^{-1} = B^{-1}\mathcal{O}^*\mathbb{R}\mathcal{O}B^{-1} = E.$$

Aus diesem Grunde besteht der Vektor $\beta = (\beta_1, \ldots, \beta_n)$ aus unkorrelierten zufälligen Größen. Außerdem ist klar, daß

$$\eta = (\mathcal{O}B)\,\beta \tag{10}$$

gilt.

Somit können wir folgern, daß im Fall der linearen Unabhängigkeit von $\eta_1, \ldots, \eta_n$ ein orthonormiertes System $\beta_1, \ldots, \beta_n$ existiert, so daß die Beziehungen (9) und (10) erfüllt sind. Dabei gilt

$$\mathcal{L}\{\eta_1, \ldots, \eta_n\} = \mathcal{L}\{\beta_1, \ldots, \beta_n\}.$$

Das dargestellte Konstruktionsverfahren für das System $\beta_1, \ldots, \beta_n$ erweist sich für eine Reihe von Aufgaben als unpraktisch. Wenn nämlich die Größen η_i als Werte der zufälligen Folge $(\eta_1, \ldots, \eta_n)$ zum Zeitpunkt i zu betrachten sind, dann hängen die oben gefundenen Werte von β_i nicht nur von der „Vergangenheit" $(\eta_1, \ldots, \eta_{i-1})$ ab, sondern auch von der „Zukunft" $(\eta_{i+1}, \ldots, \eta_n)$. Das im weiteren dargelegte *Orthogonalisierungsverfahren von* Erhard Schmidt leidet nicht unter dieser Unzulänglichkeit. Darüber hinaus besitzt es den Vorzug, daß es auch auf unendliche Folgen *linear unabhängiger* zufälliger Größen (d. h. Folgen, für die jede endliche Auswahl von Größen linear unabhängig ist) anwendbar ist.

Es sei $\eta_1, \eta_2, \ldots$ eine Folge linear unabhängiger zufälliger Größen aus L^2. Wir konstruieren durch vollständige Induktion eine Folge $\varepsilon_1, \varepsilon_2, \ldots$ auf folgende Weise. Es sei $\varepsilon_1 = \eta_1/\|\eta_1\|$. Sind $\varepsilon_1, \ldots, \varepsilon_{n-1}$ bereits so ausgewählt, daß sie orthonormal sind und $\mathcal{L}(\varepsilon_1, \ldots, \varepsilon_{n-1}) = \mathcal{L}(\eta_1, \ldots, \eta_{n-1})$ gilt, dann setzen wir

$$\varepsilon_n = \frac{\eta_n - \hat{\eta}_n}{\|\eta_n - \hat{\eta}_n\|}, \tag{11}$$

wobei $\hat{\eta}_n$ die Projektion von η_n auf den von den Größen $\eta_1, \ldots, \eta_{n-1}$ erzeugten linearen Unterraum $\mathscr{L}(\eta_1, \ldots, \eta_{n-1})$ bezeichnet:

$$\hat{\eta}_n = \sum_{k=1}^{n-1} (\eta_n, \varepsilon_k)\, \varepsilon_k. \tag{12}$$

Aus der linearen Unabhängigkeit der Größen $\eta_1, \ldots, \eta_n$ und der Identität $\mathscr{L}(\eta_1, \ldots, \eta_{n-1}) = \mathscr{L}(\varepsilon_1, \ldots, \varepsilon_{n-1})$ schließen wir $\|\eta_n - \hat{\eta}_n\| > 0$, und demzufolge ist ε_n definiert.

Gemäß der Konstruktion gilt $\|\varepsilon_n\| = 1$, $n \geqq 1$, und offenbar $(\varepsilon_n, \varepsilon_k) = 0$, $k < n$. Somit ist die Folge $\varepsilon_1, \varepsilon_2, \ldots$ orthonormiert. Dabei gilt entsprechend (11)

$$\eta_n = \hat{\eta}_n + b_n \varepsilon_n,$$

wobei b_n den Wert $\|\eta_n - \hat{\eta}_n\|$ bezeichnet und $\hat{\eta}_n$ durch (12) bestimmt ist. Aus (11) und (12) erhalten wir $\mathscr{L}(\varepsilon_1, \ldots, \varepsilon_n) = \mathscr{L}(\eta_1, \ldots, \eta_n)$.

Es sei nun $\eta_1, \ldots, \eta_n$ ein beliebiges, nicht unbedingt linear unabhängiges System von zufälligen Größen. Weiter sei $\det \mathbb{R} = 0$, wobei $\mathbb{R} = \|r_{ij}\|$ die Kovarianzmatrix des Vektors $(\eta_1, \ldots, \eta_n)$ darstellt, und

$$\operatorname{rang} \mathbb{R} = r < n.$$

Dann ist bekanntlich die quadratische Form

$$Q(a) = \sum_{i,j=1}^{n} r_{ij} a_i a_j, \qquad a = (a_1, \ldots, a_n),$$

so beschaffen, daß genau $n - r$ linear unabhängige Vektoren $a^{(1)}, \ldots, a^{(n-r)}$ mit $Q(a^{(i)}) = 0$, $i = 1, \ldots, n - r$, existieren.

Wir haben jedoch

$$Q(a) = \mathsf{M}\left(\sum_{k=1}^{n} a_k \eta_k\right)^2.$$

Demzufolge ist mit Wahrscheinlichkeit 1 die Gleichheit

$$\sum_{k=1}^{n} a_k^{(i)} \eta_k = 0, \qquad i = 1, \ldots, n - r,$$

erfüllt.

Mit anderen Worten, es gibt genau $n - r$ lineare Beziehungen zwischen den Größen $\eta_1, \ldots, \eta_n$. Sind also beispielsweise $\eta_1, \ldots, \eta_r$ linear unabhängig, so lassen sich die übrigen Größen $\eta_{r+1}, \ldots, \eta_n$ linear durch sie ausdrücken, und somit gilt $\mathscr{L}(\eta_1, \ldots, \eta_n) = \mathscr{L}(\eta_1, \ldots, \eta_r)$. Hieraus ist klar, daß man mit Hilfe des Prozesses der Orthogonalisierung r orthonormierte zufällige Größen $\varepsilon_1, \ldots, \varepsilon_r$ finden kann, so daß alle $\eta_1, \ldots, \eta_n$ durch sie linear ausgedrückt werden können und $\mathscr{L}(\eta_1, \ldots, \eta_n) = \mathscr{L}(\varepsilon_1, \ldots, \varepsilon_r)$ erfüllt ist.

5. Es sei $\eta_1, \eta_2, \ldots$ eine Folge von zufälligen Größen aus L^2. Mit $\mathscr{L} = \mathscr{L}(\eta_1, \eta_2, \ldots)$ bezeichnen wir den durch die Größen $\eta_1, \eta_2, \ldots$ *erzeugten linearen Unterraum*, d. h. die Gesamtheit aller zufälligen Größen der Form $\sum_{i=1}^{n} a_i \eta_i$, $n \geqq 1$, $a_i \in R$. Für den von

den Größen $\eta_1, \eta_2, \ldots$ erzeugten abgeschlossenen linearen Unterraum, d. h. für die Gesamtheit aller zufälligen Größen aus $\mathscr{L}$ und ihre Grenzwerte im Quadratmittel, führen wir die Bezeichnung $\overline{\mathscr{L}} = \overline{\mathscr{L}}(\eta_1, \eta_2, \ldots)$ ein.

Man sagt, daß das System von zufälligen Größen $\eta_1, \eta_2, \ldots$ eine *abzählbare orthonormierte Basis* (oder ein *vollständiges Orthonormalsystem*) in L^2 bildet, wenn die folgenden Bedingungen erfüllt sind:

a) Die Größen $\eta_1, \eta_2, \ldots$ bilden ein orthonormiertes System.

b) $\overline{\mathscr{L}}(\eta_1, \eta_2, \ldots) = L^2$.

Ein Hilbert-Raum mit einer abzählbaren orthonormierten Basis heißt *separabel*.

Gemäß Bedingung b) existieren für jedes $\xi \in L^2$ und jedes vorgegebene $\varepsilon > 0$ solche $a_1, \ldots, a_n$, daß die Beziehung

$$\left\| \xi - \sum_{i=1}^{n} a_i \eta_i \right\| \leqq \varepsilon$$

gilt. Dann erhalten wir aus (3)

$$\xi - \sum_{i=1}^{n} (\xi, \eta_i)\, \eta_i \Big\| \leqq \varepsilon.$$

Deshalb läßt sich in separablen Hilbert-Räumen L^2 jedes Element ξ in der Form

$$\xi = \sum_{i=1}^{\infty} (\xi, \eta_i) \cdot \eta_i \tag{13}$$

darstellen. Präziser heißt das

$$\xi = \underset{n}{\mathrm{l.i.m.}} \sum_{i=1}^{n} (\xi, \eta_i)\, \eta_i .$$

In Verbindung mit (3) schließen wir daraus auf die Gültigkeit der *Parsevalschen Gleichung*

$$\|\xi\|^2 = \sum_{i=1}^{\infty} |(\xi, \eta_i)|^2, \qquad \xi \in L^2. \tag{14}$$

Es ist nicht schwer zu beweisen, daß auch die Umkehrung gilt: Bilden $\eta_1, \eta_2, \ldots$ ein orthonormiertes System und sind die Beziehungen (13) oder (14) erfüllt, so stellt dieses System eine Basis dar.

Wir führen nun Beispiele für separable Hilbert-Räume und ihre Basen an.

Beispiel 1. Es sei $\Omega = R$, $\mathscr{F} = \mathscr{B}(R)$ und $\mathbf{P}$ die Normalverteilung

$$\mathbf{P}(-\infty, a] = \int_{-\infty}^{a} \varphi(x)\, \mathrm{d}x \quad \text{mit} \quad \varphi(x) = \frac{1}{\sqrt{2\pi}}\, \mathrm{e}^{-x^2/2}.$$

Wir führen die Bezeichnung $\mathrm{D} = \dfrac{\mathrm{d}}{\mathrm{d}x}$ und die Funktionen

$$H_n(x) = \frac{(-1)^n\, \mathrm{D}^n \varphi(x)}{\varphi(x)}, \qquad n \geqq 0, \tag{15}$$

ein. Man findet leicht

$$\begin{aligned} \mathrm{D}\varphi(x) &= -x\varphi(x), \\ \mathrm{D}^2\varphi(x) &= (x^2-1)\,\varphi(x), \\ \mathrm{D}^3\varphi(x) &= (3x-x^3)\,\varphi(x), \\ &\cdots\cdots\cdots \end{aligned} \tag{16}$$

Daraus folgt, daß die Funktionen $H_n(x)$ Polynome (die sogenannten *Hermiteschen Polynome*) sind. Aus (15) und (16) erhalten wir

$$\begin{aligned} H_0(x) &= 1, \\ H_1(x) &= x, \\ H_2(x) &= x^2-1, \\ H_3(x) &= x^3-3x, \\ &\cdots\cdots\cdots \end{aligned}$$

Eine einfache Rechnung führt auf

$$\begin{aligned} (H_m, H_n) &= \int_{-\infty}^{\infty} H_m(x)\,H_n(x)\,\mathrm{d}\mathbf{P} \\ &= \int_{-\infty}^{\infty} H_m(x)\,H_n(x)\,\varphi(x)\,\mathrm{d}x = n!\,\delta_{mn}, \end{aligned}$$

wobei δ_{mn} das Kronecker-Symbol ($\delta_{mn} = 0$ für $m \neq n$ und 1 sonst) ist. Deshalb ist das System der *normierten Hermiteschen Polynome* $\big(h_n(x)\big)_{n\geqq 0}$ mit

$$h_n(x) = \frac{H_n(x)}{\sqrt{n!}}$$

ein orthonormiertes System. Aus der Funktionalanalysis ist bekannt, daß die Beziehung

$$\lim_{c\downarrow 0} \int_{-\infty}^{\infty} \mathrm{e}^{c|x|}\,\mathbf{P}(\mathrm{d}x) < \infty \tag{17}$$

die Vollständigkeit des Funktionensystems $\{1, x, x^2, \ldots\}$ in L^2 garantiert, d. h., jede Funktion $\xi = \xi(x)$ aus L^2 kann in der Form $\sum_{i=0}^{n} a_i\eta_i(x)$ mit $\eta_i(x) = x^i$ oder als ihr Grenzwert (im Quadratmittel) dargestellt werden. Wendet man das Orthogonalisierungsverfahren von Erhard Schmidt auf die Funktionenfolge $\eta_0(x), \eta_1(x), \ldots$ mit $\eta_i(x) = x^i$ an, so stimmt das dadurch gewonnene System gerade mit den normierten Hermiteschen Polynomen überein. Im von uns betrachteten Fall ist die Bedingung (17) erfüllt. Infolgedessen bilden die Polynome $\big(h_n(x)\big)_{n\geqq 0}$ eine Basis. Also ist jede zufällige Größe auf dem betrachteten Wahrscheinlichkeitsraum in der Form

$$\xi(x) = \underset{n}{\text{l.i.m.}} \sum_{i=0}^{n} (\xi, h_i)\, h_i(x) \tag{18}$$

darstellbar.

Beispiel 2. Es sei $\Omega = \{0, 1, 2, \ldots\}$ und $P = \{P_0, P_1, \ldots\}$ eine Poisson-Verteilung

$$P_x = \frac{e^{-\lambda}\lambda^x}{x!}, \qquad x = 0, 1, \ldots; \lambda > 0.$$

Wir setzen $\Delta f(x) = f(x) - f(x-1)$ ($f(x) = 0$ für $x < 0$) und definieren in Analogie zu (15) die *Polynome von* Poisson-Charlier

$$\Pi_n(x) = \frac{(-1)^n \Delta^n P_x}{P_x}, \qquad n \geqq 1,\ \Pi_0 = 1. \tag{19}$$

Aus der Beziehung

$$(\Pi_m, \Pi_n) = \sum_{x=0}^{\infty} \Pi_m(x)\, \Pi_n(x)\, P_x = c_n \delta_{mn}$$

(c_n sind positive Konstanten) erhalten wir, daß das System der *normierten Polynome von* Poisson-Charlier $(\pi_n(x))_{n \geqq 0}$ mit $\pi_n(x) = \dfrac{\Pi_n(x)}{\sqrt{c_n}}$ ein orthonormiertes System bildet, das wegen der Gültigkeit der Bedingung (17) eine Basis darstellt.

Beispiel 3. Die in diesem Beispiel angegebenen orthonormierten Funktionensysteme von Rademacher und Haar sind sowohl für die Funktionentheorie als auch für die Wahrscheinlichkeitstheorie von Interesse.

Es sei $\Omega = [0, 1]$, $\mathcal{F} = \mathcal{B}([0, 1])$ und $\mathbf{P}$ das Lebesgue-Maß. Wie bereits in § 1 erwähnt wurde, läßt sich jede Zahl $x \in [0, 1]$ eindeutig in einen Dualbruch

$$x = \frac{x_1}{2} + \frac{x_2}{2^2} + \cdots$$

zerlegen, wobei x_i entweder gleich 0 oder gleich 1 ist. (Um die Eindeutigkeit der Zerlegung zu erreichen, vereinbaren wir, nur Zerlegungen zu betrachten, die *unendlich* viele Nullen enthalten. Von den zwei Zerlegungen

$$\frac{1}{2} = \frac{1}{2} + \frac{0}{2^2} + \frac{0}{2^3} + \cdots = \frac{0}{2} + \frac{1}{2^2} + \frac{1}{2^3} + \cdots$$

nehmen wir also die erste.)

Durch die Definition

$$\xi_n(x) = x_n$$

bilden wir zufällige Größen $\xi_1(x)$, $\xi_2(x)$, ... Dann erhalten wir für beliebige a_i, welche die Werte 0 oder 1 annehmen, die Beziehungen

$$\begin{aligned}\mathbf{P}(x: \xi_1 = a_1, \dots, \xi_n = a_n) &= \mathbf{P}\left(x: \frac{a_1}{2} + \frac{a_2}{2^2} + \dots + \frac{a_n}{2^n} \leqq x \right.\\ &\qquad \left. < \frac{a_1}{2} + \frac{a_2}{2^2} + \dots + \frac{a_n}{2^n} + \frac{1}{2^n}\right)\\ &= \mathbf{P}\left(x: x \in \left[\frac{a_1}{2} + \dots + \frac{a_n}{2^n}, \frac{a_1}{2} + \dots + \frac{a_n}{2^n} + \frac{1}{2^n}\right]\right)\\ &= \frac{1}{2^n}.\end{aligned}$$

Daraus leitet sich unmittelbar ab, daß $\xi_1, \xi_2, \dots$ eine Folge *unabhängiger Bernoullischer zufälliger Größen* darstellt. (Abb. 30, S. 282, zeigt, wie $\xi_1 = \xi_1(x)$ und $\xi_2 = \xi_2(x)$ beschaffen sind.)

Setzen wir nun $R_n(x) = 1 - 2\xi_n(x)$, $n \geqq 1$, so läßt sich leicht überprüfen, daß das System (R_n) (der *Rademacher-Funktionen*, Abb. 31, S. 282) orthonormiert ist:

$$\mathbf{M} R_n R_m = \int_0^1 R_n(x)\, R_m(x)\, dx = \delta_{nm}.$$

Wir bemerken, daß $(1, R_n) = \mathbf{M} R_n = 0$ gilt. Daraus folgt, daß dieses System nicht vollständig ist.

Man kann das Rademacher-System jedoch zur Konstruktion des sogenannten *Haarschen Systems* benutzen, welches einfacher beschaffen und darüber hinaus sowohl *orthonormiert* als auch *vollständig* ist.

Es sei nun wiederum $\Omega = [0, 1)$ und $\mathcal{F} = \mathcal{B}([0, 1))$. Wir setzen

$$H_1(x) = 1,$$
$$H_2(x) = R_1(x),$$
$$\dots\dots\dots\dots\dots\dots\dots\dots$$
$$H_n(x) = \begin{cases} 2^{j/2} R_j(x), & \text{falls } \dfrac{k-1}{2^j} \leqq x < \dfrac{k}{2^j}, \quad n = 2^j + k,\\ & 1 \leqq k \leqq 2^j, \quad j \geqq 1,\\ 0 & \text{sonst.}\end{cases}$$

Man prüft leicht nach, daß man H_n auch in folgender Form schreiben kann:

$$H_{2^m+1}(x) = \begin{cases} 2^{m/2}, & 0 \leqq x < 2^{-(m+1)},\\ -2^{m/2}, & 2^{-(m+1)} \leqq x < 2^{-m}, \qquad m = 1, 2, \dots,\\ 0 & \text{sonst,}\end{cases}$$

$$H_{2^m+j}(x) = H_{2^m+1}\left(x - \frac{j-1}{2^m}\right), \qquad j = 1, \dots, 2^m.$$

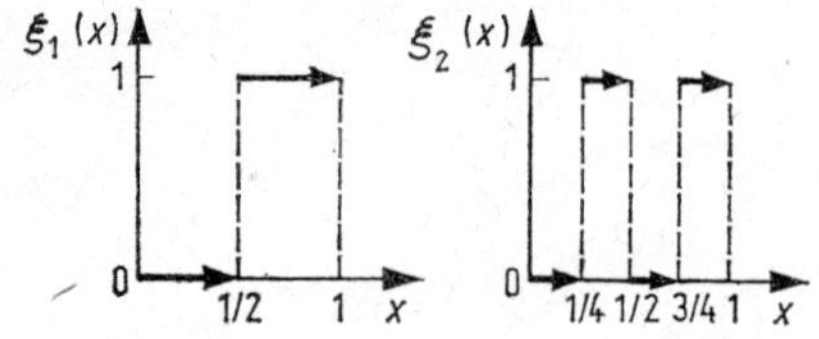

Abb. 30

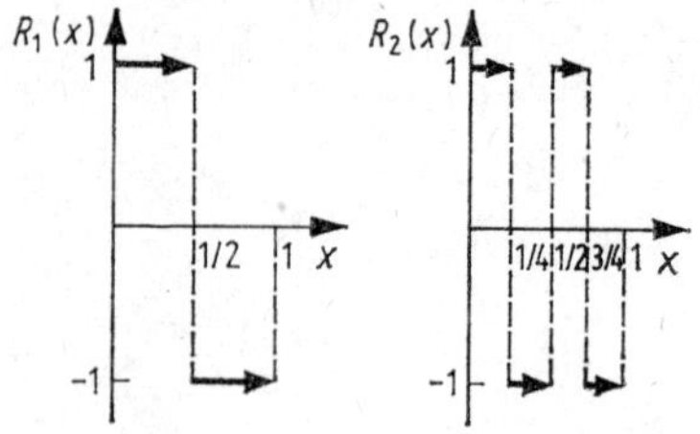

Abb. 31
Die Rademacher-Funktionen

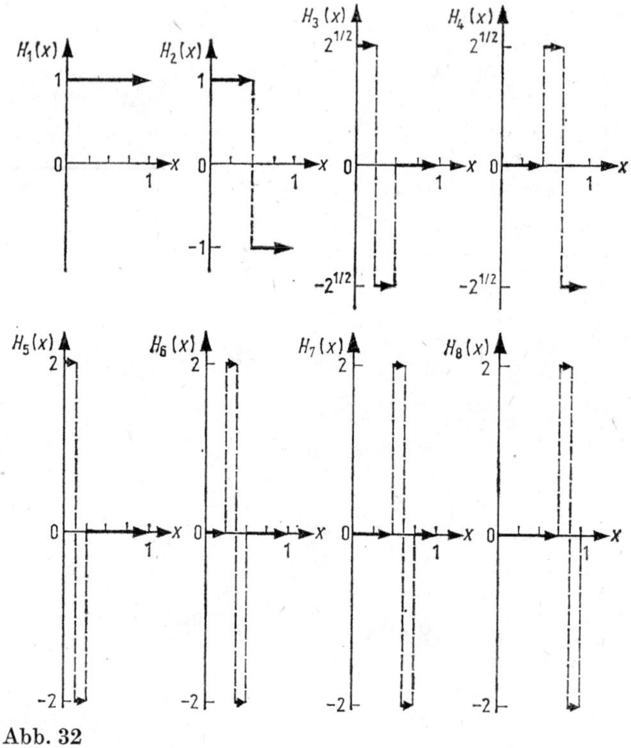

Abb. 32
Die Haarschen Funktionen

Abb. 32 zeigt die Graphen der ersten acht Funktionen und vermittelt damit eine Vorstellung über die Bildung und das Verhalten der Haarschen Funktionen.

Man macht sich leicht klar, daß das Haarsche Funktionensystem orthonormiert ist. Darüber hinaus ist es sowohl in L^1 als auch in L^2 vollständig. Für eine Funktion $f = f(x) \in L^p$ und $p = 1$ oder $p = 2$ gilt also

$$\int_0^1 \left| f(x) - \sum_{k=1}^{n} (f, H_k)\, H_k(x) \right|^p \mathrm{d}x \to 0, \qquad n \to \infty.$$

Weiterhin findet mit Wahrscheinlichkeit 1 (bezüglich des Lebesgue-Maßes) die Konvergenz

$$\sum_{k=1}^{n} (f, H_k)\, H_k(x) \to f(x), \qquad n \to \infty,$$

statt. Wir beweisen diese Aussage in § 4 von Kapitel VII mit Hilfe allgemeiner Konvergenzsätze für Martingale, was insbesondere die Anwendung martingaltheoretischer Methoden in der reellen Funktionentheorie gut illustrieren wird.

6. Bilden $\eta_1, \ldots, \eta_n$ ein endliches orthonormiertes System, so existiert, wie oben gezeigt wurde, für jede zufällige Größe $\xi \in L^2$ ein solches Element $\hat{\xi}$ aus dem linearen Unterraum $\mathscr{L} = \mathscr{L}(\eta_1, \ldots, \eta_n)$ (die Projektion von ξ auf $\mathscr{L}$), daß die Beziehung

$$\|\xi - \hat{\xi}\| = \inf \{\|\xi - \zeta\| : \zeta \in \mathscr{L}(\eta_1, \ldots, \eta_n)\}$$

erfüllt ist. Dabei gilt $\hat{\xi} = \sum_{i=1}^{n} (\xi, \eta_i)\, \eta_i$. Dieses Ergebnis gestattet eine naheliegende Verallgemeinerung auf den Fall, daß $\eta_1, \eta_2, \ldots$ ein abzählbares orthonormiertes System (nicht notwendigerweise eine Basis) ist. Es gilt nämlich der folgende Satz.

Satz. *Es sei $\eta_1, \eta_2, \ldots$ ein orthonormiertes System von zufälligen Größen und $\overline{\mathscr{L}} = \overline{\mathscr{L}}(\eta_1, \eta_2, \ldots)$ der abgeschlossene lineare Unterraum, der durch diese zufälligen Größen erzeugt wird. Dann existiert genau ein Element $\hat{\xi} \in \overline{\mathscr{L}}$, so daß die Gleichheit*

$$\|\xi - \hat{\xi}\| = \inf \{\|\xi - \zeta\| : \zeta \in \overline{\mathscr{L}}\} \tag{20}$$

erfüllt ist. Dabei gilt

$$\hat{\xi} = \underset{n}{\text{l.i.m.}} \sum_{i=1}^{n} (\xi, \eta_i)\, \eta_i \tag{21}$$

und $\xi - \hat{\xi} \perp \zeta$, $\zeta \in \overline{\mathscr{L}}$.

Beweis. Wir führen die Bezeichnung $d = \inf \{\|\xi - \zeta\| : \zeta \in \overline{\mathscr{L}}\}$ ein und wählen eine Folge $\zeta_1, \zeta_2, \ldots$, so daß $\|\xi - \zeta_n\|$ gegen d konvergiert. Nun wollen wir beweisen, daß diese Folge fundamental ist. Eine einfache Rechnung führt auf die Gleichheit

$$\|\zeta_n - \zeta_m\|^2 = 2\, \|\zeta_n - \xi\|^2 + 2\, \|\zeta_m - \xi\|^2 - 4 \left\| \frac{\zeta_n + \zeta_m}{2} - \xi \right\|^2.$$

Offensichtlich gilt $\dfrac{\zeta_n + \zeta_m}{2} \in \overline{\mathscr{L}}$ und infolgedessen $\left\| \dfrac{\zeta_n + \zeta_m}{2} - \xi \right\|^2 \geqq d^2$. Also erhalten wir $\|\zeta_n - \zeta_m\|^2 \to 0$, $n, m \to \infty$.

Der Raum L^2 ist vollständig (vgl. § 10, Satz 7). Deshalb gibt es ein Element $\hat{\xi}$, so daß $\|\zeta_n - \hat{\xi}\| \to 0$ gilt. Die Menge $\overline{\mathscr{L}}$ ist abgeschlossen, was $\hat{\xi} \in \overline{\mathscr{L}}$ zur Folge hat. Weiterhin konvergiert $\|\zeta_n - \xi\|$ gegen d, und demzufolge ist letztlich $\|\xi - \hat{\xi}\| = d$, womit die Existenz des gesuchten Elements nachgewiesen ist.

Wir zeigen nun, daß $\hat{\xi}$ in $\overline{\mathscr{L}}$ das einzige Element mit der geforderten Eigenschaft ist. Es sei $\tilde{\xi} \in \overline{\mathscr{L}}$ und

$$\|\xi - \hat{\xi}\| = \|\xi - \tilde{\xi}\| = d.$$

Dann gilt (aufgrund von Aufgabe 3)

$$\|\hat{\xi} + \tilde{\xi} - 2\xi\|^2 + \|\hat{\xi} - \tilde{\xi}\|^2 = 2\,\|\hat{\xi} - \xi\|^2 + 2\,\|\tilde{\xi} - \xi\|^2 = 4d^2.$$

Andererseits ergibt sich

$$\|\hat{\xi} + \tilde{\xi} - 2\xi\|^2 = 4\left\|\frac{1}{2}(\hat{\xi} + \tilde{\xi}) - \xi\right\|^2 \geqq 4d^2.$$

Folglich haben wir $\|\hat{\xi} - \tilde{\xi}\|^2 = 0$, was die Eindeutigkeit des zu ξ „nächsten" Elements aus $\overline{\mathscr{L}}$ beweist.

Nun zeigen wir $\xi - \hat{\xi} \perp \zeta$, $\zeta \in \overline{\mathscr{L}}$. Wegen (20) gilt für jedes $c \in R$

$$\|\xi - \hat{\xi} - c\zeta\| \geqq \|\xi - \hat{\xi}\|.$$

Da aber auch

$$\|\xi - \hat{\xi} - c\zeta\|^2 = \|\xi - \hat{\xi}\|^2 + c^2\,\|\zeta\|^2 - 2(\xi - \hat{\xi}, c\zeta)$$

erfüllt ist, ergibt sich

$$c^2\,\|\zeta\|^2 \geqq 2(\xi - \hat{\xi}, c\zeta). \tag{22}$$

Wir wählen nun $c = \lambda(\xi - \hat{\xi}, \zeta)$, $\lambda \in R$. Dann erhalten wir aus (22) die Ungleichung

$$(\xi - \hat{\xi}, \zeta)^2\,[\lambda^2\,\|\zeta\|^2 - 2\lambda] \geqq 0.$$

Für hinreichend kleines positives λ folgt $\lambda^2\,\|\zeta\|^2 - 2\lambda < 0$. Aus diesem Grunde gilt $(\xi - \hat{\xi}, \zeta) = 0$, $\zeta \in \overline{\mathscr{L}}$.

Es bleibt noch die Darstellung (21) zu beweisen.

Die Menge $\overline{\mathscr{L}} = \overline{\mathscr{L}}(\eta_1, \eta_2, \ldots)$ ist ein abgeschlossener Unterraum im L^2 und demzufolge ein Hilbert-Raum (mit demselben Skalarprodukt). Für diesen Hilbert-Raum $\overline{\mathscr{L}}$ bildet das System $\eta_1, \eta_2, \ldots$ eine Basis (Aufgabe 4). Das bedeutet

$$\hat{\xi} = \operatorname{l.i.m.} \sum_{k=1}^{n} (\hat{\xi}, \eta_k)\,\eta_k. \tag{23}$$

Aus $\xi - \hat{\xi} \perp \eta_k$, $k \geqq 1$, schließen wir $(\hat{\xi}, \eta_k) = (\xi, \eta_k)$, $k \geqq 0$, was gemeinsam mit (23) die Beziehung (21) beweist.

Damit ist der Beweis des Satzes beendet.

Bemerkung. Wie im endlichdimensionalen Fall werden wir $\hat{\xi}$ Projektion von ξ auf $\overline{\mathscr{L}} = \overline{\mathscr{L}}(\eta_1, \eta_2, \ldots)$, $\xi - \hat{\xi}$ das Lot und die Darstellung

$$\xi = \hat{\xi} + (\xi - \hat{\xi})$$

orthogonale Zerlegung nennen.

Die Größe $\hat{\xi}$ bezeichnet man auch mit $\hat{\mathbf{M}}(\xi \mid \eta_1, \eta_2, \ldots)$ und nennt sie bedingten Erwartungswert (von ξ bezüglich $\eta_1, \eta_2, \ldots$) im weiteren Sinne. Vom Standpunkt der Schätzung von ξ aufgrund von $\eta_1, \eta_2, \ldots$ ist die Größe $\hat{\xi}$ eine optimale lineare Schätzung mit dem Fehler

$$\Delta \equiv \mathbf{M}\,|\xi - \hat{\xi}|^2 \equiv \|\xi - \hat{\xi}\|^2 = \|\xi\|^2 - \sum_{i=1}^{\infty} |(\xi, \eta_i)|^2,$$

was aus (5) und (23) folgt.

7. Aufgaben

1. Man beweise, daß aus $\xi = \text{l.i.m.}\ \xi_n$ die Konvergenz $\|\xi_n\| \to \|\xi\|$ folgt.

2. Man beweise, daß für $\xi = \text{l.i.m.}\ \xi_n$ und $\eta = \text{l.i.m.}\ \eta_n$ die Konvergenz $(\xi_n, \eta_n) \to (\xi, \eta)$ stattfindet.

3. Man beweise, daß die Norm $\|\cdot\|$ die Eigenschaft
$$\|\xi + \eta\|^2 + \|\xi - \eta\|^2 = 2(\|\xi\|^2 + \|\eta\|^2)$$
besitzt.

4. Es sei $\{\xi_1, \ldots, \xi_n\}$ eine Familie orthogonaler zufälliger Größen. Man beweise die Gültigkeit des „Satzes von Pythagoras“:
$$\left\| \sum_{i=1}^{n} \xi_i \right\|^2 = \sum_{i=1}^{n} \|\xi_i\|^2.$$

5. Es sei $\eta_1, \eta_2, \ldots$ ein orthonormiertes System und $\overline{\mathscr{L}} = \overline{\mathscr{L}}(\eta_1, \eta_2, \ldots)$ der abgeschlossene lineare Unterraum, welcher von $\eta_1, \eta_2, \ldots$ erzeugt wird. Man beweise, daß dieses System eine Basis für den (Hilbert-) Raum $\overline{\mathscr{L}}$ bildet.

6. Es sei $\xi_1, \xi_2, \ldots$ eine Folge orthogonaler zufälliger Größen und $S_n = \xi_1 + \cdots + \xi_n$. Man beweise die folgende Aussage: Gilt $\sum_{n=1}^{\infty} \mathsf{M}\xi_n^2 < \infty$, so existiert eine zufällige Größe S mit $\mathsf{M}S^2 < \infty$ derart, daß die Beziehung $\text{l.i.m.}\ S_n = S$ erfüllt ist, d. h., es gilt $\|S_n - S\|^2 = \mathsf{M}\,|S_n - S|^2 \to 0$, $n \to \infty$.

7. Man zeige, daß das Funktionensystem $\left\{\frac{1}{\sqrt{2\pi}} e^{i\lambda n},\ n = 0, \pm 1, \ldots\right\}$ im Raum $L^2 = L^2([-\pi, \pi], \mathscr{B}([-\pi, \pi]))$ mit dem Lebesgue-Maß μ eine orthonormierte Basis bildet.

§ 12. Charakteristische Funktionen

1. Die Methode der charakteristischen Funktionen ist eins der grundlegenden Hilfsmittel des analytischen Apparates der Wahrscheinlichkeitstheorie. Am deutlichsten wird dies in Kapitel III beim Beweis von Grenzwertsätzen demonstriert werden, insbesondere beim Beweis des zentralen Grenzwertsatzes, der den Satz von de Moivre-Laplace verallgemeinert. Hier jedoch wollen wir uns auf die Definition und die Darlegung der hauptsächlichen Eigenschaften charakteristischer Funktionen beschränken.

Zunächst machen wir eine allgemeine Bemerkung. Neben den zufälligen Größen (die reelle Werte annehmen) erfordert die Theorie der charakteristischen Funktionen die Heranziehung komplexwertiger zufälliger Größen (siehe § 5, Nr. 1).

Viele Definitionen und Eigenschaften, die zufällige Größen betreffen, lassen sich leicht auf den komplexen Fall übertragen. So gilt der Erwartungswert $\mathsf{M}\zeta$ einer komplexwertigen zufälligen Größe $\zeta = \xi + i\eta$ als definiert, falls die Erwartungswerte $\mathsf{M}\xi$ und $\mathsf{M}\eta$ existieren. In diesem Fall setzt man als Definition $\mathsf{M}\zeta = \mathsf{M}\xi + i\mathsf{M}\eta$. Aus der Definition der Unabhängigkeit von zufälligen Größen (§ 5, Definition 5) leitet man leicht die Aussage her, daß die komplexwertigen zufälligen Größen $\zeta_1 = \xi_1 + i\eta_1$ und $\zeta_2 = \xi_2 + i\eta_2$ genau dann unabhängig sind, wenn die Paare (ξ_1, η_1) und (ξ_2, η_2) oder, was dasselbe ist, die σ-Algebren $\mathscr{F}_{\xi_1,\eta_1}$ und $\mathscr{F}_{\xi_2,\eta_2}$ unabhängig sind.

Neben dem Raum L^2 der reellen zufälligen Größen mit endlichem zweiten Moment kann man auch den Hilbert-Raum der komplexwertigen zufälligen Größen $\zeta = \xi + i\eta$ mit $\mathbf{M}\,|\zeta|^2 < \infty$ einführen, wobei definitionsgemäß $|\zeta|^2 = \xi^2 + \eta^2$ gilt und das Skalarprodukt durch $(\zeta_1, \zeta_2) = \mathbf{M}\zeta_1\bar{\zeta}_2$ gegeben ist ($\bar{\zeta}_2$ bezeichnet die zu ζ_2 konjugiert komplexe zufällige Größe). Im weiteren werden wir sowohl reellwertige als auch komplexwertige zufällige Größen einfach zufällige Größen nennen, wobei nötigenfalls vermerkt wird, von welchem Fall die Rede ist.

Wir vereinbaren noch folgende Bezeichnungen.

Bei algebraischen Operationen werden die Vektoren $a \in R^n$ als Spaltenvektoren

$$a = \begin{pmatrix} a_1 \\ \vdots \\ a_n \end{pmatrix}$$

und a^* als Zeilenvektor $a^* = (a_1, \ldots, a_n)$ angesehen. Sind $a, b \in R^n$, so wird unter ihrem Skalarprodukt (a, b) die Größe $\sum_{i=1}^{n} a_i b_i$ verstanden. Dann gilt offensichtlich $(a, b) = a^*b$.

Für $a \in R^n$ und eine $(n \times n)$-Matrix $\mathbb{R} = \|r_{ij}\|$ erhalten wir

$$(\mathbb{R}a, a) = a^*\mathbb{R}a = \sum_{i,j=1}^{n} r_{ij} a_i a_j. \tag{1}$$

2. Definition 1. Es sei $F(x) = F(x_1, \ldots, x_n)$ eine n-dimensionale Verteilungsfunktion im $(R^n, \mathscr{B}(R^n))$. Die Funktion

$$\varphi(t) = \int_{R^n} e^{i(t,x)}\, dF(x), \qquad t \in R^n, \tag{2}$$

heißt ihre *charakteristische Funktion*.

Definition 2. Für einen auf dem Wahrscheinlichkeitsraum $(\Omega, \mathscr{F}, \mathbf{P})$ definierten zufälligen Vektor $\xi = (\xi_1, \ldots, \xi_n)$ mit Werten im R^n heißt

$$\varphi_\xi(t) = \int_{R^n} e^{i(t,x)}\, dF_\xi(x), \qquad t \in R^n, \tag{3}$$

seine *charakteristische Funktion*, wobei $F_\xi(x) = F_\xi(x_1, \ldots, x_n)$ die Verteilungsfunktion des Vektors $\xi = (\xi_1, \ldots, \xi_n)$ bezeichnet.

Besitzt die Funktion $F(x)$ eine Dichte $f(x)$, so gilt

$$\varphi(t) = \int_{R^n} e^{i(t,x)} f(x)\, dx.$$

In diesem Fall ist die charakteristische Funktion $\varphi(t)$ also nichts anderes als die Fourier-Transformierte der Funktion $f(x)$.

Aus (3) und Satz 6.7 (Substitutionsregel für das Lebesgue-Integral) folgt, daß man die charakteristische Funktion $\varphi_\xi(t)$ eines zufälligen Vektors auch durch die Gleichheit

$$\varphi_\xi(t) = \mathsf{M}e^{i(t,\xi)}, \qquad t \in R^n, \tag{4}$$

definieren kann.

Wir geben nun die grundlegenden Eigenschaften der charakteristischen Funktionen an, formulieren und beweisen sie jedoch nur für den Fall $n = 1$. Einige der wichtigsten, den allgemeinen Fall betreffenden Aussagen sind als Aufgaben angeführt.

Es sei $\xi = \xi(\omega)$ eine zufällige Größe, $F_\xi = F_\xi(x)$ ihre Verteilungsfunktion und

$$\varphi_\xi(t) = \mathsf{M}e^{it\xi}$$

die charakteristische Funktion.

Wir stellen sofort fest, daß sich für $\eta = a\xi + b$ die Gleichheit

$$\varphi_\eta(t) = \mathsf{M}e^{it\eta} = \mathsf{M}e^{it(a\xi+b)} = e^{itb}\,\mathsf{M}e^{iat\xi}$$

ergibt. Deshalb gilt

$$\varphi_\eta(t) = e^{itb}\varphi_\xi(at). \tag{5}$$

Sind weiterhin $\xi_1, \xi_2, \ldots, \xi_n$ unabhängige zufällige Größen und $S_n = \xi_1 + \cdots + \xi_n$, so erhalten wir

$$\varphi_{S_n}(t) = \prod_{j=1}^n \varphi_{\xi_j}(t). \tag{6}$$

Es ergibt sich nämlich

$$\begin{aligned}\varphi_{S_n}(t) &= \mathsf{M}e^{it(\xi_1+\cdots+\xi_n)} = \mathsf{M}e^{it\xi_1}\cdots e^{it\xi_n}\\ &= \mathsf{M}e^{it\xi_1}\cdots\mathsf{M}e^{it\xi_n} = \prod_{j=1}^n \varphi_{\xi_j}(t).\end{aligned}$$

Dabei haben wir benutzt, daß der Erwartungswert eines Produktes unabhängiger (beschränkter) zufälliger Größen (reeller wie komplexer, siehe Satz 6 in § 6 und Aufgabe 1) gleich dem Produkt ihrer Erwartungswerte ist.

Die Eigenschaft (6) spielt eine Schlüsselrolle beim Beweis von Grenzwertsätzen für Summen unabhängiger zufälliger Größen mit der Methode der charakteristischen Funktionen (siehe Kapitel III, § 3). In diesem Zusammenhang weisen wir darauf hin, daß sich die Verteilungsfunktion F_{S_n} bereits auf eine wesentlich kompliziertere Weise durch die Verteilungsfunktionen der einzelnen Summanden ausdrücken läßt; man erhält nämlich $F_{S_n} = F_{\xi_1} * \cdots * F_{\xi_n}$, wobei das Zeichen $*$ die Faltung der Verteilungen bezeichnet (siehe § 8, Nr. 4).

Wir führen nun Beispiele für charakteristische Funktionen an.

Beispiel 1. Es sei ξ eine Bernoullische zufällige Größe mit $\mathsf{P}(\xi = 1) = p$, $\mathsf{P}(\xi = 0) = q$, $p + q = 1$, $0 < p < 1$. Dann gilt

$$\varphi_\xi(t) = pe^{it} + q.$$

Sind $\xi_1, \ldots, \xi_n$ unabhängige identisch (wie ξ) verteilte zufällige Größen, so ergibt sich

$$\varphi_{\frac{S_n-np}{\sqrt{npq}}}(t) = \mathbf{M}\mathrm{e}^{\mathrm{i}t\frac{S_n-np}{\sqrt{npq}}} = \mathrm{e}^{-\mathrm{i}t\sqrt{\frac{np}{q}}}\left[p\mathrm{e}^{\mathrm{i}\frac{t}{\sqrt{npq}}} + q\right]^n$$

$$= \left[p\mathrm{e}^{\mathrm{i}t\sqrt{\frac{q}{np}}} + q\mathrm{e}^{-\mathrm{i}t\sqrt{\frac{p}{nq}}}\right]^n. \tag{7}$$

Für $n \to \infty$ folgt hieraus

$$\varphi_{\frac{S_n-np}{\sqrt{npq}}}(t) \to \mathrm{e}^{-t^2/2}. \tag{8}$$

Beispiel 2. Es sei $\xi \sim \mathcal{N}(m, \sigma^2)$, $|m| < \infty$, $\sigma^2 > 0$. Wir beweisen die Identität

$$\varphi_\xi(t) = \mathrm{e}^{\mathrm{i}tm - \frac{t^2\sigma^2}{2}}. \tag{9}$$

Dazu setzen wir $\eta = \dfrac{\xi - m}{\sigma}$. Dann erhalten wir $\eta \sim \mathcal{N}(0, 1)$. Da gemäß (5) die Gleichheit

$$\varphi_\xi(t) = \mathrm{e}^{\mathrm{i}tm}\varphi_\eta(\sigma t)$$

gilt, genügt es, lediglich die Beziehung

$$\varphi_\eta(t) = \mathrm{e}^{-t^2/2} \tag{10}$$

zu zeigen.

Wir haben

$$\varphi_\eta(t) = \mathbf{M}\mathrm{e}^{\mathrm{i}t\eta} = \frac{1}{\sqrt{2\pi}} \int_{-\infty}^{\infty} \mathrm{e}^{\mathrm{i}tx}\mathrm{e}^{-x^2/2}\,\mathrm{d}x$$

$$= \frac{1}{\sqrt{2\pi}} \int_{-\infty}^{\infty} \sum_{n=0}^{\infty} \frac{(\mathrm{i}tx)^n}{n!}\,\mathrm{e}^{-x^2/2}\,\mathrm{d}x = \sum_{n=0}^{\infty} \frac{(\mathrm{i}t)^n}{n!}\,\frac{1}{\sqrt{2\pi}} \int_{-\infty}^{\infty} x^n\mathrm{e}^{-x^2/2}\,\mathrm{d}x$$

$$= \sum_{n=0}^{\infty} \frac{(\mathrm{i}t)^{2n}}{(2n)!}\,(2n-1)!! = \sum_{n=0}^{\infty} \frac{(\mathrm{i}t)^{2n}\,(2n)!}{(2n)!\,2^n n!} = \sum_{n=0}^{\infty} \left(-\frac{t^2}{2}\right)^n \cdot \frac{1}{n!} = \mathrm{e}^{-t^2/2},$$

wobei wir die Identität

$$\frac{1}{\sqrt{2\pi}} \int_{-\infty}^{\infty} x^{2n}\mathrm{e}^{-x^2/2}\,\mathrm{d}x \equiv \mathbf{M}\eta^{2n} = (2n-1)!!$$

ausgenutzt haben (siehe Aufgabe 7 in § 8).

Beispiel 3. Es sei ξ eine Poisson-verteilte zufällige Größe,

$$\mathbf{P}(\xi = k) = \frac{\mathrm{e}^{-\lambda}\lambda^k}{k!}, \qquad k = 0, 1, \ldots$$

Dann erhalten wir

$$\mathsf{M}e^{it\xi} = \sum_{k=0}^{\infty} e^{itk} \frac{e^{-\lambda}\lambda^k}{k!} = e^{-\lambda} \sum_{k=0}^{\infty} \frac{(\lambda e^{it})^k}{k!} = \exp\{\lambda(e^{it} - 1)\}. \tag{11}$$

Wie in § 9, Nr. 1, herausgearbeitet wurde, existiert zu jeder Verteilungsfunktion in $(R, \mathcal{B}(R))$ eine zufällige Größe, die diese Funktion als Verteilungsfunktion besitzt. Aus diesem Grunde kann man sich bei der Darstellung von Eigenschaften charakteristischer Funktionen (sowohl im Sinne von Definition 1 als auch von Definition 2) auf die Betrachtung charakteristischer Funktionen $\varphi(t) = \varphi_\xi(t)$ von zufälligen Größen $\xi = \xi(\omega)$ beschränken.

Satz 1. *Es sei ξ eine zufällige Größe mit der Verteilungsfunktion $F = F(x)$ und*

$$\varphi(t) = \mathsf{M}e^{it\xi}$$

ihre charakteristische Funktion.

Die Funktion φ besitzt folgende Eigenschaften:

1. $|\varphi(t)| \leqq \varphi(0) = 1$.
2. *φ ist gleichmäßig stetig.*
3. $\varphi(t) = \overline{\varphi(-t)}$.
4. *φ ist genau dann reellwertig, wenn die Verteilung F symmetrisch ist:*

$$\int_B dF(x) = \int_{-B} dF(x), \qquad B \in \mathcal{B}(R), \qquad -B = \{-x : x \in B\}.$$

5. *Gilt $\mathsf{M}\,|\xi|^n < \infty$ für ein $n \geqq 1$, so existieren für alle $r \leqq n$ die Ableitungen $\varphi^{(r)}(t)$, und es sind die Beziehungen*

$$\varphi^{(r)}(t) = \int_R (ix)^r e^{itx}\, dF(x), \tag{12}$$

$$\mathsf{M}\xi^r = \frac{\varphi^{(r)}(0)}{i^r} \tag{13}$$

und

$$\varphi(t) = \sum_{r=0}^{n} \frac{(it)^r}{r!} \mathsf{M}\xi^r + \frac{(it)^n}{n!} \varepsilon_n(t) \tag{14}$$

erfüllt, wobei $\varepsilon_n(t)$ der Ungleichung $|\varepsilon_n(t)| \leqq 3\mathsf{M}\,|\xi|^n$ genügt und für $t \to 0$ gegen 0 konvergiert.

6. *Falls $\varphi^{(2n)}(0)$ existiert und endlich ist, folgt $\mathsf{M}\xi^{2n} < \infty$.*
7. *Es gelte $\mathsf{M}\,|\xi|^n < \infty$ für alle $n \geqq 1$ und*

$$\overline{\lim_n} \frac{(\mathsf{M}\,|\xi|^n)^{1/n}}{n} = \frac{1}{R} < \infty.$$

Dann erhalten wir für alle $|t| < R \cdot e^{-1}$

$$\varphi(t) = \sum_{n=0}^{\infty} \frac{(it)^n}{n!} \mathsf{M}\xi^n. \tag{15}$$

Beweis. Die Eigenschaften 1 und 3 sind offensichtlich. Die Eigenschaft 2 ergibt sich aus der Abschätzung

$$|\varphi(t+h) - \varphi(t)| = |\mathbf{M} e^{it\xi}(e^{ih\xi} - 1)| \leqq \mathbf{M}\, |e^{ih\xi} - 1|$$

und dem Satz von Lebesgue über die majorisierte Konvergenz, aufgrund dessen $\mathbf{M}\, |e^{ih\xi} - 1| \to 0$, $h \to 0$, folgt.

Eigenschaft 4. Es sei F symmetrisch. Für eine beschränkte ungerade Borel-Funktion $g(x)$ folgt $\int_R g(x)\, dF(x) = 0$. (Wir bemerken, daß sich dies für einfache ungerade Funktionen sofort aus der Definition der Symmetrie von F herleiten läßt.) Aus diesem Grunde erhalten wir $\int_R \sin tx\, dF(x) = 0$ und folglich

$$\varphi(t) = \mathbf{M} \cos t\xi .$$

Es sei nun umgekehrt φ_ξ eine reelle Funktion. Dann gilt wegen Eigenschaft 3

$$\varphi_{-\xi}(t) = \varphi_\xi(-t) = \overline{\varphi_\xi(t)} = \varphi_\xi(t), \qquad t \in R .$$

Daraus ergibt sich (wie später in Satz 2 bewiesen wird), daß die Verteilungsfunktionen $F_{-\xi}$ und F_ξ der zufälligen Größen $-\xi$ bzw. ξ übereinstimmen und demzufolge nach Satz 3.1 die Beziehungen

$$\mathbf{P}(\xi \in B) = \mathbf{P}(-\xi \in B) = \mathbf{P}(\xi \in -B)$$

für jedes $B \in \mathcal{B}(R)$ erfüllt sind.

Eigenschaft 5. Gilt $\mathbf{M}\, |\xi|^n < \infty$, so folgt aus der Ungleichung von Ljapunov (6.28) die Eigenschaft $\mathbf{M}\, |\xi|^r < \infty$, $r \leqq n$.

Wir betrachten die Beziehung

$$\frac{\varphi(t+h) - \varphi(t)}{h} = \mathbf{M} e^{it\xi} \left(\frac{e^{ih\xi} - 1}{h} \right).$$

Da die Ungleichungen

$$\left| \frac{e^{ihx} - 1}{h} \right| \leqq |x|$$

und $\mathbf{M}\, |\xi| < \infty$ gelten, existiert nach dem Satz von Lebesgue über die majorisierte Konvergenz der Grenzwert

$$\lim_{h \to 0} \mathbf{M} e^{it\xi} \left(\frac{e^{ih\xi} - 1}{h} \right),$$

der gleich

$$\mathbf{M} e^{it\xi} \lim_{h \to 0} \left(\frac{e^{ih\xi} - 1}{h} \right) = i\mathbf{M}(\xi\, e^{it\xi}) = i \int_{-\infty}^{\infty} x\, e^{itx}\, dF(x) \tag{16}$$

ist. Demzufolge existiert die Ableitung $\varphi'(t)$, und es gilt

$$\varphi'(t) = \mathrm{i}(\mathbf{M}\xi\, e^{\mathrm{i}t\xi}) = \mathrm{i} \int_{-\infty}^{\infty} x\, e^{\mathrm{i}tx}\, dF(x).$$

Die Existenz der Ableitungen $\varphi^{(r)}$, $1 < r \leqq n$, und die Gültigkeit der Beziehung (12) weist man durch vollständige Induktion nach.

Die Formel (13) folgt unmittelbar aus (12). Nun beweisen wir die Darstellung (14). Da für reelle y die Beziehungen

$$e^{\mathrm{i}y} = \cos y + \mathrm{i} \sin y = \sum_{k=0}^{n-1} \frac{(\mathrm{i}y)^k}{k!} + \frac{(\mathrm{i}y)^n}{n!} [\cos \theta_1 y + \mathrm{i} \sin \theta_2 y]$$

für gewisse $|\theta_1| \leqq 1$ und $|\theta_2| \leqq 1$ gelten, sind die Identitäten

$$e^{\mathrm{i}t\xi} = \sum_{k=0}^{n-1} \frac{(\mathrm{i}t\xi)^k}{k!} + \frac{(\mathrm{i}t\xi)^n}{n!} [\cos \theta_1(\omega)\, t\xi + \mathrm{i} \sin \theta_2(\omega)\, t\xi] \tag{17}$$

und

$$\mathbf{M}e^{\mathrm{i}t\xi} = \sum_{k=0}^{n-1} \frac{(\mathrm{i}t)^k}{k!} \mathbf{M}\xi^k + \frac{(\mathrm{i}t)^n}{n!} [\mathbf{M}\xi^n + \varepsilon_n(t)] \tag{18}$$

erfüllt, wobei wir für $\varepsilon_n(t)$

$$\varepsilon_n(t) = \mathbf{M}\big[\xi^n\big(\cos \theta_1(\omega)\, t\xi + \mathrm{i} \sin \theta_2(\omega)\, t\xi - 1\big)\big]$$

erhalten. Offensichtlich ergibt sich $|\varepsilon_n(t)| \leqq 3\mathbf{M}\, |\xi^n|$ und aus dem Satz von Lebesgue über die majorisierte Konvergenz $\varepsilon_n(t) \to 0$, $t \to 0$.

Eigenschaft 6. Wir werden den Beweis durch vollständige Induktion führen. Zunächst wollen wir voraussetzen, daß die Ableitung $\varphi''(0)$ existiert und endlich ist. Wir werden zeigen, daß dann $\mathbf{M}\xi^2 < \infty$ gilt. Aus der l'Hospitalschen Regel und dem Lemma von Fatou erhalten wir

$$\begin{aligned}\varphi''(0) &= \lim_{h\to 0} \frac{1}{2} \left[\frac{\varphi'(2h) - \varphi'(0)}{2h} + \frac{\varphi'(0) - \varphi'(-2h)}{2h}\right] \\ &= \lim_{h\to 0} \frac{2\varphi'(2h) - 2\varphi'(-2h)}{8h} = \lim_{h\to 0} \frac{1}{4h^2} [\varphi(2h) - 2\varphi(0) + \varphi(-2h)] \\ &= \lim_{h\to 0} \int_{-\infty}^{\infty} \left(\frac{e^{\mathrm{i}hx} - e^{-\mathrm{i}hx}}{2h}\right)^2 dF(x) = -\lim_{h\to 0} \int_{-\infty}^{\infty} \left(\frac{\sin hx}{hx}\right)^2 x^2\, dF(x) \\ &\leqq -\int_{-\infty}^{\infty} \lim_{h\to 0} \left(\frac{\sin hx}{hx}\right)^2 x^2\, dF(x) = -\int_{-\infty}^{\infty} x^2\, dF(x).\end{aligned}$$

Deshalb ergibt sich

$$\int_{-\infty}^{\infty} x^2\, dF(x) \leqq -\varphi''(0) < \infty.$$

Es existiere nun ein endliches $\varphi^{(2k+2)}(0)$, und es gelte $\int_{-\infty}^{\infty} x^{2k}\,dF(x) < \infty$. Aus $\int_{-\infty}^{\infty} x^{2k}\,dF(x) = 0$ folgt $\int_{-\infty}^{\infty} x^{2k+2}\,dF(x) = 0$. Also setzen wir $\int_{-\infty}^{\infty} x^{2k}\,dF(x) > 0$ voraus. Dann schließen wir mit Hilfe der Eigenschaft 5 auf

$$\varphi^{(2k)}(t) = \int_{-\infty}^{\infty} (ix)^{2k}\, e^{itx}\, dF(x),$$

was die Beziehung

$$(-1)^k\, \varphi^{(2k)}(t) = \int_{-\infty}^{\infty} e^{itx}\, dG(x)$$

zur Folge hat, wobei $G(x)$ das Integral $\int_{-\infty}^{x} u^{2k}\, dF(u)$ bezeichnet.

Infolgedessen ist $(-1)^k\, \varphi^{(2k)}(t)\, G^{-1}(\infty)$ die charakteristische Funktion der Wahrscheinlichkeitsverteilung $G(x)\, G^{-1}(\infty)$, und aus dem bereits Bewiesenen folgt

$$G^{-1}(\infty) \int_{-\infty}^{\infty} x^2\, dG(x) < \infty.$$

Nun gilt jedoch $G^{-1}(\infty) > 0$, und dies bedeutet

$$\int_{-\infty}^{\infty} x^{2k+2}\, dF(x) = \int_{-\infty}^{\infty} x^2\, dG(x) < \infty.$$

Eigenschaft 7. Es sei $0 < t_0 < R \cdot e^{-1}$. Dann erhalten wir unter Benutzung der Stirlingschen Formel

$$\overline{\lim}\, \frac{(\mathbf{M}\, |\xi|^n)^{1/n}}{n} < \frac{1}{t_0 \cdot e} \Rightarrow \overline{\lim}\, \frac{(\mathbf{M}\, |\xi|^n t_0^n)^{1/n}}{n} < \frac{1}{e} \Rightarrow \overline{\lim} \left(\frac{\mathbf{M}\, |\xi|^n t_0^n}{n!}\right)^{1/n} < 1.$$

Demzufolge konvergiert die Reihe $\sum \frac{\mathbf{M}\, |\xi|^n t_0^n}{n!}$ nach dem Wurzelkriterium von Cauchy, woraus sich die Konvergenz der Reihe $\sum_{r=0}^{\infty} \frac{(it)^r}{r!} \mathbf{M}\xi^r$ für jedes $|t| \leqq t_0$ ergibt. Wegen (14) gilt jedoch für jedes $n \geqq 1$

$$\varphi(t) = \sum_{r=0}^{n} \frac{(it)^r}{r!} \mathbf{M}\xi^r + R_n(t),$$

wobei die Beziehung $|R_n(t)| \leqq 3 \frac{|t|^n}{n!} \mathbf{M}\, |\xi|^n$ erfüllt ist. Aus diesem Grunde erhalten wir für alle $|t| < R \cdot e^{-1}$

$$\varphi(t) = \sum_{r=0}^{\infty} \frac{(it)^r}{r!} \mathbf{M}\xi^r.$$

Damit ist der Satz bewiesen.

Bemerkung 1. In Analogie zum Beweis von (14) zeigt man, daß im Fall der Eigenschaft $\mathsf{M}\, |\xi|^n < \infty$ für ein $n \geqq 1$ die Beziehung

$$\varphi(t) = \sum_{k=0}^{n} \frac{\mathrm{i}^k (t-s)^k}{k!} \int_{-\infty}^{\infty} x^k \, \mathrm{e}^{\mathrm{i}sx} \, \mathrm{d}F(x) + \frac{\mathrm{i}^n (t-s)^n}{n!} \, \varepsilon_n(t-s) \tag{19}$$

folgt, wobei $|\varepsilon_n(t-s)| \leqq 3\mathsf{M}\, |\xi^n|$ gilt und $\varepsilon_n(t-s)$ für $t - s \to 0$ gegen 0 konvergiert.

Bemerkung 2. Bezüglich der in Eigenschaft 7 formulierten Bedingung beachte man im weiteren die Ausführungen in Nr. 9, die der Eindeutigkeitsfrage für das „Momentenproblem" gewidmet ist.

4. Der folgende Satz zeigt, daß die charakteristische Funktion eindeutig die Verteilungsfunktion bestimmt.

Satz 2 (Eindeutigkeitssatz). *Es seien F und G zwei Verteilungsfunktionen mit ein und derselben charakteristischen Funktion, d. h., für alle $t \in R$ ist die Beziehung*

$$\int_{-\infty}^{\infty} \mathrm{e}^{\mathrm{i}tx} \, \mathrm{d}F(x) = \int_{-\infty}^{\infty} \mathrm{e}^{\mathrm{i}tx} \, \mathrm{d}G(x) \tag{20}$$

erfüllt. Dann gilt $F(x) \equiv G(x)$.

Beweis. Wir fixieren $a, b \in R$, $\varepsilon > 0$ und betrachten die in Abb. 33 dargestellte Funktion $f^\varepsilon = f^\varepsilon(x)$. Wir beweisen nun die Beziehung

$$\int_{-\infty}^{\infty} f^\varepsilon(x) \, \mathrm{d}F(x) = \int_{-\infty}^{\infty} f^\varepsilon(x) \, \mathrm{d}G(x). \tag{21}$$

Es sei $n \geqq 0$ so gewählt, daß $[a - \varepsilon, b + \varepsilon] \subseteqq [-n, n]$ gilt, und (δ_n) eine Folge mit der Eigenschaft $1 \geqq \delta_n \downarrow 0$, $n \to \infty$. Wie jede auf $[-n, n]$ stetige Funktion mit

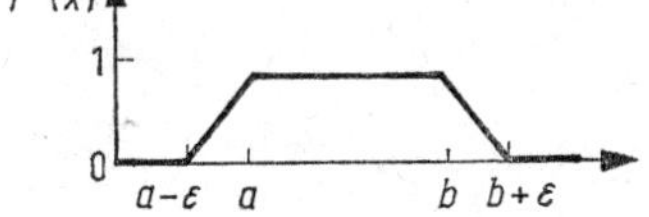

Abb. 33

gleichen Werten an den Endpunkten des Intervalls kann auch die Funktion $f^\varepsilon = f^\varepsilon(x)$ gleichmäßig durch trigonometrische Polynome approximiert werden (Satz von Stone-Weierstrass), d. h., es existiert eine *endliche Summe*

$$f_n^\varepsilon(x) = \sum_k a_k \exp\left(\mathrm{i}\pi x \frac{k}{n}\right), \tag{22}$$

so daß

$$\sup_{-n \leqq x \leqq n} |f^\varepsilon(x) - f_n^\varepsilon(x)| \leqq \delta_n \tag{23}$$

erfüllt ist. Wir setzen die Funktion $f_n(x)$ periodisch für alle $x \in R$ fort und bemerken, daß die Ungleichung

$$\sup_x |f_n^\varepsilon(x)| \leqq 2$$

gilt. Da wegen (20) die Beziehung

$$\int_{-\infty}^{\infty} f_n^\varepsilon(x)\, \mathrm{d}F(x) = \int_{-\infty}^{\infty} f_n^\varepsilon(x)\, \mathrm{d}G(x)$$

erfüllt ist, erhalten wir

$$\left| \int_{-\infty}^{\infty} f^\varepsilon(x)\, \mathrm{d}F(x) - \int_{-\infty}^{\infty} f^\varepsilon(x)\, \mathrm{d}G(x) \right| = \left| \int_{-n}^{n} f^\varepsilon\, \mathrm{d}F - \int_{-n}^{n} f^\varepsilon\, \mathrm{d}G \right|$$

$$\leqq \left| \int_{-n}^{n} f_n^\varepsilon\, \mathrm{d}F - \int_{-n}^{n} f_n^\varepsilon\, \mathrm{d}G \right| + 2\delta_n$$

$$\leqq \left| \int_{-\infty}^{\infty} f_n^\varepsilon\, \mathrm{d}F - \int_{-\infty}^{\infty} f_n^\varepsilon\, \mathrm{d}G \right| + 2\delta_n + 2F(\overline{[-n, n]}) + 2G(\overline{[-n, n]}) \tag{24}$$

mit $F(A) = \int_A \mathrm{d}F(x)$ und $G(A) = \int_A \mathrm{d}G(x)$. Für $n \to \infty$ strebt die rechte Seite in (24) gegen 0, womit (21) bewiesen ist.

Für $\varepsilon \to 0$ erhalten wir $f^\varepsilon(x) \to I_{[a,b]}(x)$. Deshalb folgt nach dem Satz von Lebesgue über die majorisierte Konvergenz aus (21) die Gleichheit

$$\int_{-\infty}^{\infty} I_{[a,b]}(x)\, \mathrm{d}F(x) = \int_{-\infty}^{\infty} I_{[a,b]}(x)\, \mathrm{d}G(x),$$

d. h., es gilt $F(b) - F(a-) = G(b) - G(a-)$, woraus wir aufgrund der Willkür bei der Wahl von a und b die Beziehung $F(x) = G(x)$ für alle $x \in R$ erhalten.

Damit ist der Satz bewiesen.

5. Der vorangegangene Satz besagt, daß die Verteilungsfunktion $F = F(x)$ in eindeutiger Weise aus ihrer charakteristischen Funktion $\varphi = \varphi(t)$ zurückgewonnen werden kann. Im folgenden Satz wird eine explizite Darstellung der Funktion F durch φ angegeben.

Satz 3 (Umkehrformel). *Es sei $F = F(x)$ eine Verteilungsfunktion und*

$$\varphi(t) = \int_{-\infty}^{\infty} \mathrm{e}^{\mathrm{i}tx}\, \mathrm{d}F(x)$$

ihre charakteristische Funktion.

a) *Für zwei beliebige Punkte a, b ($a < b$), in denen die Funktion $F = F(x)$ stetig ist, gilt*

$$F(b) - F(a) = \lim_{c\to\infty} \frac{1}{2\pi} \int_{-c}^{c} \frac{e^{-ita} - e^{-itb}}{it} \varphi(t)\, dt. \tag{25}$$

b) *Falls die Bedingung $\int_{-\infty}^{\infty} |\varphi(t)|\, dt < \infty$ erfüllt ist, besitzt die Verteilungsfunktion $F(x)$ eine Dichte $f(x)$,*

$$F(x) = \int_{-\infty}^{x} f(y)\, dy, \tag{26}$$

mit

$$f(x) = \frac{1}{2\pi} \int_{-\infty}^{\infty} e^{-itx} \varphi(t)\, dt. \tag{27}$$

Beweis. Falls die Funktion F die Dichte f besitzt, gilt

$$\varphi(t) = \int_{-\infty}^{\infty} e^{itx} f(x)\, dx, \tag{28}$$

und somit stellt (27) nichts anderes als die Fourier-Transformierte der (integrierbaren) Funktion φ dar. Durch Integration beider Seiten von (27) ergibt sich nach Anwendung des Satzes von FUBINI

$$F(b) - F(a) = \int_{a}^{b} f(x)\, dx = \frac{1}{2\pi} \int_{a}^{b} \left[\int_{-\infty}^{\infty} e^{-itx} \varphi(t)\, dt \right] dx$$

$$= \frac{1}{2\pi} \int_{-\infty}^{\infty} \varphi(t) \left[\int_{a}^{b} e^{-itx}\, dx \right] dt = \frac{1}{2\pi} \int_{-\infty}^{\infty} \varphi(t) \frac{e^{-ita} - e^{-itb}}{it}\, dt.$$

Nach diesen die Beziehung (25) bis zu einem gewissen Grade erklärenden Betrachtungen gehen wir nun zu ihrem Beweis über.

a) Wir haben

$$\Phi_c \equiv \frac{1}{2\pi} \int_{-c}^{c} \frac{e^{-ita} - e^{-itb}}{it} \varphi(t)\, dt$$

$$= \frac{1}{2\pi} \int_{-c}^{c} \frac{e^{-ita} - e^{-itb}}{it} \left[\int_{-\infty}^{\infty} e^{itx}\, dF(x) \right] dt$$

$$= \frac{1}{2\pi} \int_{-\infty}^{\infty} \left[\int_{-c}^{c} \frac{e^{-ita} - e^{-itb}}{it} e^{itx} \, dt \right] dF(x)$$

$$= \int_{-\infty}^{\infty} \Psi_c(x) \, dF(x), \tag{29}$$

wobei wir

$$\Psi_c(x) = \frac{1}{2\pi} \int_{-c}^{c} \frac{e^{-ita} - e^{-itb}}{it} e^{itx} \, dt$$

gesetzt und den Satz von Fubini benutzt haben, dessen Gültigkeit für den vorliegenden Fall aus den Beziehungen

$$\left| \frac{e^{-ita} - e^{-itb}}{it} \cdot e^{itx} \right| = \left| \frac{e^{-ita} - e^{-itb}}{it} \right| = \left| \int_a^b e^{-itx} \, dx \right| \leqq b - a$$

und

$$\int_{-c}^{c} \int_{-\infty}^{\infty} (b - a) \, dF(x) \, dt \leqq 2c(b - a) < \infty$$

folgt. Weiter erhalten wir

$$\Psi_c(x) = \frac{1}{2\pi} \int_{-c}^{c} \frac{\sin t(x - a) - \sin t(x - b)}{t} \, dt$$

$$= \frac{1}{2\pi} \int_{-c(x-a)}^{c(x-a)} \frac{\sin v}{v} \, dv - \frac{1}{2\pi} \int_{-c(x-b)}^{c(x-b)} \frac{\sin u}{u} \, du. \tag{30}$$

Die Funktion

$$g(s, t) = \int_s^t \frac{\sin v}{v} \, dv$$

ist gleichmäßig stetig in s und t, und es gilt für $s \downarrow -\infty$ und $t \uparrow \infty$

$$g(s, t) \to \pi. \tag{31}$$

Aus diesem Grunde existiert eine Konstante C derart, daß für alle c und x die Abschätzung $|\Psi_c(x)| < C < \infty$ erfüllt ist. Außerdem folgt aus (30) und (31)

$$\Psi_c(x) \to \Psi(x), \qquad c \to \infty,$$

wobei die Funktion Ψ folgendermaßen definiert ist:

$$\Psi(x) = \begin{cases} 0, & x < a, \quad x > b, \\ 1/2, & x = a, \quad x = b, \\ 1, & a < x < b. \end{cases}$$

Es sei μ ein solches Maß auf $(R, \mathscr{B}(R))$, daß $\mu(a, b] = F(b) - F(a)$ gilt. Dann erhalten wir aus dem Satz von LEBESGUE über die majorisierte Konvergenz unter Benutzung der Beziehungen aus Aufgabe 1 in § 3 für $c \to \infty$

$$\begin{aligned} \Phi_c &= \int_{-\infty}^{\infty} \Psi_c(x)\,\mathrm{d}F(x) \to \int_{-\infty}^{\infty} \Psi(x)\,\mathrm{d}F(x) \\ &= \mu(a, b) + \frac{1}{2}\,\mu\{a\} + \frac{1}{2}\,\mu\{b\} \\ &= F(b-) - F(a) + \frac{1}{2}\,[F(a) - F(a-) + F(b) - F(b-)] \\ &= \frac{F(b) + F(b-)}{2} - \frac{F(a) + F(a-)}{2} = F(b) - F(a), \end{aligned}$$

wobei die letzte Gleichheit für beliebige Stetigkeitspunkte a und b der Funktion F gilt. Somit ist die Formel (25) bewiesen.

b) Es sei $\int_{-\infty}^{\infty} |\varphi(t)|\,\mathrm{d}t < \infty$. Wir führen die Bezeichnung

$$f(x) = \frac{1}{2\pi} \int_{-\infty}^{\infty} \mathrm{e}^{-\mathrm{i}tx}\,\varphi(t)\,\mathrm{d}t$$

ein. Aus dem Satz von LEBESGUE über die majorisierte Konvergenz folgt, daß diese Funktion in x stetig und somit auf dem Intervall $[a, b]$ integrierbar ist. Deshalb erhalten wir durch erneute Anwendung des Satzes von FUBINI

$$\begin{aligned} \int_a^b f(x)\,\mathrm{d}x &= \int_a^b \frac{1}{2\pi} \left(\int_{-\infty}^{\infty} \mathrm{e}^{-\mathrm{i}tx}\,\varphi(t)\,\mathrm{d}t \right) \mathrm{d}x \\ &= \frac{1}{2\pi} \int_{-\infty}^{\infty} \varphi(t) \left[\int_a^b \mathrm{e}^{-\mathrm{i}tx}\,\mathrm{d}x \right] \mathrm{d}t = \lim_{c\to\infty} \frac{1}{2\pi} \int_{-c}^{c} \varphi(t) \left[\int_a^b \mathrm{e}^{-\mathrm{i}tx}\,\mathrm{d}x \right] \mathrm{d}t \\ &= \lim_{c\to\infty} \frac{1}{2\pi} \int_{-c}^{c} \frac{\mathrm{e}^{-\mathrm{i}ta} - \mathrm{e}^{-\mathrm{i}tb}}{\mathrm{i}t}\,\varphi(t)\,\mathrm{d}t = F(b) - F(a) \end{aligned}$$

für alle Stetigkeitspunkte a und b der Funktion F. Daraus folgt

$$F(x) = \int_{-\infty}^{x} f(y)\,dy, \qquad x \in R,$$

und da f eine stetige Funktion und F nichtfallend ist, stellt f die Dichte von F dar.

Damit ist der Satz bewiesen.

Folgerung. Die Umkehrformel (25) liefert einen anderen Beweis der Aussage von Satz 2.

Satz 4. *Die Komponenten eines zufälligen Vektors $\xi = (\xi_1, \ldots, \xi_n)$ sind genau dann unabhängig, wenn seine charakteristische Funktion das Produkt der charakteristischen Funktionen der Komponenten ist:*

$$\mathbf{M}e^{i(t_1\xi_1+\cdots+t_n\xi_n)} = \prod_{k=1}^{n} \mathbf{M}e^{it_k\xi_k}, \qquad (t_1, \ldots, t_n) \in R^n.$$

Beweis. Die Notwendigkeit ergibt sich aus Aufgabe 1. Zum Beweis der Hinlänglichkeit bezeichne $F = F(x_1, \ldots, x_n)$ die Verteilungsfunktion des Vektors $\xi = (\xi_1, \ldots, \xi_n)$ und $F_k(x)$ die Verteilungsfunktion von ξ_k, $1 \leqq k \leqq n$. Wir setzen $G = G(x_1, \ldots, x_n) = F_1(x_1)\,F_2(x_2) \cdots F_n(x_n)$. Dann erhalten wir aus dem Satz von Fubini für alle $(t_1, \ldots, t_n) \in R^n$

$$\int_{R^n} e^{i(t_1x_1+\cdots+t_nx_n)}\,dG(x_1, \ldots, x_n) = \prod_{k=1}^{n} \int_{R} e^{it_kx_k}\,dF_k(x)$$

$$= \prod_{k=1}^{n} \mathbf{M}e^{it_k\xi_k} = \mathbf{M}e^{i(t_1\xi_1+\cdots+t_k\xi_k)} = \int_{R^n} e^{i(t_1x_1+\cdots+t_nx_n)}\,dF(x_1, \ldots, x_n).$$

Aus diesem Grunde schließen wir aus Satz 2 (präziser, aus seinem mehrdimensionalen Analogon; siehe Aufgabe 3) die Gleichheit $F = G$, und folglich sind die Größen $\xi_1, \ldots, \xi_n$ nach dem Satz aus § 5 unabhängig.

6. In Satz 1 wurden einige notwendige Bedingungen formuliert, denen eine charakteristische Funktion genügt. Somit ist beispielsweise eine Funktion φ, die eine der ersten drei Bedingungen nicht erfüllt, keine charakteristische Funktion.

Die Überprüfung dessen, ob eine uns interessierende Funktion charakteristische Funktion ist, erweist sich als schwieriger. Wir wollen eine Reihe von Resultaten in dieser Richtung formulieren, ohne sie zu beweisen.

Satz von Bochner-Chinčin. *Es sei φ eine auf R definierte stetige Funktion mit $\varphi(0) = 1$. Die Funktion φ ist genau dann charakteristische Funktion, wenn sie nichtnegativ definit ist, d. h., wenn für beliebige reelle $t_1, \ldots, t_n$ und beliebige komplexe Zahlen $\lambda_1, \ldots, \lambda_n$, $n = 1, 2, \ldots,$*

$$\sum_{i,j=1}^{n} \varphi(t_i - t_j)\,\lambda_i\overline{\lambda_j} \geqq 0 \tag{32}$$

gilt.

Die Notwendigkeit der Bedingung (32) ist evident, da man für $\varphi(t) = \int\limits_{-\infty}^{\infty} e^{itx}\, dF(x)$ die Beziehungen

$$\sum_{i,j=1}^{n} \varphi(t_i - t_j)\, \lambda_i \overline{\lambda_j} = \int\limits_{-\infty}^{\infty} \left| \sum_{k=1}^{n} \lambda_k e^{it_k x} \right|^2 dF(x) \geqq 0$$

erhält. Der Beweis der Hinlänglichkeit der Bedingung (32) ist schwieriger.

Satz von G. Pólya. *Eine stetige, gerade und konkave Funktion $\varphi = \varphi(t)$ möge die Eigenschaften $\varphi(t) \geqq 0$, $\varphi(0) = 1$ und $\varphi(t) \to 0$ für $t \to \infty$ besitzen. Dann ist φ eine charakteristische Funktion.*

Dieser Satz bietet eine überaus handliche Konstruktionsvorschrift für charakteristische Funktionen an. Danach sind beispielsweise die Abbildungen

$$\varphi_1(t) = e^{-|t|} \quad \text{und} \quad \varphi_2(t) = \begin{cases} 1 - |t|, & |t| \leqq 1, \\ 0, & |t| > 1, \end{cases}$$

charakteristische Funktionen. Dies trifft auch für die in Abb. 34 dargestellte Funktion $\varphi_3(t)$ zu. Auf dem Intervall $[-a, a]$ ist die Funktion φ_3 mit φ_2 identisch. Die ihnen entsprechenden Verteilungsfunktionen sind jedoch offensichtlich verschieden. Dieses Beispiel zeigt, daß für die Gleichheit der Verteilungsfunktionen die Gleichheit ihrer charakteristischen Funktionen auf einem endlichen Intervall im allgemeinen nicht hinreichend ist.

Satz von Marcinkiewicz. *Besitzt die charakteristische Funktion $\varphi(t)$ die Gestalt* $\exp \mathcal{P}(t)$, *wobei $\mathcal{P}(t)$ ein Polynom ist, so kann dessen Grad nicht größer als 2 sein.*

Aus diesem Satz folgt beispielsweise, daß die Funktion e^{-t^4} keine charakteristische Funktion ist.

7. Der folgende Satz ist ein Beispiel dafür, wie man aus Eigenschaften der charakteristischen Funktion einer zufälligen Größe nichttriviale Schlüsse auf deren Struktur ziehen kann.

Satz 5. *Es sei φ_ξ die charakteristische Funktion der zufälligen Größe ξ.*

a) *Gilt $|\varphi_\xi(t_0)| = 1$ für ein $t_0 \neq 0$, so besitzt die zufällige Größe ξ Gitterstruktur mit der Schrittlänge $h = 2\pi/t_0$, d. h., es ist*

$$\sum_{n=-\infty}^{\infty} \mathbf{P}(\xi = a + nh) = 1, \tag{33}$$

wobei a eine Konstante ist.

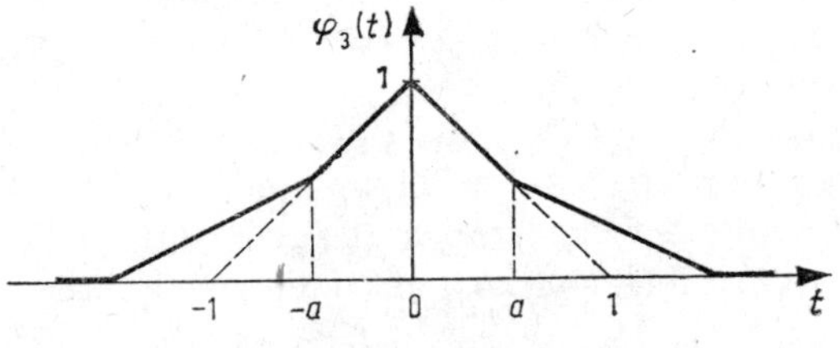

Abb. 34

b) *Ist* $|\varphi_\xi(t)| = |\varphi_\xi(\alpha t)| = 1$ *für zwei verschiedene Punkte* t *und* αt *erfüllt, wobei* α *eine irrationale Zahl bezeichnet, so ist die zufällige Größe* ξ *ausgeartet:*

$$\mathbf{P}(\xi = a) = 1,$$

wobei a *eine Konstante darstellt.*

c) *Gilt* $|\varphi_\xi(t)| \equiv 1$, *so ist die zufällige Größe* ξ *ausgeartet.*

Beweis. a) Gilt $|\varphi_\xi(t_0)| = 1$, $t_0 \neq 0$, so existiert eine Zahl a derart, daß für dieses t_0 die Beziehung $\varphi(t_0) = \mathrm{e}^{\mathrm{i}t_0 a}$ erfüllt ist. Dann haben wir

$$\mathrm{e}^{\mathrm{i}t_0 a} = \int_{-\infty}^{\infty} \mathrm{e}^{\mathrm{i}t_0 x}\,\mathrm{d}F(x) \Rightarrow 1 = \int_{-\infty}^{\infty} \mathrm{e}^{\mathrm{i}t_0(x-a)}\,\mathrm{d}F(x) \Rightarrow 1 = \int_{-\infty}^{\infty} \cos t_0(x-a)\,\mathrm{d}F(x)$$

$$\Rightarrow \int_{-\infty}^{\infty} [1 - \cos t_0(x-a)]\,\mathrm{d}F(x) = 0.$$

Infolge der Ungleichung $1 - \cos t_0(x-a) \geqq 0$ erhalten wir aus der Eigenschaft H (§ 6, Nr. 2)

$$1 = \cos t_0(\xi - a)$$

($\mathbf{P}$-f.s.), was zur Beziehung (33) äquivalent ist.

b) Aus der Voraussetzung $|\varphi_\xi(t)| = |\varphi_\xi(\alpha t)| = 1$ und (33) folgt

$$\sum_{n=-\infty}^{\infty} \mathbf{P}\left(\xi = a + \frac{2\pi}{t}\,n\right) = \sum_{m=-\infty}^{\infty} \mathbf{P}\left(\xi = b + \frac{2\pi}{\alpha t}\,m\right) = 1.$$

Falls ξ nicht ausgeartet ist, existieren in den Mengen

$$\left\{a + \frac{2\pi}{t}\,n,\ n = 0, \pm 1, \ldots\right\} \quad \text{und} \quad \left\{b + \frac{2\pi}{\alpha t}\,m,\ m = 0, \pm 1, \ldots\right\}$$

mindestens zwei Paare identischer Punkte

$$a + \frac{2\pi}{t}\,n_1 = b + \frac{2\pi}{\alpha t}\,m_1 \quad \text{und} \quad a + \frac{2\pi}{t}\,n_2 = b + \frac{2\pi}{\alpha t}\,m_2,$$

woraus sich

$$\frac{2\pi}{t}\,(n_1 - n_2) = \frac{2\pi}{\alpha t}\,(m_1 - m_2)$$

ergibt, was der Voraussetzung bezüglich der Irrationalität der Zahl α widerspricht.

Die Aussage c) folgt aus b). Damit ist der Satz bewiesen.

8. Es sei $\xi = (\xi_1, \ldots, \xi_k)$ ein zufälliger Vektor und $\varphi_\xi(t) = \mathbf{M}\mathrm{e}^{\mathrm{i}(t,\xi)}$, $t = (t_1, \ldots, t_k)$, seine charakteristische Funktion. Wir setzen voraus, daß für ein $n \geqq 1$ die Beziehung $\mathbf{M}\,|\xi_i|^n < \infty$, $i = 1, \ldots, k$, gilt. Mit der Hölderschen Ungleichung (6.29) und der Ljapunovschen Ungleichung (6.27) folgt daraus, daß die gemischten Momente

$\mathbf{M}(\xi_1^{\nu_1} \cdots \xi_k^{\nu_k})$ für alle nichtnegativen $\nu_1, \ldots, \nu_k$ existieren, welche der Bedingung $\nu_1 + \cdots + \nu_k \leqq n$ genügen.

Wie in Satz 1 schließt man daraus auf Existenz und Stetigkeit der partiellen Ableitungen

$$\frac{\partial^{\nu_1+\cdots+\nu_k}}{\partial t_1^{\nu_1} \cdots \partial t_k^{\nu_k}} \varphi_\xi(t_1, \ldots, t_k)$$

für $\nu_1 + \cdots + \nu_k \leqq n$. Entwickelt man $\varphi_\xi(t_1, \ldots, t_k)$ in eine Taylor-Reihe, so findet man

$$\varphi_\xi(t_1, \ldots, t_k) = \sum_{\nu_1+\cdots+\nu_k \leqq n} \frac{\mathrm{i}^{\nu_1+\cdots+\nu_k}}{\nu_1! \cdots \nu_k!} m_\xi^{(\nu_1,\ldots,\nu_k)} t_1^{\nu_1} \cdots t_k^{\nu_k} + o(|t|^n), \tag{34}$$

wobei $|t| = |t_1| + \cdots + |t_k|$ und

$$m_\xi^{(\nu_1,\ldots,\nu_k)} = \mathbf{M}\xi_1^{\nu_1} \cdots \xi_k^{\nu_k}$$

das *gemischte Moment der Ordnung* $\nu = (\nu_1, \ldots, \nu_k)$ bezeichnet.

Die Funktion $\varphi_\xi(t_1, \ldots, t_k)$ ist stetig, $\varphi_\xi(0, \ldots, 0) = 1$, und deshalb verschwindet sie in einer gewissen Umgebung von Null ($|t| < \delta$) nicht. In dieser Umgebung existieren die partiellen Ableitungen

$$\frac{\partial^{\nu_1+\cdots+\nu_k}}{\partial t_1^{\nu_1} \cdots \partial t_k^{\nu_k}} \ln \varphi_\xi(t_1, \ldots, t_k)$$

und sind stetig, wobei wir unter $\ln z$ den Hauptwert des Logarithmus verstehen. (Für $z = r\,\mathrm{e}^{\mathrm{i}\theta}$ wird $\ln z$ gleich $\ln r + \mathrm{i}\,\theta$ gesetzt.) Deshalb kann $\ln \varphi_\xi(t_1, \ldots, t_k)$ durch die Taylor-Formel dargestellt werden:

$$\ln \varphi_\xi(t_1, \ldots, t_k) = \sum_{\nu_1+\cdots+\nu_k \leqq n} \frac{\mathrm{i}^{\nu_1+\cdots+\nu_k}}{\nu_1! \cdots \nu_k!} s_\xi^{(\nu_1,\ldots,\nu_k)} t_1^{\nu_1} \cdots t_k^{\nu_k} + o(|t|^n), \tag{35}$$

wobei die Koeffizienten $s_\xi^{(\nu_1,\ldots,\nu_k)}$ (*gemischte*) *Semi-Invarianten* oder *Kumulanten der Ordnung* $\nu = (\nu_1, \ldots, \nu_k)$ des Vektors $\xi = (\xi_1, \ldots, \xi_k)$ genannt werden.

Wir bemerken, daß für zwei *unabhängige* Vektoren ξ und η die Beziehung

$$\ln \varphi_{\xi+\eta}(t) = \ln \varphi_\xi(t) + \ln \varphi_\eta(t) \tag{36}$$

und deshalb

$$s_{\xi+\eta}^{(\nu_1,\ldots,\nu_k)} = s_\xi^{(\nu_1,\ldots,\nu_k)} + s_\eta^{(\nu_1,\ldots,\nu_k)} \tag{37}$$

gilt. (Gerade diese Eigenschaft rechtfertigt die Bezeichnung „Semi-Invarianten" für $s_\xi^{(\nu_1,\ldots,\nu_k)}$.)

Um die Schreibweise zu vereinfachen und den Formeln (34) und (35) ein „eindimensionales" Aussehen zu geben, führen wir folgende Bezeichnungen ein.

Falls $\nu = (\nu_1, \ldots, \nu_k)$ ein Vektor mit nichtnegativen ganzzahligen Komponenten ist, setzen wir

$$\nu! = \nu_1! \cdots \nu_k!, \qquad |\nu| = \nu_1 + \cdots + \nu_k, \qquad t^\nu = t_1^{\nu_1} \cdots t_k^{\nu_k}.$$

Es sei ferner $s_\xi^{(\nu)} = s_\xi^{(\nu_1,\dots,\nu_k)}$ und $m_\xi^{(\nu)} = m_\xi^{(\nu_1,\dots,\nu_k)}$. Dann nehmen die Darstellungen (34) und (35) folgende Form an:

$$\varphi_\xi(t) = \sum_{|\nu| \leqq n} \frac{\mathrm{i}^{|\nu|}}{\nu!} m_\xi^{(\nu)} t^\nu + o(|t|^n), \tag{38}$$

$$\ln \varphi_\xi(t) = \sum_{|\nu| \leqq n} \frac{\mathrm{i}^{|\nu|}}{\nu!} s_\xi^{(\nu)} t^\nu + o(|t|^n). \tag{39}$$

Der folgende Satz und seine Folgerungen stellen *Beziehungen zwischen den Momenten und den Semi-Invarianten* bereit.

Satz 6. *Es sei* $\xi = (\xi_1, \dots, \xi_k)$ *ein zufälliger Vektor mit* $\mathbf{M}\,|\xi_i|^n < \infty$, $i = 1, \dots, k$; $n \geqq 1$. *Dann gilt für alle* $\nu = (\nu_1, \dots, \nu_k)$ *mit* $|\nu| \leqq n$

$$m_\xi^{(\nu)} = \sum_{\lambda^{(1)} + \dots + \lambda^{(q)} = \nu} \frac{1}{q!} \frac{\nu!}{\lambda^{(1)}! \dots \lambda^{(q)}!} \prod_{p=1}^{q} s_\xi^{(\lambda^{(p)})} \tag{40}$$

und

$$s_\xi^{(\nu)} = \sum_{\lambda^{(1)} + \dots + \lambda^{(q)} = \nu} \frac{(-1)^{q-1}}{q} \frac{\nu!}{\lambda^{(1)} \dots \lambda^{(q)}} \prod_{p=1}^{q} m_\xi^{(\lambda^{(p)})}, \tag{41}$$

wobei $\sum\limits_{\lambda^{(1)} + \dots + \lambda^{(q)} = \nu}$ *die Summation über alle Tupel ganzzahliger nichtnegativer Vektoren* $\lambda^{(p)}$, $|\lambda^{(p)}| > 0$, *bezeichnet, die in der Summe den Vektor* ν *ergeben.*

Beweis. Aus

$$\varphi_\xi(t) = \exp\left(\ln \varphi_\xi(t)\right)$$

erhalten wir durch Entwicklung von exp in die Taylor-Reihe und unter Berücksichtigung von (39)

$$\varphi_\xi(t) = 1 + \sum_{q=1}^{n} \frac{1}{q!} \left(\sum_{1 \leqq |\lambda| \leqq n} \frac{\mathrm{i}^{|\lambda|}}{\lambda!} s_\xi^{(\lambda)} t^\lambda \right)^q + o(|t|^n). \tag{42}$$

Durch Koeffizientenvergleich bei t^λ auf den rechten Seiten von (38) und (42) finden wir, wenn wir die Beziehung $|\lambda^{(1)}| + \dots + |\lambda^{(q)}| = |\lambda^{(1)} + \dots + \lambda^{(q)}|$ berücksichtigen, die Formel (40).

Weiter ergibt sich

$$\ln \varphi_\xi(t) = \ln \left[1 + \sum_{1 \leqq |\lambda| \leqq n} \frac{\mathrm{i}^{|\lambda|}}{\lambda!} m_\xi^{(\lambda)} t^\lambda + o(|t|^n) \right]. \tag{43}$$

Für kleine z ist die Entwicklung

$$\ln(1 + z) = \sum_{q=1}^{n} \frac{(-1)^{q-1}}{q} z^q + o(z^n)$$

gültig. Wenden wir diese Zerlegung auf (43) an und vergleichen wir danach die Koeffizienten von t^λ mit den entsprechenden Koeffizienten auf der rechten Seite von (38), so gelangen wir zu (41).

Folgerung 1. Es gelten folgende Beziehungen zwischen den Momenten und den Semi-Invarianten:

$$m_\xi^{(\nu)} = \sum_{\{r_1\lambda^{(1)}+\cdots+r_x\lambda^{(x)}=\nu\}} \frac{1}{r_1!\cdots r_x!}\,\frac{\nu!}{(\lambda^{(1)}!)^{r_1}\cdots(\lambda^{(x)}!)^{r_x}} \prod_{j=1}^{x} [s_\xi^{(\lambda^{(j)})}]^{r_j}, \tag{44}$$

$$s_\xi^{(\nu)} = \sum_{\{r_1\lambda^{(1)}+\cdots+r_x\lambda^{(x)}=\nu\}} \frac{(-1)^{q-1}(q-1)!}{r_1!\cdots r_x!}\,\frac{\nu!}{(\lambda^{(1)}!)^{r_1}\cdots(\lambda^{(x)}!)^{r_x}} \prod_{j=1}^{x} [m_\xi^{(\lambda^{(j)})}]^{r_j}, \tag{45}$$

wobei $\sum\limits_{\{r_1\lambda^{(1)}+\cdots+r_x\lambda^{(x)}=\nu\}}$ bedeutet, daß über jede ungeordnete Auswahl nichtnegativer ganzer Vektoren $\lambda^{(j)}$, $|\lambda^{(j)}| > 0$, und alle Tupel positiver ganzer Zahlen r_j mit $r_1\lambda^{(1)} + \cdots + r_x\lambda^{(x)} = \nu$ summiert wird.

Zum Beweis von (44) setzen wir voraus, daß unter den in (40) auftretenden Vektoren $\lambda^{(1)}, \ldots, \lambda^{(q)}$ genau r_1 Vektoren gleich $\lambda^{(i_1)}, \ldots, r_x$ Vektoren gleich $\lambda^{(i_x)}$ sind ($r_j > 0$, $r_1 + \cdots + r_x = q$), wobei sich alle Vektoren $\lambda^{(i_s)}$ voneinander unterscheiden. Es existieren genau $\dfrac{q!}{r_1!\cdots r_x!}$ verschiedene Folgen von Vektoren, die bis auf die Reihenfolge ihrer Glieder mit $(\lambda^{(1)}, \ldots, \lambda^{(q)})$ übereinstimmen. Wenn sich jedoch zwei Folgen, beispielsweise $(\lambda^{(1)}, \ldots, \lambda^{(q)})$ und $(\bar{\lambda}^{(1)}, \ldots, \bar{\lambda}^{(q)})$ nur in der Reihenfolge der Glieder unterscheiden, gilt $\prod\limits_{p=1}^{q} s_\xi^{(\lambda^{(p)})} = \prod\limits_{p=1}^{q} s_\xi^{(\bar{\lambda}^{(p)})}$. Identifizieren wir die Folgen miteinander, die lediglich in der Reihenfolge ihrer Glieder Unterschiede aufweisen, so erhalten wir aus (40) die Beziehung (44).

Auf analoge Weise leitet man aus (41) die Formel (45) ab.

Folgerung 2. Wir betrachten den Spezialfall $\nu = (1, \ldots, 1)$. In diesem Fall heißen die Momente $m_\xi^{(\nu)} = \mathbf{M}\xi_1 \cdots \xi_k$ und die entsprechenden Semi-Invarianten *einfach*.

Die Beziehungen zwischen den einfachen Momenten und den Semi-Invarianten erhält man aus den angegebenen Formeln. Es ist jedoch zweckmäßiger, sie in anderer Form aufzuschreiben. Dazu führen wir die folgenden Bezeichnungen ein.

Es sei $\xi = (\xi_1, \ldots, \xi_k)$ der zu betrachtende Vektor und $I_\xi = \{1, 2, \ldots, k\}$ die Indexmenge der Komponenten dieses Vektors. Falls $I \subseteqq I_\xi$ gilt, bezeichnen wir mit ξ_I den Vektor, der aus den Komponenten von ξ besteht, die in I liegen. Es sei $\chi(I)$ der Vektor $(\chi_1, \ldots, \chi_n)$ mit den Komponenten $\chi_i = 1$, falls $i \in I$, und $\chi_i = 0$, falls $i \notin I$ gilt. Diese Vektoren befinden sich in einer eineindeutigen Beziehung mit den Mengen $I \subseteqq I_\xi$. Deshalb setzen wir

$$m_\xi(I) = m_\xi^{(\chi(I))} \quad \text{und} \quad s_\xi(I) = s_\xi^{(\chi(I))}.$$

Die Größen $m_\xi(I)$ und $s_\xi(I)$ sind also die einfachen Momente bzw. Semi-Invarianten der Teilvektoren ξ_I des Vektors ξ.

Eine ungeordnete Auswahl disjunkter nichtleerer Mengen I_p mit der Eigenschaft $\sum\limits_p I_p = I$ heißt gemäß der Definition auf S. 26 *Zerlegung* der Menge I.

Unter Berücksichtigung dieser Bezeichnungen gelten die Beziehungen

$$m_\xi(I) = \sum_{\sum\limits_{p=1}^{q} I_p = I} \prod_{p=1}^{q} s_\xi(I_p) \tag{46}$$

und

$$s_\xi(I) = \sum_{\sum_{p=1}^{q} I_p = I} (-1)^{q-1}(q-1)! \prod_{p=1}^{q} m_\xi(I_p), \tag{47}$$

wobei $\sum_{\sum_{p=1}^{q} I_p = I}$ die Summation über alle möglichen Zerlegungen der Menge I, $1 \leqq q \leqq N(I)$, ausdrückt.

Zum Beweis der Darstellung (46) wenden wir uns der Formel (44) zu. Für den Fall $\nu = \chi(I)$ und $\lambda^{(1)} + \cdots + \lambda^{(q)} = \nu$ gilt $\lambda^{(p)} = \chi(I_p)$, $I_p \subseteqq I$; alle $\lambda^{(p)}$ sind verschieden, es ist $\lambda^{(p)}! = \nu! = 1$, und jeder ungeordneten Auswahl $[(I_1), \ldots, (I_q)]$ entspricht eineindeutig eine Zerlegung $I = \sum_{p=1}^{q} I_p$. Folglich erhalten wir aus (44) die Darstellung (46).

Auf analoge Weise leitet man aus (45) die Gültigkeit der Darstellung (47) her.

Beispiel 1. Es sei ξ eine zufällige Größe ($k = 1$) und $m_n = m_\xi^{(n)} = \mathbf{M}\xi^n$, $s_n = s_\xi^{(n)}$. Dann erhalten wir aus (40) und (41) folgende Formeln:

$$\begin{aligned} m_1 &= s_1, \\ m_2 &= s_2 + s_1^2, \\ m_3 &= s_3 + 3s_1s_2 + s_1^3, \\ m_4 &= s_4 + 3s_2^2 + 4s_1s_3 + 6s_1^2s_2 + s_1^4, \\ &\ldots\ldots\ldots\ldots\ldots\ldots \end{aligned} \tag{48}$$

und

$$\begin{aligned} s_1 &= m_1 = \mathbf{M}\xi, \\ s_2 &= m_2 - m_1^2 = \mathbf{D}\xi, \\ s_3 &= m_3 - 3m_1m_2 + 2m_1^3, \\ s_4 &= m_4 - 3m_2^2 - 4m_1m_3 + 12m_1^2m_2 - 6m_1^4, \\ &\ldots\ldots\ldots\ldots\ldots\ldots \end{aligned} \tag{49}$$

Beispiel 2. Es sei $\xi \sim \mathcal{N}(m, \sigma^2)$. Da wegen (9) die Beziehung

$$\ln \varphi_\xi(t) = itm - \frac{t^2\sigma^2}{2}$$

gilt, erhalten wir aus (39) die Formeln $s_1 = m$, $s_2 = \sigma^2$, und alle Semi-Invarianten ab der dritten verschwinden, d. h. $s_n = 0$, $n \geqq 3$.

Wir bemerken, daß nach dem Satz von Marcinkiewicz die Funktion $\exp \mathcal{P}(t)$, wobei $\mathcal{P}(t)$ ein Polynom ist, nur dann eine charakteristische Funktion sein kann, wenn der Grad dieses Polynoms nicht größer als 2 ist. Daraus folgt insbesondere, daß die Normalverteilung die *einzige* Verteilung ist, bei der alle Semi-Invarianten ab einer gewissen Stelle verschwinden.

Beispiel 3. Für eine Poissonsche zufällige Größe ξ mit dem Parameter $\lambda > 0$ gilt entsprechend (11)

$$\ln \varphi_\xi(t) = \lambda(e^{it} - 1).$$

Daraus folgt für alle $n \geqq 1$

$$s_n = \lambda. \tag{50}$$

Beispiel 4. Es sei $\xi = (\xi_1, \ldots, \xi_k)$ ein zufälliger Vektor. Dann gilt

$$\begin{aligned} m_\xi(1) &= s_\xi(1), \\ m_\xi(1, 2) &= s_\xi(1, 2) + s_\xi(1)\, s_\xi(2), \\ m_\xi(1, 2, 3) &= s_\xi(1, 2, 3) + s_\xi(1, 2)\, s_\xi(3) \\ &\quad + s_\xi(1, 3)\, s_\xi(2) \\ &\quad + s_\xi(2, 3)\, s_\xi(1) + s_\xi(1)\, s_\xi(2)\, s_\xi(3), \\ &\ldots\ldots\ldots\ldots\ldots\ldots\ldots\ldots \end{aligned} \tag{51}$$

Diese Formeln zeigen, daß sich die einfachen Momente auf überaus *symmetrische* Weise durch die Semi-Invarianten ausdrücken lassen. Setzen wir $\xi_1 \equiv \xi_2 \equiv \ldots \equiv \xi_k$, so erhalten wir aus ihnen selbstverständlich die Formeln (48).

Aus (51) wird die Gruppierung der Koeffizienten in (48) verständlich. Aus (51) folgt ebenfalls

$$s_\xi(1, 2) = m_\xi(1, 2) - m_\xi(1)\, m_\xi(2) = \mathbf{M}\xi_1\xi_2 - \mathbf{M}\xi_1\mathbf{M}\xi_2, \tag{52}$$

d. h., $s_\xi(1, 2)$ ist nichts anderes als die *Kovarianz* der zufälligen Größen ξ_1 und ξ_2.

9. Es sei ξ eine zufällige Größe mit der Verteilungsfunktion $F = F(x)$ und der charakteristischen Funktion φ. Wir setzen die Existenz aller Momente $m_n = \mathbf{M}\xi^n$, $n \geqq 1$, voraus.

Aus Satz 2 folgt, daß die charakteristische Funktion eindeutig die Wahrscheinlichkeitsverteilung festlegt. Wir stellen nun folgende Frage (Eindeutigkeit des Momentenproblems): Bestimmen die Momente $(m_n)_{n \geqq 1}$ eindeutig die *Wahrscheinlichkeitsverteilung*?

Präziser ausgedrückt: F und G seien zwei Verteilungsfunktionen, deren Momente alle übereinstimmen, d. h., für alle ganzen $n \geqq 0$ gilt

$$\int_{-\infty}^{\infty} x^n \, dF(x) = \int_{-\infty}^{\infty} x^n \, dG(x). \tag{53}$$

Folgt daraus die Gleichheit der Funktionen F und G?

Im allgemeinen ist die Antwort auf diese Frage negativ. Um uns davon zu überzeugen, betrachten wir die Verteilung F mit der Dichte

$$f(x) = \begin{cases} k e^{-\alpha x^\lambda}, & x > 0, \\ 0 & x \leqq 0, \end{cases}$$

wobei $\alpha > 0$, $0 < \lambda < 1/2$ gilt und sich die Konstante k aus der Normierung $\int\limits_0^\infty f(x)\,\mathrm{d}x = 1$ ergibt.

Wir bezeichnen $\alpha \tan \lambda\pi$ mit β, und es sei $g(x) = 0$ für alle $x \leqq 0$ sowie

$$g(x) = k\,\mathrm{e}^{-\alpha x^\lambda}[1 + \varepsilon \sin(\beta x^\lambda)], \qquad |\varepsilon| < 1,\ x > 0.$$

Es ist klar, daß $g(x) \geqq 0$ gilt. Wir zeigen nun für alle ganzen $n \geqq 0$ die Beziehung

$$\int\limits_0^\infty x^n\,\mathrm{e}^{-\alpha x^\lambda} \sin \beta x^\lambda\,\mathrm{d}x = 0. \tag{54}$$

Bekanntlich erhält man für $p > 0$ und komplexe q mit $\operatorname{Re} q > 0$ die Formel

$$\int\limits_0^\infty t^{p-1}\,\mathrm{e}^{-qt}\,\mathrm{d}t = \frac{\Gamma(p)}{q^p}.$$

Wir setzen hier $p = \dfrac{n+1}{\lambda}$, $q = \alpha + \mathrm{i}\beta$, $t = x^\lambda$. Dann erhalten wir

$$\int\limits_0^\infty x^{\lambda\left(\frac{n+1}{\lambda}-1\right)}\,\mathrm{e}^{-(\alpha+\mathrm{i}\beta)x^\lambda}\lambda x^{\lambda-1}\,\mathrm{d}x = \lambda\int\limits_0^\infty x^n\,\mathrm{e}^{-(\alpha+\mathrm{i}\beta)x^\lambda}\,\mathrm{d}x$$

$$= \lambda\int\limits_0^\infty x^n\,\mathrm{e}^{-\alpha x^\lambda}\cos\beta x^\lambda\,\mathrm{d}x - \mathrm{i}\lambda\int\limits_0^\infty x^n\,\mathrm{e}^{-\alpha x^\lambda}\sin\beta x^\lambda\,\mathrm{d}x$$

$$= \frac{\Gamma\left(\frac{n+1}{\lambda}\right)}{\alpha^{\frac{n+1}{\lambda}}(1 + \mathrm{i}\tan\lambda\pi)^{\frac{n+1}{\lambda}}}. \tag{55}$$

Es ist jedoch auch

$$(1 + \mathrm{i}\tan\lambda\pi)^{\frac{n+1}{\lambda}} = (\cos\lambda\pi + \mathrm{i}\sin\lambda\pi)^{\frac{n+1}{\lambda}}(\cos\lambda\pi)^{-\frac{n+1}{\lambda}}$$

$$= \mathrm{e}^{\mathrm{i}\pi(n+1)}(\cos\lambda\pi)^{-\frac{n+1}{\lambda}} = \cos\pi(n+1)\cdot\cos(\lambda\pi)^{-\frac{n+1}{\lambda}}$$

erfüllt, da $\sin\pi(n+1) = 0$ gilt.

Somit ist die rechte Seite in (55) reellwertig, was die Gültigkeit der Formel (54) für alle $n \geqq 0$ bewirkt. Wir wählen jetzt für G eine Verteilungsfunktion mit der Dichte g. Dann folgt aus (54), daß alle Momente der Verteilungsfunktionen F und G übereinstimmen, d. h., für alle ganzen $n \geqq 0$ ist die Gleichheit (53) erfüllt.

Wir führen nun einige hinreichende Bedingungen an, welche die Eindeutigkeit der Lösung des Momentenproblems sichern.

Satz 7. *Es sei* $F = F(x)$ *eine Verteilungsfunktion und* $\mu_n = \int\limits_{-\infty}^{\infty} |x|^n\,\mathrm{d}F(x)$. *Falls die Bedingung*

$$\overline{\lim_{n\to\infty}}\,\frac{\mu_n^{1/n}}{n} < \infty \tag{56}$$

erfüllt ist, bestimmen die Momente $(m_n)_{n \geqq 1}$ *mit* $m_n = \int_{-\infty}^{\infty} x^n \, \mathrm{d}F(x)$ *eindeutig die Verteilungsfunktion* $F = F(x)$.

Beweis. Aus (56) und der Aussage 7 von Satz 1 ergibt sich die Existenz eines $t_0 > 0$, so daß für alle $|t| \leqq t_0$ die charakteristische Funktion $\varphi(t) = \int_{-\infty}^{\infty} \mathrm{e}^{\mathrm{i}tx} \, \mathrm{d}F(x)$ in der Form

$$\varphi(t) = \sum_{k=0}^{\infty} \frac{(\mathrm{i}t)^k}{k!} m_k$$

darstellbar ist und demzufolge die Momente $(m_n)_{n \geqq 1}$ eindeutig den Wert der charakteristischen Funktion $\varphi(t)$ für alle $|t| \leqq t_0$ bestimmen.

Wir wählen einen Punkt s mit $|s| \leqq t_0/2$. Dann ergibt sich aus (56) genau wie beim Beweis von (15), daß für alle $|t - s| \leqq t_0$ die Beziehung

$$\varphi(t) = \sum_{k=0}^{\infty} \frac{\mathrm{i}^k (t - s)^k}{k!} \varphi^{(k)}(s)$$

gilt, wobei

$$\varphi^{(k)}(s) = \mathrm{i}^k \int_{-\infty}^{\infty} x^k \, \mathrm{e}^{\mathrm{i}sx} \, \mathrm{d}F(x)$$

eindeutig durch die Momente $(m_n)_{n \geqq 1}$ festgelegt ist. Infolgedessen bestimmen diese Momente $\varphi(t)$ für alle $|t| \leqq \frac{3}{2} t_0$ eindeutig. Durch Fortsetzung dieses Prozesses überzeugen wir uns davon, daß die Momente $(m_n)_{n \geqq 1}$ die Funktion $\varphi(t)$ für alle t und somit auch $F(x)$ eindeutig bestimmen.

Damit ist der Satz bewiesen.

Folgerung 1. Die Momente bestimmen eindeutig jede Wahrscheinlichkeitsverteilung, *die auf einem endlichen Intervall konzentriert ist.*

Folgerung 2. Für die Eindeutigkeit der Lösung des Momentenproblems ist die Bedingung

$$\overline{\lim_{n \to \infty}} \frac{(m_{2n})^{1/2n}}{2n} < \infty \tag{57}$$

hinreichend.

Zum Beweis genügt es zu bemerken, daß sich die ungeraden Momente durch die geraden abschätzen lassen und dann die Bedingung (56) benutzt werden kann.

Beispiel. Es sei F die Verteilungsfunktion der Normalverteilung

$$F(x) = \frac{1}{\sqrt{2\pi\sigma^2}} \int_{-\infty}^{x} \mathrm{e}^{-\frac{t^2}{2\sigma^2}} \, \mathrm{d}t.$$

Dann erhalten wir $m_{2n+1} = 0$, $m_{2n} = \frac{(2n)!}{2^n n!} \sigma^{2n}$, und aus (57) folgt, daß nur die Normalverteilung diese Momente besitzt.

Abschließend erwähnen wir (ohne Beweis) das

Kriterium von T. Carleman für die Eindeutigkeit der Lösung des Momentenproblems.

a) *Es seien* $(m_n)_{n\geq 1}$ *die Momente einer Wahrscheinlichkeitsverteilung, wobei*

$$\sum_{n=0}^{\infty} \frac{1}{(m_{2n})^{1/2n}} = \infty$$

gilt. Dann bestimmen sie die Wahrscheinlichkeitsverteilung eindeutig.

b) *Sind* $(m_n)_{n\geq 1}$ *die Momente einer auf* $[0, \infty)$ *konzentrierten Verteilung, so genügt es, für die Eindeutigkeit der Verteilung*

$$\sum_{n=0}^{\infty} \frac{1}{(m_n)^{1/2n}} = \infty$$

zu fordern.

10. Es seien F und G zwei Verteilungsfunktionen mit den charakteristischen Funktionen f und g. Der folgende Satz, den wir ohne Beweis anführen, erlaubt es, den Abstand der Verteilungsfunktionen F und G in der gleichmäßigen Metrik durch den Abstand ihrer charakteristischen Funktionen f und g abzuschätzen.

Satz (Ungleichung von Esseen). *Die Funktion* G *möge die Ableitung* G' *besitzen, und es gelte* $\sup_x |G'(x)| \leq C$. *Dann ist für jedes* $T > 0$ *die Ungleichung*

$$\sup_x |F(x) - G(x)| \leq \frac{2}{\pi} \int_0^T \left| \frac{f(t) - g(t)}{t} \right| dt + \frac{24}{\pi T} \sup_x |G'(x)| \tag{58}$$

erfüllt.

(Diese Abschätzung wird in Kapitel III, § 6, beim Beweis des Satzes über die Konvergenzgeschwindigkeit im zentralen Grenzwertsatz ausgenutzt.)

11. Aufgaben

1. Es seien ξ und η unabhängige zufällige Größen. Ferner sei $f(x) = f_1(x) + if_2(x)$ sowie $g(x) = g_1(x) + ig_2(x)$, wobei f_k und g_k für $k = 1, 2$ Borel-Funktionen bezeichnen. Man zeige, daß im Fall $\mathbf{M}\, |f(\xi)| < \infty$ und $\mathbf{M}\, |g(\xi)| < \infty$ die Beziehungen

$$\mathbf{M}\, |f(\xi)\, g(\eta)| < \infty \quad \text{und} \quad \mathbf{M} f(\xi)\, g(\eta) = \mathbf{M} f(\xi) \cdot \mathbf{M} g(\eta)$$

gelten.

2. Es sei $\xi = (\xi_1, \ldots, \xi_n)$ und $\mathbf{M}\, \|\xi\|^n < \infty$, wobei $\|\xi\| = +\sqrt{\sum \xi_i^2}$ gesetzt ist. Man zeige die Gültigkeit von

$$\varphi_\xi(t) = \sum_{k=0}^{n} \frac{i^k}{k!} \mathbf{M}(t, \xi)^m + \varepsilon_n(t)\, \|t\|^n,$$

wobei $t = (t_1, \ldots, t_n)$ und $\varepsilon_n(t) \to 0$, $t \to 0$ gilt.

3. Man beweise Satz 2 für n-dimensionale Verteilungsfunktionen $F = F_n(x_1, \ldots, x_n)$ und $G = G_n(x_1, \ldots, x_n)$.

4. Es sei $F = F(x_1, \ldots, x_n)$ eine n-dimensionale Verteilungsfunktion und $\varphi = \varphi(t_1, \ldots, t_n)$ ihre charakteristische Funktion. Unter Benutzung der Bezeichnung (3.12) leite man die Umkehrformel

$$\mathsf{P}(a, b] = \lim_{c \to \infty} \frac{1}{(2\pi)^n} \int_{-c}^{c} \prod_{k=1}^{n} \frac{e^{-it_k a_k} - e^{-it_k b_k}}{it_k} \varphi(t_1, \ldots, t_k) \, dt_1 \cdots dt_k$$

her. (Es wird vorausgesetzt, daß $(a, b]$ ein Stetigkeitsintervall der Funktion $\mathsf{P}(a, b]$ ist, d. h., für alle $k = 1, \ldots, n$ sind die Punkte a_k und b_k Stetigkeitspunkte der marginalen Verteilungsfunktionen $F_k(x_k)$, die man aus $F(x_1, \ldots, x_n)$ erhält, wenn man alle Veränderlichen außer x_k gleich ∞ setzt.)

5. Es seien φ_k, $k \geqq 1$, charakteristische Funktionen und λ_k, $k \geqq 1$, nichtnegative Zahlen mit der Eigenschaft $\sum \lambda_k = 1$. Man zeige, daß $\sum \lambda_k \varphi_k$ eine charakteristische Funktion ist.

6. Ergeben $\operatorname{Re} \varphi$ und $\operatorname{Im} \varphi$ charakteristische Funktionen, falls φ eine solche ist?

7. Es seien φ_1, φ_2 und φ_3 charakteristische Funktionen, und es gelte $\varphi_1\varphi_2 = \varphi_1\varphi_3$. Folgt daraus $\varphi_2 = \varphi_3$?

8. Man stelle eine Tabelle der charakteristischen Funktionen für die in § 3, Tabelle 1 und 2, angeführten Verteilungen auf.

9. Es sei ξ eine ganzzahlige zufällige Größe und φ_ξ ihre charakteristische Funktion. Man zeige

$$\mathsf{P}(\xi = k) = \frac{1}{2\pi} \int_{-\pi}^{\pi} e^{-ikt} \varphi_\xi(t) \, dt, \qquad k = 0, \pm 1, \pm 2, \ldots$$

§ 13. Gaußsche Systeme

1. Gaußsche oder normalverteilte zufällige Größen und Gaußsche Prozesse und Systeme spielen eine außerordentlich wichtige Rolle in der Wahrscheinlichkeitstheorie und der mathematischen Statistik. Das erklärt sich vor allem durch die Gültigkeit des zentralen Grenzwertsatzes (vgl. Kapitel III, § 4, und Kapitel VII, § 8), als dessen Spezialfall sich der Satz von DE MOIVRE-LAPLACE erweist (vgl. Kapitel I, § 6). Dieser Satz besagt: Die Normalverteilung besitzt in dem Sinne universellen Charakter, daß die Verteilung der Summe einer großen Anzahl unabhängiger zufälliger Größen oder zufälliger Vektoren, die nicht allzu einschränkenden Bedingungen unterworfen sind, gut durch dieses Verteilungsgesetz approximiert wird.

Gerade diese Tatsache liefert die theoretische Erklärung für das in der statistischen Praxis verbreitete „Fehlergesetz", das darin besteht, daß der Meßfehler, der sich aus vielen unabhängigen „Elementarfehlern" zusammensetzt, normalverteilt ist.

Die mehrdimensionale Normalverteilung wird durch eine geringe Anzahl von Parametern beschrieben, was ihren unbestreitbaren Vorteil bei der Konstruktion einfacher wahrscheinlichkeitstheoretischer Modelle ausmacht. Normalverteilte zufällige Größen besitzen ein endliches zweites Moment, und infolgedessen kann man ihre Eigenschaften mit Hilbert-Raum-Methoden untersuchen. Als wichtig erweist sich dabei der Umstand, daß im normalverteilten Fall die Unkorreliertheit in die Unabhängigkeit übergeht, was die Möglichkeit für eine bedeutende Verschärfung der Resultate der „L^2-Theorie" eröffnet.

2. Wir erinnern daran, daß gemäß § 8 eine zufällige Größe $\xi = \xi(\omega)$ Gaußsch oder normalverteilt mit den Parametern m und σ^2 $\left(\xi \sim \mathcal{N}(m, \sigma^2)\right)$, $|m| < \infty$, $\sigma^2 > 0$, genannt wurde, wenn ihre Dichte f die Form

$$f_\xi(x) = \frac{1}{\sqrt{2\pi}\,\sigma}\, e^{-\frac{(x-m)^2}{2\sigma^2}} \tag{1}$$

mit $\sigma = +\sqrt{\sigma^2}$ besitzt.

Für $\sigma \downarrow 0$ konvergiert die Dichte f_ξ gegen die δ-Funktion im Punkt $x = m$. Es ist deshalb naheliegend zu sagen, daß die zufällige Größe ξ normalverteilt mit den Parametern m und $\sigma^2 = 0$ ist $\left(\xi \sim \mathcal{N}(m, 0)\right)$, falls ξ so beschaffen ist, daß $\mathbf{P}(\xi = m) = 1$ gilt.

Man kann jedoch auch eine Definition angeben, die gleichzeitig den *nichtausgearteten* ($\sigma^2 > 0$) und den *ausgearteten* Fall ($\sigma^2 = 0$) beinhaltet. Zu diesem Zweck betrachten wir die charakteristische Funktion $\varphi_\xi(t) \equiv \mathbf{M} e^{it\xi}$, $t \in R$.

Für $\mathbf{P}(\xi = m) = 1$ folgt offenbar

$$\varphi_\xi(t) = e^{itm}, \tag{2}$$

und für den Fall $\xi \sim \mathcal{N}(m, \sigma^2)$, $\sigma^2 > 0$, erhalten wir gemäß (12.9)

$$\varphi_\xi(t) = e^{itm - \frac{t^2\sigma^2}{2}}. \tag{3}$$

Man sieht leicht, daß für $\sigma^2 = 0$ die rechte Seite von (3) mit der rechten Seite von (2) übereinstimmt. Daraus und aus Satz 1 von § 12 folgt, daß man eine normalverteilte zufällige Größe mit den Parametern m und σ^2 ($|m| < \infty$, $\sigma^2 \geqq 0$) als eine solche Größe definieren kann, für die die charakteristische Funktion φ_ξ durch die Beziehung (3) gegeben ist. Der auf die Heranziehung der charakteristischen Funktionen gegründete Zugang ist im mehrdimensionalen Fall besonders zweckmäßig.

Es sei $\xi = (\xi_1, \ldots, \xi_n)$ ein zufälliger Vektor und

$$\varphi_\xi(t) = e^{i(t,\xi)}, \qquad t = (t_1, \ldots, t_n) \in R^n, \tag{4}$$

seine charakteristische Funktion (siehe Definition 2 in § 12).

Definition 1. Der zufällige Vektor $\xi = (\xi_1, \ldots, \xi_n)$ heißt *Gaußsch* oder *normalverteilt*, falls seine charakteristische Funktion φ_ξ die Gestalt

$$\varphi_\xi(t) = e^{i(t,m) - \frac{1}{2}(\mathbb{R}t,t)} \tag{5}$$

besitzt, wobei $m = (m_1, \ldots, m_n)$ mit $|m_k| < \infty$ gesetzt wurde und $\mathbb{R} = \|r_{kl}\|$ eine symmetrische, nichtnegativ definite $(n \times n)$-Matrix darstellt. (Als Kurzform werden wir die Bezeichnung $\xi \sim \mathcal{N}(m, \mathbb{R})$ benutzen.)

In Zusammenhang mit der angegebenen Definition entsteht vor allen Dingen die Frage, ob die Funktion (5) eine charakteristische Funktion ist. Wir zeigen nun, daß dies tatsächlich der Fall ist.

Zu diesem Zweck setzen wir zunächst voraus, daß die Matrix $\mathbb{R}$ nicht ausgeartet ist. Dann sind die inverse Matrix $A = \mathbb{R}^{-1}$ und die Funktion

$$f(x) = \frac{|A|^{1/2}}{(2\pi)^{n/2}} \exp\left\{-\frac{1}{2}\big(A(x-m), (x-m)\big)\right\} \tag{6}$$

definiert, wobei $x = (x_1, \ldots, x_n)$ und $|A| = \det A$ gesetzt wurde. Wir zeigen jetzt die Gültigkeit der Beziehung

$$\int_{R^n} \mathrm{e}^{\mathrm{i}(t,x)} f(x)\, \mathrm{d}x = \mathrm{e}^{\mathrm{i}(t,m) - \frac{1}{2}(\mathbb{R}t,t)}$$

oder äquivalent dazu

$$I_n \equiv \int_{R^n} \mathrm{e}^{\mathrm{i}(t,x-m)} \frac{|A|^{1/2}}{(2\pi)^{n/2}} \mathrm{e}^{-\frac{1}{2}(A(x-m),(x-m))}\, \mathrm{d}x = \mathrm{e}^{-\frac{1}{2}(\mathbb{R}t,t)}. \tag{7}$$

Wir führen im Integral die Substitution

$$x - m = \mathcal{O}u, \qquad t = \mathcal{O}v$$

durch, wobei $\mathcal{O}$ eine orthogonale Matrix mit

$$\mathcal{O}^*\mathbb{R}\mathcal{O} = D$$

und

$$D = \begin{pmatrix} d_1 & & & 0 \\ & \cdot & & \\ & & \cdot & \\ & & & \cdot \\ 0 & & & d_n \end{pmatrix}$$

eine Diagonalmatrix mit $d_i \geqq 0$ ist (siehe den Beweis des Lemmas in § 8). Aus $|\mathbb{R}| = \det \mathbb{R} \neq 0$ schließen wir $d_i > 0$, $i = 1, \ldots, n$. Deshalb gilt

$$|A| = |\mathbb{R}^{-1}| = d_1^{-1} \cdots d_n^{-1}. \tag{8}$$

Weiter erhalten wir (siehe die Bezeichnungen in § 12, Nr. 1)

$$\begin{aligned} \mathrm{i}(t, x-m) - \frac{1}{2}\big(A(x-m), (x-m)\big) &= \mathrm{i}(\mathcal{O}v, \mathcal{O}u) - \frac{1}{2}(A\mathcal{O}u, \mathcal{O}u) \\ &= \mathrm{i}(\mathcal{O}v)^*\, \mathcal{O}u - \frac{1}{2}(\mathcal{O}u)^*\, A(\mathcal{O}u) \\ &= \mathrm{i}v^*u - \frac{1}{2}u^*\mathcal{O}^*A\mathcal{O}u \\ &= \mathrm{i}v^*u - \frac{1}{2}u^*D^{-1}u. \end{aligned}$$

Gemeinsam mit (8) und (12.9) ergibt dies

$$I_n = \frac{1}{(2\pi)^{n/2}(d_1 \cdots d_n)^{1/2}} \int_{R^n} e^{iv^*u - \frac{1}{2}u^*D^{-1}u}\, du$$

$$= \prod_{k=1}^{n} \frac{1}{(2\pi\, d_k)^{1/2}} \int_{-\infty}^{\infty} e^{iv_ku_k - \frac{u_k^2}{2d_k}}\, du_k = \prod_{k=1}^{n} e^{-\frac{v_k^2 d_k}{2}}$$

$$= e^{-\frac{1}{2}v^*Dv} = e^{-\frac{1}{2}v^*O^*\mathbb{R}Ov} = e^{-\frac{1}{2}t^*\mathbb{R}t} = e^{-\frac{1}{2}(\mathbb{R}t,t)}.$$

Aus (6) folgt ebenfalls

$$\int_{R^n} f(x)\, dx = 1. \tag{9}$$

Somit ist die Funktion (5) die charakteristische Funktion der n-dimensionalen (nichtausgearteten) Normalverteilung (siehe § 3, Punkt 3).

Die Matrix $\mathbb{R}$ sei nun ausgeartet. Wir wählen $\varepsilon > 0$ und betrachten die positiv definite symmetrische Matrix $\mathbb{R}^\varepsilon = \mathbb{R} + \varepsilon E$. Aus dem bereits Bewiesenen wissen wir, daß die Funktion

$$\varphi^\varepsilon(t) = e^{i(t,m) - \frac{1}{2}(\mathbb{R}^\varepsilon t,t)}$$

eine charakteristische Funktion ist:

$$\varphi^\varepsilon(t) = \int_{R^n} e^{i(t,x)}\, dF_\varepsilon(x).$$

Dabei bezeichnet $F_\varepsilon(x) = F_\varepsilon(x_1, \ldots, x_n)$ eine n-dimensionale Verteilungsfunktion. Für $\varepsilon \to 0$ ergibt sich

$$\varphi^\varepsilon(t) \to \varphi(t) = e^{i(t,m) - \frac{1}{2}(\mathbb{R}t,t)}.$$

Die Grenzfunktion φ ist im Nullpunkt $(0, \ldots, 0)$ stetig. Deshalb können wir auf Grund von Satz 1 und Aufgabe 1 aus Kapitel III, § 3, schlußfolgern, daß sie eine charakteristische Funktion ist.

Somit ist die Korrektheit der Definition 1 hergeleitet.

3. Wir wollen uns nun die Bedeutung des Vektors m und der Matrix $\mathbb{R} = \|r_{kl}\|$, die in der charakteristischen Funktion (5) auftreten, klarmachen. Wegen

$$\ln \varphi_\xi(t) = i(t, m) - \frac{1}{2}(\mathbb{R}t, t) = i \sum_{k=1}^{n} t_k m_k - \frac{1}{2} \sum_{k,l=1}^{n} r_{kl} t_k t_l \tag{10}$$

ergibt sich aus (12.35) und den Beziehungen zwischen Momenten und den Semi-Invarianten

$$m_1 = s_\xi^{(1,0,\ldots,0)} = \mathbf{M}\xi_1, \ldots, m_k = s_\xi^{(0,\ldots,0,1)} = \mathbf{M}\xi_k.$$

Analog erhalten wir

$$r_{11} = s_\xi^{(2,0,\ldots,0)} = \mathbf{D}\xi_1, \qquad r_{12} = s_\xi^{(1,1,0,\ldots)} = \operatorname{cov}(\xi_1, \xi_2)$$

und allgemein

$$r_{kl} = \operatorname{cov}(\xi_k, \xi_l).$$

Also ist m der *Vektor der Erwartungswerte* der Komponenten von ξ und $\mathbb{R}$ die *Kovarianzmatrix.*

Falls die Matrix $\mathbb{R}$ nicht ausgeartet ist, kann man zu diesem Resultat auch anders gelangen. In diesem Fall besitzt der Vektor nämlich eine Dichte f, die durch (6) gegeben ist. Die direkte Rechnung zeigt dann

$$\begin{aligned} \mathbf{M}\xi_k &\equiv \int x_k f(x)\,\mathrm{d}x = m_k, \\ \operatorname{cov}(\xi_k, \xi_l) &= \int (x_k - m_k)(x_l - m_l) f(x)\,\mathrm{d}x = r_{kl}. \end{aligned} \tag{11}$$

4. Wir wenden uns nun der Betrachtung einiger einfacher Eigenschaften Gaußscher Vektoren zu.

Satz 1. a) *Bei normalverteilten Vektoren ist die Unkorreliertheit ihrer Komponenten gleichbedeutend mit ihrer Unabhängigkeit.*

b) *Ein Vektor $\xi = (\xi_1, \ldots, \xi_n)$ ist genau dann normalverteilt, wenn die zufälligen Größen $(\xi, \lambda) = \lambda_1\xi_1 + \cdots + \lambda_n\xi_n$ für jeden Vektor $\lambda = (\lambda_1, \ldots, \lambda_n)$, $\lambda_k \in R$, eine Normalverteilung besitzen.*

Beweis. a) Sind die Komponenten des Vektors $\xi = (\xi_1, \ldots, \xi_n)$ unkorreliert, so folgt aus der Gestalt der charakteristischen Funktion φ_ξ, daß sie sich als Produkt der charakteristischen Funktionen

$$\varphi_\xi(t) = \prod_{k=1}^{n} \varphi_{\xi_k}(t_k)$$

darstellen läßt. Deshalb sind die Komponenten $\xi_1, \ldots, \xi_n$ gemäß § 12, Satz 4, unabhängig.

Die umgekehrte Aussage ist evident, da aus der Unabhängigkeit stets die Unkorreliertheit folgt.

b) Falls ξ ein normalverteilter Vektor ist, folgt aus (5)

$$\mathbf{M}\exp\{it(\xi_1\lambda_1 + \cdots + \xi_n\lambda_n)\} = \exp\left\{it(\textstyle\sum \lambda_k m_k) - \dfrac{t^2}{2}(\textstyle\sum r_{kl}\lambda_k\lambda_l)\right\}, \qquad t \in R,$$

und somit

$$(\xi, \lambda) \sim \mathcal{N}(\textstyle\sum \lambda_k m_k, \sum r_{kl}\lambda_k\lambda_l).$$

Umgekehrt bedeutet die Normalverteilung der zufälligen Größe $(\xi, \lambda) = \xi_1\lambda_1 + \cdots + \xi_n\lambda_n$ insbesondere

$$\mathbf{M}e^{i(\xi,\lambda)} = e^{i\mathbf{M}(\xi,\lambda) - \frac{\mathbf{D}(\xi,\lambda)}{2}} = e^{i\sum\lambda_k \mathbf{M}\xi_k - \frac{1}{2}\sum\lambda_k\lambda_l \operatorname{cov}(\xi_k,\xi_l)}.$$

Aus der Willkür von $\lambda_1, \ldots, \lambda_n$ und aus Definition 1 folgt nun, daß der Vektor $\xi = (\xi_1, \ldots, \xi_n)$ normalverteilt ist.

Damit ist der Satz bewiesen.

Bemerkung. Es sei (θ, ξ) ein Gaußscher Vektor mit $\theta = (\theta_1, \ldots, \theta_k)$ und $\xi = (\xi_1, \ldots, \xi_l)$. Falls die Vektoren θ und ξ unkorreliert sind, d. h. $\operatorname{cov}(\theta_i, \xi_j) = 0$, $i = 1, \ldots, k$, $j = 1, \ldots, l$, gilt, sind sie unabhängig.

Der Beweis verläuft genauso wie der der Behauptung a) des Satzes.

Es sei $\xi = (\xi_1, \ldots, \xi_n)$ ein Gaußscher Vektor. Der Einfachheit halber setzen wir voraus, daß alle Komponenten den Erwartungswert 0 besitzen. Gilt rang $\mathbb{R} = r < n$, so existieren, wie in § 11 gezeigt wurde, genau $n - r$ lineare Beziehungen zwischen den Größen $\xi_1, \ldots, \xi_n$. In diesem Fall kann man annehmen, daß beispielsweise die Größen $\xi_1, \ldots, \xi_r$ linear unabhängig sind und alle anderen durch sie auf lineare Weise ausgedrückt werden. Deshalb sind alle grundlegenden Eigenschaften des Vektors $\xi = (\xi_1, \ldots, \xi_n)$ durch die ersten r Komponenten $\xi_1, \ldots, \xi_r$ bestimmt, für die die entsprechende Kovarianzmatrix bereits nicht ausgeartet ist.

Man kann also annehmen, daß der ursprüngliche Vektor $\xi = (\xi_1, \ldots, \xi_n)$ bereits so beschaffen ist, daß seine Komponenten linear unabhängig sind und folglich $|\mathbb{R}| > 0$ gilt.

Es sei $\mathcal{O}$ eine orthogonale Matrix, die $\mathbb{R}$ auf die Diagonalform

$$\mathcal{O}^* \mathbb{R} \mathcal{O} = D$$

bringt. Alle Diagonalelemente der Matrix D sind positiv, und demzufolge ist die inverse Matrix definiert. Wir setzen $B^2 = D$ und $\beta = B^{-1}\mathcal{O}^*\xi$. Dann überzeugt man sich leicht von

$$\mathbf{M} e^{i(t,\beta)} = \mathbf{M} e^{i\beta^* t} = e^{-\frac{1}{2}(Et,t)},$$

d. h., $\beta = (\beta_1, \ldots, \beta_n)$ ist ein Gaußscher Vektor mit nichtkorrelierten und folglich unabhängigen (vgl. Satz 1) Komponenten. Mit der Bezeichnung $A = \mathcal{O}B$ erhalten wir dann, daß der ursprüngliche Gaußsche Vektor $\xi = (\xi_1, \ldots, \xi_n)$ in der Form

$$\xi = A\beta \tag{12}$$

dargestellt werden kann, wobei $\beta = (\beta_1, \ldots, \beta_n)$ ein Gaußscher Vektor mit unabhängigen Komponenten und $\beta_k \sim \mathcal{N}(0, 1)$ ist. Daraus leitet sich folgende Aussage ab. Es sei $\xi = (\xi_1, \ldots, \xi_n)$ ein Vektor mit linear unabhängigen Komponenten und $\mathbf{M}\xi_k = 0$, $k = 1, \ldots, n$. Dieser Vektor ist genau dann normalverteilt, wenn unabhängige normalverteilte Größen $\beta_1, \ldots, \beta_n$ mit $\beta_k \sim \mathcal{N}(0, 1)$ und eine nichtausgeartete Matrix A der Ordnung n existieren, so daß $\xi = A\beta$ gilt. Dabei ist $\mathbb{R} = AA^*$ die Kovarianzmatrix des Vektors ξ.

Für $|\mathbb{R}| \neq 0$ erhalten wir durch das Orthogonalisierungsverfahren von Erhard Schmidt (siehe § 11)

$$\xi_k = \hat{\xi}_k + b_k \varepsilon_k, \qquad k = 1, \ldots, n, \tag{13}$$

wobei infolge der Normalverteiltheit von ξ der Vektor $\varepsilon = (\varepsilon_1, \ldots, \varepsilon_k) \sim \mathscr{N}(0, E)$ ebenfalls normalverteilt ist und die Beziehungen

$$\hat{\xi}_k = \sum_{l=1}^{k-1} (\xi_k, \varepsilon_l)\, \varepsilon_l, \tag{14}$$

$$b_k = \|\xi_k - \hat{\xi}_k\| \tag{15}$$

und

$$\mathscr{L}\{\xi_1, \ldots, \xi_k\} = \mathscr{L}\{\varepsilon_1, \ldots, \varepsilon_k\} \tag{16}$$

gelten.

Aus der orthogonalen Zerlegung (13) ergibt sich unmittelbar

$$\hat{\xi}_k = \mathbf{M}(\xi_k \mid \xi_{k-1}, \ldots, \xi_1). \tag{17}$$

Daraus folgt in Verbindung mit (16) und (14), daß der bedingte Erwartungswert $\mathbf{M}(\xi_k \mid \xi_{k-1}, \ldots, \xi_1)$ im Gaußschen Fall eine lineare Funktion von $(\xi_1, \ldots, \xi_{k-1})$ ist:

$$\mathbf{M}(\xi_k \mid \xi_{k-1}, \ldots, \xi_1) = \sum_{i=1}^{k-1} a_i \xi_i. \tag{18}$$

(Im Fall $k = 2$ wurde dieses Resultat in § 8 gewonnen.)

Da $\mathbf{M}(\xi_k \mid \xi_{k-1}, \ldots, \xi_1)$ entsprechend der Bemerkung zu Satz 1 in § 8 die (im Quadratmittel) optimale Schätzung von ξ_k aufgrund von $(\xi_1, \ldots, \xi_{k-1})$ ist, erhalten wir aus (18), daß sich die optimale Schätzung im Gaußschen Fall als *linear* erweist.

Wir nutzen diese Ergebnisse für die Suche nach der optimalen Schätzung des Vektors $\theta = (\theta_1, \ldots, \theta_k)$ aufgrund des Vektors $\xi = (\xi_1, \ldots, \xi_l)$ unter der Voraussetzung, daß (θ, ξ) normalverteilt ist. Wir bezeichnen mit

$$m_\theta = \mathbf{M}\theta \quad \text{und} \quad m_\xi = \mathbf{M}\xi$$

die Spaltenvektoren der Erwartungswerte und mit

$$\begin{aligned}
\mathbf{D}_{\theta\theta} &\equiv \operatorname{cov}(\theta, \theta) \equiv \|\operatorname{cov}(\theta_i, \theta_j)\|, && 1 \leqq i, j \leqq k,\\
\mathbf{D}_{\theta\xi} &\equiv \operatorname{cov}(\theta, \xi) \equiv \|\operatorname{cov}(\theta_i, \xi_j)\|, && 1 \leqq i \leqq k,\ 1 \leqq j \leqq l,\\
\mathbf{D}_{\xi\xi} &\equiv \operatorname{cov}(\xi, \xi) \equiv \|\operatorname{cov}(\xi_i, \xi_j)\|, && 1 \leqq i, j \leqq l,
\end{aligned}$$

die Kovarianzmatrizen. Wir setzen voraus, daß die Matrix $\mathbf{D}_{\xi\xi}$ eine Inverse besitzt. Dann gilt der folgende Satz.

Satz 2 (Satz über die normale Korrelation). *Für einen Gaußschen Vektor (θ, ξ) wird die optimale Schätzung $\mathbf{M}(\theta \mid \xi)$ des Vektors θ aufgrund von ξ und ihre Fehlermatrix*

$$\Delta = \mathbf{M}[\theta - \mathbf{M}(\theta \mid \xi)]\,[\theta - \mathbf{M}(\theta \mid \xi)]^*$$

durch die Beziehungen

$$\mathbf{M}(\theta \mid \xi) = m_\theta + \mathbf{D}_{\theta\xi}\mathbf{D}_{\xi\xi}^{-1}(\xi - m_\xi) \tag{19}$$

und

$$\Delta = \mathbf{D}_{\theta\theta} - \mathbf{D}_{\theta\xi}\mathbf{D}_{\xi\xi}^{-1}(\mathbf{D}_{\theta\xi})^* \tag{20}$$

bestimmt.

Beweis. Wir bilden den Vektor

$$\eta = (\theta - m_\theta) - \mathbf{D}_{\theta\xi}\mathbf{D}_{\xi\xi}^{-1}(\xi - m_\xi). \tag{21}$$

Dann überprüft man unmittelbar $\mathbf{M}\eta(\xi - m_\xi)^* = 0$, d. h., der Vektor η ist mit dem Vektor $\xi - m_\xi$ nicht korreliert. Da der Vektor (θ, ξ) normalverteilt ist, besitzt (η, ξ) ebenfalls eine Normalverteilung. Daraus schließen wir aufgrund der Bemerkung zu Satz 1 auf die Unabhängigkeit der Vektoren η und $\xi - m_\xi$. Deshalb sind η und ξ unabhängig, und infolgedessen gilt $\mathbf{M}(\eta \mid \xi) = \mathbf{M}\eta = 0$. Wir erhalten aus diesem Grunde

$$\mathbf{M}[\theta - m_\theta \mid \xi] - \mathbf{D}_{\theta\xi}\mathbf{D}_{\xi\xi}^{-1}(\xi - m_\xi) = 0,$$

was die Darstellung (19) beweist.

Zum Beweis von (20) betrachten wir die bedingte Kovarianz

$$\operatorname{cov}(\theta, \theta \mid \xi) \equiv \mathbf{M}\big[\big(\theta - \mathbf{M}(\theta \mid \xi)\big)\big(\theta - \mathbf{M}(\theta \mid \xi)\big)^* \quad \xi\big]. \tag{22}$$

In Anbetracht der Beziehung $\theta - \mathbf{M}(\theta \mid \xi) = \eta$ ergibt sich aus der Unabhängigkeit von η und ξ

$$\begin{aligned}\operatorname{cov}(\theta, \theta \mid \xi) &= \mathbf{M}(\eta\eta^* \mid \xi) = \mathbf{M}\eta\eta^* \\ &= \mathbf{D}_{\theta\theta} + \mathbf{D}_{\theta\xi}\mathbf{D}_{\xi\xi}^{-1}\mathbf{D}_{\xi\xi}\mathbf{D}_{\xi\xi}^{-1}\mathbf{D}_{\theta\xi}^* - 2\mathbf{D}_{\theta\xi}\mathbf{D}_{\xi\xi}^{-1}\mathbf{D}_{\xi\xi}\mathbf{D}_{\xi\xi}^{-1}\mathbf{D}_{\theta\xi}^* \\ &= \mathbf{D}_{\theta\theta} - \mathbf{D}_{\theta\xi}\mathbf{D}_{\xi\xi}^{-1}\mathbf{D}_{\theta\xi}^*.\end{aligned}$$

Da $\operatorname{cov}(\theta, \theta \mid \xi)$ nicht vom Zufall abhängt, gilt

$$\Delta = \mathbf{M}\operatorname{cov}(\theta, \theta \mid \xi) = \operatorname{cov}(\theta, \theta \mid \xi),$$

womit die Darstellung (20) bewiesen ist.

Folgerung. Es sei $(\theta, \xi_1, \ldots, \xi_n)$ ein $(n + 1)$-dimensionaler Gaußscher Vektor, wobei die Komponenten $\xi_1, \ldots, \xi_n$ unabhängig sind. Dann gelten die Beziehungen

$$\mathbf{M}(\theta \mid \xi_1, \ldots, \xi_n) = \mathbf{M}\theta + \sum_{i=1}^{n} \frac{\operatorname{cov}(\theta, \xi_i)}{\mathbf{D}\xi_i}(\xi_i - \mathbf{M}\xi_i)$$

und

$$\Delta = \mathbf{D}\theta - \sum_{i=1}^{n} \frac{\operatorname{cov}^2(\theta, \xi_i)}{\mathbf{D}\xi_i}$$

(vgl. (8.12) und (8.13)).

5. Es sei $\xi_1, \xi_2, \ldots$ eine Folge normalverteilter zufälliger Vektoren, die in Wahrscheinlichkeit gegen den Vektor ξ konvergiert. Wir zeigen nun, daß ξ ebenfalls normalverteilt ist.

In Übereinstimmung mit Aussage b) von Satz 1 genügt es, dies für zufällige Größen nachzuweisen.

Es sei $m_n = \mathbf{M}\xi_n$ und $\sigma_n^2 = \mathbf{D}\xi_n$. Dann gilt nach dem Satz von Lebesgue über die majorisierte Konvergenz

$$\lim_{n\to\infty} e^{itm_n - \frac{1}{2}\sigma_n^2 t^2} = \lim_{n\to\infty} \mathbf{M}e^{it\xi_n} = \mathbf{M}e^{it\xi}.$$

Aus der Existenz des Grenzwertes auf der linken Seite folgt, daß man Größen m und σ^2 findet, für die die Beziehungen

$$m = \lim_{n\to\infty} m_n \quad \text{und} \quad \sigma^2 = \lim_{n\to\infty} \sigma_n^2$$

erfüllt sind. Das bedeutet

$$\mathbf{M} e^{it\xi} = e^{itm - \frac{1}{2}\sigma^2 t^2},$$

d. h. $\xi \sim \mathcal{N}(m, \sigma^2)$.

Insbesondere ergibt sich daraus, daß der von den normalverteilten zufälligen Größen $\xi_1, \xi_2, \ldots$ erzeugte abgeschlossene lineare Unterraum $\overline{\mathcal{L}}(\xi_1, \xi_2, \ldots)$ (vgl. § 11, Nr. 5) aus normalverteilten zufälligen Größen besteht.

6. Wir gehen jetzt zur Definition allgemeiner Gaußscher Systeme über.

Definition 2. Eine Gesamtheit von zufälligen Größen $\xi = (\xi_\alpha)$, wobei α eine Indexmenge $\mathfrak{A}$ durchläuft, heißt *Gaußsches System*, falls für jedes $n \geqq 1$ und beliebige $\alpha_1, \ldots, \alpha_n$ aus $\mathfrak{A}$ der zufällige Vektor $(\xi_{\alpha_1}, \ldots, \xi_{\alpha_n})$ normalverteilt ist.

Wir erwähnen einige Eigenschaften von Gaußschen Systemen.

a) Falls $\xi = (\xi_\alpha)$, $\alpha \in \mathfrak{A}$, ein Gaußsches System ist, stellt jedes Teilsystem $\xi' = (\xi'_{\alpha'})$, $\alpha' \in \mathfrak{A}' \subseteqq \mathfrak{A}$, ebenfalls ein Gaußsches System dar.

b) Sind ξ_α, $\alpha \in \mathfrak{A}$, unabhängige normalverteilte zufällige Größen, so bildet $\xi = (\xi_\alpha)$, $\alpha \in \mathfrak{A}$, ein Gaußsches System.

c) Für ein Gaußsches System $\xi = (\xi_\alpha)$, $\alpha \in \mathfrak{A}$, bildet der abgeschlossene lineare Unterraum $\overline{\mathcal{L}}(\xi)$, der aus Größen der Gestalt $\sum_{i=1}^{n} c_{\alpha_i}\xi_{\alpha_i}$ und ihren Grenzwerten im Quadratmittel besteht, ein Gaußsches System.

Wir bemerken, daß die zur Eigenschaft a) umgekehrte Aussage im allgemeinen falsch ist. Es seien zum Beispiel ξ_1 und η_1 unabhängig und $\xi_1 \sim \mathcal{N}(0, 1)$ sowie $\eta_1 \sim \mathcal{N}(0, 1)$. Wir definieren ein System

$$(\xi, \eta) = \begin{cases} (\xi_1, |\eta_1|), & \text{falls} \quad \xi_1 \geqq 0, \\ (\xi_1, -|\eta_1|), & \text{falls} \quad \xi_1 < 0. \end{cases} \tag{23}$$

Man überprüft nun leicht, daß jede der Größen ξ und η normalverteilt ist, der Vektor (ξ, η) jedoch keine Normalverteilung besitzt.

Es sei $\xi = (\xi_\alpha)$, $\alpha \in \mathfrak{A}$, ein Gaußsches System mit dem Vektor der Erwartungswerte $m = (m_\alpha)$, $\alpha \in \mathfrak{A}$, und der Kovarianzmatrix $\mathbb{R} = (r_{\alpha\beta})_{\alpha,\beta\in\mathfrak{A}}$, wobei $m_\alpha = \mathbf{M}\xi_\alpha$ gilt. Die Matrix $\mathbb{R}$ ist offensichtlich symmetrisch $(r_{\alpha\beta} = r_{\beta\alpha})$ und nichtnegativ definit in dem Sinne, daß für jeden Vektor $c = (c_\alpha)_{\alpha\in\mathfrak{A}}$ mit Werten in $R^{\mathfrak{A}}$, der nur endlich viele von 0 verschiedene Koordinaten c_α besitzt, die Beziehung

$$(\mathbb{R}c, c) = \sum_{\alpha,\beta} r_{\alpha\beta} c_\alpha c_\beta \geqq 0 \tag{24}$$

erfüllt ist.

Wir stellen nun die umgekehrte Frage. Es seien eine Parametermenge $\mathfrak{A}$, ein Vektor $m = (m_\alpha)_{\alpha \in \mathfrak{A}}$ und eine symmetrische nichtnegativ definite Matrix $\mathbb{R} = (r_{\alpha\beta})_{\alpha,\beta \in \mathfrak{A}}$ gegeben. Existieren dann ein Wahrscheinlichkeitsraum $(\Omega, \mathcal{F}, \mathbf{P})$ und auf ihm ein Gaußsches System von zufälligen Größen $\xi = (\xi_\alpha)_{\alpha \in \mathfrak{A}}$ derart, daß

$$\mathbf{M}\xi_\alpha = m_\alpha,$$
$$\operatorname{cov}(\xi_\alpha, \xi_\beta) = r_{\alpha\beta}, \qquad \alpha, \beta \in \mathfrak{A},$$

gilt?

Wählt man endlich viele $\alpha_1, \ldots, \alpha_n$, so kann man aus dem Vektor $\overline{m} = (m_{\alpha_1}, \ldots, m_{\alpha_n})$ und der Matrix $\overline{\mathbb{R}} = (r_{\alpha\beta})$, $\alpha, \beta = \alpha_1, \ldots, \alpha_n$, eine Normalverteilung $F_{\alpha_1,\ldots,\alpha_n}(x_1, \ldots, x_n)$ mit der charakteristischen Funktion

$$\varphi(t) = \mathrm{e}^{\mathrm{i}(t,\overline{m}) - \frac{1}{2}(\overline{\mathbb{R}}t,t)}, \quad t = (t_{\alpha_1}, \ldots, t_{\alpha_n})$$

konstruieren.

Man prüft leicht nach, daß die Familie

$$\{F_{\alpha_1,\ldots,\alpha_n}(x_1, \ldots, x_n);\quad \alpha_i \in \mathfrak{A}\}$$

verträglich ist. Deshalb ist auf Grund des Satzes von Kolmogorov (§ 9, Satz 1, und Bemerkung 2 zu diesem Satz) die Antwort auf die gestellte Frage positiv.

7. Für $\mathfrak{A} = \{1, 2, \ldots\}$ nennen wir ein System $\xi = (\xi_\alpha)_{\alpha \in \mathfrak{A}}$ von zufälligen Größen in Übereinstimmung mit der in § 5 vereinbarten Terminologie eine *zufällige Folge* und bezeichnen es mit $\xi = (\xi_1, \xi_2, \ldots)$. Eine Gaußsche Folge wird vollständig durch den Vektor der Erwartungswerte $m = (m_1, m_2, \ldots)$ und die Kovarianzmatrix $\mathbb{R} = \|r_{ij}\|$, $r_{ij} = \operatorname{cov}(\xi_i, \xi_j)$, beschrieben. Gilt insbesondere $r_{ij} = \sigma_i^2 \delta_{ij}$, so ist $\xi = (\xi_1, \xi_2, \ldots)$ eine Gaußsche Folge unabhängiger zufälliger Größen mit $\xi_i \sim \mathcal{N}(m_i, \sigma_i^2)$, $i \geqq 1$.

In den Fällen $\mathfrak{A} = [0, 1]$, $[0, \infty)$, $(-\infty, \infty)$, ... nennt man ein System von Größen $\xi = (\xi_t)$, $t \in \mathfrak{A}$, einen *zufälligen Prozeß mit stetiger Zeit.*

Wir wollen nun bei einigen Beispielen zufälliger Gaußscher Prozesse verweilen. Nehmen wir an, daß alle Erwartungswerte verschwinden, so werden alle wahrscheinlichkeitstheoretischen Eigenschaften solcher Prozesse vollständig durch die Gestalt der Kovarianzmatrix $\|r_{st}\|$ beschrieben. Wir bezeichnen r_{st} mit $r(s, t)$ und werden diese Funktion von s und t *Kovarianzfunktion* nennen.

Beispiel 1. Im Fall $T = [0, \infty)$ und

$$r(s, t) = \min(s, t) \tag{25}$$

heißt der Gaußsche Prozeß $\xi = (\xi_t)_{t \geqq 0}$ mit einer solchen Kovarianzfunktion (siehe Aufgabe 2) und $\xi_0 = 0$ *Prozeß der Brownschen Bewegung* (*Wiener-Prozeß*).

Wir erwähnen, daß dieser Prozeß *unabhängige Zuwächse* besitzt, d. h., für beliebige $t_1 < t_2 < \ldots < t_n$ sind die zufälligen Größen

$$\xi_{t_2} - \xi_{t_1}, \ldots, \xi_{t_n} - \xi_{t_{n-1}}$$

unabhängig. Aufgrund der Normalverteilung genügt es nämlich bereits, die paarweise Unkorreliertheit der Zuwächse nachzuweisen. Gilt jedoch $s < t < u < v$, so folgt

$$\mathsf{M}[\xi_t - \xi_s][\xi_v - \xi_u] = [r(t, v) - r(t, u)] - [r(s, v) - r(s, u)]$$
$$= (t - t) - (s - s) = 0.$$

Beispiel 2. Der Gaußsche Prozeß $\xi = (\xi_t)$, $0 \leqq t \leqq 1$, mit $\xi_0 \equiv 0$ und

$$r(s, t) = \min(s, t) - st \tag{26}$$

heißt *bedingter Wiener-Prozeß*. (Wir bemerken, daß wegen $r(1, 1) = 0$ die Gleichheit $\mathsf{P}(\xi_1 = 0) = 1$ folgt.)

Beispiel 3. Der Prozeß $\xi = (\xi_t)$, $-\infty < t < \infty$, mit

$$r(s, t) = \mathrm{e}^{-|t-s|} \tag{27}$$

heißt *Gauß-Markov-Prozeß*.

8. Aufgaben

1. Es seien ξ_1, ξ_2, ξ_3 unabhängige normalverteilte zufällige Größen mit $\xi_i \backsim \mathcal{N}(0, 1)$. Man zeige

$$\frac{\xi_1 + \xi_2\xi_3}{\sqrt{1 + \xi_3^2}} \backsim \mathcal{N}(0, 1).$$

(In diesem Zusammenhang entsteht die interessante Aufgabe, alle *nichtlinearen* Transformationen unabhängiger normalverteilter zufälliger Größen $\xi_1, \ldots, \xi_n$ zu beschreiben, deren Verteilung wieder Gaußsch ist.)

2. Man beweise, daß die Funktionen (25), (26) und (27) nichtnegativ definit (und folglich tatsächlich Kovarianzfunktionen) sind.

3. Es sei A eine $(m \times n)$-Matrix. Wir nennen die $(m \times n)$-Matrix $A^{\oplus}$ *Pseudoinverse* zur Matrix A, falls Matrizen U und V existieren, so daß die Beziehungen

$$AA^{\oplus}A = A \quad \text{und} \quad A^{\oplus} = UA^* = A^*V$$

erfüllt sind. Man zeige, daß die durch diese Bedingungen definierte Matrix existiert und eindeutig ist.

4. Man zeige, daß die Formeln (19) und (20) im Satz über die normale Korrelation auch für ausgeartete Matrizen $\mathsf{D}_{\xi\xi}$ gültig bleiben, wenn man in ihnen anstelle von $\mathsf{D}_{\xi\xi}^{-1}$ die Pseudoinverse $\mathsf{D}_{\xi\xi}^{\oplus}$ betrachtet.

5. Es sei $(\theta, \xi) = (\theta_1, \ldots, \theta_k; \xi_1, \ldots, \xi_l)$ ein Gaußscher Vektor mit der nichtausgearteten Matrix $\Delta \equiv \mathsf{D}_{\theta\theta} - \mathsf{D}_{\xi\xi}^{\oplus}\mathsf{D}_{\theta\xi}$. Man zeige, daß die Verteilungsfunktion $\mathsf{P}(\theta \leqq a \mid \xi) = \mathsf{P}(\theta_1 \leqq a_1, \ldots, \theta_k \leqq a_k \mid \xi)$ P-f.s. eine Dichte $p(a_1, \ldots, a_k \mid \xi)$ besitzt, die durch die Formel

$$p(a_1, \ldots, a_k \mid \xi) = \frac{|\Delta|^{-1/2}}{(2\pi)^{k/2}} \exp\left\{-\frac{1}{2}(a - \mathsf{M}(\theta \mid \xi))^* \Delta^{-1}(a - \mathsf{M}(\theta \mid \xi))\right\}$$

bestimmt ist.

6. (S. N. Bernstein). Es seien ξ und η unabhängige identisch verteilte zufällige Größen mit endlicher Varianz. Man beweise: Aus der Unabhängigkeit von $\xi + \eta$ und $\xi - \eta$ folgt, daß ξ und η normalverteilt sind.

III. Konvergenz von Wahrscheinlichkeitsmaßen. Der zentrale Grenzwertsatz

§ 1. Schwache Konvergenz von Wahrscheinlichkeitsmaßen und Verteilungsfunktionen

1. Viele der fundamentalen Resultate der Wahrscheinlichkeitstheorie werden in Form von Grenzwertsätzen formuliert. In der Gestalt eines Grenzwertsatzes wurde das Gesetz der großen Zahlen von JACOB BERNOULLI formuliert, diese Form hatte der Satz von DE MOIVRE-LAPLACE; mit ihnen nahm eigentlich die Wahrscheinlichkeitstheorie ihren Anfang.

In diesem Kapitel werden wir uns mit zwei grundlegenden Aspekten der Theorie der Grenzwertsätze beschäftigen: mit dem Begriff der schwachen Konvergenz und der Methode der charakteristischen Funktionen, die eins der effektivsten Hilfsmittel beim Beweis von Grenzwertsätzen und deren Verbesserungen darstellt.

Wir erinnern zu Beginn an die Formulierung des Gesetzes der großen Zahlen im Bernoulli-Schema (Kapitel I, § 5).

Es sei $\xi_1, \xi_2, \ldots$ eine Folge unabhängiger identisch verteilter zufälliger Größen mit $\mathbf{P}(\xi_i = 1) = p$ und $\mathbf{P}(\xi_i = 0) = q$, $p + q = 1$. Unter Benutzung des in Kapitel II, § 10, eingeführten Begriffs der Konvergenz in Wahrscheinlichkeit kann man das Gesetz der großen Zahlen von J. BERNOULLI in folgender Weise formulieren:

$$S_n/n \xrightarrow{\mathbf{P}} p, \qquad n \to \infty, \tag{1}$$

wobei $S_n = \xi_1 + \cdots + \xi_n$ gesetzt wurde. (In Kapitel IV wird gezeigt, daß hier tatsächlich sogar die Konvergenz mit Wahrscheinlichkeit 1 eintritt.)

Wir führen die Bezeichnungen

$$F_n(x) = \mathbf{P}(S_n/n \leqq x)$$

und

$$F(x) = \begin{cases} 1, & x \geqq p, \\ 0, & x < p, \end{cases} \tag{2}$$

ein, wobei F die Verteilungsfunktion der ausgearteten zufälligen Größe $\xi \equiv p$ ist. Es seien weiter $\mathbf{P}_n$ und $\mathbf{P}$ die den Verteilungsfunktionen F_n bzw. F entsprechenden Wahrscheinlichkeitsmaße auf $\big(R, \mathscr{B}(R)\big)$.

Nach Satz 2 aus Kapitel II, § 10, zieht die Konvergenz $S_n/n \xrightarrow{\mathbf{P}} p$ in Wahrscheinlichkeit die Konvergenz $S_n/n \xrightarrow{d} p$ in Verteilung nach sich, welche bedeutet, daß

$$\mathbf{M}f(S_n/n) \to \mathbf{M}f(p), \qquad n \to \infty, \tag{3}$$

für alle Funktionen f aus dem Raum $\mathbb{C}(R)$ der stetigen und beschränkten Funktionen auf R gilt.

Aufgrund der Beziehungen

$$\mathbf{M}f\left(\frac{S_n}{n}\right) = \int_R f(x)\, \mathbf{P}_n(\mathrm{d}x), \qquad \mathbf{M}f(p) = \int_R f(x)\, \mathbf{P}(\mathrm{d}x)$$

kann (3) in die Form

$$\int_R f(x)\, \mathbf{P}_n(\mathrm{d}x) \to \int_R f(x)\, \mathbf{P}(\mathrm{d}x), \qquad f \in \mathbb{C}(R), \tag{4}$$

oder (gemäß den Bezeichnungen aus Kapitel II, § 6) in die Form

$$\int_R f(x)\, \mathrm{d}F_n(x) \to \int_R f(x)\, \mathrm{d}F(x), \qquad f \in \mathbb{C}(R), \tag{5}$$

umgeschrieben werden.

In der Analysis nennt man die Konvergenz (4) *schwache Konvergenz* (der Maße $\mathbf{P}_n$ gegen das Maß $\mathbf{P}$, $n \to \infty$) und schreibt dies als $\mathbf{P}_n \xrightarrow{w} \mathbf{P}$. Es ist nun naheliegend, die Konvergenz (5) ebenfalls schwache Konvergenz der Verteilungsfunktionen F_n gegen F zu nennen und dies mit $F_n \xrightarrow{w} F$ zu bezeichnen.

Also kann man behaupten, daß im Bernoulli-Schema

$$S_n/n \xrightarrow{\mathbf{P}} p \Rightarrow F_n \xrightarrow{w} F \tag{6}$$

gilt.

Aus (1) leitet man ebenfalls leicht her, daß für die in (2) eingeführten Verteilungsfunktionen die Konvergenz

$$F_n(x) \to F(x), \qquad n \to \infty,$$

für alle Punkte $x \in R$ *mit Ausnahme des Punktes* $x = p$, wo die Funktion F unstetig ist, stattfindet.

Dieser Umstand zeigt, daß die schwache Konvergenz $F_n \xrightarrow{w} F$, $n \to \infty$, *nicht* die punktweise Konvergenz der Funktionen F_n gegen die Funktion F nach sich zieht. Es zeigt sich jedoch, daß sowohl im Fall des Bernoulli-Schemas als auch im allgemeinen Fall beliebiger Verteilungsfunktionen die schwache Konvergenz der sogenannten wesentlichen Konvergenz im Sinne der folgenden Definition äquivalent ist (siehe im weiteren Satz 2).

Definition 1. Eine Folge (F_n) von auf der reellen Achse gegebenen Verteilungsfunktionen heißt gegen die Verteilungsfunktion F *wesentlich konvergent* (Bezeichnung $F_n \Rightarrow F$), falls für $n \to \infty$ die Konvergenz

$$F_n(x) \to F(x), \qquad x \in \mathbb{C}(F),$$

eintritt, wobei $\mathbb{C}(F)$ die Menge aller Stetigkeitspunkte der Grenzfunktion F bezeichnet.

Im betrachteten Fall des Bernoulli-Schemas ist die Funktion F ausgeartet, und daraus leitet man leicht (siehe Aufgabe 7 zu § 10 in Kapitel II) die Implikation

$$(F_n \Rightarrow F) \Rightarrow \left(S_n/n \xrightarrow{\mathbf{P}} p\right)$$

her. Auf diese Weise ergibt sich unter Berücksichtigung des unten angeführten Satzes 2

$$\left(\frac{S_n}{n} \xrightarrow{\mathbf{P}} p\right) \Rightarrow \left(F_n \xrightarrow{w} F\right) \Leftrightarrow (F_n \Rightarrow F) \Rightarrow \left(\frac{S_n}{n} \xrightarrow{\mathbf{P}} p\right). \tag{7}$$

Demzufolge kann man die Aussage des Gesetzes der großen Zahlen als einen der Sätze über die schwache Konvergenz der in (2) definierten Verteilungsfunktionen betrachten.

Wir führen die Bezeichnungen

$$F_n(x) = \mathbf{P}\left(\frac{S_n - np}{\sqrt{npq}} \leqq x\right) \quad \text{und} \quad F(x) = \frac{1}{\sqrt{2\pi}} \int_{-\infty}^{x} e^{-\frac{u^2}{2}}\, du \tag{8}$$

ein. Der Satz von DE MOIVRE-LAPLACE (vgl. Kapitel I, § 6) behauptet die Konvergenz $F_n(x) \to F(x)$ für alle $x \in R$ und somit $F_n \Rightarrow F$. Aufgrund der erwähnten Äquivalenz der schwachen Konvergenz $F_n \xrightarrow{w} F$ und der wesentlichen Konvergenz kann man folglich davon sprechen, daß der Satz von DE MOIVRE-LAPLACE ebenfalls eine Aussage über die schwache Konvergenz der Verteilungsfunktionen darstellt, welche in (8) definiert sind.

Diese beiden Beispiele rechtfertigen das Konzept der schwachen Konvergenz von Wahrscheinlichkeitsmaßen, das in der folgenden Definition 2 eingeführt wird. Obwohl die schwache Konvergenz im Fall der reellen Achse der wesentlichen Konvergenz der entsprechenden Verteilungsfunktionen äquivalent ist, verdient die schwache Konvergenz den Vorzug, als Ausgangspunkt betrachtet zu werden, da sie erstens sich leichter analysieren läßt und zweitens auch für allgemeinere Räume als die reelle Achse Sinn hat, insbesondere für metrische Räume, deren wichtigste Beispiele für uns die Räume R^n, R^∞, C und D (siehe Kapitel II, § 3) sind.

2. Es sei $(E, \mathscr{E}, \varrho)$ ein metrischer Raum mit der Metrik $\varrho = \varrho(x, y)$ und der σ-Algebra $\mathscr{E}$ der Borel-Mengen, die von den offenen Mengen erzeugt wird. Es seien weiter $\mathbf{P}$, $\mathbf{P}_1$, $\mathbf{P}_2, \ldots$ Wahrscheinlichkeitsmaße auf $(E, \mathscr{E}, \varrho)$.

Definition 2. Die Folge von Wahrscheinlichkeitsmaßen $(\mathbf{P}_n)$ heißt *schwach konvergent* gegen das Wahrscheinlichkeitsmaß $\mathbf{P}$ (Bezeichnung: $\mathbf{P}_n \xrightarrow{w} \mathbf{P}$), falls

$$\int_E f(x)\, \mathbf{P}_n(dx) \to \int_E f(x)\, \mathbf{P}(dx) \tag{9}$$

für jede Funktion f aus der Gesamtheit $\mathbb{C}(E)$ der stetigen und beschränkten Funktionen auf E gilt.

Definition 3. Die Folge von Wahrscheinlichkeitsmaßen $(\mathbf{P}_n)$ heißt *wesentlich konvergent* gegen das Wahrscheinlichkeitsmaß $\mathbf{P}$ (Bezeichnung: $\mathbf{P}_n \Rightarrow \mathbf{P}$), falls

$$\mathbf{P}_n(A) \to \mathbf{P}(A) \tag{10}$$

für jede Menge A aus $\mathscr{E}$ mit der Eigenschaft

$$\mathbf{P}(\partial A) = 0 \tag{11}$$

erfüllt ist. (Mit ∂A wird der Rand der Menge A bezeichnet:

$$\partial A = [A] \cap [\bar{A}],$$

wobei $[A]$ der Abschluß der Menge A ist.)

Der folgende wichtige Satz zeigt die Äquivalenz der Begriffe der schwachen Konvergenz und der wesentlichen Konvergenz für Wahrscheinlichkeitsmaße und enthält darüber hinaus andere äquivalente Formulierungen.

Satz 1. *Folgende Aussagen sind äquivalent*:

(I) $\mathbf{P}_n \xrightarrow{w} \mathbf{P}$.

(II) *Für beliebige abgeschlossene Mengen A gilt* $\overline{\lim}\, \mathbf{P}_n(A) \leqq \mathbf{P}(A)$.

(III) *Für beliebige offene Mengen A gilt* $\underline{\lim}\, \mathbf{P}_n(A) \geqq \mathbf{P}(A)$.

(IV) $\mathbf{P}_n \Rightarrow \mathbf{P}$.

Beweis. (I) $\Rightarrow$ (II). Es sei A eine abgeschlossene Menge, $f(x) = I_A(x)$ und

$$f_\varepsilon(x) = g\left(\frac{1}{\varepsilon}\, \varrho(x, A)\right), \qquad \varepsilon > 0,$$

wobei die Bezeichnungen

$$\varrho(x, A) = \inf \{\varrho(x, y) : y \in A\}$$

und

$$g(t) = \begin{cases} 1, & t \leqq 0, \\ 1 - t, & 0 \leqq t \leqq 1, \\ 0, & t \geqq 1 \end{cases}$$

gewählt wurden. Weiter bezeichnen wir mit A_ε die Menge

$$A_\varepsilon = \{x : \varrho(x, A) < \varepsilon\}$$

und bemerken, daß $A_\varepsilon \downarrow A$ für $\varepsilon \downarrow 0$ gilt. Da die Funktion f_ε beschränkt und stetig ist sowie

$$\mathbf{P}_n(A) = \int_E I_A(x)\, \mathbf{P}_n(\mathrm{d}x) \leqq \int_E f_\varepsilon(x)\, \mathbf{P}_n(\mathrm{d}x)$$

gilt, erhalten wir

$$\begin{aligned} \overline{\lim_n}\, \mathbf{P}_n(A) &\leqq \overline{\lim_n} \int_E f_\varepsilon(x)\, \mathbf{P}_n(\mathrm{d}x) = \int_E f_\varepsilon(x)\, \mathbf{P}(\mathrm{d}x) \\ &\leqq \mathbf{P}(A_\varepsilon) \downarrow \mathbf{P}(A), \qquad \varepsilon \downarrow 0, \end{aligned}$$

was die geforderte Implikation beweist.

Die Implikationen (II) $\Rightarrow$ (III) und (III) $\Rightarrow$ (II) werden evident, falls man von den Mengen zu ihren Komplementen übergeht.

(III) $\Rightarrow$ (IV). Es sei $A^0 = A \setminus \partial A$ das Innere und $[A]$ der Abschluß der Menge A. Dann erhalten wir wegen (II), (III) und der Voraussetzung $\mathbf{P}(\partial A) = 0$ die Beziehungen

$$\overline{\lim_n}\, \mathbf{P}_n(A) \leqq \overline{\lim_n}\, \mathbf{P}_n([A]) \leqq \mathbf{P}([A]) = \mathbf{P}(A),$$
$$\underline{\lim_n}\, \mathbf{P}_n(A) \geqq \underline{\lim_n}\, \mathbf{P}_n(A^0) \geqq \mathbf{P}(A^0) = \mathbf{P}(A)$$

und infolgedessen die Konvergenz $\mathbf{P}_n(A) \to \mathbf{P}(A)$ für jedes A mit $\mathbf{P}(\partial A) = 0$.

(IV) $\Rightarrow$ (I). Es sei f eine stetige beschränkte Funktion mit $|f(x)| < M$. Wir führen die Bezeichnung

$$D = \{t \in R: \mathbf{P}(x: f(x) = t) \neq 0\}$$

ein und betrachten eine Zerlegung $T_k = (t_0, t_1, \ldots, t_k)$ des Intervalls $[-M, M]$:

$$-M = t_0 < t_1 < \ldots < t_k = M, \qquad k \geqq 1,$$

mit $t_i \notin D$, $i = 0, 1, \ldots, k$. (Wir bemerken, daß die Menge D höchstens abzählbar ist, da sich die Mengen $f^{-1}(\{t\})$ nicht schneiden und das Maß $\mathbf{P}$ endlich ist.)

Es sei $B_i = \{x: t_i \leqq f(x) < t_{i+1}\}$. Da die Funktion f stetig und demzufolge die Menge $f^{-1}\big((t_i, t_{i+1})\big)$ offen ist, gilt $\partial B_i \subseteqq f^{-1}(\{t_i\}) \cup f^{-1}(\{t_{i+1}\})$. Die Punkte t_i und t_{i+1} gehören nicht zu D, woraus $\mathbf{P}(\partial B_i) = 0$ folgt. Wegen (IV) ergibt sich

$$\sum_{i=0}^{k-1} t_i \mathbf{P}_n(B_i) \to \sum_{i=0}^{k-1} t_i \mathbf{P}(B_i). \tag{12}$$

Es gilt weiterhin

$$\begin{aligned} &\left| \int_E f(x)\, \mathbf{P}_n(\mathrm{d}x) - \int_E f(x)\, \mathbf{P}(\mathrm{d}x) \right| \\ &\leqq \left| \int_E f(x)\, \mathbf{P}_n(\mathrm{d}x) - \sum_{i=0}^{k-1} t_i \mathbf{P}_n(B_i) \right| \\ &\quad + \left| \sum_{i=0}^{k-1} t_i \mathbf{P}_n(B_i) - \sum_{i=0}^{k-1} t_i \mathbf{P}(B_i) \right| + \left| \sum_{i=0}^{k-1} t_i \mathbf{P}(B_i) - \int_E f(x)\, \mathbf{P}(\mathrm{d}x) \right| \\ &\leqq 2 \max_{0 \leqq i \leqq k-1} (t_{i+1} - t_i) + \left| \sum_{i=0}^{k-1} t_i \mathbf{P}_n(B_i) - \sum_{i=0}^{k-1} t_i \mathbf{P}(B_i) \right|. \end{aligned}$$

Daraus erhalten wir aufgrund von (12) und wegen der beliebigen Wahl der Zerlegung T_k, $k \geqq 1$, die Beziehung

$$\lim_n \int_E f(x)\, \mathbf{P}_n(\mathrm{d}x) = \int_E f(x)\, \mathbf{P}(\mathrm{d}x).$$

Damit ist der Satz bewiesen.

Bemerkung 1. Die im Beweis der Implikation (I) $\Rightarrow$ (II) auftretenden Funktionen $f(x) = I_A(x)$ und $f_\varepsilon(x)$ sind *halbstetig von oben* bzw. *gleichmäßig stetig*. Unter

Berücksichtigung dieser Tatsache zeigt man leicht, daß jede der Bedingungen des Satzes zu einer beliebigen der folgenden Bedingungen äquivalent ist:

(V) $\int_E f(x)\,\mathbf{P}_n(\mathrm{d}x) \to \int_E f(x)\,\mathbf{P}(\mathrm{d}x)$ *für alle beschränkten gleichmäßig stetigen Funktionen* $f(x)$.

(VI) $\overline{\lim_n} \int_E f(x)\,\mathbf{P}_n(\mathrm{d}x) \leqq \int_E f(x)\,\mathbf{P}(\mathrm{d}x)$ *für alle beschränkten von oben halbstetigen Funktionen* $f(x)$ (d. h. $\overline{\lim_n} f(x_n) \leqq f(x)$, $x_n \to x$).

(VII) $\underline{\lim_n} \int_E f(x)\,\mathbf{P}_n(\mathrm{d}x) \geqq \int_E f(x)\,\mathbf{P}(\mathrm{d}x)$ *für alle beschränkten von unten halbstetigen Funktionen* $f(x)$ (d. h. $\underline{\lim_n} f(x_n) \geqq f(x)$, $x_n \to x$).

Bemerkung 2. Satz 1 läßt eine natürliche Verallgemeinerung auf den Fall zu, daß anstelle der Wahrscheinlichkeitsmaße $\mathbf{P}$ und $\mathbf{P}_n$ auf $(E, \mathscr{E}, \varrho)$ *beliebige endliche Maße* (d. h. nicht unbedingt Wahrscheinlichkeitsmaße) μ und μ_n betrachtet werden. Für solche Maße werden völlig analog die Begriffe der schwachen Konvergenz $\mu_n \xrightarrow{w} \mu$ und der wesentlichen Konvergenz $\mu_n \Rightarrow \mu$ eingeführt, und ebenso wie in Satz 1 wird die Äquivalenz folgender Bedingungen bewiesen:

(I*) $\mu_n \xrightarrow{w} \mu$.

(II*) $\overline{\lim_n}\, \mu_n(A) \leqq \mu(A)$ *für alle abgeschlossenen Mengen* A *und* $\mu_n(E) \to \mu(\mathrm{E})$.

(III*) $\underline{\lim_n}\, \mu_n(A) \geqq \mu(A)$ *für alle offenen Mengen* A *und* $\mu_n(E) \to \mu(E)$.

(IV*) $\mu_n \Rightarrow \mu$.

Jede dieser Bedingungen ist gleichbedeutend mit jeder der Bedingungen (V*), (VI*) und (VII*), die wie (V), (VI) und (VII) formuliert werden, wobei die Maße μ_n und μ die Rolle von $\mathbf{P}_n$ bzw. $\mathbf{P}$ übernehmen.

3. Es sei $(R, \mathscr{B}(R))$ die reelle Achse mit dem System der Borel-Mengen $\mathscr{B}(R)$, das durch die Euklidische Metrik $\varrho(x, y) = |x - y|$ erzeugt wird (vgl. Bemerkung 2 in Kapitel II, § 2, Nr. 2). Wir bezeichnen mit $\mathbf{P}$ und $\mathbf{P}_n$ $(n \geqq 1)$ Wahrscheinlichkeitsmaße auf $(R, \mathscr{B}(R))$, und es seien F bzw. F_n $(n \geqq 1)$ die zugehörigen Verteilungsfunktionen. Dann gilt

Satz 2. *Folgende Bedingungen sind äquivalent*:

(1) $\mathbf{P}_n \xrightarrow{w} \mathbf{P}$,

(2) $\mathbf{P}_n \Rightarrow \mathbf{P}$,

(3) $F_n \xrightarrow{w} F$,

(4) $F_n \Rightarrow F$.

Beweis. Infolge der Beziehungen (2) $\Leftrightarrow$ (1) $\Leftrightarrow$ (3) genügt es, die Äquivalenz (2) $\Leftrightarrow$ (4) zu beweisen.

Falls $\mathbf{P}_n \Rightarrow \mathbf{P}$ gilt, ergibt sich insbesondere

$$\mathbf{P}_n(-\infty, x] \to \mathbf{P}(-\infty, x]$$

für alle $x \in R$, für die $\mathbf{P}(\{x\}) = 0$ erfüllt ist. Das bedeutet $F_n \Rightarrow F$.

Es gelte nun $F_n \Rightarrow F$. Für den Beweis der Konvergenz $\mathbf{P}_n \Rightarrow \mathbf{P}$ ist es (wegen Satz 1) hinreichend, die Gültigkeit der Ungleichung $\underline{\lim}_n \mathbf{P}_n(A) \geqq \mathbf{P}(A)$ für alle offenen Mengen A nachzuweisen.

Für eine offene Menge A existiert ein abzählbares System paarweise disjunkter offener Intervalle $I_1, I_2, \ldots$ (der Gestalt (a, b)), so daß die Darstellung $A = \sum_{k=1}^{\infty} I_k$ gilt. Wir fixieren $\varepsilon > 0$ und wählen in jedem Intervall $I_k = (a_k, b_k)$ ein Teilintervall $I'_k = (a'_k, b'_k]$ derart, daß die Beziehungen $a'_k, b'_k \in \mathbb{C}(F)$ und $\mathbf{P}(I_k) \leqq \mathbf{P}(I'_k) + \varepsilon\, 2^{-k}$ erfüllt sind. (Da die Menge der Unstetigkeitspunkte der Funktion F höchstens abzählbar ist, existieren solche Intervalle I'_k, $k \geqq 1$, auch tatsächlich.) Dann erhalten wir aus dem Lemma von FATOU

$$\begin{aligned}\underline{\lim}_n \mathbf{P}_n(A) &= \underline{\lim}_n \sum_{k=1}^{\infty} \mathbf{P}_n(I_k) \geqq \sum_{k=1}^{\infty} \underline{\lim}_n \mathbf{P}_n(I_k) \\ &\geqq \sum_{k=1}^{\infty} \underline{\lim}_n \mathbf{P}_n(I'_k).\end{aligned}$$

Es gilt außerdem

$$\mathbf{P}_n(I'_k) = F_n(b'_k) - F_n(a'_k) \to F(b'_k) - F(a'_k) = \mathbf{P}(I'_k).$$

Deshalb ergibt sich

$$\underline{\lim}_n \mathbf{P}_n(A) \geqq \sum_{k=1}^{\infty} \mathbf{P}(I'_k) \geqq \sum_{k=1}^{\infty} \left(\mathbf{P}(I_k) - \varepsilon \cdot 2^{-k}\right) = \mathbf{P}(A) - \varepsilon,$$

was wegen der beliebigen Wahl von $\varepsilon > 0$ die Ungleichung $\underline{\lim}_n \mathbf{P}_n(A) \geqq \mathbf{P}(A)$ beweist, falls A eine offene Menge ist.

Damit ist der Satz bewiesen.

4. Es sei $(E, \mathscr{E})$ ein meßbarer Raum. Ein System von Teilmengen $\mathscr{K}_0(E) \subseteqq \mathscr{E}$ nennen wir *bestimmende Klasse*, falls für zwei beliebige Wahrscheinlichkeitsmaße $\mathbf{P}$ und $\mathbf{Q}$ auf $(E, \mathscr{E})$ aus der Gleichheit

$$\mathbf{P}(A) = \mathbf{Q}(A) \quad \text{für alle } A \in \mathscr{K}_0(E)$$

folgt, daß diese Maße identisch sind, d. h.

$$\mathbf{P}(A) = \mathbf{Q}(A) \quad \textit{für alle } A \in \mathscr{E}$$

gilt.

Ist $(E, \mathscr{E}, \varrho)$ ein metrischer Raum, so nennen wir ein Mengensystem $\mathscr{K}_1(E) \subseteqq \mathscr{E}$ eine die *Konvergenz bestimmende Klasse*, falls für beliebige Maße $\mathbf{P}, \mathbf{P}_1, \mathbf{P}_2, \ldots$ aus

$$\mathbf{P}_n(A) \to \mathbf{P}(A) \quad \textit{für alle } A \in \mathscr{K}_1(E) \textit{ mit } \mathbf{P}(\partial A) = 0$$

die Konvergenz

$$\mathsf{P}_n(A) \to \mathsf{P}(A) \quad \textit{für alle } A \in \mathscr{E} \textit{ mit } \mathsf{P}(\partial A) = 0$$

folgt.

Für den Fall $(E, \mathscr{E}) = (R, \mathscr{B}(R))$ kann man als bestimmende Klasse $\mathscr{K}_0(R)$ die Klasse der „elementaren" Mengen $\mathscr{K} = \{(-\infty, x], x \in R\}$ wählen (vgl. Satz 1 aus Kapitel II, § 3). Aus der Äquivalenz der Bedingungen (2) und (4) in Satz 2 folgt, daß die Klasse $\mathscr{K}$ auch eine die Konvergenz bestimmende Klasse ist.

Naturgemäß entsteht nun die Frage nach solchen bestimmenden Klassen auch für allgemeinere Räume.

Im Fall der Räume R^n $(n \geqq 2)$ ist die Klasse $\mathscr{K}$ der „elementaren" Mengen vom Typ $(-\infty, x] = (-\infty, x_1] \times \ldots \times (-\infty, x_n]$, $x = (x_1, \ldots, x_n) \in R^n$, sowohl eine bestimmende Klasse (vgl. Satz 2 aus Kapitel II, § 3) als auch eine die Konvergenz bestimmende Klasse (vgl. Aufgabe 2).

Für den Raum R^∞ spielen die Zylindermengen $\mathscr{K}_0(R^\infty)$ die Rolle jener „elementaren" Mengen, aus deren Wahrscheinlichkeit sich die Wahrscheinlichkeiten aller Borel-Mengen eindeutig bestimmen lassen (vgl. Satz 3 aus Kapitel II, § 3). Es zeigt sich, daß die Zylindermengen in diesem Fall auch eine Klasse sind, welche die Konvergenz bestimmt (vgl. Aufgabe 3). Somit gilt $\mathscr{K}_1(R^\infty) = \mathscr{K}_0(R^\infty)$.

Man könnte nun erwarten, daß die Zylindermengen auch in allgemeineren Räumen eine die Konvergenz bestimmende Klasse bilden. Dies ist jedoch im allgemeinen nicht richtig.

Wir betrachten als Beispiel den Raum $(C, \mathscr{B}_0(C), \varrho)$ mit der Metrik ϱ der gleichmäßigen Konvergenz (vgl. Kapitel II, § 2, Nr. 6). Es sei P ein völlig auf der Funktion $x_t \equiv 0$ $(0 \leqq t \leqq 1)$ konzentriertes Wahrscheinlichkeitsmaß, und P_n $(n \geqq 1)$ seien Wahrscheinlichkeitsmaße, die jeweils völlig auf der Funktion x^n konzentriert sind, welche in Abb. 35 dargestellt ist. Man überzeugt sich leicht von der Konvergenz

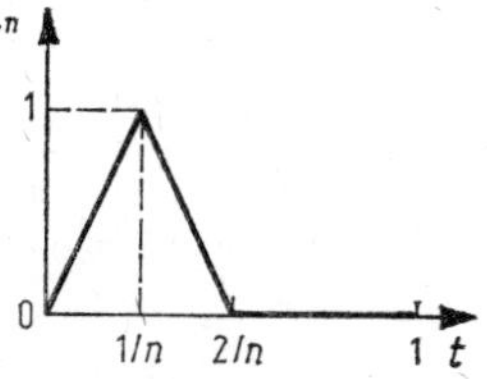

Abb. 35

$\mathsf{P}_n(A) \to \mathsf{P}(A)$ für alle Zylindermengen A mit der Eigenschaft $\mathsf{P}(\partial A) = 0$. Wählt man jedoch beispielsweise die Menge

$$A = \{x \in C \colon |x_t| \leqq 1/2,\ 0 \leqq t \leqq 1\} \in \mathscr{B}_0(C),$$

so gelten die Beziehungen $\mathsf{P}(\partial A) = 0$, $\mathsf{P}_n(A) = 0$ sowie $\mathsf{P}(A) = 1$, und demzufolge ergibt sich $\mathsf{P}_n \not\Rightarrow \mathsf{P}$.

Somit können wir als $\mathscr{K}_0(C)$ die Gesamtheit der Zylindermengen betrachten und erhalten $\mathscr{K}_0(C) \subset \mathscr{K}_1(C)$ für jede die Konvergenz bestimmende Klasse $\mathscr{K}_1(C)$ ($\mathscr{K}_0(C)$ ist ein echtes Teilsystem von $\mathscr{K}_1(C)$!).

5. Aufgaben

1. Wir sagen, daß eine auf R^n gegebene Funktion F *im Punkt* $x \in R^n$ *stetig* ist, falls für jedes $\varepsilon > 0$ ein solches $\delta > 0$ existiert, daß $|F(x) - F(y)| < \varepsilon$ für alle $y \in R^n$ gilt, welche die Ungleichung

$$x - \delta e < y < x + \delta e$$

erfüllen, wobei $e = (1, \ldots, 1) \in R^n$ gesetzt ist. Wir sagen weiter, daß eine Folge von Verteilungsfunktionen (F_n) gegen die Verteilungsfunktion F *wesentlich konvergent* ist $(F_n \Rightarrow F)$, falls $F_n(x) \to F(x)$ für jeden Punkt $x \in R^n$ gilt, in dem die Funktion F stetig ist.
Man zeige, daß die Aussage von Satz 2 auch für den R^n, $n > 1$, gültig bleibt (siehe die Bemerkung zu Satz 2).

2. Man zeige, daß die Klasse der „elementaren" Mengen $\mathcal{K}$ im Raum R^n eine die Konvergenz bestimmende Klasse ist.

3. Es sei E einer der Räume R^∞, C oder D. Wir sagen, daß eine Folge von Wahrscheinlichkeitsmaßen (P_n) (gegeben auf der σ-Algebra $\mathscr{E}$ der Borel-Mengen, die von den offenen Mengen erzeugt wird) *im Sinne der endlich-dimensionalen Verteilungen* gegen das Wahrscheinlichkeitsmaß P *wesentlich konvergiert* (Bezeichnung: $\mathsf{P}_n \xRightarrow{f} \mathsf{P}$), falls die Konvergenz $\mathsf{P}_n(A) \to \mathsf{P}(A)$, $n \to \infty$, für alle *Zylindermengen* A mit der Eigenschaft $\mathsf{P}(\partial A) = 0$ eintritt.
Man zeige für den Raum R^∞ die Äquivalenz

$$\left(\mathsf{P}_n \xRightarrow{f} \mathsf{P}\right) \Leftrightarrow (\mathsf{P}_n \Rightarrow \mathsf{P}).$$

4. Es seien F und G Verteilungsfunktionen auf der reellen Achse und

$$L(F, G) = \inf \{h > 0 \colon F(x - h) - h \leqq G(x) \leqq F(x + h) + h\}$$

der *Lévy-Abstand* zwischen F und G. Man zeige, daß die wesentliche Konvergenz der Konvergenz in der Lévy-Metrik äquivalent ist:

$$(F_n \Rightarrow F) \Leftrightarrow L(F_n, F) \to 0.$$

5. Es gelte $F_n \Rightarrow F$, und die Verteilungsfunktion F sei stetig. Man zeige, daß dann die gleichmäßige Konvergenz von F_n gegen F eintritt:

$$\sup_x |F_n(x) - F(x)| \to 0, \qquad n \to \infty.$$

6. Man beweise die in Bemerkung 1 zu Satz 1 aufgestellte Behauptung.

7. Man überzeuge sich von der Äquivalenz der Bedingungen (I*)—(IV*), die in der Bemerkung 2 zu Satz 1 formuliert sind.

8. Man zeige, daß die Konvergenz $\mathsf{P}_n \xrightarrow{w} \mathsf{P}$ genau dann eintritt, wenn jede Teilfolge $(\mathsf{P}_{n'})$ der Folge (P_n) eine Teilfolge $(\mathsf{P}_{n''})$ mit der Eigenschaft $\mathsf{P}_{n''} \xrightarrow{w} \mathsf{P}$ enthält.

§ 2. Relative Kompaktheit und Straffheit einer Familie von Wahrscheinlichkeitsverteilungen

1. Bevor man für eine gegebene Folge von Wahrscheinlichkeitsmaßen die (schwache) Konvergenz gegen ein bestimmtes Wahrscheinlichkeitsmaß untersucht, muß man selbstverständlich klären, ob diese Folge überhaupt gegen ein Maß konvergiert oder ob sie wenigstens eine konvergente Teilfolge besitzt.

So ist beispielsweise die Folge $(\mathbf{P}_n)$ mit $\mathbf{P}_{2n} = \mathbf{P}$ und $\mathbf{P}_{2n+1} = \mathbf{Q}$, wobei $\mathbf{P}$ und $\mathbf{Q}$ zwei verschiedene Wahrscheinlichkeitsmaße sind, offensichtlich nicht konvergent, sie besitzt jedoch zwei konvergente Teilfolgen $(\mathbf{P}_{2n})$ und $(\mathbf{P}_{2n+1})$.

Die überaus einfach aufgebaute Folge $(\mathbf{P}_n)$ von Wahrscheinlichkeitsmaßen $\mathbf{P}_n$ $(n \geqq 1)$, die jeweils im Punkt n konzentriert sind (d. h. $\mathbf{P}_n(\{n\}) = 1$) ist nicht nur nicht konvergent, sie enthält auch keine konvergente Teilfolge. (Da $\lim\limits_n \mathbf{P}_n(a, b] = 0$ für alle $a < b$ gilt, müßte das Grenzmaß das Nullmaß sein, aber das widerspricht der Beziehung $1 = \mathbf{P}_n(R) \nrightarrow 0$, $n \to \infty$.) Interessanterweise ist in diesem Beispiel die entsprechende Folge der Verteilungsfunktionen (F_n) mit

$$F_n(x) = \begin{cases} 1, & x \geqq n, \\ 0, & x < n, \end{cases}$$

offensichtlich konvergent: Für jedes $x \in R$ gilt

$$F_n(x) \to G(x) \equiv 0.$$

Die Grenzfunktion G ist jedoch keine Verteilungsfunktion (im Sinne der Definition 1 aus Kapitel II, § 3).

Dieses Beispiel ist auch von einem anderen Standpunkt aus lehrreich: Es zeigt, daß die Klasse der Verteilungsfunktionen nicht kompakt ist. Es weist zudem darauf hin, daß für die Konvergenz einer Folge von Verteilungsfunktionen gegen eine Funktion, die eine Verteilungsfunktion darstellen soll, Bedingungen gebraucht werden, die einen „Abfluß der Masse ins Unendliche" verhindern.

Nach diesen einleitenden Bemerkungen, die den Charakter der hier entstehenden Schwierigkeiten erläutern, gehen wir nun zu den grundlegenden Definitionen über.

2. Wir setzen voraus, daß alle betrachteten Maße auf einem metrischen Raum $(E, \mathscr{E}, \varrho)$ definiert sind.

Definition 1. Eine Familie von Wahrscheinlichkeitsmaßen $\mathscr{P} = \{\mathbf{P}_\alpha; \alpha \in \mathfrak{A}\}$ nennen wir *relativ kompakt*, falls jede Folge von Maßen aus $\mathscr{P}$ eine Teilfolge enthält, die schwach gegen ein Wahrscheinlichkeitsmaß konvergiert.

Wir unterstreichen, daß das Grenzmaß in dieser Definition als *Wahrscheinlichkeitsmaß* vorausgesetzt wird, obwohl es sein kann, daß es nicht zur Ausgangsklasse $\mathscr{P}$ gehört. (Gerade mit diesem letztgenannten Umstand verbindet sich das Wort „relativ" in der angegebenen Definition.)

Die Überprüfung, ob eine Familie von Wahrscheinlichkeitsmaßen relativ kompakt ist, erweist sich als bei weitem nicht einfach. Deshalb ist es wünschenswert, einfache und handliche Kriterien zu besitzen, die diese Überprüfung ermöglichen. Diesem Ziel dient

Definition 2. Eine Familie von Wahrscheinlichkeitsmaßen $\mathscr{P} = \{\mathbf{P}_\alpha; \alpha \in \mathfrak{A}\}$ heißt *straff*, falls für jedes $\varepsilon > 0$ eine kompakte Menge $K \subseteqq E$ existiert, so daß

$$\sup_{\alpha \in \mathfrak{A}} \mathbf{P}_\alpha(E \setminus K) \leqq \varepsilon \tag{1}$$

erfüllt ist.

Definition 3. Eine Familie von Verteilungsfunktionen $\mathcal{F} = \{F_\alpha; \alpha \in \mathfrak{A}\}$, definiert auf R^n $(n \geqq 1)$ heißt *relativ kompakt* (bzw. *straff*), falls die zugehörige Familie von Wahrscheinlichkeitsmaßen $\mathcal{P} = \{\mathbf{P}_\alpha; \alpha \in \mathfrak{A}\}$, wobei $\mathbf{P}_\alpha$ das aus F_α konstruierte Maß ist, die entsprechende Eigenschaft besitzt.

3. Das folgende Ergebnis spielt eine fundamentale Rolle in der gesamten Problematik der schwachen Konvergenz von Wahrscheinlichkeitsmaßen.

Satz 1 (Satz von Prochorov). *Es sei $\mathcal{P} = \{\mathbf{P}_\alpha; \alpha \in \mathfrak{A}\}$ eine Familie von Wahrscheinlichkeitsmaßen, die auf einem vollständigen separablen metrischen Raum $(E, \mathcal{E}, \varrho)$ gegeben sind. Die Familie $\mathcal{P}$ ist genau dann relativ kompakt, wenn sie straff ist.*

Wir beweisen diesen Satz nur für den Fall der reellen Achse. (Der Beweis kann fast ohne jede Änderung auf den Fall beliebiger Euklidischer Räume R^n $(n \geqq 2)$ übertragen werden. Dann stellt man die Gültigkeit dieses Satzes nacheinander für R^∞, für σ-kompakte und schließlich für allgemeine vollständige separable metrische Räume fest, indem jeder dieser Fälle auf den vorhergehenden zurückgeführt wird.)

Notwendigkeit. Es sei die Familie $\mathcal{P} = \{\mathbf{P}_\alpha; \alpha \in \mathfrak{A}\}$ von auf $(R, \mathcal{B}(R))$ gegebenen Wahrscheinlichkeitsmaßen relativ kompakt, jedoch nicht straff. Dann existiert ein solches $\varepsilon > 0$, daß für jede kompakte Menge $K \subseteqq R$

$$\sup_\alpha \mathbf{P}_\alpha(R \setminus K) > \varepsilon$$

gilt, was für jedes Intervall $I = (a, b)$

$$\sup_\alpha \mathbf{P}_\alpha(R \setminus I) > \varepsilon$$

nach sich zieht. Daraus folgt für jedes Intervall $I_n = (-n, n)$, $n \geqq 1$, die Existenz eines Maßes $\mathbf{P}_{\alpha_n}$ mit der Eigenschaft

$$\mathbf{P}_{\alpha_n}(R \setminus I_n) > \varepsilon.$$

Da die gegebene Familie $\mathcal{P}$ relativ kompakt ist, kann man aus der Folge $(\mathbf{P}_{\alpha_n})_{n \geqq 1}$ eine Folge $(\mathbf{P}_{\alpha_{n_k}})$ so auswählen, daß die Konvergenz $\mathbf{P}_{\alpha_{n_k}} \xrightarrow{w} \mathbf{Q}$ stattfindet, wobei $\mathbf{Q}$ ein Wahrscheinlichkeitsmaß ist. Dann erhalten wir infolge der Äquivalenz der Bedingungen (I) und (II) aus Satz 1 von § 1 für jedes $n \geqq 1$

$$\overline{\lim_{k \to \infty}}\, \mathbf{P}_{\alpha_{n_k}}(R \setminus I_n) \leqq \mathbf{Q}(R \setminus I_n). \tag{2}$$

Nun gilt jedoch $\mathbf{Q}(R \setminus I_n) \downarrow 0$, $n \to \infty$, und die linke Seite ist größer als $\varepsilon > 0$. Dieser Widerspruch zeigt, daß die relative Kompaktheit die Straffheit impliziert.

Für den Beweis der Hinlänglichkeit benötigen wir ein allgemeines Resultat (den Satz von Helly) über die *sequentielle Kompaktheit* einer Familie verallgemeinerter Verteilungsfunktionen (vgl. Kapitel II, § 3, Nr. 2).

Wir bezeichnen mit $\mathcal{J} = \{G\}$ die Gesamtheit der Funktionen G (der verallgemeinerten Verteilungsfunktionen), die folgenden Bedingungen genügen:

1. *G ist nichtfallend.*
2. $0 \leqq G(-\infty), G(+\infty) \leqq 1$.
3. *G ist rechtsstetig.*

Es ist klar, daß $\mathcal{J}$ die Gesamtheit der Verteilungsfunktionen $\mathcal{F} = \{F\}$ einschließt, für die $F(-\infty) = 0$ und $F(+\infty) = 1$ gilt.

Satz 2 (Satz von HELLY). *Die Gesamtheit $\mathcal{J} = \{G\}$ der verallgemeinerten Verteilungsfunktionen ist sequentiell kompakt, d. h., für jede Folge (G_n) von Funktionen aus $\mathcal{J}$ existieren eine Funktion G und eine Teilfolge $(n_k) \subseteqq (n)$ derart, daß*

$$G_{n_k}(x) \to G(x), \qquad k \to \infty,$$

für jeden Punkt x aus der Menge $\mathbb{C}(G)$ der Stetigkeitspunkte der Funktion G gilt.

Beweis. Wir bezeichnen mit $T = \{x_1, x_2, \ldots\}$ eine abzählbare dichte Menge in R. Da die Zahlenfolge $G_n(x_1)$ *beschränkt* ist, existiert eine solche Teilfolge $N_1 = (n_1^{(1)}, n_2^{(1)}, \ldots)$, daß $G_{n_i^{(1)}}(x_1)$ für $i \to \infty$ gegen eine Zahl g_1 konvergiert. Aus der Folge N_1 kann man wiederum eine Teilfolge $(n_1^{(2)}, n_2^{(2)}, \ldots)$ derart auswählen, daß $G_{n_i^{(2)}}(x_2)$ für $i \to \infty$ gegen eine Zahl g_2 konvergiert usw.

Wir definieren die Funktion G_T auf der Menge $T \subseteqq R$ vermöge

$$G_T(x_i) = g_i, \qquad x_i \in T,$$

und betrachten die „Cantorsche" Diagonalfolge $N = (n_1^{(1)}, n_2^{(2)}, \ldots)$. Dann erhalten wir für jedes $x_i \in T$ und $m \to \infty$

$$G_{n_m^{(m)}}(x_i) \to G_T(x_i).$$

Schließlich definieren wir die Funktion G für alle $x \in R$ durch

$$G(x) = \inf \{G_T(y) : y \in T, \ y > x\}. \tag{3}$$

Wir behaupten nun, daß G die gesuchte Funktion ist und $G_{n_m^{(m)}}(x) \to G(x)$ für alle Stetigkeitspunkte von G gilt.

Da alle betrachteten Funktionen G_n nichtfallend sind, ergibt sich $G_{n_m^{(m)}}(x) \leqq G_{n_m^{(m)}}(y)$ für alle x und y, welche zu T gehören und die Ungleichung $x \leqq y$ erfüllen. Deshalb erhalten wir für diese x, y die Beziehung

$$G_T(x) \leqq G_T(y).$$

Hieraus und aus der Definition (3) schließen wir, daß die Funktion G nicht fällt.

Wir zeigen nun ihre Rechtsstetigkeit. Es gelte $x_k \downarrow x$, und wir setzen $d = \lim_k G(x_k)$. Offensichtlich gilt $G(x) \leqq d$, und es bleibt zu zeigen, daß eigentlich $G(x) = d$ zutrifft. Wir setzen das Gegenteil voraus, d. h., es sei $G(x) < d$. Aus (3) folgt dann die Existenz eines Punktes $y \in T$, $x < y$, so daß $G_T(y) < d$ gilt. Für hinreichend große k ist $x < x_k < y$ erfüllt, und demzufolge gelten die Ungleichungen $G(x_k) \leqq G_T(y) < d$

sowie $\lim_k G(x_k) < d$, was der Gleichheit $d = \lim_k G(x_k)$ widerspricht. Also gehört die konstruierte Funktion G zu $\mathcal{J}$.

Wir stellen nun die Konvergenz $G_{n_m^{(m)}}(x^0) \to G(x^0)$ für jeden Punkt $x^0 \in \mathbf{C}(G)$ fest. Für $x^0 < y \in T$ erhalten wir

$$\overline{\lim_m}\, G_{n_m^{(m)}}(x^0) \leqq \overline{\lim_m}\, G_{n_m^{(m)}}(y) = G_T(y),$$

woraus

$$\overline{\lim_m}\, G_{n_m^{(m)}}(x^0) \leqq \inf\{G_T(y) : y > x^0, y \in T\} = G(x^0) \tag{4}$$

folgt.

Es sei andererseits $x^1 < y < x^0$, $y \in T$. Dann haben wir

$$G(x^1) \leqq G_T(y) = \lim_m G_{n_m^{(m)}}(y) = \underline{\lim_m}\, G_{n_m^{(m)}}(y) \leqq \underline{\lim_m}\, G_{n_m^{(m)}}(x^0).$$

Deshalb ergibt sich für $x^1 \uparrow x^0$

$$G(x^0 -) \leqq \underline{\lim_m}\, G_{n_m^{(m)}}(x^0). \tag{5}$$

Gilt jedoch $G(x^0-) = G(x^0)$, so schließen wir aus (4) und (5) auf $G_{n_m^{(m)}}(x^0) \to G(x^0)$, $m \to \infty$.

Damit ist der Satz bewiesen.

Wir vollenden nun den Beweis von Satz 1

Hinlänglichkeit. Die Familie $\mathcal{P}$ sei straff, und $(\mathbf{P}_n)$ sei eine Folge von Wahrscheinlichkeitsmaßen aus $\mathcal{P}$. Mit (F_n) bezeichnen wir die Folge der entsprechenden Verteilungsfunktionen.

Nach dem Satz von Helly existieren eine Teilfolge $(F_{n_k}) \subseteqq (F_n)$ und eine verallgemeinerte Verteilungsfunktion $G \in \mathcal{J}$ derart, daß $F_{n_k}(x) \to G(x)$ für alle $x \in \mathbf{C}(G)$ gilt. Wir zeigen jetzt, daß die Voraussetzung über die Straffheit der Familie $\mathcal{P}$ die Funktion G zu einer „richtigen" Verteilungsfunktion macht $\big(G(-\infty) = 0,\ G(+\infty) = 1.\big)$

Wir geben uns ein $\varepsilon > 0$ vor, und es sei $I = (a, b]$ ein Intervall, für das

$$\sup \mathbf{P}_n(R \setminus I) < \varepsilon$$

oder äquivalent dazu

$$1 - \varepsilon \leqq \mathbf{P}_n(a, b], \qquad n \geqq 1,$$

gilt. Wir wählen die Punkte $a', b' \in \mathbf{C}(G)$ nun so aus, daß $a' < a$ und $b' > b$ gewährleistet ist. Dann ergibt sich

$$1 - \varepsilon \leqq \mathbf{P}_{n_k}(a, b] \leqq \mathbf{P}_{n_k}(a', b'] = F_{n_k}(b') - F_{n_k}(a') \to G(b') - G(a').$$

Daraus folgt $G(+\infty) - G(-\infty) = 1$, und wegen $0 \leqq G(-\infty) \leqq G(+\infty) \leqq 1$ ergibt sich $G(-\infty) = 0$ und $G(+\infty) = 1$.

Somit ist die Grenzfunktion G eine Verteilungsfunktion, und es gilt $F_{n_k} \Rightarrow G$, was gemeinsam mit Satz 2 aus § 1 die Konvergenz $\mathbf{P}_{n_k} \xrightarrow{w} \mathbf{Q}$ beweist, wobei $\mathbf{Q}$ das bezüglich der Verteilungsfunktion G konstruierte Wahrscheinlichkeitsmaß bezeichnet.

Damit ist Satz 1 bewiesen.

4. Aufgaben

1. Man führe die Beweise von Satz 1 und Satz 2 für die Räume R^n, $n \geqq 2$.
2. Es sei $\mathbf{P}$ eine Normalverteilung auf der reellen Achse mit den Parametern m_α und σ_α^2, $\alpha \in \mathfrak{A}$. Man zeige, daß die Familie $\mathcal{P} = \{\mathbf{P}_\alpha; \alpha \in \mathfrak{A}\}$ genau dann straff ist, wenn Konstanten a und b existieren, so daß

$$|m_\alpha| \leqq a \quad \text{und} \quad \sigma_\alpha^2 \leqq b, \qquad \alpha \in \mathfrak{A},$$

erfüllt ist.

3. Man finde Beispiele für straffe und nicht straffe Familien von Wahrscheinlichkeitsmaßen $\mathcal{P} = \{\mathbf{P}_\alpha; \alpha \in \mathcal{A}\}$, die auf $(R^\infty, \mathcal{B}(R^\infty))$ definiert sind.

§ 3. Die Methode der charakteristischen Funktionen beim Beweis von Grenzwertsätzen

1. Die Beweise der ersten Grenzwertsätze der Wahrscheinlichkeitstheorie — des Gesetzes der großen Zahlen und der Sätze von DE MOIVRE-LAPLACE und POISSON für das Bernoulli-Schema — waren auf der direkten Analyse der Verteilungsfunktionen F_n gegründet, die sich recht einfach durch die binomialen Wahrscheinlichkeiten ausdrücken lassen. (Im Bernoulli-Schema nehmen die zu summierenden zufälligen Größen nur zwei Werte an, was im wesentlichen die Möglichkeit eröffnet, die Funktionen F_n explizit anzugeben.) Für zufällige Größen komplizierterer Natur wird eine ähnliche Methode der direkten Analyse jedoch nicht mehr durchführbar.

Der erste Schritt zum Beweis von Grenzwertsätzen für Summen beliebig verteilter unabhängiger zufälliger Größen wurde von ČEBYŠEV getan.

Die von ihm vorgeschlagene Ungleichung, die heute als Čebyševsche Ungleichung bekannt ist, bot nicht nur die Möglichkeit eines elementaren Beweises des Gesetzes der großen Zahlen von J. BERNOULLI, sondern gestattete es auch, sehr allgemeine Bedingungen für die Gültigkeit dieses Gesetzes für Summen $S_n = \xi_1 + \cdots + \xi_n$ $(n \geqq 1)$ unabhängiger zufälliger Größen in Form folgender Aussage aufzustellen: Für alle $\varepsilon > 0$ gilt

$$\mathbf{P}\left(\left|\frac{S_n}{n} - \frac{\mathbf{M}S_n}{n}\right| \geqq \varepsilon\right) \to 0, \qquad n \to \infty. \tag{1}$$

(siehe Aufgabe 2).

Die sogenannte „Momentenmethode“, die ebenfalls von ČEBYŠEV geschaffen (und von MARKOV vervollkommnet) wurde, führte zu der Feststellung, daß die Aussage des Satzes von DE MOIVRE-LAPLACE in der Form

$$\mathsf{P}\left(\frac{S_n - \mathsf{M}S_n}{\sqrt{\mathsf{D}S_n}} \leqq x\right) \to \frac{1}{\sqrt{2\pi}} \int_{-\infty}^{x} \mathrm{e}^{-u^2/2}\, du \tag{2}$$

universellen Charakter in dem Sinn trägt, daß sie unter sehr allgemeinen Voraussetzungen bezüglich der Natur der zu summierenden zufälligen Größen gültig ist. Gerade aus diesem Grunde ist es gerechtfertigt, die Aussage (2) *zentralen Grenzwertsatz* der Wahrscheinlichkeitstheorie zu nennen.

Etwas später schlug LJAPUNOV eine andere Beweismethode für den zentralen Grenzwertsatz vor, die auf der Idee der charakteristischen Funktion einer Wahrscheinlichkeitsverteilung fußte, welche auf LAPLACE zurückgeht. Die folgende Entwicklung zeigte, daß die „Methode der charakteristischen Funktionen" von LJAPUNOV beim Beweis der verschiedenartigsten Grenzwertsätze sehr effektiv ist, was auch ihre Weiterentwicklung und breite Anwendung bedingte.

Das Wesen dieser Methode besteht in folgendem.

2. Wir wissen bereits (vgl. § 12, Kap. II), daß zwischen den Verteilungsfunktionen und den charakteristischen Funktionen eine eineindeutige Beziehung besteht. Deshalb kann man die Eigenschaften der Verteilungsfunktionen auch dadurch untersuchen, daß man die entsprechenden charakteristischen Funktionen studiert. Dabei ist bemerkenswert, daß die schwache Konvergenz $F_n \xrightarrow{w} F$ der Verteilungsfunktionen der punktweisen Konvergenz $\varphi_n \to \varphi$ der entsprechenden charakteristischen Funktionen äquivalent ist. Darüber hinaus gilt die folgende Aussage, die beim Beweis von Sätzen über die schwache Konvergenz von Verteilungen auf der reellen Achse das grundlegende Hilfsmittel darstellt.

Satz 1 (Stetigkeitssatz). *Es sei (F_n) eine Folge von Verteilungsfunktionen $F_n = F_n(x)$, $x \in R$, und (φ_n) die entsprechende Folge von charakteristischen Funktionen*

$$\varphi_n(t) = \int_{-\infty}^{\infty} \mathrm{e}^{\mathrm{i}tx}\, \mathrm{d}F_n(x), \qquad t \in R.$$

1. *Gilt $F_n \xrightarrow{w} F$, wobei F eine Verteilungsfunktion ist, so folgt die Konvergenz $\varphi_n(t) \to \varphi(t)$, $t \in R$; dabei ist φ die charakteristische Funktion von F.*

2. *Existiert für jedes $t \in R$ der Grenzwert $\lim\limits_n \varphi_n(t)$ und ist die Funktion $\varphi(t) = \lim\limits_n \varphi_n(t)$ im Punkt $t = 0$ stetig, so ist sie charakteristische Funktion einer Wahrscheinlichkeitsverteilung $F = F(x)$, und es gilt*

$$F_n \xrightarrow{w} F.$$

Der Beweis der Aussage 1 folgt sofort aus der Anwendung der Definition der schwachen Konvergenz auf die Funktionen $\operatorname{Re} \mathrm{e}^{\mathrm{i}tx}$ und $\operatorname{Im} \mathrm{e}^{\mathrm{i}tx}$.

Dem Beweis der Aussage 2 schicken wir einige Hilfssätze voraus.

Lemma 1. *Es sei* $(\mathbf{P}_n)$ *eine straffe Folge von Wahrscheinlichkeitsmaßen. Wir setzen voraus, daß jede schwach konvergente Teilfolge* $(\mathbf{P}_{n'})$ *der Folge* $(\mathbf{P}_n)$ *gegen ein und dasselbe Wahrscheinlichkeitsmaß* $\mathbf{P}$ *konvergiert. Dann ist auch die gesamte Folge* $(\mathbf{P}_n)$ *schwach gegen* $\mathbf{P}$ *konvergent.*

Beweis. Wir nehmen $\mathbf{P}_n \overset{w}{\not\to} \mathbf{P}$ an. Dann existiert eine beschränkte stetige Funktion f, für die

$$\int_R f(x)\ \mathbf{P}_n(\mathrm{d}x) \not\to \int_R f(x)\ \mathbf{P}(\mathrm{d}x)$$

gilt. Daraus schließen wir auf die Existenz eines $\varepsilon > 0$ und einer unendlichen Zahlenfolge $(n') \subseteqq (n)$, so daß die Beziehung

$$\left| \int_R f(x)\ \mathbf{P}_{n'}(\mathrm{d}x) - \int_R f(x)\ \mathbf{P}(\mathrm{d}x) \right| \geqq \varepsilon > 0 \tag{3}$$

erfüllt ist. Nach dem Satz von Prochorov (vgl. § 2) kann man aus $(\mathbf{P}_{n'})$ eine Teilfolge $(\mathbf{P}_{n''})$ auswählen, so daß $\mathbf{P}_{n''} \overset{w}{\longrightarrow} \mathbf{Q}$ gilt, wobei $\mathbf{Q}$ ein Wahrscheinlichkeitsmaß ist.

Aus der Voraussetzung des Lemmas ergibt sich $\mathbf{Q} = \mathbf{P}$, und infolgedessen gilt

$$\int_R f(x)\ \mathbf{P}_{n''}(\mathrm{d}x) \to \int_R f(x)\ \mathbf{P}(\mathrm{d}x),$$

was (3) widerspricht. Damit ist das Lemma bewiesen.

Lemma 2. *Es sei* $(\mathbf{P}_n)$ *eine straffe Folge von Wahrscheinlichkeitsmaßen auf* $(R, \mathscr{B}(R))$. *Die Folge* $(\mathbf{P}_n)$ *konvergiert genau dann gegen ein Wahrscheinlichkeitsmaß, wenn für alle* $t \in R$ *der Grenzwert* $\lim_n \varphi_n(t)$ *existiert, wobei* φ_n *die charakteristische Funktion des Maßes* $\mathbf{P}_n$ *ist:*

$$\varphi_n(t) = \int_R \mathrm{e}^{itx}\ \mathbf{P}_n\,(\mathrm{d}x)\,.$$

Beweis. Falls die Folge $(\mathbf{P}_n)$ straff ist, existieren nach dem Satz von Prochorov eine Teilfolge $(\mathbf{P}_{n'})$ und ein Wahrscheinlichkeitsmaß $\mathbf{P}$ derart, daß $\mathbf{P}_{n'} \overset{w}{\longrightarrow} \mathbf{P}$ gilt. Wir setzen voraus, daß die gesamte Folge $(\mathbf{P}_n)$ nicht gegen $\mathbf{P}$ konvergiert $\left(\mathbf{P}_n \overset{w}{\not\to} \mathbf{P}\right)$. Dann existieren nach Lemma 1 eine Teilfolge $(\mathbf{P}_{n''})$ und ein Wahrscheinlichkeitsmaß $\mathbf{Q}$, so daß $\mathbf{P}_{n''} \overset{w}{\longrightarrow} \mathbf{Q}$ eintritt, wobei $\mathbf{P} \neq \mathbf{Q}$ gilt.

Wir nutzen nun aus, daß für jedes $t \in R$ der Grenzwert $\lim_n \varphi_n(t)$ existiert. Dann erhalten wir

$$\lim_{n'} \int_R \mathrm{e}^{itx} \mathbf{P}_{n'}(\mathrm{d}x) = \lim_{n''} \int_R \mathrm{e}^{itx} \mathbf{P}_{n''}(\mathrm{d}x)$$

und folglich

$$\int_R \mathrm{e}^{itx}\ \mathbf{P}(\mathrm{d}x) = \int_R \mathrm{e}^{itx} \mathbf{Q}(\mathrm{d}x), \qquad t \in R.$$

Die charakteristische Funktion bestimmt jedoch eindeutig die Verteilung (Kapitel II, § 12, Satz 2). Deshalb gilt $\mathbf{P} = \mathbf{Q}$, was der Voraussetzung $\mathbf{P}_n \overset{w}{\not\to} \mathbf{P}$ widerspricht.

Die umgekehrte Aussage im Lemma erhält man unmittelbar aus der Definition der schwachen Konvergenz.

Das folgende Lemma liefert eine Abschätzung für die „Schwänze" der Verteilungsfunktionen durch das Verhalten ihrer charakteristischen Funktionen in einer Umgebung des Nullpunktes.

Lemma 3. *Es sei F eine Verteilungsfunktion auf der reellen Achse und φ ihre charakteristische Funktion. Dann existiert eine solche Konstante $K > 0$, daß für jedes $a > 0$ die Abschätzung*

$$\int\limits_{|x| \geqq 1/a} \mathrm{d}F(x) \leqq \frac{K}{a} \int\limits_0^a [1 - \operatorname{Re} \varphi(t)] \, \mathrm{d}t \tag{4}$$

gilt.

Beweis. Infolge der Beziehung $\operatorname{Re} \varphi(t) = \int\limits_{-\infty}^{\infty} \cos tx \, \mathrm{d}F(x)$ ergibt sich unter Anwendung des Satzes von Fubini

$$\frac{1}{a} \int\limits_0^a [1 - \operatorname{Re} \varphi(t)] \, \mathrm{d}t = \frac{1}{a} \int\limits_0^a \left[\int\limits_{-\infty}^{\infty} (1 - \cos tx) \, \mathrm{d}F(x) \right] \mathrm{d}t$$

$$= \int\limits_{-\infty}^{\infty} \left[\frac{1}{a} \int\limits_0^a (1 - \cos tx) \, \mathrm{d}t \right] \mathrm{d}F(x) = \int\limits_{-\infty}^{\infty} \left(1 - \frac{\sin ax}{ax}\right) \mathrm{d}F(x)$$

$$\geqq \inf_{|y| \geqq 1} \left(1 - \frac{\sin y}{y}\right) \cdot \int\limits_{|ax| \geqq 1} \mathrm{d}F(x) = \frac{1}{K} \int\limits_{|x| \geqq 1/a} \mathrm{d}F(x),$$

wobei

$$\frac{1}{K} = \inf_{|y| \geqq 1} \left(1 - \frac{\sin y}{y}\right) = 1 - \sin 1 \geqq \frac{1}{7}$$

erfüllt ist. Somit gilt die Beziehung (4) mit der Konstanten $K = 7$. Damit ist das Lemma bewiesen.

Beweis der Aussage 2 von Satz 1. Es gelte $\varphi_n(t) \to \varphi(t)$, $n \to \infty$, wobei die Funktion φ im Nullpunkt stetig ist. Wir zeigen nun, daß daraus die Straffheit der Folge $(\mathbf{P}_n)$ von Wahrscheinlichkeitsmaßen $\mathbf{P}_n$ folgt, die den Verteilungsfunktionen F_n entsprechen.

Aus (4) und dem Satz von Lebesgue über die majorisierte Konvergenz erhalten wir

$$\mathbf{P}_n \left\{ R \setminus \left(-\frac{1}{a}, \frac{1}{a}\right) \right\} = \int\limits_{|x| \geqq 1/a} \mathrm{d}F_n(x) \leqq \frac{K}{a} \int\limits_0^a [1 - \operatorname{Re} \varphi_n(t)] \, \mathrm{d}t$$

$$\to \frac{K}{a} \int\limits_0^a [1 - \operatorname{Re} \varphi(t)] \, \mathrm{d}t$$

für $n \to \infty$. Da nach Voraussetzung die Funktion φ im Nullpunkt stetig ist und $\varphi(0) = 1$ gilt, findet man zu jedem $\varepsilon > 0$ ein $a > 0$, so daß für alle $n \geqq 1$ die Beziehung

$$\mathsf{P}_n\big(R \setminus (-1/a, 1/a)\big) \leqq \varepsilon$$

gültig ist. Folglich ist die Folge (P_n) straff, und nach Lemma 2 existiert ein Wahrscheinlichkeitsmaß P, so daß

$$\mathsf{P}_n \xrightarrow{w} \mathsf{P}$$

erfüllt ist. Daraus ergibt sich

$$\varphi_n(t) = \int_{-\infty}^{\infty} e^{itx} \mathsf{P}_n\,(dx) \to \int_{-\infty}^{\infty} e^{itx}\, \mathsf{P}\,(dx),$$

und gleichzeitig gilt $\varphi_n(t) \to \varphi(t)$. Deshalb ist φ die charakteristische Funktion des Wahrscheinlichkeitsmaßes P.

Damit ist der Satz bewiesen.

Folgerung. Es sei (F_n) eine Folge von Verteilungsfunktionen und (φ_n) die entsprechende Folge charakteristischer Funktionen. Außerdem sei F eine Verteilungsfunktion und φ ihre charakteristische Funktion. Dann gilt $F_n \xrightarrow{w} F$ genau dann, wenn die Konvergenz $\varphi_n(t) \to \varphi(t)$ für alle $t \in R$ eintritt.

Bemerkung. Es seien $\eta, \eta_1, \eta_2, \ldots$ zufällige Größen, und es gelte $F_{\eta_n} \xrightarrow{w} F_\eta$. In Übereinstimmung mit der Definition aus Kapitel II, § 10, sagt man dann, daß die *zufälligen Größen* $\eta_1, \eta_2, \ldots$ in Verteilung gegen η konvergieren, und schreibt dies in der Form $\eta_n \xrightarrow{d} \eta$. Diese Schreibweise ist anschaulich und wird deshalb in der Formulierung von Grenzwertsätzen der Schreibweise $F_{\eta_n} \xrightarrow{w} F_\eta$ oft vorgezogen.

3. Im folgenden Paragraphen wird Satz 1 beim Beweis des zentralen Grenzwertsatzes für unabhängige verschieden verteilte zufällige Größen angewandt. Der Beweis wird bei Erfüllung der sogenannten „Lindeberg-Bedingung" geführt. Anschließend wird gezeigt, daß die „Ljapunov-Bedingung" das Erfülltsein der „Lindeberg-Bedingung" garantiert. Jetzt jedoch werden wir uns mit der Anwendung der Methode der charakteristischen Funktionen für den Beweis einiger einfacher Grenzwertsätze beschäftigen.

Satz 2 (Gesetz der großen Zahlen). *Es sei* $\xi_1, \xi_2, \ldots$ *eine Folge unabhängiger identisch verteilter zufälliger Größen mit* $\mathsf{M}\,|\xi_1| < \infty$, $S_n = \xi_1 + \cdots + \xi_n$ *und* $\mathsf{M}\xi_1 = m$. *Dann folgt* $S_n/n \xrightarrow{\mathsf{P}} m$, *d. h., es gilt für jedes* $\varepsilon > 0$

$$\mathsf{P}(|S_n/n - m| \geqq \varepsilon) \to 0, \qquad n \to \infty.$$

Beweis. Es bezeichne $\varphi(t) = \mathsf{M}e^{it\xi_1}$ und $\varphi_{S_n/n}(t) = \mathsf{M}e^{itS_n/n}$. Dann können wir aus der Unabhängigkeit der zufälligen Größen und Formel (II. 12.6) auf

$$\varphi_{S_n/n}(t) = \left[\varphi\left(\frac{t}{n}\right)\right]^n$$

schließen. Wegen (II.12.14) gilt

$$\varphi(t) = 1 + itm + o(t), \qquad t \to 0.$$

Das bedeutet für jedes fixierte $t \in R$

$$\varphi\left(\frac{t}{n}\right) = 1 + \mathrm{i}\,\frac{t}{n}\,m + o\left(\frac{1}{n}\right), \qquad n \to \infty,$$

woraus sich

$$\varphi_{S_n/n}(t) = \left[1 + \mathrm{i}\,\frac{t}{n}\,m + o\left(\frac{1}{n}\right)\right]^n \to \mathrm{e}^{\mathrm{i}tm}$$

ergibt. Die Funktion $\varphi(t) = \mathrm{e}^{\mathrm{i}tm}$ ist im Nullpunkt stetig und stellt die charakteristische Funktion einer ausgearteten, im Punkt m konzentrierten Wahrscheinlichkeitsverteilung dar. Deshalb erhalten wir

$$S_n/n \xrightarrow{d} m,$$

was

$$S_n/n \xrightarrow{P} m$$

nach sich zieht (siehe Kapitel II, § 10, Aufgabe 7).

Damit ist der Satz bewiesen.

Satz 3 (Zentraler Grenzwertsatz für unabhängige identisch verteilte zufällige Größen). *Es sei $\xi_1, \xi_2, \ldots$ eine Folge unabhängiger identisch verteilter (nicht ausgearteter) zufälliger Größen mit $\mathbf{M}\xi_1^2 < \infty$ und $S_n = \xi_1 + \cdots + \xi_n$. Dann gilt für $n \to \infty$*

$$\mathbf{P}\left(\frac{S_n - \mathbf{M}S_n}{\sqrt{\mathbf{D}S_n}} \leqq x\right) \to \Phi(x), \qquad x \in R,$$

wobei Φ durch

$$\Phi(x) = \frac{1}{\sqrt{2\pi}} \int_{-\infty}^{x} \mathrm{e}^{-u^2/2}\,\mathrm{d}u \tag{5}$$

gegeben ist.

Beweis. Es sei $\mathbf{M}\xi_1 = m$, $\mathbf{D}\xi_1 = \sigma^2$ und

$$\varphi(t) = \mathbf{M}\mathrm{e}^{\mathrm{i}t(\xi_1 - m)}.$$

Führen wir nun die Bezeichnung

$$\varphi_n(t) = \mathbf{M}\mathrm{e}^{\mathrm{i}t\frac{S_n - \mathbf{M}S_n}{\sqrt{\mathbf{D}S_n}}}$$

ein, so erhalten wir

$$\varphi_n(t) = \left[\varphi\left(\frac{t}{\sigma\sqrt{n}}\right)\right]^n.$$

Aber wegen (II.12.14) gilt $\varphi(t) = 1 - \dfrac{\sigma^2 t^2}{2} + o(t^2)$, $t \to 0$. Aus diesem Grunde ergibt sich für jedes fixierte t und $n \to \infty$

$$\varphi_n(t) = \left[1 - \frac{\sigma^2 t^2}{2\sigma^2 n} + o\left(\frac{1}{n}\right)\right]^n \to \mathrm{e}^{-t^2/2}.$$

Die Funktion $\mathrm{e}^{-t^2/2}$ ist die charakteristische Funktion einer normalverteilten zufälligen Größe mit Erwartungswert 0 und Varianz 1 (wir bezeichnen das entsprechende Verteilungsgesetz mit $\mathcal{N}(0, 1)$). Dies beweist nach Satz 1 die geforderte Aussage (5). In Übereinstimmung mit der Bemerkung zu Satz 1 schreibt man diese Aussage in folgender Form:

$$\frac{S_n - \mathbf{M}S_n}{\sqrt{\mathbf{D}S_n}} \xrightarrow{d} \mathcal{N}(0, 1). \tag{6}$$

Damit ist der Satz bewiesen.

Die letzten beiden Sätze bezogen sich auf das asymptotische Verhalten der Wahrscheinlichkeiten (normierter und zentrierter) Summen $S_n = \xi_1 + \cdots + \xi_n$ unabhängiger identisch verteilter zufälliger Größen. Um jedoch den Satz von Poisson (vgl. Kapitel I, § 6) formulieren zu können, müssen wir ein allgemeineres Modell in die Betrachtungen einbeziehen, welches *Serienschema* von zufälligen Größen genannt wird.

Wir werden nämlich voraussetzen, daß für jedes $n \geqq 1$ eine Folge unabhängiger zufälliger Größen $\xi_{n,1}, \ldots, \xi_{n,n}$ gegeben ist. Mit anderen Worten: Es sei eine dreieckige Tabelle

$$\begin{pmatrix} \xi_{1,1} & & \\ \xi_{2,1}, & \xi_{2,2} & \\ \xi_{3,1}, & \xi_{3,2}, & \xi_{3,3} \\ \cdots & \cdots & \cdots \end{pmatrix}$$

von zufälligen Größen gegeben, die innerhalb jeder Zeile voneinander unabhängig sind. Wir setzen $S_n = \xi_{n,1} + \cdots + \xi_{n,n}$.

Satz 4 (Satz von Poisson). *Die unabhängigen zufälligen Größen* $\xi_{n,1}, \ldots, \xi_{n,n}$ *mögen für jedes* $n \geqq 1$ *die Eigenschaft*

$$\mathbf{P}(\xi_{n,k} = 1) = p_{nk} \quad \textit{und} \quad \mathbf{P}(\xi_{nk} = 0) = q_{nk}$$

mit $p_{nk} + q_{nk} = 1$ *besitzen. Wir setzen*

$$\max_{1 \leqq k \leqq n} p_{nk} \to 0, \qquad n \to \infty,$$

und

$$\sum_{k=1}^{n} p_{nk} \to \lambda > 0, \qquad n \to \infty,$$

voraus. Dann gilt für jedes $m = 0, 1, \ldots$

$$\mathbf{P}(S_n = m) \to \frac{e^{-\lambda}\lambda^m}{m!}, \qquad n \to \infty. \tag{7}$$

Beweis. Da für $1 \leqq k \leqq n$

$$\mathbf{M}e^{it\xi_{n,k}} = p_{nk}\, e^{it} + q_{nk}$$

gilt, erhalten wir unter den gemachten Voraussetzungen

$$\varphi_{S_n}(t) = \mathbf{M}e^{itS_n} = \prod_{k=1}^{n} (p_{nk}\, e^{it} + q_{nk})$$

$$= \prod_{k=1}^{n} \left(1 + p_{nk}(e^{it} - 1)\right) \to \exp\{\lambda(e^{it} - 1)\}, \qquad n \to \infty.$$

Die Funktion $\varphi(t) = \exp\{\lambda(e^{it} - 1)\}$ ist die charakteristische Funktion der Poisson-Verteilung (vgl. II.12.11), was (7) beweist.

Bezeichnen wir mit $\pi(\lambda)$ eine Poissonsche zufällige Größe mit dem Parameter λ, so erhalten wir in Analogie zu (6), daß man die Aussage (7) auch in der Form

$$S_n \xrightarrow{d} \pi(\lambda)$$

schreiben kann.

Damit ist der Satz bewiesen.

4. Aufgaben

1. Man beweise die Aussage von Satz 1 für die Räume R^n, $n \geqq 2$.

2. Es sei $\xi_1, \xi_2, \ldots$ eine Folge unabhängiger zufälliger Größen mit endlichen Mittelwerten $\mathbf{M}\,|\xi_n|$ und Varianzen $\mathbf{D}\xi_n$ derart, daß $\mathbf{D}\xi_n \leqq K < \infty$ gilt, wobei K eine Konstante ist. Unter Ausnutzung der Čebyčevschen Ungleichung beweise man die Gültigkeit des Gesetzes der großen Zahlen (1).

3. Als Folgerung aus Satz 1 stelle man fest, daß die Folge (φ_n) *gleichgradig stetig* und die Konvergenz $\varphi_n \to \varphi$ gleichmäßig auf jedem beschränkten Intervall ist.

4. Es seien ξ_n, $n \geqq 1$, zufällige Größen mit den charakteristischen Funktionen φ_{ξ_n}, $n \geqq 1$. Man zeige, daß $\xi_n \xrightarrow{d} 0$ genau dann gilt, wenn in einer gewissen Umgebung des Punktes $t = 0$ die Konvergenz $\varphi_{\xi_n}(t) \to 1$, $n \to \infty$, eintritt.

5. Es sei $X_1, X_2, \ldots$ eine Folge unabhängiger zufälliger Vektoren (die Werte in R^k annehmen) mit Erwartungswert 0 und endlicher Kovarianzmatrix Γ. Man zeige

$$\frac{X_1 + \cdots + X_n}{\sqrt{n}} \xrightarrow{d} \mathcal{N}(0, \Gamma)$$

(vgl. Satz 3).

§ 4. Der zentrale Grenzwertsatz für Summen unabhängiger zufälliger Größen

1. Wir setzen voraus, daß für jedes $n \geqq 1$ eine Folge

$$\xi_{n1}, \xi_{n2}, \ldots, \xi_{nn}$$

unabhängiger zufälliger Größen mit

$$\mathbf{M}\xi_{nk} = 0, \qquad \mathbf{D}\xi_{nk} = \sigma_{nk}^2 > 0 \quad \text{und} \quad \sum_{k=1}^{n} \sigma_{nk}^2 = 1$$

gegeben ist. Wir führen folgende Bezeichnungen ein:

$$S_n = \xi_{n1} + \cdots + \xi_{nn},$$

$$F_{nk}(x) = \mathbf{P}(\xi_{nk} \leqq x),$$

$$\Phi(x) = (2\pi)^{-1/2} \int_{-\infty}^{x} \mathrm{e}^{-y^2/2}\,\mathrm{d}y,$$

$$\Phi_{nk}(x) = \Phi(x/\sigma_{nk}).$$

Satz 1. *Für die Konvergenz*

$$S_n \xrightarrow{d} \mathcal{N}(0, 1)$$

ist hinreichend (und notwendig), daß für jedes $\varepsilon > 0$ *die Bedingung*

$$(\Lambda) \qquad \sum_{k=1}^{n} \int_{|x|>\varepsilon} |x|\,|F_{nk}(x) - \Phi_{nk}(x)|\,\mathrm{d}x \to 0, \qquad n \to \infty,$$

erfüllt ist.

Aus diesem Satz folgt insbesondere die traditionelle Formulierung des zentralen Grenzwertsatzes unter der sogenannten Lindeberg-Bedingung.

Satz 2. *Falls für jedes* $\varepsilon > 0$ *die Lindeberg-Bedingung*

$$(\mathrm{L}) \qquad \sum_{k=1}^{n} \int_{|x|>\varepsilon} x^2\,\mathrm{d}F_{nk}(x) \to 0, \qquad n \to \infty,$$

erfüllt ist, gilt

$$S_n \xrightarrow{d} \mathcal{N}(0, 1).$$

Bevor wir zum Beweis dieser Sätze kommen (wir bemerken, daß Satz 2 eine einfache Folgerung aus Satz 1 ist), wollen wir den Sinn der Bedingungen (Λ) und (L) erörtern.

Infolge der Beziehung

$$\max_{1 \leqq k \leqq n} \mathbf{M}\xi_{nk}^2 \leqq \varepsilon^2 + \sum_{k=1}^{n} \mathbf{M}\big(\xi_{nk}^2 I(|\xi_{nk}| > \varepsilon)\big)$$

zieht die Lindeberg-Bedingung (L) die Konvergenz

$$\max_{1 \leqq k \leqq n} \mathbf{M}\xi_{nk}^2 \to 0, \qquad n \to \infty, \tag{1}$$

nach sich. Daraus folgt nun mit Hilfe der Čebyševschen Ungleichung die sogenannte Bedingung der asymptotischen Kleinheit (Vernachlässigbarkeit im Limes), die darin besteht, daß für jedes $\varepsilon > 0$

$$\max_{1 \leqq k \leqq n} \mathbf{P}(|\xi_{nk}| > \varepsilon) \to 0, \qquad n \to \infty, \tag{2}$$

gilt.

Somit kann man davon sprechen, daß Satz 2 eine Bedingung für die Gültigkeit des zentralen Grenzwertsatzes für den Fall liefert, daß die zu summierenden zufälligen Größen die Eigenschaft der asymptotischen Kleinheit besitzen.

Grenzwertsätze, in denen den einzelnen Summanden die Bedingung der asymptotischen Kleinheit auferlegt wird, werden jetzt Sätze für die klassische Aufgabenstellung genannt.

Es ist nicht schwer, Beispiele anzuführen, in denen weder die Lindeberg-Bedingung noch die Bedingung der asymptotischen Kleinheit erfüllt ist, der zentrale Grenzwertsatz jedoch trotzdem Gültigkeit besitzt.

Als ein sehr einfaches Beispiel betrachten wir eine Folge $\xi_1, \xi_2, \ldots$ unabhängiger normalverteilter zufälliger Größen mit $\mathbf{M}\xi_n = 0$, $\mathbf{D}\xi_1 = 1$, $\mathbf{D}\xi_k = 2^{k-2}$, $k \geqq 2$. Wir setzen $S_n = \xi_{n1} + \cdots + \xi_{nn}$ mit

$$\xi_{nk} = \frac{\xi_k}{\sqrt{\sum_{i=1}^{n} \mathbf{D}\xi_i}}.$$

Man prüft leicht nach (Aufgabe 1), daß hier sowohl die Lindeberg-Bedingung als auch die Bedingung der asymptotischen Kleinheit nicht erfüllt sind, obwohl der zentrale Grenzwertsatz offensichtlich gilt, da S_n normalverteilt mit $\mathbf{M}S_n = 0$ und $\mathbf{D}S_n = 1$ ist.

Im weiteren (Satz 3) wird gezeigt, daß aus der Bedingung (L) die Bedingung (Λ) folgt. Somit kann man feststellen, daß Satz 1 auch „nichtklassische" Situationen (in denen die Bedingung der asymptotischen Kleinheit nicht erfüllt ist) erfaßt. In diesem Sinne sagt man, daß die Bedingung (Λ) ein Beispiel einer „nichtklassischen" Bedingung ist, die die Gültigkeit des zentralen Grenzwertsatzes garantiert.

2. Beweis von Satz 1. Wir wollen nicht auf die Überprüfung der Notwendigkeit der Bedingung (Λ) eingehen und beweisen ihre Hinlänglichkeit.

Wir führen die Bezeichnungen

$$f_{nk}(t) = \mathbf{M}e^{it\xi_{nk}},$$

$$f_n(t) = \mathbf{M}e^{itS_n},$$

$$\varphi_{nk}(t) = \int_{-\infty}^{\infty} e^{itx}\, d\Phi_{nk}(x)$$

und

$$\varphi(t) = \int_{-\infty}^{\infty} e^{itx}\, d\Phi(x)$$

ein. Aus Kapitel II, § 12, folgt

$$\varphi_{nk}(t) = e^{-\frac{t^2\sigma_{nk}^2}{2}} \quad \text{und} \quad \varphi(t) = e^{-t^2/2}.$$

Aufgrund der Folgerung aus Satz 1 von § 3 gilt $S_n \xrightarrow{d} \mathcal{N}(0, 1)$ genau dann, wenn für jedes reelle t die Folge $f_n(t)$ für $n \to \infty$ gegen $\varphi(t)$ konvergiert.

Wir haben

$$f_n(t) - \varphi(t) = \prod_{k=1}^{n} f_{nk}(t) - \prod_{k=1}^{n} \varphi_{nk}(t).$$

Wegen $|f_{nk}(t)| \leqq 1$ und $|\varphi_{nk}(t)| \leqq 1$ ergibt sich

$$\begin{aligned} |f_n(t) - \varphi(t)| &= \left| \prod_{k=1}^{n} f_{nk}(t) - \prod_{k=1}^{n} \varphi_{nk}(t) \right| \\ &\leqq \sum_{k=1}^{n} |f_{nk}(t) - \varphi_{nk}(t)| \\ &= \sum_{k=1}^{n} \left| \int_{-\infty}^{\infty} e^{itx}\, d(F_{nk} - \Phi_{nk}) \right| \\ &= \sum_{k=1}^{n} \left| \int_{-\infty}^{\infty} (e^{itx} - itx + t^2x^2/2)\, d(F_{nk} - \Phi_{nk}) \right|, \end{aligned} \tag{3}$$

wobei wir ausgenutzt haben, daß für $k = 1, 2$

$$\int_{-\infty}^{\infty} x^k\, dF_{nk} = \int_{-\infty}^{\infty} x^k\, d\Phi_{nk}$$

gilt. Durch partielle Integration (vgl. Satz 11 aus Kapitel II, § 6, und Bemerkung 2 dazu) von

$$\int_a^b (e^{itx} - itx + t^2x^2/2)\, d(F_{nk} - \Phi_{nk})$$

und anschließenden Grenzübergang für $a \to \infty$ und $b \to \infty$ erhalten wir unter Berücksichtigung von $x^2\big(1 - F_{nk}(x) + F_{nk}(-x)\big) \to 0,\ x \to \infty$, und $x^2\big(1 - \Phi_{nk}(x) + \Phi_{nk}(-x)\big) \to 0,\ x \to \infty$, die Beziehung

$$\begin{aligned} &\int_{-\infty}^{\infty} (e^{itx} - itx + t^2x^2/2)\, d(F_{nk} - \Phi_{nk}) \\ &= it \int_{-\infty}^{\infty} (e^{itx} - 1 - itx)\, \big(F_{nk}(x) - \Phi_{nk}(x)\big)\, dx. \end{aligned} \tag{4}$$

Aus (3) und (4) schließen wir auf die Ungleichung

$$|f_n(t) - \varphi(t)| \leqq \sum_{k=1}^{n} \left| t \int_{-\infty}^{\infty} (e^{itx} - 1 - itx) \big(F_{nk}(x) - \Phi_{nk}(x)\big) \, dx \right|$$

$$\leqq \frac{|t|^3}{2} \varepsilon \sum_{k=1}^{n} \int_{|x| \leqq \varepsilon} |x| \, |F_{nk}(x) - \Phi_{nk}(x)| \, dx$$

$$+ 2t^2 \sum_{k=1}^{n} \int_{|x| > \varepsilon} |x| \, |F_{nk}(x) - \Phi_{nk}(x)| \, dx$$

$$\leqq \varepsilon \, |t|^3 \sum_{k=1}^{n} \sigma_{nk}^2 + 2t^2 \sum_{k=1}^{n} \int_{|x| > \varepsilon} |x| \, |F_{nk}(x) - \Phi_{nk}(x)| \, dx, \tag{5}$$

wobei wir die Ungleichung

$$\int_{|x| \leqq \varepsilon} |x| \, |F_{nk}(x) - \Phi_{nk}(x)| \, dx \leqq 2\sigma_{nk}^2 \tag{6}$$

benutzt haben, deren Gültigkeit man leicht unter Zuhilfenahme von Formel (71) aus Kapitel II, § 6, überprüft.

Aus (5) folgt wegen der beliebigen Wahl von $\varepsilon > 0$ und der Bedingung (Λ) die Konvergenz $f_n(t) \to \varphi(t)$, $n \to \infty$, für jedes $t \in R$.

Damit ist der Satz bewiesen.

3. Der folgende Satz stellt einen Zusammenhang zwischen den Bedingungen (Λ) und (L) her.

Satz 3. 1. *Aus der Lindeberg-Bedingung* (L) *folgt die Bedingung* (Λ):

$$(\mathrm{L}) \Rightarrow (\Lambda).$$

2. *Im Fall* $\max_{1 \leqq k \leqq n} \mathbf{M}\xi_{nk}^2 \to 0$, $n \to \infty$, *gewährleistet die Bedingung* (Λ), *daß die Lindeberg-Bedingung* (L) *erfüllt ist*:

$$(\Lambda) \Rightarrow (\mathrm{L}).$$

Beweis. 1. Oben wurde bereits erwähnt, daß aus der Lindeberg-Bedingung die Konvergenz $\max_{1 \leqq k \leqq n} \sigma_{nk}^2 \to 0$ folgt. Aus diesem Grunde erhalten wir unter Berücksichtigung von $\sum_{k=1}^{n} \sigma_{nk}^2 = 1$ die Beziehung

$$\sum_{k=1}^{n} \int_{|x| > \varepsilon} x^2 \, d\Phi_{nk}(x) \leqq \int_{|x| > \varepsilon / \sqrt{\max_{1 \leqq k \leqq n} \sigma_{nk}^2}} x^2 \, d\Phi(x) \to 0, \qquad n \to \infty. \tag{7}$$

Gemeinsam mit der Bedingung (L) ergibt dies, daß für jedes $\varepsilon > 0$

$$\sum_{k=1}^{n} \int_{|x| > \varepsilon} x^2 \, d\big(F_{nk}(x) + \Phi_{nk}(x)\big) \to 0, \qquad n \to \infty, \tag{8}$$

gilt. Wir fixieren $\varepsilon > 0$ und bezeichnen mit $h = h(x)$ eine stetig differenzierbare gerade Funktion mit den Eigenschaften $|h(x)| \leqq x^2$, $h'(x) \operatorname{sign} x \geqq 0$; $h(x) = x^2$ für $|x| > 2\varepsilon$; $h(x) = 0$ für $|x| \leqq \varepsilon$ und $|h'(x)| \leqq 4\,|x|$ für $\varepsilon < |x| \leqq 2\varepsilon$. Dann ergibt sich aufgrund von (8)

$$\sum_{k=1}^{n} \int_{|x|>\varepsilon} h(x)\,\mathrm{d}\big(F_{nk}(x) + \Phi_{nk}(x)\big) \to 0, \qquad n \to \infty.$$

Daraus gewinnen wir durch partielle Integration, daß für $n \to \infty$

$$\sum_{k=1}^{n} \int_{x\geqq\varepsilon} h'(x)\,\big[\big(1 - F_{nk}(x)\big) + \big(1 - \Phi_{nk}(x)\big)\big]\,\mathrm{d}x$$

$$= \sum_{k=1}^{n} \int_{x\geqq\varepsilon} h(x)\,\mathrm{d}[F_{nk} + \Phi_{nk}] \to 0$$

und

$$\sum_{k=1}^{n} \int_{x\leqq-\varepsilon} h'(x)\,[F_{nk}(x) + \Phi_{nk}(x)]\,\mathrm{d}x = \sum_{k=1}^{n} \int_{x\leqq-\varepsilon} h(x)\,\mathrm{d}[F_{nk} + \Phi_{nk}] \to 0$$

gilt. Aus $h'(x) = 2x$ für $|x| \geqq 2\varepsilon$ folgt

$$\sum_{k=1}^{n} \int_{|x|\geqq2\varepsilon} |x|\,|F_{nk}(x) - \Phi_{nk}(x)|\,\mathrm{d}x \to 0, \qquad n \to \infty.$$

Somit erhalten wir infolge der Willkürlichkeit von $\varepsilon > 0$ die Implikation (L) $\Rightarrow$ (Λ).

2. Für die oben eingeführte Funktion h ergibt sich aus (7) und der Bedingung $\max\limits_{1\leqq k\leqq n} \sigma_{nk}^2 \to 0$

$$\sum_{k=1}^{n} \int_{|x|>\varepsilon} h(x)\,\mathrm{d}\Phi_{nk} \leqq \sum_{k=1}^{n} \int_{|x|>\varepsilon} x^2\,\mathrm{d}\Phi_{nk} \to 0, \qquad n \to \infty. \tag{9}$$

Nach erneuter partieller Integration gelangen wir unter Ausnutzung der Bedingung (Λ) zu den Beziehungen

$$\begin{aligned}\left|\sum_{k=1}^{n} \int_{|x|\geqq\varepsilon} h(x)\,\mathrm{d}(F_{nk} - \Phi_{nk})\right| &\leqq \sum_{k=1}^{n} \left|\int_{x\geqq\varepsilon} h(x)\,\mathrm{d}[(1 - F_{nk}) - (1 - \Phi_{nk})]\right| \\ &\quad + \left|\sum_{k=1}^{n} \int_{x\leqq-\varepsilon} h(x)\,\mathrm{d}(F_{nk} - \Phi_{nk})\right| \\ &\leqq \sum_{k=1}^{n} \int_{x\geqq\varepsilon} h'(x)\,\big[\big(1 - F_{nk}(x)\big) - \big(1 - \Phi_{nk}(x)\big)\big]\,\mathrm{d}x \\ &\quad + \sum_{k=1}^{n} \int_{|x|\leqq-\varepsilon} |h'(x)|\,|F_{nk}(x) - \Phi_{nk}(x)|\,\mathrm{d}x \\ &\leqq \sum_{k=1}^{n} \int_{|x|\geqq\varepsilon} |h'(x)|\,|F_{nk}(x) - \Phi_{nk}(x)|\,\mathrm{d}x \\ &\leqq 4 \sum_{k=1}^{n} \int_{|x|\geqq\varepsilon} |x|\,|F_{nk}(x) - \Phi_{nk}(x)|\,\mathrm{d}x \to 0. \end{aligned} \tag{10}$$

Aus (9) und (10) folgt

$$\sum_{k=1}^{n} \int_{|x| \geqq 2\varepsilon} x^2 \, \mathrm{d}F_{nk}(x) \leqq \sum_{k=1}^{n} \int_{|x| \geqq \varepsilon} h(x) \, \mathrm{d}F_{nk}(x) \to 0, \qquad n \to \infty,$$

d. h., die Lindeberg-Bedingung (L) ist erfüllt.

4. Beweis von Satz 2. Da nach Satz 3 aus der Lindeberg-Bedingung (L) die Bedingung (Λ) folgt, erhalten wir die Aussage von Satz 2 unmittelbar aus Satz 1.

5. Wir wollen nun auf einige Folgerungen eingehen, in denen $\xi_1, \xi_2, \ldots$ eine Folge unabhängiger zufälliger Größen mit endlichen zweiten Momenten ist. Wir setzen $m_k = \mathbf{M}\xi_k$, $\sigma_k^2 = \mathbf{D}\xi_k > 0$, $S_n = \xi_1 + \cdots + \xi_n$, $D_n^2 = \sum_{k=1}^{n} \sigma_k^2$, und $F_k = F_k(x)$ sei die Verteilungsfunktion der zufälligen Größe ξ_k.

Folgerung 1. Es möge die Lindeberg-Bedingung erfüllt sein: Für jedes $\varepsilon > 0$ gilt

$$\frac{1}{D_n^2} \sum_{k=1}^{n} \int_{\{x: |x - m_k| \geqq \varepsilon D_n\}} |x - m_k|^2 \, \mathrm{d}F_k(x) \to 0, \qquad n \to \infty. \tag{11}$$

Dann folgt

$$\frac{S_n - \mathbf{M}S_n}{\sqrt{\mathbf{D}S_n}} \xrightarrow{d} \mathcal{N}(0, 1). \tag{12}$$

Folgerung 2. Es möge die Ljapunov-Bedingung erfüllt sein: Für ein gewisses $\delta > 0$ gilt

$$\frac{1}{D_n^{2+\delta}} \sum_{k=1}^{n} \mathbf{M} \, |\xi_k - m_k|^{2+\delta} \to 0, \qquad n \to \infty. \tag{13}$$

Dann besitzt der zentrale Grenzwertsatz (12) Gültigkeit.

In der Tat genügt es zu beweisen, daß die Ljapunov-Bedingung das Erfülltsein der Lindeberg-Bedingung gewährleistet.

Es sei $\varepsilon > 0$. Dann gilt

$$\begin{aligned}
\mathbf{M} \, |\xi_k - m_k|^{2+\delta} &= \int_{-\infty}^{\infty} |x - m_k|^{2+\delta} \, \mathrm{d}F_k(x) \\
&\geqq \int_{\{x: |x - m_k| \geqq \varepsilon D_n\}} |x - m_k|^{2+\delta} \, \mathrm{d}F_k(x) \\
&\geqq \varepsilon^\delta D_n^\delta \int_{\{x: |x - m_k| \geqq \varepsilon D_n\}} (x - m_k)^2 \, \mathrm{d}F_k(x)
\end{aligned}$$

und folglich

$$\begin{aligned}
&\frac{1}{D_n^2} \sum_{k=1}^{n} \int_{\{x: |x - m_k| \geqq \varepsilon D_n\}} (x - m_k)^2 \, \mathrm{d}F_k(x) \\
&\leqq \frac{1}{\varepsilon^\delta} \cdot \frac{1}{D_n^{2+\delta}} \sum_{k=1}^{n} \mathbf{M} \, |\xi_k - m_k|^{2+\delta}.
\end{aligned}$$

Folgerung 3. Es seien $\xi_1, \xi_2, \ldots$ unabhängige identisch verteilte zufällige Größen mit $m = \mathbf{M}\xi_1$ und $0 < \sigma^2 = \mathbf{D}\xi_1 < \infty$. Dann erhalten wir

$$\frac{1}{D_n^2} \sum_{k=1}^{n} \int\limits_{\{x:|x-m_k|\geqq \varepsilon D_n\}} |x - m|^2 \,\mathrm{d}F_k(x) = \frac{n}{n\sigma^2} \int\limits_{\{x:|x-m|\geqq \varepsilon\sigma\sqrt{n}\}} |x - m|^2 \,\mathrm{d}F_1(x) \to 0,$$

da $\left\{x: |x - m| \geqq \varepsilon\sigma\sqrt{n}\right\} \downarrow \emptyset$ für $n \to \infty$ und $\sigma^2 = \mathbf{M}\,|\xi_1 - m|^2 < \infty$ gilt.

Somit ist die Lindeberg-Bedingung erfüllt, und wir erhalten dadurch Satz 3 aus § 3 als Folge von Satz 2.

Folgerung 4. Es seien $\xi_1, \xi_2, \ldots$ unabhängige zufällige Größen mit den Eigenschaften $|\xi_n| \leqq K$ für alle $n \geqq 1$, wobei K eine Konstante ist und $D_n \to \infty$ für $n \to \infty$ gilt. Dann ergibt sich aus der Ungleichung von Čebyšev

$$\int\limits_{\{x:|x-m_k|\geqq \varepsilon D_n\}} |x - m_k|^2 \,\mathrm{d}F_k(x) = \mathbf{M}[(\xi_k - m_k)^2\, I(|\xi_k - m_k| \geqq \varepsilon D_n)]$$

$$\leqq (2K)^2\, \mathbf{P}(|\xi_k - m_k| \geqq \varepsilon D_n) \leqq (2K)^2 \frac{\sigma_k^2}{\varepsilon^2 D_n^2}$$

und daher

$$\frac{1}{D_n^2} \sum_{k=1}^{n} \int\limits_{\{x:|x-m_k|\geqq \varepsilon D_n\}} |x - m_k|^2 \,\mathrm{d}F_k(x) \leqq \frac{(2K)^2}{\varepsilon^2 D_n^2} \to 0, \qquad n \to \infty.$$

Demzufolge ist erneut die Lindeberg-Bedingung erfüllt, und somit besitzt der zentrale Grenzwertsatz Gültigkeit.

6. In Satz 1 wurde (ohne Beweis) erwähnt, daß die Bedingung (Λ) auch notwendig ist. Der folgende Satz von Lindeberg-Feller stellt fest, daß sich unter der Zusatzforderung $\max\limits_{1\leqq k\leqq n} \mathbf{M}\xi_{nk}^2 \to 0$ auch die Lindeberg-Bedingung (L) als notwendig erweist.

Satz 4. *Es sei* $\max\limits_{1\leqq k\leqq n} \mathbf{M}\xi_{nk}^2 \to 0$, $n \to \infty$, *erfüllt. Dann ist die Lindeberg-Bedingung* (L) *für die Gültigkeit des zentralen Grenzwertsatzes* $S_n \xrightarrow{d} \mathcal{N}(0, 1)$ *notwendig und hinreichend.*

Der Beweis dieses Satzes gründet sich auf folgende Aussage, die eine Abschätzung der „Schwänze" der Varianzen bezüglich des Verhaltens der charakteristischen Funktion f im Nullpunkt (vgl. mit Lemma 3 aus § 3) beinhaltet.

Lemma. *Es sei* ξ *eine zufällige Größe mit der Verteilungsfunktion* $F = F(x)$, $\mathbf{M}\xi = 0$ *und* $\mathbf{D}\xi = \sigma^2 < \infty$. *Dann gilt für jedes* $a > 0$

$$\int\limits_{|x|\geqq 1/a} x^2 \,\mathrm{d}F(x) \leqq \frac{1}{a^2}\left[\mathrm{Re}\, f\left(\sqrt{6}\,a\right) - 1 + 3\sigma^2 a^2\right]. \tag{14}$$

Beweis. Wir haben

$$\operatorname{Re} f(t) - 1 + \sigma^2 t^2/2 = \sigma^2 t^2/2 - \int_{-\infty}^{\infty} (1 - \cos tx)\, \mathrm{d}F(x)$$

$$= \sigma^2 t^2/2 - \int_{|x| \leq 1/a} (1 - \cos tx)\, \mathrm{d}F(x) - \int_{|x| > 1/a} (1 - \cos tx)\, \mathrm{d}F(x)$$

$$\geqq \sigma^2 t^2/2 - t^2/2 \int_{|x| \leq 1/a} x^2\, \mathrm{d}F(x) - 2a^2 \int_{|x| > 1/a} x^2\, \mathrm{d}F(x) = \left(\frac{t^2}{2} - 2a^2\right) \int_{|x| > 1/a} x^2\, \mathrm{d}F(x).$$

Für $t = \sqrt{6}\, a$ erhalten wir die gewünschte Abschätzung (14).

Beweis von Satz 4. Die Hinlänglichkeit wurde in Satz 2 festgestellt. Wir wenden uns nun dem Beweis der Notwendigkeit zu.

Es sei $f_{nk}(t) = \mathbf{M} e^{it\xi_{nk}}$, $\mathbf{M}\xi_{nk} = 0$, $\mathbf{D}\xi_{nk} = \sigma_{nk}^2 > 0$,

$$\sum_{k=1}^{n} \sigma_{nk}^2 = 1 \quad \text{und} \quad \max_{1 \leq k \leq n} \sigma_{nk}^2 \to 0, \qquad n \to \infty. \tag{15}$$

Wegen

$$|f_{nk}(t) - 1| \leqq \sigma_{nk}^2 t^2/2$$

und $\max_{1 \leq k \leq n} \sigma_{nk}^2 \to 0$, $n \to \infty$, existiert für jedes fixierte t eine Zahl $n_0(t)$ derart, daß für alle $n \geqq n_0(t)$ die Ausdrücke $\ln f_{nk}(t)$ wohldefiniert sind sowie die Ungleichung $|f_{nk}(t) - 1| \leqq 1/2$ und die Beziehungen

$$\left| \sum_{k=1}^{n} \left[\ln f_{nk}(t) - \left(f_{nk}(t) - 1\right)\right] \right| = \left| \sum_{k=1}^{n} \left[\ln\left(1 + [f_{nk}(t) - 1]\right) - [f_{nk}(t) - 1]\right] \right|$$

$$\leqq \sum_{k=1}^{n} |f_{nk}(t) - 1|^2 \leqq \max_{1 \leq k \leq n} \frac{\sigma_{nk}^2 t^4}{4} \sum_{k=1}^{n} \sigma_{nk}^2$$

$$= \max_{1 \leq k \leq n} \frac{\sigma_{nk}^2 t^4}{4} \to 0, \qquad n \to \infty, \tag{16}$$

erfüllt sind. Dabei wurde die Identität

$$\ln(1 + z) = z + \theta\, |z|^2, \qquad |\theta| \leqq 1,$$

benutzt, welche für $|z| \leqq 1$ richtig ist.

Laut Voraussetzung gilt

$$\prod f_{nk}(t) \to e^{-t^2/2}.$$

Daraus folgt für $n \geqq n_0(t)$

$$\prod f_{nk}(t) = e^{\sum \ln f_{nk}(t)} \to e^{-t^2/2},$$

und somit ergibt sich unter Berücksichtigung von (15) und (16)

$$\sum_{k=1}^{n} [\operatorname{Re} f_{nk}(t) - 1 + t^2 \sigma_{nk}^2/2] = \operatorname{Re} \sum_{k=1}^{n} \left(f_{nk}(t) - 1\right) + t^2/2 \to 0.$$

Insbesondere gewinnen wir für $t = \sqrt{6}\,a$

$$\sum_{k=1}^{n} \left[\operatorname{Re} f_{nk}\left(\sqrt{6}a\right) - 1 + 3a^2\sigma_{nk}^2\right] \to 0, \qquad n \to \infty,$$

und demzufolge aus (14) für jedes $\varepsilon = 1/a > 0$

$$\sum_{k=1}^{n} \int_{|x| \geqq \varepsilon} x^2 \,\mathrm{d}F_{nk} \leqq \varepsilon^2 \sum_{k=1}^{n} \left(\operatorname{Re} f_{nk}\left(\sqrt{6}/\varepsilon\right) - 1 + 3\sigma_{nk}^2/\varepsilon^2\right) \to 0, \qquad n \to \infty,$$

was beweist, daß die Lindeberg-Bedingung erfüllt ist.

7. Die beim Beweis von Satz 1 angewandte Methode erlaubt es, eine entsprechende Bedingung für die Gültigkeit des zentralen Grenzwertsatzes ohne die Voraussetzung über die Endlichkeit der zweiten Momente anzugeben.

Es seien $\xi_{n1}, \xi_{n2}, \ldots, \xi_{nn}$ für jedes $n \geqq 1$ unabhängige zufällige Größen mit $\mathbf{M}\xi_{nk} = 0$, $S_n = \xi_{n1} + \cdots + \xi_{nn}$ und $F_{nk}(x) = \mathbf{P}(\xi_{nk} \leqq x)$.

Weiter sei $g = g(x)$ eine beschränkte nichtnegative gerade Funktion mit den Eigenschaften $g(x) = x^2$ für $|x| \leqq 1$, $\min\limits_{|x| \geqq 1} g(x) > 0$ und $|g'(x)| \leqq \text{const}$.

Wir bestimmen die Größen $\Delta_{nk}(g)$ aus den Bedingungen

$$\int_{-\infty}^{\infty} g(x) \,\mathrm{d}F_{nk}(x) = \int_{-\infty}^{\infty} g(x) \,\mathrm{d}\Phi\left(x/\sqrt{\Delta_{nk}(g)}\right).$$

Satz 5. *Es mögen für $n \to \infty$*

$$\sum_{k=1}^{n} \Delta_{nk}(g) \to \sigma^2$$

und für jedes $\varepsilon > 0$

$$\sum_{k=1}^{n} \int_{|x| > \varepsilon} \left|F_{nk}(x) - \Phi\left(x/\sqrt{\Delta_{nk}(g)}\right)\right| \mathrm{d}x \to 0$$

gelten. Dann folgt

$$S_n \xrightarrow{d} \mathcal{N}(0, \sigma^2).$$

Der Beweis wird nach dem gleichen Schema wie der Beweis von Satz 1 geführt. Wir überlassen ihn dem Leser (Aufgabe 4).

8. Aufgaben

1. Es sei $\xi_1, \xi_2, \ldots$ eine Folge unabhängiger normalverteilter zufälliger Größen mit $\mathbf{M}\xi_k = 0$, $k \geqq 1$, und $\mathbf{D}\xi_1 = 1$, $\mathbf{D}\xi_k = 2^{k-2}$, $k \geqq 2$. Man zeige, daß in diesem Fall weder die Lindeberg-Bedingung noch die Bedingung der asymptotischen Kleinheit erfüllt ist.

2. Man beweise Formel (4).

3. Es sei $\xi_1, \xi_2, \ldots$ eine Folge unabhängiger identisch verteilter zufälliger Größen mit $\mathbf{M}\xi_1 = 0$ und $\mathbf{M}\xi_1^2 = 1$. Man zeige die Konvergenz

$$\max\left(|\xi_1|/\sqrt{n}, \ldots, |\xi_n|/\sqrt{n}\right) \xrightarrow{d} 0.$$

4. Man beweise Satz 5.

§ 5. Unendlich teilbare und stabile Verteilungen

1. In § 3 wurde erwähnt, daß man zur Formulierung des Satzes von Poisson das sogenannte Serienschema in die Betrachtungen einbeziehen muß, indem man davon ausgeht, daß für jedes $n \geqq 1$ eine Folge $(\xi_{n,k})$, $1 \leqq k \leqq n$, unabhängiger zufälliger Größen gegeben ist.

Wir setzen

$$T_n = \xi_{n,1} + \cdots + \xi_{n,n}, \qquad n \geqq 1. \tag{1}$$

Der Begriff einer unendlich teilbaren Verteilung entsteht in Verbindung mit folgender Fragestellung: Wie kann man alle Verteilungen charakterisieren, die als Grenzverteilungen der Folge der Verteilungsgesetze der zufälligen Größen T_n, $n \geqq 1$, auftreten können?

Eigentlich kann bei einer solch allgemeinen Fragestellung jede beliebige Grenzverteilung erscheinen. Ist nämlich ξ irgendeine zufällige Größe und setzen wir $\xi_{n,1} = \xi$ sowie $\xi_{n,k} = 0$, $1 < k \leqq n$, so ergibt sich $T_n \equiv \xi$. Demzufolge stimmt die Grenzverteilung mit der Verteilung von ξ überein, die beliebig gewählt werden kann.

Damit die formulierte Aufgabenstellung an Inhalt gewinnt, werden wir in diesem Paragraphen stets voraussetzen, daß die Größen $\xi_{n,1}, \ldots, \xi_{n,n}$ bei jedem $n \geqq 1$ nicht nur *unabhängig*, sondern auch *identisch verteilt* sind.

Wir erinnern daran, daß gerade diese Situation auch im Satz von Poisson (vgl. Satz 4 aus § 3) bestand. In dieses Schema reiht sich auch der zentrale Grenzwertsatz (Satz 3 aus § 3) für Summen $S_n = \xi_1 + \cdots + \xi_n$, $n \geqq 1$, unabhängiger identisch verteilter zufälliger Größen $\xi_1, \xi_2, \ldots$ ein. Setzen wir nämlich

$$\xi_{n,k} = \frac{\xi_k - \mathbf{M}\xi_k}{D_n} \quad \text{und} \quad D_n^2 = \mathbf{D}S_n,$$

so gilt

$$T_n = \sum_{k=1}^{n} \xi_{n,k} = \frac{S_n - \mathbf{M}S_n}{D_n}.$$

Somit können also die Normal- und die Poisson-Verteilung als Grenzwert im Serienschema auftreten. Falls $T_n \xrightarrow{d} T$ gilt, ist intuitiv klar, daß der Grenzwert T eine Summe unabhängiger identisch verteilter zufälliger Größen sein muß, da alle T_n so aufgebaut sind. Dies in Betracht ziehend führen wir folgende Definition ein.

Definition 1. Eine zufällige Größe T (und ebenfalls ihre Verteilungsfunktion F_T sowie ihre charakteristische Funktion φ_T) heißt *unendlich teilbar*, falls für jedes $n \geqq 1$

unabhängige identisch verteilte zufällige Größen $\eta_1, \ldots, \eta_n$ existieren, so daß[1]) $T \overset{d}{=} \eta_1 + \cdots + \eta_n$ (oder dazu äquivalent $F_T = F_{\eta_1} * \cdots * F_{\eta_n}$ oder $\varphi_T = (\varphi_{\eta_1})^n$) gilt.

Satz 1. *Eine zufällige Größe T ist dann und nur dann Grenzwert in Verteilung von Summen $T_n = \sum_{k=1}^{n} \xi_{n,k}$, wenn sie unendlich teilbar ist.*

Beweis. Falls T unendlich teilbar ist, existieren für jedes $n \geqq 1$ unabhängige identisch verteilte zufällige Größen $\xi_{n,1}, \ldots, \xi_{n,n}$ derart, daß $T \overset{d}{=} \xi_{n,1} + \cdots + \xi_{n,n}$ gilt, und dies bedeutet $T \overset{d}{=} T_n$, $n \geqq 1$.

Nun gelte umgekehrt $T_n \xrightarrow{d} T$. Wir zeigen, daß T in diesem Fall unendlich teilbar ist, d. h., daß für jedes k unabhängige identisch verteilte zufällige Größen $\eta_1, \ldots, \eta_k$ existieren, für die die Beziehung $T \overset{d}{=} \eta_1 + \cdots + \eta_k$ erfüllt ist.

Wir fixieren ein $k \geqq 1$ und stellen die Größe T_{nk} in der Form $\zeta_n^{(1)} + \cdots + \zeta_n^{(k)}$ dar, wobei wir die Bezeichnungen

$$\zeta_n^{(1)} = \xi_{nk,1} + \cdots + \xi_{nk,n}, \ldots, \zeta_n^{(k)} = \xi_{nk,n(k-1)+1} + \cdots + \xi_{nk,nk}$$

gewählt haben. Aus der Konvergenz $T_{nk} \xrightarrow{d} T$ $(n \to \infty)$ schließen wir die relative Kompaktheit der Folge der den zufälligen Größen T_{nk}, $n \geqq 1$, entsprechenden Verteilungsfunktionen, und somit ist diese Folge nach dem Satz von Prochorov straff. Weiter ergeben sich die Beziehungen

$$[\mathbf{P}(\zeta_n^{(1)} > z)]^k = \mathbf{P}(\zeta_n^{(1)} > z, \ldots, \zeta_n^{(k)} > z) \leqq \mathbf{P}(T_{nk} < kz)$$

und

$$[\mathbf{P}(\zeta_n^{(1)} < -z)]^k = \mathbf{P}(\zeta_n^{(1)} < -z, \ldots, \zeta_n^{(k)} < -z) \leqq \mathbf{P}(T_{nk} < -kz).$$

Aus diesen beiden Ungleichungen und der Straffheit der Familie der Verteilungen von T_{nk}, $n \geqq 1$, folgt die Straffheit der Familie der Verteilungen von $\zeta_n^{(1)}$, $n \geqq 1$. Aus diesem Grunde existieren eine Teilfolge $(n_i) \subseteqq (n)$ und eine zufällige Größe η_1, so daß die Konvergenz $\zeta_{n_i}^{(1)} \xrightarrow{d} \eta_1$, $n_i \to \infty$, eintritt. Da alle $\zeta_n^{(1)}, \ldots, \zeta_n^{(k)}$ identisch verteilt sind, ergibt sich $\zeta_{n_i}^{(2)} \xrightarrow{d} \eta_2, \ldots, \zeta_{n_i}^{(k)} \xrightarrow{d} \eta_k$, wobei $\eta_1 \overset{d}{=} \eta_2 \overset{d}{=} \ldots \overset{d}{=} \eta_k$ gilt. Wegen der Unabhängigkeit der Größen $\zeta_n^{(1)}, \ldots, \zeta_n^{(k)}$ ergibt sich aus der Folgerung zu Satz 1 aus § 3, daß die Größen $\eta_1, \ldots, \eta_k$ unabhängig sind und

$$T_{n_ik} = \zeta_{n_i}^{(1)} + \cdots + \zeta_{n_i}^{(k)} \xrightarrow{d} \eta_1 + \cdots + \eta_k$$

gilt. Wir haben nun aber die Konvergenz $T_{n_ik} \xrightarrow{d} T$, also ist die Beziehung

$$T \overset{d}{=} \eta_1 + \cdots + \eta_k$$

erfüllt (vgl. Aufgabe 1).

Damit ist der Satz bewiesen.

Bemerkung. Die Aussage des Satzes bleibt bestehen, wenn man die Bedingung, daß für jedes $n \geqq 1$ die Größen $\xi_{n,1}, \ldots, \xi_{n,n}$ identisch verteilt sind, gegen die Bedingung der asymptotischen Kleinheit (4.2) austauscht.

---

[1]) Die Schreibweise $\xi \overset{d}{=} \eta$ bedeutet, daß die zufälligen Größen ξ und η verteilungsmäßig übereinstimmen, d. h. $F_\xi(x) = F_\eta(x)$, $x \in R$, ist.

2. Bei der Überprüfung, ob eine gegebene zufällige Größe T unendlich teilbar ist, geht man am einfachsten von der Gestalt ihrer charakteristischen Funktion φ aus. Findet man für jedes $n \geqq 1$ solche charakteristischen Funktionen φ_n, daß $\varphi(t) = [\varphi_n(t)]^n$ gilt, so ist T unendlich teilbar.

Im normalverteilten Fall gilt

$$\varphi(t) = \mathrm{e}^{\mathrm{i}tm}\,\mathrm{e}^{-t^2\sigma^2/2}.$$

Setzen wir

$$\varphi_n(t) = \mathrm{e}^{\mathrm{i}t\frac{m}{n}}\,\mathrm{e}^{-\frac{t^2\frac{\sigma^2}{n}}{2}},$$

so erhalten wir sofort $\varphi(t) = [\varphi_n(t)]^n$.

Im Poissonschen Fall haben wir

$$\varphi(t) = \mathrm{e}^{\lambda(\mathrm{e}^{\mathrm{i}t}-1)},$$

so daß wir mit $\varphi_n(t) = \mathrm{e}^{\frac{\lambda}{n}(\mathrm{e}^{\mathrm{i}t}-1)}$ die Beziehung $\varphi(t) = [\varphi_n(t)]^n$ gewinnen.

Besitzt die zufällige Größe T eine Γ-Verteilung mit der Dichte

$$f(x) = \begin{cases} \dfrac{x^{\alpha-1}\,\mathrm{e}^{-x/\beta}}{\Gamma(\alpha)\,\beta^\alpha}, & x \geqq 0, \\ 0, & x < 0, \end{cases}$$

so gilt für ihre charakteristische Funktion, wie man leicht nachweist,

$$\varphi(t) = \frac{1}{(1 - \mathrm{i}\beta t)^\alpha}.$$

Demzufolge ergibt sich $\varphi(t) = [\varphi_n(t)]^n$, wenn man

$$\varphi_n(t) = \frac{1}{(1 - \mathrm{i}\beta t)^{\alpha/n}}$$

setzt, und somit ist T unendlich teilbar.

Wir geben jetzt ohne Beweis das folgende Ergebnis über die allgemeine Gestalt der charakteristischen Funktion einer unendlich teilbaren Verteilung an.

Satz 2 (Lévy-Chinčin-Darstellung). *Eine zufällige Größe T ist genau dann unendlich teilbar, wenn $\varphi(t)$ die Darstellung $\varphi(t) = \exp \psi(t)$ mit*

$$\psi(t) = \mathrm{i}t\beta - \frac{t^2\sigma^2}{2} + \int_{-\infty}^{\infty} \left(\mathrm{e}^{\mathrm{i}tx} - 1 - \frac{\mathrm{i}tx}{1 + x^2}\right) \frac{1 + x^2}{x^2}\,\mathrm{d}\lambda(x) \tag{2}$$

besitzt, wobei $\beta \in R$ und $\sigma^2 \geqq 0$ ist sowie λ ein endliches Maß auf $(R, \mathscr{B}(R))$ mit $\lambda(\{0\}) = 0$ bezeichnet.

3. Es sei $\xi_1, \xi_2, \ldots$ eine Folge unabhängiger identisch verteilter zufälliger Größen und $S_n = \xi_1 + \cdots + \xi_n$. Wir setzen voraus, daß solche Konstanten $a_n, b_n > 0$ und eine zufällige Größe T existieren, daß

$$\frac{S_n - b_n}{a_n} \xrightarrow{d} T \tag{3}$$

gilt. Es fragt sich nun, wie alle Verteilungen (der zufälligen Größe T) charakterisiert werden können, die als Grenzverteilung in (3) möglich sind.

Sind die unabhängigen identisch verteilten zufälligen Größen $\xi_1, \xi_2, \ldots$ derart beschaffen, daß $0 < \sigma^2 \equiv \mathbf{D}\xi_1 < \infty$ gilt, so erhalten wir für $b_n = n\mathbf{M}\xi_1$ und $a_n = \sigma\sqrt{n}$ gemäß § 4, daß T die Normalverteilung $\mathcal{N}(0, 1)$ besitzt.

Sind $\xi_1, \xi_2, \ldots$ unabhängige zufällige Größen mit der Dichte $f(x) = \dfrac{\theta}{\pi(x^2 + \theta^2)}$ der Cauchy-Verteilung mit dem Parameter $\theta > 0$, so ergibt sich für die charakteristische Funktion φ_{ξ_1} der Ausdruck $e^{-\theta|t|}$, und folglich gilt $\varphi_{S_n/n}(t) = \left(e^{-\frac{\theta}{n}|t|}\right)^n = e^{-\theta|t|}$, d. h., die Größe S_n/n besitzt ebenfalls eine Cauchy-Verteilung (mit demselben Parameter θ).

Auf diese Weise können neben der Normalverteilung auch andere Verteilungen (wie zum Beispiel die Cauchy-Verteilung) als Grenzverteilung erscheinen.

Setzen wir $\xi_{n,k} = \dfrac{\xi_k}{a_n} - \dfrac{b_n}{na_n}$, $1 \leqq k \leqq n$, so erhalten wir

$$\frac{S_n - b_n}{a_n} = \sum_{k=1}^{n} \xi_{n,k} \quad (= T_n).$$

Somit sind alle denkbaren Verteilungen von T, die als Grenzwert in (3) auftreten können, auf jeden Fall (gemäß Satz 1) unendlich teilbar. Jedoch führt die Spezifik der betrachteten Größen $T_n = \dfrac{S_n - b_n}{a_n}$ zu der Möglichkeit, Zusatzinformationen über die Struktur der hier auftretenden Grenzverteilungen zu gewinnen.

Mit diesem Ziel führen wir folgende Definitionen ein.

Definition 2. Eine zufällige Größe T (sowie ebenfalls ihre Verteilungsfunktion F und ihre charakteristische Funktion φ) heißt *stabil*, falls für jedes $n \geqq 1$ Konstanten $a_n > 0$, b_n und unabhängige zufällige Größen $\xi_1, \ldots, \xi_n$, die wie T verteilt sind, existieren, so daß die Beziehungen

$$a_n T + b_n \stackrel{d}{=} \xi_1 + \cdots + \xi_n \tag{4}$$

oder (dazu äquivalent) $F\left(\dfrac{x - b_n}{a_n}\right) = F * \cdots * F(x)$ oder

$$[\varphi(t)]^n = [\varphi(a_n t)]\, e^{ib_n t} \tag{5}$$

gelten.

Satz 3. *Eine zufällige Größe T ist genau dann Grenzwert in Verteilung der zufälligen Größen $\dfrac{S_n - b_n}{a_n}$, $a_n > 0$, wenn sie stabil ist.*

Beweis. Ist T stabil, so gilt laut (4)

$$T \stackrel{d}{=} \frac{S_n - b_n}{a_n},$$

wobei S_n die Summe $\xi_1 + \cdots + \xi_n$ bezeichnet, und folglich $\frac{S_n - b_n}{a_n} \xrightarrow{d} T$.

Es sei umgekehrt $\xi_1, \xi_2, \ldots$ eine Folge unabhängiger identisch verteilter zufälliger Größen, $S_n = \xi_1 + \cdots + \xi_n$ und $\frac{S_n - b_n}{a_n} \xrightarrow{d} T$, $a_n > 0$. Wir zeigen nun, daß T eine stabile zufällige Größe ist.

Falls T eine ausgeartete zufällige Größe darstellt, ist sie offensichtlich stabil. Aus diesem Grunde werden wir voraussetzen, daß T eine nichtausgeartete zufällige Größe ist.

Wir fixieren $k \geqq 1$ und führen die Bezeichnungen

$$S_n^{(1)} = \xi_1 + \cdots + \xi_n, \ldots, S_n^{(k)} = \xi_{(k-1)n+1} + \cdots + \xi_{kn}$$

und

$$T_n^{(1)} = \frac{S_n^{(1)} - b_n}{a_n}, \ldots, T_n^{(k)} = \frac{S_n^{(k)} - b_n}{a_n}$$

in. Es ist klar, daß alle Größen $T_n^{(1)}, \ldots, T_n^{(k)}$ verteilungsmäßig übereinstimmen und

$$T_n^{(i)} \xrightarrow{d} T, \quad n \to \infty, \quad i = 1, \ldots, k,$$

gilt. Wir wählen die Bezeichnung

$$U_n^{(k)} = T_n^{(1)} + \cdots + T_n^{(k)}.$$

Dann erhalten wir

$$U_n^{(k)} \xrightarrow{d} T^{(1)} + \cdots + T^{(k)},$$

wobei $T^{(1)} \stackrel{d}{=} \ldots \stackrel{d}{=} T^{(k)} \stackrel{d}{=} T$ gilt.

Andererseits ergeben sich die Beziehungen

$$\begin{aligned} U_n^{(k)} &= \frac{\xi_1 + \cdots + \xi_{kn} - kb_n}{a_n} \\ &= \frac{a_{kn}}{a_n}\left(\frac{\xi_1 + \cdots + \xi_{kn} - b_{kn}}{a_{kn}}\right) + \frac{b_{kn} - kb_n}{a_n} = \alpha_n^{(k)} V_{kn} + \beta_n^{(k)}, \end{aligned} \tag{6}$$

wobei die Bezeichnungen

$$\alpha_n^{(k)} = \frac{a_{kn}}{a_n}, \qquad \beta_n^{(k)} = \frac{b_{kn} - kb_n}{a_n}$$

und

$$V_{kn} = \frac{\xi_1 + \cdots + \xi_{kn} - b_{kn}}{a_{kn}}$$

benutzt wurden. Aus (6) folgt offensichtlich

$$V_{kn} = \frac{U_n^{(k)} - \beta_n^{(k)}}{\alpha_n^{(k)}},$$

und es gelten die Beziehungen $V_{kn} \xrightarrow{d} T$, $U_n^{(k)} \xrightarrow{d} T^{(1)} + \cdots + T^{(k)}$, $n \to \infty$.

Nach dem weiter unten formulierten Lemma existieren Konstanten $\alpha^{(k)} > 0$ und $\beta^{(k)}$, so daß für $n \to \infty$ die Konvergenzen $\alpha_n^{(k)} \to \alpha^{(k)}$ und $\beta_n^{(k)} \to \beta^{(k)}$ eintreten. Aus diesem Grunde gilt

$$T \stackrel{d}{=} \frac{T^{(1)} + \cdots + T^{(k)} - \beta^{(k)}}{\alpha^{(k)}},$$

was die Stabilität der zufälligen Größe T beweist.

Damit ist der Satz bewiesen.

Wir formulieren nun das bereits erwähnte Lemma.

Lemma. *Es gelte $\xi_n \xrightarrow{d} \xi$, und es mögen Konstanten $a_n > 0$ und b_n derart existieren, daß*

$$a_n \xi_n + b_n \xrightarrow{d} \tilde{\xi}$$

erfüllt ist, wobei die zufälligen Größen ξ und $\tilde{\xi}$ nicht ausgeartet seien. Dann gibt es Konstanten $a > 0$ und b, so daß $\lim a_n = a$, $\lim b_n = b$ und

$$\tilde{\xi} \stackrel{d}{=} a\xi + b$$

gilt.

Beweis. Es seien φ_n, φ und $\tilde{\varphi}$ die charakteristischen Funktionen von ξ_n, ξ bzw. $\tilde{\xi}$. Dann ergibt sich für die charakteristische Funktion $\varphi_{a_n\xi_n+b_n}(t)$ von $a_n\xi_n + b_n$ der Ausdruck $e^{itb_n}\varphi_n(a_nt)$, und gemäß der Folgerung aus Satz 1 und Aufgabe 3 aus § 3 gilt

$$e^{itb_n}\varphi_n(a_nt) \to \tilde{\varphi}(t) \tag{7}$$

und

$$\varphi_n(t) \to \varphi(t) \tag{8}$$

gleichmäßig in t auf jedem endlichen Intervall.

Es sei (n_i) eine Teilfolge von (n) mit der Eigenschaft $a_{n_i} \to a$. Wir zeigen zunächst $a < \infty$. Es sei $a = \infty$. Gemäß (7) ergibt sich für jedes $c > 0$

$$\sup_{|t| \leq c} \left| |\varphi_n(a_nt)| - |\tilde{\varphi}(t)| \right| \to 0, \qquad n \to \infty.$$

Anstelle von t wählen wir nun die Größe $t_{n_i} = t_0/a_{n_i}$. Dann erhalten wir wegen $a_{n_i} \to \infty$

$$\left|\varphi_{n_i}\left(a_{n_i}\frac{t_0}{a_{n_i}}\right)\right| - \left|\tilde{\varphi}\left(\frac{t_0}{a_{n_i}}\right)\right| \to 0$$

und folglich

$$|\varphi_{n_i}(t_0)| \to |\tilde{\varphi}(0)| = 1.$$

Aber es gilt $|\varphi_{n_i}(t_0)| \to |\varphi(t_0)|$. Deshalb erhalten wir $|\varphi(t_0)| = 1$ für jedes $t_0 \in R$, und demzufolge muß die zufällige Größe ξ aufgrund von Satz 5 aus Kapitel II, § 12 ausgeartet sein, was der Voraussetzung des Lemmas widerspricht.

Also gilt $a < \infty$. Wir setzen nun voraus, daß zwei Teilfolgen (n_i) und (n_i') mit den Eigenschaften $a_{n_i} \to a$ und $a_{n_i'} \to a'$ mit $a \neq a'$ existieren, wobei ohne Beschränkung der Allgemeinheit $0 \leqq a' < a$ gelte. Dann erhalten wir aus (7) und (8)

$$|\varphi_{n_i}(a_{n_i}t)| \to |\varphi(at)|, \qquad |\varphi_{n_i}(a_{n_i}t)| \to |\tilde{\varphi}(t)|$$

und

$$|\varphi_{n_i'}(a_{n_i'}t)| \to |\varphi(a't)|, \qquad |\varphi_{n_i'}(a_{n_i'}(t)| \to |\tilde{\varphi}(t)|.$$

Infolgedessen ergibt sich

$$|\varphi(at)| = |\varphi(a't)|$$

und somit für jedes $t \in R$

$$|\varphi(t)| = \left|\varphi\left(\frac{a'}{a}\,t\right)\right| = \dots = \left|\varphi\left(\left(\frac{a'}{a}\right)^n t\right)\right| \to 1, \qquad n \to \infty.$$

Damit gilt $|\varphi(t)| \equiv 1$, und gemäß Satz 5 aus Kapitel II, § 12, erhalten wir hieraus, daß ξ eine ausgeartete zufällige Größe ist. Der gewonnene Widerspruch zeigt die Gleichheit $a = a'$, und dies bedeutet die Existenz eines endlichen Grenzwertes $\lim a_n = a$ mit $a \geqq 0$.

Wir zeigen nun, daß der Grenzwert $\lim b_n = b$ existiert und $a > 0$ gilt. Da (8) auf jedem endlichen Intervall gleichmäßig erfüllt ist, erhalten wir

$$\varphi_n(a_n t) \to \varphi(at),$$

was wegen (7) die Existenz von $\lim\limits_{n\to\infty} e^{itb_n}$ für alle t mit $\varphi(at) \neq 0$ nach sich zieht. Es sei $\delta > 0$ derart, daß für alle $|t| < \delta$ die Beziehung $\varphi(at) \neq 0$ gilt. Dann existiert für diese t der Grenzwert $\lim e^{itb_n}$. Daraus kann man auf $\overline{\lim}\, |b_n| < \infty$ schließen (vgl. Aufgabe 9).

Es mögen nun zwei Teilfolgen (n_i) und (n_i') mit den Eigenschaften $\lim b_{n_i} = b$ und $\lim b_{n_i'} = b'$ existieren. Dann gilt für $|t| < \delta$

$$e^{itb} = e^{itb'}$$

und demzufolge $b = b'$. Also existiert ein endlicher Grenzwert $b = \lim b_n$, und infolge von (7) gilt

$$\tilde{\varphi}(t) = e^{itb}\varphi(at),$$

was $\tilde{\xi} \overset{d}{=} a\xi + b$ bedeutet. Da $\tilde{\xi}$ nicht ausgeartet ist, erhalten wir $a > 0$. Damit ist das Lemma bewiesen.

4. Wir führen nun (ohne Beweis) einen Satz über die allgemeine Gestalt der charakteristischen Funktion stabiler Verteilungen an.

Satz 4 (Lévy-Chinčin-Darstellung). *Eine zufällige Größe T ist genau dann stabil, wenn ihre charakteristische Funktion* φ *die Gestalt* $\varphi(t) = \exp \psi(t)$ *mit*

$$\psi(t) = \mathrm{i}t\beta - d\,|t|^\alpha \left(1 + \mathrm{i}\theta \frac{t}{|t|} G(t, \alpha)\right) \tag{9}$$

besitzt, wobei $0 < \alpha < 2$, $\beta \in R$, $d \geqq 0$, $|\theta| \leqq 1$, $t/|t| = 0$ *für* $t = 0$ *und*

$$G(t, \alpha) = \begin{cases} \tan \dfrac{\pi}{2} \alpha, & \textit{falls } \alpha \neq 1, \\ \dfrac{2}{\pi} \log |t|, & \textit{falls } \alpha = 1, \end{cases} \tag{10}$$

gilt.

Wir wollen erwähnen, daß die charakteristischen Funktionen symmetrischer stabiler Verteilungen besonders einfach aufgebaut sind:

$$\varphi(t) = \mathrm{e}^{-d|t|^\alpha}, \tag{11}$$

$0 < \alpha \leqq 2$, $d \geqq 0$.

5. Aufgaben

1. Man zeige, daß aus $\xi_n \xrightarrow{d} \xi$ und $\xi_n \xrightarrow{d} \eta$ die Beziehung $\xi \stackrel{d}{=} \eta$ folgt.
2. Man zeige, daß $\varphi_1 \cdot \varphi_2$ eine unendlich teilbare charakteristische Funktion ist, wenn φ_1 und φ_2 diese Eigenschaften besitzen.
3. Es seien φ_n, $n \geqq 1$, unendlich teilbare charakteristische Funktionen, und es gelte $\varphi_n(t) \to \varphi(t)$ für jedes $t \in R$, wobei φ eine charakteristische Funktion ist. Man zeige, daß φ unendlich teilbar ist.
4. Man zeige, daß die charakteristische Funktion einer unendlich teilbaren Verteilung in keinem Punkt den Wert 0 annimmt.
5. Man führe ein Beispiel für eine unendlich teilbare, jedoch nicht stabile zufällige Größe an.
6. Man zeige, daß für stabile zufällige Größen ξ stets $\mathbf{M}\,|\xi|^r < \infty$ für alle $r \in (0, \alpha)$ gilt.
7. Man zeige, daß die charakteristische Funktion φ einer stabilen zufälligen Größe ξ mit dem Parameter $0 < \alpha \leqq 1$ im Punkt $t = 0$ nicht differenzierbar ist.
8. Man beweise, daß die Funktion $\mathrm{e}^{-d|t|^\alpha}$ mit $d \geqq 0$, $0 < \alpha \leqq 2$, eine charakteristische Funktion ist.
9. Es sei $(b_n)_{n \geqq 1}$ eine Zahlenfolge, so daß für alle $|t| \leqq \delta$, $\delta > 0$, der Grenzwert $\lim_n \mathrm{e}^{\mathrm{i}tb_n}$ existiert. Man zeige, daß dann $\overline{\lim_n}\, |b_n| < \infty$ gilt.

§ 6. Über die Konvergenzgeschwindigkeit im zentralen Grenzwertsatz

1. Es sei $\xi_{n1}, \ldots, \xi_{nn}$ eine Folge unabhängiger zufälliger Größen, $S_n = \xi_{n1} + \cdots + \xi_{nn}$ und $F_n(x) = \mathbf{P}(S_n \leqq x)$. Für den Fall $S_n \xrightarrow{d} \mathcal{N}(0, 1)$ gilt für jedes $x \in R$ die Konvergenz $F_n(x) \to \Phi(x)$. Da die Funktion Φ stetig ist, verläuft die Konvergenz hier in Wirklichkeit gleichmäßig (vgl. Aufgabe 5 in § 1):

$$\sup_x |F_n(x) - \Phi(x)| \to 0, \qquad n \to \infty. \tag{1}$$

Insbesondere folgt hieraus

$$\mathbf{P}(S_n \leqq x) - \Phi\left(\frac{x - \mathbf{M}S_n}{\mathbf{D}S_n}\right) \to 0, \qquad n \to \infty.$$

(Dabei werden Existenz und Endlichkeit der Größen $\mathbf{M}S_n$ und $\mathbf{D}S_n$ vorausgesetzt.)

Naturgemäß ergibt sich nun die Frage, mit welcher Geschwindigkeit die Konvergenz in (1) abläuft. Wir führen ein entsprechendes Ergebnis für den Fall $S_n = \dfrac{\xi_1 + \cdots + \xi_n}{\sigma\sqrt{n}}$, $n \geqq 1$, an, wobei $\xi_1, \xi_2, \ldots$ eine Folge unabhängiger identisch verteilter zufälliger Größen mit $\mathbf{M}\xi_k = 0$, $\mathbf{D}\xi_k = \sigma^2$ und $\mathbf{M}\,|\xi_1|^3 < \infty$ ist.

Satz (Berry-Esseen). *Es gilt die Abschätzung*

$$\sup_x |F_n(x) - \Phi(x)| \leqq \frac{C \cdot \mathbf{M}\,|\xi_1|^3}{\sigma^3\sqrt{n}}, \tag{2}$$

wobei C eine absolute Konstante ist $\left((2\pi)^{-1/2} \leqq C < 0{,}8\right)$.

Beweis. Der Einfachheit halber sei $\sigma^2 = 1$ und $\beta_3 = \mathbf{M}\,|\xi_1|^3$. Nach der Ungleichung von Esseen (Kapitel II, § 12, Nr. 10) erhalten wir

$$\sup_x |F_n(x) - \Phi(x)| \leqq \frac{2}{\pi} \int_0^T \left|\frac{f_n(t) - \varphi(t)}{t}\right| \mathrm{d}t + \frac{24}{\pi T} \cdot \frac{1}{\sqrt{2\pi}} \tag{3}$$

mit $\varphi(t) = \mathrm{e}^{-t^2/2}$ und

$$f_n(t) = \left[f\left(t/\sqrt{n}\right)\right]^n,$$

wobei $f(t)$ die charakteristische Funktion $\mathbf{M}\mathrm{e}^{it\xi_1}$ bezeichnet.

In (3) kann die positive Zahl T beliebig gewählt werden. Wir setzen

$$T = \sqrt{n}/5\beta_3.$$

Wie im weiteren gezeigt wird, erhält man bei dieser Wahl von T

$$|f_n(t) - \varphi(t)| \leqq \frac{7}{6} \cdot \frac{\beta_3}{\sqrt{n}}\,|t|^3\,\mathrm{e}^{-t^2/4}, \qquad |t| \leqq T. \tag{4}$$

Unter Berücksichtigung dieser Ungleichung ergibt sich die gesuchte Abschätzung (2) sofort aus (3), wobei C eine gewisse absolute Konstante darstellt. (Feinere Betrachtungen zeigen, daß ihr Wert unter 0,8 liegt.)

Wir gehen nun zum Beweis der Ungleichung (4) über.

Nach der Taylor-Formel mit dem integralen Restglied erhalten wir

$$f(t) = 1 + \frac{t}{1!} f'(0) + \frac{t^2}{2!} f''(0) + \frac{t^3}{2} \int_0^1 (1 - v)^2 f'''(vt)\, dv. \tag{5}$$

Deshalb gilt

$$f\left(t/\sqrt{n}\right) = 1 - \frac{t^2}{2n} + \frac{\theta \beta_3 |t|^3}{6n^{3/2}} \quad \text{mit} \quad |\theta| \leqq 1.$$

Für $|t| \leqq \sqrt{n}/5\beta_3$ ergibt sich wegen $\beta_3 \geqq \sigma^3 = 1$

$$\frac{t^2}{2n} + \frac{|t|^3 \beta_3}{6n^{3/2}} \leqq 1/25.$$

Folglich haben wir für $|t| \leqq T = \sqrt{n}/5\beta_3$ die Abschätzung

$$f\left(t/\sqrt{n}\right) \geqq 24/25,$$

was die Darstellung

$$\left[f\left(t/\sqrt{n}\right)\right]^n = e^{n \ln f(t/\sqrt{n})} \tag{6}$$

ermöglicht.

Gemäß (5) gelangen wir (wenn $f(t)$ durch $\ln f\left(t/\sqrt{n}\right)$ ersetzt wird) zu

$$\ln f\left(t/\sqrt{n}\right) = -\frac{t^2}{2n} + \frac{\theta t^3}{6n^{3/2}} (\ln f)''' \left(\theta_1 t/\sqrt{n}\right) \tag{7}$$

mit $|\theta_1| \leqq 1$ und

$$\begin{aligned} |(\ln f)'''| &= \left|\left(f''' \cdot f^2 - 3f'' \cdot f' \cdot f + 2(f')^3\right) \cdot f^{-3}\right| \\ &\leqq (\beta_3 + 3\beta_2 \cdot \beta_1 + 2\beta_1^3) \left(\frac{24}{25}\right)^{-3} \leqq 7\beta_3, \end{aligned} \tag{8}$$

wobei $\beta_k = \mathbf{M}\, |\xi_1|^k$, $k = 1, 2, 3$, gesetzt ist.

Aus (6) bis (8) erhalten wir unter Verwendung der Ungleichung $|e^z - 1| \leqq |z|\, e^{|z|}$ für $|t| \leqq T = \sqrt{n}/5\beta_3$ die Beziehungen

$$\begin{aligned} \left|\left(f\left(t/\sqrt{n}\right)\right)^n - e^{-t^2/2}\right| &= \left|e^{n \ln f(t/\sqrt{n})} - e^{-t^2/2}\right| \\ &\leqq (7/6) \frac{\beta_3 |t|^3}{\sqrt{n}} \exp\left(-\frac{t^2}{2} + (7/6) \cdot |t|^3 \cdot \frac{\beta_3}{\sqrt{n}}\right) \\ &\leqq (7/6) \frac{\beta_3 |t|^3}{\sqrt{n}}\, e^{-t^2/4}. \end{aligned}$$

Damit ist der Satz bewiesen.

Bemerkung. Wir wollen erwähnen, daß man die Ordnung der Abschätzung (2) ohne zusätzliche Voraussetzungen über die Art der zu summierenden zufälligen Größen nicht verbessern kann. Sind nämlich $\xi_1, \xi_2, \ldots$ unabhängige identisch verteilte Bernoullische zufällige Größen mit

$$\mathbf{P}(\xi_k = 1) = \mathbf{P}(\xi_k = -1) = 1/2,$$

so gilt aus Symmetriegründen offensichtlich

$$2\mathbf{P}\left(\sum_{k=1}^{2n} \xi_k < 0\right) + \mathbf{P}\left(\sum_{k=1}^{2n} \xi_k = 0\right) = 1,$$

und nach der Stirlingschen Formel erhalten wir

$$\left|\mathbf{P}\left(\sum_{k=1}^{2n} \xi_k < 0\right) - 1/2\right| = \frac{1}{2}\,\mathbf{P}\left(\sum_{k=1}^{2n} \xi_k = 0\right) = \frac{1}{2}\cdot\binom{2n}{n}\cdot 2^{-2n}$$
$$\sim 1/2\sqrt{\pi n} = 1/\sqrt{(2\pi)\cdot(2n)}.$$

Daraus folgt insbesondere, daß die in (2) eingehende Konstante C nicht kleiner als $(2\pi)^{-1/2}$ sein kann.

2. Aufgaben

1. Man beweise die Beziehung (8).

2. Es seien $\xi_1, \xi_2, \ldots$ unabhängige identisch verteilte zufällige Größen mit $\mathbf{M}\xi_k = 0$, $\mathbf{D}\xi_k = \sigma^2$ und $\mathbf{M}\,|\xi_1|^3 < \infty$. Bekanntlich gilt dann folgende ungleichmäßige Abschätzung: Für alle $x \in R$ folgt

$$|F_n(x) - \Phi(x)| \leqq \frac{C\cdot\mathbf{M}\,|\xi_1|^3}{\sigma^3\sqrt{n}}\cdot\frac{1}{(1+|x|)^3}.$$

Man beweise diese Aussage zumindest für den Fall Bernoullischer zufälliger Größen.

§ 7. Die Konvergenzgeschwindigkeit im Satz von Poisson

1. Es seien $\eta_1, \eta_2, \ldots, \eta_n$ unabhängige Bernoullische zufällige Größen, welche die Werte 1 und 0 mit den Wahrscheinlichkeiten

$$\mathbf{P}(\eta_k = 1) = p_k \quad \text{bzw.} \quad \mathbf{P}(\eta_k = 0) = 1 - p_k, \qquad 1 \leqq k \leqq n,$$

annehmen. Wir wählen die Bezeichnungen

$$S_n = \eta_1 + \cdots + \eta_n,$$
$$P_k = \mathbf{P}(S_n = k), \qquad \pi_k = \frac{\lambda^k e^{-\lambda}}{k!}, \qquad k = 0, 1; \ldots; \lambda > 0.$$

In Kapitel I, § 6, haben wir festgestellt, daß für $p_1 = \ldots = p_n$ und $\lambda = np$ die Ungleichung von Prochorov

$$\sum_{k=0}^{\infty} |P_k - \pi_k| \leqq C_1(\lambda)\, p$$

mit $C_1(\lambda) = 2\min(2, \lambda)$ erfüllt ist.

Für den Fall, daß nicht notwendig alle Werte p_k identisch sind, jedoch $\sum_{k=1}^{n} p_k = \lambda$ gilt, hat LE CAM die Gültigkeit der Ungleichung

$$\sum_{k=0}^{\infty} |P_k - \pi_k| \leqq C_2(\lambda) \max_{1 \leqq k \leqq n} p_k$$

mit $C_2(\lambda) = 2 \min(9, \lambda)$ gezeigt.

In diesem Paragraphen wollen wir den folgenden Satz beweisen, der eine Abschätzung der Werte P_k durch die Größen π_k liefert, die insbesondere von der Voraussetzung $\sum_{k=1}^{n} p_k = \lambda$ frei ist. Obwohl der Beweis keine besonders guten Konstanten (siehe $C(\lambda)$ unten) hervorbringt, kann er doch aufgrund seiner Einfachheit von Interesse sein.

Satz. (1) *Es gilt die Ungleichung*

$$\sum_{k=0}^{\infty} |P_k - \pi_k| \leqq \left(2 + 4 \sum_{k=1}^{n} p_k\right) e^{2\lambda} \min_i \sup_{0 \leqq s \leqq 1} \left| \sum_{k=0}^{[ns]} p_{i_k} - \lambda s \right|, \tag{1}$$

wobei das Minimum über alle Permutationen $i = (i_1, i_2, \ldots, i_n)$ von $(1, 2, \ldots, n)$ gebildet wird, $p_{i_0} = 0$ gilt und $[ns]$ das größte Ganze von ns bezeichnet.

(2) *Unter der Voraussetzung $\sum_{k=1}^{n} p_k = \lambda$ gilt*

$$\sum_{k=0}^{\infty} |P_k - \pi_k| \leqq C(\lambda) \min_i \sup_{0 \leqq s \leqq 1} \left| \sum_{k=0}^{[ns]} p_{i_k} - \lambda s \right|$$
$$\leqq C(\lambda) \max_{1 \leqq k \leqq n} p_k \tag{2}$$

mit $C(\lambda) = (2 + 4\lambda) e^{2\lambda}$.

2. Der Schlüssel zum Beweis ist das folgende Lemma.

Lemma 1. *Es sei $S(t) = \sum_{k=0}^{[nt]} \eta_k$ mit $\eta_0 = 0$, $0 \leqq t \leqq 1$,*

$$P_k(t) = \mathbf{P}(S(t) = k), \quad \pi_k(t) = \frac{(\lambda t)^k e^{-\lambda t}}{k!}, \qquad k = 0, 1, \ldots$$

Dann gilt für jedes $t \in [0, 1]$

$$\sum_{k=0}^{\infty} |P_k(t) - \pi_k(t)| \leqq e^{2\lambda t} \left(2 + 4 \sum_{k=0}^{[nt]} p_k\right) \sup_{0 \leqq s \leqq t} \left| \sum_{k=0}^{[ns]} p_k - \lambda s \right|. \tag{3}$$

Beweis. Wir führen die Größen

$$X_k(t) = I(S(t) = k)$$

ein, wobei $I(A)$ den Indikator von A bezeichnet. Für jedes elementare Ereignis ist $S(t)$, $0 \leqq t \leqq 1$, eine verallgemeinerte Verteilungsfunktion, für die folglich das

Lebesgue-Stieltjes-Integral

$$\int_0^t X_k(s-)\,\mathrm{d}S(s)$$

definiert und tatsächlich gleich der Summe

$$\sum_{j=1}^{[nt]} X_k\left(\frac{j-1}{n}\right)\eta_j$$

ist.

Offensichtlich erfüllt $X_k(t)$, $k \geqq 0$, die Beziehungen

$$\begin{aligned} X_0(t) &= 1 - \int_0^t X_0(s-)\,\mathrm{d}S(s), \\ X_k(t) &= -\int_0^t \big(X_k(s-) - X_{k-1}(s-)\big)\,\mathrm{d}S(s), \qquad k \geqq 1, \end{aligned} \tag{4}$$

mit $X_0(0) = 1$ und $X_k(0) = 0$ für $k \geqq 1$.

Nun gilt jedoch $\mathbf{M}X_k(t) = P_k(t)$ und

$$\begin{aligned} \mathbf{M}\int_0^t X_k(s-)\,\mathrm{d}S(s) &= \mathbf{M}\sum_{j=1}^{[nt]} X_k\left(\frac{j-1}{n}\right)\eta_j = \sum_{j=1}^{[nt]} \mathbf{M}X_k\left(\frac{j-1}{n}\right)\mathbf{M}\eta_j \\ &= \sum_{j=1}^{[nt]} P_k\left(\frac{j-1}{n}\right)p_j = \int_0^t P_k(s-)\,\mathrm{d}A(s) \end{aligned}$$

mit

$$A(t) = \sum_{k=0}^{[nt]} p_k \quad \big(= \mathbf{M}S(t)\big).$$

Bilden wir auf beiden Seiten in (4) den Erwartungswert, so ergibt sich folglich

$$\begin{aligned} P_0(t) &= 1 - \int_0^t P_0(s-)\,\mathrm{d}A(s), \\ P_k(t) &= -\int_0^t \big(P_k(s-) - P_{k-1}(s-)\big)\,\mathrm{d}A(s), \qquad k \geqq 1. \end{aligned} \tag{5}$$

Man kann leicht zeigen, daß die Größen $\pi_k(t)$, $k \geqq 0$, $0 \leqq t \leqq 1$, einem ähnlichen Gleichungssystem genügen:

$$\begin{aligned} \pi_0(t) &= 1 - \int_0^t \pi_0(s-)\,\mathrm{d}(\lambda s), \\ \pi_k(t) &= -\int_0^t \big(\pi_k(s-) - \pi_{k-1}(s-)\big)\,\mathrm{d}(\lambda s), \qquad k \geqq 1. \end{aligned}$$

Demzufolge erhalten wir

$$\pi_0(t) - P_0(t) = -\int_0^t \big(\pi_0(s-) - P_0(s-)\big)\, \mathrm{d}(\lambda s) + \int_0^t P_0(s-)\, \mathrm{d}\big(A(s) - \lambda s\big) \tag{6}$$

und

$$\begin{aligned}\pi_k(t) - P_k(t) = &-\int_0^t \big(\pi_k(s-) - P_k(s-)\big)\, \mathrm{d}(\lambda s)\\ &+ \int_0^t \big(\pi_{k-1}(s-) - P_{k-1}(s-)\big)\, \mathrm{d}(\lambda s)\\ &+ \int_0^t \big(P_k(s-) - P_{k-1}(s-)\big)\, \mathrm{d}\big(A(s) - \lambda s\big).\end{aligned} \tag{7}$$

Mit Hilfe der Formel der partiellen Integration (nämlich $\mathrm{d}UV = U\,\mathrm{d}V + V\,\mathrm{d}U$; vgl. Satz 11 aus Kapitel II, § 6) und den Beziehungen (5) ergibt sich

$$\int_0^t P_0(s-)\, \mathrm{d}\big(A(s) - \lambda s\big) = \big(A(t) - \lambda t\big)\, P_0(t) + \int_0^t \big(A(s) - \lambda s\big)\, P_0(s-)\, \mathrm{d}A(s) \tag{8}$$

und

$$\begin{aligned}&\int_0^t \big(P_k(s-) - P_{k-1}(s-)\big)\, \mathrm{d}\big(A(s) - \lambda s\big)\\ &= \big(A(t) - \lambda t\big)\big(P_k(t) - P_{k-1}(t)\big)\\ &\quad + \int_0^t \big(P_k(s-) - 2P_{k-1}(s-) + P_{k-2}(s-)\big)\big(A(s) - \lambda s\big)\, \mathrm{d}A(s),\end{aligned} \tag{9}$$

wobei wir $P_{-1}(s) = 0$ vereinbaren.

Aus (6) bis (9) erhalten wir

$$\begin{aligned}\sum_{k=0}^{\infty} |\pi_k(t) - P_k(t)| &\leqq 2 \int_0^t \sum_{k=0}^{\infty} |\pi_k(s-) - P_k(s-)|\, \mathrm{d}(\lambda s)\\ &\quad + 2\,|A(t) - \lambda t| + 4A(t) \max_{0 \leqq s \leqq t} |A(s) - \lambda s|\\ &\leqq 2 \int_0^t \sum_{k=0}^{\infty} |\pi_k(s-) - P_k(s-)|\, \mathrm{d}(\lambda s)\\ &\quad + \big(2 + 4A(t)\big) \max_{0 \leqq s \leqq t} |A(s) - \lambda s|.\end{aligned}$$

Folglich gilt nach Lemma 2, das in Nr. 4 bewiesen wird,

$$\sum_{k=0}^{\infty} |P_k(t) - \pi_k(t)| \leqq e^{2\lambda t}\big(2 + 4A(t)\big) \max_{0 \leqq s \leqq t} |A(s) - \lambda s|, \tag{10}$$

wobei wir wieder die Bezeichnung $A(t) = \sum_{k=0}^{[nt]} p_k$ benutzt haben.

Damit ist Lemma 1 bewiesen.

3. Beweis des Satzes. Die Ungleichung (1) folgt unmittelbar aus Lemma 1, wenn wir $P_k = P_k(1)$ und $\pi_k = \pi_k(1)$ berücksichtigen und in Betracht ziehen, daß die Wahrscheinlichkeit $P_k = \mathbf{P}(\eta_1 + \cdots + \eta_n = k)$ mit $\mathbf{P}(\eta_{i_1} + \cdots + \eta_{i_n} = k)$ übereinstimmt, wobei $(i_1, i_2, \ldots, i_n)$ eine beliebige Permutation von $(1, 2, \ldots, n)$ ist.

Darüber hinaus ergeben sich die erste Ungleichung in (2) und die Abschätzung (3) aus (1). Wir brauchen nur

$$\min_i \sup_{0 \leqq s \leqq 1} \left| \sum_{k=0}^{[ns]} p_{i_k} - \lambda s \right| \leqq \max_{1 \leqq k \leqq n} p_k \tag{11}$$

zu zeigen, wobei offensichtlich $\lambda = 1$ vorausgesetzt werden kann.

Wir wählen die Bezeichnungen $F_i(s) = \sum_{k=0}^{[ns]} p_{i_k}$ und $G(s) = s$, $0 \leqq s \leqq 1$. Dann ist $F_i(s)$ eine diskrete Verteilungsfunktion mit Werten $p_{i_1}, p_{i_2}, \ldots, p_{i_n}$ auf den Punkten $1/n, 2/n, \ldots, 1$, und G kennzeichnet die Gleichverteilung auf $[0, 1]$. Wir wollen nun eine Permutation $i^* = (i_1^*, \ldots, i_n^*)$ derart finden, daß

$$\sup_{0 \leqq s \leqq 1} |F_{i^*}(s) - G(s)| \leqq \max_{1 \leqq k \leqq n} p_k$$

gilt. Wegen

$$\sup_{0 \leqq s \leqq 1} |F_{i^*}(s) - G(s)| = \max_{1 \leqq k \leqq n} \left| F_i\left(\frac{k}{n} -\right) - \frac{k}{n} \right|$$

genügt es, die Differenzen $F_{i^*}(s-) - G(s)$ nur in den Punkten $s = k/n$, $k = 1, \ldots, n$, zu untersuchen.

Falls alle p_k gleich sind $(p_1 = \ldots = p_n = 1/n)$, gilt

$$\sup_{0 \leqq s \leqq 1} |F_i(s) - G(s)| = 1/n = \max_{1 \leqq k \leqq n} p_k.$$

Wir werden infolgedessen voraussetzen, daß mindestens eine der Größen $p_1, \ldots, p_n$ ungleich $1/n$ ist. Mit dieser Annahme zerlegen wir die Menge der Zahlen $p_1, \ldots, p_n$ in die nichtleeren Mengen

$$A = \{p_i : p_i > 1/n\} \quad \text{und} \quad B = \{p_i : p_i \leqq 1/n\}.$$

Zur Vereinfachung der Bezeichnungen schreiben wir in Zukunft $F^*(s)$ statt $F_{i^*}(s)$ und p_k^* statt $p_{i_k^*}$.

Es ist klar, daß $F^*(1) = 1$, $F^*\big(1 - (1/n)\big) = 1 - p_n^*$ und

$$F^*\left(1 - \frac{2}{n}\right) = 1 - (p_n^* + p_{n-1}^*), \ldots, F^*(1/n) = 1 - (p_n^* + \cdots + p_2^*)$$

gilt. Folglich kann die Verteilung $F^*(s)$, $0 \leqq s \leqq 1$, dadurch erzeugt werden, daß wir nacheinander p_n^*, p_{n-1}^* usw. wählen.

Das folgende Bild stellt die induktive Konstruktion von $p_n^*, p_{n-1}^*, \ldots, p_1^*$ dar:

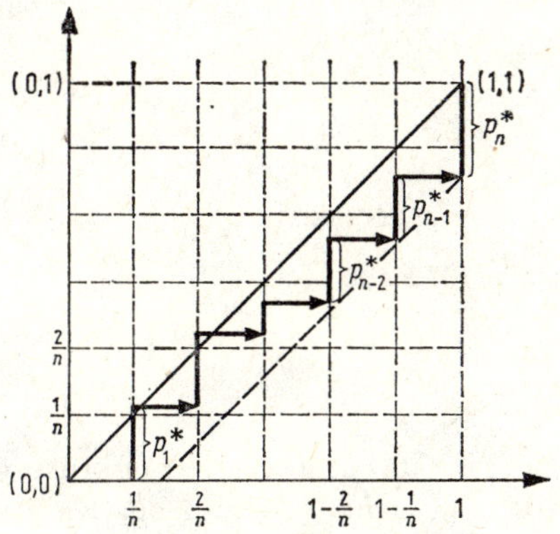

Wir starten vom Punkt $(1, 1)$ auf der rechten Seite des Quadrates $[0, 1] \times [0, 1]$ und bewegen uns um den Wert p_n^*, der die größte Zahl (oder eine der größten Zahlen) in A bezeichnet, senkecht nach unten. Vom Punkt $(1, 1 - p_n^*)$ ziehen wir eine (gestrichelte) Linie parallel zu der Diagonalen des Quadrats, welche die Punkte $(0, 0)$ und $(1, 1)$ verbindet.

Nun zeichnen wir ausgehend vom Punkt $(1, 1 - p_n^*)$ eine Strecke der Länge $1/n$ in horizontaler Richtung. Vom linken Endpunkt $\left(1 - (1/n),\ 1 - p_n^*\right)$ bewegen wir uns um den Wert p_{n-1}^*, der die größte Zahl (oder eine der größten Zahlen) aus B ist, senkrecht nach unten. Wegen $p_{n-1}^* \leqq 1/n$ sieht man leicht, daß diese Strecke die gestrichelte Linie nicht schneidet. Deshalb gilt $G\left(1 - (1/n)\right) - F^*\left((1 - (1/n)) - \right) \leqq p_n^*$.

Vom Punkt $\left(1 - (1/n),\ 1 - p_n^* - p_{n-1}^*\right)$ ausgehend, zeichnen wir wieder eine horizontale Strecke der Länge $1/n$. Nun gibt es zwei Möglichkeiten: Entweder fällt der linke Randpunkt $\left(1 - (2/n),\ 1 - p_n^* - p_{n-1}^*\right)$ unter die Diagonale oder auf sie, oder der Punkt $\left(1 -(2/n),\ 1 - p_n^* - p_{n-1}^*\right)$ liegt über der Diagonalen. Im ersten Fall bewegen wir uns von diesem Punkt aus um den Wert p_{n-2}^* senkrecht nach unten, wobei p_{n-2}^* die größte Zahl (oder eine der größten Zahlen) in der Menge $B \setminus \{p_{n-1}^*\}$ ist. (Diese Menge ist nicht leer, da $p_1^* + \cdots + p_{n-2}^* > (n - 2)/n$ gilt.) Wieder erhalten wir offensichtlich $G\left(1 - (2/n)\right) - F^*\left((1 - (2/n) -\right) \leqq p_n^*$. Im zweiten Fall zeichnen wir eine senkrechte Strecke der Länge p_{n-2}^*, wobei p_{n-2}^* die größte Zahl (oder eine der größten Zahlen) in der Menge $A \setminus \{p_n^*\}$ ist. (Diese Menge ist nicht leer, da $p_1^* + \cdots + p_{n-2}^* > (n - 2)/2$ gilt.) Wegen $p_{n-2}^* \leqq p_n^*$ ist klar, daß in diesem Fall

$$\left| G\left(1 - \frac{2}{n}\right) - F^*\left(\left(1 - \frac{2}{n}\right) - \right) \right| \leqq p_n^*$$

erfüllt ist.

Setzen wir das Verfahren auf diese Weise fort, so konstruieren wir somit die Folge $p_{n-3}^*, \ldots, p_1^*$.

Nach Konstruktion gilt

$$\left| G\left(1 - \frac{k}{n}\right) - F^*\left(\left(1 - \frac{k}{n}\right) -\right) \right| \leqq p_n^*$$

für $1 \leqq k \leqq n$. Wegen

$$\min_i \sup_{0 \leqq s \leqq 1} \left| \sum_{k=0}^{[ns]} p_{i_k} - \lambda s \right| \leqq \sup_{0 \leqq s \leqq 1} |F^*(s) - G(s)| \leqq p_n^*$$

haben wir demzufolge die zweite Ungleichung in (2) gezeigt.

Bemerkung. Offensichtlich gilt folgende Abschätzung nach unten:

$$\min_i \sup_{0 \leqq s \leqq 1} \left| \sum_{k=0}^{[ns]} p_{i_k} - \lambda s \right| \geqq \frac{1}{2} p_n^*.$$

4. Es sei $A = A(t)$, $t \geqq 0$, eine nichtfallende, rechtsseitig stetige Funktion mit linksseitig existierenden Grenzwerten und $A(0) = 0$. Gemäß Satz 12 aus Kapitel II, § 6, besitzt die Gleichung

$$Z_t = K + \int_0^t Z_{s-} \, \mathrm{d}A(s) \tag{12}$$

(in der Klasse der lokal beschränkten rechtsstetigen Funktionen mit linksseitig existierenden Grenzwerten) eine eindeutige Lösung, die durch die Formel

$$Z_t = KE_t(A) \tag{13}$$

gegeben ist, wobei

$$E_t(A) = \mathrm{e}^{A(t)} \prod_{0 \leqq s \leqq t} \big(1 + \Delta A(s)\big) \, \mathrm{e}^{-\Delta A(s)} \tag{14}$$

gilt.

Wir nehmen nun an, daß die Funktion $V(t)$, $t \geqq 0$, welche lokal beschränkt und rechtsstetig ist und deren linksseitige Grenzwerte existieren, der Ungleichung

$$V_t \leqq K + \int_0^t V_{s-} \, \mathrm{d}A(s) \tag{15}$$

für jedes $t \geqq 0$ genügt, wobei K eine Konstante ist.

Lemma 2. *Für jedes* $t \geqq 0$ *gilt*

$$V_t \leqq KE_t(A). \tag{16}$$

Beweis. Es sei $T = \inf \{t \geqq 0\colon V_t > KE_t(A)\}$, wobei wir $\inf \{\emptyset\} = \infty$ setzen. Für $T = \infty$ gilt (16). Wir nehmen jetzt $T < \infty$ an und zeigen, daß dies zu einem Widerspruch führt.

Nach Definition von T gilt

$$V_T \geqq KE_T(A).$$

Gemeinsam mit (12) erhalten wir daraus

$$V_T \geqq KE_T(A) = K + K \int_0^T E_{s-}(A) \, \mathrm{d}A_s \geqq K + \int_0^T V_s \, \mathrm{d}A(s) \geqq V_T . \tag{17}$$

Im Fall $V_T > KE_T(A)$ bewirkt die Ungleichung (17) $V_T > V_T$, was nicht möglich ist, da $|V_T| < \infty$ gilt.

Es sei nun $V_T = KE_T(A)$. Dann ergibt (17)

$$V_T = K + \int_0^T V_{s-} \, \mathrm{d}A(s) .$$

Aus der Definition von T und der Rechtsstetigkeit von V_t, $KE_t(A)$ und $A(t)$ folgt die Existenz eines $h > 0$, so daß aus $T < t \leqq T + h$ die Ungleichungen

$$V_t > KE_t(A) \quad \text{und} \quad A_{T+h} - A_T \leqq 1/2$$

folgen.

Wir führen die Bezeichnungen $\psi_t = V_t - KE_t(A)$ ein. Dann erhalten wir

$$0 < \psi_t \leqq \int_T^t \psi_{s-} \, \mathrm{d}A_s , \qquad T < t \leqq T + h ,$$

und demzufolge

$$0 \leqq \sup \psi_t \leqq \frac{1}{2} \sup_{T \leqq t \leqq T+h} \psi_t .$$

Also gilt $\psi_t = 0$ für $T \leqq t \leqq T + h$, was der Voraussetzung $T < \infty$ widerspricht.

Folgerung (Lemma von GRONWALL-BELLMAN). Es sei in (15) $A(t) = \int_0^t a(s) \, \mathrm{d}s$ und $K \geqq 0$. Dann gilt

$$V_t \leqq K \exp\left(\int_0^t a(s) \, \mathrm{d}s \right) . \tag{18}$$

5. Aufgaben

1. Man beweise Formel (4).

2. Es seien $A = A(t)$ und $B = B(t)$, $t \geqq 0$, rechtsstetige Funktionen von lokal beschränkter Variation mit linksseitig existierenden Grenzwerten. Weiter sei $A(0) = B(0) = 0$ und $\Delta A(t) > -1$, $t \geqq 0$. Man zeige, daß die Gleichung

$$Z_t = \int_0^t Z_{s-} \, \mathrm{d}A(s) + B(t)$$

eine eindeutige Lösung $E_t(A, B)$ von lokal beschränkter Variation besitzt, die durch

$$E_t(A, B) = E_t(A) \int_0^t E_s^{-1}(A) \, \mathrm{d}B(s)$$

gegeben ist.

3. Es seien ξ und η zufällige Größen mit den Werten 0, 1, ... Es bezeichne

$$\varrho(\xi, \eta) = \sup |\mathbf{P}(\xi \in A) - \mathbf{P}(\eta \in A)|,$$

wobei das Supremum über alle Teilmengen A von $\{0, 1, \ldots\}$ gebildet wird. Man beweise:

(1) $\varrho(\xi, \eta) = \frac{1}{2} \sum_{k=0}^{\infty} |\mathbf{P}(\xi = k) - \mathbf{P}(\eta = k)|$.

(2) $\varrho(\xi, \eta) \leqq \varrho(\xi, \zeta) + \varrho(\zeta, \eta)$.

(3) Falls ζ von (ξ, η) unabhängig ist, gilt

$$\varrho(\xi + \zeta, \eta + \zeta) \leqq \varrho(\xi, \eta).$$

(4) Falls die Vektoren $(\xi_1, \ldots, \xi_n)$ und $(\eta_1, \ldots, \eta_n)$ unabhängig sind, gilt

$$\varrho\left(\sum_{i=1}^{n} \xi_i, \sum_{i=1}^{n} \eta_i\right) \leqq \sum_{i=1}^{n} \varrho(\xi_i, \eta_i).$$

4. Es sei $\xi = \xi(p)$ eine Bernoullische zufällige Größe mit $\mathbf{P}(\xi = 1) = p$ und $\mathbf{P}(\xi = 0) = 1 - p$, $0 < p < 1$, und $\pi = \pi(p)$ eine Poissonsche zufällige Größe mit $\mathbf{M}\pi = p$. Man zeige

$$\varrho(\xi(p), \pi(p)) = p(1 - e^{-p}) \leqq p^2.$$

5. Es sei $\xi = \xi(p)$ eine Bernoullische zufällige Größe mit $\mathbf{P}(\xi = 1) = p$ und $\mathbf{P}(\xi = 0) = 1 - p$, $0 < p < 1$, und $\pi = \pi(\lambda)$ eine Poissonsche zufällige Größe mit $\mathbf{P}(\xi = 0) = \mathbf{P}(\pi = 0)$. Man zeige die Beziehungen $\lambda = -\ln(1 - p)$ und

$$\varrho(\xi(p), \pi(\lambda)) = 1 - e^{-\lambda} - \lambda e^{-\lambda} \leqq \frac{1}{2} \lambda^2.$$

6. Unter Benutzung von Aussage (4) der Aufgabe 3 sowie der Aufgaben 4 und 5 zeige man für unabhängige Bernoullische zufällige Größen $\xi_1 = \xi_1(p_1), \ldots, \xi_n = \xi_n(p_n)$ mit $0 < p_i < 1$ und $\lambda_i = -\ln(1 - p_i)$, $1 \leqq i \leqq n$, die Beziehungen

$$\varrho\left(\sum_{i=1}^{n} \xi_i(p_i), \pi\left(\sum_{i=1}^{n} p_i\right)\right) \leqq \sum_{i=1}^{n} p_i^2$$

und

$$\varrho\left(\sum_{i=1}^{n} \xi_i(p_i), \pi\left(\sum_{i=1}^{n} \lambda_i\right)\right) \leqq \frac{1}{2} \sum_{i=1}^{n} \lambda_i^2.$$

IV. Folgen und Summen unabhängiger zufälliger Größen

§ 1. Null-Eins-Gesetze

1. Die Reihe $\sum_{n=1}^{\infty} \frac{1}{n}$ divergiert, dagegen konvergiert $\sum_{n=1}^{\infty} (-1)^n \frac{1}{n}$. Wir untersuchen nun, welche Aussagen man bezüglich der Konvergenz oder Divergenz der Reihe $\sum_{n=1}^{\infty} \frac{\xi_n}{n}$ treffen kann, wenn $\xi_1, \xi_2, \ldots$ eine Folge unabhängiger identisch verteilter Bernoullischer zufälliger Größen mit $\mathsf{P}(\xi_1 = 1) = \mathsf{P}(\xi_1 = -1) = 1/2$ ist. Anders ausgedrückt stellen wir uns die Frage, was man über die Konvergenz der Reihe mit dem allgemeinen Glied $\pm \frac{1}{n}$ aussagen kann, wobei die Vorzeichen $+$ und $-$ in zufälliger Reihenfolge in Übereinstimmung mit der betrachteten Folge $\xi_1, \xi_2, \ldots$ festgelegt werden.

Wir bezeichnen mit

$$A_1 = \left\{\omega : \sum_{n=1}^{\infty} \frac{\xi_n}{n} \text{ konvergiert}\right\}$$

die Menge aller elementaren Ereignisse, für die die Reihe $\sum_{n=1}^{\infty} \frac{\xi_n}{n}$ (gegen einen endlichen Wert) konvergiert, und betrachten die Wahrscheinlichkeit $\mathsf{P}(A_1)$ dieser Menge. Im voraus ist nicht klar, welche Werte diese Wahrscheinlichkeit annehmen kann. Als bemerkenswert erweist sich allerdings die Tatsache, daß a priori behauptet werden kann, daß diese Wahrscheinlichkeit nur die Werte 0 oder 1 besitzen kann. Dieses Ergebnis ist eine Folgerung des sogenannten *Null-Eins-Gesetzes* von Kolmogorov (kurz 0-1-Gesetz), dessen Formulierung und Beweis den Hauptinhalt dieses Paragraphen ausmacht.

2. Es sei $(\Omega, \mathcal{F}, \mathsf{P})$ ein Wahrscheinlichkeitsraum und $\xi_1, \xi_2, \ldots$ eine Folge von zufälligen Größen. Wir bezeichnen mit $\mathcal{F}_n^\infty = \sigma(\xi_n, \xi_{n+1}, \ldots)$ die von den zufälligen Größen $\xi_n, \xi_{n+1}, \ldots$ erzeugte σ-Algebra, und es sei

$$\mathcal{X} = \bigcap_{n=1}^{\infty} \mathcal{F}_n^\infty .$$

Da der Durchschnitt von σ-Algebren wieder eine σ-Algebra ergibt, ist $\mathcal{X}$ eine σ-Algebra. Diese σ-Algebra wird *σ-Algebra der finalen Ereignisse* genannt, weil jedes

Ereignis $A \in \mathcal{X}$ für jedes endliche n nicht von den Werten der zufälligen Größen $\xi_1, \ldots, \xi_n$ abhängt, sondern lediglich durch das Verhalten unendlich ferner Werte der Folge $\xi_1, \xi_2, \ldots$ bestimmt wird.

Da wir für ein beliebiges $k \geqq 1$ die Beziehung

$$A_1 \equiv \left\{\sum_{n=1}^{\infty} \frac{\xi_n}{n} \text{ konvergiert}\right\} \equiv \left\{\sum_{n=k}^{\infty} \frac{\xi_n}{n} \text{ konvergiert}\right\} \in \mathcal{F}_k^{\infty}$$

erhalten, gelangen wir zu $A_1 \in \bigcap_k \mathcal{F}_k^{\infty} = \mathcal{X}$. Genauso ergibt sich für eine beliebige Folge $\xi_1, \xi_2, \ldots$

$$A_2 = \left\{\sum_{n=1}^{\infty} \xi_n \text{ konvergiert}\right\} \in \mathcal{X}.$$

Die folgenden Ereignisse gehören ebenfalls zu $\mathcal{X}$:

$$A_3 = \{\xi_n \in I_n \text{ für unendliche viele } n\} \quad \text{mit} \quad I_n \in \mathcal{B}(R), \quad n \geqq 1,$$

$$A_4 = \left\{\overline{\lim_n}\, \xi_n < \infty\right\},$$

$$A_5 = \left\{\overline{\lim_n}\, \frac{\xi_1 + \cdots + \xi_n}{n} < \infty\right\},$$

$$A_6 = \left\{\overline{\lim_n}\, \frac{\xi_1 + \cdots + \xi_n}{n} < c\right\},$$

$$A_7 = \{S_n/n \text{ konvergiert}\}$$

und

$$A_8 = \left\{\overline{\lim_n}\, \frac{S_n}{\sqrt{2n \log n}} = 1\right\}.$$

Andererseits stellen

$$B_1 = \{\xi_n = 0 \text{ für alle } n \geqq 1\}$$

und

$$B_2 = \left\{\lim_n (\xi_1 + \cdots + \xi_n) \text{ existiert und ist kleiner als } c\right\}$$

Beispiele für nicht in $\mathcal{X}$ enthaltene Ereignisse dar.

Wir werden nun voraussetzen, daß die betrachteten zufälligen Größen *unabhängig* sind. Unter dieser Annahme folgt aus dem Lemma von Borel-Cantelli

$$\mathbf{P}(A_3) = 0 \Leftrightarrow \sum \mathbf{P}(\xi_n \in I_n) < \infty,$$

$$\mathbf{P}(A_3) = 1 \Leftrightarrow \sum \mathbf{P}(\xi_n \in I_n) = \infty.$$

Somit sind für die Wahrscheinlichkeit des Ereignisses A_3 nur die Werte 0 oder 1 in Abhängigkeit davon möglich, ob die Reihe $\sum \mathbf{P}(\xi_n \in I_n)$ konvergiert oder divergiert. Diese Aussage trägt den Namen 0-1-*Gesetz von* Borel.

Satz 1 (0-1-Gesetz von KOLMOGOROV). *Es sei* $\xi_1, \xi_2, \ldots$ *eine Folge unabhängiger zufälliger Größen und* $A \in \mathscr{X}$. *Dann kann die Wahrscheinlichkeit* $\mathsf{P}(A)$ *nur zwei Werte annehmen*: 0 *oder* 1.

Beweis. Die Beweisidee besteht im Nachweis, daß jedes finale Ereignis A von sich selbst unabhängig ist und somit $\mathsf{P}(A \cap A) = \mathsf{P}(A) \cdot \mathsf{P}(A)$, d. h. $\mathsf{P}(A) = \mathsf{P}^2(A)$ gilt, woraus $\mathsf{P}(A) = 0$ oder 1 folgt.

Für $A \in \mathscr{X}$ erhalten wir $A \in \mathscr{F}_1^\infty = \sigma(\{\xi_1, \xi_2, \ldots\}) = \sigma\Big(\bigcup\limits_n \mathscr{F}_1^n\Big)$ mit $\mathscr{F}_1^n = \sigma(\{\xi_1, \ldots, \xi_n\})$, und es existieren (vgl. Aufgabe 8 aus Kapitel II, § 3) solche Mengen $A_n \in \mathscr{F}_1^n$, $n \geqq 1$, daß $\mathsf{P}(A \triangle A_n) \to 0$, $n \to \infty$, gilt. Daraus schließen wir

$$\mathsf{P}(A_n) \to \mathsf{P}(A), \qquad \mathsf{P}(A_n \cap A) \to \mathsf{P}(A). \tag{1}$$

Für $A \in \mathscr{X}$ sind die Ereignisse A_n und A jedoch für jedes $n \geqq 1$ unabhängig:

$$\mathsf{P}(A \cap A_n) = \mathsf{P}(A) \cdot \mathsf{P}(A_n),$$

woraus wegen (1) die Gleichheit $\mathsf{P}(A) = \mathsf{P}^2(A)$ und somit $\mathsf{P}(A) = 0$ oder 1 folgt.

Damit ist der Satz bewiesen.

Folgerung. Es sei η eine bezüglich der σ-Algebra $\mathscr{X}$ der finalen Ereignisse meßbare zufällige Größe, d. h. $\{\eta \in B\} \in \mathscr{X}$, $B \in \mathscr{B}(R)$. Dann ist η eine ausgeartete zufällige Größe, d. h., es existiert eine Konstante c, so daß $\mathsf{P}(\eta = c) = 1$ erfüllt ist.

3. Der im weiteren formulierte Satz 2 ist eine Illustration für eine nichttriviale Anwendung des 0-1-Gesetzes von KOLMOGOROV.

Es sei $\xi_1, \xi_2, \ldots$ eine Folge unabhängiger Bernoullischer zufälliger Größen mit $\mathsf{P}(\xi_n = 1) = p$, $\mathsf{P}(\xi_n = -1) = q$, $p + q = 1$, $n \geqq 1$, und $S_n = \xi_1 + \cdots + \xi_n$. Intuitiv ist klar, daß im symmetrischen Fall ($p = 1/2$) die „typischen" Trajektorien der zufälligen Irrfahrt S_n ($n \geqq 1$) unendlich oft die Null durchlaufen und daß sie im nichtsymmetrischen Fall ($p \neq 1/2$) ins Unendliche verschwinden. Wir formulieren jetzt das genaue Resultat.

Satz 2. a) *Für* $p = 1/2$ *gilt* $\mathsf{P}(S_n = 0 \text{ u. o.}) = 1$,

b) *Für* $p \neq 1/2$ *gilt* $\mathsf{P}(S_n = 0 \text{ u. o.}) = 0$.

Beweis. Zunächst wollen wir erwähnen, daß das Ereignis $B = \{S_n = 0 \text{ u. o.}\}$ nicht zu $\mathscr{X}$ gehört, d. h. $B \notin \mathscr{X} = \bigcap \mathscr{F}_n^\infty$, $\mathscr{F}_n^\infty = \sigma(\{\xi_n, \xi_{n+1}, \ldots\})$. Deshalb ist im Prinzip nicht klar, daß die Wahrscheinlichkeit des Ereignisses B nur die zwei Werte 0 oder 1 annehmen kann.

Die Behauptung b) läßt sich leicht unter Anwendung (des ersten Teiles) des Lemmas von BOREL-CANTELLI beweisen. Für $B_{2n} = \{S_{2n} = 0\}$ erhalten wir nämlich nach der Stirlingschen Formel

$$\mathsf{P}(B_{2n}) = \binom{2n}{n} p^n q^n \sim (4pq)^n / \sqrt{\pi n}$$

und folglich $\sum \mathsf{P}(B_{2n}) < \infty$. Aus diesem Grunde gelangen wir zu $\mathsf{P}(S_n = 0 \text{ u. o.}) = 0$.

Zum Beweis der Behauptung a) genügt es nachzuweisen, daß das Ereignis

$$A = \left\{\overline{\lim} \frac{S_n}{\sqrt{n}} = \infty,\ \underline{\lim} \frac{S_n}{\sqrt{n}} = -\infty\right\}$$

die Wahrscheinlichkeit 1 besitzt, da $A \subseteqq B$ gilt.

Es sei

$$A_c = \left\{\overline{\lim}\, S_n/\sqrt{n} > c,\ \underline{\lim}\, S_n/\sqrt{n} < -c\right\} = A_c' \cap A_c'',$$

wobei die Bezeichnungen

$$A_c' = \left\{\overline{\lim}\, S_n/\sqrt{n} > c\right\} \quad \text{und} \quad A_c'' = \left\{\underline{\lim}\, S_n/\sqrt{n} < -c\right\}$$

gewählt wurden. Dann gilt $A_c \downarrow A$ $(c \to \infty)$, wobei sowohl das Ereignis A als auch A_c' und A_c'' zu $\mathscr{X}$ gehören. Wir zeigen nun, daß für jedes $c > 0$ die Beziehungen $\mathsf{P}(A_c') = \mathsf{P}(A_c'') = 1$ gelten. Wegen $A_c' \in \mathscr{X}$, $A_c'' \in \mathscr{X}$ genügt es bereits, die Ungleichungen $\mathsf{P}(A_c') > 0$ und $\mathsf{P}(A_c'') > 0$ nachzuweisen. Entsprechend Aufgabe 5 erhalten wir

$$\mathsf{P}\left(\underline{\lim}\, S_n/\sqrt{n} < -c\right) = \mathsf{P}\left(\overline{\lim}\, S_n/\sqrt{n} > c\right) \geqq \overline{\lim}\, \mathsf{P}\left(S_n/\sqrt{n} > c\right) > 0,$$

wobei die letzte Ungleichung aus dem Satz von DE MOIVRE-LAPLACE folgt.

Somit gelten also für alle $c > 0$ die Beziehungen $\mathsf{P}(A_c') = \mathsf{P}(A_c'') = 1$ und demzufolge $\mathsf{P}(A_c) = 1$ sowie $\mathsf{P}(A) = \lim\limits_{c\to\infty} \mathsf{P}(A_c) = 1$.

Damit ist der Satz bewiesen.

4. Wir wollen nochmals darauf hinweisen, daß das Ereignis $B = \{S_n = 0 \text{ u. o.}\}$ nicht zu $\mathscr{X}$ gehört. Dennoch folgt aus Satz 2, daß die Wahrscheinlichkeit dieses Ereignisses für das Bernoulli-Schema wie im Fall der Ereignisse aus $\mathscr{X}$ nur die Werte 0 oder 1 annehmen kann. Es zeigt sich, daß dieser Umstand nicht zufällig ist und sich als Folgerung des sogenannten 0-1-Gesetzes von HEWITT und SAVAGE ergibt, das für den Fall unabhängiger identisch verteilter zufälliger Größen das Ergebnis von Satz 1 auf die Klasse der sogenannten symmetrischen Ereignisse (welche die Klasse $\mathscr{X}$ enthält) verallgemeinert.

Wir führen jetzt die notwendigen Definitionen ein. Eine eineindeutige Abbildung $\pi = (\pi_1, \pi_2, \ldots)$ der Menge $\{1, 2, \ldots\}$ auf sich nennen wir endliche Permutation, falls für alle n mit Ausnahme höchstens endlich vieler die Beziehung $\pi_n = n$ gilt.

Für eine Folge $\xi = (\xi_1, \xi_2, \ldots)$ von zufälligen Größen werden wir mit $\pi(\xi)$ die Folge $(\xi_{\pi_1}, \xi_{\pi_2}, \ldots)$ bezeichnen. Für ein Ereignis $A = \{\xi \in B\}$ mit $B \in \mathscr{B}(R^\infty)$ bezeichnet $\pi(A)$ das Ereignis $\{\pi(\xi) \in B\}$.

Wir nennen ein Ereignis $A = \{\xi \in B\}$ mit $B \in \mathscr{B}(R^\infty)$ *symmetrisch*, falls für jede endliche Permutation π das Ereignis $\pi(A)$ mit A identisch ist.

Ein Beispiel symmetrischer Ereignisse ist das Ereignis $A = \{S_n = 0 \text{ u.o.}\}$, wobei mit S_n die Summe $\xi_1 + \cdots + \xi_n$ bezeichnet wird. Darüber hinaus kann man zeigen (vgl. Aufgabe 4), daß jedes Ereignis aus der σ-Algebra der finalen Ereignisse $\mathscr{X}(S) = \bigcap \mathscr{F}_n^\infty(S)$, $\mathscr{F}_n^\infty(S) = \sigma(\{S_n, S_{n+1}, \ldots\})$, die von den zufälligen Größen $S_1 = \xi_1$, $S_2 = \xi_1 + \xi_2, \ldots$ erzeugt wird, symmetrisch ist.

Satz 3 (0-1-Gesetz von HEWITT und SAVAGE). *Es sei* $\xi_1, \xi_2, \ldots$ *eine Folge unabhängiger identisch verteilter zufälliger Größen und* $A = \{\omega\colon (\xi_1, \xi_2, \ldots) \in B\}$ *ein symmetrisches Ereignis. Dann gilt* $\mathsf{P}(A) = 0$ *oder* 1.

Beweis. Es sei $A = \{\xi \in B\}$ ein symmetrisches Ereignis. Wir wählen Mengen $B_n \in \mathscr{B}(R^n)$ derart, daß für $A_n = \{\omega\colon (\xi_1, \ldots, \xi_n) \in B_n\}$

$$\mathsf{P}(A \Delta A_n) \to 0, \qquad n \to \infty, \tag{2}$$

gilt. Wir bezeichnen mit π_n die endliche Permutation

$$\pi_n(k) = \begin{cases} n + k, & 1 \leqq k \leqq n, \\ k - n, & n + 1 \leqq k \leqq 2n, \\ k, & k \geqq 2n. \end{cases}$$

Weiterhin führen wir für die Zylindermenge

$$\{x = (x_1, x_2, \ldots) \in R^\infty\colon \ (x_1, x_2, \ldots, x_n) \in B_n\}$$

aus $\mathscr{B}(R^\infty)$ mit der Basis B_n die Bezeichnung B_n' ein.

Da die zufälligen Größen $\xi_1, \xi_2, \ldots$ unabhängig und identisch verteilt sind, stimmen die Wahrscheinlichkeitsverteilungen $P_\xi(B) = \mathsf{P}(\xi \in B)$ und $P_{\pi_n(\xi)}(B) = \mathsf{P}(\pi_n(\xi) \in B)$ auf $\mathscr{B}(R^\infty)$ überein. Demzufolge gilt

$$\mathsf{P}(A \Delta A_n) = P_\xi(B \Delta B_n') = P_{\pi_n(\xi)}(B \Delta B_n'). \tag{3}$$

Da das Ereignis A symmetrisch ist, erhalten wir

$$A \equiv \{\xi \in B\} = \pi_n(A) = \{\pi_n(\xi) \in B\}.$$

Deshalb ergibt sich

$$\begin{aligned} P_{\pi_n(\xi)}(B \Delta B_n') &= \mathsf{P}\big((\pi_n(\xi) \in B)\ \Delta \big(\pi_n(\xi) \in B_n'\big)\big) \\ &= \mathsf{P}\big((\xi \in B)\ \Delta \big(\pi_n(\xi) \in B_n'\big)\big) = \mathsf{P}\big(A \Delta \pi_n(A_n)\big). \end{aligned} \tag{4}$$

Aus (3) und (4) gelangen wir zu

$$\mathsf{P}(A \Delta A_n) = \mathsf{P}\big(A \Delta \pi_n(A_n)\big). \tag{5}$$

Wegen (2) folgt daraus

$$\mathsf{P}\big(A \Delta \big(A_n \cap \pi_n(A_n)\big)\big) \to 0, \qquad n \to \infty. \tag{6}$$

Aus diesem Grunde schließen wir aus (2), (5) und (6), daß

$$\begin{aligned} &\mathsf{P}(A_n) \to \mathsf{P}(A), \ \mathsf{P}\big(\pi_n(A_n)\big) \to \mathsf{P}(A), \\ &\mathsf{P}\big(A_n \cap \pi_n(A_n)\big) \to \mathsf{P}(A) \end{aligned} \tag{7}$$

gilt. Weiter ergibt sich aus der Unabhängigkeit der zufälligen Größen $\xi_1, \xi_2, \ldots$

$$\begin{aligned} \mathsf{P}\big(A_n \cap \pi_n(A_n)\big) &= \mathsf{P}\{(\xi_1, \ldots, \xi_n) \in B_n, (\xi_{n+1}, \ldots, \xi_{2n}) \in B_n\} \\ &= \mathsf{P}\{(\xi_1, \ldots, \xi_n) \in B_n\} \cdot \mathsf{P}\{(\xi_{n+1}, \ldots, \xi_{2n}) \in B_n\} \\ &= \mathsf{P}(A_n)\ \mathsf{P}\big(\pi_n(A_n)\big), \end{aligned}$$

woraus wegen (7)

$$\mathsf{P}(A) = \mathsf{P}^2(A)$$

und infolgedessen $\mathsf{P}(A) = 0$ oder 1 folgt.

Damit ist der Satz bewiesen.

5. Aufgaben

1. Man beweise die Folgerung aus Satz 1.
2. Es sei (ξ_n) eine Folge unabhängiger zufälliger Größen. Man zeige, daß dann die zufälligen Größen $\overline{\lim}\, \xi_n$ und $\underline{\lim}\, \xi_n$ ausgeartet sind.
3. Es seien (ξ_n) eine Folge unabhängiger zufälliger Größen, $S_n = \xi_1 + \cdots + \xi_n$ und b_n Konstanten mit den Eigenschaften $0 < b_n \uparrow \infty$. Man zeige, daß dann die zufälligen Größen $\overline{\lim}\, S_n/b_n$ und $\underline{\lim}\, S_n/b_n$ ausgeartet sind.
4. Es sei $S_n = \xi_1 + \cdots + \xi_n$ $(n \geqq 1)$ und $\mathcal{X}(S) = \bigcap \mathcal{F}_n^\infty(S)$, $\mathcal{F}_n^\infty(S) = \sigma(\{S_n, S_{n+1}, \ldots\})$. Man zeige, daß jedes Ereignis aus $\mathcal{X}(S)$ symmetrisch ist.
5. Es sei (ξ_n) eine Folge von zufälligen Größen. Man zeige, daß für jede Konstante c die Inklusion $\{\overline{\lim}\, \xi_n > c\} \supseteqq \overline{\lim}\, \{\xi_n > c\}$ gilt.

§ 2. Konvergenz von Reihen

1. Wir werden voraussetzen, daß $\xi_1, \xi_2, \ldots$ eine Folge unabhängiger zufälliger Größen ist, und mit S_n die Summe $\xi_1 + \cdots + \xi_n$ sowie mit A die Menge derjenigen elementaren Ereignisse bezeichnen, für die die Reihe $\sum \xi_n(\omega)$ gegen einen endlichen Grenzwert konvergiert. Aus dem 0-1-Gesetz von Kolmogorov folgt, daß die Wahrscheinlichkeit $\mathsf{P}(A)$ entweder 0 oder 1 ist, d. h., mit Wahrscheinlichkeit 1 divergiert oder konvergiert die Reihe. Das Ziel dieses Paragraphen besteht darin, Kriterien anzugeben, nach denen man bestimmen kann, ob eine Reihe aus unabhängigen zufälligen Größen konvergiert oder divergiert.

Satz 1 (Kolmogorov und Chinčin). a) *Es sei* $\mathsf{M}\xi_n = 0$, $n \geqq 1$. *Falls dann die Bedingung*

$$\sum \mathsf{M}\xi_n^2 < \infty \tag{1}$$

erfüllt ist, konvergiert die Reihe $\sum \xi_n$ *mit Wahrscheinlichkeit* 1.

b) *Falls darüber hinaus noch alle zufälligen Größen* ξ_n, $n \geqq 1$, *gleichmäßig beschränkt sind (d. h.* $\mathsf{P}(|\xi_n| \leqq c) = 1$ *für ein* $c < \infty$*), so gilt auch die Umkehrung: Aus der Konvergenz der Reihe* $\sum \xi_n$ *mit Wahrscheinlichkeit* 1 *folgt die Bedingung* (1).

Der Beweis dieses Satzes stützt sich wesentlich auf die

Ungleichung von Kolmogorov. a) *Es seien* $\xi_1, \xi_2, \ldots, \xi_n$ *unabhängige zufällige Größen mit* $\mathsf{M}\xi_i = 0$, $\mathsf{M}\xi_i^2 < \infty$, $i \leqq n$. *Dann gilt für jedes* $\varepsilon > 0$

$$\mathsf{P}\Big(\max_{1 \leqq k \leqq n} |S_k| \geqq \varepsilon\Big) \leqq \frac{\mathsf{M}S_n^2}{\varepsilon^2}. \tag{2}$$

b) *Falls darüber hinaus* $\mathbf{P}(|\xi_i| \leqq c) = 1$, $i \leqq n$, *gilt, ist*

$$\mathbf{P}\left(\max_{1 \leqq k \leqq n} |S_k| \geqq \varepsilon\right) \geqq 1 - \frac{(c+\varepsilon)^2}{\mathbf{M}S_n^2} \tag{3}$$

erfüllt.

Beweis. a) Wir führen die Bezeichnungen

$$A = \{\max |S_k| \geqq \varepsilon\},$$

$$A_k = \{|S_i| < \varepsilon, i = 1, \ldots, k-1, |S_k| \geqq \varepsilon\}, \qquad 1 \leqq k \leqq n,$$

ein. Dann gilt $A = \sum A_k$, und wir haben

$$\mathbf{M}S_n^2 \geqq \mathbf{M}S_n^2 I_A = \sum \mathbf{M}S_n^2 I_{A_k}.$$

Weiter ergibt sich

$$\begin{aligned}\mathbf{M}S_n^2 I_{A_k} &= \mathbf{M}\big(S_k + (\xi_{k+1} + \cdots + \xi_n)\big)^2 I_{A_k} \\ &= \mathbf{M}S_k^2 I_{A_k} + 2\mathbf{M}S_k(\xi_{k+1} + \cdots + \xi_n)\, I_{A_k} + \mathbf{M}(\xi_{k+1} + \cdots + \xi_n)^2\, I_{A_k} \\ &\geqq \mathbf{M}S_k^2 I_{A_k},\end{aligned}$$

da aufgrund der vorausgesetzten Unabhängigkeit und der Bedingungen $\mathbf{M}\xi_i = 0$, $i \leqq n$, die Beziehungen $\mathbf{M}S_k(\xi_{k+1} + \cdots + \xi_n)\, I_{A_k} = \mathbf{M}S_k I_{A_k} \mathbf{M}(\xi_{k+1} + \cdots + \xi_n) = 0$ erfüllt sind. Deshalb erhalten wir

$$\mathbf{M}S_n^2 \geqq \sum \mathbf{M}S_k^2 I_{A_k} \geqq \varepsilon^2 \sum \mathbf{P}(A_k) = \varepsilon^2 \mathbf{P}(A),$$

was die erste Ungleichung beweist.

Zum Beweis von (3) bemerken wir, daß die Beziehungen

$$\mathbf{M}S_n^2 I_A = \mathbf{M}S_n^2 - \mathbf{M}S_n^2 I_{\bar{A}} \geqq \mathbf{M}S_n^2 - \varepsilon^2 \mathbf{P}(\bar{A}) = \mathbf{M}S_n^2 - \varepsilon^2 + \varepsilon^2 \mathbf{P}(A) \tag{4}$$

gültig sind. Andererseits ergibt sich auf der Menge A_k

$$|S_{k-1}| \leqq \varepsilon, \qquad |S_k| \leqq |S_{k-1}| + |\xi_k| \leqq \varepsilon + c$$

und folglich

$$\begin{aligned}\mathbf{M}S_n^2 I_A &= \sum_k \mathbf{M}S_k^2 I_{A_k} + \sum_k \mathbf{M}\big(I_{A_k}(S_n - S_k)^2\big) \\ &\leqq (\varepsilon + c)^2 \sum_k \mathbf{P}(A_k) + \sum_{k=1}^n \mathbf{P}(A_k) \sum_{j=k+1}^n \mathbf{M}\xi_j^2 \\ &\leqq \mathbf{P}(A)\left[(\varepsilon + c)^2 + \sum_{j=1}^n \mathbf{M}\xi_j^2\right] = \mathbf{P}(A)\,[(\varepsilon + c)^2 + \mathbf{M}S_n^2].\end{aligned} \tag{5}$$

Aus (4) und (5) gelangen wir zu

$$\mathbf{P}(A) \geqq \frac{\mathbf{M}S_n^2 - \varepsilon^2}{(\varepsilon + c)^2 + \mathbf{M}S_n^2 - \varepsilon^2} = 1 - \frac{(\varepsilon + c)^2}{(\varepsilon + c)^2 + \mathbf{M}S_n^2 - \varepsilon^2} \geqq 1 - \frac{(\varepsilon + c)^2}{\mathbf{M}S_n^2}.$$

Damit ist die Ungleichung bewiesen.

Beweis von Satz 1. a) Gemäß Satz 4 aus Kapitel II, § 10, konvergiert die Folge (S_n), $n \geqq 1$, genau dann mit Wahrscheinlichkeit 1, wenn sie mit Wahrscheinlichkeit 1 fundamental ist. Nach Satz 1 aus Kapitel II, § 10, ist die Folge (S_n), $n \geqq 1$, dann und nur dann (**P**-f.s.) fundamental, wenn

$$\mathbf{P}\left(\sup_{k\geqq 1} |S_{n+k} - S_n| \geqq \varepsilon\right) \to 0, \qquad n \to \infty, \tag{6}$$

gilt. Wegen (2) erhalten wir

$$\mathbf{P}\left(\sup_{k\geqq 1} |S_{n+k} - S_n| \geqq \varepsilon\right) = \lim_{N\to\infty} \mathbf{P}\left(\max_{1\leqq k\leqq N} |S_{n+k} - S_n| \geqq \varepsilon\right)$$

$$\leqq \lim_{N\to\infty} \frac{\sum_{k=n}^{n+N} \mathbf{M}\xi_k^2}{\varepsilon^2} = \frac{\sum_{k=n}^{\infty} \mathbf{M}\xi_k^2}{\varepsilon^2}.$$

Deshalb ist im Fall $\sum_{k=1}^{\infty} \mathbf{M}\xi_k^2 < \infty$ die Bedingung (6) erfüllt, und demzufolge konvergiert die Reihe $\sum \xi_k$ mit Wahrscheinlichkeit 1.

b) Es konvergiere die Reihe $\sum \xi_k$. Dann ergibt sich wegen (6) für hinreichend große n

$$\mathbf{P}\left(\sup_{k\geqq 1} |S_{n+k} - S_n| \geqq \varepsilon\right) < 1/2. \tag{7}$$

Aus (3) erhalten wir

$$\mathbf{P}\left(\sup_{k\geqq 1} |S_{n+k} - S_n)| \geqq \varepsilon\right) \geqq 1 - \frac{(c+\varepsilon)^2}{\sum_{k=n}^{\infty} \mathbf{M}\xi_k^2}.$$

Aus diesem Grunde gelangen wir unter der Annahme $\sum_{k=1}^{\infty} \mathbf{M}\xi_k^2 = \infty$ zu

$$\mathbf{P}\left(\sup_{k\geqq 1} |S_{n+k} - S_n| \geqq \varepsilon\right) = 1,$$

was der Ungleichung (7) widerspricht.

Damit ist der Satz bewiesen.

Beispiel. Für eine Folge $\xi_1, \xi_2, \ldots$ unabhängiger Bernoullischer zufälliger Größen mit $\mathbf{P}(\xi_n = +1) = \mathbf{P}(\xi_n = -1) = 1/2$ konvergiert die Reihe $\sum \xi_n a_n$, $|a_n| \leqq c$, genau dann mit Wahrscheinlichkeit 1, wenn $\sum a_n^2 < \infty$ gilt.

2. Satz 2 (Zwei-Reihen-Satz). *Für die Konvergenz mit Wahrscheinlichkeit* 1 *der Reihe* $\sum \xi_n$ *aus unabhängigen zufälligen Größen ist hinreichend, daß die beiden Reihen* $\sum \mathbf{M}\xi_n$ *und* $\sum \mathbf{D}\xi_n$ *konvergieren. Gilt darüber hinaus* $\mathbf{P}(|\xi_n| \leqq c) = 1$, $n \geqq 1$, *so ist diese Bedingung auch notwendig.*

Beweis. Gilt $\sum \mathbf{D}\xi_n < \infty$, so konvergiert die Reihe $\sum (\xi_n - \mathbf{M}\xi_n)$ gemäß Satz 1 (**P**-f.s.). Nach Voraussetzung konvergiert jedoch auch die Reihe $\sum \mathbf{M}\xi_n$, woraus sich die (**P**-f.s.) Konvergenz der Reihe $\sum \xi_n$ ergibt.

Beim Beweis der Notwendigkeit benutzen wir das folgende „Symmetrisierungsverfahren". Neben der Folge $\xi_1, \xi_2, \ldots$ betrachten wir eine von ihr unabhängige zweite Folge unabhängiger zufälliger Größen $\tilde{\xi}_1, \tilde{\xi}_2, \ldots$ derart, daß $\tilde{\xi}_n$ dieselbe Verteilung besitzt wie ξ_n, $n \geqq 1$. (Wenn der zugrundeliegende Raum der elementaren Ereignisse „reichhaltig" genug ist, folgt die Existenz einer solchen Folge aus Satz 1 in Kapitel II, § 9. Man kann jedoch auch zeigen, daß diese Voraussetzung ihrerseits keine Beschränkung der Allgemeinheit darstellt).

Konvergiert die Reihe $\sum \xi_n$ ($\mathbf{P}$-f.s.), so trifft das auch auf $\sum \tilde{\xi}_n$ und folglich auch auf $\sum (\xi_n - \tilde{\xi}_n)$ zu. Wir haben jedoch $\mathbf{M}(\xi_n - \tilde{\xi}_n) = 0$ und $\mathbf{P}(\xi_n| - \tilde{\xi}|_n \leqq 2c) = 1$. Deshalb gewinnen wir aus Satz 1

$$\sum \mathbf{D}(\xi_n - \tilde{\xi}_n) < \infty.$$

Weiter gilt

$$\sum \mathbf{D}\xi_n = \frac{1}{2} \sum \mathbf{D}(\xi_n - \tilde{\xi}_n) < \infty.$$

Deshalb konvergiert nach Satz 1 die Reihe $\sum (\xi_n - \mathbf{M}\xi_n)$ mit Wahrscheinlichkeit 1, und folglich erhalten wir die Konvergenz der Reihe $\sum \mathbf{M}\xi_n$.

Also ergibt sich aus der ($\mathbf{P}$-f.s.) Konvergenz der Reihe $\sum \xi_n$ (unter der Voraussetzung $\mathbf{P}(|\xi_n| \leqq c) = 1$, $n \geqq 1$), daß die beiden Reihen $\sum \mathbf{M}\xi_n$ und $\sum \mathbf{D}\xi_n$ konvergieren.

Damit ist der Satz bewiesen.

3. Der folgende Satz gibt eine notwendige und hinreichende Bedingung für die Konvergenz der Reihe $\sum \xi_n$ an, ohne die Voraussetzung der Beschränktheit der zufälligen Größen zu stellen.

Es sei c eine positive Konstante und

$$\xi^c = \begin{cases} \xi, & |\xi| \leqq c, \\ 0, & |\xi| > c. \end{cases}$$

Satz 3 (Drei-Reihen-Satz von Kolmogorov). *Es sei $\xi_1, \xi_2, \ldots$ eine Folge unabhängiger zufälliger Größen. Für die fast sichere Konvergenz der Reihe $\sum \xi_n$ ist notwendig, daß für jedes $c > 0$ die Reihen*

$$\sum \mathbf{M}\xi_n^c, \quad \sum \mathbf{D}\xi_n^c \quad \textit{und} \quad \sum \mathbf{P}(|\xi_n| \geqq c)$$

konvergieren, und hinreichend, daß diese Konvergenz für irgendein $c > 0$ eintritt.

Beweis. *Hinlänglichkeit.* Aus dem Zwei-Reihen-Satz ergibt sich die fast sichere Konvergenz der Reihe $\sum \xi_n^c$. Gilt $\sum \mathbf{P}(|\xi_n| \geqq c) < \infty$, so folgt aus dem Lemma von Borel-Cantelli mit Wahrscheinlichkeit 1 die Ungleichung $\sum I(|\xi_n| \geqq c) < \infty$ und demzufolge $\xi_n = \xi_n^c$ für alle n mit Ausnahme höchstens endlich vieler. Deshalb konvergiert die Reihe $\sum \xi_n$ ebenfalls ($\mathbf{P}$-f.s.).

Notwendigkeit. Falls die Reihe $\sum \xi_n$ ($\mathbf{P}$-f.s.) konvergiert, so gilt $\xi_n \to 0$ ($\mathbf{P}$-f.s.), und demzufolge können für jedes $c > 0$ ($\mathbf{P}$-f.s.) nicht mehr als endlich viele der Ereignisse $\{|\xi_n| \geqq c\}$ eintreten. Deshalb erhalten wir $\sum I(|\xi_n| \geqq c) < \infty$ ($\mathbf{P}$-f.s.), und aufgrund des zweiten Teiles des Lemmas von BOREL-CANTELLI folgt $\sum \mathbf{P}(|\xi_n| > c) < \infty$. Weiter schließen wir aus der Konvergenz der Reihe $\sum \xi_n$, daß $\sum \xi_n^c$ konvergiert. Also ergibt sich aus dem Zwei-Reihen-Satz die Konvergenz der Reihen $\sum \mathbf{M}\xi_n^c$ und $\sum \mathbf{D}\xi_n^c$.

Damit ist der Satz bewiesen.

Folgerung. Es seien $\xi_1, \xi_2, \ldots$ unabhängige zufällige Größen mit $\mathbf{M}\xi_n = 0$. Falls dann

$$\sum \mathbf{M} \frac{\xi_n^2}{1 + |\xi_n|} < \infty$$

gilt, konvergiert die Reihe $\sum \xi_n$ mit Wahrscheinlichkeit 1.

Zum Beweis bemerken wir, daß die Äquivalenz

$$\sum \mathbf{M} \frac{\xi_n^2}{1 + |\xi_n|} < \infty \Leftrightarrow \sum \mathbf{M}[\xi_n^2 I(|\xi_n| \leqq 1) + |\xi_n| I(|\xi_n| > 1)] < \infty$$

erfüllt ist. Deshalb gilt für $\xi_n^1 = \xi_n I\,(|\xi_n| \leqq 1)$ die Beziehung

$$\sum \mathbf{M}(\xi_n^1)^2 < \infty.$$

Aufgrund von $\mathbf{M}\xi_n = 0$ gelangen wir zu

$$\sum |\mathbf{M}\xi_n^1| = \sum |\mathbf{M}\xi_n I(|\xi_n| \leqq 1)| = \sum |\mathbf{M}\xi_n I(|\xi_n| > 1)|$$
$$\leqq \sum \mathbf{M}\, |\xi_n|\, I(|\xi_n| > 1) < \infty.$$

Das bedeutet die Konvergenz der Reihen $\sum \mathbf{M}\xi_n^1$ und $\sum \mathbf{D}\xi_n^1$. Weiter erhalten wir mit der Ungleichung von ČEBYŠEV

$$\mathbf{P}(|\xi_n| > 1) = \mathbf{P}\big(|\xi_n|\, I(|\xi_n| > 1) > 1\big) \leqq \mathbf{M}(|\xi_n|\, I(|\xi_n| > 1)).$$

Deshalb gilt $\sum \mathbf{P}(|\xi_n| > 1) < \infty$. Auf diese Weise folgt die Konvergenz der Reihe $\sum \xi_n$ aus dem Drei-Reihen-Satz von KOLMOGOROV.

4. Aufgaben

1. Es sei $\xi_1, \xi_2, \ldots$ eine Folge unabhängiger zufälliger Größen und $S_n = \xi_1 + \cdots + \xi_n$. Unter Benutzung des Drei-Reihen-Satzes zeige man: a) Falls $\sum \xi_n^2 < \infty$ ($\mathbf{P}$-f.s.) gilt, konvergiert die Reihe $\sum \xi_n$ genau dann mit Wahrscheinlichkeit 1, wenn die Reihe $\sum \mathbf{M}\xi_i I(|\xi_i| \leqq 1)$ konvergiert. b) Falls die Reihe $\sum \xi_n$ ($\mathbf{P}$-f.s.) konvergiert, gilt $\sum \xi_n^2 < \infty$ ($\mathbf{P}$-f.s.) genau dann, wenn die Beziehung

$$\sum (\mathbf{M}\, |\xi_n|\, I(|\xi_n| \leqq 1))^2 < \infty$$

erfüllt ist.

2. Es sei $\xi_1, \xi_2, \ldots$ eine Folge unabhängiger zufälliger Größen. Man zeige, daß die Beziehung $\sum \xi_n^2 < \infty$ ($\mathbf{P}$-f.s.) genau dann gilt, wenn

$$\sum \mathbf{M} \frac{\xi_n^2}{1 + \xi_n^2} < \infty$$

erfüllt ist.

3. Es sei $\xi_1, \xi_2, \ldots$ eine Folge unabhängiger zufälliger Größen. Man zeige, daß die Reihe $\sum \xi_n$ genau dann ($\mathbf{P}$-f.s.) konvergiert, wenn sie in Wahrscheinlichkeit konvergiert.

§ 3. Das starke Gesetz der großen Zahlen

1. Es sei $\xi_1, \xi_2, \dots$ eine Folge unabhängiger zufälliger Größen mit endlichen zweiten Momenten und $S_n = \xi_1 + \cdots + \xi_n$. Gemäß Aufgabe 2 aus Kapitel III, § 3, besitzt das Gesetz der großen Zahlen

$$\frac{S_n - \mathbf{M}S_n}{n} \xrightarrow{\mathbf{P}} 0, \qquad n \to \infty, \tag{1}$$

Gültigkeit, falls die Varianzen $\mathbf{D}\xi_i$ gleichmäßig beschränkt sind.

Die Aussage, welche man erhält, wenn die Konvergenz in Wahrscheinlichkeit in (1) durch die *Konvergenz mit Wahrscheinlichkeit* 1 ersetzt wird, heißt *starkes Gesetz der großen Zahlen.*

Eins der ersten Resultate in dieser Richtung ist im folgenden Satz formuliert.

Satz 1 (Cantelli). *Es seien $\xi_1, \xi_2, \dots$ unabhängige zufällige Größen mit endlichen vierten Momenten, so daß für eine Konstante C die Ungleichung*

$$\mathbf{M}\,|\xi_n - \mathbf{M}\xi_n|^4 \leqq C, \qquad n \geqq 1,$$

gilt. Dann folgt für $n \to \infty$

$$\frac{S_n - \mathbf{M}S_n}{n} \to 0 \qquad (\mathbf{P}\text{-}f.s.). \tag{2}$$

Beweis. Ohne Beschränkung der Allgemeinheit nehmen wir $\mathbf{M}\xi_n = 0$, $n \geqq 1$, an. Aufgrund der Folgerung zu Satz 1 aus Kapitel II, § 10, ist für die Konvergenz $S_n/n \to 0$ ($\mathbf{P}$-f.s.) hinreichend, daß für jedes $\varepsilon > 0$ die Beziehung

$$\sum \mathbf{P}\left\{\left|\frac{S_n}{n}\right| \geqq \varepsilon\right\} < \infty$$

erfüllt ist. Vermöge der Ungleichung von Čebyšev ist dafür die Bedingung

$$\sum \mathbf{M}\left|\frac{S_n}{n}\right|^4 < \infty$$

hinreichend. Wir zeigen nun, daß unter den getroffenen Voraussetzungen diese Bedingung tatsächlich erfüllt ist.

Wir haben

$$\begin{aligned} S_n^4 &= (\xi_1 + \cdots + \xi_n)^4 \\ &= \sum_{i=1}^{n} \xi_i^4 - \sum_{\substack{i,j\\ i<j}} \frac{4!}{2!\,2!}\,\xi_i^2\xi_j^2 + \sum_{\substack{i \neq j\\ i \neq k\\ j<k}} \frac{4!}{2!\,1!\,1!}\,\xi_i^2\xi_j\xi_k \\ &\quad + \sum_{i<j<k<l} 4!\,\xi_i\xi_j\xi_k\xi_l + \sum_{i \neq j} \frac{4!}{3!\,1!}\,\xi_i^3\xi_j. \end{aligned}$$

Daraus gelangen wir unter Berücksichtigung von $\mathbf{M}\xi_k = 0$, $k \leqq n$, zu

$$\mathbf{M}S_n^4 = \sum_{i=1}^{n} \mathbf{M}\xi_i^4 + 6 \sum_{i,j=1}^{n} \mathbf{M}\xi_i^2 \mathbf{M}\xi_j^2 \leqq nC + 6 \sum_{\substack{i,j=1 \\ i<j}}^{n} \sqrt{\mathbf{M}\xi_i^4 \cdot \mathbf{M}\xi_j^4}$$

$$\leqq nC + \frac{6n(n-1)}{2} C = (3n^2 - 2n)\, C < 3n^2 C,$$

folglich gilt

$$\sum \mathbf{M} \left(\frac{S_n}{n}\right)^4 \leqq 3C \sum \frac{1}{n^2} < \infty.$$

Damit ist der Satz bewiesen.

2. Die Anwendung feinerer Methoden führt zu einer wesentlichen Abschwächung der in Satz 1 für die Gültigkeit des starken Gesetzes der großen Zahlen getroffenen Voraussetzungen.

Satz 2 (Kolmogorov). *Es seien $\xi_1, \xi_2, \ldots$ eine Folge unabhängiger zufälliger Größen mit endlichen zweiten Momenten und b_n positive Zahlen derart, daß für $n \to \infty$*

$$\sum \frac{\mathbf{D}\xi_n}{b_n^2} < \infty \tag{3}$$

erfüllt ist. Dann gilt

$$\frac{S_n - \mathbf{M}S_n}{b_n} \to 0 \qquad (\mathbf{P}\text{-}f.s.). \tag{4}$$

Besitzt insbesondere die Beziehung

$$\sum \frac{\mathbf{D}\xi_n}{n^2} < \infty \tag{5}$$

Gültigkeit, so ergibt sich

$$\frac{S_n - \mathbf{M}S_n}{n} \to 0 \qquad (\mathbf{P}\text{-}f.s.). \tag{6}$$

Zum Beweis dieses Satzes sowie des folgenden Satzes 3 benötigen wir die folgenden zwei Hilfssätze.

Lemma 1 (Toeplitz). *Es sei (a_n) eine Folge nichtnegativer Zahlen, $b_n = \sum_{i=1}^{n} a_i$, $b_n > 0$ für alle $n \geqq 1$, und es gelte $b_n \uparrow \infty$ für $n \to \infty$. Es sei weiter (x_n) eine Zahlenfolge mit dem Grenzwert x. Dann folgt*

$$\frac{1}{b_n} \sum_{j=1}^{n} a_j x_j \to x. \tag{7}$$

Für $a_n = 1$ gilt insbesondere

$$\frac{x_1 + \cdots + x_n}{n} \to x. \tag{8}$$

Beweis. Es sei $\varepsilon > 0$ und $n_0 = n_0(\varepsilon)$ derart, daß für alle $n \geqq n_0$ die Beziehung $|x_n - x| \leqq \varepsilon/2$ gilt. Wir wählen $n_1 > n_0$ so, daß die Ungleichung

$$\frac{1}{b_{n_1}} \sum_{j=1}^{n_0} |x_j - x| < \varepsilon/2$$

erfüllt ist. Dann ergibt sich für $n > n_1$

$$\begin{aligned}\left|\frac{1}{b_n} \sum_{j=1}^{n} a_j x_j - x\right| &\leqq \frac{1}{b_n} \sum_{j=1}^{n} a_j\, |x_j - x| \\ &= \frac{1}{b_n} \sum_{j=1}^{n_0} a_j\, |x_j - x| + \frac{1}{b_n} \sum_{j=n_0+1}^{n} a_j\, |x_j - x| \\ &\leqq \frac{1}{b_{n_1}} \sum_{j=1}^{n_0} a_j\, |x_j - x| + \frac{1}{b_n} \sum_{j=n_0+1}^{n} a_j\, |x_j - x| \\ &\leqq \frac{\varepsilon}{2} + \frac{b_n - b_{n_0}}{b_n} \cdot \frac{\varepsilon}{2}.\end{aligned}$$

Damit ist das Lemma bewiesen.

Lemma 2 (Kronecker). *Es sei (b_n) eine monoton wachsende Folge positiver Zahlen mit $b_n \uparrow \infty$ für $n \to \infty$ und (x_n) eine Folge von Zahlen, so daß die Reihe $\sum x_n$ konvergiert. Dann gilt*

$$\frac{1}{b_n} \sum_{j=1}^{n} b_j x_j \to 0, \qquad n \to \infty. \tag{9}$$

Insbesondere folgt im Fall $b_n = n$, $x_n = y_n/n$ und der Konvergenz der Reihe $\sum y_n/n$

$$\frac{y_1 + \cdots + y_n}{n} \to 0, \qquad n \to \infty. \tag{10}$$

Beweis. Es gelte $b_0 = 0$, $S_0 = 0$ und $S_n = \sum_{j=1}^{n} x_j$. Dann erhalten wir durch partielle Summation

$$\sum_{j=1}^{n} b_j x_j = \sum_{j=1}^{n} b_j (S_j - S_{j-1}) = b_n S_n - b_0 S_0 - \sum_{j=1}^{n} S_{j-1}(b_j - b_{j-1})$$

und folglich

$$\frac{1}{b_n} \sum_{j=1}^{n} b_j x_j = S_n - \frac{1}{b_n} \sum_{j=1}^{n} S_{j-1} a_j \to 0,$$

da im Fall $S_n \to x$ nach dem Lemma von Toeplitz

$$\frac{1}{b_n} \sum_{j=1}^{n} S_{j-1} a_j \to x$$

gilt.

Damit ist das Lemma bewiesen.

Beweis von Satz 1. Aufgrund der Beziehung

$$\frac{S_n - \mathbf{M}S_n}{b_n} = \frac{1}{b_n} \sum_{k=1}^{n} b_k \left(\frac{\xi_k - \mathbf{M}\xi_k}{b_k}\right)$$

ist nach dem Lemma von KRONECKER für die Gültigkeit von (4) die ($\mathbf{P}$-f.s.) Konvergenz der Reihe $\sum \frac{\xi_k - \mathbf{M}\xi_k}{b_k}$ hinreichend. Diese Reihe konvergiert jedoch infolge von Bedingung (3) und Satz 1 aus § 2 tatsächlich. Damit ist der Satz bewiesen.

Beispiel 1. Es sei $\xi_1, \xi_2, \ldots$ eine Folge unabhängiger Bernoullischer zufälliger Größen mit $\mathbf{P}(\xi_n = 1) = \mathbf{P}(\xi_n = -1) = 1/2$. Dann erhalten wir aufgrund von $\sum \frac{1}{n \log^2 n} < \infty$ die Konvergenz

$$\frac{S_n}{\sqrt{n} \log n} \to 0 \quad (\mathbf{P}\text{-f.s.}). \tag{11}$$

3. Falls die Größen $\xi_1, \xi_2, \ldots$ nicht nur unabhängig, sondern darüber hinaus auch identisch verteilt sind, besteht keine Notwendigkeit (wie im Satz 2), die Existenz des zweiten Moments für die Gültigkeit des starken Gesetzes der großen Zahlen zu fordern, es ist bereits die Existenz des ersten absoluten Moments hinreichend.

Satz 3 (KOLMOGOROV). *Es sei $\xi_1, \xi_2, \ldots$ eine Folge unabhängiger identisch verteilter zufälliger Größen mit $\mathbf{M}\,|\xi_1| < \infty$. Dann gilt*

$$S_n/n \to m \quad (\mathbf{P}\text{-}f.s.), \tag{12}$$

wobei $m = \mathbf{M}\xi_1$ gesetzt ist.

Zum Beweis benötigen wir das folgende

Lemma 3. *Es sei ξ eine nichtnegative zufällige Größe. Dann gilt*

$$\sum_{n=1}^{\infty} \mathbf{P}(\xi \geqq n) \leqq \mathbf{M}\xi \leqq 1 + \sum_{n=1}^{\infty} \mathbf{P}(\xi \geqq n). \tag{13}$$

Der Beweis dieses Lemmas ergibt sich aus der folgenden Ungleichungskette:

$$\begin{aligned}
\sum_{n=1}^{\infty} \mathbf{P}(\xi \geqq n) &= \sum_{n=1}^{\infty} \sum_{k \geq n} \mathbf{P}(k \leqq \xi < k+1) \\
&= \sum_{k=1}^{\infty} k\mathbf{P}(k \leqq \xi < k+1) = \sum_{k=0}^{\infty} \mathbf{M}[kI(k \leqq \xi < k+1)] \\
&\leqq \sum_{k=0}^{\infty} \mathbf{M}[\xi I(k \leqq \xi < k+1)] = \mathbf{M}\xi \\
&\leqq \sum_{k=0}^{\infty} \mathbf{M}[(k+1)\, I(k \leqq \xi < k+1)] \\
&= \sum_{k=0}^{\infty} (k+1)\, \mathbf{P}(k \leqq \xi < k+1) \\
&= \sum_{n=1}^{\infty} \mathbf{P}(\xi \geqq n) + \sum_{k=0}^{\infty} \mathbf{P}(k \leqq \xi < k+1) = \sum_{n=1}^{\infty} \mathbf{P}(\xi \geqq n) + 1.
\end{aligned}$$

Beweis von Satz 3. Aus Lemma 3 und dem Lemma von Borel-Cantelli erhalten wir die Äquivalenzen

$$\mathbf{M}\,|\xi_1| < \infty \Leftrightarrow \sum \mathbf{P}\,\{|\xi_1| \geqq n\} < \infty$$
$$\Leftrightarrow \sum \mathbf{P}\{|\xi_n| \geqq n\} < \infty \Leftrightarrow \mathbf{P}\{|\xi_n| \geqq n \text{ u. o.}\} = 0.$$

Deshalb gilt mit Wahrscheinlichkeit 1 für alle n mit Ausnahme höchstens endlich vieler $|\xi_n| < n$.

Wir führen nun die Bezeichnungen

$$\tilde{\xi}_n = \begin{cases} \xi_n, & |\xi_n| < n, \\ 0, & |\xi_n| \geqq n, \end{cases}$$

ein und nehmen $\mathbf{M}\xi_n = 0$, $n \geqq 1$, an. Dann gilt $\frac{\xi_1 + \cdots + \xi_n}{n} \to 0$ ($\mathbf{P}$-f.s.) genau dann, wenn $\frac{\tilde{\xi}_1 + \cdots + \tilde{\xi}_n}{n} \to 0$ ($\mathbf{P}$-f.s.) erfüllt ist. Wir bemerken, daß im allgemeinen zwar $\mathbf{M}\tilde{\xi}_n \neq 0$ gilt, jedoch die Beziehungen

$$\mathbf{M}\tilde{\xi}_n = \mathbf{M}\xi_n I(|\xi_n| < n) = \mathbf{M}\xi_1 I(|\xi_1| < n) \to \mathbf{M}\xi_1 = 0$$

erfüllt sind. Deshalb erhalten wir nach dem Lemma von Toeplitz

$$\frac{1}{n} \sum_{k=1}^{n} \mathbf{M}\tilde{\xi}_k \to 0, \qquad n \to \infty,$$

und folglich gilt $\frac{\xi_1 + \cdots + \xi_n}{n} \to 0$ ($\mathbf{P}$-f.s.) genau dann, wenn die Konvergenz

$$\frac{(\tilde{\xi}_1 - \mathbf{M}\tilde{\xi}_1) + \cdots + (\tilde{\xi}_n - \mathbf{M}\tilde{\xi}_n)}{n} \to 0, \qquad n \to \infty, \tag{14}$$

($\mathbf{P}$-f.s.) eintritt.

Wir führen die Bezeichnung $\zeta_n = \tilde{\xi}_n - \mathbf{M}\tilde{\xi}_n$ ein. Nach dem Lemma von Kronecker ist für die Erfüllung von (14) die ($\mathbf{P}$-f.s.) Konvergenz der Reihe $\sum \zeta_n/n$ hinreichend. Gemäß Satz 1 aus § 2 genügt es dazu nachzuweisen, daß die Voraussetzung $\mathbf{M}\,|\xi_1| < \infty$ die Konvergenz der Reihe $\sum \mathbf{D}\zeta_n/n^2$ gewährleistet.

Wir haben

$$\begin{aligned}
\sum \mathbf{D}\zeta_n/n^2 &\leqq \sum_{n=1}^{\infty} \frac{\mathbf{M}\tilde{\xi}_n^2}{n^2} \leqq \sum_{n=1}^{\infty} \frac{1}{n^2}\, \mathbf{M}[\xi_n I(|\xi_n| < n)]^2 \\
&= \sum_{n=1}^{\infty} \frac{1}{n^2}\, \mathbf{M}[\xi_1^2 I(|\xi_1| < n)] = \sum_{n=1}^{\infty} \frac{1}{n^2} \sum_{k=1}^{n} \mathbf{M}[\xi_1^2 I(k-1 \leqq |\xi_1| < k)] \\
&= \sum_{k=1}^{\infty} \mathbf{M}[\xi_1^2 I(k-1 \leqq |\xi_1| < k)] \sum_{n=k}^{\infty} \frac{1}{n^2} \\
&\leqq 2 \sum_{k=1}^{\infty} \frac{1}{k}\, \mathbf{M}[\xi_1^2 I(k-1 \leqq |\xi_1| < k)] \\
&\leqq 2 \sum_{k=1}^{\infty} \mathbf{M}[|\xi_1|\, I(k-1 \leqq |\xi_1| < k)] = 2\mathbf{M}\,|\xi_1| < \infty.
\end{aligned}$$

Damit ist der Satz bewiesen.

Bemerkung 1. Die Aussage des Satzes läßt sich in folgendem Sinne umkehren. Es sei $\xi_1, \xi_2, \ldots$ eine Folge unabhängiger identisch verteilter zufälliger Größen, für die mit Wahrscheinlichkeit 1

$$\frac{\xi_1 + \cdots + \xi_n}{n} \to C$$

gilt, wobei C eine (endliche) Konstante ist. Dann ergibt sich $\mathbf{M}\,|\xi_1| < \infty$ und $C = \mathbf{M}\xi_1$.

In der Tat erhalten wir im Fall $S_n/n \to C$ ($\mathbf{P}$-f.s.)

$$\frac{\xi_n}{n} = \frac{S_n}{n} - \left(\frac{n-1}{n}\right)\frac{S_{n-1}}{n-1} \to 0 \qquad (\mathbf{P}\text{-f.s.})$$

und demzufolge $\mathbf{P}(|\xi_n| > n \text{ u.o.}) = 0$. Nach dem Lemma von Borel-Cantelli gilt

$$\sum \mathbf{P}(|\xi_1| > n) < \infty,$$

und aus Lemma 3 folgt $\mathbf{M}\,|\xi_1| < \infty$. Nun erhalten wir mit Hilfe des gerade bewiesenen Satzes $C = \mathbf{M}\xi_1$.

Somit ist die Bedingung $\mathbf{M}\,|\xi_1| < \infty$ im Fall unabhängiger identisch verteilter zufälliger Größen für die Konvergenz (mit Wahrscheinlichkeit 1) des Verhältnisses S_n/n gegen einen endlichen Grenzwert notwendig und hinreichend.

Bemerkung 2. Falls der Erwartungswert $m = \mathbf{M}\xi_1$ zwar existiert, jedoch nicht unbedingt endlich ist, bleibt die Aussage (11) des Satzes ebenfalls erhalten.

Es sei beispielsweise $\mathbf{M}\xi_1^- < \infty$ und $\mathbf{M}\xi_1^+ = \infty$. Wir setzen für $C > 0$

$$S_n^C = \sum_{i=1}^{n} \xi_i I(\xi_i \leqq C).$$

Dann gilt ($\mathbf{P}$-f.s.)

$$\varliminf_n \frac{S_n}{n} \geqq \varliminf_n \frac{S_n^C}{n} = \mathbf{M}\xi_1 I(\xi_1 \leqq C).$$

Für $C \to \infty$ erhalten wir jedoch

$$\mathbf{M}\xi_1 I(\xi_1 \leqq C) \to \mathbf{M}\xi_1 = \infty$$

und deshalb $S_n/n \to +\infty$ ($\mathbf{P}$-f.s.).

4. Wir wollen uns mit einigen Anwendungen des starken Gesetzes der großen Zahlen beschäftigen.

Beispiel 1 (*Anwendung in der Zahlentheorie*). Es sei $\Omega = [0, 1)$, $\mathscr{B}$ das System der Borel-Mengen von Ω und $\mathbf{P}$ das Lebesgue-Maß auf $[0, 1)$. Wir betrachten die Dualbruchzerlegung $\omega = 0{,}\omega_1\omega_2\ldots$ von Zahlen $\omega \in \Omega$ (mit unendlich vielen Nullen) und definieren zufällige Größen $\xi_1(\omega), \xi_2(\omega), \ldots$, indem wir $\xi_n(\omega) = \omega_n$ setzen. Da für jedes $n \geqq 1$ und beliebige $x_1, \ldots, x_n$, welche die Werte 0 oder 1 annehmen, die Beziehung

$$\{\omega\colon \xi_1(\omega) = x_1, \ldots, \xi_n(\omega) = x_n\}$$
$$= \left\{\omega\colon \frac{x_1}{2} + \frac{x_2}{2^2} + \cdots + \frac{x_n}{2^n} \leqq \omega < \frac{x_1}{2} + \cdots + \frac{x_n}{2^n} + \frac{1}{2^n}\right\}$$

erfüllt ist, beträgt das P-Maß dieser Menge $1/2^n$. Daraus folgt, daß $\xi_1, \xi_2, \ldots$ eine Folge unabhängiger identisch verteilter zufälliger Größen mit

$$\mathsf{P}(\xi_1 = 0) = \mathsf{P}(\xi_1 = 1) = 1/2$$

ist. Hieraus und aus dem starken Gesetz der großen Zahlen erhalten wir das folgende Ergebnis von Borel: *Fast alle Zahlen des Intervalls* $[0, 1)$ *sind in dem Sinne normal, daß der Anteil der Nullen und Einsen in ihrer Dualbruchzerlegung mit Wahrscheinlichkeit* 1 *gegen* $1/2$ *konvergiert, d. h., es gilt*

$$\frac{1}{n} \sum_{k=1}^{n} I(\xi_k = 1) \to \frac{1}{2} \qquad (\mathsf{P}\text{-}f.s.).$$

Beispiel 2 (*Anwendung bei der Monte-Carlo-Methode*). Es sei f eine auf dem Intervall $[0, 1]$ gegebene stetige Funktion mit Werten aus $[0, 1]$. Die folgenden Überlegungen bilden die Grundlage für eine statistische Methode der numerischen Berechnung von Integralen $\int_0^1 f(x)\,dx$ (Monte-Carlo-Methode).

Es sei $\xi_1, \eta_1, \xi_2, \eta_2, \ldots$ eine Folge unabhängiger zufälliger Größen, die auf dem Intervall $[0, 1]$ jeweils gleichverteilt sind. Wir setzen

$$\varrho_i = \begin{cases} 1, & \text{falls } f(\xi_i) > \eta_i, \\ 0, & \text{falls } f(\xi_i) \leqq \eta_i. \end{cases}$$

Es ist klar, daß dann

$$\mathsf{M}\varrho_1 = \mathsf{P}\{f(\xi_1) > \eta_1\} = \int_0^1 f(x)\,dx$$

gilt. Aus dem starken Gesetz der großen Zahlen (Satz 3) erhalten wir

$$\frac{1}{n} \sum_{i=1}^{n} \varrho_i \to \int_0^1 f(x)\,dx \qquad (\mathsf{P}\text{-f.s.}).$$

Somit kann man die numerische Berechnung des Integrals $\int_0^1 f(x)\,dx$ durch die Simulation der Paare zufälliger Zahlen (ξ_i, η_i), $i \geqq 1$, mit anschließender Berechnung der Größen ϱ_i und $\frac{1}{n} \sum_{i=1}^{n} \varrho_i$ durchführen.

5. Aufgaben

1. Man zeige, daß die Beziehungen $\mathsf{M}\xi^2 < \infty$ und $\sum_{n=1}^{\infty} n\mathsf{P}(|\xi| > n) < \infty$ äquivalent sind.
2. Unter der Voraussetzung, daß $\xi_1, \xi_2, \ldots$ unabhängig und identisch verteilt sind, zeige man, daß im Fall $\mathsf{M}\,|\xi_1|^\alpha < \infty$ für ein $0 < \alpha < 1$ die Konvergenz $S_n/n^{1/\alpha} \to 0$ (P-f.s.) und im Fall $\mathsf{M}\,|\xi_1|^\beta < \infty$ für ein $1 \leqq \beta < 2$ die Konvergenz $\frac{S_n - n\mathsf{M}\xi_1}{n^{1/\beta}} \to 0$ (P-f.s.) eintritt.

3. Es sei $\xi_1, \xi_2, \dots$ eine Folge unabhängiger identisch verteilter zufälliger Größen mit $\mathbf{M}\,|\xi_1| = \infty$. Man zeige, daß für eine beliebige Folge (a_n) von Konstanten

$$\overline{\lim_n} \left| \frac{S_n}{n} - a_n \right| = \infty \quad (\mathbf{P}\text{-f.s.})$$

gilt.

4. Man zeige, daß die rationalen Zahlen aus $[0, 1)$ (im Sinne des Beispiels 1 in Nr. 4) nicht normal sind.

§ 4. Das Gesetz vom iterierten Logarithmus

1. Es sei $\xi_1, \xi_2, \dots$ eine Folge unabhängiger Bernoullischer zufälliger Größen mit $\mathbf{P}(\xi_n = 1) = \mathbf{P}(\xi_n = -1) = 1/2$ und $S_n = \xi_1 + \cdots + \xi_n$. Aus dem Beweis von Satz 2 in § 1 folgt, daß mit Wahrscheinlichkeit 1 die Beziehungen

$$\overline{\lim} \frac{S_n}{\sqrt{n}} = +\infty \quad \text{und} \quad \underline{\lim} \frac{S_n}{\sqrt{n}} = -\infty \tag{1}$$

gelten. Andererseits haben wir entsprechend (3.11)

$$\frac{S_n}{\sqrt{n} \log n} \to 0 \quad (\mathbf{P}\text{-f.s.}). \tag{2}$$

Wir wollen nun diese zwei Ergebnisse miteinander vergleichen. Die Beziehungen (1) implizieren, daß die Trajektorien $(S_n)_{n \geqq 1}$ mit Wahrscheinlichkeit 1 unendlich oft die Kurven $\pm \varepsilon \sqrt{n}$ schneiden, wobei ε eine beliebige positive Zahl ist. Gleichzeitig verlassen sie jedoch gemäß (2) nur endlich oft das Innere des von den Kurven $\pm \varepsilon \sqrt{n} \log n$ begrenzten Gebietes. Diese beiden Aussagen liefern eine überaus nützliche Information über den Charakter der „Schwingungsweite" einer symmetrischen zufälligen Irrfahrt $(S_n)_{n \geqq 1}$. Das im weiteren formulierte Gesetz vom iterierten Logarithmus präzisiert diese Vorstellungen über die „Schwingungsweite" von $(S_n)_{n \geqq 1}$ wesentlich.

Wir führen folgende Definition ein.

Definition. Eine Funktion $\varphi^* = \varphi^*(n)$, $n \geqq 1$, heißt *Funktion der oberen Klasse* (für $(S_n)_{n \geqq 1}$), falls mit Wahrscheinlichkeit 1 die Ungleichung $S_n \leqq \varphi^*(n)$ für alle n, beginnend mit $n = n_0(\omega)$, gilt.

Eine Funktion $\varphi_* = \varphi_*(n)$, $n \geqq 1$, heißt *Funktion der unteren Klasse* (für $(S_n)_{n \geqq 1}$), falls mit Wahrscheinlichkeit 1 die Ungleichung $S_n > \varphi_*(n)$ für unendlich viele n gilt.

In Übereinstimmung mit dieser Definition kann man aufgrund von (1) und (2) sagen, daß jede der Funktionen $\varphi^*(n) = \varepsilon \sqrt{n} \log n$, $\varepsilon > 0$, eine Funktion der oberen Klasse und $\varphi_*(n) = \varepsilon \sqrt{n}$, $\varepsilon > 0$, eine Funktion der unteren Klasse ist.

Es sei φ eine Funktion und $\varphi_\varepsilon^* = (1 + \varepsilon)\,\varphi$, $\varphi_{*\varepsilon} = (1 - \varepsilon)\,\varphi$ mit $\varepsilon > 0$. Dann erkennt man leicht die Gültigkeit der Äquivalenzen

$$\left\{\overline{\lim}\,\frac{S_n}{\varphi(n)} \leqq 1\right\} = \left\{\lim_n\,\sup_{m\geqq n}\frac{S_m}{\varphi(m)} \leqq 1\right\} \Leftrightarrow$$

$$\left\{\sup_{m\geqq n}\frac{S_m}{\varphi(m)} \leqq 1 + \varepsilon \quad \begin{array}{l}\text{für jedes } \varepsilon > 0, \text{ beginnend mit einem}\\ \text{gewissen } n_1(\varepsilon)\end{array}\right\} \Leftrightarrow$$

$$\left\{S_m \leqq (1 + \varepsilon)\,\varphi(m) \quad \begin{array}{l}\text{für jedes } \varepsilon > 0, \text{ beginnend mit einem}\\ \text{gewissen } n_1(\varepsilon)\end{array}\right\}. \tag{3}$$

Ebenso gilt

$$\left\{\overline{\lim}\,\frac{S_n}{\varphi(n)} \geqq 1\right\} = \left\{\lim_n\,\sup_{m\geqq n}\frac{S_m}{\varphi(m)} \geqq 1\right\} \Leftrightarrow$$

$$\left\{\sup_{m\geqq n}\frac{S_m}{\varphi(m)} \geqq 1 - \varepsilon \quad \text{für jedes } n \text{ und jedes } \varepsilon > 0\right\} \Leftrightarrow$$

$$\left\{S_m \geqq (1 - \varepsilon)\,\varphi(m) \quad \begin{array}{l}\text{für unendlich viele Werte } m\\ \text{und jedes } \varepsilon > 0\end{array}\right\}. \tag{4}$$

Aus (3) und (4) folgt, daß zur Überprüfung, ob jede der Funktionen $\varphi_\varepsilon^* = (1 + \varepsilon)\,\varphi$, $\varepsilon > 0$, eine Funktion der oberen Klasse ist, die Gleichheit

$$\mathbf{P}\left(\overline{\lim}\,\frac{S_n}{\varphi(n)} \leqq 1\right) = 1 \tag{5}$$

bewiesen werden muß. Um zu zeigen, daß die Funktionen $\varphi_{*\varepsilon} = (1 - \varepsilon)\,\varphi$, $\varepsilon > 0$, Funktionen der unteren Klasse sind, müssen wir die Identität

$$\mathbf{P}\left(\overline{\lim}\,\frac{S_n}{\varphi(n)} \geqq 1\right) = 1 \tag{6}$$

nachweisen.

2. Satz 1 (Gesetz vom iterierten Logarithmus). *Es sei* $\xi_1, \xi_2, \ldots$ *eine Folge unabhängiger identisch verteilter zufälliger Größen mit* $\mathbf{M}\xi_i = 0$ *und* $\mathbf{M}\xi_i^2 = \sigma^2 > 0$. *Dann gilt*

$$\mathbf{P}\left(\overline{\lim}\,\frac{S_n}{\psi(n)} = 1\right) = 1 \tag{7}$$

mit

$$\psi(n) = \sqrt{2\sigma^2 n \log\log n}\,. \tag{8}$$

Für den Fall gleichmäßig beschränkter zufälliger Größen wurde das Gesetz vom iterierten Logarithmus von A. Ja. Chinčin (1924) aufgestellt. Im Jahre 1929 verallgemeinerte A. N. Kolmogorov dieses Resultat auf eine große Klasse unabhängiger zufälliger Größen. Unter den in Satz 1 formulierten Bedingungen wurde das Gesetz vom iterierten Logarithmus von Hartman und Wintner (1941) bewiesen.

Da der Beweis dieses Satzes recht kompliziert ist, beschränken wir uns auf die Betrachtung des Spezialfalles, daß alle zufälligen Größen ξ_n normalverteilt sind: $\xi_n \sim \mathcal{N}(0, 1)$, $n \geqq 1$.

Wir beginnen mit dem Beweis von zwei Hilfssätzen.

Lemma 1. *Es seien $\xi_1, \xi_2, \ldots, \xi_n$ unabhängige zufällige Größen mit symmetrischer Verteilung (d. h. $\mathbf{P}(\xi_k \in B) = \mathbf{P}(-\xi_k \in B)$ für jedes $B \in \mathcal{B}(R)$, $k \leqq n$). Dann gilt für jedes reelle a*

$$\mathbf{P}\left(\max_{1\leqq k\leqq n} S_k > a\right) \leqq 2\mathbf{P}(S_n > a). \tag{9}$$

Beweis. Es sei $A = \left\{\max\limits_{1\leqq k\leqq n} S_k > a\right\}$, $A_k = \{S_i \leqq a,\ i \leqq k-1;\ S_k > a\}$ und $B = \{S_n > a\}$. Da auf der Menge $A_k \cap \{S_n \geqq S_k\}$ die Ungleichung $S_n > a$ gilt, ergibt sich

$$\begin{aligned}\mathbf{P}(B \cap A_k) &\geqq \mathbf{P}(A_k \cap \{S_n \geqq S_k\}) = \mathbf{P}(A_k)\,\mathbf{P}(S_n \geqq S_k)\\ &= \mathbf{P}(A_k)\,\mathbf{P}(\xi_{k+1} + \cdots + \xi_n \geqq 0).\end{aligned}$$

Infolge der Symmetrie der Wahrscheinlichkeitsverteilungen der zufälligen Größen $\xi_1, \ldots, \xi_n$ erhalten wir

$$\mathbf{P}(\xi_{k+1} + \cdots + \xi_n > 0) = \mathbf{P}(\xi_{k+1} + \cdots + \xi_n < 0).$$

Deshalb gilt $\mathbf{P}(\xi_{k+1} + \cdots + \xi_n \geqq 0) \geqq 1/2$ und folglich

$$\mathbf{P}(B) \geqq \sum_{k=1}^{n} \mathbf{P}(A_k \cap B) \geqq \frac{1}{2} \sum_{k=1}^{n} \mathbf{P}(A_k) = \frac{1}{2}\,\mathbf{P}(A),$$

was (9) beweist.

Lemma 2. *Es sei $S_n \sim \mathcal{N}\big(0, \sigma^2(n)\big)$ mit $\sigma^2(n) \uparrow \infty$, und $a(n)$, $n \geqq 1$, seien Zahlen, für die $a(n)/\sigma(n) \to \infty$ für $n \to \infty$ erfüllt ist. Dann gilt*

$$\mathbf{P}\big(S_n > a(n)\big) \sim \frac{\sigma(n)}{\sqrt{2\pi}\,a(n)}\,\mathrm{e}^{-\frac{a^2(n)}{2\sigma^2(n)}}. \tag{10}$$

Der Beweis folgt daraus, daß sich für $x \to \infty$

$$\frac{1}{\sqrt{2\pi}} \int_x^\infty \mathrm{e}^{-y^2/2}\,\mathrm{d}y \sim \frac{1}{\sqrt{2\pi}\,x}\,\mathrm{e}^{-x^2/2}$$

ergibt und für die zufällige Größe $S_n/\sigma(n) \sim \mathcal{N}(0, 1)$ gilt.

Beweis von Satz 1 (im Fall $\xi_i \sim \mathcal{N}(0, 1)$). Zuerst zeigen wir die Beziehung (5). Es sei $\varepsilon > 0$, $\lambda = 1 + \varepsilon$ und $n_k = \lambda^k$ für $k \geqq k_0$, wobei k_0 so gewählt wird, daß $\ln \ln k_0$ definiert ist. Weiter führen wir die Bezeichnung

$$A_k = \{S_n > \lambda\psi(n) \text{ für ein } n \in (n_k, n_{k+1}]\} \tag{11}$$

ein, und es sei

$$A = \{A_k \text{ u.o.}\} = \{S_n > \lambda\psi(n) \text{ für unendlich viele } n\}.$$

Gemäß Beziehung (3) genügt es für den Beweis von (5), $\mathbf{P}(A) = 0$ nachzuweisen.

Wir werden $\sum \mathbf{P}(A_k) < \infty$ zeigen. Dann gilt nach dem Lemma von Borel-Cantelli $\mathbf{P}(A) = 0$.

Aus (11), (9) und (10) gewinnen wir

$$\begin{aligned}\mathbf{P}(A_k) &\leqq \mathbf{P}(S_n > \lambda\psi(n_k) \quad \text{für ein } n \in (n_k, n_{k+1}])\\ &\leqq \mathbf{P}(S_n > \lambda\psi(n_k) \quad \text{für ein } n \leqq n_{k+1})\\ &\leqq 2\mathbf{P}\big(S_{n_{k+1}} > \lambda\psi(n_k)\big) \sim \frac{2}{\sqrt{2\pi}\,\dfrac{\lambda\psi(n_k)}{\sqrt{n_{k+1}}}}\,\mathrm{e}^{-\frac{1}{2}\left(\frac{\lambda\psi(n_k)}{\sqrt{n_{k+1}}}\right)^2}\\ &\leqq C_1\mathrm{e}^{-\lambda\ln\ln\lambda^k} \leqq C_2\mathrm{e}^{-\lambda\ln k} = C_2k^{-\lambda},\end{aligned}$$

wobei C_1 und C_2 gewisse Konstanten sind. Es gilt jedoch $\sum_{k=1}^{\infty} k^{-\lambda} < \infty$ und deshalb $\sum \mathbf{P}(A_k) < \infty$. Somit ist die Beziehung (5) bewiesen.

Wir gehen nun zum Beweis von (6) über. Gemäß (4) muß gezeigt werden, daß für $\lambda = 1 - \varepsilon$, $\varepsilon > 0$, mit Wahrscheinlichkeit 1 die Ungleichung $S_n \geqq \lambda\psi(n)$ für unendlich viele n gilt. Wir wenden die bewiesene Beziehung (5) auf die Folge $(-S_n)_{n\geqq 1}$ an. Dann erhalten wir für alle n mit Ausnahme höchstens endlich vieler ($\mathbf{P}$-f.s.) $-S_n \leqq 2\psi(n)$. Für $n_k = N^k$, $N > 1$, erhalten wir folglich für hinreichend große k

$$S_{n_{k-1}} \geqq -2\psi(n_{k-1})$$

oder

$$S_{n_k} \geqq Y_k - 2\psi(n_{k-1}) \tag{12}$$

mit $Y_k = S_{n_k} - S_{n_{k-1}}$.

Falls man also beweist, daß für unendlich viele k die Ungleichung

$$Y_k > \lambda\psi(n_k) + 2\psi(n_{k-1}) \tag{13}$$

erfüllt ist, ergibt dies zusammen mit (12), daß ($\mathbf{P}$-f.s.) für unendlich viele k die Beziehung $S_{n_k} > \lambda\psi(n_k)$ gilt. Wir wählen ein $\lambda' \in (\lambda, 1)$. Dann existiert ein solches $N > 1$, daß für alle k

$$\begin{aligned}\lambda'[2(N^k - N^{k-1})\ln\ln N^k]^{1/2} &> \lambda(2N^k\ln\ln N^k)^{1/2} + 2(2N^{k-1}\ln\ln N^{k-1})^{1/2}\\ &\equiv \lambda\psi(N^k) + 2\psi(N^{k-1})\end{aligned}$$

gültig ist. Nun genügt es zu zeigen, daß für unendlich viele k

$$Y_k > \lambda'[2(N^k - N^{k-1})\ln\ln N^k]^{1/2} \tag{14}$$

gilt. Offensichtlich haben wir $Y_k \sim \mathcal{N}(0, N^k - N^{k-1})$. Deshalb gilt nach Lemma 2

$$\begin{aligned}\mathbf{P}\{Y_k > \lambda'[2(N^k - N^{k-1})\ln\ln N^k]^{1/2}\} &\sim \frac{1}{\sqrt{2\pi}\,\lambda'(2\ln\ln N^k)^{1/2}}\,\mathrm{e}^{-(\lambda')^2\ln\ln N^k}\\ &\geqq \frac{C_1}{(\ln k)^{1/2}}\,k^{-(\lambda')^2} \geqq \frac{C_2}{k\ln k}\end{aligned}$$

Wegen $\sum 1/(k \ln k) = \infty$ ist aufgrund des zweiten Teiles des Lemmas von Borel-Cantelli die Beziehung (14) mit Wahrscheinlichkeit 1 für unendlich viele k erfüllt, was (6) beweist.

Damit ist der Satz bewiesen.

Bemerkung 1. Wenden wir (7) auf die zufälligen Größen $(-S_n)_{n\geqq 1}$ an, so finden wir die Beziehung

$$\underline{\lim} \frac{S_n}{\varphi(n)} = -1. \tag{15}$$

Aus (7) und (15) folgt, daß man dem Gesetz vom iterierten Logarithmus auch die Form

$$\mathsf{P}\left(\overline{\lim} \frac{|S_n|}{\varphi(n)} = 1\right) = 1. \tag{16}$$

geben kann.

Bemerkung 2. Das Gesetz vom iterierten Logarithmus sagt aus, daß für jedes $\varepsilon > 0$ die Funktion $\psi_\varepsilon^* = (1 + \varepsilon)\,\psi$ eine Funktion der oberen Klasse und die Funktion $\psi_{*\varepsilon} = (1 - \varepsilon)\,\psi$ eine Funktion der unteren Klasse ist.

Die Aussage (7) des Gesetzes vom iterierten Logarithmus ist ebenfalls zu folgender Aussage äquivalent: Für jedes $\varepsilon > 0$ gilt

$$\mathsf{P}\big(|S_n| \geqq (1 - \varepsilon)\,\psi(n) \text{ u.o.}\big) = 1$$

und

$$\mathsf{P}\big(|S_n| \geqq (1 + \varepsilon)\,\psi(n) \text{ u.o.}\big) = 0.$$

3. Aufgaben

1. Es sei $\xi_1, \xi_2, \ldots$ eine Folge unabhängiger zufälliger Größen, $\xi_n \sim \mathcal{N}(0, 1)$. Man zeige

$$\mathsf{P}\left(\overline{\lim} \frac{\xi_n}{\sqrt{2 \ln n}} = 1\right) = 1.$$

2. Es sei $\xi_1, \xi_2, \ldots$ eine Folge unabhängiger zufälliger Größen, die Poisson-verteilt mit dem Parameter $\lambda > 0$ sind. Man zeige, daß (unabhängig von λ)

$$\mathsf{P}\left(\overline{\lim} \frac{\xi_n \ln \ln n}{\ln n} = 1\right) = 1$$

gilt.

3. Es sei $\xi_1, \xi_2, \ldots$ eine Folge unabhängiger identisch verteilter zufälliger Größen mit

$$\mathsf{M} e^{it\xi_1} = e^{-|t|^\alpha}, \qquad 0 < \alpha < 2.$$

Man zeige

$$\mathsf{P}\left(\overline{\lim} \left|\frac{S_n}{n^{1/\alpha}}\right|^{\frac{1}{\ln \ln n}} = e^{1/\alpha}\right) = 1.$$

4. Man weise die Gültigkeit folgender Verallgemeinerung der Ungleichung (9) nach: Sind $\xi_1, \xi_2, \ldots, \xi_n$ unabhängige zufällige Größen, dann gilt für jedes reelle a die Ungleichung von Lévy

$$\mathbf{P}\left(\max_{0 \leqq k \leqq n} (S_k + \mu(S_n - S_k)) > a\right) \leqq 2\mathbf{P}(S_n > a), \qquad S_0 = 0,$$

wobei $\mu(\xi)$ der Median der zufälligen Größe ξ ist, d. h. eine Konstante mit den Eigenschaften

$$\mathbf{P}(\xi \geqq \mu(\xi)) \geqq \frac{1}{2} \quad \text{und} \quad \mathbf{P}(\xi \leqq \mu(\xi)) \geqq \frac{1}{2}.$$

V. Stationäre zufällige Folgen und Ergodentheorie

§ 1. Stationäre zufällige Folgen. Maßtreue Transformationen

1. Es sei $(\Omega, \mathcal{F}, \mathsf{P})$ ein Wahrscheinlichkeitsraum und $\xi = (\xi_1, \xi_2, \ldots)$ eine Folge zufälliger Größen oder kürzer eine *zufällige Folge.* Wir bezeichnen mit $\theta_k\xi$ die Folge $(\xi_{k+1}, \xi_{k+2}, \ldots)$.

Definition 1. Die zufällige Folge ξ heißt *stationär,* falls für jedes $k \geqq 1$ die Wahrscheinlichkeitsverteilungen von $\theta_k\xi$ und ξ übereinstimmen:

$$\mathsf{P}\big((\xi_1, \xi_2, \ldots) \in B\big) = \mathsf{P}\big((\xi_{k+1}, \xi_{k+2}, \ldots) \in B\big), \qquad B \in \mathcal{B}(R^\infty).$$

Das einfachste Beispiel einer stationären Folge ist eine Folge $\xi = (\xi_1, \xi_2, \ldots)$, bestehend aus unabhängigen identisch verteilten zufälligen Größen. Ausgehend von einer derartigen Folge läßt sich eine große Klasse stationärer Folgen $\eta = (\eta_1, \eta_2, \ldots)$ konstruieren, indem man für eine beliebige Borel-Funktion $g(x_1, \ldots, x_n)$

$$\eta_k = g(\xi_k, \xi_{k+1}, \ldots, \xi_{k+n})$$

setzt.

Für eine Folge $\xi = (\xi_1, \xi_2, \ldots)$ unabhängiger identisch verteilter zufälliger Größen mit $\mathsf{M}\,|\xi_1| < \infty$ und $\mathsf{M}\xi_1 = m$ gilt entsprechend dem starken Gesetz der großen Zahlen mit Wahrscheinlichkeit 1

$$\frac{\xi_1 + \cdots + \xi_n}{n} \to m, \qquad n \to \infty.$$

Im Jahre 1931 fand G. D. Birkhoff eine bemerkenswerte Verallgemeinerung dieses Ergebnisses für den Fall stationärer Folgen. Der Beweis des Satzes von Birkhoff bildet auch den wesentlichen Inhalt des vorliegenden Kapitels.

Die nachfolgende Darstellung beruht auf dem Begriff der „maßtreuen Transformation". Das gestattet es, sowohl mit einem der interessantesten Zweige der Analysis — der Ergodentheorie — bekannt zu werden als auch ihren Zusammenhang zur Theorie stationärer zufälliger Folgen herzustellen.

Es sei $(\Omega, \mathcal{F}, \mathsf{P})$ ein Wahrscheinlichkeitsraum.

Definition 2. Eine Abbildung T des Raumes Ω in sich heißt *meßbar,* falls für jedes $A \in \mathcal{F}$

$$T^{-1}A = \{\omega : T\omega \in A\} \in \mathcal{F}$$

gilt.

Definition 3. Eine meßbare Abbildung T heißt *maßtreue Transformation* (*Strömung*), falls für jedes $A \in \mathcal{F}$

$$\mathsf{P}(T^{-1}A) = \mathsf{P}(A)$$

gilt.

Es sei T eine maßtreue Transformation, T^n ihre n-te Potenz und $\xi_1 = \xi_1(\omega)$ eine zufällige Größe. Wir setzen $\xi_n(\omega) = \xi_1(T^{n-1}\omega)$, $n \geqq 2$, und betrachten die Folge $\xi = (\xi_1, \xi_2, \ldots)$. Wir behaupten, daß diese Folge stationär ist.

In der Tat, es sei $A = \{\omega : \xi \in B\}$ und $A_1 = \{\omega : \theta_1\xi \in B\}$ mit $B \in \mathcal{B}(R^\infty)$. Wegen $A = \{\omega : (\xi_1(\omega), \xi_1(T\omega), \ldots) \in B\}$ und $A_1 = \{\omega : (\xi_1(T\omega), \xi_1(T^2\omega), \ldots) \in B\}$ gilt $\omega \in A_1$ genau dann, wenn $T\omega \in A$ erfüllt ist, d. h. $A_1 = T^{-1}A$. Nun gilt aber $\mathsf{P}(T^{-1}A) = \mathsf{P}(A)$ und somit $\mathsf{P}(A_1) = \mathsf{P}(A)$. In gleicher Weise erhält man $\mathsf{P}(A_k) = \mathsf{P}(A)$ für jedes $A_k = \{\omega : \theta_k\xi \in B\}$, $k \geqq 2$.

Die Einführung einer maßtreuen Transformation gestattet es also, stationäre zufällige Folgen zu konstruieren.

In einem bestimmten Sinne gilt auch die Umkehrung dieses Sachverhalts: Für jede stationäre Folge ξ, betrachtet auf $(\Omega, \mathcal{F}, \mathsf{P})$, lassen sich ein neuer Wahrscheinlichkeitsraum $(\tilde{\Omega}, \tilde{\mathcal{F}}, \tilde{\mathsf{P}})$, eine zufällige Größe $\tilde{\xi}_1(\tilde{\omega})$ und eine maßtreue Transformation $\tilde{T}$ derart angeben, daß die Verteilung der zufälligen Folge $\tilde{\xi} = (\tilde{\xi}_1(\tilde{\omega}), \tilde{\xi}_1(\tilde{T}\tilde{\omega}), \ldots)$ mit der Verteilung der Folge ξ übereinstimmt.

Um das zu zeigen, nehmen wir als $\tilde{\Omega}$ den „Koordinaten"-Raum R^∞ und setzen $\tilde{\mathcal{F}} = \mathcal{B}(R^\infty)$, $\tilde{\mathsf{P}} = P_\xi$ mit $P_\xi(B) = \mathsf{P}\{\omega : \xi \in B\}$, $B \in \mathcal{B}(R^\infty)$. Die Transformation $\tilde{T}$, welche in $\tilde{\Omega}$ wirkt, definieren wir durch die Beziehung

$$\tilde{T}(x_1, x_2, \ldots) = (x_2, x_3, \ldots).$$

Weiterhin setzen wir für $\tilde{\omega} = (x_1, x_2, \ldots)$

$$\tilde{\xi}_1(\tilde{\omega}) = x_1, \qquad \tilde{\xi}_n(\tilde{\omega}) = \tilde{\xi}_1(\tilde{T}^{n-1}\tilde{\omega}), \qquad n \geqq 2.$$

Es sei nun $A = \{\tilde{\omega} : (x_1, \ldots, x_k) \in B\}$, $B \in \mathcal{B}(R^k)$. Dann gilt aufgrund von $\tilde{T}^{-1}A = \{\tilde{\omega} : (x_2, \ldots, x_{k+1}) \in B\}$ und der Stationarität

$$\begin{aligned}\tilde{\mathsf{P}}(A) &= \mathsf{P}\{\omega : (\xi_1, \ldots, \xi_k) \in B\} = \mathsf{P}\{\omega : (\xi_2, \ldots, \xi_{k+1}) \in B\}\\ &= \tilde{\mathsf{P}}(\tilde{T}^{-1}A),\end{aligned}$$

d. h., $\tilde{T}$ ist eine maßtreue Transformation. Da $\tilde{\mathsf{P}}\{\tilde{\omega} : (\tilde{\xi}_1, \ldots, \tilde{\xi}_k) \in B\} = \mathsf{P}\{\omega : (\xi_1, \ldots, \xi_k) \in B\}$ für beliebiges k und $B \in \mathcal{B}(R^k)$ gilt, folgt daraus, daß die Verteilungen von ξ und $\tilde{\xi}$ übereinstimmen.

Wir wollen nun Beispiele maßtreuer Transformationen anführen.

Beispiel 1. Es sei $\Omega = \{\omega_1, \ldots, \omega_n\}$ eine aus endlich vielen Elementen bestehende Menge ($n \geqq 2$), $\mathcal{F}$ die Gesamtheit aller ihrer Teilmengen $T\omega_i = \omega_{i+1}$ für $1 \leqq i \leqq n - 1$ und $T\omega_n = \omega_1$. Falls $\mathsf{P}(\omega_i) = 1/n$ gilt, ist T eine maßtreue Transformation.

Beispiel 2 . Für $\Omega = [0, 1)$, $\mathcal{F} = \mathcal{B}([0, 1))$, das Lebesgue-Maß P und $\lambda \in [0, 1)$ erweist sich $Tx = (x + \lambda) \bmod 1$ als maßtreue Transformation.

2. Wir gehen nun auf den physikalischen Ursprung der Untersuchung maßtreuer Transformationen ein.

Wir stellen uns Ω als den Phasenraum der Zustände ω eines gewissen Systems vor, welches sich gemäß eines vorgegebenen Bewegungsgesetzes (in diskreter Zeit) entwickelt. Ist ω der Zustand zum Zeitpunkt $n = 1$, so ist $T^n\omega$, wobei T den Verschiebungsoperator (induziert durch das Bewegungsgesetz) bezeichnet, genau der Zustand, in welchen das System nach n Schritten übergeht. Weiterhin ist $T^{-1}A$ für eine beliebige Menge A von Zuständen ω nach Definition die Menge aller der „Anfangs"-Zustände, die nach einem Schritt in die Menge A übergehen. Wenn wir Ω als „inkompressible Flüsigkeit" interpretieren, kann die Bedingung $\mathsf{P}(T^{-1}A) = \mathsf{P}(A)$ als die völlig natürliche Bedingung der Erhaltung des „Volumens" angesehen werden. (Für klassische konservative Hamilton-Systeme behauptet der bekannte Satz von J. Liouville, daß die entsprechende Transformation T das Lebesgue-Maß erhält.)

3. Eins der ersten Ergebnisse bezüglich maßtreuer Transformationen war der folgende Satz von H. Poincaré (1912) über die „Rückkehr".

Satz 1. *Es sei* $(\Omega, \mathcal{F}, \mathsf{P})$ *ein Wahrscheinlichkeitsraum,* T *eine maßtreue Transformation und* $A \in \mathcal{F}$. *Für fast alle Punkte* $\omega \in A$ *gehört dann* $T^n\omega$ *für unendlich viele* $n \geqq 1$ *zu* A.

Beweis. Wir setzen $C = \{\omega \in A : T^n\omega \notin A \text{ für alle } n \geqq 1\}$. Da $C \cap T^{-n}C = \emptyset$ für beliebiges $n \geqq 1$ gilt, folgt $T^{-m}C \cap T^{-(m+n)}C = T^{-m}(C \cap T^{-n}C) = \emptyset$. Somit besteht die Folge $\{T^{-n}C\}$ aus disjunkten Mengen, deren P-Maß ein und dasselbe ist. Deshalb gilt $\sum_{n=0}^{\infty} \mathsf{P}(C) = \sum_{n=0}^{\infty} \mathsf{P}(T^{-n}C) \leqq \mathsf{P}(\Omega) = 1$ und folglich $\mathsf{P}(C) = 0$. Auf diese Weise ist, für fast alle $\omega \in A$, $T^n\omega \in A$ für mindestens ein $n \geqq 1$. Wir leiten daraus ab, daß dann auch $T^n\omega \in A$ für unendlich viele n gilt.

Wir wenden das vorhergehende Ergebnis auf die Transformationen T^k für $k \geqq 1$ an. Dann existiert für jeden Punkt $\omega \in A \setminus N$ ein n_k mit $(T^k)^{n_k}\omega \in A$, wobei N die Menge mit Wahrscheinlichkeit 0 bezeichnet, welche sich als Vereinigung der entsprechenden Ausnahmemengen für verschiedene k ergibt. Hieraus folgt selbstverständlich, daß $T^n\omega \in A$ für unendlich viele n erfüllt ist, und der Satz ist bewiesen.

Folgerung. Es sei $\xi(\omega) \geqq 0$. Dann gilt auf der Menge $\{\omega : \xi(\omega) > 0\}$

$$\sum_{k=0}^{\infty} \xi(T^k\omega) = \infty \quad (\mathsf{P}\text{-f.s.}).$$

Ist nämlich $A_n = \{\omega : \xi(\omega) \geqq 1/n\}$, dann gilt auf Grund des Satzes auf der Menge A_n (P-f.s.) die Beziehung $\sum_{k=0}^{\infty} \xi(T^k\omega) = \infty$, und die Behauptung folgt, indem wir n gegen ∞ streben lassen.

Bemerkung. Der Satz behält seine Gültigkeit, wenn anstelle des Wahrscheinlichkeitsmaßes P ein beliebiges endliches Maß μ, $\mu(\Omega) < \infty$, betrachtet wird.

4. Aufgaben

1. Es sei T eine maßtreue Transformation und $\xi = \xi(\omega)$ eine zufällige Größe, deren Erwartungswert $\mathbf{M}\xi(\omega)$ existiert. Man zeige, daß $\mathbf{M}\xi(\omega) = \mathbf{M}\xi(T\omega)$ gilt.
2. Man zeige, daß die Transformationen T in den Beispielen 1 und 2 maßtreu sind.
3. Es sei $\Omega = [0, 1)$, $\mathcal{F} = \mathcal{B}([0, 1))$ und $\mathbf{P}$ ein Wahrscheinlichkeitsmaß mit stetiger Verteilungsfunktion. Man zeige, daß die Transformationen $Tx = \lambda x$ $(0 < \lambda < 1)$ und $Tx = x^2$ keine maßtreuen Transformationen sind.

§ 2. Ergodizität und Mischung

1. Im gesamten Paragraphen bezeichne T eine maßtreue Transformation, welche auf dem Wahrscheinlichkeitsraum $(\Omega, \mathcal{F}, \mathbf{P})$ wirkt.

Definition 1. Eine Menge $A \in \mathcal{F}$ heißt *invariant*, falls $T^{-1}A = A$ gilt. Eine Menge $A \in \mathcal{F}$ heißt *fast invariant*, falls sich A und $T^{-1}A$ nur um eine Menge vom Maß 0 unterscheiden, d. h. $\mathbf{P}(A \triangle T^{-1}A) = 0$.

Es ist leicht nachzuweisen, daß das System der invarianten (bzw. fast invarianten) Mengen $\mathcal{J}$ (bzw. $\mathcal{J}^*$) eine σ-Algebra bildet.

Definition 2. Eine maßtreue Transformation T heißt *ergodisch* (oder *metrisch transitiv*), falls jede invariante Menge A das Maß 0 oder 1 besitzt.

Definition 3. Eine zufällige Größe $\xi = \xi(\omega)$ heißt *invariant* (bzw. *fast invariant*), falls $\xi(\omega) = \xi(T\omega)$ für alle $\omega \in \Omega$ (bzw. für fast alle $\omega \in \Omega$) gilt.

Das folgende Lemma stellt den Zusammenhang zwischen invarianten und fast invarianten Mengen her.

Lemma 1. *Wenn A eine fast invariante Menge ist, existiert eine invariante Menge B mit der Eigenschaft* $\mathbf{P}(A \triangle B) = 0$.

Beweis. Wir setzen $B = \overline{\lim}\, T^{-n}A$. Dann gilt $T^{-1}B = \overline{\lim}\, T^{-(n+1)}A = B$, d. h. $B \in \mathcal{J}$. Man kann sich leicht davon überzeugen, daß $A \triangle B \subseteq \bigcup_{k=0}^{\infty} (T^{-k}A \triangle T^{-(k+1)}A)$ erfüllt ist. Nun gilt aber $\mathbf{P}(T^{-k}A \triangle T^{-(k+1)}A) = \mathbf{P}(A \triangle T^{-1}A) = 0$ und deshalb $\mathbf{P}(A \triangle B) = 0$.

Lemma 2. *Die Transformation T ist genau dann ergodisch, wenn jede fast invariante Menge das Maß* 0 *oder* 1 *besitzt.*

Beweis. Es sei $A \in \mathcal{J}^*$. Dann existiert nach Lemma 1 eine invariante Menge B mit $\mathbf{P}(A \triangle B) = 0$. Nun ist T aber ergodisch, und es gilt folglich $\mathbf{P}(B) = 0$ oder 1. Deswegen erhalten wir $\mathbf{P}(A) = 0$ oder 1. Die Umkehrung ist wegen $\mathcal{J} \subseteq \mathcal{J}^*$ evident. Das Lemma ist somit bewiesen.

Satz 1. *Es sei T eine maßtreue Transformation. Die folgenden Bedingungen sind äquivalent:*

(1) *T ist ergodisch.*
(2) *Jede fast invariante zufällige Größe ist* ($\mathbf{P}$-*f.s.*) *konstant.*
(3) *Jede invariante zufällige Größe ist* ($\mathbf{P}$-*f.s.*) *konstant.*

Beweis. (1) $\Rightarrow$ (2). Es sei T ergodisch und ξ fast invariant, d. h. $\xi(\omega) = \xi(T\omega)$ ($\mathbf{P}$-f.s.). Dann gehört für beliebiges $c \in R$ die Menge $A_c = \{\omega : \xi(\omega) \leqq c\}$ zu $\mathcal{J}^*$, und aufgrund von Lemma 2 erhalten wir $\mathbf{P}(A_c) = 0$ oder 1. Es sei $C = \sup\{c : \mathbf{P}(A_c) = 0\}$. Wegen $A_c \uparrow \Omega$ für $c \uparrow \infty$ und $A_c \downarrow \emptyset$ für $c \downarrow -\infty$ gilt $|C| < \infty$. Dann ergibt sich

$$\mathbf{P}\{\omega : \xi(\omega) < C\} = \mathbf{P}\left\{\bigcup_{n=1}^{\infty}\left\{\xi(\omega) \leqq C - \frac{1}{n}\right\}\right\} = 0$$

und ebenso $\mathbf{P}\{\omega : \xi(\omega) > C\} = 0$. Somit gilt $\mathbf{P}\{\omega : \xi(\omega) = C\} = 1$.

(2) $\Rightarrow$ (3) ist evident.

(3) $\Rightarrow$ (1). Es sei $A \in \mathcal{J}$. Dann ist I_A eine invariante zufällige Größe, und wir haben folglich $I_A = 0$ oder $I_A = 1$ ($\mathbf{P}$-f.s.), woraus sich $\mathbf{P}(A) = 0$ oder 1 ergibt.

Bemerkung. Die Behauptung des Satzes bleibt auch dann gültig, wenn die betrachteten zufälligen Größen beschränkt sind.

Um die Anwendung dieses Satzes zu veranschaulichen, betrachten wir das folgende

Beispiel. Es sei $\Omega = [0, 1)$, $\mathcal{F} = \mathcal{B}([0, 1))$, $\mathbf{P}$ das Lebesgue-Maß und $T\omega = (\omega + \lambda) \bmod 1$. Wir wollen zeigen, daß T genau dann ergodisch ist, wenn λ irrational ist.

Es sei $\xi = \xi(\omega)$ eine zufällige Größe mit $\mathbf{M}\xi^2(\omega) < \infty$. Dann ist bekannt, daß die Fourier-Reihe $\sum_{n=-\infty}^{\infty} c_n \, e^{2\pi i n\omega}$ der Funktion $\xi(\omega)$ im Quadratmittel konvergiert und $\sum |c_n|^2 < \infty$ gilt. Da T eine maßtreue Transformation ist (vgl. Beispiel 2 aus § 1), ergibt sich für eine invariante zufällige Größe ξ (vgl. § 1, Aufgabe 1)

$$\begin{aligned} c_n = \mathbf{M}\xi(\omega)\, e^{2\pi i n\omega} &= \mathbf{M}\xi(T\omega)\, e^{2\pi i T\omega} \\ &= e^{2\pi i n\lambda}\, \mathbf{M}\xi(T\omega)\, e^{2\pi i n\omega} \\ &= e^{2\pi i n\lambda} \mathbf{M}\xi(\omega)\, e^{2\pi i n\omega} \\ &= c_n\, e^{2\pi i n\lambda}, \end{aligned}$$

d. h. $c_n(1 - e^{2\pi i n\lambda}) = 0$. Es sei λ als irrational vorausgesetzt, also $e^{2\pi i n\lambda} \neq 1$ für alle $n \neq 0$. Daraus folgt $c_n = 0$ für $n \neq 0$, $\xi(\omega) = c_0$, und nach Satz 1 ist die Transformation T ergodisch.

Es sei andererseits λ rational, d. h. $\lambda = k/m$, wobei k und m ganze Zahlen sind. Wir betrachten die Menge

$$A = \bigcup_{k=0}^{2m-2} \left\{\omega : \frac{k}{2m} \leqq \omega < \frac{k+1}{2m}\right\}.$$

Offensichtlich ist diese Menge invariant, aber es gilt $\mathbf{P}(A) = 1/2$. Folglich ist T nicht ergodisch.

2. Definition 4. Die maßtreue Transformation T heißt *mischend* (besitzt die Mischungseigenschaft), falls für beliebige $A, B \in \mathcal{F}$

$$\lim_{n\to\infty} \mathbf{P}(A \cap T^{-n}B) = \mathbf{P}(A)\, \mathbf{P}(B) \tag{1}$$

gilt.

Der nachfolgende Satz stellt den Zusammenhang zwischen Ergodizität und Mischungseigenschaft her.

Satz 2. *Jede Transformation T, welche die Mischungseigenschaft besitzt, ist ergodisch.*

Beweis. Es sei $A \in \mathcal{F}$, $B \in \mathcal{J}$. Dann ergibt sich $B = T^{-n}B$ für $n \geqq 1$ und somit $\mathbf{P}(A \cap T^{-n}B) = \mathbf{P}(A \cap B)$ für alle $n \geqq 1$. Aufgrund von (1) gilt $\mathbf{P}(A \cap B) = \mathbf{P}(A) \times \mathbf{P}(B)$. Für $A = B$ erhalten wir deshalb $\mathbf{P}(B) = \mathbf{P}^2(B)$ und folglich $\mathbf{P}(B) = 0$ oder 1. Damit ist der Satz bewiesen.

3. Aufgaben

1. Man zeige, daß eine zufällige Größe ξ genau dann invariant ist, wenn sie $\mathcal{J}$-meßbar ist.
2. Man zeige, daß eine Menge A genau dann fast invariant ist, wenn entweder $\mathbf{P}(T^{-1}A \setminus A) = 0$ oder $\mathbf{P}(A \setminus T^{-1}A) = 0$ gilt.
3. Man zeige, daß die im Beispiel von Nr. 1 betrachtete Transformation T nicht die Mischungseigenschaft besitzt.
4. Man zeige, daß eine Transformation T genau dann mischend ist, wenn für zwei beliebige zufällige Größen ξ und η mit $\mathbf{M}\xi^2 < \infty$ und $\mathbf{M}\eta^2 < \infty$
$$\mathbf{M}\xi(T^n\omega)\,\eta(\omega) \to \mathbf{M}\xi(\omega)\,\mathbf{M}\eta(\omega), \qquad n \to \infty$$
gilt.

§ 3. Ergodensätze

1. Satz 1 (G. D. Birkhoff und A. Ja. Chinčin). *Es sei T eine maßtreue Transformation und $\xi = \xi(\omega)$ eine zufällige Größe mit $\mathbf{M}\,|\xi| < \infty$. Dann gilt* ($\mathbf{P}$-*f.s.*)
$$\lim_n \frac{1}{n} \sum_{k=0}^{n-1} \xi(T^k\omega) = \mathbf{M}(\xi \mid \mathcal{J}). \tag{1}$$
Falls T darüber hinaus ergodisch ist, gilt ($\mathbf{P}$-f.s.)
$$\lim_n \frac{1}{n} \sum_{k=0}^{n-1} \xi(T^k\omega) = \mathbf{M}\xi. \tag{2}$$

Der weiter unten angegebene Beweis beruht wesentlich auf der folgenden Aussage, für die A. Garsia (1965) einen einfachen Beweis fand.

Lemma (Maximaler Ergodensatz). *Es sei T eine maßtreue Transformation, ξ eine zufällige Größe mit $\mathbf{M}\,|\xi| < \infty$ und*
$$S_k(\omega) = \xi(\omega) + \xi(T\omega) + \cdots + \xi(T^{k-1}\omega),$$
$$M_k(\omega) = \max\,\{0, S_1(\omega), \ldots, S_k(\omega)\}.$$
Dann gilt für jedes $n \geqq 1$
$$\mathbf{M}[\xi(\omega)\, I_{\{M_n > 0\}}(\omega)] \geqq 0.$$

Beweis. Für $n \geqq k$ gilt $M_n(T\omega) \geqq S_k(T\omega)$, und folglich ist $\xi(\omega) + M_n(T\omega) \geqq \xi(\omega) + S_k(T\omega) = S_{k+1}(\omega)$. Da offensichtlich $\xi(\omega) \geqq S_1(\omega) - M_n(T\omega)$ gilt, haben wir

$$\xi(\omega) \geqq \max\{S_1(\omega), \ldots, S_n(\omega)\} - M_n(T\omega).$$

Daher ergibt sich

$$\mathbf{M}[\xi(\omega)\, I_{\{M_n>0\}}(\omega)] \geqq \mathbf{M}\left[\left(\max\{S_1(\omega), \ldots, S_n(\omega)\} - M_n(T\omega)\right) I_{\{M_n>0\}}(\omega)\right].$$

Nun gilt aber $\max\{S_1, \ldots, S_n\} = M_n$ auf der Menge $\{M_n > 0\}$. Hieraus folgt

$$\begin{aligned}\mathbf{M}[\xi(\omega)\, I_{\{M_n>0\}}(\omega)] &\geqq \mathbf{M}[(M_n(\omega) - M_n(T\omega))\, I_{\{M_n>0\}}(\omega)]\\ &\geqq \mathbf{M}[M_n(\omega) - M_n(T\omega)] = 0,\end{aligned}$$

da $\mathbf{M}M_n(\omega) = \mathbf{M}M_n(T\omega)$ für eine maßtreue Transformation T gilt (vgl. Aufgabe 1 aus § 1), und das Lemma ist bewiesen.

Beweis des Satzes. Wir setzen $\mathbf{M}(\xi \mid \mathcal{J}) = 0$ voraus (sonst muß von ξ zu $\xi - \mathbf{M}(\xi \mid \mathcal{J})$ übergegangen werden) und führen die Bezeichnungen $\overline{\eta} = \overline{\lim}\, \frac{S_n}{n}$ und $\underline{\eta} = \underline{\lim}\, \frac{S_n}{n}$ ein. Für den Beweis genügt es zu zeigen, daß

$$0 \leqq \underline{\eta} \leqq \overline{\eta} \leqq 0 \quad (\mathbf{P}\text{-f.s.})$$

gilt. Dazu betrachten wir die zufällige Größe $\overline{\eta} = \overline{\eta}(\omega)$. Wegen $\overline{\eta}(\omega) = \overline{\eta}(T\omega)$ ist $\overline{\eta}$ invariant, und folglich ist die Menge $A_\varepsilon = \{\overline{\eta}(\omega) > \varepsilon\}$ für jedes $\varepsilon > 0$ ebenfalls invariant. Wir führen eine neue zufällige Größe

$$\xi^*(\omega) = (\xi(\omega) - \varepsilon)\, I_{A_\varepsilon}(\omega)$$

ein und setzen

$$S_k^*(\omega) = \xi^*(\omega) + \cdots + \xi^*(T^{k-1}\omega),$$

$$M_k^*(\omega) = \max\{0, S_1^*(\omega), \ldots, S_k^*(\omega)\}.$$

Dann gilt aufgrund des Lemmas für beliebiges $n \geqq 1$

$$\mathbf{M}[\xi^* I_{\{M_n^*>0\}}] \geqq 0.$$

Für $n \to \infty$ erhalten wir aber

$$\begin{aligned}\{M_n^* > 0\} &= \left\{\max_{1\leqq k\leqq n} S_k^* > 0\right\} \uparrow \left\{\sup_{k\geqq 1} S_k^* > 0\right\} = \left\{\sup_{k\geqq 1} \frac{S_k^*}{k} > 0\right\}\\ &= \left\{\sup_{k\geqq 1} \frac{S_k}{k} > \varepsilon\right\} \cap A_\varepsilon = A_\varepsilon,\end{aligned}$$

wobei die letzte Gleichheit aus $\sup_{k\geqq 1} \frac{S_k}{k} \geqq \overline{\eta}$ und $A_\varepsilon = \{\omega : \overline{\eta} > \varepsilon\}$ folgt. Weiterhin gilt $\mathbf{M}\,|\xi^*| \leqq \mathbf{M}\,|\xi| + \varepsilon$. Deshalb ergibt sich aufgrund des Satzes von Lebesgue über die majorisierte Konvergenz

$$0 \leqq \mathbf{M}[\xi^* I_{\{M_n^*>0\}}] \to \mathbf{M}[\xi^* I_{A_\varepsilon}].$$

Also finden wir

$$0 \leqq \mathbf{M}[\xi^* I_{A_\varepsilon}] = \mathbf{M}[(\xi - \varepsilon)\, I_{A_\varepsilon}] = \mathbf{M}[\xi I_{A_\varepsilon}] - \varepsilon \mathbf{P}(A_\varepsilon)$$
$$= \mathbf{M}[\mathbf{M}(\xi \mid \mathcal{J})\, I_{A_\varepsilon}] - \varepsilon \mathbf{P}(A_\varepsilon) = -\varepsilon \mathbf{P}(A_\varepsilon),$$

woraus $\mathbf{P}(A_\varepsilon) = 0$ und schließlich $\mathbf{P}(\overline{\eta} \leqq 0) = 1$ folgt.

Ebenso erhalten wir, indem wir anstelle von $\xi(\omega)$ die Größe $-\xi(\omega)$ betrachten, wegen

$$\overline{\lim} \left(-\frac{S_n}{n}\right) = -\underline{\lim} \frac{S_n}{n} = -\underline{\eta}$$

die Beziehung $\mathbf{P}(-\underline{\eta} \leqq 0) = 1$, d. h. $\mathbf{P}(\underline{\eta} \geqq 0) = 1$. Damit gilt $0 \leqq \underline{\eta} \leqq \overline{\eta} \leqq 0$ ($\mathbf{P}$-f.s.), womit die erste Behauptung des Satzes bewiesen ist.

Für den Beweis der zweiten Behauptung genügt es zu bemerken, daß, da $\mathbf{M}(\xi \mid \mathcal{J})$ eine invariante zufällige Größe ist, im ergodischen Fall $\mathbf{M}(\xi \mid \mathcal{J}) = \mathbf{M}\xi$ ($\mathbf{P}$-f.s.) gilt. Der Satz ist somit bewiesen.

Folgerung. Eine maßtreue Transformation T ist genau dann ergodisch, wenn für beliebige $A, B \in \mathcal{F}$ die Beziehung

$$\lim_n \frac{1}{n} \sum_{k=0}^{n-1} \mathbf{P}(A \cap T^{-k}B) = \mathbf{P}(A)\, \mathbf{P}(B) \tag{3}$$

erfüllt ist.

Zum Beweis der Ergodizität von T setzen wir in (3) $A = B \in \mathcal{J}$. Dann gilt $A \cap T^{-k}B = B$ und folglich $\mathbf{P}(B) = \mathbf{P}^2(B)$, d. h. $\mathbf{P}(B) = 0$ oder 1. Ist umgekehrt T ergodisch, dann erhalten wir, indem wir (2) auf die zufällige Größe $\xi = I_B(\omega)$ für $B \in \mathcal{F}$ anwenden, ($\mathbf{P}$-f.s.)

$$\lim_n \frac{1}{n} \sum_{k=0}^{n-1} I_{T^{-k}B}(\omega) = \mathbf{P}(B).$$

Hieraus gewinnen wir durch Integration beider Seiten über die Menge A und unter Ausnutzung des Satzes von Lebesgue über die majorisierte Konvergenz die geforderte Beziehung (3).

2. Wir wollen nun zeigen, daß unter den Voraussetzungen des Satzes 1 in (1) und (2) nicht nur die fast sichere Konvergenz, sondern auch die Konvergenz im Mittel vorliegt. (Dieses Ergebnis wird später im Beweis von Satz 3 benutzt.)

Satz 2. *Es sei T eine maßtreue Transformation und $\xi = \xi(\omega)$ eine zufällige Größe mit $\mathbf{M}|\xi| < \infty$. Dann gilt*

$$\mathbf{M}\left| \frac{1}{n} \sum_{k=0}^{n-1} \xi(T^k\omega) - \mathbf{M}(\xi \mid \mathcal{J}) \right| \to 0, \qquad n \to \infty. \tag{4}$$

Falls darüber hinaus T ergodisch ist, gilt

$$\mathbf{M}\left|\frac{1}{n}\sum_{k=0}^{n-1}\xi(T^k\omega)-\mathbf{M}\xi\right|\to 0,\qquad n\to\infty. \tag{5}$$

Beweis. Für jedes $\varepsilon > 0$ existiert eine beschränkte zufällige Größe η $\big(|\eta(\omega)| \leqq M\big)$ mit der Eigenschaft $\mathbf{M}\,|\xi-\eta| \leqq \varepsilon$. Dann gilt

$$\begin{aligned}\mathbf{M}\left|\frac{1}{n}\sum_{k=0}^{n-1}\xi(T^k\omega)-\mathbf{M}(\xi\mid\mathcal{J})\right| &\leqq \mathbf{M}\left|\frac{1}{n}\sum_{k=0}^{n-1}\big(\xi(T^k\omega)-\eta(T^k\omega)\big)\right|\\ &\quad+\mathbf{M}\left|\frac{1}{n}\sum_{k=0}^{n-1}\big(\eta(T^k\omega)-\mathbf{M}(\eta\mid\mathcal{J})\big)\right|\\ &\quad+\mathbf{M}\,|\mathbf{M}(\xi\mid\mathcal{J})-\mathbf{M}(\eta\mid\mathcal{J})|.\end{aligned} \tag{6}$$

Wegen $|\eta| \leqq M$ erhalten wir aufgrund des Satzes von LEBESGUE über die majorisierte Konvergenz und infolge von (1), daß der zweite Ausdruck auf der rechten Seite von (6) für $n\to\infty$ gegen 0 strebt. Was den ersten und dritten Term betrifft, so ist jeder von ihnen kleiner oder gleich ε. Deswegen ist für hinreichend große n die linke Seite von (6) kleiner als 3ε, was die Aussage (4) beweist. Schließlich folgt (5), wenn T ergodisch ist, aus (4) und der Bemerkung, daß $\mathbf{M}(\xi\mid\mathcal{J}) = \mathbf{M}\xi$ ($\mathbf{P}$-f.s.) gilt. Damit ist der Satz bewiesen.

3. Wir kommen nun zur Frage der Gültigkeit des Ergodensatzes für stationäre zufällige Folgen $\xi = (\xi_1, \xi_2, \ldots)$, die auf einem Wahrscheinlichkeitsraum $(\Omega, \mathcal{F}, \mathbf{P})$ gegeben sind. Im allgemeinen braucht auf $(\Omega, \mathcal{F}, \mathbf{P})$ keine maßtreue Transformation zu existieren, so daß eine unmittelbare Anwendung des Satzes 1 nicht möglich ist. Wie jedoch schon in § 1 bemerkt wurde, lassen sich ein (Koordinaten-) Wahrscheinlichkeitsraum $(\tilde\Omega, \tilde{\mathcal{F}}, \tilde{\mathbf{P}})$, eine zufällige Folge $\tilde\xi = (\tilde\xi_1, \tilde\xi_2, \ldots)$ und eine maßtreue Transformation $\tilde T$ derart angeben, daß $\tilde\xi_n(\tilde\omega) = \tilde\xi_1(\tilde T^{n-1}\tilde\omega)$ gilt und ξ und $\tilde\xi$ in Verteilung übereinstimmen. Da solche Eigenschaften wie die fast sichere Konvergenz und die Konvergenz im Mittel nur durch die Wahrscheinlichkeitsverteilungen bestimmt werden, folgt aus der Konvergenz von $\frac{1}{n}\sum_{k=1}^{n}\tilde\xi_1(\tilde T^{k-1}\tilde\omega)$ ($\tilde{\mathbf{P}}$-f.s. und im Mittel) gegen eine zufällige Größe $\tilde\eta$, daß $\frac{1}{n}\sum_{k=1}^{n}\xi_k(\omega)$ ebenfalls gegen eine gewisse zufällige Größe η mit $\eta \overset{d}{=} \tilde\eta$ konvergiert ($\mathbf{P}$-f.s. und im Mittel). Aus Satz 1 folgt $\tilde\eta = \tilde{\mathbf{M}}(\tilde\xi_1\mid\tilde{\mathcal{J}})$, falls $\tilde{\mathbf{M}}\,|\tilde\xi_1| < \infty$ gilt, wobei $\tilde{\mathcal{J}}$ die Gesamtheit der invarianten Mengen und $\tilde{\mathbf{M}}$ die Erwartung bezüglich des Maßes $\tilde{\mathbf{P}}$ bezeichnet. Wir beschreiben jetzt die Struktur der Größe η.

Definition 1. Eine Menge $A \in \mathcal{F}$ nennen wir *invariant* bezüglich der Folge ξ, falls eine Menge $B \in \mathcal{B}(R^\infty)$ existiert, so daß für beliebiges $n \geqq 1$

$$A = \{\omega\colon (\xi_n, \xi_{n+1}, \ldots) \in B\}$$

gilt. Die Gesamtheit der bezüglich ξ invarianten Mengen bildet eine σ-Algebra, welche wir mit $\mathcal{J}_\xi$ bezeichnen.

Definition 2. Eine stationäre Folge ξ heißt *ergodisch*, falls das Maß jeder beliebigen invarianten Menge nur die zwei Werte 0 oder 1 annimmt.

Wir wollen nun zeigen, daß die zu untersuchende zufällige Größe η gleich $\mathbf{M}(\xi_1 \mid \mathcal{J}_\xi)$ gesetzt werden kann. Dazu sei $A \in \mathcal{J}_\xi$. Dann gilt wegen $\mathbf{M}\left|\frac{1}{n}\sum_{k=1}^{n}\xi_k - \eta\right| \to 0$ die Beziehung

$$\frac{1}{n}\sum_{k=1}^{n}\int_A \xi_k \,\mathrm{d}\mathbf{P} \to \int_A \eta \,\mathrm{d}\mathbf{P}. \tag{7}$$

Es sei $B \in \mathscr{B}(R^\infty)$ derart, daß $A = \{\omega: (\xi_k, \xi_{k+1}, \ldots) \in B\}$ für beliebiges $k \geqq 1$. Dann gilt infolge der Stationarität von ξ

$$\int_A \xi_k \,\mathrm{d}\mathbf{P} = \int_{\{\omega:(\xi_k,\xi_{k+1},\ldots)\in B\}} \xi_k \,\mathrm{d}\mathbf{P} = \int_{\{\omega:(\xi_1,\xi_2,\ldots)\in B\}} \xi_1 \,\mathrm{d}\mathbf{P} = \int_A \xi_1 \,\mathrm{d}\mathbf{P}.$$

Deswegen folgt aus (7) für beliebiges $A \in \mathcal{J}_\xi$

$$\int_A \xi_1 \,\mathrm{d}\mathbf{P} = \int_A \eta \,\mathrm{d}\mathbf{P}.$$

Das bedeutet aber (vgl. Kapitel II, § 7) $\eta = \mathbf{M}(\xi_1 \mid \mathcal{J}_\xi)$. Dabei gilt $\mathbf{M}(\xi_1 \mid \mathcal{J}_\xi) = \mathbf{M}\xi_1$, falls die Folge ξ ergodisch ist. Damit haben wir den folgenden Satz bewiesen.

Satz 3 (Ergodensatz). *Es sei* $\xi = (\xi_1, \xi_2, \ldots)$ *eine stationäre zufällige Folge mit* $\mathbf{M}\,|\xi_1| < \infty$. *Dann gilt* ($\mathbf{P}$-*f.s. und im Mittel*)

$$\lim \frac{1}{n}\sum_{k=1}^{n}\xi_k(\omega) = \mathbf{M}(\xi_1 \mid \mathcal{J}_\xi).$$

Wenn ξ *darüber hinaus eine ergodische Folge ist, gilt* ($\mathbf{P}$-*f.s. und im Mittel*)

$$\lim \frac{1}{n}\sum_{k=1}^{n}\xi_k(\omega) = \mathbf{M}\xi_1.$$

4. Aufgaben

1. Es sei $\xi = (\xi_1, \xi_2, \ldots)$ eine Gaußsche stationäre Folge mit $\mathbf{M}\xi_n = 0$ und der Kovarianzfunktion $R(n) = \mathbf{M}\xi_{k+n}\xi_k$. Man zeige, daß die Bedingung $R(n) \to 0$ hinreichend für die Ergodizität von ξ ist.
2. Man zeige, daß jede Folge $\xi = (\xi_1, \xi_2, \ldots)$, die aus unabhängigen identisch verteilten zufälligen Größen besteht, ergodisch ist.
3. Man zeige, daß eine stationäre Folge ξ genau dann ergodisch ist, wenn für jedes $B \in \mathscr{B}(R^k)$, $k = 1, 2, \ldots$,

$$\frac{1}{n}\sum_{i=1}^{n} I_B(\xi_i, \ldots, \xi_{i+k}) \to \mathbf{P}\{(\xi_1, \ldots, \xi_{1+k}) \in B\}$$

($\mathbf{P}$-f.s.) gilt.

VI. Im weiteren Sinne stationäre zufällige Folgen. L^2-Theorie

§ 1. Spektraldarstellung der Kovarianzfunktion

1. Entsprechend der im vorhergehenden Kapitel gegebenen Definition heißt eine zufällige Folge $\xi = (\xi_1, \xi_2, \ldots)$ stationär, falls für jede Menge $B \in \mathscr{B}(R^\infty)$ und beliebiges $n \geqq 1$

$$\mathbf{P}\{(\xi_1, \xi_2, \ldots) \in B\} = \mathbf{P}\{(\xi_{n+1}, \xi_{n+2}, \ldots) \in B\} \tag{1}$$

gilt. Daraus folgt insbesondere, daß im Fall $\mathbf{M}\xi_1^2 < \infty$ der Erwartungswert $\mathbf{M}\xi_n$ nicht von n abhängt:

$$\mathbf{M}\xi_n = \mathbf{M}\xi_1, \tag{2}$$

während die Kovarianzfunktion $\operatorname{cov}(\xi_{n+m}, \xi_n) = \mathbf{M}(\xi_{n+m} - \mathbf{M}\xi_{n+m})(\xi_n - \mathbf{M}\xi_n)$ nur von m abhängig ist:

$$\operatorname{cov}(\xi_{n+m}, \xi_n) = \operatorname{cov}(\xi_{1+m}, \xi_1). \tag{3}$$

Im vorliegenden Kapitel werden sogenannte im weiteren Sinne stationäre Folgen (mit endlichem zweiten Moment) untersucht, für welche die Bedingung (1) durch die schwächeren Bedingungen (2) und (3) ersetzt wird.

Die betrachteten zufälligen Größen ξ_n werden als für $n \in \mathbb{Z} = \{0, \pm 1, \ldots\}$ definiert und darüber hinaus komplexwertig vorausgesetzt. Die letzte Annahme macht die Theorie keineswegs komplizierter, sondern sie gestaltet sie im Gegenteil eleganter. Dabei können natürlich die Ergebnisse für reellwertige zufällige Größen leicht als Spezialfall der entsprechenden Ergebnisse für komplexwertige Größen erhalten werden.

Es sei $H^2 = H^2(\Omega, \mathscr{F}, \mathbf{P})$ der Raum der (komplexwertigen) zufälligen Größen $\xi = \alpha + i\beta$ mit reellwertigen zufälligen Größen α, β und $\mathbf{M}\,|\xi|^2 < \infty$, wobei $|\xi|^2 = \alpha^2 + \beta^2$. Für $\xi, \eta \in H^2$ setzen wir

$$(\xi, \eta) = \mathbf{M}\xi\bar{\eta}, \tag{4}$$

wobei $\bar{\eta} = \alpha - i\beta$ die zu $\eta = \alpha + i\beta$ konjugiert komplexe Größe bezeichnet, und

$$\|\xi\| = (\xi, \xi)^{1/2}. \tag{5}$$

Wie auch bei reellwertigen zufälligen Größen ist der Raum H^2 (genauer, der Raum der Äquivalenzklassen zufälliger Größen; vgl. Kapitel II, §§ 10 und 11) mit dem Skalarprodukt (ξ, η) und der Norm $\|\xi\|$ vollständig. In Übereinstimmung mit der Terminologie der Funktionalanalysis nennt man den Raum H^2 einen unitären (oder komplexen) Hilbert-Raum (von zufälligen Größen, betrachtet auf dem Wahrscheinlichkeitsraum $(\Omega, \mathcal{F}, \mathsf{P})$).

Unter der *Kovarianz* zweier Größen $\xi, \eta \in H^2$ verstehen wir den Wert

$$\operatorname{cov}(\xi, \eta) = \mathsf{M}(\xi - \mathsf{M}\xi)\,\overline{(\eta - \mathsf{M}\eta)}. \tag{6}$$

Aus (4) und (6) folgt im Fall $\mathsf{M}\xi = \mathsf{M}\eta = 0$ die Beziehung

$$\operatorname{cov}(\xi, \eta) = (\xi, \eta). \tag{7}$$

Definition 1. Eine Folge komplexer zufälliger Größen $\xi = (\xi_n)_{n\in\mathbb{Z}}$ mit $\mathsf{M}\,|\xi_n|^2 < \infty$, $n \in \mathbb{Z}$, heißt *im weiteren Sinne stationär*, falls für alle $n \in \mathbb{Z}$

$$\begin{aligned} &\mathsf{M}\xi_n = \mathsf{M}\xi_0, \\ &\operatorname{cov}(\xi_{k+n}, \xi_k) = \operatorname{cov}(\xi_n, \xi_0), \qquad k \in \mathbb{Z}, \end{aligned} \tag{8}$$

gilt.

Zur Vereinfachung der Darstellung werden wir im weiteren $\mathsf{M}\xi_0 = 0$ voraussetzen. Diese Annahme schränkt die Allgemeinheit nicht ein, gleichzeitig gestattet sie aber, indem (gemäß (7)) die Kovarianzfunktion mit dem Skalarprodukt identifiziert wird, die Methoden und Ergebnisse der Theorie der Hilbert-Räume anzuwenden.

Wir setzen

$$R(n) = \operatorname{cov}(\xi_n, \xi_0), \qquad n \in \mathbb{Z}, \tag{9}$$

und (unter der Voraussetzung $R(0) = \mathsf{M}\,|\xi_0|^2 \neq 0$)

$$\varrho(n) = \frac{R(n)}{R(0)}, \qquad n \in \mathbb{Z}. \tag{10}$$

Die Funktion $R(n)$ nennen wir *Kovarianzfunktion* und $\varrho(n)$ *Korrelationsfunktion* der im weiteren Sinne stationären Folge ξ.

Aus der Definition (9) folgt unmittelbar, daß die Kovarianzfunktion $R(n)$ nichtnegativ definit ist, d. h., für beliebige komplexe Zahlen $a_1, \ldots, a_m$ und $t_1, \ldots, t_m \in \mathbb{Z}$, $m \geqq 1$, gilt

$$\sum_{i,j=1}^{m} a_i \bar{a}_j R(t_i - t_j) \geqq 0. \tag{11}$$

Hieraus (oder unmittelbar aus (9)) lassen sich leicht die folgenden Eigenschaften einer Kovarianzfunktion herleiten (Aufgabe 1):

$$\begin{aligned} &R(0) \geqq 0, \qquad R(-n) = \overline{R(n)}, \qquad |R(n)| \leqq R(0), \\ &|R(n) - R(m)|^2 \leqq 2R(0)\,[R(0) - \operatorname{Re} R(n-m)]. \end{aligned} \tag{12}$$

2. Wir wollen einige Beispiele für stationäre Folgen $\xi = (\xi_n)_{n\in\mathbb{Z}}$ anführen. (Im weiteren werden wir die Wendung „im weiteren Sinne“ sowie auch den Hinweis darauf, daß $n \in \mathbb{Z}$ ist, oft weglassen.)

Beispiel 1. Es sei $\xi_n = \xi_0\, g(n)$ mit $\mathbf{M}\xi_0 = 0$, $\mathbf{M}\xi_0^2 = 1$ und einer Funktion $g = g(n)$. Die Folge $\xi = (\xi_n)$ wird genau dann stationär, wenn die Funktion $g(k + n) \times \overline{g(k)}$ nur von n abhängt. Hieraus läßt sich leicht ableiten, daß ein λ derart existiert, daß

$$g(n) = g(0)\, e^{i\lambda n}$$

gilt. Auf diese Weise erweist sich die Folge zufälliger Größen

$$\xi_n = \xi_0\, g(0)\, e^{i\lambda n}$$

als stationär mit

$$R(n) = |g(0)|^2\, e^{i\lambda n}.$$

Insbesondere bildet die zufällige „Konstante" $\xi_n \equiv \xi_0$ eine stationäre Folge.

Beispiel 2. *Fast periodische Folge.* Es sei

$$\xi_n = \sum_{k=1}^{N} z_k e^{i\lambda_k n}, \tag{13}$$

wobei $z_1, \ldots, z_N$ orthogonale (d. h. $\mathbf{M} z_i \overline{z_j} = 0$, $i \neq j$) zufällige Größen mit dem Erwartungswert 0 und $\mathbf{M}\,|z_k|^2 = \sigma_k^2 > 0$ bezeichnen; $-\pi \leqq \lambda_k < \pi$, $k = 1, \ldots, N$; $\lambda_i \neq \lambda_j$, $i \neq j$. Die Folge $\xi = (\xi_n)$ ist stationär mit

$$R(n) = \sum_{k=1}^{N} \sigma_k^2 e^{i\lambda_k n}. \tag{14}$$

In Verallgemeinerung von (13) setzen wir jetzt voraus, daß

$$\xi_n = \sum_{k=-\infty}^{\infty} z_k e^{i\lambda_k n} \tag{15}$$

gilt, wobei die Größen z_k, $k \in \mathbb{Z}$, dieselben Eigenschaften wie in (13) besitzen. Wenn wir $\sum_{k=-\infty}^{\infty} \sigma_k^2 < \infty$ annehmen, konvergiert die Reihe auf der rechten Seite von (15) im Quadratmittel, und es gilt

$$R(n) = \sum_{k=-\infty}^{\infty} \sigma_k^2 e^{i\lambda_k n}. \tag{16}$$

Wir führen die Funktion

$$F(\lambda) = \sum_{\{k:\lambda_k \leqq \lambda\}} \sigma_k^2 \tag{17}$$

ein. Dann kann die Kovarianzfunktion (16) in Form eines Lebesgue-Stieltjes-Integrals

$$R(n) = \int_{-\pi}^{\pi} e^{i\lambda n}\, dF(\lambda) \tag{18}$$

geschrieben werden. Die stationäre Folge (15) wird als Summe der „harmonischen Schwingungen" $e^{i\lambda_k n}$ mit den „Frequenzen" λ_k und den zufälligen „Amplituden"

z_k der „Intensität“ $\sigma_k^2 = \mathsf{M}\, |z_k|^2$ gebildet. Auf diese Weise liefert die Kenntnis der Funktion $F(\lambda)$ eine erschöpfende Information über die Struktur des „Spektrums“ der Folge ξ, d. h. über die Größe der Intensität, mit welcher die eine oder andere Frequenz in die Darstellung (15) eingeht. Gemäß (18) wird durch die Kenntnis der Funktion $F(\lambda)$ ebenfalls die Struktur der Kovarianzfunktion $R(n)$ vollständig bestimmt.

Bis auf einen konstanten Faktor erweist sich die (nichtentartete) Funktion $F(\lambda)$ offensichtlich als Verteilungsfunktion, wobei im betrachteten Beispiel diese Funktion stückweise konstant ist. Es ist überaus bemerkenswert, daß die Kovarianzfunktion einer beliebigen im weiteren Sinne stationären zufälligen Folge in der Form (18) dargestellt werden kann (vgl. den Satz in Nr. 3), wobei $F(\lambda)$ eine (bis auf Normierung) bestimmte Verteilungsfunktion bezeichnet, deren Träger in der Menge $[-\pi, \pi)$ enthalten ist, d. h. $F(\lambda) = 0$ für $\lambda < -\pi$ und $F(\lambda) = F(\pi)$ für $\lambda > \pi$.

Das Resultat über die Integraldarstellung der Kovarianzfunktion führt, in Anlehnung an (15) und (16), zu dem Gedanken, daß eine beliebige stationäre Folge ebenfalls eine „Integral-“Darstellung gestattet. Daß es diese tatsächlich gibt, wird in § 3 mit Hilfe sogenannter stochastischer Integrale bezüglich orthogonaler stochastischer Maße (vgl. § 2) gezeigt.

Beispiel 3. *Weißes Rauschen.* Es sei $\varepsilon = (\varepsilon_n)$ eine Folge orthonormierter zufälliger Größen, $\mathsf{M}\varepsilon_n = 0$, $\mathsf{M}\varepsilon_i\varepsilon_j = \delta_{ij}$, wobei δ_{ij} das Kronecker-Symbol bezeichnet. Es ist klar, daß diese Folge stationär ist und

$$R(n) = \begin{cases} 1, & n = 0, \\ 0, & n \neq 0, \end{cases}$$

gilt. Wir bemerken, daß die Funktion $R(n)$ in der Form

$$R(n) = \int_{-\pi}^{\pi} e^{i\lambda n}\, dF(\lambda) \tag{19}$$

mit

$$F(\lambda) = \int_{-\pi}^{\lambda} f(\nu)\, d\nu, \qquad f(\lambda) = \frac{1}{2\pi}, \qquad -\pi \leqq \lambda < \pi, \tag{20}$$

dargestellt werden kann.

Der Vergleich der „Spektral“-Funktionen (17) und (20) zeigt: Während das „Spektrum“ im Beispiel 2 diskret war, erweist es sich im vorliegenden Beispiel als absolut stetig mit der konstanten „Spektral“-Dichte $f(\lambda) = 1/2\pi$. In diesem Sinne kann man sagen, daß die Folge $\varepsilon = (\varepsilon_n)$ „aus harmonischen Schwingungen ein und derselben Intensität zusammengesetzt ist“. Dieser Umstand war gerade auch der Anlaß dafür, die Folge $\varepsilon = (\varepsilon_n)$ „weißes Rauschen“ zu nennen, in Anlehnung an das weiße Licht, welches aus verschiedenen Farben ein und derselben Intensität zusammengesetzt ist.

Beispiel 4. *Gleitendes Mittel.* Ausgehend von dem in Beispiel 3 eingeführten weißen Rauschen bilden wir eine neue Folge

$$\xi_n = \sum_{k=-\infty}^{\infty} a_k \varepsilon_{n-k}, \tag{21}$$

wobei a_k komplexe Zahlen mit der Eigenschaft $\sum_{k=-\infty}^{\infty} |a_k|^2 < \infty$ bezeichnen. Aufgrund der Parsevalschen Gleichung gilt

$$\operatorname{cov}(\xi_{n+m}, \xi_m) = \operatorname{cov}(\xi_n, \xi_0) = \sum_{k=-\infty}^{\infty} a_{n+k}\bar{a}_k,$$

so daß $\xi = (\xi_k)$ eine stationäre Folge ist, welche gewöhnlich *zweiseitig gleitendes Mittel*, gebildet aus der Folge $\varepsilon = (\varepsilon_n)$, genannt wird.

In dem Spezialfall, daß alle a_k mit negativem Index gleich 0 sind, d. h.

$$\xi_n = \sum_{k=0}^{\infty} a_k \varepsilon_{n-k},$$

heißt die Folge $\xi = (\xi_n)$ *einseitig gleitendes Mittel*. Falls darüber hinaus $a_k = 0$ für alle $k > p$ gilt, d. h.

$$\xi_n = a_0\varepsilon_n + a_1\varepsilon_{n-1} + \cdots + a_p\varepsilon_{n-p}, \tag{22}$$

nennt man $\xi = (\xi_n)$ *gleitendes Mittel der Ordnung* p.

Man kann zeigen (vgl. Aufgabe 4), daß für die Folge (22) die Kovarianzfunktion $R(n)$ die Gestalt $R(n) = \int_{-\pi}^{\pi} e^{i\lambda n} f(\lambda)\, d\lambda$ mit der Spektraldichte

$$f(\lambda) = \frac{1}{2\pi} |P(e^{-i\lambda})|^2 \tag{23}$$

besitzt, wobei

$$P(z) = a_0 + a_1 z + \cdots + a_p z^p$$

gilt.

Beispiel 5. *Autoregressives Schema*. Es sei wieder $\varepsilon = (\varepsilon_n)$ ein weißes Rauschen. Wir sagen, daß die zufällige Folge $\xi = (\xi_n)$ einem *autoregressiven Schema* der Ordnung q genügt, wenn

$$\xi_n + b_1\xi_{n-1} + \cdots + b_q\xi_{n-q} = \varepsilon_n \tag{24}$$

gilt.

Unter welchen Forderungen an die Koeffizienten $b_1, \ldots, b_q$ kann man behaupten, daß die Gleichung (24) eine stationäre Lösung besitzt? Um diese Frage zu beantworten, betrachten wir zunächst den Fall $q = 1$:

$$\xi_n = \alpha\xi_{n-1} + \varepsilon_n, \tag{25}$$

wobei $\alpha = -b_1$ gesetzt wurde. Für $|\alpha| < 1$ läßt sich leicht nachprüfen, daß die stationäre Folge $\tilde{\xi} = (\tilde{\xi}_n)$ mit

$$\tilde{\xi}_n = \sum_{j=0}^{\infty} \alpha^j \varepsilon_{n-j} \tag{26}$$

eine Lösung der Gleichung (25) ist. (Die Reihe auf der rechten Seite von (26) konvergiert im Quadratmittel.) Wir wollen nun zeigen, daß diese Lösung in der Klasse der stationären Folgen $\xi = (\xi_n)$ (mit endlichem zweiten Moment) eindeutig bestimmt ist. In der Tat erhalten wir aus (25) durch Iteration

$$\xi_n = \alpha\xi_{n-1} + \varepsilon_n = \alpha[\alpha\xi_{n-2} + \varepsilon_{n-1}] + \varepsilon_n = \ldots = \alpha^k\xi_{n-k} + \sum_{j=0}^{k-1} \alpha^j \varepsilon_{n-j}.$$

Hieraus folgt

$$\mathsf{M}\left[\xi_n - \sum_{j=0}^{k-1} \alpha^j \varepsilon_{n-j}\right]^2 = \mathsf{M}[\alpha^k\xi_{n-k}]^2 = \alpha^{2k}\mathsf{M}\xi_{n-k}^2$$
$$= \alpha^{2k}\mathsf{M}\xi_0^2 \to 0, \qquad k \to \infty.$$

Auf diese Weise existiert für $|\alpha| < 1$ eine stationäre Lösung der Gleichung (25), und diese besitzt die Gestalt des einseitig gleitenden Mittels (26).

Ein analoges Ergebnis ist auch im Fall eines beliebigen $q > 1$ richtig: Wenn alle Nullstellen des Polynoms

$$Q(z) = 1 + b_1 z + \cdots + b_q z^q \tag{27}$$

außerhalb des Einheitskreises liegen, besitzt die Gleichung der Autoregression (24) eine (überdies eindeutige) stationäre Lösung, welche in Form eines einseitig gleitenden Mittels darstellbar ist (vgl. Aufgabe 2). Dabei ist die Kovarianzfunktion $R(n)$ in der Form

$$R(n) = \int_{-\pi}^{\pi} e^{i\lambda n}\, dF(\lambda), \qquad F(\lambda) = \int_{-\pi}^{\lambda} f(\nu)\, d\nu, \tag{28}$$

mit

$$f(\lambda) = \frac{1}{2\pi} \frac{1}{|Q(e^{-i\lambda})|^2} \tag{29}$$

darstellbar (vgl. Aufgabe 4).

Im Spezialfall $q = 1$ können wir aus (25) leicht die Beziehungen

$$\mathsf{M}\xi_0 = 0, \qquad \mathsf{M}\xi_0^2 = \frac{1}{1 - |\alpha|^2}$$

und

$$R(n) = \frac{\alpha^n}{1 - |\alpha|^2}, \qquad n \geqq 0,$$

($R(n) = \overline{R(-n)}$ für $n < 0$) herleiten. Weiterhin gilt

$$f(\lambda) = \frac{1}{2\pi} \frac{1}{|1 - \alpha e^{-i\lambda}|^2}.$$

Beispiel 6. Dieses Beispiel illustriert die Entstehung autoregressiver Schemata bei der Aufstellung wahrscheinlichkeitstheoretischer Modelle in der Hydrologie. Wir betrachten ein Wasserbecken (z. B. das Kaspische Meer) und wollen ein wahrscheinlichkeitstheoretisches Modell konstruieren, welches die Abweichungen des Wasserstandes vom Mittelwert in diesem Becken beschreibt, die durch Schwankungen des Zuflusses und die Verdunstung an der Wasseroberfläche hervorgerufen werden.

Wenn wir als Maßeinheit ein Jahr wählen und mit H_n den Wasserstand im Becken im n-ten Jahr bezeichnen, erhalten wir die *Balance-Gleichung*:

$$H_{n+1} = H_n - KS(H_n) + \Sigma_{n+1}, \tag{30}$$

wobei Σ_{n+1} die Größe des Zuflusses im $(n + 1)$-ten Jahr, $S(H)$ die Größe der Wasseroberfläche des Beckens beim Wasserstand H und K der Verdunstungskoeffizient ist.

Wir bezeichnen mit $\xi_n = H_n - \overline{H}$ die Abweichung vom mittleren Wasserstand $\overline{H}$ (welcher auf Grund der Ergebnisse langjähriger Beobachtungen gewonnen wird) und setzen voraus, daß $S(H) = S(\overline{H}) + c(H - \overline{H})$ gilt. Dann folgt aus der Balance-Gleichung, daß die Größen ξ_n der Gleichung

$$\xi_{n+1} = \alpha\xi_n + \varepsilon_{n+1} \tag{31}$$

mit $\alpha = 1 - cK$, $\varepsilon_n = \Sigma_n - KS(\overline{H})$ genügen. Es ist natürlich zu fordern, daß die zufälligen Größen ε_n den Erwartungswert 0 besitzen und in erster Näherung unkorreliert und identisch verteilt sind. Dann besitzt die Gleichung (31) (für $|\alpha| < 1$), wie in Beispiel 5 gezeigt wurde, eine eindeutige stationäre Lösung, welche als Lösung anzusehen ist, die das sich (mit den Jahren) herausgebildete Regime der Schwankungen des Wasserstandes im betrachteten Becken beschreibt.

Als eine der praktischen Schlußfolgerungen, welche man aus dem (theoretischen) Modell (31) ziehen kann, verweisen wir auf die Möglichkeit der Angabe von Prognosen für die Abweichung des Wasserstandes im folgenden Jahr auf Grund der Beobachtungswerte des gegenwärtigen und des vergangenen Jahres. Es zeigt sich nämlich später (vgl. Beispiel 2 in § 6), daß als (im Sinne des Quadratmittels) optimale lineare Schätzung der Größe ξ_{n+1} aufgrund der Werte $\ldots, \xi_{n-1}, \xi_n$ einfach die Größe $\alpha\xi_n$ dient.

Beispiel 7. *Gemischtes Modell der Autoregression und des gleitenden Mittels.* Wenn wir ε_n auf der rechten Seite von (24) durch die Größe $a_0\varepsilon_n + a_1\varepsilon_{n-1} + \cdots + a_p\varepsilon_{n-p}$ ersetzen, erhalten wir das sogenannte gemischte Modell der Autoregression und des gleitenden Mittels der Ordnung (p, q):

$$\xi_n + b_1\xi_{n-1} + \cdots + b_q\xi_{n-q} = a_0\varepsilon_n + a_1\varepsilon_{n-1} + \cdots + a_p\varepsilon_{n-p}. \tag{32}$$

Unter denselben Voraussetzungen bezüglich der Nullstellen des Polynoms $Q(z)$ wie in Beispiel 5 wird später gezeigt (vgl. Folgerung 2 zu Satz 3 in § 3), daß (32) eine stationäre Lösung $\xi = (\xi_n)$ besitzt, deren Kovarianzfunktion gleich

$$R(n) = \int_{-\pi}^{\pi} e^{i\lambda n}\, dF(\lambda) \quad \text{mit} \quad F(\lambda) = \int_{-\pi}^{\lambda} f(\nu)\, d\nu$$

ist, wobei

$$f(\lambda) = \frac{1}{2\pi}\left|\frac{P(e^{-i\lambda})}{Q(e^{-i\lambda})}\right|^2,$$

$$P(z) = a_0 + a_1 z + \cdots + a_p z^p, \qquad Q(z) = 1 + b_1 z + \cdots + b_q z^q$$

gilt.

3. Satz (G. Herglotz). *Es sei $R(n)$ die Kovarianzfunktion einer im weiteren Sinne stationären zufälligen Folge mit dem Erwartungswert* 0. *Dann existiert auf $\big([-\pi, \pi), \mathscr{B}([-\pi, \pi))\big)$ ein derartiges endliches Maß $F = F(B)$, $B \in \mathscr{B}([-\pi, \pi))$, daß für beliebiges $n \in \mathbb{Z}$ die Darstellung*

$$R(n) = \int_{-\pi}^{\pi} e^{i\lambda n} F(d\lambda) \tag{33}$$

gültig ist.

Beweis. Für $N \geqq 1$ und $\lambda \in [-\pi, \pi]$ setzen wir

$$f_N(\lambda) = \frac{1}{2\pi N}\sum_{k=1}^{N}\sum_{l=1}^{N} R(k-l)\, e^{-ik\lambda} e^{il\lambda}. \tag{34}$$

Infolge der nichtnegativen Definitheit von $R(n)$ ist die Funktion $f_N(\lambda)$ nichtnegativ. Da die Anzahl der Paare (k, l) mit $k - l = m$ gleich $N - |m|$ ist, gilt

$$f_N(\lambda) = \frac{1}{2\pi}\sum_{|m|<N}\left(1 - \frac{|m|}{N}\right) R(m)\, e^{-im\lambda}. \tag{35}$$

Es sei

$$F_N(B) = \int_B f_N(\lambda)\, d\lambda, \qquad B \in \mathscr{B}([-\pi, \pi)).$$

Dann erhalten wir

$$\int_{-\pi}^{\pi} e^{i\lambda n} F_N(d\lambda) = \int_{-\pi}^{\pi} e^{i\lambda n} f_N(\lambda)\, d\lambda = \begin{cases} \left(1 - \dfrac{|n|}{N}\right) R(n), & |n| < N, \\ 0, & |n| \geqq N. \end{cases} \tag{36}$$

Die Maße F_N, $N \geqq 1$, sind auf dem Intervall $[-\pi, \pi]$ konzentriert, und es gilt $F_N([-\pi, \pi]) = R(0) < \infty$ für beliebiges $N \geqq 1$. Folglich ist die Familie $\{F_N\}$, $N \geqq 1$, von Maßen straff, und nach dem Satz von Prochorov (Satz 1 aus Kapitel III, § 2) existieren eine Teilfolge $\{N_k\} \subseteqq \{N\}$ und ein Maß F derart, daß $F_{N_k} \xrightarrow{w} F$ erfüllt ist. (Die Begriffe der Straffheit, relativen Kompaktheit, schwachen Konvergenz sowie der Satz von Prochorov lassen sich offenbar von Wahrscheinlichkeitsmaßen auf beliebige endliche Maße übertragen.)

Aus (36) folgt dann

$$\int_{-\pi}^{\pi} e^{i\lambda n} F(d\lambda) = \lim_{N_k \to \infty} \int_{-\pi}^{\pi} e^{i\lambda n} F_{N_k}(d\lambda) = R(n).$$

Das konstruierte Maß F ist auf dem Intervall $[-\pi, \pi]$ konzentriert. Ohne das Integral $\int_{-\pi}^{\pi} e^{i\lambda n} F(d\lambda)$ zu verändern, kann das Maß F „umdefiniert“ werden, indem die im Punkt π konzentrierte „Masse“ $F(\{\pi\})$ in den Punkt $-\pi$ übertragen wird. Das so erhaltene neue Maß (wir bezeichnen es ebenfalls mit F) ist auf dem Intervall $[-\pi, \pi)$ konzentriert. Damit ist der Satz bewiesen.

Bemerkung 1. Das in der Darstellung (33) auftretende Maß $F = F(B)$ heißt *Spektralmaß* und die Funktion $F(\lambda) = F([-\pi, \lambda])$ *Spektralfunktion* der stationären Folge mit der Kovarianzfunktion $R(n)$.

Im weiter oben betrachteten Beispiel 2 erwies sich das Spektralmaß als diskret (konzentriert in den Punkten λ_k, $k = 0, \pm 1, \ldots$). In den Beispielen 3 bis 6 ist das Spektralmaß absolut stetig.

Bemerkung 2. Das Spektralmaß F ist durch die Kovarianzfunktion eindeutig bestimmt. In der Tat, es seien F_1 und F_2 zwei Spektralmaße, und es gelte

$$\int_{-\pi}^{\pi} e^{i\lambda n} F_1(d\lambda) = \int_{-\pi}^{\pi} e^{i\lambda n} F_2(d\lambda), \qquad n \in \mathbb{Z}.$$

Da jede beschränkte stetige Funktion $g(\lambda)$ auf jedem Intervall $[-\pi, \alpha]$ für alle $\alpha \in [-\pi, \pi)$ durch trigonometrische Polynome gleichmäßig approximiert werden kann, gilt

$$\int_{-\pi}^{\pi} g(\lambda)\, F_1(d\lambda) = \int_{-\pi}^{\pi} g(\lambda)\, F_2(d\lambda).$$

Hieraus folgt (vgl. den Beweis von Satz 2 aus Kapitel II, § 12) $F_1(B) = F_2(B)$ für beliebige $B \in \mathscr{B}([-\pi, \pi))$.

Bemerkung 3. Wenn die stationäre Folge $\xi = (\xi_n)$ aus reellwertigen zufälligen Größen ξ_n besteht, gilt

$$R(n) = \int_{-\pi}^{\pi} \cos \lambda n F(d\lambda).$$

4. Aufgaben

1. Man leite die Eigenschaften (12) aus (11) her.
2. Man beweise, daß die Gleichung der Autoregression (24) eine stationäre Lösung besitzt, falls alle Nullstellen des in (27) definierten Polynoms $Q(z)$ außerhalb des Einheitskreises liegen.
3. Man zeige, daß die Folge $\xi = (\xi_n)$ der zufälligen Größen

$$\xi_n = \sum_{k=1}^{\infty} (\alpha_k \sin \lambda_k n + \beta_k \cos \lambda_k n)$$

mit reellwertigen zufälligen Größen α_k und β_k in der Form

$$\xi_n = \sum_{k=-\infty}^{\infty} z_k e^{i\lambda_k n}$$

mit $z_k = \frac{1}{2}(\beta_k - i\alpha_k)$ für $k \geqq 0$ und $z_k = \bar{z}_{-k}$, $\lambda_k = -\lambda_{-k}$ für $k < 0$ dargestellt werden kann.

4. Man zeige, daß die Spektralfunktionen der Folgen (22) und (24) Dichten besitzen, welche durch (23) bzw. (29) gegeben sind.

5. Man zeige, daß im Fall $\sum |R(n)| < \infty$ die Spektralfunktion $F(\lambda)$ eine Dichte $f(\lambda)$ besitzt, welche durch die Formel

$$f(\lambda) = \frac{1}{2\pi} \sum_{n=-\infty}^{\infty} e^{-i\lambda n} R(n)$$

bestimmt ist.

§ 2. Orthogonale stochastische Maße und stochastische Integrale

1. Wie schon in § 1 bemerkt wurde, führen die Integraldarstellung der Kovarianzfunktion und das Beispiel der stationären Folge

$$\xi_n = \sum_{k=-\infty}^{\infty} z_k e^{i\lambda_k n} \tag{1}$$

mit paarweise orthogonalen zufälligen Größen z_k, $k \in \mathbb{Z}$, zu dem Gedanken, eine beliebige stationäre Folge als entsprechende integrale Verallgemeinerung der Summe (1) darzustellen.

Setzt man

$$Z(\lambda) = \sum_{\{k:\lambda_k \leqq \lambda\}} z_k, \tag{2}$$

so läßt sich (1) in der Form

$$\xi_n = \sum_{k=-\infty}^{\infty} e^{i\lambda_k n} \Delta Z(\lambda_k), \tag{3}$$

schreiben, wobei $\Delta Z(\lambda_k) = Z(\lambda_k) - Z(\lambda_k -) = z_k$ ist.

Die rechte Seite von (3) erinnert an die Integralsumme für das „Riemann-Stieltjes-Integral“ $\int_{-\pi}^{\pi} e^{i\lambda n}\, dZ(\lambda)$. In dem von uns betrachteten Fall ist die Funktion $Z(\lambda)$ jedoch zufällig (sie hängt auch von ω ab). Dabei stellt sich heraus, daß für die Integraldarstellung einer beliebigen stationären Folge auch solche Funktionen $Z(\lambda)$ in Betracht kommen, deren Variation für jedes ω unbeschränkt ist. Aus diesem Grunde ist die einfache Auslegung des Integrals $\int_{-\pi}^{\pi} e^{i\lambda n}\, dZ(\lambda)$ für jedes ω als Riemann-Stieltjes-Integral nicht möglich.

2. In Analogie zur allgemeinen Konzeption des Lebesgue-, Lebesgue-Stieltjes- und Riemann-Stieltjes-Integrals (vgl. Kapitel II, § 6) beginnen wir die Betrachtung des stochastischen Falles mit der Definition eines stochastischen Maßes.

Es sei $(\Omega, \mathscr{F}, \mathsf{P})$ ein Wahrscheinlichkeitsraum und E eine Menge versehen mit einer Algebra $\mathscr{E}_0$ von Teilmengen und der σ-Algebra $\mathscr{E} = \sigma(\mathscr{E}_0)$.

Definition 1. Eine komplexwertige, für $\omega \in \Omega$ und $\Delta \in \mathscr{E}_0$ definierte Funktion $Z(\Delta) = Z(\omega; \Delta)$ heißt *endlich-additives stochastisches Maß*, wenn

a) für jedes $\Delta \in \mathscr{E}_0$ die Beziehung $\mathsf{M}\, |Z(\Delta)|^2 < \infty$ erfüllt ist und

b) für zwei beliebige disjunkte Mengen Δ_1 und Δ_2 aus $\mathscr{E}_0$

$$Z(\Delta_1 + \Delta_2) = Z(\Delta_1) + Z(\Delta_2) \qquad (\mathsf{P}\text{-f.s.}) \tag{4}$$

gilt.

Definition 2. Ein endlich-additives stochastisches Maß $Z(\Delta)$ heißt *elementares stochastisches Maß*, wenn für beliebige disjunkte Mengen $\Delta_1, \Delta_2, \ldots \in \mathscr{E}_0$ mit der Eigenschaft $\Delta = \sum_{k=1}^{n} \Delta_k \in \mathscr{E}_0$ die Beziehung

$$\mathsf{M} \left| Z(\Delta) - \sum_{k=1}^{n} Z(\Delta_k) \right|^2 \to 0, \qquad n \to \infty \tag{5}$$

gilt.

Bemerkung 1. In der vorliegenden Definition eines elementaren stochastischen Maßes, gegeben auf den Mengen aus $\mathscr{E}_0$, wird vorausgesetzt, daß seine Werte in dem Hilbert-Raum $H^2 = H^2(\Omega, \mathscr{F}, \mathsf{P})$ liegen und die abzählbare Additivität im Sinne des Quadratmittels (5) erfüllt ist. Es gibt aber auch andere Definitionen stochastischer Maße, in denen die Forderung der Existenz des zweiten Moments fehlt und die abzählbare Additivität z. B. im Sinne der Konvergenz in Wahrscheinlichkeit oder mit Wahrscheinlichkeit 1 verstanden wird.

Bemerkung 2. In Analogie zu nicht zufälligen Maßen kann man zeigen, daß für endlich-additive stochastische Maße die Bedingung (5) der abzählbaren Additivität (im Sinne des Quadratmittels) äquivalent zur Stetigkeit (im Sinne des Quadratmittels) in der leeren Menge ist:

$$\mathsf{M}\, |Z(\Delta_n)|^2 \to 0, \qquad \Delta_n \downarrow \emptyset,\ \Delta_n \in \mathscr{E}_0. \tag{6}$$

In der Klasse der elementaren stochastischen Maße sind die im Sinne der folgenden Definition orthogonalen Maße besonders wichtig.

Definition 3. Ein elementares stochastisches Maß $Z(\Delta)$, $\Delta \in \mathscr{E}_0$, heißt *orthogonal* (oder *Maß mit orthogonalen Werten*), falls für zwei beliebige disjunkte Mengen Δ_1 und Δ_2 aus $\mathscr{E}_0$

$$\mathsf{M} Z(\Delta_1)\, \overline{Z(\Delta_2)} = 0 \tag{7}$$

gilt oder, was dazu äquivalent ist, für beliebige Δ_1 und Δ_2 aus $\mathscr{E}_0$ die Beziehung

$$\mathsf{M} Z(\Delta_1)\, \overline{Z(\Delta_2)} = \mathsf{M}\, |Z(\Delta_1 \cap \Delta_2)|^2 \tag{8}$$

erfüllt ist.

Wir setzen

$$m(\Delta) = \mathbf{M}\,|Z(\Delta)|^2, \qquad \Delta \in \mathscr{E}_0. \tag{9}$$

Für elementare stochastische Maße erweist sich die Mengenfunktion $m = m(\Delta)$, $\Delta \in \mathscr{E}_0$, wie leicht zu sehen ist, als endliches Maß, und sie kann folglich nach dem Satz von Carathéodory (vgl. Kapitel II, § 3) auf $(E, \mathscr{E})$ fortgesetzt werden. Das so erhaltene Maß werden wir ebenfalls mit $m = m(\Delta)$ bezeichnen und *Strukturfunktion* des elementaren stochastischen Maßes $Z = Z(\Delta)$, $\Delta \in \mathscr{E}_0$, nennen.

Auf natürliche Weise entsteht nun die folgende Frage: Wenn die auf $(E, \mathscr{E}_0)$ definierte Mengenfunktion $m = m(\Delta)$ eine Fortsetzung auf $(E, \mathscr{E})$ gestattet, wobei $\mathscr{E} = \sigma(\mathscr{E}_0)$ gilt, kann dann das elementare stochastische Maß $Z = Z(\Delta)$, $\Delta \in \mathscr{E}_0$, auf die Mengen Δ aus $\mathscr{E}$ fortgesetzt werden, und zwar so, daß $\mathbf{M}\,|Z(\Delta)|^2 = m(\Delta)$, $\Delta \in \mathscr{E}$, erfüllt ist?

Die Antwort auf diese Frage ist positiv. Das folgt aus den nachfolgenden Konstruktionen, die gleichzeitig zur Konstruktion des für die Integraldarstellung stationärer Folgen nötigen stochastischen Integrals führen.

3. Es sei also $Z = Z(\Delta)$, $\Delta \in \mathscr{E}_0$, ein elementares orthogonales stochastisches Maß mit der Strukturfunktion $m = m(\Delta)$, $\Delta \in \mathscr{E}$. Für jede Funktion

$$f(\lambda) = \sum f_k I_{\Delta_k}, \qquad \Delta_k \in \mathscr{E}_0, \tag{10}$$

die nur endlich viele (komplexe) Werte annimmt, definieren wir die zufällige Größe

$$\mathscr{I}(f) = \sum f_k Z(\Delta_k).$$

Es sei $L^2 = L^2(E, \mathscr{E}, m)$ der Hilbert-Raum der komplexwertigen Funktionen mit dem Skalarprodukt

$$\langle f, g\rangle = \int_E f(\lambda)\,\overline{g(\lambda)}\, m(\mathrm{d}\lambda)$$

und der Norm $\|f\| = \langle f, f\rangle^{1/2}$ sowie $H^2 = H^2(\Omega, \mathscr{F}, \mathbf{P})$ der Hilbert-Raum der komplexwertigen zufälligen Größen mit dem Skalarprodukt

$$(\xi, \eta) = \mathbf{M}\xi\overline{\eta}$$

und der Norm $\|\xi\| = (\xi, \xi)^{1/2}$. Dann gilt offensichtlich für zwei beliebige Funktionen f und g der Gestalt (10)

$$\big(\mathscr{I}(f), \mathscr{I}(g)\big) = \langle f, g\rangle$$

und

$$\|\mathscr{I}(f)\|^2 = \|f\|^2 = \int_E |f(\lambda)|^2\, m(\mathrm{d}\lambda).$$

Nun gehöre f zu L^2, und $\{f_n\}$ sei eine Folge von Funktionen der Form (10) mit der Eigenschaft $\|f - f_n\| \to 0$ für $n \to \infty$. (Die Existenz derartiger Funktionen folgt aus Aufgabe 2.) Damit gilt

$$\|\mathscr{I}(f_n) - \mathscr{I}(f_m)\| = \|f_n - f_m\| \to 0, \qquad n, m \to \infty.$$

Folglich ist $\{\mathcal{J}(f_n)\}$ eine Fundamentalfolge im Sinne des Quadratmittels, und aufgrund von Satz 7 aus Kapitel II, § 10, existiert eine zufällige Größe (die wir mit $\mathcal{J}(f)$ bezeichnen) derart, daß $\mathcal{J}(f)$ zu H^2 gehört und $\|\mathcal{J}(f_n) - \mathcal{J}(f)\| \to 0$ für $n \to \infty$ gilt.

Die so konstruierte zufällige Größe $\mathcal{J}(f)$ ist (bis auf stochastische Äquivalenz) eindeutig bestimmt und hängt nicht von der Wahl der approximierenden Folge $\{f_n\}$ ab. Wir nennen sie *stochastisches Integral* der Funktion $f \in L^2$ bezüglich des elementaren stochastischen Maßes Z und werden

$$\mathcal{J}(f) = \int_E f(\lambda)\, Z(\mathrm{d}\lambda)$$

schreiben.

Wir erwähnen die folgenden grundlegenden Eigenschaften des stochastischen Integrals $\mathcal{J}(f)$, die unmittelbar aus seiner Konstruktion folgen (vgl. Aufgabe 1). Es seien die Funktionen $g, f, f_n \in L^2$ gegeben. Dann gilt

$$\big(\mathcal{J}(f), \mathcal{J}(g)\big) = \langle f, g\rangle, \tag{11}$$

$$\|\mathcal{J}(f)\| = \|f\|, \tag{12}$$

$$\mathcal{J}(af + bg) = a\mathcal{J}(f) + b\mathcal{J}(g) \qquad (\mathbf{P}\text{-f.s.}), \tag{13}$$

wobei a und b Konstanten sind, und

$$\|\mathcal{J}(f_n) - \mathcal{J}(f)\| \to 0, \tag{14}$$

falls $\|f_n - f\| \to 0$ für $n \to \infty$ strebt.

4. Wir wollen das oben definierte stochastische Integral zur *Fortsetzung* des elementaren orthogonalen stochastischen Maßes $Z(\Delta)$, $\Delta \in \mathcal{E}_0$, auf die Mengen aus $\mathcal{E} = \sigma(\mathcal{E}_0)$ benutzen.

Da m ein endliches Maß ist, gehört die Funktion $I_\Delta = I_\Delta(\lambda)$ für jedes $\Delta \in \mathcal{E}$ zu L^2. Wir setzen $\tilde{Z}(\Delta) = \mathcal{J}(I_\Delta)$. Es ist klar, daß für $\Delta \in \mathcal{E}_0$ die Gleichheit $\tilde{Z}(\Delta) = Z(\Delta)$ gilt. Aus (13) folgt für $\Delta_1 \cap \Delta_2 = \emptyset$, $\Delta_1, \Delta_2 \in \mathcal{E}$,

$$\tilde{Z}(\Delta_1 + \Delta_2) = \tilde{Z}(\Delta_1) + \tilde{Z}(\Delta_2) \qquad (\mathbf{P}\text{-f.s.}),$$

und aus (12) ergibt sich

$$\mathbf{M}\,|\tilde{Z}(\Delta)|^2 = m(\Delta), \qquad \Delta \in \mathcal{E}.$$

Wir wollen zeigen, daß die zufällige Mengenfunktion $\tilde{Z}(\Delta)$, $\Delta \in \mathcal{E}$, σ-additiv im Sinne des Quadratmittels ist. Ist nämlich $\Delta_k \in \mathcal{E}$ und $\Delta = \sum_{k=1}^{\infty} \Delta_k$, dann erhalten wir

$$\tilde{Z}(\Delta) - \sum_{k=1}^{n} \tilde{Z}(\Delta_k) = \mathcal{J}(g_n)$$

mit

$$g_n(\lambda) = I_\Delta(\lambda) - \sum_{k=1}^{n} I_{\Delta_k}(\lambda) = I_{\sum\limits_{k=n+1}^{\infty} \Delta_k}(\lambda).$$

Nun gilt

$$\mathbf{M}\,|\mathcal{J}(g_n)|^2 = \|g_n\|^2 = m\left(\sum_{k=n+1}^{\infty} \Delta_k\right) \downarrow 0, \qquad n \to \infty,$$

d. h.

$$\mathbf{M}\left|\tilde{Z}(\Delta) - \sum_{k=1}^{n} \tilde{Z}(\Delta_k)\right|^2 \to 0, \qquad n \to \infty.$$

Aus (11) folgt ebenfalls für $\Delta_1, \Delta_2 \in \mathcal{E}$ mit $\Delta_1 \cap \Delta_2 = \emptyset$

$$\mathbf{M}\,\tilde{Z}(\Delta_1)\,\overline{\tilde{Z}(\Delta_2)} = 0.$$

Somit ist die auf den Mengen $\Delta \in \mathcal{E}$ definierte zufällige Funktion $\tilde{Z}(\Delta)$ σ-additiv im Sinne des Quadratmittels, und sie stimmt auf den Mengen $\Delta \in \mathcal{E}_0$ mit $Z(\Delta)$ überein. Wir werden $\tilde{Z}(\Delta)$, $\Delta \in \mathcal{E}$, orthogonales stochastisches Maß (welches die Fortsetzung des elementaren orthogonalen stochastischen Maßes $Z(\Delta)$ darstellt) mit der Strukturfunktion $m(\Delta)$, $\Delta \in \mathcal{E}$, und das oben definierte Integral $\mathcal{J}(f) = \int_E f(\lambda)\,\tilde{Z}(\mathrm{d}\lambda)$ stochastisches Integral bezüglich dieses Maßes nennen.

5. Wir wollen uns jetzt dem für unsere Zwecke wichtigsten Fall $(E, \mathcal{E}) = (R, \mathcal{B}(R))$ zuwenden. Wie bekannt ist (vgl. Kapitel II, § 3), entspricht jedem endlichen Maß $m = m(\Delta)$ auf $(R, \mathcal{B}(R))$ in umkehrbar eindeutiger Weise eine gewisse (verallgemeinerte) Verteilungsfunktion $G = G(x)$, wobei $m(a, b] = G(b) - G(a)$ gilt.

Es zeigt sich, daß etwas ähnliches auch für orthogonale stochastische Maße zutrifft. Wir führen die folgende Definition ein.

Definition 4. Eine Familie (komplexwertiger) zufälliger Größen $\{Z_\lambda\}$, $\lambda \in R$, die auf $(\Omega, \mathcal{F}, \mathbf{P})$ gegeben sind, nennen wir *zufälligen Prozeß mit orthogonalen Zuwächsen*, wenn

a) $\mathbf{M}\,|Z_\lambda|^2 < \infty, \qquad \lambda \in R;$

b) für jedes $\lambda \in R$

$$\mathbf{M}\,|Z_\lambda - Z_{\lambda_n}|^2 \to 0, \qquad \lambda_n \downarrow \lambda,\ \lambda_n \in R;$$

c) für beliebige $\lambda_1 < \lambda_2 \leqq \lambda_3 < \lambda_4$

$$\mathbf{M}(Z_{\lambda_4} - Z_{\lambda_3})\,\overline{(Z_{\lambda_2} - Z_{\lambda_1})} = 0$$

gilt.

Die Voraussetzung c) ist die Bedingung der Orthogonalität der Zuwächse. Die Bedingung a) bedeutet $Z_\lambda \in H^2$. Die Voraussetzung b) trägt schließlich technischen Charakter und beinhaltet die Forderung der Rechtsstetigkeit (im Quadratmittel) in jedem Punkt $\lambda \in R$.

Es sei $Z = Z(\Delta)$ ein orthogonales stochastisches Maß mit der Strukturfunktion $m = m(\Delta)$, welche ein endliches Maß mit der verallgemeinerten Verteilungsfunktion $G(\lambda)$ darstellt. Wir setzen

$$Z_\lambda = Z(-\infty, \lambda].$$

Dann gilt $\mathbf{M}\,|Z_\lambda|^2 = m(-\infty, \lambda] = G(\lambda) < \infty$, $\mathbf{M}\,|Z_\lambda - Z_{\lambda_n}|^2 = m(\lambda_n, \lambda] \downarrow 0$ für $\lambda_n \downarrow \lambda$, und die Bedingung c) ist offensichtlich ebenfalls erfüllt. Somit ist der konstruierte Prozeß $\{Z_\lambda\}$ ein Prozeß mit orthogonalen Zuwächsen.

Ist andererseits $\{Z_\lambda\}$ ein solcher Prozeß mit $\mathbf{M}\,|Z_\lambda|^2 = G(\lambda)$, $G(-\infty) = 0$ und $G(+\infty) < \infty$, so setzen wir für $\Delta = (a, b]$

$$Z(\Delta) = Z_b - Z_a.$$

Es bezeichne $\mathscr{E}_0$ die Algebra der Mengen $\Delta = \sum_{k=1}^{n} (a_k, b_k]$, und es sei $Z(\Delta) = \sum_{k=1}^{n} Z(a_k, b_k]$. Es ist klar, daß

$$\mathbf{M}\,|Z(\Delta)|^2 = m(\Delta)$$

mit $m(\Delta) = \sum_{k=1}^{n} [G(b_k) - G(a_k)]$ erfüllt ist und für disjunkte Intervalle $\Delta_1 = (a_1, b_1]$ und $\Delta_2 = (a_2, b_2]$ die Beziehung

$$\mathbf{M}\,Z(\Delta_1)\,\overline{Z(\Delta_2)} = 0$$

gilt.

Somit ist $Z = Z(\Delta)$, $\Delta \in \mathscr{E}_0$, ein elementares stochastisches Maß mit orthogonalen Werten. Die Mengenfunktion $m = m(\Delta)$, $\Delta \in \mathscr{E}_0$, kann auf eindeutige Weise zu einem Maß auf $\mathscr{E} = \mathscr{B}(R)$ fortgesetzt werden, und aus den vorangehenden Konstruktionen folgt, daß $Z = Z(\Delta)$, $\Delta \in \mathscr{E}_0$, ebenfalls auf die Mengen $\Delta \in \mathscr{E}$ mit $\mathscr{E} = \mathscr{B}(R)$ fortgesetzt werden kann; hierbei gilt $\mathbf{M}\,|Z(\Delta)|^2 = m(\Delta)$, $\Delta \in \mathscr{B}(R)$.

Damit besteht zwischen Prozessen $\{Z_\lambda\}$, $\lambda \in R$, mit orthogonalen Zuwächsen und $\mathbf{M}\,|Z_\lambda|^2 = G(\lambda)$, $G(-\infty) = 0$, $G(+\infty) < \infty$, sowie orthogonalen stochastischen Maßen $Z = Z(\Delta)$, $\Delta \in \mathscr{B}(R)$, mit der Strukturfunktion $m = m(\Delta)$ eine umkehrbar eindeutige Zuordnung, für die

$$Z_\lambda = Z(-\infty, \lambda], \qquad G(\lambda) = m(-\infty, \lambda]$$

und

$$Z(a, b] = Z_b - Z_a, \qquad m(a, b] = G(b) - G(a)$$

gilt.

In Analogie zu den in der Theorie des Riemann-Stieltjes-Integrals üblichen Bezeichnungen verstehen wir unter dem stochastischen Integral $\int_R f(\lambda)\,\mathrm{d}Z_\lambda$, wobei $\{Z_\lambda\}$ einen Prozeß mit orthogonalen Zuwächsen bezeichnet, das stochastische Integral $\int_R f(\lambda)\,Z(\mathrm{d}\lambda)$ bezüglich des orthogonalen stochastischen Maßes, welches diesem Prozeß entspricht.

6. Aufgaben

1. Man beweise die Äquivalenz der Bedingungen (5) und (6).

2. Für eine Funktion $f \in L^2$ beweise man unter Verwendung der Ergebnisse aus Kapitel II (Satz 1 in § 4, Folgerung zu Satz 3 in § 6 und Aufgabe 9 in § 3), daß eine Folge von Funktionen f_n der Gestalt (10) derart existiert, daß $\|f - f_n\| \to 0$ für $n \to \infty$ gilt.

3. Man weise die Gültigkeit folgender Eigenschaften eines orthogonalen stochastischen Maßes $Z(\Delta)$ mit der Strukturfunktion $m(\Delta)$ nach:

$$\mathsf{M}\,|Z(\Delta_1) - Z(\Delta_2)|^2 = m(\Delta_1 \cap \Delta_2),$$

$$Z(\Delta_1 \setminus \Delta_2) = Z(\Delta_1) - Z(\Delta_1 \cap \Delta_2) \quad (\mathsf{P}\text{-f.s.}),$$

$$Z(\Delta_1 \triangle \Delta_2) = Z(\Delta_1) + Z(\Delta_2) - 2Z(\Delta_1 \cap \Delta_2) \quad (\mathsf{P}\text{-f.s.}).$$

§ 3. Spektraldarstellung im weiteren Sinne stationärer Folgen

1. Für eine stationäre Folge $\xi = (\xi_n)$ mit $\mathsf{M}\xi_n = 0$, $n \in \mathbb{Z}$, gibt es gemäß dem Satz aus § 1 ein derartiges endliches Maß $F = F(\Delta)$ auf $\big([-\pi, \pi), \mathscr{B}([-\pi, \pi))\big)$, daß die Kovarianzfunktion $R(n) = \operatorname{cov}(\xi_{k+n}, \xi_k)$ die Spektraldarstellung

$$R(n) = \int_{-\pi}^{\pi} e^{i\lambda n}\, F(d\lambda) \tag{1}$$

gestattet.

Das folgende Resultat liefert eine entsprechende Spektraldarstellung der Folge $\xi = (\xi_n)$, $n \in \mathbb{Z}$, selbst.

Satz 1. *Es existiert ein orthogonales stochastisches Maß* $Z = Z(\Delta)$, $\Delta \in \mathscr{B}([-\pi, \pi))$, *so daß für jedes* $n \in \mathbb{Z}$ (P-*f.s.*)

$$\xi_n = \int_{-\pi}^{\pi} e^{i\lambda n} Z(d\lambda) \tag{2}$$

gilt. Dabei ist $\mathsf{M}\,|Z(\Delta)|^2 = F(\Delta)$.

Beweis. Der Beweis läßt sich am einfachsten durchführen, wenn man sich auf einige Tatsachen aus der Theorie der Hilbert-Räume stützt.

Es sei $L^2(F) = L^2(E, \mathscr{E}, F)$ der Hilbert-Raum der komplexwertigen Funktionen, $E = [-\pi, \pi)$, $\mathscr{E} = \mathscr{B}([-\pi, \pi))$, mit dem Skalarprodukt

$$\langle f, g \rangle = \int_{-\pi}^{\pi} f(\lambda)\, \overline{g(\lambda)}\, F(d\lambda) \tag{3}$$

sowie $L_0^2(F)$ der von den Funktionen $e_n = e_n(\lambda)$, $n \in \mathbb{Z}$, mit $e_n(\lambda) = e^{i\lambda n}$, erzeugte Unterraum $\big(L_0^2(F) \subseteq L^2(F)\big)$.

Wir bemerken, daß wegen $E = [-\pi, \pi)$ und der Endlichkeit des Maßes F die Abschließung von $L_0^2(F)$ mit $L^2(F)$ übereinstimmt (vgl. Aufgabe 1):

$$\overline{L_0^2(F)} = L^2(F).$$

Es sei weiterhin $L_0^2(\xi)$ der von den zufälligen Größen ξ_n, $n \in \mathbb{Z}$, erzeugte lineare Unterraum und $L^2(\xi)$ seine Abschließung im Sinne des Quadratmittels (bezüglich des Maßes P).

Wir stellen zwischen den Elementen aus $L_0^2(F)$ und $L_0^2(\xi)$ eine umkehrbar eindeutige Zuordnung „$\leftrightarrow$" her, indem wir

$$e_n \leftrightarrow \xi_n, \qquad n \in \mathbb{Z}, \tag{4}$$

setzen und diese Definition auf beliebige Elemente (genauer: Klassen äquivalenter Elemente) linear fortsetzen:

$$\sum \alpha_n e_n \leftrightarrow \sum \alpha_n \xi_n. \tag{5}$$

(Hier wird vorausgesetzt, daß nur endlich viele der komplexen Zahlen α_n von 0 verschieden sind.)

Wir betonen, daß die Zuordnung (5) insofern korrekt definiert ist, daß genau dann $\sum \alpha_n e_n = 0$ fast überall bezüglich des Maßes F gilt, wenn $\sum \alpha_n \xi_n = 0$ (P-f.s.) erfüllt ist.

Die so definierte Zuordnung „$\leftrightarrow$" ist *isometrisch*, d. h., sie erhält das Skalarprodukt. Tatsächlich gilt infolge (3)

$$\begin{aligned}\langle e_n, e_m\rangle &= \int_{-\pi}^{\pi} e_n(\lambda)\, \overline{e_m}(\lambda)\, F(\mathrm{d}\lambda) \\ &= \int_{-\pi}^{\pi} \mathrm{e}^{\mathrm{i}\lambda(n-m)} F(\mathrm{d}\lambda) = R(n-m) = \mathsf{M}\xi_n\overline{\xi}_m = (\xi_n, \xi_m)\end{aligned}$$

und ebenso

$$\langle \sum \alpha_n e_n, \sum \beta_n e_n\rangle = (\sum \alpha_n \xi_n, \sum \beta_n \xi_n). \tag{6}$$

Es sei nun $\eta \in L^2(\xi)$. Wegen $L^2(\xi) = \overline{L_0^2(\xi)}$ gibt es eine Folge $\{\eta_n\}$ aus $L_0^2(\xi)$ mit $\|\eta_n - \eta\| \to 0$ für $n \to \infty$. Die Folge $\{\eta_n\}$ bildet also eine Fundamentalfolge, und damit gilt dies auch für die Folge der Funktionen $\{f_n\}$ mit $f_n \in L_0^2(F)$ und $f_n \leftrightarrow \eta_n$. Da der Raum $L^2(F)$ vollständig ist, existiert eine Funktion $f \in L^2(F)$ mit $\|f_n - f\| \to 0$.

Offensichtlich ist auch die Umkehrung richtig: Falls f zu $L^2(F)$ gehört und $\|f - f_n\| \to 0$ mit $f_n \in L_0^2(F)$ gilt, gibt es ein Element $\eta \in L^2(\xi)$, so daß $\|\eta - \eta_n\| \to 0$ für $\eta_n \in L_0^2(\xi)$ mit $\eta_n \leftrightarrow f_n$ folgt.

Bis jetzt ist die isometrische Zuordnung „$\leftrightarrow$" nur zwischen den Elementen aus $L_0^2(\xi)$ und $L_0^2(F)$ definiert. Wir setzen sie stetig fort, indem wir $f \leftrightarrow \eta$ setzen, wobei f und η die oben betrachteten Elemente sind. Man kann leicht nachprüfen, daß die so definierte Zuordnung umkehrbar eindeutig (zwischen den Klassen äquivalenter zufälliger Größen und Funktionen), linear und isometrisch ist.

Wir betrachten die Funktion $f(\lambda) = I_\Delta(\lambda)$ mit $\Delta \in \mathscr{B}([-\pi, \pi))$, und es bezeichne $Z(\Delta)$ dasjenige Element aus $L^2(\xi)$ mit $I_\Delta(\lambda) \leftrightarrow Z(\Delta)$. Offensichtlich gilt $\|I_\Delta(\lambda)\|^2 = F(\Delta)$ und folglich $\mathsf{M}\, |Z(\Delta)|^2 = F(\Delta)$. Weiterhin erhalten wir für $\Delta_1 \cap \Delta_2 = \emptyset$ die Beziehung $\mathsf{M}\, Z(\Delta_1)\, \overline{Z(\Delta_2)} = 0$ und für $\Delta = \sum_{k=1}^{\infty} \Delta_k$ die Konvergenz $\mathsf{M} \left| Z(\Delta) - \sum_{k=1}^{n} Z(\Delta_k)\right|^2 \to 0$, $n \to \infty$.

Somit bildet die Gesamtheit der Elemente $Z(\Delta)$, $\Delta \in \mathscr{B}([-\pi, \pi))$, ein orthogonales stochastisches Maß, bezüglich dessen man gemäß § 2 das stochastische Integral

$$\mathcal{J}(f) = \int_{-\pi}^{\pi} f(\lambda)\, Z(d\lambda), \qquad f \in L^2(F),$$

definieren kann.

Es sei $f \in L^2(F)$ und $\eta \leftrightarrow f$. Wir bezeichnen das Element η mit $\Phi(f)$. (Genauer gesagt wählen wir je einen Repräsentanten aus den entsprechenden Klassen äquivalenter zufälliger Größen und Funktionen.) Wir wollen die Gleichheit

$$\mathcal{J}(f) = \Phi(f) \qquad (\mathbf{P}\text{-f.s.}) \tag{7}$$

zeigen. Tatsächlich gilt für eine endliche Linearkombination von Funktionen $I_{\Delta_k}(\lambda)$, $\Delta_k = (a_k, b_k]$,

$$f(\lambda) = \sum \alpha_k I_{\Delta_k}(\lambda), \tag{8}$$

direkt aufgrund der Definition des stochastischen Integrals $\mathcal{J}(f) = \sum \alpha_k Z(\Delta_k)$, was offensichtlich gleich $\Phi(f)$ ist. Somit ist die Beziehung (7) für Funktionen der Gestalt (8) richtig. Für $f \in L^2(F)$ und $\|f_n - f\| \to 0$ mit Funktionen f_n der Form (8) gilt aber $\|\Phi(f_n) - \Phi(f)\| \to 0$ und entsprechend (2.14) $\|\mathcal{J}(f_n) - \mathcal{J}(f)\| \to 0$. Das bedeutet $\Phi(f) = \mathcal{J}(f)$ ($\mathbf{P}$-f.s.).

Wir nehmen nun die Funktion $f(\lambda) = e^{i\lambda n}$. Dann gilt infolge (4) $\Phi(e^{i\lambda n}) = \xi_n$ und andererseits $\mathcal{J}(e^{i\lambda n}) = \int_{-\pi}^{\pi} e^{i\lambda n} Z(d\lambda)$. Deshalb erhalten wir infolge von (7) die Beziehung

$$\xi_n = \int_{-\pi}^{\pi} e^{i\lambda n} Z(d\lambda) \quad (\mathbf{P}\text{-f.s.}), \qquad n \in \mathbb{Z}.$$

Damit ist Satz 1 bewiesen.

Folgerung 1. Es sei $\xi = (\xi_n)$ eine stationäre Folge, die aus reellwertigen zufälligen Größen ξ_n, $n \in \mathbb{Z}$, besteht. Dann erfüllt das stochastische Maß $Z = Z(\Delta)$ in der Spektraldarstellung (2) für beliebiges $\Delta \in \mathscr{B}([-\pi, \pi))$ die Beziehung

$$Z(\Delta) = \overline{Z(-\Delta)}, \tag{9}$$

wobei $-\Delta$ die Menge $\{\lambda: -\lambda \in \Delta\}$ bezeichnet.

Um das zu zeigen, setzen wir $f(\lambda) = \sum \alpha_k e^{i\lambda k}$ und $\eta = \sum \alpha_k \xi_k$. (Sie Summen seien hierbei endlich.) Dann gilt $f \leftrightarrow \eta$ und folglich

$$\bar{\eta} = \sum \bar{\alpha}_k \xi_k \leftrightarrow \sum \bar{\alpha}_k e^{i\lambda k} = \overline{f(-\lambda)}. \tag{10}$$

Aus (10) folgt wegen $I_\Delta(\lambda) \leftrightarrow Z(\Delta)$ die Beziehung $I_\Delta(-\lambda) \leftrightarrow \overline{Z(\Delta)}$ oder $I_{-\Delta}(\lambda) \leftrightarrow \overline{Z(\Delta)}$. Andererseits gilt aber $I_{-\Delta}(\lambda) \leftrightarrow Z(-\Delta)$. Deshalb ergibt sich $\overline{Z(\Delta)} = Z(-\Delta)$ ($\mathbf{P}$-f.s.).

Folgerung 2. Es sei wieder $\xi = (\xi_n)$ eine stationäre Folge von reellwertigen zufälligen Größen ξ_n und $Z(\Delta) = Z_1(\Delta) + iZ_2(\Delta)$. Dann gilt für beliebige Δ_1 und Δ_2

$$\mathbf{M} Z_1(\Delta_1)\, Z_2(\Delta_2) = 0 \tag{11}$$

und für $\Delta_1 \cap \Delta_2 = \emptyset$

$$\mathsf{M}Z_1(\Delta_1)\, Z_1(\Delta_2) = 0, \qquad \mathsf{M}Z_2(\Delta_1)\, Z_2(\Delta_2) = 0. \tag{12}$$

Tatsächlich ergeben sich aufgrund von $Z(\Delta) = \overline{Z(-\Delta)}$ die Gleichungen

$$Z_1(-\Delta) = Z_1(\Delta), \qquad Z_2(-\Delta) = -Z_2(\Delta). \tag{13}$$

Weiterhin gilt wegen $\mathsf{M}Z(\Delta_1)\,\overline{Z(\Delta_2)} = \mathsf{M}\,|Z(\Delta_1 \cap \Delta_2)|^2$ die Beziehung $\operatorname{Im} \mathsf{M}Z(\Delta_1) \times \overline{Z(\Delta_2)} = 0$, d. h.

$$\mathsf{M}Z_1(\Delta_1)\, Z_2(\Delta_2) + \mathsf{M}Z_2(\Delta_1)\, Z_1(\Delta_2) = 0. \tag{14}$$

Nehmen wir anstelle von Δ_1 das Intervall $-\Delta_1$, so finden wir hieraus die Gleichheit

$$\mathsf{M}Z_1(-\Delta_1)\, Z_2(\Delta_2) + \mathsf{M}Z_2(-\Delta_1)\, Z_1(\Delta_2) = 0,$$

welche sich infolge von (13) in die Form

$$\mathsf{M}Z_1(\Delta_1)\, Z_2(\Delta_2) - \mathsf{M}Z_2(\Delta_1)\, Z_1(\Delta_2) = 0 \tag{15}$$

transformieren läßt. Aus (14) und (15) erhalten wir die Gleichung (11).

Ist hingegen $\Delta_1 \cap \Delta_2 = \emptyset$, so gilt $\mathsf{M}Z(\Delta_1)\,\overline{Z(\Delta_2)} = 0$ und daher $\operatorname{Re} \mathsf{M}Z(\Delta_1)\,\overline{Z(\Delta_2)} = 0$ sowie $\operatorname{Re} \mathsf{M}Z(-\Delta_1)\,\overline{Z(\Delta_2)} = 0$, was zusammen mit (13) offensichtlich die Gleichung (12) beweist.

Folgerung 3. Es sei $\xi = (\xi_n)$ eine Gaußsche Folge. Dann besitzt der Vektor

$$\big(Z_1(\Delta_1), \ldots, Z_1(\Delta_k), Z_2(\Delta_1), \ldots, Z_2(\Delta_k)\big)$$

für jedes Tupel $\Delta_1, \ldots, \Delta_k$ eine Normalverteilung.

In der Tat besteht die lineare Manigfaltigkeit $L_0^2(\xi)$ aus (komplexwertigen) normalverteilten zufälligen Größen η, d. h., der Vektor $(\operatorname{Re} \eta, \operatorname{Im} \eta)$ besitzt eine Normalverteilung. Dann besteht die Abschließung $\overline{L_0^2(\xi)}$ gemäß Kapitel II, § 13, Nr. 5, ebenfalls aus normalverteilten Größen. Hieraus und aus Folgerung 2 ergibt sich, daß im Fall einer Gaußschen Folge $\xi = (\xi_n)$ der Real- und Imaginärteil Z_1 und Z_2 in dem Sinne unabhängig sind, daß beliebige Tupel zufälliger Größen $\big(Z_1(\Delta_1), \ldots, Z_1(\Delta_k)\big)$ und $\big(Z_2(\Delta_1), \ldots, Z_2(\Delta_k)\big)$ voneinander unabhängig sind. Aus (12) folgt ebenfalls, daß für $i = 1, 2$ und disjunkte Mengen $\Delta_1, \ldots, \Delta_k$ die zufälligen Größen $Z_i(\Delta_1), \ldots, Z_i(\Delta_k)$ in ihrer Gesamtheit unabhängig sind.

Folgerung 4. Für eine stationäre Folge $\xi = (\xi_n)$ reellwertiger zufälliger Größen gilt (P-f.s.)

$$\xi_n = \int_{-\pi}^{\pi} \cos \lambda n Z_1(\mathrm{d}\lambda) + \int_{-\pi}^{\pi} \sin \lambda n Z_2(\mathrm{d}\lambda). \tag{16}$$

Bemerkung. Für den Prozeß $\{Z_\lambda\}$, $\lambda \in [-\pi, \pi)$, mit orthogonalen Zuwächsen, der dem orthogonalen stochastischen Maß $Z = Z(\Delta)$ entspricht, kann man in Übereinstimmung mit § 2 die Spektraldarstellung (2) auch in folgender Form aufschreiben:

$$\xi_n = \int_{-\pi}^{\pi} \mathrm{e}^{\mathrm{i}\lambda n}\, \mathrm{d}Z_\lambda, \qquad n \in \mathbb{Z}. \tag{17}$$

Es sei nun $\xi = (\xi_n)$ eine stationäre Folge mit der Spektraldarstellung (2) und $\eta \in L^2(\xi)$ eine zufällige Größe. Der folgende Satz beschreibt die Struktur solcher zufälliger Größen.

Satz 2. *Für $\eta \in L^2(\xi)$ existiert eine Funktion $\varphi \in L^2(F)$ derart, daß die Gleichheit*

$$\eta = \int_{-\pi}^{\pi} \varphi(\lambda)\, Z(\mathrm{d}\lambda) \quad (\mathbf{P}\text{-}f.s.) \tag{18}$$

erfüllt ist.

Beweis. Für

$$\eta_n = \sum_{|k| \leq n} \alpha_k \xi_k \tag{19}$$

gilt infolge (2)

$$\eta_n = \int_{-\pi}^{\pi} \Big(\sum_{|k| \leq n} \alpha_k e^{i\lambda k} \Big) Z(\mathrm{d}\lambda), \tag{20}$$

d. h., (18) ist mit der Funktion

$$\varphi_n(\lambda) = \sum_{|k| \leq n} \alpha_k e^{i\lambda k} \tag{21}$$

erfüllt. Im allgemeinen Fall existieren zu $\eta \in L^2(\xi)$ Größen η_n der Form (19) mit $\|\eta - \eta_n\| \to 0$ für $n \to \infty$. Dann gilt aber $\|\varphi_n - \varphi_m\| = \|\eta_n - \eta_m\| \to 0$ für $n, m \to \infty$, die Folge $\{\varphi_n\}$ ist also eine Fundamentalfolge in $L^2(F)$. Es existiert somit eine Funktion $\varphi \in L^2(F)$ mit $\|\varphi - \varphi_n\| \to 0$ für $n \to \infty$.

Entsprechend der Eigenschaft (2.14) gilt $\|\mathcal{J}(\varphi_n) - \mathcal{J}(\varphi)\| \to 0$, und wegen $\eta_n = \mathcal{J}(\varphi_n)$ ergibt sich $\eta = \mathcal{J}(\varphi)$ ($\mathbf{P}$-f.s.). Damit ist der Beweis des Satzes erbracht.

Bemerkung. Sind $H_0(\xi)$ und $H_0(F)$ die abgeschlossenen Unterräume, welche von den Größen ξ_n bzw. den Funktionen e_n für $n \leqq 0$ erzeugt werden, dann existiert für $\eta \in H_0(\xi)$ eine Funktion $\varphi \in H_0(F)$ derart, daß $\eta = \int_{-\pi}^{\pi} \varphi(\lambda)\, Z(\mathrm{d}\lambda)$ ($\mathbf{P}$-f.s.) gilt.

3. Die Formel (18) beschreibt die Struktur derjenigen zufälligen Größen, welche aus ξ_n, $n \in \mathbb{Z}$, mittels linearer Operationen, d. h. in Form endlicher Summen (19) und deren Grenzwerte im Quadratmittel, erhalten werden.

Eine spezielle, aber wichtige Klasse dieser linearen Operationen wird durch die sogenannten (linearen) *Filter* gegeben. Wir nehmen an, daß zum Zeitpunkt m am Eingang eines gewissen Systems (des Filters) das Signal x_m eingegeben wird. Dabei sei die Reaktion des Systems auf dieses Signal derart, daß sich zum Zeitpunkt n am Ausgang des Systems das Signal $h(n - m)\, x_m$ ergibt, wobei $h(s)$, $s \in \mathbb{Z}$, eine komplexwertige Funktion bezeichnet, welche *Impulsübertragungsfunktion* des Filters genannt wird.

Auf diese Weise besitzt das Gesamtsignal y_n am Ausgang die Darstellung

$$y_n = \sum_{m=-\infty}^{\infty} h(n - m)\, x_m. \tag{22}$$

Für physikalisch realisierbare Systeme wird der Wert des Ausgangssignals zum Zeitpunkt n nur von den „vorhergehenden" Werten des Eingangssignals, d. h. den Werten x_m für $m \leqq n$, bestimmt. Es ist deshalb natürlich, einen Filter mit der Impulsübertragungsfunktion $h = h(s)$ *physikalisch realisierbar* zu nennen, falls $h(s) = 0$ für alle $s < 0$ gilt, oder anders ausgedrückt, wenn

$$y_n = \sum_{m=-\infty}^{n} h(n-m)\, x_m = \sum_{m=0}^{\infty} h(m)\, x_{n-m} \tag{23}$$

gilt.

Eine wichtige *Spektralcharakteristik* eines Filters mit der Impulsübertragungsfunktion h ist ihre Fourier-Transformierte

$$\varphi(\lambda) = \sum_{m=-\infty}^{\infty} \mathrm{e}^{-\mathrm{i}\lambda m} h(m), \tag{24}$$

welche *Frequenzcharakteristik* des Filters genannt wird.

Wir gehen nun auf Bedingungen für die Konvergenz der Reihen in (22) und (24) ein, worüber bis jetzt noch nichts gesagt wurde. Wir wollen annehmen, daß am Eingang des Filters eine stationäre zufällige Folge $\xi = (\xi_n)$, $n \in \mathbb{Z}$, mit der Kovarianzfunktion $R(n)$ und der Spektraldarstellung (2) eingegeben wird. Falls die Bedingung

$$\sum_{k,l=-\infty}^{\infty} h(k)\, R(k-l)\, \overline{h(l)} < \infty \tag{25}$$

erfüllt ist, konvergiert die Reihe $\sum_{m=-\infty}^{\infty} h(n-m)\, \xi_m$ im Quadratmittel, und die stationäre Folge $\eta = (\eta_n)$ mit

$$\eta_n = \sum_{m=-\infty}^{\infty} h(n-m)\, \xi_m = \sum_{m=-\infty}^{\infty} h(m)\, \xi_{n-m} \tag{26}$$

ist also definiert. Durch die Spektralfunktion ausgedrückt ist die Bedingung (25) offensichtlich äquivalent dazu, daß $\varphi(\lambda) \in L^2(F)$ gilt, d. h.

$$\int_{-\pi}^{\pi} |\varphi(\lambda)|^2\, F(\mathrm{d}\lambda) < \infty. \tag{27}$$

Unter der Bedingung (25) bzw. (27) finden wir aus (26) und (2) die Spektraldarstellung der Folge η:

$$\eta_n = \int_{-\pi}^{\pi} \mathrm{e}^{\mathrm{i}\lambda n}\, \varphi(\lambda)\, Z(\mathrm{d}\lambda). \tag{28}$$

Folglich wird die Kovarianzfunktion $R_\eta(n)$ der Folge η durch die Formel

$$R_\eta(n) = \int_{-\pi}^{\pi} \mathrm{e}^{\mathrm{i}\lambda n}\, |\varphi(\lambda)|^2\, F(\mathrm{d}\lambda) \tag{29}$$

bestimmt. Wenn insbesondere am Eingang des Filters mit der Frequenzcharakteristik $\varphi = \varphi(\lambda)$ ein weißes Rauschen $\varepsilon = (\varepsilon_n)$ eingegeben wird, erhält man an seinem Ausgang die stationäre Folge eines gleitenden Mittels

$$\eta_n = \sum_{m=-\infty}^{\infty} h(m)\, \varepsilon_{n-m} \tag{30}$$

mit der Spektraldichte

$$f_\eta(\lambda) = \frac{1}{2\pi} |\varphi(\lambda)|^2.$$

Der folgende Satz zeigt, daß in einem bestimmten Sinne jede stationäre Folge mit einer Spektraldichte durch ein gleitendes Mittel gewonnen werden kann.

Satz 3. *Es sei $\eta = (\eta_n)$ eine stationäre Folge mit der Spektraldichte $f_\eta(\lambda)$. Dann gibt es (möglicherweise auf einer Erweiterung des zugrunde liegenden Wahrscheinlichkeitsraumes) ein weißes Rauschen $\varepsilon = (\varepsilon_n)$ und einen Filter, so daß die Darstellung* (30) *gilt.*

Beweis. Zu der gegebenen nichtnegativen Funktion $f_\eta(\lambda)$ finden wir eine Funktion $\varphi(\lambda)$ mit $f_\eta(\lambda) = \frac{1}{2\pi} |\varphi(\lambda)|^2$. Wegen $\int_{-\pi}^{\pi} f_\eta(\lambda)\, d\lambda < \infty$ gilt $\varphi(\lambda) \in L^2(\mu)$, wobei μ das Lebesgue-Maß auf $[-\pi, \pi)$ bezeichnet. Aus diesem Grunde kann man $\varphi(\lambda)$ in Form der Fourier-Reihe (24) mit $h(m) = \frac{1}{2\pi} \int_{-\pi}^{\pi} e^{i\lambda m} \varphi(\lambda)\, d\lambda$ darstellen, wobei die Konvergenz im Sinne

$$\int_{-\pi}^{\pi} \Big| \varphi(\lambda) - \sum_{|m| \leq n} e^{-i\lambda m} h(m) \Big|^2 d\lambda \to 0$$

für $n \to \infty$ zu verstehen ist. Neben dem Maß $Z = Z(\Delta)$ betrachten wir ein weiteres, von ihm unabhängiges orthogonales stochastisches Maß $\tilde{Z} = \tilde{Z}(\Delta)$ mit $\mathbf{M}\, |\tilde{Z}(a, b]|^2 = \frac{b - a}{2\pi}$. (Die Möglichkeit der Konstruktion eines solchen Maßes setzt im allgemeinen voraus, daß der zugrunde liegende Wahrscheinlichkeitsraum genügend „reichhaltig" ist.) Wir setzen

$$\bar{Z}(\Delta) = \int_\Delta \varphi^{\oplus}(\lambda)\, Z(d\lambda) + \int_\Delta [1 - \varphi^{\oplus}(\lambda)\, \varphi(\lambda)]\, \tilde{Z}(d\lambda),$$

wobei wir

$$a^{\oplus} = \begin{cases} a^{-1}, & \text{falls } a \neq 0, \\ 0, & \text{falls } a = 0, \end{cases}$$

definieren. Das stochastische Maß $\bar{Z} = \bar{Z}(\Delta)$ ist ein Maß mit orthogonalen Werten. Dabei gilt für jedes Intervall $\Delta = (a, b]$ die Beziehung

$$\mathbf{M}\, |\bar{Z}(\Delta)|^2 = \frac{1}{2\pi} \int_\Delta |\varphi^{\oplus}(\lambda)|^2\, |\varphi(\lambda)|^2\, d\lambda + \frac{1}{2\pi} \int_\Delta |1 - \varphi^{\oplus}(\lambda)\, \varphi(\lambda)|^2\, d\lambda = \frac{|\Delta|}{2\pi}$$

mit $|\Delta| = b - a$. Aus diesem Grunde ist die stationäre Folge $\varepsilon = (\varepsilon_n)$, $n \in \mathbb{Z}$, mit

$$\varepsilon_n = \int_{-\pi}^{\pi} e^{i\lambda n} \,\bar{Z}(d\lambda)$$

ein weißes Rauschen.

Wir bemerken nun, daß

$$\int_{-\pi}^{\pi} e^{i\lambda n} \varphi(\lambda) \,\bar{Z}(d\lambda) = \int_{-\pi}^{\pi} e^{i\lambda n} Z(d\lambda) = \eta_n \tag{31}$$

gilt, und andererseits folgt aufgrund der Eigenschaft (2.14)

$$\int_{-\pi}^{\pi} e^{in\lambda} \varphi(\lambda) \,\bar{Z}(d\lambda) = \int_{-\pi}^{\pi} e^{i\lambda n} \left(\sum_{m=-\infty}^{\infty} e^{-i\lambda m} h(m) \right) \bar{Z}(d\lambda)$$

$$= \sum_{m=-\infty}^{\infty} h(m) \int_{-\pi}^{\pi} e^{i\lambda(n-m)} \bar{Z}(d\lambda) = \sum_{m=-\infty}^{\infty} h(m)\, \varepsilon_{n-m} \quad (\mathbf{P}\text{-f.s.}),$$

was zusammen mit (31) die Darstellung (30) beweist.

Der Satz ist damit bewiesen.

Bemerkung. Wenn $f_\eta > 0$ (fast überall bezüglich des Lebesgue-Maßes) gilt, wird die Einführung des Hilfsmaßes $\tilde{Z} = \tilde{Z}(\Delta)$ überflüssig, da dann $1 - \varphi^{\oplus}(\lambda)\,\varphi(\lambda) = 0$ fast überall bezüglich des Lebesgue-Maßes erfüllt ist, und die Bemerkung über die Notwendigkeit der Erweiterung des ursprünglichen Wahrscheinlichkeitsraumes kann weggelassen werden.

Folgerung 1. Die Spektraldichte $f_\eta(\lambda)$ sei (fast überall bezüglich des Lebesgue-Maßes) größer als 0, und es sei

$$f_\eta(\lambda) = \frac{1}{2\pi} |\varphi(\lambda)|^2$$

mit

$$\varphi(\lambda) = \sum_{k=0}^{\infty} e^{-i\lambda k} h(k), \qquad \sum_{k=0}^{\infty} |h(k)|^2 < \infty.$$

Dann gestattet die Folge η eine Darstellung in Form eines einseitig gleitenden Mittels:

$$\eta_n = \sum_{m=0}^{\infty} h(m)\, \varepsilon_{n-m}.$$

Es sei insbesondere $P(z) = a_0 + a_1 z + \cdots + a_p z^p$ ein Polynom, welches auf der Menge $\{z\colon |z| = 1\}$ nicht 0 wird. Dann ist die Folge $\eta = (\eta_n)$ mit der Spektraldichte

$$f_\eta(\lambda) = \frac{1}{2\pi} |P(e^{-i\lambda})|^2$$

in der Form

$$\eta_n = a_0 \varepsilon_n + a_1 \varepsilon_{n-1} + \cdots + a_p \varepsilon_{n-p}$$

darstellbar.

Folgerung 2. Es sei $\xi = (\xi_n)$ eine stationäre Folge mit der rationalen Spektraldichte

$$f_\xi(\lambda) = \frac{1}{2\pi} \left| \frac{P(\mathrm{e}^{-\mathrm{i}\lambda})}{Q(\mathrm{e}^{-\mathrm{i}\lambda})} \right|^2, \tag{32}$$

wobei $P(z) = a_0 + a_1 z + \cdots + a_p z^p$ und $Q(z) = 1 + b_1 z + \cdots + b_q z^q$ gelte. Dann kann man zeigen, daß für Polynome $P(z)$ und $Q(z)$, die auf der Menge $\{z: |z| = 1\}$ nicht 0 werden, ein weißes Rauschen $\varepsilon = (\varepsilon_n)$ existiert, so daß (**P**-f.s.)

$$\xi_n + b_1 \xi_{n-1} + \cdots + b_q \xi_{n-q} = a_0 \varepsilon_n + a_1 \varepsilon_{n-1} + \cdots + a_p \varepsilon_{n-p} \tag{33}$$

gilt.

Umgekehrt besitzt jede stationäre Folge $\xi = (\xi_n)$, die dieser Gleichung mit einem weißen Rauschen und einem Polynom $Q(z)$, welches auf der Menge $\{z: |z| = 1\}$ nicht 0 wird, genügt, die Spektraldichte (32).

Ist nämlich $\eta_n = \xi_n + b_1 \xi_{n-1} + \cdots + b_q \xi_{n-q}$, dann gilt $f_\eta(\lambda) = \frac{1}{2\pi} |P(\mathrm{e}^{-\mathrm{i}\lambda})|^2$, und die geforderte Darstellung ergibt sich aus Folgerung 1.

Wenn andererseits die Darstellung (33) gültig ist und $F_\xi(\lambda)$ sowie $F_\eta(\lambda)$ die Spektralfunktionen der Folgen ξ und η bezeichnen, gilt

$$F_\eta(\lambda) = \int_{-\pi}^{\lambda} |Q(\mathrm{e}^{-\mathrm{i}\nu})|^2 \, \mathrm{d}F_\xi(\nu) = \frac{1}{2\pi} \int_{-\pi}^{\lambda} |P(\mathrm{e}^{-\mathrm{i}\nu})|^2 \, \mathrm{d}\nu .$$

Wegen $|Q(e^{-\mathrm{i}\nu})|^2 > 0$ folgt hieraus, daß $F_\xi(\lambda)$ die durch (32) bestimmte Dichte besitzt.

4. Der folgende Ergodensatz (im Sinne des Quadratmittels) kann als Analogon des Gesetzes der großen Zahlen für im weiteren Sinne stationäre zufällige Folgen angesehen werden.

Satz 4. *Es sei $\xi = (\xi_n)$, $n \in \mathbb{Z}$, eine stationäre Folge mit $\mathbf{M}\xi_n = 0$, der Kovarianzfunktion* (1) *und der Spektraldarstellung* (2). *Dann gilt*

$$\frac{1}{n} \sum_{k=0}^{n-1} \xi_k \xrightarrow{L^2} Z(\{0\}) \tag{34}$$

und

$$\frac{1}{n} \sum_{k=0}^{n-1} R(k) \longrightarrow F(\{0\}) . \tag{35}$$

Beweis. Infolge von (2) gilt

$$\frac{1}{n}\sum_{k=0}^{n-1}\xi_k = \int_{-\pi}^{\pi}\frac{1}{n}\sum_{k=0}^{n-1} e^{i\lambda k} Z(d\lambda) = \int_{-\pi}^{\pi}\varphi_n(\lambda)\, Z(d\lambda)$$

mit

$$\varphi_n(\lambda) = \frac{1}{n}\sum_{k=0}^{n-1} e^{ik\lambda} = \begin{cases} 1, & \lambda = 0, \\ \dfrac{1}{n}\cdot\dfrac{e^{in\lambda}-1}{e^{i\lambda}-1}, & \lambda \neq 0. \end{cases} \tag{36}$$

Wegen $|\sin\lambda| \geqq \frac{2}{\pi}|\lambda|$ für $|\lambda| \leqq \frac{\pi}{2}$ gilt

$$|\varphi_n(\lambda)| = \left|\frac{\sin\frac{n\lambda}{2}}{n\sin\frac{\lambda}{2}}\right| \leqq \frac{\pi}{2}\left|\frac{\sin\frac{n\lambda}{2}}{\frac{n\lambda}{2}}\right| \leqq \frac{\pi}{2}.$$

Weiterhin konvergiert $\varphi_n(\lambda) \xrightarrow{L^2(F)} I_{\{0\}}(\lambda)$, und deshalb ergibt sich aufgrund der Eigenschaft (2.14)

$$\int_{-\pi}^{\pi}\varphi_n(\lambda)\, Z(d\lambda) \xrightarrow{L^2} \int_{-\pi}^{\pi} I_{\{0\}}(\lambda)\, Z(d\lambda) = Z(\{0\}),$$

womit (34) bewiesen ist.

Auf analoge Weise zeigt man auch die Behauptung (35).

Damit ist der Beweis beendet.

Folgerung. Wenn die Spektralfunktion im Nullpunkt stetig ist, d. h. $F(\{0\}) = 0$, so gilt $Z(\{0\}) = 0$ ($\mathbf{P}$-f.s.), und infolge (34) und (35) erhalten wir

$$\frac{1}{n}\sum_{k=0}^{n-1} R(k) \to 0 \Rightarrow \frac{1}{n}\sum_{k=0}^{n-1}\xi_k \xrightarrow{L^2} 0.$$

Die Umkehrung dieser Implikation ist wegen

$$\left|\frac{1}{n}\sum_{k=0}^{n-1} R(k)\right|^2 = \left|\mathbf{M}\left(\frac{1}{n}\sum_{k=0}^{n-1}\xi_k\right)\xi_0\right|^2 \leqq \mathbf{M}\,|\xi_0|^2\,\mathbf{M}\left|\frac{1}{n}\sum_{k=0}^{n-1}\xi_k\right|^2$$

ebenfalls richtig:

$$\frac{1}{n}\sum_{k=0}^{n-1}\xi_k \xrightarrow{L^2} 0 \Rightarrow \frac{1}{n}\sum_{k=0}^{n-1} R(k) \to 0.$$

Somit erweist sich die Bedingung $\frac{1}{n}\sum_{k=0}^{n-1} R(k) \to 0$ als notwendig und hinreichend für die Konvergenz im Quadratmittel der arithmetischen Mittel $\frac{1}{n}\sum_{k=0}^{n-1}\xi_k$ gegen 0.

Falls die Ausgangsfolge $\xi = (\xi_n)$ den Erwartungswert m ($\mathbf{M}\xi_0 = m$) besitzt, folgt hieraus die Beziehung

$$\frac{1}{n} \sum_{k=0}^{n-1} R(k) \to 0 \Leftrightarrow \frac{1}{n} \sum_{k=0}^{n-1} \xi_k \xrightarrow{L^2} m \tag{37}$$

mit $R(n) = \mathbf{M}(\xi_n - \mathbf{M}\xi_n)\,\overline{(\xi_0 - \mathbf{M}\xi_0)}$.

Wir erwähnen noch, daß für $\mathbf{P}\{Z(\{0\}) \neq 0\} > 0$ und $m = 0$ die Folge ξ eine „zufällige Konstante α" enthält:

$$\xi_n = \alpha + \eta_n;$$

dabei gilt $\alpha = Z(\{0\})$, und das Maß $Z_\eta = Z_\eta(\Delta)$ besitzt in der Spektraldarstellung $\eta_n = \int_{-\pi}^{\pi} e^{i\lambda n} Z_\eta(d\lambda)$ bereits die Eigenschaft $Z_\eta(\{0\}) = 0$ ($\mathbf{P}$-f.s.). Die Behauptung (34) besagt, daß die arithmetischen Mittel im Quadratmittel gerade gegen diese zufällige Konstante α konvergieren.

5. Aufgaben

1. Man zeige, daß $\overline{L_0^2(F)} = L^2(F)$ gilt. (Für die Bezeichnungen siehe den Beweis von Satz 1.)
2. Es sei $\xi = (\xi_n)$ eine stationäre Folge mit der Eigenschaft, daß $\xi_{n+N} = \xi_n$ für ein gewisses N und alle n gilt. Man zeige, daß sich die Spektraldarstellung dieser Folge auf die Darstellung (1.13) zurückführen läßt.
3. Es sei $\xi = (\xi_n)$ eine stationäre Folge mit $\mathbf{M}\xi_n = 0$ und

$$\frac{1}{n^2} \sum_{k=0}^{n} \sum_{l=0}^{n} R(k-l) = \frac{1}{n} \sum_{|k| \leq n-1} R(k) \left[1 - \frac{|k|}{n}\right] \leq C n^{-\alpha}$$

für gewisse $C > 0$, $\alpha > 0$. Unter Ausnutzung des Lemmas von Borel-Cantelli zeige man, daß dann

$$\frac{1}{n} \sum_{k=0}^{n-1} \xi_k \to 0 \quad (\mathbf{P}\text{-f.s.})$$

gilt.

4. Die Spektraldichte $f_\xi(\lambda)$ der Folge $\xi = (\xi_m)$ sei rational, d. h.

$$f_\xi(\lambda) = \frac{1}{2\pi} \frac{|P_{n-1}(e^{-i\lambda})|}{|Q_n(e^{-i\lambda})|} \tag{38}$$

mit $P_{n-1}(z) = a_0 + a_1 z + \cdots + a_{n-1} z^{n-1}$ und $Q_n(z) = 1 + b_1 z + \cdots + b_n z^n$, wobei alle Nullstellen des Polynoms Q_n außerhalb des Einheitskreises liegen. Man zeige, daß ein weißes Rauschen $\varepsilon = (\varepsilon_m)$, $m \in \mathbb{Z}$, existiert, so daß die Folge (ξ_m) eine Komponente der n-dimensionalen Folge $(\xi_m^1, \xi_m^2, \ldots, \xi_m^n)$, $\xi_m^1 = \xi_m$, ist, welche dem Gleichungssystem

$$\begin{aligned} \xi_{m+1}^i &= \xi_m^{i+1} + \beta_i \varepsilon_{m+1}, \qquad i = 1, \ldots, n-1, \\ \xi_{m+1}^n &= -\sum_{j=0}^{n-1} b_{n-j} \xi_m^{j+1} + \beta_n \varepsilon_{m+1} \end{aligned} \tag{39}$$

mit $\beta_1 = a_0$ und $\beta_i = a_{i-1} - \sum_{k=1}^{i-1} \beta_k b_{i-k}$ genügt.

§ 4. Statistische Schätzung der Kovarianzfunktion und der Spektraldichte

1. Aufgaben der Schätzung verschiedener Charakteristiken von Wahrscheinlichkeitsverteilungen stationärer zufälliger Folgen treten in den unterschiedlichsten Wissenschaftszweigen (z. B. Geophysik, Medizin, Ökonomie und anderen) auf. Das in diesem Paragraphen dargelegte Material vermittelt eine Vorstellung von den Begriffen und Methoden der Schätzung sowie von den hierbei auftretenden Schwierigkeiten.

Es sei also $\xi = (\xi_n)$, $n \in \mathbb{Z}$, eine im weiteren Sinne stationäre (der Einfachheit halber reellwertige) zufällige Folge mit dem Erwartungswert $\mathsf{M}\xi_n = m$ und der Kovarianz $R(n) = \int_{-\pi}^{\pi} e^{i\lambda n} F(d\lambda)$.

Es seien $x_0, x_1, \ldots, x_{N-1}$ die im Verlaufe der Beobachtung der zufälligen Größen $\xi_0, \xi_1, \ldots, \xi_{N-1}$ erhaltenen Werte. Wie kann man aus ihnen eine „gute" Schätzung des unbekannten Erwartungswertes m gewinnen?

Wir setzen

$$m_N(x) = \frac{1}{N} \sum_{k=0}^{N-1} x_k. \tag{1}$$

Dann folgt aus elementaren Eigenschaften des Erwartungswertes, daß sich diese Schätzung insofern als eine „gute" Schätzung der Größe m erweist, daß sie „im Mittel über alle Realisierungen $x_0, x_1, \ldots, x_{N-1}$" *erwartungstreu* ist, d. h.

$$\mathsf{M}m_N(\xi) = \mathsf{M}\left(\frac{1}{N} \sum_{k=0}^{N-1} \xi_k\right) = m. \tag{2}$$

Darüber hinaus folgt aus Satz 4 von § 3, daß die betrachtete Schätzung unter der Bedingung $\frac{1}{N} \sum_{k=0}^{N-1} R(k) \to 0$, $N \to \infty$, ebenfalls im Quadratmittel *konsistent* ist, d. h., es gilt

$$\mathsf{M}\, |m_N(\xi) - m|^2 \to 0, \qquad N \to \infty. \tag{3}$$

Wir wenden uns nun dem Problem der Schätzung der Kovarianzfunktion $R(n)$, der Spektralfunktion $F(\lambda) = F([-\pi, \lambda])$ sowie der Spektraldichte $f(\lambda)$ zu, wobei wir $m = 0$ voraussetzen.

Wegen $R(n) = \mathsf{M}\xi_{n+k}\xi_k$ ist es naheliegend, als Schätzung dieser Größe aufgrund der N Beobachtungen $x_0, x_1, \ldots, x_{N-1}$ die Größe

$$\hat{R}_N(n; x) = \frac{1}{N-n} \sum_{k=0}^{N-n-1} x_{n+k} x_k$$

für $0 \leqq n < N$ einzuführen. Es ist klar, daß diese Schätzung erwartungstreu ist:

$$\mathsf{M}\hat{R}_N(n; \xi) = R(n), \qquad 0 \leqq n < N.$$

Wir erörtern nun die Frage ihrer Konsistenz. Indem in (3.37) anstelle ξ_k die Größen $\xi_{n+k}\xi_k$ eingesetzt werden und von der betrachteten Folge $\xi = (\xi_n)$ die Existenz des vierten Moments ($\mathbf{M}\xi_0^4 < \infty$) vorausgesetzt wird, erhalten wir, daß die Bedingung

$$\frac{1}{N}\sum_{k=0}^{N-1} \mathbf{M}[\xi_{n+k}\xi_k - R(n)]\,[\xi_n\xi_0 - R(n)] \to 0, \qquad N \to \infty, \tag{4}$$

notwendig und hinreichend dafür ist, daß die Beziehung

$$\mathbf{M}\,|\hat{R}_N(n;\xi) - R(n)|^2 \to 0, \qquad N \to \infty \tag{5}$$

gilt.

Wir wollen annehmen, daß die Ausgangsfolge eine Normalverteilung (mit dem Erwartungswert 0 und der Kovarianz $R(n)$) besitzt. Dann gilt infolge von (II.12.51) die Beziehung

$$\begin{aligned}\mathbf{M}[\xi_{n+k}\xi_k - R(n)]\,[\xi_n\xi_0 - R(n)] &= \mathbf{M}\xi_{n+k}\xi_k\xi_n\xi_0 - R^2(n)\\ &= \mathbf{M}\xi_{n+k}\xi_k\cdot\mathbf{M}\xi_n\xi_0 + \mathbf{M}\xi_{n+k}\xi_n\cdot\mathbf{M}\xi_k\xi_0\\ &\quad + \mathbf{M}\xi_{n+k}\xi_0\cdot\mathbf{M}\xi_k\xi_n - R^2(n)\\ &= R^2(k) + R(n+k)\,R(n-k).\end{aligned}$$

Aus diesem Grunde ist die Bedingung (4) im Fall einer Normalverteilung äquivalent zu der Bedingung

$$\frac{1}{N}\sum_{k=0}^{N-1}[R^2(k) + R(n+k)\,R(n-k)] \to 0, \qquad N \to \infty. \tag{6}$$

Wegen $|R(n+k)\,R(n-k)| \leqq |R(n+k)|^2 + |R(n-k)|^2$ impliziert die Bedingung

$$\frac{1}{N}\sum_{k=0}^{N-1} R^2(k) \to 0, \qquad N \to \infty, \tag{7}$$

gerade die Bedingung (6). Ist seinerseits (6) für $n = 0$ gültig, so ist die Bedingung (7) erfüllt.

Damit haben wir den folgenden Satz hergeleitet:

Satz. *Ist $\xi = (\xi_n)$ eine stationäre Gaußsche Folge mit $\mathbf{M}\xi_n = 0$ und der Kovarianzfunktion $R(n)$, dann ist die Bedingung* (7) *notwendig und hinreichend dafür, daß die Schätzung $\hat{R}_N(n;x)$ für jedes $n \geqq 0$ konsistent im Quadratmittel ist* (*d. h., daß die Bedingung* (5) *erfüllt ist*).

Bemerkung. Unter Ausnutzung der Spektraldarstellung der Kovarianzfunktion erhalten wir die Beziehung

$$\begin{aligned}\frac{1}{N}\sum_{k=0}^{N-1} R^2(k) &= \int_{-\pi}^{\pi}\int_{-\pi}^{\pi}\frac{1}{N}\sum_{k=0}^{N-1} e^{i(\lambda-\nu)k} F(d\lambda)\,F(d\nu)\\ &= \int_{-\pi}^{\pi}\int_{-\pi}^{\pi} f_N(\lambda,\nu)\,F(d\lambda)\,F(d\nu),\end{aligned}$$

wobei (vgl. (3.36))

$$f_N(\lambda, \nu) = \begin{cases} 1, & \lambda = \nu, \\ \dfrac{1 - e^{i(\lambda-\nu)N}}{N[1 - e^{i(\lambda-\nu)}]}, & \lambda \neq \nu, \end{cases}$$

gilt. Für $N \to \infty$ erhalten wir aber

$$f_N(\lambda, \nu) \to f(\lambda, \nu) = \begin{cases} 1, & \lambda = \nu, \\ 0, & \lambda \neq \nu. \end{cases}$$

Deshalb gilt

$$\frac{1}{N} \sum_{k=0}^{N-1} R^2(k) \to \int_{-\pi}^{\pi} \int_{-\pi}^{\pi} f(\lambda, \nu)\, F(d\lambda)\, F(d\nu) = \int_{-\pi}^{\pi} F(\{\lambda\})\, F(d\lambda) = \sum_{\lambda} F^2(\{\lambda\}),$$

wobei die Summe über λ höchstens abzählbar ist, da das Maß F endlich ist.

Somit ist die Bedingung (7) äquivalent zu der Bedingung

$$\sum_{\lambda} F^2(\{\lambda\}) = 0, \tag{8}$$

welche besagt, daß die Spektralfunktion $F(\lambda) = F([-\pi, \lambda])$ *stetig* ist.

2. Wir gehen nun zum Problem der Konstruktion von Schätzungen für die Spektralfunktion $F(\lambda)$ und die Spektraldichte $f(\lambda)$ (unter der Voraussetzung ihrer Existenz) über.

Ein auf natürliche Weise sich anbietender Weg zur Konstruktion einer Schätzung der Spektraldichte ergibt sich aus dem weiter oben vorgeführten Beweis des Satzes von Herglotz. Wir erinnern daran, daß die in § 1 eingeführte Funktion

$$f_N(\lambda) = \frac{1}{2\pi} \sum_{|n|<N} \left(1 - \frac{|n|}{N}\right) R(n)\, e^{-i\lambda n} \tag{9}$$

die Eigenschaft besitzt, daß ihr Integral

$$F_N(\lambda) = \int_{-\pi}^{\lambda} f_N(\nu)\, d\nu$$

gegen die Spektralfunktion $F(\lambda)$ im wesentlichen konvergiert. Wenn $F(\lambda)$ eine Dichte $f(\lambda)$ besitzt, gilt deshalb für jedes $\lambda \in [-\pi, \pi)$ die Beziehung

$$\int_{-\pi}^{\lambda} f_N(\nu)\, d\nu \to \int_{-\pi}^{\lambda} f(\nu)\, d\nu. \tag{10}$$

Ausgehend von diesen Fakten nehmen wir als Schätzung für $f(\lambda)$ unter Berücksichtigung, daß als Schätzung für $R(n)$ (aufgrund der Beobachtungen $x_0, x_1, \ldots, x_{N-1}$) die Größen $\hat{R}_N(n; x)$ gewählt wurden, die Funktion

$$\hat{f}_N(\lambda; x) = \frac{1}{2\pi} \sum_{|n|<N} \left(1 - \frac{|n|}{N}\right) \hat{R}_N(n; x)\, e^{-i\lambda n}, \tag{11}$$

wobei wir $\hat{R}_N(n; x) = \hat{R}_N(|n|; x)$ für alle $|n| < N$ setzen.

Die Funktion $\hat{f}_N(\lambda; x)$ wird gewöhnlich *Periodogramm* genannt, und es ist leicht zu überprüfen, daß sie auch in der folgenden, etwas handlicheren Form

$$\hat{f}_N(\lambda; x) = \frac{1}{2\pi N} \left| \sum_{n=0}^{N-1} x_n e^{-i\lambda n} \right|^2 \tag{12}$$

dargestellt werden kann.

Wegen $\mathbf{M}\hat{R}_N(n; \xi) = R(n)$ für $|n| < N$ gilt

$$\mathbf{M}\hat{f}_N(\lambda; \xi) = f_N(\lambda).$$

Wenn die Spektralfunktion $F(\lambda)$ die Dichte $f(\lambda)$ besitzt, erhalten wir unter Berücksichtigung der Tatsache, daß $f_N(\lambda)$ auch in der Form (1.34) geschrieben werden kann, die Gleichung

$$\begin{aligned} f_N(\lambda) &= \frac{1}{2\pi N} \sum_{k=0}^{N-1} \sum_{l=0}^{N-1} \int_{-\pi}^{\pi} e^{i\nu(k-l)}\, e^{i\lambda(l-k)} f(\nu)\, d\nu \\ &= \int_{-\pi}^{\pi} \frac{1}{2\pi N} \left| \sum_{k=0}^{N-1} e^{i(\nu-\lambda) k} \right|^2 f(\nu)\, d\nu. \end{aligned}$$

Die Funktion

$$\Phi_N(\lambda) = \frac{1}{2\pi N} \left| \sum_{k=0}^{N-1} e^{i\lambda k} \right|^2 = \frac{1}{2\pi N} \left| \frac{\sin \frac{\lambda}{2} N}{\sin \frac{\lambda}{2}} \right|^2$$

wird Fejérscher Kern genannt. Aus den Eigenschaften dieser Funktion ist bekannt, daß für fast alle λ (bezüglich des Lebesgue-Maßes) die Beziehung

$$\int_{-\pi}^{\pi} \Phi_N(\lambda - \nu)\, f(\nu)\, d\nu \to f(\lambda), \qquad N \to \infty, \tag{13}$$

gilt. Deshalb ergibt sich für fast alle $\lambda \in [-\pi, \pi)$

$$\mathbf{M}\hat{f}_N(\lambda; \xi) \to f(\lambda), \qquad N \to \infty, \tag{14}$$

oder, anders ausgedrückt, die Schätzung $\hat{f}_N(\lambda; x)$ der Spektraldichte $f(\lambda)$ aufgrund der Beobachtungen $x_0, x_1, \ldots, x_{N-1}$ ist *asymptotisch erwartungstreu.*

In diesem Sinne könnte man die Schätzung für hinreichend „gut" halten. Jedoch erweisen sich in der Regel die Werte des Periodogramms $\hat{f}_N(\lambda; x)$ für einzelne Beobachtungen $x_0, x_1, \ldots, x_{N-1}$ als weit entfernt vom wahren Wert $f(\lambda)$. Dazu sei $\xi = (\xi_n)$ eine stationäre Folge unabhängiger normalverteilter zufälliger Größen, $\xi_n \backsim \mathcal{N}(0, 1)$. Dann ist $f(\lambda) = \frac{1}{2\pi}$, und es gilt

$$\hat{f}_N(\lambda; \xi) = \frac{1}{2\pi} \left| \frac{1}{\sqrt{N}} \sum_{k=0}^{N-1} \xi_k\, e^{-i\lambda k} \right|^2.$$

Für $\lambda = 0$ stimmt deshalb $\hat{f}_N(0; \xi)$ in Verteilung mit dem Quadrat einer normalverteilten zufälligen Größe $\eta \sim \mathcal{N}(0, 1)$ überein. Hieraus erhält man für beliebiges N

$$\mathsf{M}\, |\hat{f}_N(0; \xi) - f(0)|^2 = \frac{1}{4\pi^2} \mathsf{M}\, |\eta^2 - 1|^2 > 0.$$

Darüber hinaus zeigt eine unkomplizierte Rechnung, daß für die Spektraldichte einer stationären Folge $\xi = (\xi_n)$, welche durch ein gleitendes Mittel

$$\xi_n = \sum_{k=0}^{\infty} a_k \varepsilon_{n-k} \tag{15}$$

mit $\sum_{k=0}^{\infty} |a_k| < \infty$, $\sum_{k=0}^{\infty} |a_k|^2 < \infty$ und einem weißen Rauschen $\varepsilon = (\varepsilon_n)$ mit $\mathsf{M}\varepsilon_0^4 < \infty$ gebildet wird, die Beziehung

$$\lim_{N\to\infty} \mathsf{M}\, |\hat{f}_N(\lambda; \xi) - f(\lambda)|^2 = \begin{cases} 2f^2(0), & \lambda = 0, \pm\pi, \\ f^2(\lambda), & \lambda \neq 0, \pm\pi \end{cases} \tag{16}$$

gilt.

Hieraus wird verständlich, daß das Periodogramm nicht als zufriedenstellende Schätzung der Spektraldichte dienen kann. Als Ausweg aus dieser Situation werden zur Schätzung von $f(\lambda)$ oft Schätzungen der Form

$$\hat{f}_N^W(\lambda; x) = \int_{-\pi}^{\pi} W_N(\lambda - \nu)\, \hat{f}_N(\nu; x)\, \mathrm{d}\nu \tag{17}$$

verwendet, welche aus dem Periodogramm $\hat{f}_N(\lambda; x)$ und gewissen „glättenden" Funktionen $W_N(\lambda)$, genannt *Spektralfenster*, gebildet werden. Natürliche Forderungen, die an die Funktionen $W_N(\lambda)$ gestellt werden, bestehen darin, daß

a) die Funktionen $W_N(\lambda)$ ein deutlich ausgeprägtes Maximum im Punkt $\lambda = 0$ besitzen;

b) $\int_{-\pi}^{\pi} W_N(\lambda)\, \mathrm{d}\lambda = 1$ gilt;

c) $\mathsf{M}\, |\hat{f}_N^W(\lambda; \xi) - f(\lambda)|^2 \to 0$ für $N \to \infty$ und $\lambda \in [-\pi, \pi)$ erfüllt ist.

Wir wollen nun einige Beispiele für Schätzungen der Form (17) anführen.

Die Schätzung von Bartlett beruht auf der Wahl des Spektralfensters

$$W_N(\lambda) = a_N B(a_N \lambda),$$

wobei $a_N \uparrow \infty$, $a_N/N \to 0$ für $N \to \infty$ und

$$B(\lambda) = \frac{1}{2\pi} \left| \frac{\sin \frac{\lambda}{2}}{\lambda/2} \right|^2$$

gilt.

Die Schätzung von PARZEN benutzt als Spektralfenster die Funktion

$$W_N(\lambda) = a_N P(a_N \lambda),$$

wobei die a_N so wie oben sind, aber

$$P(\lambda) = \frac{3}{8\pi} \left| \frac{\sin \frac{\lambda}{4}}{\lambda/4} \right|^4$$

gilt.

Die Schätzungen von ŽURBENKO werden mit Hilfe von Spektralfenstern der Form

$$W_N(\lambda) = a_N Z(a_N \lambda)$$

mit

$$Z(\lambda) = \begin{cases} -\frac{\alpha+1}{2\alpha} |\lambda|^\alpha + \frac{\alpha+1}{2\alpha}, & |\lambda| \leqq 1, \\ 0, & |\lambda| > 1 \end{cases}$$

gebildet, wobei $0 < \alpha \leqq 2$ und die Größen a_N auf spezielle Weise ausgewählt werden.

Wir gehen nicht näher auf Fragen der Schätzung von Spektraldichten ein und verweisen nur darauf, daß es eine umfangreiche Literatur auf dem Gebiet der Statistik gibt, welche der Konstruktion von Spektralfenstern und dem Vergleich von Eigenschaften der entsprechenden Schätzungen $\hat{f}_N^W(\lambda; x)$ gewidmet ist.

3. Wir wollen nun das Problem der Schätzung der Spektralfunktion $F(\lambda) = F([-\pi, \lambda])$ untersuchen. Zu diesem Zweck setzen wir

$$F_N(\lambda) = \int_{-\pi}^{\lambda} f_N(\nu)\, d\nu, \qquad \hat{F}_N(\lambda; x) = \int_{-\pi}^{\lambda} \hat{f}_N(\nu; x)\, d\nu,$$

wobei $\hat{f}_N(\nu; x)$ das aufgrund von $(x_0, x_1, \ldots, x_{N-1})$ gebildete Periodogramm bezeichnet.

Aus dem Beweis des Satzes von HERGLOTZ (vgl. § 1) ergibt sich für beliebiges $n \in \mathbb{Z}$ die Grenzbeziehung

$$\int_{-\pi}^{\pi} e^{i\lambda n}\, dF_N(\lambda) \to \int_{-\pi}^{\pi} e^{i\lambda n}\, dF(\lambda).$$

Hieraus folgt (vgl. die Folgerung zu Satz 1 aus Kapitel III, § 3), daß $F_N \Rightarrow F$ gilt, d. h., $F_N(\lambda)$ konvergiert in jedem Stetigkeitspunkt der Funktion $F(\lambda)$ gegen $F(\lambda)$.

Wir bemerken, daß für alle $|n| < N$ die Gleichung

$$\int_{-\pi}^{\pi} e^{i\lambda n}\, d\hat{F}_N(\lambda; \xi) = \hat{R}_N(n; \xi) \left(1 - \frac{|n|}{N}\right)$$

richtig ist. Deswegen ergibt sich unter der Annahme, daß $\hat{R}_N(n; \xi)$ für $N \to \infty$ mit Wahrscheinlichkeit 1 gegen $R(n)$ konvergiert, die Beziehung

$$\int_{-\pi}^{\pi} e^{i\lambda n} \, d\hat{F}_N(\lambda; \xi) \to \int_{-\pi}^{\pi} e^{i\lambda n} \, dF(\lambda) \quad (\mathbf{P}\text{-f.s.})$$

und folglich

$$\hat{F}_N(\lambda; \xi) \Rightarrow F(\lambda) \quad (\mathbf{P}\text{-f.s.}).$$

Hieraus läßt sich leicht durch den Übergang zu Teilfolgen schließen, daß die Konvergenz $\hat{R}_N(n; \xi) \to R(n)$ in Wahrscheinlichkeit auch die Konvergenz $\hat{F}_N(\lambda; \xi) \Rightarrow F(\lambda)$ in Wahrscheinlichkeit impliziert.

4. Aufgaben

1. Im Schema (15) seien die Größen ε_n normalverteilt: $\varepsilon_n \sim \mathcal{N}(0, 1)$. Man zeige, daß für beliebiges n und für $N \to \infty$ die Beziehung

$$(N - n) \, \mathbf{D}\hat{R}_N(n; \xi) \to 2\pi \int_{-\pi}^{\pi} (1 + e^{2in\lambda}) \, f^2(\lambda) \, d\lambda$$

gilt.

2. Man beweise die Gültigkeit der Formel (16) und ihrer folgenden Verallgemeinerung:

$$\lim_{N\to\infty} \operatorname{cov}\left(\hat{f}_N(\lambda; \xi), \hat{f}_N(\nu; \xi)\right) = \begin{cases} 2f^2(0), & \lambda = \nu = 0, \pm\pi, \\ f^2(\lambda), & \lambda = \nu \neq 0, \pm\pi, \\ 0, & \lambda \neq \pm\nu. \end{cases}$$

§ 5. Die Woldsche Zerlegung

1. Im Unterschied zu der Darstellung (3.2), die eine Zerlegung einer stationären Folge im *Frequenz*bereich angibt, ist die weiter unten betrachtete Woldsche Zerlegung im *Zeit*bereich wirksam. Das Wesen dieser Zerlegung läßt sich darauf zurückführen, daß die stationäre Folge $\xi = (\xi_n)$, $n \in \mathbb{Z}$, als Summe zweier stationärer Folgen dargestellt wird, wovon eine völlig vorhersagbar ist (in dem Sinne, daß ihre Werte vollständig durch die „Vergangenheit" bestimmt werden), und die zweite diese Eigenschaft nicht besitzt.

Wir führen zunächst einige Bezeichnungen ein. Es seien $H_n(\xi) = \overline{L^2(\xi^n)}$ und $H(\xi) = \overline{L^2(\xi)}$ die abgeschlossenen linearen Unterräume, die von den Größen $\xi^n = (\ldots, \xi_{n-1}, \xi_n)$ bzw. $\xi = (\ldots, \xi_{n-1}, \xi_n, \ldots)$ erzeugt werden. Weiterhin sei

$$S(\xi) = \bigcap_n H_n(\xi).$$

Für ein beliebiges Element $\eta \in H(\xi)$ bezeichnen wir mit

$$\hat{\pi}_n(\eta) = \hat{\mathbf{M}}(\eta \mid H_n(\xi))$$

die Projektion des Elements η auf den Unterraum $H_n(\xi)$ (vgl. Kapitel II, § 11). Wir werden ferner

$$\hat{\pi}_{-\infty}(\eta) = \hat{\mathbf{M}}(\eta \mid S(\xi))$$

setzen.

Jedes Element $\eta \in H(\xi)$ kann in folgender Weise dargestellt werden:

$$\eta = \hat{\pi}_{-\infty}(\eta) + (\eta - \hat{\pi}_{-\infty}(\eta)),$$

wobei $\eta - \hat{\pi}_{-\infty}(\eta) \perp \hat{\pi}_{-\infty}(\eta)$ gilt. Deshalb besitzt der Raum $H(\xi)$ eine Darstellung in Gestalt der orthogonalen Summe

$$H(\xi) = S(\xi) \oplus R(\xi),$$

wobei $S(\xi)$ aus den Elementen $\hat{\pi}_{-\infty}(\eta)$ mit $\eta \in H(\xi)$ und $R(\xi)$ aus den Elementen der Gestalt $\eta - \hat{\pi}_{-\infty}(\eta)$ besteht.

Im weiteren werden wir stets $\mathbf{M}\xi_n = 0$ und $\mathbf{D}\xi_n > 0$ voraussetzen. Dadurch wird der Raum $H(\xi)$ offenbar nichttrivial (d. h., er enthält von 0 verschiedene Elemente).

Definition 1. Eine stationäre Folge $\xi = (\xi_n)$ heißt *regulär*, wenn

$$H(\xi) = R(\xi),$$

und *singulär*, wenn

$$H(\xi) = S(\xi)$$

gilt.

Bemerkung. Singuläre Folgen werden auch *deterministisch* genannt, während reguläre Folgen *rein* oder *völlig indeterministisch* genannt werden. Wenn $S(\xi)$ ein echter Unterraum des Raumes $H(\xi)$ ist, heißt die Folge ξ *indeterministisch.*

Satz 1. *Jede im weiteren Sinne stationäre zufällige Folge gestattet eine eindeutige Zerlegung.*

$$\xi_n = \xi_n^r + \xi_n^s, \tag{1}$$

wobei $\xi^r = (\xi_n^r)$ eine reguläre und $\xi^s = (\xi_n^s)$ eine singuläre Folge bezeichnet. Dabei sind ξ^r und ξ^s orthogonal (d. h., es ist $\xi_n^r \perp \xi_m^s$ für alle n und m).

Beweis. Nach Definition setzen wir

$$\xi_n^s = \hat{\mathbf{M}}(\xi_n \mid S(\xi)), \qquad \xi_n^r = \xi_n - \xi_n^s.$$

Da $\xi_n^r \perp S(\xi)$ für beliebiges n gilt, folgt $S(\xi^r) \perp S(\xi)$. Andererseits ist $S(\xi^r) \subseteqq S(\xi)$, und demnach ist $S(\xi^r)$ trivial (d. h. enthält nur zufällige Größen, welche fast sicher gleich 0 sind). Somit erweist sich die Folge ξ^r als regulär.

Ferner erhalten wir $H_n(\xi) \subseteqq H_n(\xi^s) \oplus H_n(\xi^r)$ und $H_n(\xi^s) \subseteqq H_n(\xi)$, $H_n(\xi^r) \subseteqq H_n(\xi)$. Daraus ergibt sich $H_n(\xi) = H_n(\xi^s) \oplus H_n(\xi^r)$, und folglich gilt für beliebiges n

$$S(\xi) \subseteqq H_n(\xi^s) \oplus H_n(\xi^r). \tag{2}$$

Wegen $\xi_n^r \perp S(\xi)$ folgt aus (2) die Inklusion

$$S(\xi) \subseteqq H_n(\xi^s)$$

und somit $S(\xi) \subseteqq S(\xi^s) \subseteqq H(\xi^s)$. Nun ist aber $\xi_n^s \in S(\xi)$ und deswegen $H(\xi^s) \subseteqq S(\xi)$. Folglich gilt

$$S(\xi) = S(\xi^s) = H(\xi^s),$$

was die Singularität der Folge ξ^s bedeutet.

Die Orthogonalität der Folgen ξ^s und ξ^r ergibt sich offensichtlich daraus, daß $\xi_n^s \in S(\xi)$ und $\xi_n^r \perp S(\xi)$ gilt.

Wir wollen nun die Eindeutigkeit der Zerlegung (1) zeigen. Es sei $\xi_n = \eta_n^r + \eta_n^s$, wobei η^r und η^s reguläre bzw. singuläre orthogonale Folgen bezeichnen. Dann gilt wegen $H_n(\eta^s) = H(\eta^s)$ die Beziehung

$$H_n(\xi) = H_n(\eta^r) \oplus H_n(\eta^s) = H_n(\eta^r) \oplus H(\eta^s)$$

und deshalb $S(\xi) = S(\eta^r) \oplus H(\eta^s)$. Nun ist $S(\eta^r)$ aber trivial, und folglich gilt $S(\xi) = H(\eta^s)$.

Aus $\eta_n^s \in H(\eta^s) = S(\xi)$ und $\eta_n^r \perp H(\eta^s) = S(\xi)$ ergibt sich die Gleichung $\hat{\mathbf{M}}(\xi_n \mid S(\xi)) = \hat{\mathbf{M}}(\eta_n^r + \eta_n^s \mid S(\xi)) = \eta_n^s$, d. h., η_n^s stimmt mit ξ_n^s überein, was die Eindeutigkeit der Zerlegung (1) bedeutet.

Damit ist der Satz bewiesen.

Definition 2. Es sei $\xi = (\xi_n)$ eine nichtentartete stationäre Folge. Eine zufällige Folge $\varepsilon = (\varepsilon_n)$ nennen wir *erneuernde* Folge für ξ, falls

a) $\varepsilon = (\varepsilon_n)$ aus paarweise orthogonalen zufälligen Größen mit $\mathbf{M}\varepsilon_n = 0$ und $\mathbf{M}\,|\varepsilon_n|^2 = 1$ besteht,

b) $H_n(\xi) = H_n(\varepsilon)$ für jedes $n \in \mathbb{Z}$ gilt.

Bemerkung. Der Sinn des Wortes „Erneuerung" wird durch die Vorstellung bedingt, daß ε_{n+1} eine Art neuer, nicht in $H_n(\xi)$ enthaltener „Information" einbringt (anders ausgedrückt, ε_{n+1} „erneuert die Information" in $H_n(\xi)$), die zur Bildung von $H_{n+1}(\xi)$ notwendig ist.

Der folgende wichtige Satz stellt den Zusammenhang zwischen den weiter oben eingeführten Folgen einseitig gleitender Mittel (vgl. Beispiel 4 in § 1) und regulären Folgen her.

Satz 2. *Für die Regularität einer nichtentarteten Folge ist notwendig und hinreichend, daß eine erneuernde Folge $\varepsilon = (\varepsilon_n)$ und eine Folge komplexer Zahlen (a_n), $n \geqq 0$, mit $\sum_{n=0}^{\infty} |a_n|^2 < \infty$ existieren, so daß*

$$\xi_n = \sum_{k=0}^{\infty} a_k \varepsilon_{n-k} \quad (\mathbf{P}\text{-f.s.}) \tag{3}$$

gilt.

Beweis. *Notwendigkeit.* Wir stellen $H_n(\xi)$ in der Form

$$H_n(\xi) = H_{n-1}(\xi) \oplus B_n$$

dar. Da $H_n(\xi)$ von den Elementen aus $H_{n-1}(\xi)$ und Elementen der Gestalt $\beta \cdot \xi_n$ mit komplexen Zahlen β erzeugt wird, ist die Dimension des Raumes B_n gleich 0 oder 1. Der Raum $H_n(\xi)$ kann für kein n mit $H_{n-1}(\xi)$ übereinstimmen. Wenn nämlich B_n für irgendein n trivial ist, sind infolge der Stationarität die Räume B_k für alle k trivial. Folglich gilt $H(\xi) = S(\xi)$, was der Regularität der Folge ξ widerspricht. Somit besitzt der Raum B_n die Dimension 1.

Es sei η_n ein von 0 verschiedenes Element aus B_n. Wir setzen

$$\varepsilon_n = \frac{\eta_n}{\|\eta_n\|},$$

wobei $\|\eta_n\|^2 = \mathbf{M}\,|\eta_n|^2 > 0$ gilt.

Für fixierte n und $k \geqq 0$ betrachten wir die Zerlegung

$$H_n(\xi) = H_{n-k}(\xi) \oplus B_{n-k+1} \oplus \dots \oplus B_n.$$

Dann bilden $\varepsilon_{n-k}, \dots, \varepsilon_n$ eine orthonormierte Basis in $B_{n-k+1} \oplus \dots \oplus B_n$, und es gilt

$$\xi_n = \sum_{j=0}^{k-1} a_j \varepsilon_{n-j} + \hat{\xi}_{n-k}(\xi_n) \tag{4}$$

mit $a_j = \mathbf{M}\xi_n\overline{\varepsilon_{n-j}}$.

Aufgrund der Besselschen Ungleichung (II.11.6) erhalten wir

$$\sum_{j=0}^{\infty} |a_j|^2 \leqq \|\xi_n\|^2 < \infty.$$

Daraus folgt, daß die Reihe $\sum_{j=0}^{\infty} a_j \varepsilon_{n-j}$ im Quadratmittel konvergiert, und zum Beweis von (3) bleibt wegen (4) nur noch die Konvergenz $\hat{\xi}_{n-k}(\xi_n) \xrightarrow{L^2} 0$ für $k \to \infty$ zu zeigen.

Es genügt, den Fall $n = 0$ zu betrachten. Da

$$\hat{\xi}_{-k} = \hat{\xi}_0 + \sum_{i=0}^{k} [\hat{\xi}_{-i} - \hat{\xi}_{-i+1}]$$

gilt und die Glieder der Summe orthogonal sind, ist für beliebiges $k \geqq 0$

$$\sum_{i=0}^{k} \|\hat{\xi}_{-i} - \hat{\xi}_{-i+1}\|^2 = \left\| \sum_{i=0}^{k} (\hat{\xi}_{-i} - \hat{\xi}_{-i+1}) \right\|^2$$
$$= \|\hat{\xi}_{-k} - \hat{\xi}_0\|^2 \leqq 4\,\|\xi_0\|^2 < \infty.$$

Aus diesem Grunde existiert der Grenzwert $\lim_{k\to\infty} \hat{\xi}_{-k}$ im Quadratmittel. Für jedes k ist $\hat{\xi}_{-k} \in H_{-k}(\xi)$, und folglich muß der betrachtete Grenzwert in dem Unterraum $\bigcap_{k\geqq 0} H_{-k}(\xi) = S(\xi)$ liegen. Nach Voraussetzung ist $S(\xi)$ aber trivial, und deswegen gilt $\hat{\xi}_{-k} \xrightarrow{L^2} 0$ für $k \to \infty$.

Hinlänglichkeit. Die nichtentartete Folge ξ gestatte eine Darstellung in der Form (3), wobei $\varepsilon = (\varepsilon_n)$ ein gewisses orthonormiertes System bezeichnet (welches nicht unbedingt der Bedingung $H_n(\xi) = H_n(\varepsilon)$, $n \in \mathbb{Z}$, genügt). Dann folgt $H_n(\xi) \subseteqq H_n(\varepsilon)$ und somit $S(\xi) = \bigcap_k H_k(\xi) \subseteqq H_n(\varepsilon)$ für beliebiges n. Nun gilt aber $\varepsilon_{n+1} \perp H_n(\varepsilon)$ und deshalb $\varepsilon_{n+1} \perp S(\xi)$. Gleichzeitig bildet $\varepsilon = (\varepsilon_n)$ eine Basis in $H(\xi)$. Hieraus folgt, daß der Unterraum $S(\xi)$ trivial ist, und somit ist die Folge ξ regulär.

Der Beweis des Satzes ist damit beendet.

Bemerkung. Aus dem obigen Beweis folgt, daß eine nichtentartete Folge ξ genau dann regulär ist, wenn sie eine Darstellung als einseitig gleitendes Mittel

$$\xi_n = \sum_{k=0}^{\infty} \tilde{a}_k \tilde{\varepsilon}_{n-k} \tag{5}$$

mit einem orthonormierten System $\tilde{\varepsilon} = (\tilde{\varepsilon}_n)$ gestattet, welches (das ist wichtig hervorzuheben) nicht unbedingt die Bedingung $H_n(\xi) = H_n(\tilde{\varepsilon})$, $n \in \mathbb{Z}$, erfüllt. Dahingehend sagt der Satz 2 mehr aus, und zwar daß für eine reguläre Folge ξ eine Folge $a = (a_n)$ und ein orthonormiertes System $\varepsilon = (\varepsilon_n)$ existieren, so daß neben (5) auch die Darstellung (3) mit $H_n(\xi) = H_n(\varepsilon)$ für $n \in \mathbb{Z}$ gilt.

Aus den Sätzen 1 und 2 folgt unmittelbar der

Satz 3 (Woldsche Zerlegung). *Für eine nichtentartete stationäre Folge $\xi = (\xi_n)$ gilt die Zerlegung*

$$\xi_n = \xi_n^s + \sum_{k=0}^{\infty} a_k \varepsilon_{n-k} \tag{6}$$

mit einer für ξ^r erneuernden Folge $\varepsilon = (\varepsilon_n)$ und $\sum_{k=0}^{\infty} |a_k|^2 < \infty$.

3. Der Sinn der oben eingeführten Begriffe der regulären und der singulären Folge wird besonders bei der Untersuchung des folgenden Problems der linearen Extrapolation klar, für dessen allgemeine Lösung sich die Ausnutzung der Woldschen Zerlegung (6) als überaus nützlich erweist.

Es sei $H_0(\xi) = \overline{L^2(\xi^0)}$ der von den Größen $\xi^0 = (\ldots, \xi_{-1}, \xi_0)$ erzeugte abgeschlossene lineare Unterraum. Wir wollen das Problem der Konstruktion einer im Quadratmittel *optimalen linearen Schätzung* $\hat{\xi}_n$ für die Größe ξ_n aus den „vergangenen" Beobachtungen $\xi^0 = (\ldots, \xi_{-1}, \xi_0)$ untersuchen.

Aus Kapitel II, § 11, folgt

$$\hat{\xi}_n = \hat{\mathsf{M}}\big(\xi_n \mid H_0(\xi)\big). \tag{7}$$

(In den Bezeichnungen von Nr. 1 gilt $\hat{\xi}_n = \hat{\pi}_0(\xi_n)$.) Da ξ^r und ξ^s orthogonal sind und $H_0(\xi) = H_0(\xi^r) \oplus H_0(\xi^s)$ gilt, erhalten wir unter Berücksichtigung von (6)

$$\begin{aligned} \hat{\xi}_n &= \hat{\mathsf{M}}\big(\xi_n^s + \xi_n^r \mid H_0(\xi)\big) \\ &= \hat{\mathsf{M}}\big(\xi_n^s \mid H_0(\xi)\big) + \hat{\mathsf{M}}\big(\xi_n^r \mid H_0(\xi)\big) \\ &= \hat{\mathsf{M}}\big(\xi_n^s \mid H_0(\xi^r) \oplus H_0(\xi^s)\big) + \hat{\mathsf{M}}\big(\xi_n^r \mid H_0(\xi^r) \oplus H_0(\xi^s)\big) \end{aligned}$$

$$= \hat{\mathsf{M}}(\xi_n^s \mid H_0(\xi^s)) + \hat{\mathsf{M}}(\xi_n^r \mid H_0(\xi^r))$$
$$= \xi_n^s + \hat{\mathsf{M}}\left(\sum_{k=0}^{\infty} a_k \varepsilon_{n-k} \mid H_0(\xi^r)\right).$$

Die Folge $\varepsilon = (\varepsilon_n)$ in (6) ist erneuernd für $\xi^r = (\xi_n^r)$, und es gilt somit $H_0(\xi^r) = H_0(\varepsilon)$. Deshalb ergibt sich

$$\hat{\xi}_n = \xi_n^s + \hat{\mathsf{M}}\left(\sum_{k=0}^{\infty} a_k \varepsilon_{n-k} \mid H_0(\varepsilon)\right) = \xi_n^s + \sum_{k=n}^{\infty} a_k \varepsilon_{n-k}, \tag{8}$$

und der Fehler im Quadratmittel für die Vorhersage von ξ_n aufgrund von $\xi^0 = (\ldots, \xi_{-1}, \xi_0)$ ist gleich

$$\sigma_n^2 = \mathsf{M}\,|\xi_n - \hat{\xi}_n|^2 = \sum_{k=0}^{n-1} |a_k|^2. \tag{9}$$

Hieraus lassen sich die folgenden zwei wichtigen Schlußfolgerungen ziehen:

a) Für eine *singuläre* Folge ξ ist der Fehler der Extrapolation σ_n^2 für beliebiges $n \geqq 1$ gleich 0; eine genaue Vorhersage von ξ_n auf Grund der „Vergangenheit" $\xi^0 = (\ldots, \xi_{-1}, \xi_0)$ ist also möglich.

b) Für eine *reguläre* Folge ξ gilt $\sigma_n^2 \leqq \sigma_{n+1}^2$ und

$$\lim_{n\to\infty} \sigma_n^2 = \sum_{k=0}^{\infty} |a_k|^2. \tag{10}$$

Wegen

$$\sum_{k=0}^{\infty} |a_k|^2 = \mathsf{M}\,|\xi_n|^2$$

folgt aus (10) und (9)

$$\hat{\xi}_n \xrightarrow{L^2} 0 \quad \text{für } n \to \infty,$$

d. h., mit wachsendem n wird die Vorhersage der Größe ξ_n aufgrund von $\xi^0 = (\ldots, \xi_{-1}, \xi_0)$ trivial, sie nähert sich einfach $\mathsf{M}\xi_n = 0$.

4. Wir wollen nun annehmen, daß ξ eine nichtentartete reguläre stationäre Folge ist. Gemäß Satz 2 gestattet jede solche Folge eine Darstellung als einseitig gleitendes Mittel

$$\xi_n = \sum_{k=0}^{\infty} a_k \varepsilon_{n-k}, \tag{11}$$

wobei $\sum_{k=0}^{\infty} |a_k|^2 < \infty$ gilt und die orthonormierte Folge $\varepsilon = (\varepsilon_n)$ die wichtige Eigenschaft

$$H_n(\xi) = H_n(\varepsilon), \qquad n \in \mathbb{Z}, \tag{12}$$

besitzt.

Die Darstellung (11) besagt (vgl. § 3, Nr. 3), daß man ξ_n als Signal am Ausgang eines physikalisch realisierbaren Filters mit der Impulsübertragungsfunktion $a = (a_k)$, $k \geqq 0$, ansehen kann, wobei am Eingang die Folge $\varepsilon = (\varepsilon_n)$ eingegeben wird.

Wie jedes zweiseitig gleitende Mittel besitzt eine reguläre Folge eine Spektraldichte $f(\lambda)$. Aber die Tatsache, daß eine reguläre Folge eine Darstellung als einseitig gleitendes Mittel zuläßt, gestattet es, zusätzliche Information über die Eigenschaften der Spektraldichte zu gewinnen.

Zunächst ist klar, daß

$$f(\lambda) = \frac{1}{2\pi} |\varphi(\lambda)|^2$$

mit

$$\varphi(\lambda) = \sum_{k=0}^{\infty} e^{-i\lambda k} a_k, \qquad \sum_{k=0}^{\infty} |a_k|^2 < \infty, \tag{13}$$

gilt. Wir setzen

$$\Phi(z) = \sum_{k=0}^{\infty} a_k z^k. \tag{14}$$

Diese Funktion ist in dem offenen Gebiet $|z| < 1$ analytisch, und infolge der Bedingung $\sum_{k=0}^{\infty} |a_k|^2 < \infty$ liegt sie in der sogenannten *Hardy-Klasse* H^2, d. h. in der Klasse der im Gebiet $|z| < 1$ analytischen Funktionen $g = g(z)$, für die

$$\sup_{0 \leqq r < 1} \frac{1}{2\pi} \int_{-\pi}^{\pi} |g(r\, e^{i\theta})|^2 \, d\theta < \infty \tag{15}$$

ist. Tatsächlich gilt

$$\frac{1}{2\pi} \int_{-\pi}^{\pi} |\Phi(r\, e^{i\theta})|^2 \, d\theta = \sum_{k=0}^{\infty} |a_k|^2 \, r^{2k}$$

und

$$\sup_{0 \leqq r < 1} \sum |a_k|^2 r^{2k} \leqq \sum |a_k|^2 < \infty .$$

In der Funktionentheorie wird bewiesen, daß die Randwerte $\Phi(e^{i\lambda})$, $-\pi \leqq \lambda < \pi$, einer nicht identisch verschwindenden Funktion $\Phi \in H^2$ die Eigenschaft

$$\int_{-\pi}^{\pi} \ln |\Phi(e^{-i\lambda})| \, d\lambda > -\infty \tag{16}$$

besitzen. In dem von uns betrachteten Fall gilt

$$f(\lambda) = \frac{1}{2\pi} |\Phi(e^{-i\lambda})|^2$$

mit $\Phi \in H^2$. Daraus ergibt sich

$$\ln f(\lambda) = -\ln 2\pi + 2 \ln |\Phi(e^{-i\lambda})|,$$

und die Spektraldichte $f(\lambda)$ einer regulären Folge genügt folglich der Bedingung

$$\int_{-\pi}^{\pi} \ln f(\lambda)\, d\lambda > -\infty. \tag{17}$$

Es sei andererseits $f(\lambda)$ eine Spektraldichte, welche die Bedingung (17) erfüllt. Wieder folgt aus der Funktionentheorie, daß dann eine Funktion $\Phi(z) = \sum_{k=0}^{\infty} a_k z^k$ aus der Hardy-Klasse H^2 mit (fast überall bezüglich des Lebesgue-Maßes)

$$f(\lambda) = \frac{1}{2\pi} |\Phi(e^{-i\lambda})|^2$$

existiert. Indem wir $\varphi(\lambda) = \Phi(e^{-i\lambda})$ setzen, erhalten wir deshalb

$$f(\lambda) = \frac{1}{2\pi} |\varphi(\lambda)|^2,$$

wobei $\varphi(\lambda)$ durch (13) gegeben ist. Dann ergibt sich aus Folgerung 1 zu Satz 3 aus § 3, daß die Folge ξ eine Darstellung als einseitig gleitendes Mittel (11) mit einer gewissen orthonormierten Folge $\varepsilon = (\varepsilon_n)$ zuläßt. Hieraus und aus der Bemerkung zu Satz 2 folgt, daß die Folge ξ regulär ist.

Somit gilt der

Satz 4 (A. N. Kolmogorov). *Es sei ξ eine nichtentartete reguläre stationäre Folge. Dann besitzt ξ eine Spektraldichte $f(\lambda)$ mit*

$$\int_{-\pi}^{\pi} \ln f(\lambda)\, d\lambda > -\infty. \tag{18}$$

Insbesondere gilt $f(\lambda) > 0$ (fast überall bezüglich des Lebesgue-Maßes).

Ist umgekehrt ξ eine stationäre Folge, die eine der Bedingung (18) genügende Spektraldichte besitzt, so ist diese Folge regulär.

5. Aufgaben

1. Man zeige, daß eine stationäre Folge mit diskretem Spektrum (d. h., die Spektralfunktion $F(\lambda)$ ist stückweise konstant) singulär ist.

2. Es sei $\sigma_n^2 = \mathbf{M}\, |\xi_n - \hat{\xi}_n|^2$ sowie $\hat{\xi}_n = \hat{\mathbf{M}}(\xi_n \mid H_0(\xi))$. Man zeige, daß die Folge ξ singulär ist, falls $\sigma_n^2 = 0$ für ein gewisses $n \geqq 1$ gilt. Wenn jedoch $\sigma_n^2 \to R(0)$ für $n \to \infty$ gilt, ist ξ regulär.

3. Man zeige, daß die stationäre Folge $\xi = (\xi_n)$ mit $\xi_n = e^{in\varphi}$, wobei φ eine auf $[0, 2\pi]$ gleichverteilte zufällige Größe bezeichnet, regulär ist. Man finde die Schätzung $\hat{\xi}_n$ sowie die Größe σ_n^2 und zeige, daß die *nichtlineare* Schätzung

$$\tilde{\xi}_n = \left(\frac{\xi_0}{\xi_{-1}}\right)^n$$

eine fehlerfreie Vorhersage von ξ_n aus der „Vergangenheit“ $\xi^0 = (\ldots, \xi_{-1}, \xi_0)$ liefert, d. h.

$$\mathsf{M}\, |\tilde{\xi}_n - \xi_n|^2 = 0, \qquad n \geqq 1,$$

gilt.

§ 6. Extrapolation, Interpolation und Filtration

1. Extrapolation. Entsprechend den Ergebnissen des vorhergehenden Paragraphen gestatten singuläre Folgen eine fehlerfreie Vorhersage (Extrapolation) der Größen ξ_n, $n \geqq 1$, aus der „Vergangenheit“ $\xi^0 = (\ldots, \xi_{-1}, \xi_0)$. Es ist deshalb natürlich, bei der Betrachtung von Extrapolationsaufgaben für beliebige stationäre Folgen zunächst den Fall regulärer Folgen zu untersuchen.

Gemäß Satz 2 aus § 5 erlaubt jede reguläre Folge $\xi = (\xi_n)$ eine Darstellung als einseitig gleitendes Mittel

$$\xi_n = \sum_{k=0}^{\infty} a_k \varepsilon_{n-k} \tag{1}$$

mit $\sum\limits_{k=0}^{\infty} |a_k|^2 < \infty$ und einer erneuernden Folge $\varepsilon = (\varepsilon_n)$. Wie aus § 5 folgt, löst die Darstellung (1) die Aufgabe des Auffindens der optimalen linearen Schätzung $\hat{\xi}_n = \hat{\mathsf{M}}\big(\xi_n \mid H_0(\xi)\big)$, da entsprechend (5.8) die Beziehungen

$$\hat{\xi}_n = \sum_{k=n}^{\infty} a_k \varepsilon_{n-k} \tag{2}$$

und

$$\sigma_n^2 = \mathsf{M}\, |\xi_n - \hat{\xi}_n|^2 = \sum_{k=0}^{n-1} |a_k|^2 \tag{3}$$

gelten. Jedoch kann man diese Lösung aus folgendem Grunde nur als prinzipielle Lösung ansehen.

Gewöhnlich werden die zu betrachtenden Folgen nicht durch eine Darstellung (1), sondern durch Angabe ihrer Kovarianzfunktion $R(n)$ oder ihrer Spektraldichte $f(\lambda)$ (welche für reguläre Folgen existiert) vorgegeben. Deshalb kann man die Lösung (2) dann als zufriedenstellend anerkennen, wenn die Koeffizienten a_k durch die Werte $R(n)$ bzw. $f(\lambda)$ und die Größen ε_k durch die Werte $\ldots, \xi_{k-1}, \xi_k$ ausgedrückt werden.

Ohne dieses Problem in seiner allgemeinen Form zu berühren, beschränken wir uns auf die Untersuchung des (jedoch für die Anwendungen interessanten) Spezialfalles, daß die Spektraldichte die Gestalt

$$f(\lambda) = \frac{1}{2\pi}\, |\Phi(\mathrm{e}^{-\mathrm{i}\lambda})|^2 \tag{4}$$

hat, wobei die Funktion $\Phi(z) = \sum\limits_{k=0}^{\infty} b_k z^k$ einen Konvergenzradius $r > 1$ besitzt und im Bereich $|z| \leqq 1$ nicht 0 wird.

Es sei

$$\xi_n = \int_{-\pi}^{\pi} e^{i\lambda n} Z(d\lambda) \tag{5}$$

die Spektraldarstellung der Folge $\xi = (\xi_n)$, $n \in \mathbb{Z}$.

Satz 1. *Wenn die Spektraldichte der Folge* ξ *in der Form* (4) *darstellbar ist, wird die optimale lineare Schätzung* $\hat{\xi}_n$ *der Größe* ξ_n *aufgrund von* $\xi^0 = (\ldots, \xi_{-1}, \xi_0)$ *durch die Formel*

$$\hat{\xi}_n = \int_{-\pi}^{\pi} \hat{\varphi}_n(\lambda)\, Z(d\lambda) \tag{6}$$

gegeben, wobei

$$\hat{\varphi}_n(\lambda) = e^{i\lambda n} \frac{\Phi_n(e^{-i\lambda})}{\Phi(e^{-i\lambda})} \tag{7}$$

mit

$$\Phi_n(z) = \sum_{k=n}^{\infty} b_k z^k$$

gilt.

Beweis. Entsprechend der Bemerkung zu Satz 2 aus § 3 gestattet jede Größe $\tilde{\xi}_n \in H_0(\xi)$ eine Darstellung in der Form

$$\tilde{\xi}_n = \int_{-\pi}^{\pi} \tilde{\varphi}_n(\lambda)\, Z(d\lambda), \qquad \tilde{\varphi}_n \in H_0(F), \tag{8}$$

wobei $H_0(F)$ den von den Funktionen $e_n = e^{i\lambda n}$, $n \leqq 0$, erzeugten abgeschlossenen linearen Unterraum von $L^2(F)$ bezeichnet und $F(\lambda) = \int_{-\pi}^{\lambda} f(\nu)\, d\nu$ die Spektralfunktion der Folge darstellt.

Aufgrund der Beziehung

$$\mathsf{M}\, |\xi_n - \tilde{\xi}_n|^2 = \mathsf{M}\, \left| \int_{-\pi}^{\pi} \left(e^{i\lambda n} - \tilde{\varphi}_n(\lambda)\right) Z(d\lambda)\right|^2$$

$$= \int_{-\pi}^{\pi} |e^{i\lambda n} - \tilde{\varphi}_n(\lambda)|^2 f(\lambda)\, d\lambda$$

reduziert sich der Beweis der Optimalität der Schätzung (6) darauf, die Gleichung

$$\inf_{\tilde{\varphi}_n \in H_0(F)} \int_{-\pi}^{\pi} |e^{i\lambda n} - \tilde{\varphi}_n(\lambda)|^2 f(\lambda)\, d\lambda = \int_{-\pi}^{\pi} |e^{i\lambda n} - \hat{\varphi}_n(\lambda)|^2 f(\lambda)\, d\lambda \tag{9}$$

zu beweisen.

Aus der Theorie der Hilbert-Räume (vgl. Kapitel II, § 11) folgt, daß die im Sinne von (9) optimale Funktion $\hat{\varphi}_n(\lambda)$ durch zwei Bedingungen bestimmt wird:

1. $\hat{\varphi}_n(\lambda) \in H_0(F)$;

2. $e^{i\lambda n} - \hat{\varphi}_n(\lambda) \perp H_0(F)$. (10)

Wegen

$$e^{i\lambda n}\Phi_n(e^{-i\lambda}) = e^{i\lambda n}[b_n e^{-i\lambda n} + b_{n+1}e^{-i\lambda(n+1)} + \cdots] \in H_0(F)$$

und in analoger Weise $\frac{1}{\Phi(e^{-i\lambda})} \in H_0(F)$ liegt die durch (7) definierte Funktion $\hat{\varphi}_n(\lambda)$ in der Klasse $H_0(F)$. Deshalb genügt es für den Beweis der Optimalität der Funktion $\hat{\varphi}_n(\lambda)$, lediglich zu überprüfen, daß für beliebiges $m \leqq 0$

$$e^{i\lambda n} - \hat{\varphi}_n(\lambda) \perp e^{i\lambda m}$$

gilt, d. h.

$$I_{n,m} \equiv \int_{-\pi}^{\pi} [e^{i\lambda n} - \hat{\varphi}_n(\lambda)]\, e^{-i\lambda m} f(\lambda)\, d\lambda = 0, \qquad m \leqq 0.$$

Die folgende Gleichungskette zeigt, daß dies tatsächlich so ist:

$$I_{n,m} = \frac{1}{2\pi}\int_{-\pi}^{\pi} e^{i\lambda(n-m)} \left[1 - \frac{\Phi_n(e^{-i\lambda})}{\Phi(e^{-i\lambda})}\right] |\Phi(e^{-i\lambda})|^2\, d\lambda$$

$$= \frac{1}{2\pi}\int_{-\pi}^{\pi} e^{i\lambda(n-m)}[\Phi(e^{-i\lambda}) - \Phi_n(e^{-i\lambda})]\, \overline{\Phi(e^{-i\lambda})}\, d\lambda$$

$$= \frac{1}{2\pi}\int_{-\pi}^{\pi} e^{i\lambda(n-m)} \left(\sum_{k=0}^{n-1} b_k\, e^{-i\lambda k}\right)\left(\sum_{l=0}^{\infty} \bar{b}_l\, e^{i\lambda l}\right) d\lambda$$

$$= \frac{1}{2\pi}\int_{-\pi}^{\pi} e^{-i\lambda m} \left(\sum_{k=0}^{n-1} b_k\, e^{i\lambda(n-k)}\right)\left(\sum_{l=0}^{\infty} \bar{b}_l\, e^{i\lambda l}\right) d\lambda = 0.$$

Dabei folgt die letzte Gleichheit daraus, daß für $m \leqq 0$ und $r > 1$

$$\int_{-\pi}^{\pi} e^{-i\lambda m}\, e^{i\lambda r}\, d\lambda = 0$$

gilt. Damit ist der Satz bewiesen.

Bemerkung 1. Durch Entwicklung der Funktion $\hat{\varphi}_n(\lambda)$ in eine Fourier-Reihe

$$\hat{\varphi}_n(\lambda) = C_0 + C_{-1}\, e^{-i\lambda} + C_{-2}\, e^{-2i\lambda} + \cdots$$

erhalten wir, daß die Vorhersage $\hat{\xi}_n$ der Größe ξ_n, $n \geqq 1$, aufgrund der Vergangenheit $\xi^0 = (\ldots, \xi_{-1}, \xi_0)$ durch die Formel

$$\hat{\xi}_n = C_0\xi_0 + C_{-1}\xi_{-1} + C_{-2}\xi_{-2} + \cdots$$

bestimmt wird.

Bemerkung 2. Ein typisches Beispiel einer in der Form (4) darstellbaren Spektraldichte ist eine *rationale* Funktion

$$f(\lambda) = \frac{1}{2\pi}\left|\frac{P(\mathrm{e}^{-\mathrm{i}\lambda})}{Q(\mathrm{e}^{-\mathrm{i}\lambda})}\right|^2,$$

wobei die Polynome $P(z) = a_0 + a_1 z + \cdots + a_p z^p$ und $Q(z) = 1 + b_1 z + \cdots + b_q z^q$ im Gebiet $\{z\colon |z| \leqq 1\}$ nicht 0 werden.

Tatsächlich genügt es in diesem Fall, $\Phi(z) = P(z)/Q(z)$ zu setzen. Dann gilt $\Phi(z) = \sum_{k=0}^{\infty} C_k z^k$, wobei der Konvergenzradius dieser Reihe größer als 1 ist.

Wir wollen zwei Beispiele zur Illustration des Satzes 1 anführen.

Beispiel 1. Die Spektraldichte sei

$$f(\lambda) = \frac{1}{2\pi}\,(5 + 4\cos\lambda).$$

Die entsprechende Kovarianzfunktion $R(n)$ besitzt „Dreieck"-Gestalt:

$$R(0) = 5, \qquad R(\pm 1) = 2, \qquad R(n) = 0 \quad \text{für} \quad |n| \geqq 2. \tag{11}$$

Da die betrachtete Spektraldichte in der Gestalt

$$f(\lambda) = \frac{1}{2\pi}\,|2 + \mathrm{e}^{-\mathrm{i}\lambda}|^2$$

dargestellt werden kann, ist es möglich, Satz 1 anzuwenden. Wir erkennen leicht, daß die Beziehungen

$$\hat{\varphi}_1(\lambda) = \mathrm{e}^{\mathrm{i}\lambda}\,\frac{\mathrm{e}^{-\mathrm{i}\lambda}}{2 + \mathrm{e}^{-\mathrm{i}\lambda}}, \qquad \hat{\varphi}_n(\lambda) = 0 \quad \text{für} \quad n \geqq 2 \tag{12}$$

erfüllt sind. Deshalb gilt $\hat{\xi}_n = 0$ für alle $n \geqq 2$, d. h., die lineare Vorhersage der Größe ξ_n aufgrund von $\xi^0 = (\ldots, \xi_{-1}, \xi_0)$ erweist sich als trivial. Das ist überhaupt nicht verwunderlich, wenn man bemerkt, daß gemäß (11) für $n \geqq 2$ die Korrelation zwischen ξ_n und jeder der Größen $\xi_0, \xi_{-1}, \ldots$ gleich 0 ist.

Für $n = 1$ gewinnen wir aus (6) und (12) die Beziehung

$$\hat{\xi}_1 = \int_{-\pi}^{\pi} \mathrm{e}^{\mathrm{i}\lambda}\,\frac{\mathrm{e}^{-\mathrm{i}\lambda}}{2 + \mathrm{e}^{-\mathrm{i}\lambda}}\,Z(\mathrm{d}\lambda)$$

$$= \frac{1}{2} \int\limits_{-\pi}^{\pi} \frac{1}{\left(1 + \frac{e^{-i\lambda}}{2}\right)} Z(d\lambda) = \sum_{k=0}^{\infty} \frac{(-1)^k}{2^{k+1}} \int\limits_{-\pi}^{\pi} e^{-ik\lambda} Z(d\lambda)$$

$$= \sum_{k=0}^{\infty} \frac{(-1)^k \xi_k}{2^{k+1}} = \frac{1}{2}\, \xi_0 - \frac{1}{4}\, \xi_{-1} + \cdots.$$

Beispiel 2. Die Kovarianzfunktion sei

$$R(n) = a^n, \qquad |a| < 1.$$

Dann gilt (vgl. Beispiel 5 in § 1)

$$f(\lambda) = \frac{1}{2\pi} \frac{1 - |a|^2}{|1 - a\, e^{-i\lambda}|^2},$$

d. h.

$$f(\lambda) = \frac{1}{2\pi}\, |\Phi(e^{-i\lambda})|^2$$

mit

$$\Phi(z) = \frac{(1 - |a|^2)^{1/2}}{1 - az} = (1 - |a|^2)^{1/2} \sum_{k=0}^{\infty} (az)^k.$$

Daraus ergibt sich $\hat{\varphi}_n(\lambda) = a^n$ und folglich

$$\hat{\xi}_n = \int\limits_{-\pi}^{\pi} a^n Z(d\lambda) = a^n \xi_0.$$

Mit anderen Worten: Für die Vorhersage der Größe ξ_n aufgrund der Beobachtungen $\xi^0 = (\ldots, \xi_{-1}, \xi_0)$ ist die Kenntnis lediglich der letzten Beobachtung ξ_0 ausreichend.

Bemerkung 3 Aus der Woldschen Zerlegung einer regulären Folge $\xi = (\xi_n)$ mit

$$\xi_n = \sum_{k=0}^{\infty} a_k \varepsilon_{n-k} \tag{13}$$

ergibt sich, daß die Spektraldichte $f(\lambda)$ die Darstellung

$$f(\lambda) = \frac{1}{2\pi}\, |\Phi(e^{-i\lambda})|^2 \tag{14}$$

mit

$$\Phi(z) = \sum_{k=0}^{\infty} a_k z^k \tag{15}$$

gestattet. Offensichtlich gilt auch die Umkehrung. Wenn $f(\lambda)$ die Darstellung (14) mit einer Funktion $\Phi(z)$ der Gestalt (15) gestattet, besitzt die Woldsche Zerlegung die Gestalt (13). Auf diese Weise sind die Probleme der Darstellung der Spektraldichte in der Gestalt (14) und des Auffindens der Koeffizienten a_k in der Woldschen Zerlegung äquivalent.

Die in Satz 1 gemachten Voraussetzungen bezüglich der Funktion $\Phi(z)$ (daß keine Nullstellen im Gebiet $|z| \leqq 1$ vorliegen und $r > 1$ gilt) sind in Wirklichkeit für seine Gültigkeit nicht nötig. Ist also die Spektraldichte einer regulären Folge in der Gestalt (14) darstellbar, so wird die im Quadratmittel optimale lineare Schätzung $\hat{\xi}_n$ der Größe ξ_n aufgrund von $\xi^0 = (\ldots, \xi_{-1}, \xi_0)$ durch die Formeln (6) und (7) bestimmt.

Bemerkung 4. Der Satz 1 liefert zusammen mit der vorhergehenden Bemerkung die Lösung des Extrapolationsproblems für eine reguläre Folge. Wir wollen zeigen, daß in Wirklichkeit dieselbe Antwort auch für eine beliebige stationäre Folge gültig bleibt. Genauer sei $\xi_n = \xi_n^s + \xi_n^r$, $\xi_n = \int_{-\pi}^{\pi} e^{i\lambda n} Z(d\lambda)$, $F(\Delta) = \mathbf{M}\,|Z(\Delta)|^2$, und $f^r(\lambda) = \frac{1}{2\pi}\,|\Phi(e^{-i\lambda})|^2$ bezeichne die Spektraldichte der regulären Folge $\xi^r = (\xi_n^r)$. Dann wird die Schätzung $\hat{\xi}_n$ durch die Formeln (6) und (7) bestimmt.

Um das zu zeigen (vgl. § 5, Nr. 3), sei

$$\hat{\xi}_n = \int_{-\pi}^{\pi} \hat{\varphi}_n(\lambda)\, Z(d\lambda), \qquad \hat{\xi}_n^r = \int_{-\pi}^{\pi} \hat{\varphi}_n^r(\lambda)\, Z^r(d\lambda),$$

wobei $Z^r(\Delta)$ das orthogonale stochastische Maß in der Darstellung der regulären Folge ξ^r bezeichnet. Dann erhalten wir

$$\mathbf{M}\,|\xi_n - \hat{\xi}_n|^2 = \int_{-\pi}^{\pi} |e^{i\lambda n} - \hat{\varphi}_n(\lambda)|^2\, F(d\lambda) \geqq \int_{-\pi}^{\pi} |e^{i\lambda n} - \hat{\varphi}_n(\lambda)|^2 f^r(\lambda)\, d\lambda$$

$$\geqq \int_{-\pi}^{\pi} |e^{i\lambda n} - \hat{\varphi}_n^r(\lambda)|^2 f^r(\lambda)\, d\lambda = \mathbf{M}\,|\xi_n^r - \hat{\xi}_n^r|^2. \tag{16}$$

Es gilt aber $\xi_n - \hat{\xi}_n = \xi_n^r - \hat{\xi}_n^r$ (vgl. § 5, Nr. 3) und daher

$$\mathbf{M}\,|\xi_n - \hat{\xi}_n|^2 = \mathbf{M}\,|\xi_n^r - \hat{\xi}_n^r|^2,$$

und aus (16) folgt, daß man für $\hat{\varphi}_n(\lambda)$ die Funktion $\hat{\varphi}_n^r(\lambda)$ nehmen kann.

2. Interpolation. Wir werden voraussetzen, daß $\xi = (\xi_n)$ eine reguläre Folge mit der Spektraldichte $f(\lambda)$ bezeichnet. Die einfachste Problemstellung der Interpolation ist die Aufgabe der Konstruktion einer im Quadratmittel optimalen linearen Schätzung des „versäumten" Wertes ξ_0 aufgrund der Beobachtungsergebnisse $\{\xi_n, n = \pm 1, \pm 2, \ldots\}$.

Wir bezeichnen mit $H^0(\xi)$ den abgeschlossenen linearen Unterraum, der von den Größen ξ_n, $n \neq 0$, erzeugt wird. Dann läßt sich gemäß Satz 2 aus § 3 jede zufällige Größe $\eta \in H^0(\xi)$ in der Gestalt

$$\eta = \int_{-\pi}^{\pi} \varphi(\lambda)\, Z(d\lambda)$$

darstellen, wobei φ dem abgeschlossenen linearen Unterraum $H^0(F)$ angehört, der von den Funktionen $e^{i\lambda n}$, $n \neq 0$, erzeugt wird. Die Schätzung

$$\check{\xi}_0 = \int_{-\pi}^{\pi} \check{\varphi}(\lambda)\, Z(d\lambda) \tag{17}$$

wird genau dann optimal, wenn

$$\inf_{\eta \in H^0(\xi)} \mathbf{M}\, |\xi_0 - \eta|^2 = \inf_{\varphi \in H^0(F)} \int_{-\pi}^{\pi} |1 - \varphi(\lambda)|^2\, F(d\lambda)$$

$$= \int_{-\pi}^{\pi} |1 - \check{\varphi}(\lambda)|^2\, F(d\lambda) = \mathbf{M}\, |\xi_0 - \check{\xi}_0|^2$$

gilt.

Aus den Eigenschaften der orthogonalen Projektion auf den Hilbertraum $H^0(F)$ folgt, daß die Funktion $\check{\varphi}(\lambda)$ vollständig durch die beiden Bedingungen

$$\begin{aligned} &1.\ \check{\varphi}(\lambda) \in H^0(F), \\ &2.\ 1 - \check{\varphi}(\lambda) \perp H^0(F) \end{aligned} \tag{18}$$

bestimmt wird (vgl. mit (10)).

Satz 2 (A. N. Kolmogorov). *Ist $\xi = (\xi_n)$ eine reguläre Folge mit*

$$\int_{-\pi}^{\pi} \frac{d\lambda}{f(\lambda)} < \infty, \tag{19}$$

dann gilt

$$\check{\varphi}(\lambda) = 1 - \frac{\alpha}{f(\lambda)} \tag{20}$$

mit

$$\alpha = \frac{2\pi}{\int_{-\pi}^{\pi} \frac{d\lambda}{f(\lambda)}}, \tag{21}$$

und der Interpolationsfehler $\delta^2 = \mathbf{M}\, |\xi_0 - \check{\xi}_0|^2$ wird durch die Formel $\delta^2 = 2\pi\alpha$ gegeben.

Beweis. Wir führen den Beweis nur unter sehr strengen Voraussetzungen bezüglich der Spektraldichte, indem wir annehmen, daß

$$0 < c \leqq f(\lambda) \leqq C < \infty \tag{22}$$

gilt.

Aus der Bedingung 2 in (18) folgt für beliebiges $n \neq 0$ die Beziehung

$$\int_{-\pi}^{\pi} [1 - \check{\varphi}(\lambda)]\, e^{in\lambda} f(\lambda)\, d\lambda = 0. \tag{23}$$

Infolge der Annahme (22) gehört die Funktion $[1 - \check{\varphi}(\lambda)]\, f(\lambda)$ zu dem Hilbertraum $L^2([-\pi, \pi], \mathscr{B}([-\pi, \pi]), \mu)$ mit dem Lebesgue-Maß μ. In diesem Raum bildet das Funktionensystem $\left\{\frac{e^{i\lambda n}}{\sqrt{2\pi}}, n = 0, \pm 1, \ldots\right\}$ eine orthonormierte Basis (vgl. Aufgabe 7 aus Kapitel II, § 11). Aus (23) folgt deshalb, daß die Funktion $[1 - \check{\varphi}(\lambda)]\, f(\lambda)$ eine Konstante ist, welche wir mit α bezeichnen. Somit führt die zweite Bedingung in (18) zu der Beziehung

$$\check{\varphi}(\lambda) = 1 - \frac{\alpha}{f(\lambda)}. \tag{24}$$

Ausgehend von der ersten Bedingung in (18) bestimmen wir nun die Konstante α. Infolge (22) gilt $\check{\varphi} \in L^2$, und die Bedingung $\check{\varphi} \in H^0(F)$ besagt, daß $\check{\varphi}$ zu dem von den Funktionen $e^{i\lambda n}$, $n \neq 0$, erzeugten und (bezüglich der Norm im L^2) abgeschlossenen linearen Unterraum gehört. Hieraus ist klar, daß der nullte Koeffizient in der Zerlegung der Funktion $\check{\varphi}(\lambda)$ gleich 0 sein muß. Es gilt deshalb

$$0 = \int_{-\pi}^{\pi} \check{\varphi}(\lambda)\, d\lambda = 2\pi - \alpha \int_{-\pi}^{\pi} \frac{d\lambda}{f(\lambda)},$$

und die Konstante α wird folglich durch (21) bestimmt.

Schließlich gilt

$$\delta^2 = \mathbf{M}\, |\xi_0 - \check{\xi}_0|^2 = \int_{-\pi}^{\pi} |1 - \check{\varphi}(\lambda)|^2 f(\lambda)\, d\lambda$$

$$= |\alpha|^2 \int_{-\pi}^{\pi} \frac{f(\lambda)}{f^2(\lambda)}\, d\lambda = \frac{4\pi^2}{\int_{-\pi}^{\pi} \frac{d\lambda}{f(\lambda)}}.$$

Der Satz ist somit unter der Zusatzvoraussetzung (22) bewiesen.

Folgerung. Für

$$\check{\varphi}(\lambda) = \sum_{0<|k|\leq N} c_k e^{i\lambda k}$$

ergibt sich

$$\check{\xi}_0 = \sum_{0<|k|\leq N} c_k \int_{-\pi}^{\pi} e^{i\lambda k} Z(d\lambda) = \sum_{0<|k|\leq N} c_k \xi_k.$$

Beispiel 3. Es sei $f(\lambda)$ die Spektraldichte aus dem oben betrachteten Beispiel 2. Dann kann man leicht nachrechnen, daß

$$\check{\xi}_0 = \int_{-\pi}^{\pi} \frac{a}{1 + |a|^2} [e^{i\lambda} + e^{-i\lambda}]\, Z(d\lambda) = \frac{a}{1 + |a|^2} [\xi_1 + \xi_{-1}]$$

gilt, und der Interpolationsfehler ist gleich $\delta^2 = \frac{1 - |a|^2}{1 + |a|^2}$.

3. Filtration. Es sei $(\theta, \xi) = ((\theta_n), (\xi_n)), n \in \mathbb{Z}$, eine *teilweise beobachtbare Folge*, wobei $\theta = (\theta_n)$ die nicht beobachtbare und $\xi = (\xi_n)$ die beobachtbare Komponente bezeichnet. Jede der Folgen θ und ξ wird als stationär im weiteren Sinne mit dem Erwartungswert 0 und den entsprechenden Spektraldarstellungen

$$\theta_n = \int_{-\pi}^{\pi} e^{i\lambda n} Z_\theta(d\lambda), \qquad \xi_n = \int_{-\pi}^{\pi} e^{i\lambda n} Z_\xi(d\lambda)$$

vorausgesetzt. Wir setzen

$$F_\theta(\Delta) = \mathsf{M}\, |Z_\theta(\Delta)|^2, \qquad F_\xi(\Delta) = \mathsf{M}\, |Z_\xi(\Delta)|^2, \qquad F_{\theta\xi}(\Delta) = \mathsf{M} Z_\theta(\Delta)\, \overline{Z_\xi(\Delta)}.$$

Darüber hinaus nehmen wir noch an, daß θ und ξ *stationär verbunden* sind, d. h., ihre Kovarianzfunktion $\operatorname{cov}(\theta_n, \xi_m) = \mathsf{M}\theta_n\xi_m$ hängt nur von der Differenz $n - m$ ab. Setzen wir $R_{\theta\xi}(n) = \mathsf{M}\theta_n\xi_0$, dann gilt

$$R_{\theta\xi}(n) = \int_{-\pi}^{\pi} e^{i\lambda n} F_{\theta\xi}(d\lambda).$$

Die zu untersuchende Filtrationsaufgabe besteht in der Konstruktion einer im Quadratmittel optimalen linearen Schätzung $\hat{\theta}_n$ der Größe θ_n aufgrund von Beobachtungen der Folge ξ.

Unter der Voraussetzung, daß die Schätzung θ_n *aus allen* Werten ξ_m, $m \in \mathbb{Z}$, konstruiert wird, läßt sich diese Aufgabe ganz einfach lösen. Tatsächlich existiert dann wegen $\hat{\theta}_n = \hat{\mathsf{M}}(\theta_n \mid H(\xi))$ eine Funktion $\hat{\varphi}_n(\lambda)$ derart, daß

$$\hat{\theta}_n = \int_{-\pi}^{\pi} \hat{\varphi}_n(\lambda)\, Z_\xi(d\lambda) \tag{25}$$

gilt. Wie schon in Nr. 1 und 2 muß die „optimale" Funktion $\hat{\varphi}_n(\lambda)$ den Bedingungen

1. $\hat{\varphi}_n(\lambda) \in H(F_\xi)$,
2. $\theta_n - \hat{\theta}_n \perp H(\xi)$

genügen.

Aus der letzten Bedingung erhalten wir für beliebiges $m \in \mathbb{Z}$

$$\int_{-\pi}^{\pi} e^{i\lambda(n-m)} F_{\theta\xi}(d\lambda) - \int_{-\pi}^{\pi} e^{-i\lambda m} \hat{\varphi}_n(\lambda)\, F_\xi(d\lambda) = 0. \tag{26}$$

Unter der Voraussetzung, daß die Funktionen $F_{\theta\xi}(\lambda)$ und $F_\xi(\lambda)$ Dichten $f_{\theta\xi}(\lambda)$ und $f_\xi(\lambda)$ besitzen, erhalten wir aus (26)

$$\int_{-\pi}^{\pi} e^{i\lambda(n-m)} [f_{\theta\xi}(\lambda) - e^{-i\lambda n} \hat{\varphi}_n(\lambda)\, f_\xi(\lambda)]\, d\lambda = 0.$$

Wenn $f_\xi(\lambda) > 0$ (fast überall bezüglich des Lebesgue-Maßes) gilt, ergibt sich hieraus unmittelbar

$$\hat{\varphi}_n(\lambda) = e^{i\lambda n} \hat{\varphi}(\lambda), \tag{27}$$

wobei

$$\hat{\varphi}(\lambda) = f_{\theta\xi}(\lambda)\, f_\xi^{\oplus}(\lambda)$$

ist und $f_\xi^{\oplus}(\lambda)$ das Pseudoreziproke von $f_\xi(\lambda)$ bezeichnet, d. h.

$$f_\xi^{\oplus}(\lambda) = \begin{cases} f_\xi^{-1}(\lambda), & f_\xi(\lambda) > 0, \\ 0, & f_\xi(\lambda) = 0. \end{cases}$$

Dabei ist der Fehler der Filtration gleich

$$\mathbf{M}\, |\theta_n - \hat{\theta}_n|^2 = \int_{-\pi}^{\pi} [f_\theta(\lambda) - f_{\theta\xi}^2(\lambda)\, f_\xi^{\oplus}(\lambda)]\, \mathrm{d}\lambda. \tag{28}$$

Wie man leicht nachprüfen kann, gilt $\hat{\varphi}_n \in H(F_\xi)$, und die Schätzung (25) mit der Funktion (27) ist folglich optimal.

Beispiel 4. *Erkennung eines Signals aus einer Mischung mit einem Rauschen.* Es sei $\xi_n = \theta_n + \eta_n$, wobei das Signal $\theta = (\theta_n)$ und das Rauschen $\eta = (\eta_n)$ unkorrelierte Folgen mit den Spektraldichten $f_\theta(\lambda)$ bzw. $f_\eta(\lambda)$ sind. Dann gilt

$$\hat{\theta}_n = \int_{-\pi}^{\pi} \mathrm{e}^{\mathrm{i}\lambda n} \hat{\varphi}(\lambda)\, Z_\xi(\mathrm{d}\lambda)$$

mit

$$\hat{\varphi}(\lambda) = f_\theta(\lambda)\, [f_\theta(\lambda) + f_\eta(\lambda)]^{\oplus},$$

und der Fehler der Filtration ist gleich

$$\mathbf{M}\, |\theta_n - \hat{\theta}_n|^2 = \int_{-\pi}^{\pi} [f_\theta(\lambda)\, f_\eta(\lambda)]\, [f_\theta(\lambda) + f_\eta(\lambda)]^{\oplus}\, \mathrm{d}\lambda.$$

Die erhaltene Lösung (25) kann man nun zur Konstruktion einer optimalen Schätzung $\tilde{\theta}_{n+m}$ der Größe θ_{n+m} aufgrund der Beobachtungsergebnisse ξ_k, $k \leqq n$, nutzen, wobei m eine vorgegebene Zahl aus $\mathbb{Z}$ ist. Wir wollen voraussetzen, daß die Folge $\xi = (\xi_n)$ regulär ist und die Spektraldichte

$$f(\lambda) = \frac{1}{2\pi}\, |\Phi(\mathrm{e}^{-\mathrm{i}\lambda})|^2$$

mit $\Phi(z) = \sum_{k=0}^{\infty} a_k z^k$ besitzt. Entsprechend der Woldschen Zerlegung gilt

$$\xi_n = \sum_{k=0}^{\infty} a_k \varepsilon_{n-k},$$

wobei $\varepsilon = (\varepsilon_n)$ ein weißes Rauschen mit der Spektraldarstellung

$$\varepsilon_n = \int_{-\pi}^{\pi} \mathrm{e}^{\mathrm{i}\lambda n} Z_\varepsilon(\mathrm{d}\lambda)$$

bezeichnet. Aufgrund der Beziehungen

$$\tilde{\theta}_{n+m} = \hat{\mathsf{M}}[\theta_{n+m} \mid H_n(\xi)] = \hat{\mathsf{M}}\big[\hat{\mathsf{M}}[\theta_{n+m} \mid H(\xi)] \mid H_n(\xi)\big] = \hat{\mathsf{M}}[\hat{\theta}_{n+m} \mid H_n(\xi)]$$

und

$$\hat{\theta}_{n+m} = \int_{-\pi}^{\pi} \mathrm{e}^{\mathrm{i}\lambda(n+m)} \hat{\varphi}(\lambda)\, \Phi(\mathrm{e}^{-\mathrm{i}\lambda})\, Z_\varepsilon(\mathrm{d}\lambda) = \sum_{k \leqq n+m} \hat{a}_{n+m-k}\varepsilon_k$$

mit

$$\hat{a}_k = \frac{1}{2\pi} \int_{-\pi}^{\pi} \mathrm{e}^{\mathrm{i}\lambda k} \hat{\varphi}(\lambda)\, \Phi(\mathrm{e}^{-\mathrm{i}\lambda})\, \mathrm{d}\lambda \tag{29}$$

ergibt sich

$$\tilde{\theta}_{n+m} = \hat{\mathsf{M}}\left[\sum_{k \leqq n+m} \hat{a}_{n+m-k}\varepsilon_k \mid H_n(\xi)\right].$$

Es gilt aber $H_n(\xi) = H_n(\varepsilon)$ und folglich

$$\tilde{\theta}_{n+m} = \sum_{k \leqq n} \hat{a}_{n+m-k}\varepsilon_k = \int_{-\pi}^{\pi} \left[\sum_{k \leqq n} \hat{a}_{n+m-k}\, \mathrm{e}^{\mathrm{i}\lambda k}\right] Z_\varepsilon(\mathrm{d}\lambda)$$

$$= \int_{-\pi}^{\pi} \mathrm{e}^{\mathrm{i}\lambda n} \left[\sum_{l=0}^{\infty} \hat{a}_{l+m}\, \mathrm{e}^{-\mathrm{i}\lambda l}\right] \Phi^{\oplus}(\mathrm{e}^{-\mathrm{i}\lambda})\, Z_\xi(\mathrm{d}\lambda),$$

wobei $\Phi^{\oplus}$ das Pseudoreziproke von Φ bezeichnet.

Damit gelangen wir zu dem folgenden Satz.

Satz 3. *Wenn die beobachtbare Folge $\xi = (\xi_n)$ regulär ist, wird die im Quadratmittel optimale lineare Schätzung $\tilde{\theta}_{n+m}$ der Größe θ_{n+m} aufgrund von ξ_k, $k \leqq n$, durch die Formel*

$$\tilde{\theta}_{n+m} = \int_{-\pi}^{\pi} \mathrm{e}^{\mathrm{i}\lambda n} H_m(\mathrm{e}^{-\mathrm{i}\lambda})\, Z_\xi(\mathrm{d}\lambda) \tag{30}$$

mit

$$H_m(\mathrm{e}^{-\mathrm{i}\lambda}) = \sum_{l=0}^{\infty} \hat{a}_{l+m}\, \mathrm{e}^{-\mathrm{i}\lambda l} \Phi^{\oplus}(\mathrm{e}^{-\mathrm{i}\lambda}) \tag{31}$$

gegeben, und die Koeffizienten a_k sind durch (29) *bestimmt.*

4. Aufgaben

1. Es sei ξ eine nichtentartete reguläre Folge mit der Spektraldichte (4). Man zeige, daß $\Phi(z)$ für $|z| < 1$ keine Nullstellen besitzt.
2. Man beweise, daß die Behauptung des Satzes 1 auch ohne die Voraussetzungen, daß $\Phi(z)$ einen Konvergenzradius $r > 1$ besitzt und die Nullstellen von $\Phi(z)$ nur im Gebiet $|z| > 1$ liegen, richtig bleibt.

3. Man zeige, daß für einen regulären Prozeß die in (4) auftretende Funktion $\Phi(z)$ in der Form

$$\Phi(z) = \sqrt{2\pi} \exp\left\{\frac{1}{2} c_0 + \sum_{k=1}^{\infty} c_k z^k\right\}, \qquad |z| < 1,$$

mit

$$c_k = \frac{1}{2\pi} \int_{-\pi}^{\pi} e^{ik\lambda} \ln f(\lambda)\, d\lambda$$

dargestellt werden kann. Man leite hieraus und aus (5.9) ab, daß der Fehler der Vorhersage für einen Schritt $\sigma_1^2 = \mathsf{M}\, |\hat{\xi}_1 - \xi_1|^2$ durch die Formel von G. Szegö und A. N. Kolmogorov

$$\sigma_1^2 = 2\pi \exp\left\{\frac{1}{2\pi} \int_{-\pi}^{\pi} \ln f(\lambda)\, d\lambda\right\}$$

gegeben wird.

4. Man gebe einen Beweis des Satzes 2 ohne die Voraussetzung (22).
5. Es seien das Signal θ und das Rauschen η unkorreliert mit den Spektraldichten

$$f_\theta(\lambda) = \frac{1}{2\pi} \cdot \frac{1}{|1 + b_1 e^{-i\lambda}|^2}, \qquad f_\eta(\lambda) = \frac{1}{2\pi} \cdot \frac{1}{|1 + b_2 e^{-i\lambda}|^2}.$$

Man finde auf der Grundlage des Satzes 3 die Schätzung $\tilde{\theta}_{n+m}$ der Größe θ_{n+m} aufgrund der Werte ξ_k, $k \leq n$, wobei $\xi_k = \theta_k + \eta_k$ gilt. Man betrachte dieselbe Aufgabe für die Spektraldichten

$$f_\theta(\lambda) = \frac{1}{2\pi} |2 + e^{-i\lambda}|^2, \qquad f_\eta(\lambda) = \frac{1}{2\pi}.$$

§ 7. Das Kalman-Bucy-Filter und seine Verallgemeinerungen

1. Vom numerischen Standpunkt ist die oben angegebene Lösung des Filtrationsproblems für die nicht beobachtbare Komponente θ aufgrund der Beobachtung ξ ungünstig, da sie wegen der enthaltenen Spektralterme zu ihrer Realisierung die Verwendung von Analogrechnern erfordert. In dem von R. E. Kalman und R. S. Bucy vorgeschlagenen Schema erfolgt die Synthese des optimalen Filters auf rekursive Weise, was die Realisierung mittels Digitalrechnern ermöglicht. Die breite Anwendbarkeit des Kalman-Bucy-Filters wird auch durch andere Gründe bedingt. Einer dieser Gründe besteht darin, daß es auch ohne die Voraussetzung der *Stationarität* der Folge (θ, ξ) „arbeitet".

Im weiteren wird nicht nur das traditionelle Schema von Kalman-Bucy betrachtet, sondern auch dessen Verallgemeinerung, welche darin besteht, daß die Koeffizienten in den (θ, ξ) bestimmenden Rekursionsgleichungen von allen in der Vergangenheit beobachtbaren Daten abhängen können.

Wir werden also annehmen, daß $(\theta, \xi) = ((\theta_n), (\xi_n))$ eine teilweise beobachtbare Folge ist, wobei

$$\theta_n = (\theta_1(n), \ldots, \theta_k(n)), \qquad \xi_n = (\xi_1(n), \ldots, \xi_l(n))$$

durch die Rekursionsgleichungen

$$\begin{aligned}\theta_{n+1} &= a_0(n, \xi) + a_1(n, \xi)\,\theta_n \\ &\quad + b_1(n, \xi)\,\varepsilon_1(n+1) + b_2(n, \xi)\,\varepsilon_2(n+1), \\ \xi_{n+1} &= A_0(n, \xi) + A_1(n, \xi)\,\theta_n \\ &\quad + B_1(n, \xi)\,\varepsilon_1(n+1) + B_2(n, \xi)\,\varepsilon_2(n+1) \end{aligned} \tag{1}$$

beschrieben werden. Hierbei bezeichnen $\varepsilon_1(n) = \big(\varepsilon_{11}(n), \ldots, \varepsilon_{1k}(n)\big)$, $\varepsilon_2(n) = \big(\varepsilon_{21}(n), \ldots, \varepsilon_{2l}(n)\big)$ unabhängige normalverteilte Vektoren mit unabhängigen Komponenten, von denen jede normalverteilt mit den Parametern 0 und 1 ist; $a_0(n, \xi) = \big(a_{01}(n, \xi), \ldots, a_{0k}(n, \xi)\big)$ und $A_0(n, \xi) = \big(A_{01}(n, \xi), \ldots, A_{0l}(n, \xi)\big)$ sind vektorwertige Funktionen, wobei die Abhängigkeit von $\xi = (\xi_0, \xi_1, \ldots)$ nicht vorgreifend ist, d. h., für fixiertes n hängen $a_{01}(n, \xi), \ldots, A_{0l}(n, \xi)$ nur von $\xi_0, \ldots, \xi_n$ ab. Die matrixwertigen Funktionen

$$\begin{aligned} b_1(n, \xi) &= \|b_{ij}^{(1)}(n, \xi)\|, & b_2(n, \xi) &= \|b_{ij}^{(2)}(n, \xi)\|, \\ B_1(n, \xi) &= \|B_{ij}^{(1)}(n, \xi)\|, & B_2(n, \xi) &= \|B_{ij}^{(2)}(n, \xi)\|, \\ a_1(n, \xi) &= \|a_{ij}^{(1)}(n, \xi)\|, & A_1(n, \xi) &= \|A_{ij}^{(1)}(n, \xi)\| \end{aligned}$$

besitzen jeweils die Ordnung $k \times k$, $k \times l$, $l \times k$, $l \times l$, $k \times k$, $l \times k$ und hängen ebenfalls nicht vorgreifend von ξ ab. Es sei auch vorausgesetzt, daß der Vektor der Anfangswerte (θ_0, ξ_0) nicht von den Folgen $\varepsilon_1 = \big(\varepsilon_1(n)\big)$ und $\varepsilon_2 = \big(\varepsilon_2(n)\big)$ abhängt.

Zur Vereinfachung der Darstellung wird im weiteren oft auf die Angabe der Abhängigkeit der Koeffizienten von ξ verzichtet.

Damit das System (1) eine Lösung mit endlichem zweiten Moment besitzt, werden wir $\mathbf{M}(\|\theta_0\|^2 + \|\xi_0\|^2) < \infty$ $\big(\|x\|^2 = \sum_{i=1}^{k} x_i^2,\ x = (x_1, \ldots, x_k)\big)$, $|a_{ij}^{(1)}(n, \xi)| \leqq C$, $|A_{ij}^{(1)}(n, \xi)| \leqq C$ voraussetzen, und wenn $g(n, \xi)$ eine beliebige der Funktionen a_{0i}, A_{0j}, $b_{ij}^{(1)}$, $b_{ij}^{(2)}$, $B_{ij}^{(1)}$, $B_{ij}^{(2)}$ bezeichnet, dann sei $\mathbf{M}\,|g(n, \xi)|^2 < \infty$, $n = 0, 1, \ldots$ Unter diesen Voraussetzungen ist die Folge (θ, ξ) so beschaffen, daß auch $\mathbf{M}(\|\theta_n\|^2 + \|\xi_n\|^2) < \infty$ für $n \geqq 0$ gilt.

Weiterhin sei $\mathcal{F}_n^\xi = \sigma\{\omega : \xi_0, \ldots, \xi_n\}$ die von den Größen $\xi_0, \ldots, \xi_n$ erzeugte σ-Algebra und

$$m_n = \mathbf{M}(\theta_n \mid \mathcal{F}_n^\xi), \qquad \gamma_n = \mathbf{M}[(\theta_n - m_n)(\theta_n - m_n)^* \mid \mathcal{F}_n^\xi].$$

Gemäß Satz 1 aus Kapitel II, § 8, ist m_n die im Quadratmittel optimale Schätzung des Vektors $\theta_n = \big(\theta_1(n), \ldots, \theta_k(n)\big)$, während $\mathbf{M}\gamma_n = \mathbf{M}[(\theta_n - m_n)(\theta_n - m_n)^*]$ die Matrix der Schätzfehler ist. Das Auffinden dieser Größen ist für beliebige, durch die Gleichungen (1) beschriebene Folgen eine sehr schwierige Aufgabe. Jedoch kann man unter der zusätzlichen Voraussetzung bezüglich (θ_0, ξ_0), daß die bedingte Verteilung $\mathbf{P}(\theta_0 \leqq a \mid \xi_0)$ eine Normalverteilung

$$\mathbf{P}(\theta_0 \leqq a \mid \xi_0) = \frac{1}{\sqrt{2\pi\gamma_0}} \int_{-\infty}^{a} \mathrm{e}^{-\frac{(x - m_0)^2}{2\gamma_0^2}}\, \mathrm{d}x \tag{2}$$

mit den Parametern $m_0 = m_0(\xi_0)$, $\gamma_0 = \gamma_0(\xi_0)$ ist, für m_n und γ_n ein System von Rekursionsgleichungen herleiten, welches auch die sogenannten Gleichungen des Kalman-Bucy-Filters einschließt.

Zunächst stellen wir ein wichtiges Hilfsergebnis bereit.

Lemma 1. *Unter den oben gemachten Voraussetzungen an die Koeffizienten des Systems* (1) *und der Bedingung* (2) *ist die Folge* (θ, ξ) *bedingt normalverteilt, d. h., die bedingte Verteilungsfunktion*

$$\mathsf{P}\{\theta_0 \leqq a_0, \dots, \theta_n \leqq a_n \mid \mathcal{F}^\xi_n\}$$

ist (P-*f.s.*) *die Verteilungsfunktion eines n-dimensionalen normalverteilten Vektors, dessen Erwartungswert und Kovarianzmatrix von* $(\xi_0, \dots, \xi_n)$ *abhängen.*

Beweis. Wir beschränken uns darauf, nur für die Verteilung $\mathsf{P}(\theta_n \leqq a \mid \mathcal{F}^\xi_n)$ zu zeigen, daß sie eine Normalverteilung ist; dies genügt für die Herleitung der Gleichungen für m_n und γ_n.

Zuerst vermerken wir, daß aus (1) folgt, daß die bedingte Verteilung

$$\mathsf{P}(\theta_{n+1} \leqq a_1, \xi_{n+1} \leqq x \mid \mathcal{F}^\xi_n, \theta_n = b)$$

eine Normalverteilung mit dem Erwartungswertvektor

$$\mathbb{A}_0 + \mathbb{A}_1 b = \begin{pmatrix} a_0 + a_1 b \\ A_0 + A_1 b \end{pmatrix}$$

und der Kovarianzmatrix

$$\mathbb{B} = \begin{pmatrix} b \circ b & b \circ B \\ (b \circ B)^* & B \circ B \end{pmatrix}$$

ist, wobei $b \circ b = b_1 b_1^* + b_2 b_2^*$, $b \circ B = b_1 B_1^* + b_2 B_2^*$, $B \circ B = B_1 B_1^* + B_2 B_2^*$ gilt.

Wir setzen $\zeta_n = (\theta_n, \xi_n)$ und $t = (t_1, \dots, t_{k+1})$. Dann gilt

$$\begin{aligned} &\mathsf{M}[\exp(it^* \zeta_{n+1}) \mid \mathcal{F}^\xi_n, \theta_n] \\ &= \exp\left\{it^*\big(\mathbb{A}_0(n, \xi) + \mathbb{A}_1(n, \xi)\,\theta_n\big) - \frac{1}{2}\, t^* \mathbb{B}(n, \xi)\, t\right\}. \end{aligned} \tag{3}$$

Wir nehmen nun an, daß die Behauptung des Lemmas für ein gewisses $n \geqq 0$ richtig ist. Dann ergibt sich

$$\begin{aligned} &\mathsf{M}[\exp\big(it^* \mathbb{A}_1(n, \xi)\,\theta_n\big) \mid \mathcal{F}^\xi_n] \\ &= \exp\left\{it^* \mathbb{A}_1(n, \xi)\, m_n - \frac{1}{2}\, t^*\big(\mathbb{A}_1(n, \xi)\,\gamma_n \mathbb{A}_1^*(n, \xi)\big)\, t\right\}. \end{aligned} \tag{4}$$

Wir wollen zeigen, daß (4) auch richtig bleibt, wenn n durch $n + 1$ ersetzt wird.

Aus (3) und (4) erhalten wir

$$\begin{aligned} \mathsf{M}[\exp(it^* \zeta_{n+1}) \mid \mathcal{F}^\xi_n] = \exp\Big\{&it^*\big(\mathbb{A}_0(n, \xi) + \mathbb{A}_1(n, \xi)\, m_n\big) \\ &- \frac{1}{2}\, t^* \mathbb{B}(n, \xi)\, t - \frac{1}{2}\, t^*\big(\mathbb{A}_1(n, \xi)\,\gamma_n \mathbb{A}_1^*(n, \xi)\big)\, t\Big\}. \end{aligned}$$

Aus diesem Grunde ist die bedingte Verteilung

$$\mathsf{P}(\theta_{n+1} \leqq a, \xi_{n+1} \leqq x \mid \mathcal{F}_n^\xi) \tag{5}$$

eine Normalverteilung.

Wie schon beim Beweis des Satzes über die normale Korrelation (Satz 2 in Kapitel II, § 13), weist man die Existenz einer Matrix C nach, so daß der Vektor

$$\eta = [\theta_{n+1} - \mathsf{M}(\theta_{n+1} \mid \mathcal{F}_n^\xi)] - C[\xi_{n+1} - \mathsf{M}(\xi_{n+1} \mid \mathcal{F}_n^\xi)]$$

die Eigenschaft

$$\mathsf{M}[\eta(\xi_{n+1} - \mathsf{M}(\xi_{n+1} \mid \mathcal{F}_n^\xi))^* \mid \mathcal{F}_n^\xi] = 0 \quad (\mathsf{P}\text{-f.s.})$$

besitzt. Hieraus folgt, daß die bedingt normalverteilten Vektoren η und ξ_{n+1}, unter der Bedingung $\mathcal{F}_n^\xi$ betrachtet, unabhängig sind, d. h., es gilt

$$\mathsf{P}(\eta \in A, \xi_{n+1} \in B \mid \mathcal{F}_n^\xi) = \mathsf{P}(\eta \in A \mid \mathcal{F}_n^\xi) \cdot \mathsf{P}(\xi_{n+1} \in B \mid \mathcal{F}_n^\xi)$$

für beliebige $A \in \mathcal{B}(R^k)$, $B \in \mathcal{B}(R^l)$.

Für $s = (s_1, \ldots, s_k)$ gilt deshalb

$$\begin{aligned}
&\mathsf{M}[\exp(is^*\theta_{n+1}) \mid \mathcal{F}_n^\xi, \xi_{n+1}] \\
&= \mathsf{M}\left\{\exp\left(is^*[\mathsf{M}(\theta_{n+1} \mid \mathcal{F}_n^\xi) + \eta + C[\xi_{n+1} - \mathsf{M}(\xi_{n+1} \mid \mathcal{F}_n^\xi)]]\right) \mid \mathcal{F}_n^\xi, \xi_{n+1}\right\} \\
&= \exp\left\{is^*[\mathsf{M}(\theta_{n+1} \mid \mathcal{F}_n^\xi) + C[\xi_{n+1} - \mathsf{M}(\xi_{n+1} \mid \mathcal{F}_n^\xi)]\right\} \mathsf{M}[\exp(is^*\eta) \mid \mathcal{F}_n^\xi, \xi_{n+1}] \\
&= \exp\left\{is^*[\mathsf{M}(\theta_{n+1} \mid \mathcal{F}_n^\xi)] + C[\xi_{n+1} - \mathsf{M}(\xi_{n+1} \mid \mathcal{F}_n^\xi)]\right\} \mathsf{M}\left(\exp(is^*\eta) \mid \mathcal{F}_n^\xi\right)].
\end{aligned} \tag{6}$$

Infolge (5) ist die bedingte Verteilung $\mathsf{P}(\eta \leqq y \mid \mathcal{F}_n^\xi)$ eine Normalverteilung. Zusammen mit (6) beweist dies, daß die bedingte Verteilung $\mathsf{P}(\theta_{n+1} \leqq a \mid \mathcal{F}_{n+1}^\xi)$ ebenfalls eine Normalverteilung ist, und der Beweis des Lemmas ist beendet.

Satz 1. *Es sei* (θ, ξ) *eine teilweise beobachtbare Folge, die das System* (1) *und die Bedingung* (2) *befriedigt. Dann genügen* m_n *und* γ_n *den folgenden Rekursionsgleichungen:*

$$\begin{aligned}
m_{n+1} = {} & [a_0 + a_1 m_n] + [b \circ B + a_1\gamma_n A_1^*][B \circ B + A_1\gamma_n A_1^*]^\oplus \\
& \times [\xi_{n+1} - A_0 - A_1 m_n],
\end{aligned} \tag{7}$$

$$\begin{aligned}
\gamma_{n+1} = {} & [a_1\gamma_n a_1^* + b \circ b] - [b \circ B + a_1\gamma_n A_1^*] \\
& \times [B \circ B + A_1\gamma_n A_1^*]^\oplus \cdot [b \circ B + a_1\gamma_n A_1^*]^*.
\end{aligned} \tag{8}$$

Beweis. Aus (1) ergeben sich die Beziehungen

$$\mathsf{M}(\theta_{n+1} \mid \mathcal{F}_n^\xi) = a_0 + a_1 m_n, \qquad \mathsf{M}(\xi_{n+1} \mid \mathcal{F}_n^\xi) - A_0 + A_1 m_n \tag{9}$$

und

$$\begin{aligned}
\theta_{n+1} - \mathsf{M}(\theta_{n+1} \mid \mathcal{F}_n^\xi) &= a_1[\theta_n - m_n] + b_1\varepsilon_1(n+1) + b_2\varepsilon_2(n+1), \\
\xi_{n+1} - \mathsf{M}(\xi_{n+1} \mid \mathcal{F}_n^\xi) &= A_1[\theta_n - m_n] + B_1\varepsilon_1(n+1) + B_2\varepsilon_2(n+1).
\end{aligned} \tag{10}$$

Wir setzen

$$\begin{aligned}
d_{11} &= \operatorname{cov}(\theta_{n+1}, \theta_{n+1} \mid \mathcal{F}_n^\xi) \\
&= \mathsf{M}\{[\theta_{n+1} - \mathsf{M}(\theta_{n+1} \mid \mathcal{F}_n^\xi)][\theta_{n+1} - \mathsf{M}(\theta_{n+1} \mid \mathcal{F}_n^\xi)]^*/\mathcal{F}_n^\xi\},
\end{aligned}$$

$$\begin{aligned} d_{12} &= \operatorname{cov}(\theta_{n+1}, \xi_{n+1} \mid \mathcal{F}_n^\xi) \\ &= \mathbf{M}\{[\theta_{n+1} - \mathbf{M}(\theta_{n+1} \mid \mathcal{F}_n^\xi)]\,[\xi_{n+1} - \mathbf{M}(\xi_{n+1} \mid \mathcal{F}_n^\xi)]^*/\mathcal{F}_n^\xi\}, \\ d_{22} &= \operatorname{cov}(\xi_{n+1}, \xi_{n+1} \mid \mathcal{F}_n^\xi) \\ &= \mathbf{M}\{[\xi_{n+1} - \mathbf{M}(\xi_{n+1} \mid \mathcal{F}_n^\xi)]\,[\xi_{n+1} - \mathbf{M}(\xi_{n+1} \mid \mathcal{F}_n^\xi)]^*/\mathcal{F}_n^\xi\}. \end{aligned}$$

Dann erhält man aus (10) die Gleichungen

$$d_{11} = a_1\gamma_n a_1^* + b \circ b, \qquad d_{12} = a_1\gamma_n A_1^* + b \circ B, \qquad d_{22} = A_1\gamma_n A_1^* + B \circ B. \tag{11}$$

Infolge des Satzes über die normale Korrelation (vgl. Satz 2 und Aufgabe 4 in Kapitel II, § 13) gilt

$$m_{n+1} = \mathbf{M}(\theta_{n+1} \mid \mathcal{F}_n^\xi, \xi_{n+1}) = \mathbf{M}(\theta_{n+1} \mid \mathcal{F}_n^\xi) + d_{12}d_{22}^\oplus(\xi_{n+1} - \mathbf{M}(\xi_{n+1} \mid \mathcal{F}_n^\xi))$$

und

$$\gamma_{n+1} = \operatorname{cov}(\theta_{n+1}, \theta_{n+1} \mid \mathcal{F}_n^\xi, \xi_{n+1}) = d_{11} - d_{12}d_{22}^\oplus d_{12}^*.$$

Durch Einsetzen der Ausdrücke für $\mathbf{M}(\theta_{n+1} \mid \mathcal{F}_n^\xi)$ und $\mathbf{M}(\xi_{n+1} \mid \mathcal{F}_n^\xi)$ aus (9) sowie für d_{11}, d_{12} und d_{22} aus (11) erhalten wir die gesuchten Rekursionsgleichungen (7) und (8).

Der Satz ist damit bewiesen.

Folgerung 1. Falls alle Koeffizienten $a_0(n, \xi), \ldots, B_2(n, \xi)$ in dem System (1) nicht von ξ abhängen, heißt das entsprechende Schema Kalman-Bucy-Schema, und die Gleichungen (7) und (8) nennt man *Kalman-Bucy-Filter*. Es ist wichtig hervorzuheben, daß in diesem Fall die bedingte Fehlermatrix γ_n mit der Fehlermatrix übereinstimmt, d. h., es gilt

$$\gamma_n \equiv \mathbf{M}\gamma_n = \mathbf{M}[(\theta_n - m_n)\,(\theta_n - m_n)^*].$$

Folgerung 2. Wir wollen annehmen, daß die teilweise beobachtbare Folge (θ_n, ξ_n) so beschaffen ist, daß für θ_n die erste der Gleichungen aus (1), aber für ξ_n die Gleichung

$$\begin{aligned} \xi_n = {} & \tilde{A}_0(n-1, \xi) + \tilde{A}_1(n-1, \xi)\,\theta_n \\ & + \tilde{B}_1(n-1, \xi)\,\varepsilon_1(n) + \tilde{B}_2(n-1, \xi)\,\varepsilon_2(n) \end{aligned} \tag{12}$$

gilt. Dann ist offensichtlich

$$\begin{aligned} \xi_{n+1} = {} & \tilde{A}_0(n, \xi) + \tilde{A}_1(n, \xi)\,[a_0(n, \xi) + a_1(n, \xi)\,\theta_n \\ & + b_1(n, \xi)\,\varepsilon_1(n+1) + b_2(n, \xi)\,\varepsilon_2(n+1)] \\ & + \tilde{B}_1(n, \xi)\,\varepsilon_1(n+1) + \tilde{B}_2(n, \xi)\,\varepsilon_2(n+1), \end{aligned}$$

und setzen wir

$$\begin{aligned} A_0 &= A_0 + \tilde{A}_1 a_0, \qquad & A_1 &= \tilde{A}_1 a_1, \\ B_1 &= \tilde{A}_1 b_1 + \tilde{B}_1, \qquad & B_2 &= \tilde{A}_1 b_2 + \tilde{B}_2, \end{aligned}$$

so finden wir, daß der betrachtete Fall ebenfalls in das Schema (1) paßt, und m_n sowie γ_n genügen den Gleichungen (7) und (8).

2. Wir wenden uns dem *linearen* Schema

$$\begin{aligned} \theta_{n+1} &= a_0 + a_1\theta_n + a_2\xi_n + b_1\varepsilon_1(n+1) + b_2\varepsilon_2(n+1), \\ \xi_{n+1} &= A_0 + A_1\theta_n + A_2\xi_n + B_1\varepsilon_1(n+1) + B_2\varepsilon_2(n+1) \end{aligned} \tag{13}$$

zu (vgl. mit (1)), wobei die Koeffizienten $a_0, \ldots, B_2$ von n abhängen können (aber nicht von ξ) und $\varepsilon_{ij}(n)$ unabhängige normalverteilte zufällige Größen mit $\mathsf{M}\varepsilon_{ij}(n) = 0$ und $\mathsf{M}\varepsilon_{ij}^2(n) = 1$ bezeichnen.

Das System (13) besitze eine Lösung für Anfangswerte (θ_0, ξ_0), deren bedingte Verteilung $\mathsf{P}(\theta_0 \leqq a \mid \xi_0)$ eine Normalverteilung mit den Parametern $m_0 = \mathsf{M}(\theta_0 \mid \xi_0)$ und $\gamma_0 = \operatorname{cov}(\theta_0, \theta_0 \mid \xi_0) \triangleq \mathsf{M}\gamma_0$ ist. Dann erweist sich die optimale Schätzung $m_n = \mathsf{M}(\theta_n \mid \mathcal{F}_n^\xi)$ aufgrund des Satzes über die normale Korrelation und der Gleichungen (7) und (8) als eine lineare Funktion von $\xi_0, \xi_1, \ldots, \xi_n$.

Diese Bemerkung ermöglicht es, die folgende wichtige Behauptung über die Struktur des optimalen linearen Filters im Falle des Verzichtes auf die Normalverteiltheit zu beweisen.

Satz 2. *Es sei $(\theta, \xi) = (\theta_n, \xi_n)$, $n \geqq 0$, eine teilweise beobachtbare Folge, die das System* (13) *befriedigt, wobei $\varepsilon_{ij}(n)$ unkorrelierte zufällige Größen mit $\mathsf{M}\varepsilon_{ij}(n) = 0$ und $\mathsf{M}\varepsilon_{ij}^2(n) = 1$ bezeichnen und die Komponenten des Vektors der Anfangswerte (θ_0, ξ_0) ein endliches zweites Moment besitzen. Dann genügt die optimale lineare Schätzung $\hat{m}_n = \hat{\mathsf{M}}(\theta_n \mid \xi_0, \ldots, \xi_n)$ den Gleichungen* (7) *mit $a_0(n, \xi) = a_0(n) + a_2(n)\,\xi_n$, $A_0(n, \xi) = A_0(n) + A_2(n)\,\xi_n$ und die Fehlermatrix $\hat{\gamma}_n = \hat{\mathsf{M}}[(\theta_n - \hat{m}_n)(\theta_n - \hat{m}_n)^*]$ den Gleichungen* (8) *mit den Anfangsdaten*

$$\begin{aligned} \hat{m}_0 &= \operatorname{cov}(\theta_0, \xi_0) \operatorname{cov}^{\oplus}(\xi_0, \xi_0) \cdot \xi_0, \\ \hat{\gamma}_0 &= \operatorname{cov}(\theta_0, \theta_0) - \operatorname{cov}(\theta_0, \xi_0) \operatorname{cov}^{\oplus}(\xi_0, \xi_0) \operatorname{cov}^*(\theta_0, \xi_0). \end{aligned} \tag{14}$$

Zum Beweis dieses Satzes wird das folgende Lemma benötigt, welches die Rolle des normalverteilten Falles beim Auffinden optimaler linearer Schätzungen aufdeckt.

Lemma 2. *Es sei (α, β) ein zweidimensionaler zufälliger Vektor mit $\mathsf{M}(\alpha^2 + \beta^2) < \infty$ und $(\tilde{\alpha}, \tilde{\beta})$ ein zweidimensionaler normalverteilter Vektor mit denselben ersten und zweiten Momenten wie (α, β), d. h.*

$$\mathsf{M}\tilde{\alpha}^i = \mathsf{M}\alpha^i, \mathsf{M}\tilde{\beta}^i = \mathsf{M}\beta^i, \quad i = 1, 2, \qquad \mathsf{M}\tilde{\alpha}\tilde{\beta} = \mathsf{M}\alpha\beta.$$

Weiterhin sei $\lambda(b)$ die in b lineare Funktion, für die

$$\lambda(b) = \mathsf{M}(\tilde{\alpha} \mid \tilde{\beta} = b)$$

gilt. Dann ist $\lambda(\beta)$ die im Quadratmittel optimale lineare Schätzung von α aufgrund von β, d. h., es gilt

$$\hat{\mathsf{M}}(\alpha \mid \beta) = \lambda(\beta).$$

Dabei ist $\mathsf{M}\lambda(\beta) = \mathsf{M}\alpha$.

Beweis. Zunächst sei erwähnt, daß die Existenz der mit $\mathbf{M}(\tilde{\alpha} \mid \tilde{\beta} = b)$ übereinstimmenden linearen Funktion $\lambda(b)$ aus dem Satz über die normale Korrelation folgt. Es sei ferner $\bar{\lambda}(b)$ irgendeine andere lineare Schätzung. Dann gilt

$$\mathbf{M}[\tilde{\alpha} - \bar{\lambda}(\tilde{\beta})]^2 \geqq \mathbf{M}[\tilde{\alpha} - \lambda(\tilde{\beta})]^2,$$

und infolge der Linearität der Schätzungen $\bar{\lambda}(b)$ und $\lambda(b)$ sowie der Bedingungen des Lemmas ergibt sich die Beziehung

$$\mathbf{M}[\alpha - \bar{\lambda}(\beta)]^2 = \mathbf{M}[\tilde{\alpha} - \bar{\lambda}(\tilde{\beta})]^2 \geqq \mathbf{M}[\tilde{\alpha} - \lambda(\tilde{\beta})]^2 = \mathbf{M}[\alpha - \lambda(\beta)]^2,$$

wodurch die Optimalität von $\lambda(\beta)$ in der Klasse der linearen Schätzungen bewiesen ist. Schließlich erhalten wir

$$\mathbf{M}\lambda(\beta) = \mathbf{M}\lambda(\tilde{\beta}) = \mathbf{M}[\mathbf{M}(\tilde{\alpha} \mid \tilde{\beta})] = \mathbf{M}\tilde{\alpha} = \mathbf{M}\alpha,$$

und das Lemma ist bewiesen.

Beweis des Satzes 2. Neben (13) betrachten wir das System

$$\begin{aligned} \tilde{\theta}_{n+1} &= a_0 + a_1\tilde{\theta}_n + a_2\tilde{\xi}_n + b_1\tilde{\varepsilon}_1(n+1) + b_2\tilde{\varepsilon}_2(n+1), \\ \tilde{\xi}_{n+1} &= A_0 + A_1\tilde{\theta}_n + A_2\tilde{\xi}_n + B_1\tilde{\varepsilon}_1(n+1) + B_2\tilde{\varepsilon}_2(n+1), \end{aligned} \tag{15}$$

wobei $\tilde{\varepsilon}_{ij}(n)$ unabhängige normalverteilte zufällige Größen mit $\mathbf{M}\tilde{\varepsilon}_{ij}(n) = 0$ und $\mathbf{M}\tilde{\varepsilon}_{ij}^2(n) = 1$ sind. Es sei $(\tilde{\theta}_0, \tilde{\xi}_0)$ ebenfalls ein normalverteilter Vektor, welcher dieselben ersten Momente und Kovarianzen wie (θ_0, ξ_0) besitzt und nicht von $\tilde{\varepsilon}_{ij}(n)$ abhängt. Dann ist der Vektor $(\tilde{\theta}_0, \ldots, \tilde{\theta}_n, \tilde{\xi}_0, \ldots, \tilde{\xi}_n)$ aufgrund der Linearität des Systems (15) normalverteilt, und die Behauptung des Satzes folgt somit aus Lemma 2 (genauer: aus dessen evidentem mehrdimensionalem Analogon) und dem Satz über die normale Korrelation. Damit ist Satz 2 bewiesen.

3. Zur Illustration der Sätze 1 und 2 wollen wir einige Beispiele betrachten.

Beispiel 1. Es seien $\theta = (\theta_n)$ und $\eta = (\eta_n)$ zwei im weiteren Sinne stationäre zufällige Folgen mit $\mathbf{M}\theta_n = \mathbf{M}\eta_n = 0$ und den Spektraldichten

$$f_\theta(\lambda) = \frac{1}{2\pi\, |1 + b_1\, \mathrm{e}^{-\mathrm{i}\lambda}|^2}, \qquad f_\eta(\lambda) = \frac{1}{2\pi} \cdot \frac{1}{|1 + b_2\, \mathrm{e}^{-\mathrm{i}\lambda}|^2},$$

wobei $|b_1| < 1$, $|b_2| < 1$ gilt.

Im weiteren werden wir θ als Signal sowie η als Rauschen interpretieren und voraussetzen, daß die Folge $\xi = (\xi_n)$ mit

$$\xi_n = \theta_n + \eta_n$$

beobachtet wird. Entsprechend der Folgerung 2 zu Satz 3 aus § 3 lassen sich unkorrelierte weiße Rauschen $\varepsilon_1 = (\varepsilon_1(n))$ und $\varepsilon_2 = (\varepsilon_2(n))$ mit

$$\theta_{n+1} + b_1\theta_n = \varepsilon_1(n+1), \qquad \eta_{n+1} + b_2\eta_n = \varepsilon_2(n+1)$$

finden. Dann ergibt sich

$$\begin{aligned}\xi_{n+1} &= \theta_{n+1} + \eta_{n+1} = -b_1\theta_n - b_2\eta_n + \varepsilon_1(n+1) + \varepsilon_2(n+1)\\ &= -b_2(\theta_n + \eta_n) - \theta_n(b_1 - b_2) + \varepsilon_1(n+1) + \varepsilon_2(n+1)\\ &= -b_2\xi_n - (b_1 - b_2)\,\theta_n + \varepsilon_1(n+1) + \varepsilon_2(n+1).\end{aligned}$$

Damit gelten für θ und ξ die Rekursionsgleichungen

$$\begin{aligned}\theta_{n+1} &= -b_1\theta_n + \varepsilon_1(n+1),\\ \xi_{n+1} &= -(b_1 - b_2)\,\theta_n - b_2\xi_n + \varepsilon_1(n+1) + \varepsilon_2(n+1),\end{aligned} \tag{16}$$

und gemäß Satz 2 genügen $m_n = \hat{\mathsf{M}}(\theta_n \mid \xi_0, \ldots, \xi_n)$ sowie $\gamma_n = \mathsf{M}(\theta_n - m_n)^2$ dem folgenden System von Rekursionsgleichungen der optimalen linearen Filtration:

$$\begin{aligned}m_{n+1} &= -b_1 m_n + \frac{b_1(b_1 - b_2)\,\gamma_n}{2 + (b_1 - b_2)^2\,\gamma_n}\,[\xi_{n+1} + (b_1 - b_2)\,m_n + b_2\xi_n],\\ \gamma_{n+1} &= b_1^2\gamma_n + 1 - \frac{[1 + b_1(b_1 - b_2)\,\gamma_n]^2}{2 + (b_1 - b_2)^2\,\gamma_n}.\end{aligned} \tag{17}$$

Wir wollen die Anfangswerte m_0 und γ_0 bestimmen, für welche dieses System gelöst werden muß. Setzen wir $d_{11} = \mathsf{M}\theta_n^2$, $d_{12} = \mathsf{M}\theta_n\xi_n$ und $d_{22} = \mathsf{M}\xi_n^2$, dann erhalten wir aus (16) die Gleichungen

$$\begin{aligned}d_{11} &= b_1^2 d_{11} + 1,\\ d_{12} &= b_1(b_1 - b_2)\,d_{11} + b_1 b_2 d_{12} + 1,\\ d_{22} &= (b_1 - b_2)^2\,d_{11} + b_2^2 d_{22} + 2b_2(b_1 - b_2)\,d_{12} + 2,\end{aligned}$$

woraus sich

$$d_{11} = \frac{1}{1 - b_1^2}, \qquad d_{12} = \frac{1}{1 - b_1^2}, \qquad d_{22} = \frac{2 - b_1^2 - b_2^2}{(1 - b_1^2)\,(1 - b_2^2)}$$

ergibt, was infolge (14) zu folgenden Werten für die Anfangsdaten führt:

$$\begin{aligned}m_0 &= \frac{d_{12}}{d_{22}}\,\xi_0 = \frac{1 - b_2^2}{2 - b_1^2 - b_2^2}\,\xi_0,\\ \gamma_0 &= d_{11} - \frac{d_{12}^2}{d_{22}} = \frac{1}{1 - b_1^2} - \frac{1 - b_2^2}{(1 - b_1^2)\,(2 - b_1^2 - b_2^2)} = \frac{1}{2 - b_1^2 - b_2^2}.\end{aligned} \tag{18}$$

Somit wird die im Quadratmittel optimale lineare Schätzung m_n des Signals θ_n aufgrund $\xi_0, \ldots, \xi_n$ und der Quadratmittelfehler γ_n durch das System von Rekursionsgleichungen (17) mit den Anfangsbedingungen (18) bestimmt. Wir erwähnen, daß die Gleichung für γ_n keine zufälligen Glieder enthält, und folglich können die für das Auffinden der Werte m_n notwendigen Größen γ_n im voraus, d. h. vor der Lösung der eigentlichen Filtrationsaufgabe, berechnet werden.

Beispiel 2. Dieses Beispiel ist insofern lehrreich, als es zeigt, wie das Ergebnis des Satzes 2 für das Auffinden des optimalen linearen Filters in einer Aufgabe angewendet werden kann, in der die Folge (θ, ξ) einem (nichtlinearen) System genügt, welches nicht mit dem System (13) übereinstimmt.

Es seien $\varepsilon_1 = \big(\varepsilon_1(n)\big)$ und $\varepsilon_2 = \big(\varepsilon_2(n)\big)$ zwei unabhängige Gaußsche Folgen, die aus unabhängigen zufälligen Größen mit $\mathbf{M}\varepsilon_i(n) = 0$, $\mathbf{M}\varepsilon_i^2(n) = 1$, $n \geqq 1$, $i = 1, 2$, bestehen. Wir betrachten das Folgenpaar $(\theta, \xi) = (\theta_n, \xi_n)$, $n \geqq 0$, mit

$$\begin{aligned} \theta_{n+1} &= a\theta_n + (1 + \theta_n)\, \varepsilon_1(n+1), \\ \xi_{n+1} &= A\theta_n + \varepsilon_2(n+1). \end{aligned} \tag{19}$$

Wir werden annehmen, daß θ_0 nicht von $(\varepsilon_1, \varepsilon_2)$ abhängt und normalverteilt ist, $\theta_0 \sim \mathcal{N}(m_0, \gamma_0)$.

Das System (19) ist *nichtlinear*, und eine unmittelbare Anwendung des Satzes 2 ist nicht möglich. Wenn jedoch

$$\tilde{\varepsilon}_1(n+1) = \frac{1 + \theta_n}{\sqrt{\mathbf{M}(1 + \theta_n)^2}}\, \varepsilon_1(n+1)$$

gesetzt wird, bemerken wir, daß $\mathbf{M}\tilde{\varepsilon}_1(n) = 0$ und $\mathbf{M}\tilde{\varepsilon}_1(n)\, \tilde{\varepsilon}_1(m) = 0$ für $n \neq m$ sowie $\mathbf{M}\tilde{\varepsilon}_1^2(n) = 1$ gilt. Deshalb genügt die Ausgangsfolge (θ, ξ) neben den Gleichungen (19) auch dem System

$$\begin{aligned} \theta_{n+1} &= a_1\theta_n + b_1\tilde{\varepsilon}_1(n+1), \\ \xi_{n+1} &= A_1\theta_n + \varepsilon_2(n+1), \end{aligned} \tag{20}$$

mit $b_1 = \sqrt{\mathbf{M}(1 + \theta_n)^2}$ und einer Folge $\big(\tilde{\varepsilon}_1(n)\big)$ unkorrelierter zufälliger Größen.

Das System (20) ist ein lineares System vom Typ (13), und die optimale lineare Schätzung $\hat{m}_n = \hat{\mathbf{M}}(\theta_n \mid \xi_0, \ldots, \xi_n)$ und ihr Fehler $\hat{\gamma}_n$ können folglich nach Satz 2 aus dem System (7), (8) bestimmt werden, welches im betrachteten Fall die folgende Gestalt annimmt:

$$m_{n+1} = a_1 m_n + \frac{a_1 A_1 \gamma_n}{1 + A_1^2 \gamma_n}\, [\xi_{n+1} - A_1 m_n],$$

$$\gamma_{n+1} = (a_1^2 \gamma_n + b_1^2) - \frac{(a_1 A_1 \gamma_n)^2}{1 + A_1^2 \gamma_n};$$

dabei muß $b_1 = \sqrt{\mathbf{M}(1 + \theta_n)^2}$ aus der ersten Gleichung des Systems (19) bestimmt werden.

Beispiel 3. *Schätzung von Parametern.* Es sei $\theta = (\theta_1, \ldots, \theta_k)$ ein normalverteilter Vektor mit $\mathbf{M}\theta = m$ und $\operatorname{cov}(\theta, \theta) = \gamma$. Wir nehmen an, daß (bei bekanntem m und γ) eine optimale Schätzung für θ auf Grund der Beobachtungsergebnisse der l-dimensionalen Folge $\xi = (\xi_n)$, $n \geqq 0$, mit

$$\xi_{n+1} = A_0(n, \xi) + A_1(n, \xi)\, \theta + B_1(n, \xi)\, \varepsilon_1(n+1), \qquad \xi_0 = 0, \tag{21}$$

gesucht wird, wobei ε_1 dasselbe wie im System (1) ist.

Dann erhalten wir aus (7), (8) für $m_n = \mathbf{M}(\theta \mid \mathcal{F}_n^\xi)$ und γ_n

$$\begin{aligned} m_{n+1} &= m_n + \gamma_n A_1^*(n, \xi) \left[(B_1 B_1^*)(n, \xi) + A_1(n, \xi)\, \gamma_n A_1^*(n, \xi)\right]^\oplus \\ &\quad \times \left[\xi_{n+1} - A_0(n, \xi) - A_1(n, \xi)\, m_n\right], \\ \gamma_{n+1} &= \gamma_n - \gamma_n A_1^*(n, \xi) \left[(B_1 B_1^*)(n, \xi) + A_1(n, \xi)\, \gamma_n A_1^*(n, \xi)\right]^\oplus \\ &\quad \times A_1(n, \xi)\, \gamma_n . \end{aligned} \tag{22}$$

Wenn die Matrix $B_1 B_1^*$ nicht singulär ist, wird die Lösung des Systems (22) durch

$$\begin{aligned} m_{n+1} &= \left[E + \gamma \sum_{m=0}^{n} A_1^*(m, \xi)\, (B_1 B_1^*)^{-1}(m, \xi)\, A_1^*(m, \xi)\right]^{-1} \\ &\quad \times \left[m + \gamma \sum_{m=0}^{n} A_1^*(m, \xi)\, (B_1 B_1^*)^{-1}(m, \xi) \left(\xi_{m+1} - A_0(m, \xi)\right)\right], \\ \gamma_{n+1} &= \left[E + \gamma \sum_{m=0}^{n} A_1^*(m, \xi)\, (B_1 B_1^*)^{-1}(m, \xi)\, A_1(m, \xi)\right]^{-1} \gamma \end{aligned} \tag{23}$$

gegeben, wobei E die Einheitsmatrix bezeichnet.

4. Aufgaben

1. Man zeige, daß für das System (1) die Vektoren m_n und $\theta_n - m_n$ unkorreliert sind:

$$\mathbf{M}[m_n^*(\theta_n - m_n)] = 0.$$

2. Im System (1) seien γ_0 und alle Koeffizienten, eventuell mit Ausnahme der Koeffizienten $a_0(n, \xi)$ und $A_0(n, \xi)$, unabhängig vom „Zufall“ (d. h. von ξ). Man zeige, daß dann die bedingte Kovarianz γ_n ebenfalls nicht vom „Zufall“ abhängt: $\gamma_n = \mathbf{M}\gamma_n$.
3. Man zeige, daß die Lösung des Systems (22) durch (23) gegeben wird.
4. Es sei $(\theta, \xi) = (\theta_n, \xi_n)$ eine Gaußsche Folge, die dem folgenden Spezialfall des Systems (1) genügt:

$$\theta_{n+1} = a\theta_n + b\varepsilon_1(n+1), \qquad \xi_{n+1} = A\theta_n + B\varepsilon_2(n+1).$$

Man zeige, daß unter den Bedingungen $A \neq 0$, $b \neq 0$ und $B \neq 0$ der Grenzfehler $\gamma = \lim_{n\to\infty} \gamma_n$ der Filtration existiert und durch die positive Wurzel der Gleichung

$$\gamma^2 + \left[\frac{B^2(1 - a^2)}{A^2} - b^2\right]\gamma - \frac{b^2 B^2}{A^2} = 0$$

bestimmt wird.

VII. Martingale

§ 1. Definition von Martingalen und verwandter Begriffe

1. Die Untersuchung der Abhängigkeit zwischen zufälligen Größen erfolgt in der Wahrscheinlichkeitstheorie mit verschiedenen Methoden. In der Theorie der im weiteren Sinne stationären zufälligen Folgen ist die Kovarianzfunktion die grundlegende Charakteristik der Abhängigkeit, und alle Aussagen in dieser Theorie werden vollständig durch Eigenschaften der Kovarianzfunktion beschrieben. In der Theorie der Markov-Ketten (vgl. Kapitel I, § 12, sowie Kapitel VIII) dient die Übergangsfunktion, welche die Dynamik der in Markovscher Abhängigkeit verbundenen zufälligen Größen völlig bestimmt, als grundlegende Charakteristik.

Im vorliegenden Kapitel (siehe auch Kapitel I, § 11) wird eine hinreichend große Klasse von Folgen zufälliger Größen (die Martingale und ihre Verallgemeinerungen) betrachtet, für die die Abhängigkeit mit Methoden studiert wird, welche auf Untersuchungen von Eigenschaften bedingter Erwartungswerte beruhen.

2. Wir setzen einen Wahrscheinlichkeitsraum $(\Omega, \mathcal{F}, \mathbf{P})$ und eine darauf ausgezeichnete Folge $(\mathcal{F}_n)$ von σ-Algebren $\mathcal{F}_n$, $n \geqq 0$, mit $\mathcal{F}_0 \subseteqq \mathcal{F}_1 \subseteqq \ldots \subseteqq \mathcal{F}$ als gegeben voraus.

Es sei $X_0, X_1, \ldots$ eine Folge zufälliger Größen, die auf $(\Omega, \mathcal{F}, \mathbf{P})$ gegeben sind. Falls für jedes $n \geqq 0$ die Größe X_n bezüglich $\mathcal{F}_n$ meßbar ist, sagen wir, daß das Tupel $X = (X_n, \mathcal{F}_n)$, $n \geqq 0$, oder einfach $X = (X_n, \mathcal{F}_n)$ eine *stochastische Folge* bildet.

Sind für eine stochastische Folge $X = (X_n, \mathcal{F}_n)$ die Größen X_n darüber hinaus für jedes $n \geqq 1$ $\mathcal{F}_{n-1}$-meßbar, so schreiben wir das in der Form $X = (X_n, \mathcal{F}_{n-1})$ mit $\mathcal{F}_{-1} = \mathcal{F}_0$ und nennen X eine *vorhersagbare Folge*. Eine solche Folge heißt *wachsend*, wenn $X_0 = 0$ und $X_n \leqq X_{n+1}$ ($\mathbf{P}$-f.s.) für alle $n \geqq 0$ erfüllt ist.

Definition 1. Eine stochastische Folge $X = (X_n, \mathcal{F}_n)$ heißt *Martingal* (bzw. *Submartingal*), falls für alle $n \geqq 0$

$$\mathbf{M}\,|X_n| < \infty, \tag{1}$$

$$\mathbf{M}(X_{n+1} \mid \mathcal{F}_n) \underset{(\geqq)}{=} X_n \quad (\mathbf{P}\text{-f.s.}) \tag{2}$$

gilt.

Eine stochastische Folge $X = (X_n, \mathcal{F}_n)$ heißt *Supermartingal*, wenn die Folge $-X = (-X_n, \mathcal{F}_n)$ ein Submartingal ist.

In dem Spezialfall, daß $\mathscr{F}_n = \mathscr{F}_n^X$ mit $\mathscr{F}_n^X = \sigma\{X_0, \ldots, X_n\}$ gilt und die stochastische Folge $X = (X_n, \mathscr{F}_n^X)$ ein Martingal (bzw. Submartingal) bildet, werden wir sagen, daß die Folge (X_n) selbst ein Martingal (bzw. Submartingal) ist.

Aus den Eigenschaften der bedingten Erwartungswerte läßt sich leicht schließen, daß die Bedingung (2) äquivalent zu der Beziehung

$$\int_A X_{n+1}\,\mathrm{d}\mathbf{P} \underset{(\geqq)}{=} \int_A X_n\,\mathrm{d}\mathbf{P} \tag{3}$$

für beliebiges $A \in \mathscr{F}_n$ und $n \geqq 0$ ist.

Beispiel 1. Für eine Folge (ξ_n) unabhängiger zufälliger Größen mit $\mathbf{M}\xi_n = 0$ und $X_n = \xi_0 + \cdots + \xi_n$, $\mathscr{F}_n = \sigma\{\xi_0, \ldots, \xi_n\}$ bildet die stochastische Folge $X = (X_n, \mathscr{F}_n)$ ein Martingal.

Beispiel 2. Für eine Folge (ξ_n) unabhängiger zufälliger Größen mit $\mathbf{M}\xi_n = 1$ bildet die stochastische Folge $X = (X_n, \mathscr{F}_n)$ mit $X_n = \prod_{k=0}^{n} \xi_k$, $\mathscr{F}_n = \sigma\{\xi_0, \ldots, \xi_n\}$ ebenfalls ein Martingal.

Beispiel 3. Es sei ξ eine zufällige Größe mit $\mathbf{M}\,|\xi| < \infty$ und $\mathscr{F}_0 \subseteqq \mathscr{F}_1 \subseteqq \ldots \subseteqq \mathscr{F}$. Dann ist die Folge $X = (X_n, \mathscr{F}_n)$ mit $X_n = \mathbf{M}(\xi \mid \mathscr{F}_n)$ ein Martingal.

Beispiel 4. Für eine Folge (ξ_n) nichtnegativer integrierbarer zufälliger Größen bildet (X_n) mit $X_n = \xi_0 + \cdots + \xi_n$ ein Submartingal.

Beispiel 5. Für ein Martingal $X = (X_n, \mathscr{F}_n)$ und eine konvexe Funktion g mit $\mathbf{M}\,|g(X_n)| < \infty$ für $n \geqq 0$ erweist sich die stochastische Folge $\big(g(X_n), \mathscr{F}_n\big)$ als Submartingal. (Das folgt aus der Jensenschen Ungleichung.)

Für ein Submartingal $X = (X_n, \mathscr{F}_n)$ und eine konvexe nichtfallende Funktion g mit $\mathbf{M}\,|g(X_n)| < \infty$ für alle $n \geqq 0$ ist $(g(X_n), \mathscr{F}_n)$ ebenfalls ein Submartingal.

Die in Definition 1 gemachte Voraussetzung (1) sichert die Existenz der bedingten Erwartungswerte $\mathbf{M}(X_{n+1} \mid \mathscr{F}_n)$ für alle $n \geqq 0$. Jedoch kann dieser bedingte Erwartungswert auch ohne die Voraussetzung $\mathbf{M}\,|X_{n+1}| < \infty$ existieren. Wir erinnern daran, daß nach Kapitel II, § 7, die Größen $\mathbf{M}(X_{n+1}^+ \mid \mathscr{F}_n)$ und $\mathbf{M}(X_{n+1}^- \mid \mathscr{F}_n)$ stets definiert sind, und gilt nun

$$\{\omega : \mathbf{M}(X_{n+1}^+ \mid \mathscr{F}_n) < \infty\} \cup \{\omega : \mathbf{M}(X_n^- \mid \mathscr{F}_n) < \infty\} = \Omega \quad (\mathbf{P}\text{-f.s.}),$$

wobei wir $A = B$ ($\mathbf{P}$-f.s.) schreiben, falls $\mathbf{P}(A \,\Delta\, B) = 0$ erfüllt ist, so sieht man $\mathbf{M}(X_{n+1} \mid \mathscr{F}_n)$ ebenfalls als definiert an und setzt nach Definition

$$\mathbf{M}(X_{n+1} \mid \mathscr{F}_n) = \mathbf{M}(X_{n+1}^+ \mid \mathscr{F}_n) - \mathbf{M}(X_{n+1}^- \mid \mathscr{F}_n).$$

Davon ausgehend ist die folgende Definition naheliegend.

Definition 2. Eine stochastische Folge $X = (X_n, \mathscr{F}_n)$ heißt *verallgemeinertes Martingal* (bzw. *verallgemeinertes Submartingal*), wenn für jedes $n \geqq 0$ der bedingte Erwartungswert $\mathbf{M}(X_{n+1} \mid \mathscr{F}_n)$ definiert und die Bedingung (2) erfüllt ist.

Wir bemerken, daß aus dieser Definition für ein verallgemeinertes Submartingal die Beziehung $\mathbf{M}(X_{n+1}^- \mid \mathcal{F}_n) < \infty$ ($\mathbf{P}$-f.s.) und für ein verallgemeinertes Martingal $\mathbf{M}(|X_{n+1}| \mid \mathcal{F}_n) < \infty$ ($\mathbf{P}$-f.s.) folgt.

3. Der in der nachfolgenden Definition eingeführte Begriff der Stoppzeit spielt eine überaus wichtige Rolle in der gesamten weiterhin betrachteten Theorie.

Definition 3. Eine zufällige Größe $\tau = \tau(\omega)$ mit Werten in der Menge $\{0, 1, \ldots, +\infty\}$ heißt *Stoppzeit* (bezüglich der Folge $(\mathcal{F}_n)$) oder *zufällige Größe, die nicht von der Zukunft abhängt,* wenn für jedes $n \geqq 0$

$$\{\tau = n\} \in \mathcal{F}_n \tag{4}$$

erfüllt ist. Im Fall $\mathbf{P}(\tau < \infty) = 1$ nennen wir eine Stoppzeit τ auch *Abbruchregel.*

Es sei $X = (X_n, \mathcal{F}_n)$ eine stochastische Folge und τ eine Stoppzeit bezüglich des Systems $(\mathcal{F}_n)$, und wir setzen

$$X_\tau = \sum_{n=0}^{\infty} X_n I_{\{\tau = n\}}.$$

(Somit gilt $X_\tau = 0$ auf der Menge $\{\tau = \infty\}$.)

Dann ergibt sich für jedes $B \in \mathcal{B}(R)$

$$\{X_\tau \in B\} = \sum_{n=0}^{\infty} \{X_n \in B, \tau = n\} \in \mathcal{F},$$

und X_τ ist folglich eine zufällige Größe.

Beispiel 6. Es sei $X = (X_n, \mathcal{F}_n)$ eine stochastische Folge und $B \in \mathcal{B}(R)$. Dann ist die Zeit des ersten Eintritts in die Menge B

$$\tau_B = \inf \{n \geqq 0 \colon X_n \in B\}$$

(mit $\tau_B = \infty$, falls $\{\cdot\} = \emptyset$) eine Stoppzeit, da für beliebiges $n \geqq 0$

$$\{\tau_B = n\} = \{X_0 \notin B, \ldots, X_{n-1} \notin B, X_n \in B\} \in \mathcal{F}_n$$

erfüllt ist.

Beispiel 7. Es sei $X = (X_n, \mathcal{F}_n)$ ein Martingal (bzw. Submartingal) und τ eine Stoppzeit (bezüglich der Folge $(\mathcal{F}_n)$). Dann bildet die „gestoppte“ Folge $X^\tau = (X_{n \wedge \tau}, \mathcal{F}_n)$ ebenfalls ein Martingal (bzw. Submartingal).

Aus der Beziehung

$$X_{n \wedge \tau} = \sum_{m=0}^{n-1} X_m I_{\{\tau = m\}} + X_n I_{\{\tau \geqq n\}}$$

folgt nämlich, daß die Größen $X_{n \wedge \tau}$ $\mathcal{F}_n$-meßbar sowie integrierbar sind und daß

$$X_{(n+1) \wedge \tau} - X_{n \wedge \tau} = I_{\{\tau > n\}}(X_{n+1} - X_n)$$

gilt, woraus sich

$$\mathsf{M}[X_{(n+1)\wedge\tau} - X_{n\wedge\tau} \mid \mathcal{F}_n] = I_{\{\tau>n\}}\mathsf{M}[X_{n+1} - X_n \mid \mathcal{F}_n] \underset{(\geqq)}{=} 0$$

ergibt.

Jeder Folge $(\mathcal{F}_n)$ und jeder Stoppzeit τ bezüglich $(\mathcal{F}_n)$ kann man das Mengensystem

$$\mathcal{F}_\tau = \{A \in \mathcal{F} : A \cap \{\tau = n\} \in \mathcal{F}_n \text{ für alle } n \geqq 0\}$$

zuordnen. Es ist klar, daß $\Omega \in \mathcal{F}_\tau$ gilt und $\mathcal{F}_\tau$ bezüglich der Bildung abzählbarer Vereinigungen abgeschlossen ist. Außerdem gilt für $A \in \mathcal{F}_\tau$ die Beziehung $\bar{A} \cap \{\tau = n\} = \{\tau = n\} \setminus (A \cap \{\tau = n\}) \in \mathcal{F}_n$ und somit $\bar{A} \in \mathcal{F}_\tau$. Hieraus folgt, daß $\mathcal{F}_\tau$ eine σ-Algebra ist.

Wenn man $\mathcal{F}_n$ als die Gesamtheit der bis zum Zeitpunkt n einschließlich beobachtbaren Ereignisse auffaßt, kann man sich $\mathcal{F}_\tau$ als die Gesamtheit der bis zu der zufälligen Zeit τ beobachtbaren Ereignisse vorstellen.

Man kann leicht zeigen, daß die zufälligen Größen τ und X_τ bezüglich $\mathcal{F}_\tau$ meßbar sind (vgl. Aufgabe 3).

4. Definition 4. Eine stochastische Folge $X = (X_n, \mathcal{F}_n)$ heißt *lokales Martingal* (bzw. *lokales Submartingal*), wenn eine (lokalisierende) Folge (τ_k) von Stoppzeiten derart existiert, daß $\tau_k \leqq \tau_{k+1}$ (P-f.s.) für alle $k \geqq 1$, $\tau_k \uparrow \infty$ (P-f.s.) für $k \to \infty$ erfüllt ist und jede „gestoppte" Folge $X^{\tau_k} = (X_{\tau_k \wedge n} I_{\{\tau_k > 0\}}, \mathcal{F}_n)$ ein Martingal (bzw. Submartingal) bildet.

Weiter unten wird in Satz 1 gezeigt, daß die Klasse der lokalen Martingale in Wirklichkeit mit der Klasse der verallgemeinerten Martingale übereinstimmt. Darüber hinaus kann jedes lokale Martingal mittels einer sogenannten Martingaltransformation aus einem gewissen Martingal und einer vorhersagbaren Folge gewonnen werden.

Definition 5. Es sei $Y = (Y_n, \mathcal{F}_n)$ eine stochastische Folge und $V = (V_n, \mathcal{F}_{n-1})$ eine vorhersagbare Folge. Die stochastische Folge $V \cdot Y = \big((V \cdot Y)_n, \mathcal{F}_n\big)$ mit

$$(V \cdot Y)_n = V_0 Y_0 + \sum_{i=1}^{n} V_i \Delta Y_i, \tag{5}$$

wobei $\Delta Y_i = Y_i - Y_{i-1}$ ist, heißt *Transformation von Y mittels V*. Falls Y sogar ein Martingal ist, nennt man $V \cdot Y$ *Martingaltransformation*.

Satz 1. *Es sei $X = (X_n, \mathcal{F}_n)$ eine stochastische Folge mit $X_0 = 0$ (P-f.s.). Die folgenden Aussagen sind äquivalent:*

a) *X ist ein lokales Martingal.*

b) *X ist ein verallgemeinertes Martingal.*

c) *X ist eine Martingaltransformation, d. h., es existieren eine vorhersagbare Folge $V = (V_n, \mathcal{F}_{n-1})$ mit $V_0 = 0$ und ein Martingal $Y = (Y_n, \mathcal{F}_n)$ mit $Y_0 = 0$ derart, daß $X = V \cdot Y$ gilt.*

Beweis. a) $\Rightarrow$ b). Es sei X ein lokales Martingal und (τ_k) eine lokalisierende Folge von Stoppzeiten für X. Dann gilt für beliebiges $m \geqq 0$

$$\mathbf{M}[|X_{m \wedge \tau_k} \mid I_{\{\tau_k>0\}}] < \infty \tag{6}$$

und damit

$$\mathbf{M}[|X_{(n+1)\wedge \tau_k} \mid I_{\{\tau_k>n\}}] = \mathbf{M}[|X_{n+1} \mid I_{\{\tau_k>n\}}] < \infty. \tag{7}$$

Die zufällige Größe $I_{\{\tau_k>n\}}$ ist $\mathcal{F}_n$-meßbar. Daher folgt aus (7) die Beziehung

$$\mathbf{M}[|X_{n+1} \mid I_{\{\tau_k>n\}} \mid \mathcal{F}_n] = I_{\{\tau_k>n\}}\mathbf{M}[|X_{n+1}| \mid \mathcal{F}_n] < \infty \quad (\mathbf{P}\text{-f.s.}).$$

Hier konvergiert $I_{\{\tau_k>n\}}$ gegen 1 ($\mathbf{P}$-f.s.) für $k \to \infty$, und es gilt folglich

$$\mathbf{M}(|X_{n+1}| \mid \mathcal{F}_n) < \infty \quad (\mathbf{P}\text{-f.s.}). \tag{8}$$

Aufgrund dieser Bedingung ist $\mathbf{M}(X_{n+1} \mid \mathcal{F}_n)$ definiert, und es bleibt nur noch die Gleichung $\mathbf{M}(X_{n+1} \mid \mathcal{F}_n) = X_n$ ($\mathbf{P}$-f.s.) zu zeigen.

Da X^{τ_k} Martingale sind, erhalten wir aus der $\mathcal{F}_n$-Meßbarkeit von $\{\tau_k > n\}$

$$\begin{aligned} I_{\{\tau_k>n\}}\mathbf{M}(X_{n+1} \mid \mathcal{F}_n) &= \mathbf{M}(I_{\{\tau_k>n\}}X_{n+1} \mid \mathcal{F}_n) = \mathbf{M}(I_{\{\tau_k>n\}}X^{\tau_k}_{n+1} \mid \mathcal{F}_n) \\ &= I_{\{\tau_k>n\}}\mathbf{M}(X^{\tau_k}_{n+1} \mid \mathcal{F}_n) = I_{\{\tau_k>n\}}X^{\tau_k}_n \\ &= I_{\{\tau_k>n\}}X_n \quad (\mathbf{P}\text{-f.s.}). \end{aligned}$$

Nun gilt aber $\{\tau_k > n\} \uparrow \Omega$ für $k \to \infty$ ($\mathbf{P}$-f.s.), und damit folgt die geforderte Gleichheit

$$\mathbf{M}(X_{n+1} \mid \mathcal{F}_n) = X_n \quad (\mathbf{P}\text{-f.s.}).$$

b) $\Rightarrow$ c). Es sei $\Delta X_n = X_n - X_{n-1}$, $V_0 = 0$ und $V_n = \mathbf{M}(|\Delta X_n| \mid \mathcal{F}_{n-1})$, $n \geqq 1$. Wir setzen $W_n = V_n^{\oplus}$, $Y_0 = 0$ und

$$Y_n = \sum_{i=1}^{n} W_i \Delta X_i, \qquad n \geqq 1.$$

Es ist klar, daß

$$\mathbf{M}(|\Delta Y_n| \mid \mathcal{F}_{n-1}) \leqq 1, \qquad \mathbf{M}(\Delta Y_n \mid \mathcal{F}_{n-1}) = 0$$

erfüllt ist, und $Y = (Y_n, \mathcal{F}_n)$ ist folglich ein Martingal. Weiterhin gilt $X_0 = V_0 \cdot Y_0 = 0$ und $\Delta(V \cdot Y)_n = \Delta X_n$. Daher ergibt sich

$$X = V \cdot Y.$$

c) $\Rightarrow$ a). Es sei $X = V \cdot Y$ mit einer vorhersagbaren Folge V, einem Martingal Y und $V_0 = Y_0 = 0$. Wir setzen

$$\tau_k = \inf \{n \geqq 0 \colon |V_{n+1}| > k\}$$

mit der Vereinbarung $\tau_k = \infty$, falls die Menge $\{\cdot\}$ leer ist. Da V_{n+1} bezüglich $\mathcal{F}_n$ meßbar ist, sind die Größen τ_k für jedes $k \geqq 1$ Stoppzeiten.

Wir betrachten die „gestoppten" Folgen $X^{\tau_k} = \big((V \cdot Y)_{n \wedge \tau_k} I_{\{\tau_k > 0\}}, \mathcal{F}_n\big)$. Auf der Menge $\{\tau_k > 0\}$ ist die Ungleichung $|V_{n \wedge \tau_k}| \leqq k$ gültig. Hieraus folgt für beliebiges $n \geqq 1$ die Beziehung $\mathbf{M}\,|(V \cdot Y)_{n \wedge \tau_k} I_{\{\tau_k > 0\}}| < \infty$. Weiterhin erhalten wir für $n \geqq 1$

$$\mathbf{M}\big([(V \cdot Y)_{(n+1) \wedge \tau_k} - (V \cdot Y)_{n \wedge \tau_k}]\, I_{\{\tau_k > 0\}} \mid \mathcal{F}_n\big)$$
$$= I_{\{\tau_k > 0\}} V_{(n+1) \wedge \tau_k} \mathbf{M}(Y_{(n+1) \wedge \tau_k} - Y_{n \wedge \tau_k} \mid \mathcal{F}_n) = 0,$$

da $\mathbf{M}(Y_{(n+1) \wedge \tau_k} - Y_{n \wedge \tau_k} \mid \mathcal{F}_n) = 0$ gilt (vgl. Beispiel 7).

Somit ist die stochastische Folge X^{τ_k} für jedes $k \geqq 1$ ein Martingal, und es gilt $\tau_k \uparrow \infty$ ($\mathbf{P}$-f.s.), folglich ist X ein lokales Martingal.

Der Satz ist damit bewiesen.

5. Beispiel 8. Es sei (η_n) eine Folge unabhängiger identisch verteilter Bernoullischer zufälliger Größen mit $\mathbf{P}(\eta_n = 1) = p$, $\mathbf{P}(\eta_n = -1) = q$, $p + q = 1$. Wir werden das Ereignis $\{\eta_n = 1\}$ als Erfolg (Gewinn) und das Ereignis $\{\eta_n = -1\}$ als Mißerfolg (Verlust) eines Glücksspielers in der n-ten Partie interpretieren. Wir wollen annehmen, daß sein Spieleinsatz in der n-ten Partie V_n ist. Dann ergibt sich für den Gesamtgewinn des Spielers in n Partien die Gleichung

$$X_n = \sum_{i=1}^{n} V_i \eta_i = X_{n-1} + V_n \eta_n, \qquad X_0 = 0.$$

Es ist völlig natürlich, daß die Größe des Einsatzes V_n in der n-ten Partie von den Ergebnissen der vorhergehenden Partien, d. h. von $V_1, \ldots, V_{n-1}$ und $\eta_1, \ldots, \eta_{n-1}$ abhängen kann. Mit anderen Worten, wenn wir $\mathcal{F}_0 = \{\emptyset, \Omega\}$ und $\mathcal{F}_n = \sigma\{\eta_1, \ldots, \eta_n\}$ setzen, wird V_n eine $\mathcal{F}_{n-1}$-meßbare zufällige Größe, d. h., die Folge $V = (V_n, \mathcal{F}_{n-1})$, welche die „Strategie" des Spielers bestimmt, erweist sich als vorhersagbar. Indem wir $Y_n = \eta_1 + \cdots + \eta_n$ setzen, erhalten wir

$$X_n = \sum_{i=1}^{n} V_i \Delta Y_i,$$

d. h., die Folge $X = (X_n, \mathcal{F}_n)$ mit $X_0 = 0$ ist die Transformation von Y mittels V.

Vom Standpunkt des Spielers aus ist das betrachtete Spiel *gerecht* (bzw. *vorteilhaft* oder *unvorteilhaft*), falls in jedem Schritt für die Größe des erwarteten Gewinns $\mathbf{M}(X_{n+1} - X_n \mid \mathcal{F}_n) = 0$ (bzw. $\geqq 0$ oder $\leqq 0$) gilt. Deshalb ist klar, daß das Spiel

für $p = q = 1/2$ gerecht,
für $p > q$ vorteilhaft und
für $p < q$ unvorteilhaft

ist. Da die Folge $X = (X_n, \mathcal{F}_n)$

für $p = q = 1/2$ ein Martingal,
für $p > q$ ein Submartingal sowie
für $p < q$ ein Supermartingal

bildet, kann man sagen, daß die Annahme der Gerechtigkeit (bzw. Vorteilhaftigkeit oder Unvorteilhaftigkeit) des Spieles der Martingaleigenschaft (bzw. Submartingaleigenschaft oder Supermartingaleigenschaft) der Folge X entspricht.

Wir betrachten jetzt die spezielle „Strategie" $V = (V_n, \mathcal{F}_{n-1})$ mit $V_1 = 1$ und

$$V_n = \begin{cases} 2^{n-1}, & \text{falls } \eta_1 = -1, \ldots, \eta_{n-1} = -1, \\ 0 & \text{sonst} \end{cases} \tag{9}$$

für $n > 1$, deren Inhalt darin besteht, daß der Spieler mit dem Einsatz $V_1 = 1$ beginnend, den Einsatz bei einem Verlust jeweils auf das Doppelte erhöht und das Spiel nach dem ersten Gewinn abbricht.

Für $\eta_1 = -1, \ldots, \eta_n = -1$ wird der gesamte Verlust des Spielers in n Partien gleich

$$\sum_{i=1}^{n} 2^{i-1} = 2^n - 1.$$

Falls darüber hinaus aber $\eta_{n+1} = 1$ gilt, ergibt sich deshalb

$$X_{n+1} = X_n + V_{n+1} = -(2^n - 1) + 2^n = 1.$$

Wir bezeichnen $\tau = \inf \{n \geqq 1 : X_n = 1\}$. Falls $p = q = 1/2$ gilt, d. h. das betrachtete Spiel gerecht ist, erhalten wir die Beziehungen $\mathbf{P}(\tau = n) = (1/2)^n$, $\mathbf{P}(\tau < \infty) = 1$, $\mathbf{P}(X_\tau = 1) = 1$ und $\mathbf{M}X_\tau = 1$. Somit kann der Spieler, wenn er sich an die „Strategie" (9) hält, sogar im Fall eines gerechten Spiels das Spiel erfolgreich beenden und seinem Kapital eine Einheit hinzufügen ($\mathbf{M}X_\tau = 1 > X_0 = 0$).

In der Spielpraxis nennt man das beschriebene Spielsystem, welches in der Verdopplung des Einsatzes bei einem Verlust und dem Abbruch des Spieles beim ersten Gewinn besteht, Martingal. Gerade hierauf geht die Entstehung des mathematischen Begriffes „Martingal" zurück.

Bemerkung. Im Fall $p = q = 1/2$ ist die Folge $X = (X_n, \mathcal{F}_n)$ mit $X_0 = 0$ ein Martingal, und es gilt also für beliebiges $n \geqq 1$

$$\mathbf{M}X_n = \mathbf{M}X_0 = 0.$$

Kann man deshalb erwarten, daß diese Beziehung auch erhalten bleibt, wenn anstelle der Zeiten n zufällige Zeiten τ betrachtet werden? Wie im weiteren klar werden wird, gilt in „typischen" Situationen $\mathbf{M}X_\tau = \mathbf{M}X_0$ (vgl. Satz 1 aus § 2). Jedoch tritt eine Verletzung dieser Gleichheit (wie im oben betrachteten Spiel) in solchen, sozusagen praktisch nicht realisierbaren Situationen ein, wenn τ und $|X_n|$ sehr große Werte annehmen. (Wir bemerken, daß das oben betrachtete Spiel praktisch nicht realisierbar ist, da es eine unbegrenzte Spieldauer und ein unbeschränktes Startkapital des Spielers voraussetzt).

6. Definition 6. Eine stochastische Folge $\xi = (\xi_n, \mathcal{F}_n)$ heißt *Martingaldifferenz*, wenn $\mathbf{M}\,|\xi_n| < \infty$ ist und

$$\mathbf{M}(\xi_{n+1} \mid \mathcal{F}_n) = 0 \quad (\mathbf{P}\text{-f.s.}) \tag{10}$$

für alle $n \geqq 0$ gilt.

Aus den Definitionen 1 und 6 ist der Zusammenhang zwischen Martingalen und Martingaldifferenzen klar. Und zwar ist für ein Martingal $X = (X_n, \mathcal{F}_n)$ die Folge

$\xi = (\xi_n, \mathscr{F}_n)$ mit $\xi_0 = X_0$ und $\xi_n = \Delta X_n$, $n \geqq 1$, eine Martingaldifferenz. Für eine Martingaldifferenz $\xi = (\xi_n, \mathscr{F}_n)$ erweist sich umgekehrt $X = (X_n, \mathscr{F}_n)$ mit $X_n = \xi_0 + \cdots + \xi_n$ als Martingal.

Entsprechend dieser Terminologie bildet jede Folge $\xi = (\xi_n)$ von unabhängigen integrierbaren zufälligen Größen mit $\mathbf{M}\xi_n = 0$, $n \geqq 1$, eine Martingaldifferenz (mit $\mathscr{F}_n = \sigma\{\xi_0, \xi_1, \ldots, \xi_n\}$).

7. Der folgende Satz klärt die Struktur von Submartingalen (bzw. Supermartingalen).

Satz 2 (J. L. Doob). *Es sei $X = (X_n, \mathscr{F}_n)$ ein Submartingal. Dann existieren ein Martingal $m = (m_n, \mathscr{F}_n)$ und eine vorhersagbare wachsende Folge $A = (A_n, \mathscr{F}_{n-1})$ derart, daß die Doob-Zerlegung*

$$X_n = m_n + A_n \quad (\mathbf{P}\text{-}f.s.) \tag{11}$$

für beliebiges $n \geqq 0$ git. Diese Zerlegung ist eindeutig.

Beweis. Wir setzen $m_0 = X_0$, $A_0 = 0$ und

$$m_n = m_0 + \sum_{j=0}^{n-1} [X_{j+1} - \mathbf{M}(X_{j+1} \mid \mathscr{F}_j)], \tag{12}$$

$$A_n = \sum_{j=0}^{n-1} [\mathbf{M}(X_{j+1} \mid \mathscr{F}_j) - X_j]. \tag{13}$$

Die so definierten m und A genügen offensichtlich den geforderten Bedingungen. Ferner gelte ebenfalls $X_n = m'_n + A'_n$ mit einem Martingal $m' = (m'_n, \mathscr{F}_n)$ und einem vorhersagbaren wachsenden Prozeß $A' = (A'_n, \mathscr{F}_n)$. Dann ergibt sich

$$A'_{n+1} - A'_n = (A_{n+1} - A_n) + (m_{n+1} - m_n) - (m'_{n+1} - m'_n),$$

und durch Bildung des bedingten Erwartungswertes bezüglich $\mathscr{F}_n$ auf beiden Seiten erhalten wir $A'_{n+1} - A'_n = A_{n+1} - A_n$ ($\mathbf{P}$-f.s.). Es gilt aber $A_0 = A'_0 = 0$ und somit $A_n = A'_n$ sowie $m_n = m'_n$ ($\mathbf{P}$-f.s.) für alle $n \geqq 0$.

Der Satz ist damit bewiesen.

Aus der Zerlegung (11) ergibt sich, daß die Folge $A = (A_n, \mathscr{F}_{n-1})$ das Submartingal $X = (X_n, \mathscr{F}_n)$ zu einem Martingal kompensiert. Diese Bemerkung rechtfertigt die folgende Definition.

Definition 7. Die in die Doob-Zerlegung (11) eingehende vorhersagbare wachsende Folge $A = (A_n, \mathscr{F}_{n-1})$ heißt *Kompensator des Submartingals X.*

Die Doob-Zerlegung spielt eine Schlüsselrolle bei der Untersuchung quadratisch integrierbarer Martingale $M = (M_n, \mathscr{F}_n)$, d. h. von Martingalen, für die $\mathbf{M}M_n^2 < \infty$ für $n \geqq 0$ gilt, was darauf beruht, daß die stochastische Folge $M^2 = (M_n^2, \mathscr{F}_n)$ ein Submartingal ist. Gemäß Satz 2 existieren ein Martingal $m = (m_n, \mathscr{F}_n)$ und eine vorhersagbare wachsende Folge $\langle M \rangle = (\langle M \rangle_n, \mathscr{F}_{n-1})$ mit der Eigenschaft

$$M_n^2 = m_n + \langle M \rangle_n. \tag{14}$$

Die Folge $\langle M \rangle$ heißt *quadratische Charakteristik* des Martingals M, und sie bestimmt in vielem die Struktur und Eigenschaften von M.

Aus (12) folgt

$$\langle M \rangle_n = \sum_{j=1}^{n} \mathbf{M}[(\Delta M_j)^2 | \mathcal{F}_{j-1}] \tag{15}$$

und für alle $l \leqq k$

$$\mathbf{M}[(M_k - M_l)^2 \mid \mathcal{F}_l] = \mathbf{M}[M_k^2 - M_l^2 \mid \mathcal{F}_l] = \mathbf{M}[\langle M \rangle_k - \langle M_l \rangle \mid \mathcal{F}_l]. \tag{16}$$

Wenn insbesondere $M_0 = 0$ ($\mathbf{P}$-f.s.) erfüllt ist, ergibt sich

$$\mathbf{M}M_k^2 = \mathbf{M}\langle M \rangle_k. \tag{17}$$

Es ist nützlich zu bemerken, daß für eine Folge unabhängiger zufälliger Größen (ξ_n) mit $\mathbf{M}\xi_n = 0$ und $\mathbf{M}\xi_n^2 < \infty$ die quadratische Charakteristik $\langle M \rangle$ des Martingals M mit $M_0 = 0$ und $M_n = \xi_1 + \cdots + \xi_n$

$$\langle M \rangle_n = \mathbf{M}M_n^2 = \mathbf{D}\xi_1 + \cdots + \mathbf{D}\xi_n \tag{18}$$

nicht zufällig ist und mit der Streuung übereinstimmt.

Für quadratisch integrierbare Martingale $X = (X_n, \mathcal{F}_n)$ und $Y = (Y_n, \mathcal{F}_n)$ setzen wir

$$\langle X, Y \rangle_n = \frac{1}{4} [\langle X + Y \rangle_n - \langle X - Y \rangle_n]. \tag{19}$$

Man kann leicht nachprüfen, daß $(X_n Y_n - \langle X, Y \rangle_n, \mathcal{F}_n)$ ein Martingal ist und folglich für $l \leqq k$

$$\mathbf{M}[(X_k - X_l)(Y_k - Y_l) \mid \mathcal{F}_l] = \mathbf{M}[\langle X, Y \rangle_k - \langle X, Y \rangle_l \mid \mathcal{F}_l] \tag{20}$$

gilt.

Im Fall $X_n = \xi_1 + \cdots + \xi_n$, $Y_n = \eta_1 + \cdots + \eta_n$, wobei (ξ_n) und (η_n) Folgen unabhängiger zufälliger Größen mit $\mathbf{M}\xi_n = \mathbf{M}\eta_n = 0$ und $\mathbf{M}\xi_n^2 < \infty$, $\mathbf{M}\eta_n^2 < \infty$ bezeichnen, sind die Größen $\langle X, Y \rangle_n$ gleich

$$\langle X, Y \rangle_n = \sum_{i=1}^{n} \operatorname{cov}(\xi_i, \eta_i).$$

Die Folge $\langle X, Y \rangle = (\langle X, Y \rangle_n, \mathcal{F}_{n-1})$ wird oft *gemeinsame Charakteristik* der quadratisch integrierbaren Martingale X und Y genannt.

8. Aufgaben

1. Man zeige die Äquivalenz der Bedingungen (2) und (3).
2. Es seien σ und τ Stoppzeiten. Man zeige, daß $\sigma + \tau$, $\sigma \wedge \tau$, $\sigma \vee \tau$ ebenfalls Stoppzeiten sind und daß für $\sigma \leqq \tau$ die Inklusion $\mathcal{F}_\sigma \subseteqq \mathcal{F}_\tau$ gilt.
3. Man zeige, daß τ und X_τ bezüglich $\mathcal{F}_\tau$ meßbar sind.
4. Es sei $Y = (Y_n, \mathcal{F}_n)$ ein Martingal (bzw. Submartingal) und $V = (V_n, \mathcal{F}_{n-1})$ eine vorhersagbare Folge, so daß $(V \cdot Y)_n$ für alle $n \geqq 0$ integrierbare zufällige Größen sind. Man zeige, daß dann $V \cdot Y$ ein Martingal (bzw. Submartingal) ist.

5. Es sei $\mathscr{F}_1 \subseteq \mathscr{F}_2 \subseteq \ldots$ eine nichtfallende Folge von σ-Algebren und ξ eine integrierbare zufällige Größe. Man zeige, daß die Folge (X_n) mit $X_n = \mathbf{M}(\xi \mid \mathscr{F}_n)$ ein Martingal bildet.

6. Es sei $\mathscr{G}_1 \supseteq \mathscr{G}_2 \supseteq \ldots$ eine nichtwachsende Folge von σ-Algebren und ξ eine integrierbare zufällige Größe. Man zeige, daß die Folge (X_n) mit $X_n = \mathbf{M}(\xi \mid \mathscr{G}_n)$ ein *umgekehrtes* Martingal bildet, d. h.

$$\mathbf{M}(X_n \mid X_{n+1}, X_{n+2}, \ldots) = X_{n+1} \quad (\mathbf{P}\text{-f.s.})$$

für beliebiges $n \geqq 1$.

7. Es seien $\xi_1, \xi_2, \xi_3, \ldots$ unabhängige zufällige Größen mit $\mathbf{P}(\xi_i = 0) = \mathbf{P}(\xi_i = 2) = 1/2$ und $X_n = \prod_{i=1}^{n} \xi_i$. Man zeige, daß keine integrierbare zufällige Größe ξ und keine nichtfallende Folge von σ-Algebren $(\mathscr{F}_n)$ existiert, so daß $X_n = \mathbf{M}(\xi \mid \mathscr{F}_n)$ gilt. (Dieses Beispiel zeigt, daß nicht jedes Martingal (X_n) in der Form $(\mathbf{M}(\xi \mid \mathscr{F}_n))$ dargestellt werden kann; vgl. Beispiel 3 aus Kapitel I, § 11.

§ 2. Über die Erhaltung der Martingaleigenschaft für zufällige Zeiten

1. Für ein Martingal $X = (X_n, \mathscr{F}_n)$ gilt für jedes $n \geqq 1$

$$\mathbf{M}X_n = \mathbf{M}X_0. \tag{1}$$

Bleibt diese Eigenschaft erhalten, wenn anstelle der Zeit n eine Stoppzeit τ eingesetzt wird? Das im vorhergehenden Paragraphen angeführte Beispiel 8 zeigt, daß dies im allgemeinen nicht so ist: Es existieren ein Martingal X und eine Stoppzeit τ, welche mit Wahrscheinlichkeit 1 endlich ist, so daß

$$\mathbf{M}X_\tau \neq \mathbf{M}X_0 \tag{2}$$

gilt.

Der folgende wichtige Satz beschreibt jene „typischen" Fälle, für die insbesondere $\mathbf{M}X_\tau = \mathbf{M}X_0$ erfüllt ist.

Satz 1 (J. L. Doob). *Es sei $X = (X_n, \mathscr{F}_n)$ ein Martingal (bzw. Submartingal), und τ_1 und τ_2 seien Stoppzeiten, für die*

$$\mathbf{M}\,|X_{\tau_i}| < \infty, \qquad i = 1, 2, \tag{3}$$

$$\varliminf_{n\to\infty} \int_{\{\tau_i > n\}} |X_n| \, d\mathbf{P} = 0, \qquad i = 1, 2, \tag{4}$$

erfüllt ist. Dann gilt

$$\mathbf{M}(X_{\tau_2} \mid \mathscr{F}_{\tau_1}) \underset{(\geqq)}{=} X_{\tau_1} \qquad (\{\tau_2 \geqq \tau_1\};\quad \mathbf{P}\text{-}f.s.). \tag{5}$$

Wenn zusätzlich $\mathbf{P}(\tau_1 \leqq \tau_2) = 1$ erfüllt ist, gilt

$$\mathbf{M}X_{\tau_2} \underset{(\geqq)}{=} \mathbf{M}X_{\tau_1}. \tag{6}$$

Beweis. Es genügt zu zeigen, daß für beliebiges $A \in \mathscr{F}_{\tau_1}$ die Beziehung

$$\int_{A\cap\{\tau_2\geqq\tau_1\}} X_{\tau_2} \, d\mathbf{P} \underset{(\geqq)}{=} \int_{A\cap\{\tau_2\geqq\tau_1\}} X_{\tau_1} \, d\mathbf{P} \tag{7}$$

gültig ist. Dafür ist es wiederum hinreichend, daß für beliebiges $n \geqq 0$

$$\int_{A\cap\{\tau_2\geqq\tau_1\}\cap\{\tau_1=n\}} X_{\tau_2}\,d\mathbf{P} \underset{(\geqq)}{=} \int_{A\cap\{\tau_2\geqq\tau_1\}\cap\{\tau_1=n\}} X_{\tau_1}\,d\mathbf{P}$$

gilt oder, was gleichbedeutend ist,

$$\int_{B\cap\{\tau_2\geqq n\}} X_{\tau_2}\,d\mathbf{P} \underset{(\geqq)}{=} \int_{B\cap\{\tau_2\geqq n\}} X_n\,d\mathbf{P}, \tag{8}$$

mit $B = A \cap \{\tau_1 = n\} \in \mathcal{F}_n$.

Wir haben

$$\begin{aligned}\int_{B\cap\{\tau_2\geqq n\}} X_n\,d\mathbf{P} &= \int_{B\cap\{\tau_2=n\}} X_n\,d\mathbf{P} + \int_{B\cap\{\tau_2>n\}} X_n\,d\mathbf{P}\\ &\underset{(\leqq)}{=} \int_{B\cap\{\tau_2=n\}} X_n\,d\mathbf{P} + \int_{B\cap\{\tau_2>n\}} \mathbf{M}(X_{n+1}\mid\mathcal{F}_n)\,d\mathbf{P}\\ &= \int_{B\cap\{\tau_2=n\}} X_{\tau_2}\,d\mathbf{P} + \int_{B\cap\{\tau_2\geqq n+1\}} X_{n+1}\,d\mathbf{P}\\ &\underset{(\leqq)}{=} \int_{B\cap\{n\leqq\tau_2\leqq n+1\}} X_{\tau_2}\,d\mathbf{P} + \int_{B\cap\{\tau_2\geqq n+2\}} X_{n+2}\,d\mathbf{P} \underset{(\leqq)}{=} \cdots\\ &\underset{(\leqq)}{=} \int_{B\cap\{n\leqq\tau_2\leqq m\}} X_{\tau_2}\,d\mathbf{P} + \int_{B\cap\{\tau_2>m\}} X_m\,d\mathbf{P},\end{aligned}$$

woraus sich

$$\int_{B\cap\{n\leqq\tau_2\leqq m\}} X_{\tau_2}\,d\mathbf{P} \underset{(\geqq)}{=} \int_{B\cap\{n\leqq\tau_2\}} X_n\,d\mathbf{P} - \int_{B\cap\{m<\tau_2\}} X_m\,d\mathbf{P}$$

ergibt, und wegen $X_m = 2X_m^+ - |X_m|$ gilt infolge (4)

$$\begin{aligned}\int_{B\cap\{\tau_2\geqq n\}} X_{\tau_2}\,d\mathbf{P} &\underset{(\geqq)}{=} \varlimsup_{m\to\infty}\left[\int_{B\cap\{n\leqq\tau_2\}} X_n\,d\mathbf{P} - \int_{B\cap\{m<\tau_2\}} X_m\,d\mathbf{P}\right]\\ &= \int_{B\cap\{n\leqq\tau_2\}} X_n\,d\mathbf{P} - \varliminf_{m\to\infty} \int_{B\cap\{m<\tau_2\}} X_m\,d\mathbf{P} = \int_{B\cap\{\tau_2\geqq n\}} X_n\,d\mathbf{P},\end{aligned}$$

was gerade (8) und damit auch (5) beweist. Schließlich folgt die Beziehung (6) aus (5). Der Satz ist somit bewiesen.

Folgerung 1. Falls eine Konstante N derart existiert, daß $\mathbf{P}(\tau_1 \leqq N) = 1$ und $\mathbf{P}(\tau_2 \leqq N) = 1$ gilt, sind die Bedingungen (3), (4) erfüllt. Wenn zusätzlich $\mathbf{P}(\tau_1 \leqq \tau_2) = 1$ gilt und X ein Martingal ist, ergibt sich deshalb

$$\mathbf{M}X_0 = \mathbf{M}X_{\tau_1} = \mathbf{M}X_{\tau_2} = \mathbf{M}X_N. \tag{9}$$

Folgerung 2. Wenn die Folge zufälliger Größen (X_n) gleichmäßig integrierbar ist (insbesondere, wenn mit Wahrscheinlichkeit 1 die Ungleichung $|X_n| \leqq C < \infty$ für alle $n \geqq 0$ gilt) und τ_i $(i = 1, 2)$ Abbruchregeln sind, sind die Bedingungen (3) und (4) erfüllt.

Es gilt nämlich $\mathbf{P}(\tau_i > n) \to 0$ für $n \to \infty$, und die Bedingung (4) folgt deshalb aus Lemma 2 in Kapitel II, § 6. Da die Folge (X_n) gleichmäßig integrierbar ist, haben wir ferner die Beziehung

$$\sup_N \mathbf{M}\,|X_N| < \infty \tag{10}$$

(vgl. (II.6.16)). Wenn τ eine Abbruchregel und X ein Submartingal ist, ergibt sich nach Folgerung 1, angewandt auf die beschränkte Zeit $\tau_N = \tau \wedge N$,

$$\mathbf{M}X_0 \leqq \mathbf{M}X_{\tau_N}.$$

Deshalb gilt

$$\mathbf{M}\,|X_{\tau_N}| = 2\mathbf{M}X_{\tau_N}^+ - \mathbf{M}X_{\tau_N} \leqq 2\mathbf{M}X_{\tau_N}^+ - \mathbf{M}X_0. \tag{11}$$

Die Folge $X^+ = (X_n^+, \mathcal{F}_n)$ ist ein Submartingal (vgl. Beispiel 5 aus § 1), und wir erhalten folglich

$$\begin{aligned}
\mathbf{M}X_{\tau_N}^+ &= \sum_{j=0}^{N} \int_{\{\tau=j\}} X_j^+ \,\mathrm{d}\mathbf{P} + \int_{\{\tau>N\}} X_N^+ \,\mathrm{d}\mathbf{P} \\
&\leqq \sum_{j=0}^{N} \int_{\{\tau=j\}} X_N^+ \,\mathrm{d}\mathbf{P} + \int_{\{\tau>N\}} X_N^+ \,\mathrm{d}\mathbf{P} = \mathbf{M}X_N^+ \\
&\leqq \mathbf{M}\,|X_N| \leqq \sup_N \mathbf{M}\,|X_N|,
\end{aligned}$$

was zusammen mit (11) die Ungleichung

$$\mathbf{M}\,|X_{\tau_N}| \leqq 3 \sup_n \mathbf{M}\,|X_n|$$

ergibt. Hieraus folgt aufgrund des Lemmas von Fatou

$$\mathbf{M}\,|X_\tau| \leqq 3 \sup_n \mathbf{M}\,|X_n|.$$

Deswegen erhalten wir für $\tau = \tau_i$ $(i = 1, 2)$ unter Berücksichtigung von (10) $\mathbf{M}\,|X_{\tau_i}| < \infty$, $i = 1, 2$.

Bemerkung. In Beispiel 8 aus § 1 ist

$$\int_{\{\tau>n\}} |X_n| \,\mathrm{d}\mathbf{P} = (2^n - 1)\,\mathbf{P}(\tau > n) = (2^n - 1) \cdot 2^{-n} \to 1$$

für $n \to \infty$, und die Bedingung (4) ist folglich für $\tau_2 = \tau$ verletzt.

2. Für Anwendungen erweist sich die folgende, aus Satz 1 abgeleitete Aussage oft als nützlich.

Satz 2. *Es seien $X = (X_n)$ ein Martingal (bzw. Submartingal) und τ eine Stoppzeit bezüglich $(\mathcal{F}_n^X)$ $(\mathcal{F}_n^X = \sigma\{X_0, \ldots, X_n\})$. Wir setzen voraus, daß*

$$\mathbf{M}\tau < \infty$$

und für beliebiges n und eine gewisse Konstante C

$$\mathbf{M}(|X_{n+1} - X_n| \mid \mathcal{F}_n^X) \leqq C \qquad (\{\tau \geqq n\};\ \mathbf{P}\text{-}f.s.)$$

erfüllt ist. Dann gilt

$$\mathbf{M}\,|X_\tau| < \infty$$

und

$$\mathbf{M}X_\tau \underset{(\geqq)}{\equiv} \mathbf{M}X_0. \tag{12}$$

Beweis. Wir wollen die Bedingungen (3) und (4) aus Satz 1 für $\tau_2 = \tau$ überprüfen. Es sei $Y_0 = |X_0|$, $Y_j = |X_j - X_{j-1}|$, $j \geqq 1$. Dann gilt $|X_\tau| \leqq \sum_{j=0}^{\tau} Y_j$ und

$$\mathbf{M}\,|X_\tau| \leqq \mathbf{M}\left(\sum_{j=0}^{\tau} Y_j\right) = \int_\Omega \left(\sum_{j=0}^{\tau} Y_j\right) \mathrm{d}\mathbf{P} = \sum_{n=0}^{\infty} \int_{\{\tau=n\}} \sum_{j=0}^{n} Y_j \,\mathrm{d}\mathbf{P}$$

$$= \sum_{n=0}^{\infty} \sum_{j=0}^{n} \int_{\{\tau=n\}} Y_j \,\mathrm{d}\mathbf{P} = \sum_{j=0}^{\infty} \sum_{n=j}^{\infty} \int_{\{\tau=n\}} Y_j \,\mathrm{d}\mathbf{P} = \sum_{j=0}^{\infty} \int_{\{\tau \geqq j\}} Y_j \,\mathrm{d}\mathbf{P}.$$

Die Menge $\{\tau \geqq j\} = \Omega \setminus \{\tau < j\}$ ist ein Element von $\mathcal{F}_{j-1}^X$ für $j \geqq 1$. Deshalb ergibt sich für $j \geqq 1$

$$\int_{\{\tau \geqq j\}} Y_j \,\mathrm{d}\mathbf{P} = \int_{\{\tau \geqq j\}} \mathbf{M}(Y_j \mid X_0, \ldots, X_{j-1}) \,\mathrm{d}\mathbf{P} \leqq C \cdot \mathbf{P}(\tau \geqq j)$$

und folglich

$$\mathbf{M}\,|X_\tau| \leqq \mathbf{M}\left(\sum_{j=0}^{\tau} Y_j\right) \leqq \mathbf{M}\,|X_0| + C \sum_{j=1}^{\infty} \mathbf{P}(\tau \geqq j)$$

$$= \mathbf{M}\,|X_0| + C \cdot \mathbf{M}\tau < \infty. \tag{13}$$

Weiterhin gilt für $\tau > n$

$$\sum_{j=0}^{n} Y_j \leqq \sum_{j=0}^{\tau} Y_j$$

und deshalb

$$\int_{\{\tau > n\}} |X_n| \,\mathrm{d}\mathbf{P} \leqq \int_{\{\tau > n\}} \sum_{j=0}^{\tau} Y_j \,\mathrm{d}\mathbf{P}.$$

Hieraus erhalten wir aufgrund des Satzes von Lebesgue über die majorisierte Konvergenz unter Berücksichtigung, daß gemäß (13) $\mathbf{M} \sum_{j=0}^{\tau} Y_j < \infty$ und $\{\tau > n\} \downarrow \emptyset$ für $n \to \infty$ ($\mathbf{P}$-f.s.) erfüllt ist,

$$\varliminf_{n\to\infty} \int_{\{\tau > n\}} |X_n| \,\mathrm{d}\mathbf{P} \leqq \varliminf_{n\to\infty} \int_{\{\tau > n\}} \left(\sum_{j=0}^{\tau} Y_j\right) \mathrm{d}\mathbf{P} = 0.$$

Somit sind die Bedingungen des Satzes 1 erfüllt, aus welchem die geforderte Beziehung (12) folgt.

Der Satz ist damit bewiesen.

3. Wir wollen nun auf einige Anwendungen der bewiesenen Sätze eingehen.

Satz 3 (Waldsche Identität). *Es seien* $\xi_1, \xi_2, \ldots$ *unabhängige identisch verteilte zufällige Größen mit* $\mathbf{M}\,|\xi_n| < \infty$ *und* τ *eine Stoppzeit bezüglich* $(\mathcal{F}_n^\xi)$ $(\mathcal{F}_n^\xi = \sigma\{\xi_1, \ldots, \xi_n\})$ *mit* $\tau \geqq 1$ *und* $\mathbf{M}\tau < \infty$. *Dann gilt*

$$\mathbf{M}(\xi_1 + \cdots + \xi_\tau) = \mathbf{M}\xi_1\mathbf{M}\tau. \tag{14}$$

Wenn zusätzlich $\mathbf{M}\xi_n^2 < \infty$ *erfüllt ist, gilt*

$$\mathbf{M}[(\xi_1 + \cdots + \xi_\tau) - \tau\mathbf{M}\xi_1]^2 = \mathbf{D}\xi_1\mathbf{M}\tau. \tag{15}$$

Beweis. Es ist klar, daß $X = (X_n, \mathcal{F}_n^\xi)$ mit $X_n = (\xi_1 + \cdots + \xi_n) - n\mathbf{M}\xi_1$ ein Martingal ist; dabei ist

$$\begin{aligned}\mathbf{M}[|X_{n+1} - X_n|\,|X_1, \ldots, X_n] &= \mathbf{M}[|\xi_{n+1} - \mathbf{M}\xi_1|\,|\xi_1, \ldots, \xi_n]\\ &= \mathbf{M}\,|\xi_{n+1} - \mathbf{M}\xi_1| \leqq 2\mathbf{M}\,|\xi_1| < \infty.\end{aligned}$$

Deshalb gilt aufgrund des Satzes 2

$$\mathbf{M}X_\tau = \mathbf{M}X_0 = 0,$$

womit (14) bewiesen ist.

Analoge Betrachtungen, angewandt auf das Martingal $Y = (Y_n, \mathcal{F}_n)$ mit $Y_n = X_n^2 - n\mathbf{D}\xi_1$, führen zum Beweis der Beziehung (15).

Folgerung. Es seien $\xi_1, \xi_2, \ldots$ unabhängige identisch verteilte zufällige Größen mit $\mathbf{P}(\xi_n = 1) = \mathbf{P}(\xi_n = -1) = 1/2$, $S_n = \xi_1 + \cdots + \xi_n$ und $\tau = \inf\{n \geqq 1 : S_n = 1\}$. Dann gilt $\mathbf{P}(\tau < \infty) = 1$ (vgl. z. B. (I.9.20)) und folglich $\mathbf{P}(S_\tau = 1) = 1$ sowie $\mathbf{M}S_\tau = 1$. Hieraus und aus (14) ergibt sich $\mathbf{M}\tau = \infty$.

Satz 4 (Waldsche Fundamentalidentität). *Es sei* $\xi_1, \xi_2, \ldots$ *eine Folge unabhängiger identisch verteilter zufälliger Größen und* $S_n = \xi_1 + \cdots + \xi_n$, $n \geqq 1$. *Ferner sei* $\varphi(t) = \mathbf{M}\,e^{t\xi_1}$ $(t \in R)$, *wobei* $\varphi(t_0)$ *für ein gewisses* $t_0 \neq 0$ *existiere und* $\varphi(t_0) \geqq 1$ *gelte. Für eine Stoppzeit* τ *bezüglich* $(\mathcal{F}_n^\xi)$ $(\mathcal{F}_n^\xi = \sigma\{\xi_1, \ldots, \xi_n\})$ *mit* $\tau \geqq 1$, $|S_n| \leqq C$ $(\{\tau \geqq n\}$; $\mathbf{P}$*-f.s.) und* $\mathbf{M}\tau < \infty$ *gilt dann*

$$\mathbf{M}\left[\frac{e^{t_0 S_\tau}}{(\varphi(t_0))^\tau}\right] = 1. \tag{16}$$

Beweis. Wir setzen

$$Y_n = e^{t_0 S_n}(\varphi(t_0))^{-n}.$$

Dann ist $Y = (Y_n, \mathcal{F}_n^\xi)$ ein Martingal mit $\mathbf{M}Y_n = 1$, und auf der Menge $\{\tau \geqq n\}$ gilt

$$\begin{aligned}\mathbf{M}\{|Y_{n+1} - Y_n|\,|Y_1, \ldots, Y_n\} &= Y_n\mathbf{M}\left\{\left|\frac{e^{t_0\xi_{n+1}}}{\varphi(t_0)} - 1\right|\,\middle|\,\xi_1, \ldots, \xi_n\right\}\\ &= Y_n \cdot \mathbf{M}\{|e^{t_0\xi_1}\varphi^{-1}(t_0) - 1|\} \leqq B < \infty,\end{aligned}$$

wobei B eine gewisse Konstante bezeichnet. Deshalb ist Satz 2 anwendbar, aus welchem wegen $\mathbf{M}Y_1 = 1$ die Beziehung (16) folgt.

Der Satz ist damit bewiesen.

Beispiel 1. Dieses Beispiel soll zur Illustration der Anwendung der weiter oben dargelegten Ergebnisse auf die Ermittlung von Ruinwahrscheinlichkeiten und der mittleren Spieldauer dienen (vgl. Kapitel I, § 9).

Es sei $\xi_1, \xi_2, \ldots$ eine Folge unabhängiger Bernoullischer zufälliger Größen mit $\mathsf{P}(\xi_n = 1) = p$, $\mathsf{P}(\xi_n = -1) = q$, $p + q = 1$, $S_n = \xi_1 + \cdots + \xi_n$ und

$$\tau = \inf\{n \geqq 1 : S_n = B \text{ oder } S_n = A\}, \tag{17}$$

wobei $-A$ und B positive ganze Zahlen bezeichnen.

Aus (I.9.20) folgt, daß $\mathsf{P}(\tau < \infty) = 1$ und $\mathsf{M}\tau < \infty$ erfüllt ist. Dann ergibt sich für $\alpha = \mathsf{P}(S_\tau = A)$ und $\beta = \mathsf{P}(S_\tau = B)$ die Gleichheit $\alpha + \beta = 1$, und für $p = q = 1/2$ finden wir aus (14)

$$0 = \mathsf{M}S_\tau = \alpha A + \beta B$$

und hieraus

$$\alpha = \frac{B}{B + |A|}, \qquad \beta = \frac{|A|}{B + |A|}.$$

Durch Anwendung von (15) erhalten wir

$$\mathsf{M}\tau = \mathsf{M}S_\tau^2 = \alpha A^2 + \beta B^2 = |AB|.$$

Für $p \neq q$ finden wir hingegen durch Betrachtung des Martingals $\left((q/p)^{S_n}\right)$

$$\mathsf{M}\left(\frac{q}{p}\right)^{S_\tau} = \mathsf{M}\left(\frac{q}{p}\right)^{S_1} = 1$$

und folglich

$$\alpha\left(\frac{q}{p}\right)^{A} + \beta\left(\frac{q}{p}\right)^{B} = 1.$$

Zusammen mit der Gleichheit $\alpha + \beta = 1$ ergibt das

$$\alpha = \frac{\left(\frac{q}{p}\right)^{B} - 1}{\left(\frac{q}{p}\right)^{B} - \left(\frac{q}{p}\right)^{|A|}}, \qquad \beta = \frac{1 - \left(\frac{q}{p}\right)^{|A|}}{\left(\frac{q}{p}\right)^{B} - \left(\frac{q}{p}\right)^{|A|}}. \tag{18}$$

Schließlich erhalten wir unter Berücksichtigung von $\mathsf{M}S_\tau = (p - q)\,\mathsf{M}\tau$ die Beziehung

$$\mathsf{M}\tau = \frac{\mathsf{M}S_\tau}{p - q} = \frac{\alpha A + \beta B}{p - q},$$

wobei α und β durch (18) bestimmt sind.

Beispiel 2. Im oben betrachteten Beispiel sei $p = q = 1/2$. Wir wollen zeigen, daß für jedes $0 < \lambda < \dfrac{\pi}{B + |A|}$ und die in (17) definierte Zeit τ

$$\mathbf{M}(\cos\lambda)^{-\tau} = \frac{\cos \lambda \cdot \dfrac{B+A}{2}}{\cos \lambda \cdot \dfrac{B+|A|}{2}} \tag{19}$$

gilt. Zu diesem Zweck untersuchen wir das Martingal $X = (X_n, \mathcal{F}_n^\xi)$ mit

$$X_n = (\cos\lambda)^{-n} \cos\lambda \left(S_n - \frac{B+A}{2}\right) \tag{20}$$

und $S_0 = 0$. Es ist klar, daß

$$\mathbf{M}X_n = \mathbf{M}X_0 = \cos\lambda \frac{B+A}{2} \tag{21}$$

gilt. Wir zeigen, daß die Folge $(X_{n\wedge\tau})$ gleichmäßig integrierbar ist. Dazu bemerken wir, daß nach Folgerung 1 zu Satz 1 für $0 < \lambda < \dfrac{\pi}{B + |A|}$ die Beziehung

$$\begin{aligned} \mathbf{M}X_0 = \mathbf{M}X_{n\wedge\tau} &= \mathbf{M}(\cos\lambda)^{-(n\wedge\tau)} \cos\lambda \left(S_{n\wedge\tau} - \frac{B+A}{2}\right) \\ &\geqq \mathbf{M}(\cos\lambda)^{-(n\wedge\tau)} \cos\lambda \frac{B-A}{2} \end{aligned}$$

erfüllt ist. Deswegen ergibt sich aus (21)

$$\mathbf{M}(\cos\lambda)^{-(n\wedge\tau)} \leqq \frac{\cos\lambda \dfrac{B+A}{2}}{\cos\lambda \dfrac{B+|A|}{2}}$$

und aufgrund des Lemmas von Fatou

$$\mathbf{M}(\cos\lambda)^{-\tau} \leqq \frac{\cos\lambda \dfrac{B+A}{2}}{\cos\lambda \dfrac{B+|A|}{2}}. \tag{22}$$

Entsprechend (20) gilt

$$|X_{n\wedge\tau}| \leqq (\cos\lambda)^{-\tau},$$

was somit zusammen mit (22) die gleichmäßige Integrierbarkeit der Folge $(X_{n\wedge\tau})$ beweist. Dann ergibt sich nach Folgerung 2 zu Satz 1

$$\cos\lambda \frac{B+A}{2} = \mathbf{M}X_0 = \mathbf{M}X_\tau = \mathbf{M}(\cos\lambda)^{-\tau} \cos\lambda \frac{B-A}{2},$$

woraus die gesuchte Gleichheit (19) folgt.

4. Aufgaben

1. Man zeige, daß im Fall von Submartingalen der Satz 1 gültig bleibt, wenn die Bedingung (4) durch die Bedingung

$$\varliminf_{n\to\infty} \int_{\{\tau_i>n\}} X_n^+ \,d\mathbf{P} = 0, \qquad i = 1, 2,$$

ersetzt wird.

2. Es sei $X = (X_n, \mathcal{F}_n)$ ein quadratisch integrierbares Martingal mit $X_0 = 0$, τ eine Abbruchregel und

$$\varliminf_{n\to\infty} \int_{\{\tau>n\}} X_n^2 \,d\mathbf{P} = 0.$$

Man zeige, daß dann

$$\mathbf{M}X_\tau^2 = \mathbf{M}\langle X\rangle_\tau \left(= \mathbf{M} \sum_{j=0}^{\tau} (\Delta X_j)^2\right)$$

mit $\Delta X_0 = X_0$, $\Delta X_j = X_j - X_{j-1}$, $j \geqq 1$, gilt.

3. Man zeige, daß für jedes Martingal oder nichtnegatives Submartingal $X = (X_n, \mathcal{F}_n)$ und jede Stoppzeit τ

$$\mathbf{M}\,|X_\tau| \leqq \lim_{n\to\infty} \mathbf{M}\,|X_n|$$

gilt.

4. Es sei $X = (X_n, \mathcal{F}_n)$ ein Supermartingal derart, daß eine integrierbare zufällige Größe ξ mit $X_n \geqq \mathbf{M}(\xi \mid \mathcal{F}_n)$ ($\mathbf{P}$-f.s.) für alle $n \geqq 0$ existiert. Man zeige, daß für Stoppzeiten τ_1 und τ_2 mit $\mathbf{P}(\tau_1 \leqq \tau_2 < \infty) = 1$

$$X_{\tau_1} \geqq \mathbf{M}(X_{\tau_2} \mid \mathcal{F}_{\tau_1}) \qquad (\mathbf{P}\text{-f.s.})$$

gilt.

5. Es seien $\xi_1, \xi_2, \ldots$ eine Folge unabhängiger zufälliger Größen mit $\mathbf{P}(\xi_n = 1) = \mathbf{P}(\xi_n = -1) = 1/2$, a und b positive Zahlen mit $b > a$,

$$X_n = a \sum_{k=1}^{n} I(\xi_k = 1) - b \sum_{k=1}^{n} I(\xi_k = -1)$$

und

$$\tau = \inf\{n \geqq 1 \colon X_n \leqq -r\}, \qquad r > 0.$$

Man zeige, daß $\mathbf{M}\,e^{\lambda\tau} < \infty$ für $\lambda = \alpha_0$ und $\mathbf{M}\,e^{\lambda\tau} = \infty$ für $\lambda > \alpha_0$ gilt; dabei ist

$$\alpha_0 = \frac{b}{a+b} \ln \frac{2b}{a+b} + \frac{a}{a+b} \ln \frac{2a}{a+b}.$$

6. Es sei $\xi_1, \xi_2, \ldots$ eine Folge unabhängiger zufälliger Größen mit $\mathbf{M}\xi_n = 0$, $\mathbf{D}\xi_n = \sigma_n^2$, $S_n = \xi_1 + \cdots + \xi_n$, $\mathcal{F}_n^\xi = \sigma\{\xi_1, \ldots, \xi_n\}$. Man beweise die Gültigkeit der folgenden Behauptungen, welche die Waldschen Identitäten (14) und (15) verallgemeinern: Für $\mathbf{M} \sum_{j=1}^{\tau} \mathbf{M}\,|\xi_j| < \infty$ gilt $\mathbf{M}S_\tau = 0$ und für $\mathbf{M} \sum_{j=1}^{\tau} \mathbf{M}\xi_j^2 < \infty$

$$\mathbf{M}S_\tau^2 = \mathbf{M} \sum_{j=1}^{\tau} \xi_j^2 = \mathbf{M} \sum_{j=1}^{\tau} \sigma_j^2. \tag{23}$$

§ 3. Grundlegende Ungleichungen

1. Es sei $X = (X_n, \mathcal{F}_n)$ eine stochastische Folge und

$$X_n^* = \max_{0 \leqq j \leqq n} |X_j|, \qquad \|X_n\|_p = (\mathsf{M}\,|X_n|^p)^{1/p}, \qquad p > 0.$$

Satz 1 (J. L. Doob). *Ist $X = (X_n, \mathcal{F}_n)$ ein nichtnegatives Submartingal, dann gilt für jedes $\varepsilon > 0$ und beliebiges $n \geqq 0$*

$$\mathsf{P}\{X_n^* \geqq \varepsilon\} \leqq \frac{1}{\varepsilon} \int_{\{X_n^* \geqq \varepsilon\}} X_n \, \mathrm{d}\mathsf{P} \leqq \frac{\mathsf{M}X_n}{\varepsilon}; \tag{1}$$

$$\|X_n\|_p \leqq \|X_n^*\|_p \leqq \frac{p}{p-1} \|X_n\|_p, \qquad \textit{falls } p > 1; \tag{2}$$

$$\|X_n\|_p \leqq \|X_n^*\|_p \leqq \frac{e}{e-1} \{1 + \|X_n \ln^+ X_n\|_p\}, \qquad \textit{falls } p = 1. \tag{3}$$

Beweis. Wir schreiben

$$\tau_n = \min\{j \leqq n : X_j \geqq \varepsilon\},$$

wobei $\tau_n = n$ für $\max_{0 \leqq j \leqq n} X_j < \varepsilon$ gesetzt wird. Dann gilt entsprechend (2.6)

$$\begin{aligned} \mathsf{M}X_n \geqq \mathsf{M}X_{\tau_n} &= \int_{\{X_n^* \geqq \varepsilon\}} X_{\tau_n} \, \mathrm{d}\mathsf{P} + \int_{\{X_n^* < \varepsilon\}} X_{\tau_n} \, \mathrm{d}\mathsf{P} \\ &\geqq \varepsilon \int_{\{X_n^* \geqq \varepsilon\}} \mathrm{d}\mathsf{P} + \int_{\{X_n^* < \varepsilon\}} X_n \, \mathrm{d}\mathsf{P}. \end{aligned}$$

Deshalb ergibt sich

$$\varepsilon \mathsf{P}\{X_n^* \geqq \varepsilon\} \leqq \mathsf{M}X_n - \int_{\{X_n^* < \varepsilon\}} X_n \, \mathrm{d}\mathsf{P} = \int_{\{X_n^* \geqq \varepsilon\}} X_n \, \mathrm{d}\mathsf{P} \leqq \mathsf{M}X_n,$$

wodurch (1) bewiesen ist.

Die ersten Ungleichungen in (2) und (3) sind evident. Zum Beweis der zweiten Ungleichung in (2) nehmen wir zunächst an, daß

$$\|X_n^*\|_p < \infty \tag{4}$$

erfüllt ist, und nutzen aus, daß für eine nichtnegative zufällige Größe ξ und für $r > 0$

$$\mathsf{M}\xi^r = r \int_0^\infty t^{r-1} \mathsf{P}(\xi \geqq t) \, \mathrm{d}t \tag{5}$$

gilt. Dann erhalten wir aus (1) und dem Satz von FUBINI für $p > 1$

$$\begin{aligned}
\mathsf{M}(X_n^*)^p &= p \int_0^\infty t^{p-1} \mathsf{P}(X_n^* \geqq t)\, \mathrm{d}t \\
&\leqq p \int_0^\infty t^{p-2} \left(\int_{\{X_n^* \geqq t\}} X_n \, \mathrm{d}\mathsf{P} \right) \mathrm{d}t \\
&= p \int_0^\infty t^{p-2} \left(\int_\Omega X_n I(X_n^* \geqq t)\, \mathrm{d}\mathsf{P} \right) \mathrm{d}t \\
&= p \int_\Omega X_n \left(\int_0^{X_n^*} t^{p-2}\, \mathrm{d}t \right) \mathrm{d}\mathsf{P} = \frac{p}{p-1} \mathsf{M}\big(X_n (X_n^*)^{p-1}\big). \qquad (6)
\end{aligned}$$

Hieraus ergibt sich aufgrund der Hölderschen Ungleichung für $q = \dfrac{p}{p-1}$

$$\mathsf{M}(X_n^*)^p \leqq q \, \|X_n\|_p \cdot \|(X_n^*)^{p-1}\|_q = q \, \|X_n\|_p \, [\mathsf{M}(X_n^*)^p]^{1/q}. \qquad (7)$$

Wenn (4) erfüllt ist, erhalten wir aus (7) unmittelbar die zweite Ungleichung in (2). Ist jedoch die Bedingung (4) nicht erfüllt, so muß in folgender Weise vorgegangen werden. Wir betrachten in (6) anstelle von X_n^* die Größe $X_n^* \wedge L$, wobei L eine Konstante bezeichnet. Dann erhalten wir

$$\mathsf{M}(X_n^* \wedge L)^p \leqq q \mathsf{M}[X_n (X_n^* \wedge L)^{p-1}] \leqq q \, \|X_n\|_p \, [\mathsf{M}(X_n^* \wedge L)^p]^{1/q},$$

woraus sich infolge der Ungleichung $\mathsf{M}(X_n^* \wedge L)^p \leqq L^p < \infty$

$$\mathsf{M}(X_n^* \wedge L)^p \leqq q^p \mathsf{M} X_n^p = q^p \, \|X_n\|_p^p$$

ergibt, und folglich gilt

$$\mathsf{M}(X_n^*)^p = \lim_{L \to \infty} \mathsf{M}(X_n^* \wedge L)^p \leqq q^p \, \|X_n\|_p^p.$$

Wir wollen jetzt die zweite Ungleichung in (3) zeigen. Wieder durch Anwendung von (1) finden wir

$$\begin{aligned}
\mathsf{M} X_n^* - 1 \leqq \mathsf{M}(X_n^* - 1)^+ &= \int_0^\infty \mathsf{P}\{X_n^* - 1 \geqq t\}\, \mathrm{d}t \\
&\leqq \int_0^\infty \frac{1}{1+t} \left[\int_{\{X_n^* \geqq 1+t\}} X_n \, \mathrm{d}\mathsf{P} \right] \mathrm{d}t \\
&= \mathsf{M} X_n \int_0^{X_n^* - 1} \frac{\mathrm{d}t}{1+t} = \mathsf{M} X_n \ln X_n^*.
\end{aligned}$$

Da für beliebige $a \geqq 0$ und $b > 0$

$$a \ln b \leqq a \ln^+ a + b\, e^{-1} \tag{8}$$

ist, ergibt sich

$$\mathbf{M}X_n^* - 1 \leqq \mathbf{M}X_n \ln X_n^* = \mathbf{M}X_n \ln^+ X_n + e^{-1}\, \mathbf{M}X_n^*.$$

Falls $\mathbf{M}X_n^* < \infty$ erfüllt ist, erhalten wir hieraus unmittelbar die zweite Ungleichung in (3). Gilt jedoch $\mathbf{M}X_n^* = \infty$, so muß wie oben verfahren und von X_n^* zu $X_n^* \wedge L$ übergegangen werden.

Der Satz ist damit bewiesen.

Folgerung 1. Es sei $X = (X_n, \mathcal{F}_n)$ ein quadratisch integrierbares Martingal. Dann ist $X^2 = (X_n^2, \mathcal{F}_n)$ ein Submartingal, und aus (1) folgt

$$\mathbf{P}\left\{\max_{j \leqq n} |X_j| \geqq \varepsilon\right\} \leqq \frac{\mathbf{M}X_n^2}{\varepsilon^2}. \tag{9}$$

Gilt insbesondere $X_n = \xi_0 + \cdots + \xi_n$, wobei (ξ_n) eine Folge unabhängiger zufälliger Größen mit $\mathbf{M}\xi_n = 0$ und $\mathbf{M}\xi_n^2 < \infty$ bezeichnet, so geht (9) in die Ungleichung von Kolmogorov (vgl. Kapitel IV, § 2) über.

Folgerung 2. Für ein quadratisch integrierbares Martingal $X = (X_n, \mathcal{F}_n)$ erhalten wir aus (2)

$$\mathbf{M}\left(\max_{j \leqq n} X_j^2\right) \leqq 4\mathbf{M}X_n^2. \tag{10}$$

2. Es sei $X = (X_n, \mathcal{F}_n)$ ein nichtnegatives Submartingal mit $X_0 = 0$, und

$$X_n = M_n + A_n$$

sei seine Doob-Zerlegung. Dann folgt aus (1) wegen $\mathbf{M}M_n = 0$

$$\mathbf{P}(X_n^* \geqq \varepsilon) \leqq \frac{\mathbf{M}A_n}{\varepsilon}.$$

Der weiter unten folgende Satz 2 zeigt, daß diese Ungleichung nicht nur für Submartingale richtig ist, sondern auch für die größere Klasse der Folgen, welche die Eigenschaft der Dominierbarkeit in folgendem Sinne besitzen.

Definition. Es sei $X = (X_n, \mathcal{F}_n)$ eine nichtnegative stochastische Folge und $A = (A_n, \mathcal{F}_{n-1})$ eine wachsende vorhersagbare Folge. Wir werden sagen, daß X durch die Folge A *dominiert* wird, falls

$$\mathbf{M}X_\tau \leqq \mathbf{M}A_\tau \tag{11}$$

für jede Stoppzeit τ (mit $\mathbf{P}(\tau < \infty) = 1$) erfüllt ist.

Satz 2. *Ist $X = (X_n, \mathcal{F}_n)$ eine nichtnegative stochastische Folge, welche durch eine wachsende vorhersagbare Folge $A = (A_n, \mathcal{F}_{n-1})$ dominiert wird, so gilt für $\varepsilon > 0$,*

$a > 0$ und jede Stoppzeit τ

$$\mathbf{P}\{X_\tau^* \geqq \varepsilon\} \leqq \frac{\mathbf{M}A_\tau}{\varepsilon}, \tag{12}$$

$$\mathbf{P}\{X_\tau^* \geqq \varepsilon\} \leqq \frac{1}{\varepsilon}\,\mathbf{M}(A_\tau \wedge a) + \mathbf{P}(A_\tau \geqq a), \tag{13}$$

$$\|X_\tau^*\|_p \leqq \left(\frac{2-p}{1-p}\right)^{1/p} \|A_\tau\|_p, \qquad 0 < p < 1. \tag{14}$$

Beweis. Wir setzen

$$\sigma_n = \min\{j \leqq \tau \wedge n : X_j \geqq \varepsilon\},$$

mit $\sigma_n = \tau \wedge n$, falls $\{\cdot\} = \emptyset$. Dann gilt

$$\mathbf{M}A_\tau \geqq \mathbf{M}A_{\sigma_n} \geqq \mathbf{M}X_{\sigma_n} \geqq \int\limits_{\{X_{\tau\wedge n}^* \geqq \varepsilon\}} X_{\sigma_n}\,\mathrm{d}\mathbf{P} \geqq \varepsilon\mathbf{P}\{X_{\tau\wedge n}^* > \varepsilon\},$$

woraus sich

$$\mathbf{P}(X_{\tau\wedge n}^* \geqq \varepsilon) \leqq \frac{1}{\varepsilon}\,\mathbf{M}A_\tau$$

ergibt, was infolge des Lemmas von FATOU die Ungleichung (12) beweist.

Zum Beweis von (13) führen wir die Zeit

$$\gamma = \min\{j : A_{j+1} \geqq a\}$$

ein, wobei $\gamma = \infty$ für $\{\cdot\} = \emptyset$ gesetzt wird. Dann gilt

$$\begin{aligned}\mathbf{P}\{X_\tau^* \geqq \varepsilon\} &= \mathbf{P}\{X_\tau^* \geqq \varepsilon,\, A_\tau < a\} + \mathbf{P}\{X_\tau^* \geqq \varepsilon,\, A_\tau \geqq a\}\\ &\leqq \mathbf{P}\{I_{\{A_\tau < a\}} X_\tau^* \geqq \varepsilon\} + \mathbf{P}\{A_\tau \geqq a\}\\ &\leqq \mathbf{P}\{X_{\tau\wedge\gamma}^* \geqq \varepsilon\} + \mathbf{P}\{A_\tau \geqq a\} \leqq \frac{1}{\varepsilon}\,\mathbf{M}A_{\tau\wedge\gamma} + \mathbf{P}\{A_\tau \geqq a\}\\ &\leqq \frac{1}{\varepsilon}\,\mathbf{M}(A_\tau \wedge a) + \mathbf{P}(A_\tau \geqq a),\end{aligned}$$

wobei die Ungleichung (12) und die Beziehung $I_{\{A_\tau < a\}} X_\tau^* \leqq X_{\tau\wedge\gamma}^*$ ausgenutzt wurden. Schließlich ergibt sich aus (13)

$$\begin{aligned}\|X_\tau^*\|_p^p &= \mathbf{M}(X_\tau^*)^p = \int_0^\infty \mathbf{P}\{(X_\tau^*)^p \geqq t\}\,\mathrm{d}t = \int_0^\infty \mathbf{P}\{X_\tau^* \geqq t^{1/p}\}\,\mathrm{d}t\\ &\leqq \int_0^\infty t^{-1/p}\,\mathbf{M}[A_\tau \wedge t^{1/p}]\,\mathrm{d}t + \int_0^\infty \mathbf{P}\{A_\tau^p \geqq t\}\,\mathrm{d}t\\ &= \mathbf{M}\int_0^{A_\tau^p} \mathrm{d}t + \mathbf{M}\int_{A_\tau^p}^\infty (A_\tau t^{-1/p})\,\mathrm{d}t + \mathbf{M}A_\tau^p = \frac{2-p}{1-p}\,\mathbf{M}A_\tau^p,\end{aligned}$$

und der Satz ist bewiesen.

Bemerkung. Wenn die wachsende Folge $A = (A_n, \mathcal{F}_n)$ in der Bedingung des Satzes nicht vorhersagbar ist, aber für ein $C > 0$ die Eigenschaft

$$\mathsf{P}\left(\sup_{k\geqq 1} |\Delta A_k| \leqq C\right) = 1$$

mit $\Delta A_k = A_k - A_{k-1}$ für $k \geqq 1$ besitzt, so gilt die Ungleichung (vgl. mit (13))

$$\mathsf{P}(X_\tau^* \geqq \varepsilon) = \frac{1}{\varepsilon} \mathsf{M}\big(A_\tau \wedge (a + C)\big) + \mathsf{P}(A_\tau \geqq a).$$

(Der Beweis ist derselbe wie der von (13), wobei die Zeit $\gamma = \min\{j: A_{j+1} \geqq a\}$ durch die Zeit $\gamma = \min\{j: A_j \geqq a\}$ ersetzt und berücksichtigt wird, daß $A_\gamma \leqq a + C$ gilt.)

Folgerung. Für jedes $n \geqq 1$ mögen die Folgen X^n und A^n den Voraussetzungen des Satzes 2 oder der vorhergehenden Bemerkung (mit $\mathsf{P}\left(\sup_{k\geqq 1} |\Delta A_k^n| \leqq C\right) = 1$ für $n \geqq 1$, wobei $C < \infty$ ist) genügen, und für eine gewisse Folge von Stoppzeiten τ_n gelte

$$A_{\tau_n}^n \xrightarrow{\mathsf{P}} 0 \quad \text{für} \quad n \to \infty.$$

Dann ist

$$(X^n)_{\tau_n}^* \xrightarrow{\mathsf{P}} 0 \quad \text{für} \quad n \to \infty.$$

3. In diesem Abschnitt werden (ohne Beweis, aber mit Anwendungen) eine Reihe bemerkenswerter Ungleichungen für Martingale angeführt, welche sich als Verallgemeinerungen der Ungleichung von Chinčin und der Ungleichung von Marcinkiewicz und Zygmund für Summen unabhängiger zufälliger Größen erweisen.

Die Ungleichung von Chinčin. *Es seien $\xi_1, \xi_2, \ldots$ unabhängige identisch verteilte zufällige Größen mit $\mathsf{P}(\xi_n = 1) = \mathsf{P}(\xi_n = -1) = 1/2$, und (c_n) sei eine Zahlenfolge. Dann existieren für beliebige $0 < p < \infty$ universelle Konstanten A_p und B_p (die nicht von (c_n) abhängen), so daß für beliebiges $n \geqq 1$*

$$A_p \left(\sum_{j=1}^n c_j^2\right)^{1/2} \leqq \left\| \sum_{j=1}^n c_j \xi_j \right\|_p \leqq B_p \left(\sum_{j=1}^n c_j^2\right)^{1/2} \tag{15}$$

gilt.

Als Verallgemeinerung dieser Ungleichung (für $p \geqq 1$) erweist sich die folgende Ungleichung.

Die Ungleichung von Marcinkiewicz und Zygmund. *Wenn $\xi_1, \xi_2, \ldots$ eine Folge unabhängiger integrierbarer zufälliger Größen mit $\mathsf{M}\xi_n = 0$ ist, gibt es für jedes $p \geqq 1$ universelle Konstanten A_p und B_p (die nicht von (ξ_n) abhängen) derart, daß für beliebiges $n \geqq 1$*

$$A_p \left\| \left(\sum_{j=1}^n \xi_j^2\right)^{1/2} \right\|_p \leqq \left\| \sum_{j=1}^n \xi_j \right\|_p \leqq B_p \left\| \left(\sum_{j=1}^n \xi_j^2\right)^{1/2} \right\|_p \tag{16}$$

gilt.

In den Ungleichungen (15) und (16) bilden die Folgen $X = (X_n)$ mit $X_n = \sum_{j=1}^{n} c_j \xi_j$ und $X_n = \sum_{j=1}^{n} \xi_j$ ein Martingal. Natürlich stellt sich nun die Frage, ob man diese Ungleichungen nicht für den Fall beliebiger Martingale verallgemeinern kann. Das erste Ergebnis in dieser Richtung wurde von D. BURKHOLDER erzielt.

Die Ungleichung von BURKHOLDER. *Wenn $X = (X_n, \mathcal{F}_n)$ ein Martingal ist, existieren für jedes $p > 1$ universelle Konstanten A_p und B_p (die nicht von X abhängen) derart, daß für beliebiges $n \geqq 1$*

$$A_p \left\| \sqrt{[X]_n} \right\|_p \leqq \|X_n\|_p \leqq B_p \left\| \sqrt{[X]_n} \right\|_p \tag{17}$$

gilt, wobei $[X]$ die quadratische Variation von X bezeichnet:

$$[X]_n = \sum_{j=1}^{n} (\Delta X_j)^2, \qquad [X]_0 = 0. \tag{18}$$

Als Konstanten A_p und B_p kann man

$$A_p = [18 p^{3\,2}/(p-1)]^{-1}, \qquad B_p = 18 p^{3/2}/(p-1)^{1/2}$$

nehmen.

Mit der Abschätzung (2) folgt aus (17)

$$A_p \left\| \sqrt{[X]_n} \right\|_p \leqq \|X_n^*\|_p \leqq B_p^* \left\| \sqrt{[X]_n} \right\|_p; \tag{19}$$

dabei ist

$$A_p = [18 p^{3/2}/(p-1)]^{-1}, \qquad B_p^* = 18 p^{5/2}/(p-1)^{3/2}.$$

Die Ungleichung von BURKHOLDER (17) ist für $p > 1$ richtig, während die Ungleichung von MARCINKIEWICZ-ZYGMUND (16) auch für $p = 1$ gültig ist. Was kann man aber über die Gültigkeit der Ungleichung (17) für $p = 1$ aussagen? Es stellt sich heraus, daß ihre Verallgemeinerung auf den Fall $p = 1$ in der Form (17) nicht gültig ist, wie das folgende Beispiel zeigt.

Beispiel. Es seien $\xi_1, \xi_2, \ldots$ unabhängige zufällige Größen mit $\mathbf{P}(\xi_n = 1) = \mathbf{P}(\xi_n = -1) = 1/2$ und

$$X_n = \sum_{j=1}^{n \wedge \tau} \xi_j,$$

wobei $\tau = \min \left\{ n \geqq 1 : \sum_{j=1}^{n} \xi_j = 1 \right\}$ gesetzt ist.

Die Folge $X = (X_n, \mathcal{F}_n^{\xi})$ ist ein Martingal mit

$$\|X_n\|_1 = \mathbf{M}\,|X_n| = 2\mathbf{M} X_n^+ \to 2, \qquad n \to \infty.$$

Es gilt aber

$$\left\|\sqrt{[X]_n}\right\|_1 = \mathbf{M}\sqrt{[X]_n} = \mathbf{M}\left(\sum_{j=1}^{\tau\wedge n} 1\right)^{1/2} = \mathbf{M}\sqrt{\tau \wedge n} \to \infty.$$

Somit ist die erste Ungleichung in (17) nicht gültig.

Es zeigte sich, daß auf den Fall $p = 1$ nicht die Ungleichungen (17), aber die Ungleichungen (19) (welche für $p > 1$ äquivalent sind) verallgemeinert werden können.

Die Ungleichung von Davis. *Wenn $X = (X_n, \mathcal{F}_n)$ ein Martingal ist, existieren universelle Konstanten A und B mit $0 < A < B < \infty$ derart, daß*

$$A\left\|\sqrt{[X]_n}\right\|_1 \leqq \|X_n^*\|_1 \leqq B\left\|\sqrt{[X]_n}\right\|_1 \tag{20}$$

gilt, d. h.

$$A\mathbf{M}\sqrt{\sum_{j=1}^{n} (\Delta X_j)^2} \leqq \mathbf{M}\left[\max_{1\leqq j\leqq n} |X_n|\right] \leqq B\mathbf{M}\sqrt{\sum_{j=1}^{n} (\Delta X_j)^2}.$$

Folgerung 1. Es seien $\xi_1, \xi_2, \ldots$ unabhängige identisch verteilte zufällige Größen und $S_n = \xi_1 + \cdots + \xi_n$. Falls $\mathbf{M}\,|\xi_1| < \infty$ und $\mathbf{M}\xi_1 = 0$ erfüllt sind, gilt entsprechend der Waldschen Identität (2.14) für jede Stoppzeit τ bezüglich $(\mathcal{F}_n^\xi)$ mit $\mathbf{M}\tau < \infty$

$$\mathbf{M}S_\tau = 0. \tag{21}$$

Es zeigt sich, daß für die Gültigkeit von (21) die Annahme $\mathbf{M}\tau < \infty$ abgeschwächt werden kann, wenn die Forderungen an die zufälligen Größen selbst verschärft werden. Und zwar ist im Fall

$$\mathbf{M}\,|\xi_1|^r < \infty$$

für ein r mit $1 < r \leqq 2$ die Bedingung $\mathbf{M}\tau^{1/r} < \infty$ hinreichend für die Gültigkeit der Gleichung $\mathbf{M}S_\tau = 0$.

Zum Beweis setzen wir $\tau_n = \tau \wedge n$, $Y = \sup_n |S_{\tau_n}|$, und für $t > 0$ sei $m = [t^r]$ der ganze Teil der Zahl t^r. Nach Folgerung 1 zu Satz 1 aus § 2 gilt $\mathbf{M}S_{\tau_n} = 0$. Deshalb genügt es (gemäß dem Satz von Lebesgue über die majorisierte Konvergenz) für die Gültigkeit der Beziehung $\mathbf{M}S_\tau = 0$ nachzuweisen, daß $\mathbf{M}\sup_n |S_{\tau_n}| < \infty$ erfüllt ist.

Unter Ausnutzung der Ungleichungen (1) und (17) erhalten wir

$$\begin{aligned}
\mathbf{P}(Y \geqq t) &= \mathbf{P}(\tau \geqq t^r,\ Y \geqq t) + \mathbf{P}(\tau < t^r,\ Y \geqq t) \\
&\leqq \mathbf{P}(\tau \geqq t^r) + \mathbf{P}\left\{\max_{1\leqq j\leqq m} |S_{\tau_j}| \geqq t\right\} \\
&\leqq \mathbf{P}(\tau \geqq t^r) + t^{-r}\mathbf{M}\,|S_{\tau_m}|^r \\
&\leqq \mathbf{P}(\tau \geqq t^r) + t^{-r}B_r\mathbf{M}\left(\sum_{j=1}^{\tau_m} \xi_j^2\right)^{r/2} \\
&\leqq \mathbf{P}(\tau \geqq t^r) + t^{-r}B_r\mathbf{M}\sum_{j=1}^{\tau_m} |\xi_j|^r.
\end{aligned}$$

Wir vermerken, daß

$$\begin{aligned}
\mathbf{M}\sum_{j=1}^{\tau_m}|\xi_j|^r &= \mathbf{M}\sum_{j=1}^{\infty} I(j \leqq \tau_m)\,|\xi_j|^r \\
&= \sum_{j=1}^{\infty} \mathbf{M}\mathbf{M}[I(j \leqq \tau_m)\,|\xi_j|^r\,|\mathcal{F}_{j-1}^{\xi}] \\
&= \mathbf{M}\sum_{j=1}^{\infty} I(j \leqq \tau_m)\,\mathbf{M}(|\xi_j|^r \mid \mathcal{F}_{j-1}^{\xi}) \\
&= \mathbf{M}\sum_{j=1}^{\tau_m}\mathbf{M}\,|\xi_j|^r = \mu_r\mathbf{M}\tau_m
\end{aligned}$$

gilt, wobei $\mathcal{F}_0^{\xi} = \{\emptyset, \Omega\}$ und $\mu_r = \mathbf{M}\,|\xi_1|^r$ gesetzt wurde. Deshalb ergibt sich

$$\begin{aligned}
\mathbf{P}(Y \geqq t) &\leqq \mathbf{P}(\tau \geqq t^r) + t^{-r}B_r\mu_r\mathbf{M}\tau_m \\
&= \mathbf{P}(\tau \geqq t^r) + B_r\mu_r t^{-r}\left[m\mathbf{P}(\tau \geqq t^r) + \int_{\{\tau<t^r\}} \tau\,\mathrm{d}\mathbf{P}\right] \\
&\leqq (1 + B_r\mu_r)\,\mathbf{P}(\tau \geqq t^r) + B_r\mu_r t^{-r}\int_{\{\tau<t^r\}} \tau\,\mathrm{d}\mathbf{P}
\end{aligned}$$

und daher

$$\begin{aligned}
\mathbf{M}Y &= \int_0^{\infty}\mathbf{P}(Y \geqq t)\,\mathrm{d}t \leqq (1 + B_r\mu_r)\,\mathbf{M}\tau^{1/r} + B_r\mu_r\int_0^{\infty} t^{-r}\left[\int_{\{\tau<t^r\}}\tau\,\mathrm{d}\mathbf{P}\right]\mathrm{d}t \\
&= (1 + B_r\mu_r)\,\mathbf{M}\tau^{1/r} + B_r\mu_r\int_{\Omega}\tau\left[\int_{\tau^{1/r}}^{\infty} t^{-r}\,\mathrm{d}t\right]\mathrm{d}\mathbf{P} \\
&= \left(1 + B_r\mu_r + \frac{B_r\mu_r}{r-1}\right)\mathbf{M}\tau^{1/r} < \infty.
\end{aligned}$$

Folgerung 2. Es sei $M = (M_n)$ ein Martingal mit $M_0 = 0$ und $\mathbf{M}\,|M_n|^{2r} < \infty$ für ein gewisses $r \geqq 1$ sowie

$$\sum_{n=1}^{\infty}\frac{\mathbf{M}\,|\Delta M_n|^{2r}}{n^{1+r}} < \infty. \tag{22}$$

Dann gilt (vgl. mit Satz 2 aus Kapitel IV, § 3) das starke Gesetz der großen Zahlen:

$$\frac{M_n}{n} \to 0 \quad (\mathbf{P}\text{-f.s.}) \quad \text{für} \quad n \to \infty. \tag{23}$$

Im Fall $r = 1$ wird der Beweis nach dem gleichen Prinzip wie beim Beweis des Satzes 2 aus Kapitel IV, § 3, durchgeführt. Ist nämlich

$$m_n = \sum_{k=1}^{n}\frac{\Delta M_k}{k},$$

dann ergibt sich

$$\frac{M_n}{n} = \frac{\sum_{k=1}^{n} \Delta M_k}{n} = \frac{1}{n} \sum_{k=1}^{n} k \Delta m_k,$$

und aufgrund des Lemmas von KRONECKER (vgl. Lemma 2 aus Kapitel IV, § 3) ist für die Konvergenz

$$\frac{1}{n} \sum_{k=1}^{n} k \Delta m_k \to 0 \quad (\mathbf{P}\text{-f.s.}) \quad \text{für} \quad n \to \infty$$

hinreichend, daß ($\mathbf{P}$-f.s.) der endliche Grenzwert $\lim_n m_n$ existiert, was seinerseits (vgl. die Sätze 1 und 4 aus Kapitel II, § 10) genau dann der Fall ist, wenn

$$\mathbf{P}\left\{\sup_{k \geqq 1} |m_{n+k} - m_n| \geqq \varepsilon\right\} \to 0, \qquad n \to \infty, \tag{24}$$

gilt. Infolge der Ungleichung (1) ergibt sich

$$\mathbf{P}\left\{\sup_{k \geqq 1} |m_{n+k} - m_n| \geqq \varepsilon\right\} \leqq \frac{\sum_{k=n}^{\infty} \frac{\mathbf{M}(\Delta M_k)^2}{k^2}}{\varepsilon^2}.$$

Damit folgt das gesuchte Ergebnis aus (22) und (24).

Es sei jetzt $r > 1$. Die Behauptung (23) ist äquivalent dazu, daß für jedes $\varepsilon > 0$

$$\varepsilon^{2r} \mathbf{P}\left\{\sup_{j \geqq n} \frac{|M_j|}{j} \geqq \varepsilon\right\} \to 0, \qquad n \to \infty \tag{25}$$

gilt (vgl. Satz 1 aus Kapitel II, § 10). Infolge der Ungleichung (29) aus Aufgabe 1 erhalten wir

$$\varepsilon^{2r} \mathbf{P}\left\{\sup_{j \geqq n} \frac{|M_j|}{j} \geqq \varepsilon\right\} = \varepsilon^{2r} \lim_{m \to \infty} \mathbf{P}\left\{\max_{n \leqq j \leqq m} \frac{|M_j|^{2r}}{j^{2r}} \geqq \varepsilon^{2r}\right\}$$

$$\leqq \frac{1}{n^{2r}} \mathbf{M} |M_n|^{2r} + \sum_{j \geqq n+1} \frac{1}{j^{2r}} \mathbf{M}(|M_j|^{2r} - |M_{j-1}|^{2r}).$$

Aus dem Lemma von KRONECKER und der Bedingung (22) folgt

$$\lim_{n \to \infty} \frac{1}{n^{2r}} \mathbf{M} |M_n|^{2r} = 0.$$

Deshalb genügt es zum Beweis von (25), die Beziehung

$$\sum_{j \geqq 2} \frac{1}{j^{2r}} \mathbf{M}(|M_j|^{2r} - |M_{j-1}|^{2r}) < \infty \tag{26}$$

zu zeigen. Wir haben

$$I_N = \sum_{j=2}^{N} \frac{1}{j^{2r}} [\mathbf{M} |M_j|^{2r} - \mathbf{M} |M_{j-1}|^{2r}]$$

$$\leq \sum_{j=3}^{N} \left[\frac{1}{(j-1)^{2r}} - \frac{1}{j^{2r}}\right] \mathbf{M} |M_{j-1}|^{2r} + \frac{\mathbf{M} |M_N|^{2r}}{N^{2r}}.$$

Infolge der Burkholderschen Ungleichung (17) und der Hölderschen Ungleichung ergibt sich

$$\mathbf{M} |M_j|^{2r} \leq \mathbf{M} \left[\sum_{i=1}^{j} (\Delta M_i)^2\right]^r \leq \mathbf{M} j^{r-1} \sum_{i=1}^{j} |\Delta M_i|^{2r}.$$

Deshalb gilt

$$I_N \leq \sum_{j=2}^{N-1} \left[\frac{1}{j^{2r}} - \frac{1}{(j+1)^{2r}}\right] j^{r-1} \sum_{i=1}^{j} \mathbf{M} |\Delta M_i|^{2r}$$

$$\leq C_1 \sum_{j=2}^{N-1} \frac{1}{j^{r+2}} \sum_{i=1}^{j} \mathbf{M} |\Delta M_i|^{2r} \leq C_2 \sum_{j=2}^{N} \frac{\mathbf{M} |\Delta M_i|^{2r}}{j^{r+1}} + C_3$$

mit gewissen Konstanten C_i, was infolge (22) die Abschätzung (26) beweist.

Eine Folge zufälliger Größen (X_n) besitzt mit Wahrscheinlichkeit 1 einen endlichen oder unendlichen Grenzwert $\lim\limits_n X_n$ genau dann, wenn die Anzahl der „Oszillationen zwischen zwei beliebigen rationalen Zahlen a und b $(a < b)$" mit Wahrscheinlichkeit 1 endlich ist. Der weiter unten angeführte Satz 3 liefert für die mittlere Anzahl der „Oszillationen" von Submartingalen eine Abschätzung nach oben, welche im folgenden Paragraphen zum Beweis eines fundamentalen Ergebnisses über deren Konvergenz ausgenutzt werden wird.

Wir fixieren zwei Zahlen a und b mit $a < b$ und definieren für die stochastische Folge $X = (X_n, \mathcal{F}_n)$ die Zeiten

$$\tau_0 = 0,$$
$$\tau_1 = \min \{n > 0 : X_n \leq a\},$$
$$\tau_2 = \min \{n > \tau_1 : X_n \geq b\},$$
$$\dots\dots\dots\dots\dots\dots$$
$$\tau_{2m-1} = \min \{n > \tau_{2m-2} : X_n \leq a\},$$
$$\tau_{2m} = \min \{n > \tau_{2m-1} : X_n \geq b\},$$

wobei $\tau_k = \infty$ gesetzt wird, falls die entsprechende Menge $\{\cdot\}$ leer ist.

Weiterhin definieren wir für jedes $n \geq 1$ die zufälligen Größen

$$\beta_n(a, b) = \begin{cases} 0, & \text{falls} \quad \tau_2 > n, \\ \max \{m : \tau_{2m} \leq n\}, & \text{falls} \quad \tau_2 \leq n. \end{cases}$$

Anschaulich ist $\beta_n(a, b)$ die Anzahl der Überquerungen des Intervalls (a, b) (von unten nach oben) durch die Folge $X_1, \dots, X_n$.

Satz 3 (J. L. Doob). *Es sei $X = (X_n, \mathcal{F}_n)$ ein Submartingal. Dann gilt für beliebiges $n \geqq 1$*

$$\mathbf{M}\beta_n(a, b) \leqq \frac{\mathbf{M}(X_n - a)^+}{b - a}. \tag{27}$$

Beweis. Die Anzahl der Überquerungen des Intervalls (a, b) durch das Submartingal $X = (X_n, \mathcal{F}_n)$ stimmt mit der Anzahl der Überquerungen des Intervalls $(0, b - a)$ durch das nichtnegative Submartingal $X^+ = \big((X_n - a)^+, \mathcal{F}_n\big)$ überein. Aus diesem Grunde ist, indem wir das betrachtete Submartingal als nichtnegativ und $a = 0$ annehmen, die Gültigkeit von

$$\mathbf{M}\beta_n(0, b) = \frac{\mathbf{M}X_n}{b} \tag{28}$$

zu zeigen.

Wir setzen $X_0 = 0$, $\mathcal{F}_0 = \{\emptyset, \Omega\}$, und für $i = 1, 2, \ldots$ sei

$$\varphi_i = \begin{cases} 1, & \text{falls } \tau_m < i \leqq \tau_{m+1} \text{ für ein ungerades } m, \\ 0, & \text{falls } \tau_m < i \leqq \tau_{m+1} \text{ für ein gerades } m. \end{cases}$$

Es ist leicht zu sehen, daß die Beziehungen

$$b\beta_n(0, b) \leqq \sum_{i=1}^{n} \varphi_i(X_i - X_{i-1})$$

und

$$\{\varphi_i = 1\} = \bigcup_{m \text{ ungerade}} (\{\tau_m < i\} \setminus \{\tau_{m+1} < i\}) \in \mathcal{F}_{i-1}$$

erfüllt sind. Deshalb gilt

$$\begin{aligned} b\mathbf{M}\beta_n(0, b) &\leqq \mathbf{M} \sum_{i=1}^{n} \varphi_i[X_i - X_{i-1}] = \sum_{i=1}^{n} \int_{\{\varphi_i = 1\}} (X_i - X_{i-1})\, \mathrm{d}\mathbf{P} \\ &= \sum_{i=1}^{n} \int_{\{\varphi_i = 1\}} \mathbf{M}(X_i - X_{i-1} \mid \mathcal{F}_{i-1})\, \mathrm{d}\mathbf{P} \\ &= \sum_{i=1}^{n} \int_{\{\varphi_i = 1\}} [\mathbf{M}(X_i \mid \mathcal{F}_{i-1}) - X_{i-1}]\, \mathrm{d}\mathbf{P} \\ &\leqq \sum_{i=1}^{n} \int_{\Omega} [\mathbf{M}(X_i \mid \mathcal{F}_{i-1}) - X_{i-1}]\, \mathrm{d}\mathbf{P} = \mathbf{M}X_n, \end{aligned}$$

womit die Ungleichung (28) bewiesen ist.

4. Aufgaben

1. Es sei $X = (X_n, \mathcal{F}_n)$ ein nichtnegatives Submartingal und $V = (V_n, \mathcal{F}_{n-1})$ eine vorhersagbare Folge mit $0 \leqq V_{n+1} \leqq V_n \leqq C$ ($\mathbf{P}$-f.s.), wobei C eine Konstante bezeichnet. Man zeige, daß die folgende Verallgemeinerung der Ungleichung (1) gilt:

$$\varepsilon\mathbf{P}\Big(\max_{1 \leqq j \leqq n} V_j X_j \geqq \varepsilon\Big) + \int_{\{\max_{1 \leqq j \leqq n} V_j X_j < \varepsilon\}} V_n X_n\, \mathrm{d}\mathbf{P} \leqq \sum_{j=1}^{n} \mathbf{M} V_j\, \Delta X_j. \tag{29}$$

2. Es sei $X = (X_n, \mathcal{F}_n)$ ein Supermartingal. Man zeige, daß

$$\mathbf{P}\left\{\max_{1\leq j\leq n} |X_j| \geqq \varepsilon\right\} \leqq \frac{C}{\varepsilon} \cdot \max_{1\leq j\leq n} \mathbf{M}\,|X_j|$$

für eine Konstante $C \leqq 3$ gilt. (Die Konstante C kann gleich 1 gesetzt werden, falls X ein Martingal ist oder wenn X das Vorzeichen nicht wechselt.)

3. Man beweise die Gültigkeit der *Krickeberg-Zerlegung*: Jedes Martingal $X = (X_n, \mathcal{F}_n)$ mit $\sup_n \mathbf{M}\,|X_n| < \infty$ kann als Differenz zweier nichtnegativer Martingale dargestellt werden.

4. Es sei $X = (X_n, \mathcal{F}_n)$ ein Submartingal. Man zeige, daß für jedes $\varepsilon > 0$ und $n \geqq 1$

$$\varepsilon\mathbf{P}\left\{\min_{1\leq j\leq n} X_j \leqq -\varepsilon\right\} \leqq \mathbf{M}(X_n - X_1) - \int_{\left\{\min_{1\leq j\leq n} X_j \leqq -\varepsilon\right\}} X_n \,\mathrm{d}\mathbf{P}$$
$$\leqq \mathbf{M}X_n^+ - \mathbf{M}X_1$$

gilt.

5. Es sei $\xi_1, \xi_2, \ldots$ eine Folge unabhängiger zufälliger Größen, $S_n = \xi_1 + \cdots + \xi_n$ und $S_{m,n} = \sum_{j=m+1}^{n} \xi_j$. Man beweise die Gültigkeit der *Ottavianischen Ungleichung*

$$\mathbf{P}\left\{\max_{1\leq j\leq n} |S_j| > 2\varepsilon\right\} \leqq \frac{\mathbf{P}\{|S_n| > \varepsilon\}}{\min_{1\leq j\leq n} \mathbf{P}\{|S_{j,n}| \leqq \varepsilon\}}$$

und leite daraus her, daß

$$\int_0^\infty \mathbf{P}\left\{\max_{1\leq j\leq n} |S_j| > 2t\right\} \mathrm{d}t \leqq 2\mathbf{M}\,|S_n| + 2 \int_{2\mathbf{M}|S_n|}^\infty \mathbf{P}\{|S_n| > t\}\,\mathrm{d}t \tag{30}$$

gilt.

6. Es sei $\xi_1, \xi_2, \ldots$ eine Folge unabhängiger zufälliger Größen mit $\mathbf{M}\xi_n = 0$. Unter Ausnutzung der Ungleichung (30) weise man nach, daß im betrachteten Fall die folgende Verschärfung der Ungleichung (3) gilt:

$$\mathbf{M}S_n^* \leqq 8\mathbf{M}\,|S_n|.$$

7. Man beweise die Gültigkeit der Formel (5).

8. Man beweise die Ungleichung (8).

9. Es seien $\mathcal{F}_0, \ldots, \mathcal{F}_n$ σ-Algebren mit $\mathcal{F}_0 \subseteqq \mathcal{F}_1 \subseteqq \cdots \subseteqq \mathcal{F}_n$ und $A_k \in \mathcal{F}_k$ für $k = 1, \ldots, n$ Ereignisse. Unter Ausnutzung von (13) beweise man die Gültigkeit der folgenden *Dvoretzkyschen Ungleichung*: Für jedes $\varepsilon > 0$ gilt

$$\mathbf{P}\left[\bigcup_{k=1}^n A_k \mid \mathcal{F}_0\right] \leqq \varepsilon + \mathbf{P}\left[\sum_{k=1}^n \mathbf{P}(A_k \mid \mathcal{F}_{k-1}) > \varepsilon \mid \mathcal{F}_0\right] \quad (\mathbf{P}\text{-f.s.}).$$

§ 4. Grundlegende Konvergenzsätze für Submartingale und Martingale

1. Das folgende Ergebnis, welches in der gesamten Problematik der Konvergenz von Submartingalen grundlegend ist, kann als wahrscheinlichkeitstheoretisches Analogon der bekannten Tatsache aus der Analysis angesehen werden, daß eine beschränkte monotone Zahlenfolge einen endlichen Grenzwert besitzt.

Satz 1 (J. L. Doob). *Es sei $X = (X_n, \mathcal{F}_n)$ ein Submartingal mit*

$$\sup_n \mathbf{M} |X_n| < \infty. \tag{1}$$

Dann existiert mit Wahrscheinlichkeit 1 *der Grenzwert* $\lim_n X_n = X_\infty$, *und es gilt* $\mathbf{M} |X_\infty| < \infty$.

Beweis. Wir wollen

$$\mathbf{P}\left(\overline{\lim_n}\, X_n > \underline{\lim_n}\, X_n\right) > 0 \tag{2}$$

annehmen. Dann existieren wegen

$$\left\{\overline{\lim_n}\, X_n > \underline{\lim_n}\, X_n\right\} = \bigcup_{\substack{a<b\\ a,b \text{ rational}}} \left\{\overline{\lim_n}\, X_n > b > a > \underline{\lim_n}\, X_n\right\}$$

rationale Zahlen a und b mit

$$\mathbf{P}\left(\overline{\lim_n}\, X_n > b > a > \underline{\lim_n}\, X_n\right) > 0. \tag{3}$$

Es sei $\beta_n(a, b)$ die Anzahl der Überquerungen des Intervalls (a, b) von unten nach oben durch die Folge $X_1, \ldots, X_n$ und $\beta_\infty(a, b) = \lim_n \beta_n(a, b)$. Entsprechend (3.27) gilt

$$\mathbf{M}\beta_n(a, b) \leqq \frac{\mathbf{M}[X_n - a]^+}{b - a} \leqq \frac{\mathbf{M}X_n^+ + |a|}{b - a}$$

und folglich

$$\mathbf{M}\beta_\infty(a, b) = \lim_n \mathbf{M}\beta_n(a, b) \leqq \frac{\sup_n \mathbf{M}X_n^+ + |a|}{b - a} < \infty,$$

was aus (1) und der Bemerkung folgt, daß für Submartingale

$$\sup_n \mathbf{M} |X_n| < \infty \Leftrightarrow \sup_n \mathbf{M}X_n^+ < \infty$$

(wegen $\mathbf{M}X_n^+ \leqq \mathbf{M} |X_n| = 2\mathbf{M}X_n^+ - \mathbf{M}X_n \leqq 2\mathbf{M}X_n^+ - \mathbf{M}X_1$) erfüllt ist. Die Bedingung $\mathbf{M}\beta_\infty(a, b) < \infty$ widerspricht aber der Annahme (3). Folglich existiert mit Wahrscheinlichkeit 1 der Grenzwert $\lim_n X_n = X_\infty$, und aus dem Lemma von Fatou ergibt sich

$$\mathbf{M} |X_\infty| \leqq \sup_n \mathbf{M} |X_n| < \infty.$$

Der Satz ist damit bewiesen.

Folgerung 1. Für ein nichtpositives Submartingal X existiert mit Wahrscheinlichkeit 1 der endliche Grenzwert $\lim_n X_n$.

Folgerung 2. Wenn $X = (X_n, \mathcal{F}_n)$ ein nichtpositives Submartingal ist, bildet die Folge $\overline{X} = (X_n, \mathcal{F}_n)$ mit $1 \leqq n \leqq \infty$, $X_\infty = \lim_n X_n$ und $\mathcal{F}_\infty = \sigma\left(\bigcup_n \mathcal{F}_n\right)$ ein (nichtpositives) Submartingal.

Tatsächlich gilt aufgrund des Lemmas von FATOU

$$\mathsf{M}X_\infty = \mathsf{M} \lim_n X_n \geqq \overline{\lim_n} \mathsf{M}X_n \geqq \mathsf{M}X_1 > -\infty$$

und

$$\mathsf{M}(X_\infty \mid \mathcal{F}_m) = \mathsf{M}\left(\lim_n X_n \mid \mathcal{F}_m\right) \geqq \overline{\lim_n} \mathsf{M}(X_n \mid \mathcal{F}_m) \geqq X_m \quad (\mathsf{P}\text{-f.s.}).$$

Folgerung 3. Für ein nichtnegatives Martingal $X = (X_n, \mathcal{F}_n)$ existiert mit Wahrscheinlichkeit 1 der Grenzwert $\lim_n X_n$.

In der Tat gilt

$$\sup_n \mathsf{M} |X_n| = \sup_n \mathsf{M}X_n = \mathsf{M}X_1 < \infty,$$

und Satz 1 ist anwendbar.

2. Es sei $\xi_1, \xi_2, \ldots$ eine Folge unabhängiger zufälliger Größen mit $\mathsf{P}(\xi_n = 0) = \mathsf{P}(\xi_n = 2) = 1/2$. Dann ist $X = (X_n, \mathcal{F}_n^\xi)$ mit $X_n = \prod_{i=1}^n \xi_i$ und $\mathcal{F}_n^\xi = \sigma\{\xi_1, \ldots, \xi_n\}$ ein Martingal mit $\mathsf{M}X_n = 1$ und $X_n \to X_\infty \equiv 0$ (P-f.s.). Gleichzeitig ist klar, daß $\mathsf{M}|X_n - X_\infty| = 1$ und folglich $X_n \overset{L^1}{\nrightarrow} X_\infty$ gilt. Auf diese Weise sichert die Bedingung (1) im allgemeinen nicht die L^1-Konvergenz von X_n gegen X_∞.

Der im weiteren angeführte Satz 2 zeigt: Wenn die Voraussetzung (1) zur Annahme der gleichmäßigen Integrierbarkeit der Folge (X_n) verschärft wird (aus welcher die Bedingung (1) entsprechend Kapitel II, § 6, Nr. 4, folgt), ist neben der fast sicheren Konvergenz auch die L^1-Konvergenz erfüllt.

Satz 2. *Es sei $X = (X_n, \mathcal{F}_n)$ ein Submartingal, für das die Folge der zufälligen Größen (X_n) gleichmäßig integrierbar ist. Dann existiert eine zufällige Größe X_∞ mit $\mathsf{M}|X_\infty| < \infty$ derart, daß für $n \to \infty$*

$$X_n \longrightarrow X_\infty \quad (\mathsf{P}\text{-}f.s.), \tag{4}$$

$$X_n \xrightarrow{L^1} X_\infty \tag{5}$$

gilt. Dabei bildet die Folge $\overline{X} = (X_n, \mathcal{F}_n)$ für $1 \leqq n \leqq \infty$ und $\mathcal{F}_\infty = \sigma\left(\bigcup_n \mathcal{F}_n\right)$ ebenfalls ein Submartingal.

Beweis. Die Behauptung (4) folgt aus Satz 1 und die Behauptung (5) aus (4) und Satz 4 aus Kapitel II, § 6.

Weiterhin gilt für $A \in \mathcal{F}_n$

$$\mathsf{M}I_A |X_m - X_\infty| \to 0, \qquad m \to \infty,$$

und deshalb

$$\lim_{m\to\infty} \int_A X_m \, d\mathsf{P} = \int_A X_\infty \, d\mathsf{P}.$$

Die Folge $\left(\int_A X_m \, d\mathbf{P}\right)_{m \geqq n}$ ist nichtfallend, und das bedeutet

$$\int_A X_n \, d\mathbf{P} \leqq \int_A X_m \, d\mathbf{P} \leqq \int_A X_\infty \, d\mathbf{P},$$

woraus sich $X_n \leqq \mathbf{M}(X_\infty \mid \mathcal{F}_n)$ ($\mathbf{P}$-f.s.) für alle $n \geqq 1$ ergibt.

Der Satz ist damit bewiesen.

Folgerung. Wenn $X = (X_n, \mathcal{F}_n)$ ein Submartingal ist und für ein gewisses $p > 1$

$$\sup_n \mathbf{M} \, |X_n|^p < \infty \tag{6}$$

gilt, existiert eine integrierbare zufällige Größe X_∞, für welche (4) und (5) erfüllt sind.

Zum Beweis genügt es zu erwähnen, daß entsprechend Lemma 3 aus Kapitel II, § 6, die Bedingung (6) die gleichmäßige Integrierbarkeit der Folge (X_n) gewährleistet.

3. Wir führen nun einen Satz über Stetigkeitseigenschaften des bedingten Erwartungswertes an, welcher eines der allerersten Ergebnisse bezüglich der Konvergenz von Martingalen darstellt.

Satz 3 (P. Lévy). *Es sei $(\Omega, \mathcal{F}, \mathbf{P})$ ein Wahrscheinlichkeitsraum und $(\mathcal{F}_n)$ eine nichtfallende Folge von σ-Algebren, $\mathcal{F}_0 \subseteqq \mathcal{F}_1 \subseteqq \ldots \subseteqq \mathcal{F}$. Ferner sei ξ eine zufällige Größe mit $\mathbf{M} \, |\xi| < \infty$ und $\mathcal{F}_\infty = \sigma\left(\bigcup_n \mathcal{F}_n\right)$. Dann gilt $\mathbf{P}$-f.s. und im Sinne des L^1*

$$\mathbf{M}(\xi \mid \mathcal{F}_n) \to \mathbf{M}(\xi \mid \mathcal{F}_\infty), \qquad n \to \infty. \tag{7}$$

Beweis. Es sei $X_n = \mathbf{M}(\xi \mid \mathcal{F}_n)$. Dann gilt für $a > 0$, $b > 0$

$$\begin{aligned}
\int_{\{|X_n| \geqq a\}} |X_n| \, d\mathbf{P} &\leqq \int_{\{|X_n| \geqq a\}} \mathbf{M}(|\xi| \mid \mathcal{F}_n) \, d\mathbf{P} = \int_{\{|X_n| \geqq a\}} |\xi| \, d\mathbf{P} \\
&\leqq \int_{\{|X_n| \geqq a\} \cap \{|\xi| \leqq b\}} |\xi| \, d\mathbf{P} + \int_{\{|X_n| \geqq a\} \cap \{|\xi| > b\}} |\xi| \, d\mathbf{P} \\
&\leqq b\mathbf{P}(|X_n| \geqq a) + \int_{\{|\xi| > b\}} |\xi| \, d\mathbf{P} \\
&\leqq \frac{b}{a} \mathbf{M}|X_n| + \int_{\{|\xi| > b\}} |\xi| \, d\mathbf{P} \leqq \frac{b}{a} \mathbf{M}|\xi| + \int_{\{|\xi| > b\}} |\xi| \, d\mathbf{P}.
\end{aligned}$$

Für $a \to \infty$ und anschließend $b \to \infty$ erhalten wir

$$\lim_{a \to \infty} \sup_n \int_{\{|X_n| \geqq a\}} |X_n| \, d\mathbf{P} = 0,$$

d. h., die Folge (X_n) ist gleichmäßig integrierbar. Also existiert nach Satz 2 eine zufällige Größe X_∞ derart, daß $X_n = \mathbf{M}(\xi \mid \mathcal{F}_n) \to X_\infty$ ($\mathbf{P}$-f.s. und im L^1) erfüllt ist.

Deshalb muß nur noch

$$X_\infty = \mathbf{M}(\xi \mid \mathcal{F}_\infty) \quad (\mathbf{P}\text{-f.s.})$$

gezeigt werden.

Es sei $m \geqq n$ und $A \in \mathcal{F}_n$. Dann gilt

$$\int_A X_m \, d\mathbf{P} = \int_A X_n \, d\mathbf{P} = \int_A \mathbf{M}(\xi \mid \mathcal{F}_n) \, d\mathbf{P} = \int_A \xi \, d\mathbf{P}.$$

Aufgrund der gleichmäßigen Integrierbarkeit der Folge (X_n) und des Satzes 5 aus Kapitel II, § 6, ergibt sich $\mathbf{M}I_A \, |X_m - X_\infty| \to 0$ für $m \to \infty$ und folglich

$$\int_A X_\infty \, d\mathbf{P} = \int_A \xi \, d\mathbf{P}. \tag{8}$$

Diese Gleichung ist für beliebiges $A \in \mathcal{F}_n$ erfüllt und somit auch für beliebiges $A \in \bigcup_{n=1}^{\infty} \mathcal{F}_n$. Wegen $\mathbf{M} \, |X_\infty| < \infty$ und $\mathbf{M} \, |\xi| < \infty$ stellen die linke und die rechte Seite in (8) σ-additive Maße dar, welche möglicherweise auch negative, aber endliche Werte annehmen und auf der Algebra $\bigcup_{n=1}^{\infty} \mathcal{F}_n$ übereinstimmen. Infolge der Eindeutigkeit der Fortsetzung eines σ-additiven Maßes von einer Algebra auf die kleinste, sie enthaltende σ-Algebra (vgl. den Satz von Carathéodory; Kapitel II, § 3) bleibt die Gleichheit (8) auch für Mengen $A \in \mathcal{F}_\infty = \sigma\left(\bigcup_n^{\infty} \mathcal{F}_n\right)$ gültig. Somit gilt

$$\int_A X_\infty \, d\mathbf{P} = \int_A \xi \, d\mathbf{P} = \int_A \mathbf{M}(\xi \mid \mathcal{F}_\infty) \, d\mathbf{P}, \qquad A \in \mathcal{F}_\infty. \tag{9}$$

Die Größen X_∞ und $\mathbf{M}(\xi \mid \mathcal{F}_\infty)$ sind $\mathcal{F}_\infty$-meßbar, deshalb folgt aufgrund der Eigenschaft 1 in Kapitel II, § 6, Nr. 2, aus (9) die Beziehung $X_\infty = \mathbf{M}(\xi \mid \mathcal{F}_\infty)$ ($\mathbf{P}$-f.s.).

Der Beweis des Satzes ist damit beendet.

Folgerung. Eine stochastische Folge $X = (X_n, \mathcal{F}_n)$ ist genau dann ein *gleichmäßig integrierbares Martingal*, wenn eine zufällige Größe ξ mit $\mathbf{M} \, |\xi| < \infty$ derart existiert, daß $X_n = \mathbf{M}(\xi \mid \mathcal{F}_n)$ für alle $n \geqq 1$ gilt. Dabei konvergiert $X_n \to \mathbf{M}(\xi \mid \mathcal{F}_\infty)$ für $n \to \infty$ ($\mathbf{P}$-f.s. und im L^1).

Tatsächlich existiert für ein gleichmäßig integrierbares Martingal nach Satz 2 eine integrierbare zufällige Größe X_∞, so daß $X_n \to X_\infty$ ($\mathbf{P}$-f.s. und im L^1) und darüber hinaus $X_n = \mathbf{M}(X_\infty \mid \mathcal{F}_n)$ gilt. Somit kann man als zufällige Größe ξ die $\mathcal{F}_\infty$-meßbare Größe X_∞ nehmen.

Die umgekehrte Behauptung folgt aus Satz 3.

4. Wir wollen auf einige Anwendungen der bewiesenen Sätze eingehen.

Beispiel 1. *Null-Eins-Gesetz.* Es sei $\xi_1, \xi_2, \ldots$ eine Folge unabhängiger zufälliger Größen, $\mathcal{F}_n^\xi = \sigma\{\xi_1, \ldots, \xi_n\}$ und $\mathcal{X}$ die σ-Algebra der finalen Ereignisse. Aus Satz 3 ergibt sich $\mathbf{M}(I_A \mid \mathcal{F}_n^\xi) \to \mathbf{M}(I_A \mid \mathcal{F}_\infty^\xi) = I_A$ ($\mathbf{P}$-f.s.), $A \in \mathcal{F}_\infty^\xi$. Für $A \in \mathcal{X}$ sind aber I_A

und $(\xi_1, \ldots, \xi_n)$ unabhängig. Deshalb gilt $\mathbf{M}(I_A \mid \mathcal{F}_n^\xi) = \mathbf{M}(I_A)$ und folglich $I_A = \mathbf{M}(I_A)$ ($\mathbf{P}$-f.s.), woraus $\mathbf{P}(A) = 0$ oder $\mathbf{P}(A) = 1$ folgt.

Beispiel 2. Es sei $\xi_1, \xi_2, \ldots$ eine Folge zufälliger Größen. Aus der Konvergenz der Reihe $\sum_{n=1}^{\infty} \xi_n$ mit Wahrscheinlichkeit 1 folgt ihre Konvergenz in Wahrscheinlichkeit und in Verteilung (vgl. Satz 2 aus Kapitel II, § 10). Es stellt sich heraus, daß auch die Umkehrung gültig ist, wenn die zufälligen Größen zusätzlich als unabhängig vorausgesetzt werden: Die Konvergenz der Reihe $\sum_{n=1}^{\infty} \xi_n$ in Verteilung zieht ihre Konvergenz in Wahrscheinlichkeit und mit Wahrscheinlichkeit 1 nach sich. Somit erweisen sich für eine Reihe $\sum_{n=1}^{\infty} \xi_n$, gebildet aus unabhängigen zufälligen Größen, alle diese drei Konvergenzarten (mit Wahrscheinlichkeit 1, in Wahrscheinlichkeit und in Verteilung) als äquivalent (vgl. mit der Behauptung von Aufgabe 3 aus Kapitel IV, § 2).

Zum Beweis braucht man nur zu zeigen, daß für $S_n = \xi_1 + \cdots + \xi_n$, $n \geqq 1$, aus der Konvergenz der Größen S_n in Verteilung ihre Konvergenz mit Wahrscheinlichkeit 1 folgt.

Ein eleganter Beweis dieser Behauptung ist leicht unter Ausnutzung des Satzes 1 zu erhalten.

Tatsächlich, es gelte $S_n \xrightarrow{d} S$. Dann gilt für beliebiges reelles t

$$\mathbf{M}\, e^{itS_n} \to \mathbf{M}\, e^{itS}.$$

Wir wählen t_0 derart, daß $\mathbf{M}\, e^{it_0 S} \neq 0$ erfüllt ist. Dann existiert ein $n_0 = n_0(t_0)$, so daß $|\mathbf{M}\, e^{it_0 S_n}| \geqq c > 0$ für alle $n > n_0$ ist. Wir bilden für $n \geqq n_0$ die Folge $X = (X_n, \mathcal{F}_n)$ mit

$$X_n = \frac{e^{it_0 S_n}}{\mathbf{M}\, e^{it_0 S_n}}, \qquad \mathcal{F}_n = \sigma\{\xi_1, \ldots, \xi_n\}.$$

Aufgrund der Unabhängigkeit der Größen $\xi_1, \xi_2, \ldots$ erweist sich die Folge $X = (X_n, \mathcal{F}_n)$ als Martingal, und es gilt

$$\sup_{n \geqq n_0} \mathbf{M}\, |X_n| \leqq \frac{1}{c} < \infty.$$

Deshalb ergibt sich aus Satz 1, daß mit Wahrscheinlichkeit 1 der endliche Grenzwert $\lim_n X_n$ existiert, und folglich existiert mit Wahrscheinlichkeit 1 auch $\lim_n e^{it_0 S_n}$. Somit kann man behaupten, daß sich ein $\delta > 0$ derart finden läßt, daß für jedes t aus der Menge $T = \{t: |t| < \delta\}$ der Grenzwert $\lim_n e^{itS_n}$ ($\mathbf{P}$-f.s.) existiert, da $\mathbf{M}\, e^{itS} \neq 0$ für hinreichend kleines $|t|$ gilt. Wir setzen $T \times \Omega = \{(t, \omega): t \in T, \omega \in \Omega\}$; $\overline{\mathscr{B}}(T)$ bezeichne das System der Lebesgue-Mengen in T und λ das Lebesgue-Maß auf $(T, \overline{\mathscr{B}}(T))$, und es sei

$$C = \{(t, \omega) \in T \times \Omega: \lim_n e^{itS_n(\omega)} \text{ existiert}\}.$$

Es ist klar, daß $C \in \bar{\mathscr{B}}(T) \otimes \mathscr{F}$ gilt. Entsprechend des oben Bereitgestellten haben wir $\mathsf{P}(C_t) = 1$ für $t \in T$, wobei $C_t = \{\omega \in \Omega: (t, \omega) \in C\}$ den Schnitt der Menge C im Punkt t bezeichnet. Nach dem Satz von Fubini (vgl. Satz 8 aus Kapitel II, § 6) gilt

$$\int_{T\times\Omega} I_C(t, \omega)\, \mathrm{d}(\lambda \times \mathsf{P}) = \int_T \left(\int_\Omega I_C(t, \omega)\, \mathrm{d}\mathsf{P}\right) \mathrm{d}\lambda$$

$$= \int_T \mathsf{P}(C_t)\, \mathrm{d}\lambda = \int_T 1\, \mathrm{d}\lambda = \lambda(T) = 2\delta > 0.$$

Andererseits ergibt sich wiederum aus dem Satz von Fubini

$$\lambda(T) = \int_{T\times\Omega} I_C(t, \omega)\, \mathrm{d}(\lambda \times \mathsf{P}) = \int_\Omega \left(\int_T I_C(t, \omega)\, \mathrm{d}\lambda\right) \mathrm{d}\mathsf{P}$$

$$= \int_\Omega \lambda(C_\omega)\, \mathrm{d}\mathsf{P}$$

mit $C_\omega = \{t \in T: (t, \omega) \in C\}$. Hieraus folgt, daß eine Menge $\tilde{\Omega} \subseteqq \Omega$ mit $\mathsf{P}(\tilde{\Omega}) = 1$ derart existiert, daß für alle $\omega \in \tilde{\Omega}$

$$\lambda(C_\omega) = \lambda(T) = 2\delta > 0$$

erfüllt ist. Somit kann man behaupten, daß für jedes $\omega \in \tilde{\Omega}$ der Grenzwert $\lim\limits_n \mathrm{e}^{itS_n(\omega)}$ existiert, und zwar für alle $t \in C_\omega$, wobei das Lebesgue-Maß der Menge C_ω positiv ist. Hieraus und aus Aufgabe 8 folgt, daß $\lim\limits_n S_n(\omega)$ für $\omega \in \tilde{\Omega}$ existiert und endlich ist, und wegen $\mathsf{P}(\tilde{\Omega}) = 1$ gilt dies also P-f.s.

Die folgenden zwei Beispiele illustrieren Anwendungsmöglichkeiten der oben angeführten Konvergenzsätze in der Analysis.

Beispiel 3. Eine Funktion $f = f(x)$ auf $[0, 1)$, die einer Lipschitz-Bedingung genügt, ist absolut stetig, und wie aus der Analysis bekannt ist, existiert eine Lebesgue-integrierbare Funktion $g = g(x)$, für die

$$f(x) - f(0) = \int_0^x g(y)\, \mathrm{d}y \tag{10}$$

gilt. (In diesem Sinne ist g die „Ableitung" von f.)

Wir wollen zeigen, wie dieses Ergebnis aus Satz 1 erhalten werden kann. Es sei $\Omega = [0, 1)$, $\mathscr{F} = \mathscr{B}([0, 1))$ und P das Lebesgue-Maß. Wir setzen

$$\xi_n(x) = \sum_{k=1}^{2^n} \frac{k-1}{2^n} I\left(\left\{\frac{k-1}{2^n} \leqq x < \frac{k}{2^n}\right\}\right),$$

$\mathscr{F}_n = \sigma\{\xi_1, \ldots, \xi_n\} = \sigma\{\xi_n\}$, und es sei

$$X_n = \frac{f(\xi_n + 2^{-n}) - f(\xi_n)}{2^{-n}}.$$

Da die zufällige Größe ξ_{n+1} bei gegebenem Wert ξ_n nur die zwei Werte ξ_n und $\xi_n + 2^{-(n+1)}$ mit den bedingten Wahrscheinlichkeiten 1/2 annimmt, gilt

$$\begin{aligned}\mathsf{M}[X_{n+1} \mid \mathcal{F}_n] &= \mathsf{M}[X_{n+1} \mid \xi_n] \\ &= 2^{n+1}\mathsf{M}[f(\xi_{n+1} + 2^{-(n+1)}) - f(\xi_{n+1}) \mid \xi_n] \\ &= 2^{n+1}\left\{\frac{1}{2}\,[f(\xi_n + 2^{-(n+1)}) - f(\xi_n)]\right. \\ &\qquad \left. + \frac{1}{2}\,[f(\xi_n + 2^{-n}) - f(\xi_n + 2^{-(n+1)})]\right\} \\ &= 2^n\{f(\xi_n + 2^{-n}) - f(\xi_n)\} = X_n .\end{aligned}$$

Hieraus folgt, daß $X = (X_n, \mathcal{F}_n)$ ein Martingal ist, welches infolge $|X_n| \leqq L$ gleichmäßig integrierbar ist, wobei L die Konstante in der Lipschitz-Bedingung bezeichnet: $|f(x) - f(y)| \leqq L\,|x - y|$. Wir vermerken, daß $\mathcal{F} = \mathcal{B}([0, 1)) = \sigma\left(\bigcup_n \mathcal{F}_n\right)$ gilt. Deshalb existiert entsprechend der Folgerung zu Satz 3 eine $\mathcal{F}$-meßbare Funktion $g = g(x)$ derart, daß $X_n \to g$ (P-f.s.) und

$$X_n = \mathsf{M}(g \mid \mathcal{F}_n) \tag{11}$$

erfüllt sind. Wir nehmen die Menge $B = [0, k/2^n]$. Dann ergibt sich aus (11)

$$f\left(\frac{k}{2^n}\right) - f(0) = \int_0^{k/2^n} X_n \,\mathrm{d}x = \int_0^{k/2^n} g(x)\,\mathrm{d}x ,$$

und da n und k beliebig sind, erhalten wir hieraus die gesuchte Gleichung (10).

Beispiel 4. Es sei $\Omega = [0, 1)$, $\mathcal{F} = \mathcal{B}([0, 1))$ und P das Lebesgue-Maß. Wir betrachten das System der Haarschen Funktionen $(H_n(x))_{n\geqq 1}$, welche in Beispiel 3 aus Kapitel II, § 11, definiert sind. Wir setzen $\mathcal{F}_n = \sigma\{H_1, \ldots, H_n\}$ und bemerken, daß $\sigma\left(\bigcup_n \mathcal{F}_n\right) = \mathcal{F}$ gilt. Aus den Eigenschaften des bedingten Erwartungswertes und der Struktur der Haarschen Funktionen läßt sich leicht schließen, daß für eine beliebige Borel-Funktion $f \in L^1$

$$\mathsf{M}(f \mid \mathcal{F}_n)\,(x) = \sum_{k=1}^{n} a_k H_k(x) \quad (\mathsf{P}\text{-f.s.}) \tag{12}$$

erfüllt ist, wobei

$$a_k = (f, H_k) = \int_0^1 f(x)\,H_k(x)\,\mathrm{d}x$$

ist. Mit anderen Worten, der bedingte Erwartungswert $\mathsf{M}(f \mid \mathcal{F}_n)$ ist eine partielle Fourier-Summe der Zerlegung der Funktion f bezüglich des Haarschen Funktionensystems. Dann erhalten wir durch Anwendung des Satzes 3 auf das Martingal

$\left(\mathbf{M}(f \mid \mathcal{F}_n), \mathcal{F}_n\right)$ für $n \to \infty$

$$\sum_{k=1}^{n} (f, H_k)\, H_k(x) \to f(x) \quad (\mathbf{P}\text{-f.s.})$$

und

$$\int_0^1 \left| \sum_{k=1}^{n} (f, H_k)\, H_k(x) - f(x) \right| dx \to 0.$$

5. Aufgaben

1. Es sei $(\mathcal{G}_n)$ eine nichtwachsende Folge von σ-Algebren $\mathcal{G}_1 \supseteqq \mathcal{G}_2 \supseteqq \ldots$, ferner sei $\mathcal{G}_\infty = \bigcap_n \mathcal{G}_n$ und η eine integrierbare zufällige Größe. Man beweise die Gültigkeit des folgenden Analogons von Satz 3: Für $n \to \infty$ gilt

$$\mathbf{M}(\eta \mid \mathcal{G}_n) \to \mathbf{M}(\eta \mid \mathcal{G}_\infty) \quad (\mathbf{P}\text{-f.s. und im } L^1).$$

2. Es sei $\xi_1, \xi_2, \ldots$ eine Folge unabhängiger identisch verteilter zufälliger Größen mit $\mathbf{M}\,|\xi_1| < \infty$ und $\mathbf{M}\xi_1 = m$ sowie $S_n = \xi_1 + \cdots + \xi_n$. Man zeige, daß

$$\mathbf{M}(\xi_1 \mid S_n, S_{n+1}, \ldots) = \mathbf{M}(\xi_1 \mid S_n) = \frac{S_n}{n} \quad (\mathbf{P}\text{-f.s.})$$

gilt (vgl. Aufgabe 2 aus Kapitel II, § 7), und leite aus der Aussage von Aufgabe 1 das starke Gesetz der großen Zahlen ab: Für $n \to \infty$ gilt

$$\frac{S_n}{n} \to m \qquad (\mathbf{P}\text{-f.s. und im } L^1).$$

3. Man beweise die Gültigkeit der folgenden Aussage, welche den Satz von Lebesgue über die majorisierte Konvergenz und den Satz von P. Lévy in sich vereinigt. Es sei (ξ_n) eine Folge zufälliger Größen mit $\xi_n \to \xi$ ($\mathbf{P}$-f.s.), $|\xi_n| \leqq \eta$, $\mathbf{M}\eta < \infty$ und $(\mathcal{F}_m)$ eine nichtfallende Folge von σ-Algebren sowie $\mathcal{F}_\infty = \sigma\left(\bigcup_n \mathcal{F}_n\right)$. Dann gilt

$$\lim_{\substack{m\to\infty \\ n\to\infty}} \mathbf{M}(\xi_n \mid \mathcal{F}_m) = \mathbf{M}(\xi \mid \mathcal{F}_\infty) \qquad (\mathbf{P}\text{-f.s.}).$$

4. Man beweise die Gültigkeit der Formel (12).

5. Es sei $\Omega = [0, 1)$, $\mathcal{F} = \mathcal{B}([0, 1))$, $\mathbf{P}$ das Lebesgue-Maß und $f = f(x) \in L^1$. Man setze

$$f_n(x) = 2^n \int_{k2^{-n}}^{(k+1)2^{-n}} f(y)\, dy, \qquad k2^{-n} \leqq x < (k+1)\, 2^{-n},$$

und zeige, daß $f_n(x) \to f(x)$ ($\mathbf{P}$-f.s.) gilt.

6. Es sei $\Omega = [0, 1)$, $\mathcal{F} = \mathcal{B}([0, 1))$, $\mathbf{P}$ das Lebesgue-Maß und $f = f(x) \in L^1$. Wir setzen diese Funktion periodisch auf $[0, 2)$ fort und definieren

$$f_n(x) = \sum_{i=1}^{2^n} 2^{-n} f(x + i2^{-n}).$$

Man zeige, daß $f_n(x) \to f(x)$ ($\mathbf{P}$-f.s.) gilt.

7. Man beweise, daß der Satz 1 seine Gültigkeit für verallgemeinerte Submartingale X behält, falls $\inf_m \sup_{n \geqq m} \mathbf{M}(X_n^+ \mid \mathcal{F}_m) < \infty$ ($\mathbf{P}$-f.s.) erfüllt ist.

8. Es sei (a_n) eine Zahlenfolge, und für ein gewisses $\delta > 0$ und alle $|t| < \delta$ existiere $\lim_n e^{ita_n}$. Man beweise, daß auch $\lim_n a_n$ existiert.

§ 5. Über Mengen der Konvergenz von Submartingalen und Martingalen

1. Es sei $X = (X_n, \mathcal{F}_n)$ eine stochastische Folge. Wir werden mit $\{X_n \to\}$ oder $\left\{-\infty < \lim_n X_n < \infty\right\}$ die Menge aller der elementaren Ereignisse bezeichnen, für die $\lim_n X_n$ *existiert* und *endlich* ist. Weiterhin werden wir sagen, daß $A \subseteqq B$ (**P**-f.s.) gilt, falls $\mathsf{P}(I_A \leqq I_B) = 1$ erfüllt ist.

Ist X ein Submartingal und gilt $\sup_n \mathsf{M}\,|X_n| < \infty$ (oder, was dazu äquivalent ist, $\sup_n \mathsf{M}X_n^+ < \infty$), so ergibt sich nach Satz 1 aus § 4

$$\{X_n \to\} = \Omega \quad (\mathsf{P}\text{-f.s.}).$$

Wir wollen nun die Struktur der Konvergenzmenge $\{X_n \to\}$ für Submartingale X in dem Fall untersuchen, daß die Bedingung $\sup_n \mathsf{M}\,|X_n| < \infty$ verletzt ist.

Es sei $a > 0$ und $\tau_a = \inf\{n \geqq 1: X_n > a\}$ mit $\tau_a = \infty$, falls $\{\cdot\} = \emptyset$ gilt.

Definition. Eine stochastische Folge $X = (X_n, \mathcal{F}_n)$ *gehört zur Klasse* C^+ ($X \in C^+$), wenn für beliebiges $a > 0$

$$\mathsf{M}(\Delta X_{\tau_a})^+ I_{\{\tau_a < \infty\}} < \infty \tag{1}$$

erfüllt ist, wobei $\Delta X_n = X_n - X_{n-1}$, $X_0 = 0$, gilt.

Offensichtlich gilt $X \in C^+$, wenn

$$\mathsf{M} \sup_n |\Delta X_n| < \infty, \tag{2}$$

oder erst recht, wenn für alle $n \geqq 1$

$$|\Delta X_n| \leqq C < \infty \quad (\mathsf{P}\text{-f.s.}) \tag{3}$$

erfüllt ist.

Satz 1. *Wenn das Submartingal X zu C^+ gehört, gilt*

$$\left\{\sup_n X_n < \infty\right\} = \{X_n \to\} \quad (\mathsf{P}\text{-}f.s.). \tag{4}$$

Beweis. Die Inklusion $\{X_n \to\} \subseteqq \left\{\sup_n X_n < \infty\right\}$ ist evident. Zum Beweis der umgekehrten Inklusion betrachten wir das „gestoppte" Submartingal $X^{\tau_a} = (X_{\tau_a \wedge n}, \mathcal{F}_n)$. Dann ergibt sich infolge (1)

$$\begin{aligned}\sup_n \mathsf{M}X^+_{\tau_a \wedge n} &\leqq a + \mathsf{M}[X^+_{\tau_a} \cdot I\{\tau_a < \infty\}] \\ &\leqq 2a + \mathsf{M}[(\Delta X_{\tau_a})^+ \cdot I\{\tau_a < \infty\}] < \infty \end{aligned} \tag{5}$$

und aufgrund von Satz 1 aus § 4

$$\{\tau_a = \infty\} \subseteqq \{X_n \to\} \quad (\mathsf{P}\text{-f.s.}).$$

Es gilt aber $\bigcup_{a>0} \{\tau_a = \infty\} = \left\{\sup_n X_n < \infty\right\}$ und deshalb

$$\left\{\sup_n X_n < \infty\right\} \subseteqq \{X_n \to\} \quad (\mathbf{P}\text{-f.s.}).$$

Damit ist der Satz bewiesen.

Folgerung. Es sei X ein Martingal mit $\mathbf{M} \sup_n |\Delta X_n| < \infty$. Dann gilt ($\mathbf{P}$-f.s.)

$$\{X_n \to\} \cup \{\underline{\lim}\, X_n = -\infty, \overline{\lim}\, X_n = +\infty\} = \Omega. \tag{6}$$

Tatsächlich erhalten wir durch Anwendung des Satzes 1 auf X und $-X$

$$\left\{\overline{\lim_n}\, X_n < \infty\right\} = \left\{\sup_n X_n < \infty\right\} = \{X_n \to\},$$

$$\left\{\underline{\lim_n}\, X_n > -\infty\right\} = \left\{\inf_n X_n > -\infty\right\} = \{X_n \to\} \quad (\mathbf{P}\text{-f.s.}).$$

Deshalb ergibt sich ($\mathbf{P}$-f.s.)

$$\left\{\overline{\lim_n}\, X_n < \infty\right\} \cup \left\{\underline{\lim_n}\, X_n > -\infty\right\} = \{X_n \to\},$$

wodurch (6) bewiesen ist.

Die Behauptung (6) besagt, daß fast alle Trajektorien eines Martingals X, das der Bedingung $\mathbf{M} \sup_n |\Delta X_n| < \infty$ genügt, derart beschaffen sind, daß für sie entweder ein endlicher Grenzwert existiert oder sie ein „schlechtes" Verhalten in dem Sinne besitzen, daß $\overline{\lim_n}\, X_n = \infty$ und $\underline{\lim_n}\, X_n = -\infty$ gilt.

2. Für eine Folge unabhängiger zufälliger Größen $\xi_1, \xi_2, \ldots$ mit $\mathbf{M}\xi_n = 0$ und $|\xi_n| \leqq c < \infty$ konvergiert gemäß Satz 1 aus Kapitel IV, § 2, die Reihe $\sum_{n=1}^{\infty} \xi_n$ ($\mathbf{P}$-f.s.) genau dann, wenn $\sum_{n=1}^{\infty} \mathbf{M}\xi_n^2 < \infty$ gilt. Die Folge $X = (X_n, \mathcal{F}_n)$ mit $X_n = \xi_1 + \cdots + \xi_n$, $\mathcal{F}_n = \sigma\{\xi_1, \ldots, \xi_n\}$ ist ein quadratisch integrierbares Martingal mit $\langle X\rangle_n = \sum_{i=1}^{n} \mathbf{M}\xi_i^2$, und der formulierten Aussage kann man die Form

$$\{\langle X\rangle_\infty < \infty\} = \{X_n \to\} = \Omega \quad (\mathbf{P}\text{-f.s.})$$

verleihen, wobei $\langle X\rangle_\infty$ als $\lim_n \langle X\rangle_n$ definiert ist.

Die im weiteren angeführten Aussagen übertragen dieses Ergebnis auf den Fall allgemeinerer Martingale und Submartingale.

Satz 2. *Es sei $X = (X_n, \mathcal{F}_n)$ ein Submartingal und*

$$X_n = m_n + A_n$$

seine Doob-Zerlegung.

a) *Falls X ein nichtnegatives Submartingal ist, gilt*

$$\{A_\infty < \infty\} \subseteqq \{X_n \to\} \subseteqq \left\{\sup_n X_n < \infty\right\} \quad (\mathbf{P}\text{-}f.s.). \tag{7}$$

b) *Für $X \in \boldsymbol{C}^+$ gilt*

$$\{X_n \to\} = \left\{\sup_n X_n < \infty\right\} \subseteqq \{A_\infty < \infty\} \quad (\mathbf{P}\text{-}f.s.). \tag{8}$$

c) *Falls X ein nichtnegatives Submartingal und $X \in \boldsymbol{C}^+$ erfüllt ist, gilt*

$$\{X_n \to\} = \left\{\sup_n X_n < \infty\right\} = \{A_\infty < \infty\} \quad (\mathbf{P}\text{-}f.s.). \tag{9}$$

Beweis. a) Die zweite Inklusion in (7) ist klar. Zum Beweis der ersten Inklusion führen wir die Zeiten

$$\sigma_a = \inf\{n \geqq 1 : A_{n+1} > a\}, \qquad a > 0,$$

ein, wobei $\sigma_a = +\infty$ für $\{\cdot\} = \emptyset$ gesetzt wird. Dann gilt $A_{\sigma_a} \leqq a$ und aufgrund von Folgerung 1 zu Satz 1 aus § 2

$$\mathbf{M}X_{n\wedge\sigma_a} = \mathbf{M}m_0 + \mathbf{M}A_{n\wedge\sigma_a} \leqq \mathbf{M}m_0 + a.$$

Es sei $Y_n^a = X_{n\wedge\sigma_a}$; dann ist $Y^a = (Y_n^a, \mathcal{F}_n)$ ein Submartingal mit $\mathbf{M}Y_n^a \leqq \mathbf{M}m_0 + a < \infty$, und infolge seiner Nichtnegativität folgt aus Satz 1 von § 4 ($\mathbf{P}$-f.s.)

$$\{A_\infty \leqq a\} = \{\sigma_a = \infty\} \subseteqq \{X_n \to\}.$$

Deshalb gilt ($\mathbf{P}$-f.s.)

$$\{A_\infty < \infty\} = \bigcup_{a>0} \{A_\infty \leqq a\} \subseteqq \{X_n \to\}.$$

b) Die erste Gleichheit folgt aus Satz 1. Um die zweite Beziehung zu beweisen, bemerken wir, daß entsprechend (5)

$$\mathbf{M}m_0 + \mathbf{M}A_{\tau_a\wedge n} = \mathbf{M}X_{\tau_a\wedge n} \leqq \mathbf{M}X^+_{\tau_a\wedge n} \leqq 2a + \mathbf{M}[(\Delta X_{\tau_a})^+ I\{\tau_a < \infty\}]$$

gilt und folglich

$$\mathbf{M}A_{\tau_a} = \mathbf{M}\lim_n A_{\tau_a\wedge n} < \infty.$$

Deshalb ergibt sich $\{\tau_a = \infty\} \subseteqq \{A_\infty < \infty\}$, und die gewünschte Behauptung folgt aus der Beziehung $\bigcup_{a>0} \{\tau_a = \infty\} = \left\{\sup_n X_n < \infty\right\}$.

c) Diese Behauptung ist eine unmittelbare Folgerung der Behauptungen a) und b). Damit ist der Satz bewiesen.

Bemerkung. Die Bedingung der Nichtnegativität von X kann man durch die Bedingung $\sup_n \mathbf{M}\, X_n^- < \infty$ ersetzen.

Folgerung 1. Es sei $X_n = \xi_1 + \cdots + \xi_n$, wobei $\xi_n \geqq 0$, $\mathbf{M}\xi_n < \infty$, ξ_n bezüglich $\mathcal{F}_n$ meßbar ist und $\mathcal{F}_0 = \{\emptyset, \Omega\}$ gilt. Dann folgt

$$\left\{\sum_{n=1}^{\infty} \mathbf{M}(\xi_n \mid \mathcal{F}_{n-1}) < \infty\right\} \subseteqq \{X_n \to\} \quad (\mathbf{P}\text{-f.s.}), \tag{10}$$

und falls zusätzlich $\mathsf{M} \sup_n \xi_n < \infty$ erfüllt ist, haben wir

$$\left\{\sum_{n=1}^{\infty} \mathsf{M}(\xi_n \mid \mathcal{F}_{n-1}) < \infty\right\} = \{X_n \to\} \quad (\mathsf{P}\text{-f.s.}). \tag{11}$$

Folgerung 2 (Lemma von Borel-Cantelli-Lévy). Für Ereignisse $B_n \in \mathcal{F}_n$ erhalten wir, indem in (11) $\xi_n = I_{B_n}$ gesetzt wird,

$$\left\{\sum_{n=1}^{\infty} \mathsf{P}(B_n \mid \mathcal{F}_{n-1}) < \infty\right\} = \left\{\sum_{n=1}^{\infty} I_{B_n} < \infty\right\} \quad (\mathsf{P}\text{-f.s.}). \tag{12}$$

3. Satz 3. *Es sei $M = (M_n, \mathcal{F}_n)$ ein quadratisch integrierbares Martingal. Dann gilt*

$$\{\langle M\rangle_\infty < \infty\} \subseteqq \{M_n \to\} \quad (\mathsf{P}\text{-}f.s.). \tag{13}$$

Falls zusätzlich $\mathsf{M} \sup_n |\Delta M_n|^2 < \infty$ erfüllt ist, gilt

$$\{\langle M\rangle_\infty < \infty\} = \{M_n \to\} \quad (\mathsf{P}\text{-}f.s.) \tag{14}$$

mit

$$\langle M\rangle_\infty = \sum_{n=1}^{\infty} \mathsf{M}\big((\Delta M_n)^2 \mid \mathcal{F}_{n-1}\big). \tag{15}$$

Beweis. Wir betrachten die zwei Submartingale $M^2 = (M_n^2, \mathcal{F}_n)$ und $(M + 1)^2 = \big((M_n + 1)^2, \mathcal{F}_n\big)$. Dann stimmen in ihren Doob-Zerlegungen

$$M_n^2 = m_n' + A_n', \qquad (M_n + 1)^2 = m_n'' + A_n''$$

die Größen A_n' und A_n'' wegen

$$A_n' = \sum_{k=1}^{n} \mathsf{M}(\Delta M_k^2 \mid \mathcal{F}_{k-1}) = \sum_{k=1}^{n} \mathsf{M}\big((\Delta M_k)^2 \mid \mathcal{F}_{k-1}\big)$$

und

$$A_n'' = \sum_{k=1}^{n} \mathsf{M}\big(\Delta(M_k + 1)^2 \mid \mathcal{F}_{k-1}\big) = \sum_{k=1}^{n} \mathsf{M}(\Delta M_k^2 \mid \mathcal{F}_{k-1})$$

$$= \sum_{k=1}^{n} \mathsf{M}\big((\Delta M_k)^2 \mid \mathcal{F}_{k-1}\big)$$

überein. Deshalb ergibt sich aus (7)

$$\{\langle M\rangle_\infty < \infty\} = \{A_\infty' < \infty\} \subseteqq \{M_n^2 \to\} \cap \{(M_n + 1)^2 \to\} = \{M_n \to\} \quad (\mathsf{P}\text{-f.s.}).$$

Infolge von (9) braucht man zum Beweis von (14) nur zu zeigen, daß die Bedingung $\mathsf{M} \sup_n |\Delta M_n|^2 < \infty$ die Zugehörigkeit des Submartingals M^2 zur Klasse C^+ sichert.

Es sei $\tau_a = \inf\{n \geqq 1 : M_n^2 > a\}$, $a > 0$. Dann gilt auf der Menge $\{\tau_a < \infty\}$

$$|\Delta M_{\tau_a}^2| = |M_{\tau_a}^2 - M_{\tau_a - 1}^2|$$

$$\leqq |M_{\tau_a} - M_{\tau_a - 1}|^2 + 2\,|M_{\tau_a - 1}| \cdot |M_{\tau_a} - M_{\tau_a - 1}|$$

$$\leqq (\Delta M_{\tau_a})^2 + 2a^{1/2} |\,\Delta M_{\tau_a}|,$$

woraus sich

$$\mathbf{M}\,|\Delta M^2_{\tau_a}|\,I\{\tau_a < \infty\}$$

$$\leqq \mathbf{M}(\Delta M_{\tau_a})^2\,I\{\tau_a < \infty\} + 2a^{1/2}\sqrt{\mathbf{M}(\Delta M_{\tau_a})^2\,I\{\tau_a < \infty\}}$$

$$\leqq \mathbf{M}\sup|\Delta M_n|^2 + 2a^{1/2}\sqrt{\mathbf{M}\sup|\Delta M_n|^2} < \infty$$

ergibt.

Der Beweis des Satzes ist damit beendet.

Zur Illustration dieses Satzes führen wir das folgende Ergebnis an, welches als spezifische Form des starken Gesetzes der großen Zahlen für quadratisch integrierbare Martingale angesehen werden kann (vgl. Satz 2 aus Kapitel IV, § 3, und Folgerung 2 aus § 3, Nr. 3).

Satz 4. *Es sei* $M = (M_n, \mathscr{F}_n)$ *ein quadratisch integrierbares Martingal und* $A = (A_n, \mathscr{F}_{n-1})$ *eine vorhersagbare wachsende Folge mit* $A_1 > 0$, $A_\infty = \infty$ ($\mathbf{P}$-*f.s.*). *Ist*

$$\sum_{i=1}^{\infty} \frac{\mathbf{M}[(\Delta M_i)^2 \mid \mathscr{F}_{i-1}]}{A_i^2} < \infty \quad (\mathbf{P}\text{-}f.s.) \tag{16}$$

erfüllt, so gilt mit Wahrscheinlichkeit 1

$$M_n/A_n \to 0 \quad \textit{für} \quad n \to \infty. \tag{17}$$

Wenn insbesondere für die quadratische Charakteristik $\langle M\rangle = (\langle M\rangle_n, \mathscr{F}_n)$ *von* M *die Bedingung* $\langle M\rangle_\infty = \infty$ ($\mathbf{P}$-*f.s.*) *erfüllt ist, gilt*

$$M_n/\langle M\rangle_n \to 0 \quad \textit{für} \quad n \to \infty \quad (\mathbf{P}\text{-}f.s.).$$

Beweis. Wir betrachten das quadratisch integrierbar Martingal $m = (m_n, \mathscr{F}_n)$ mit

$$m_n = \sum_{i=1}^{n} \frac{\Delta M_i}{A_i}.$$

Dann gilt

$$\langle m\rangle_n = \sum_{i=1}^{n} \frac{\mathbf{M}[(\Delta M_i)^2 \mid \mathscr{F}_{i-1}]}{A_i^2}. \tag{18}$$

Wegen

$$\frac{M_n}{A_n} = \frac{\sum_{k=1}^{n} A_k\,\Delta m_k}{A_n} \tag{19}$$

ergibt sich entsprechend dem Lemma von Kronecker (vgl. Kapitel IV, § 3) $M_n/A_n \to 0$ ($\mathbf{P}$-f.s.), falls mit Wahrscheinlichkeit 1 der endliche Grenzwert $\lim_n m_n$

existiert. Infolge (13) gilt

$$\{\langle m\rangle_\infty < \infty\} \subseteq \{m_n \to\}, \tag{20}$$

und deshalb folgt aus (18), daß die Bedingung (16) hinreichend für das Erfülltsein von (17) ist.

Die abschließende Behauptung folgt aus (16) und Aufgabe 6, wobei wir ohne Beschränkung der Allgemeinheit annehmen können, daß $\langle M\rangle_1 > 0$ (**P**-f.s.) gilt. Ist das nicht der Fall, so betrachten wir die Stoppzeit $\tau = \min\{n \geq 0: \langle M\rangle_{n+1} > 0\}$ und definieren $M' = (M_{\tau+n}, \mathcal{F}_{\tau+n})$. Offenbar gilt $\langle M'\rangle_1 > 0$ (**P**-f.s.), und es genügt, die Aussage für M' zu beweisen.

Der Satz ist somit bewiesen.

Beispiel. Wir betrachten eine Folge unabhängiger zufälliger Größen $\xi_1, \xi_2, \ldots$ mit $\mathsf{M}\xi_n = 0$, $\mathsf{D}\xi_n = D_n > 0$, und die Folge $X = (X_n)_{n\geq 0}$ sei durch die Rekursionsgleichung

$$X_{n+1} = \theta X_n + \xi_{n+1} \tag{21}$$

bestimmt, wobei X_0 nicht von $\xi_1, \xi_2, \ldots$ abhängt und θ einen unbekannten Parameter mit $-\infty < \theta < \infty$ bezeichnet.

Wir werden X_n als Beobachtungsergebnis zum Zeitpunkt n interpretieren und stellen die Aufgabe, den unbekannten Parameter θ zu schätzen. Als Schätzung für θ aufgrund der Beobachtungsergebnisse $X_0, X_1, \ldots, X_n$ nehmen wir die Größe

$$\hat{\theta}_n = \frac{\sum\limits_{k=0}^{n-1} \frac{X_k X_{k+1}}{D_{k+1}}}{\sum\limits_{k=0}^{n-1} \frac{X_k^2}{D_{k+1}}}, \tag{22}$$

die gleich 0 gesetzt wird, wenn der Nenner 0 wird. (Die Größe $\hat{\theta}_n$ ist die nach der *Methode der kleinsten Quadrate* erhaltene Schätzung.)

Aus (21) und (22) ist klar, daß

$$\hat{\theta}_n = \theta + M_n/A_n$$

gilt, wobei

$$M_n = \sum_{k=0}^{n-1} \frac{X_k \xi_{k+1}}{D_{k+1}}, \qquad A_n = \langle M\rangle_n = \sum_{k=0}^{n-1} \frac{X_k^2}{D_{k+1}}$$

ist. Falls θ der wahre Wert des unbekannten Parameters ist, ergibt sich deshalb

$$\mathsf{P}(\hat{\theta}_n \to \theta) = 1, \tag{23}$$

wenn

$$M_n/A_n \to 0 \quad \text{für} \quad n \to \infty \quad (\mathsf{P}\text{-f.s.}) \tag{24}$$

erfüllt ist. (Schätzungen $\hat{\theta}_n$, die die Eigenschaft (23) besitzen, heißen *stark konsistent*; vgl. mit dem Begriff der Konsistenz aus Kapitel I, § 7.)

Wir wollen zeigen, daß die Bedingungen

$$\sup_n \frac{D_{n+1}}{D_n} < \infty, \qquad \sum_{n=1}^{\infty} \mathbf{M}\left(\frac{\xi_n^2}{D_n} \wedge 1\right) = \infty \tag{25}$$

für (24) und infolgedessen für (23) hinreichend sind. Wir haben

$$\sum_{n=1}^{\infty} \left(\frac{\xi_n^2}{D_n} \wedge 1\right) \leqq \sum_{n=1}^{\infty} \frac{\xi_n^2}{D_n} = \sum_{n=1}^{\infty} \frac{(X_n - \theta X_{n-1})^2}{D_n}$$

$$\leqq 2\left[\sum_{n=1}^{\infty} \frac{X_n^2}{D_n} + \theta^2 \sum_{n=1}^{\infty} \frac{X_{n-1}^2}{D_n}\right] \leqq 2\left[\sup \frac{D_{n+1}}{D_n} + \theta^2\right] \langle M \rangle_\infty .$$

Dadurch ergibt sich

$$\left\{\sum_{n=1}^{\infty} \left(\frac{\xi_n^2}{D_n} \wedge 1\right) = \infty\right\} \subseteq \{\langle M \rangle_\infty = \infty\}.$$

Nach dem Drei-Reihen-Satz (vgl. Satz 3 aus Kapitel IV, § 2) sichert die Divergenz der Reihe $\sum_{n=1}^{\infty} \mathbf{M}\left(\frac{\xi_n^2}{D_n} \wedge 1\right)$ die Divergenz ($\mathbf{P}$-f.s.) der Reihe $\sum_{n=1}^{\infty} \left(\frac{\xi_n^2}{D_n} \wedge 1\right)$. Deshalb gilt $\mathbf{P}(\langle M \rangle_\infty = \infty) = 1$. Weiterhin ergibt sich für

$$m_n = \sum_{i=1}^{n} \frac{\Delta M_i}{\langle M \rangle_i}$$

die Beziehung

$$\langle m \rangle_n = \sum_{i=1}^{n} \frac{\Delta \langle M \rangle_i}{\langle M \rangle_i^2}$$

und $\mathbf{P}(\langle m \rangle_\infty < \infty) = 1$ (vgl. Aufgabe 6). Aus diesem Grund folgt die gesuchte Beziehung (24) unmittelbar aus Satz 4.

Wir setzen die Betrachtung dieses Beispiels in Nr. 5 des folgenden Paragraphen für den normalverteilten Fall fort.

Satz 5. *Es sei* $X = (X_n, \mathscr{F}_n)$ *ein Submartingal und*

$$X_n = m_n + A_n$$

seine Doob-Zerlegung. Falls $|\Delta X_n| \leqq C$ *erfüllt ist, gilt* ($\mathbf{P}$-*f.s.*)

$$\{\langle m \rangle_\infty + A_\infty < \infty\} = \{X_n \to\} \tag{26}$$

oder, was dasselbe ist,

$$\left\{\sum_{n=1}^{\infty} \mathbf{M}[\Delta X_n + (\Delta X_n)^2 \mid \mathscr{F}_{n-1}] < \infty\right\} = \{X_n \to\}. \tag{27}$$

Beweis. Wegen

$$A_n = \sum_{k=1}^{n} \mathbf{M}(\Delta X_k \mid \mathcal{F}_{k-1}), \tag{28}$$

$$m_n = \sum_{k=1}^{n} [\Delta X_k - \mathbf{M}(\Delta X_k \mid \mathcal{F}_{k-1})] \tag{29}$$

ist infolge der Annahme $|\Delta X_k| \leqq C$ das Martingal $m = (m_n, \mathcal{F}_n)$ quadratisch integrierbar, und es besitzt die Eigenschaft $|\Delta m_n| \leqq 2C$. Dann ergibt sich aus (13)

$$\{\langle m\rangle_\infty + A_\infty < \infty\} \subseteqq \{X_n \to\} \tag{30}$$

und entsprechend (8)

$$\{X_n \to\} \subseteqq \{A_\infty < \infty\}.$$

Deshalb erhalten wir aus (14) und (20)

$$\begin{aligned}\{X_n \to\} &= \{X_n \to\} \cap \{A_\infty < \infty\} = \{X_n \to\} \cap \{A_\infty < \infty\} \cap \{m_n \to\}\\ &= \{X_n \to\} \cap \{A_\infty < \infty\} \cap \{\langle m\rangle_\infty < \infty\}\\ &= \{X_n \to\} \cap \{A_\infty + \langle m\rangle_\infty < \infty\} = \{A_\infty + \langle m\rangle_\infty < \infty\}.\end{aligned}$$

Schließlich folgt die Äquivalenz der Behauptungen (26) und (27) daraus, daß infolge (29)

$$\langle m\rangle_n = \sum_{k=1}^{n} \left[\mathbf{M}\big((\Delta X_k)^2 \mid \mathcal{F}_{k-1}\big) - \big(\mathbf{M}(\Delta X_k \mid \mathcal{F}_{k-1})\big)^2\right]$$

gilt und daß aus der Konvergenz der Reihe $\sum_{k=1}^{\infty} \mathbf{M}(\Delta X_k \mid \mathcal{F}_{k-1})$, welche aus nichtnegativen Gliedern besteht, die Konvergenz der Reihe $\sum_{k=1}^{\infty} [\mathbf{M}(\Delta X_k \mid \mathcal{F}_{k-1})]^2$ folgt.

Der Satz ist damit bewiesen.

4. Der Drei-Reihen-Satz von Kolmogorov (vgl. Satz 3 aus Kapitel IV, § 2) gibt eine notwendige und hinreichende Bedingung für die Konvergenz der Reihe $\sum_{n=1}^{\infty} \xi_n$ an, welche aus unabhängigen zufälligen Größen gebildet wird. Der nun folgende Satz, dessen Beweis sich auf die Sätze 2 und 3 stützt, liefert eine Beschreibung der Konvergenzmenge für eine Reihe, welche aus beliebigen zufälligen Größen gebildet wird.

Satz 6. *Es sei $\xi = (\xi_n, \mathcal{F}_n)$ für $n \geqq 1$ eine stochastische Folge und $\mathcal{F}_0 = \{\emptyset, \Omega\}$. Dann konvergiert die Reihe $\sum_{n=1}^{\infty} \xi_n$ auf der Menge A derjenigen elementaren Ereignisse, für die für ein gewisses $c > 0$ gleichzeitig die Reihen*

$$\sum_{n=1}^{\infty} \mathbf{P}(|\xi_n| \geqq c \mid \mathcal{F}_{n-1}), \qquad \sum_{n=1}^{\infty} \mathbf{M}(\xi_n^c \mid \mathcal{F}_{n-1}), \qquad \sum_{n=1}^{\infty} \mathbf{D}(\xi_n^c \mid \mathcal{F}_{n-1})$$

konvergieren, wobei $\xi_n^c = \xi_n I_{\{|\xi_n| \leqq c\}}$ ist.

Beweis. Es sei $X_n = \sum_{k=1}^{n} \xi_k$. AufGrund der Konvergenz der Reihe $\sum_{n=1}^{\infty} \mathbf{P}(|\xi_n| \geqq c \mid \mathcal{F}_{n-1})$, der Folgerung 2 zu Satz 2 und ebenfalls der Konvergenz der Reihe $\sum_{n=1}^{\infty} \mathbf{M}(\xi_n^c \mid \mathcal{F}_{n-1})$ haben wir

$$A \cap \{X_n \to\} = A \cap \left\{\sum_{k=1}^{n} \xi_k I_{\{|\xi_k| \leqq c\}} \to\right\}$$

$$= A \cap \left\{\sum_{k=1}^{n} [\xi_k I_{\{|\xi_k| \leqq c\}} - \mathbf{M}(\xi_k I_{\{|\xi_k| \leqq c\}} \mid \mathcal{F}_{k-1})] \to\right\}. \tag{31}$$

Es sei $\eta_k = \xi_k I_{\{|\xi_k| \leqq c\}} - \mathbf{M}(\xi_k I_{\{|\xi_k| \leqq c\}} \mid \mathcal{F}_{k-1})$. Dann ist $Y = (Y_n, \mathcal{F}_n)$ mit $Y_n = \sum_{k=1}^{n} \eta_k$ ein quadratisch integrierbares Martingal mit $|\eta_k| \leqq 2c$, und es gilt entsprechend Satz 3

$$A \subseteqq \left\{\sum_{n=1}^{\infty} \mathbf{D}(\xi_n^c \mid \mathcal{F}_{n-1}) < \infty\right\} = \{Y_n \to\} \quad (\mathbf{P}\text{-f.s.}). \tag{32}$$

Aus (31) und (32) ergibt sich $A \cap \{X_n \to\} = A$ und somit $A \subseteqq \{X_n \to\}$, was zu beweisen war.

5. Aufgaben

1. Man zeige, daß ein Submartingal $X = (X_n, \mathcal{F}_n)$, welches die Bedingung $\mathbf{M} \sup_n |X_n| < \infty$ befriedigt, zur Klasse C^+ gehört.
2. Man beweise, daß die Sätze 1 und 2 für verallgemeinerte Submartingale gültig bleiben.
3. Man zeige, daß für verallgemeinerte Submartingale die Inklusion
$$\left\{\inf_m \sup_{n \geqq m} \mathbf{M}(X_n^+ \mid \mathcal{F}_m) < \infty\right\} \subseteqq \{X_n \to\}$$
gilt.
4. Man zeige, daß die Folgerung zu Satz 1 auch für verallgemeinerte Martingale richtig bleibt.
5. Man zeige, daß jedes verallgemeinerte Submartingal der Klasse C^+ ein lokales Submartingal ist.
6. Es sei $a_n > 0$ für $n \geqq 1$ und $b_n = \sum_{k=1}^{n} a_k$. Man beweise, daß $\sum_{n=1}^{\infty} \frac{a_n}{b_n^2} < \infty$ gilt.

§ 6. Absolute Stetigkeit und Singularität von Wahrscheinlichkeitsverteilungen

1. Es sei $(\Omega, \mathcal{F})$ ein meßbarer Raum mit einer darauf ausgezeichneten Folge von σ-Algebren $(\mathcal{F}_n)$ derart, daß $\mathcal{F}_1 \subseteqq \mathcal{F}_2 \subseteqq \ldots \subseteqq \mathcal{F}$ und

$$\mathcal{F} = \sigma\left(\bigcup_{n=1}^{\infty} \mathcal{F}_n\right) \tag{1}$$

erfüllt ist. Wir werden annehmen, daß auf $(\Omega, \mathcal{F})$ zwei Wahrscheinlichkeitsmaße $\mathbf{P}$ und $\tilde{\mathbf{P}}$ gegeben sind. Wir bezeichnen mit

$$\mathbf{P}_n = \mathbf{P} \mid \mathcal{F}_n, \qquad \tilde{\mathbf{P}}_n = \tilde{\mathbf{P}} \mid \mathcal{F}_n$$

die Einschränkungen dieser Maße auf $\mathcal{F}_n$, d. h., $\mathbf{P}_n$ und $\tilde{\mathbf{P}}_n$ sind Maße auf $(\Omega, \mathcal{F}_n)$, wobei für $B \in \mathcal{F}_n$

$$\mathbf{P}_n(B) = \mathbf{P}(B), \qquad \tilde{\mathbf{P}}_n(B) = \tilde{\mathbf{P}}(B)$$

gilt.

Definition 1. Das Wahrscheinlichkeitsmaß $\tilde{\mathbf{P}}$ heißt *absolut stetig* bezüglich $\mathbf{P}$ (Bezeichnung: $\tilde{\mathbf{P}} \ll \mathbf{P}$), falls $\tilde{\mathbf{P}}(A) = 0$ für alle $A \in \mathcal{F}$ mit $\mathbf{P}(A) = 0$ gilt.

Im Fall $\tilde{\mathbf{P}} \ll \mathbf{P}$ und $\mathbf{P} \ll \mathbf{P}$ heißen die Maße $\mathbf{P}$ und $\tilde{\mathbf{P}}$ *äquivalent* (Bezeichnung: $\mathbf{P} \sim \tilde{\mathbf{P}}$).

Die Maße $\tilde{\mathbf{P}}$ und $\mathbf{P}$ heißen *singulär* oder *orthogonal*, wenn eine Menge $A \in \mathcal{F}$ derart existiert, daß $\tilde{\mathbf{P}}(A) = 1$ und $\mathbf{P}(\bar{A}) = 1$ gilt (Bezeichnung: $\tilde{\mathbf{P}} \perp \mathbf{P}$).

Definition 2. Wir werden sagen, daß das Maß $\tilde{\mathbf{P}}$ *lokal absolut stetig* bezüglich des Maßes $\mathbf{P}$ ist (Bezeichnung: $\tilde{\mathbf{P}} \overset{\text{loc}}{\ll} \mathbf{P}$), falls für beliebiges $n \geqq 1$

$$\tilde{\mathbf{P}}_n \ll \mathbf{P}_n \tag{2}$$

erfüllt ist.

Die in diesem Paragraphen betrachteten grundlegenden Fragen bestehen im Auffinden von Bedingungen, unter denen aus der lokalen absoluten Stetigkeit $\tilde{\mathbf{P}} \overset{\text{loc}}{\ll} \mathbf{P}$ das Erfülltsein der Eigenschaften $\tilde{\mathbf{P}} \ll \mathbf{P}$, $\tilde{\mathbf{P}} \sim \mathbf{P}$ bzw. $\tilde{\mathbf{P}} \perp \mathbf{P}$ folgt. Wie aus dem Weiteren klar wird, erweist sich die Theorie der Martingale als derjenige mathematische Apparat, welcher es gestattet, diese Fragen erschöpfend zu beantworten.

Wir werden also annehmen, daß $\tilde{\mathbf{P}} \overset{\text{loc}}{\ll} \mathbf{P}$ gilt. Wir bezeichnen mit

$$z_n = \frac{d\tilde{\mathbf{P}}_n}{d\mathbf{P}_n}$$

die Radon-Nikodym-Ableitung des Maßes $\tilde{\mathbf{P}}_n$ bezüglich $\mathbf{P}_n$. Es ist klar, daß z_n $\mathcal{F}_n$-meßbar ist und für $A \in \mathcal{F}_n$

$$\int_A z_{n+1}\, d\mathbf{P} = \int_A \frac{d\tilde{\mathbf{P}}_{n+1}}{d\mathbf{P}_{n+1}}\, d\mathbf{P} = \tilde{\mathbf{P}}_{n+1}(A) = \tilde{\mathbf{P}}_n(A) = \int_A \frac{d\tilde{\mathbf{P}}_n}{d\mathbf{P}_n}\, d\mathbf{P} = \int_A z_n\, d\mathbf{P}$$

gilt. Hieraus folgt, daß *bezüglich des Maßes* $\mathbf{P}$ *die stochastische Folge* $Z = (z_n, \mathcal{F}_n)$ *ein Martingal ist.*

Wir setzen

$$z_\infty = \overline{\lim_n}\, z_n.$$

Wegen $z_n \geqq 0$ und $\mathbf{M} z_n = 1$ folgt aus Satz 1 von § 4, daß $\lim_n z_n$ ($\mathbf{P}$-f.s.) existiert, es gilt also $\mathbf{P}\left(z_\infty = \lim_n z_n\right) = 1$. (Im Verlauf des Beweises von Satz 1 wird festgestellt werden, daß der Grenzwert $\lim_n z_n$ auch bezüglich des Maßes $\tilde{\mathbf{P}}$ existiert, so daß $\tilde{\mathbf{P}}\left(z_\infty = \lim_n z_n\right) = 1$ gilt.)

Eine Schlüsselstellung innerhalb der gesamten Problematik der absoluten Stetigkeit und Singularität nimmt der folgende Satz ein.

Satz 1 (Lebesgue-Zerlegung). *Es sei* $\tilde{\mathbf{P}} \overset{\text{loc}}{\ll} \mathbf{P}$. *Dann gilt für jedes* $A \in \mathcal{F}$

$$\tilde{\mathbf{P}}(A) = \int_A z_\infty \, \mathrm{d}\mathbf{P} + \tilde{\mathbf{P}}(A \cap \{z_\infty = \infty\}), \tag{3}$$

wobei die Maße $\mu(A) = \tilde{\mathbf{P}}(A \cap \{z_\infty = \infty\})$ *und* $\mathbf{P}(A)$, $A \in \mathcal{F}$, *singulär sind.*

Beweis. Zunächst wollen wir hervorheben, daß die klassische *Lebesgue-Zerlegung* beinhaltet, daß sich für zwei Maße $\mathbf{P}$ und $\tilde{\mathbf{P}}$ eindeutig bestimmte Maße λ und μ mit $\tilde{\mathbf{P}} = \lambda + \mu$, $\lambda \ll \mathbf{P}$ und $\mu \perp \mathbf{P}$ finden lassen. Die zu beweisende Behauptung (3) kann als Konkretisierung dieser Zerlegung im Zusammenhang mit der Voraussetzung $\tilde{\mathbf{P}}_n \ll \mathbf{P}_n$, $n \geqq 1$, angesehen werden.

Wir betrachten die Wahrscheinlichkeitsmaße

$$\mathbf{Q} = \frac{1}{2}(\mathbf{P} + \tilde{\mathbf{P}}), \qquad \mathbf{Q}_n = \frac{1}{2}(\mathbf{P}_n + \tilde{\mathbf{P}}_n), \qquad n \geqq 1,$$

und setzen

$$\tilde{\mathfrak{z}} = \frac{\mathrm{d}\tilde{\mathbf{P}}}{\mathrm{d}\mathbf{Q}}, \qquad \mathfrak{z} = \frac{\mathrm{d}\mathbf{P}}{\mathrm{d}\mathbf{Q}}, \qquad \tilde{\mathfrak{z}}_n = \frac{\mathrm{d}\tilde{\mathbf{P}}_n}{\mathrm{d}\mathbf{Q}_n}, \qquad \mathfrak{z}_n = \frac{\mathrm{d}\mathbf{P}_n}{\mathrm{d}\mathbf{Q}_n}.$$

Wegen $\tilde{\mathbf{P}}(\tilde{\mathfrak{z}} = 0) = \mathbf{P}(\mathfrak{z} = 0) = 0$ gilt $\mathbf{Q}(\tilde{\mathfrak{z}} = 0, \mathfrak{z} = 0) = 0$, und folglich ist die Größe $\tilde{\mathfrak{z}}\mathfrak{z}^{-1}$ auf der Menge $\Omega \setminus \{\tilde{\mathfrak{z}} = 0, \mathfrak{z} = 0\}$ korrekt definiert. Auf der Menge $\{\tilde{\mathfrak{z}} = 0, \mathfrak{z} = 0\}$ werden wir sie gleich 0 setzen.

Wegen $\tilde{\mathbf{P}}_n \ll \mathbf{P}_n \ll \mathbf{Q}_n$ gilt (vgl. (II.7.36))

$$\frac{\mathrm{d}\tilde{\mathbf{P}}_n}{\mathrm{d}\mathbf{Q}_n} = \frac{\mathrm{d}\tilde{\mathbf{P}}_n}{\mathrm{d}\mathbf{P}_n} \frac{\mathrm{d}\mathbf{P}_n}{\mathrm{d}\mathbf{Q}_n} \quad (\mathbf{Q}\text{-f.s.}), \tag{4}$$

d. h.

$$\tilde{\mathfrak{z}}_n = z_n \mathfrak{z}_n \quad (\mathbf{Q}\text{-f.s.}), \tag{5}$$

woraus sich

$$z_n = \tilde{\mathfrak{z}}_n \mathfrak{z}_n^{-1} \quad (\mathbf{Q}\text{-f.s.})$$

ergibt, wobei wir, wie schon vorhin, auf der Menge $\{\tilde{\mathfrak{z}}_n = 0, \mathfrak{z}_n = 0\}$, die das $\mathbf{Q}$-Maß 0 besitzt, $\tilde{\mathfrak{z}}_n \mathfrak{z}_n^{-1} = 0$ setzen.

Jede der Folgen $(\tilde{\mathfrak{z}}_n, \mathcal{F}_n)$ und $(\mathfrak{z}_n, \mathcal{F}_n)$ bildet bezüglich des Maßes $\mathbf{Q}$ ein gleichmäßig integrierbares Martingal, und es existieren folglich die Grenzwerte $\lim_n \tilde{\mathfrak{z}}_n$ und

$\lim_n \mathfrak{z}_n$. Dabei gilt ($\mathbf{Q}$-f.s.)

$$\lim_n \tilde{\mathfrak{z}}_n = \tilde{\mathfrak{z}}, \qquad \lim_n \mathfrak{z}_n = \mathfrak{z}. \tag{6}$$

Hieraus und aus den Beziehungen $z_n = \tilde{\mathfrak{z}}_n \mathfrak{z}_n^{-1}$ ($\mathbf{Q}$-f.s.) sowie $\mathbf{Q}(\tilde{\mathfrak{z}} = 0, \mathfrak{z} = 0) = 0$ folgt, daß $\lim_n z_n = z_\infty$ ($\mathbf{Q}$-f.s.) existiert und gleich $\tilde{\mathfrak{z}}\mathfrak{z}^{-1}$ ist.

Es ist klar, daß $\mathbf{P} \ll \mathbf{Q}$, $\tilde{\mathbf{P}} \ll \mathbf{Q}$ erfüllt ist. Dadurch existiert $\lim_n z_n$ sowohl bezüglich des Maßes $\mathbf{P}$ als auch bezüglich des Maßes $\tilde{\mathbf{P}}$.

Es sei jetzt

$$\lambda(A) = \int_A z_\infty \, d\mathbf{P}, \qquad \mu(A) = \tilde{\mathbf{P}}(A \cap \{z_\infty = \infty\}).$$

Zum Beweis von (3) ist zu zeigen, daß die Beziehungen

$$\tilde{\mathbf{P}}(A) = \lambda(A) + \mu(A), \qquad \lambda \ll \mathbf{P}, \mu \perp \mathbf{P},$$

erfüllt sind. Wir haben

$$\begin{aligned} \tilde{\mathbf{P}}(A) &= \int_A \tilde{\mathfrak{z}} \, d\mathbf{Q} = \int_A \tilde{\mathfrak{z}}\mathfrak{z}\mathfrak{z}^\oplus \, d\mathbf{Q} + \int_A \tilde{\mathfrak{z}}\,[1 - \mathfrak{z}\mathfrak{z}^\oplus] \, d\mathbf{Q} \\ &= \int_A \tilde{\mathfrak{z}}\mathfrak{z}^\oplus \, d\mathbf{P} + \int_A [1 - \mathfrak{z}\mathfrak{z}^\oplus] \, d\tilde{\mathbf{P}} = \int_A z_\infty \, d\mathbf{P} + \tilde{\mathbf{P}}\{A \cap (\mathfrak{z} = 0)\}, \end{aligned} \tag{7}$$

wobei die letzte Gleichheit aus $\mathbf{P}\{\mathfrak{z}^\oplus = \mathfrak{z}^{-1}\} = 1$, $\mathbf{P}\{z_\infty = \tilde{\mathfrak{z}}\mathfrak{z}^{-1}\} = 1$ folgt. Weiter gilt

$$\begin{aligned} \tilde{\mathbf{P}}(A \cap \{\mathfrak{z} = 0\}) &= \tilde{\mathbf{P}}(A \cap \{\mathfrak{z} = 0\} \cap \{\tilde{\mathfrak{z}} > 0\}) \\ &= \tilde{\mathbf{P}}(A \cap \{\tilde{\mathfrak{z}}\mathfrak{z}^{-1} = \infty\}) = \tilde{\mathbf{P}}(A \cap \{z_\infty = \infty\}), \end{aligned}$$

was zusammen mit (7) die Zerlegung (3) beweist.

Aus der Konstruktion des Maßes λ ist klar, daß $\lambda \ll \mathbf{P}$ erfüllt ist, wobei $\mathbf{P}(z_\infty < \infty) = 1$ gilt. Doch gleichzeitig ist $\mu(z_\infty < \infty) = \tilde{\mathbf{P}}(\{z_\infty < \infty\} \cap \{z_\infty = \infty\}) = 0$. Damit ist der Satz bewiesen.

Aus der Lebesgue-Zerlegung (3) ergeben sich die folgenden nützlichen Kriterien für die absolute Stetigkeit und Singularität lokal absolut stetiger Wahrscheinlichkeitsmaße.

Satz 2. *Es sei* $\tilde{\mathbf{P}} \overset{\text{loc}}{\ll} \mathbf{P}$, *d. h.* $\tilde{\mathbf{P}}_n \ll \mathbf{P}_n$, $n \geqq 1$. *Dann gilt*

$$\tilde{\mathbf{P}} \ll \mathbf{P} \Leftrightarrow \mathbf{M} z_\infty = 1 \Leftrightarrow \tilde{\mathbf{P}}(z_\infty < \infty) = 1, \tag{8}$$

$$\tilde{\mathbf{P}} \perp \mathbf{P} \Leftrightarrow \mathbf{M} z_\infty = 0 \Leftrightarrow \tilde{\mathbf{P}}(z_\infty = \infty) = 1, \tag{9}$$

wobei $\mathbf{M}$ *die Bildung des Erwartungswertes bezüglich* $\mathbf{P}$ *bezeichnet.*

Beweis. Indem wir in (3) $A = \Omega$ setzen, erhalten wir

$$\mathbf{M} z_\infty = 1 \Leftrightarrow \tilde{\mathbf{P}}(z_\infty = \infty) = 0, \tag{10}$$

$$\mathbf{M} z_\infty = 0 \Leftrightarrow \tilde{\mathbf{P}}(z_\infty = \infty) = 1. \tag{11}$$

Für $\tilde{\mathbf{P}}(z_\infty = \infty) = 0$ folgt wieder aus (3) $\tilde{\mathbf{P}} \ll \mathbf{P}$.

Umgekehrt sei $\tilde{\mathsf{P}} \ll \mathsf{P}$. Dann gilt wegen $\mathsf{P}(z_\infty = \infty) = 0$ die Beziehung $\tilde{\mathsf{P}}(z_\infty = \infty) = 0$.

Weiterhin existiert für $\tilde{\mathsf{P}} \perp \mathsf{P}$ eine Menge $B \in \mathscr{F}$ mit $\tilde{\mathsf{P}}(B) = 1$ und $\mathsf{P}(B) = 0$. Dann ergibt sich aus (3) $\tilde{\mathsf{P}}(B \cap \{z_\infty = \infty\}) = 1$ und folglich $\tilde{\mathsf{P}}(z_\infty = \infty) = 1$. Wenn aber $\tilde{\mathsf{P}}(z_\infty = \infty) = 1$ gilt, ist die Eigenschaft $\tilde{\mathsf{P}} \perp \mathsf{P}$ wegen $\mathsf{P}(z_\infty = \infty) = 0$ evident.

Der Satz ist somit bewiesen.

2. Aus Satz 2 wird klar, daß man Kriterien für die absolute Stetigkeit und Singularität entweder durch das Maß P ausdrücken kann (und man überprüft die Gleichungen $\mathsf{M}z_\infty = 1$ oder $\mathsf{M}z_\infty = 0$) oder aber durch das Maß $\tilde{\mathsf{P}}$ (und dann überprüft man $\tilde{\mathsf{P}}(z_\infty < \infty) = 1$ oder $\tilde{\mathsf{P}}(z_\infty = \infty) = 1$).

Nach Satz 5 aus Kapitel II, § 6, ist die Bedingung $\mathsf{M}z_\infty = 1$ gleichbedeutend mit der Bedingung der gleichmäßigen Integrierbarkeit (bezüglich des Maßes P) der Folge (z_n). Dieser Umstand gestattet es, einfache *hinreichende Bedingungen für die absolute Stetigkeit* $\tilde{\mathsf{P}} \ll \mathsf{P}$ anzugeben. Wenn zum Beispiel

$$\sup_n \mathsf{M}(z_n \ln^+ z_n) < \infty \tag{12}$$

gilt oder wenn

$$\sup_n \mathsf{M}z_n^{1+\varepsilon} < \infty \tag{13}$$

für ein $\varepsilon > 0$ erfüllt ist, wird gemäß Lemma 3 aus Kapitel II, § 6, die Folge der zufälligen Größen (z_n) gleichmäßig integrierbar, und es gilt also $\tilde{\mathsf{P}} \ll \mathsf{P}$.

In vielen Fällen ist es jedoch günstiger, zur Überprüfung der absoluten Stetigkeit oder Singularität Kriterien auszunutzen, die durch das Maß $\tilde{\mathsf{P}}$ ausgedrückt werden, weil das Problem dann zur Untersuchung der $\tilde{\mathsf{P}}$-Wahrscheinlichkeit des „finalen" Ereignisses $\{z_\infty < \infty\}$ führt und dazu Aussagen von der Art eines Null-Eins-Gesetzes ausgenutzt werden können.

Zur Illustration wollen wir zeigen, wie sich aus Satz 2 die Alternative von Kakutani ableitet.

Es sei $(\Omega, \mathscr{F}, \mathsf{P})$ ein Wahrscheinlichkeitsraum sowie $(R^\infty, \mathscr{B}_\infty)$ der meßbare Raum der Zahlenfolgen $x = (x_1, x_2, \ldots)$ mit $\mathscr{B}_\infty = \mathscr{B}(R^\infty)$ und $\mathscr{B}_n = \sigma\{x\colon (x_1, x_2, \ldots, x_n)\}$. Wir wollen annehmen, daß $\xi = (\xi_1, \xi_2, \ldots)$ und $\tilde{\xi} = (\tilde{\xi}_1, \tilde{\xi}_2, \ldots)$ zwei Folgen sind, welche aus unabhängigen zufälligen Größen bestehen.

Wir bezeichnen mit P und $\tilde{P}$ die Wahrscheinlichkeitsverteilungen von ξ bzw. $\tilde{\xi}$ auf $(R^\infty, \mathscr{B}_\infty)$, d. h.

$$P(B) = \mathsf{P}(\xi \in B), \qquad \tilde{P}(B) = \mathsf{P}(\tilde{\xi} \in B), \qquad B \in \mathscr{B}_\infty.$$

Es seien weiter

$$P_n = P \mid \mathscr{B}_n, \qquad \tilde{P}_n = \tilde{P} \mid \mathscr{B}_n$$

die Einschränkungen der Maße P bzw. $\tilde{P}$ auf $\mathscr{B}_n$ und

$$P_{\xi_n}(A) = \mathsf{P}(\xi_n \in A), \qquad P_{\tilde{\xi}_n}(A) = \mathsf{P}(\tilde{\xi}_n \in A), \qquad A \in \mathscr{B}(R^1).$$

Satz 3 (Alternative von KAKUTANI). *Es seien* $\xi = (\xi_1, \xi_2, \ldots)$ *und* $\tilde{\xi} = (\tilde{\xi}_1, \tilde{\xi}_2, \ldots)$ *Folgen von unabhängigen zufälligen Größen, für die*

$$P_{\tilde{\xi}_n} \ll P_{\xi_n}, \qquad n \geqq 1, \tag{14}$$

erfüllt ist. Dann gilt entweder $\tilde{P} \ll P$ *oder* $\tilde{P} \perp P$.

Beweis. Die Bedingung (14) ist offensichtlich gleichbedeutend mit der Bedingung $\tilde{P}_n \ll P_n$ für $n \geqq 1$, d. h. $\tilde{P} \overset{\text{loc}}{\ll} P$. Es ist klar, daß

$$z_n = \frac{\mathrm{d}\tilde{P}_n}{\mathrm{d}P_n} = q_1(x_1) \cdots q_n(x_n)$$

mit

$$q_i(x_i) = \frac{\mathrm{d}P_{\tilde{\xi}_i}}{\mathrm{d}P_{\xi_i}}(x_i) \tag{15}$$

gilt. Folglich ergibt sich

$$\{x: z_\infty < \infty\} = \{x: \ln z_\infty < \infty\} = \left\{x: \sum_{i=1}^{\infty} \ln q_i(x_i) < \infty\right\}.$$

Das Ereignis $\left\{x: \sum_{i=1}^{\infty} \ln q_i(x_i) < \infty\right\}$ ist final. Deshalb nimmt infolge des Null-Eins-Gesetzes von KOLMOGOROV (vgl. Satz 1 aus Kapitel IV, § 1) die Wahrscheinlichkeit $\tilde{P}(z_\infty < \infty)$ nur die zwei Werte 0 oder 1 an, und es gilt folglich aufgrund von Satz 2 entweder $\tilde{P} \perp P$ oder $\tilde{P} \ll P$.

Der Satz ist damit bewiesen.

3. Der folgende Satz gibt Kriterien für die absolute Stetigkeit und Singularität an, die durch „vorhersagbare Termini" ausgedrückt werden.

Satz 4. *Es sei* $\tilde{\mathbf{P}} \overset{\text{loc}}{\ll} \mathbf{P}$ *und* $\alpha_n = z_n z_{n-1}^{\oplus}$, $n \geqq 1$, *mit* $z_0 = 1$. *Dann gilt* (*mit* $\mathscr{F}_0 = \{\emptyset, \Omega\}$)

$$\tilde{\mathbf{P}} \ll \mathbf{P} \Leftrightarrow \tilde{\mathbf{P}}\left\{\sum_{n=1}^{\infty} \left[1 - \mathbf{M}\left(\sqrt{\alpha_n} \mid \mathscr{F}_{n-1}\right)\right] < \infty\right\} = 1, \tag{16}$$

$$\tilde{\mathbf{P}} \perp \mathbf{P} \Leftrightarrow \tilde{\mathbf{P}}\left\{\sum_{n=1}^{\infty} \left[1 - \mathbf{M}\left(\sqrt{\alpha_n} \mid \mathscr{F}_{n-1}\right)\right] = \infty\right\} = 1. \tag{17}$$

Beweis. Wegen

$$\tilde{\mathbf{P}}_n(z_n = 0) = \int_{\{z_n = 0\}} z_n \, \mathrm{d}\mathbf{P} = 0$$

gilt ($\tilde{\mathbf{P}}$-f.s.)

$$z_n = \prod_{k=1}^{n} \alpha_k = \exp\left\{\sum_{k=1}^{n} \ln \alpha_k\right\}. \tag{18}$$

Indem wir in (3) $A = \{z_\infty = 0\}$ setzen, finden wir $\tilde{\mathsf{P}}(z_\infty = 0) = 0$. Deshalb ergibt sich aus (18) ($\tilde{\mathsf{P}}$-f.s.)

$$\{z_\infty < \infty\} = \{0 < z_\infty < \infty\} = \left\{0 < \lim_n z_n < \infty\right\}$$

$$= \left\{-\infty < \lim_n \sum_{k=1}^{n} \ln \alpha_k < \infty\right\}. \tag{19}$$

Wir führen die Funktion

$$u(x) = \begin{cases} x, & |x| \leqq 1, \\ \operatorname{sign} x, & |x| > 1, \end{cases}$$

ein. Dann gilt

$$\left\{-\infty < \lim \sum_{k=1}^{n} \ln \alpha_k < \infty\right\} = \left\{-\infty < \lim \sum_{k=1}^{n} u(\ln \alpha_k) < \infty\right\}. \tag{20}$$

Es bezeichne $\tilde{\mathsf{M}}$ die Bildung des Erwartungswertes bezüglich des Maßes $\tilde{\mathsf{P}}$, und η sei eine $\mathcal{F}_n$-meßbare integrierbare zufällige Größe. Aus den Eigenschaften des bedingten Erwartungswertes folgt (vgl. Aufgabe 4)

$$z_{n-1}\tilde{\mathsf{M}}(\eta \mid \mathcal{F}_{n-1}) = \mathsf{M}(\eta z_n \mid \mathcal{F}_{n-1}) \quad (\mathsf{P}\text{-f.s. und } \tilde{\mathsf{P}}\text{-f.s.}), \tag{21}$$

$$\tilde{\mathsf{M}}(\eta \mid \mathcal{F}_{n-1}) = z_{n-1}^{\oplus}\mathsf{M}(\eta z_n \mid \mathcal{F}_{n-1}) \quad (\tilde{\mathsf{P}}\text{-f.s.}). \tag{22}$$

Unter Berücksichtigung von $\alpha_n = z_{n-1}^{\oplus} z_n$ erhalten wir aus (22) die nützliche Formel

$$\tilde{\mathsf{M}}(\eta \mid \mathcal{F}_{n-1}) = \mathsf{M}(\alpha_n \eta \mid \mathcal{F}_{n-1}) \quad (\tilde{\mathsf{P}}\text{-f.s.}), \tag{23}$$

aus welcher insbesondere

$$\mathsf{M}(\alpha_n \mid \mathcal{F}_{n-1}) = 1 \quad (\tilde{\mathsf{P}}\text{-f.s.}) \tag{24}$$

folgt.

Aus (23) ergibt sich

$$\tilde{\mathsf{M}}\big(u(\ln \alpha_n) \mid \mathcal{F}_{n-1}\big) = \mathsf{M}\big(\alpha_n u(\ln \alpha_n) \mid \mathcal{F}_{n-1}\big) \quad (\tilde{\mathsf{P}}\text{-f.s.}).$$

Wegen $x u(\ln x) \geqq x - 1$ für alle $x \geqq 0$ erhalten wir infolge (24)

$$\tilde{\mathsf{M}}\big(u(\ln \alpha_n) \mid \mathcal{F}_{n-1}\big) \geqq 0 \quad (\tilde{\mathsf{P}}\text{-f.s.}).$$

Dies besagt, daß die stochastische Folge $X = (X_n, \mathcal{F}_n)$ mit

$$X_n = \sum_{k=1}^{n} u(\ln \alpha_k)$$

bezüglich des Maßes $\tilde{\mathsf{P}}$ ein Submartingal ist, wobei $|\Delta X_n| = |u(\ln \alpha_n)| \leqq 1$ gilt.

Dann ergibt sich aufgrund von Satz 5 aus § 5 ($\tilde{\mathsf{P}}$-f.s.)

$$\left\{-\infty < \lim \sum_{k=1}^{n} u(\ln \alpha_k) < \infty\right\} = \left\{\sum_{k=1}^{\infty} \tilde{\mathsf{M}}[u(\ln \alpha_k) + u^2(\ln \alpha_k) \mid \mathcal{F}_{k-1}] < \infty\right\}. \tag{25}$$

Damit erhalten wir aus (19), (20), (23) und (25) ($\tilde{\mathsf{P}}$-f.s.)

$$\{z_\infty < \infty\} = \left\{\sum_{k=1}^{\infty} \tilde{\mathsf{M}}[u(\ln \alpha_k) + u^2(\ln \alpha_k) \mid \mathcal{F}_{k-1}] < \infty\right\}$$

$$= \left\{\sum_{k=1}^{\infty} \mathsf{M}[\alpha_k u(\ln \alpha_k) + \alpha_k u^2(\ln \alpha_k) \mid \mathcal{F}_{k-1}] < \infty\right\}$$

und somit aufgrund des Satzes 2

$$\tilde{\mathsf{P}} \ll \mathsf{P} \Leftrightarrow \tilde{\mathsf{P}}\left\{\sum_{k=1}^{\infty} \mathsf{M}[\alpha_k u(\ln \alpha_k) + \alpha_k u^2(\ln \alpha_k) \mid \mathcal{F}_{k-1}] < \infty\right\} = 1, \tag{26}$$

$$\tilde{\mathsf{P}} \perp \mathsf{P} \Leftrightarrow \tilde{\mathsf{P}}\left\{\sum_{k=1}^{\infty} \mathsf{M}[\alpha_k u(\ln \alpha_k) + \alpha_k u^2(\ln \alpha_k) \mid \mathcal{F}_{k-1}] = \infty\right\} = 1. \tag{27}$$

Wir bemerken jetzt, daß infolge (24)

$$\mathsf{M}\left[\left(1 - \sqrt{\alpha_n}\right)^2 \mid \mathcal{F}_{n-1}\right] = 2\mathsf{M}\left[1 - \sqrt{\alpha_n} \mid \mathcal{F}_{n-1}\right] \quad (\tilde{\mathsf{P}}\text{-f.s.})$$

gilt, und es existieren Konstanten A und B $(0 < A < B < \infty)$ derart, daß für alle $x \geqq 0$

$$A\left(1 - \sqrt{x}\right)^2 \leqq xu(\ln x) + xu^2(\ln x) + 1 - x \leqq B\left(1 - \sqrt{x}\right)^2 \tag{28}$$

erfüllt ist. Aus diesem Grunde folgen die Behauptungen (16) und (17) aus (26), (27) sowie (24), (28).

Damit ist der Satz bewiesen.

Folgerung 1. Falls für beliebiges $n \geqq 1$ die σ-Algebren $\sigma(\alpha_n)$ und $\mathcal{F}_{n-1}$ unabhängig bezüglich des Maßes P (oder $\tilde{\mathsf{P}}$) sind und $\tilde{\mathsf{P}} \overset{\text{loc}}{\ll} \mathsf{P}$ erfüllt ist, gilt die Alternative: *entweder* $\tilde{\mathsf{P}} \ll \mathsf{P}$ *oder* $\tilde{\mathsf{P}} \perp \mathsf{P}$. Dabei haben wir

$$\tilde{\mathsf{P}} \ll \mathsf{P} \Leftrightarrow \sum_{n=1}^{\infty} \left[1 - \mathsf{M}\sqrt{\alpha_n}\right] < \infty,$$

$$\tilde{\mathsf{P}} \perp \mathsf{P} \Leftrightarrow \sum_{n=1}^{\infty} \left[1 - \mathsf{M}\sqrt{\alpha_n}\right] = \infty.$$

Insbesondere ergibt sich in der Situation der Alternative von Kakutani (vgl. Satz 3) $\alpha_n = q_n$ und

$$\tilde{\mathsf{P}} \ll \mathsf{P} \Leftrightarrow \sum_{n=1}^{\infty} \left[1 - \mathsf{M}\sqrt{q_n(x_n)}\right] < \infty,$$

$$\tilde{\mathsf{P}} \perp \mathsf{P} \Leftrightarrow \sum_{n=1}^{\infty} \left[1 - \mathsf{M}\sqrt{q_n(x_n)}\right] = \infty.$$

Folgerung 2. Es sei $\tilde{\mathsf{P}} \overset{\text{loc}}{\ll} \mathsf{P}$. Dann gilt

$$\tilde{\mathsf{P}}\left\{\sum_{n=1}^{\infty} \mathsf{M}(\alpha_n \ln \alpha_n \mid \mathcal{F}_{n-1}) < \infty\right\} = 1 \Rightarrow \tilde{\mathsf{P}} \ll \mathsf{P}.$$

Zum Beweis genügt es zu bemerken, daß für beliebiges $x \geqq 0$

$$x \ln x + \frac{3}{2}(1 - x) \geqq 1 - \sqrt{x} \tag{29}$$

erfüllt ist, und (16) sowie (24) auszunutzen.

Folgerung 3. Da die aus ($\tilde{\mathbf{P}}$-f.s.) nichtnegativen Gliedern bestehende Reihe $\sum\limits_{n=1}^{\infty} \left[1 - \mathbf{M}\left(\sqrt{\alpha_n} \mid \mathcal{F}_{n-1}\right)\right]$ gleichzeitig mit der Reihe $\sum\limits_{n=1}^{\infty} \left|\ln \mathbf{M}\left(\sqrt{\alpha_n} \mid \mathcal{F}_{n-1}\right)\right|$ konvergiert oder divergiert, kann man den Behauptungen (16) und (17) des Satzes 4 die folgende Form verleihen:

$$\tilde{\mathbf{P}} \ll \mathbf{P} \Leftrightarrow \tilde{\mathbf{P}}\left\{\sum_{n=1}^{\infty} \left|\ln \mathbf{M}\left(\sqrt{\alpha_n} \mid \mathcal{F}_{n-1}\right)\right| < \infty\right\} = 1, \tag{30}$$

$$\tilde{\mathbf{P}} \perp \mathbf{P} \Leftrightarrow \tilde{\mathbf{P}}\left\{\sum_{n=1}^{\infty} \left|\ln \mathbf{M}\left(\sqrt{\alpha_n} \mid \mathcal{F}_{n-1}\right)\right| = \infty\right\} = 1. \tag{31}$$

Folgerung 4. Es mögen Konstanten A und B derart existieren, daß $0 \leqq A < 1$, $B \geqq 0$ und

$$\mathbf{P}(1 - A \leqq \alpha_n \leqq 1 + B) = 1 \quad \text{für} \quad n \geqq 1$$

erfüllt ist. Dann gilt unter der Voraussetzung $\tilde{\mathbf{P}} \overset{\text{loc}}{\ll} \mathbf{P}$

$$\tilde{\mathbf{P}} \ll \mathbf{P} \Leftrightarrow \tilde{\mathbf{P}}\left\{\sum_{n=1}^{\infty} \mathbf{M}[(1 - \alpha_n)^2 \mid \mathcal{F}_{n-1}] < \infty\right\} = 1,$$

$$\tilde{\mathbf{P}} \perp \mathbf{P} \Leftrightarrow \tilde{\mathbf{P}}\left\{\sum_{n=1}^{\infty} \mathbf{M}[(1 - \alpha_n)^2 \mid \mathcal{F}_{n-1}] = \infty\right\} = 1.$$

Zum Beweis genügt es zu bemerken, daß Konstanten c und C mit $0 < c < C < \infty$ existieren, so daß für $x \in [1 - A, 1 + B]$ mit $0 \leqq A < 1$, $B \geqq 0$

$$c(1 - x)^2 \leqq \left(1 - \sqrt{x}\right)^2 \leqq C(1 - x)^2 \tag{32}$$

erfüllt ist.

4. In den Bezeichnungen von Nr. 2 wollen wir annehmen, daß $\xi = (\xi_1, \xi_2, \ldots)$ und $\tilde{\xi} = (\tilde{\xi}_1, \tilde{\xi}_2, \ldots)$ zwei normalverteilte Folgen mit $\tilde{P}_n \sim P_n$ für $n \geqq 1$ sind. Wir werden zeigen, daß für derartige Folgen aus den weiter oben erhaltenen „vorhersagbaren" Kriterien die Alternative von Hajék-Feldman folgt: Es gilt *entweder* $\tilde{P} \sim P$ *oder* $\tilde{P} \perp P$.

Nach dem Satz über die normale Korrelation (vgl. Satz 2 aus Kapitel II, § 13) sind die bedingten Erwartungswerte $M(x_n \mid \mathcal{B}_{n-1})$ und $\tilde{M}(x_n \mid \mathcal{B}_{n-1})$, wobei M und $\tilde{M}$ die Bildung des Erwartungswertes bezüglich der Maße P und $\tilde{P}$ bezeichnen, lineare Funktionen von $x_1, \ldots, x_{n-1}$. Wir bezeichnen diese linearen Funktionen mit $a_{n-1}(x)$ bzw. $\tilde{a}_{n-1}(x)$ und setzen

$$b_{n-1} = \sqrt{M\left(x_n - a_{n-1}(x)\right)^2}, \qquad \tilde{b}_{n-1} = \sqrt{\tilde{M}\left(x_n - \tilde{a}_{n-1}(x)\right)^2}.$$

Aufgrund desselben Satzes über die normale Korrelation lassen sich Folgen $\varepsilon = (\varepsilon_1, \varepsilon_2, \ldots)$ und $\tilde{\varepsilon} = (\tilde{\varepsilon}_1, \tilde{\varepsilon}_2, \ldots)$, bestehend aus unabhängigen normalverteilten zufälligen Größen mit Erwartungswert 0 und Streuung 1, derart finden, daß

$$\begin{aligned} x_n &= a_{n-1}(x) + b_{n-1}\varepsilon_n \quad (P\text{-f.s.}), \\ x_n &= \tilde{a}_{n-1}(x) + \tilde{b}_{n-1}\tilde{\varepsilon}_n \quad (\tilde{P}\text{-f.s.}). \end{aligned} \tag{33}$$

Wir erwähnen, daß im Fall $b_{n-1} = 0$ ($\tilde{b}_{n-1} = 0$) zur Konstruktion der Größen ε_n ($\tilde{\varepsilon}_n$) der Wahrscheinlichkeitsraum im allgemeinen erweitert werden muß. Jedoch ist für $b_{n-1} = 0$ die Verteilung des Vektors $(x_1, \ldots, x_n)$ (P-f.s.) auf dem linearen Unterraum $x_n = a_{n-1}(x)$ konzentriert, und da nach Voraussetzung $\tilde{P}_n \sim P_n$ gilt, erhalten wir $\tilde{b}_{n-1} = 0$, $a_{n-1}(x) = \tilde{a}_{n-1}(x)$ und $\alpha_n(x) = 1$ (P-f.s. und $\tilde{P}$-f.s.). Deshalb kann man ohne Einschränkung der Allgemeinheit

$$b_n^2 > 0 \quad \text{und} \quad \tilde{b}_n^2 > 0 \qquad \text{für alle } n \geqq 1$$

annehmen, da andernfalls der Beitrag der entsprechenden Glieder in der Summe $\sum_{n=1}^{\infty} \left[1 - \mathbf{M}\left(\sqrt{\alpha_n} \mid \mathcal{B}_{n-1}\right)\right]$ (vgl. (16) und (17)) gleich 0 ist.

Unter Ausnutzung der Voraussetzung über die Normalverteiltheit erhalten wir aus (33) für $n \geqq 1$

$$\alpha_n = d_{n-1}^{-1} \exp\left\{-\frac{(x_n - a_{n-1}(x))^2}{2b_{n-1}^2} + \frac{(x_n - \tilde{a}_{n-1}(x))^2}{2\tilde{b}_{n-1}^2}\right\} \tag{34}$$

mit $d_n = |\tilde{b}_n b_n^{-1}|$ und

$$\begin{aligned} a_0(x) &= \mathbf{M}\xi_1, & \tilde{a}_0(x) &= \mathbf{M}\tilde{\xi}_1, \\ b_0^2 &= \mathbf{D}\xi_1, & \tilde{b}_0^2 &= \mathbf{D}\tilde{\xi}_1. \end{aligned}$$

Aus (34) ergibt sich

$$\ln \mathbf{M}\left(\sqrt{\alpha_n} \mid \mathcal{B}_{n-1}\right) = \frac{1}{2} \ln \frac{2d_{n-1}}{1 + d_{n-1}^2} - \frac{d_{n-1}^2}{1 + d_{n-1}^2}\left(\frac{a_{n-1}(x) - \tilde{a}_{n-1}(x)}{b_{n-1}}\right)^2.$$

Wegen $\ln \dfrac{2d_{n-1}}{1 + d_{n-1}^2} \leqq 0$ nimmt die Behauptung (30) die folgende Gestalt an:

$$\tilde{P} \ll P \Leftrightarrow \tilde{P}\left\{\sum_{n=1}^{\infty}\left[\frac{1}{2} \ln \frac{1 + d_{n-1}^2}{2d_{n-1}} + \frac{d_{n-1}^2}{1 + d_{n-1}^2} \cdot \left(\frac{a_{n-1}(x) - \tilde{a}_{n-1}(x)}{b_{n-1}}\right)^2\right] < \infty\right\} = 1. \tag{35}$$

Die Reihen $\sum_{n=1}^{\infty} \ln \dfrac{1 + d_{n-1}^2}{2d_{n-1}}$ und $\sum_{n=1}^{\infty} (d_{n-1}^2 - 1)^2$ konvergieren oder divergieren gleichzeitig, deswegen folgt aus (35)

$$\tilde{P} \ll P \Leftrightarrow \tilde{P}\left\{\sum_{n=0}^{\infty}\left[\left(\frac{\tilde{b}_n^2}{b_n^2} - 1\right)^2 + \frac{\Delta_n^2(x)}{b_n^2}\right] < \infty\right\} = 1 \tag{36}$$

mit $\Delta_n(x) = a_n(x) - \tilde{a}_n(x)$.

Aufgrund der Linearität von $a_n(x)$ und $\tilde{a}_n(x)$ bildet die Folge der zufälligen Größen $\left(\frac{\Delta_n(x)}{b_n}\right)$ ein Gaußsches System (sowohl bezüglich des Maßes $\tilde{P}$ als auch bezüglich des Maßes P). Wie aus dem anschließend angeführten Lemma folgt, gilt für solche Folgen das folgende Null-Eins-Gesetz:

$$\begin{aligned}\tilde{P}\left(\sum_{n=0}^{\infty}\left(\frac{\Delta_n(x)}{b_n}\right)^2 < \infty\right) = 1 \Leftrightarrow \sum_{n=0}^{\infty} \tilde{M}\left(\frac{\Delta_n(x)}{b_n}\right)^2 < \infty,\\ \tilde{P}\left(\sum_{n=0}^{\infty}\left(\frac{\Delta_n(x)}{b_n}\right)^2 < \infty\right) = 0 \Leftrightarrow \sum_{n=0}^{\infty} \tilde{M}\left(\frac{\Delta_n(x)}{b_n}\right)^2 = \infty.\end{aligned} \tag{37}$$

Deshalb folgt aus (36)

$$\tilde{P} \ll P \Leftrightarrow \sum_{n=0}^{\infty}\left[\tilde{M}\left(\frac{\Delta_n(x)}{b_n}\right)^2 + \left(\frac{\tilde{b}_n^2}{b_n^2} - 1\right)^2\right] < \infty$$

und auf analoge Weise

$$\tilde{P} \perp P \Leftrightarrow \sum_{n=0}^{\infty}\left[\tilde{M}\left(\frac{\Delta_n(x)}{b_n}\right)^2 + \left(\frac{\tilde{b}_n^2}{b_n^2} - 1\right)^2\right] = \infty.$$

Hieraus wird klar, daß $\tilde{P} \ll P$ gilt, wenn die Maße $\tilde{P}$ und P nicht singulär sind. Nach Voraussetzung ist aber $\tilde{P}_n \sim P_n$ für $n \geqq 1$ und deshalb aufgrund der Symmetrie $P \ll \tilde{P}$. Damit gelangen wir zum folgenden Satz.

Satz 5 (Alternative von Hajék-Feldman). *Es seien $\xi = (\xi_1, \xi_2, \ldots)$ und $\tilde{\xi} = (\tilde{\xi}_1, \tilde{\xi}_2, \ldots)$ zwei Gaußsche Folgen, deren endlichdimensionale Verteilungen äquivalent sind, d. h. $\tilde{P}_n \sim P_n$ für $n \geqq 1$. Dann gilt entweder $\tilde{P} \sim P$ oder $\tilde{P} \perp P$. Dabei haben wir*

$$\begin{aligned}\tilde{P} \sim P \Leftrightarrow \sum_{n=0}^{\infty}\left[\tilde{M}\left(\frac{\Delta_n(x)}{b_n}\right)^2 + \left(\frac{\tilde{b}_n^2}{b_n^2} - 1\right)^2\right] < \infty,\\ \tilde{P} \perp P \Leftrightarrow \sum_{n=0}^{\infty}\left[\tilde{M}\left(\frac{\Delta_n(x)}{b_n}\right)^2 + \left(\frac{\tilde{b}_n^2}{b_n^2} - 1\right)^2\right] = \infty.\end{aligned} \tag{38}$$

Wir wollen jetzt das Null-Eins-Gesetz für Gaußsche Folgen beweisen, welches bei der Herleitung von Satz 5 ausgenutzt wurde.

Lemma. *Es sei $\beta = (\beta_n)$ eine auf $(\Omega, \mathcal{F}, \mathbf{P})$ definierte Gaußsche Folge. Dann gilt*

$$\begin{aligned}\mathbf{P}\left(\sum_{n=1}^{\infty} \beta_n^2 < \infty\right) = 1 \Leftrightarrow \sum_{n=1}^{\infty} \mathbf{M}\beta_n^2 < \infty,\\ \mathbf{P}\left(\sum_{n=1}^{\infty} \beta_n^2 < \infty\right) = 0 \Leftrightarrow \sum_{n=1}^{\infty} \mathbf{M}\beta_n^2 = \infty.\end{aligned} \tag{39}$$

Beweis. Die Implikation $\Leftarrow$ der ersten Beziehung folgt aus dem Satz von Fubini. Zur Vervollständigung des Beweises brauchen wir nur noch die Implikation $\Leftarrow$ in der zweiten Beziehung nachzuweisen, wobei wir zunächst $\mathbf{M}\beta_n = 0$, $n \geqq 1$, voraussetzen wollen. Dazu genügt es,

$$\mathbf{M}\sum_{n=1}^{\infty}\beta_n^2 \leqq \left[\mathbf{M}\exp\left(-\sum_{n=1}^{\infty}\beta_n^2\right)\right]^{-2} \tag{40}$$

zu zeigen, da dann aus der Bedingung $\mathbf{P}\left(\sum_{n=1}^{\infty}\beta_n^2 < \infty\right) > 0$ folgt, daß die rechte Seite in (40) kleiner als ∞ ist.

Wir fixieren ein $n \geqq 1$. Dann folgt aus Kapitel II, §§ 11 und 13, daß sich unabhängige normalverteilte zufällige Größen $\beta_{k,n}$, $k = 1, \ldots, r \leqq n$, mit $\mathbf{M}\beta_{k,n} = 0$ derart finden lassen, daß

$$\sum_{k=1}^{n}\beta_k^2 = \sum_{k=1}^{r}\beta_{k,n}^2$$

gilt. Wenn wir $\mathbf{M}\beta_{k,n}^2 = \lambda_{k,n}$ setzen, erhalten wir leicht

$$\mathbf{M}\sum_{k=1}^{r}\beta_{k,n}^2 = \sum_{k=1}^{r}\lambda_{k,n} \tag{41}$$

und

$$\mathbf{M}\exp\left(-\sum_{k=1}^{r}\beta_{k,n}^2\right) = \prod_{k=1}^{r}(1 + 2\lambda_{k,n})^{-1/2}. \tag{42}$$

Durch Vergleich der rechten Seiten in (41) und (42) bekommen wir die Beziehung

$$\mathbf{M}\sum_{k=1}^{n}\beta_k^2 = \mathbf{M}\sum_{k=1}^{r}\beta_{k,n}^2 \leqq \left[\mathbf{M}e^{-\sum_{k=1}^{r}\beta_{k,n}^2}\right]^{-2} = \left[\mathbf{M}e^{-\sum_{k=1}^{n}\beta_k^2}\right]^{-2},$$

woraus wir mittels Grenzübergang für $n \to \infty$ die gesuchte Ungleichung (40) gewinnen.

Wir nehmen nun $\mathbf{M}\beta_n \not\equiv 0$ an.

Wir betrachten eine neue Folge $\tilde{\beta} = (\tilde{\beta}_n)$ mit derselben Verteilung wie die Folge $\beta = (\beta_n)$ und mit der Eigenschaft, daß $\tilde{\beta}$ unabhängig von β ist. Eine solche Folge $\tilde{\beta}$ kann stets konstruiert werden, indem notfalls der Wahrscheinlichkeitsraum erweitert wird. Falls nun $\mathbf{P}\left(\sum_{n=1}^{\infty}\beta_n^2 < \infty\right) > 0$ erfüllt ist, gilt ebenfalls $\mathbf{P}\left(\sum_{n=1}^{\infty}(\beta_n - \tilde{\beta}_n)^2 < \infty\right) > 0$ und aufgrund des Bewiesenen

$$2\sum_{n=1}^{\infty}\mathbf{M}(\beta_n - \mathbf{M}\beta_n)^2 = \sum_{n=1}^{\infty}\mathbf{M}(\beta_n - \tilde{\beta}_n)^2 < \infty.$$

Wegen $(\mathbf{M}\beta_n)^2 \leqq 2\beta_n^2 + 2(\beta_n - \mathbf{M}\beta_n)^2$ ergibt sich $\sum_{n=1}^{\infty}(\mathbf{M}\beta_n)^2 < \infty$ und folglich

$$\sum_{n=1}^{\infty}\mathbf{M}\beta_n^2 = \sum_{n=1}^{\infty}(\mathbf{M}\beta_n)^2 + \sum_{n=1}^{\infty}\mathbf{M}(\beta_n - \mathbf{M}\beta_n)^2 < \infty.$$

Das Lemma ist damit bewiesen.

5. Wir wollen die Untersuchung des Beispiels aus § 5, Nr. 3, fortsetzen, wobei vorausgesetzt sei, daß $\xi_0, \xi_1, \ldots$ unabhängige normalverteilte zufällige Größen mit $\mathbf{M}\xi_n = 0$, $\mathbf{D}\xi_n = D_n > 0$ sind.

Es sei wieder für $n \geqq 1$

$$X_{n+1} = \theta X_n + \xi_{n+1},$$

wobei $X_0 = \xi_0$ gilt und der unbekannte Parameter θ, der der Schätzung unterliegt, Werte aus R annimmt. Ferner sei $\hat{\theta}_n$ die nach der Methode der kleinsten Quadrate erhaltene Schätzung (vgl. (5.22)).

Satz 6. *Die Schätzung $\hat{\theta}_n$, $n \geqq 1$, ist genau dann stark konsistent, wenn*

$$\sum_{n=0}^{\infty} \frac{D_n}{D_{n+1}} = \infty \tag{43}$$

erfüllt ist.

Beweis. *Hinlänglichkeit.* Es bezeichne P_θ die Wahrscheinlichkeitsverteilung auf $(R^\infty, \mathscr{B}_\infty)$, welche der Folge $(X_0, X_1, \ldots)$ entspricht, wenn der wahre Wert des unbekannten Parameters θ ist. Mit M_θ werden wir die Bildung des Erwartungswertes bezüglich des Maßes P_θ bezeichnen.

Wir haben schon gesehen, daß

$$\hat{\theta}_n = \theta + \frac{M_n}{\langle M_n \rangle} \quad \text{mit} \quad \langle M \rangle_n = \sum_{k=0}^{n-1} \frac{X_k^2}{D_{k+1}}$$

gilt. Entsprechend dem Lemma aus Nr. 4 ergibt sich

$$P_\theta(\langle M \rangle_\infty = \infty) = 1 \Leftrightarrow M_\theta \langle M \rangle_\infty = \infty,$$

d. h. $\langle M \rangle_\infty = \infty$ (P_θ-f.s.) genau dann, wenn

$$\sum_{k=0}^{\infty} \frac{M_\theta X_k^2}{D_{k+1}} = \infty \tag{44}$$

erfüllt ist. Nun folgt aber

$$M_\theta X_k^2 = \sum_{i=0}^{k} \theta^{2i} D_{k-i}$$

und

$$\sum_{k=0}^{\infty} \frac{M_\theta X_k^2}{D_{k+1}} = \sum_{k=0}^{\infty} \frac{1}{D_{k+1}} \left(\sum_{i=0}^{k} \theta^{2i} D_{k-i} \right) = \sum_{k=0}^{\infty} \theta^{2k} \sum_{i=k}^{\infty} \frac{D_{i-k}}{D_{i+1}}$$

$$= \sum_{i=0}^{\infty} \frac{D_i}{D_{i+1}} + \sum_{k=1}^{\infty} \theta^{2k} \left(\sum_{i=k}^{\infty} \frac{D_{i-k}}{D_{i+1}} \right). \tag{45}$$

Deshalb ergibt sich (44) aus (43), und die Schätzung $\hat{\theta}_n$, $n \geqq 1$, ist folglich (vgl. Satz 4 aus § 5) bei beliebigem θ stark konsistent.

Notwendigkeit. Für alle $\theta \in R$ gelte $P_\theta(\hat{\theta}_n \to \theta) = 1$. Daraus ergibt sich, daß für $\theta_1 \neq \theta_2$ die Maße P_{θ_1} und P_{θ_2} singulär sind ($P_{\theta_1} \perp P_{\theta_2}$). Tatsächlich sind infolge der Normalverteiltheit der Folgen $(X_0, X_1, \ldots)$ und Satz 5 aus § 6 die Maße P_{θ_1} und P_{θ_2} entweder singulär oder äquivalent. Sie können aber nicht äquivalent sein, da für

$P_{\theta_1} \sim P_{\theta_2}$ sowohl $P_{\theta_1}(\hat{\theta}_n \to \theta_1) = 1$ als auch $P_{\theta_2}(\hat{\theta}_n \to \theta_1) = 1$ erfüllt ist, nach Voraussetzung aber $P_{\theta_2}(\hat{\theta}_n \to \theta_2) = 1$ und $\theta_2 \neq \theta_1$ gilt. Damit ergibt sich $P_{\theta_1} \perp P_{\theta_2}$ für $\theta_1 \neq \theta_2$.

Entsprechend (6.38) haben wir für $\theta_1 \neq \theta_2$

$$P_{\theta_1} \perp P_{\theta_2} \Leftrightarrow (\theta_1 - \theta_2)^2 \sum_{k=0}^{\infty} M_{\theta_1}\left(\frac{X_k^2}{D_{k+1}}\right) = \infty.$$

Indem wir $\theta_1 = 0$ und $\theta_2 \neq 0$ setzen, erhalten wir aus (45)

$$P_0 \perp P_{\theta_2} \Leftrightarrow \sum_{i=0}^{\infty} \frac{D_i}{D_{i+1}} = \infty,$$

womit die Notwendigkeit der Bedingung (43) bewiesen ist.

6. Aufgaben

1. Man beweise die Gültigkeit der Aussagen (6).

2. Es sei $\tilde{\mathbf{P}}_n \sim \mathbf{P}_n$ für $n \geqq 1$. Man zeige

$$\tilde{\mathbf{P}} \sim \mathbf{P} \Leftrightarrow \tilde{\mathbf{P}}(z_\infty < \infty) = \mathbf{P}(z_\infty > 0) = 1,$$

$$\tilde{\mathbf{P}} \perp \mathbf{P} \Leftrightarrow \tilde{\mathbf{P}}(z_\infty = \infty) = 1 \text{ oder } \mathbf{P}(z_\infty = 0) = 1.$$

3. Es sei $\tilde{\mathbf{P}}_n \ll \mathbf{P}_n$ für $n \geqq 1$ und τ eine Stoppzeit (bezüglich $(\mathcal{F}_n)$). Ferner seien $\tilde{\mathbf{P}}_\tau = \tilde{\mathbf{P}} \mid \mathcal{F}_\tau$ und $\mathbf{P}_\tau = \mathbf{P} \mid \mathcal{F}_\tau$ die Einschränkungen der Maße $\tilde{\mathbf{P}}$ bzw. $\mathbf{P}$ auf die σ-Algebra $\mathcal{F}_\tau$. Man zeige, daß $\tilde{\mathbf{P}}_\tau \ll \mathbf{P}_\tau$ dann und nur dann gilt, wenn $\{\tau = \infty\} \subseteqq \{z_\infty < \infty\}$ ($\tilde{\mathbf{P}}$-f.s.) erfüllt ist. (Insbesondere gilt für $\tilde{\mathbf{P}}(\tau < \infty) = 1$ die Beziehung $\tilde{\mathbf{P}}_\tau \ll \mathbf{P}_\tau$.)

4. Man beweise die Formeln (21) und (22).

5. Man überprüfe die Gültigkeit der Ungleichungen (28), (29) und (32).

6. Man beweise die Formel (34).

7. Die Folgen $\xi = (\xi_1, \xi_2, \ldots)$ und $\tilde{\xi} = (\tilde{\xi}_1, \tilde{\xi}_2, \ldots)$ in Nr. 2 mögen aus unabhängigen identisch verteilten zufälligen Größen bestehen. Man zeige, daß für $P_{\tilde{\xi}_1} \ll P_{\xi_1}$ die Beziehung $\tilde{P} \ll P$ dann und nur gann gilt, wenn die Maße $P_{\tilde{\xi}_1}$ und P_{ξ_1} übereinstimmen. Falls jedoch $P_{\tilde{\xi}_1} \ll P_{\xi_1}$ und $P_{\tilde{\xi}_1} \neq P_{\xi_1}$ erfüllt ist, haben wir $\tilde{P} \perp P$.

§ 7. Über das asymtotische Verhalten der Wahrscheinlichkeiten der Überschreitung einer Kurve durch eine zufällige Irrfahrt

1. Es sei $\xi_1, \xi_2, \ldots$ eine Folge unabhängiger identisch verteilter zufälliger Größen, $S_n = \xi_1 + \cdots + \xi_n$, $g = g(n)$ eine Kurve, $n \geqq 1$, und

$$\tau = \inf \{n \geqq 1 : S_n < g(n)\}$$

der erste Zeitpunkt, in dem sich die zufällige Irrfahrt (S_n) unterhalb der Kurve $g = g(n)$ befindet. (Wie üblich ist $\tau = \infty$ im Fall $\{\cdot\} = \emptyset$.)

Das Auffinden der genauen Gestalt der Verteilung für die Zeit τ ist ein überaus schwieriges Problem. In diesem Paragraphen wird das asymptotische Verhalten der

Wahrscheinlichkeit $\mathbf{P}(\tau > n)$ für $n \to \infty$ für eine umfangreiche Klasse von Kurven $g = g(n)$ unter der Voraussetzung beschrieben, daß die Größen ξ_n normalverteilt sind. Die verwendete Beweismethode beruht auf der Idee der ,,absolut stetigen Substitution des Maßes" bei Ausnutzung einer Reihe weiter oben dargelegter Eigenschaften von Martingalen und Stoppzeiten.

Satz 1. *Es seien $\xi_1, \xi_2, \ldots$ unabhängige identisch verteilte zufällige Größen mit $\xi_n \sim \mathcal{N}(0, 1)$. Wir nehmen an, daß die Kurve $g = g(n)$ so beschaffen ist, daß $g(1) < 0$ und für $n \geqq 2$*

$$0 \leqq \Delta g(n+1) \leqq \Delta g(n), \tag{1}$$

wobei $\Delta g(n) = g(n) - g(n-1)$ definiert wurde, sowie

$$\ln n = o\left(\sum_{k=2}^{n} [\Delta g(k)]^2\right), \qquad n \to \infty, \tag{2}$$

erfüllt ist. Dann gilt

$$\mathbf{P}(\tau > n) = \exp\left\{-\frac{1}{2} \sum_{k=2}^{n} [\Delta g(k)]^2 \left(1 + o(1)\right)\right\}, \qquad n \to \infty. \tag{3}$$

Bevor wir zum Beweis übergehen, wollen wir erwähnen, daß die Bedingungen (1) und (2) erfüllt sind, falls z. B.

$$g(n) = an^\nu + b, \qquad 1/2 < \nu \leqq 1,\ a + b < 0,$$

oder (für hinreichend) große n

$$g(n) = n^\nu L(n), \qquad 1/2 \leqq \nu \leqq 1,$$

gilt, wobei $L(n)$ eine sich langsam ändernde Funktion ist (z. B. $L(n) = C(\ln n)^\beta$ mit beliebigem β für $1/2 < \nu < 1$ und $\beta > 0$ für $\nu = 1/2$).

2. Die folgenden zwei Lemmata werden beim Beweis des Satzes 1 benutzt werden.

Wir wollen annehmen, daß $\xi_1, \xi_2, \ldots$ eine Folge unabhängiger identisch verteilter zufälliger Größen mit $\xi_n \sim \mathcal{N}(0, 1)$ ist. Wir setzen $\mathcal{F}_0 = \{\emptyset, \Omega\}$, $\mathcal{F}_n = \sigma(\xi_1, \ldots, \xi_n\}$, und $\alpha = (\alpha_n, \mathcal{F}_{n-1})$ sei eine vorhersagbare Folge mit $\mathbf{P}(|\alpha_n| \leqq C) = 1$ für $n \geqq 1$, wobei C eine gewisse Konstante ist. Wir bilden die Folge $z = (z_n, \mathcal{F}_n)$ mit

$$z_n = \exp\left\{\sum_{k=1}^{n} \alpha_k \xi_k - \frac{1}{2} \sum_{k=1}^{n} \alpha_k^2\right\}, \qquad n \geqq 1. \tag{4}$$

Es ist leicht zu prüfen, daß die Folge $z = (z_n, \mathcal{F}_n)$ ein Martingal mit $\mathbf{M} z_n = 1$ für $n \geqq 1$ bildet.

Wir fixieren ein $n \geqq 1$ und führen auf dem meßbaren Raum $(\Omega, \mathcal{F}_n)$ ein Wahrscheinlichkeitsmaß $\tilde{\mathbf{P}}_n$ ein, indem wir

$$\tilde{\mathbf{P}}_n(A) = \mathbf{M} I(A)\, z_n, \qquad A \in \mathcal{F}_n, \tag{5}$$

setzen.

Lemma 1. *Bezüglich des Maßes* $\tilde{\mathbf{P}}_n$ *sind die zufälligen Größen* $\tilde{\xi}_k = \xi_k - \alpha_k$, $1 \leqq k \leqq n$, *unabhängig und normalverteilt,* $\tilde{\xi}_k \sim \mathcal{N}(0, 1)$.

Beweis. Das Symbol $\tilde{\mathbf{M}}_n$ bezeichne die Bildung des Erwartungswertes bezüglich des Maßes $\tilde{\mathbf{P}}_n$. Dann gilt für $\lambda_k \in R$, $1 \leqq k \leqq n$,

$$\tilde{\mathbf{M}}_n \exp\left\{i \sum_{k=1}^{n} \lambda_k \tilde{\xi}_k\right\} = \mathbf{M} \exp\left\{i \sum_{k=1}^{n} \lambda_k \tilde{\xi}_k\right\} z_n$$
$$= \mathbf{M}\left[\exp\left\{i \sum_{k=1}^{n-1} \lambda_k \tilde{\xi}_k\right\} z_{n-1} \cdot \mathbf{M}\left\{\exp\left(i\lambda_n(\xi_n - \alpha_n) + \alpha_n \xi_n - \frac{\alpha_n^2}{2}\right) \middle| \mathcal{F}_{n-1}\right\}\right]$$
$$= \mathbf{M}\left[\exp\left\{i \sum_{k=1}^{n-1} \lambda_k \tilde{\xi}_k\right\} z_{n-1}\right] \exp\left\{-\frac{\lambda_n^2}{2}\right\} = \cdots$$
$$= \exp\left\{-\frac{1}{2} \sum_{k=1}^{n} \lambda_k^2\right\}.$$

Nun ergibt sich die gewünschte Behauptung aus Kapitel II, § 12, Satz 4.

Lemma 2. *Es sei* $X = (X_n, \mathcal{F}_n)$ *ein quadratisch integrierbares Martingal mit dem Erwartungswert* 0 *und*

$$\sigma = \inf\{n \geqq 1 : X_n \leqq -b\}$$

mit einer Konstanten $b > 0$. *Wir nehmen*

$$\mathbf{P}(X_1 \leqq -b) > 0$$

an. Dann existiert eine Konstante $C > 0$ *derart, daß für alle* $n \geqq 1$

$$\mathbf{P}(\sigma > n) \geqq \frac{C}{\mathbf{M}X_n^2} \tag{6}$$

erfüllt ist.

Beweis. Nach Folgerung 1 zu Satz 1 aus § 2 gilt $\mathbf{M}X_{\sigma \wedge n} = 0$, woraus sich

$$-\mathbf{M}I(\sigma \leqq n)\, X_\sigma = \mathbf{M}I(\sigma > n)\, X_n \tag{7}$$

ergibt. Auf der Menge $\{\sigma \leqq n\}$ haben wir

$$-X_\sigma \geqq b > 0.$$

Aus diesem Grund erhalten wir für $n \geqq 1$

$$-\mathbf{M}I(\sigma \leqq n)\, X_\sigma \geqq b\mathbf{P}(\sigma \leqq n)$$
$$\geqq b\mathbf{P}(\sigma = 1) = b\mathbf{P}(X_1 \leqq -b) > 0. \tag{8}$$

Andererseits gilt infolge der Cauchy-Bunjakovskijschen Ungleichung

$$\mathbf{M}I(\sigma > n)\, X_n \leqq [\mathbf{P}(\sigma > n)\, \mathbf{M}X_n^2]^{1/2}, \tag{9}$$

was zusammen mit (7) und (8) zu der gewünschten Ungleichung mit $C = \big(b\mathbf{P}(X_1 \leqq -b)\big)^2$ führt.

Beweis des Satzes 1. Es genügt zu zeigen, daß die Beziehungen

$$\varliminf_{n\to\infty} \ln \mathbf{P}(\tau > n) \Big/ \sum_{k=2}^{n} [\Delta g(k)]^2 \geqq -\frac{1}{2} \tag{10}$$

und

$$\varlimsup_{n\to\infty} \ln \mathbf{P}(\tau > n) \Big/ \sum_{k=2}^{n} [\Delta g(k)]^2 \leqq -\frac{1}{2} \tag{11}$$

erfüllt sind. Zu diesem Zweck betrachten wir die (nichtzufällige) Folge (α_n) mit

$$\alpha_1 = 0, \qquad \alpha_n = \Delta g(n), \qquad n \geqq 2,$$

und die Wahrscheinlichkeitsmaße $(\tilde{\mathbf{P}}_n)$, die durch (5) definiert sind. Dann gilt infolge der Hölderschen Ungleichung

$$\tilde{\mathbf{P}}_n(\tau > n) = \mathbf{M} I(\tau > n)\, z_n = \big(\mathbf{P}(\tau > n)\big)^{1/q} (\mathbf{M} z_n^p)^{1/p} \tag{12}$$

mit $p > 1$ und $q = \dfrac{p}{p-1}$. Der letzte Faktor läßt sich leicht in expliziter Form ausrechnen:

$$(\mathbf{M} z_n^p)^{1/p} = \exp\left\{\frac{p-1}{2} \sum_{k=2}^{n} [\Delta g(k)]^2\right\}. \tag{13}$$

Wir wollen jetzt die Wahrscheinlichkeit $\tilde{\mathbf{P}}_n(\tau > n)$ abschätzen, die auf der linken Seite von (12) auftritt. Wir haben

$$\tilde{\mathbf{P}}_n(\tau > n) = \tilde{\mathbf{P}}_n(S_k \geqq g(k),\ 1 \leqq k \leqq n) = \tilde{\mathbf{P}}_n(\tilde{S}_k \geqq g(1),\ 1 \leqq k \leqq n)$$

mit $\tilde{S}_k = \sum_{i=1}^{k} \tilde{\xi}_i$, $\tilde{\xi}_i \doteq \xi_i - \alpha_i$. Entsprechend Lemma 1 sind die Größen $\tilde{\xi}_1, \ldots, \tilde{\xi}_n$ bezüglich des Maßes $\tilde{\mathbf{P}}_n$ unabhängig und normalverteilt, $\tilde{\xi}_n \sim \mathcal{N}(0, 1)$, und wir erhalten wir aufgrund von Lemma 2 (angewandt für $b = -g(1)$, $\mathbf{P} = \tilde{\mathbf{P}}_n$, $X_n = \tilde{S}_n$)

$$\tilde{\mathbf{P}}_n(\tau > n) \geqq \frac{C}{n} \tag{14}$$

mit einer gewissen Konstanten C.

Dann folgt aus (12), (13) und (14) für beliebiges $p > 1$

$$\mathbf{P}(\tau > n) \geqq C_p \exp\left\{-\frac{p}{2} \sum_{k=2}^{n} [\Delta g(k)]^2 - \frac{p}{p-1} \ln n\right\}, \tag{15}$$

wobei C_p eine Konstante bezeichnet. Da die Voraussetzungen des Satzes gelten sollen und $p > 1$ beliebig ist, erhalten wir aus (15) die Abschätzung nach unten (10).

Zur Ableitung der Abschätzung nach oben (11) bemerken wir zuerst, daß wegen $z_n > 0$ ($\mathbf{P}$-f.s. und $\tilde{\mathbf{P}}_n$-f.s.) infolge (5)

$$\mathbf{P}(\tau > n) = \tilde{\mathbf{M}}_n I(\tau > n)\, z_n^{-1} \tag{16}$$

gilt, wobei $\tilde{\mathbf{M}}_n$ die Bildung des Erwartungswertes bezüglich des Maßes $\tilde{\mathbf{P}}_n$ bezeichnet.

In dem von uns betrachteten Fall gilt $\alpha_1 = 0$, $\alpha_n = \Delta g(n)$, $n \geqq 2$; deshalb erhalten wir für $n \geqq 2$

$$z_n^{-1} = \exp\left\{-\sum_{k=2}^{n} \Delta g(k) \cdot \xi_k + \frac{1}{2} \sum_{k=2}^{n} [\Delta g(k)]^2\right\}.$$

Mit Hilfe partieller Summation (vgl. den Beweis von Lemma 2 in Kapitel IV, § 3) schließen wir

$$\sum_{k=2}^{n} \Delta g(k) \cdot \xi_k = \Delta g(n) \cdot S_n - \sum_{k=2}^{n} S_{k-1} \Delta\big(\Delta g(k)\big),$$

woraus wir unter Berücksichtigung dessen, daß nach den Voraussetzungen des Satzes $\Delta g(k) \geqq 0$, $\Delta\big(\Delta g(k)\big) \leqq 0$ gilt, auf der Menge $\{\tau > n\} = \{S_k \geqq g(k), 1 \leqq k \leqq n\}$

$$\begin{aligned}\sum_{k=2}^{n} \Delta g(k) \cdot \xi_k &\geqq \Delta g(n) \cdot g(n) - \sum_{k=3}^{n} g(k-1)\, \Delta\big(\Delta g(k)\big) - \xi_1 \Delta g(2)\\ &= \sum_{k=2}^{n} [\Delta g(k)]^2 + g(1)\, \Delta g(2) - \xi_1 \Delta g(2)\end{aligned}$$

erhalten. Somit ergibt sich aus (16)

$$\begin{aligned}\mathbf{P}(\tau > n) &\leqq \exp\left\{-\frac{1}{2} \sum_{k=2}^{n} [\Delta g(k)]^2 - g(1)\, \Delta g(2)\right\} \tilde{\mathbf{M}}_n I(\tau > n)\, \mathrm{e}^{-\xi_1 \Delta g(2)}\\ &\leqq \exp\left\{-\frac{1}{2} \sum_{k=2}^{n} [\Delta g(k)]^2\right\} \tilde{\mathbf{M}}_n I(\tau > n)\, \mathrm{e}^{-\xi_1 \Delta g(2)},\end{aligned}$$

wobei

$$\tilde{\mathbf{M}}_n I(\tau > n)\, \mathrm{e}^{-\xi_1 \Delta g(2)} \leqq \mathbf{M} z_n\, \mathrm{e}^{-\xi_1 \Delta g(2)} = \mathbf{M}\, \mathrm{e}^{-\xi_1 \Delta g(2)} < \infty$$

folgt. Deshalb gilt

$$\mathbf{P}(\tau > n) \leqq C \exp\left\{-\frac{1}{2} \sum_{k=2}^{n} [\Delta g(k)]^2\right\}$$

mit einer gewissen positiven Konstanten C, was gerade die Abschätzung nach oben (11) beweist.

Der Beweis des Satzes ist damit beendet.

3. Die Idee der absolut stetigen Substitution des Maßes ermöglicht es, ein analoges Problem auch für den Fall zweiseitiger Schranken zu untersuchen. Wir führen (ohne Beweis) eines der Ergebnisse in dieser Richtung an.

Satz 2. *Es seien $\xi_1, \xi_2, \ldots$ unabhängige identisch verteilte zufällige Größen mit $\xi_n \sim \mathcal{N}(0, 1)$. Wir nehmen an, daß $f = f(n)$ eine positive Funktion ist, so daß*

$$f(n) \to \infty \quad \text{für} \quad n \to \infty$$

und

$$\sum_{k=2}^{n} [\Delta f(k)]^2 = o\left(\sum_{k=1}^{n} f^{-2}(k)\right) \quad \text{für} \quad n \to \infty$$

erfüllt sind. Dann gilt für $\sigma = \inf\{n \geqq 1 : |S_n| \geqq f(n)\}$ *die Beziehung*

$$\mathsf{P}(\sigma > n) = \exp\left\{-\frac{\pi^2}{8}\sum_{k=}^{n} f^{-2}(k)\left(1 + o(1)\right)\right\}, \qquad n \to \infty. \tag{17}$$

4. Aufgaben

1. Man zeige, daß die in (4) definierte Folge ein Martingal ist.
2. Man weise die Gültigkeit der Formel (13) nach.
3. Man beweise (17).

§ 8. Der zentrale Grenzwertsatz für Summen abhängiger zufälliger Größen

1. Wir wollen annehmen, daß auf einem Wahrscheinlichkeitsraum $(\Omega, \mathcal{F}, \mathsf{P})$ stochastische Folgen

$$\xi^n = (\xi_{nk}, \mathcal{F}_k^n), \qquad 0 \leqq k \leqq n,\ n \geqq 1,$$

mit $\xi_{n0} = 0$, $\mathcal{F}_0^n = \{\emptyset, \Omega\}$, $\mathcal{F}_k^n \subseteqq \mathcal{F}_{k+1}^n \subseteqq \mathcal{F}$ gegeben sind. Wir setzen

$$X_t^n = \sum_{k=0}^{[nt]} \xi_{nk}, \qquad 0 \leqq t \leqq 1,$$

und vereinbaren $\mathcal{F}_{-1}^n = \{\emptyset, \Omega\}$.

Satz 1. *Für fixiertes* $0 < t \leqq 1$ *seien die folgenden Bedingungen für jedes* $\varepsilon \in (0, 1]$ *und* für $n \to \infty$ *erfüllt*:

(A) $$\sum_{k=1}^{[nt]} \mathsf{P}(|\xi_{nk}| > \varepsilon \mid \mathcal{F}_{k-1}^n) \xrightarrow{\mathsf{P}} 0,$$

(B) $$\sum_{k=1}^{[nt]} \mathsf{M}(\xi_{nk} I(|\xi_{nk}| \leqq 1) \mid \mathcal{F}_{k-1}^n) \xrightarrow{\mathsf{P}} 0,$$

(C) $$\sum_{k=1}^{[nt]} \mathsf{D}(\xi_{nk} I(|\xi_{nk}| \leqq \varepsilon) \mid \mathcal{F}_{k-1}^n) \xrightarrow{\mathsf{P}} \sigma_t^2.$$

Dann gilt

$$X_t^n \xrightarrow{d} \mathcal{N}(0, \sigma_t^2).$$

Zunächst wollen wir die Voraussetzungen dieses Satzes erläutern.

Im Unterschied zu den Voraussetzungen in Kapitel III, § 4, wo der Fall unabhängiger zufälliger Größen betrachtet wurde, wird hier der Fall beliebig abhängiger Größen, sogar ohne die Annahme der Endlichkeit von $\mathsf{M}\,|\xi_{nk}|$, untersucht. In Satz 2 wird gezeigt, daß (A) gleichbedeutend mit

(A*) $$\max_{1 \leqq k \leqq [nt]} |\xi_{nk}| \xrightarrow{\mathsf{P}} 0$$

ist. Somit ist der angeführte Satz 1 eine Aussage über die Gültigkeit des zentralen Grenzwertsatzes (vgl. Satz 1 aus Kapitel III, § 4) unter der Annahme, daß die zu summierenden Größen gleichmäßig asymptotisch klein sind (siehe dazu auch Satz 5).

Die Bedingungen (A) und (B) gewährleisten die Darstellbarkeit der Größen X_t^n in der Form $X_t^n = Y_t^n + Z_t^n$ mit $Z_t^n \xrightarrow{\mathsf{P}} 0$ und $Y_t^n = \sum_{k=0}^{[nt]} \eta_{nk}$, wobei die Folgen $\eta^n = (\eta_{nk}, \mathcal{F}_k^n)$ Martingaldifferenzen sind, d. h., es ist $\mathsf{M}(\eta_{nk} \mid \mathcal{F}_{k-1}^n) = 0$ mit $|\eta_{nk}| \leqq C$ gleichmäßig für $1 \leqq k \leqq n$ und $n \geqq 1$. Damit reduziert sich der Beweis (unter den betrachteten Bedingungen) auf den Beweis des zentralen Grenzwertsatzes für Folgen, die eine Martingaldifferenz bilden.

Im Fall, daß die Größen $\xi_{n1}, \ldots, \xi_{nn}$ unabhängig sind, gehen (A), (B) und (C) für $t = 1$ in die Bedingungen ($\sigma^2 = \sigma_1^2$)

$$\text{(a)} \qquad \sum_{k=1}^{n} \mathsf{P}(|\xi_{nk}| > \varepsilon) \to 0,$$

$$\text{(b)} \qquad \sum_{k=1}^{n} \mathsf{M}\big(\xi_{nk} I(|\xi_{nk}| \leqq 1)\big) \to 0,$$

$$\text{(c)} \qquad \sum_{k=1}^{n} \mathsf{D}\big(\xi_{nk} I(|\xi_{nk}| \leqq \varepsilon)\big) \to \sigma^2$$

über, welche aus dem Buch von B. V. Gnedenko und A. N. Kolmogorov [1] gut bekannt sind. Damit gelangen wir von Satz 1 zu folgender Aussage.

Folgerung. Falls für $n \geqq 1$ die zufälligen Größen $\xi_{n1}, \ldots, \xi_{nn}$ unabhängig sind, erhalten wir unter den Voraussetzungen (a), (b) und (c)

$$X_1^n \xrightarrow{d} \mathcal{N}(0, \sigma^2).$$

Bemerkung 1. In (C) wird der Fall $\sigma_t^2 = 0$ nicht ausgeschlossen. Dadurch liefert der Satz 1 insbesondere Bedingungen für die Konvergenz gegen die entartete Normalverteilung $\mathcal{N}(0, 0)$, d. h. für $X_t^n \xrightarrow{d} 0$.

Bemerkung 2. Die Beweismethode des Satzes 1 gestattet es, die folgende allgemeinere Behauptung zu formulieren und zu beweisen.

Es sei $0 < t_1 < t_2 < \ldots < t_j \leqq 1$, $\sigma_{t_1}^2 \leqq \sigma_{t_2}^2 \leqq \ldots \leqq \sigma_{t_j}^2$ und $\sigma_0^2 = 0$. Ferner seien $\varepsilon_1, \ldots, \varepsilon_j$ unabhängige normalverteilte zufällige Größen mit dem Erwartungswert 0 und $\mathsf{M}\varepsilon_k^2 = \sigma_{t_k}^2 - \sigma_{t_{k-1}}^2$. Wir bilden den normalverteilten Vektor $(W_{t_1}, \ldots, W_{t_j})$ mit $W_{t_k} = \varepsilon_1 + \cdots + \varepsilon_k$.

Die Bedingungen (A), (B) und (C) mögen für $t = t_1, \ldots, t_j$ erfüllt sein. Dann konvergiert die gemeinsame Verteilung $(P_{t_1,\ldots,t_j}^n)$ der zufälligen Größen $(X_{t_1}^n, \ldots, X_{t_j}^n)$ schwach gegen die Normalverteilung $P_{t_1,\ldots,t_j}$ der Größen $(W_{t_1}, \ldots, W_{t_j})$:

$$P_{t_1,\ldots,t_j}^n \xrightarrow{w} P_{t_1,\ldots,t_j}.$$

2. Satz 2. (1) *Die Bedingung* (A) *ist äquivalent zu* (A*).

(2) *Unter der Bedingung* (A) *oder* (A*) *ist* (C) *gleichbedeutend mit*

$$\text{(C*)} \qquad \sum_{k=0}^{[nt]} \big[\xi_{nk} - \mathsf{M}(\xi_{nk} I(|\xi_{nk}| \leqq 1) \mid \mathcal{F}_{k-1}^n)\big]^2 \xrightarrow{\mathsf{P}} \sigma_t^2.$$

Satz 3. *Für jedes $n \geqq 1$ sei die Folge $\xi^n = (\xi_{nk}, \mathcal{F}_k^n)$, $1 \leqq k \leqq n$, eine quadratisch integrierbare Martingaldifferenz, d. h., es sei $\mathsf{M}\xi_{nk}^2 < \infty$, $\mathsf{M}(\xi_{nk} \mid \mathcal{F}_{k-1}^n) = 0$. Ferner möge die Lindeberg-Bedingung erfüllt sein: Für jedes $\varepsilon > 0$*

$$\text{(L)} \qquad \sum_{k=0}^{[nt]} \mathsf{M}\big(\xi_{nk}^2 I(|\xi_{nk}| > \varepsilon) \mid \mathcal{F}_{k-1}^n\big) \xrightarrow{\mathsf{P}} 0.$$

Dann ist (C) *äquivalent zu*

$$\langle X^n \rangle_t \xrightarrow{\mathsf{P}} \sigma_t^2, \tag{1}$$

wobei

$$\langle X^n \rangle_t = \sum_{k=0}^{[nt]} \mathsf{M}(\xi_{nk}^2 \mid \mathcal{F}_{k-1}^n) \tag{2}$$

die quadratische Charakteristik von X^n bezeichnet, und (C*) *ist äquivalent zu*

$$[X^n]_t \xrightarrow{\mathsf{P}} \sigma_t^2, \tag{3}$$

wobei

$$[X^n]_t = \sum_{k=0}^{[nt]} \xi_{nk}^2 \tag{4}$$

die quadratische Variation von X^n ist.

Aus den Sätzen 1 bis 3 folgt der

Satz 4. *Für die quadratisch integrierbaren Martingaldifferenzen $\xi^n = (\xi_{nk}, \mathcal{F}_k^n)$, $n \geqq 1$, sei für gegebenes $0 < t \leqq 1$ die Lindeberg-Bedingung* (L) *erfüllt. Dann gilt*

$$\sum_{k=0}^{[nt]} \mathsf{M}(\xi_{nk}^2 \mid \mathcal{F}_{k-1}^n) \xrightarrow{\mathsf{P}} \sigma_t^2 \Rightarrow X_t^n \xrightarrow{d} \mathcal{N}(0, \sigma_t^2), \tag{5}$$

$$\sum_{k=0}^{[nt]} \xi_{nk}^2 \xrightarrow{\mathsf{P}} \sigma_t^2 \Rightarrow X_t^n \xrightarrow{d} \mathcal{N}(0, \sigma_t^2). \tag{6}$$

3. Beweis des Satzes 1. Wir stellen X_t^n in der folgenden Form dar:

$$\begin{aligned} X_t^n &= \sum_{k=0}^{[nt]} \xi_{nk} I(|\xi_{nk}| \leqq 1) + \sum_{k=0}^{[nt]} \xi_{nk} I(|\xi_{nk}| > 1) \\ &= \sum_{k=0}^{[nt]} \mathsf{M}\big(\xi_{nk} I(|\xi_{nk}| \leqq 1) \mid \mathcal{F}_{k-1}^n\big) + \sum_{k=0}^{[nt]} \xi_{nk} I(|\xi_{nk}| > 1) \\ &\quad + \sum_{k=0}^{[nt]} \big[\xi_{nk} I(|\xi_{nk}| \leqq 1) - \mathsf{M}\big(\xi_{nk} I(|\xi_{nk}| \leqq 1) \mid \mathcal{F}_{k-1}^n\big)\big]. \end{aligned} \tag{7}$$

Wir setzen

$$\begin{aligned} B_t^n &= \sum_{k=0}^{[nt]} \mathsf{M}\big(\xi_{nk} I(|\xi_{nk}| \leqq 1) \mid \mathcal{F}_{k-1}^n\big), \\ \mu_k^n(\Gamma) &= I(\xi_{nk} \in \Gamma), \\ \nu_k^n(\Gamma) &= \mathsf{P}(\xi_{nk} \in \Gamma \mid \mathcal{F}_{k-1}^n), \end{aligned} \tag{8}$$

wobei Γ eine Menge aus der σ-Algebra $\mathscr{B}(R \setminus \{0\})$ der Borel-Mengen von $R \setminus \{0\}$ und $\mathsf{P}(\xi_{nk} \in \Gamma \mid \mathscr{F}^n_{k-1})$ eine reguläre bedingte Verteilung von ξ_{nk} bezüglich $\mathscr{F}^n_{k-1}$ ist. Dann kann die Darstellung (7) in der Form

$$X_t^n = B_t^n + \sum_{k=0}^{[nt]} \int_{|x|>1} x \, \mathrm{d}\mu_k^n + \sum_{k=0}^{[nt]} \int_{|x|\leqq 1} x \, \mathrm{d}(\mu_k^n - \nu_k^n) \tag{9}$$

aufgeschrieben werden, welche kanonische Zerlegung der Folge (X_t^n) genannt wird. (Alle Integrale sind als Lebesgue-Integrale zu verstehen, die für jedes elementare Ereignis bestimmt werden.)

Entsprechend der Bedingung (B) gilt $B_t^n \xrightarrow{\mathsf{P}} 0$. Wir wollen zeigen, daß aufgrund von (A) die Beziehung

$$\sum_{k=0}^{[nt]} \int_{|x|>1} |x| \, \mathrm{d}\mu_k^n \xrightarrow{\mathsf{P}} 0 \tag{10}$$

erfüllt ist.

Wir haben

$$\sum_{k=0}^{[nt]} \int_{|x|>1} |x| \, \mathrm{d}\mu_k^n = \sum_{k=0}^{[nt]} |\xi_{nk}| \, I(|\xi_{nk}| > 1). \tag{11}$$

Für jedes $\delta \in (0, 1)$ erhalten wir

$$\left\{\sum_{k=0}^{[nt]} |\xi_{nk}| \, I(|\xi_{nk}| > 1) > \delta\right\} \subseteqq \left\{\sum_{k=0}^{[nt]} I(|\xi_{nk}| > 1) > \delta\right\}. \tag{12}$$

Es ist klar, daß

$$\sum_{k=0}^{[nt]} I(|\xi_{nk}| > 1) = \sum_{k=0}^{[nt]} \int_{|x|>1} \mathrm{d}\mu_k^n \equiv \mathcal{V}_{[nt]}^n$$

gilt. Aufgrund von (A) ist die Beziehung

$$V_{[nt]}^n = \sum_{k=0}^{[nt]} \int_{|x|>1} \mathrm{d}\nu_k^n \xrightarrow{\mathsf{P}} 0 \tag{13}$$

erfüllt, wobei V_k^n bezüglich $\mathscr{F}^n_{k-1}$ meßbar ist.

Dann gilt aufgrund der Folgerung zu Satz 2 aus § 3

$$V_{[nt]}^n \xrightarrow{\mathsf{P}} 0 \Rightarrow \mathcal{V}_{[nt]}^n \xrightarrow{\mathsf{P}} 0. \tag{14}$$

(Aufgrund derselben Folgerung und der Tatsache, daß $\Delta V_{[nt]}^n \leqq 1$ gilt, ist auch die umgekehrte Implikation

$$\mathcal{V}_{[nt]}^n \xrightarrow{\mathsf{P}} 0 \Rightarrow V_{[nt]}^n \xrightarrow{\mathsf{P}} 0 \tag{15}$$

gültig, welche zum Beweis von Satz 2 benutzt werden wird.)

Aus (11) bis (14) erhalten wir die gewünschte Behauptung (10).

Somit haben wir

$$X_t^n = Y_t^n + Z_t^n \tag{16}$$

mit

$$Y_t^n = \sum_{k=0}^{[nt]} \int\limits_{|x|\leq 1} x \, \mathrm{d}(\mu_k^n - \nu_k^n) \tag{17}$$

und

$$Z_t^n = B_t^n + \sum_{k=0}^{[nt]} \int\limits_{|x|>1} x \, \mathrm{d}\mu_k^n \xrightarrow{\mathbf{P}} 0. \tag{18}$$

Auf der Grundlage von Aufgabe 1 folgt hieraus, daß zum Beweis der Konvergenz $X_t^n \xrightarrow{d} \mathcal{N}(0, \sigma_t^2)$ nur die Beziehung

$$Y_t^n \xrightarrow{d} \mathcal{N}(0, \sigma_t^2) \tag{19}$$

gezeigt werden muß.

Wir stellen Y_t^n in der Form

$$Y_t^n = \gamma_{[nt]}^n(\varepsilon) + \Delta_{[nt]}^n(\varepsilon), \qquad \varepsilon \in (0, 1],$$

mit

$$\gamma_{[nt]}^n(\varepsilon) = \sum_{k=0}^{[nt]} \int\limits_{\varepsilon<|x|\leq 1} x \, \mathrm{d}(\mu_k^n - \nu_k^n), \tag{20}$$

$$\Delta_{[nt]}^n(\varepsilon) = \sum_{k=0}^{[nt]} \int\limits_{|x|\leq \varepsilon} x \, \mathrm{d}(\mu_k^n - \nu_k^n) \tag{21}$$

dar. Ebenso wie beim Beweis von (10) weist man leicht nach, daß aufgrund von (A) $\gamma_{[nt]}^n(\varepsilon) \xrightarrow{\mathbf{P}} 0$ für $n \to \infty$ gilt.

Die Folge $\Delta^n(\varepsilon) = \left(\Delta_k^n(\varepsilon), \mathcal{F}_k^n\right)$, $1 \leqq k \leqq n$, ist ein quadratisch integrierbares Martingal mit der quadratischen Charakteristik

$$\begin{aligned} \langle \Delta^n(\varepsilon) \rangle_k &= \sum_{i=0}^{k} \left[\int\limits_{|x|\leq \varepsilon} x^2 \, \mathrm{d}\nu_i^n - \left(\int\limits_{|x|\leq \varepsilon} x \, \mathrm{d}\nu_i^n \right)^2 \right] \\ &= \sum_{i=0}^{k} \mathbf{D}(\xi_{n_i} I(|\xi_{ni}| \leqq \varepsilon) \mid \mathcal{F}_{i-1}^n). \end{aligned}$$

Wegen (C) ergibt sich

$$\langle \Delta^n(\varepsilon) \rangle_{[nt]} \xrightarrow{\mathbf{P}} \sigma_t^2.$$

Damit erhalten wir für beliebiges $\varepsilon \in (0, 1]$

$$\max \{\gamma_{[nt]}^n(\varepsilon), |\langle \Delta^n(\varepsilon) \rangle_{[nt]} - \sigma_t^2|\} \xrightarrow{\mathbf{P}} 0.$$

Entsprechend Aufgabe 2 läßt sich dann eine Zahlenfolge $\varepsilon_n \downarrow 0$ derart angeben, daß

$$\gamma_{[nt]}^n(\varepsilon_n) \xrightarrow{\mathbf{P}} 0, \qquad \langle \Delta^n(\varepsilon_n) \rangle_{[nt]} \xrightarrow{\mathbf{P}} \sigma_t^2$$

gilt. Deshalb genügt es, wieder aufgrund der Aussage in Aufgabe 1, lediglich

$$M^n_{[nt]} \xrightarrow{d} \mathcal{N}(0, \sigma_t^2) \tag{22}$$

für

$$M^n_k = \Delta^n_k(\varepsilon_n) = \sum_{i=0}^{k} \int_{|x| \leqq \varepsilon_n} x \, \mathrm{d}(\mu^n_i - \nu^n_i) \tag{23}$$

zu beweisen.

Für $\Gamma \in \mathscr{B}(R \setminus \{0\})$ sei $\tilde{\mu}^n_k(\Gamma) = I(\Delta M^n_k \in \Gamma)$, und $\tilde{\nu}^n_k(\Gamma) = \mathbf{P}(\Delta M^n_k \in \Gamma \mid \mathcal{F}^n_{k-1})$ sei eine reguläre bedingte Wahrscheinlichkeit, wobei $\Delta M^n_k = M^n_k - M^n_{k-1}$, $k \geqq 1$, $M^n_0 = 0$, zu setzen ist. Dann kann das quadratisch integrierbare Martingal $M^n = (M^n_k, \mathcal{F}^n_k)$, $1 \leqq k \leqq n$, offenbar in der Form

$$M^n_k = \sum_{i=1}^{k} \Delta M^n_i = \sum_{i=1}^{k} \int_{|x| \leqq 2\varepsilon_n} x \, \mathrm{d}\tilde{\mu}^n_k$$

geschrieben werden. (Wir bemerken, daß infolge (23) $|\Delta M^n_i| \leqq 2\varepsilon_n$ gilt.)

Zum Beweis von (22) ist es hinreichend zu zeigen, daß für jedes reelle λ

$$\mathbf{M}\, \mathrm{e}^{\mathrm{i}\lambda M^n_{[nt]}} \to \mathrm{e}^{-\frac{\lambda^2 \sigma_t^2}{2}} \tag{24}$$

erfüllt ist. Wir setzen

$$G^n_k = \sum_{j=1}^{k} \int_{|x| \leqq 2\varepsilon_n} (\mathrm{e}^{\mathrm{i}\lambda x} - 1) \, \mathrm{d}\tilde{\nu}^n_j$$

und

$$E^n_k(G^n) = \prod_{j=1}^{k} (1 + \Delta G^n_j)$$

und bemerken, daß

$$1 + \Delta G^n_k = 1 + \int_{|x| \leqq 2\varepsilon_n} (\mathrm{e}^{\mathrm{i}\lambda x} - 1) \, \mathrm{d}\tilde{\nu}^n_k = \int_{|x| \leqq 2\varepsilon_n} \mathrm{e}^{\mathrm{i}\lambda x} \, \mathrm{d}\tilde{\nu}^n_k$$

$$= \mathbf{M}(\mathrm{e}^{\mathrm{i}\lambda \Delta M^n_k} \mid \mathcal{F}^n_{k-1})$$

und folglich

$$E^n_k(G^n) = \prod_{j=1}^{k} \mathbf{M}(\mathrm{e}^{\mathrm{i}\lambda \Delta M^n_j} \mid \mathcal{F}^n_{j-1})$$

gilt.

In Übereinstimmung mit dem in Nr. 4 zu beweisenden Lemma braucht man zur Überprüfung von (24) nur zu zeigen, daß für beliebiges reelles λ

$$|E^n_{[nt]}(G^n)| = \left| \prod_{j=1}^{[nt]} \mathbf{M}(\mathrm{e}^{\mathrm{i}\lambda \Delta M^n_j} \mid \mathcal{F}^n_{j-1}) \right| \geqq C(\lambda) > 0 \tag{25}$$

und

$$E^n_{[nt]}(G^n) \xrightarrow{\mathbf{P}} \mathrm{e}^{-\frac{\lambda^2 \sigma_t^2}{2}} \tag{26}$$

erfüllt sind.

Zu diesem Zweck stellen wir $E_k^n(G^n)$ in der folgenden Form dar:

$$E_k^n(G^n) = e^{G_k^n} \prod_{j=1}^{k} (1 + \Delta G_j^n) e^{-\Delta G_j^n}.$$

(Vgl. mit der durch (II.6.76) definierten Funktion $E_t(A)$.) Wegen

$$\int_{|x| \leqq 2\varepsilon_n} x \, d\tilde{\nu}_j^n = \mathbf{M}(\Delta M_j^n \mid \mathcal{F}_{j-1}^n) = 0$$

gilt

$$G_k^n = \sum_{j=1}^{k} \int_{|x| \leqq 2\varepsilon_n} (e^{i\lambda x} - 1 - i\lambda x) \, d\tilde{\nu}_j^n. \tag{27}$$

Somit ergibt sich

$$|\Delta G_k^n| \leqq \int_{|x| \leqq 2\varepsilon_n} |e^{i\lambda x} - 1 - i\lambda x| \, d\tilde{\nu}_k^n \leqq \frac{\lambda^2}{2} \int_{|x| \leqq 2\varepsilon_n} x^2 \, d\tilde{\nu}_k^n$$

$$\leqq \frac{\lambda^2}{2} (2\varepsilon_n)^2 \to 0 \tag{28}$$

und

$$\sum_{j=1}^{k} |\Delta G_j^n| \leqq \frac{\lambda^2}{2} \sum_{j=1}^{k} \int_{|x| \leqq 2\varepsilon_n} x^2 \, d\tilde{\nu}_j^n = \frac{\lambda^2}{2} \langle M^n \rangle_k. \tag{29}$$

Entsprechend der Bedingung (C) gilt

$$\langle M^n \rangle_{[nt]} \xrightarrow{\mathbf{P}} \sigma_t^2. \tag{30}$$

Wir wollen zunächst $\langle M^n \rangle_k \leqq a$ ($\mathbf{P}$-f.s.) für $k \leqq [nt]$ annehmen, wobei $a \geqq \sigma_t^2 + 1$ sei. Dann erhalten wir infolge (28), (29) und der Aussage in Aufgabe 3

$$\prod_{k=1}^{[nt]} (1 + \Delta G_k^n) e^{-\Delta G_k^n} \xrightarrow{\mathbf{P}} 1, \qquad n \to \infty,$$

und zum Beweis von (26) brauchen wir also nur .

$$G_{[nt]}^n \to -\frac{\lambda^2 \sigma_t^2}{2} \tag{31}$$

zu zeigen, d. h. aufgrund von (27), (29) und (30)

$$\sum_{k=1}^{[nt]} \int_{|x| \leqq 2\varepsilon_n} \left(e^{i\lambda x} - 1 - i\lambda x + \frac{\lambda^2 x^2}{2}\right) d\tilde{\nu}_k^n \xrightarrow{\mathbf{P}} 0. \tag{32}$$

Nun gilt aber $\left|e^{i\lambda x} - 1 - i\lambda x + \frac{\lambda^2 x^2}{2}\right| \leqq \frac{|\lambda x|^3}{6}$, und es ergibt sich deshalb

$$\sum_{k=1}^{[nt]} \int\limits_{|x| \leqq 2\varepsilon_n} \left|e^{i\lambda x} - 1 - i\lambda x + \frac{\lambda^2 x^2}{2}\right| d\tilde{\nu}_k^n$$

$$\leqq \frac{|\lambda|^3}{6} (2\varepsilon_n) \sum_{k=1}^{[nt]} \int\limits_{|x| \leqq 2\varepsilon_n} x^2 \, d\tilde{\nu}_k^n = \frac{\varepsilon_n |\lambda|^3}{3} \langle M^n \rangle_{[nt]}$$

$$\leqq \frac{\varepsilon_n |\lambda|^3 a}{3} \to 0, \qquad n \to \infty.$$

Damit ist für $\langle M^n \rangle_{[nt]} \leqq a$ (**P**-f.s.) die Beziehung (31) und somit auch (26) bewiesen. Wir wollen nun die Eigenschaft (25) überprüfen. Wir erhalten aufgrund von (28) für hinreichend große n

$$|E_k^n(G^n)| = \left|\prod_{j=1}^{k} (1 + \Delta G_j^n)\right| \geqq \prod_{j=1}^{k} \left(1 - \frac{\lambda^2}{2} \Delta \langle M^n \rangle_j\right)$$

$$= \exp\left[\sum_{j=1}^{k} \ln\left(1 - \frac{\lambda^2}{2} \Delta \langle M^n \rangle_j\right)\right].$$

Aber wegen

$$\ln\left(1 - \frac{\lambda^2}{2} \Delta \langle M^n \rangle_j\right) \geqq - \frac{\frac{\lambda^2}{2} \Delta \langle M^n \rangle_j}{1 - \frac{\lambda^2}{2} \Delta \langle M^n \rangle_j}$$

und $\Delta \langle M^n \rangle_j \leqq (2\varepsilon_n)^2 \downarrow 0$, $n \to \infty$, existiert ein $n_0 = n_0(\lambda)$ derart, daß für alle $n \geqq n_0(\lambda)$

$$|E_k^n(G^n)| \geqq e^{-\lambda^2 \langle M^n \rangle_k}$$

und folglich

$$|E_{[nt]}^n(G^n)| \geqq e^{-\lambda^2 \langle M^n \rangle_{[nt]}} \geqq e^{-\lambda^2 a}$$

erfüllt ist.

Damit ist der Satz unter der Annahme $\langle M^n \rangle_{[nt]} \leqq a$ (**P**-f.s.) bewiesen. Um uns von dieser Annahme zu lösen, verfahren wir in folgender Weise. Wir setzen

$$\tau^n = \min\{k \leqq [nt] : \langle M^n \rangle_k \geqq \sigma_t^2 + 1\}$$

mit $\tau^n = \infty$, falls $\langle M^n \rangle_{[nt]} < \sigma_t^2 + 1$ ist. Dann haben wir für $\overline{M}_k^n = M_{k \wedge \tau^n}^n$

$$\langle \overline{M}^n \rangle_{[nt]} = \langle M^n \rangle_{[nt] \wedge \tau^n} \leqq 1 + \sigma_t^2 + 2\varepsilon_n^2 \leqq 1 + \sigma_t^2 + 2\varepsilon_1^2$$

und aufgrund des Bewiesenen

$$\mathsf{M} e^{i\lambda \overline{M}_{[nt]}^n} \to e^{-\frac{\lambda^2 \sigma_t^2}{2}}.$$

Nun gilt aber

$$\lim_n \left|\mathbf{M}\left(e^{i\lambda M^n_{[nt]}} - e^{i\lambda \overline{M}^n_{[nt]}}\right)\right| \leqq 2 \lim_n \mathbf{P}(\tau^n < \infty) = 0.$$

Deshalb ergibt sich

$$\lim_n \mathbf{M}\, e^{i\lambda M^n_{[nt]}} = \lim_n \mathbf{M}\left(e^{i\lambda M^n_{[nt]}} - e^{i\lambda \overline{M}^n_{[nt]}}\right) + \lim_n \mathbf{M}\, e^{i\lambda \overline{M}^n_{[nt]}}$$

$$= e^{-\frac{\lambda^2 \sigma_t^2}{2}}.$$

Der Satz 1 ist damit bewiesen.

Bemerkung. Um die in Bemerkung 2 zu Satz 1 formulierte Behauptung zu beweisen, muß man (entsprechend dem Zugang von CRAMÉR-WOLD; vgl. P. BILLINGSLEY [1]) zeigen, daß für beliebige reelle $\lambda_1, \ldots, \lambda_j$

$$\mathbf{M} \exp\left\{i\left[\lambda_1 M^n_{[nt_1]} + \sum_{k=2}^{j} \lambda_k (M^n_{[nt_k]} - M^n_{[nt_{k-1}]})\right]\right\}$$

$$\to \exp\left\{-\frac{\lambda_1^2 \sigma_{t_1}^2}{2} - \sum_{k=2}^{j} \frac{\lambda_k^2(\sigma_{t_k}^2 - \sigma_{t_{k-1}}^2)}{2}\right\}$$

erfüllt ist. Der Beweis dieser Beziehung wird in der gleichen Weise wie der Beweis von (24) geführt, wobei anstelle $(M^n_k, \mathcal{F}^n_k)$ die quadratisch integrierbaren Martingale $(\hat{M}^n_k, \mathcal{F}^n_k)$ mit

$$\hat{M}^n_k = \sum_{i=1}^{k} \nu_i\, \Delta M^n_i,$$

$\nu_i = \lambda_1$ für $i \leqq [nt_1]$ und $\nu_i = \lambda_j$ für $[nt_{j-1}] < i \leqq [nt_j]$, betrachtet werden.

4. Nun wird ein einfaches Lemma bewiesen, das gestattete, den Nachweis der Beziehung (24) auf die Überprüfung der Beziehungen (25) und (26) zurückzuführen.

Es seien $\eta^n = (\eta_{nk}, \mathcal{F}^n_k)$, $1 \leqq k \leqq n$, $n \geqq 1$, stochastische Folgen, $Y^n = \sum_{k=1}^{n} \eta_{nk}$,

$$\varepsilon^n(\lambda) = \prod_{k=1}^{n} \mathbf{M}(e^{i\lambda\eta_{nk}} \mid \mathcal{F}^n_{k-1}), \qquad \lambda \in R,$$

und Y eine zufällige Größe mit der charakteristischen Funktion

$$\varepsilon(\lambda) = \mathbf{M} e^{i\lambda Y}, \qquad \lambda \in R.$$

Lemma. *Ist für gegebenes* λ

$$|\varepsilon^n(\lambda)| \geqq C(\lambda) > 0, \qquad n \geqq 1,$$

erfüllt, so ist für

$$\mathbf{M}\, e^{i\lambda Y^n} \to \mathbf{M}\, e^{i\lambda Y}, \qquad n \to \infty, \tag{33}$$

die Konvergenz

$$\varepsilon^n(\lambda) \xrightarrow{\mathbf{P}} \varepsilon(\lambda) \tag{34}$$

hinreichend.

Beweis. Es sei

$$m^n(\lambda) = \frac{e^{i\lambda Y^n}}{\varepsilon^n(\lambda)}.$$

Dann gilt $|m^n(\lambda)| \leqq C^{-1}(\lambda) < \infty$, und man prüft leicht, daß

$$\mathbf{M} m^n(\lambda) = 1$$

erfüllt ist. Deshalb ergibt sich aufgrund von (34) und des Satzes von LEBESGUE über die majorisierte Konvergenz

$$\begin{aligned} |\mathbf{M}\, e^{i\lambda Y^n} - \mathbf{M}\, e^{i\lambda Y}| &= \left|\mathbf{M}\left(e^{i\lambda Y^n} - \varepsilon(\lambda)\right)\right| \\ &= \left|\mathbf{M}\left(m^n(\lambda)\,[\varepsilon^n(\lambda) - \varepsilon(\lambda)]\right)\right| \\ &\leqq C^{-1}(\lambda)\,\mathbf{M}\,|\varepsilon^n(\lambda) - \varepsilon(\lambda)| \to 0 \quad \text{für} \quad n \to \infty. \end{aligned}$$

Bemerkung. Aus (33) und der Annahme $|\varepsilon^n(\lambda)| \geqq C(\lambda) > 0$ folgt $\varepsilon(\lambda) \neq 0$. Die Aussage des Lemmas bleibt in Wirklichkeit auch ohne die Annahme $|\varepsilon^n(\lambda)| \geqq C(\lambda) > 0$ in der folgenden Formulierung erhalten: Ist $\varepsilon^n(\lambda) \xrightarrow{\mathbf{P}} \varepsilon(\lambda)$ und $\varepsilon(\lambda) \neq 0$ erfüllt, so findet die Konvergenz (33) statt (vgl. Aufgabe 5).

5. Beweis des Satzes 2. (1) Es sei $\varepsilon > 0$, $\delta \in (0, \varepsilon)$ und zur Vereinfachung $t = 1$. Wegen

$$\max_{1 \leqq k \leqq n} |\xi_{nk}| \leqq \varepsilon + \sum_{k=1}^{n} |\xi_{nk}|\, I(|\xi_{nk}| > \varepsilon)$$

und

$$\left\{\sum_{k=1}^{n} |\xi_{nk}|\, I(|\xi_{nk}| > \varepsilon) > \delta\right\} \subseteqq \left\{\sum_{k=1}^{n} I(|\xi_{nk}| > \varepsilon) > \delta\right\}$$

gilt

$$\begin{aligned} \mathbf{P}\left(\max_{1 \leqq k \leqq n} |\xi_{nk}| > \varepsilon + \delta\right) &\leqq \mathbf{P}\left(\sum_{k=1}^{n} I(|\xi_{nk}| > \varepsilon) > \delta\right) \\ &= \mathbf{P}\left(\sum_{k=1}^{n} \int_{|x|>\varepsilon} d\mu_k^n > \delta\right). \end{aligned}$$

Wenn (A) erfüllt ist, d. h. $\mathbf{P}\left(\sum_{k=1}^{n} \int_{|x|>\varepsilon} d\nu_k^n > \delta\right) \to 0$ gilt, ergibt sich auch (vgl. (14))

$$\mathbf{P}\left(\sum_{k=1}^{n} \int_{|x|>\varepsilon} d\mu_k^n > \delta\right) \to 0.$$

Somit gilt (A) $\Rightarrow$ (A*).

Umgekehrt sei

$$\sigma_n = \min\left\{k \leqq n : |\xi_{nk}| \geqq \frac{\varepsilon}{2}\right\},$$

wobei $\sigma_n = \infty$ gesetzt wird, falls $\max\limits_{1 \leq k \leq n} |\xi_{nk}| < \frac{\varepsilon}{2}$. Infolge (A*) gilt $\lim\limits_n \mathbf{P}(\sigma_n < \infty) = 0$.

Wir bemerken nun, daß für beliebiges $\delta \in (0, 1)$ die Mengen $\left\{\sum\limits_{k=1}^{n \wedge \sigma_n} I(|\xi_{nk}| \geqq \varepsilon/2) > \delta\right\}$ und $\left\{\max\limits_{1 \leq k \leq n \wedge \sigma_n} |\xi_{nk}| \geqq \varepsilon/2\right\}$ übereinstimmen, und aufgrund von (A*) erhalten wir

$$\sum_{k=1}^{n \wedge \sigma_n} I(|\xi_{nk}| \geqq \varepsilon/2) = \sum_{k=1}^{n \wedge \sigma_n} \int_{|x| \geqq \varepsilon/2} d\mu_k^n \xrightarrow{\mathbf{P}} 0.$$

Deshalb ergibt sich infolge (15)

$$\sum_{k=1}^{n \wedge \sigma_n} \int_{|x| \geqq \varepsilon} d\nu_k^n \leqq \sum_{k=1}^{n \wedge \sigma_n} \int_{|x| \geqq \varepsilon/2} d\nu_k^n \xrightarrow{\mathbf{P}} 0,$$

was zusammen mit der Eigenschaft $\lim\limits_n \mathbf{P}(\sigma_n < \infty) = 0$ die Implikation (A*) $\Rightarrow$ (A) nach sich zieht.

(2) Wir werden wieder $t = 1$ annehmen. Wir fixieren ein $\varepsilon \in (0, 1]$ und betrachten die quadratisch integrierbaren Martingale $\Delta^n(\delta) = (\Delta_k^n(\delta), \mathscr{F}_k^n)$, $1 \leqq k \leqq n$, mit $\delta \in (0, \varepsilon]$. In Übereinstimmung mit (C) gilt für gegebenes $\varepsilon \in (0, 1]$

$$\langle \Delta^n(\varepsilon) \rangle_n \xrightarrow{\mathbf{P}} \sigma_1^2.$$

Hieraus leitet man wegen (A) leicht her, daß dann für jedes $\delta \in (0, \varepsilon]$

$$\langle \Delta^n(\delta) \rangle_n \xrightarrow{\mathbf{P}} \sigma_1^2 \tag{35}$$

erfüllt ist.

Wir wollen zeigen, daß aus (C*), (A) bzw. (A*) für jedes $\delta \in (0, \varepsilon]$

$$[\Delta^n(\delta)]_n \xrightarrow{\mathbf{P}} \sigma_1^2 \tag{36}$$

mit

$$[\Delta^n(\delta)]_n = \sum_{k=1}^n \left[\xi_{nk} I(|\xi_{nk}| \leqq \delta) - \int_{|x| \leqq \delta} x \, d\nu_k^n\right]^2$$

folgt. Tatsächlich ist leicht zu überprüfen, daß wir wegen (A)

$$[\Delta^n(\delta)]_n - [\Delta^n(1)]_n \xrightarrow{\mathbf{P}} 0 \tag{37}$$

erhalten. Es gilt aber

$$\left| \sum_{k=1}^n \left[\xi_{nk} - \int_{|x| \leqq 1} x \, d\nu_k^n\right]^2 - \sum_{k=1}^n \left[\xi_{nk} I(|\xi_{nk}| \leqq 1) - \int_{|x| \leqq 1} x \, d\nu_k^n\right]^2 \right|$$

$$\leqq \sum_{k=1}^n I(|\xi_{nk}| > 1) \left[(\xi_{nk})^2 + 2 |\xi_{nk}| \left| \int_{|x| \leqq 1} x \, d(\mu_k^n - \nu_k^n) \right| \right]$$

$$\leqq 5 \sum_{k=1}^n I(|\xi_{nk}| > 1) |\xi_{nk}|^2$$

$$\leqq 5 \max_{1 \leqq k \leqq n} |\xi_{nk}|^2 \sum_{k=1}^n \int_{|x| > 1} d\mu_k^n \xrightarrow{\mathbf{P}} 0. \tag{38}$$

Damit folgt (36) aus (37), (38) und (C*).

Auf diese Weise genügt es zur Äquivalenz der Bedingungen (C) und (C*) festzustellen, daß sowohl bei Erfülltsein von (C) (für gegebenes $\varepsilon \in (0, 1]$) als auch bei Erfülltsein von (C*) für jedes $a > 0$

$$\lim_{\delta \to 0} \overline{\lim_{n}}\, \mathsf{P}\big(|[\Delta^n(\delta)]_n - \langle \Delta^n(\delta)\rangle_n| > a\big) = 0 \tag{39}$$

gilt.

Es sei $m_k^n(\delta) = [\Delta^n(\delta)]_k - \langle \Delta^n(\delta)\rangle_k$, $1 \leqq k \leqq n$. Die Folge $m^n(\delta) = \big(m_k^n(\delta), \mathcal{F}_k^n\big)$ ist ein quadratisch integrierbares Martingal; dabei wird $\big(m^n(\delta)\big)^2$ durch die Folgen $[m^n(\delta)]$ und $\langle m^n(\delta)\rangle$ dominiert (im Sinne der Definition aus § 3).

Offenbar gilt

$$\begin{aligned} [m^n(\delta)]_n &= \sum_{k=1}^n \big(\Delta m_k^n(\delta)\big)^2 \\ &\leqq \max_{1 \leqq k \leqq n} |\Delta m_k^n(\delta)|\, \big([\Delta^n(\delta)]_n + \langle \Delta^n(\delta)\rangle_n\big) \\ &\leqq 3\delta^2\big([\Delta^n(\delta)]_n + \langle \Delta^n(\delta)\rangle_n\big). \end{aligned} \tag{40}$$

Da $[\Delta^n(\delta)]$ und $\langle \Delta^n(\delta)\rangle$ einander dominieren, folgt aus (40), daß $\big(m^n(\delta)\big)^2$ durch die Folgen $6\delta^2[\Delta^n(\delta)]$ und $6\delta^2\langle \Delta^n(\delta)\rangle$ dominiert wird.

Deshalb ergibt sich, wenn (C) erfüllt ist, für hinreichend kleines δ (z. B. für $\delta^2 < \frac{b}{6}\,(\sigma_1^2 + 1)$)

$$\overline{\lim_{n}}\, \mathsf{P}\big(6\delta^2\langle \Delta^n(\delta)\rangle_n > b\big) = 0,$$

und somit gilt aufgrund der Folgerung zu Satz 2 aus § 3 die Beziehung (39). Wenn hingegen (C*) erfüllt ist, erhalten wir für dasselbe δ

$$\overline{\lim_{n}}\, \mathsf{P}\big(6\delta^2[\Delta^n(\delta)]_n > b\big) = 0. \tag{41}$$

Wegen $|\Delta[\Delta^n(\delta)]_k| \leqq (2\delta)^2$ folgt (39) aus (41) und wiederum der Folgerung zu Satz 2 aus § 3.

Der Satz 2 ist somit bewiesen.

6. B e w e i s d e s S a t z e s 3. Unter Berücksichtigung der Lindeberg-Bedingung (L) überprüft man die Äquivalenz der Bedingungen (C) und (1) sowie auch (C*) und (3) durch unmittelbares Ausrechnen (vgl. Aufgabe 6).

7. B e w e i s d e s S a t z e s 4. Die Bedingung (A) folgt aus der Lindeberg-Bedingung (L). Was das Erfülltsein von (B) angeht, so genügt es zu bemerken, daß die in der kanonischen Zerlegung (9) auftretenden Größen B_t^n in der Form

$$B_t^n = -\sum_{k=0}^{[nt]} \int_{|x|>1} x \, \mathrm{d}\nu_n^k$$

dargestellt werden können, falls die ξ^n Martingaldifferenzen bilden. Deshalb ergibt sich $B_t^n \xrightarrow{\mathsf{P}} 0$ infolge der Lindeberg-Bedingung (L).

8. Der grundlegende Satz des vorliegenden Paragraphen — der Satz 1 — wurde unter der Annahme bewiesen, daß die zu summierenden Größen asymptotisch klein sind. Es ergibt sich natürlich die Frage nach Bedingungen für die Gültigkeit des zentralen Grenzwertsatzes ohne diese Annahme. Im Fall unabhängiger zufälliger Größen sind Satz 1 (mit der Annahme der Endlichkeit der zweiten Momente) und Satz 5 (mit der Annahme der Endlichkeit der Momente erster Ordnung) aus Kapitel III, § 4, Beispiele eines solchen Satzes.

Wir wollen (ohne Beweis) ein Analogon des ersten dieser Sätze anführen, wobei wir uns auf Folgen $\xi^n = (\xi_{nk}, \mathscr{F}_k^n)$ beschränken, welche quadratisch integrierbare Martingaldifferenzen bilden.

Wir bezeichnen mit $F_{nk}(x) = \mathbf{P}(\xi_{nk} \leqq x \mid \mathscr{F}_{k-1}^n)$ eine reguläre bedingte Verteilung von ξ_{nk} bezüglich $\mathscr{F}_{k-1}^n$, und es sei $\Delta_{nk} = \mathbf{M}(\xi_{nk}^2 \mid \mathscr{F}_{k-1}^n)$.

Satz 5. *Sind für die quadratisch integrierbaren Martingaldifferenzen* $\xi^n = (\xi_{nk}, \mathscr{F}_k^n)$, $0 \leqq k \leqq n$, *mit* $\xi_{n0} = 0$ *die Bedingungen*

$$\sum_{k=0}^{[nt]} \Delta_{nk} \xrightarrow{\mathbf{P}} \sigma_t^2, \qquad 0 \leqq \sigma_t^2 < \infty,$$

und für jedes $\varepsilon > 0$

$$\sum_{k=0}^{[nt]} \int_{|x|>\varepsilon} |x| \left|F_{nk}(x) - \Phi\left(x/\sqrt{\Delta_{nk}}\right)\right| \mathrm{d}x \xrightarrow{\mathbf{P}} 0$$

erfüllt, so gilt

$$X_t^n \xrightarrow{d} \mathscr{N}(0, \sigma_t^2).$$

9. Aufgaben

1. Es sei $\xi_n = \eta_n + \zeta_n$, $n \geqq 1$, wobei $\eta_n \xrightarrow{d} \eta$ und $\zeta_n \xrightarrow{d} 0$ erfüllt sind. Man beweise, daß $\xi_n \xrightarrow{d} \eta$ gilt.

2. Es sei $(\xi_n(\varepsilon))$, $n \geqq 1$, $\varepsilon > 0$, eine Familie zufälliger Größen derart, daß für jedes $\varepsilon > 0$
$$\xi_n(\varepsilon) \xrightarrow{\mathbf{P}} 0 \quad \text{für} \quad n \to \infty$$
erfüllt ist. Unter Ausnutzung der Behauptung von Aufgabe 11 aus Kapitel II, § 10, beweise man, daß eine Folge $\varepsilon_n \downarrow 0$ derart existiert, daß $\xi_n(\varepsilon_n) \xrightarrow{\mathbf{P}} 0$ gilt.

3. Es seien (α_k^n), $1 \leqq k \leqq n$, $n \geqq 1$, komplexwertige zufällige Größen, so daß ($\mathbf{P}$-f.s.)
$$\sum_{k=1}^{n} |\alpha_k^n| \leqq C, \qquad |\alpha_k^n| \leqq a_n \downarrow 0$$
erfüllt ist. Man zeige, daß dann
$$\lim_n \prod_{k=1}^{n} (1 + \alpha_k^n)\, \mathrm{e}^{-\alpha_k^n} = 1$$
gilt.

4. Man führe den Beweis der in Bemerkung 2 zu Satz 1 formulierten Behauptung.

5. Man beweise die Aussage, welche in der Bemerkung zu dem Lemma in Nr. 4 formuliert ist.

6. Man gebe einen Beweis des Satzes 3 an.

7. Man beweise Satz 5.

VIII. Markov-Ketten

§ 1. Definitionen und grundlegende Eigenschaften

1. In Kapitel I, § 12, wurden für den Fall endlicher Wahrscheinlichkeitsräume die Grundlagen des Begriffes der *Markovschen Abhängigkeit* zwischen zufälligen Größen dargelegt. Dort wurden auch verschiedene Beispiele angeführt und einfachste Gesetzmäßigkeiten untersucht, welche zufällige Größen besitzen, die eine Markov-Kette bilden.

Im vorliegenden Kapitel wird eine allgemeine Definition einer stochastischen Folge zufälliger Größen angegeben, welche durch die Markovsche Abhängigkeit verbunden sind. Besondere Aufmerksamkeit wird dem Studium asymptotischer Eigenschaften von Markov-Ketten mit einer abzählbaren Menge von Zuständen gewidmet.

2. Es sei $(\Omega, \mathscr{F}, \mathbf{P})$ ein Wahrscheinlichkeitsraum mit einer darauf ausgezeichneten nichtfallenden Folge von σ-Algebren $(\mathscr{F}_n)$, $\mathscr{F}_0 \subseteqq \mathscr{F}_1 \subseteqq \ldots \subseteqq \mathscr{F}$.

Definition. Eine stochastische Folge $X = (X_n, \mathscr{F}_n)$ heißt *Markov-Kette* (bezüglich des Maßes $\mathbf{P}$), falls für beliebige $m \geqq n \geqq 0$ und beliebiges $B \in \mathscr{B}(R)$

$$\mathbf{P}(X_m \in B \mid \mathscr{F}_n) = \mathbf{P}(X_m \in B \mid X_n) \quad (\mathbf{P}\text{-f.s.}) \tag{1}$$

erfüllt ist.

Die Eigenschaft (1), welche *Markov-Eigenschaft* genannt wird, gestattet verschiedene äquivalente Formulierungen.

So ist (1) gleichbedeutend damit, daß für jede Borel-Funktion $g = g(x)$ und $m \geqq n$

$$\mathbf{M}\big(g(X_m) \mid \mathscr{F}_n\big) = \mathbf{M}\big(g(X_m) \mid X_n\big) \quad (\mathbf{P}\text{-f.s.}) \tag{2}$$

gilt.

Die Eigenschaft (1) ist weiterhin äquivalent dazu, daß bei fixierter „Gegenwart" X_n das „Zukünftige" Z und das „Vergangene" V unabhängig sind, d. h.

$$\mathbf{P}(ZV \mid X_n) = \mathbf{P}(Z \mid X_n)\, \mathbf{P}(V \mid X_n) \quad (\mathbf{P}\text{-f.s.}), \tag{3}$$

wobei das Ereignis Z zu $\sigma\{X_i, i \geqq n\}$ und das Ereignis V zu $\mathscr{F}_n$ gehört.

In dem Spezialfall, daß

$$\mathscr{F}_n = \mathscr{F}_n^X = \sigma\{X_0, \ldots, X_n\}$$

gilt und die stochastische Folge $X = (X_n, \mathcal{F}_n^X)$ eine Markov-Kette bildet, sagt man gewöhnlich, daß *die Folge* (X_n) *selbst eine Markov-Kette ist.* In diesem Zusammenhang ist es nützlich festzustellen, daß für eine Markov-Kette $X = (X_n, \mathcal{F}_n)$ die Folge (X_n) ebenfalls eine Markov-Kette bildet.

Bemerkung. In der oben angegebenen Definition wurde vorausgesetzt, daß die Größen X_n reelle Werte annehmen. In analoger Weise läßt sich die Definition einer Markov-Kette auch in dem Fall angeben, daß die Größen X_n Werte in einem meßbaren Raum $(E, \mathcal{E})$ annehmen. Falls dabei alle einpunktigen Mengen meßbar sind, heißt dieser Raum *Zustandsraum*, und man sagt, daß $X = (X_n, \mathcal{F}_n)$ eine Markov-Kette mit Werten in dem Zustandsraum $(E, \mathcal{E})$ ist. Wenn E eine endliche oder abzählbare Menge und $\mathcal{E}$ die σ-Algebra aller ihrer Teilmengen ist, nennt man eine Markov-Kette *diskret*. Diskrete Ketten mit endlichem Zustandsraum heißen ihrerseits *endliche* Ketten.

Die in Kapitel I, § 12, dargelegte Theorie endlicher Markov-Ketten zeigt, daß bei ihrer Untersuchung die Übergangswahrscheinlichkeiten für einen Schritt $\mathbf{P}(X_{n+1} \in B \mid X_n)$ eine besonders wichtige Rolle spielen. Nach Satz 4 aus Kapitel II, § 7, existieren Funktionen $P_{n+1}(x; B)$, sogenannte *reguläre bedingte Wahrscheinlichkeiten,* welche für fixiertes $x \in R$ Maße auf $\big(R, \mathcal{B}(R)\big)$ und für fixiertes $B \in \mathcal{B}(R)$ meßbare Funktionen bezüglich x sind und der Beziehung

$$\mathbf{P}(X_{n+1} \in B \mid X_n) = P_{n+1}(X_n; B) \quad (\mathbf{P}\text{-f.s.}) \tag{4}$$

genügen.

Die Funktionen $P_n = P_n(x; B)$, $n \geqq 0$, heißen *Übergangsfunktionen,* und im Fall, daß sie übereinstimmen $(P_1 = P_2 = \ldots)$, nennt man die entsprechende Markov-Kette X üblicherweise *homogen* (bezüglich der Zeit).

Alle weiteren Untersuchungen werden nur für homogene Markov-Ketten durchgeführt, und die Übergangsfunktion $P_1 = P_1(x; B)$ wird einfach mit $P = P(x; B)$ bezeichnet.

Neben der Übergangsfunktion bildet die Anfangsverteilung $\pi = \pi(B)$, d. h. die durch die Gleichung $\pi(B) = \mathbf{P}(X_0 \in B)$ definierte Wahrscheinlichkeitsverteilung, eine wichtige wahrscheinlichkeitstheoretische Charakteristik einer Markov-Kette.

Das Paar (π, P), wobei π die Anfangsverteilung und P die Übergangsfunktion ist, bestimmt vollständig die wahrscheinlichkeitstheoretischen Eigenschaften der Folge X, da alle endlichdimensionalen Verteilungen durch π und P ausgedrückt werden (Aufgabe 2): Für beliebiges $n \geqq 0$ und $A \in \mathcal{B}(R^{n+1})$ gilt

$$\begin{aligned}&\mathbf{P}\big((X_0, \ldots, X_n) \in A\big)\\ &= \int_R \pi\,(\mathrm{d}x_0) \int_R P(x_0; \mathrm{d}x_1) \cdots \int_R I_A(x_0, \ldots, x_n)\, P(x_{n-1}; \mathrm{d}x_n).\end{aligned} \tag{5}$$

Hieraus schließt man durch den üblichen Grenzübergang, daß für eine beliebige $\mathcal{B}(R^{n+1})$-meßbare Funktion $g = g(x_0, \ldots, x_n)$ (mit festem Vorzeichen oder beschränkt)

$$\begin{aligned}&\mathbf{M}g(X_0, \ldots, X_n)\\ &= \int_R \pi(\mathrm{d}x_0) \int_R P(x_0; \mathrm{d}x_1) \cdots \int_R g(x_0, \ldots, x_n)\, P(x_{n-1}; \mathrm{d}x_n)\end{aligned} \tag{6}$$

erfüllt ist.

3. Wir bezeichnen mit $P^{(n)} = P^{(n)}(x; B)$ eine *reguläre Variante der Übergangswahrscheinlichkeit für n Schritte*:

$$\mathsf{P}(X_n \in B \mid X_0) = P^{(n)}(X_0; B) \quad (\mathsf{P}\text{-f.s.}). \tag{7}$$

Aus der Markov-Eigenschaft schließt man unmittelbar, daß für beliebige $k, l \geqq 1$ (P-f.s.)

$$P^{(k+l)}(X_0; B) = \int_R P^{(k)}(X_0; \mathrm{d}y)\, P^{(l)}(y; B) \tag{8}$$

gilt. Hieraus folgt natürlich *nicht*, daß für *alle* $x \in R$

$$P^{(k+l)}(x; B) = \int_R P^{(k)}(x; \mathrm{d}y)\, P^{(l)}(y; B) \tag{9}$$

erfüllt ist.

Es zeigt sich jedoch, daß man reguläre Varianten der Übergangswahrscheinlichkeiten so auswählen kann, daß die Eigenschaft (9) für *alle* $x \in R$ erfüllt wird (vgl. diesbezüglich die entsprechende Stelle in den historisch-bibliographischen Anmerkungen).

Die Beziehung (9) trägt die Bezeichnung *Chapman-Kolmogorov-Gleichung* (vgl. (I.12.13)) und dient als Ausgangspunkt für die Untersuchung wahrscheinlichkeitstheoretischer Eigenschaften von Markov-Ketten.

4. Wie aus dem weiter oben Dargelegten folgt, entspricht jeder auf $(\Omega, \mathcal{F}, \mathsf{P})$ definierten Markov-Kette $X = (X_n, \mathcal{F}_n)$ ein Paar (π, P). Es ist nun naheliegend zu fragen, welchen Bedingungen ein Paar (π, P) genügen muß, wobei $\pi = \pi(B)$ eine Wahrscheinlichkeitsverteilung auf $\big(R, \mathcal{B}(R)\big)$ ist und die Funktion $P = P(x; B)$ bei fixiertem B in x meßbar ist sowie für jedes x bezüglich B ein Wahrscheinlichkeitsmaß bildet, damit π die Anfangsverteilung und P die Übergangsfunktion einer Markov-Kette ist. Wie gleich gezeigt werden wird, ist es dazu nicht erforderlich, zusätzliche Bedingungen aufzuerlegen.

Wir nehmen für $(\Omega, \mathcal{F})$ den meßbaren Raum $\big(R^\infty, \mathcal{B}(R^\infty)\big)$ und definieren auf den Mengen $A \in \mathcal{B}(R^{n+1})$ durch den auf der rechten Seite von (5) stehenden Ausdruck ein Wahrscheinlichkeitsmaß. Entsprechend Kapitel II, § 9, existiert auf $\big(R^\infty, \mathcal{B}(R^\infty)\big)$ ein Wahrscheinlichkeitsmaß P, so daß

$$\begin{aligned}&\mathsf{P}\big((x_0, \ldots, x_n) \in A\big)\\ &= \int_R \pi(\mathrm{d}x_0) \int_R P(x_0; \mathrm{d}x_1) \cdots \int_R I_A(x_0, \ldots, x_n)\, P(x_{n-1}; \mathrm{d}x_n)\end{aligned} \tag{10}$$

erfüllt ist. Wir wollen nun zeigen, daß die Folge (X_n) mit $X_n(\omega) = x_n$ für $\omega = (x_0, x_1, \ldots)$ bezüglich des konstruierten Maßes P eine Markov-Kette bildet.

Tatsächlich gilt für $B \in \mathcal{B}(R)$ und $C \in \mathcal{B}(R^{n+1})$

$$\begin{aligned}&\mathsf{P}\{X_{n+1} \in B, (X_0, \ldots, X_n) \in C\}\\ &= \int_R \pi(\mathrm{d}x_0) \int_R P(x_0; \mathrm{d}x_1) \cdots \int_R I_B(x_{n+1})\, I_C(x_0, \ldots, x_n)\, P(x_n; \mathrm{d}x_{n+1})\\ &= \int_R \pi(\mathrm{d}x_0) \int_R P(x_0; \mathrm{d}x_1) \ldots \int_R P(x_n; B)\, I_C(x_0, \ldots, x_n)\, P(x_{n-1}; \mathrm{d}x_n)\\ &= \int_{\{\omega: (X_0, \ldots, X_n) \in C\}} P(X_n; B)\, \mathrm{d}\mathsf{P},\end{aligned}$$

woraus man

$$\mathbf{P}(X_{n+1} \in B \mid X_0, \ldots, X_n) = P(X_n; B) \quad (\mathbf{P}\text{-f.s.}) \tag{11}$$

erhält. Bilden wir auf beiden Seiten den bedingten Erwartungswert $\mathbf{M}(\cdot \mid X_n)$ so folgt aus (11) bereits

$$\mathbf{P}(X_{n+1} \in B \mid X_n) = P(X_n; B) \quad (\mathbf{P}\text{-f.s.}). \tag{12}$$

Aus (11) und (12) ergibt sich die gesuchte Gleichung (1) für $m = n + 1$. Für beliebige $m \geqq n + 1$ beweist man (1) durch vollständige Induktion nach m unter Berücksichtigung von Beziehung (2), die für $m - 1$ gültig ist, falls (1) für $m - 1$ gilt. Die Homogenität der Markov-Kette folgt aus (12).

Die konstruierte Markov-Kette $X = (X_n)$ nennt man die von dem Paar (π, P) erzeugte Markov-Kette. Um hervorzuheben, daß das auf $(R^\infty, \mathscr{B}(R^\infty))$ konstruierte Maß $\mathbf{P}$ genau der Anfangsverteilung π entspricht, bezeichnet man es oft mit $\mathbf{P}_\pi$.

Falls das Maß π in einem Punkt x konzentriert ist, schreibt man $\mathbf{P}_x$ statt $\mathbf{P}_\pi$, und die entsprechende Markov-Kette heißt (wegen $\mathbf{P}_x(X_0 = x) = 1$) *im Punkt x beginnende Kette.*

Auf diese Weise ist mit jeder Übergangsfunktion $P = P(x; B)$ in Wirklichkeit eine *ganze Familie von Wahrscheinlichkeitsmaßen* $\{\mathbf{P}_x, x \in R\}$ und somit auch eine ganze Familie von Markov-Ketten verknüpft, welche entsteht, indem die Folge (X_n) bezüglich der Maße $\mathbf{P}_x$, $x \in R$, betrachtet wird. Im weiteren werden wir unter dem Begriff „Markov-Kette mit gegebener Übergangsfunktion" gerade eine Familie von Markov-Ketten im genannten Sinne verstehen.

Wir bemerken, daß die aus der Übergangsfunktion $P = P(x; B)$ konstruierten Maße $\mathbf{P}_\pi$ und $\mathbf{P}_x$ insofern verträglich sind, daß für $A \in \mathscr{B}(R^\infty)$ die Beziehungen

$$\mathbf{P}_\pi\big((X_0, X_1, \ldots) \in A \mid X_0 = x\big) = \mathbf{P}_x\big((X_0, X_1, \ldots) \in A\big) \quad (\pi\text{-f.s.}) \tag{13}$$

und

$$\mathbf{P}_\pi\big((X_0, X_1, \ldots) \in A\big) = \int_R \mathbf{P}_x\big((X_0, X_1, \ldots) \in A\big)\, \pi(\mathrm{d}x) \tag{14}$$

erfüllt sind.

5. Wir wollen voraussetzen, daß $(\Omega, \mathscr{F}) = (R^\infty, \mathscr{B}(R^\infty))$ gilt und die betrachtete Folge $X = (X_n)$ durch die Koordinatenabbildungen gegeben ist, d. h. $X_n(\omega) = x_n$ für $\omega = (x_0, x_1, \ldots)$. Weiterhin sei $\mathscr{F}_n = \sigma\{X_0, \ldots, X_n\}$, $n \geqq 0$.

Wir definieren auf Ω *Verschiebungsoperatoren* θ_n, $n \geqq 0$, durch

$$\theta_n(x_0, x_1, \ldots) = (x_n, x_{n+1}, \ldots),$$

und für jede zufällige Größe $\eta = \eta(\omega)$ definieren wir die zufällige Größe $\theta_n\eta$, indem wir

$$(\theta_n\eta)(\omega) = \eta(\theta_n\omega)$$

setzen.

Unter Verwendung dieser Bezeichnungen kann man der Markov-Eigenschaft homogener Ketten die folgende Form verleihen (vgl. Aufgabe 1): Für jede $\mathscr{F}$-meßbare zufällige Größe $\eta = \eta(\omega)$, beliebiges $n \geqq 0$ und $B \in \mathscr{B}(R)$ gilt

$$\mathbf{P}(\theta_n\eta \in B \mid \mathscr{F}_n) = \mathbf{P}_{X_n}(\eta \in B) \quad (\mathbf{P}\text{-f.s.}). \tag{15}$$

Gerade diese Form der Markov-Eigenschaft gestattet eine wichtige Verallgemeinerung, welche darin besteht, daß die Beziehung (15) gültig bleibt, wenn anstelle von n Stoppzeiten τ betrachtet werden.

Satz. *Es sei $X = (X_n)$ eine homogene Markov-Kette, gegeben auf $\big(R^\infty, \mathscr{B}(R^\infty), \mathsf{P}\big)$, und τ eine endliche Stoppzeit. Dann gilt die folgende strenge Markov-Eigenschaft*:

$$\mathsf{P}(\theta_\tau \eta \in B \mid \mathscr{F}_\tau) = \mathsf{P}_{X_\tau}(\eta \in B) \quad (\mathsf{P}\text{-}f.s.). \tag{16}$$

Beweis. Für $A \in \mathscr{F}_\tau$ gilt

$$\begin{aligned}\mathsf{P}(\theta_\tau \eta \in B, A) &= \sum_{n=0}^{\infty} \mathsf{P}(\theta_\tau \eta \in B, A, \tau = n)\\ &= \sum_{n=0}^{\infty} \mathsf{P}(\theta_n \eta \in B, A, \tau = n).\end{aligned} \tag{17}$$

Das Ereignis $A \cap \{\tau = n\}$ gehört zu $\mathscr{F}_n$, und es ergibt sich folglich

$$\begin{aligned}\mathsf{P}(\theta_n \eta \in B, A \cap \{\tau = n\}) &= \int_{A \cap \{\tau = n\}} \mathsf{P}(\theta_n \eta \in B \mid \mathscr{F}_n)\, d\mathsf{P}\\ &= \int_{A \cap \{\tau = n\}} \mathsf{P}_{X_n}(\eta \in B)\, d\mathsf{P}\\ &= \int_{A \cap \{\tau = n\}} \mathsf{P}_{X_\tau}(\eta \in B)\, d\mathsf{P},\end{aligned}$$

was zusammen mit (17) die Beziehung (16) beweist.

Folgerung. Falls die Stoppzeit σ die Beziehung $\mathsf{P}(\sigma \geqq \tau) = 1$ erfüllt und σ $\mathscr{F}_\tau$-meßbar ist, gilt

$$\mathsf{P}(X_\sigma \in B, \sigma < \infty \mid \mathscr{F}_\tau) = \mathsf{P}_{X_\tau}(B) \qquad (\{\sigma < \infty\};\ \ \mathsf{P}\text{-f.s.}). \tag{18}$$

6. Wie schon erwähnt wurde, werden im weiteren nur diskrete Markov-Ketten betrachtet (mit dem Zustandsraum $E = \{\ldots, i, j, k, \ldots\}$). Zur Vereinfachung der Schreibweise werden wir in diesem Fall die Übergangsfunktionen $P(i; \{j\})$ mit p_{ij} bezeichnen und sie Übergangswahrscheinlichkeiten nennen, während die Übergangswahrscheinlichkeiten von i nach j in n Schritten mit $p_{ij}^{(n)}$ bezeichnet werden.

Die grundlegenden Fragen, welche in §§ 2 bis 4 untersucht werden, sind mit dem Auffinden von Bedingungen verbunden, unter denen ($E = \{1, 2, \ldots\}$)

A. die *Grenzwerte* $\pi_j = \lim_n p_{ij}^{(n)}$ *unabhängig von* i *existieren*;

B. die Grenzwerte $(\pi_1, \pi_2, \ldots)$ eine *Wahrscheinlichkeitsverteilung* bilden, d. h. $\pi_i \geqq 0$, $\sum_{i=1}^{\infty} \pi_i = 1$;

C. die Kette *ergodisch* ist, d. h. die Grenzwerte $(\pi_1, \pi_2, \ldots)$ derart beschaffen sind, daß $\pi_i > 0$, $\sum_{i=1}^{\infty} \pi_i = 1$ gilt;

D. eine eindeutige *stationäre Wahrscheinlichkeitsverteilung* $\mathbb{Q} = (q_1, q_2, \ldots)$ existiert, d. h. $q_i \geqq 0$, $\sum_{i=1}^{\infty} q_i = 1$ und $q_j = \sum_{i=1}^{\infty} q_i p_{ij}$, $j \in E$, erfüllt sind.

Um eine Antwort auf diese Fragen zu erhalten, werden wir eine Klassifikation der Zustände einer Markov-Kette in Abhängigkeit von arithmetischen und asymptotischen Eigenschaften der Wahrscheinlichkeiten $p_{ij}^{(n)}$ und $p_{ii}^{(n)}$ vornehmen.

7. Aufgaben

1. Man beweise die Äquivalenz der Definitionen der Markov-Eigenschaft (1), (2), (3) und (15).
2. Man beweise die Gültigkeit der Formel (5).
3. Man beweise die Beziehung (18).
4. Es sei (X_n) eine Markov-Kette. Man zeige, daß die umgekehrte Folge $(\dots X_n, X_{n-1}, \dots, X_0)$ ebenfalls eine Markov-Kette bildet.

§ 2. Klassifikation der Zustände einer Markov-Kette nach arithmetischen Eigenschaften der Übergangswahrscheinlichkeiten $p_{ij}^{(n)}$

1. Wir nennen einen Zustand $i \in E = \{1, 2, \dots\}$ *unwesentlich*, wenn er mit positiver Wahrscheinlichkeit nach endlich vielen Schritten verlassen wird, man aber niemals in ihn zurückkehrt, d. h., es existieren m und $j \neq i$ derart, daß $p_{ij}^{(m)} > 0$, aber für alle n und $j \neq i$ die Beziehung $p_{ji}^{(n)} = 0$ erfüllt ist.

Wir sondern aus der Menge E alle unwesentlichen Zustände aus. Dann besitzt die verbleibende Menge der *wesentlichen* Zustände die Eigenschaft, daß das umherirrende Teilchen, sobald es in die Menge gelangt ist, diese niemals verläßt (vgl. Abb. 36). Wie aus dem Weiteren klar wird, sind gerade die wesentlichen Zustände von hauptsächlichem Interesse.

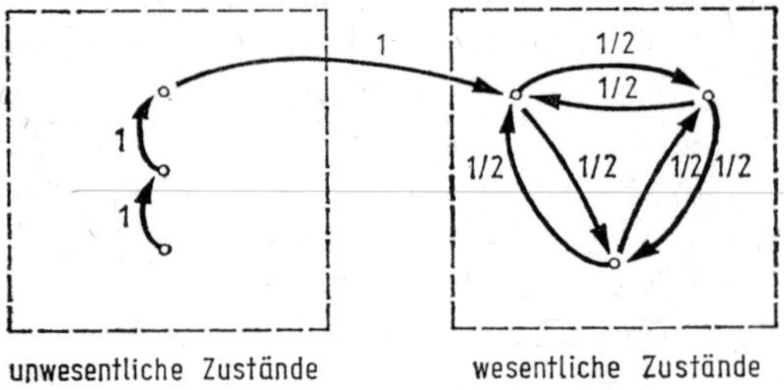

Abb. 36

Wir wollen nun die Menge der wesentlichen Zustände untersuchen. Wir nennen einen Zustand j *erreichbar* vom Zustand i aus $(i \to j)$, falls ein $m \geqq 0$ mit $p_{ij}^{(m)} > 0$ existiert. (Wir setzen $p_{ij}^{(0)} = 1$ für $i = j$ und $p_{ij}^{(0)} = 0$ für $i \neq j$.) Die Zustände i und j heißen *verbunden* $(i \leftrightarrow j)$, falls j von i und i von j aus erreichbar ist.

Nach Definition ist die Relation „$\leftrightarrow$“ symmetrisch und reflexiv. Man überzeugt sich leicht davon, daß sie transitiv ist (d. h. $i \leftrightarrow j,\ j \leftrightarrow k \Rightarrow i \leftrightarrow k$). Folglich zerfällt die Menge der wesentlichen Zustände in eine endliche oder abzählbare Anzahl disjunkter Mengen $E_1, E_2, \dots$, welche aus verbundenen Zuständen bestehen und dadurch charakterisiert sind, daß Übergänge zwischen verschiedenen Mengen unmöglich sind.

Die Mengen $E_1, E_2, \ldots$ werden wir kurz Klassen oder *unzerlegbare Klassen* (wesentlicher verbundener Zustände) nennen, während wir eine Markov-Kette, deren Zustände eine unzerlegbare Klasse bilden, als *unzerlegbar* bezeichnen.

Zur Illustration der eingeführten Begriffe wollen wir eine Kette mit der Matrix der Übergangswahrscheinlichkeiten (oder kürzer Übergangsmatrix)

$$\mathbb{P} = (p_{ij}) = \left|\begin{array}{cc:ccc} 1/3 & 2/3 & 0 & 0 & 0 \\ 1/4 & 3/4 & 0 & 0 & 0 \\ \hdashline 0 & 0 & 0 & 1 & 0 \\ 0 & 0 & 1/2 & 0 & 1/2 \\ 0 & 0 & 0 & 1 & 0 \end{array}\right| = \begin{pmatrix} \mathbb{P}_1 & 0 \\ 0 & \mathbb{P}_2 \end{pmatrix}$$

betrachten.

Der Graph dieser Kette mit der Zustandsmenge $E = \{1, 2, 3, 4, 5\}$ hat die folgende Gestalt:

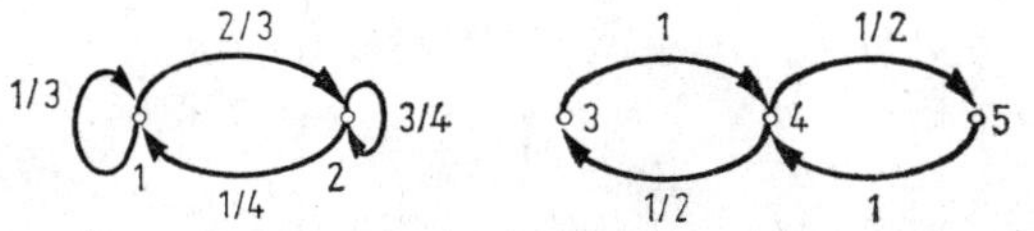

Es ist klar, daß die betrachtete Kette zwei unzerlegbare Klassen $E_1 = \{1, 2\}$ und $E_2 = \{3, 4, 5\}$ besitzt und die Untersuchung ihrer Eigenschaften auf die Untersuchung der Eigenschaften jeder der zwei Ketten hinausläuft, deren Zustandsräume die Mengen E_1 und E_2 und deren Übergangsmatrizen $\mathbb{P}_1$ bzw. $\mathbb{P}_2$ sind.

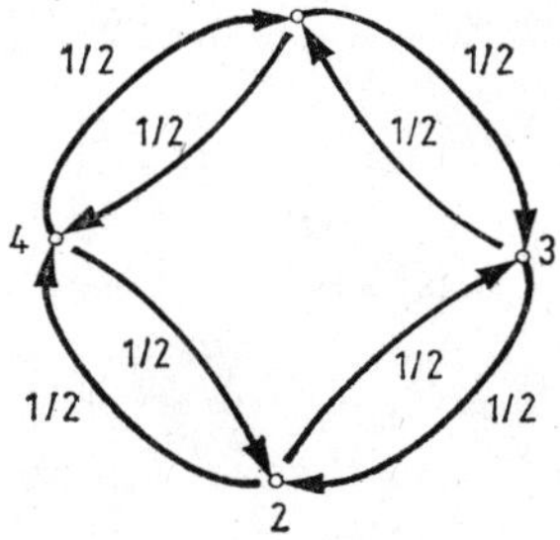

Abb. 37
Beispiel einer Markov-Kette mit der Periode $d = 2$

Wir betrachten jetzt eine unzerlegbare Klasse E. Als Beispiel einer solchen diene die in Abb. 37 dargestellte Klasse. Wir bemerken, daß hier die Rückkehr in jeden Zustand nur in einer geraden Anzahl von Schritten und der Übergang in einen benachbarten Zustand in einer ungeraden Anzahl von Schritten möglich ist. Die Übergangsmatrix besitzt Blockstruktur:

$$\mathbb{P} = \left(\begin{array}{cc:cc} 0 & 0 & 1/2 & 1/2 \\ 0 & 0 & 1/2 & 1/2 \\ \hdashline 1/2 & 1/2 & 0 & 0 \\ 1/2 & 1/2 & 0 & 0 \end{array}\right).$$

Hieraus ist ersichtlich, daß die Klasse $E = \{1, 2, 3, 4\}$ in zwei Unterklassen $C_0 = \{1, 2\}$ und $C_1 = \{3, 4\}$ zerfällt, welche die folgende Eigenschaft, *zyklisch* zu sein, besitzen: Aus C_0 geht das Teilchen in einem Schritt unbedingt in C_1 über und aus C_1 in C_0.

Dieses Beispiel motiviert die Unterteilung unzerlegbarer Klassen in *zyklische Unterklassen.*

2. Wir werden sagen, der Zustand j besitzt die Periode $d = d(j)$, wenn die folgenden zwei Bedingungen erfüllt sind:

a) $p_{jj}^{(n)} > 0$ gilt nur für solche n, die die Gestalt $n = d \cdot m$ haben;

b) d ist die größte der Zahlen, welche die Eigenschaft a) besitzen.

Mit anderen Worten: d ist der *größte gemeinsame Teiler aller Zahlen n mit $p_{jj}^{(n)} > 0$.* (Falls $p_{jj}^{(n)} = 0$ für alle $n \geqq 1$ gilt, setzen wir $d(j) = 0$.)

Wir wollen zeigen, daß alle Zustände einer unzerlegbaren Klasse E ein und dieselbe Periode d haben, welche deshalb natürlicherweise Periode dieser Klasse genannt und mit $d = d(E)$ bezeichnet wird.

Es seien $i, j \in E$. Dann existieren k und l derart, daß $p_{ij}^{(k)} > 0$ und $p_{ji}^{(l)} > 0$ gilt. Daraus ergibt sich $p_{ii}^{(k+l)} \geqq p_{ij}^{(k)} p_{ji}^{(l)} > 0$, und $k + l$ ist also durch $d(i)$ teilbar. Wir nehmen an, daß $n > 0$ erfüllt und n nicht durch $d(i)$ teilbar ist. Dann ist $n + k + l$ auch nicht durch $d(i)$ teilbar, und es gilt folglich $p_{ii}^{(n+k+l)} = 0$. Wir haben aber

$$p_{ii}^{(n+k+l)} \geqq p_{ij}^{(k)} p_{jj}^{(n)} p_{ji}^{(l)}$$

und somit $p_{jj}^{(n)} = 0$. Hieraus folgt, daß für $p_{jj}^{(n)} > 0$ die Zahl n durch $d(i)$ teilbar sein muß und aus diesem Grund $d(i) \leqq d(j)$ gilt. Aus Symmetriegründen ergibt sich $d(j) \leqq d(i)$. Folglich erhalten wir $d(i) = d(j)$.

Im Fall $d(j) = 1$ (bzw. $d(E) = 1$) nennen wir den Zustand j (bzw. die Klasse E) *aperiodisch.*

Es sei $d = d(E)$ die Periode einer unzerlegbaren Klasse E. Die Übergänge im Innern dieser Klasse können auf höchst sonderbare Weise erfolgen, jedoch sind die Übergänge (wie schon im weiter oben betrachteten Beispiel) in gewisser Weise zyklisch. Um das zu zeigen, halten wir einen gewissen Zustand i_0 fest und führen für $d \geqq 1$ die folgenden Unterklassen ein:

$$C_0 = \{j \in E : p_{i_0 j}^{(n)} > 0 \Rightarrow n = 0 \ (\mathrm{mod}\ d)\},$$

$$C_1 = \{j \in E : p_{i_0 j}^{(n)} > 0 \Rightarrow n = 1 \ (\mathrm{mod}\ d)\},$$

$$\cdots\cdots\cdots\cdots\cdots\cdots\cdots\cdots\cdots$$

$$C_{d-1} = \{j \in E : p_{i_0 j}^{(n)} > 0 \Rightarrow n = d - 1 \ (\mathrm{mod}\ d)\}.$$

Es ist klar, daß $E = C_0 + C_1 + \cdots + C_{d-1}$ gilt. Wir wollen zeigen, daß die Bewegung von Unterklasse zu Unterklasse so wie in Abb. 38 dargestellt erfolgt. Dazu sei $i \in C_p$ ein Zustand und $p_{ij} > 0$. Wir zeigen, daß dann notwendigerweise $j \in C_{p+1}$ gilt. Es sei n derart, daß $p_{i_0 i}^{(n)} > 0$ erfüllt ist. Dann gilt $n = ad + p$ und somit $n = p \ (\mathrm{mod}\ d)$ und $n + 1 = p + 1 \ (\mathrm{mod}\ d)$. Wegen $p_{i_0 j}^{(n+1)} \geqq p_{i_0 i}^{(n)} p_{ij} > 0$ ergibt sich $j \in C_{p+1}$.

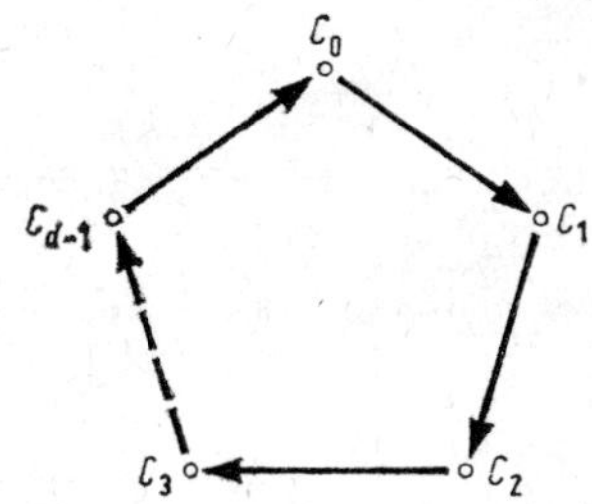

Abb. 38
Bewegung durch zyklische Unterklassen

Wir vermerken, daß aus den durchgeführten Überlegungen folgt, daß die Übergangsmatrix $\mathbb{P}$ einer unzerlegbaren Kette Blockstruktur besitzt:

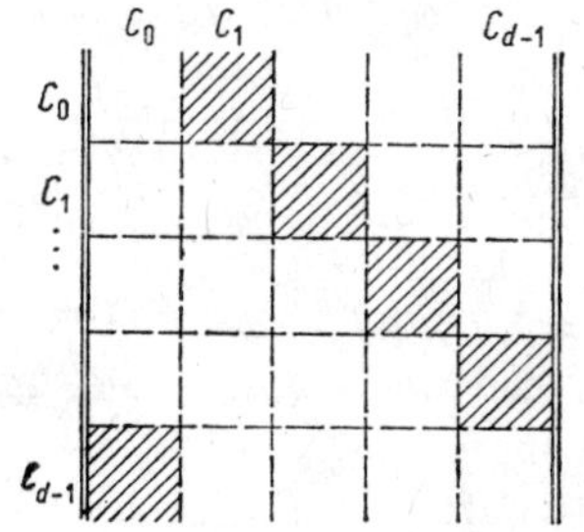

Wir betrachten eine Unterklasse C_p. Angenommen, das Teilchen befindet sich zum Anfangszeitpunkt in der Menge C_0, so wird es sich zu den Zeitpunkten $s = p + dt$, $t = 0, 1, \ldots$, in der Unterklasse C_p aufhalten. Folglich kann man jeder Unterklasse C_p eine neue Markov-Kette mit der Übergangsmatrix $(p_{ij}^{(d)})_{i,j\in C_p}$ zuordnen, welche unzerlegbar und aperiodisch ist. Daraus schließen wir unter Berücksichtigung der durchgeführten Klassifikation (vgl. die zusammenfassende Abb. 39), daß man sich bei der Untersuchung des Grenzverhaltens der Wahrscheinlichkeiten $p_{ij}^{(n)}$ auf die Betrachtung *aperiodischer unzerlegbarer Ketten* beschränken kann.

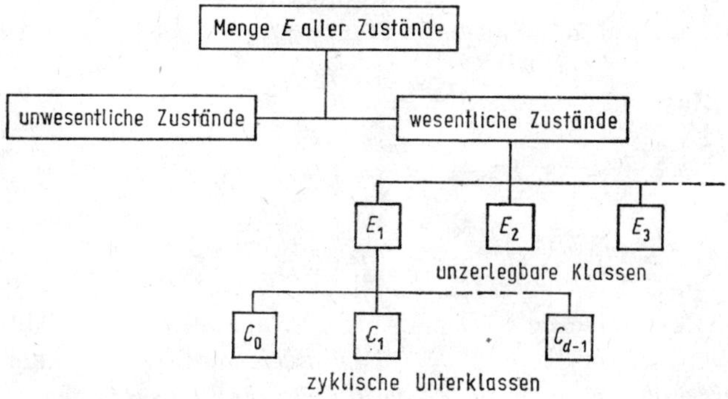

Abb. 39
Klassifikation der Zustände einer Markov-Kette nach arithmetischen Eigenschaften der Wahrscheinlichkeiten $p_{ij}^{(n)}$

3. Aufgaben

1. Man zeige, daß die Relation „$\leftrightarrow$" transitiv ist.
2. Für das in § 5 betrachtete Beispiel 1 zeige man, daß für $0 < p < 1$ alle Zustände eine Klasse mit der Periode $d = 2$ bilden.
3. Man zeige, daß die in den Beispielen 4 und 5 aus § 5 betrachteten Markov-Ketten periodisch mit der Periode $d = 2$ sind.

§ 3. Klassifikation der Zustände einer Markov-Kette nach asymptotischen Eigenschaften der Wahrscheinlichkeiten $p_{ii}^{(n)}$

1. Es sei $\mathbb{P} = (p_{ij})$ die Übergangsmatrix einer Markov-Kette (X_n),

$$f_{ii}^{(k)} = \mathsf{P}_i(X_k = i, X_l \neq i, 1 \leqq l \leqq k - 1) \tag{1}$$

und für $i \neq j$

$$f_{ij}^{(k)} = \mathsf{P}_i(X_k = j, X_l \neq j, 1 \leqq l \leqq k - 1) \tag{2}$$

die Wahrscheinlichkeit der *ersten Rückkehr in den Zustand* i bzw. die Wahrscheinlichkeit des *ersten Erreichens des Zustandes* j zum Zeitpunkt k unter der Bedingung $X_0 = i$.

Unter Ausnutzung der strengen Markov-Eigenschaft (1.16) zeigt man analog zu (I.12.38)

$$p_{ij}^{(n)} = \sum_{k=1}^{n} f_{ij}^{(k)} p_{jj}^{(n-k)}. \tag{3}$$

Wir führen für jedes $i \in E$ die Größe

$$f_{ii} = \sum_{n=1}^{\infty} f_{ii}^{(n)} \tag{4}$$

ein, welche anschaulich die Wahrscheinlichkeit dafür ist, daß das im Zustand i startende Teilchen irgendwann in diesen Zustand zurückkehrt. Anders ausgedrückt: Es gilt $f_{ii} = \mathsf{P}_i(\sigma_i < \infty)$ mit $\sigma_i = \inf\{n \geqq 1 \colon X_n = i\}$, wobei $\sigma_i = \infty$ für $\{\cdot\} = \emptyset$ gesetzt wird.

Wir nennen einen Zustand i *rekurrent*, wenn

$$f_{ii} = 1,$$

und *transient*, wenn

$$f_{ii} < 1$$

gilt. Jeder rekurrente Zustand kann seinerseits einem von zwei Typen in Abhängigkeit davon zugeordnet werden, ob die *mittlere Rückkehrzeit* endlich oder unendlich ist. Und zwar nennen wir einen rekurrenten Zustand i *positiv-rekurrent*, wenn

$$\mu_i^{-1} \equiv \left(\sum_{n=1}^{\infty} n f_{ii}^{(n)}\right)^{-1} > 0,$$

und *null-rekurrent*, wenn

$$\mu_i^{-1} \equiv \left(\sum_{n=1}^{\infty} n f_{ii}^{(n)}\right)^{-1} = 0$$

gilt.

Damit erhalten wir in Abhängigkeit von Eigenschaften der Wahrscheinlichkeiten $p_{ii}^{(n)}$ die in Abb. 40 dargestellte Klassifikation der Zustände einer Kette.

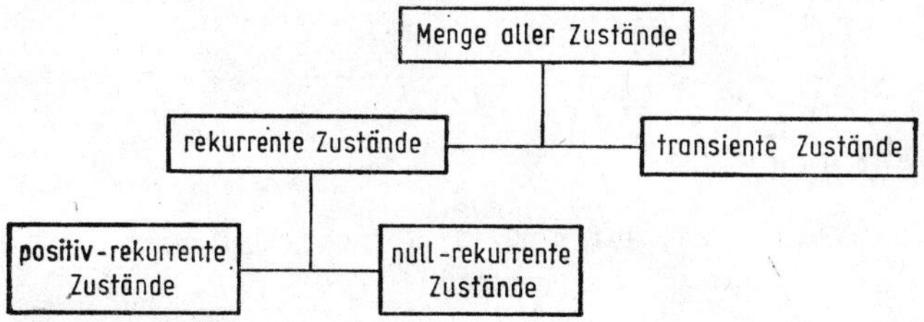

Abb. 40
Klassifikation der Zustände einer Markov-Kette nach asymptotischen Eigenschaften der Wahrscheinlichkeiten $p_{ii}^{(n)}$

2. Da die Ermittlung der Funktionen $f_{ii}^{(n)}$ ziemlich schwierig ist, erweist sich das folgende Kriterium zur Bestimmung, ob ein Zustand i rekurrent oder transient ist, als nützlich.

Lemma 1. a) *Der Zustand i ist genau dann rekurrent, wenn*

$$\sum_{n=1}^{\infty} p_{ii}^{(n)} = \infty \tag{5}$$

erfüllt ist.

b) *Wenn der Zustand j rekurrent ist und $i \leftrightarrow j$ gilt, ist der Zustand i ebenfalls rekurrent.*

Beweis. a) Infolge (3) haben wir

$$p_{ii}^{(n)} = \sum_{k=1}^{n} f_{ii}^{(k)} p_{ii}^{(n-k)},$$

und es gilt somit ($p_{ii}^{(0)} = 1$)

$$\sum_{n=1}^{\infty} p_{ii}^{(n)} = \sum_{n=1}^{\infty} \sum_{k=1}^{n} f_{ii}^{(k)} p_{ii}^{(n-k)} = \sum_{k=1}^{\infty} f_{ii}^{(k)} \sum_{n=k}^{\infty} p_{ii}^{(n-k)}$$

$$= f_{ii} \sum_{n=0}^{\infty} p_{ii}^{(n)} = f_{ii}\left(1 + \sum_{n=1}^{\infty} p_{ii}^{(n)}\right).$$

Deshalb ergibt sich für $\sum_{n=1}^{\infty} p_{ii}^{(n)} < \infty$ die Beziehung $f_{ii} < 1$; der Zustand i ist also transient. Es sei nun $\sum_{n=1}^{\infty} p_{ii}^{(n)} = \infty$. Dann gilt

$$\sum_{n=1}^{N} p_{ii}^{(n)} = \sum_{n=1}^{N} \sum_{k=1}^{n} f_{ii}^{(k)} p_{ii}^{(n-k)} = \sum_{k=1}^{N} f_{ii}^{(k)} \sum_{n=1}^{N} p_{ii}^{(n-k)} \leq \sum_{k=1}^{N} f_{ii}^{(k)} \sum_{l=0}^{N} p_{ii}^{(l)}$$

und deshalb

$$f_{ii} = \sum_{k=1}^{\infty} f_{ii}^{(k)} \geqq \sum_{k=1}^{N} f_{ii}^{(k)} \geqq \frac{\sum_{n=1}^{N} p_{ii}^{(n)}}{\sum_{l=0}^{N} p_{ii}^{(l)}} \to 1, \qquad N \to \infty.$$

Somit erhalten wir für $\sum_{n=1}^{\infty} p_{ii}^{(n)} = \infty$ die Beziehung $f_{ii} = 1$, d. h., der Zustand i ist rekurrent.

b) Es gelte $p_{ij}^{(s)} > 0, p_{ji}^{(t)} > 0$. Wir haben

$$p_{ii}^{(n+s+t)} \geqq p_{ij}^{(s)} p_{jj}^{(n)} p_{ji}^{(t)},$$

und für $\sum_{n=1}^{\infty} p_{jj}^{(n)} = \infty$ erhalten wir, daß auch $\sum_{n=1}^{\infty} p_{ii}^{(n)} = \infty$ gilt, d. h., der Zustand i ist rekurrent.

3. Aus dem Kriterium (5) leitet man leicht das folgende erste Ergebnis über das asymptotische Verhalten der Wahrscheinlichkeiten $p_{ij}^{(n)}$ her.

Lemma 2. *Ist der Zustand j transient, so gilt für beliebiges i*

$$\sum_{n=1}^{\infty} p_{ij}^{(n)} < \infty \tag{6}$$

und folglich

$$p_{ij}^{(n)} \to 0 \quad \textit{für} \quad n \to \infty. \tag{7}$$

Beweis. Aus (3) und Lemma 1 erhalten wir

$$\sum_{n=1}^{\infty} p_{ij}^{(n)} = \sum_{n=1}^{\infty} \sum_{k=1}^{n} f_{ij}^{(k)} p_{jj}^{(n-k)} = \sum_{k=1}^{\infty} f_{ij}^{(k)} \sum_{n=0}^{\infty} p_{jj}^{(n)} = f_{ij} \sum_{n=0}^{\infty} p_{jj}^{(n)}$$
$$\leqq \sum_{n=0}^{\infty} p_{jj}^{(n)} < \infty,$$

wobei wir ausgenutzt haben, daß $f_{ij} = \sum_{k=1}^{\infty} f_{ij}^{(k)} \leqq 1$ gilt, da dies die Wahrscheinlichkeit dafür ist, daß das Teilchen, in i startend, irgendwann nach j gelangt. Somit ist (6) und also auch (7) bewiesen.

Wir wollen nun zum Fall rekurrenter Zustände übergehen.

Lemma 3. *Es sei j ein rekurrenter Zustand mit $d(j) = 1$.*

a) *Ist i mit j verbunden, so gilt*

$$p_{ij}^{(n)} \to \frac{1}{\mu_j}, \qquad n \to \infty. \tag{8}$$

Ist j darüber hinaus ein positiv-rekurrenter Zustand, so gilt

$$p_{ij}^{(n)} \to \frac{1}{\mu_j} > 0, \qquad n \to \infty. \tag{9}$$

Wenn j jedoch null-rekurrent ist, so haben wir

$$p_{ij}^{(n)} \to 0, \qquad n \to \infty. \tag{10}$$

b) *Wenn i und j zu verschiedenen Klassen verbundener Zustände gehören, gilt*

$$p_{ij}^{(n)} \to \frac{f_{ij}}{\mu_j}, \qquad n \to \infty. \tag{11}$$

Beweis. Der Beweis des Lemmas stützt sich auf das folgende Ergebnis aus der Analysis.

Es sei $f_1, f_2, \ldots$ eine Folge nichtnegativer Zahlen mit $\sum_{i=1}^{\infty} f_i = 1$ und derart, daß der größte gemeinsame Teiler aller Zahlen j, für die $f_j > 0$ gilt, gleich 1 ist. Es sei ferner $u_0 = 1$, $u_n = \sum_{k=1}^{n} f_k u_{n-k}$ für $n = 1, 2, \ldots$ und $\mu = \sum_{n=1}^{\infty} n f_n$. Dann gilt $u_n \to \frac{1}{\mu}$ für $n \to \infty$ (zum Beweis siehe etwa W. Feller [1], Kap. XIII, § 10).

Unter Berücksichtigung der Beziehung (3) wenden wir dieses Ergebnis für $u_n = p_{jj}^{(n)}$, $f_k = f_{jj}^{(k)}$ an. Dann erhalten wir unmittelbar

$$p_{jj}^{(n)} \to \frac{1}{\mu_j}$$

mit $\mu_j = \sum_{n=1}^{\infty} n f_{jj}^{(n)}$.

Wir schreiben jetzt die Beziehung (3) in der Gestalt

$$p_{ij}^{(n)} = \sum_{k=1}^{\infty} f_{ij}^{(k)} p_{jj}^{(n-k)}, \tag{12}$$

wobei $p_{ij}^{(s)} = 0$ für $s < 0$ gesetzt wurde.

Entsprechend dem schon Bewiesenen gilt $p_{jj}^{(n-k)} \to \mu_j^{-1}$, $n \to \infty$, für jedes feste k. Deshalb erhalten wir, wenn wir

$$\lim_n \sum_{k=1}^{\infty} f_{ij}^{(k)} p_{jj}^{(n-k)} = \sum_{k=1}^{\infty} f_{ij}^{(k)} \lim_n p_{jj}^{(n-k)} \tag{13}$$

voraussetzen, unmittelbar

$$p_{ij}^{(n)} \to \frac{1}{\mu_j} \left(\sum_{k=1}^{\infty} f_{ij}^{(k)} \right) = \frac{1}{\mu_j} f_{ij}, \tag{14}$$

womit (11) bewiesen ist.

Die Größe f_{ij} ist anschaulich die Wahrscheinlichkeit dafür, daß das Teilchen, vom Zustand i ausgehend, irgendwann in den Zustand j gelangt. Der Zustand j ist rekurrent, und wenn i mit j verbunden ist, ist es naheliegend zu erwarten, daß dann $f_{ij} = 1$ gilt. Wir wollen zeigen, daß dies tatsächlich so ist.

Es sei f'_{ij} die Wahrscheinlichkeit dafür, daß das Teilchen, ausgehend vom Zustand i, unendlich oft in den Zustand j gelangt. Offenbar gilt $f_{ij} \geqq f'_{ij}$. Deshalb ist die gewünschte Gleichung $f_{ij} = 1$ nachgewiesen, wenn gezeigt wird, daß für einen rekurrenten Zustand j und einen mit ihm verbundenen Zustand i die Wahrscheinlichkeit f'_{ij} gleich 1 ist.

Aufgrund der Aussage b) in Lemma 1 ist der Zustand i ebenfalls rekurrent, und es gilt also

$$f_{ii} = \sum_{n=1}^{\infty} f_{ii}^{(n)} = 1. \tag{15}$$

Es sei

$$\sigma_i = \inf \{n \geqq 1 : X_n = i\}$$

die Zeit des ersten Erreichens des Zustandes i durch das Teilchen nach dem Zeitpunkt 1. Wir setzen $\sigma_i = \infty$, falls das Teilchen niemals i erreicht. Dann gilt

$$1 = f_{ii} = \sum_{n=1}^{\infty} f_{ii}^{(n)} = \sum_{n=1}^{\infty} \mathbf{P}_i(\sigma_i = n) = \mathbf{P}_i(\sigma_i < \infty), \tag{16}$$

und die Rekurrenz des Zustandes i bedeutet folglich, daß das Teilchen, von i ausgehend, irgendeinmal wieder (nämlich im zufälligen Zeitpunkt σ_i) in diesen Zustand zurückkehrt. Nach der Rückkehr in diesen Zustand beginnt aber die Bewegung des Teilchens infolge der strengen Markov-Eigenschaft von vorn. Daher drängt sich die Schlußfolgerung auf, daß für einen rekurrenten Zustand i das Teilchen unendlich oft in ihn gelangt:

$$\mathbf{P}_i(X_n = i \text{ für unendlich viele } n) = 1. \tag{17}$$

Wir wollen jetzt einen formalen Beweis dieser Behauptung angeben.

Es sei i irgendein (rekurrenter oder transienter) Zustand. Wir zeigen, daß die Wahrscheinlichkeit für die mindestens r-malige Rückkehr in diesen Zustand gleich $(f_{ii})^r$ ist.

Für $r = 1$ folgt dies aus der Definition von f_{ii}. Die Behauptung sei für $r = m - 1$ bewiesen. Dann erhalten wir unter Ausnutzung der strengen Markov-Eigenschaft und der Beziehung (16)

$$\begin{aligned}
&\mathbf{P}_i \text{ (die Rückkehr in } i \text{ erfolgt mindestens } m\text{-mal)} \\
&= \sum_{k=1}^{\infty} \mathbf{P}_i \left(\sigma_i = k; \begin{array}{l}\text{die Rückkehr in } i \text{ nach dem Zeitpunkt } k \\ \text{erfolgt mindestens } (m-1)\text{-mal}\end{array}\right) \\
&= \sum_{k=1}^{\infty} \mathbf{P}_i(\sigma_i = k)\, \mathbf{P}_i \left(\begin{array}{l}\text{mindestens } m-1 \text{ Größen aus} \\ X_{\sigma_i+1}, X_{\sigma_i+2}, \ldots \text{ sind gleich } i\end{array} \,\middle|\, \sigma_i = k\right) \\
&= \sum_{k=1}^{\infty} \mathbf{P}_i(\sigma_i = k)\, \mathbf{P}_i \left(\begin{array}{l}\text{mindestens } m-1 \text{ Größen aus} \\ X_1, X_2, \ldots \text{ sind gleich } i\end{array}\right) \\
&= \sum_{k=1}^{\infty} f_{ii}^{(k)} (f_{ii})^{m-1} = (f_{ii})^m.
\end{aligned}$$

Hieraus folgt insbesondere, daß für einen rekurrenten Zustand i die Formel (17) gültig ist. Falls der Zustand i jedoch transient ist, gilt

$$\mathbf{P}_i(X_n = i \text{ für unendlich viele } n) = 0. \tag{18}$$

Wir wollen nun zum Beweis der Beziehung $f'_{ij} = 1$ übergehen. Da der Zustand i rekurrent ist, ergibt sich infolge von (17) und der strengen Markov-Eigenschaft

$$\begin{aligned}
1 &= \sum_{k=1}^{\infty} \mathbf{P}_i(\sigma_j = k) + \mathbf{P}_i(\sigma_j = \infty) \\
&= \sum_{k=1}^{\infty} \mathbf{P}_i \left(\sigma_j = k; \begin{matrix}\text{die Rückkehr in } i \text{ nach dem Zeitpunkt } k \\ \text{erfolgt unendlich oft}\end{matrix}\right) + \mathbf{P}_i(\sigma_j = \infty) \\
&= \sum_{k=1}^{\infty} \mathbf{P}_i \left(\sigma_j = k; \begin{matrix}\text{unendlich viele Größen aus} \\ X_{\sigma_j+1}, X_{\sigma_j+2}, \ldots \text{ sind gleich } i\end{matrix}\right) + \mathbf{P}_i(\sigma_j = \infty) \\
&= \sum_{k=1}^{\infty} \mathbf{P}_i(\sigma_j = k)\, \mathbf{P}_i \left(\begin{matrix}\text{unendlich viele Größen aus} \\ X_{\sigma_j+1}, X_{\sigma_j+2}, \ldots \text{ sind gleich } i\end{matrix} \;\middle|\; \begin{matrix}\sigma_j = k \\ X_{\sigma_j} = j\end{matrix}\right) \\
&\quad + \mathbf{P}_i(\sigma_j = \infty) \\
&= \sum_{k=1}^{\infty} f_{ij}^{(k)} \mathbf{P}_j \left(\begin{matrix}\text{unendlich viele Größen aus} \\ X_1, X_2, \ldots \text{ sind gleich } i\end{matrix}\right) + (1 - f_{ij}) \\
&= \sum_{k=1}^{\infty} f_{ij}^{(k)} f'_{ij} + (1 - f_{ij}) = f'_{ij} f_{ij} + (1 - f_{ij}).
\end{aligned}$$

Somit haben wir

$$1 = f'_{ij} f_{ij} + 1 - f_{ij}$$

und folglich

$$f_{ij} = f'_{ij} f_{ij}.$$

Wegen $i \leftrightarrow j$ gilt $f_{ij} > 0$ und schließlich $f'_{ij} = 1$ sowie $f_{ij} = 1$.

Auf diese Weise folgt aus (14) und der Gleichung $f_{ij} = 1$ unter der Voraussetzung (13), daß für verbundene Zustände i und j

$$p_{ij}^{(n)} \to \frac{1}{\mu_j}, \qquad n \to \infty,$$

gilt.

Was jedoch die Gleichung (13) angeht, so folgt ihre Gültigkeit aus dem Satz von Lebesgue über die majorisierte Konvergenz und aus der Tatsache, daß $p_{jj}^{(n-k)} \to \frac{1}{\mu_j}$ für $n \to \infty$ und $\sum_{k=1}^{\infty} f_{ij}^{(k)} = f_{ij} \leqq 1$ gilt.

Das Lemma ist damit bewiesen.

Wir wollen nun zur Untersuchung periodischer Zustände übergehen.

Lemma 4. *Es sei j ein rekurrenter Zustand und $d = d(j) > 1$.*

a) *Falls die Zustände i und j einer Klasse von Zuständen angehören, wobei i in der zyklischen Unterklasse C_r und j in der Unterklasse C_{r+a} liegt, gilt*

$$p_{ij}^{(nd+a)} \to \frac{d}{\mu_j}, \qquad n \to \infty. \tag{19}$$

b) *Wenn i hingegen beliebig ist, gilt*

$$p_{ij}^{(nd+a)} \to \left(\sum_{r=0}^{\infty} f_{ij}^{(rd+a)}\right) \frac{d}{\mu_j}, \qquad n \to \infty, \tag{20}$$

$a = 0, 1, \ldots, d - 1.$

Beweis. a) Es sei zunächst $a = 0$. Bezüglich der Übergangsmatrix $\mathbb{P}^d$ ist der Zustand j rekurrent und aperiodisch. Folglich gilt entsprechend (8)

$$p_{ij}^{(nd)} \to \frac{1}{\sum_{k=1}^{\infty} k f_{jj}^{(kd)}} = \frac{d}{\sum_{k=1}^{\infty} kd f_{jj}^{(kd)}} = \frac{d}{\mu_j}.$$

Wir nehmen an, daß (19) für $a = s$ bewiesen ist. Dann ergibt sich

$$p_{ij}^{(nd+s+1)} = \sum_{k=1}^{\infty} p_{ik} p_{kj}^{(nd+s)} \to \sum_{k=1}^{\infty} p_{ik} \frac{d}{\mu_j} = \frac{d}{\mu_j}.$$

b) Es ist klar, daß

$$p_{ij}^{(nd+a)} = \sum_{k=1}^{nd+a} f_{ij}^{(k)} p_{jj}^{(nd+a-k)}, \qquad a = 0, 1, \ldots, d - 1,$$

gilt. Die Periode des Zustandes j ist gleich d, weswegen wir $p_{jj}^{(nd+a-k)} = 0$ erhalten, mit Ausnahme der Fälle, in denen $k - a$ die Gestalt rd besitzt. Also ergibt sich

$$p_{ij}^{(nd+a)} = \sum_{r=0}^{n} f_{ij}^{(rd+a)} p_{jj}^{((n-r)d)},$$

und das gesuchte Ergebnis (20) folgt aus (19).

Das Lemma ist damit bewiesen.

Aus den Lemmata 2 bis 4 gewinnen wir insbesondere die folgende Aussage bezüglich des Grenzverhaltens der Wahrscheinlichkeiten $p_{ij}^{(n)}$.

Satz 1. *Die Markov-Kette sei unzerlegbar (d. h., ihre Zustände bilden eine Klasse wesentlicher verbundener Zustände) und aperiodisch.*

a) *Wenn alle Zustände null-rekurrent oder transient sind, gilt für alle i und j*

$$p_{ij}^{(n)} \to 0, \qquad n \to \infty. \tag{21}$$

b) *Wenn alle Zustände positiv-rekurrent sind, gilt für alle i und j*

$$p_{ij}^{(n)} \to \frac{1}{\mu_j} > 0, \qquad n \to \infty. \tag{22}$$

4. Wir wollen die Aussage dieses Satzes im Fall einer Markov-Kette mit endlich vielen Zuständen $E = \{1, 2, \ldots, r\}$ erörtern. Wir nehmen an, daß die betrachtete Kette unzerlegbar und aperiodisch ist. Es stellt sich heraus, daß sie dann automatisch positiv-rekurrent ist:

$$\begin{pmatrix} \text{Unzerlegbarkeit} \\ d = 1 \end{pmatrix} \Rightarrow \begin{pmatrix} \text{Unzerlegbarkeit} \\ \text{Positiv-Rekurrenz} \\ d = 1 \end{pmatrix}. \tag{23}$$

Zum Beweis nehmen wir an, daß alle Zustände transient sind. Dann gilt infolge (21) und der Endlichkeit des Phasenraumes der Kette

$$1 = \lim_n \sum_{j=1}^{r} p_{ij}^{(n)} = \sum_{j=1}^{r} \lim_n p_{ij}^{(n)} = 0. \tag{24}$$

Der erhaltene Widerspruch zeigt, daß nicht alle Zustände transient sein können. Es sei i_0 ein rekurrenter und j ein beliebiger Zustand. Wegen $i_0 \leftrightarrow j$ ist der Zustand j nach Lemma 1 ebenfalls rekurrent.

Somit sind alle Zustände der aperiodischen unzerlegbaren Kette rekurrent.

Wir wollen nun nachweisen, daß alle Zustände positiv rekurrent sind.

Wenn wir annehmen, daß sie alle null-rekurrent sind, kommen wir wieder zu der absurden Gleichung (24). Folglich existiert mindestens ein positiv-rekurrenter Zustand, sagen wir i_0. Es sei i irgendein anderer Zustand. Wegen $i \leftrightarrow i_0$ lassen sich s und t derart finden, daß $p_{i_0 i}^{(s)} > 0$ und $p_{i i_0}^{(t)} > 0$ gilt, und folglich ergibt sich

$$p_{ii}^{(n+s+t)} \geqq p_{ii_0}^{(t)} p_{i_0 i_0}^{(n)} p_{i_0 i}^{(s)} \to p_{ii_0}^{(t)} \frac{1}{\mu_{i_0}} p_{i_0 i}^{(s)} > 0. \tag{25}$$

Aus diesem Grunde existiert ein $\varepsilon > 0$ derart, daß für alle hinreichend großen n die Beziehung $p_{ii}^{(n)} \geqq \varepsilon > 0$ erfüllt ist. Wir haben aber $p_{ii}^{(n)} \to \frac{1}{\mu_i}$ und somit $\mu_i^{-1} > 0$. Damit ist die Implikation (23) bewiesen.

Wir setzen nun $\pi_j = \frac{1}{\mu_j}$. Dann gilt auf Grund von (22) $\pi_j > 0$, und wegen $1 = \lim_n \sum_{j=1}^{r} p_{ij}^{(n)} = \sum_{j=1}^{r} \mu_j^{-1}$ ist die aperiodische unzerlegbare Kette ergodisch. Es ist klar, daß für jede endliche ergodische Kette die folgende Aussage gilt:

Es existiert ein n_0 derart, daß $\min_{i,j} p_{ij}^{(n)} > 0$ für alle $n \geqq n_0$ erfüllt ist. (26)

In Kapitel I, § 12, wurde gezeigt, daß auch die Umkehrung richtig ist: Aus (26) folgt die Ergodizität.

Somit gelten die folgenden Implikationen:

$$\begin{pmatrix}\text{Unzerlegbarkeit}\\ d=1\end{pmatrix} \Leftrightarrow \begin{pmatrix}\text{Unzerlegbarkeit}\\ \text{Positiv-Rekurrenz}\\ d=1\end{pmatrix} \Rightarrow (\text{Ergodizität}) \Leftrightarrow (26).$$

Man kann jedoch noch mehr beweisen.

Satz 2. *Im Fall einer endlichen Markov-Kette gelten die folgenden Beziehungen:*

$$\begin{pmatrix}\textit{Unzerlegbarkeit}\\ d=1\end{pmatrix} \Leftrightarrow \begin{pmatrix}\textit{Unzerlegbarkeit}\\ \textit{Positiv-Rekurrenz}\\ d=1\end{pmatrix} \Leftrightarrow (\textit{Ergodizität}) \Leftrightarrow (26).$$

Beweis. Es genügt, die Implikation

$$(\text{Ergodizität}) \Rightarrow \begin{pmatrix} \text{Unzerlegbarkeit} \\ \text{Positiv-Rekurrenz} \\ d = 1 \end{pmatrix}$$

zu beweisen. Die Unzerlegbarkeit folgt aus (26). Was die Aperiodizität und die Positiv-Rekurrenz betrifft, so liegen sie in viel allgemeineren Situationen vor (es genügt lediglich die Existenz einer Grenzverteilung), was in Satz 3 von § 4 bewiesen wird.

5. Aufgaben

1. Wir betrachten eine unzerlegbare Kette mit der Menge der Zustände 0, 1, ... Man beweise die folgende Aussage. Die Kette ist genau dann rekurrent, wenn das Gleichungssystem $u_j = \sum_i u_i p_{ij}$, $j = 0, 1, \ldots$, eine beschränkte Lösung mit $u_i \not\equiv c$ für $i = 0, 1, \ldots$ besitzt.

2. Man zeige: Für die Transienz einer unzerlegbaren Kette mit den Zuständen 0, 1, ... ist die Existenz einer Folge $(u_0, u_1, \ldots)$ mit $u_i \to \infty$ für $i \to \infty$, bei der für alle $j \neq 0$ die Ungleichung $u_j \geqq \sum_i u_i p_{ij}$ gilt, hinreichend.

3. Man zeige: Für die Postiv-Rekurrenz einer unzerlegbaren Kette mit den Zuständen 0, 1, ... ist notwendig und hinreichend, daß das Gleichungssystem $u_j = \sum_i u_i p_{ij}$, $j = 0, 1, \ldots$ eine von 0 verschiedene Lösung mit $\sum_i |u_i| < \infty$ besitzt.

4. Betrachtet werde eine Markov-Kette mit den Zuständen 0, 1, ... und den Übergangswahrscheinlichkeiten

$$p_{00} = r_0, \qquad p_{01} = p_0 > 0,$$

$$p_{ij} = \begin{cases} p_i > 0, & j = i + 1, \\ r_i \geqq 0, & j = i, \\ q_i > 0, & j = i - 1, \\ 0 & \text{sonst.} \end{cases}$$

Es sei $\varrho_0 = 1$, $\varrho_m = \dfrac{q_1 \cdots q_m}{p_1 \cdots p_m}$. Man beweise die Gültigkeit der folgenden Behauptungen:

Die Kette ist rekurrent $\Leftrightarrow \sum \varrho_m = \infty$;

die Kette ist transient $\Leftrightarrow \sum \varrho_m < \infty$;

die Kette ist positiv-rekurrent $\Leftrightarrow \sum \dfrac{1}{p_m \varrho_m} < \infty$;

die Kette ist null-rekurrent $\Leftrightarrow \sum \varrho_m = \infty$, $\sum \dfrac{1}{p_m \varrho_m} = \infty$.

5. Man zeige, daß

$$f_{ik} \geqq f_{ij} f_{jk}, \qquad \sup_n p_{ij}^{(n)} \leqq f_{ij} \leqq \sum_{n=1}^{\infty} p_{ij}^{(n)}$$

gilt.

6. Man zeige, daß für eine beliebige Markov-Kette mit einer abzählbaren Menge von Zuständen stets die Grenzwerte für $p_{ij}^{(n)}$ im Sinne des *Cesàro-Limes* existieren:

$$\lim_n \frac{1}{n} \sum_{k=1}^{n} p_{ij}^{(k)} = \frac{f_{ij}}{\mu_j}.$$

7. Es werde eine Markov-Kette $\xi_0, \xi_1, \ldots$ mit $\xi_{k+1} = (\xi_k)^+ + \eta_{k+1}$, $k \geqq 0$, betrachtet, wobei $\eta_1, \eta_2, \ldots$ eine Folge unabhängiger identisch verteilter zufälliger Größen mit $\mathbf{P}(\eta_k = j) = p_j$, $j = 0, 1, \ldots$, bezeichne. Man bestimme die Übergangsmatrix und zeige, daß für $p_0 > 0$, $p_0 + p_1 < 1$ die Kette genau dann rekurrent ist, wenn $\sum_k kp_k \leqq 1$ gilt.

§ 4. Über die Existenz von Grenzverteilungen und stationären Verteilungen

1. Wir beginnen mit einigen notwendigen Bedingungen für die Existenz stationärer Verteilungen.

Satz 1. *Gegeben sei eine Markov-Kette mit einer abzählbaren Menge von Zuständen $E = \{1, 2, \ldots\}$ und einer Übergangsmatrix $\mathbb{P} = \|p_{ij}\|$ derart, daß für alle i und j die Grenzwerte*

$$\lim_n p_{ij}^{(n)} = \pi_j$$

existieren und nicht von i abhängen. Dann gelten die folgenden Aussagen:

a) $\sum_j \pi_j \leqq 1$, $\sum_i \pi_i p_{ij} = \pi_j$.

b) *Entweder sind alle π_j gleich 0, oder es gilt $\sum_j \pi_j = 1$.*

c) *Falls alle π_j gleich 0 sind, existiert keine stationäre Verteilung. Falls jedoch $\sum_j \pi_j = 1$ gilt, bildet $\mathbf{\Pi} = (\pi_1, \pi_2, \ldots)$ die eindeutige stationäre Verteilung.*

Beweis. Aufgrund des Lemmas von Fatou gilt

$$\sum_j \pi_j = \sum_j \lim_n p_{ij}^{(n)} \leq \varliminf_n \sum_j p_{ij}^{(n)} = 1.$$

Weiterhin haben wir

$$\sum_i \pi_i p_{ij} = \sum_i \left(\lim_n p_{ki}^{(n)}\right) p_{ij} \leqq \varliminf_n \sum_i p_{ki}^{(n)} p_{ij} = \varliminf_n p_{kj}^{(n+1)} = \pi_j,$$

d. h., für beliebiges j ist

$$\sum_i \pi_i p_{ij} \leqq \pi_j.$$

Wir wollen annehmen, daß für ein gewisses j_0

$$\sum_i \pi_i p_{ij_0} < \pi_{j_0}$$

gilt. Dann ergibt sich

$$\sum_j \pi_j > \sum_j \left(\sum_i \pi_i p_{ij}\right) = \sum_i \pi_i \sum_j p_{ij} = \sum_i \pi_i.$$

Der erhaltene Widerspruch beweist, daß

$$\sum_i \pi_i p_{ij} = \pi_j \tag{1}$$

für beliebiges j erfüllt ist.

Aus (1) folgt

$$\sum_i \pi_i p_{ij}^{(n)} = \pi_j.$$

Aus diesem Grunde erhalten wir

$$\pi_j = \lim_n \sum_i \pi_i p_{ij}^{(n)} = \sum_i \pi_i \lim_n p_{ij}^{(n)} = \left(\sum_i \pi_i\right) \pi_j,$$

d. h., für alle j gilt

$$\pi_j \left(1 - \sum_i \pi_i\right) = 0,$$

woraus die Behauptung b) folgt.

Es sei nun $\mathbf{Q} = (q_1, q_2, \ldots)$ irgendeine stationäre Verteilung. Wegen $\sum_i q_i p_{ij}^{(n)} = q_j$ und folglich $\sum_i q_i \pi_j = q_j$, d. h. $\pi_j = q_j$ für alle j, muß die stationäre Verteilung mit $\mathbf{\Pi} = (\pi_1, \pi_2, \ldots)$ übereinstimmen. Falls alle π_j gleich Null sind, existiert deshalb keine stationäre Verteilung. Wenn jedoch $\sum_j \pi_j = 1$ gilt, ist $\mathbf{\Pi} = (\pi_1, \pi_2, \ldots)$ die eindeutige stationäre Verteilung.

Der Satz ist damit bewiesen.

Wir formulieren und beweisen nun eine grundlegende Aussage über die Existenz einer eindeutigen stationären Verteilung.

Satz 2. *Für Markov-Ketten mit einer abzählbaren Menge von Zuständen existiert genau dann eine eindeutige stationäre Verteilung, wenn in der Menge der Zustände genau eine positiv-rekurrente Klasse (wesentlicher verbundener Zustände) existiert.*

Beweis. Wir bezeichnen mit N die Anzahl der positiv-rekurrenten Klassen.

Es sei $N = 0$. Dann sind alle Zustände transient oder null-rekurrent, und infolge (3.7) und (3.20) gilt $\lim_n p_{ij}^{(n)} = 0$ für beliebige i und j. Folglich existiert nach Satz 1 keine stationäre Verteilung.

Es sei $N = 1$, und C bezeichne die einzige positiv-rekurrente Klasse. Für $d(C) = 1$ gilt entsprechend (3.8)

$$p_{ij}^{(n)} \to \frac{1}{\mu_j} > 0, \qquad i, j \in C.$$

Für $j \notin C$ ist j transient oder null-rekurrent, und infolge (3.7) bzw. (3.20) erhalten wir $p_{ij}^{(n)} \to 0$, $n \to \infty$, für alle i.

Wir setzen

$$q_j = \begin{cases} \dfrac{1}{\mu_j} > 0, & j \in C, \\ 0, & j \notin C. \end{cases}$$

Dann bildet die Folge $\mathbf{Q} = (q_1, q_2, \ldots)$ entsprechend Satz 1 die eindeutige stationäre Verteilung.

Es sei jetzt $d = d(C) > 1$. Wir bezeichnen mit $C_0, \ldots, C_{d-1}$ die zyklischen Unterklassen. Jede dieser Unterklassen C_k bildet bezüglich der Matrix $\mathbb{P}^d$ eine rekurrente aperiodische Klasse. Dann gilt für $i, j \in C_k$ entsprechend (3.19)

$$p_{ij}^{(nd)} \to \frac{d}{\mu_j} > 0.$$

Aus diesem Grunde bildet auf jeder der Mengen C_k die Folge $\frac{d}{\mu_j}$, $j \in C_k$, die (bezüglich der Matrix $\mathbb{P}^d$) eindeutige stationäre Verteilung. Daraus folgt insbesondere $\sum_{j \in C_k} \frac{d}{\mu_j} = 1$, d. h. $\sum_{j \in C_k} \frac{1}{\mu_j} = \frac{1}{d}$.

Wir setzen

$$q_j = \begin{cases} \frac{1}{\mu_j}, & j \in C = C_0 + \cdots + C_{d-1}, \\ 0, & j \notin C, \end{cases}$$

und zeigen, daß die Folge $\mathbb{Q} = (q_1, q_2, \ldots)$ für die Ausgangskette die eindeutige stationäre Verteilung ist.

Tatsächlich gilt für $i \in C$

$$p_{ii}^{(nd)} = \sum_{j \in C} p_{ij}^{(nd-1)} p_{ji}.$$

Dann haben wir aufgrund des Lemmas von Fatou

$$\frac{d}{\mu_i} = \lim_n p_{ii}^{(nd)} \geqq \sum_{j \in C} \varliminf_n p_{ij}^{(nd-1)} p_{ji} = \sum_{j \in C} \frac{d}{\mu_j} p_{ji}$$

und somit

$$\frac{1}{\mu_i} \geqq \sum_{j \in C} \frac{1}{\mu_j} p_{ji}.$$

Es gilt aber

$$\sum_{i \in C} \frac{1}{\mu_i} = \sum_{k=0}^{d-1} \left(\sum_{i \in C_k} \frac{1}{\mu_i} \right) = \sum_{k=0}^{d-1} \frac{1}{d} = 1.$$

Ebenso wie in Satz 1 schließt man hieraus, daß in Wirklichkeit

$$\frac{1}{\mu_i} = \sum_{j \in C} \frac{1}{\mu_j} p_{ji}$$

erfüllt ist. Das beweist, daß die Folge $\mathbb{Q} = (q_1, q_2, \ldots)$ eine stationäre Verteilung bildet, welche nach Satz 1 eindeutig bestimmt ist.

Es sei nun die Anzahl der positiv-rekurrenten Klassen $N \geqq 2$. Wir bezeichnen die Klassen mit $C^1, \ldots, C^N$, und $\mathbb{Q}^i = (q_1^i, q_2^i, \ldots)$ sei die der Klasse C^i entsprechende stationäre Verteilung, welche durch die Formel

$$q_j^i = \begin{cases} \dfrac{1}{\mu_j} > 0, & j \in C^i, \\ 0, & j \notin C^i \end{cases}$$

bestimmt wird. Dann bildet $a_1\mathbb{Q}^1 + \cdots + a_N\mathbb{Q}^N$ für beliebige nichtnegative Zahlen $a_1, \ldots, a_N$ mit $a_1 + \cdots + a_N = 1$ ebenfalls eine stationäre Verteilung, da $(a_1\mathbb{Q}^1 + \cdots + a_N\mathbb{Q}^N)\,\mathbb{P} = a_1\mathbb{Q}^1\mathbb{P} + \cdots + a_N\mathbb{Q}^N\mathbb{P} = a_1\mathbb{Q}^1 + \cdots + a_N\mathbb{Q}^N$ gilt. Infolgedessen existieren für $N \geqq 2$ überabzählbar viele verschiedene stationäre Verteilungen. Somit existiert nur im Fall $N = 1$ eine eindeutige stationäre Verteilung, und der Satz ist bewiesen.

2. Der folgende Satz beantwortet die Frage nach Bedingungen, unter denen für Markov-Ketten mit einer abzählbaren Menge von Zuständen E eine Grenzverteilung existiert.

Satz 3. *Für die Existenz einer Grenzverteilung ist notwendig und hinreichend, daß es in der Menge E aller Zustände genau eine aperiodische positiv-rekurrente Klasse C gibt, so daß $f_{ij} = 1$ für alle $j \in C$ und $i \in E$ gilt.*

Beweis. *Notwendigkeit.* Es sei $q_j = \lim\limits_n p_{ij}^{(n)}$, und die Folge $\mathbb{Q} = (q_1, q_2, \ldots)$ bilde eine Verteilung, d. h. $q_j \geqq 0$, $\sum\limits_j q_j = 1$. Dann ist diese Grenzverteilung nach Satz 1 die eindeutige stationäre Verteilung, und es existiert folglich entsprechend Satz 2 eine und nur eine positiv-rekurrente Klasse C. Wir wollen zeigen, daß die Periode d dieser Klasse gleich 1 ist. Wir nehmen das Gegenteil an, d. h., es sei $d > 1$. Mit $C_0, C_1, \ldots, C_{d-1}$ bezeichnen wir die zyklischen Unterklassen. Für $i \in C_0$ und $j \in C_1$ gilt gemäß (3.19) $p_{ij}^{(nd+1)} \to \dfrac{d}{\mu_j}$ und $p_{ij}^{(nd)} = 0$ für alle n. Nun ist aber $\dfrac{d}{\mu_j}$ größer als 0, weswegen $p_{ij}^{(n)}$ für $n \to \infty$ keinen Grenzwert besitzt, was der Anfangsvoraussetzung über die Existenz von $\lim\limits_n p_{ij}^{(n)}$ widerspricht. Es sei jetzt $j \in C$ und $i \in E$. Dann gilt entsprechend (3.11) $p_{ij}^{(n)} \to \dfrac{f_{ij}}{\mu_j}$. Folglich haben wir $q_j = \dfrac{f_{ij}}{\mu_j}$. Die Größe q_j hängt aber nicht von i ab. Es ergibt sich also $f_{ij} = f_{jj} = 1$.

Hinlänglichkeit. Infolge (3.11), (3.10) und (3.7) gilt

$$p_{ij}^{(n)} \to \begin{cases} \dfrac{f_{ij}}{\mu_j}, & j \in C, i \in E, \\ 0, & j \notin C, i \in E. \end{cases}$$

Wenn $f_{ij} = 1$ erfüllt ist, hängt deshalb $q_j = \lim\limits_n p_{ij}^{(n)}$ für alle $j \in C$ und $i \in E$ nicht von i ab. Die Klasse C ist positiv-rekurrent, es gilt also $q_j > 0$ für $j \in C$. Dann ergibt sich (nach Satz 1) $\sum\limits_j q_j = 1$, und die Folge $\mathbb{Q} = (q_1, q_2, \ldots)$ bildet eine Grenzverteilung.

3. Wir wollen die weiter oben erhaltenen Ergebnisse über die Existenz einer Grenzverteilung, die Existenz einer eindeutigen stationären Verteilung und die Ergodizität im Fall endlicher Ketten zusammenfassen.

Satz 4. *Für endliche Markov-Ketten gelten die folgenden Implikationen:*

$$\begin{array}{ccc}
\text{(Die Kette ist ergodisch.)} & \overset{\{1\}}{\Leftrightarrow} & \begin{pmatrix}\text{Die Kette ist unzerlegbar und}\\ \text{positiv-rekurrent mit } d=1.\end{pmatrix}\\
\Downarrow & & \Downarrow\\
\text{(Es existiert eine Grenzverteilung.)} & \overset{\{2\}}{\Leftrightarrow} & \begin{pmatrix}\text{Es existiert genau eine positiv-}\\ \text{rekurrente Klasse mit } d=1.\end{pmatrix}\\
\Downarrow & & \Downarrow\\
\begin{pmatrix}\text{Es existiert eine eindeutige}\\ \text{stationäre Verteilung.}\end{pmatrix} & \overset{\{3\}}{\Leftrightarrow} & \begin{pmatrix}\text{Es existiert genau eine}\\ \text{positiv-rekurrente Klasse.}\end{pmatrix}
\end{array}$$

Beweis. Alle „vertikalen" Implikationen $\Downarrow$ sind evident. Die Aussage {1} wurde in Satz 2 von § 3, die Aussage {2} in Satz 3 und die Aussage {3} in Satz 2 nachgewiesen.

4. Aufgaben

1. Man zeige, daß im Beispiel 1 aus § 5 keine stationären Verteilungen und keine Grenzverteilung vorhanden sind.
2. Man untersuche das Problem stationärer Verteilungen und der Grenzverteilung für die Markov-Kette mit der Übergangsmatrix

$$\mathbb{P} = \begin{pmatrix} 1/2 & 0 & 1/2 & 0\\ 0 & 0 & 0 & 1\\ 1/4 & 1/2 & 1/4 & 0\\ 0 & 1/2 & 1/2 & 0 \end{pmatrix}.$$

3. Es sei $\mathbb{P} = \|p_{ij}\|$ eine *doppelt-stochastische* Matrix mit der Dimension m, d. h., es gilt zusätzlich $\sum_{i=1}^{m} p_{ij} = 1$, $j = 1, \ldots, m$. Man zeige, daß für die entsprechende Markov-Kette der Vektor $\mathbb{Q} = (1/m, \ldots, 1/m)$ eine stationäre Verteilung ist.

§ 5. Beispiele

1. Wir wollen einige Beispiele anführen, welche die eingeführten Begriffe und die weiter oben erhaltenen Aussagen bezüglich der Klassifikation der Zustände und des Grenzverhaltens der Übergangswahrscheinlichkeiten illustrieren.

Beispiel 1. Wir nennen eine Markov-Kette, in der das Teilchen mit einer gewissen Wahrscheinlichkeit in jedem Zustand verbleibt bzw. mit gewissen Wahrscheinlichkeiten in die benachbarten Zustände übergeht, *zufällige Irrfahrt.*

Die dem Graphen

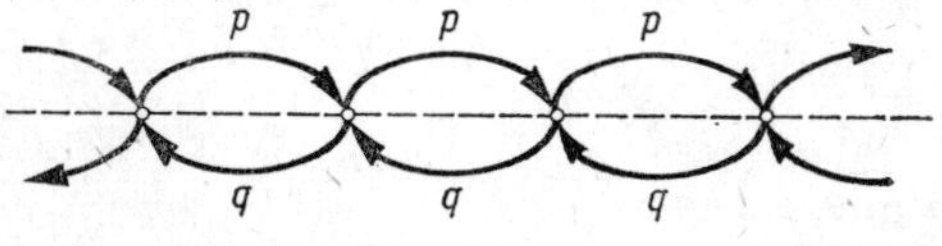

entsprechende zufällige Irrfahrt beschreibt die Irrfahrt eines Teilchens auf den Zuständen $E = \{0, \pm 1, \ldots\}$, wobei der Übergang um eine Einheit nach rechts mit der Wahrscheinlichkeit p und nach links mit der Wahrscheinlichkeit q erfolgt und $p + q = 1$ gilt. Es ist klar, daß die Übergangswahrscheinlichkeiten gleich

$$p_{ij} = \begin{cases} p, & j = i + 1, \\ q, & j = i - 1, \\ 0 & \text{sonst} \end{cases}$$

sind.

Für $p = 0$ bewegt sich das Teilchen auf determinierte Weise nach links, im Fall $p = 1$ jedoch nach rechts. Diese Fälle sind kaum interessant, da dann alle Zustände unwesentlich sind. Wir werden deshalb $0 < p < 1$ voraussetzen.

Unter dieser Voraussetzung bilden die Zustände der Kette eine Klasse wesentlicher verbundener Zustände. In jeden Zustand kann man nach 2, 4, 6, ... Schritten zurückkehren. Aus diesem Grunde besitzt die Kette die Periode $d = 2$.

Da für beliebiges $i \in E$

$$p_{ii}^{(2n)} = \binom{2n}{n} (pq)^n = \frac{(2n)!}{(n!)^2} (pq)^n$$

gilt, erhalten wir aufgrund der Stirlingschen Formel ($n! \sim \sqrt{2\pi n}\, n^n e^{-n}$ für große n)

$$p_{ii}^{(2n)} \sim \frac{(4pq)^n}{\sqrt{\pi n}}.$$

Deshalb ergibt sich $\sum\limits_n p_{ii}^{(2n)} = \infty$ für $p = q$ und $\sum\limits_n p_{ii}^{(2n)} < \infty$ für $p \neq q$. Mit anderen Worten: Die Kette ist für $p = q$ rekurrent, jedoch im Fall $p \neq q$ transient. In Kapitel I, § 10, wurde gezeigt, daß im Fall $p = q = 1/2$ die Beziehung $f_{ii}^{(2n)} \sim \dfrac{1}{2\sqrt{\pi}\, n^{3/2}}$ für $n \to \infty$ erfüllt ist. Das bedeutet $\mu_i = \sum\limits_n (2n) f_{ii}^{(2n)} = \infty$, d. h., alle rekurrenten Zustände sind null-rekurrent. Deshalb gilt nach Satz 1 aus § 3 für alle p mit $0 < p < 1$ die Beziehung $p_{ij}^{(n)} \to 0$, $n \to \infty$, für beliebige i und j.

Stationäre Verteilungen und eine Grenzverteilung sind nicht vorhanden.

Beispiel 2. Wir wollen eine zufällige Irrfahrt auf $E = \{0, 1, 2, \ldots\}$ betrachten, wobei 0 ein *absorbierender Randzustand* ist:

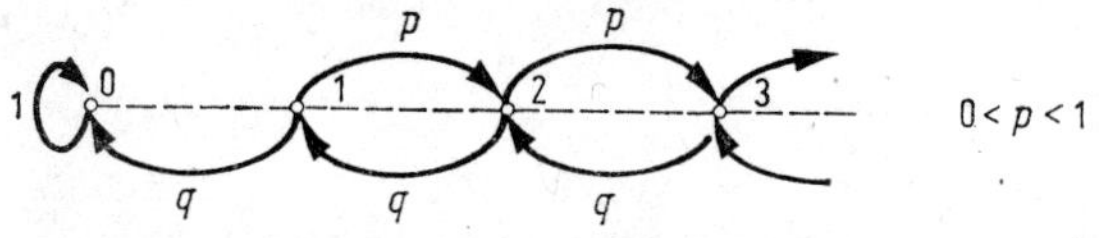

Der Zustand 0 bildet die einzige positiv rekurrente Klasse mit $d = 1$. Alle anderen Zustände sind transient. Deshalb existiert nach Satz 2 aus § 4 eine eindeutige stationäre Verteilung

$$\Pi = (\pi_0, \pi_1, \pi_2, \ldots),$$

wobei $\pi_0 = 1$ und $\pi_i = 0$ für $i \geqq 1$ gilt.

Wir untersuchen jetzt die Frage nach einer Grenzverteilung. Es ist klar, daß $p_{00}^{(n)} = 1$ und $p_{ij}^{(n)} \to 0$ für $j \geqq 1$, $i \geqq 0$ erfüllt ist. Wir wollen nun zeigen, daß die Größen $\alpha(i) = \lim_n p_{i0}^{(n)}$ für jedes $i \geqq 1$ durch die Formeln

$$\alpha(i) = \begin{cases} \left(\dfrac{q}{p}\right)^i, & p > q, \\ 1, & p \leqq q, \end{cases} \tag{1}$$

bestimmt sind.

Dazu bemerken wir zunächst, daß $p_{i0}^{(n)} = \sum_{k \leqq n} f_{i0}^{(k)}$ und folglich $\alpha(i) = f_{i0}$ gilt, da der Zustand 0 absorbierend ist, d. h., die uns interessierende Wahrscheinlichkeit $\alpha(i)$ ist die Wahrscheinlichkeit dafür, daß das Teilchen, ausgehend vom Zustand i, irgendwann den Zustand 0 erreicht. Für diese Wahrscheinlichkeiten leitet man mit derselben Methode wie in Kapitel I, § 12 (siehe auch Kapitel VII, § 2) die Rekursionsgleichung

$$\alpha(i) = p\alpha(i + 1) + q\alpha(i - 1) \tag{2}$$

mit $\alpha(0) = 1$ her. Die allgemeine Lösung dieser Gleichung besitzt die Gestalt

$$\alpha(i) = a + b(q/p)^i, \tag{3}$$

und die Beziehung $\alpha(0) = 1$ stellt eine Forderung an die Konstanten a und b:

$$a + b = 1.$$

Wenn $q > p$ vorausgesetzt wird, erhalten wir infolge der Beschränktheit der Größen $\alpha(i)$ unmittelbar $b = 0$ und somit $\alpha(i) = 1$. Dieses Ergebnis istvollkommen verständlich, da im Fall $q > p$ das Teilchen bestrebt ist, sich in Richtung des Zustandes 0 zu bewegen.

Falls jedoch $p > q$ gilt, ist die Situation umgekehrt, d. h., es besteht das Bestreben, nach rechts zu gehen, und es ist deshalb naheliegend zu erwarten, daß dann

$$\alpha(i) \to 0 \quad \text{für} \quad i \to \infty \tag{4}$$

erfüllt ist und folglich $a = 0$ und

$$\alpha(i) = \left(\frac{q}{p}\right)^i \tag{5}$$

gilt. Um diese Gleichung zu beweisen, werden wir nicht (4) nachweisen, sondern anders vorgehen.

Neben dem absorbierenden Randzustand 0 beziehen wir in die Betrachtung einen absorbierenden Zustand im ganzzahligen Punkt N ein. Mit $\alpha_N(i)$ bezeichnen wir die Wahrscheinlichkeit dafür, daß das Teilchen, vom Zustand i ausgehend, den Zustand 0 früher als den Zustand N erreicht. Für die Wahrscheinlichkeiten $\alpha_N(i)$ sind die Gleichungen (2) mit den Randbedingungen

$$\alpha_N(0) = 1, \qquad \alpha_N(N) = 0$$

gültig, und wie schon in Kapitel I, § 9, gezeigt wurde, gilt

$$\alpha_N(i) = \frac{\left(\frac{q}{p}\right)^i - \left(\frac{q}{p}\right)^N}{1 - \left(\frac{q}{p}\right)^N}, \qquad 0 \leqq i \leqq N. \tag{6}$$

Hieraus ergibt sich

$$\lim_N \alpha_N(i) = \left(\frac{q}{p}\right)^i,$$

und man braucht zum Beweis der gewünschten Gleichung (5) nur

$$\alpha(i) = \lim_N \alpha_N(i) \tag{7}$$

zu zeigen. Das ist intuitiv klar. Einen strengen Beweis kann man folgendermaßen erhalten.

Wir nehmen an, daß das Teilchen im vorgegebenen Zustand i startet. Dann gilt

$$\alpha(i) = \mathbf{P}_i(A), \tag{8}$$

wobei das Ereignis A darin besteht, daß ein N existiert, so daß das Teilchen, vom Punkt i ausgehend, den Zustand 0 früher als den Zustand N erreicht. Mit

$$A_N = \{\text{das Teilchen erreicht 0 früher als } N\}$$

ergibt sich $A = \bigcup\limits_{N=i+1}^{\infty} A_N$.

Es ist klar, daß $A_N \subseteqq A_{N+1}$ und

$$\mathbf{P}_i\left(\bigcup_{N=i+1}^{\infty} A_N\right) = \lim_{N\to\infty} \mathbf{P}_i(A_N) \tag{9}$$

erfüllt sind. Es gilt aber $\alpha_N(i) = \mathbf{P}_i(A_N)$, so daß (7) unmittelbar aus (8) und (9) folgt.

Somit hängen für $p > q$ die Grenzwerte $\lim\limits_n p_{i0}^{(n)}$ von i ab, und eine Grenzverteilung existiert folglich in diesem Fall nicht. Für $p \leqq q$ gilt hingegen für beliebiges i

$$\lim_n p_{i0}^{(n)} = 1 \quad \text{und} \quad \lim_n p_{ij}^{(n)} = 0 \quad \text{für} \quad j \geqq 1.$$

Damit besitzt in diesem Fall die Grenzverteilung Π die Gestalt $\Pi = (1, 0, 0, \ldots)$.

Beispiel 3. Wir betrachten eine zufällige Irrfahrt mit $E = \{0, 1, \ldots, N\}$ und *absorbierenden Randzuständen in den Punkten* 0 *und* N:

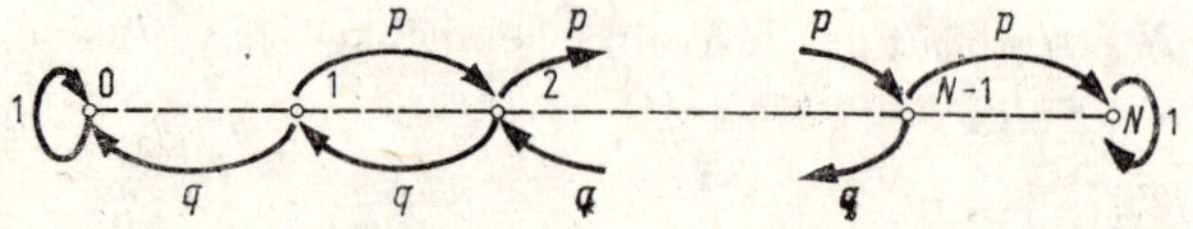

Hier gibt es zwei positiv-rekurrente Klassen, nämlich $\{0\}$ und $\{N\}$. Alle übrigen Zustände $\{1, \ldots, N-1\}$ sind transient. Aus Satz 2 in § 4 folgt, daß unendlich viele stationäre Verteilungen $\Pi = (\pi_0, \pi_1, \ldots, \pi_N)$ existieren, wobei $\pi_0 = a$, $\pi_N = b$, $\pi_1 = \ldots = \pi_{N-1} = 0$ gilt, mit $a \geqq 0$, $b \geqq 0$ und $a + b = 1$. Aus Satz 4 in § 4 ergibt sich außerdem, daß eine Grenzverteilung nicht existiert. Das folgt auch daraus, daß entsprechend der Aussagen in Kapitel I, § 9, Nr. 2,

$$\lim_{n\to\infty} p_{i0}^{(n)} = \begin{cases} \dfrac{\left(\dfrac{q}{p}\right)^i - \left(\dfrac{q}{p}\right)^N}{1 - \left(\dfrac{q}{p}\right)^N}, & p \neq q, \\ 1 - \dfrac{i}{N}, & p = q, \end{cases} \tag{10}$$

$$\lim_n p_{iN}^{(n)} = 1 - \lim_n p_{i0}^{(n)}$$

und

$$\lim_n p_{ij}^{(n)} = 0 \quad \text{für} \quad 1 \leqq j \leqq N-1$$

gilt.

Beispiel 4. Wir betrachten eine zufällige Irrfahrt mit $E = \{0, 1, \ldots\}$ und einem *reflektierenden Randzustand in Null*:

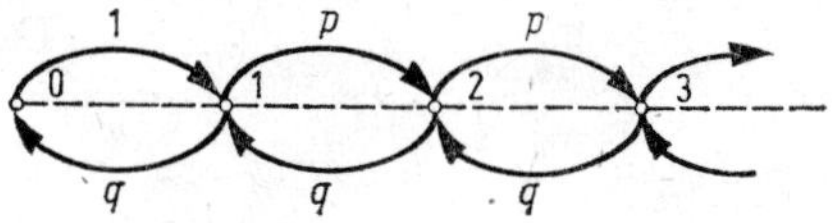

Es ist leicht einzusehen, daß die Kette periodisch ist mit der der Periode $d = 2$. Wir wollen $p > q$ annehmen, d. h., das umherirrende Teilchen ist bestrebt, nach rechts zu gehen. Es sei $i > 1$. Zur Ermittlung der Wahrscheinlichkeiten f_{i1} kann die Formel (1) benutzt werden, aus der sich

$$f_{i1} = \left(\frac{q}{p}\right)^{i-1} < 1, \qquad i > 1,$$

ergibt.

Alle Zustände der betrachteten Kette sind miteinander verbunden. Wäre der Zustand i rekurrent, so wäre deshalb der Zustand 1 ebenfalls rekurrent. Dann müßte aber f_{i1} gleich 1 sein (vgl. den Beweis von Lemma 3 in § 3). Folglich sind im Fall $p > q$ alle Zustände der betrachteten Kette transient, und es gilt also $p_{ij}^{(n)} \to 0$ für $n \to \infty$, $i, j \in E$, und eine Grenzverteilung oder stationäre Verteilung existiert nicht.

Es sei jetzt $p \leqq q$. Dann ergibt sich aus (1) $f_{i1} = 1$ für $i > 1$ und $f_{11} = q + pf_{21} = 1$. Aus diesem Grunde ist die Kette rekurrent.

Wir betrachten das Gleichungssystem, welches die stationäre Verteilung $\Pi = (\pi_0, \pi_1, \ldots)$ bestimmt:

$$\pi_0 = \pi_1 q,$$
$$\pi_1 = \pi_0 + \pi_2 q,$$
$$\pi_2 = \pi_1 p + \pi_3 q,$$
$$\ldots,$$

d. h.

$$\pi_1 = \pi_1 q + \pi_2 q,$$
$$\pi_2 = \pi_2 q + \pi_3 q,$$
$$\ldots,$$

woraus wir

$$\pi_j = \left(\frac{p}{q}\right) \pi_{j-1}, \qquad j = 2, 3, \ldots,$$

erhalten.

Für $p = q$ gilt $\pi_1 = \pi_2 = \ldots$ und folglich $\pi_0 = \pi_1 = \pi_2 = \ldots = 0$. Mit anderen Worten: Es existiert für $p = q$ keine stationäre Verteilung und also auch keine Grenzverteilung. Hieraus und aus Satz 3 in § 4 folgt insbesondere, daß in diesem Fall alle Zustände der Kette null-rekurrent sind.

Es bleibt der Fall $p < q$ zu untersuchen. Aus der Bedingung $\sum_{j=0}^{\infty} \pi_j = 1$ erhalten wir

$$\pi_1 \left[q + 1 + \left(\frac{p}{q}\right) + \left(\frac{p}{q}\right)^2 + \cdots\right] = 1,$$

d. h.

$$\pi_1 = \frac{q-p}{2q}, \qquad \pi_j = \frac{q-p}{2q} \left(\frac{p}{q}\right)^{j-1}, \qquad j \geqq 2.$$

Damit ist Π die einzige stationäre Verteilung. Aus diesem Grunde ist die Kette im Fall $p < q$ positiv-rekurrent (vgl. Satz 2 aus § 4).

Beispiel 5. Es werde wieder eine zufällige Irrfahrt mit $E = \{0, 1, \ldots, N\}$ und *zwei reflektierenden Randzuständen in den Punkten* 0 *und* N betrachtet:

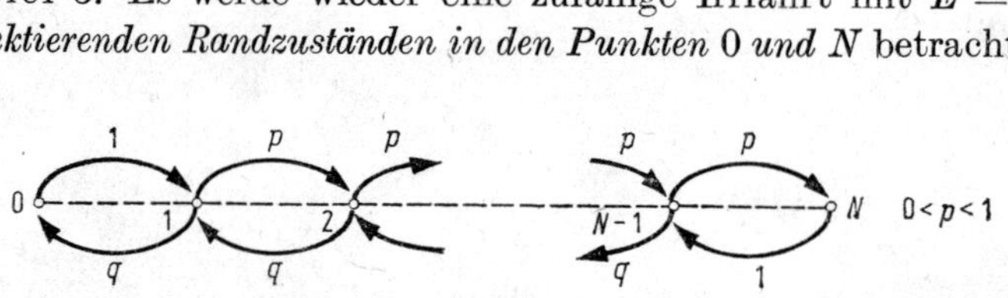

Alle Zustände der Kette sind periodisch mit der Periode $d = 2$ und positiv-rekurrent. Durch Auflösung des Gleichungssystems $\pi_j = \sum_{i=0}^{N} \pi_i p_{ij}$, $j = 0, 1, \ldots, N$, mit der Bedingung $\sum_{i=0}^{N} \pi_i = 1$ erhalten wir die eindeutige stationäre Verteilung

$$\pi_i = \frac{\left(\frac{p}{q}\right)^{i-1}}{1 + \sum_{j=1}^{N-1} \left(\frac{p}{q}\right)^{j-1}}, \qquad 2 \leqq i \leqq N-1,$$

und

$$\pi_0 = \pi_1 q, \qquad \pi_N = \pi_{N-1} p.$$

2. Beispiel 6. In Beispiel 1 wurde festgestellt, daß die dort betrachtete zufällige Irrfahrt auf den ganzzahligen Punkten der Geraden für $p = q$ rekurrent und für $p \neq q$ transient ist. Wir wollen jetzt die symmetrische zufällige Irrfahrt auf der Ebene und im Raum unter dem Gesichtspunkt der Rekurrenz und Transienz untersuchen.

Im Fall der Ebene werden wir annehmen, daß sich das Teilchen aus jedem Zustand (i, j) mit der Wahrscheinlichkeit 1/4 nach oben, unten, rechts oder links bewegt (vgl. Abb. 41).

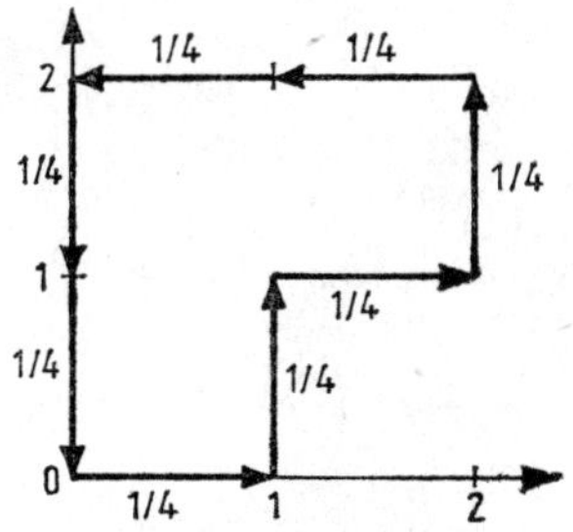

Abb. 41
Irrfahrt in der Ebene

Wir betrachten der Einfachheit halber den Zustand (0, 0). Dann werden die Wahrscheinlichkeiten $p_k = p^{(k)}_{(0,0),(0,0)}$ des Übergangs aus dem Zustand (0, 0) in k Schritten in (0, 0) durch die Formeln

$$p_{2n+1} = 0, \qquad n = 0, 1, 2, \ldots,$$

$$p_{2n} = \sum_{\{(i,j):\, i+j=n,\, 0 \leqq i \leqq n\}} \frac{(2n!)}{i!\, i!\, j!\, j!} \left(\frac{1}{4}\right)^{2n}, \qquad n = 1, 2, \ldots,$$

gegeben. Indem wir jeden Summanden mit $(n!)^2$ erweitern, erhalten wir

$$p_{2n} = \left(\frac{1}{4}\right)^{2n} \binom{2n}{n} \sum_{i=0}^{n} \binom{n}{i} \binom{n}{n-i} = \left(\frac{1}{4}\right)^{2n} \binom{2n}{n}^2,$$

denn es ist

$$\sum_{i=0}^{n} \binom{n}{i} \binom{n}{n-i} = \binom{2n}{n}.$$

Durch Anwendung der Stirlingschen Formel finden wir

$$p_{2n} \sim \frac{1}{\pi n}$$

und folglich $\sum_n p_{2n} = \infty$. Somit ist der Zustand (0, 0) (wie auch jeder andere Zustand) *rekurrent*.

Es stellt sich jedoch heraus, daß für die Dimension 3 *oder größer* die symmetrische zufällige Irrfahrt *transient* ist. Wir wollen das für die Irrfahrt auf den ganzzahligen Punkten (i, j, k) im Raum zeigen.

Wir setzen voraus, daß sich das Teilchen aus dem Punkt (i, j, k) mit der Wahrscheinlichkeit 1/6 um eine Einheit längs jeder Koordinatenachse bewegt:

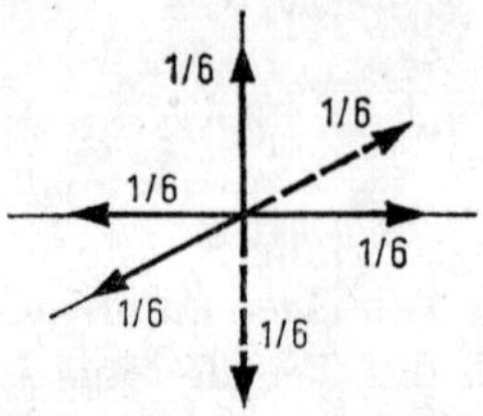

Dann gilt für die Wahrscheinlichkeiten p_k der Rückkehr aus dem Zustand (0, 0, 0) in (0, 0, 0) in k Schritten

$$p_{2n+1} = 0, \qquad n = 0, 1, \ldots,$$

$$\begin{aligned} p_{2n} &= \sum_{\{(i,j):0 \leqq i+j \leqq n\}} \frac{(2n)!}{(i!)^2\,(j!)^2\,((n-i-j)!)^2} \left(\frac{1}{6}\right)^{2n} \\ &= \frac{1}{2^{2n}} \binom{2n}{n} \sum_{\{(i,j):0 \leqq i+j \leqq n\}} \left[\frac{n!}{i!\,j!\,(n-i-j)!}\right]^2 \left(\frac{1}{3}\right)^{2n} \\ &\leqq C_n \frac{1}{2^{2n}} \binom{2n}{n} \frac{1}{3^n} \sum_{\{(i,j):0 \leqq i+j \leqq n\}} \frac{n!}{i!\,j!\,(n-i-j)!} \left(\frac{1}{3}\right)^n \\ &= C_n \frac{1}{2^{2n}} \binom{2n}{n} \frac{1}{3^n}, \qquad n = 1, 2, \ldots, \end{aligned} \tag{11}$$

mit

$$C_n = \max_{\{(i,j):0 \leqq i+j \leqq n\}} \left[\frac{n!}{i!\,j!\,(n-i-j)!}\right]. \tag{12}$$

Wir zeigen, daß für große n das Maximum in (12) für $i \sim n/3$, $j \sim n/3$ angenommen wird. Dazu bezeichnen wir mit i_0 und j_0 die Größen, für die das Maximum angenommen wird. Dann sind offensichtlich die folgenden Ungleichungen gültig:

$$\frac{n!}{j_0!\,(i_0-1)!\,(n-j_0-i_0+1)!} \leqq \frac{n!}{j_0!\,i_0!\,(n-j_0-i_0)!},$$

$$\begin{aligned} \frac{n!}{j_0!\,(i_0+1)!\,(n-j_0-i_0-1)!} &\leqq \frac{n!}{(j_0-1)!\,i_0!\,(n-j_0-i_0+1)!} \\ &\leqq \frac{n!}{(j_0+1)!\,i_0!\,(n-j_0-i_0-1)!}. \end{aligned}$$

Daraus ergibt sich

$$n - i_0 - 1 \leqq 2j_0 \leqq n - i_0 + 1,$$
$$n - j_0 - 1 \leqq 2i_0 \leqq n - j_0 + 1;$$

für große n bedeutet dies $i_0 \sim n/3$, $j_0 \sim n/3$ sowie

$$C_n \sim \frac{n!}{\left[\left(\frac{n}{3}\right)!\right]^3}.$$

Aufgrund der Stirlingschen Formel gilt

$$C_n \frac{1}{2^{2n}} \binom{2n}{n} \frac{1}{3^n} \sim \frac{3\sqrt{3}}{2\pi^{3/2}\, n^{3/2}},$$

und wegen

$$\sum_{n=1}^{\infty} \frac{3\sqrt{3}}{2\pi^{3/2}\, n^{3/2}} < \infty$$

erhalten wir

$$\sum_n p_{2n} < \infty.$$

Folglich ist der Zustand (0, 0, 0) und ebenso jeder beliebige andere Zustand transient. Ein analoges Ergebnis ist auch für Dimensionen größer als 3 richtig.

Somit gilt die folgende Aussage (G. Pólya): *Für die Räume R^1 und R^2 ist die symmetrische zufällige Irrfahrt rekurrent, während sie für die Räume R^n, $n \geqq 3$, transient ist.*

3. Aufgaben

1. Man leite die Rekursionsgleichung (2) her.
2. Man weise die Gültigkeit der Beziehung (4) nach.
3. Man zeige, daß in Beispiel 5 alle Zustände periodisch mit der Periode 2 und positiv-rekurrent sind.
4. Man gebe die Klassifikation der Zustände einer Markov-Kette mit der Übergangsmatrix

$$\mathbb{P} = \begin{pmatrix} p & q & 0 & 0 \\ 0 & 0 & p & q \\ p & q & 0 & 0 \\ 0 & 0 & p & q \end{pmatrix}$$

mit $p + q = 1$, $p \geqq 0$, $q \geqq 0$ an.

Historische und bibliographische Anmerkungen

Einführung

Die Geschichte der Wahrscheinlichkeitstheorie bis zur Zeit von LAPLACE ist in der Monographie von I. TODHUNTER [1] dargelegt. Der Zeitabschnitt von LAPLACE bis zum Ende des 19. Jahrhunderts wird in einem Artikel von B. V. GNEDENKO und O. V. ŠEJNIN betrachtet, welcher in dem Sammelband von A. N. KOLMOGOROV, A. P. JUŠKEVIČ (Hrsg.) [1] veröffentlicht ist. In dem Buch von D. E. MAJSTROV [1] wird die Geschichte der Wahrscheinlichkeitstheorie von ihrer Entstehung bis in die dreißiger Jahre unseres Jahrhunderts dargestellt. Einen kurzen Abriß der Geschichte der Wahrscheinlichkeitstheorie enthält das Lehrbuch von B. V. GNEDENKO [1]. Zum Ursprung vieler Fachbegriffe der Wahrscheinlichkeitstheorie sei auf das Buch von N. V. ALEKSANDROVA [1] verwiesen.

Betreffs grundlegender Begriffe der Wahrscheinlichkeitstheorie siehe die Bücher von A. N. KOLMOGOROV [5], B. V. GNEDENKO [1], A. A. BOROVKOV [1], B. V. GNEDENKO und A. JA. CHINČIN [1], A. M. JAGLOM und I. M. JAGLOM [1], das Nachschlagewerk von JU. V. PROCHOROV und JU. A. ROZANOV [1], das Handbuch von V. S. KOROLJUK (Hrsg.) [1] sowie die Bücher von W. FELLER [1], [2], J. NEYMAN [1], M. LOÈVE [1], J. L. DOOB [1]. Wir weisen auch auf die Aufgabensammlung von L. D. MEŠALKIN [1] hin, die eine große Anzahl von Aufgaben zur Wahrscheinlichkeitstheorie enthält.

Bei der Ausarbeitung des vorliegenden Lehrbuches machte sich der Autor verschiedene Literatur zu nutze. Aus der englischsprachigen Lehrbuchliteratur seien besonders die Bücher von L. BREIMAN [1], R. B. ASH [1], [2] sowie R. B. ASH und M. F. GARDNER [1] hervorgehoben, welche (nach Meinung des Autors) Musterbeispiele für eine gelungene Aufbereitung des Stoffes darstellen.

Nützliche Auskunft über Wahrscheinlichkeitstheorie und Mathematische Statistik kann der Leser in der Großen Sowjet-Enzyklopädie, der Kleinen Sowjet-Enzyklopädie und der Mathematischen Enzyklopädie (vom Verlag „Sovetskaja Ėnciklopedija") finden.

Die grundlegende in der Sowjetunion verlegte wissenschaftliche Zeitschrift zur Wahrscheinlichkeitstheorie und Mathematischen Statistik ist die Zeitschrift „Teorija Verojatnostej i ee Primenenija" (vom Verlag „Nauka"), welche seit 1956 erscheint.

Das „Referativnyj Žurnal", herausgegeben von VINITI, dem Allunionsinstitut für wissenschaftliche und technische Information (Moskau), publiziert Referate zu Arbeiten über Wahrscheinlichkeitstheorie und Mathematische Statistik aus dem In- und Ausland.

Für die meisten Anwendungen der Wahrscheinlichkeitstheorie und Statistik, die die Verwendung von Tabellen erfordern, erweisen sich die Tabellen zur Mathematischen Statistik von L. N. BOL'ŠEV und N. V. SMIRNOV [1] als nützlich.

Kapitel I

§ 1. Zur Konstruktion wahrscheinlichkeitstheoretischer Modelle siehe auch den Artikel von A. N. KOLMOGOROV [4] und das Buch von B. V. GNEDENKO [1]. Umfangreiches Material zu Problemen der Verteilung von Teilchen in Boxen ist dem Buch von V. F. KOLČIN, B. A. SEVAST'JANOV und V. P. ČISTJAKOV [1] zu entnehmen.

§ 2. Zu verschiedenen wahrscheinlichkeitstheoretischen Modellen, die in der statistischen Physik auftauchen (insbesondere dem eindimensionalen Ising-Modell), siehe z. B. das Buch von A. ISIHARA [1].

§ 3. Die Formel und der Satz von BAYES bilden die Grundlage für den sogenannten Bayesschen Zugang zur Mathematischen Statistik. Siehe z. B. die Bücher von M. H. DEGROOT [1] und L. SACHS [1].

§ 4. Verschiedene Aufgaben zu zufälligen Größen und ihren wahrscheinlichkeitstheoretischen Charakteristiken kann man in der Aufgabensammlung von L. D. MEŠALKIN [1] finden.

§ 5. Einen kombinatorischen Beweis des Gesetzes der großen Zahlen, welcher auf J. BERNOULLI zurückgeht, kann man z. B. in W. FELLER [1] finden. Bezüglich einer empirischen Interpretation des Gesetzes der großen Zahlen siehe die Arbeit von A. N. KOLMOGOROV [4].

§ 6. Präzisierungen im lokalen und integralen Grenzwertsatz sowie im Satz von POISSON betreffend siehe das Buch von A. A. BOROVKOV [1] und den Artikel von JU. V. PROCHOROV [1].

§ 7. Der hier dargelegte Stoff illustriert am Beispiel des Bernoulli-Schemas einige grundlegende Begriffe und Methoden der Mathematischen Statistik. Ausführlicher sind diese in den Monographien von H. CRAMÉR [1] und B. L. VAN DER WAERDEN [1] zu finden.

§ 8. Die Betrachtung bedingter Wahrscheinlichkeiten und bedingter Erwartungswerte bezüglich Zerlegungen unterstützt das bessere Verständnis der später eingeführten wesentlich komplizierteren Begriffe der bedingten Wahrscheinlichkeiten und bedingten Erwartungswerte bezüglich σ-Algebren.

§ 9. Ruinprobleme in der hier angeführten Form wurden im Grunde genommen schon von LAPLACE untersucht. Man vergleiche diesbezüglich den Artikel von B. V. GNEDENKO und O. V. ŠEJNIN in A. N. KOLMOGOROV, A. P. JUŠKEVIČ (Hrsg.) [1]. Umfangreiches Material zu dieser Thematik ist in dem Buch von W. FELLER [1] enthalten.

§ 10. Die hier verwendete übliche Darstellungsweise folgt im wesentlichen dem Buch von W. FELLER [1]. Die Beweismethode für die Beziehungen (10) und (11) entstammt dem Artikel von M. DOHERTY [1].

§ 11. Die Martingaltheorie ist ausführlich in dem Buch von J. L. DOOB [1] dargelegt. Einen anderen Beweis des Satzes über die geheime Abstimmung kann man z. B. im Buch von W. FELLER [1] finden.

§ 12. Umfangreiches Material zu Markov-Ketten ist in den Büchern von W. FELLER [1], E. B. DYNKIN [1], J. G. KEMENY und J. J. SNELL [1], T. A. SARYMSAKOV [1] und C. CH. SIRAŽDINOV [1] enthalten. Der Theorie der Verzweigungsprozesse ist die Monographie von B. A. SEVAST'JANOV [1] gewidmet.

Kapitel II

§ 1. Die Kolmogorovschen Axiome sind in seinem Buch A. N. KOLMOGOROV [5] dargelegt.

§ 2. Ergänzendes Material über Algebren und σ-Algebren kann man z. B. in den Büchern von A. N. KOLMOGOROV und S. V. FOMIN [1], J. NEVEU [1], L. BREIMAN [1] und R. B. ASH [2] finden.

§ 3. Zum Beweis des Satzes von CARATHÉODORY siehe M. LOÈVE [1], P. R. HALMOS [1].

§§ 4—5. Weitergehendes Material über meßbare Funktionen ist dem Buch von P. R. HALMOS [1] zu entnehmen.

§ 6. Man vergleiche auch die Bücher von A. N. KOLMOGOROV und S. V. FOMIN [1], P. R. HALMOS [1] und R. B. ASH [2].
In diesen Büchern ist auch ein Beweis des Satzes von RADON-NIKODYM enthalten. Manchmal wird unter der Čebyševschen Ungleichung die Ungleichung

$$\mathbf{P}(|\xi| \geqq \varepsilon) \leqq \frac{\mathbf{M}\xi^2}{\varepsilon^2}$$

verstanden, während

$$\mathbf{P}(|\xi| \geqq \varepsilon) \leqq \frac{\mathbf{M}\,|\xi|^r}{\varepsilon^r}, \qquad r > 0,$$

Markovsche Ungleichung genannt wird.

§ 7. Die Definition der bedingten Wahrscheinlichkeit und des bedingten Erwartungswertes bezüglich σ-Algebren wurde von A. N. KOLMOGOROV [5] gegeben. Umfangreiches Material zu den betrachteten Problemen ist in den Büchern von L. BREIMAN [1] und R. B. ASH [2] enthalten.

§ 8. Man vergleiche auch die Bücher von A. A. BOROVKOV [1], R. B. ASH [2], H. CRAMÉR [1] und B. V. GNEDENKO [1].

§ 9. Der Satz von KOLMOGOROV über die Existenz eines Prozesses mit gegebenen endlichdimensionalen Verteilungen ist in seinem Buch A. N. KOLMOGOROV [5] enthalten. Zum Satz von IONESCU-TULCEA siehe auch die Bücher von J. NEVEU [1] und R. B. ASH [2]. Der hier angeführte Beweis folgt R. B. ASH [2].

§§ 10—11. Man siehe auch die Bücher von A. N. KOLMOGOROV und S. V. FOMIN [1], R. B. ASH [2], J. L. DOOB [1] und M. LOÈVE [1].

§ 12. Die Theorie der charakteristischen Funktionen ist in vielen Büchern dargelegt. Vergleiche etwa B. V. GNEDENKO [1], B. V. GNEDENKO und A. N. KOLMOGOROV [1], B. RAMACHANDRAN [1]. Die Darstellung der Formeln für den Zusammenhang von Momenten und Semiinvarianten folgt dem Artikel von V. P. LEONOV und A. N. ŠIRJAEV [1].

§ 13. Man siehe auch die Bücher von M. A. IBRAGIMOV und JU. A. ROZANOV [1], L. BREIMAN [1], R. Š. LIPCER und A. N. ŠIRJAEV [1].

Kapitel III

§ 1. Eine detaillierte Darstellung der Fragen der schwachen Konvergenz von Wahrscheinlichkeitsmaßen und -verteilungen ist in den Büchern von B. V. GNEDENKO und A. N. KOLMOGOROV [1] sowie P. BILLINGSLEY [1] enthalten.

§ 2. Der Satz von JU. V. PROCHOROV ist in seiner Arbeit [2] enthalten.

§ 3. Der Methode der charakteristischen Funktionen zum Beweis von Grenzwertsätzen in der Wahrscheinlichkeitstheorie ist die Monographie von B. V. GNEDENKO und A. M. KOLMOGOROV [1] gewidmet. Siehe auch P. BILLINGSLEY [1]. Die angeführte Aufgabe 2 schließt sowohl das Gesetz der großen Zahlen von J. BERNOULLI als auch das Gesetz der großen Zahlen von POISSON ein, welcher voraussetzte, daß $\xi_1, \xi_2, \ldots$ unabhängig sind, zwei Werte (1 und 0) annehmen, aber im allgemeinen verschieden verteilt sind: $\mathbf{P}(\xi_i = 1) = p_i$, $\mathbf{P}(\xi_i = 0) = 1 - p_i$, $i \geqq 1$.

§ 4. Betreffs „nicht klassischer" Bedingungen für die Gültigkeit des zentralen Grenzwertsatzes siehe V. M. ZOLOTAREV [1], [2] und V. I. ROTAR [1]. Der Satz 1 wurde von V. I. ROTAR angegeben. Das Lemma in Nr. 6 stammt ebenfalls von ihm.

§ 5. Die Darstellung folgt hier B. V. GNEDENKO und A. N. KOLMOGOROV [1] sowie R. B. ASH [2].

§ 6. Der Beweis ist V. V. SAZONOV [1] entlehnt.

§ 7. Siehe auch E. VALKEILA [1].

Kapitel IV

§ 1. Das Null-Eins-Gesetz von KOLMOGOROV ist in seinem Buch [5] enthalten. Betreffs des Null-Eins-Gesetzes von HEWITT und SAVAGE siehe auch A. A. BOROVKOV [1], L. BREIMAN [1] und R. B. ASH [2].

§§ 2–4. Die grundlegenden Ergebnisse hieraus wurden von A. N. KOLMOGOROV und A. JA. CHINČIN erhalten (vgl. A. N. KOLMOGOROV [5] und die dort angegebene Literatur). Man vergleiche auch die Bücher von V. V. PETROV [1] und W. F. STOUT [1]. Bezüglich wahrscheinlichkeitstheoretischer Methoden in der Zahlentheorie siehe das Buch von I. P. KUBILJUS [1].

Kapitel V

§§ 1–3. Bei der Darlegung der Theorie der (im engeren Sinne) stationären zufälligen Folgen wurden die Bücher von L. BREIMAN [1], JA. G. SINAJ [1] und J. LAMPERTI [2] verwendet. Der einfache Beweis des maximalen Ergodensatzes wurde von A. GARSIA [1] angegeben.

Kapitel VI

§ 1. Mit der Theorie der (im weiteren Sinne) stationären zufälligen Folgen beschäftigen sich die Bücher von JU. A. ROZANOV [1] sowie I. I. GICHMAN und A. V. SKOROCHOD [1], [2]. Das Beispiel 6 wurde oft in den Vorlesungen von A. N. KOLMOGOROV angeführt.

§ 2. Orthogonale stochastische Maße und stochastische Integrale betreffend siehe auch J. L. DOOB [1], I. I. GICHMAN und A. V. SKOROCHOD [2], JU. A. ROZANOV [1], R. B. ASH und M. GARDNER [1].

§ 3. Die Spektraldarstellung (2) wurde von H. CRAMÉR und M. LOÈVE erhalten (siehe z. B. M. LOÈVE [1]). In anderer Form ist diese Darstellung in der Arbeit von A. N. KOLMOGOROV [2] enthalten. Man siehe auch die Bücher von J. L. DOOB [1], JU. A. ROZANOV [1], R. B. ASH und M. GARDNER [1].

§ 4. Eine ausführliche Darstellung der Probleme der statistischen Schätzung der Kovarianzfunktion und Spektraldichte beinhalten die Bücher von E. J. HANNAN [1], [2].

§§ 5–6. Man vergleiche auch die Bücher von JU. A. ROZANOV [1], J. LAMPERTI [2], I. I. GICHMAN und A. V. SKOROCHOD [1], [2].

§ 7. Die Darstellung folgt hier dem Buch von R. Š. LIPCER und A. N. ŠIRJAEV [1].

Kapitel VII

§ 1. Die Mehrheit der grundlegenden Resultate der Martingaltheorie wurde von J. L. DOOB [1] erzielt. Satz 1 ist in P. A. MEYER [1] enthalten. Siehe auch die Bücher von P. A. MEYER [2], R. Š. LIPCER und A. N. ŠIRJAEV [1], I. I. GICHMAN und A. V. SKOROCHOD [2].

§ 2. Der Satz 1 wird oft Satz über die „Transformation durch ein System von Stoppzeiten" genannt. Die Identitäten (14), (15) und die Waldsche Fundamentalidentität betreffend siehe das Buch von A. Wald [1].

§ 3. Eine ausführliche Erläuterung der hier dargelegten Resultate einschließlich der Beweise der Ungleichungen von Chinčin, Marcinkiewicz und Zygmund, Burkholder, Davis beinhaltet das Buch von Y. S. Chow und H. Teicher [1]. Der Satz 2 stammt von E. Lenglart [1].

§ 4. Man siehe die Monographie von J. L. Doob [1].

§ 5. Das hier dargelegte Material folgt Artikeln von Ju. M. Kabanov, R. Š. Lipcer und A. N. Širjaev [1], H. J. Engelbert und A. N. Širjaev [1] sowie dem Buch von J. Neveu [1]. Satz 4 und das Beispiel gehen auf R. Š. Lipcer zurück.

§ 6. Der hier angeführte Zugang zur Problematik der absoluten Stetigkeit und Singularität sowie die dargelegten Ergebnisse sind in der Arbeit von Ju. M. Kabanov, R. Š. Lipcer und A. N. Širjaev [1] enthalten.

§ 7. Die Sätze 1 und 2 stammen von A. A. Novikov [1]. Lemma 1 ist ein diskretes Analogon des bekannten Satzes von Girsanov (vgl. Ju. M. Kabanov, R. Š. Lipcer und A. N. Širjaev [1]).

§ 8. Die Darlegung folgt R. Š. Lipcer, A. N. Širjaev [2].

Kapitel VIII

§ 1. Betreffs grundlegender Definitionen siehe die Bücher von E. B. Dynkin [1], A. D. Ventčel' [1], J. L. Doob [1], I. I. Gichman und A. V. Skorochod [2]. Die Existenz regulärer Übergangswahrscheinlichkeiten, für die für alle $x \in R$ die Chapman-Kolmogorovsche Gleichung erfüllt ist, wird in J. Neveu [1] (Folgerung zu Satz V. 2. 1) sowie in I. I. Gichman und A. V. Skorochod [2] (Teil 1, Kap. II, § 4) bewiesen.
S. E. Kuznecov bewies die Gültigkeit eines (bei weitem nicht trivialen) analogen Ergebnisses für Markov-Prozesse mit stetiger Zeit und Werten in universell meßbaren Räumen (vgl. Abstracts of 12 European Meeting of Statisticians, Varna, 1979).

§§ 2—5. Die Darlegung folgt hier dem Artikel von A. N. Kolmogorov [1] sowie den Büchern von A. A. Borovkov [1] und R. B. Ash [1].

Literatur

ALEKSANDROV, P. S.

[1] Vvedenie v obščuju teoriju množestv i funkcij. Gostechizdat, Moskva 1948.

[2] Vvedenie v teoriju množestv i obščuju topologiju. Nauka, Moskva 1977 (d. Übers.: P. S. ALEXANDROFF, Einführung in die Mengenlehre und in die allgemeine Topologie. VEB Deutscher Verlag der Wissenschaften, Berlin 1984).

ALEKSANDROVA, N. V.

[1] Matematičeskie terminy. Vysšaja škola, Moskva 1978.

ASH, R. B.

[1] Basic Probability Theory. Wiley, New York 1970.

[2] Real Analysis and Probability. Academic Press, New York 1972.

ASH, R. B.; GARDNER, M. F.

[1] Topics in Stochastic Processes. Academic Press, New York 1975.

BERNŠTEJN, S. N.

[1] O rabotach P. L. Čebyševa po teorii verojatnostej. In: Naučnoe nasledie P. L. Čebyševa. Vyp. 1, Matematika, 1945, 59—60.

[2] Teorija verojatnostej. 4-e izd., Gostechizdat, Moskva 1946.

BILLINGSLEY, P.

[1] Convergence of Probability Measures. Wiley, New York 1968.

BOL'ŠEV, L. N.; SMIRNOV, N. V.

[1] Tablicy matematičeskoj statistiki. Nauka, Moskva 1965.

BOROVKOV, A. A.

[1] Teorija verojatnostej. Nauka, Moskva 1976 (dt. Übers.: Wahrscheinlichkeitstheorie. Akademie-Verlag, Berlin 1976).

BREIMAN, L.

[1] Probability. Addison-Wesley, Reading, MA, 1968.

ČEBYŠEV, P. L.

[1] Teorija verojatnostej: Lekcii akad. P. L. Čebyševa, čitannye v 1879, 1880 gg. Herausgegeben von A. N. KRYLOV nach Aufzeichnungen von A. M. LJAPUNOV. Moskva—Leningrad 1936.

CHOW, Y. S.; ROBBINS, H.; SIEGMUND, D.

[1] Great Expectations: The Theory of Optimal Stopping. Houghton-Mifflin, Boston 1971.

CHOW, Y. S.; TEICHER, H.

[1] Probability Theory: Independence, Interchangability, Martingales. Springer, New York 1978.

CHUNG, KAI LAI

[1] Markov Chains with Stationary Transition Probabilities. Springer, New York 1967.

CRAMÉR, H.

[1] Mathematical Methods of Statistics. Princeton University Press, Princeton, NJ, 1957.

de Groot, M. H.
[1] Optimal Statistical Decisions. McGraw-Hill, New York 1970.

Doherty, M.
[1] An amusing proof in fluctuation theory. Lecture Notes in Mathematics, Vol. 452, Springer-Verlag, Berlin 1975, p. 101–104.

Doob, J. L.
[1] Stochastic Processes. Wiley, New York 1953.

Dynkin, E. B.
[1] Markovskie processy. Fizmatgiz, Moskva 1963 (engl. Übers.: Markov Processes. Plenum, New York 1963).

Engelbert, H. J.; Shiryaev, A. N.
[1] On the sets of convergence of generalized submartingales. Stochastics **2** (1979), 155 bis 166.

Feller, W.
[1] An Introduction to Probability Theory and its Applications, Vol. 1, 3rd ed., Wiley, New York 1968.
[2] An Introduction to Probability Theory and its Applications, Vol. 2, 2nd ed., Wiley, New York 1971.

Garsia, A.
[1] A simple proof of E. Hopf's maximal ergodic theorem. J. Math. Mech. **14** (1965), 381 bis 382.

Gichman, I. I.; Skorochod, A. V.
[1] Vvedenie v teoriju slučajnych processov. Nauka. Moskva 1977.
[2] Teorija slučajnych processov, t. I, II, III. Nauka, Moskva 1971, 1973, 1975 (engl. Übers.: Theory of Stochastic Processes, 3 vols. Springer, New York 1974–1979).

Gnedenko, B. V.
[1] Kurs teorii verojatnostej. 5-e izd., Nauka, Moskva 1969 (dt. Übers.: Lehrbuch der Wahrscheinlichkeitsrechnung, 8. Aufl., Akademie-Verlag, Berlin 1980).

Gnedenko, B. V.; Chinčin, A. Ja.
[1] Ėlementarnoe vvedenie v teoriju verojatnostej, Nauka, Moskva 1976 (dt. Übers.: Elementare Einführung in die Wahrscheinlichkeitsrechnung, 12. Aufl., VEB Deutscher Verlag der Wissenschaften, Berlin 1983).

Gnedenko, B. V.; Kolmogorov, A. N.
[1] Predel'nye raspredelenija dlja summ nezavisimych slučajnych veličin. Gostechizdat, Moskva 1949 (dt. Übers.: Grenzverteilungen von Summen unabhängiger Zufallsgrößen. 2. Aufl., Akademie-Verlag, Berlin 1960).

Halmos, P. R.
[1] Measure Theory. Van Nostrand, New York 1950.

Hannan, E. J.
[1] Time Series Analysis. Methuen, London 1960.
[2] Multiple Time Series. Wiley, New York 1970.

Ibragimov, I. A.; Linnik, Ju. V.
[1] Nezavisimye i stacionarno svjazannye veličiny. Nauka, Moskva 1965 (engl. Übers.: Independent and Stationary Sequences of Random Variables. Wolters-Noordhoff, Groningen 1971).

Ibragimov, I. A.; Rozanov, Ju. A.
[1] Gaussovskie slučajnye processy. Nauka, Moskva 1970 (engl. Übers.: Gaussian Random Processes. Springer, New York 1978).

Isihara, A.
[1] Statistical Physics. Academic Press, New York 1971.

Jaglom, A. M.; Jaglom, I. M.
[1] Verojatnost' i informacija. Nauka, Moskva 1973 (dt. Übers.: Wahrscheinlichkeit und Information. 3. Aufl., VEB Deutscher Verlag der Wissenschaften, Berlin/H. Deutsch, Frankfurt a. M. — Thun 1967.)

KABANOV, JU. M.; LIPCER, R. Š.; ŠIRJAEV, A. N.
[1] K voprosu ob absolutnoj nepreryvnosti i singuljarnosti verojatnostnych mer. Matem. sb. **104** (146) (1977), 227—247.
KEMENY, J.; SNELL, L. J.
[1] Finite Markov Chains. Van Nostrand, Princeton 1960
KOLČIN, V. F.; SEVAST'JANOV, B. A.; ČISTJAKOV, V. P.
[1] Slučajnye razmeščenija. Nauka, Moskva 1976 (engl. Übers.: Random Allocations. Halsted, New York 1978).
KOLMOGOROV, A. N.
[1] Cepi Markova so sčetnym čislom vozmožnych sostojanij. Bjull. MGU, 1937, 1, No. 3, 1—16.
[2] Stacionarnye posledovatel'nosti v gil'bertovskom prostranstve. Bjull. MGU, 1941, 2, No. 6, 1—40.
[3] Rol' russkoj nauki v razvitii teorii verojatnostej. Učen. zap. MGU, 1947, vyp. 91, S. 56.
[4] Teorija verojatnostej. In: Matematika, ee soderžanie, metody i značenie, t. II. Izd-vo AN SSSR, Moskva 1956.
[5] Grundbegriffe der Wahrscheinlichkeitsrechnung. Ergebn. Math. 2, No. 3, Springer, Berlin 1933.
KOLMOGOROV, A. N.; FOMIN, S. V.
[1] Ėlementy teorii funkcij i funkcional'nogo analiza. Nauka, Moskva 1968 (dt. Übers.: Reelle Funktionen und Funktionalanalysis. VEB Deutscher Verlag der Wissenschaften, Berlin 1975).
KOLMOGOROV, A, N.; JUŠKEVIČ, A. P. (Hrsg.)
[1] Matematika XIX veka. Nauka, Moskva 1978.
KOROLJUK, V. S. (Hrsg.)
[1] Spravočnik po teorii verojatnostej i matematičeskoj statistike. Naukova dumka, Kiev 1978.
KUBILJUS, I. P.
[1] Verojatnostnye metody v teorii čisel. Gos. izd.-vo polit. i naučn. liter. Lit. SSR, Vilnjus 1959 (engl. Übers.: Probabilistic Methods in the Theory of Numbers. American Mathematical Society, Providence 1964).

LAMPERTI, J.
[1] Probability. Benjamin, New York 1966.
[2] Stochastic Processes. Springer, New York 1977.
LENGLART, E.
[1] Relation de domination entre deux processus. Ann. Inst. H. Poincaré. Sect. B (N. S.) **13** (1977), 171—179.
LEONOV, V. P.; ŠIRJAEV, A. N.
[1] K technike vyčislenija semiinvariantov. Teorija verojatn. i ee primen. **4** (1959), 342 bis 355.
LIPCER, R. Š.; ŠIRJAEV, A. N.
[1] Statistika slučajnych processov. Nauka, Moskva 1974 (engl. Übers.: Statistics of Random Processes. Springer, New York 1977).
[2] Funkcional'naja central'naja predel'naja teorema dlja semimartingalov. Teorija verojatn. i ee primen. **25** (1980), 683—703.
LOÈVE, M.
[1] Probability Theory. Springer, New York 1977—78.
LUKACS, E.
[1] Characteristic Functions. Hafner, New York 1960.
LUKACS, E.; LAHA, R. G.
[1] Applications of Characteristic Functions. Hafner, New York 1964.

MAJSTROV, D. E.
[1] Teorija verojatnostej (istoričeskij očerk). Nauka, Moskva 1967 (engl. Übers.: Probability Theory: A Historical Sketch. Academic Press, New York 1974).

Markov, A. A.

[1] Isčislenie verojatnostej. 3-e izd., St. Petersburg 1913.

Mešalkin, L. D.

[1] Sbornik zadač po teorii verojatnostej. Izd-vo MGU, Moskva 1963.

Meyer, P. A.

[1] Martingales and Stochastic Integrals, I. Lecture Notes in Mathematics, Vol. 284, Springer-Verlag, Berlin 1972.

[2] Probabilités et potentiel. Hermann, Paris 1966 (engl. Übers.: Probability and potentials. Blaisdell Publ. Co., Waltham (Mass.) 1966).

Neveu, J.

[1] Bases mathématiques du calcul de probabilités. Masson et Cie., Paris 1964 (dt. Übers.: Mathematische Grundlagen der Wahrscheinlichkeitstheorie. R. Oldenbourg, München 1969).

[2] Discrete Parameter Martingales. North-Holland, Amsterdam 1975.

Neyman, J.

[1] First Course in Probability and Statistics. Holt, New York 1950.

Novikov, A. A.

[1] Ob ocenkach i asimptotičeskom povedenii verojatnostej neperesečenija podvižnych granic sumami nezavisimych slučajnych veličin. Izv. AN SSSR, Serija matem., **40** (1980), 868—885.

Petrov, V. V.

[1] Summy nezavisimych slučajnych veličin. Nauka, Moskva 1972.

Pratt, J. W.

[1] On interchanging limits and integrals. Ann. Math. Statist. **31** (1960), 74—77.

Prochorov, Ju. V.

[1] Asimptotičeskoe povedenie binomial'nogo raspredelenija. Uspechi mat. nauk **8**: 3 (1953), 135—142.

[2] Schodimost' slučajnych processov i predel'nye teoremy teorii verojatnostej. Teorija verojatn. i ee primen. **1** (1956), 177—238.

Prochorov, Ju. V.; Rozanov, Ju. A.

[1] Teorija verojatnostej. Nauka, Moskva 1973 (engl. Übers.: Probability Theory. Springer, Berlin 1969).

Ramachandran, B.

[1] Advanced Theory of Characteristic Functions. Statistical Publishing Society, Calcutta 1967.

Rényi, A.

[1] Wahrscheinlichkeitsrechnung, mit einem Anhang über Informationstheorie, 6. Aufl., VEB Deutscher Verlag der Wissenschaften, Berlin 1979.

Rotar, V. I.

[1] An extension of the Lindeberg-Feller theorem. Math. Notes **18** (1975), 660—663.

Rozanov, Ju. A.

[1] Stacionarnye slučajnye processy. Fizmatgiz, Moskva 1963 (engl. Übers.: Stationary Random Processes. Holden-Day, San Francisco 1967).

Sarymsakov, T. A.

[1] Osnovy teorii processov Markova. Gostechizdat, Moskva 1954.

Sevast'janov, B. A.

[1] Vetvjaščiesja processy. Nauka, Moskva 1971 (dt. Übers.: Verzweigungsprozesse. Akademie-Verlag, Berlin 1974).

Sinaj, Ja. G.

[1] Vvedenie v ėrgodičeskuju teoriju. Izd-vo Erevanskogo un-ta, Erevan 1973.

Siraždinov, S. Ch.

[1] Predel'nye teoremy dlja odnorodnych cepej Markova. Izd-vo AN UzSSR, Taškent 1955.

ŠIRJAEV, A. N.
[1] Slučajnye processy. Izd-vo MGU, Moskva 1972.
[2] Verojatnost', statistika, slučajnye processy, t. I, II. Izd-vo MGU, Moskva 1973, 1974.
[3] Statističeskij posledovatel'nyj analiz. Nauka, Moskva 1976.

STOUT, W. F.
[1] Almost Sure Convergence. Academic Press, New York 1974.

TODHUNTER, I.
[1] A History of the Mathematical Theory of Probability from the Time of Pascal to that of Laplace. Macmillan, London 1865.

VALKEILA, E.
[1] A general Poisson approximation theorem. Stochastics **7** (1982), 159—171.

VENTČEL', A. D.
[1] Kurs teorii slučajnych processov. Nauka, Moskva 1976 (dt. Übers.: Theorie zufälliger Prozesse. Akademie-Verlag, Berlin 1979).

VAN DER WAERDEN, B. L.
[1] Mathematical Statistics. Springer-Verlag, Berlin 1969.

WALD, A.
[1] Sequential Analysis. Wiley, New York 1947.

ZACKS, S.
[1] The Theory of Statistical Inference. Wiley, New York 1971.

ZOLOTAREV, V. M.
[1] Obobščenie teoremy Lindeberga-Fellera. Teorija verojatn. i ee primen. **12** (1967), 666 bis 677.
[2] Théorèmes limites pour les sommes de variables aléatoires indépendantes qui ne sont pas infinitésimales. C. R. Acad. Sci. Paris, Ser. A—B, **264** (1967), A 799—A 800.

Symbolverzeichnis

$\equiv$ gleich nach Definition, identisch gleich

$A \Rightarrow B$ Implikation, d. h. die Aussage „wenn A, so B“ oder „A ist eine hinreichende Bedingung für B“ oder „B ist eine notwendige Bedingung für A“

$A \Leftrightarrow B$ Äquivalenz, d. h. die zusammengefaßte Bezeichnung der zwei Implikationen $A \Rightarrow B$ und $B \Rightarrow A$

$[t_1, \ldots, t_n]$ ungeordnete Stichprobe

$(t_1, \ldots, t_n)$ geordnete Stichprobe

Namen- und Sachverzeichnis